Trommsdorff/Steinhoff
Innovationsmarketing

Innovationsmarketing

von
Prof. Dr. Volker Trommsdorff
und
Dr. Fee Steinhoff

Verlag Franz Vahlen München

VERLAG
VAHLEN
MÜNCHEN
www.vahlen.de

ISBN 978 3 8006 2022 7

© 2007 Verlag Franz Vahlen GmbH
Wilhelmstr. 9, 80801 München
Satz: Fotosatz Otto Gutfreund GmbH, Darmstadt
Druck und Bindung: Druckhaus Nomos
In den Lissen 12, 76547 Sinzheim
Gedruckt auf säurefreiem, alterungsbeständigem Papier
(hergestellt aus chlorfrei gebleichtem Zellstoff)

Vorwort des Senior-Autors

Dieses Lehrbuch habe ich vor über zehn Jahren konzipiert und in mehreren Wellen entwickelt. Außer zitierter Literatur und vielen eigenen Gedanken sind Vorlesungsmaterialien und Fallbeispiele aus Projekten eingeflossen, die bei studienbegleitenden Übungen entstanden sind, besonders in der „Innovationswerkstatt" des Marketing-Lehrstuhls der TU Berlin für ingenieur- und naturwissenschaftliche Studiengänge sowie bei kooperativen Studien mit *t+d*, der *trommsdorff+drüner, marketing+innovation consultants GmbH*. Eingeflossen sind auch viele kleinere und größere Beiträge mehrerer Seminaristen- und Diplomandengenerationen sowie dreier Mitarbeitergenerationen. Allen Beteiligten sei Dank!

Unter den Mitarbeitern sind vier mit „dem Buch" befasste Mitarbeiterinnen namentlich hervorzuheben: *Dr. Margit Kling*, geb. *Binsack*, *Dr. Marianne Reeb*, *Dr. Fee Steinhoff*, die so enorm viel selbst beigetragen und mitgewirkt hat, dass sie mit Fug und Recht als Koautorin ausgewiesen ist, sowie *Dipl.-Kffr. Vera Waldschmidt*, die schon als Tutorin viel an Literaturrecherchen zu leisten hatte und die jetzt die Abschlussarbeiten organisiert und mich dabei betreut hat. Besonders diesen jungen Wissenschaftlerinnen möchte ich für ihr Zutun danken und sie zu weiteren akademischen Schritten ermutigen.

Ebenfalls namentlich hervorgehoben danken möchte ich Herrn *Dipl.-Kfm. Ulf Petersen* für Nachrecherchen und das professionelle Layout, dem enorm engagierten studentischen Testleserteam (*Maren Knappe, Silvia Marx, Nikolai Ostapowicz, Sebastian Schmelz* und *Özdal Sivri*) sowie *Astrid Palm* für ihre stets freundlich aufgeschlossene Mitwirkung im Sekretariat.

Last but not least danke ich meiner Frau *Upasika* für ihre seit Beginn unseres gemeinsamen Lebensabschnitts im Sommer 2000 nie nachlassende Geduld, z. B. wenn ich wieder einmal noch spät oder auf Reisen über Texten zu diesem Buch am Laptop saß statt gemeinsame Freizeit zu genießen. Dennoch, und nur scheinbar widersprüchlich: Ohne *Upasika* wäre dieses Buch vielleicht um Jahre früher, nämlich zu früh, erschienen – oder nie.

Berlin, im Oktober 2006   *Volker Trommsdorff*

Inhaltsübersicht

Inhaltsverzeichnis

Abbildungsverzeichnis

Abkürzungsverzeichnis

ACA	Adaptive Conjointanalyse
AEG	Allgemeine Elektrizitäts-Gesellschaft
AG	Aktiengesellschaft
AIO	Activities, Interests, Opinions
ANN	Artificial Neural Networks
ASS	Acetylsalicylsäure
BASF	Badische Anilin- und Soda-Fabrik
BCG	Boston Consulting Group
BMW	Bayerische Motorenwerke
BTX	Bildschirmtext
BUND	Bund für Umwelt und Naturschutz Deutschland
BWL	Betriebswirtschaftslehre
bzw.	beziehungsweise
CBC	Choice Based Conjoint Analysis
CD	Compact Disc
CD-DA	Compact Disc – Digital Audio
CD-ROM	Compact Disc – Read Only Memory
CIA	Competitive Innovation Advantage
CL	Cargo Lifter
CP3	Car Pool Potsdamer Platz
D.C.	District of Columbia
DB	Daimler Benz
DBP	Deutsche Bundespost
DKNY	Donna Karan New York
DNA	Deoxyribonucleic Acid
DP	Deutsche Post
DSL	Digital Subscriber Line
DTP	Desktop Publising
DVD	Digital Versatile Disc
EDV	Elektronische Datenverarbeitung
ESI	Early Supplier Involvement
et al.	et alteri (und andere)
F&E	Forschung & Entwicklung
f.	folgende
FAZ	Frankfurter Allgemeine Zeitung
FCG	Fast concept development
ff.	fortfolgende
FMCG	Fast moving consumer goods
FMEA	Failure Mode and Effect Analysis
GfK	Gesellscaft für Konsumforschung
GmbH	Gesellschaft mit beschränkter Haftung
HiFi	High Fidelity
HKK	Herz-Kreislauf-Krankheiten
HP	Hewlett Packard
IAA	Internationale Automobilausstellung (Frankfurt)
IBM	International Business Machines
IKTS	Fraunhofer Institut für keramische Technologien und Sinterwerkstoffe

IPC	International Patent Classification
ISST	Fraunhofer Institute for Software and Systems Engineering
K. o.	Knock Out
KISS	Keep it simple and stupid
KK	Kundenintegrationskompetenz
KKV	Komparativer Konkurrenzvorteil
KO	Kundenorientierung
MCC	Micro Compact Car
MDS	Mehrdimensionale Skalierung
Mio.	Millionen
MIPAS	Motoren mit integrierter Partikel- und Stickoxidminderung
MIT	Massachusetts Institute of Technology
MP3	MPEG-1 Audio Layer 3
Mrd.	Milliarden
MS	Microsoft
MSI	Marketing Science Institute
MTU	Maschinen-und Turbinen-Union
OS	Operation System
PC	Personal Computer
PCT	Patent Cooperation Treaty
PDA	Persönlicher Digitaler Assistent
PEST	Political, economic, social, technological opportunities and threats
PIEF	Produktinnovationserfolgsfaktoren
PIEFF	Produktinnovationserfolgsfaktorenforschung
PIMS	Profit Impact of Market Strategies
PKW	Personenkraftwagen
PLZ	Produkt-Lebenszyklus
PÜ	Perspektivenübernahme
QFD	Quality Function Deployment
R&D	Research & Development
RIM	Research in Motion
ROI	Return on Investment
S.	Seite
SAP	Systeme, Anwendungen und Produkte in der Datenverarbeitung
SCA	Strategic Competitive Advantage
SCIP	Society of Competitive Intelligence Professionals
SGE	Strategische Geschäftseinheit
SGF	Strategische Geschäftsfelder
SGM	Strukturgleichungsmodell
SMH	Schweizerische Gesellschaft für Mikroelektronik und Uhrenindustrie
STP	Segmentation, Targeting and Positioning
SWOT	Strengths/Weaknesses, Opportunities/Threats
TA	Technische Anleitung
TeSi	Testmarktsimulator
TLZ	Technologie-Lebenszyklus
TRIZ	Teoriya Resheniya Izobretatelskikh Zadatch (Theory of solving inventive problems)
TU	Technische Universität
TUB	Technische Universität Berlin
TÜV	Technischer Überwachungsverein
UMTS	Universal Mobile Telecommunications System
USA	United States of America
USP	Unique Selling Proposition
UT	User Tested

VALS	Values and Lifestyles
VHS	Video Home System
VT	Vorstand Technik
VV	Vorstand
WISA	Wettbewerbs-Image-Struktur-Analyse
WISA-WI	Wettbewerbs-Image-Struktur-Analyse – What-If
W-LAN	Wireless Local Area Network
z. B.	zum Beispiel
ZMET	Zaltman Metapher Elicitation Technique

I. Einführung:
Innovationsmarketing aus praktischer und verhaltenswissenschaftlicher Sicht

Zum Problemdruck für Innovationsmarketing

Der Innovations-Problemdruck, dem sich die Unternehmenspraxis ausgesetzt sieht, ist immens. Die Tendenzen, die diesen Problemdruck erzeugen, können nicht einfach als „Immermehrismen" (immer mehr Wettbewerb, immer mehr neue Technologien, immer mehr anspruchsvolle Kunden usw.) abgetan werden: Tatsächlich drängt ein an Breite und Tiefe nie dagewesener Strom neuer Technologien zur Umsetzung in Produktentwicklungen (technology push). Zugleich sind die Wettbewerbsbedingungen durch die Globalisierung und die IT-Revolution unbestreitbar härter geworden. Trotz unübersehbarer Sättigungserscheinungen der Aufnahmefähigkeit der Märkte entstehen weiterhin neue Bedürfnisse und Produktanforderungen, die von Unternehmen als Marktchancen für Produkt-Innovationen (market pull) und als Überlebenskonzepte wahrgenommen werden.

Neue Produkte sind für Unternehmen zukunftsentscheidend und die Geschwindigkeit der Innovationsprozesse entscheidet den Wettbewerb. Diese beiden Aussagen lassen sich an vielen positiven und negativen Beispielen belegen. Ein extrem positives Beispiel ist Ebay 2000 bis mindestens 2006, ein extrem negatives Beispiel ist IBM in den 90er Jahren, beide mit enormen Konsequenzen für den Firmenwert und die Arbeitsplatzentwicklung. Die Ursache dafür ist primär bei den aufkommenden, im Kosten-Nutzen-Verhältnis leistungsstarken, neuen Technologien zu suchen, also einem *externen* Erfolgsfaktor. Innerhalb des Innovationsmanagement ist für seine Beachtung, Mitwirkung und Kontrolle das *Technologiemanagement* verantwortlich.

Ein zweiter dominanter externer Treiber oder Bremser von Innovation ist das Zielkundenverhalten. So können neue Moden oder Trends, wie derzeit der Trend zum Gaming, ganze Märkte umwälzen, hier die Märkte für Information, Kommunikation und Unterhaltung. Ein anderer herausragender Faktor für zielkundenbedingte Treiber/Bremser von Innovation im Markt sind die Informationsübersättigung und die abnehmende Informationsneigung der Zielkunden, die zu Schwierigkeiten führen, den Innovationsnutzen im Markt plausibel zu machen. Für die Beachtung, Mitwirkung und Kontrolle dieser externen Determinanten des Innovationserfolgs ist das *Innovationsmarketing* verantwortlich, dem dieses Buch gewidmet ist.

Diese externen Innovationsprobleme werden durch unternehmensinterne Probleme verstärkt: Das funktionsorientierte Management ist nach der unbarmherzigen und kurzsichtigen Kostensparwelle der 90er Jahre inzwischen maximal „effizient" auf cash flow und shareholder value eingestellt und so stark spezialisiert in hierarchischen Strukturen organisiert und bürokratisiert, dass interdisziplinäre, langfristig zukunftorientierte integrative Innovationsaufgaben in den Hintergrund getreten sind.

Einige beliebig gegriffene Indikatoren können schon viel über die Wichtigkeit von Innovationen und ihre ursächlichen Folgen ausdrücken, nämlich über offenbar ver-
mutete Innovations-Chancen, zunächst bezüglich der Wettbewerbsfähigkeit der innovierenden Unternehmen, folglich hinsichtlich ihrer künftigen Gewinne sowie zu
sichernder oder neu zu schaffender Arbeitsplätze, folglich auch bezüglich der nationalen Wettbewerbsfähigkeit, neuer Staatseinkünfte usw.:

- Finnland plant von 2006 auf 2010 die Steigerung der staatlichen und privaten Ausgaben für F&E (Forschung und Entwicklung) von 3,5% des Bruttoinlandspro-
  dukts auf 4%, Deutschland im selben Zeitraum von 3,2 auf 3,5%.
- Die chinesische Regierung betreibt seit dem Volkskongress 2006 ein prioritäres
  Programm zur Innovationsförderung und will so bis 2015 zur Welt-Innovations-
  Spitzengruppe gehören.
- 2004 haben 60% der deutschen Industrieunternehmen mindestens ein Innovationsvorhaben abgeschlossen, 22% dieser Unternehmen konnten mindestens ein
  wirklich neues Produkt am Markt platzieren (*Aschhoff et al.* 2006, S. 2 f.).
- Produkte, die seit höchstens fünf Jahren auf dem Markt sind, tragen z. B. bei Siemens 75% zum Konzernumsatz bei, bei Beiersdorf sollen 30–40% des Sortiments
  höchstens seit fünf Jahren auf dem Markt sein (Aussagen aus der jeweiligen Un-
  ternehmens-PR).
- Nach Booz Allen Hamilton (*Jaruzelski et al.* 2005) waren 2004 die weltweit 20 Unternehmen mit den höchsten Ausgaben für F&E in dieser Rangfolge: Microsoft,
  Pfizer, Ford, DaimlerChrysler, Toyota, General Motors, Siemens, Matsushita Elec-
  tric, IBM, Johnson&Johnson, GlaxoSmithKline, Intel, Volkswagen, Sony, Nokia,
  Honda, Samsung Electronics, Novartis, Roche Holding, Merck, also acht Unternehmen aus den Branchen Telekommunikation/EDV/Elektronik/Elektrotechnik
  und je sechs aus Chemie/Pharmazie sowie Automobilbau.
- Die innovationsaktivsten deutschen Unternehmen gehören folgenden Branchen
  an: EDV und Telekommunikation, Fahrzeug- und Maschinenbau, Chemie und
  Pharmazie, Elektrotechnik und Instrumententechnik (*Aschhoff et al.* 2006, S. 9 f.).
- Radikale Innovationen (vor allem technologisch, aber auch aus Zielkundensicht
  völlig neue Produkte) kommen meist aus kleinen, oft eigens dazu gegründeten
  Unternehmen, oft Ausgründungen aus Universitäten und anderen Forschungs-
  einrichtungen, denn etablierte Unternehmen ruhen sich oft auf gegenwärtigen Erfolgen aus und übersehen leicht die Notwendigkeit des Wechsels zur kommenden
  Technologiegeneration (*Gerpott* 2005).

Hinter solchen typischen Zahlen und Aussagen steht eine gemeinsame Erkenntnis:
Von neuen Produkten versprechen sich die darin investierenden Akteure *hohe Chancen*, primär auf zukünftige finanzielle Erträge.

Andererseits: Hohen Innovations-Chancen stehen regelmäßig auch *hohe Risiken* gegenüber. Wenn man von schwer kalkulierbaren *immateriellen* Innovations-Misser-
folgs-Schäden einmal absieht, lassen sich auch die Risiken finanziell ausdrücken,
nämlich als fehlinvestierte, vom Markt nicht zurückfließende Aufwendungen bzw.
Ertragserwartungen. Im einfachsten Fall besteht das finanzielle Risiko eines Investi-
tionsvorhabens schlicht in der Summe aller in das Projekt geflossenen Aufwendungen; darüber hinaus ist es sinnvoll, die Opportunitätskosten zu berücksichtigen, also
alle wegen der im Projekt gebundenen Mittel nicht erfüllbaren alternativen Gewinn-

möglichkeiten, etwa indem man das Geld am Kapitalmarkt angelegt hätte. Jedenfalls ist das Risiko entscheidend davon abhängig, ob das Vorhaben zu einem im Markt erfolgreichen Produkt führt oder nicht (Floprisiko).

Angaben über das Floprisiko schwanken enorm, je nach Branche, Markt(segment) und Kriterium zur Feststellung von Flops:

- Bestellen Kunden „maßgeschneiderte" Heizungsanlagen, so liegt die Floprate nahe bei Null.
- Bezeichnet man es als einen Flop, wenn ein neues Molekül aus der Forschungsabteilung eines Pharmaunternehmens nicht zu einem „Blockbuster" wird (Marktführerprodukt und Hauptumsatzträger des Unternehmens), dann liegt die Floprate nahe bei 100 %.
- Vergleicht man sämtliche Aufwendungen für Entwicklung, Marketing, Produktion und Vertrieb des „Smart" mit der Summe seiner Umsätze seit der Einführung im Markt, dann ist das finanzielle Ergebnis auch acht Jahre nach Markteinführung weiterhin negativ, dieses innovative Verkehrsmittel also ein Flop. Aber die meisten Smart-Kunden sind begeistert, und der Mutterkonzern DaimlerChrysler konnte aus dieser mutigen Innovation einiges lernen.
- Spektakulär hohe Flopraten um die 90 % weisen Nahrungsmittel-Marken auf, wenn man als Flopkriterium zählt, wie viele der in den Lebensmittel-Einzelhandel einmal eingeführten neuen Produkte nach drei Jahren noch im Markt sind. Dennoch kann es sich kein Konzern der Lebensmittelindustrie leisten, auf Innovationen zu verzichten.
- Viele Flops (bzw. Innovationsrisiken) bemerkt höchstens das betroffene Unternehmen, weil Innovationsprojekte noch vor der Markteinführung wieder aufgegeben werden oder weil es, wie im Finanzdienstleistungssektor, als normal angesehen wird, dass ein neues Produkt wieder vom Markt genommen wird, sobald sich zu geringe Ertragserwartungen abzeichnen.

Die Beispiele zeigen: Es wäre unseriös, allgemein gültige Flopraten oder „das" finanzielle Innovationsrisiko zu publizieren und es gegen die entsprechende finanzielle Innovationschance aufzurechnen. Eigentlich nur rückblickend im Einzelfall und im Erfahrungsvergleich kann das individuell gelaufene Innovationsrisiko bemessen und erklärt werden. Allgemeingültig kann nur so viel gesagt werden: Ein wesentlicher Teil des Innovationsrisikos ist vermeidbar, nämlich durch Beachtung der Erkenntnisse und Nutzung der Informationsmethoden des Innovationsmarketing, denn die wichtigste betriebswirtschaftliche Stellschraube für Erfolg/Misserfolg von Produktinnovationen ist die *Akzeptanz* des neuen Produktes (einschließlich seines Preises, der „Preisbereitschaft") im Markt. Akzeptanz ist aber das Ergebnis eines komplexen Informations- und Emotionsprozesses, der sich im Kopf der Zielkunden abspielt. Ohne diesen Prozess annähernd zu verstehen, kann das Management das Floprisiko nicht hinreichend einschätzen und noch weniger steuern.

Leider ist aber das Management im Durchschnitt strategisch missweisend getrimmt worden: auf kurzfristige finanzielle Ergebnisse, insbesondere per Kostensenkung. Langfristige Chancen zu sehen und sie durch Produktinnovation zu nutzen, dabei die Zielkunden richtig zu definieren und zu verstehen, dazu mangelt es an gezielten Management-Anreizen und an psychologisch-kommunikativen Fähigkeiten – zum Erkennen von Zielkundensegmenten und ihren Bedürfnissen, zum Verstehen der psychologischen Treiber und Bremser von Akzeptanz sowie zur Durchsetzung von Innovationsvorhaben nach innen und nach außen. Noch immer werden solche Fähigkeiten in der betriebswirtschaftlichen Ausbildung zu wenig und in der ingenieurwissenschaftlichen Ausbildung noch weniger vermittelt. So sehen wir großen Bedarf, Erkenntnisse und Methoden zu vermitteln, die den Umgang mit Innovationen aus Marketingsicht verbessern. Darin besteht letztlich das Ziel dieses Buches.

Zur Terminologie

Die Schlüsselbegriffe dieses Themas sind schon auf den ersten Seiten benutzt worden, und sie werden ja auch umgangssprachlich ungefähr richtig verstanden. Jetzt ist es aber an der Zeit, sie etwas näher einzugrenzen. So verstehen wir unter einer *Innovation* einen unternehmenssubjektiv neuartigen Gegenstand (Produkt oder Prozess), den es nicht nur zu „erfinden" gilt, sondern der vor allem auch im Unternehmen und nach außen durchgesetzt werden muss. Besonders bemerkenswert sind der lediglich unternehmensindividuelle, nicht absolute, Neuheitscharakter und die herausragende Bedeutung der Umsetzungs- und Durchsetzungsprobleme, die Innovationen erst zu einem eigenständigen Gegenstand des Management machen.

Man unterscheidet *Produkt-* und *Prozess-Innovationen*. Aus der Perspektive des Marketing bzw. der Konsumentenforschung geht es primär um Produkt-Innovationen. Sie lassen sich aber oft nicht von entsprechenden Prozess-Innovationen loslösen: Eine Produkt-Innovation herzustellen, setzt vielleicht in der Fabrik des Herstellers eine Prozess-Innovation voraus. Andererseits stellt sich ein neues Produkt wie z. B. eine innovative Kommunikationsanlage nicht nur als Produkt-Innovation dar, sondern – beim Kunden – auch als Prozess-Innovation. Unter den Wechselbeziehungen zwischen den beiden Innovationsarten ist der Typ „Prozess-Innovation durch Produkt-Innovation" für das Innovationsmarketing besonders interessant, weil hier ein bislang nicht befriedigend gelöstes Problem der Konsumentenforschung deutlich und vielleicht lösbar wird: Verhaltensorientierte Produkt-Innovations-Marktforschung.

Innovationsmanagement ist als Integration aller am Innovationsprozess beteiligten Funktionen und Bereiche zu verstehen. Dazu gehören vor allem das Innovationsmarketing einschließlich Zukunfts- und Innovationsmarktforschung und -kommunikation, das Technologiemanagement, die Innovationsführung und -organisation und das Innovationscontrolling. Innovationsmanagement ist damit eine typische Querfunktion – quer zu den spezialisierten Funktionen eines arbeitsteilig organisierten Unternehmens.

Zu den disziplinären Erkenntnisbeiträgen für Innovationsmarketing

Klassische BWL und normative Entscheidungstheorie: Bei unklaren und zeitlich variablen Entscheidungsalternativen, bei nicht prognostizierbaren langfristigen Änderungen der Umfeldzustände und bei zeitlich veränderlichen Entscheidungszielen sind die klassischen Modelle der normativen Entscheidungstheorie auf Innovationsvorhaben kaum anwendbar. Der Schwerpunkt der Management-Entscheidungsunterstützung verlagert sich damit von der Rationalitätsunterstützung durch Entscheidungsmodelle auf die Unterstützung bei der Erfassung und Bewältigung einer komplexen Informationsvielfalt und bei der Durchsetzung des Innovationsvorhabens gegenüber internen und externen Innovationswiderständen – hauptsächlich durch Kommunikationsmanagement (Informationssysteme, Moderationstechniken, Strukturierungshilfen, Bewertungshilfen usw.).

Verhaltenswissenschaften: Erstaunlicherweise stellen sich Teile der Innovationsmanagement-Literatur ähnlich unpsychologisch dar wie die absatzwirtschaftliche Literatur der 60er Jahre. Dabei ist in beiden Bereichen das finale Untersuchungsobjekt ja der (potentielle) Kunde. Die vom Objekt der Erkenntnis her eigentlich weniger kundenorientierte als anbieterorientierte Innovationsführungs-Literatur dagegen hat die verhaltenswissenschaftliche Abstinenz schon lange überwunden. Das letztlich auf die Zielkunden gerichtete, aber verhaltenswissenschaftlich noch schwache Innovationsmarketing-Wissen und das auf die Mitarbeiter gerichtete, aber verhaltenswissenschaftlich starke Innovationsführungs-Wissen zusammen sind zur verhaltenswissenschaftlichen Basis des Innovationsmanagement zu integrieren. Dazu ist ein sozialwissenschaftlich geprägtes Innovationsmarketing zu entwickeln, und dazu möchte das vorliegende Buch einen Beitrag leisten.

Explizit befassen sich fast nur Teile der Psychologie, der Sozialpsychologie, gelegentlich auch der Soziologie mit dem menschlichen Verhalten im Innovationsprozess. Entsprechende Themen sind die Förderung von Kreativität sowie von vernetztem Denken bei Zukunftsanalysen, sozial-kognitives Lernen und soziale Motivation beim Übernahmeprozess einer Innovation, innovative Gruppenprozesse, beeinflussende Kommunikation für oder gegen das Neue usw. Damit geben die Sozialwissenschaften trotz deren eigener Zurückhaltung gegenüber Innovationsmanagementforschung eine längst nicht ausgeschöpfte Fülle an Anregungen und theoretischen Grundlagen für dieses Gebiet.

Allgemein ist zu den Anleihen aus Nachbardisziplinen zu sagen, daß auch bei Adaption bewährter Ansätze für das Innovationsmarketing (besser noch: bei interdisziplinärer Zusammenarbeit der betreffenden Fachgebiete) empirische Forschung stattfinden muß. Reine Deduktion aus allgemeineren Theorieansätzen reicht nicht, weil Innovation in einem für diese Forschung meist atypischen Umfeld stattfindet, das durch besondere technologische, betriebswirtschaftliche und rechtliche Rahmenbedingungen geprägt ist.

Innovationsmarketing heute

Das Innovationsmanagement hat sich zu einem eigenständigen Gebiet der Managementwissenschaft entwickelt. Ich habe das Teilgebiet des Innovationsmanagment, das heute Innovationsmarketing heißt, in den 80er Jahren noch intuitiv und zunächst rein faktisch durch meine Zusammenarbeit mit technologieorientierten Unternehmen und technologischen Innovatoren der Technischen Universität Berlin kennengelernt. Beide Gruppen haben oft das Problem, gute technische Lösungen entwickelt zu haben, die anschließend keinen Markt oder keine genügende Preisbereitschaft finden. Heute ist das Innovationsmarketing so weit entwickelt, dass es von innovierenden Unternehmen sehr gern zur Managementunterstützung angenommen wird. Für den Senior-Autor ist es weiterhin das wichtigste Gebiet in Forschung und Lehre, und die Koautorin ist mit diesem Kompetenzprofil gerade in eine hoch attraktive Position im Innovationsteam eines DAX-Unternehmens eingestiegen.

Die Gründe für die hohe Akzeptanz von Innovationsmarketingwissen und -methoden sind evident: Enorme Investitionen in neue Produkte einerseits und zahlreiche Misserfolge andererseits führten zunächst zu einem allgemeinen Problembewusstsein und in der Managementforschung zur Suche nach Gründen für Erfolg und Misserfolg neuer Produkte. Viele empirische Studien der so genannten Produktinnovations-Erfolgsfaktorenforschung (PIEFF) führten allmählich zur Erkenntnis, dass ein sehr großer Teil der Erfolgs-/Misserfolgsvarianz durch Faktoren verursacht wird, die in einem weiten Verständnis dem Marketing zugerechnet werden. Dazu gehören strategische und operative Marketingentscheidungen und die solchen Entscheidungen zugrunde liegenden Informationen aus der (Innovations-)Marktforschung. Jedenfalls sind das Faktoren, die mit dem Verhalten von Zielkunden und Wettbewerbern zu tun haben, in weit geringerem Maße sind es Faktoren der Technik selbst oder unternehmensinterne betriebswirtschaftliche Faktoren.

Die PIEFF und viele positive wie auch negative Fallbeispiele der Unternehmens-Innovationspraxis gaben zunehmend Anlass, diesen marktorientierten Problembereich des Innovationsmanagement endlich auch begrifflich zu fassen und ihn als Management-Subdisziplin anzuerkennen, nämlich als „Innovations*marketing*". Dieses Gebiet ist heute gleichermaßen Teil des Innovationsmanagement und Teil des Marketings.

In der genannten Zeitspanne von etwa vier Jahrzehnten hat sich das Marketing von einer überwiegend normativ-entscheidungsorientierten und formalwissenschaftlichen Disziplin („angewandte Mathematik") zu einer weiterhin entscheidungsorientierten, aber nunmehr das menschliche Verhalten der finalen Entscheider „Zielkunden" fokussierenden Disziplin („angewandte Psychologie") entwickelt. Das alte Missverhältnis zwischen der Bedeutung des menschlichen Verhaltens für die Zielerreichung des Marketing einerseits und dem vernachlässigten Stellenwert der Forschung zur Erklärung und Beeinflussung dieses Verhaltens andererseits hat sich zu einem normalen Disziplinverständnis entwickelt, mit relevanten verhaltenswissenschaftlichen Theoriegrundlagen, entsprechender empirischer Forschungsmethodik und mit daraus abgeleiteten Management-Tools. Diese Tools, Werkzeugkasten des vorliegenden Buches, stellen Informationen für Innovationsmarketing-Entscheidungen zur Verfügung und helfen bei der schwierigen Umsetzung solcher Entscheidungen.

Wie sich schon die Konsumentenforschung als wesentliche Stütze des modernen Marketing gegen klassisch-betriebswirtschaftlichen disziplinären Dogmatismus durchgesetzt hat, so hat die verhaltensorientierte Innovationsmarketing-Forschung bereits auf breiter Front Anerkennung in der Praxis. Und Praxisakzeptanz gilt ja als ultimatives Validierungskriterium der Aussagen und methodischen Tools einer jeden pragmatischen Wissenschaft.

Die Schnittstelle von Produktinnovation und Konsumentenforschung

Innovationsmanagement kommt an Konsumentenforschung (*Forschungsgruppe Konsum und Verhalten* 1994) nicht vorbei, denn die Akzeptanz eines neuen Produktes im Markt ist der letztlich relevante Erfolgsfaktor. Diverse Theorieansätze der verhaltenswissenschaftlichen Innovationsforschung können helfen, Akzeptanz oder Ablehnung von Innovationen zu erklären, vorherzusagen und zu beeinflussen. Das sollen einige Beispiele unterstreichen:

- Involvement zur Aufnahme von Informationen über innovative Produktmerkmale: Viele Innovationen sind daran gescheitert, daß sie potentiellen Kunden nicht plausibel gemacht werden konnten. Anbieter- und ingenieurorientiertes Denken unterstellt fälschlich ein ähnlich hohes Informationsinteresse bei den Zielgruppen wie es die Mitarbeiter im Unternehmen haben.
- Wahrnehmungspsychologische Untersuchung von Innovationsschwellen: Die kognitive Psychologie, insbesondere die Schematheorie liefert Erklärungsansätze für die Wahrnehmung der Problemlösungsfähigkeit des neuen Produktes. Selbst bei ausreichend hohem Involvement ist nicht gewährleistet, daß die Zielkunden den Innovationsvorteil als ihren potenziellen Nutzen erkennen. Die subjektive Wahrnehmung des Innovationsnutzens kann nicht durch objektive Kunden-Wertanalysen ersetzt werden. Diese können aber zur Beeinflussung der Nutzenwahrnehmung unterstützend eingesetzt werden.
- Lerntheoretische Abschätzungen des Kommunikationsaufwandes, der notwendig ist, um die Innovation verständlich zu machen.
- Motivforschung für kundenorientierte (market pull) Produktentwicklungen, z. B. auf der Basis der Messung von Werten, von Wertewandel und Konsumtrends.
- Image- und Einstellungsanalysen zur Aufdeckung latenter Innovationsnischen.
- Habituelles Verhalten, Markentreue und andere Innovations-Marktwiderstände.
- Zielgruppenfindung für kundenorientierte Innovationen durch benefit segmentation.
- Psychometrische Erfassung von Innovations-Adoptoren und -Meinungsführern.

In der Schnittmenge von Produktinnovation und Konsumentenforschung befand sich lange Zeit als substantiell eigenständiges Thema vom Stellenwert einer Theorie nur die *Diffusionsforschung*. Sie ist zugleich das beste Beispiel für verhaltenswissenschaftliche Innovationsforschung aus dem Entdeckungs- und Begründungszusammenhang. Diffusionsforschung beansprucht, die Größe und den zeitlichen Verlauf der Akzeptanzbildung (Übernahmen, Adoptionen) einer Innovation zu erklären, in Abhängigkeit von Eigenschaften des Innovationsobjekts, des Marketing, der Zielpersonenpopulation und der darin enthaltenen „Diffusionsagenten" (Meinungsführer, Innovatoren, Promotoren). *Kaas* (1973) beurteilte den Ertrag der Diffusionsforschung für die Marketingtheorie und -praxis skeptisch. Gleichwohl hat die Diffusionsforschung einen fruchtbaren Begriffsrahmen und ein für die Innovationsmarktforschung interessantes methodisches Instrumentarium geschaffen.

Tools an der Schnittstelle von Konsumentenforschung und Innovationsmanagement sind diverse Sozialtechniken. Dazu gehören Kreativitätstechniken und spezielle Marktforschungstechniken, darunter so verschiedenartige wie die Szenariotechnik, die Car Clinic zur frühzeitigen Akzeptanzprüfung neuer Automodelle, das Lead-Customer-Konzept in F&E zur frühzeitigen aktiven Einbindung von Kunden in die Produktentwicklung und das Conjoint Measurement zur Optimierung von Produktmerkmalskombinationen auf der Basis von Konsumentenbefragungen. Die meisten dieser Tools sind als Methoden der (innovations)strategischen Marktforschung zu verstehen.

Strategische Innovations-Marktforschung

Der gravierendste Beitrag zur Entwicklung des wissenschaftlich fundierten praktischen Innovationsmarketing sind Fortschritte in der strategischen Innovations-
Marktforschung. Vorbei ist der zumindest unbefriedigende, oft geradezu kontraproduktive Einsatz klassischer Befragungsmarktforschung, deren Karikatur die naive
Innovations-Akzeptanzfrage ist: „würden Sie kaufen, wenn...". Ein vielfältiges Instrumentarium aus qualitativen und multivariat-quantitativen Erhebungs- und Analyseverfahren steht zur Verfügung und ist inzwischen recht bewährt, so dass das vorliegende Buch das besondere Anliegen hat, diese Methoden vorzustellen, zu
begründen und in typischen Anwendungssituationen zu erläutern – natürlich auch
ihre Grenzen aufzuzeigen.

Innovationsakzeptanzforschung ist ein Spezialgebiet der Kaufverhaltensforschung
und zugleich ein Prototyp der strategischen Innovationsmarktforschung. Diese kann
mit klassischen Methoden, die vornehmlich zur Stützung taktisch-operativer Entscheidungen angelegt sind, nicht funktionieren. So konnte die Marktforschung bisher praktisch nichts dazu beitragen, komplexe, weit in die Zukunft gerichtete, vernetzte Wirkungszusammenhänge in ihrer Struktur abzubilden, so dass dadurch die
Konsequenzen von Entscheidungsalternativen untersucht und im Hinblick auf das
strategische Management diskutiert werden könnten. Zahlreiche, zum Teil spektakuläre Neuprodukt-Flops zeigen, wie schlecht strategische Entscheidungen mit konventionellen Daten zu stützen sind. Es ist zu schwierig, vernetzte Ziel-Mittel-Beziehungen ungestützt wahrzunehmen, sie im Auge zu behalten und Neben- und
Fernwirkungen solcher Entscheidungen mitzudenken.

Vernetztes Denken durch Marktforschungsmethoden zu stützen, ist jedoch technisch
möglich. Wir verfügen über neue, einerseits informationstechnisch brillante, andererseits sozialpsychologisch intelligente Instrumente wie einerseits statistische
Strukturgleichungsmodelle, kybernetische Sensitivitäts-Simulationsanalysen und
computergestützte Szenariotechniken sowie andererseits empathische Beobach-
tungsmethoden, zukunftskonditionierte Akzeptanztests und auf Gültigkeit und Ge-
halt hin incentivierte Expertenbefragungstechniken. Die neuen Ressourcen der
Marktforschung könnten zum qualitativen Sprung in die Komplexität echter strategischer Entscheidungen führen.

Zur Überwindung der Beschränkungen konventioneller Marktforschungsmethodik
kommt es vor allem auf das Integrationspotential von quantitativen Ansätzen an
(z. B. Kovarianzstrukturanalyse mit LISREL) mit qualitativen Ansätzen (z. B. Szenarioanalyse). Die Integration muß bei der Datenerhebung beginnen, und sie endet bei
der der Datenanalyse und Ergebnismodellierung, -darstellung und -diskussion. Das
kann am Beispiel der Entscheidungsfindung über die Imagepositionierung einer
Marke bei vernetzten Imagebeziehungen zwischen Wettbewerbermarken erörtert
werden. Dieses Anwendungsfeld ist erstens strategisch besonders erfolgskritisch,
zweitens nach Komplexität und Datenverfügbarkeit geeignet, drittens bewährt und
viertens geeignet, die Schnittstelle zwischen Konsumentenforschung und Innovationsmanagement zu fokussieren.

Ausblick

Innovationsmarketing verlangt in stärkerem Maße verhaltenswissenschaftliche, insbesondere konsumentenforscherische Untermauerung als das bisher realisiert werden konnte. Im Hinblick auf das Verstehen des ultimativen Erfolgsfaktors „Akzeptanz bei den Zielkunden" ist diese Aussage unmittelbar einsichtig. Die Entwicklung des Fachgebiets Innovationsmarketing läuft auch eindeutig in diese Richtung.

Darüber sollte die Bedeutung der internen Innovationsdurchsetzung im Unternehmen als kritischer Faktor des Innovationserfolges nicht vergessen werden. Innovationsmarketing nach innen schließt folgende Fragen ein: Wie positioniert man die Innovation so, daß nicht nur der Produktmanager, sondern auch der Wettbewerbsstratege dahinter steht? Wann ist es weder zu früh noch zu spät, Betroffene einzuweihen? Wie verhilft man schwierigen Projekten im Hause zum Durchbruch?

Die Konsumentenforschung kann ihr methodisches und substantielles Potential auch in den Dienst derartiger Fragestellungen des Innovationsmanagement stellen und an der Lösung der zahlreichen verhaltensbezogenen Führungs- und Organisations-Aufgaben mitarbeiten. „Innovationsmarketing nach innen" soll nicht grundsätzlich ausgegrenzt werden, zumal es auf dieselbe verhaltenswissenschaftliche Theoriebasis zurückgreift wie das Marketing nach außen. Das vorliegende Buch beschränkt sich aber bewusst auf die äußere Marketingsicht des Innovationsmanagement, um den Rahmen der Positionierung als Teil des Fachgebietes Marketing nicht zu sprengen.

II. Grundlagen: Innovationsmarketing und strategische Marktforschung

Der große und weiter zunehmende Innovationsdruck auf die Wirtschaft hat dazu geführt, dass sich ein relativ junger Ast der Betriebswirtschaftslehre entwickelt hat, der sich mit dem Management von Innovationen im Unternehmen befasst. Das Innovationsmanagement stellt sich mit eigenen Lehrstühlen, wissenschaftlichen Vereinigungen, Forschungsprogrammen, Fachzeitschriften und Kongressen als eine noch wachsende, aber schon etablierte Disziplin der BWL dar, innerhalb derer bereits eigenständige Spezialgebiete zu erkennen sind: Technologie- und F&E-Management (z. B. *Booz Allen Hamilton* 1991, *Brockhoff* 1999), Innovationsführung und -organisation (z. B. *Hauschildt* 2004) sowie Innovationsmarketing (*Susen* 1995), wozu dieses Buch einen Beitrag liefert.

Innovationsmarketing befasst sich mit strategischen und operativen Entscheidungen für das Marketing neuer Produkte. Während das operative Innovationsmarketing weitgehend auf das Wissen und die Methoden des allgemeinen operativen Marketing zurückgreifen kann, bestehen beträchtliche Unterschiede zwischen dem allgemeinen strategischen Marketing und dem strategischen Innovationsmarketing. Das betrifft vor allem die Informationsgrundlagen für die Unterstützung strategischer Entscheidungen zum Innovationsmarketing. Diese Informationsgrundlagen bestehen einerseits aus wenigen verallgemeinerbaren gesetzesartigen Aussagen, insbesondere dem Wissen über die Erfolgs- und Misserfolgsfaktoren bei Produktinnovationen, andererseits aus situationsspezifisch eigens für das betreffende Innovationsvorhaben zu erhebenden Informationen.

Eine Abhandlung des strategischen Innovationsmarketing hat diesen Informationsgrundlagen breiten Raum zu widmen. Das vorliegende erste große Kapitel 2 enthält nach einer Einführung in die Grundlagen des Innovationsmarketing (2.1) einen längeren Abschnitt (2.2) über die Informationsgrundlagen für das strategische Innovationsmarketing, die sich in vorliegende gesetzesartige, weitgehend allgemeingültige Erfolgsfaktoren und die Grundlagen strategischer Marktforschung unterteilen. Nach der Darstellung strategischer Innovationsmarketingoptionen in Kapitel 3 beschreibt Kapitel 4 Marktforschungsmethoden zur Gewinnung situationsspezifischer, strategisch relevanter Informationen, die über vorliegendes allgemeines Wissen hinaus für die Entscheidung einer differenzierten Innovationsstrategie benötigt werden.

2.1 Grundlagen des Innovationsmarketing

Dornier

Das Luft- und Raumfahrtunternehmen Dornier betrieb Mitte der 60er Jahre ein Forschungsprojekt, um den Ursachen von Materialoberflächenschädigungen (Kavitationsschäden) an Überschallgeschwindigkeitsflugkörpern auf die Spur zu kommen. Es erwies sich, dass die Kavitationsschäden nicht direkt durch den Aufprall von Partikeln erzeugt werden, sondern durch energiereiche akustische Wellen, die bei Überschallgeschwindigkeit an der Materialoberfläche auftreten. Mit solchen Schockwellen experimentierten die Dornier-Forscher, um ihre Eigenschaften und Möglichkeiten ihrer Vermeidung zu erforschen. Durch Zufall stellte sich dabei im Jahr 1966 heraus, dass die im Labor generierten Wellen zwar hartes Material schädigen, nicht aber weiches Material wie menschliches Gewebe. Ein Versuchsingenieur hatte versehentlich einen Zielkörper in dem Augenblick berührt, in dem eine Schockwelle einschlug. Dabei stellte sich heraus, dass zwar eine Art elektrischer Schlag spürbar war, jedoch die Berührungsstelle an der Haut keinerlei Beschädigung aufwies. Diese technologische Entdeckung löste Überlegungen zur Nutzung der Schockwellen aus: Welches Problem braucht zu seiner Lösung eine Behandlung mit einer Energie, die hartes Material zerstört, aber umliegendes weiches Material verschont? Die Entfernung von Nierensteinen durch Zertrümmerung! Etwa jeder sechste Deutsche leidet mindestens einmal im Leben so stark an Koliken, dass ihm die Nierensteine operativ entfernt werden müssen. Die Entfernung könnte nun ohne Operation, durch Einsatz von Schockwellen geschehen, so dass das Material mit dem Urin aus dem Körper gespült werden könnte. Der Markt für Nierensteinzertrümmerer schien groß und gut genug zu sein, um den „Lithotripter" als wirtschaftlich erfolgreiches Produkt für den medizintechnischen Markt zu entwickeln. In Zusammenarbeit mit dem Klinikum Großhadern in München und finanziell unterstützt durch den Bundesminister für Forschung und Technologie wurde das Gerät in kurzer Zeit bis zur Marktreife weiterentwickelt und ab 1983 in Deutschland und mehreren anderen wirtschaftlich hoch entwickelten und medizinisch anspruchsvollen Industrieländern erfolgreich vertrieben. Eine technologische Invention hatte eine Produktinnovation von hoher Neuartigkeit ausgelöst (Technology-Push –Innovation). Der wirtschaftliche Erfolg stand allerdings auf einem anderen Blatt.

Quellen: Mager/Sieberg 1991, S. 481 ff.; Küffner 1987, S. 31 ff.

MIPAS

Im Jahre 1989 wollte ein deutsches Unternehmen, das unter anderem stationäre Dieselmotoren entwickelt, baut und vertreibt, angesichts der schrittweise verschärften Auflagen zur Reinhaltung der Luft einen „sauberen" stationären Dieselmotor entwickeln. Für Motoren mit Integrierter Partikel- und Stickoxidminderung (MIPAS) hatte die Marktforschung aus Annahmen über den Neu- und Ersatzbedarf und unter Berücksichtigung der zu erwartenden nächsten Verschärfung der Umweltschutznorm „TA Luft", ein jährliches Marktpotenzial von ca. 130 Mio. DM bei Neuanlagen und ca. 13 Mio. DM für die Nachrüstung von Altanlagen geschätzt. Diese Zahlen ließen die Entwicklung des MIPAS mit geschätzten Kosten von 3 Mio. DM und einer Entwicklungszeit von 36 Monaten mittelfristig als profitabel erscheinen. Das Projekt wurde budgetiert und Anfang 1990 gestartet. Ein absehbar aufkommendes Marktbedürfnis hatte zu einem technologischen Innovationsvorhaben geführt (Market-Pull–Innovation). Wir werden diesen Fall später wieder aufgreifen, weil er dennoch einen schwerwiegenden Mangel enthält, der letztlich zur Verschwendung eines Teils des Entwicklungsbudgets geführt hat.

Quelle: Mohren 1993

Die beiden Beispiele beschreiben recht unterschiedliche Fälle von Produktinnovation und dem dazu eingesetzten Marketing. Für ein Basisrepertoire an Begriffen zur Beschreibung und Erklärung von Innovationsmarketing als dem zentralen Begriff dieses Buches kommen wir von den Ingenieurwissenschaften zu den Wirtschafts- und Sozialwissenschaften: Wir gehen von dem Begriffspaar „Technologie und Technik" aus, entwickeln dann wesentliche Kategorien für den hier verwendeten differenzierten Innovationsbegriff, grenzen die Begriffe Innovations-, Technologie- und F&E-Management voneinander ab und präzisieren und differenzieren dann den Schlüsselbegriff dieses Buches, „Innovationsmarketing".

2.1.1 Technologie und Technik

Warum eigentlich heißt das berühmte MIT „Massachusetts Institute of *Technology*", während inhaltlich entsprechende (nur noch nicht ganz so berühmte) deutsche Universitäten wie die TUB „*Technische* Universität Berlin" heißen? Die Begriffe „Technologie" und „Technik" werden im allgemeinen Sprachgebrauch oft synonym verwendet, obwohl sie theoretisch klar abgegrenzt sind. Danach ist Technologie Wissen über naturwissenschaftliche Zusammenhänge, das zur Lösung technischer Probleme angewendet werden kann. Technik ist dagegen angewandte, problemorientiert operationalisierte Technologie oder, wie *Perillieux* (1987b, S. 12) es ausdrückt, materiale Anwendung von Technologie in Produkten oder Prozessen.

Die Pluralform „Technologien" bzw. „Techniken", die ein Unternehmen besitzen oder beherrschen kann, besagt, dass Cluster (in sich relative homogene, untereinander heterogene Klassen) technologischen Wissens, z. B. Biotechnologie, Mikroelektronik, bzw. technischen Wissens, z. B. Gärungstechnik, Mobilfunktechnik, bestehen.

Die Beispiele zeigen, wie unscharf die Abgrenzung zwischen Technologie und Technik in der Praxis ist: Zwar ist nach dem genannten Kriterium die Insulinproduktion aus transgenen Zellen eine Gen*technik* und das Wissen um den chemischen Aufbau der DNA ein Teil der Gen*technologie*, wozu gehört aber das „Klonen", das einerseits biotechnologisches Grundwissen, andererseits aber auch konkrete Verfahren zur identischen Reproduktion von Zellen beinhaltet?

Die Brennstoffzelle

Die Entwicklung alternativer Energiekonzepte ist eine der Herausforderungen moderner Industriegesellschaften. Die Umweltprobleme durch herkömmliche Energiekonzepte und die begrenzte Verfügbarkeit primärer fossiler Energieträger verlangen Alternativen. Technologien mit Potenzial für umweltgerechte Energiewirtschaft müssen bewertet, selektiert und marktfähig entwickelt werden. Die Brennstoffzellentechnologie (und damit der Energieträger Wasserstoff) ist hier wohl der größte Hoffnungsträger mit unermesslichen Vorräten an Wasserstoff und praktisch ohne jede Umweltbelastung durch Abgase.

1839 entwickelte der walisische Physiker und Jurist Sir William Robert Grove (1811–1896) das Prinzip einer „galvanischen Gasbatterie", die Umkehrung der Wasserelektrolyse. In seiner „Brennstoffzelle", die aus zwei in Schwefelsäure getauchten Platinelektroden bestand, wurde Strom durch die elektrochemische Reaktion der kalten „Verbrennung" von Wasserstoff und Sauerstoff erzeugt. Das Jahr 1949 brachte die Brennstoffzelle mit Kalilauge statt Schwefelsäure, die 1966 als Energieversorger im Raumfahrtprogramm Apollo zum Einsatz kam. Diese Brennstoffzellen waren sehr teuer und stellten höchste Anforderungen an den Reinheitsgrad der Gase. Die anschließenden Entwicklungen ebneten den Weg der Brennstoffzelle in den zivilen Bereich. So stellte das Fraunhofer Institut für Keramische Technologien und Sinterwerkstoffe (IKTS) im Jahre 2000 Wissenschaftlern eine Zelle vor, die mit Erdgas funktioniert.

Brennstoffzellen sollen stationär, mobil und tragbar eingesetzt werden. Stationäre Anlagen dienen der Elektro- und Wärmeenergieerzeugung in Kraftwerken und Wohnanlagen. Eine 250-Megawatt-Stromerzeugungsanlage von Alstom Deutschland ist seit Juni 2000 in Berlin im Testbetrieb. Im November 2001 wurde der Prototyp eines Brennstoffzellen-Heizgerätes von Vaillant zertifiziert, was den Nachweis über Betriebssicherheit und Umweltverträglichkeit erbrachte. Seit 2003 wird die Praxistauglichkeit solcher Systeme in einem Feldversuch getestet.

Zum mobilen Einsatz in Fahrzeugen: Die durch den Individualverkehr verursachten globalen und lokalen Umweltprobleme sind unbestritten. Vor allem in den Ballungsräumen der Industrienationen hat der Individualverkehr negativen Einfluss auf die Luft- und damit auch Lebensqualität. Individuelle Mobilität verliert trotz der teilweise positiven Entwicklungen beim öffentlichen Personennahverkehr und der Bahn nicht an Bedeutung. Kurz und mittelfristig kann die Entwicklung schadstoffarmer Kraftstoffe und verbrauchsarmer Verbrennungsmotoren noch helfen. Langfristig ist der herkömmliche Verbrennungsmotor auch nach Ausschöpfung aller Emissionsminderungen nicht mehr als Massenverkehrsantrieb vertretbar, zumal Länder wie China oder Indien mit riesigen Potenzialen und hohen Wachstumsraten das Problem sehr verschärfen. 1997 wurde eine Entwicklungsgesellschaft für Brennstoffzellen-Technik (DBB Fuel Cell Engines GmbH) gegründet. Hier entwickeln DaimlerChrysler, Shell, Ford und der kanadische Brennstoffzellenentwickler Ballard gemeinsam Techniken für den künftigen Einsatz der Brennstoffzelle. 2000 stellte DaimlerChrysler die ersten Fahrzeuge mit Brennstoffzellen vor, die in Flotten in Europa, USA, Japan und Singapur zum Einsatz kommen. Es handelt sich um 30 Citaro Stadtbusse für Verkehrsbetriebe und 60 Mercedes Benz-A-Klassen „F-Cell". Dieser Modellversuch wird als weiterer Meilenstein für die Entwicklung marktfähiger Brennstoffzellenfahrzeuge angesehen.

Tragbare Anwendungen: Elektrogeräte wie Mobiltelefone oder Laptops können bald mit (Mikro-)Brennstoffzellen ausgerüstet werden. Das könnte gegenüber herkömmlichen schadstoffhaltigen Batterien und Akkus sowohl praktische als auch ökonomische Vorteile (Gas nachfüllen statt Batteriewechsel), aber auch ökologische Vorteile haben.

Quellen: diebrennstoffzelle.de 2004, elektroauto-tipp.de 2004, FAZ 1998a, 1998b und 2001, BUND Berlin 2004

Dieses Abgrenzungsproblem ist aber für das Innovationsmanagement eher „akademisch". Die Unternehmens(berater)praxis hat den Technologiebegriff zu Lasten des Technikbegriffs ausgeweitet (und damit Techniken zu Technologien aufgewertet); oft wird schon ein einzelnes Patent als Technologie bezeichnet. Begriffe wandeln sich nun einmal im Laufe der Zeit, und Definitionen können nicht in wahre und falsche unterschieden werden, nur in zweckmäßige und weniger zweckmäßige. Dem gewandelten Sprachgebrauch entsprechend müssten Technische Universitäten eigentlich in Technologische Universitäten umbenannt werden. In diesem Buch wird mit dem Begriffspaar zeitgemäß großzügig umgegangen, indem wir eher von Technologie als von Technik sprechen.

Der Technologiebegriff umfasst nach unserer Auffassung nicht nur Anwendungen der Natur-, Formal- und Ingenieurwissenschaften, sondern impliziert alle Formen von Wissen, Fähigkeiten und Fertigkeiten, die für Kundenproblemlösungen eingesetzt werden könnten. Damit beinhaltet der Technologiebegriff auch Dienstleistungsinnovationen, denn *Dienstleistungen* haben inzwischen wirtschaftlich enorme Bedeutung erlangt. Allerdings befasst sich dieses Buch dennoch nicht explizit mit den Besonderheiten von Dienstleistungsinnovationen, weil die Abgrenzung zwischen Produkten und Dienstleistungen inzwischen obsolet geworden ist: Jedes „Produkt" (im Sinne von Kundenproblemlösungsangebot) hat ein mehr oder minder großes Maß an materiellen und immateriellen Wertschöpfungskomponenten, wobei die immateriellen Komponenten im Vormarsch sind. Wir betrachten also Produkte, meinen damit aber auch solche mit einem hohen Anteil an immateriellen Komponenten, die man früher als Dienstleistungen bezeichnet hat. Wer eine rein auf „Dienstleistungen" bezogene Darstellung des Innovationsmanagement bzw. seiner Besonderheiten lesen möchte, dem sei der Beitrag von Johne/Storey (1998) empfohlen, der einen hervorragenden Überblick über den Stand der Forschung gibt.

Für Unternehmen besonders wichtige Technologiemerkmale sind:
* substitutive, neutrale und komplementäre bis synergetische Relationen unter Technologien,
* Art, Breite und Tiefe potenzieller Technologie-Anwendungen in Produkten und Prozessen,
* Reife, Stadien im Lebenszyklus der Technologie und damit auch ihre Wettbewerbsbedeutung.

Die Verbindung zwischen einer Technologie und ihren Anwendungsmöglichkeiten ist bei jedem Innovationsvorhaben situationsspezifisch zu beachten. Entsprechende Aufgaben der technologischen Seite der Innovationsmarktforschung müssen im Einzelfall formuliert werden. Das gilt auch für die Reife der Technologie. Allerdings können anstelle der situationsspezifischen „Reife" auch allgemeine Aussagen über den *Technologie-Lebenszyklus* (TLZ) gemacht werden. Deshalb und wegen seiner großen Bedeutung für das Innovationsmanagement ist schon an dieser Stelle auf den TLZ einzugehen. Eine Technologie folgt (wie ein Produkt-Lebenszyklus PLZ) von der Entstehung bis zur Eliminierung einem idealtypischen Verlauf mit abgrenzbaren Phasen. Dieser Verlauf ist trotz gewisser Regelmäßigkeiten in der Verlaufsform nicht naturgegeben, sondern unterliegt vielen Einflüssen, so auch unternehmerischen Entscheidungen. Die Phasen des TLZ werden nach ihrer *wettbewerbsstrategischen Bedeutung* folgendermaßen abgegrenzt:

Schrittmachertechnologien befinden sich in einer frühen Phase, die weitere Forschung erfordert, bevor die Entwicklung konkreter Produkte oder Prozesse einsetzt. Entsprechend deutet sich ein Wettbewerbspotenzial dieser Technologien erst an, es ist aber technisch-kommerziell noch nicht zu beziffern. Wenn eine Schrittmachertechnologie die Schwelle eines absehbaren Kundennutzens einmal erreichen sollte, und das ist ja gar nicht sicher, dann mag sie geltende Techniken, Prozesse und Produkte gründlich verändern. In diesem Sinne sind Schrittmachertechnologien potenzielle

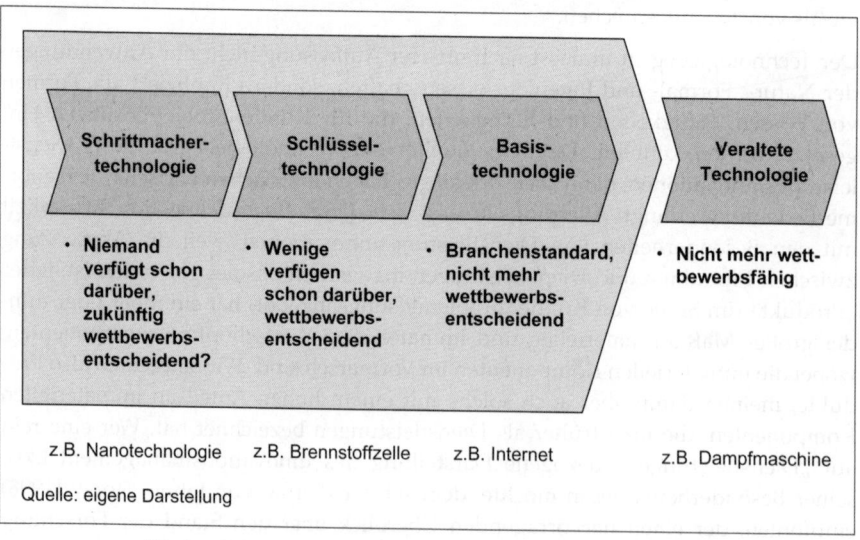

z.B. Nanotechnologie   z.B. Brennstoffzelle   z.B. Internet   z.B. Dampfmaschine

Quelle: eigene Darstellung

Abb. 2.1: Schrittmacher-, Schlüssel-, Basis- und veraltete Technologie

künftige Schlüsseltechnologien. Zum Beispiel war die digitale Fotografie in den 70er-
und 80er-Jahren eine Schrittmachertechnologie.

Schlüsseltechnologien stehen an der Front technologischer Entwicklungen. Typischerweise wird eine Technologie mit dem Übergang von der Schrittmacher- zur Schlüs-
selsituation auch patentrechtlich geschützt – Ausdruck für Verbesserungspotenzial
an Kundennutzen und damit an Wettbewerbsfähigkeit gegenüber eingeführten
Lösungen. Wenn ein Unternehmen a) das einzige ist oder zu den wenigen gehört,
welche die Schlüsseltechnologie besitzen, wenn es b) einen Mehrwert an Kundennutzen aufweist und c) ihn auch erfolgreich kommunizieren kann, wenn d) der Vorsprung nicht ohne Weiteres und nicht schnell von Konkurrenten eingeholt werden
kann und das alles e) vom Umfeld nicht ohne Weiteres außer Kraft gesetzt werden
kann, dann verfügt es über einen Innovationswettbewerbsvorteil, dem so genannten
Competitive Innovation Advantage (2.2.2.3), der technologisch iniziiert und durch
Innovationsmarketing begründet ist. Der Wandel im Markt und der Technologielebenszyklus begrenzen die Dauer dieses Vorteils. So war die digitale Fotografie in den
90er Jahren eine Schlüsseltechnologie, an der sich Konzerne wie Sony und Kodak in
ihren Produktinnovationsprogrammen orientierten.

Basistechnologien sind allgemein bekannte tragende technologische Prinzipien, ohne
die kein Anbieter im Markt bestehen kann, deren Besitz aber keinen CIA (mehr) begründet. Sie sind meist bereits in ganz unterschiedlichen Branchen verbreitet. Basistechnologien befinden sich in einer späten Phase des Technologielebenszyklus (TLZ)
und können an Leistungsfähigkeit nur noch geringfügig bzw. mit hohem Aufwand
verbessert werden, nämlich durch inkrementale F&E. Diesen geringen Verbesse-
rungschancen stehen mehr oder weniger hohe Substitutionsrisiken durch neue Technologien (bzw. Technologiegenerationen) gegenüber. Seit Anfang des neuen Jahrhunderts ist die digitale Fotografie eine Basistechnologie, allerdings noch ohne
erkennbar große Substitutionstechnologie.

Veraltete Technologien werden kaum noch angewendet, weil sie an Leistungsfähigkeit
von jüngeren Technologien überholt worden sind. Sie können allerdings bei entsprechenden Umfeldänderungen eventuell später wieder einmal relevant werden. Beispiele sind die „Zeppelin-Technologie", die bis Ende der 90er Jahre zur Lösung von
Großtransportproblemen wieder aufgegriffen und als „Cargo Lifter" zu einem neuen
Luftschiff für Langstreckentransporte sperriger Güter entwickelt werden sollte (zu
den Problemen und Herausforderungen des Cargo Lifters siehe 2.2.3.1). Auch die
kommerzielle Segelschifffahrt erlebt (unter Einsatz ergänzender neuer Technologien)
in Form luxuriöser Kreuzfahrtschiffe ein Comeback. Es ist nicht auszuschließen, dass
sie eines Tages sogar wieder für den Frachtmarkt wettbewerbsfähig wird.

Ein weiteres Beispiel für das Durchlaufen des Technologielebenszyklus: Die Feinmechanik zählte zu den Schrittmachertechnologien, als zu Beginn der ersten industriellen Revolution manuelle in maschinelle Arbeit zu transferieren war. Feinmechanik wurde in mehreren Branchen bald zur Schlüsseltechnologie, deren
Beherrschung z. B. der deutschen Fotoapparateindustrie die Führungsrolle verlieh.
Mit der zunehmenden Anwendungsvielfalt bekam die Feinmechanik den Status
einer Basistechnologie. Ihre Substitution durch die Mikro- und Optoelektronik führte
dazu, dass die deutsche Kameraindustrie ihre Führungsrolle an Japan abgeben

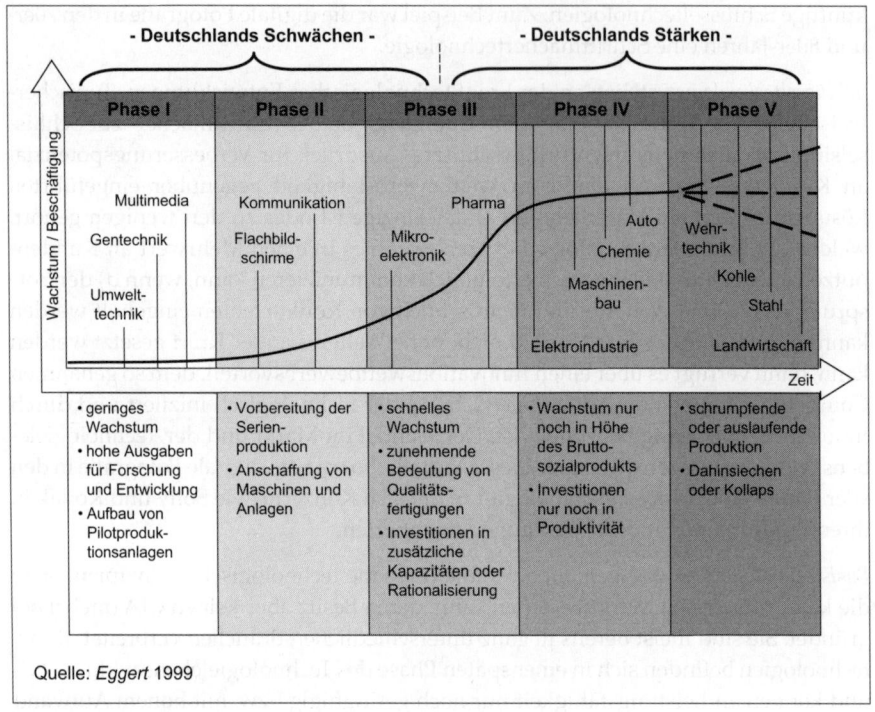

Abb. 2.2: Der industrielle Lebenszyklus

musste. Heute ist die Feinmechanik überwiegend durch Elektronik substituiert und wird allmählich durch die Mikrosystemtechnik gänzlich zur veralteten Technologie.

Die vorhergehende Abbildung 2.2 weist auf dringenden Innovationsbedarf in Deutschland hin, indem Deutschlands Stärken und Schwächen anhand eines industriellen Lebenszyklus aufgezeigt werden. Es fällt auf, dass Technologien, die traditionell eine Stärke der deutschen Industrie darstellen, wie der Maschinenbau und die Automobilindustrie, sich bereits in einer verhältnismäßig späten Lebenszyklusphase mit entsprechend ungünstiger Wachstumsprognose befinden. In zukunftsträchtigen Bereichen wie der Gentechnologie hat Deutschland im internationalen Vergleich eine tendenziell schwache Position.

Berthold AG

Ausgangssituation

„Vor etwa zwölf Jahren hatte es ganz harmlos angefangen: Adobe gab das erste Release von PageMaker heraus, und die ganze Druckbranche amüsierte sich köstlich über diesen Versuchsballon, der Papier schneidende und Uhu klebende Layouter brotlos machen wollte. Jeder war der festen Überzeugung, dass dieser Spuk sehr schnell ein Ende nehmen würde und die gefürchteten Satzspiegel-Spezialisten dann weiter unangefochten in ihrer Domäne tätig sein könnten. Heute dagegen wäre die Presse- und Verlagsindustrie ohne DTP-Programme (Desktop Publishing) überhaupt nicht mehr konkurrenzfähig ... " (*PC Shopping* 3/98).

Den Märkten der Berthold AG, einem Hersteller professioneller Satzsysteme, standen Mitte der 80er Jahre umwälzende Veränderungen bevor. Mit der rasanten Fortentwicklung der Datenverarbeitungstechnik veränderten sich auch die Möglichkeiten und Techniken in der Druckvorbereitung von Grund auf. Angesichts des sich abzeichnenden technologischen Wandels befand sich die Berthold AG in einer wichtigen strategischen Entscheidungssituation, deren wesentliche Merkmale im Folgenden aufgezeigt werden.

Die Berthold AG und ihre Produkte

Die Berthold AG – ein Unternehmen, das seit 1858 existierte, verfolgte stets das Leitbild, eine führende Rolle im Satzgeschäft zu spielen. So war man bereits 1928 die Nr. 1 in der Schriftgießerei. In den fünfziger Jahren dieses Jahrhunderts hatte man mit einem gewaltigen Kraftakt den Wechsel von der konventionellen Bleisatztechnik in den technisch äußerst anspruchsvollen Lichtsatz vollzogen und auch schlagartig eine Spitzenposition eingenommen.

Das Unternehmen erwirtschaftete Mitte der 80er Jahre in der Bundesrepublik Deutschland ca. 75 % seines Umsatzes in vier Marktsegmenten: kleine und große Satzbetriebe sowie kleine und große Druckereien mit eigenem Satz. Die hochwertigen Satzsysteme der Berthold AG zielten insbesondere auf einen Einsatz im Akzidenz- und Layout-Satz ab. Dabei handelt es sich nicht um die Massenerfassung von Texten (wie im Zeitungs- und Buchsatz), sondern um die anspruchsvolle typografische Gestaltung bspw. von Anzeigen, Broschüren, Werbematerial, Geschäftspapier und Vordrucken, Katalogen und Geschäftsberichten. Das Produktprogramm der Berthold AG bestand aus Eingabegeräten, Scannern, Speichereinheiten und Ausgabegeräten, die miteinander vernetzt werden konnten, sowie aus Schriften und Software.

Die bisherige Technik war der Lichtsatz. Er beruhte auf hochentwickelter elektromechanischer und elektrooptischer Technik, bei der ein Lichtstrahl durch eine Schriftenscheibe geleitet wurde, in der die Buchstaben und Zeichen mit hoher Präzision ausgestanzt wurden. In diesen elektromechanischen Systemen wurde die Schriftenscheibe über die Tastatur mit für mechanische Systeme hoher Geschwindigkeit und Genauigkeit so gesteuert, dass das jeweils gewünschte Zeichen zwischen Lichtquelle und zu belichtendem Film positioniert wurde. Die Zuverlässigkeit der Systeme hatte einen hohen Stand erreicht – allerdings waren den elektromechanischen Systemen auch strikte Grenzen in Bezug auf Flexibilität und Geschwindigkeit gesetzt.

Die technischen Veränderungen

Die damals zu erwartenden Veränderungen der Satztechnik, die durch die Nutzung der EDV möglich wurden, waren insbesondere folgende:

1. *Eingabegeräte*: Anstelle mechanischer bzw. elektromechanischer Tastaturen und direkter Übertragung auf den Positionierungsmechanismus der Schriftenscheibe konnten nun über die elektronischen Tastaturen digitalisierte Zeichen eingegeben werden, die auf einem DV-Bildschirm mit hoher Auflösung wiedergegeben und korrigiert sowie in einem DV-Speicher abgespeichert und später wieder abgerufen werden konnten. Die Vielfalt der zur Verfügung

stehenden grafischen Elemente, wie Schraffuren und Symbole, konnte dabei wesentlich erhöht werden.

2. *Speichereinheiten*: Durch die digitale Technik wurde es möglich, sowohl eingegebene Texte und grafische Elemente als auch die Schriften-Bibliothek zu speichern und beliebig abzurufen; die gesamte Schriften-Bibliothek konnte in digitalisierter Form auf Datenträgern zur Verfügung gestellt werden.

3. *Scanner*: Die Datentechnik ermöglichte es, beliebige grafische Vorlagen durch optische Abtastung in digitale Signale umzuwandeln, die abgespeichert und weiter bearbeitet werden konnten.

4. *Ausgabegeräte*: Im Gegensatz zur optomechanischen Technik, wo die Zeichen via Lichtdurchfall durch die Schriftenscheibe abgebildet wurden, basierte die neue digital gesteuerte Ausgabetechnik auf der Erzeugung von Punktrastern, so dass die Auflösung (d. h. die Punktzahl pro Flächeneinheit) zu einem wichtigen Qualitätsmerkmal wurde.

5. *Software*: Eine der zentralen technischen Änderungen der neuen Satzsysteme war das Vordringen von Software. Dazu gehörte die Betriebssoftware der Eingabe- und Verarbeitungsstationen, die Netzsoftware für die Steuerung der Verbindung zwischen den Eingabe- und Verarbeitungsstationen, den Speichereinheiten und den Ausgabestationen sowie die Anwendungssoftware für Text- und Grafikverarbeitung, Layout-Gestaltung und Systemmanagement.

Die zu erwartenden Auswirkungen auf die Kunden

Für Akzidenz- und Layoutsatzbetriebe bedeutete der Übergang von den bisherigen elektromechanischen und elektrooptischen Satz- und Belichtungsgeräten zu den neuen Systemen große Umstellungen. So ermöglichten die neuen Systeme höhere Produktivität und mehr Gestaltungsmöglichkeiten. Im Wettbewerb zwischen den Setzereien konnte es sich kein Betrieb leisten, die neue Technik zu ignorieren. Aber diese Technik hatte ganz andere Merkmale als die bisherige Technik, die dem Setzer leichter zugänglich war – aus langjähriger Erfahrung und wegen ihrer anschaulicheren Funktionsweise. So waren die Ursachen für auftretende Pannen und Fehler leicht zu erkennen und in gewohnter Weise zu beheben – es handelte sich typischerweise um Verschleiß bzw. Ausfall einzelner Elemente bzw. Komponenten oder um offensichtliche Bedienungsfehler. Bei den neuen Systemen hingegen trat zunächst eine Vielzahl bisher unbekannter Störungsmöglichkeiten auf, die mit den typischen Fehlerquellen der Mikroelektronik, der Software und der Datenübertragung zu tun hatten. Darüber hinaus erforderte die Bedienung der neuen Systeme viel neues Know-how über Steuerbefehle und Leistungsmerkmale.

Die Satzbetriebe und Druckereien waren in diesem Umfeld des technischen Wandels ferner durch eine Entwicklung auf dem Gebiet der Büroautomation verunsichert, durch die sie einen Teil des Marktes für professionellen Satz gefährdet sahen: DTP (Desktop Publishing), das von Herstellern von PCs und von Softwarefirmen angeboten wurde, erhob den Anspruch, dass viele Arbeiten, die bisher dem professionellen Setzer vorbehalten waren, nun vom Büromitarbeiter selbst ausgeführt werden konnten. Für Hersteller von professionellen Satzsystemen bot diese technische Entwicklung die Chance zu einer Erweiterung der

Kundenbasis, da Kunden von Setzereien begannen, sich selber mit Satzsystemen auszurüsten.

Die strategische Herausforderung

Die Berthold AG und ihre Kunden wurden vom rapiden Leistungsausbau der Systeme der Büroautomation bedrängt: Nach Auflösung, Funktionsspektrum, typografischen Möglichkeiten und Qualität der Ausgabe kamen diese Systeme immer dichter an das Leistungs- und Qualitätsniveau professioneller Satzsysteme heran. Die Umwälzungen ließen ferner komplexe Wechselwirkungen erwarten. Sehr problematisch war, dass Berthold bisher meinte man könne den Kunden die zunächst eingeschränkte Qualität des elektronischen Satzes nicht zumuten. Man hatte daher die Entwicklung elektronischer Systeme nicht mit strategischer Intensität verfolgt. Durch Fehleinschätzung des Qualitätsstandards elektronischer Systeme war ein technologischer Rückstand entstanden, der die Zukunft der Berthold AG ernsthaft zu gefährden drohte.

Für die allmählich offensichtlich erforderliche (Neu-)Positionierung im künftigen Wettbewerb mussten alle Einflüsse berücksichtigt werden, die aus der Entwicklung der EDV, der Telekommunikationsnetze und des Desktop Publishing einwirkten. Berthold musste in dieser Situation eine realistische Vision der Zukunft des professionellen Satzes entwickeln und zur Grundlage ihrer Anstrengungen machen. Der Führungsspitze war klar: Die Kunden – vornehmlich kleine und mittelgroße Setzereien und Druckereien – erwarteten angesichts des technologischen Wandels von Berthold Lösungen für die künftigen Herausforderungen. Das wertvollste Kapital stand auf dem Spiel: das über Jahrzehnte gewachsene Vertrauen der Kunden.

Quellen: Rese et al. 1999 – mit Dank für die freundliche Genehmigung eines Auszuges aus dieser Fallstudie, *Krumhauer* 1990

Um Technologielebenszyklen bei strategischen Innovationsentscheidungen angemessen zu berücksichtigen, sollte man die *Entstehung und Ausbreitung* von Technologien (und daraus folgend: Innovationen) verstehen. Unter vorliegenden Erklärungsansätzen sind 1. der netzwerk-, 2. der evolutions- und 3. der diffusionstheoretische Ansatz hervorzuheben.

1. Der Netzwerkansatz

Neue Technologien haben meist *Netzwerkcharakter*: Sie entstehen oft aus Querverbindungen bestehender Technologien und werden häufig in ganz unterschiedlichen Bereichen eingesetzt. Vielfältige Einsatz- und Anwendungsbereiche ermöglichen Synergien mit anderen Technologien und Märkten durch wechselseitige Rückkopplungsprozesse zwischen Technologieangebot und -nachfrage (*Schoder* 1995, S. 18 ff., *Servatius/Pfeiffer* 1992, S. 79 f.). So ist in dem oben skizzierten Fallbeispiel Berthold die neue Technologie, an die das Unternehmen den Anschluss verpasst hat, primär eine Verbindung von Mikroelektronik und Lasertechnologie. Ähnlich ist die CD-Technologie aus miteinander verbundenen Innovationen in der Lasertechnologie, der Werkstofftechnologie, der Elektronik und der Mikrosystemtechnik entstanden. Die neue Technologie ist so jeweils zu einem eigenständigen Technologiefeld geworden, aus dem heraus weitere Konkretisierungen erfolgt sind, nämlich Komponententechnologiennologie:Komponenten- wie der Minilaser und Systemtechnologien wie die Musik-CD bzw. die CD-ROM (vgl. *Servatius/Pfeiffer* 1992, S. 74 f., siehe zum komplexen Entwicklungsnetzwerk im Fall der Entwicklung der CD auch 2.1.3).

Bei weitem nicht aus allen neuen technologischen Erkenntnissen folgen Innovationen. Auch die tatsächlich eintretenden technologischen Entwicklungen können in Abhängigkeit von den tangierten Märkten und Umfeldbedingungen sehr unterschiedlich (bestenfalls linear-konsekutiv bis im schlechtesten Fall ganz erratisch) verlaufen. Das kann am Beispiel der Entwicklung des Industriekautschuks (für Autoreifen) in Abhängigkeit von der kriegsbedingt sprunghaft auf und ab verlaufenden Motorisierungsentwicklung und damit einhergehend veränderten Rahmenbedingungen illustriert werden:

Kautschuk

Erste Einsatzmöglichkeiten von Kautschuk bestanden Ende des neunzehnten Jahrhunderts vor allem für Kleidung (z. B. regenabweisende Kleidung) und Rüstungsgüter (z. B. Patronentaschen). Zunächst konnte Brasilien eine Liefermonopolstellung für Kautschuk einnehmen, die jedoch durch das internationale Angebot von Plantagenkautschuk ab 1900 aufgelöst wurde. Mit der beginnenden Automobilentwicklung eröffnete sich eine neue Einsatzmöglichkeit von Kautschuk: Reifen. Trotz zunächst massiver Fehleinschätzungen des Marktpotenzials von Autos (die Rede war einmal von europaweit maximal 25.000, weil Autofahren einen Chauffeur mit Ingenieurausbildung voraussetzte), zeichnete sich bald ein Kautschukbedarf ab, der durch natürliche Ressourcen nicht abgedeckt werden konnte. Die Farbenfabrik F. Bayer und Co. in Leverkusen erkannte das Potenzial frühzeitig und schrieb 1906 einen hoch dotierten Preis für die Entwicklung eines Herstellungsverfahrens für künstlichen Kautschuk aus. In den nächsten Jahren folgten intensive Forschungsbemühungen, auch anderer Unternehmen wie z. B. BASF und Schering-Kahlbaum. Trotzdem gelang es lange Zeit nicht, einen technisch und wirtschaftlich vollwertigen synthetischen Kautschukersatz herzustellen. 1913 beschloss Bayer, den Forschungsaufwand für Synthesekautschuk mangels technischer Anwendbarkeit stark einzuschränken. Während des ersten Weltkrieges kam es zu einer Wendung: Aufgrund des hohen Bedarfs an Kautschuk für die Rüstungsindustrie veranlasste das Deutsche Reich die Unterstützung der Kautschukforschung und -produktion. Darauf konnte bald synthetischer Kautschuk großtechnisch hergestellt werden. Nach dem ersten Weltkrieg wendete sich das Blatt erneut: Naturkautschuk stand wieder ausreichend zur Verfügung, und aufgrund der Vorteile gegenüber Synthesekautschuk wurde Anfang der zwanziger Jahre die Syntheseforschung weitestgehend eingestellt. Aufgrund starker Kautschuk-Preissteigerungen wurde die Forschung aber schon 1925 wieder aufgenommen. Während der Weltwirtschaftskrise ab 1929 wurden durch sinkenden Verbrauch (und damit verbundenen Preissenkungen) die Kautschuk-Forschungsinvestitionen bei Bayer in den Kautschukbereich zurückgefahren. Erst Mitte der dreißiger Jahre ermöglichten staatliche Subventionen neue Forschungsprojekte und damit endlich den Durchbruch in der Kautschukforschung und den Aufbau einer kontinuierlichen Produktion.

Quelle: Brockhoff 1995

Ein aktuelles Beispiel liefert die Nanotechnolgie. Sie basiert auf Elementen und Strukturen von der Größe einiger Nanometer bis hinab zu atomaren Größenordnungen. Durch wachsenden Bedarf an kleinsten Bauelementen und höchsten Genauigkeiten wird von der Nanotechnologie bald der Übergang von Schrittmacher- zu Schlüsseltechnologie in optischen, informationstechnischen, elektronischen, biochemischen und medizintechnischen Anwendungsfeldern erwartet. Wir gehen davon aus, dass die Nanotechnologie zunehmend in die Technikfelder und Anwendungsmöglichkeiten der heutigen Mikrotechnologie integriert wird. Dennoch ist die Entwicklung des Marktpotenzials ungewiss und hängt letztlich auch von den künftigen Fortschritten der Nanotechnologie selbst ab (*Cleemann/Pfeiffer* 1992, S. 110).

2. Der evolutionstheoretische Ansatz

Technologien entwickeln sich *evolutionär*: Der Entstehungsprozess beginnt innerhalb eines Wissensgebietes oder interdisziplinär in Verbindung mehrerer Wissensgebiete. Die einzelne Innovation ist Element einer evolutionären Innovationskettevationskette, die aus kleinen (inkrementalen) Schritten bestehen kann – so die Modellentwicklung der Automobilindustrie oder die Updates der Softwareindustrie – oder aus seltenen großen (revolutionären) Umbrüchen – so die Buchdrucktechnik oder die Brennstoffzellen-Energietechnik.

Wie aber ist der Zusammenhang zwischen Evolution und Innovation? Evolutionäre Theorien existieren in vielen Wissenschaftsdisziplinen. Herausragende Bedeutung hat die biologische Evolutionstheorie erlangt, deren Ausgangspunkt die Selektionstheorie Darwins war. Darauf aufbauende Ansätze gehen davon aus, dass komplexe Systeme Prozessen unterliegen, die biologischen Systemen ähneln. Grundannahme der biologischen Evolutionstheorie ist, dass alle Arten und Individuen eines Systems um die verfügbaren Ressourcen konkurrieren. Aufgrund von selbstregulierenden Prozessen herrscht zu jedem Zeitpunkt ein relativ stabiles Gleichgewicht. *Mutationen* sind lokale Änderungen der Struktur des Informationsspeichers eines biologischen Systems. Durch äußere Einflüsse und das Auftreten von fehlerhaften Replikationen der Gene entstehen hin und wieder Mutationen. Die dadurch folgenden Varianten einer Art konkurrieren um ihr Überleben im System, was jeweils nur wenigen gelingt. Selektionsprozesse führen zu einem „survival of the fittest": a) Unterdrückung des Schwächeren durch den Stärkeren, b) Dominanz der Fortpflanzung durch den Stärkeren, c) Unterdrückung des Späteren durch den Früheren und d) zufällige Wahl zwischen gleichwertigen Alternativen.

Die Evolutionstheorie geht davon aus, dass der Selektionsprozess auch dem Zufall unterliegen kann, die Entwicklung des Gesamtsystems aber „sinnvoll" ist, also einen übergeordneten Zweck erfüllt. Die Veränderung des Systems, die Evolution, schreitet in kleinen Schritten voran – nur sehr selten kommt es zu größeren Sprüngen. Dabei gibt es eine „optimale Evolution", die auch durch ein optimales Evolutionstempo geprägt ist (*Röß* 1993, S. 37 ff.).

Innovationen tragen evolutionäre Merkmale (*Reichert* 1994, S. 128). Erkenntnisse der Evolutionstheorie lassen interessante Folgerungen für das Management von Innovationen zu: Unternehmen konkurrieren hinsichtlich verfügbarer Ressourcen. Mutationen entsprechen Innovationsideen, diese iniziieren Evolution. So entstehen neue Varianten in Form von neuen Produkten und Prozessen. Die neuen Varianten konkurrieren um ihr Überleben im System, dem Markt. Die wenigsten Mutationen (Innovationsideen) bzw. Varianten (Innovationen) sind langfristig überlebensfähig.

Im Vergleich zur biologischen Evolution gibt es jedoch einen entscheidenden Unterschied: Die Möglichkeit der aktiven Beeinflussung von Selektionsprozessen durch den Menschen als Hauptursache für den raschen Fortschritt der „Evolution der Zivilisation". Während die biologischen Selektionsprozesse primär dem Zufall unterliegen, kann die Durchsetzungs- und damit Überlebensfähigkeit der Varianten durch Denk- und Willensprozesse positiv beeinflusst werden. Ein entscheidender Selektionsvorteil einer Variante ist dabei der Innovationsvorteil, also die Vorteilhaftigkeit einer Innovation gegenüber Alternativen. Innovationen mit einem zu geringen Innovationsvorteil haben im „survival of the fittest"-Kampf keine Chance, z. B. weil sie durch am Markt vorhandene, „frühere" Produkte unterdrückt würden (*Röß* 1993, S. 46 ff.).

Unternehmen haben also die Möglichkeit einer aktiven Einflussnahme auf die Evolution eines Marktes bzw. Wirtschaftssystems. Ziel ist es, den Selektionsprozess zu eigenen Gunsten zu steuern. Haupteinflussmöglichkeit ist die Generierung eines möglichst hohen Innovationsvorteils durch ein effektives und effizientes Innovationsmanagement. Die Kommunikation des Innovationsvorteils hat hohen Stellenwert, da der Innovationsvorteil nicht durch den objektiven Vorteil, sondern durch subjektive Wahrnehmung der Vorteilhaftigkeit durch Zielkunden entsteht. Die Dynamik der Evolution zwingt Unternehmen zu kontinuierlichen Mutationen, also zur kontinuierlichen Generierung und Umsetzung von Innovationsideen, um langfristig im System überleben zu können (*Röß* 1993, S. 54 ff.). Dabei gilt das evolutionstheoretische Prinzip der Irreversibilität: Basis von Innovationen ist vorhandenes Wissen, das in neues Wissen transformiert wird. Das neue Wissen ist Ausgangsbasis für Folgeinnovationen und wird nicht einfach „vergessen". Also ist eine Innovation auch nicht wiederholbar, sondern nur imitierbar (*de Pay* 1995, S. 15).

Aus der Evolutionstheorie lassen sich einige grobe Leitlinien für das Innovationsmanagement ableiten, die in der folgenden Abbildung 2.3 zusammengefasst werden.

3. Der diffusionstheoretische Ansatz

Die Verbreitung von Technologien mit der Zeit folgt (wie die Verbreitung von Produkten im Markt) einem typischen *Diffusionsverlauf*, nämlich einer anfangs flachen, dann progressiven, später degressiven und schließlich nahezu horizontalen Kurve, welche die Zahl der Übernahmen (Adoptionen) der Technologie beschreibt (*Rogers* 2003, *Schmalen/Pechtl* 1996). Abhängig vom Zeitpunkt der Übernahme lassen sich verschiedene Adoptionsgruppen beschreiben: Innovatoren, Frühe Übernehmer, Frühe Mehrheit, Späte Mehrheit und Nachzügler. Ihre Anteile an der Gesamtmenge der Adoptoren zeigt die folgende Abbildung 2.4.

Die Diffusionsgeschwindigkeit hängt ab von der (relativen!) Nutzenhöhe, welche die Anwendung der Technologie in Produkten und Prozessen stiftet, aber auch von diversen Hemmnissen wie wahrgenommenen Risiken und Investitionskosten. Wenn der Nutzen nicht absolut beim Anwender entsteht, sondern von der Zahl der Nutzer abhängt (Netzeffekt), dann verläuft die Diffusion anfangs flacher, muss eventuell einen Schwellenwert überwinden und verläuft danach steiler als eine Diffusion ohne Netzeffekt. So ist etwa die private Verbreitung der Bildschirmtext-Technologie

**Das Evolutionstempo (Generationenzahl/Zeitraum)
ergibt sich aus der Mutationsrate und dem Selektionsvorteil der Mutation**

Mutation ⇔ Innovationsideen

Selektionsvorteil ⇔ Innovationsvorteil

Generationen ⇔ Neue Produktgenerationen

Folgerungen für die Innovationsmanagement-Praxis

Kreative Mitarbeiter, kreatives Milieu	Hohe Mutationsrate
Hohe Ziele setzen	Selektionsvorteil
Ziele nicht zu eng definieren	Selektionsbreite
Belohnungen an Zielen orientieren	„Zuchtwahl"
Selektion nicht behindern	Kampf ums Dasein
„Innovationsbabies" schützen	Evolutionsnischen

Quelle: *Röß* 1993

Abb. 2.3: Innovationsführung evolutionstheoretisch

(Teletex) in den 80er Jahren in Deutschland viel langsamer und flacher verlaufen als in Frankreich, wo durch Marketingmaßnahmen dafür gesorgt wurde, dass innerhalb kurzer Zeit viele Haushalte mit billiger Hardware und kostenloser (Spiele-) Software ausgestattet waren. Wir kommen bei der Analyse der Meinungsführer und Innovatoren (4.6) auf die Diffusionstheorie zurück.

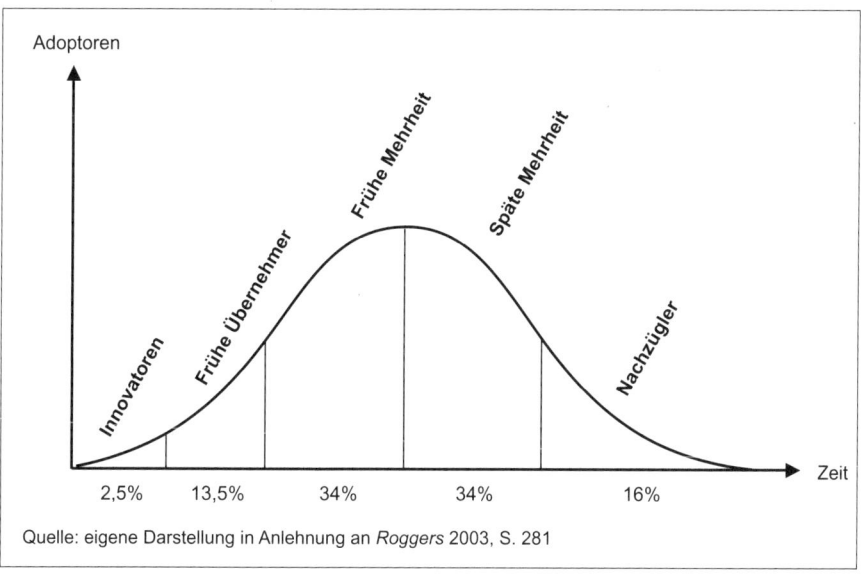

Quelle: eigene Darstellung in Anlehnung an *Roggers* 2003, S. 281

Abb. 2.4: Die idealtypischen Phasen des Diffusionsverlaufs

Eine spezielle Ausprägung der Diffusionsforschung zur Beschreibung und Erklärung der Entwicklung von Technologien bzw. Technologiegenerationen ist das S-Kurven-Konzept (*siehe 4.1.2.4*). Hier ist aber nicht die Zahl der Adoptionen abhängige Variable, sondern die Leistungsfähigkeit (besser, empfängerbezogen: der Nutzen) der Technologie; unabhängige Variable ist nicht die Zeit, sondern der kumulierte Aufwand zur (Weiter-) Entwicklung der Technologie. Die Brücke von der S-Kurve zur Diffusionskurve hat zwei Pfeiler: a) der Nutzen der Technologie bestimmt die Adoptorzahl, das Diffusionstempo, b) der kumulierte Aufwand zur (Weiter-)Entwicklung der Technologie braucht Zeit.

2.1.2 Innovation

Innovation heißt Neuerung. Der Begriff stammt aus dem Kirchenlatein und wurde vor allem durch den Heiligen Augustin (um 400 n. Chr.) geprägt, der diesen Begriff verwendete, wenn er von Erneuerung sprach. In Italien, Frankreich und England wurde der Begriff in der Renaissance aufgenommen, wogegen die Deutschen den Begriff ca. erst ab Anfang der 60er Jahre nach der deutschsprachigen Erscheinung von *Schumpeters* „Theorie der wirtschaftlichen Entwicklung" verwendeten (*Quadbeck-Seeger* 1998, S. 101).

Der Begriff wird in den Sozial- und Wirtschaftswissenschaften sehr allgemein verwendet, nämlich als gezielte Veränderung eines Systems. Der *betriebswirtschaftliche* Begriff ist stark geprägt durch *Schumpeter* (1939): Planung und Durchsetzung neuer Produkte und Prozesse durch risikobereite, kreative, entschlossene und charismatische Unternehmer. In diesem Sinne erfordert die Entwicklung neuer Produkte

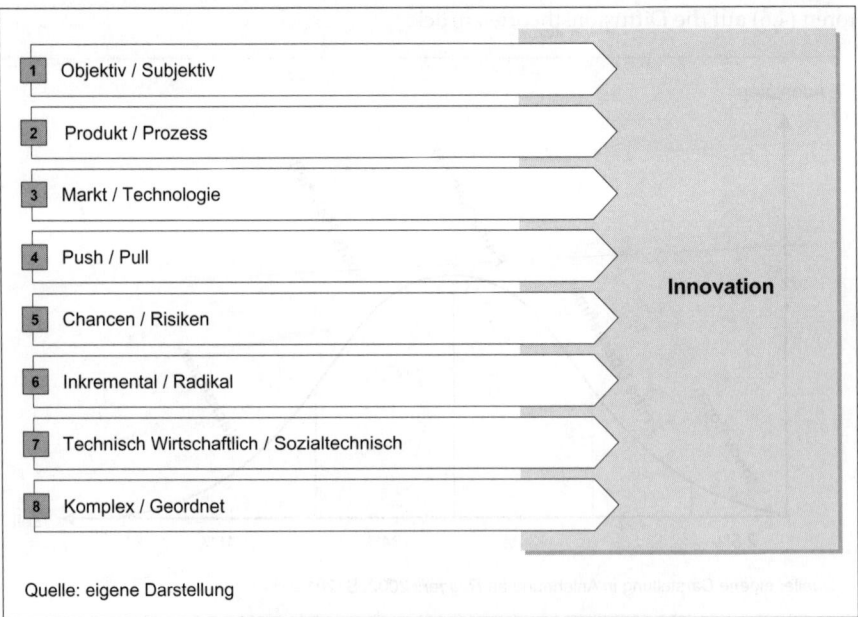

Abb. 2.5: Kategorien des Innovationsbegriffs

Aufgeschlossenheit für Neues und setzt eine entsprechende Unternehmenskultur voraus. Diese sollte geprägt sein durch eine innovationsfreundliche Organisationskultur und letztlich durch offenes menschliches Verhalten, besonders durch Kreativität, „Querdenken", Entscheidungsfreude und professionelles Kommunizieren.

Eine Innovation setzt sich aus einer Idee bzw. *Erfindung* (invention) und ihrer *Umsetzung* bzw. Durchsetzung (exploitation) zusammen (*Roberts* 1987). Manche sehen die Invention als separaten Prozess an, andere (und auch wir) verstehen die Invention als einen zur Innovation gehörenden Teilprozess (*Hauschildt* 2004, S. 3 ff. zur detaillierten Auseinandersetzung mit dem Inventions- und Innovationsbegriff).

In diesem Zusammenhang verstehen wir unter Innovation einen unternehmenssubjektiv neuartigen Gegenstand (Produkt oder Prozess), den es nicht nur zu „erfinden" gilt, sondern der im Unternehmen und nach außen durchgesetzt werden muss. Zusammen mit den etablierten begrifflichen Ansichten der Innovationsforschung und der Problemschwerpunkte des Innovationsmanagement sind folgende Kategorien des Innovationsbegriffs hervorzuheben und in ihren relevanten Ausprägungen zu bestimmen.

2.1.2.1 Objektive oder subjektive Neuartigkeit

Neuartigkeit ist aus der Problemsicht des Innovationsmanagement nicht unbedingt eine objektive Welt-Neuartigkeit. Als Mannesmann mit der Marke D2 in den Funktelefonmarkt einstieg, gab es bereits Funktelefone. Für Mannesmann bestand die Innovation darin, mit einer für das Unternehmen neuen Technologie bisher nicht bediente Kundengruppen zu gewinnen. Entscheidend ist die *subjektive Neuartigkeit* für das betreffende Unternehmen, besonders für seinen Markt, denn was subjektiv neu ist, braucht Innovationsmanagement. Was eine Innovation ist, hängt vom Unternehmen ab, besonders von seinen Märkten (Kunden und Wettbewerbern) und von den bestehenden Technologien. So kann ein für das Unternehmen altes Produkt eine Innovation für bestimmte Kundensegmente sein. Ebenso kann eine *Imitation* etwas subjektiv Neues sein, weshalb auch Imitationsmanagement Innovationsmanagement ist. *Cooper* (1995, S. 11 ff.) unterscheidet (1) unternehmenssubjektive Innovationen („newness to the company") und (2) kundensubjektive Innovationen („newness to the market"). Das führt uns zur zweiten Kategorie zur Kennzeichnung des Innovationsbegriffs:

2.1.2.2 Produkt- oder Prozessinnovation

Ein innovatives Abwasser-Analysegerät ist für die Herstellerfirma eine Produktinnovation, für ihre Kunden, nämlich Kläranlagenbetreiber als Anwender des Geräts, bedeutet es eine Prozessinnovation, d. h. Veränderung der Arbeitsabläufe. Man unterscheidet Produkt- und Prozessinnovationen (*Abernathy/Utterback* 1975).

Produktinnovationen sind auf neue Kundenproblemlösungen gerichtet und dienen dem Aufbau und der Verteidigung der Wettbewerbsfähigkeit. *Prozessinnovationen* sind Neuerungen bei der Leistungserstellung, mit der Folge höherer Produktivität bzw. geringerer Kosten oder besserer Qualität. Beide sind eng verknüpft: Über billigere und/oder bessere Produkte leisten Prozessinnovationen indirekt Beiträge zum

Aufbau und zur Verteidigung der Wettbewerbsposition. Besonders in industriellen Märkten gehen Produkt- und Prozessinnovationen Hand in Hand. Unser Schwerpunkt „Innovationsmarketing" betrifft zwar die Produktinnovation, aber eine Produktinnovation aus Anbietersicht bedeutet oft eine Prozessinnovation aus Kundensicht, nämlich wenn der (Business-to-Business-)Kunde das neue Produkt für seine eigenen Wertschöpfungsprozesse einsetzt. Derartige Produktinnovationen müssen also als Prozessinnovationen aus Kundensicht verstanden werden, um wirklich kundenorientiert zu sein.

Ein ziemlich neuer Begriff in diesem Zusammenhang ist „Lösungsinnovation" (solutions innovation). „Solution" bedeutet hier „resolution, solving, answer, method for solving a problem, puzzle, question, doubt, difficulty etc." (*Shepherd/Ahmed* 2000, S. 103). Im Mittelpunkt der Betrachtung steht also die Lösung eines gegebenen Problems, in unserem Fall eines Kundenproblems. In der Computerindustrie werden oft Lösungsinnovationen angeboten, nämlich festgelegte Komponentengruppen (z. B. Hardware, Software und Services), zur Lösung eines Kundenproblems. Erst die Integration der einzelnen Komponenten liefert die Lösung des Kundenproblems. So ist bspw. das Kundenproblem „digitale Erstellung, Verarbeitung und Speicherung von Informationen" nicht isoliert, sondern nur durch eine geeignete Kombination aus Hardware, Software und Services lösbar. Die Lösungsinnovation impliziert zwei Herausforderungen: Eine logistische Herausforderung besteht darin, dass die notwendigen Komponenten entweder intern oder extern zur gegebenen Zeit verfügbar sind. Gerade bei komplexen Lösungsinnovationen, deren Komponenten durch viele unterschiedliche Unternehmen bereitgestellt werden müssen, ist das eine nicht unerhebliche Aufgabe. Die technologische Herausforderung besteht auch in der Sicherstellung der Kompatibilität der Komponenten. Lösungsinnovationen verlangen vom innovierenden Unternehmen neben Technik- und Marktkompetenz eine Integrationskompetenzkompetenz (*Shepherd/Ahmed* 2000, S. 100 ff.).

2.1.2.3 Markt

Die pharmazeutische Entwicklung- oder Technologieinnovation eines neuen Migränemittels setzt als *Technologieinnovation* voraus, dass eine neue Molekülsubstanz gefunden wird, die spezifisch auf solche Schmerzen wirkt und möglichst wenig Nebenwirkungen hat. Die Positionierung von Aspirin als HKK-Prophylaxe im Zuge der Entdeckung, dass die über hundert Jahre alte Substanz von Aspirin, ASS, Herz-Kreislauf-Krankheiten (HKK) vorbeugen und als Infarkt-Therapie eingesetzt werden kann, ist dagegen eine *Marktinnovation* (zu diesem Begriff siehe auch *Johne* 1999, S. 6 ff.).

Mit den beiden bereits seit Cooper bekannten Neuartigkeitsdimensionen (1) Markt = Zweck = Funktion = Kundenproblem und (2) Technologiegie = Mittel = Problemlösung = technische Realisierung können Innovationen in vier Felder eingeordnet werden (*Hauschildt* 2004, S. 12; vgl. auch Abb. 2.6).

Dieses Schema entspricht übrigens der Strategieklassifikation von *Ansoff* (1966) in Marktdurchdringung (altes Produkt und alter Markt), Marktentwicklung (altes Produkt auf neuem Markt), Produktentwicklung (neues Produkt auf altem Markt) und Diversifikation (neues Produkt auf neuem Markt). Wir schließen uns diesem Sprachgebrauch hier nicht an, zumal der Diversifikationsbegriff inzwischen anders belegt

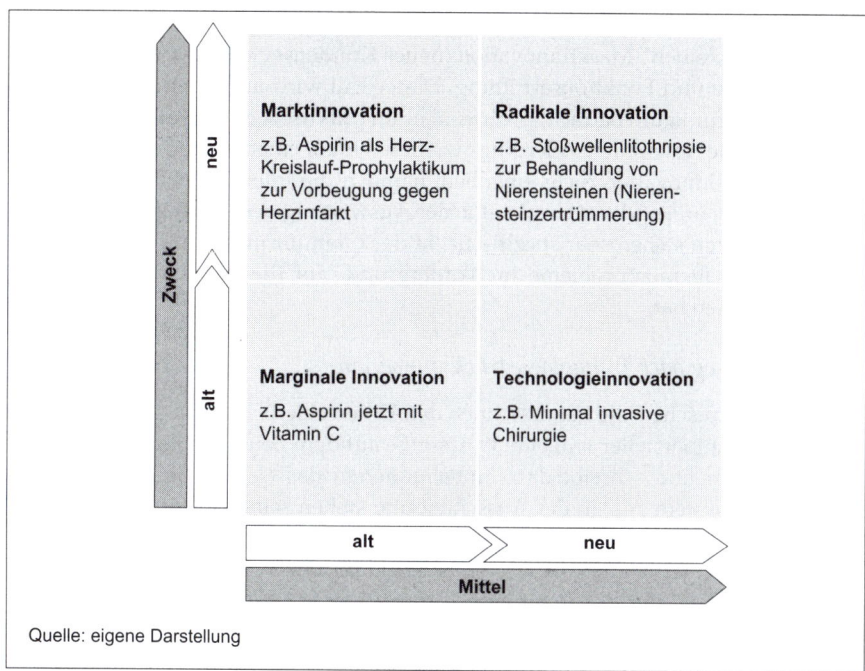

Abb. 2.6: Produktinnovationsarten

ist und „Marktentwicklung" mit „Marktinnovation" gleichzusetzen ist. Ist sowohl der Zweck als auch das Mittel vertraut (nicht neu), liegt allenfalls eine marginale Innovation vor, und damit befasst sich unser Innovationsmarketing nicht. Die drei anderen Fälle bezeichnen Marktinnovationen, Technologieinnovationen und kombinierte Markt- und Technologieinnovationen. Diese heißen auch radikale Innovationen, weil hier „alles neu" ist und damit der Innovationsgrad besonders hoch ist. Die Schwierigkeiten radikaler Innovationen sind viel größer als die Schwierigkeiten reiner Markt- oder Technologieinnovationen; siehe dazu weiter unten den Abschnitt „Innovationsgrad".

Angenommen, das Pharmaunternehmen habe ASS bisher nur gegenüber Ärzten als HKK-Prophylaktikum positioniert, und jetzt soll der Endkundenmarkt gewonnen werden. Zweifellos ist dieses Vorhaben (unternehmenssubjektiv) eine Innovation, und zwar eine andere Art Marktinnovation als die Bearbeitung des Kundenproblems „HKK-Prophylaxe" statt „Kopfschmerz". Es ist nicht dasselbe, neue Kundengruppen anzuzielen oder neue Probleme bzw. Bedürfnisse einer schon bekannten Kundengruppe zu bedienen. Wir wollen diese beiden Arten der Marktinnovation unterscheiden und das Innovationsartenschema um die Dimension „Kundensegmente" erweitern. Die nunmehr dreidimensionale Differenzierung von Innovationen – nach

- Funktionen (was wird geleistet?),
- Technologien (wie wird es geleistet?) und
- Segmenten (für wen wird es geleistet?) –

entspricht dem Geschäftsfeldschema von *Abell* (1980, das wir als allgemeines Ordnungsprinzip zugrunde legen (siehe 3.2).

Dann ist jedes für das Unternehmen neue Geschäftsfeld eine Innovation, also auch der Fall einer „reinen" Marktinnovation (neues Kundensegment) – bei unveränderter Technologie und Funktionserfüllung. Dieser Fall wird in der Innovationsmanagement-Literatur kaum betrachtet, obwohl er im praktischen Innovationsmarketing eine beachtliche Rolle spielt. Allerdings werden wir auf einen besonderen Fall dieser Art von Marktinnovation nicht eingehen, nämlich die Internationalisierung, denn bei grenzüberschreitender oder gar globaler Ausweitung des Geschäfts mit vorhandenen Produkten stehen sehr spezifische, in der Literatur in sich abgeschlossen behandelte, Managementprobleme im Vordergrund, auf die das vorliegende Buch nicht einzugehen hat.

2.1.2.4 Marktsog oder Technologiedruckinnovation

Zwei extremtypische Fälle kennzeichnen den Unterschied:

1. Ein Flachstahlhersteller will eine Walzstraße auf dem neuesten Standes der Technik errichten und schreibt dazu unter anderem das elektrische Antriebs- und Steuerungssystem aus. In der Ausschreibung stehen seine Leistungsanforderungen für ein vollautomatisches System.
2. Ein Chemieunternehmen hat als Nebenprodukt der Forschung eine neuartige Folie entwickelt, die sich unter einer elektrischen Spannung von 80 Volt überall gleichmäßig auf konstant 50 °C erwärmt. Es gilt, aus dieser technologischen Entdeckung neue Produkte zu entwickeln. Die Anwendung einer Kreativitätstechnik an der TU Berlin führte zu 250 Produktideen, vom beheizbaren Auto-Außenspiegel bis zum beheizbaren Toilettensitz. Einige davon hat das Unternehmen realisiert.

Im Fall 1 ist das Problem, die Funktion, der Markt, bekannt; gesucht ist eine technische Lösung. Dieser Fall des Innovationsmarketing heißt *Market-Pull-Innovation*, weil der Markt die Innovation anfordert, einen Innovationssog ausübt. Hier wird von Bedürfnissen (Funktionen) ausgegangen und nach einer technologischen Lösung gesucht. Beispiele für Probleme bei Market-Pull-Innovationen liefert der Fall „MIPAS", der einleitend zu diesem Abschnitt skizziert wurde. Die Extremform der Market-Pull-Innovation ist der ausformulierte Entwicklungsauftrag. Ab Auftragseingang bis zur Abnahme ist dieser Fall eigentlich kein Problem des Innovations*marketing*. Auf Märkten, die nicht dieser Reinform des Auftragsgeschäfts folgen, ist die Anpassung der Innovation an das Kundenbedürfnis schwieriger, weil die potenziellen Kunden teilweise nicht bekannt sind, weil sie sich ihrer durch Produktinnovation lösbaren Probleme nicht immer recht bewusst sind und weil sie ihre Bedürfnisse bzw. Produktanforderungen oft gar nicht oder nur unklar artikulieren. Die Bestimmung der durch eine Innovation lösbaren Kundenprobleme ist *die* Herausforderung der Innovationsmarktforschungmarktforschung.

Im Fall 2 ist eine Technologie entdeckt worden, für die man Kundenprobleme sucht, die mit einem diese Technologie umsetzenden neuen Produkt gelöst werden können. Eine *Technology-Push-Innovation* sucht den Markt, also Anwendungen/Funktionen, mit denen Kundennutzen geschaffen werden kann. Technischer Fortschritt erzeugt Innovationsdruck (Technology-Push), Bedürfnisse im Markt, also Kundenprobleme, erzeugen Innovationssog (Market-Pull) (*Utterback* 1971, S. 126 ff.; *Gerpott* 2005, S. 40).

Geschäftsfeld-Dimension (Abell) / Innovationsart	Mittel, Fähigkeit, Technologie	Zweck, Funktion, Kundenproblem	Markt, Segment, Kundengruppe
Technology-Push	gegeben	gesucht	gesucht
Market-Pull	gesucht	gegeben	gegeben

Quelle: in Anlehnung an *Abell* 1980, S. 15

Abb. 2.7: Beschreibung von Technology-Push- und Market-Pull-Innovationen mit Hilfe des Abell-Schemas

Oft soll Innovationsmarketing für technologische Neuentwicklungen attraktive Kundenprobleme und Marktsegmente identifizieren. Es wird von technologiebedingten Funktionen ausgegangen und nach entsprechenden Bedürfnissen gesucht. Beispiele für Möglichkeiten und Probleme des Innovationsmarketing bei einer Technology-Push-Innovation liefert der ebenfalls eingangs skizzierte Fall „Nierensteinzertrümmerer". Das Gerät ist technisch perfekt (automatische Patientenpositionierung usw.) entwickelt, aber nicht perfekt vermarktet worden. So ist versäumt worden, nach der erfolgreichen Vermarktung des Lithotripters im Spitzensegment des Medizintechnik-Marktes mit einer funktional reduzierten und billigeren Version auch das mittlere Marktsegment zu bedienen. Dieses Geld zu verdienen, blieb später dem koreanischen Käufer der Dornier-Medizintechniksparte überlassen. Unterlassen wurden auch mögliche Anschlussinnovation eines Gerätes zur Beseitigung von Kalkablagerungen in der Wirbelsäule (wie es Jahre später ein amerikanisches Unternehmen entwickelt hat) im noch wesentlich größeren medizinischen Markt der Rückenleiden.

Technology-Push-Innovationsmarketing ist besonders schwierig, wenn das Kundenverhalten bei technologischen Innovationen durch wahrgenommene Produktkomplexität, Risikoempfinden und Bindung an das betreffende technologische System bestimmt wird, besonders wenn die Entscheidung eine langfristige Bindung nach sich zieht, die Folgekaufentscheidungen festlegt (*Weiber/Pohl* 1995, S. 410 f., siehe auch Meinungsführer und Innovatoren in 4.6). Herausforderung des Innovationsmarketing ist es hier, technisch lösbare Bedürfnisse und entsprechende Marktwiderstände zu erkennen und darauf zu reagieren.

Beide Innovationsarten benötigen Kreativität: Technology-Push braucht Marktkreativität zur Identifikation von Vermarktungsmöglichkeiten, Market-Pull braucht technologische Kreativität zur Entwicklung von Problemlösungen. Die Kategorie „pull/push" kann mit dem Geschäftsfeldschema Abell (1980, vgl. 3.2) so charakterisiert und differenziert werden (vgl. Abb. 2.7).

Welche Innovationsart gerade vorliegt, ist nicht immer leicht zu entscheiden: Waren Mobiltelefon, Personal Computer und das Internet, Sekundenkleber, Styropor und Schlagsahne aus der Spraydose, trübe Kontaktlinsen für Hühner gegen aggressives

Verhalten im Hühnerstall Technology-Push- oder Market-Pull-Innovationen? Die Dimension „Funktion, Kundenproblem" überwindet als Schnittstelle diverse Zweifel an der Klassifikation einer Innovation, denn sie integriert die Technologieseite und die Marktseite so, wie es der Realität entspricht: Kundenprobleme sind noch latent, müssen erst geweckt werden, und Technologien werden mit ihrem Lösungspotenzial oft erst spät erkannt. Innovation beruht auf der mehr oder weniger kreativen Verbindung von Kundenbedürfnis und Technologie, das Funktionsdenken (im kundenorientierten Sinne von nutzen-stiftenden Funktionen) hilft dabei.

Nach einer früheren Untersuchung waren 75–95 % aller erfolgreichen Innovationen in den USA Market-Pull-Innovationen (*Holt et al.* 1984). Aus unseren bisherigen Überlegungen und aus solchen empirischen Ergebnissen folgt, dass Technology-Push-Innovationen generell ein höheres Misserfolgsrisiko tragen als Market-Pull-Innovationen. Andererseits haben erfolgreiche Technology-Push-Innovationen ein breiteres Anwendungspotenzial, so dass Parallel- und Folgeinnovationen aus der Erfindung möglich sind und das erhöhte Risiko durch entsprechende Chancen ausgleichen können. Aus innovationsstrategischer Sicht besteht daher bei Market-Pull-Innovationen die zentrale Herausforderung in einer Erhöhung der Chancen, wogegen bei Technology-Push-Innovationen die Risikominderung im Vordergrund steht.

2.1.2.5 Investitionscharakter – Chancen versus Risiken

In der Automobilindustrie rechnet man mit einem Aufwand von einer halben bis hin zu mehreren Mrd. Euro, um ein neues Modell für eine gängige Marke herauszubringen. Diesen Aufwendungen stehen natürlich entsprechend hohe Erlöserwartungen gegenüber, aber sie können vielfach nicht erzielt werden; nicht selten verschwindet das neue Modell bereits nach kurzer Zeit wieder vom Markt. Eine in diesem Sinn zunächst kritische Innovations-Investition war diejenige von Mercedes-Benz in den Smart. Dessen Zukunft aufgrund massiver Absatzschwierigkeiten zu Beginn der Markteinführung zunächst sehr fraglich war, sich aber im Verlauf der Zeit und unter einer veränderten Innovationsmarketingstrategie sehr positiv entwickelt hat (siehe 2.1.4 zu einem ausführlichen Smart-Fallbeispiel).

Grundsätzlich: Produktinnovationen werden selbstverständlich in Erwartung künftiger Erträge geplant, und diese werden manchmal außerordentlich hoch eingeschätzt. Andererseits zeigen ungezählte Misserfolge (Flops), dass den hohen Chancen auch hohe Risiken gegenüberstehen.

Dieses hohe Chancen-Risiken-Verhältnis hat Konsequenzen für das Innovationsmanagement:

- Wer nicht wagt, der nicht gewinnt: Innovation braucht Wagniskapital, das Projekt im Konzern genau so wie die innovative Unternehmensgründung.
- Wer wagt, darf Fehler machen, und wer keine Fehler machen will, sollte nicht innovieren. Das hat Konsequenzen für die Führung und das Controlling von Innovationsvorhaben: Fehler hart zu sanktionieren und innovative Freiräume zu beschneiden, tötet Innovativität.
- Im komplexen System eines Innovationsvorhabens gibt es einige wenige bekannte Faktoren, von denen der Erfolg abhängt, und sehr viele, die als potenzielle Miss-

erfolgsfaktoren wie Stolpersteine im Wege stehen (siehe 2.2.2 zu bekannten Erfolgsfaktoren der Produktinnovation). Daraus folgt, dass Innovationsmanagement permanent und sorgfältig auf solche Faktoren achten muss, um das Misserfolgsrisiko zu senken.

- Investitionen erfahren ihre betriebswirtschaftliche Beachtung eigentlich auch durch das externe Rechnungswesen, sie erscheinen in der Bilanz als Aktiva. Das ist in Deutschland für Innovationsvorhaben jedoch nicht der Fall, weil diese Werte als „immateriell" gelten und der Gesetzgeber für die Bewertung immaterieller Güter besondere kaufmännische Vorsicht vorschreibt. Management und Shareholder sollten dennoch Innovationsprojekte nicht als „nonvaleur" verstehen (*Hauschildt* 2004, S. 519 f.). So sollte die Kommunikation mit den Anlegern („investor relations") besonders die nicht aus der Bilanz zu ersehenden Werte der Innovationsprojekte herausstellen.

2.1.2.6 Innovationsgrad

Hersteller von Tiefkühlkost, Zigaretten, Waschmitteln bezeichnen gern als Innovation, was einer neuen Marke, Mixtur, Geschmacksrichtung, Duftnote oder gar Verpackung entspricht, Anbieter von Finanzdienstleistungen kombinieren Konditionsparameter zu „neuen Produkten", jede modische Variante der Produkte eines Bekleidungsproduzenten ist „Innovation". Andererseits gab es enorme Umwälzungen in Wirtschaft und Gesellschaft durch neue Produkte wie Video und CD, PC und Internet, Fax und Mobiltelefon, Katalysator und ABS, die Anti-Baby-Pille und Viagra. Ziemlich innovativ mag man finden: Der Einstieg von Mannesmann in den Mobilfunk, den der Bahn AG in kundenorientierte Dienstleistungen wie Kellnerdienste durch den „Schaffner" in der ersten Klasse, vieler Banken in das Direkt-Banking, die Gründung ungezählter Internet-basierter Unternehmen durch junge Mathematiker, Informatiker, Naturwissenschaftler und Ingenieure (MINIs). Was davon ist innovativer als das andere?

Eine Innovation ist jedenfalls *mehr oder weniger neuartig*, hat einen „Innovationsgrad" auf dem Kontinuum zwischen kleinster (inkrementaler) Veränderung:) inkremental und völliger (radikaler) Umwälzung. In der (stark amerikanisch geprägten) Literatur zum Innovationsmanagement existieren sehr viele Begriffe für Innovationen mit hohen Neuigkeitsgrad: radical, really new, discontinuous, arcitectural, evolutionary, revolutionary, highly innovative, major, breakthrough und substantial. Problematisch ist, dass diese Begriffe meist nicht klar definiert und abgegrenzt sind und nicht einheitlich verwendet werden. Die Vergleichbarkeit wissenschaftlicher Forschungsergebnisse und die Anwendbarkeit der Ergebnisse in der Praxis ist dadurch sehr eingeschränkt (*Garcia/Calantone* 2002, S. 110).

Was hat man also unter einer sehr neuartigen, „radikalen" Innovation genau zu verstehen? Wie ist Innovationsgrad zu definieren? Eine einfache Möglichkeit bietet die Differenzierung in Markt- und Technologieinnovationsgrad. Marktseitig hochgradige Innovationen (gemäß Abb. 2.8, Produkte für neue Zwecke) bewirken starke marktbezogene Veränderungen z. B. einen neuen Kundennutzen, eine Verschiebung der Marktkräfte, die Ansprache neuer Kundengruppen; Technologieseitig hochgradige Innovationen (gemäß Abb. 2.8, Produkte mit neuen Mitteln) beruhen auf starken technologischen Veränderungen, besonders durch Einsatz neuer Technologien.

Radikale Innovationen sind nach diesem Ansatz sowohl marktseitig als auch technologieseitig sehr neuartig. *Dahlin und Behrens* (2005) formulieren drei Kriterien, die eine Innovation erfüllen muss, um als radikal bezeichnet zu werden:

1. Die Innovation muss neuartig sein: sie darf keine Ähnlichkeit zu früheren Innovationen aufweisen.
2. Die Innovation muss einzigartig sein: sie darf keine Ähnlickeit zu laufenden Innovationen aufweisen.
3. Die Innovation muss adoptiert werden: sie muss den Verlauf zukünftiger Entwicklungen beeinflussen.

Bewertet man exemplarisch aktuelle Innovationsprojekte in der Praxis nach beiden Kriterien, so lassen sich die Innovationen in der folgenden Abbildung 2.8 als „radikal" bezeichnen.

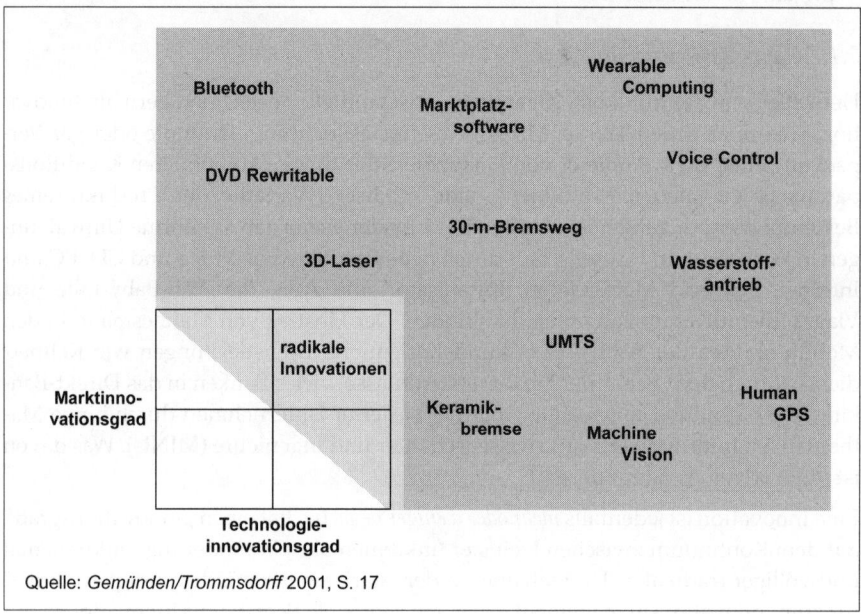

Quelle: *Gemünden/Trommsdorff* 2001, S. 17

Abb. 2.8: Beispiele aktueller, vergleichsweise radikaler Innovationsprojekte

Neben dieser einfachen zweidimensionalen Beschreibung des Innovationsgrades kennt die Literatur weitere Ansätze. Sie unterscheiden sich nach ihrem Fokus (z. B. auf den Empfänger der Neuartigkeit, „neu für wen?", und/oder auf die Art und Weise der Neuartigkeit, „inwiefern neu?") und nach ihrer Differenziertheit.

Michaut, van Trijp und Steenkamp (2001) definieren den Innovationsgrad nach notwendiger Informationsverarbeitung der Konsumenten, ähnlich *Esch* (1999, S. 11). Danach bestimmt die Abweichung des neuen Produktes von den subjektiven Wissensstrukturen des Konsumenten den Innovationsgrad. Bei radikalen Innovationen können ihre Eigenschaften nicht einem vorhandenen Schema zugeordnet werden.

Danneels und Kleinschmidt (2001) stellen zunächst den Empfänger („neu für wen?") in den Vordergrund und gehen dann der Frage „inwiefern neu?" nach. Der Innovati-

Level		Innovationstypen							
		Inkrementale Innovation			Echte Innovation (wirklich neu)				Radikale Innovation
		Typ I	Typ II	Typ III	Typ I	Typ II	Typ III	Typ IV	Typ I
Makro	Marketing Diskontinuität				x	x			x
Makro	Technologie Diskontinuität				x			x	x
Mikro	Marketing Diskontinuität	x		x	x	x	x		x
Mikro	Technologie Diskontinuität		x	x	x		x	x	x
Beispiele		„Health Foods"	Bordcomputer im Automobil	BMW M5 Concorde	Diesel-lokomotive	Hummer Jeep Düsengetriebene Passagierflugzeuge	Sony Walkman Telefon	Faxgerät Elektronen-Mikroskop Laserdrucker	Internet Telegraph Dampfmaschine

Quelle: *Cracia/Calantone* 2002, S. 121

Abb. 2.9: Innovationstypen

onsgrad ergibt sich hier aus der *Kundenperspektive* (wie vorteilhaft, riskant und gewöhnungsbedürftig ist das Produkt) und aus der *Unternehmensperspektiveperspektive* (wie neu sind Technologie und Markt, wie gut passen vorhandene Ressourcen, wie anders muss das Marketing sein).

Garcia und Calantone (2002, S. 117 ff.) verwenden zur Feststellung des Innovationsgrades die Mikro- (unternehmenssubjektiv neu) und die Makroperspektive (absolut neu) sowie die Feststellung von Diskontinuitäten (neues Marktwissen oder technologisches Wissen erforderlich?). Die Mikro-/Makroperspektive fragt „für welchen Horizont neu?" die Diskontinuitätenperspektive fragt „in welcher Hinsicht neu?". Daraus ergibt sich das Klassifikationsschema in Abbildung 2.9.

Inkremental ist danach eine Innovation, wenn sie nur auf der Mikroebene, also nur für das innovierende Unternehmen bzw. seine Kunden neu ist, z. B. Produkte mit leicht verbesserten Funktionen. Radikal sind danach Innovationen, die sowohl Marketing-, als auch Technologiediskontinuitäten beinhalten und dabei auch Auswirkungen auf der Makroebene haben.

Nur wenige Innovationen, wie z. B. das World Wide Web, führen zu nachhaltigen Veränderungen in allen Kriterien. Moderat innovative („really new") Produkte nennen wir in Übereinstimmung mit vielen Autoren alle Kombinationen, die zwischen den beiden Extremen liegen.

Ein empirisch bewährtes, sehr an der Innensicht des innovierenden Unternehmens orientiertes, Konzept zur Messung des Innovationsgrades stammt von *Schlaak* (1999). Er misst den Innovationsgrad an den Aspekten „Technik/Produktion", „Absatz/ Ressourcen" und „Struktur" durch sieben Faktoren mit 24 Indikatoren. Abbildung 2.10 fasst das Konzept zusammen.

Dimensionen	Faktoren	Indikatoren	Verkürzte Skala
Technik und Produktion	Produkttechnologie	• Technologisches Wissen • Produkttechnologie • Produkttechnik • Technische Komponenten	„Die in die Produktneuheit eingegangene Technologie ist für unser Unternehmen sehr neu gewesen" (Technologisches Wissen)
	Produktionsprozess	• Produktionsanlagen • Produktmontageverfahren • Produktionsverfahren	„Die benötigten Produktionsanlagen waren in unserem Unternehmen weitestgehend nicht vorhanden." (Produktionsanlagen)
Absatz und Ressourcen	Beschaffungsbereich	• Lieferantenverhalten • Materialien • Lieferbeziehungen	„Das Verhalten der Lieferanten, die die Materialien für die Produktneuheit liefern, ist sehr schlecht vorhersagbar gewesen." (Lieferantenverhalten)
	Absatzmarkt	• Vertrieb • Kunden • Kommunikation	„Die Produktneuheit hat den Einsatz von Vertriebskanälen verlangt, mit denen wir zuvor sehr wenige Erfahrungen hatten." (Vertrieb)
	Kapitalbedarf	• Marketing-Kosten • F&E-Kosten • Investitionen in den Produktionsprozess	„Die Marketing-Kosten für die Produktneuheit haben neue, bisher nicht gekannte Höhen erreicht." (Marketing-Kosten)
Struktur	Formale Organisation	• Bildung einer Organisationseinheit • Produktmanager	„Die Notwendigkeit, für die Produktneuheit eine eigenständige Abteilung oder Gruppe zu bilden, ist sehr groß gewesen." (Bildung einer Organisationseinheit)
	Informale Organisation	• Unternehmenskultur • Soziales Verhalten • Soziale Fähigkeiten • Managementwissen • Wertvorstellungen • Strategie Produktbereich	„Die Entwicklung, die Einführung und der Verkauf der Produktneuheit hat die bisher in der Firma vorhandene Kultur sehr stark verändert." (Unternehmenskultur)

Quelle: Schlaak1999

Abb. 2.10: Operationalisierung des Innovationsgrades

Alle Ansätze zusammenfassend: Der Innovationsgrad steigt mit der Neuartigkeit der technischen Lösung, des Kundensegments und – beides integrierend – der Problemlösungsfunktion. Bei einer *radikalen* Innovation sind alle Dimensionen höchst neuartig. Bei einer *inkrementalen* Innovation sind die technologische und die Kundengruppendimension nur unwesentlich verändert. Die Innovation besteht dann allenfalls in einer neuen Kombination von Zweck und Mittel oder in einem verbesserten Zweck/Mittel-Verhältnis (*Hauschildt* 2004, S. 11 f.). Nach der Einführung der

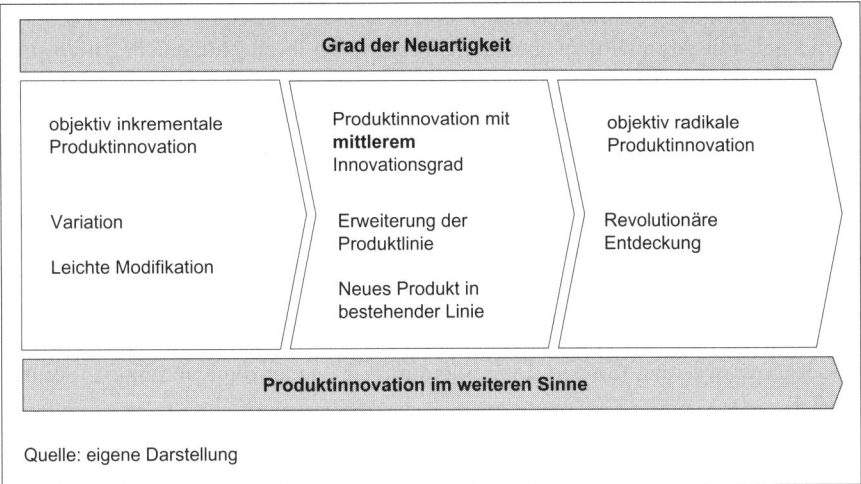

Abb. 2.11: Innovationsgrade

Schnittstelle „Problemlösung/Funktion" genügt etwas Neuartigkeit auf dieser Dimension, um eine inkrementale Innovation als solche zu kennzeichnen.

Für ein institutionalisiertes Innovationsmanagement können die beiden extremen Innovationsgrade (inkremental und radikal) weitgehend ausgeklammert werden, denn inkrementale Innovationen können routinemäßig bearbeitet werden, radikale kommen selten vor und stellen dann extraordinäre Anforderungen an das Innovationsmanagement (u. a. *Samli/Weber* 2000, *Song/Montoya-Weiss* 1998, *Veryzer Jr.* 1998). Bedeutend für ein professionell organisiertes Innovationsmarketing sind also vor allem *Innovationen mittleren Grades.*

Wir fokussieren in diesem Buch das Innovationsmarketing für Produkte mit einem mittleren Innovationsgrad (substanzielle Innovationen). Manchmal weisen wir auch auf Aspekte radikaler Innovationen hin (z. B. die Information Acceleration-Methode in 4.3).

2.1.2.7 Nicht nur technisch-wirtschaftliche, auch sozialtechnische Probleme der Innovation

Die Erfindung und Entwicklung des in 2.1.2.2 erwähnten innovativen Abwasseranalysegeräts bringt selbstverständlich technische und wirtschaftliche Herausforderungen mit sich. Während des Innovationsprozesses treten aber auch diverse menschliche und zwischenmenschliche Probleme auf, die gelöst werden müssen – in der Regel durch Kommunikation:

* Kreativitätstechniken können die Produktion von Ideen fördern,
* Kommunikation mit Kunden hilft, deren latente Bedürfnisse aufzuspüren,
* Innovatoren müssen geschickt kommunizieren, um sich intern durchzusetzen und andere zu motivieren, aber auch um Opponenten und Wettbewerber nicht zu früh zu wecken,

- Partner, Kunden, Meinungsbildner und Interessenvertreter müssen informiert und ggf. mit Argumenten überzeugt werden, die ihren Nutzenkategorien und Motiven entsprechen.

Innovationsmarketing hat also nicht nur eine *technisch-wirtschaftliche*, sondern auch eine gewichtige *sozialtechnische* Dimension. Sozialtechnik zur Umsetzung von Innovation zielt auf individuelle (psychische), zwischenmenschliche (sozialpsychische) und organisationale (soziale) Verhaltensänderungen ab. Um die für eine Produktinnovation nötigen Sozialtechniken erfolgreich anzuwenden, muss Innovationsmarketing nach außen (gegenüber Zielkunden) und nach innen (gegenüber Beteiligten im Unternehmen) gerichtet sein. Kritisch sind daher der strategische Kommunikationsplan (3.3.2), die Führung und Zuwendung durch das Management wie auch die Ressourcenzuweisung (3.4), und vor allem immer wieder die Kundenorientierung (2.2.2.4).

2.1.2.8 Komplexer, wenig geordneter, nicht linearer Prozess

Ein System oder Prozess heißt komplex, wenn es viele wechselseitig und zeitlich dynamisch kausal miteinander verflochtene Elemente enthält. Hoch komplexe Systeme/Prozesse lassen sich in ihrem Verhalten schwer verstehen, voraussagen und steuern. Schon die bis hier genannten sieben Kennzeichen des Innovationsbegriffs (2.1.2.1 bis 2.1.2.7) zeigen, dass Innovationsvorhaben sehr komplexe Systeme sind, in denen Marktteilnehmer, Mitarbeiter, Technologien und Umfeldeinflüsse dynamisch zusammenwirken. Das warnt davor, Innovationen primär nach einfachen Regeln, z. B. dem Grundmodell der betriebswirtschaftlichen Entscheidungstheorie, steuern zu wollen. Die Komplexitätsfeststellung soll aber nicht fatalistisch hingenommen werden („es kommt halt immer auf alles an"), sondern sie propagiert den Einsatz von ordnenden und entscheidungsstützenden Analysen, Modellen und Managementmethoden. Sie stehen im Fokus dieses Buches.

So geht das Innovationsmarketing von einer strategischen Ist-Analyse des Unternehmens bzw. seiner Geschäftsfelder aus, leitet den Innovationsbedarf ab und steuert über einen Soll-Ist-Vergleich den Innovationsprozessvationsprozess. Über die Analysephase hinaus kann der Prozess als mehr oder weniger klar abgrenzbare Phasen modelliert werden. Die Literatur kennt diverse derartige Phasenmodelle. Sie unterscheiden sich terminologisch, nach Phasenanzahl, Differenziertheit und Annahmen über Sukzessivität oder vernetzte Parallelität (*Cooper* 1994b, S. 3ff.).

Das in Abbildung 2.12 dargestellte Phasenmodell beschreibt den Neuproduktplanungsprozessplanungsprozess von der Problemerkenntnis bis zur Markteinführung und -durchsetzung idealtypisch zeitlich gestaffelt. In der Realität ist der Prozess durch teilweise ineinander übergreifende, parallel laufende und rückkoppelnde, insgesamt komplex verflochtene, Teilprozesse mit Aufgaben der Analyse, Entscheidung, Durchführung und Kontrolle gekennzeichnet (*Marr* 1973). Durch diese sehr komplexen und vernetzten Prozesse entstehen über die Phasen hinweg unterschiedliche Probleme und Barrieren, die durch ein entsprechend angepasstes Führungsverhalten gemildert werden können (vgl. *Gebert* 2002, S. 167ff.).

Das Phasenmodell ist, wie jedes Modell, eine vereinfachte, idealisierte Abbildung der Realität, um das Wesentliche am Prozess hinter der Komplexität erkennen zu lassen.

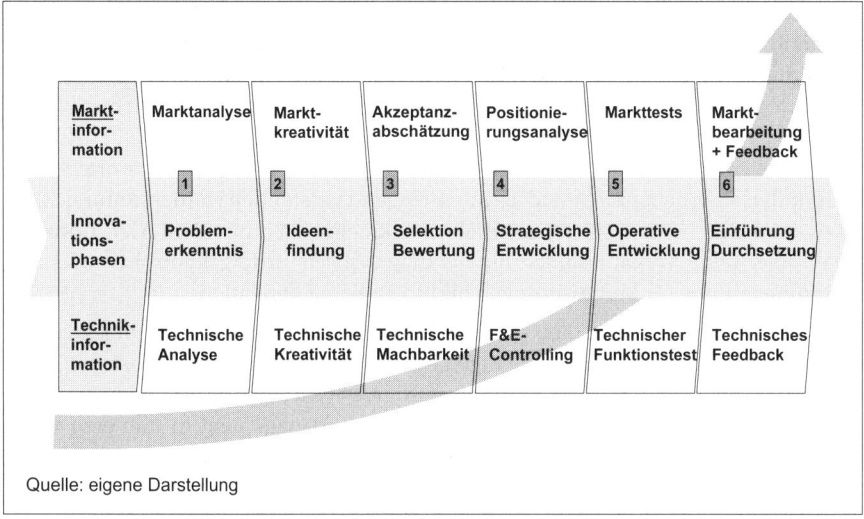

Quelle: eigene Darstellung

Abb. 2.12: Die idealtypischen Phasen des Innovationsprozesses

Wegen des vernetzten Charakters eines Innovationsprozesses bringt so auch eine lineare Abhandlung der Phasen, ihrer Probleme und Lösungsmethoden didaktisch sinnvolle Vereinfachungen mit sich. Im Folgenden werden die diesem Buch zugrunde liegenden Innovationsphasen kurz skizziert und später immer wieder aufgenommen und präzisiert.

Die *Problemerkenntnis* kann sich unternehmensintern (Potenzial- und technische Analyse) oder von außen (Markt- und Umfeldanalyse) entwickeln. Zur *Ideenfindung* ist (Markt- und/oder technische) Kreativität gefragt, die durch Kreativitätstechniken gefördert werden kann. Zur Ideenfindung kommen außer internen Quellen auch externe Quellen in Frage, besonders bei Kunden. *Selektion und Bewertung* bedeutet, dass vorliegende Innovationsideen auf potenziell erfolgreiche reduziert werden. Zur Abschätzung der technisch-wirtschaftlichen Machbarkeit (Feasibilitystudie), muss besonders sorgfältig ergründet werden, ob und wann die Innovation von Zielkunden akzeptiert wird. Besonders bei Innovationen mit hohem Neuigkeitsgrad ist diese Akzeptanzabschätzung sehr schwierig. Es besteht hier nicht nur die – bei Innovationen normale – Gefahr, dass eine schlechte Innovationsidee gefördert wird (Fehler erster Art), sondern auch, dass eine gute Innovationsidee eliminiert wird (Fehler zweiter Art). Gegen den Fehler zweiter Art sollte Wissensmanagement so vorbauen, dass zunächst ausgeschiedene Ideen unter neuen Bedingungen zurückkommen können.

Aus der Strategie sind Vorgaben für die Intensität und Dauer des Innovationsprojektes abzuleiten. Im Rahmen der *strategischen Entwicklung* gilt es, diese Budgetvorgaben durch F&E-Controlling zu kontrollieren bzw. auf der Basis neuer Informationen anzupassen. Marktseitig soll die Positionierungsanalyse zeigen, wie Zielkunden die Innovation in Relation zu den Substitutionsprodukten wahrnehmen werden und somit, wie die Innovation mit Aussicht auf Erfolg positioniert werden sollte.

In der Phase der *operativen Entwicklung* sollten neben technischen Funktionstests auch Markttests eingesetzt werden. So können eventuelle Diskrepanzen zum Kundenbedarf und Akzeptanzbarrieren auch noch kurz vor dem Markteintritt beseitigt werden. Während der *Einführung/Durchsetzung* ist der Marketing-Mix (Produkt-, Preis, Kommunikations- und Distributionspolitik) in Bezug auf die mit der Innovation verfolgten Strategie abzustimmen und umzusetzen. Eine besondere Rolle spielt hier wieder die Marketingkommunikation, d. h. über die reine Werbung hinaus alle für die Innovation wesentliche Kommunikationsaufgaben. Erst wenn die Produktvorteile von Zielkunden wahrgenommen und als nutzbringend verstanden werden, kann sich die Innovation durchsetzen. Kontinuierliche Rückmeldungen aus dem Markt ermöglichen über reine Verkaufszahlen hinaus diagnostische Erfolgskontrollen und Anknüpfungspunkte für Verbesserungen bis hin zu Folgeinnovationen.

Über den gesamten Prozess hinweg muss immer wieder der Erfolg des Projektes und des neuen Produktes im Markt in Frage gestellt werden, denn die Verluste im Misserfolgsfall steigen über die Phasen hinweg progressiv. In jeder Phase und immer wieder besteht also ein Kernproblem des Innovationsmanagement in immerzu möglichst frühzeitigen Entscheidungen über das Weitermachen (GO) oder Abbrechen (NO) des Vorhabens. Diese sowohl markt- als auch technologieseitigen Tests bilden also eine Kette von Go/No-Entscheidungen (*Hauschildt* 2004, S. 495 ff.). Nicht nur ist bei voraussichtlichem Misserfolg der sofortige Projektabbruch zu erwägen, auch sind Änderungen des Innovationsvorhabens zu überlegen, wenn sich Entscheidendes ändert, etwa die Ziele oder die strategische Situation auf der Markt- oder Technologieseite. Jedenfalls sind diese Entscheidungen stets möglichst früh zu treffen, denn die Kosten steigen progressiv, und der Handlungsspielraum wird immer enger. Allerdings werden die Testaussagen mit zunehmender Reife des Projekts auch immer sicherer.

Die Diskussion dieser acht Kategorien des Innovationsbegriffs zusammenfassend, können wir jetzt das zuvor noch offene Schema aus Abbildung 2.5 präzisieren:

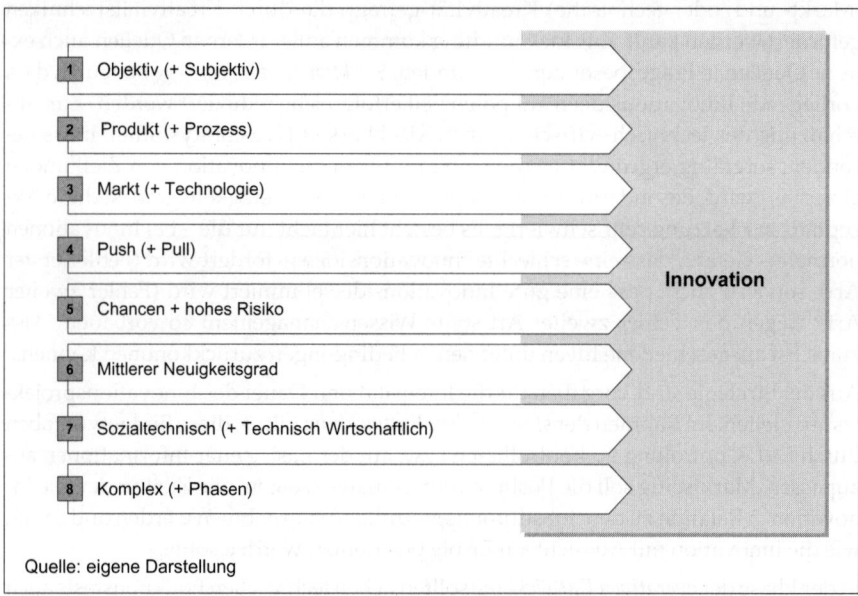

Quelle: eigene Darstellung

Abb. 2.13: Ausprägungen von „Innovation" im Sinne des Innovationsmarketing

2.1.3 Innovations-, Technologie- und F&E-Management

„Management" kann strukturell (als organisatorische Zuständigkeit) oder prozessual (als Analyse- und Entscheidungstätigkeit) verstanden werden. *Innovationsmanagement* wird in diesem Buch fast immer prozessual verstanden, auch wenn Unternehmen diese Funktion zunehmend institutionalisieren (wobei stets die Gefahr besteht, dass diese Querfunktion auf eine Abteilung oder Person „abgeschoben" wird). Innovationsmanagement umfasst die Analysen, die daraus folgenden Entscheidungen und Kommunikationsaktivitäten über das Innovationsvorhaben sowie ihre Durchsetzung und Kontrolle. Damit gehören alle Aktivitäten von der Initiierung und Entstehung bis zur Markteinführung zum Innovationsmanagement. Das Kommunikationsmanagement hat im Innovationsmanagement überragende Bedeutung.

Auch das F&E-Management und das Technologiemanagement sind Teile des Innovationsmanagement. Das *F&E-Management* steuert die für Innovationen erforderlichen technologischen Prozesse, nämlich Grundlagenforschung, Technologieentwicklung, (Produkt-)Vorentwicklung und (Produkt-)Entwicklung. Das *Technologiemanagement* ist Teil des F&E-Management. Es soll die technologische Wettbewerbsfähigkeit des Unternehmens sichern. Dazu steuert es die technologischen Ressourcen, also nicht nur die Entwicklung neuer, sondern auch die Weiterentwicklung vorhandener Technologien (*Albers et al.* 2001, S. 17 ff., *Hauschildt* 2004, S. 30 ff., *Specht et al.* 2002, S. 14 ff.). Technologien sind zu entwickeln oder zu erwerben, vorhandene Technologien sind zu verbessern – im Rahmen der gegebenen Potenziale und ausgerichtet an den Marktchancen. Dazu stehen dem Technologiemanagement ggf. die eigene F&E, Lizenzen, Akquisitionen und Kooperationen zur Verfügung (siehe auch 3.5). Voraussetzungen für erfolgreiches Technologiemanagement sind professionelle, aktuelle und zukunftsorientierte Technologieanalysen (siehe 4.1.2.4) als Teil der strategischen Innovationsmarktforschung.

Auch Technologien haben Märkte. Letztlich geht es beim F&E- und Technologiemanagement um die Vermarktung von Technologien. Wichtige marktbezogene Technologiemerkmale sind ihr Wettbewerbsvorteil gegenüber substitutiven Technologien, ihre Reife, ihr Risiko und die Gefahr ihrer Substitution durch neu aufkommende Technologien. Zu den marktbezogenen Aufgaben des Technologiemanagement gehören besonders die Ausrichtung der eigenen Technologiebasis an den Bedürfnissen des Marktes, die Beobachtung und Antizipation der Entstehung und Ausbreitung technologischer Innovationen, welche die eigenen Marktleistungen tangieren, und entsprechende Entscheidungen, insbesondere über F&E-Programme, F&E-Budgets und F&E-Kooperationen.

Compact Disc

Das Startzeichen für das digitale Zeitalter in der Unterhaltungselektronik wurde 1974 in den Entwicklungslaboren des Elektronikkonzerns Philips gesetzt. Man wollte eine Technologie für die digitale Speicherung von Audiosignalen entwickeln. Die Signale sollten nicht wie bei herkömmlichen Systemen analog abgetastet, sondern optisch mit Hilfe eines Laserstrahls digital ausgelesen werden. Die Idee für die Compact Disc war geboren. Philips hatte schon Ende der 60er Jahre dazu notwendige Basistechnologien entwickelt.

Die Erfahrungen mit dem gescheiterten Videosystem Video 2000 trugen dazu bei, dass Philips schon in einer frühen Phase einen potenten Partner suchte. CD, eine mit Aluminium beschichtete, kreisrunde Scheibe aus Kunststoff (Polycarbonat) mit 120 Millimeter Durchmesser für die Speicherung akustischer Daten, wurde von Philips gemeinsam mit Sony entwickelt. Ein Grund für die Entwicklungskooperation war die Sorge von Philips, dass Sony eine eigene digitale Tonplatte entwickeln würde und dann konkurrierende Standards entstanden wären. Auch sah sich Philips nicht allein in der Lage, gegen die internationale Konkurrenz zu bestehen. Technologisch hatte Sony Kompetenz in der 16 Bit-Technologie, die für das gemeinsame Entwicklungsprojekt wichtig war. Die 1979 begonnene Entwicklungskooperation sollte die Entwicklung der CD gemeinsam mit dem Ziel vorantreiben, einen einheitlichen Weltstandard zu schaffen. Man einigte sich auf eine Sampling Rate von 44,1 kHz, mit 16 Bit zu samplen, die Reed Solomon-Fehlerkorrektur und 120mm Durchmesser einer CD. Die später eingeführte CD-Single hatte einen Durchmesser von 80 mm und eine Musikkapazität von 21 Minuten. Der Erfolg der Compact Disc in den nächsten Jahren ist nicht zuletzt auf die Schaffung eines einheitlichen Standards zurückzuführen. Ein einzelnes Unternehmen hätte ihn kaum realisieren können. Auch in anderen Bereichen der audiovisuellen Medienindustrie gewinnen Strategische Allianzanzen bei der Entwicklung und Markteinführung an Bedeutung. Die Integration von Hardware und Software (Content) im Bereich der Unterhaltungselektronik ist erfolgskritisch.

Die CD war zunächst als ein reines Audiomedium gedacht. Alle weiteren Formate, wie CD-ROM, CD-Interactive und Photo-CD und die damit verbundenen Standards basieren auf dem, als Red Book bekannt gewordenen, Standard der CD-DA (Digital Audio). 1981 wurde auf der Berliner Funkausstellung die erste CD präsentiert. 1982 wurde im ersten Presswerk der Polygram in Langenhagen bei Hannover mit der Produktion von CDs begonnen. 1983 wurden die ersten Abspielgeräte für Compact Discs von Philips und Sony auf dem Europäischen Markt eingeführt. Zu dieser Zeit waren etwa 200 Titel verfügbar.

Durch die Umwandlung von Audiodaten in binäre Zahlencodes sind die Daten unempfindlich gegenüber Störungen. Wenn einzelne oder kleine Gruppen von Daten beschädigt sind, kann das die automatische Fehlerkorrektur ausgleichen. Die Vorteile der CD gegenüber herkömmlichen Tonträgern waren vor allem die größere Dynamik und Durchsichtigkeit, Band- oder Nadelrauschfreiheit und die Möglichkeit der Fehlerkorrektur.

Zu Beginn gab es allerdings nicht nur Befürworter. So war der deutsche Musikverleger-Verband 1984 der Meinung, dass die CD die herkömmliche Vinyl-Platte in zehn Jahren nach Markteinführung nicht ablösen könnte. Auch Musiker und Musikliebhaber standen der CD zunächst teilweise negativ gegenüber. „Die Zeit" beschrieb Opernarien auf Compact Disc als „seltsam verhärtet und steril, ohne jeden belcantistischen Charme". Heute dominiert die CD als Speichermedium für Audiodaten. So verzeichnete der deutsche Phonomarkt 2004 einen Umsatz von 1,589 Mrd. Euro, von dem die Audio CD mit 80 % den größten Anteil hat, gefolgt von der DVD/VHS mit einem Anteil von 10 %.

Quellen: Riedel et al. 1999, Wagner 1999, Rankers 2002, Shibata 1993, Bundesverband der Phonographischen Wirtschaft e. V. 2005

2.1.4 Innovationsmarketing

Marketing ist marktorientierte Unternehmensführung, also weit mehr als Vertrieb und Werbung. Die Vertriebs- und Werbe-Funktionen stehen organisatorisch neben Funktionen wie Beschaffung und Produktion und sind ihnen in der Wertkette nachgeordnet, während Marketing, Innovation und damit Innovationsmarketing *Querfunktionen* sind. Sie sind vergleichbar mit anderen Querfunktionen wie Logistik, Kommunikation und Führung, die jeweils viele Unternehmensfunktionen beeinflussen und sich auf die ganze Wertkette beziehen.

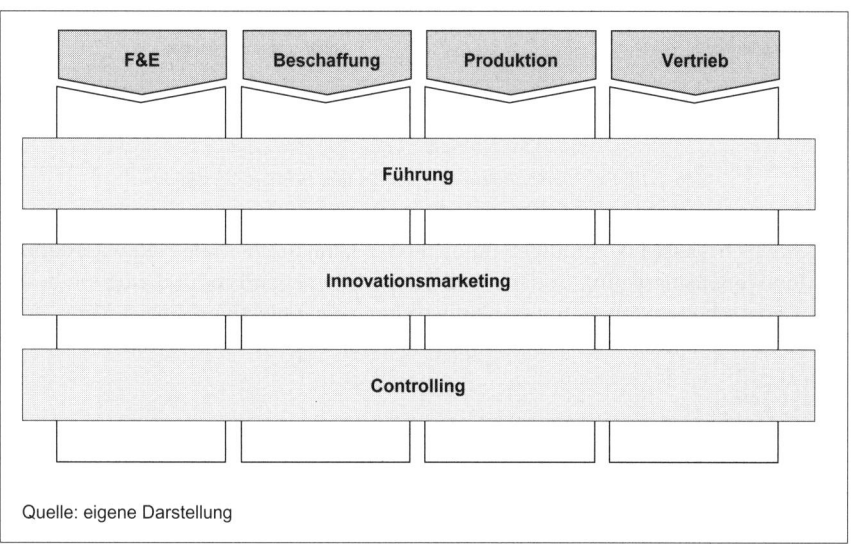

Abb. 2.14: Innovationsmarketing als Querfunktion

Marketing ist also eine marktgerichtet integrierende Querfunktion für alle Unternehmensaktivitäten. Die gängigsten Missverständnisse von und Vorurteile gegenüber dem Marketing werden in Übersicht 2.15 ausgeräumt.

Einerseits impliziert Innovationsmanagement Innovationsmarketing, da von der Situationsanalyse bis zur Begleitung des neuen Produkts im Markt zahlreiche analytische, strategische und dispositive Marketingaufgaben anfallen. Andererseits impliziert Marketing das Innovationsmarketing als Spezialaufgabe der Entdeckung, Konkretisierung und Umsetzung von Wettbewerbsvorteilen durch neue Produkte. Innovationsmarketing ist also insgesamt nicht dasselbe wie Innovationsmanagement, so wie Marketing nicht dasselbe ist wie Management. Die Aufgaben des

Innovationsmarketing konzentrieren sich auf die Schaffung und Durchsetzung von potenziell und effektiv neuen Leistungsangeboten gegenüber bestehenden und potenziellen Absatzmärkten.

Falsches verzerrtes Verständnis	Richtiges Verständnis
Absatz-,Vertriebs-,Verkaufsfunktion	Unternehmensphilosophie, Führungsprinzip und Querfunktion
Orientierung am anonymen Massenmarkt	Kundenorientierung, Segmentierung
Passive Bedürfnisbefriedigung oder Verführung	Aktive Anpassung und Beeinflussung
Schnelles Geld, Gewinnmaximierung	Langfristiges Marktkapital, Geschäftsbeziehung
Künstlerischer Freiraum	Planbar und kontrollierbar

Quelle: eigene Darstellung

Abb. 2.15: Der Marketingbegriff – falsches und richtiges Verständnis

Bei vergleichsweise hochgradigen Innovationen kann die zentrale Herausforderung des Innovationsmarketing in der Etablierung einer neuen Produktkategorie bestehen. Dabei scheitern Innovationen häufig nicht an der (objektiven) Entwicklung, sondern an der (subjektiven) Etablierung der neuen Kategorie in den Köpfen der Kunden.

MCC Smart und BMW C1

Die Etablierung einer neuen Produktkategorie gehört zu den schwierigsten Aufgaben des Innovationsmarketing. Der Smart von Mercedes und der C1 von BMW, die bei Markteinführung aus Kundensicht in keine der bisher gelernten Produktkategorien passten, waren unterschiedlich erfolgreich.

Die ersten Ideen für das „City Car" der Zukunft entstanden 1972 bei Mercedes-Benz. Das Projekt wurde aber damals nicht weiter verfolgt. Anfang der 80er Jahre zeichnete sich eine Trendwende in der europäischen Automobilindustrie ab, da japanische Hersteller zunehmend günstige Fahrzeuge mit hoher Qualität und innovativem Design auf den Markt brachten. Auch die Umfeldbedingungen des Individualverkehrs änderten sich. Die Verkehrs- und Parkplatzsituation in den Innenstädten verschärfte sich und der Ruf nach kompakten und umweltfreundlichen Fahrzeugen wurde lauter.

Mercedes-Benz und der Schweizer Uhren-Innovator Nicolas Hayek mit seinem Unternehmen SMH entschieden sich, ein neues Fahrzeugkonzept „Smart" zu entwickeln. Mercedes-Benz hatte bereits Studien über Kleinwagen gemacht. Die Zusammenarbeit mit dem Erfinder und Hersteller der Swatch-Uhren versprach Erfolg für eine innovative Fahrzeugkategorie. Der Namenszug des Smart ist demzufolge ein Akronym aus „Swatch", „Mercedes" und „Art".

1994 wurde die Micro Compact Car AG (MCC) gegründet. Zunächst waren Mercedes-Benz mit 51 % und SMH mit 49 % beteiligt. Da eine Zusammenführung der Images der Marken Mercedes und Swatch aus der Sicht von Daimler-Benz größere Risiken als Synergien barg, wurde MCC von diesen ganz übernommen. Der Sitz von MCC (heute Smart GmbH) ist im schweizerischen Biel, die Smart-Entwicklungsgesellschaft sitzt in Renningen bei Stuttgart, und montiert wird das Auto im französischen Hambach.

Der Smart sollte von Beginn an als das erste Fahrzeug einer neuen Fahrzeugkategorie, noch unter der Kategorie der viersitzigen Kleinwagen wie Fiat Cinquecento, Renault Twingo oder VW Lupo, positioniert werden. Als Zielgruppen wurden besser verdienende 18- bis 39-jährige Singles mit unkonventionellem Lebensstil definiert, die in urbanen Räumen leben sowie doppelt verdienende kinderlose Familien (Dink's – Double Income no Kids), die den Smart als Zweit- oder Drittwagen kaufen sollten. Das Marketing wurde davon überrascht, dass die ersten Käufer besonders Menschen ab 50 Jahre waren. Diese zeichneten sich aber durch eine offene und junge Einstellung aus. Der Smart wurde nicht als Auto, sondern als Mobilitätskonzept konzipiert und positioniert. Im MCC-Pressebericht zur IAA 1997, auf der der Smart vorgestellt wurde, hieß es: „Der Smart ist mehr als nur ein Auto". Außer dem Fahrzeug selbst sollten umfangreiche Dienstleistungen angeboten werden. Diese und das innovative Verkaufskonzept wurden aber vom Markt nicht honoriert und später eingestellt. Wegen Qualitäts- und Fahrwerksproblemen kam der Smart ein halbes Jahr verspätet auf den Markt.

BMW entwickelte mit dem überdachten Motorroller C1 ein innovatives Fahrzeug, ja eine potenziell neue Kategorie zwischen Motorrad und Auto. Er bietet mehr Sicherheit als ein Motorroller und darf wegen des Sicherheitsbügels ohne Helm gefahren werden. Nachteile (Motorradführerscheinpflicht für Fahrer, die ihren PKW-Führerschein nach 1980 erworben haben als entscheidende Hürde für die jüngere Kernzielgruppe, Wetterabhängigkeit fast wie beim Motorroller, schlechte Beifahrerkonstruktion, hoher Preis) wurden von der BMW-Innovationsmarktforschung entweder nicht klar gesehen, nicht realistisch bewertet oder nicht überzeugend vermittelt. Die genannten positiven und negativen Attribute hätten conjointanalytisch (zur Conjointanalyse siehe in 4.5) klare Aussagen ermöglicht, wahrscheinlich hätte der Flop vermieden werden können. Die Absatzzahlen entwickelten sich jedenfalls nicht erwartungsgemäß. 2001 verkaufte BMW nur 10.600 Stück, 2002 ging der Verkauf noch weiter zurück. Die Produktion wurde Ende 2002 ausgesetzt und Mitte 2003 ganz beendet. Eine neue Fahrzeugkategorie fand nicht die erhoffte Resonanz, weil der CIA (siehe 2.2.2.3) nicht stimmte. BMW wird keinen Nachfolger auf den Markt bringen, aber dem Unternehmen wurde in der Wochenzeitung „Die Zeit" vom 30. 7. 2001 zu dem Mut gratuliert, die Schaffung einer neue Kategorie versucht zu haben.

Quellen: Jahnke et al. 2003, Gaudeck 2002

Innovationsmarketing umfasst alle marktorientierten Aufgaben des Innovationsmanagement und hat „neben dem Einsatz der strategischen und operativen Marketinginstrumente zur Bearbeitung des Marktes auch eine koordinierende Aufgabe, nämlich im Innovationsprozess alle Beteiligten aufeinander abzustimmen und die Aktivitäten im Hinblick auf die Markterfordernisse zu koordinieren" (*Susen* 1995, S. 26). Dabei ist die Initiierung, Planung und Durchsetzung von Innovationen an den Marktbedürfnissen auszurichten. Die Analyse der – offenkundigen, latenten und zu weckenden oder gar neu zu prägenden – Marktbedürfnisse, deren Wichtigkeit und Nutzenhöhe ist Aufgabe der Innovationsmarktforschung.

Die Aufgaben des Innovationsmarketing und die wichtigsten Werkzeuge zu ihrer effektiven und effizienten Lösung im Einzelnen, von der Analyse bis zur Umsetzung im Unternehmen und im Markt, sind Gegenstand des vorliegenden Buches. Einen Überblick über die Aufgaben des *strategischen* Innovationsmarketing gibt der folgende Abschnitt.

2.1.5 Strategisches Innovationsmarketing

Strategisches Marketing liefert den Ziel- und Handlungsrahmen für die taktisch-operativen Marketingmaßnahmen. Strategisches Innovationsmarketing als Teil des Strategischen Marketings hat die Produktinnovationen des Unternehmens langfristig und grundsätzlich zu planen. Die besondere Herausforderung dabei liegt in der notwendigen Zukunftsorientierung und in der Abstimmung der damit hoch komplex und unsicher zusammenhängenden übrigen strategischen Entscheidungen des Unternehmens.

High Tech Fashion

In den Entwicklungsabteilungen der Textilhersteller werden Ideen für die Kleidungsstücke der Zukunft gesucht. Ein Ansatz ist, Textilien mit Zusatzfunktionen auszustatten, um sie zu „intelligenten" Begleitern im Alltag zu machen. Bereits möglich ist das in die Jacke integrierte Mobiltelefon mit Internetzugang – mit Tastatur auf dem Ärmel, Mikrofon am Kragen und Lautsprechern in der Kapuze. MP3-Player können in die Kleidung eingebaut werden. Körperfunktionen des Trägers können überwacht werden. Die „Industrievereinigung Technische Textilien" meint, dass die deutsche Bekleidungsindustrie langfristig nur dann ihre Marktanteile halten kann, wenn funktionale Kleidung in das Produktprogramm aufgenommen wird.

Das Fraunhofer-Institut für Software- und Systemtechnik bezeichnet diese Kleidungsstücke als „Smart-Wear". Sie sollen das Zeitalter des „wearable computing" einleiten. Mit Smart-Wear kann man auf Informationen schnell, bedarfsorientiert und von jedem Ort aus zugreifen. Smart-Wear wurde erstmals bei den Deutschen Leichtathletik-Meisterschaften 2002 eingesetzt. 35 Journalisten trugen eine Weste, auf die mit W-LAN für die Berichterstattung relevante Informationen übertragen wurden. Das Fraunhofer-Institut nennt als weitere Anwendungsfelder Großveranstaltungen, Sport- und Musikevents, Messen,

Museen und Kongresse, Flughäfen, Bahnhöfe, Einkaufszentren und Stadtmarketing.

Nach Meinung anderer Hersteller hat geruchsabsorbierende oder duftende Kleidung mehr Marktchancen. Das Deutsche Textilforschungszentrum konzentriert sich auf technisch verbesserte Stoffe. So sollen im Gewebe integrierte Parafinkapseln die Muskeln kühlen. Erwärmt sich der Stoff, schmilzt das Parafin und nimmt die Wärmeenergie auf, kühlt sich der Stoff ab, verfestigen sich die Parafinkapseln wieder. Bugatti hat einen Anzug mit „eingebauter Frische" auf den Markt gebracht, dessen Stoff Geruchsmoleküle bindet – durch aufgetragene Cyclodextrine. Auch nach mehrmaligem Reinigen hält der Effekt an.

Entscheidend für den Erfolg innovativer Textilien ist die Akzeptanz bei Kunden. In einer Umfrage des Klaus-Steilmann-Instituts, einer Forschungs- und Marketingeinrichtung des Textilkonzerns, erklärte sich die Hälfte der 1000 Befragten bereit, für funktionale Mode einen Aufpreis von 25 % zu zahlen. Allerdings wurde dafür unprofessionell die „Würden-Sie-kaufen-wenn-Methode" verwendet, die wir als naive Innovationsmarktforschung bezeichnen. Das Klaus-Steilmann-Institut war aber mit innovativen Produkten schon erfolgreich, z. B. Silvertex, das vor Mobiltelefon-Strahlung und Elektrosmog schützten soll. Auch bei elektronisch aufgewerteten Textilien ist Steilmann aktiv. Exemplarisch ist eine Kinderjacke mit batteriebetriebenen Leuchtstreifen und Notrufsender zu nennen. Es muss sich erweisen, welche der technischen Möglichkeiten genügend Akzeptanz finden, um auch im Markt erfolgreich zu sein. Besonders auf einen hohen Nutzen für die Kunden und dessen erfolgreiche Kommunikation in die Zielgruppe (vgl. die zweite und dritte Bedingung des CIA) kommt es hier an.

Quellen: Fraunhofer Institut für Software- und Systemtechnik 2002, Klaus Steilmann Institut 2004, Blum 2002, FAZ 2002

Mit der im Zeitablauf zunehmenden Konkretisierung der Neuproduktplanung steigt der Operationalisierungsgrad der Marketingaufgaben entsprechend dem nachstehenden Überblick.

Laufend ist der Innovationsbedarf zu analysieren. Gegenstand sind die allgemeine Unternehmenssituation, insbesondere das Geschäftsfeld- bzw. Produktportfolio, beschrieben nach strategischen Oberkriterien wie Wettbewerbsposition und Marktattraktivität, sowie die Stellung der Produkte und Technologien im Lebenszyklus. Dafür gibt es Managementmethoden, u. a. die *Portfolioanalyse*, mit der ein grundsätzlicher Innovationsbedarf spezifiziert werden kann (siehe 3.4.1.3). Innovationsbedarf besteht, wenn das Produktprogramm auf Dauer die Unternehmensziele nicht erreichen und die Wettbewerbsvorteile nicht erhalten kann.

Verdichtet sich ein strategischer Innovations-Handlungsbedarf durch entsprechende Anlässe, so ist ein Innovationsprojekt zu initiieren. Jetzt sollten weitere strategische Analysen den Prozess steuern. Die innovationsstrategische Situation ist nun gemäß SWOT (Strengths/Weaknesses, Opportunities/Threats = Stärken/Schwächen, Chancen/Risiken) zu analysieren (siehe 4.1). Die SWOT-Analyse war ursprünglich überwiegend auf die Gegenwart und die Vergangenheit bezogen, während Innovationsentscheidungen ihre Auswirkungen erst in ferner Zukunft zeigen werden. Da-

Strategische Aufgaben des Innovationsmarketing		
Strategische Situationsanalyse	**Strategische Entscheidungen**	**Strategie-Umsetzung**
• Innovationsbedarfsanalyse (Portfolio-, Lebenszyklus-analyse: PLZ, TLZ u.v.a.) • SWOT-Analyse • Zukunftsanalyse (Szenarioanalyse) • Ideengenerierung (Kreativitätstechniken) • Ideenselektion (Feasabilitystudie)	• Positionierung • Objektiv (Geschäftsfeldposition) • Subjektiv (Imageposition, KW) • Go-Entscheidung, Projektdefinition	• Ressourcen (Geld, Personal, Management-Involvement/Promotion) • Timing • Kooperation • Interne Kommunikation • Externe Kommunikation • Operatives Marketing

Quelle: eigene Darstellung

Abb. 2.16: Strategisches Innovationsmarketing im Überblick

her sind SWOT-Analysen für das strategische Innovationsmarketing auf die Zukunft hin zu orientieren bzw. zu ergänzen, um das hohe Fehlentscheidungsrisiko möglichst zu reduzieren.

Zukunftsanalyse können nicht den Anspruch von Prognosen erfüllen, gültige und präzise Voraussagen quantitativer Systemparameter zu machen, denn langfristige Prognosen des Verhaltens komplexer Systeme sind grundsätzlich unmöglich, wie ja auch langfristige Wetterprognosen nach den Parametern des täglichen Wetterberichts nichts wert sind. Dagegen verstehen wir unter Zukunftsanalysen die Konkretisierung plausibler Möglichkeitskonstellationen des Systems, wie sie durch *Szenario- und Delphi-Analysen* geleistet werden (siehe 4.1.1).

Schließlich sind im Rahmen der Strategischen Situationsanalyse im Teilbereich der Potenzialanalyse („Opportunities", das O in SWOT) konkrete Innovationspotenziale zu explorieren. Dieser Schritt erfolgt in der Phase der *Ideengenerierung* möglichst durch Kreativitätstechnik. Wir haben ja die strategischen Aufgaben des Innovationsmarketing in drei Gruppen eingeteilt: Analyse, Entscheidung, Durchsetzung. So gehört die Ideengenerierung und -selektion zu den analytischen Aufgaben des Innovationsmarketing. Wir behandeln die Kreativitätstechniken in 4.2 und die Methoden zur Ideenselektion, insbesondere die Prüfung der technisch-wirtschaftlichen Machbarkeit (Feasibility) unter 4.3.

Strategisches Innovationsmarketing soll neue Geschäftsfelder entwickeln. Zur grundsätzlichen Ausrichtung und Konkretisierung der Neuproduktplanung legt das Innovationsmarketing die *strategische Position* als Handlungsrahmen zur Suche und Bewertung verschiedener Innovationsalternativen fest. Dies erfolgt nach den Dimensionen „Technologie", „Funktion" und „Kundengruppen", entsprechend dem Geschäftsfeldschema von *Abell* (1980), das wir als Rahmen des Innovationsmarketing in 3.2 erläutern: Ein Geschäftsfeld ist die Position in einem entsprechend dreidimensionalen Raum – in Relation zu anderen eigenen und ggf. zu Wettbewerbergeschäftsfeldern. Daraus folgen strategische Kernaufgaben des Innovationsmarketing in dieser Frühphase des Innovationsprozesses:

- Entdeckung neuer und künftiger Kunden(-segmente)
- Entdeckung neuer und künftiger Kundenprobleme (Funktionen),
- Sensibilisierung für neue Technologien, eventuell Initiierung von F&E-Projekten zur Technologieentwicklung.

Diese Aufgaben sollen nicht isoliert, sondern integriert bearbeitet werden, d. h. im Abgleich zwischen potenziellen Märkten (Kunden und Funktionen) und den – teilweise erst zu entwickelnden oder zu beschaffenden – Technologien.

Das Geschäftsfeld-Denkraster beansprucht (im Unterschied zur Imagepositionierung aus *Kundensicht*, siehe nächster Abschnitt) Objektivität. Die objektive Positionsbestimmung des neuen Geschäftsfeldes soll erwartete Nachfrage-, Konkurrenz-, Technologie- und sonstige Umfeldverhältnisse unter Ressourcenrestriktionen sowie unter Nutzung potenzieller Synergien zwischen Geschäftsfeldern berücksichtigen (*Polster* 1994, S. 19, *Huxold* 1990, S. 73).

Aus der Sicht des Marketing ist das einzig Objektive das Subjektive: Es kommt darauf an, wie das Produkt von Zielkunden wahrgenommen wird, nicht welche objektiven Eigenschaften es hat, denn das Kaufverhalten entsteht im Kopf der Kunden. Innovationsmarketing hat die letztlich erfolgsentscheidende Aufgabe der Imagepositionierung: Das neue Produkt muss in den Köpfen zielgerecht „positioniert" werden, seine nutzenstiftenden Merkmale und damit seine Überlegenheit gegenüber dem alten Produkt bzw. der Konkurrenz müssen erfolgreich kommuniziert werden. Die Positionierungsstrategie setzt Positionierungsanalysen voraus, aus denen ersichtlich wird, wie die subjektiv für relevant gehaltenen Alternativen zum neuen Produkt wahrgenommen werden, damit sich das neu zu positionierende Produkt davon positiv abhebt. Die Positionierungsanalysen für das Innovationsmarketing behandelt 4.4.2, die Positionierungsstrategien 3.3.1.

Die Geschäftsfeldpositionierung und deren Entsprechung in der Imagepositionierung liefert die grobe Stoßrichtung einer Innovationsstrategie, noch nicht ihre konkrete Umsetzung. So muss das Innovationsprojekt beschlossen werden (GO-Entscheidung und Projektdefinition), und Ressourcen an Geld, Personal, Management-Involvement müssen zugeteilt werden. Die Positionierung ist um Konkretes zur Technologie- und Wettbewerbsstrategie zu ergänzen. Dazu gehören nicht nur Entscheidungen der Intensität von F&E, sondern auch ihr Timing und das Timing des Markteintritts sowie Fragen der Kooperation im Innovations-Netzwerk. Wir behandeln diese Themen unter 3.5 und 3.6.

Ein wesentlicher Bestandteil der Innovationsstrategie ist ein dezidierter *Kommunikationsplan*. Der strategische Kommunikationsplan legt den Rahmen für die Durchsetzung des neuen Produkts am Markt fest. Er enthält vor allem die strategische Plattform für die Innovationswerbung, jedoch integriert mit sämtlichen anderen nach außen gerichteten Kommunikationsmaßnahmen zur Bekanntmachung, Akzeptanzschaffung und Durchsetzung des neuen Produktes im Markt. Besondere Optionen der strategischen Kommunikationsplanung, so die frühe Produktvorankündigung, werden exemplarisch anhand der Einführungskommunikation der Mercedes-Benz-A-Klasse in 3.3.2 dargestellt. Die Umsetzung der externen Kommunikation wird als Teil des operativen (Innovations-)Marketing nicht näher behandelt.

Die immaterielle Unterstützung durch das Top-Management und die adäquate Ausstattung mit finanziellen Ressourcen sind der Erfolgsfaktorenforschung zufolge wichtige Erfolgsfaktoren von Innovationsprojekten. So ist die interne Zielgruppenanalyse nach Betroffenheit mit der Innovation sowie nach Rollen im Innovationsprozess (potenzielle Macht-, Fach- und Beziehungspromotoren) eine wichtige Aufgabe des Innovationsmarketings. Um einen effektiven Einsatz der Ressourcen auf unternehmerische Aktivitätseinheiten zu gewährleisten ist ein Innovationscontrolling von herausragender Bedeutung, da ständig über den Abbruch bzw. das Weiterführen eines Projektes entschieden werden muss. Mit Lösungsansätzen befasst sich 3.4.

Nach dieser Darstellung der Grundlagen des Innovationsmarketing befasst sich der folgende Abschnitt mit den Informationsgrundlagen für das strategische Innovationsmarketing. Neben den aus empirischen Untersuchungen bekannten Erfolgsfaktoren der Produktinnovation (2.2.2) werden die Grundlagen strategischer Marktforschung (2.2.3) erläutert.

2.2 Informationsgrundlagen für das strategische Innovationsmarketing

Jede Entscheidung basiert auf Informationen. Selbst eine intuitive Entscheidung „aus dem Bauch heraus" gründet sich auf Erfahrungen – subjektives Wissen des Entscheiders. Wer sich jedoch allein auf sein Erfahrungswissen beschränkt und vorliegende „theoretische" oder „methodisch" neu zu gewinnende Informationsgrundlagen ignoriert, verzichtet auf bessere Entscheidungen.

Die vielen im Unternehmen anstehenden Entscheidungen lassen sich in Cluster unterteilen, die auf spezifische gemeinsame Entscheidungsgrundlagen zugreifen. Strategische Entscheidungen über Produktinnovationen bilden ein solches Cluster. Informationen für Produktinnovationsentscheidungen geben theoretische Grundlagen (2.2.1) und Produktinnovations-Erfolgsfaktoren, abgekürzt PIEF (2.2.2), denen das vorliegende Kapitel gewidmet ist. Soweit benötigte Informationsgrundlagen nicht schon als PIEF-Wissen vorliegen, können sie mehr oder weniger gut „methodisch" erhoben werden (siehe 2.2.3). Dafür werden Methoden der strategischen Innovationsmarktforschung benötigt, siehe Kapitel 4.

Das vorliegende Kapitel vermittelt also „Theorie"-Informationen für Entscheidungen über Produktinnovationen. Es sind generalisierbare Aussagen, die zusammen eine (sich allmählich abzeichnende) Theorie des Innovationserfolges darstellen.

2.2.1 Theoretische Grundlagen

Unter einer Theorie verstehen wir ein System bewährter und untereinander konsistenter (nicht widersprüchlicher) empirisch gehaltvoller Aussagen (Hypothesen) über die Ursachen (Determinanten) und Wirkungen (Konsequenzen) eines Konstrukts (hier der Produktinnovation). Die Theorie müsste erklären, welche Voraussetzungen eine unternehmerische Produktinnovation hat und welche Wirkungen von ihr ausgehen, insbesondere auf den Unternehmenserfolg. Kurz gesagt sollte die Theorie erklären, welche Faktoren zu einer erfolgreichen Produktinnovation führen (Erfolgsfaktoren) und wie sie zusammenwirken.

Die Komplexität des Zusammenwirkens von wirtschaftlichen, technischen und menschlichen Faktoren bei einer Produktinnovation verlangt von einer solchen Theorie, dass sie die Elemente nicht isoliert betrachtet, sondern in ihrem Zusammenwirken (ganzheitlich). Zudem darf sie sich nicht auf einzelne beteiligte Wissensgebiete beschränken (muss interdisziplinär sein).

Zum Innovationsmanagement und verwandten Gebieten ist in den letzten Jahren eine Vielzahl an betriebswirtschaftlichen Publikationen erschienen, die verschiedenen theoretischen Richtungen folgen. Umfangreiche Synopsen zu den Theorieansätzen im Innovationsmanagement liefern, *de Pay* (1995) und *Reichert* (1994). Eine betriebswirtschaftliche Innovationstheorie, die dem interdisziplinären Anspruch gerecht wird, gibt es bis heute nicht. Ihre Entwicklung steht nach einem frühen Anstoß von *Schumpeter* (1928) Anfang dieses Jahrhunderts, der den erfolgreich innovierenden Unternehmer beschreibt, immer noch bei der Erforschung einzelner Bedingungen des betrieblichen Innovationsgeschehens, seiner Beschreibung und Strukturierung nach Objekten und Phasen. Auch der Ende der 80er Jahre von der DFG geförderte Schwerpunkt „Theorie der Innovation im Unternehmen" hat zwar interessante Ergebnisse zur Lösung betrieblicher Innovationsprobleme hervorgebracht, aber keine in sich abgeschlossene Theorie.

Allerdings liegen relativ umfassende Darstellungen von entsprechenden Erkenntnissen vor, z.B. die beiden sich ergänzenden Werke von *Brockhof* (1999) und *Hauschildt* (2004). Außerdem ist auf hohem Abstraktionsniveau bereits an einer Formalisierung einer solchen (eigentlich noch nicht vorhandenen) Theorie mit einem evolutionstheoretischen Ansatz gearbeitet worden (*Reichert* 1994). Die künftigen Kernaussagen einer Theorie der unternehmerischen Produktinnovation stehen aber noch relativ unverbunden nebeneinander, und zwar in Form von Ergebnissen der Produktinnovations-Erfolgsfaktorenforschung PIEFF (2.2.2).

Wissenschaftstheoretisch lassen sich hier, von der *Schumpeter*'schen Unternehmertheorie und evolutionstheoretischen Modellen einmal abgesehen, ökonomische und verhaltensorientierte Ansätze unterscheiden.

2.2.1.1 Ökonomische Ansätze

In der *Volkswirtschaftslehre* waren Innovationen und deren Diffusion bereits frühzeitig Gegenstand mikroökonomischer Forschung. Für das betriebliche Innovationsmanagement wurden innovations- und diffusionstheoretische Ansätze der Volkswirtschaftslehre adaptiert wie die industrieökonomische Innovationsforschung (*Rogers* 2003), verschiedene makro-ökonomische Theorien des technischen Fortschritts (*Hicks* 1985, *Hicks* 1950, *Arrow* 1962) und international vergleichende ökonomische Forschung zur Beschreibung und Erklärung von länderspezifischen Innovationsunterschieden (*Beise* 2000, *Gemünden/Ritter* 1999 a).

Im Rahmen der *technisch-betriebswirtschaftlichen Innovationsliteratur* werden Technologieentwicklungen identifiziert und beschrieben sowie bewertet, prognostiziert, entwickelt, geschützt, adaptiert und transferiert. Dabei werden Konzepte verwendet wie Technologielebenszyklen (*Sommerlatte/Walsh* 1983, *Ford/Ryan* 1981), F&E-Ertragsfunktionen und das S-Kurven-Konzept (*Foster* 1986, *Krubasik* 1988), Technologieportfolios (*Wolfrum* 1991, *Pfeiffer* 1985) und das Instrumentarium des Controlling (*Horvàth* 2003, *Brockhoff* 1999).

Im Rahmen der zunehmenden Umstrukturierung westlicher Industrieunternehmen hin zu kundenorientierten Prozessstrukturen und der gleichzeitigen Diffusion informationstechnologischer Vernetzung lässt sich in jüngster Zeit ein zusätzlicher *informationstheoretischer* Ansatz identifizieren, der Innovationsprozesse als Informationsprozesse betrachtet und entsprechend analysiert (*de Pay* 1995, *Albach* 1993, *von Hippel* 1986).

Parallel haben sich im Umfeld des Innovationsmanagements weitere betriebswirtschaftliche Forschungsschwerpunkte etabliert, die sich mit denen des Innovationsmanagement überschneiden. Hierzu gehören Technologiemanagement (*Ritter/ Gemünden* 2000, *Zahn* 1994), Change-Management (*Saad et al.* 1991), F&E-Management (*Brockhoff* 1999, *Röß* 1993), Lean-Management- und Business-Reengineering-Konzepte (*Hammer* 1996) die von führenden Unternehmensberatungsgesellschaften zur Überwindung der Produktivitätskrisen Anfang der 90er Jahre entwickelt wurden und erst ansatzweise in der betriebswirtschaftlichen Literatur rezipiert wurden. In diesen Forschungsgebieten werden aus der einen oder anderen Perspektive auch verstärkt Themenkomplexe des Innovationsmanagements bearbeitet. Verhaltenswissenschaftliche Kategorien werden dort nur implizit verwendet.

Entscheidungsmodelle zur betriebswirtschaftlichen Optimierung von Investitionen in Produktinnovation sind in den 60er und 70er Jahren stark vorangetrieben worden (*Hammann* 1975). Sie reichen von einfachen Übertragungen allgemeiner Investitionskalküle (z. B. der optimalen Budgetierung von F&E-Vorhaben) über die Optimierung einer Produktposition im mehrdimensionalen Imageraum auf der Grundlage von multiattributiven Einstellungsmodellen (*Albers* 1989, S. 186 ff.) bis zu Lösungsvorschlägen für Innovationsprojekt-typische Fragen wie: Soll das Projekt starten bzw. weiterlaufen (GO), soll es abgebrochen werden (NO) oder sollen weitere Informationen hinzugezogen werden (ON)? Programmierte Versionen solcher Modelle sind unter den Bezeichnungen DEMON (*Charnes et al.* 1966) und SPRINTER (*Urban/ Hauser* 1993) bekannt. In den 80er Jahren wurde es wegen der praktischen Akzeptanz- und Implementierungsprobleme stiller um diese Modelle. Angesichts der jetzt viel besseren Computerunterstützung und der neuen Möglichkeiten zur Integration der Modelle in umfassende Systeme des computergestützten Marketing erlebt diese Forschungsrichtung zur Zeit eine Renaissance.

2.2.1.2 Verhaltenswissenschaftliche Ansätze

Anfang der 70er Jahre hielten zwei verhaltenswissenschaftliche Theorieansätze Einzug in die BWL, nämlich der zum Konsumentenverhalten für die empirisch fundierte Erklärung, Prognose und Steuerung von Marktreaktionen sowie die verhaltenswissenschaftliche Organisations- und Führungsforschung zur empirisch fundierten Erklärung, Prognose und Steuerung des Verhaltens von Mitarbeitern und von Organisationseinheiten. Obwohl der Widerstand von Vertretern traditioneller betriebswirtschaftlicher Auffassungen stark war (*Schneider* 1993), sind verhaltenswissenschaftliche Ansätze für das Innovationsmarketing unverzichtbar. Sehr breiten Raum nehmen hier die Theorien über menschliches Verhalten (Psychologie) und zwischenmenschliches Verhalten (Sozialpsychologie) ein. Aus verhaltenswissenschaftlicher Perspektive können damit die sozialpsychologischen Ansätze der Organisations- und Führungstheorie als „eine Säule", die Aussagen zum Konsumentenverhalten als „andere Säule" des Theoriefundaments für das Innovationsmarketing gelten.

Die Ansätze aus der *Organisationstheorie und Führungspsychologie* stellen bislang die Mehrzahl der verhaltenwissenschaftlichen Aussagen zum Innovationsmanagement: Die *kontingenztheoretischen* Ansätze (*Kieser* 2002, S. 169 ff.) sind intern-prozessorientiert ausgerichtet. Hier stehen das Innovationsverhalten von Personen, Organisationen und Umwelt sowie deren Konsequenzen für die Gestaltung innovativer Organisationsstrukturen und -kulturen im Mittelpunkt. Die *entscheidungstheoretischen* Ansätze thematisieren vor allem Einzelproblemstellungen in den einzelnen Phasen des Innovationsprozesses, wie bspw. die Überwindung von Innovationsbarrieren oder das Promotorenmodell (*Hauschildt* 2004, *Gemünden/Walter* 1996, *Hauschildt/Grün* 1993, *Witte* 1973, *Witte* 1998, *Lutschewitz/Kutschker* 1977). Betriebswirtschaftliche Bewertungs- und Entscheidungsmethoden wurden an die Innovationssituation angepasst und teilweise zur Lehrbuchreife weiterentwickelt (*Brockhoff* 1999). Ebenso fortgeschritten ist die Literatur zu Entscheidungsabläufen im Innovationsmanagement (*Witte et al.* 1988, *Gemünden* 1981), zur Schaffung einer innovationsfreundlichen Organisation und Unternehmenskultur (*Gebert/von Rosenstiel* 2002) sowie zur innerbetrieblichen Innovationsdurchsetzung (*Hauschildt* 2004). Die weniger kundenorientierte als anbieterorientierte Literatur zu Führungsproblemen im Innovationsmanagement (*Gebert* 2002, *Little* 1988 b, *Foster* 1986, *Servatius* 1985) hat die verhaltenswissenschaftliche Abstinenz ebenfalls schon überwunden.

Aus Sicht des *Konsumentenverhaltens* stellt sich das Innovationsmanagement heute noch ähnlich unpsychologisch dar wie die Marketing- und Organisationsliteratur der 60er Jahre, obwohl ihr wichtigstes Untersuchungsobjekt der potenzielle Konsument, Käufer oder Kunde ist. Erfolgreiches Innovationsmarketing muss bei zunehmender Kundenorientierung alle unternehmensinternen Prozesse letztlich auf den Kunden abstellen. Dem trägt die jüngste Welle an Umstrukturierungsmaßnahmen Rechnung, die unter Begriffen wie Total Quality Management, Customer Relationship Management, Value-Added Services und auch Quality Function Deployment Organisationsstrukturen hin zu einer kundenorientierten Prozessorganisation wandeln sollen. In marktorientiert geführten Unternehmen muss sich das Innovationsmarketing an Kunden und Wettbewerbern orientieren, egal ob der ursprüngliche Innovationsimpuls technologie-, kunden-, wettbewerbs- oder umfeldinduziert ist. Die Theorie des Konsumentenverhaltens (*Trommsdorff* 2004 a, *Kroeber-Riel/Weinberg* 2003) findet jedoch bis auf Ausnahmen (*Weiber/Pohl* 1995) noch wenig Berücksichtigung in der Innovationsmanagementliteratur, sowohl bei der Neuproduktinnovation als auch bei der Gestaltung kundenorientierter Geschäftsprozesse.

Als eigenständiges Thema vom Stellenwert einer Theorie befindet sich in der Schnittmenge von Produktinnovations- und Konsumentenforschung eigentlich nur die *Dif-*

fusionsforschung (siehe auch 4.6). Sie ist zugleich das beste Beispiel für verhaltenswissenschaftliche Innovationsforschung aus dem Entdeckungs- und Begründungszusammenhang. Diffusionsforschung beansprucht, die Größe und den zeitlichen Verlauf der Akzeptanzbildung (Übernahmen, Adoptionen) einer Innovation zu erklären (*Rogers* 2003, *Bass* 1969). Diese Erklärung erfolgt in Abhängigkeit von Eigenschaften des Innovationsobjekts, des Marketing, der Zielpersonenpopulation und den darin enthaltenen „Diffusionsagenten" (Meinungsführer, Innovatoren, Promotoren). Nach *Kaas* (1973) war ihr Ertrag für die Marketingtheorie und -praxis zunächst skeptisch zu beurteilen. Der besagte Anspruch konnte nur partiell und durch zunehmende Differenzierung der beteiligten Faktoren (Ausdehnung der Wenn-Komponente der Theorie) eingelöst werden. Gleichwohl hat die Diffusionsforschungsion einen fruchtbaren Begriffsrahmen und ein für die Innovationsmarktforschung interessantes methodisches Instrumentarium geschaffen und wird im Rahmen einer zunehmenden Prozessorientierung der Ansätze auch im Marketing verstärkt aufgegriffen (*Schmalen* 1989).

Als weitere Beispiele für Themen an der Schnittstelle von Konsumentenforschung und Innovationsmanagement aus dem methodischen Verwendungszusammenhang sind diverse *Sozialtechniken* zu nennen. Dazu gehören Kreativitätstechniken (*Hauschildt* 2004) und spezielle Marktforschungstechniken, darunter so verschiedenartige wie die Szenariotechnik (*Gausemeier et al.* 1996, *von Reibnitz* 1992), die Car Clinic zur frühzeitigen Akzeptanzprüfung neuer Automodelle (*Erdmann* 1996, *Finsel/Bach* 1993), das Lead-Customer-Konzept in F&E zur frühzeitigen aktiven Einbindung von Kunden in die Produktentwicklung (*Herstatt et al.* 2002, *Herstatt/von Hippel* 1992, *von Hippel* 1986) und das Conjoint Measurement zur Optimierung von Produktmerkmalskombinationen auf der Basis von Konsumentenbefragungen (*Gustafsson et al.* 2000). Sie dienen der Förderung von Kreativität und vernetztem Denken bei Zukunftsanalysen, dem sozial-kognitiven Lernen, der sozialen Motivation, innovativen Gruppenprozessen oder der beeinflussenden Kommunikation für oder gegen das Neue. Damit geben die Sozialwissenschaften trotz deren eigener Abstinenz auf dem Gebiet des Innovationsmarketing eine beeindruckende und längst nicht ausgeschöpfte Fülle an Anregungen und theoretischen Grundlagen für dieses Gebiet.

Auch aus den *Formalwissenschaften* lassen sich Anregungen für ein verhaltensorientiertes Innovationsmarketing ableiten: Fuzzy Logic (*Zimmermann* 1993, siehe auch 2.2.3.1) kann als Annäherung der Mathematik an das unscharfe menschliche Denken verstanden werden. Die Architektur von Datenbanken wird an menschlichen Informationsgewohnheiten ausgerichtet, die computergestützte Zukunftsanalytik versteht sich nicht als schematische Prognostik, sondern als zukunftsgerichtetes Denk-Hilfsmittel ähnlich der strategischen Entscheidungshilfen der Unternehmensberater.

Wenn die Akzeptanz im Markt der entscheidende Erfolgsfaktor für eine Innovation ist, dann ist eine frühzeitige Konsumentenforschung (*Kroeber-Riel/Weinberg* 2003) zentral für den Erfolg des Innovationsmarketing. Diverse Theorieansätze einer verhaltenswissenschaftlich orientierten Innovationsmarketingforschung können helfen, die Akzeptanz oder Ablehnung von Innovationen zu erklären, vorherzusagen und zu beeinflussen. Das sollen einige Beispiele unterstreichen:

• Involvement zur Aufnahme von Informationen über innovative Produktmerkmale: Viele Innovationen sind daran gescheitert, dass sie potenziellen Kunden nicht plausibel gemacht werden konnten. Anbieter- und ingenieurorientiertes Denken unterstellt fälschlich ein ähnlich hohes Informationsinteresse bei den Zielgruppen wie es die Mitarbeiter im Unternehmen haben.

- Wahrnehmungspsychologische Untersuchung von Innovationsschwellen: Selbst bei ausreichend hohem Involvement ist nicht gewährleistet, dass die Zielkunden den Innovationsvorteil als Nutzen erkennen. Die Wahrnehmung des Innovationsnutzens ist subjektiv bedingt (*Binsack* 2001) und kann letztlich nicht durch objektive Kunden-Wertanalysen ersetzt werden. Diese können aber zur Beeinflussung der Nutzenwahrnehmung unterstützend eingesetzt werden.
- Lerntheoretische Abschätzungen des Kommunikationsaufwandes, der notwendig ist, um die Innovation verständlich zu machen.
- Motivforschung für kundenorientierte (Market-Pull) Produktentwicklungen, z. B. auf der Basis der Messung von Werten, Wertewandel und Konsumtrends (*Reeb* 1998).
- Image- und Einstellungsanalysen zur Aufdeckung latenter Innovationsnischen und zur Unterstützung von Markenwertmessungen (*Riedel* 1996): Das Image beeinflusst den Markenwert, es kann daher auch für ein Marken-Innovationsinvestment-Kalkül herangezogen werden.
- Markentreue und Innovations-Marktwiderstände (*Weinberg* 1977).
- Zielgruppenfindung für kundenorientierte Innovationen durch neue Lifestyle-Typenbildung, z. B. nach dem psychologischen Geschlecht (*Zellerhoff* 2000)
- Psychometrische Erfassung von Innovations-Adoptoren und -Meinungsführern (*Kaas* 1973).
- Risikotheoretische Überlegungen bei der Kompetenzwahrnehmung von innovativen Unternehmensgründungen (*Rüggeberg* 1995).
- Entdeckung von sozial-normativen Innovationsbarrieren durch Bezugsgruppenanalysen (*Raffée et al.* 1994).

Allgemein ist zu den Anleihen aus anderen Wissenschaften zu sagen, dass auch bei Adaption bewährter Ansätze für das Innovationsmarketing empirische Forschung stattfinden muss, insbesondere im verhaltenswissenschaftlichen Bereich. Reine Deduktion aus allgemeineren Theorieansätzen reicht nicht, weil Innovation in einem für diese Forschung meist atypischen Umfeld stattfindet, das durch besondere technologische, betriebswirtschaftliche und rechtliche Bedingungen geprägt ist. Besonders die im folgenden Abschnitt thematisierte empirische Erfolgsfaktorenforschung ergänzt durch die Analyse typischer Fallstudien (*Trommsdorff* 1990) kann zu diesem Problembereich wertvolle Erkenntnisse liefern. Sie unterstützt die Analyse von komplexen betrieblichen Wirkungszusammenhängen und bietet die Möglichkeit, Innovationsprozesse in ihrer Komplexität und Vernetzung funktions- und phasenübergreifend darzustellen.

2.2.2 Erfolgsfaktoren der Produktinnovation

Ein Blick auf die Erfolgsbilanz von Innovationsideen in der Praxis macht die Relevanz der PIEF-Theorie deutlich: In einer branchenübergreifenden empirischen Langzeitstudie über Produktinnovationen in 116 Unternehmen erwiesen sich nur 0,6 % der erhobenen 1919 Produktinnovationsideen als marktfähig und erfolgreich. Innovationsansätze durchlaufen einen spitzen Selektionstrichter: Nicht einmal 10 % der

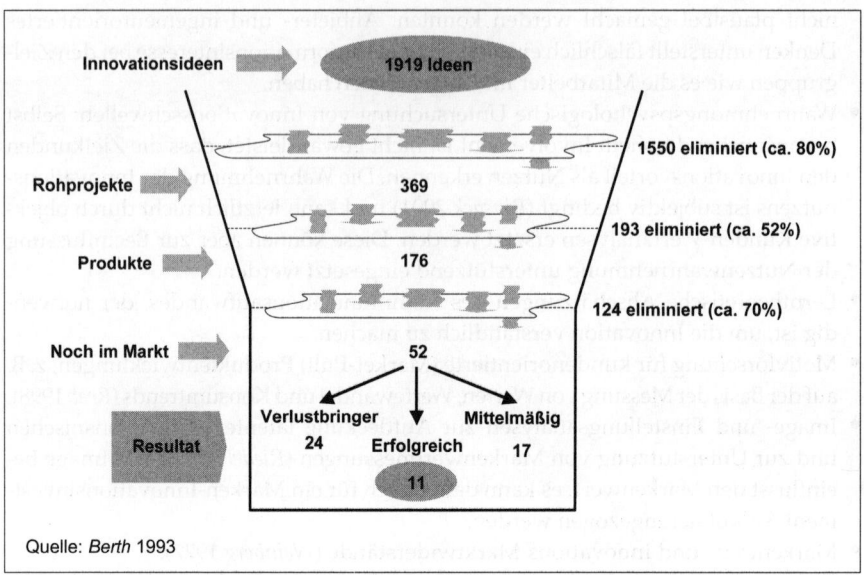

Abb. 2.17: Erfolgsaussichten von Innovationsideen

Erstideen gelangten als Produkte in den Markt, davon eliminierte der Markt noch einmal ca. 70 % als Flops. Von den im Markt verbliebenen Produkten brachten 46 % Verlust, 33 % keinen nennenswerten Gewinn und nur 21 % (letztlich 0,6 % – 11 von 1919) waren erfolgreich (*Berth* 1993, S. 217).

Dieser Selektionstrichter ist über die Branchen hinweg unterschiedlich spitz. So zeigt z. B. die Pharmabranche eine noch größere Selektionsrate: Von ursprünglich 40.000 Substanzen aus der Arzneimittelforschung wurden bislang durchschnittlich nur 8 Substanzen als Medikament zugelassen, davon landen nur 3 unter den erfolgreichen „TOP 2000"-Arzneien. 0,01 % aller pharmazeutischen „Innovationsideen" (potenziell gegen eine Krankheit wirksame Moleküle) wurden bislang Markterfolge.

Der pharmazeutische Selektionstrichter wird allerdings gerade technologisch durch zwei Ansätze revolutioniert: 1) quantitativ durch größeren und schnelleren Durchsatz an potenziellen Substanzen aufgrund moderner Verfahrens- und Rechentechnik, 2) qualitativ durch biotechnologische Prozessinnovationen mit hoher Treffsicherheit und geringerem Aufwand, indem auf spezifische Krankheiten passende Moleküle (so genannte Targets) identifiziert und dann synthetisiert werden. Besonders die qualitative Entwicklung bedeutet auf der technologischen (leider noch nicht auf der Marketing-)Ebene eine Revolution im Pharma-Innovationsmanagement (vgl. *Jungmittag et al.* 2000, S. 59 ff., *Pfeiffer* 2000, S. 34 ff.).

Gemessen an der Zahl der als „neu" in den Markt gebrachten Produkte ist sogar der Food-Sektor (Lebensmittel und andere „fast moving consumer goods") sehr innovativ. So hat die Zahl der Produktinnovationen seit 1997 jährlich um 11 % zugenommen. Jedoch ist hier die Floprate besonders hoch: Von 32.478 im Jahr 2000 im Lebensmitteleinzelhandel neu eingeführten Artikeln konnten sich nur 36 % länger als ein Jahr im Markt behaupten (*Madakom* 2001, zit. nach *Menrad/Blind* 2004).

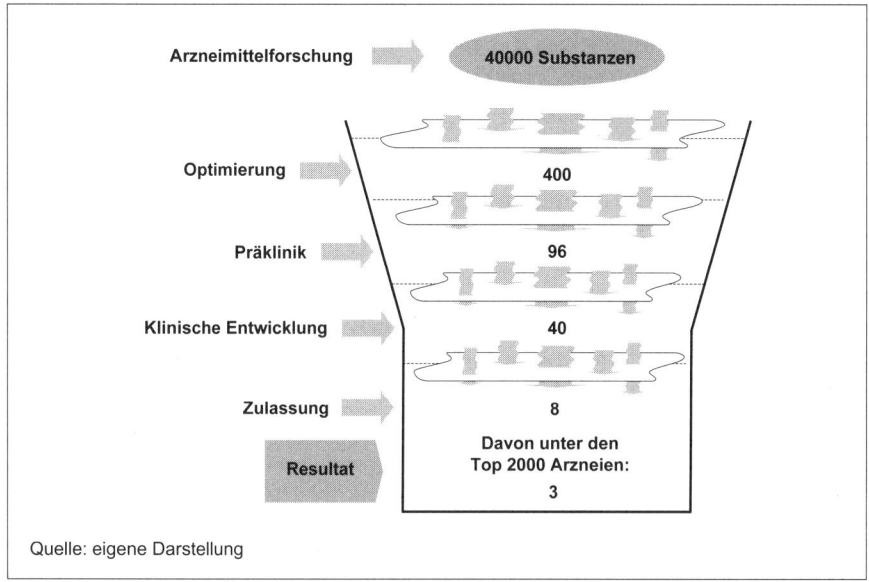

Quelle: eigene Darstellung

Abb. 2.18: Erfolgsaussichten von Innovationsideen in der Pharmaindustrie

Die Flopratenbefunde verdeutlichen den Bedarf der Praxis an PIEF-Wissen. Ein großer Teil der Misserfolge könnte vermieden werden, wenn die Entscheider mehr relevante, zuverlässige und bewährte Informationen hätten (bzw. nutzen würden (!), vgl. *Cooper* 1999), d. h. eigentlich, wenn die im Innovationsprozess vorherrschende „Bauch-Entscheidung" durch eine praktisch wertvolle Theorie zumindest gestützt würde.

Die PIEF-Erkenntnisse stammen aus einer empirischen Forschungsrichtung, die schon in den 60er Jahren des letzten Jahrhunderts begründet und danach bis heute recht kontinuierlich fortgesetzt wurde (*van der Panne et al.* 2003, *Ernst* 2002, *Ernst* 2001, *Melheritz* 1999, *Cooper* 1999, *Balachandra/Friar* 1997, *Montoya-Weiss/Calantone* 1994, *Lilien/Yoon* 1989, *Cooper/Kleinschmidt* 1987 b). Die Befunde aus dieser Forschung verdichten sich allmählich zu einer solchen „praktischen Theorie".

Die PIEF-Forschung zielt sowohl auf strategische „Effektivität" (das Richtige tun) als auch auf operative „Effizienz" (es richtig, nämlich wirtschaftlich, tun). Effektivität hängt von vielen, auch von kaum durch das Unternehmen beeinflussbaren Faktoren ab, so den Markt- und Umfeldbedingungen. Das Management muss sie verstehen, auch wenn sie nicht zu beeinflussen sind. Effizienzfaktoren muss man nicht nur verstehen, sondern kann sie auch aktiv steuern (*Cooper* 1999, S0.115 f.).

Die Entscheidung, eine Innovationsidee als Projekt zu etablieren, ist jedenfalls eine Effektivitätsentscheidung („das Richtige tun"). Über dieses „Ob" hinaus beeinflusst die Priorität des Projekts seine Effektivität: Wie intensiv es im Verhältnis zu anderen Aktivitäten verfolgt wird, kann auch noch das Richtige oder das Falsche sein. Diese Entscheidung der Ressourcenzuweisung ist durch geeignete Analysemethoden zu stützen (siehe 3.4). Die darauf innerhalb eines Ressourcenbudgets erfolgende Produktentwicklung und -vermarktung ist dagegen keine Frage der Effektivität, sondern der Effizienz („es richtig tun").

Die Kenntnis und möglichst Steuerung der PIEF betrifft die Effektivität und die Effizienz von Innovationsprojekten. So kann eine Fehlinvestition durch falsche Projektauswahl oder ein zu später Projektabbruch (beides Effektivitätsentscheidungen) durch Beachtung/Steuerung der PIEF ebenso vermieden werden wie ein Flop durch eine falsche (ineffektive) Positionierung im Markt oder einfach durch unzureichendes (ineffizientes) Einführungsmarketing. Das operative Detail des Innovationsmarketing ist allerdings hoch komplex, so dass der Informationsbedarf für Effizienz über die Leistungen der PIEF-Theorie hinausgeht. Die Kenntnis der allgemeinen PIEF reicht als Informationsbasis für das Innovationsmarketing nicht aus. Das Management braucht Informationen über konkrete Bedingungen der Innovation aus der spezifischen Situationsanalyse. Darunter muss Innovationsmarktforschung die externen Informationen liefern, insbesondere über das zu erwartende Verhalten von Zielkunden, Partnern und Wettbewerbern.

(Innovations-)Marktforschung und PIEF-Theorie stehen substitutiv und komplementär zueinander:

- Ein substitutives Verhältnis besteht, wenn Marktforschungsergebnisse durch die Kenntnis von Erfolgsfaktoren ersetzt werden können. In diesem Fall wäre Marktforschung teilweise überflüssig, man würde so „das Rad noch einmal erfinden". PIEF-Forschung kann mit abnehmender Reichweite in Marktforschung übergehen, z. B. kann sie für ein spezifisches Produkt identisch sein mit der begleitenden Marktforschung vor und während des Projekts.
- Komplementär zur PIEF-Theorie sind Marktforschungsfragen, die das WENN (die Antezedenzbedingung) eines Erfolgsfaktors feststellen bzw. den Ausprägungsgrad dieses Faktors betreffen. So hilft zum Beispiel die Kenntnis des Erfolgsfaktors „Produktqualität" nur, wenn bekannt ist, was die Kunden subjektiv als Qualität empfinden und wie hoch die subjektive Qualitätswahrnehmung des neuen Produkts ausgeprägt ist.

Nebenbei: Marktforschung ist auch *Gegenstand* der PIEF-Forschung. Zum Beispiel postulieren Studien einen positiven Zusammenhang zwischen dem Innovationserfolg und der Markteinschätzung (*Cooper/Kleinschmidt* 1987 a), der Marktbeurteilung (*Brockhoff* 1989) bzw. dem frühen Erkennen von Kundenproblemen (*Rothwell et al.* 1974).

Der folgende Abschnitt 2.2.2.1 gibt einen Überblick über Projekte und Methoden der PIEF-Forschung (PIEFF). Anschließend werden in 2.2.2.2 aus Synopsen und Metaanalysen diejenigen PIEF herausgearbeitet, die sich schon hinreichend bewährt haben. Die Studien werden hierfür extrem komprimiert, zu einer allgemeinen PIEF-Theorie. Schließlich wird in 2.2.2.3 der „Competitive Innovation Advantage" (CIA) als wichtigster PIEF erörtert und in 2.2.2.4 die Kundenorientierung (KO) als Engpassfaktor zum CIA.

2.2.2.1 Methodologie der Produktinnovations-Erfolgsfaktorenforschung (PIEFF)

Jahrzehntelang war betriebswirtschaftliche Forschung darum bemüht, einzelne Entscheidungsparameter mit Hilfe mathematischer Modelle zu optimieren. Die Komplexität der Wirklichkeit musste dabei auf eine oder wenige Variablen reduziert werden. Die mangelnde Realitätsnähe und Praxisakzeptanz entsprechender

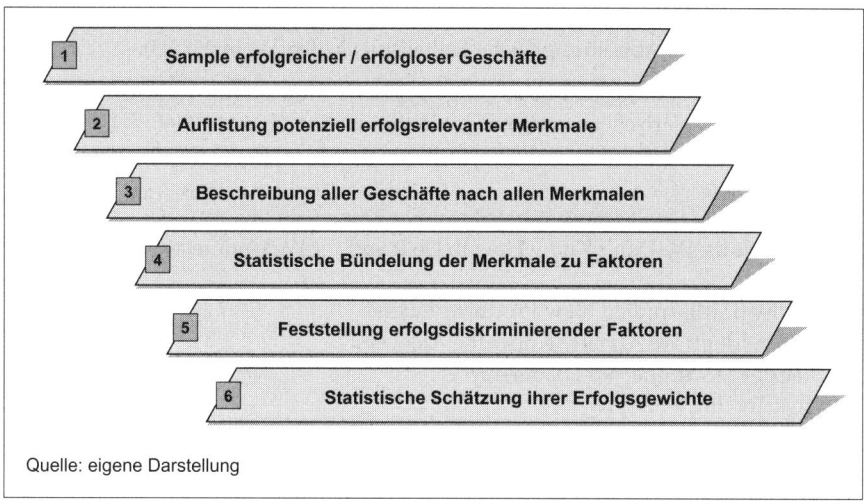

Quelle: eigene Darstellung

Abb. 2.19: Methodenschritte zur Ermittlung von Neuprodukt-Erfolgsfaktoren nach Cooper

Handlungsanweisungen hat eine in den 60er Jahren aufkommende Forschungsrichtung begünstigt, die empirisch-induktiv versuchte, aus der realen Komplexität
von Unternehmen, Produkten oder Projekten diejenigen Faktoren zu entdecken, die
für deren Erfolg und Misserfolg bedeutsam sind. Ausgangspunkt war die Idee, dass
es einige wenige globale gesetzesartige und erfolgsentscheidende Einflussgrößen
gibt. Gesucht waren stets jene „Erfolgsfaktoren", über deren Gestaltung oder zumindest Akzeptierung unternehmerisch entschieden werden kann, um den Erfolg
zu steuern.

Der heutige Stand der PIEFF basiert auf Arbeiten vieler Forscher, wobei *Cooper* (oft
auch mit *Kleinschmidt*) als Vater der PIEFF gilt. Seit Mitte der 70er Jahre hat er eine
beeindruckende Zahl an Studien veröffentlicht (für einen detaillierten Überblick
siehe *Rüdiger* 1997, S. 18 ff.). Das (Lebens-)Werk „NewProd" fokussiert den Einfluss
von Marketingvariablen auf den Innovationserfolg.

Untersucht werden meist Neuprodukte bzw. entsprechende Projekte auf amerikanischen Investitionsgütermärkten. Die Abbildung 2.19 fasst typische, von der Cooper-
Schule oft angewandte, Methodenschritte zur Ermittlung von Neuprodukt-Erfolgsfaktoren exemplarisch zusammen.

Erfolgsfaktoren und Hygienefaktoren

Misserfolgsfaktoren sind Hygienefaktoren, nicht Erfolgsfaktoren: Entgegen der
Volksweisheit „der Erfolg hat viele Väter" ist es so, dass der Misserfolg sehr viele Ursachen haben kann, während der Erfolg, vorausgesetzt, keiner dieser möglichen
Misserfolgsgründe ist eingetreten, auf wenigen Erfolgsfaktoren beruht. Die Misserfolgsgründe sind wie Stolpersteine auf dem Weg zum Erfolg. Es sind im Sinne von
Herzberg verletzte „Hygienefaktoren" (was vielerlei „Infektionen" zur Folge haben
kann): So blieb die Erfindung und erfolgreiche Entwicklung einer Abtreibungspille
in Deutschland letztlich erfolglos, weil die Kirchen die Methode massiv öffentlich
bekämpften, und weil die Ärzte an ihrer Verordnung nicht genug verdienten – ob-

wohl die Methode für die Patientin schonender, weniger riskant und aufwändig war als die chirurgische Abtreibung (siehe Fallbeispiel Mifegyne in 2.2.2.3).

Die folgende Abbildung 2.20 fasst einige typische Produktinnovations-Fehler aus der Praxis exemplarisch zusammen. Jovial beschreibt *Cooper* (1999, S. 119) sieben „Blockaden", also *Misserfolgsgründe* von Innovationsprojekten aus der Perspektive der Mitarbeiter:

- Ignorance: We Don't Know What Should be Done
- Lack of Skills: We Don't Know How to Do It and/or We Underestimate What's Involved
- A Faulty or Misapplied New Product Process
- Too Confident: We Already Know the Answers
- A Lack of Discipline: No Leadership
- In Just Too Big a Hurry
- Too Many Projects and Not Enough Resources: A Lack of Money and People to Do the Job

Die Vermeidung solcher Misserfolgsgründe führt nicht ohne weiteres zum Erfolg, sie ist nur eine notwendige, nicht hinreichende Erfolgsvoraussetzung. Auch Misserfolgsfaktoren müssen durch das Innovationsmanagement kontrolliert werden. Für Innovationserfolg müssen darüber hinaus und vor allem die Erfolgsfaktoren stimmen. Im Folgenden konzentriert sich dieses Kapitel daher auf Produktinnovations-Erfolgsfaktoren.

Ziel der PIEFF ist es, die zentralen Einflussfaktoren erfolgreicher Unternehmensführung empirisch zu bestimmen (*Pfeiffer/Weiss* 1990, S. 43). Jeweils eine Stichprobe von Fällen, durchaus aus verschiedenen Branchen, Größen und Rechtsformen, wird exploratorisch-induktiv, meist multivariat-statistisch, auf Faktoren hin untersucht,

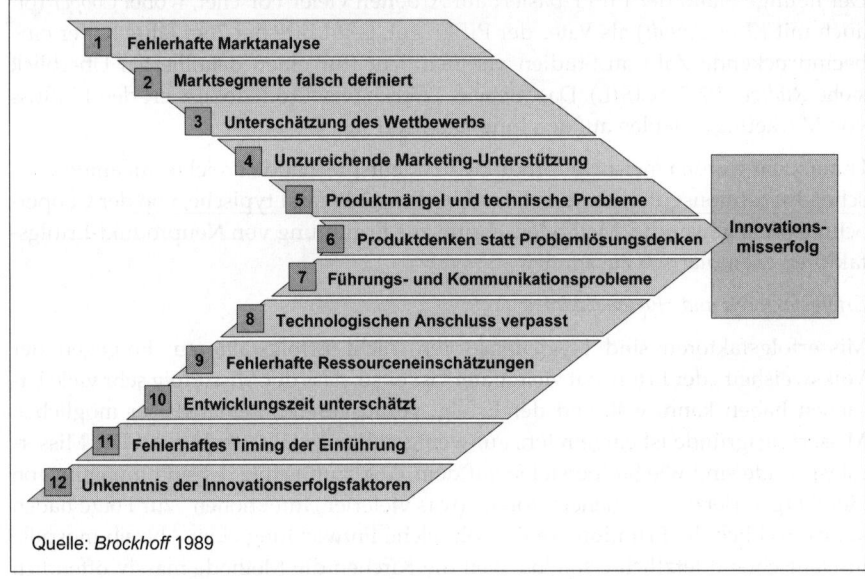

1 Fehlerhafte Marktanalyse
2 Marktsegmente falsch definiert
3 Unterschätzung des Wettbewerbs
4 Unzureichende Marketing-Unterstützung
5 Produktmängel und technische Probleme
6 Produktdenken statt Problemlösungsdenken
7 Führungs- und Kommunikationsprobleme
8 Technologischen Anschluss verpasst
9 Fehlerhafte Ressourceneinschätzungen
10 Entwicklungszeit unterschätzt
11 Fehlerhaftes Timing der Einführung
12 Unkenntnis der Innovationserfolgsfaktoren

Innovations-misserfolg

Quelle: *Brockhoff* 1989

Abb. 2.20: Typische Produktinnovationsfehler und Misserfolgsgründe

die Erfolg und Misserfolg diskriminieren („erklären") können (*Müller-Stewens* 1992, S. 1107). Der theoretische Entwicklungsstand der PIEFF ist ausgeprägt exploratorisch, man verzichtet überwiegend auf eine theoretisch explizit vorgeprägte Variablenauswahl (wenngleich jede Auswahl zumindest implizit theoretisches Vorwissen voraussetzt).

Die PIEFF nutzt die Vorzüge von Total- und Partialmodellen und meidet die Nachteile: Die praxisfeindliche Komplexität der Totalmodelle („zu theoretisch") wird auf wenige übergeordnete strategische Faktoren begrenzt; die realitätsferne und gegen alle Kritik immunisierende ceteris-paribus-Annahme der partialen Optimierungsmodelle wird aufgegeben, indem Fälle ganzheitlich betrachtet werden. Außerdem wird der überhöhte Optimierungsanspruch auf den Anspruch einer praxisrelevanten Managementunterstützung heruntergefahren.

PIEFF ist methodisch nicht normiert, sie umfasst eine große Bandbreite empirischer Forschungsmethoden, von sehr unstrukturierten Interviews bis zu tiefschürfend-qualitativen Fallstudien, von standardisierten Umfragen bis zu komplexen Datenbankanalysen. Immer bedarf es der Operationalisierung von Erfolg durch eine oder mehrere abhängige Variablen, immer werden zahlreiche potenzielle unabhängige Variablen als potenzielle EF untersucht. Teilweise werden in einem vorbereitenden Analyseschritt redundante Variablen zu Faktoren verdichtet.

Die Studien beziehen sich auf recht unterschiedliches Material. Manchmal fließen nur erfolgreiche oder nur negative Fälle ein, andere Studien stellen positive und negative Fälle einander gegenüber, um die PIEF durch Kontrast deutlicher sichtbar zu machen. Der Untersuchungsanspruch ist oft nur deskriptiv, meist korrelativ, selten wirklich kausal (kontrolliert experimentell), die Vergleichsbasis ist meist quer, selten längs der Zeitachse, die Stichprobe besteht selten aus branchenhomogenen, meist branchenheterogenen Unternehmen, Geschäftsfeldern oder Innovationsvorhaben.

Die Suche gilt management-kontrollierbaren, „internen" (durch das Management beeinflussbaren) PIEF wie das Image des Unternehmens, innovationsbedeutsame Bestandteile der absatzpolitischen Instrumente, Merkmale des Personals und der Führung, technische Voraussetzungen und organisationale Bedingungen. Oft werden aber auch solche PIEF gefunden, die exogen bestimmt und kaum beeinflussbar sind, also Faktoren, die in der politischen, finanziellen, rechtlichen, steuerlichen, marktstrukturellen, ökologischen usw. Unternehmensumwelt begründet sind, z. B. Standortcharakteristika, Umweltauflagen, Wettbewerbsintensität, Marktentwicklungsraten oder Marketingaktivitäten der Konkurrenz. Die Kenntnis exogener PIEF verhilft zwar nicht zur Optimierung eines Innovationsprojekts, sie unterstützt jedoch die Go/No-Entscheidung und damit die Effektivität.

Eine wissenschaftstheoretische Bewertung der Qualität von PIEF-Studien benötigt Kriterien wie Reichweite, Präzision und Kausalität (*Trommsdorff* 1990, S. 15 ff.):
1. *Reichweite* (Spezifität): Der managementpraktische Wert einer PIEF-Aussage hängt zunächst von ihrer Nicht-Einmaligkeit ab, d. h. von ihrer Verallgemeinerbarkeit auf andere Situationen als die ihrer Gewinnung. Aussagen über PIEF werden gewonnen für die gesamte Wirtschaft, für einzelne Branchen, Strategische Gruppen, Unternehmen, Geschäftsfelder und Projekttypen. Diese Aufzählung hat zunehmende Spezifität und abnehmende Reichweite. Gültige Erfolgsfaktoren großer

Reichweite können überall verwendet werden, sind aber in einer speziellen Situation wenig hilfreiche „Gemeinplätze". Zu ihrer konkreten Umsetzung in Entscheidungen werden zusätzliche speziellere (branchen-, markt-, oder technologiespezifische) Aussagen benötigt, ggf. durch spezifische Marktforschung. Sehr spezifische Aussagen lassen sich aber kaum auf die nächste Entscheidung ähnlichen Typs übertragen, weil deren Situation etwas anders ist. Einen guten Mittelweg stellen PIEF-Aussagen *mittlerer Reichweite* dar, die über den Untersuchungskontext hinaus gültig sind, ohne Gemeinplatz zu sein.

2. *Präzision*: Die präziseste Aussagenform ist die Zahl. Qualitative PIEF verzichtet bei der Erhebung auf standardisierte zahlenmäßige (quantitative) Operationalisierungen, beruht oft auf ganzheitlichen Fallstudien, narrativen Managementbefragungen oder Textmaterial. Die wohl bekannteste Studie dieser Art ist „In search of Excellence" (*Peters/Waterman* 1984). Quantitative Studien verwenden Zahlenmaterial, das meist mit standardisierten Fragebögen erhoben wird (z. B. *Patt* 1988, S. 8). Die Auswertung erfolgt vorrangig mit Hilfe statistischer Verfahren, deren Komplexität von univariaten, z. B. Häufigkeitsanalysen, über multivariate Methoden bis zu Strukturgelichungsmodellen reicht (*Kube* 1990, S. 6). Das bekannteste Beispiel für eine Datenbasis zur quantitativen EFF ist das PIMS-Projekt mit zahlreichen darauf aufbauenden Studien (*Buzzell/Gale* 1987, S. 1). Hohe Präzision ist an sich wünschenswert, stößt aber auf Grenzen der Gültigkeit (Scheingenauigkeit) bzw. der Verallgemeinerbarkeit. So sind Ergebnisse hoher Präzision tendenziell von geringer Reichweite. Für *strategische* EFF mit weit in die Zukunft reichenden Aussagen hoher Komplexität verbietet sich hohe Präzision. Andererseits erlauben sehr unpräzise Aussagen keine klaren Entscheidungshilfen. Aussagen *mittlerer Präzision* sind ein annehmbarer Kompromiss.

3. *Kausalität*: PIEF sollen erfolgs*ursächlich* sein. Die (Sicherheit der) Kausalität von PIEF kann als Kontinuum ausgedrückt werden. Je höher die Kausalität einer Aussage, desto gehaltvoller ist sie. Studien, die erfolgreiche und erfolglose Fälle als Kontrastgruppen gegenüberstellen, quasi experimentelle Längsschnittstudien und theoriegeleitet hypothesentestende (konfirmatorische) Studien sind eher kausal zu interpretieren als lediglich korrelative, zeitpunktbezogene, induktiv-exploratorische Untersuchungen (*Kube* 1990, S0.6 f.). Strenge Kausalität kann in der komplexen PIEF nicht erreicht werden. Aber ein theoretisch fundiertes, präzises und komplexes Kausalmodell, das der konfirmatorischen Überprüfung durch entsprechend operationalisierte Daten standhält, kann *relativ hohe Kausalität* beanspruchen (*Trommsdorff* 1990, S. 17). Bislang ist die kausalanalytische PIEFF allerdings noch nicht der geltende Standard (*Fritz* 1989, S. 15). *Ernst* (2001, S. 28) kritisiert allgemein den methodischen Stand und Fortschritt der PIEFF.

Das Erfolgsmaß

Die Operationalisierung des *Erfolgskriteriums* ist kritisch und ein Hemmnis für die Vergleichbarkeit unterschiedlicher Studien. Was Innovationserfolg ist, wird subjektiv sehr unterschiedlich erlebt, und Erfolg (E) wird in der PIEFF sehr uneinheitlich operationalisiert (*Hauschildt* 1991, S. 452). Wenn PIEFF strategische Entscheidungen stützen soll, genügen gängige Kennzahlen der Betriebswirtschaftslehre wie der ROI nicht. Vielmehr muss dann Erfolg langfristige Ziele reflektieren (*Pümpin* 1983, S. 31), z. B. das qualitative Ziel der Wettbewerbsfähigkeit. Außerdem müssen die besonderen Ziele des betreffenden Unternehmens bzw. Innovationsprojektes (*Rüggeberg* 1995, S. 117 ff.) in den Erfolg einfließen, z. B. bei einer Produktinnovation die Einhaltung der Zeit- und Kostenvorgaben. Erfolg ist Zielerreichung. Wegen der Subjektivität von Zielen ist die Operationalisierung von Erfolg genauso eine empirische Frage wie die Operationalisierungen der PIEF. *Cooper und Kleinschmidt* (1987 b, S. 216) haben in einer PIEFF-Studie mit 203 Produktinnovationen in 125 Firmen aus zehn Erfolgsindikatoren faktorenanalytisch drei subjektiv voneinander unabhängige Erfolgskriterien ermittelt:

- Finanzieller Erfolg (financial performance)
- Markterfolg (market impact) und
- Strategisches Potenzial (opportunity window)

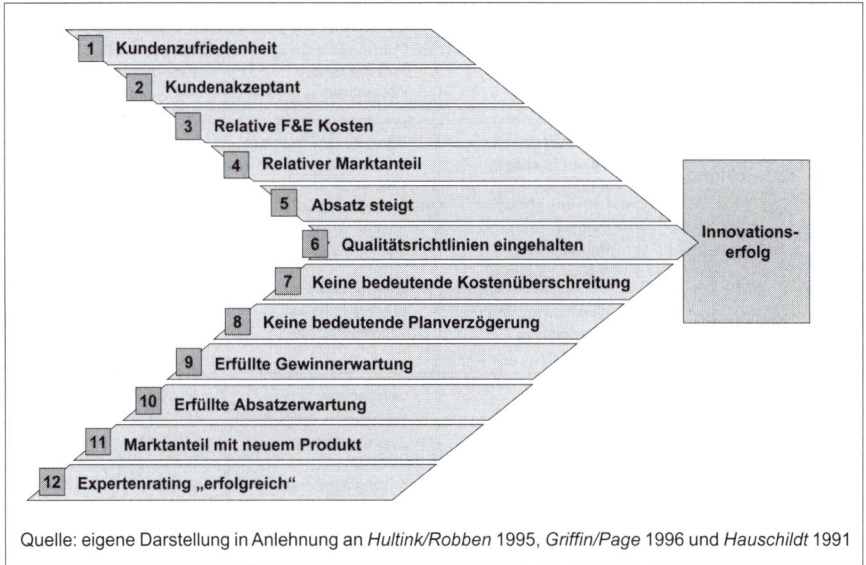

Quelle: eigene Darstellung in Anlehnung an *Hultink/Robben* 1995, *Griffin/Page* 1996 und *Hauschildt* 1991

Abb. 2.21: Verschiedene Indikatoren für die Messung des Innovationserfolges

Diese Einteilung erweitert die klassisch-betriebswirtschaftliche Erfolgsmessung um strategische Kriterien der Wettbewerbsfähigkeit und Produktinnovationschancen. Ein „strategisches Fenster" kann nicht sehr präzise erfasst werden. Strategische Erfolgskriterien können nur mit weichen Verfahren, z. B. über Expertenmeinungen, ausgedrückt werden. Im Laufe der Zeit ist die Erfolgsmessung weiterentwickelt worden. Mittlerweile existiert eine Vielzahl von Indikatoren zur Messung des Erfolges in der Literatur. Die vorhergehende Abbildung 2.21 gibt exemplarisch einen Überblick über häufig verwendete Indikatoren in der Forscher-Praxis.

Ergebniserfolg versus Prozesserfolg

Ein erfolgreiches Ergebnis setzt einen erfolgreichen Prozess voraus. Man kann Erfolg vom Ergebnis der Produktinnovation her betrachten oder dieses Ergebnis in den Hintergrund stellen und auf den mehr oder weniger erfolgreichen Prozess abstellen. Die ergebnisorientierte Erfolgsoperationalisierung bietet sich besonders bei Innovationen kleiner und mittlerer Neuartigkeit an, bei hochgradigen (substanziellen, radikalen) Innovationen, die sich länger hinziehen und komplexere Prozesse benötigen, kommt es stärker auf den Erfolg des Prozesses an (*Gemünden/Trommsdorff* 2001). So meint *Hauschildt* (2004, S. 539 ff.), dass es nicht „den" Erfolg einer Innovation gibt, sondern dass dieser abhängig vom Fortgang des Innovationsprozesses beurteilt werden sollte. Im Rahmen der prozessbegleitenden Erfolgsbeurteilung werden Zwischenergebnisse als Meilensteine des Prozessablaufes kritisch beurteilt. Dahinter steht der Gedanke, dass der Innovationserfolg auf der Erfüllung von Teilleistungen basiert, die prozessbegleitend evaluiert werden können. Das Ergebnis der einzelnen Prozessstufen ist das Erfolgskriterium. Die folgende Abbildung zeigt exemplarisch messbare Zwischenergebnisse pro Innovationsprozessstufe:

Prozessstufe	Ergebnis/ Erfolgskriterium	Messdimension	Messsubjekt
Produktidee	• Protokolle • Skizzen	• Zahl der Ideen / Alternativen	• Experten unter Bezug auf Stand der Technik
Forschung & Entwicklung	• Konstruktionen • Versuchsanlagen • Prototypen	• Technischer Fortschritt • Produktivitäts- steigerung	• Experten unter Bezug auf die tech. Leistung
Erfindung	• Patente • Publikationen • Preise, Zitationen	• Anzahl	• Wissenschaftler
Marketing, Fertigung	• Marktfähiges Produkt • realisierbares Verfahren	• Beschreibung von Verbesserungen	• Marketing-Manager • Ingenieure
Markt- & Prozesseinführung	• Umsätze • Kostenersparnisse • Gewinne	• Geldbeträge, • Kennzahlen, Indizes • Zeit- und Betriebs- vergleiche	• Marketing- und Produktionsinstanzen • Controller • Branchen-Experten
Laufender Absatz, Betrieb	• Veränderung von Umsätzen, Kosten, Gewinnen	• Anstieg der Börsen- kurse	• Bankiers

Quelle: *Hauschildt* 2004, S. 541

Abb. 2.22: Prozessorientierte Messung des Innovationserfolgs

Einige Autoren fordern eine *kontextabhängige Erfolgsmessung* (*Hauschildt* 2004, *Griffin/ Page* 1996, *Hultink/Robben* 1995). *Hultink und Robben* (1995) machen auf den Kontextfaktor „Zeitperspektive" der Erfolgseinstufung aufmerksam. Sie stellen empirisch fest, dass die wahrgenommene Wichtigkeit vorgegebener Erfolgsindikatoren aus der Sicht von Projektmanagern abhängig von der eingenommenen Zeitperspektive variiert. Während kurzfristig eine kurze Entwicklungszeit („speed to market") und eine rechtzeitige Markteinführung („launch on time") im Vordergrund stehen, ist langfristig vor allem die Erreichung finanzieller Ziele entscheidend. Die Erreichung von Qualitätsstandards, Kundenzufriedenheit und Akzeptanz erweisen sich durchgängig als wichtige Messkriterien.

Neben der Prozessstufe und der Zeitperspektive sollten bei der Beurteilung des Erfolges auch strategische Ziele beachtet werden. *Griffin und Page* (1996, S. 485 ff.) unterscheiden Erfolgskriterien auf der Projektebene von Kriterien auf der Unterneh-

Erfolgskriterien auf der Projektebene	Erfolgskriterien auf der Unternehmensebene
Markterfolg	ROI des Entwicklungsprogramm
Kundenzufriedenheit / -akzeptanz	
Zielerreichung Marktanteil	Fit neue Produkte / Geschäftsstrategie
Zielerreichung Umsatz	Anteile der neuen Produkte am Gewinn
Umsatzwachstumssteigerung	
Anzahl der Kunden	Anteile der neuen Produkte am Umsatz
Finanzieller Erfolg	Erfolgs- / Misserfolgsrate
Zielerreichung Gewinn	
Zielerreichung Gewinnspanne	Entwicklungsprogramm Gesamterfolg
ROI	Zielerreichung Entwicklungsprogramm
Break-Even Zeitpunkt	Produkte eröffnen zukünftige Möglichkeiten
(Technisches) Leistungsmaß	Anteile patentgeschützter Produkte am Umsatz
CIA	
Zielerreichung Leistungsspezifikationen	Anteile patentgeschützter Produkte am Gewinn
Speed to Market	
Launch in time	
Entwicklungskosten	
Zielerreichung Qualität	
Innovationsgrad	

Quelle: *Griffin/Page* 1996, S. 486 ff.

Abb. 2.23: Erfolgskriterien auf der Projekt- und Unternehmensebene

mensebene (siehe Abb. 2.23). Die Autoren zeigen, dass sowohl die Projekt-, als auch die Unternehmensstrategie Einfluss auf die wahrgenommene Wichtigkeit vorgegebener PIEF-Indikatoren hat. Die Beurteilung der Innovation durch die Kunden steht im Vordergrund.

Insgesamt macht diese Debatte deutlich: Es gibt keinen allgemein richtigen Erfolgsmaßstab. Der im Einzelfall angemessene Erfolgsmaßstab hängt vom Kontext und vor allem vom Zweck der PIEFF ab. So ist er bei höhergradigen Innovationen eher prozessorientiert als ergebnisorientiert. Erfolg bedeutet stets „Grad der Zielerreichung", womit allerdings das Problem der Erfolgsdefinition auf das Problem der Zieldefinition verschoben wird.

Zusammenfassende Kritik an der PIEFF

Neben der Vernachlässigung situativer Faktoren, der uneinheitlichen Operationalisierung von Erfolgsmaßen und Erfolgsfaktoren sowie Gültigkeitsproblemen bei der Datenerhebung (z. B. der „Informant Bias" bei der Befragung selbst betroffener Manager) sind weitere Aspekte der PIEFF kritisiert worden (*van der Panne et al.* 2003). *Pfeiffer und Weiss* (1990, S. 74) bemängeln, dass in vielen Studien *abgebrochene Projekte* nicht berücksichtigt werden. Damit werden früh wirkende PIEF übersehen, besonders technologische Probleme bei Market-Pull-Innovationen. Bezüglich der Datenerhebungs- und Auswertungsverfahren wird allgemein kritisiert, dass die überwiegende Zahl der PIEFF-Studien die methodischen Fortschritte der letzten Jahre kaum genutzt hat und sich auf traditionelle Verfahren stützt (*Ernst* 2002; *Ernst* 2001, S. 28; *Rüdiger* 1997, S. 17).

Über diese methodischen Punkte hinaus wurde inhaltlich die Auswahl untersuchter PIEF kritisiert. Je nach theoretischer Konzeption einer Studie werden Schwerpunkte gesetzt, d. h. potenziell erfolgswirksame, aber aus Forschersicht weniger interessante Einflussgrößen werden ausgeklammert. Dadurch wird die Realität verzerrt, die ausgewählten Variablen werden überbewertet (*Pfeiffer/Weiss* 1990, S0.102 f.). Viele Autoren haben sich auf die PIEFF-Konzeption von *Cooper* gestützt, wodurch der Fokus immer wieder auf ähnlichen PIEF lag (*Ernst* 2001, S. 28). Auch wurden inhaltlich gleiche PIEF unterschiedlich benannt, was die Vergleichbarkeit der Ergebnisse einschränkt (*Melheritz* 1999, S. 173). Abbildung 2.24 fasst die Forschungsdefizite der PIEFF zusammen.

2.2.2.2 Ergebnisse der Erfolgsfaktorenforschung für neue Produkte

Die wesentlichen Marketing-Erfolgsfaktoren aus der NewProd-Forschung von und um Cooper lassen sich, strukturiert am Innovationsprozess und an den Marketinginstrumenten, so zusammenfassen (*Rüdiger* 1997, S. 15):

1. Forschung und Entwicklung: Hohe positive Erfolgskorrelation der Qualität der Aktivitäten vor der Produktentwicklung. Dabei spielt insbesondere eine wichtige Rolle: klare und frühzeitige Definition von Produktkonzept und Zielmärkten; bewusste, kritische Auswahl von Neuproduktprojekten (Screening); Marktforschungsaktivitäten (Voranalyse des Marktes, detaillierte Marktanalyseanalyse); frühe Einbindung von Kunden in den Entwicklungsprozess.

Methodische Defizite	Inhaltliche Defizite
Bestimmung einheitlicher Konstrukte und Operationalisierungen zur gültigen Messung der untersuchten PIEF-Kriterien, also der eben ausführlich diskutierten Frage des angemessenen Erfolgsmaßes (*Pfeiffer/Weiss* 1990 S. 112, *Ernst* 2001 S. 7)	Untersuchung des Einflusses unterschiedlicher Positionierungs-, Marken- und Distributionsstrategien (*Rüdiger* 1997, S. 17)
Analyse erfolgsbeeinflussender Aspekte im Rahmen unterschiedlicher situativer Bedingungen, z.B. der Hochgradigkeit von Innovationen (*Rüdiger* 1997 S. 17, *Melheritz* 1999 S. 151)	Einbeziehung innovationsrelevanter Analyse- und Kommunikationsmethoden (Umfeldanalysen, Szenarien, Frühwarnung, Folgenabschätzung, Kreativität usw.)
Berücksichtigung von Wechselwirkungen zwischen PIEF (*Henard/Szymanski* 2001 S. 374, *Melheritz* 1999 S. 151)	Spezifizierung von Produktqualität als PIEF (*Henard/Szymanski* 2001, S. 374)
Untersuchung der zeitlichen Stabilität der Befunde durch aussagefähige Längsschnittstudien (*Ernst* 2001 S. 323).	Untersuchung des Erfolgseinflusses des Wissens und der Fähigkeiten der Projektmitarbeiter, sowie übergeordneter Kulturdimensionen wie gemeinsame Werte und Normen (*Jensen/Harmsen* 2001, S. 42)
	Integrative (Fallstudien-) Schnittstellenforschung Marketing / Technologie / F&E / Produktion / Führung und Organisation.

Quelle: eigene Darstellung

Abb. 2.24: Forschungsdefizite der PIEFF

2. *Markteinführung:* Hohe positive Korrelationen des Innovationserfolges und der Ausführung von: Tests (Prototypentests mit Kunden, Testmärkte); Wirtschaftlichkeitsanalyse; Qualität der Launch-Aktivitäten.
3. *Marktdurchsetzung:* Über den Einsatz der absatzpolitischen Instrumente (siehe 7–10) hinaus keine weiteren Befunde.
4. *Wettbewerberreaktionen:* Defensive Aktionen der Wettbewerber stellen einen Misserfolgsfaktor dar.
5. *Unternehmensumwelt:* Generell weniger erfolgskritisch, außer: Marktforschung-, Verkaufs- und Distributionsressourcen; Marketing-Synergien.
6. *Markt*: Insgesamt relativ geringer Erfolgseinfluss (z. B. kein Einfluss der Wettbewerbssituation). Positive Korrelate jedoch: große Märkte mit hoher Wachstumsrate; Ausmaß des Kundenbedürfnisses nach dem Produkt, Existenz von ausländischen Wettbewerbern bzw. Anteil ausländischer Marktsegmente am Zielmarkt.
7. *Produktpolitik:* Herausragende PIEF: Produktqualität, Einzigartigkeit des Produktes, Produktüberlegenheit (echte differenzierende Vorteile); Fit von Produkteigenschaften und Kundenbedürfnissen (besonders Preis/Leistungscharakteristika und ökonomische Vorteile) – gilt gleichermaßen für hoch innovative und gering innovative Produkte.
8. *Preispolitik:* Keine konsistenten Befunde.
9. *Kommunikations- und (10.) Distributionspolitik:* Nur wenige Befunde deuten auf positive, nicht sehr starke, PIEF.
10. Marktorientierung *(generell):* Hohe Erfolgskorrelation mit Marktorientierung.

Insgesamt haben sich in den NewProd-Studien die Professionalität von Aktivitäten (besonders in den frühen Prozessphasen), die konsequente Einbindung von Marktinformationen und die (daraus resultierende) relative Produktvorteilhaftigkeit als bedeutende PIEF erwiesen (*Rüdiger* 1997, S. 16).

Neben *Cooper* und *Kleinschmidt* hat eine Vielzahl weiterer Autoren PIEFF betrieben. Um einen Überblick über die bislang vorliegenden Ergebnisse zu erhalten, bieten sich Synopsen bzw. Metaanalysen an. Sie identifizieren PIEF, die sich über viele Studien hinweg eindeutig als erfolgskritisch herausgestellt haben. Eine Synopse ist der qualitative Vergleich von Untersuchungen zur Feststellung des gemeinsamen „wahren Kerns". Eine Metaanalyse ist das dementsprechende quantitative Verfahren, bei dem Signifikanzen und Effektstärken verarbeitet werden, nach einem methodischen Vorschlag von *Schewe* (1998) auch Gültigkeitswerte.

Eine aktuelle und umfangreiche Darstellung von Befunden der PIEFF leistet *Ernst* (2001). Er berücksichtigt sowohl unternehmensspezifische als auch projektspezifische PIEF, konzentriert sich aber auf prozessbeschreibende Faktoren (Prozesse und Organisation der Entwicklung, Innovationskultur, Einfluss/Commitment der Unternehmensleitung, Entwicklungsstrategie und Synergien). Marketingrelevante projekt- und produktspezifische Erfolgsfaktoren, wie sie dieses Buch fokussiert, klammert *Ernst* (2001, S. 16) explizit aus. Der folgende Abschnitt nutzt daher die Ergebnisse der folgenden für uns relevanten Synopsen von *Lilien/Yoon* (1989) und von *Melheritz* (1999) sowie die Metaanalysen von *Montoya-Weiss und Calantone* (1994) und von *Henard und Szymanski* (2001).

In einer der ersten PIEF-Metaanalysen vergleichen *Lilien und Yoon* (1989) Befunde von 17 Untersuchungen über Erfolgsdeterminanten von Innovationsprozessen, die

Produkt- und Prozessinnovationen umfassen. Trotz unterschiedlicher Datenbasen, Variablendefinitionen, Modelle und Analyseprozeduren sind die Ergebnisse der Studien oft ähnlich und insgesamt weitgehend konsistent. *Lilien und Yoon* (1989) ordnen die PIEF nach drei Dimensionen:

- *Generalisierbarkeit* (gültig für Produkt- und Prozessinnovationen, nur für Produktinnovationen oder nur für bestimmte Geschäftsbereiche)
- *Entscheidungsfokus* (Geschäftsstrategie und -organisation, F&E, Marketing, Marktumwelt oder Markteintrittszeitpunkt)
- *Kontrollierbarkeit* durch das Management (bei Beachtung der Dynamik der Faktoren); Faktoren auf Unternehmensebene sind „statisch", Faktoren auf Projektebene „dynamisch".

Statische kontrollierbare strategisch-organisationale PIEF großer Reichweite sind
- Unterstützung des Innovationsprojekts durch das Top Management,
- sinnvolle Eingliederung des Projekts in das Geschäftsprogramm,
- Interaktion zwischen F&E, Produktion und Marketing
- ein Projektchampion (Promotor) im Management und
- Patentschutz.

Dynamische kontrollierbare F&E- und Marketing-PIEF großer Reichweite sind
- relative Überlegenheit oder Einzigartigkeit der Innovation,
- Kundennutzen,
- Erfahrungen und Synergien in F&E und Produktion,
- Marketingerfahrung und Marketingeffektivität,
- (frühzeitige) Kundenanalyse und Interaktion mit Kunden sowie
- der Markteinführungszeitpunkt.

Durch das Management *nicht kontrollierbare PIEF* sind
- Marktgröße und -wachstum sowie der
- Wettbewerb nach Menge und Stärke.

Ein weiterer PIEF „Projektkomplexität" ist von nur mittlerer Reichweite, da er nur für bestimmte Geschäftsbereiche gilt. Die kontrollierbaren PIEF (z. B. Marketinginvestitionen) interagieren mit den nicht kontrollierbaren (z. B. Marktwachstum), d. h. sie müssen auf diese abgestimmt werden, um die Erfolgswahrscheinlichkeit zu erhöhen. Besonders bei Neuprodukten ist diese Abstimmung aufgrund der Dynamik der Erfolgsfaktoren während des gesamten Innovationsprozesses kritisch.

Montoya-Weiss und Calantone (1994, S. 406 ff.) beziehen 47 Studien in eine Metaanalyse ein. Sie ordnen ihre 18 PIEF vier Kategorien zu (vgl. Abb. 2.25), überprüfen diese auf Signifikanz und schätzen die Effektstärke über die Studien hinweg ab.

Die in einzelnen Studien gefundenen PIEF lassen sich alle in diese Liste einordnen. Allerdings sind die Studien sehr inkonsistent in Bezug auf die untersuchten Variablen und die verwendeten Analysemethoden. Die Autoren fordern, künftig sämtliche 18 PIEF zu erheben, da einige dieser Faktoren bisher selten untersucht wurden (Umwelt, Finanz- und Geschäftsanalyse, Kosten, Strategie, Markteinführungsgeschwindigkeit und Unternehmensressourcen). So lag der Schwerpunkt vergangener Untersuchungen auf strategischen und Entwicklungsprozessfaktoren, die dadurch scheinbar dominieren. Ähnliche Kritik formulieren auch *Pfeiffer und Weiss* (1990, S. 87).

Strategische Faktoren	Entwicklungsprozessfaktoren
• Produktvorteil • Technologiesynergie • Marketingsynergie • Strategie • Unternehmensressourcen	• Technik und Markt Know-how • Professionalität der technischen Aktivitäten • Professionalität der Marketing Aktivitäten • Professionalität der Vorentwicklungs-aktivitäten • Top Management Unterstützung • Entwicklungszeit (speed to market) • Kosten • Finanz-/Business Analyse
Marktumweltfaktoren	**Organisationsfaktoren**
• Marktpotenzial • Wettbewerbsintensität • Umfeldbedingungen (z.B. Umfeld-unsicherheit)	• interne und externe Kommunikation • Unternehmensstruktur

Quelle: *Montoya-Weiss/Calantone* 1994, S. 406 ff.

Abb. 2.25: 18 PIEF nach Montoya-Weiss und Calantone

Melheritz (1999, S. 153) verlangt für einen sinnvollen Vergleich verschiedener Studien die Definition eindeutiger Auswahlkriterien. Er konzentriert sich daher auf 14 von 43 zunächst identifizierten Studien, die folgende Kriterien erfüllen: Studien, a) die sich auf ein bestimmtes Produkt/Projekt beziehen, b) mit statistisch prüfbarer großzahliger Datenbasis und Nachweis von Reliabilität und Validität, c) die nachvollziehbar dokumentiert (Grundlagen, Methodik, Bildung der Faktoren), d) publiziert und verfügbar sind. Betrachtet man von den 64 identifizierten, hoch signifikanten PIEF nur diejenigen, die in mindestens 3 der 14 Studien ermittelt wurden, so haben die folgenden Kategorien und Faktoren einen hohen Stellenwert:

• Produkt: Klarer Vorteil für Kunden, Unternehmensbild (Kultur) harmoniert mit dem neuen Produkt, bessere Qualität als bei Wettbewerbern, professionelles Ideenscreening (Multifunktionales Team, Prüfkriterien).

• Management: Management- und Marketingsynergie.

• Marketing/Vertrieb: Instrumente beachten/benutzen (Synergien), Marketing-kenntnis und Professionalität von Planung und Umsetzung, Verträglichkeit der Marketingorganisation mit dem Produkt.

• F&E: Bessere Leistung durch effiziente Entwicklungsarbeit (mit formalem Prozess), Technologische/technische Synergien.

• Kunden: Gutes Verstehen der Kundenbedürfnisse.

• Markt/Wettbewerb: Hohe Marktdynamik, Marktbedürfnisse, -wachstum und Größe (Potenzial), Anzahl der Wettbewerber/Wettbewerbssituation.

• Zusammenarbeit/Kommunikation: Enge Zusammenarbeit zwischen Marketing und Produktentwicklung.

In der jüngsten Metaanalyse befassen sich *Henard und Szymanski* (2001) mit Ursachen für variierende bis konfliktäre Ergebnisse von 41 PIEF-Studien. Die Autoren stellen fest, dass von 24 Kriterien, die in mindestens zehn Studien als hoch signifikant identifiziert werden konnten, bei der Betrachtung korrigierter Zusammenhänge lediglich nur noch zehn als hoch signifikante und dominante PIEF zu akzeptieren sind (*Henard/Szymanski* 2001, S. 368):

- Produkt: relativer Produktvorteil, Erfüllung von Kundenbedürfnissen, technologische Überlegenheit.
- Strategie: eingesetzte Human- sowie F&E-Ressourcen.
- Prozess: Professionalität der Marketing-, Vorentwicklungs- und Markteinführungsaktivitäten sowie technologische Professionalität.
- Markt: Marktpotenzial.

Es wird gezeigt, dass die Messmethoden (Dimensionalität, Objektivität, Zeitperspektive der Erfolgsmessung, Hierarchieebene der Befragten) und der Forschungskontext (Produkt- vs. Dienstleistungsfokus, Asien vs. Nordamerika, Technologiegrad) für die Unterschiedlichkeit der 41 Studienresultate verantwortlich sind. Das verweist auf die methodologischen Grenzen eines Forschungsansatzes, der einen hohen Grad an Allgemeingültigkeit und zugleich im Einzelfall praktische Relevanz beansprucht.

Selbst bei Vernachlässigung der vielen Einzelstudien und bei Konzentration auf das Gemeinsame aus den Synopsen und Metaanalysen ist die Menge an PIEFF-Befunden schwer fassbar. Wenn man diese jedoch noch einmal qualitativ zu integrieren versucht, nämlich mit Blick auf die durchschlagenden Erkenntnisse, die sich mit verschiedenen Methoden und in unterschiedlichen Forschungskontexten immer wieder

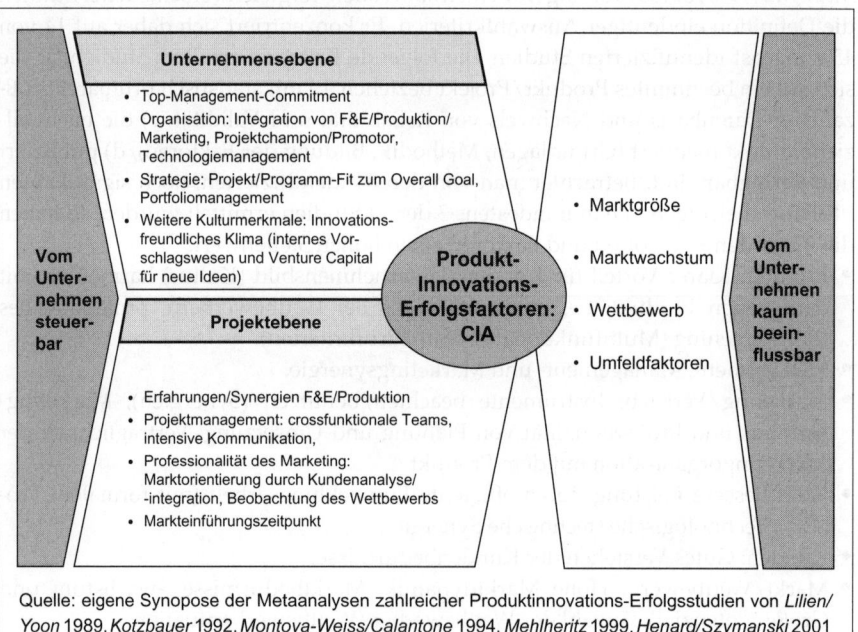

Abb. 2.26: Produktinnovations-Erfolgsfaktoren nach 25 Jahren Forschung

gezeigt haben, dann lassen sich drei Jahrzehnte PIEFF dennoch ziemlich klar zusammenfassen.

Diese „Meta-Synopse" kann als derzeitiger Stand einer Theorie gelten, die allerdings weiter zu entwickeln ist. Die von *Burmann* (1995, S. 13) konstatierten und *Henard und Szymanski* (2001) nachgewiesenen systematischen Unterschiede zwischen PIEFF-Ergebnissen liefern zwei Ansatzpunkte:

Da Richtung und Stärke der Wirkung von Erfolgsfaktoren von Kontextbedingungen des jeweiligen Projekts abhängen, läuft eine Weiterentwicklung der PIEF-Theorie auf eine systematische Differenzierung nach Kontextfaktoren hinaus. Das ist der Weg von einer PIEF-Theorie „großer Reichweite" zu mehreren PIEF-Theorien „mittlerer Reichweite". Zum Beispiel wird aktuell weltweit an PIEF für hochgradige Innovationen geforscht (*Salomo et al.* 2003 b, *Salomo et al.* 2003 a, *Salomo/Gemünden* 2001, *Leifer et al.* 2000, *Veryzer Jr.* 1998, *Lynn et al.* 1996 a).

Eine zweite Entwicklung gilt der Standardisierung der Untersuchungsmethodik, insbesondere auch der Operationalisierung von Erfolgskriterien und Erfolgsfaktoren.

Kontextspezifische PIEF mittlerer Reichweite

Balachandra und Friar (1997) berücksichtigen den Kontext von Innovationsprojekten. Sie gehen davon aus, dass die Wichtigkeit (Einflussstärke) der PIEF abhängig ist vom anvisierten Markt, der verwendeten Technologie und der Art (Organisation) des Innovationsprozesses. Entsprechend ordnen sie ihre Hypothesen in einem dreidimensionalen Schema an: 1. Markt: u. a. Marktanalyse, Erfüllung von Kundenbedürfnissen, Marktpotenzial, Wettbewerbssituation, 2. Technologie: u. a. Patentierung, technischer Erfolgswahrscheinlichkeit, 3. Organisation: u. a. Projektmanagement, Kommunikation.

Innovationstyp / Kontextfaktorenkombination				Relative Wichtigkeit der PIEF aus Sicht von…		
Typ	Innovation	Technologie	Markt	Markt	Technologie	Organisation
1	inkremental	gering	besteht	sehr wichtig	weniger wichtig	sehr wichtig
2	inkremental	gering	neu	sehr wichtig	weniger wichtig	sehr wichtig
3	inkremental	hoch	besteht	sehr wichtig	sehr wichtig	wichtig
4	inkremental	hoch	neu	wichtig	sehr wichtig	wichtig
5	radikal	gering	besteht	wichtig	wichtig	wichtig
6	radikal	gering	neu	weniger wichtig	wichtig	wichtig
7	radikal	hoch	besteht	wichtig	sehr wichtig	wichtig
8	radikal	hoch	neu	weniger wichtig	sehr wichtig	sehr wichtig

Quelle: *Balachandra/Friar* 1997, S. 284

Abb. 2.27: Einflussstärke der PIEF nach Balachandra/Friar

Die Autoren gehen bspw. davon aus, dass bei radikalen Innovationen, die einen neuen Markt ansprechen (Typen 6 und 8), Markt-PIEF im Vergleich zu Technologie- und Organisations-PIEF weniger wichtig sind. Bei inkrementalen Innovationen hingegen (Typen 1 bis 4) messen sie den Markt-PIEF hohe PIEF-Bedeutung zu, da es sich hier um Verbesserungen bereits bestehender Produktangebote handelt, die eine starke Orientierung an den gegebenen Marktbedingungen erfordern.

Eine PIEFF unter Beachtung sehr spezifischer Kontextfaktoren hat geringere Reichweite bis hin zu Einzelfall-Ergebnissen. *Melheritz* (1999, S. 179 ff.) macht auf Überschneidungen und Abweichungen zwischen situativen PIEF aus der Verkehrstelematik und allgemeinen PIEF aus der Literatur aufmerksam (siehe Abb. 2.30). Situative PIEF, die mit allgemeinen PIEF übereinstimmen, sind theoretisch plausibel begründet (z. B. Mängel in der Organisation des Entscheidungssystems, Strategie-Fit von Unternehmenszielen und der Innovation). Darüber hinaus gibt es viele spezifischere (situative) Kriterien, die nicht in mindestens 3 der 14 untersuchten allgemeinen PIEF Studien genannt werden (z. B. zu hohe, steigende und wechselnde Systemanforderungen, zu hohes Vertrauen in die Kompetenz des Partners):

Umgekehrt werden auch diverse allgemeine PIEF (*Melheritz* 1999, S. 184) nicht durch situative PIEF bestätigt. Dazu gehören hier besonders die marketingrelevanten PIEF wie Produkteigenschaften, Produktqualität und „Wirkung des Produktes". Allerdings wurden in dieser Studie vor allem F&E-Manager von Daimler-Chrysler interviewt (*Melheritz* 1999, S. 182 f.). Markt- und kundenbezogene PIEF mögen dadurch „auskunftsbedingt" unzureichend betrachtet worden sein. Dieses methodisches Problem der PIEFF heißt „Informant Bias" (*Ernst* 2001).

Die Ergebnisse von *Melheritz* (1999) zeigen, dass sowohl allgemeine als auch situative PIEF als Informationsgrundlage für das Innovationsmanagement wichtig sind. Der Autor schlägt „interaktive Forschung" vor, durch die das Wissen über allgemeine PIEF in spezifische, komplexe Innovationsprojekte zu transferieren ist. Durch Festlegung von Projekt-Problemfeldern und durch interaktive Bearbeitung dieser Problemfelder durch Forscher und Beteiligte sind allgemeine Ergebnisse der PIEFF in reale Projektsituationen zu übertragen. So kann das Problem einer zu großen Reichweite der allgemeinen PIEF überwunden werden.

Für ein Lehrbuch ist es jedenfalls sinnvoll, sich auf übergeordnete marketingrelevante und managementkontrollierbare, theoretisch fundierte und empirisch bestätigte Kernfaktoren mit mittlerer bis großer Reichweite zu konzentrieren. Ein solches Derivat der PIEFF-Synopsen (Metasynopse) kann zwar nur ein grobes Raster für das Innovationsmarketing sein, kann aber dafür universell zur Entscheidungsunterstützung verwendet werden und es ist wissenschaftlich fundiert. So ist der Katalog auch ohne situative Spezifizierung als Checkliste nützlich, die jedes Innovationsprojekt begleiten sollte. Er besteht aus folgenden Faktoren und Kriterien (vgl. auch Abbildung 2.28):

- Produktqualität (Einzigartigkeit, Kundennutzen, Produktcharakteristika, Produktvorteil),
- Kundenorientierung (Kundenanalyse, Kundeninteraktion, Kommunikation),
- Schnittstellenmanagement (Projektunterstützung durch das Top-Management, Interaktion zwischen Abteilungen, Funktion eines Projektchampion, Art des Projektmanagement),

- Synergieeffektnutzung (in Marketing, F&E und Produktion) und
- Timing (Markteinführungszeitpunkt, Strategie).

Situationsspezifische PIEF in der Verkehrstelematik aus drei Fallstudien bei DaimlerChrysler	Bestätigung durch allgemeine PIEF, mindestens 3 Nennungen in 14 PIEF-Studien (Anzahl der Nennungen)
Zu hohe, steigende/wechselnde Systemanforderungen	./.
Technische Barrieren	Technologische/Technische Synergien (4)
Wirtschaftliche Barrieren	./.
Zu hohes Vertrauen in die Kompetenz der Partner	./.
Mängel in der Organisation des Entscheidungssystems	Marketingkenntnisse und Professionalität der Planung und Umsetzung (9)
Konfliktäre Bereichsinteressen, rivalisierende Lager	./.
Fehlende Zuständigkeit (aufgabenunkonforme Erwartungen und Interessen)	Management- und Marketingsynergien (6)
Strategische Übereinstimmung von Unternehmenszielen und innovativem Produkt	Fit Unternehmensbild (-kultur) – Neuprodukt (4) Fit Marketingorganisation – Neuprodukt (3)
„weak signals" stärker beachten – Kommunikation zulassen und pflegen	./.
Organisation als Hemmnis	./.
Organisationsdynamik als Hemmnis	./.
Ausrichtung der Aktivitäten	Professionelles Ideenscreening (Multifunktionales Team, Prüfkriterien) (3)
Wirkung der Aktivitäten im Projekt	Instrumente beachten und benutzen (Synergien) (5) Bessere Leistung durch effiziente Entwicklungsarbeit (mit formalem Prozess) (7) Enge Zusammenarbeit zwischen Marketing und Produktentwicklung (3)
Mangelnde Konstanz in der Aufgabenverteilung wechselnde Führungskräfte	./.
Geringe Risikobereitschaft gegenüber dem neuen Geschäft	./.

Quelle: in Anlehnung an *Melheritz* 1999, S. 180 f.

Abb. 2.28: Kernfaktoren der PIEFF

2.2.2.3 Der CIA – Competitive Innovation Advantage – als wichtigster Erfolgsfaktor

Aus allen Analysen und Metaanalysen geht hervor, dass der dominierende Erfolgsfaktor das ist, was *Cooper* „product uniqueness and superiority" nennt, auch „*relevanter Produktvorteil aus Sicht der Kunden*". In nur leicht unterschiedlichen Nuancen hat diese Eigenschaft eines Produktes viele Bezeichnungen: *Backhaus* (2003, S. 26) nennt sie „Komparativer Konkurrenzvorteil – KKV" (etwas redundant, denn ein Vorteil ist ja immer *vergleichsweise* besser, also „komparativ"), in der amerikanischen Literatur wird sie unter anderem „(Strategic) Competitive Advantage – SCA" ge-

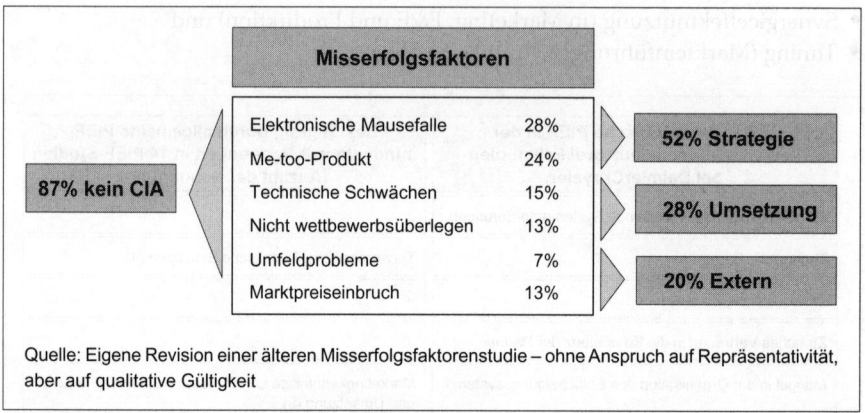

Quelle: Eigene Revision einer älteren Misserfolgsfaktorenstudie – ohne Anspruch auf Repräsentativität, aber auf qualitative Gültigkeit

Abb. 2.29: Misserfolge durch fehlenden CIA

nannt, in der Marketingpraxis „Unique Selling Proposition – USP". Um zu betonen, dass es uns um Vorteile durch *Innovation* geht und um diese Eigenschaft entsprechend präzise zu definieren, bezeichnen wir sie als „Competitive Innovation Advantage – CIA". Seine Dimensionen werden zunächst an Beispielen hergeleitet und dann durch fünf wesentliche Merkmale definiert. Daraus erschließt sich, dass der CIA eigentlich ein Meta-Erfolgsfaktor ist, nicht Ursache, sondern *Ergebnis* von professionellem Innovationsmarketing: Wenn man alle prozessualen und situativen PIEF richtig beachtet hat, dann ergibt sich ein CIA, der in hohem Maße den Innovationserfolg erklärt. So zeigt eine Misserfolgsstudie von *Cooper und Calantone* (1981), dass 80 % der dort untersuchten Flops einen oder mehrere Eigenschaften des CIA vermissen ließen.

AEG Briefverteileranlage

Der Postdienst der Deutschen Bundespost (DBP) musste im Jahre 1990 ca. 13 Mrd. Briefsendungen bearbeiten. Pro Tag wurden ca. 30 Mio. Briefe, Postkarten und Briefdrucksachen verschickt. Briefsendungen mussten früher nach der Zustelladresse manuell sortiert werden. Nebenbedingungen wie schnelle Zustellung und niedrige Gebühren sollten erfüllt werden. Daraus ergab sich das klare Ziel, die Briefverteilung zu automatisieren, d. h. eine Anlage zu entickeln, die zuverlässig, schnell und praktisch ohne manuellen Einsatz funktioniert. Den technologischen Schlüssel dazu, das automatische Lesen von Anschriften, gab es aber noch nicht. 1972 erhielt die AEG von der DBP den Auftrag, ein Funktionsmuster des Anschriftenlesers für maschinenadressierte Standardbriefe zu entwickeln. Das Funktionsmuster wurde in enger Zusammenarbeit zwischen Auftraggeber und Entwickler bis 1975 fertig gestellt, 1978 konnte die DBP in Wiesbaden eine Briefverteileranlage mit dem neuen Prototypen in Betrieb nehmen. Diese Anlage war mit ihren Codiereinrichtungen und Maschinen für die Grob- und Feinverteilung Vorbild für viele Installationen weltweit, und sie war die Pilotanlage für laufende Verbesserungsinnovationen.

Während der folgenden zwei Jahrzehnte wurde die Technologie des Anschriftenlesens permanent weiterentwickelt – immer in Zusammenarbeit mit dem Schlüsselkunden DBP. Dabei ging es insbesondere darum, durch Weiterentwicklung der Theorie des Zeichenlesens (signal detection) und durch bessere Datenverarbeitungstechnik die Geschwindigkeit und vor allem Qualität des Anschriftenlesens zu erhöhen.

Quelle: o. V. 1990

Siemens 2002

Das Zeitalter der Elektronenrechner startete 1941 Konrad Zuse (TU Berlin) mit seinem über elektromechanische Relais programmgesteuerten Computer Z3, den man im Museum für Verkehr und Technik in Berlin noch bewundern kann. Die langsamen und anfälligen Relais wurden bald durch schnelle Röhren ersetzt, die aber viel Energie brauchten und störende Wärme erzeugten. 1948 kamen die ersten Halbleiterbauelemente zum Einsatz. Transistoren können mit einem kleinen Steuerstrom einen Arbeitsstrom schalten und steuern. Gegenüber der Röhre sind sie kleiner, weniger störanfällig, langlebiger und weniger wärmeentwickelnd. 1957 kam Siemens mit dem ersten Seriencomputer auf den Markt, der ausschließlich mit Transistoren ausgestattet war, der Siemens 2002, von dem insgesamt 30 Stück produziert wurden. Die Rechenergebnisse, ca. 100 Additionen pro Sekunde, konnten über einen Monitor ausgegeben werden. Durch Verzicht auf die Röhrentechnologie konnten die Vorteile der Transistoren konsequent umgesetzt werden. So sank der Platzbedarf und stieg die Zuverlässigkeit. Damit hatte das Zeitalter der gegenwärtigen Computertechnologie begonnen. IBM kam erst 1959 mit seinem ersten volltransistorierten Großrechner auf den Markt – und wurde Marktführer, insbesondere durch sein überlegenes Marketing.

Quellen: Balensiefen 2003, Gespräch mit *Dr. Frank Wittendorfer*, Siemens Archiv München

---

2.2.2.3.1 Definition des CIA

Der CIA hat fünf jeweils notwendige, aber jede für sich nicht hinreichende, Bedingungen. Diese sind in Abbildung 2.30 auf der folgenden Seite dargestellt.

Das Beispiel AEG steht für konsequente Erfüllung der CIA-Bedingungen 1 bis 3, insbesondere durch die Einbeziehung des Schlüsselkunden. Die Folgen einer Vernachlässigung der Bedingung 3 zeigt das Beispiel Siemens 2002.

Diese Definition des CIA basiert mit den Definitionselementen 1 bis 4 auf derjenigen des KKV (*Backhaus* 2003, S. 43). Im Innovationsmarketing nehmen Erfolgs- und Misserfolgseinflüsse zu, die über den Kundennutzen hinaus als andere Chancen und vor allem Risiken aus dem Umfeld kommen. Daher haben wir den KKV, abgesehen von seiner sprachlichen Problematik, um die Bedingung 5 – keine Konterkarierung aus dem Umfeld – erweitert. Ein weiteres Beispiel macht die Bedeutung dieser Bedingung klar, hier im hoch innovativen Pharmamarkt.

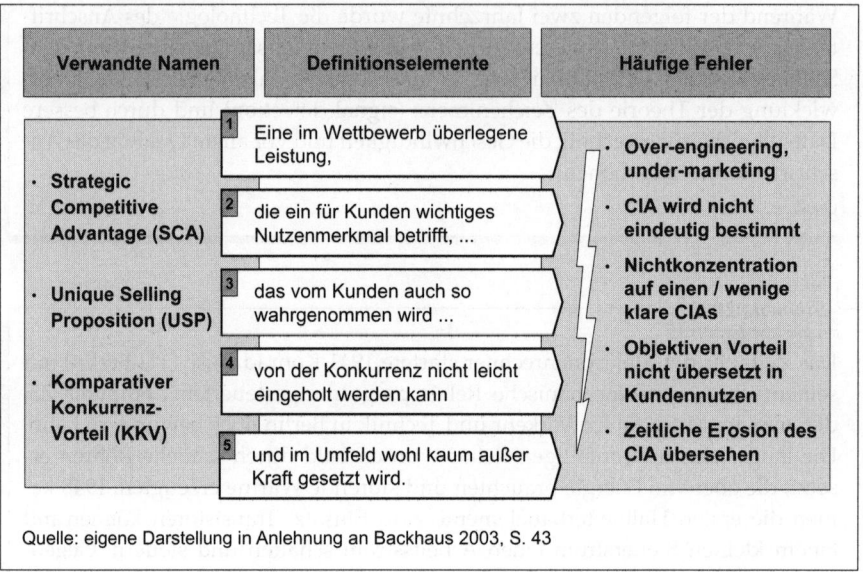

Quelle: eigene Darstellung in Anlehnung an Backhaus 2003, S. 43

Abb. 2.30: Die fünf Bedingungen des Competitive Innovation Advantage – CIA

Mifegyne®

Die so genannte Abtreibungspille RU 486 ermöglicht eine für die betroffenen Frauen schonende Methode des Schwangerschaftsabbruchs. Das Wirkungsprinzip des Anti-Hormon Mifepriston ist vergleichsweise simpel. Für eine Schwangerschaft ist das Gelbkörperhormon Progesteron notwendig und wirkt, indem es sich an einen entsprechenden Rezeptor bindet. Mifepriston unterdrückt nun die Wirkung des Schwangerschaftshormons, indem die Rezeptoren für Progesteron blockiert werden. Wenn die Wirkung des Progesterons nachlässt, löst sich der Embryo von der Uteruswand und eine Uteruskontraktion setzt ein. Eine menstruationsähnliche Blutung folgt und die Schwangerschaft ist unterbrochen. Der Abbruch kann in einem frühen Stadium der Schwangerschaft vorgenommen werden. Das Präparat wird oral eingenommen, ein chirurgischer Eingriff ist nicht notwendig. Die Anwendung erfolgt unter strenger ärztlicher Kontrolle.

Entwickelt hat das Präparat Anfang der 80er Jahre die französische Firma Roussel-Uclaf. Derzeitig wird Mifegyne durch die französische Firma Exelgyn vermarktet. Die Lizenz für den Vertrieb in Deutschland hatte zunächst die Hexal-Tochter Femagen. 1999 wurde Mifegyne in Deutschland eingeführt. Um diese Markteinführung wurde von Befürwortern und Gegnern auf gesellschaftlicher, politischer und religiöser Ebene leidenschaftlich und öffentlich gestritten. Damit war eine Umfeldbedingung für den Markterfolg negativ. Die deutsche Budgetbegrenzung bewirkt, dass je Eingriff lediglich ein Betrag zwischen 175 und 250 € zur Verfügung steht, von dem allein 79 € für das Medikament anfallen, so dass Ärzte keinen wirtschaftlichen Anreiz hatten, von der chirurgischen Methode zu Mifegyne zu wechseln, eine zweite stark negative Umfeldbedingung. Drittens:

In Deutschland ist die Anwendung nur zwischen dem 42. und 49. Tag der Schwangerschaft zulässig, in anderen Ländern weit länger als diese acht Tage. Viertens: Nach der 9. Novelle des Arzneimittelgesetzes darf Mifegyne nur direkt vom Hersteller an zugelassene Kliniken und Arztpraxen vertrieben werden, nicht über Apotheken.

Unter diesen vier negativen Umfeldbedingungen (fünfter Faktor des CIA), die teilweise zu antizipieren, teilweise positiv zu beeinflussen gewesen wären, wurde der Marktstart enttäuschend. 2000 wurden nur 3,7 % aller Abbrüche mit Mifegyne vorgenommen. Femagen gab die Vertriebslizenz daraufhin zurück. Ende 2000 erfolgte eine Initiative von der damaligen Bundesfamilienministerin Bergmann (SPD) und Gesundheitsministerin Fischer (Bündnis 90 / Die Grünen) zum Weitervertrieb von Mifegyne. Seit 2001 wird das Präparat in Deutschland durch die Contragest GmbH vertrieben. Ab März 2001 gab es neue Regelungen zur Arzthonorierung für den medikamentösen Schwangerschaftsabbruch, so dass die Methode jetzt nur noch geringfügig weniger einbrachte als ein chirurgischer Eingriff. Der Absatz entwickelte sich nun leicht positiv, 2001 stieg der Anteil auf 4,8 % aller durchgeführten Schwangerschaftsabbrüche, 2003 lag er bei 6 %. und ist immer noch kein wirklicher Erfolg. In Frankreich hingegen wird jetzt ungefähr jeder dritte Eingriff und in Schweden jeder zweite medikamentös vorgenommen.

Quellen: Mayer/Trommsdorff 2006

Innovationen mit einem CIA sind wesentlich wahrscheinlicher erfolgreich als Imitationen bzw. Innovationen mit geringem Vorteil, weil sie aus Zielkundensicht im Vergleich zum herkömmlichen (eigenen oder konkurrierenden) Produkt subjektiv vorteilhaft sind, relativ viel Nutzen stiften und gegenüber Wettbewerbsangeboten als qualitativ überlegen angesehen werden (*Köhler* 1993, S. 285). Mit der Innovation muss also ein ausgeprägter Kundennutzen verbunden sein, der das Produkt als dem Wettbewerb überlegene Problemlösung erscheinen lässt. Diese wahrgenommene Einzigartigkeit ist gerade auch bei technisch hoch entwickelten Produktklassen entscheidend. Die Einzigartigkeit kann bei technischen Produkten z. B. durch eine Alleinstellung in einem Leistungsmerkmal (z. B. „einziger Schrittmotor mit 10–12 % Ausfallrisiko") erzielt werden. Entscheidend ist jedoch, dass das Merkmal für potenzielle Kunden kaufentscheidend ist und dass die Alleinstellung auch so wahrgenommen wird. Sie ist dann auch ausschlaggebend für das erzielbare Preisniveau.

2.2.2.3.2 CIA und Qualität

Einen wichtigen Einfluss auf den Kundennutzen hat die *wahrgenommene Qualität* des Produktes. Die vom Kunden subjektiv wahrgenommene Produktqualität ist ziemlich selten explizit als PIEF untersucht worden (*Henard/Szymanski* 2001, S. 374), obwohl sie als Erfolgsfaktor zentral ist – durch ihren Einfluss auf den Kundennutzen, die Zufriedenheit und Loyalität der Kunden, damit auf die Unternehmensreputation und letztlich auf den Markterfolg (*Kessler/Chakrabarti* 1998, S. 302).

Zentrale Komponenten der Produktqualität sind zum einen die Adäquanz einer Problemlösung und zum anderen die Perfektion deren Realisierung. Bei einer Kaufentscheidung steht in der Regel nicht der Erweb eines bestimmten Produktes an sich, sondern die Erlangung einer Leistung im Vordergrund. Nur eine genaue Analyse des hinter der Kaufentscheidung stehenden Kundenproblems ermöglicht eine für den (potenziellen) Kunden adäquate Lösung. Die Qualität des Produktionsergebnisses ergibt sich aus der Perfektion der Ausführung dafür notwendiger Arbeiten (*Dichtl* 1991, S. 149).

Möglichkeiten der *Messung* von Produktqualität sind in der Literatur intensiv diskutiert worden. Die Auffassung einer nur objektiv-technisch messbaren Produktqualität ist mittlerweile überwunden, da subjektive Maßstäbe bei der Auswahl und Verknüpfung von technischen Qualitätsindikatoren zu einem Gesamtwert nicht zu vermeiden sind und da Merkmale der objektiven Funktionstauglichkeit kaum direkte Beziehungen zum Kundenverhalten haben (*Trommsdorff et al.* 1979, S. 5 f.). Nach dem subjektiven Ansatz ist Qualität die abhängige Variable des Prozesses der Produktbeurteilung, erklärt aus subjektiven Zielwichtigkeiten und der Eignungswahrnehmung des Produktes hinsichtlich dieser Ziele (*Behrens et al.* 1978, S. 131 ff.).

Aus Marketingsicht ist das hinter „Qualität" stehende Konstrukt zur Erklärung des Kundenverhaltens mit dem Konstrukt „Einstellung" identisch, das theoretisch und methodisch sehr umfassend erforscht ist. Der Begriff wird ziemlich übereinstimmend definiert als innere Bereitschaft einer Person, sich (in einer bestimmten Situation) einem Objekt (ggf. einer anderen Person) gegenüber in bestimmter, mehr oder weniger positiver/negativer Weise zu verhalten. Ein theoretischer und messmethodischer Vergleich sowie eine empirische Studie haben gezeigt, dass beide Begriffe dem Objekt nach gleich sind und sich ansonsten ergänzen (*Trommsdorff et al.* 1979, S. 9 f.).

Aus Managementsicht stehen Möglichkeiten zur Steuerung der Qualität einer Innovation im Vordergrund des Interesses. *Kessler und Chakrabarti* (1998, S. 311 f.) untersuchen den Einfluss strategischer und organisationaler Faktoren auf die Qualität von Produktinnovationen. Danach haben folgende sieben Faktoren einen positiven Qualitätseinfluss:

- Hohe Priorität der Qualität seitens des Top-Managements („high importance places on quality by top management")
- Hohe Anerkennung für die Geschwindigkeit des Prozesses („high reward for process speed")
- Hohe Anwendungsbandbreite der Innovation („high project stream breadth")
- Starker Fokus auf interne (vs. externe) Ideen- und Technologiequellen („high use of internal (versus external) sources of ideas and technology")
- Klare Projektphasen-Abgrenzung („low overlap or concurrency of the development process")
- Enge Setzung von Meilensteinen („high development milestone frequency")
- Geringe Abkapselung des Teams („low turfguarding or ‚silo' orientation").

Mitarbeiterbezogene Faktoren haben hingegen keinen starken Einfluss auf die Qualität von Produktinnovationen. Das heißt, die Qualität hängt vergleichsweise stärker von organisationalen/systemischen, als von individuellen Faktoren ab.

2.2.2.4 Kundenorientierung (KO) als Engpassfaktor zum CIA

Die Wichtigkeit eines CIA für den Innovationserfolg steht außer Frage. In der Praxis besteht die Schwierigkeit nicht im Verständnis und in der Wertschätzung des Konzeptes, sondern in der konkreten Umsetzung. Die Frage ist, warum diese so schwierig zu sein scheint. Der CIA ist zu einem großen Teil Ergebnis kundenorientierter Innovationsprozesse: Die Bedingungen 2 (ein für Kunden wichtiges Nutzenmerkmal) und 3 (Kundennutzen richtig kommunizieren) des CIA (siehe Abb. 2.30) sind Faktoren der KO, nämlich einer intelligenten Marktforschung (2) und einer professionellen Kommunikation (3). Bedingung 4 (nicht leicht durch Wettbewerb zu imitieren) gehört teilweise auch noch zur KO, denn nur ein relativ kleiner Teil dieser Bedingung ist durch Patente und Gebrauchsmuster sicher zu stellen, meist wichtiger sind die Markteintrittsbarrieren in den Köpfen der (vom Innovator gewonnenen) Kunden. Diese werden überwiegend subjektiv aufgebaut, nämlich durch Vertrauen in die Geschäftsbeziehung bzw. starke Markierung oder durch subjektiv wahrgenommene (und natürlich z. T. durchaus real existierende) Wechselbarrieren (z. B. Softwarekompatibilität etc.). Somit sind zwei bis drei der fünf CIA-Bedingungen unter KO zu subsumieren.

Elektronische Mausefalle

Nur wer die Betriebsanleitung genau studiert, und das ist eine verschwindend kleine Minderheit, hat eine Chance zur Nutzung dieser Funktionen. Bei der Produktentwicklung wird Technik selten übersetzt in Kundennutzen. Dabei müsste eigentlich, umgekehrt, der nötige Kundennutzen in Technik übersetzt werden. So werden Armbanduhren angeboten, die bis zu einer Tiefe von 100 Metern wasserdicht sind, obwohl kein Mensch so tief taucht. Es werden Hifi Audio-Anlagen angeboten, die in der Lage sind, Frequenzen zu erzeugen, die kein menschliches Gehör mehr zu erfassen vermag. Auch verfügen handelsübliche Mobiltelefone mittlerweile über eine Fülle von Funktionen, die nicht einmal ein geschulter Händler allumfänglich beherrscht. Wer aus der breiten Zielgruppe, für die Haushaltsgeräte gemacht werden, mag je verstehen, was er da gekauft hat an Fuzzy-Control, Memofunktion, pyrolytischer Selbstreinigung und Infrarot-Kochsensoren?

Der TÜV Rheinland/Berlin-Brandenburg zertifiziert Produkte mit dem Siegel „UT User Tested/Anwendergetestet". Die Kriterien sind Bedienfreundlichkeit und Praxistauglichkeit. Bekannte Unternehmen wie Sony und Xerox lassen hier ihre Produkte von externen Gutachtern überprüfen.

Quelle: Hoffmann 1998, Utsch 2003

Palm – Persönliche Digitale Assistenten (PDA)

Im Jahre 1998 verkaufte Palm weltweit 75 % aller PDAs. Die Erfolgsstory basierte auf der Unternehmensphilosophie „Konzentration auf das Wesentliche". Ihre Stärken hatten Palm-PDAs nicht bei hochtechnologischen und multimedialen Anwendungen, sondern in der einfachen Handhabung und mit Akku-Laufzeiten bis sechs Wochen. Die Grundlage für hohe Arbeitsgeschwindigkeit und geringen Speicherbedarf bot das Betriebssystem Palm OS. So war immer nur ein Programm aktiv, beim Wechsel zwischen den Programmen wurde das vorherige geschlossen. Die Funktionen beschränkten sich eigentlich auf Kalender und Adressbuch, Aufgabenlisten, Notizbuch und Alarm. Zusätzliche Software konnte aus dem Internet heruntergeladen werden. Die Dateneingabe erfolgte mit Hilfe einer eigens entwickelten Schrifterkennungssoftware „Graffity" oder über eine kleine virtuelle Tastatur. Das Abgleichen mit Daten auf dem PC (z. B. mit MS Outlook, Netscape) war über die eigene Synchronisationssoftware Hot-Sync Manager und eine Dockingstation möglich, die bei einigen Modellen auch als Ladegerät fungierte. Dabei wurde auf dem PC eine Sicherungskopie der synchronisierten Daten erstellt. Damit waren alle wichtigen Kundennutzenmerkmale enthalten, Bedienung und Nutzen erschlossen sich dem Besitzer eines neuen Palm sehr schnell. Dem Palm-Erfolg folgten viele Hersteller mit eigenen Produkten. Die Funktionen wurden bereits 2003 über Multimediaanwendungen bis zur Integration des Telefons erweitert. Auch alternative Betriebssysteme, wie z. B. Windows Mobile von Microsoft oder die Weiterentwicklungen des Palm OS kamen zur Anwendung. Auf den sich abzeichnenden Trend zum persönlichen „all-in-one"-Gerät, mit dem man außer den traditionellen PDA-Funktionen Office-Dokumente bearbeiten, MP3s und Videos abspielen, telefonieren, im Netz surfen sowie Emails verwalten kann, reagierte Palm jedoch viel langsamer als der Konkurrent Microsoft aus Redmond mit dem Pocket-PC oder auch Research in Motion (R. I. M.) mit dem Black Berry. Die Dynamik des CIA (4. Bedingung) wurde folgenschwer vernachlässigt. Der Marktanteil von PalmOne, der nun abgespaltenen Gerätespate von Palm, ist seitdem kontinuierlich rückläufig – bereits 2003 lag er bei nur noch 36,4 %, 2005 schon bei unter 20 %.

Quellen: ContextWorld.com 2004, Golem.de 2004, Palm Inc. 2006, manager-magazin.de 2005

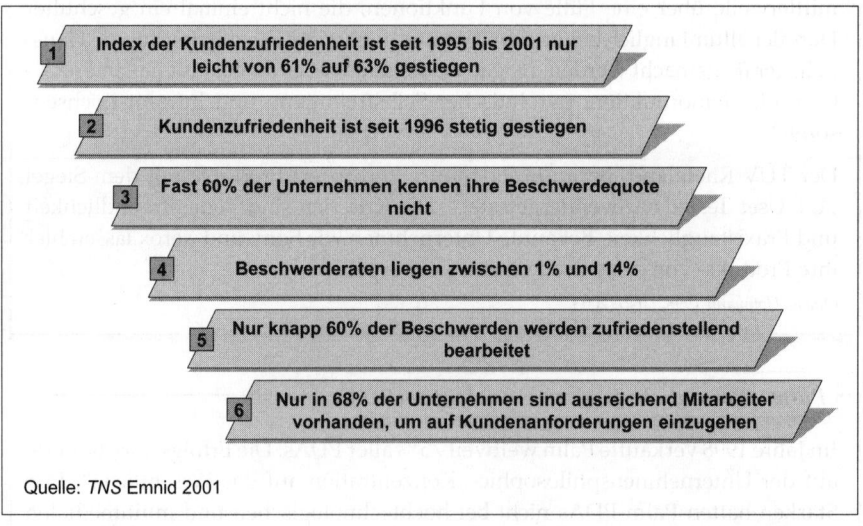

Abb. 2.31: Mangelnde Kundenorientierung ist ein ausgeprägtes Phänomen in deutschen Unternehmen

Da ein überragender Anteil der Flop-Ursachen in CIA-Mängeln liegt und davon wiederum ein überragender Anteil auf das Konto „KO" geht, ist diesem Faktor größte Aufmerksamkeit zu schenken. Da KO der Engpass zum CIA ist, soll das Konstrukt im Folgenden näher betrachtet werden: KO wird in der Literatur unterschiedlich benannt, konzeptionalisiert und operationalisiert. Wesentliche Begriffe (Kundennähe, Kundenorientierung, Marktorientierung) werden teilweise unterschiedlich, teilweise synonym verwendet (*Kühn* 1991, S. 97). Sehr allgemein, aber für das Innovationsmarketing noch wenig hilfreich, kann KO definiert werden als „Management von Kundenerwartungen mit der Zielsetzung des Erwerbs von für das Überleben der Organisation notwendigen und vom Kunden bereitgestellten Ressourcen" (*Utzig* 1997, S. 93). Wir wollen hier keine spezifischere Definition ausformulieren, sondern problemorientiert an das Konstrukt herangehen.

KO soll Kundenzufriedenheit und Kundenbindung schaffen, denn diese wirken positiv auf den Innovationserfolg (u. a. *Kahn* 2001) und letztlich auf den Unternehmenserfolg (u. a. *Utzig* 1997, *Deshpande et al.* 1993). Trotz dieser hohen Bedeutung von KO für den Unternehmenserfolg ist eine mangelnde KO nach wie vor ein Phänomen in deutschen Unternehmen.

Einen fallweise induktiven Zugang zum Thema KO gewinnt man durch Literatur wie den Bestseller von *Peters und Waterman* (1984) „In Search of Excellence", wo das Konstrukt als „Kundennähe" bezeichnet und als ein wichtiger von acht Unternehmenserfolgsfaktoren beschrieben wird. Aus Interviews mit Managern von 43 als besonders erfolgreich eingestuften Unternehmen leiten sie folgende Merkmale von Kundennähe ab:

- „Besessenheit von Service" (Kundenschulungen, Technischer Kundendienst, Behandlung von Beschwerden, Einhalten von Versprechen),
- „Besessenheit von Qualität und Zuverlässigkeit" (Hohe Qualitätsstandards in der Fertigung, Followerstrategie, Garantien, Verfügbarkeit von Ersatzteilen),
- Nischenstrategie (Marktsegmentierung, Entwicklung von Problemlösungen zum Kundennutzen, Differenzierung vom Wettbewerb)
- Eingehen auf Kundenwünsche (Behandlung von Beschwerden, Integration des Kunden in den Entwicklungsprozess).

Darauf Bezug nehmend stellen *Albers und Eggert* (1988) einen „Kundennähe"-Ansatz vor, der auf schriftlichen Befragungen von 441 deutschen Industrieunternehmen basiert. Danach ist Kundennähe nicht durch Marketinginstrumente allein zu erreichen, sondern zusätzlich durch die „Meta-Instrumente" Differenzierung, Reagibilität und Flexibilität. Die Kundennähe nimmt mit der Intensität jedes dieser Meta-Instrumente zu.

Die bislang differenzierteste Operationalisierung von Kundennähe (Industriegüter) liefert *Homburg* (1995, S. 90 ff.). Er ermittelte durch eine schriftliche Befragung von 370 mit Lieferantenmanagement/Einkauf befassten Entscheidern sieben Faktoren der Kundennähe:

- Produkt- und Dienstleistungsqualität (Wahrgenommene Produktqualität; Häufigkeit von Reklamationsfällen)
- Qualität der kundenbezogenen Prozesse (Einhaltung von Terminzusagen; Wahrgenommene Liefertreue)

Dimension	Definition	Indikatoren
Differenzierung	Variierung des angebotenen Produktes durch zusätzliche Leistungen zur Abdeckung heterogener Kundenwünsche	• Marktsegmentierung • Angebotsbreite/-tiefe • Zusatzleistungen (Kundendienst, Services) • Individuelle Kundenbetreuung • Organisation nach Kundengruppen
Reagibilität	Fähigkeit des Unternehmens, sein Leistungsangebot kontinuierlich an die sich <u>langfristig</u> ändernden Kundenwünsche anzupassen	• Vorhandensein einer Beschwerdeabteilung • Informationsaustausch zwischen Abteilungen mit und ohne Kundenkontakt • Integration von Kunden in den Entwicklungsprozess • Durchführung systematischer Untersuchungen des Marktes
Flexibilität	Fähigkeit zur Anpassung an sich <u>kurzfristig</u> ändernde Kundenwünsche	• Vorhandensein einer Beschwerdeabteilung • kurzfristige Änderungsmöglichkeiten des Produktangebotes nach Kundenwünschen • flexibler Einsatz von Personalkapazität

Quelle: *Eggert* 1999

Abb. 2.32: Kundenorientierung nach Eggert

- Flexibilität im Umgang mit Kunden (Fähigkeit, noch lange nach Auftragsvergabe Änderungswünsche kostengünstig zu realisieren; Flexibilität in der Preisgestaltung)
- Qualität der Beratung durch Verkäufer (Interesse der Verkäufer für die Probleme der Kunden; Objektivität der Beratung der Kunden durch die Verkäufer)
- Offenheit im Informationsverhalten (Information über Maßnahmen, die den Kunden Betreffen; Information des Kunden über strategische Überlegungen)
- Offenheit gegenüber Anregungen der Kunden (Umfassende Beteiligung des Kunden an der Produktentwicklung; Schnelle Reaktion auf Anregungen der Kunden)
- Kundenkontakte von nicht im Verkauf tätigem Personal (Regelmäßiger Kundenkontakt des Managements; Regelmäßiger Kundenkontakt von Mitarbeitern aus dem Entwicklungsbereich)

Es stellt sich die Frage, worin sich KO in der Kultur eines Unternehmens widerspiegelt. Nach *Homburg und Pflesser* (2000, S. 450 f.) besteht eine kunden-orientierte Unternehmenskultur aus

- grundlegenden Werten, die KO fördern
- Verhaltensnormen der KO
- Artefakten der KO (z. B. Erzählungen, Sprache, Rituale) und
- kundenorientierten Verhaltensweisen,

wobei kundenorientiertes Mitarbeiterverhalten weniger stark von Normen und Werten, aber sehr stark von Artefakten, also symbolischen Ausprägungsformen der Unternehmenskultur, beeinflusst wird.

2.2.2.4.1 Kundenorientierung als Persönlichkeitsmerkmal

Ein verhaltenswissenschaftlicher Ansatz der KO ist das Konzept der Perspektivenübernahmeve (PÜ – *Trommsdorff* 1997). Ausgehend von der in der Literatur als selbstverständlich angesehenen Forderung, den Markt aus der Perspektive des Kunden zu sehen oder „to walk in your customers shoes" (*Whiteley* 1991, S. 56) wird das sozialpsychologische Konstrukt (*Hass* 1984, *Geulen* 1982, *Flavell et al.* 1975) zur Erklärung von KO verwendet. KO ist eine Erscheinungsform der Perspektivenübernahme. Um das mit *Geulens* PÜ-Definition zu erläutern: KO ist das virtuelle Versetzen in die Position des Kunden, um

- seine Perspektive und das daraus resultierende Handeln zu antizipieren und
- Konsequenzen für das eigene Handeln abzuleiten.

Eine präzise Erklärung des PÜ- bzw. KO-Prozesses leistet dieser Forschungsansatz noch nicht. Immerhin wird nachgewiesen, dass die Fähigkeit zur Perspektivenübernahme eine in der Kindheit in Phasen durch soziale Interaktion erworbene Fähigkeit ist, die nur durch Entwicklungsdefizite oder fehlende Motivation nachhaltig gestört wird und die trainiert werden kann.

Um die KO von Unternehmen zu analysieren, reicht aber die Feststellung der PÜ der Mitarbeiter nicht aus. Theorien des Individualverhaltens können nicht ohne weiteres auf eine Organisation übertragen werden. Der kundenorientiert denkende Mitarbeiter ist jedoch eine wichtige Grundlage der kundenorientierten Organisation. Zur Beschreibung ihrer KO gehören weitere Faktoren wie oben nach *Eggert* und nach *Homburg* beschrieben. Die folgende Abbildung 2.33 gibt einen Überblick über Kriterien zur Analyse der KO in der Praxis.

KO betrifft also nicht nur das unmittelbare Leistungsprogramm, sondern auch Organisation, Kultur, Management und die Mitarbeiter eines Unternehmens. Die Aus-

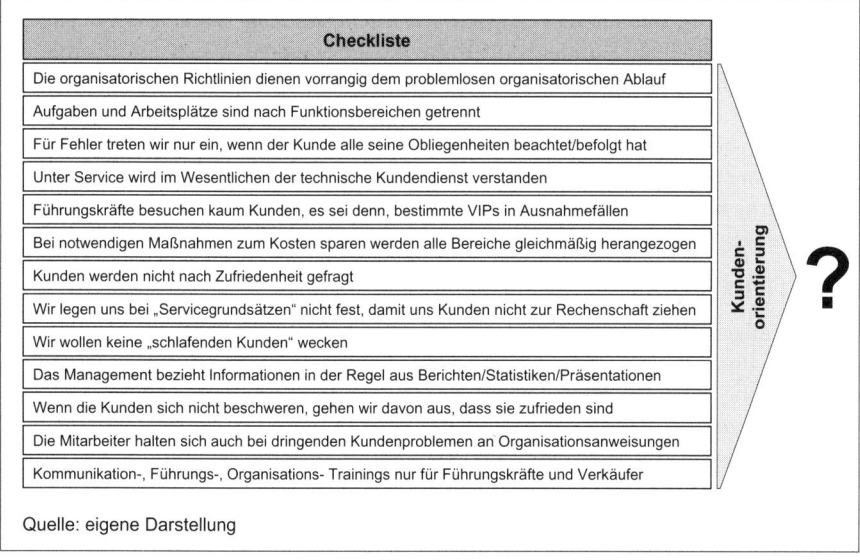

Abb. 2.33: Checklisten-Beispiel zur Messung von Kundenorientierung

richtung aller Unternehmensaktivitäten auf den Kunden ist deshalb auch Inhalt moderner Managementkonzepte, so auch von Konzepten für das Innovationsmanagement wie Quality Function Deployment (QFD), das die Sprache des Kunden (Kundenanforderungen) in Anweisungen für Ingenieure überträgt (siehe 4.5.2).

Die Überwindung des Engpassfaktors KO bedeutet Informationsbedarf: Nur wer den Kunden kennt, kann seine Wünsche befriedigen. KO im Innovationsprozess beinhaltet daher die Ermittlung von Kundeninformationen/-bedürfnissen und die konkrete Umsetzung der generierten Kundeninformationen in Innovationen (*Lüthje* 2000, S. 6 f.). Daten über die Kundenstruktur, Kundenwünsche, Kundenverhalten, das Verhalten der Wettbewerber usw. liefert die Marktforschung. Darüber hinaus liefert die Auswertung von Beschwerden wertvolle Hinweise auf Störungen im Leistungsangebot bzw. Defizite in der KO.

Über diese vergangenheits- und gegenwartsbezogenen Daten hinaus benötigt kundenorientiertes Innovationsmarketing Informationen über *zukünftige* Wünsche, denn die Auswirkungen in Form von Kundengewinnung und Kundenbindung an das neue Produkt liegen in der Zukunft. Dazu gehören nicht nur Prognosen über Entwicklungen im politischen, rechtlichen und ökologischen Umfeld des Unternehmens, sondern auch deren Auswirkungen auf das Verhalten bzw. die Bedürfnisse der Kunden. Branchen mit langen Entwicklungszeiten, wie z. B. die Flugzeug- oder die Pharmaindustrie, müssen sich besonders frühzeitig fragen, ob ihre Produkte am Ende der Entwicklungszeit überhaupt noch Verwendung finden, oder ob sich die Probleme dann gelöst oder verändert haben. Was heißt Mobilität in zehn Jahren? Welchen Einfluss haben neue Technologien? Wie ändern sich Werte und Einstellungen der Kunden? Welchen Stellenwert werden Service und Dienstleistungen einnehmen?

Eine starke Orientierung am Kunden im Innovationsprozess kann Probleme bringen: Innovationen adressieren oft Zukunftsbedürfnisse, derer sich Zielkunden (noch) nicht bewusst sind, bzw. die sie (noch) nicht artikulieren können. Gerade bei hochgradigen Innovationen kann es daher sinnvoll sein, aktuelle, durch traditionelle Befragungen ermittelbare Kundenbedürfnisse, zu ignorieren und sich auf (noch) nicht artikulierbare, zukünftige Bedürfnisse zu konzentrieren (*Wildemann* 1996, S. 13). Zur Generierung entsprechender Informationen können innovative Marktforschungsmethoden wie z. B. die „Information Acceleration"-Methode (siehe 4.3) eingesetzt werden. Eine vernetzte und dynamisierte Betrachtung der relevanten Variablen kann zwar kein sicheres Bild der Zukunft geben, jedoch den Raum für mögliche Entwicklungen eingrenzen und somit Unsicherheit reduzieren.

2.2.2.4.2 Blick über den Tellerrand der PIEFF

Wenn es allgemeine branchenübergreifende und situationsunabhängige Erfolgsfaktoren der Produktinnovation gibt, dann ist der Forschungsaufwand zu ihrer Entdeckung eine nicht nur wissenschaftlich interessante Investition. Die Befunde von Erfolgsfaktorenforschung sind zwar selten überraschend: Die Adressaten meinen, sie hätten die Ergebnisse immer schon gewusst. Aber erstens kommt es bei der Beurteilung der Aussagekraft von Erfolgsfaktorenforschung auch darauf an, welche der „immer schon gewussten" Faktoren nicht bestätigt werden konnten, zweitens werden überraschende Ergebnisse erst recht abgelehnt (und daher vielleicht gar nicht publiziert).

Selbst wenn die Befunde statistisch nicht immer sehr viel zur Erklärung des Erfolgs beitragen: In der Situation starken Wettbewerbs und knapper Wettbewerbsvorteile, wie in den vielen Märkten mit technisch ausgereizten homogenen Produkten, haben kleine Erfolgsursachen oft große Marktpositions-Wirkung. Die unter Unsicherheit und Komplexität leidende Innovationsplanung wird transparenter, wenn man sich auf die wenigen wirklich wichtigen Faktoren für Erfolg konzentriert. Der CIA als übergeordneter Erfolgsfaktor nimmt dabei eine Schlüsselposition ein. Wirklich gelebte KO im Innovationsprozess unterstützt die Realisierung eines erfolgsversprechenden CIA ganz wesentlich. Somit ist es bei aller Differenziertheit der PIEFF betriebswirtschaftlich rational, sich im Zweifel auf den Engpassfaktor „Kundenorientierung für einen starken Innovationsvorteil" zu konzentrieren. Die folgenden Abschnitte werden das immer wieder aufgreifen.

2.2.3 Grundlagen strategischer Marktforschung

Ziel des vorangegangenen Kapitels war es, die heute bekannten verallgemeinerbaren Erfolgs- und Misserfolgsfaktoren der Produktinnovation zusammenzufassen. Die situationsspezifisch zu erhebenden Informationsgrundlagen für strategische Entscheidungen im Produktinnovationsmanagement können naturgemäß *inhaltlich* am besten exemplarisch an Fallbeispielen und Fallstudien illustriert werden, verallgemeinern kann man das *Methodische* an diesen Informationsgrundlagen. So bilden die Methoden der strategischen Marktforschung für das Innovationsmarketing mit Kapitel 4 den Schwerpunkt dieses Buches. Im Folgenden werden die Grundlagen zur strategischen Marktforschung vorgestellt. Dazu werden auf Basis der Merkmale strategischer Entscheidungen (2.2.3.1) Grenzen der operativen Marktforschung (2.2.3.2) und Wege zur strategischen Marktforschung (2.2.3.3) aufgezeigt.

2.2.3.1 Strategische Entscheidungen

Cargo Lifter

1996 wurde im brandenburgischen Brand das Luftfahrzeugunternehmen Cargo Lifter gegründet. Das Unternehmen wurde zum Vorzeigebeispiel für den Technologiestandort Brandenburg und faszinierte Investoren und Öffentlichkeit gleichermaßen. Die Vision der Gründer war ein mit Helium gefülltes Transportluftschiff (CL 160), das Lasten bis zu 160 Tonnen heben und transportieren kann. CL 160 wäre mit 260 Metern Länge und 80 Metern Höhe das größte Luftschiff der Welt geworden. Ab Mai 2000 wurde die Cargo Lifter–Aktie gehandelt. 72.000 Kleinaktionäre erwarben Anteile, Ergebnis faszinierender Öffentlichkeitsarbeit und Presseresonanz. Immer wieder betonte der Firmengründer Carl von Gablenz die solide marktliche und finanzielle Basis des Unternehmens. Ursprünglich sollte das ambitionierte Projekt ohne staatliche Hilfe umgesetzt werden, aber das Land Brandenburg hat das Prestigeprojekt jahrelang kräftig subventioniert.

Nach einigen Jahren der Entwicklung räumte die Unternehmensleitung ein, man habe „die Komplexität in der Technik" unterschätzt. Zum Beispiel wurde nie eine technische Lösung für das Andocken des Cargo Lifters während einer

Landung bei Wind bekannt, wahrscheinlich auch nicht gefunden. Umfassende seriöse Innovations-Marktforschung (Zielgruppen, Bedarfsmengen und -qualitäten, Absatzrisiken, Preisbereitschaften usw.) wurde nie publiziert, wahrscheinlich nie gemacht.

Branchenexperten meinten schließlich, ein unerfahrenes Management habe sich an ein abenteuerliches Projekt gewagt und die Öffentlichkeit über Probleme im Unklaren gelassen. Im Mai 2002 erklärte die Cargo Lifter AG die Zahlungsunfähigkeit. Ein staatliches Rettungsprogramm konnte jetzt nicht mehr durchgesetzt werden. 500 Arbeitsplätze gingen verloren. Ein Jahr nach dem Zusammenbruch fand sich ein Käufer für die gigantische freitragende Montagehalle bei Brand, 50 km südlich von Berlin. Daraus wurde mittlerweile ein Tropen-Freizeitpark.

Quellen: Tropical Island Management GmbH 2004, *Kreft* 2004, eigene Information

Strategische Entscheidungen sind Elemente des strategischen Management, das als langfristige und grundsätzlich bindende Orientierung dem unternehmerischen Handeln vorgelagert sein sollte. Das gilt allgemein für alle Unternehmensfunktionen, es gilt speziell und (wegen des Primats des Marktes) verstärkt für das Marketing, und es gilt speziell und (wegen des Innovationsdrucks) nochmals verstärkt für das Innovationsmarketing (*Susen* 1995, S. 59 ff., *Trommsdorff* 1991, S. 182). Gründe für dieses Erfordernis sind die gestiegene Dynamik und Komplexität der Unternehmensumwelt, im Detail besonders die folgenden *Umfeldentwicklungen* (*Fink et al.* 2000 b, S. 35, *Belz* 1998, S. 3 ff., *Hahn* 1990, S. 31 f., *Raffée* 1985, S. 4):

- Strukturveränderung und Globalisierung der Märkte,
- Wertewandel und Verhaltenswandel im Geschäftsverkehr und im Unternehmen,
- Technologiewandel,
- Verschärfung des Wettbewerbs und Druck auf die Absatzpreise,
- Erhöhung und Verunsicherung der Faktoreinsatzpreise,
- Verkürzung der Produktlebenszyklen und Vermarktungszeiten,
- Amortisationsrisiko steigender Innovationskosten.

Mit der generell gestiegenen Komplexität der Unternehmensumwelt und -innenwelt gehen Diskontinuitäten bzw. Strukturbrüche einher und bewirken, dass bisherige Entwicklungsverläufe abrupt enden und unerwartet neue Situationen entstehen lassen – die Umwelt entwickelt sich turbulent. Der Zukunftsforscher *Eckard Minx* findet, dass diese Turbulenzen nicht einem vorübergehenden Hurrikan gleichen, sondern sich noch beschleunigen werden: „Heute und in Zukunft muss in unbekannten Gewässern navigiert werden!" (*Minx* 1996, S. 49).

Bei Umweltturbulenzen ist das leitende Ziel der strategischen Unternehmensführung schwieriger zu erreichen, nämlich die langfristige Erhaltung bestehender und Erschließung künftiger Erfolgspotenziale (*Gälweiler* 1980, S. 51 ff.). Dem Kontinuitätsziel steht ungewohnter Zwang zur Flexibilität gegenüber. Damit braucht das strategische Marketing einerseits langfristige Voraussicht (Zukunftsanalyse), andererseits kurzfristige Sensitivität (Frühaufklärung), denn: „Die Zukunft wird uns immer überraschen – aber sie sollte uns nicht überrumpeln" (der Zukunftsforscher *Buckminster Fuller* zit. nach *Fink et al.* 2000 b, S. 35).

Rollei Spiegelreflexkamera

Die 1920 in Brunswick gegründete Traditionsfirma Rollei geriet Mitte der 70er Jahr in eine wirtschaftliche Schieflage, die 1981 mit dem Konkurs ihren Tiefpunkt erreichte. Ein Grund war eine erfolglos aggressive Expansionspolitik seit Beginn der siebziger Jahre: Noch Anfang der 50er Jahre war der Geschäftsverlauf gut, wenn auch 1953 der Umsatz um 34 % einbrach. Der Grund war das erfolgreiche Agieren japanischer Anbieter auf dem amerikanischen Markt im Segment der zweiäugigen Spiegelreflexkameras mit den Marken Yashica, Rico, Minolta und Mamia, Nachbildungen der Rollei-Produkte Rolleicord und Rolleiflex. Die japanischen Imitation en kosteten teilweise nur den halben Preis echter Rollei-Kameras. Der amerikanische Markt war damals Hauptexportmarkt von Rollei. Da sich die Umsätze in den folgenden Jahren wieder positiv entwickelten, wurde nicht strategisch reagiert.

Nach und nach beschränkten sich die japanischen Anbieter nicht nur auf die Imitation von Rollei-Produkten, sondern kamen mit innovativen Produkten aus eigener Entwicklung auf den Markt. Ab 1957 verstärkten japanische Hersteller ihre Aktivitäten in Deutschland. Seit Mitte der 60er erreichten asiatische Unternehmen auf dem weltweiten Markt für Spiegelreflexkameras immer größere Anteile. Um gegenüber der asiatischen Konkurrenz bestehen zu können, änderte Rollei seine Preispolitik und begann mit dem Aufbau von Kapazitäten zur Massenproduktion in Singapur. Auch wurden international viele Handelsniederlassungen eröffnet.

Nach vier Jahren teurer Umsetzung dieser Strategie stellte ein Gutachten fest, die als Folge der bedingungslosen Wachstumsstrategie aufgebauten Kapazitäten hätten Rollei wirtschaftlich ruiniert. Der bis dahin zuständige Vorstandsvorsitzende musste gehen. 1982 wurde Rollei durch den englischen Konzern United Scientific Holdings übernommen. 1987 verkaufte dieser Rollei an den Fotounternehmer Heinrich Mandermann. 1995 ging das Eigentum an die Samsung-Gruppe über, die es jedoch 1999 an Paul Dume verkaufte. Seit November 2002 gehört Rollei zu der dänischen Investorengruppe Capitellum.

Die Gründe für die Probleme von Rollei waren vielfältig. Interne Misserfolgsursachen lagen in allen wichtigen Bereichen: Personal, Finanzen, Produktpolitik und Vertrieb. Außer strategischen Fehlentscheidungen war auch der autoritäre Rollei-Führungsstil ein Problem. Verfügbare Indikatoren, die Veränderungen auf den internationalen Märkten anzeigten, wurden nicht oder erst sehr spät beachtet und zudem noch falsch interpretiert. Zu den externen Ursachen gehörte das Erscheinen der asiatischen Konkurrenz, zunächst mit Imitationen, später mit innovativen Produkten.

Auf die damit verbundene technologische Entwicklung wurde von Rollei nicht angemessen reagiert. So wurde ein strategisches Projekt zur Entwicklung der kleinen, handlichen einäugigen Spiegelreflexkamera nach länger währenden mechanischen Schwierigkeiten beim schnellen Zurückklappen des Spiegels wieder eingestellt. Darin kann man sogar den Auslöser für den folgenden Niedergang der ganzen traditionsreichen deutschen Kameraindustrie sehen. Den Siegeszug des Massenprodukts „einäugige Spiegelreflexkamera" traten japanische

Firmen an, die ihre nach dem Ausscheiden der Deutschen neu gewonnene Position als Weltmarkt-Führer jahrzehntelang behaupten konnten.

Rollei selbst hat sich zu einem Hochqualitäts-Nischenanbieter entwickelt. Aktuelles (2004) Topmodell der Mittelformatkameras der 6000er Reihe ist die Autofokuskamera 6008AF. Die Kamera zielt auf professionelle Anwender. Peripheriegeräte des 6000er Systems, z. B. Objektive, sind auch mit wenigen Besonderheiten beim Autofokusmodell einsetzbar. Der Preis der Kamera beträgt ohne Objektiv ca. 3600 €, das 180mm-Tele kostet um die 4300 €.

Alle genannten negativen Entwicklungen, aber auch die Chancen sind Gegenstände strategischer Marktforschung.

Quellen: manager-magazin.de 2001, Rollei Fototechnic GmbH 2004, MIR Communications 2000, von Grebmer zu Wolfsthurm 1972, FAZ 2003

Strategische Unternehmensführung braucht adäquate, nämlich langfristig in die Zukunft reichende, grundlegende, Informationen zur Stützung ihrer Entscheidungen (*Schroiff* 1994, S. 25, *Köhler* 1993, S. 77). Dem Bedürfnis nach strategischen Informationen ist aber bei der wissenschaftlichen und praxisorientierten Entwicklung der strategischen Unternehmensführung ungenügend nachgegangen worden. Die Theorie der strategischen Planung ist über das Datenproblem weitgehend hinweggegangen (*Trommsdorff* 1982, S. 113). Die Qualität einer strategischen Entscheidung hängt von der Qualität und der Vollständigkeit der Informationen ab, die das Management für eine Entscheidung heranzieht. Dementsprechend ist strategische Unternehmensführung primär ein Informationsproblem (*Weber* 1996, S. 6).

Grundlage strategischer Entscheidungen ist strategisch relevantes Wissen. Nach einer Studie des amerikanischen Marketing Science Institute MSI artikulieren Top-Manager unterschiedliche Informationsbedürfnisse für strategische Entscheidungen (nach *Honomichl* 1993, S. 40):
- Informationen zu strategisch neuen *Produktanforderungen*,
- verbesserte technologische Informationen über die *Entwicklung* von Neuprodukten,
- Identifikation der *Konkurrenz*, Antizipation von/Reaktion auf Konkurrenzaktionen,
- Informationen zur *Marktsegmentierung* und -bearbeitung,
- Informationen zum Verständnis des *Käuferverhaltens*,
- *bewertende Zusammenfassung* von Marktinformationen zu deren besserer Nutzung,
- Messung und Management des *Markenwertes*.

Damit ist eigentlich schon durch Aufzählung gesagt, was strategische Marktforschung ist und worin ihre Herausforderungen bestehen. Zur theoretischen Beschreibung von „strategischer Information" werden oft Eigenschaften wie qualitativ, wenig präzise und weich genannt. Diese verweisen zwar auf wichtige Beschränkungen, definieren den Begriff aber nicht. „Strategisch" ist keine Eigenschaft der Information an sich, sondern eine Eigenschaft des Planungsproblems (*Huxold* 1990, S. 61), also der Wechselbeziehung von Information und Entscheidung. Strategisch ist eine Information dann, wenn sie sich auf langfristig wirksame Erfolgs- und Misserfolgsfaktoren des Unternehmens bezieht (*Sprengel* 1984, S. 23). Demnach haben strategische Informationen vier Kennzeichen:

1. *Frühaufklärung:* Strategische Informationen müssen frühzeitig Strukturbrüche anzeigen, die das Unternehmensgeschehen nachhaltig beeinflussen werden. Sie müssen Entwicklungstendenzen früh antizipieren (*Gomez* 1983, S. 11). Mit ihnen muss eine Vorsteuerung des Unternehmenserfolgs möglich sein (*Konrad* 1991, S. 32 f.). Vorsteuerung setzt das Erkennen der Entwicklungstendenzen der Vorsteuergröße voraus, bevor sich die zu steuernde, kausal abhängige und sich zeitlich danach ändernde Variable selbst ändert (*Sprengel* 1984, S. 25).

2. *Geringe Strukturiertheit:* Da strategische Informationen dem Management frühzeitig zur Verfügung stehen sollen und oft „erstmalig" ins Blickfeld treten, sind sie in der Regel noch sehr unsicher, relativ unpräzise und schwach strukturiert (*Kirsch* 1978, S. 38). Sie lassen vielfach ambivalente Interpretationen zu, weil sie nur fragmentarisch sind (*Müller* 1987, S. 249). Nicht primär wegen objektiver Eigenschaften dieser Informationen, sondern wegen der subjektiven Ungewissheit über den Ausgang strategischer Entscheidungen (Wechselwirkung zwischen Information und Entscheidung) werden strategische Informationen als weich angesehen, das heißt als ungenau und nicht eindeutig. Deshalb kann auch der Nutzen der strategischen Information nur grob abgeschätzt werden.

3. *Geringes Aggregationsniveau:* Zwar sind hoch aggregierte Informationen wie die Marktattraktivität strategisch notwendig, aber sie sind für strategische Entscheidungen nicht hinreichend. So ist der strategische Erfolg den konkreten Handlungsparametern der strategischen Entscheidung schlecht zuzurechnen, wenn die der Entscheidung zugrunde liegenden Informationen ausschließlich hoch aggregiert sind. Strategische Informationen sollten also dem Datenursprung nach gering aggregiert sein (*Sprengel* 1984, S. 29). Aggregierte Informationen müssen durch Rückführung auf dahinter stehende Kausalfaktoren strategisch relevant gemacht werden (*Trommsdorff* 1982, S. 111 ff.).

4. *Komplexität:* Strategische Entscheidungen haben komplexe Auswirkungen und erfordern deshalb komplexe Informationsgrundlagen.

Auf den oft schillernden Begriff der Komplexität ist näher einzugehen: Komplexe Problemsituationen unterscheiden sich von einfachen Situationen durch die in der folgenden Übersicht dargestellten Merkmale.

Dörner (2003) führt mit experimenteller Präzision vor Augen, wie unfähig wir sind, Fern- und Nebenwirkungen von Eingriffen in komplexe Systeme abzuschätzen. Es geht in seinen Experimenten z. B. darum, einen Staat (Tanaland) oder eine Kleinstadt (Lohausen) zu regieren: Ziele wie Gesundheit, Versorgung, Bildung sollen verfolgt werden, zu deren Erreichen unter verschiedenen Maßnahmen zu entscheiden ist. Die Probanden sind hoch motiviert und kompetent. Trotzdem entspricht das Ergebnis der experimentellen Simulation der Auswirkungen ihrer Eingriffe in das System regelmäßig der „Logik des Misslingens" (Titel des Bestsellers von Dörner): Ein Problem wird „optimal" gelöst (die Seuche ist ausgerottet), damit werden aber andere Probleme verschlimmert (Überbevölkerung, Ernährungsengpässe). Misslingen im Umgang mit komplexen Problemen ist allgegenwärtig: Automobilentwickler wollten weniger Energieverbrauch realisieren; dazu senkten sie den Luftwiderstand durch Optimierung im Windkanal, konstruierten dazu schrägere, größere Front- und Heckscheiben; die größere Sonneneinstrahlung bekämpften Klimaanlagen, die viel Energie brauchten. Schließlich war der Energieverbrauch größer statt geringer.

Merkmale	einfache Situation	komplexe Situation
Elemente	wenige, gleichartige	viele, verschiedene
Vernetztheit	gering	starke
Freiheitsgrade	wenige	viele
Entwicklung	determiniert, stabil	stochastisch, turbulent
Erfassbarkeit	analysierbar, quantifizierbar	beschränkt
Problemlösung	quantitativ, programmierbar	zusätzlich qualitativ, heuristisch

Quelle: *Ulrich/Probst* 1995, S. 110

Abb. 2.34: Komplexität einer Problemsituation

Vernetzte Ziel-Mittel-Beziehungen im Auge zu behalten, Neben- und Fernwirkungen mit zu bedenken, ist wohl außerordentlich schwierig. Wir „lösen" ein Problem und rufen damit neue Probleme von teilweise größerer Tragweite hervor. Warum fällt es so schwer, komplexe Entscheidungen zu treffen, warum können wir gut in linearen, einfachen (monokausalen, bivariaten) Wenn-Dann-Beziehungen denken und warum so schlecht in kausalen Netzwerken mit Fern-, Rück- und Nebenwirkungen? Weil es uns schwer fällt, uns ein annähernd vollständiges Bild von der Komplexität der Situation bzw. Entscheidung zu machen und weil uns die Vorstellung von der Vernetzung im System fehlt.

Strategische Informationen dienen dazu, eine Vorstellung von der Komplexität und den Wirkungsverläufen von Entscheidungen zu bekommen

Abbildung 2.35 zeigt die beiden konstitutiven Eigenschaften von Komplexität nach *Ulrich und Probst (1995*, S. 106 ff.), nämlich (1) die *Vielfalt* der Beziehungen zwischen den Elementen des Systems mit ihren Ausprägungen (Vernetztheitsgrad, „strukturelle Komplexitätplexität:strukturelle") und (2) die Geschwindigkeit, Richtung und Stärke der *Veränderung* von Systemelementen (ihre Dynamik, „prozessuale Komplexität").

Dynamische Systeme gehorchen nicht einer Funktion, sondern besitzen ein „Eigenleben", das kontinuierlich zu Veränderungen der Interaktionen zwischen den Elementen des Systems führt (*Eschenbach/Kunesch* 1993, S. 175). Probematisch ist, dass mit steigender Komplexität eines Problems die zur Lösung *benötigte Reaktionszeit* steigt, aber die *verfügbare Reaktionszeit* aufgrund der Dynamik des Systems sinkt. Mit zunehmender Komplexität (oberhalb einer Schwelle) klaffen Soll- (benötigte) und Ist- (verfügbare) Reaktionszeit immer weiter auseinander (vgl. Abbildung 2.36).

Heute kann man die für den Alltag wichtigsten Parameter des Wetters in Mitteleuropa (Tages-Temperaturverlauf, Windrichtung und -stärke, Niederschläge usw.) auf durchschnittlich zwei Tage hinreichend genau voraussagen, irgendwann einmal mit noch mehr Satelliten, Messpunkten, Großrechnern und verbesserten Simulationsprogrammen auf drei Tage hinreichend genau. Niemals werden die Meteorologen

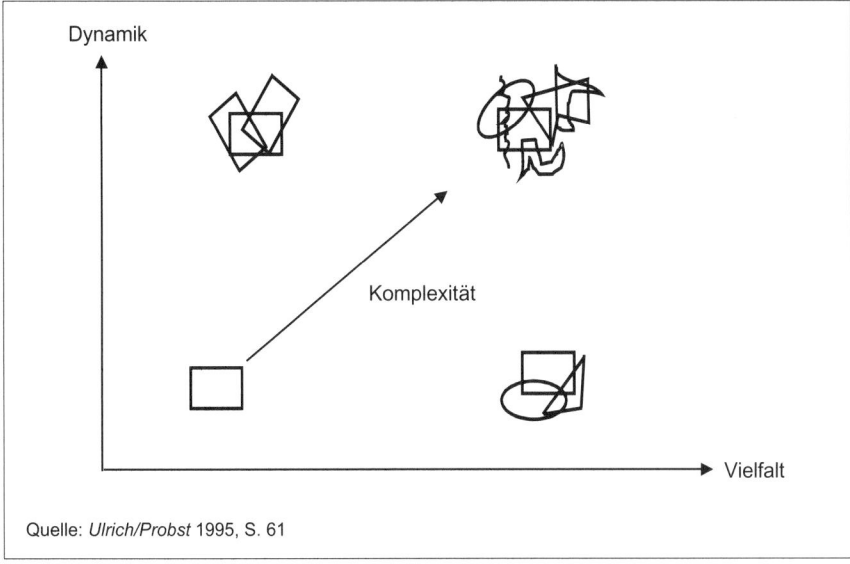

Abb. 2.35: Dynamik und Vielfalt als Dimensionen der Komplexität

dieselben Parameter auf auch nur durchschnittlich eine Woche genau voraussagen können. Die vielen komplex und dynamisch vernetzten Einflüsse auf das Wetter machen aus dem System ein „Chaos". Längere Wetterprognosen auf höherem Aggregationsniveau der Paramter sind dagegen möglich und teilweise auch strategisch interessant: Im Sommer 2010 wird es (selbstverständlich; strategisch nicht interessant) durchschnittlich wärmer sein als im Winter 2009/10, wegen des Treibhauseffekts wahrscheinlich sogar wärmer als im Sommer 2000, und das bei mehr Unwettern und Überschwemmungsgefahr.

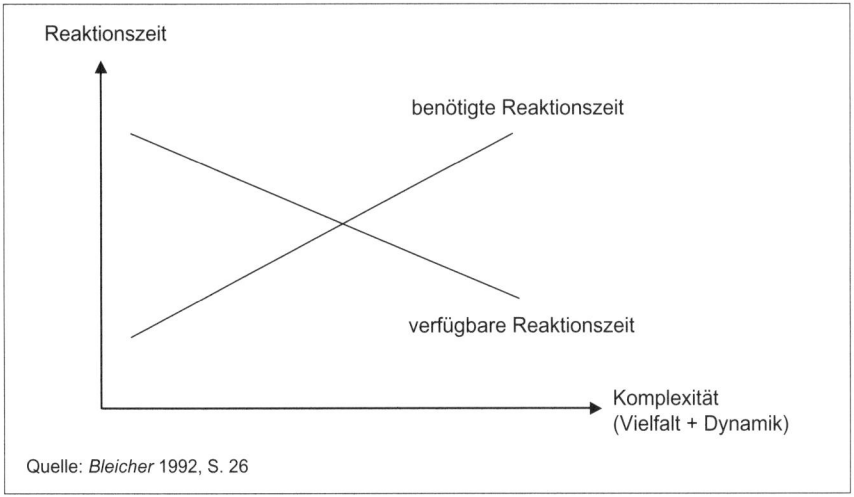

Abb. 2.36: Komplexität und Reaktionszeit

Hilfreich zur Komplexitätserfassung sind die Ansätze der Chaostheorie (*Pinkwart* 1992), der Fuzzy Logic (*Zadeh* 1965) und des Vernetzten Denkens (*Vester* 1991). Nach der *Chaostheorie* können minimal unterschiedliche Anfangsbedingungen völlig verschiedene Systemzustände zur Folge haben. Chaos bedeutet aber nicht, dass man vor der Unordnung eines Systems resignieren muss: Die „chaotische Dynamik" von Systemen zeigt, dass auf höherer Ebene einfache Ordnungsprinzipien wirken. Chaosforschung sucht nach Mustern, die es erlauben, das komplexe System in einer Ordnung höheren Grades zu beschreiben (*Pinkwart* 1992, S. 27), um künftige Systemzustände vorauszusehen, z. B. langfristige Wetterprognosen auf sinnvollen Parametern.

Fuzzy Logic: Dass mathematische Exaktheit über ein bestimmtes Maß hinaus nicht sinnvoll ist, hat der Begründer der unscharfen Logik, Lofti A. Zadeh (1965, S. 338 ff.), in seinem „Prinzip der Inkompatibilität" dargelegt: In dem Maße, in dem die Komplexität eines Systems steigt, vermindert sich unsere Fähigkeit, präzise und relevante Aussagen über sein Verhalten zu machen. Ab einer gewissen Schwelle werden Präzision und Relevanz einander widersprechende (antagonistische) Eigenschaften des Systems. Die Theorie unscharfer Mengen (Fuzzy-set-Theorie) bietet die Möglichkeit, vage Informationen dennoch mathematisch abzubilden und sie als Daten zu – nicht scheingenauen – Entscheidungsgrundlagen zu verarbeiten (*Zimmermann* 1993).

Komplexe Systeme erlauben es nicht, die zur Systembeschreibung notwendigen Daten eindeutig zu bestimmen, weshalb der klassische Mengenbegriff mit seiner zweiwertigen Logik (ja und nein) um Zwischengrößen zur Vielwertigkeit (Multivalenz) erweitert werden muss. Zur mathematischen Abbildung komplexer Systeme, z. B. im Rahmen von Simulationen, wurde die Bedeutung der Fuzzy Logic und die Anwendung von Fuzzy Sets erkannt und in Simulationssoftware implementiert. Dadurch können quantitative und qualitative Daten in ein mathematisch beschreibbares Beziehungsnetz integriert werden.

Vernetztes Denken: Komplexe Systeme erfordern zu ihrer Beschreibung für strategische Entscheidungen weichere Daten als sie von den quantitativen Standardinstrumenten der Marktforschung geliefert werden. Benötigt werden eher qualitative Daten, die komplexe Zusammenhänge ganzheitlich widerspiegeln, indem sie statt scheingenauer Abbildung detaillierter Einzelfaktoren mit der „Präzision der Unschärfe" (*Vester* 1991) höher aggregierte „Komplexe" erfassen. Vernetztes Denkens analysiert nicht isolierte Systemteile, sondern versucht die Zusammenhänge, damit das Verhalten des ganzen Systems, zu verstehen (*Ulrich* 1984, S. 49 ff.). Die komplexe Vernetztheit der Faktoren im System muss in Beschreibungen, Erklärungen, Zukunftsanalysen und Handlungsvorschläge einfließen (*Fink et al.* 2000 b, S. 35).

Wie aber wirkt sich Komplexität auf unsere strategischen Entscheidungen aus? Die steigende Komplexität wirtschaftlicher und gesellschaftlicher Entwicklungen führt zu Unsicherheit. Prognosen (im Sinne von „um Objektivität bemühte Angaben über voraussichtliche Zukunftsentwicklungen") versuchen diese Unsicherheit zu beseitigen oder zu vermindern. Kann aber die Entwicklung komplexer Systeme überhaupt valide prognostiziert werden? Die folgende Abbildung 2.37 zeigt eine Auswahl berühmt-berüchtigter Prognoseirrtümer der Vergangenheit.

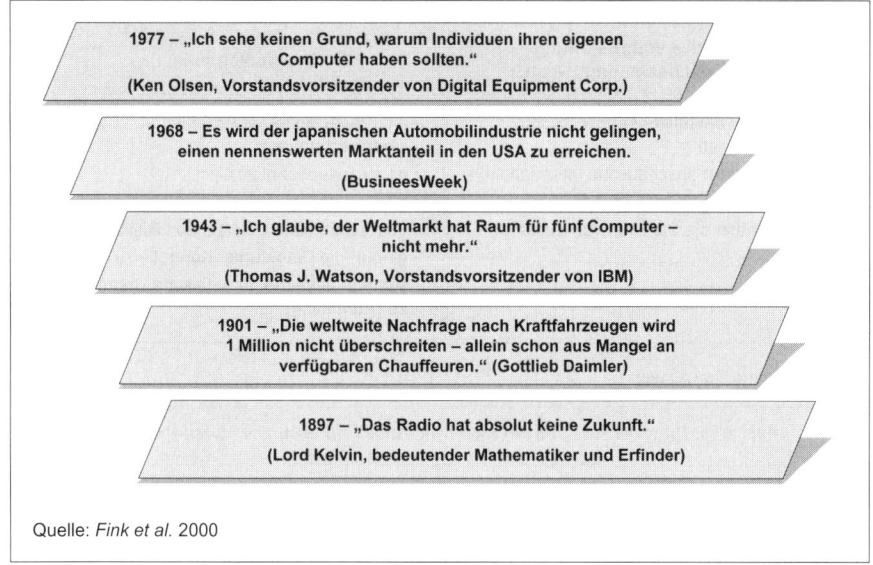

1977 – „Ich sehe keinen Grund, warum Individuen ihren eigenen
Computer haben sollten."
(Ken Olsen, Vorstandsvorsitzender von Digital Equipment Corp.)

1968 – Es wird der japanischen Automobilindustrie nicht gelingen,
einen nennenswerten Marktanteil in den USA zu erreichen.
(BusineesWeek)

1943 – „Ich glaube, der Weltmarkt hat Raum für fünf Computer –
nicht mehr."
(Thomas J. Watson, Vorstandsvorsitzender von IBM)

1901 – „Die weltweite Nachfrage nach Kraftfahrzeugen wird
1 Million nicht überschreiten – allein schon aus Mangel an
verfügbaren Chauffeuren." (Gottlieb Daimler)

1897 – „Das Radio hat absolut keine Zukunft."
(Lord Kelvin, bedeutender Mathematiker und Erfinder)

Quelle: *Fink et al.* 2000

Abb. 2.37: Historische Fehlprognosen

Betrachtet man *Gottlieb Daimlers* Aussage aus dem Jahre 1901 zum weltweit maximal
erreichbaren Marktvolumen für Kraftfahrzeuge (1 Mio.) so führten offensichtlich
zwei implizite Annahmen zu der Fehlprognose:

Man ging Anfang des 20. Jahrhunderts „selbstverständlich" davon aus, dass jeder
Besitzer eines Automobils auch einen Chauffeur haben würde. Der damalige Kom-
plexitätsgrad von Automobilen und die damit verbundene schwierige Handhabung
verlangte „selbstverständlich" eine technische Kompetenz der Chauffeure, die lediglich durch eine Ingenieurausbildung gewährleistet werden konnte.

Gottlieb Daimler schlussfolgerte aus der begrenzt verfügbaren Menge an ausgebilde-
ten Chauffeuren, dass dieser Mangel die „natürliche" Begrenzung des Marktpotenzials für Kraftfahrzeuge darstellen würde. Ihm fehlte die Vorstellungskraft hinsichtlich sich ändernder Rahmenbedingungen (z. B. dass der Fahrer aufgrund leichter zu
handhabender Technik künftig keine Ingenieurausbildung mehr haben müsste). Es
handelt sich hier um den klassischen Denkfehler, dass, um eine Situation zu verstehen, eine „Fotografie" des Ist-Zustandes genüge (*Eschenbach/Kunesch* 1993, S. 177).
Gottlieb Daimler betrachtete den aktuellen Zustand der Situation als nicht in Frage zu
stellende „Fotografie" der künftigen Problemsituation. Die Dynamik des komplexen
Systems entging ihm dabei.

Neben den „selbstverständlichen" Annahmen gibt es weitere Phänomene, die bei
komplexen Problemen zu prognostischen Fehlleistungen führen können (siehe
Abb. 2.38). Der langjährige Forschungsvorstand von BASF, *Quadbeck-Seeger* (1998,
S. 181 f.) geht davon aus, dass der Prognosehorizont die *Art* der kognitiven Fehlleis-
tung beeinflusst. Kurzfristige Prognosen über ein bis drei Jahre seien tendenziell zu
optimistisch („das kriegen wir schon hin"), mittelfristige (drei bis sechs Jahre) zu pes-
simistisch („bis wir sowas können, wird noch viel Zeit vergehen"), und langfristige

Selektive Wahrnehmung und „Falschnehmung": man...	Denkfehler: man...
• bevorzugt bestätigende/erwünschte Informationen • überbewertet anschauliche Informationen • überbewertet jüngste Trends • überschätzt die Stabilität von Zuständen	• ist sich zu sicher, erwartet keine Überraschungen • ist zu zukunftsoptimistisch • ist zu skeptisch (alles schon ausprobiert) • überschätzt und unterschätzt Risiken • glaubt, die Dinge unter Kontrolle zu haben • schreibt einfache, aber falsche Ursachen zu (Attribution)

Quelle: eigene Darstellung

Abb. 2.38: *Prognostische und allgemein kognitive Fehlleistungen durch Probleme bei der Bewältigung von Komplexität*

Prognosen (zehn Jahre) einfach falsch. Was über zehn Jahren hinausgeht, verdient seiner Meinung nach gar nicht die Bezeichnung „Prognose".

Innovationsträchtige Märkte sind besonders komplexe Systeme mit hoher Vernetztheit und hoher Dynamik. Die zentrale Herausforderung für das strategische Management besteht hier in der Komplexitätsbewältigung (*Eschenbach/Kunesch* 1993, S. 120). Die normative Entscheidungstheorie geht von relativ einfachen Entscheidungssituationen aus, in denen nur Alternativen bestimmt werden, deren Merkmale festgestellt und bezüglich der Ziele bewertet werden sollen. Diese Prämissen treffen auf Innovations-Entscheidungssituationen kaum zu, weil weder die Alternativen noch die Kriterien klar sind, weil Merkmale durch Subjektivität schwer zu bestimmen und noch schwerer zu prognostizieren sind und weil das zu entscheidende System komplex und dynamisch ist.

Das Innovationsmanagement stellt also besonders hohe Anforderungen an strategische Informationen. Obwohl, wie ausgeführt, langfristige Prognosen komplexer Systeme (im herkömmlichen Sinn quantitativer Alltagsparameter) unmöglich sind, muss der Innovator langfristig vorausschauen und zugleich kurzfristig sensibel sein. Die Zukunftsorientierung kann nicht durch mechanistisches Prognostizieren ersetzt werden, sondern erfordert qualitatives Denken, das die komplexen Zusammenhänge ganzheitlich widerspiegelt und das Wesentliche erkennen lässt (Albert Einstein. „It is better to be roughly right than exactly wrong") (*Trommsdorff/Binsack* 1997, S. 65).

Ganzheitlich betrachtet bedeutet Zukunftsorientierung also Sensibilisierung der Manager für künftige Entwicklungen und zugleich deren aktive Beeinflussung durch strategische Innovationsentscheidungen. Dass die klassische, primär taktisch-operative Marktforschung kaum in der Lage ist, solche Informationen für das strategische Management zu liefern, und was daraus für die strategische Marktforschung folgt, wird im folgenden Abschnitt erörtert.

2.2.3.2 Grenzen der operativen Marktforschung

Die Geschichte vom achtzehnten Kamel (zitiert nach *Paul Watzlawick*):

> Ein Mullah ritt auf seinem Kamel nach Medina; unterwegs sah er eine kleine Herde von Kamelen; Daneben standen drei junge Männer, die offenbar sehr traurig waren. „Was ist euch geschehen, Freunde?" fragte er und der älteste antwortet: „Unser Vater ist gestorben." „Allah möge ihn segnen. Das tut mir leid für euch. Aber er hat euch doch sicherlich etwas hinterlassen?" „Ja", antwortete der junge Mann, „diese siebzehn Kamele. Das ist alles was er hatte." „Dann seid doch fröhlich! Was bedrückt euch denn noch?" „Es ist nämlich so", fuhr der älteste Bruder fort, „sein letzter Wille war, dass ich die Hälfte seines Besitzes bekomme, mein jüngerer Bruder ein Drittel und der jüngste ein Neuntel, Wir haben schon alles versucht, um die Kamele aufzuteilen, aber es geht einfach nicht." „Ist das alles, was euch bekümmert, meine Freunde?" fragte der Mullah. „Nun, dann nehmt doch für einen Augenblick mein Kamel, und lasst uns sehen, was passiert." Von den achtzehn Kamelen bekam jetzt der älteste Bruder die Hälfte, also neun Kamele; neun blieben übrig. Der mittlere Bruder bekam ein Drittel der achtzehn Kamele, also sechs; jetzt waren noch drei übrig. Und weil der jüngste Bruder ein Neuntel der Kamele bekommen sollte, also zwei, blieb ein Kamel übrig. Es war das Kamel des Mullahs; er stieg wieder auf und ritt weiter und winkte den glücklichen Brüdern zum Abschied lachend zu (*Segal* 1986).

Verhindert die wahrgenommene Komplexität unserer Probleme, dass wir neue Lösungsansätze entwickeln? Werden wir verleitet, unsere Probleme den vorhandenen Methoden bzw. unserem Denken anzupassen, anstatt neue Methoden zu entwickeln bzw. zu verwenden, die sich zur Lösung unserer Probleme tatsächlich eignen? (Norbert Elias zit. nach *Minx* 1996, S. 50). Die drei Brüder aus der vorangegangenen Geschichte versuchen, ihr Problem mathematisch zu lösen. Sie können den Wunsch ihres Vater nicht erfüllen, da die Anzahl an Kamelen (17) nicht durch ein Halb, ein Drittel und ein Neuntel teilbar ist. Der Mullah hingegen löst sich gedanklich von der üblichen Herangehensweise und kann auf diese Weise den innovativen Lösungsansatz entwickeln, dass „virtuell" sein Kamel in die Rechnung mit einbezogen wird und auf diese Weise dem Wunsch des verstorbenen Vaters entsprochen werden kann.

Was aber heißt das für die Innovationsmarktforschung? Im Juni 1994 befürchtete die Wirtschaftspresse, dass Unilever 800 Mio. hfl (363 Mio. €) in das neue Waschmittel „Omo Power" fehlinvestiert hat. Flops sind selten so teuer, aber keineswegs selten. Flopratenschätzungen gehen je nach Branche und Flop-Definition weit auseinander, auf reifen Konsumgütermärkten liegen sie bei bis zu 96 % (*Berger* 1995). Versagt auch die (Innovations-)Marktforschung? Ist ihre quantitativ-operative, linear aus Vergangenheitsdaten prognostizierende Methodik für strategische Innovationsentscheidungen unbrauchbar? Kundenprobleme von heute sind die Innovationsprobleme von gestern. Versorgt Marktforschung die Entscheidungsträger stattdessen mit Daten von gestern, um die Probleme von morgen zu lösen?

Die gegenwärtig vorherrschende Marktforschungsmethodik ist geprägt durch Analysen für operative Entscheidungen auf der Basis repräsentativer oder fokussierter, quantitativer oder qualitativer, entdeckender oder prüfender Untersuchungsdesigns. Ihre Methoden sind wissenschaftlich fundiert und weitgehend unumstritten, sie sind durch Lehrbücher und nutzerfreundliche Software allgemein zugänglich. Die alten Streitfragen – Quota oder Random, quantitativ oder qualitativ, offene oder geschlossene Fragen, wann helfen welche multivariaten Analysen usw. – sind weitgehend ausdiskutiert.

Klassische Marktforschung steht in der Reifephase ihres Lebenszyklus. Die Methodenforschung befasst sich fast nur noch mit der Optimierung des bestehenden Instrumentariums. Die S-Kurve (abnehmende Grenzleistungsfähigkeit einer Technik in Abhängigkeit von der kumulierten Entwicklungsinvestition in diese Technik) der Marktforschungstechnik ist flach geworden. Gemessen an den Anforderungen des Managements für die innovationsstrategische Entscheidungsunterstützung bringt Methodenoptimierung nicht mehr viel.

Management-Entscheidungen sind heute mehr denn je horizontal, vertikal und lateral komplex vernetzt. Die über einfache linear-bivariate Wenn-Dann-Beziehungen hinausgehenden Wechselwirkungen, insbesondere Rück-, Fern- und Nebenwirkungen machen das Steuern der Managementsysteme höchst komplex und ohne Hilfsmittel hoffnungslos unübersichtlich. So sind strategische Marketingmaßnahmen für ein Produkt Spielbälle zwischen eigenen und konkurrierenden, früheren und erwarteten Preisen, Marktanteilen, Kampagnen, Qualitäten und Images, Aktionen und Reaktionen der Wettbewerber, des Handels, der Verbraucherverbände und anderer.

Dennoch bleiben diese Komplexionen in aller Regel unbewusst, höchstens implizit bewusst, jedenfalls werden sie kaum adäquat bedacht und bei den Entscheidungen beachtet. Die Stützung innovationsstrategischer Grundsatzentscheidungen mit ihren ökonomischen, ökologischen, sozialen oder technologischen Neben- und Fernwirkungen werden *herkömmlicher* Marktforschung mit Recht nicht zugetraut. Die herausfordernde Aufgabe für die Methodenentwicklung der Marktforschung liegt in der Stützung grundlegender, nicht nur linear und unmittelbar wirkender, sondern auch fern- und nebenwirkender, historisch, kulturell, technologiestrategisch, ethisch relevanter Entscheidungen. Dazu ist das, was in den Lehrbüchern über Marktforschung steht, bislang höchst unbefriedigend.

Herkömmliche Marktforschung stellt, wenn es um die Zukunft geht, aus Vergangenheitsdaten Trends fest und schreibt sie fort. Das entspricht dem „Rückspiegel-Prinzip": Die Fahrbahnmarkierung hinter dem Auto als Informationsbasis für das Lenken bei der Fahrt nach vorn, weil durch die verschmutzte Windschutzscheibe nicht gesehen werden kann. Scharfe Kurven, Kreuzungen und Hindernisse werden so zu spät erkannt, jedenfalls nicht rechtzeitig vorhergesehen.

Vorhersehen heißt nicht vorhersagen. Die exakte Prognose eines komplexen Systems ist genauso illusionär wie die Vorhersage des exakten Landeplatzes eines herunterfallenden Blattes oder der Wetterdaten Dienstag in einer Woche um 10.15 Uhr. Vorhersehen heißt, sich auf *mögliche* Entwicklungen einzustellen, z. B. auf die Gefahren bei Straßenkreuzungen, auf herabfallendes Laub oder eine Hitzewelle.

Letztlich liegt das Methodenproblem der Rückspiegel-Marktforschung in der ungenügenden Bereitschaft, unscharfe Eventualitäten einzukalkulieren, ungenaue Informationen (z. B. Radar statt Sicht) zu akzeptieren, mit Komplexität umzugehen, das vernetze System zu verstehen, das die Daten der Marktforschung beeinflusst.

Das Problem liegt in der naiven Verwendung von Marktforschung, in der Beschränkung auf lineare, quantifizierbare, aber deshalb nicht genügend in die Zukunft (Fernwirkungen) und in die Breite (Nebenwirkungen) blickende Analysen. Das klassische Instrumentarium der Marktforschung ist „strategisch blind" und muss bei aller Unschärfe für den Blick nach vorn geöffnet werden.

Klassische Marktforschung beantwortet präzise und einfache Fragen: Wie groß ist der Markt, welchen Preis nimmt die Konkurrenz, wie viele Zielpersonen erreicht die neue Werbekampagne usw.? Die Praxis akzeptiert dieses Informationsangebot – mit Recht für die operativen Entscheidungen des Marketing. Dazu braucht man Daten wie Marktvolumina, Marktanteile, Reichweiten, Distributionsquoten, Bekanntheits- und Erinnerungswerte. Ferner werden Marktforschungsprojekte zur „Absicherung" geplanter Marketingmaßnahmen durchgeführt (Marktreaktionsforschung – z. B. durch Experimente in Testmärkten oder Labors). Dagegen wird Marktforschung für *strategische* Entscheidungen selten durchgeführt und kaum ernst genommen, was auch die folgenden Beispiele zeigen:

Eine strategische Marktanalyse bei Daimler-Benz Anfang der 80er Jahre ergab, dass die Akzeptanz schwerer Limousinen künftig auf Grenzen stoßen würde. Die Marktstrategen und Produktentwickler setzten sich darüber hinweg und bereiteten die neue S-Klasse vor, deren Markteintritt ein Jahrzehnt später große Probleme bereiten sollte: Statt dem jahrzehntelangen Trend zu immer mehr Größe, Geschwindigkeit und passiver Sicherheit zu folgen, verlachte die Zielgruppe den „Panzer", dessen Gesamtgewicht das zulässige Maß überschritt, für den man die Garage umbauen musste und der auf keinen Autoreisezug passte.

Vor der bundesweiten Einführung des so genannten BTX-Systems (Vorläufer des Internet) hatte die damalige Deutsche Bundespost umfangreiche Feldversuche zur Markteinführungs-Informationsgewinnung gestartet. Die Ergebnisse signalisierten zum Teil erhebliche Probleme. Die endgültige Einführung wurde aber entschieden, bevor die Feldversuche überhaupt abgeschlossen waren. BTX wurde – vermeidbar – der größte deutsche Flop der 80er Jahre.

MIPAS

Unter „Umwelttechnik und Recycling" werden Technologien und Verfahren verstanden, die zur Umweltplanung, Luft-, Boden- und Wassereinhaltung sowie zur Entsorgung und zum Recycling eingesetzt werden können. Im März 1988 wurde vom Synergieausschuss der Daimler-Benz AG, der sich aus Mitgliedern des Konzernvorstandes zusammensetzte, folgender Beschluss gefasst: Im Konzern vorhandenes Know-how über Umwelttechnologien sollte zusammengetragen und darauf geprüft werden, in welchem Ausmaß Produktentwicklungen unter Verwendung dieses Technologiewissens im Konzern durchführbar seien. Eine Idee war die Entwicklung von Abgasnachbehandlungsanlagen für stationäre Dieselmotoren und Motorenprüfstände. Das Projekt „**M**otor mit Integrierter **Pa**rtikel- und **S**tickoxidminderung MIPAS" wurde als passend zur konzerneigenen MTU in Friedrichshafen befunden, ein in der Entwicklung und Herstellung kompakter Hochleistungs-Dieselmotoren führendes Unternehmen.

Das umweltpolitische Umfeld: Bis 1994 sah der Gesetzgeber eine drastische Verschärfung der Grenzwerte für Stickoxide und Partikel sowie die Einführung von Abgasemissionswerten für Motorenprüfstände vor. Zusätzlich wurde eine Dynamisierungsklausel eingeführt, wonach für die gesetzlichen Schadstoffgrenzwerte und die behördlichen Betriebsgenehmigungen von stationären Dieselmotoren „der jeweilige Stand der Technik" relevant ist, definiert als „was aktuell auf dem Markt als Technologie käuflich ist". Würde also ein Hersteller ein neues Verfahren entwickeln und vertreiben, das die aktuellen oder vorgesehenen Schadstoffwerte unterschreitet, so würde dieses Verfahren „automatisch" zur Senkung der gesetzlichen Emissionsgrenzwerte führen.

Im November 1988 lag dem DB-Synergieausschuss die Beschreibung des Projektes MIPAS wie folgt vor: „Entwicklungsziele sind die Funktions- und Dauererprobung von technisch realisierbaren Verfahren zur Abgasreinigung und die Entwicklung alternative Katalysatoren und Verfahren für die Stickoxid (NO_x)-Reduktion, die Kohlenwasserstoff (HC)- und Partikeloxidation." Bis 1993 sollte eine serienreife Komplettanlage angeboten werden können, bei der die einzelnen Komponenten Motor, Abgasnachbehandlung und Steuerung optimal aufeinander abgestimmt sind. An dem Projekt waren neben der MTU auch die Konzerntöchter AEG und Dornier beteiligt. Bezüglich der wirtschaftlichen und marktpolitischen Bedeutung des Projektes wurden folgende Angaben gemacht: „Um den stationären Dieselmotor auch in Zukunft auf dem bundesdeutschen Markt als konkurrenzfähiges Produkt verkaufen zu können, muss er den zukünftigen, verschärften Abgasemissionsgrenzwerten genügen. Wenn ein Motorenhersteller künftig in der Lage ist, ein komplettes System anzubieten, das aus stationärem Dieselmotor und Abgasreinigungsanlage besteht und die verschärften TA-Luft Grenzwerte einhält, hat er eindeutige Wettbewerbsvorteile und kann somit seine Marktanteile ausbauen. Außerdem kann durch den Verkauf des Systems ‚Motor mit Abgasreinigung' der Umsatz gesteigert werden." Im Januar 1989 erfolgte die uneingeschränkte Zusage der Konzernleitung und der MTU-Geschäftsführung für das Projekt MIPAS.

Das Marktpotenzial: Für stationäre Dieselmotoren und Abgasnachbehandlungsanlagen im Segment Energieversorgung konnte man auf MTU-interne Unterlagen und auf Schätzungen von Fachverbänden der Industrie zurückgreifen. Unter Berücksichtigung dieser Informationen wurde das Marktvolumen für Abgasreinigungsanlagen abgeleitet. Man ging nicht davon aus, dass mit Hilfe der Abgasnachbehandlungsanlagen neue Geschäftsfelder erschlossen werden könnten. Vielmehr wurde das Projekt als Notwendigkeit betrachtet, um Stationärmotoren an die verschärften Abgasemissionsvorschriften anzupassen und den Marktanteil von 33% auf dem deutschen Markt zu halten oder leicht auszubauen.

Eigentlich sollte eine eigene Marktstudie das Marktpotenzial für MTU und die Existenz und Verbreitung von Konkurrenzanlagen ermitteln. Da für solche Anlagen der Preis der entscheidender Kauffaktor war, zu diesem Zeitpunkt jedoch noch keine genauen Angaben über künftige Herstellkosten und Verkaufspreise gemacht werden konnten, sollte auch mit Konkurrenten gesprochen werden. Da aber wegen anderer Prioritäten im Zentralen Marketing diese Marktstudie noch

nicht abgeschlossen war, die Geschäftsführung jedoch die Vorlage eines Berich-
tes für die endgültige Entscheidung über das weitere Vorgehen verlangte, wurde
die Bildung einer interdisziplinären Arbeitsgruppe beschlossen. Ihre Aufgaben
bestanden in der Ermittlung des Absatzpotenzials von Abgasnachbehandlungsanlagen für Dieselmotoren, der Preise für zu beziehende Teile für entsprechende
Anlagen, der Kosten bei unterschiedlichen internen Fertigungstiefen für die Anlagen, der voraussichtlichen Herstellkosten für solche Anlagen und der Preise
von Konkurrenzanbietern.

Ende 1992 wurde der Bericht vorgelegt. Danach waren die wesentlichen Einflussfaktoren für den Markterfolg von Abgasnachbehandlungsanlagen die internationale Entwicklung der Emissionsgrenzwerte, das Absatzpotenzial für
stationäre Systeme zur Stromerzeugung, das Nachrüstpotenzial für MTU-Alt-
anlagen zur Stromerzeugung und die technische und wirtschaftliche Wettbewerbsfähigkeit der Nachbehandlungsanlagen. Anhand eines Lastenheftes zur
Abgasnachbehandlung wurden Angebote von potenziellen Anbietern entsprechender Anlagen eingeholt. Auf der Basis, dass die Anlagen der MTU technisch
und wirtschaftlich auf dem Wettbewerbsniveau liegen würden, wurde für die
90er Jahre ein Absatzpotenzial von ca. 50 Anlagen prognostiziert.

Obwohl jetzt ein einheitlicher Informationsstand existierte, wurden bezüglich
der Vermarktungsmöglichkeiten unterschiedliche Standpunkte vertreten. Nach
Ansicht von Marketing und Vertrieb waren die Chancen für eine erfolgreiche
Markteinführung gering. Dagegen sah die Entwicklung die Veränderungen der
nationalen und internationalen Emissionsgrenzwerte als entscheidende Erfolgsfaktoren an. So hielt die Projektgruppe die Bedeutung der Dynamisierungsklausel in der TA-Luft hoch, wonach der jeweilige Stand der Technik maßgeblich Einfluss auf aktuelle Emissionsgrenzwerte haben werde (implizit
selbstverständlich auch für Notstromaggregate). Darin lag nach Auffassung der
Projektgruppe die entscheidende Chance für MTU. Notstromaggregate wurden
jedoch lange vor Projektabschluss aus der TA-Luft-Verschärfung ausgenommen.
Dadurch reduzierte sich die der Investitionsentscheidung zugrunde gelegte
Marktpotenzialprognose auf die Hälfte. Das Projekt wurde erst viele Monate
nach dieser „tödlichen Erkenntnis" eingestellt, vermeidbare Entwicklungskosten in Millionenhöhe wurden verschwendet, weil strategische Marktforschung
nicht ernst genommen wurde.

Quelle: Mohren 1993

Marketing für Innovationen gilt häufig als eine durch Marktforschung kaum kalku-
lierbare Managementangelegenheit „aus dem Bauch heraus". Grundsätzliche Entscheidungen über Produktinnovationen, Wettbewerbspositionierungen, Internatio-
nalisierungsalternativen, Diversifikation oder Konzentration werden eher intuitiv,
bestenfalls durch Beratung und Management-Konsensbildung begründet. Nicht zuletzt die hohen Flopraten verweisen auf enorme Defizite der strategischen Marktforschung.

Klassische Marktforschung ist nicht effektiv (tun wir die richtigen Dinge?), höchstens effizient (tun wir die Dinge richtig?), denn sie leistet wenig für strategische Ent-

scheidungen und wird entsprechend wenig gefragt. So hat die deutsche Automobil-industrie ihre Marktchancen in den 70er Jahren bei Pick-Up-Autos, in den 80ern bei Off-Road-Autos, in den 90ern bei Vans verpasst. Grundsätzliche Änderungen in dieser Industrie zeichnen sich erst seit den 90er Jahren ab: 1993 (!) begann Mercedes-Benz damit, Märkte nach Nutzensegmenten zu definieren statt nach Hubraumklassen. 1996 hatte BMW den Roadster-Trend nicht nur rechtzeitig gesehen, sondern konnte ihn mit dem Z 3 wesentlich mitprägen.

Eine solche Wendemarke zugunsten der strategischen Marktforschung kann für die meisten anderen Branchen nicht behauptet werden. Auch die Politik bietet täglich Beispiele für unterlassene strategische Marktforschung, mit teilweise verheerenden Fehlentscheidungen, wie einige schnell wieder in Vergessenheit geratende Politik-Flops der frühen 90er Jahre zeigen: Einführung von Autobahngebühren, Berlins Olympiabewerbung und beabsichtigte Vereinigung mit Brandenburg, Beschränkung der Lohnfortzahlung bei Krankheit, mehrmals Steuerreformen usw.. Auffällig ist die durchgängige Vernachlässigung der komplexen sozial-kommunikativen Systemelemente, die sich im Prozessverlauf als enorme Innovationswiderstände erwiesen.

Strategische Entscheidungen benötigen neben quantitativen zusätzlich qualitative Informationsgrundlagen über Stärken und Schwächen, Chancen und Risiken sowie Neben- und Fernwirkungen der Entscheidungsalternativen. Das konventionelle Instrumentarium gibt solche Informationen nur bedingt her. Erfahrene Großinnovatoren wie Hewlett-Packard, 3M und Sony verzichten in den Frühphasen völlig neuer Produkte zunehmend auf konventionelle Marktstudien und lassen stattdessen ihr Entwicklungsteam engen Kontakt mit wichtigen Kunden halten (häufig mit besonders innovativen Kunden, so genannten Lead Usern, siehe auch 4.1.2.3.2). Die traditionelle Marktforschung unterstützt die Entscheidungsfindung bei inkrementalen Produktverbesserungen oder Erweiterung von Produktlinien, bei radikalen Innovationenvation:radikale ist sie jedoch zum Scheitern verurteilt (*Veryzer Jr.* 1998, S. 318 f.).

Strategische Marktforschung ist ein Teil der Strategie selbst, da ihre Ergebnisse selbsterfüllend (oder auch selbstzerstörend) wirken können. Unternehmen sind einerseits abhängig von Umfeldentwicklungen, andererseits aber auch Mitgestalter (siehe Abb. 2.39). Passives Setzen auf Trends übergeht Chancen aktiver Zukunftsgestaltung und klammert einen wesentlichen Part der strategischen Unternehmensführung aus, nämlich das eigene Gestalten der Zukunft (*Minx* 1996, S. 49 ff.). Aktives „Trend-Setting" kann und sollte daher ein inhärenter Teil der strategischen Zukunfts-Marktforschung sein, wie das BMW-Beispiel „Z 3".

Standard-Marktforschung ist im Falle professioneller Methodik und Durchführung durchaus effizient, aber keineswegs selbstverständlich effektiv: Sie beschreibt z. B. zu Recht das Vordringen von Premium-Marken und zugleich von Billigprodukten, aber sie kann es nicht kausal erklären oder gar vorhersagen. Es ist gut zu wissen, dass sich Märkte polarisiert haben; zu wissen, ob die Polarisierung in den nächsten Jahren weiter zunimmt oder wieder abnimmt – und warum! – wäre nützlicher. Die Umweltorientierung der deutschen Bevölkerung wird von der Marktforschung richtig registriert, aber Zukunftsanalysen über die künftige Entwicklung des Umweltverhaltens degenerieren zu Wunschdenken und reinen Trendextrapolationen. Es wäre wichtig, die Faktoren zu kennen, die Menschen daran hindern, ihre Umwelteinstellungen in Umweltverhalten zu übersetzen.

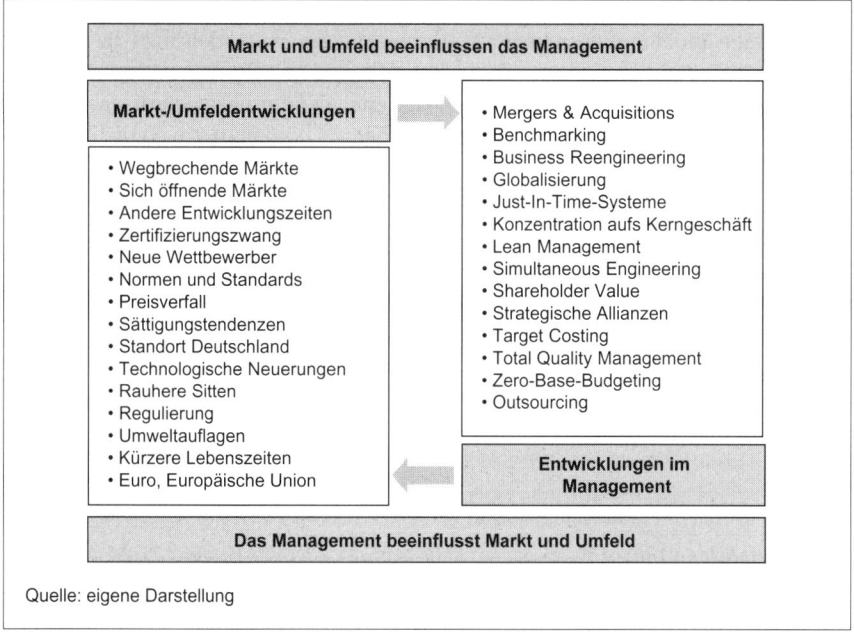

Abb. 2.39: Markt/Umfeld und Management beeinflussen sich gegenseitig

Die Problematik kann an einem Beispiel skizziert werden: Philips wollte durch Befragung der Kernzielgruppe für neue tragbare Stereoanlagen (Ghetto Blaster) herausfinden, welche Gerätefarbe die Zielkunden bevorzugen würden. Die meisten nannten „gelb", aber alle wählten als Incentive für die Mitwirkung an der Befragung ein schwarzes Gerät, niemand ein gelbes (Quelle: *Ulrich Lachmann* – persönliche Auskunft).

Kunststoff-Blattfeder von BASF

Die BASF-Strategie war besonders in den 80er Jahren darauf gerichtet, das Automobil-Zuliefergeschäft über Komponenten aus Kunststoff zu intensivieren. Dazu forcierte man technologische Bemühungen, mit faserverstärkten Materialien Teile zu substituieren, die bislang aus Stahl oder anderen Metallen hergestellt wurden. In einem größeren Projekt entwickelte BASF Blattfedern für LKW aus glasfaserverstärktem Kunststoff, die leichter als herkömmliche Stahl-Blattfedern waren und bei Überbeanspruchung nicht brachen, sondern nur einzelne Faserrisse aufwiesen. Allerdings waren Kunststoff-Blattfedern etwas teurer als Stahlfedern.

Zu Beginn der Produktentwicklung hatte man die Zielkunden (LKW-Hersteller) gefragt, ob sie die so beschriebenen besseren BASF-Blattfedern einbauen würden. Die Reaktionen waren positiv. Darauf begann BASF mit der aufwändigen Entwicklung. Als das Produkt marktreif entwickelt war, akzeptierte kein einziger Zielkunde das neue Produkt.

Ein Grund waren die in der Nutzfahrzeugindustrie üblichen langfristigen Lieferverträge und dahinter stehende Marktmacht. Aber es standen auch die selbstverständlich Stahl gewohnten Entwicklungsingenieure der neuen Technologie ablehnend gegenüber – entgegen den früheren Befragungsergebnissen. BASF hatte die wirtschaftlichen und psychologischen Akzeptanzbarrieren nicht gesehen bzw. unterschätzt.

Hätte man frühzeitig Schlüsselkunden aus der Nutzfahrzeugindustrie in den Produktentwicklungsprozess einbezogen (Kundenintegration), wären erstens differenziertere und verlässlichere „Marktforschungsergebnisse" entstanden als durch „naive Würden-Sie-kaufen-Wenn-Befragung". Zweitens wäre bei diesen Schlüsselkunden wahrscheinlich auch ein Engagement für das Projekt entstanden, so dass am Ende zumindest Lieferbeziehungen mit diesen entstanden wären, eventuell hätte so sogar der Durchbruch im Gesamtmarkt gelingen können.

Quelle: Gespräch mit dem damaligen BASF-Forschungsvorstand, *Prof. Quadbeck-Seeger*

Automobile in Indien

Innovativ ist es auch, bestehende Produkte in neue z. B. internationale Märkte einzuführen. Innovationsmarktforschung wird diesbezüglich häufig unterschätzt. Als Land mit über 1,1 Mrd. Einwohnern gilt Indien neben China als wichtigster Automarkt der Zukunft. Bis 1993 war der indische Markt abgeschottet und in fester Hand heimischer PKW-Hersteller. Zu Beginn der Marktöffnung herrschte bei den ausländischen Automobilkonzernen Goldgräberstimmung, doch selbst vier Jahre nach der Liberalisierung hielt der halbstaatliche Maruti-Udyog-Konzern noch immer einen Marktanteil von 80 % – mit technisch veralteten Autos. Ausländische Konzerne scheiterten an mangelnder Marktkenntnis. Unrealistische Absatzerwartungen, falsche Modellpolitik, schlechte Partnerwahl und nicht durchsetzbare Preise waren Ursachen der Fehlinvestitionen. Beispiele: Mercedes-Benz wollte für damals rund 80.000 DM ein altes E-Klasse-Modell an reiche Inder verkaufen und vor Ort produzieren. Die Preiskalkulation scheiterte schon daran, dass die indischen Behörden höheren Zoll für importierte Teile forderten. Der Absatz blieb statt erwarteter 20.000 Stück pro Jahr bei 200. Auch der französische PSA-Konzern ist an der falschen Modellpolitik gescheitert. Ihr Peugeot 309 wurde in Frankreich nicht mehr gebaut und fiel deshalb als Statussymbol für junge Inder aus. Außerdem war der billigste Peugeot noch doppelt so teuer wie der heimische Marktführer.

Quelle: Ziesemer 1997

Zusammenfassend: Strategische Innovationsmarktforschung braucht eher komplexe, intelligente, systemorientierte, durchaus auch grobe und weiche *Zukunftsanalysen* als herkömmliche Marktforschung und extrapolierende Prognosen. Die Standardinstrumente der Marktforschung lassen sich kaum auf das Problem übertragen, die Marktchancen für eine Produktinnovation zu klären. Komplexe und späte Wirkungszusammenhänge werden durch sie jedenfalls nicht so erfasst, dass die Konsequenzen strategischer Entscheidungsalternativen (What-if-Analysen, siehe auch 4.4.2) untersucht und bestmöglich in strategische Entscheidungen überführt werden können.

2.2.3.3 Wege zur strategischen Marktforschung

Konkretisierungen des Begriffs „strategische Marktforschung" sind differenziert, weil ihr unterschiedliche Anforderungsprofile zugeschrieben werden. So versteht *Lüninghöner* (1985, S. 82) unter strategischer Marktforschung, „dass ihr Detaillierungsgrad relativ gering und die Fristigkeit ihrer Aussagen sehr lang ist, während der Detaillierungsgrad der operativen Marktforschung im Regelfall außerordentlich groß, ihre Fristigkeit jedoch kurz anzusetzen ist". *Hüttner und Czenskowsky* (1986, S. 75) sowie *Huxold* (1990, S. 65) sehen die strategische Marktforschung dadurch gekennzeichnet, dass sie *systematisch* erfolgt und *lang fristig* ausgerichtet ist, wobei der laufenden Informationsbeschaffung der Vorzug gegenüber einer „projektartigen" Vorgehensweise gegeben wird. Es wird deutlich, dass ein permanenter Informationsprozess für erfolgreiche strategische Marktforschung notwendig ist.

Für das Innovationsmarketing ist die Komplexität der Situation von besonderer Bedeutung. Deshalb wird hier, teilweise unter Bezug auf die unter Anleitung des Autors verfasste Dissertation von *Weber* (1996), folgende *Arbeitsdefinition* zugrunde gelegt: Strategische Marktforschung dient dem (nicht durch gesetzesartige Aussagen schon gedeckten) Informationsbedarf des strategischen Management, insbesondere dem strategischen Innovationsmarketing. Dazu muss sie in den strategischen Planungsprozess integriert sein. Um die Komplexität des betreffenden Systems (insbesondere des relevanten Marktes) adäquat zu berücksichtigen, muss sie die komplex-vernetzten Abhängigkeiten auf management-adäquatem Niveau abbilden. Der strategische Marktforscher muss sich von der traditionellen Funktion des Datenlieferanten lösen und sich zum strategischen Marktinformations-Manager entwickeln. Methodisch umfasst strategische Marktforschung quantitative und qualitative Ansätze und schenkt letzteren besondere Aufmerksamkeit. Das Zusammenwirken beginnt bei der Datenerhebung, verläuft dann über die Datenanalyse und Ergebnismodellierung und endet nicht mit der Ergebnispräsentation, sondern reicht bis zur der aktiven Mitwirkung bei der Entscheidung und Implementierung der Strategie.

Wichtige Fragen der strategischen Innovationsmarktforschung sind u. a. (*Trommsdorff/Binsack* 1997, S. 62):

* Welches sind die Technologie- und Problemlösungspotenziale der Zukunft, welche Bedürfnisse induzieren die neuen Entwicklungen?
* Welche neuen und künftigen Kundensegmente existieren und welche offenen, latenten und ungelösten Bedürfnisse kennzeichnen sie?
* Welche Kernkompetenzen und Synergien sind mit den Innovationen verbunden?
* Welches sind die kaufentscheidenden Faktoren?
* Mit welchem einzigartigen Produktvorteil aus Kundensicht ist das Produkt am Markt zu positionieren?
* Welche Umsetzungs- und Akzeptanzbarrieren sind zu erwarten, und wie können sie beseitigt werden?

Strategische Innovationsmarktforschung ist eine integrierte Methodik, deren Ergebnisse dem Prozess inhärent sind, d. h. sie ist prozessbegleitend und prozesssteuernd. Sie hat somit auch funktionale Bedeutung für das Timing von Innovationsprozessen wie in 3.6 gezeigt wird.

In welchem Entwicklungsstadium aber befindet sich die strategische Innovationsmarktforschung? „Intelligente Marktforschung" (*Trommsdorff* 1991, S. 183) verfügt durchaus über Methoden, die über die klassische Marktforschung hinausgehen und die für strategische und komplexe Innovationsentscheidungen sinnvoll sind. Damit können auch bei Produktinnovationen, für die das Vorstellungsvermögen und das gegenwärtige persönliche Involvement der Zielkunden eher gering ist, Informationen über zukünftige Marktentwicklungen und -chancen, Zielkundenprobleme, potenzielle Preisbereitschaft usw. gewonnen werden. Die Methoden gehören überwiegend zu den weichen Zukunftsanalyseverfahren (Szenario- und die Delphimethode, siehe 4.1.1), und zum Teil auch zu den Multivariatenanalyseverfahren. So kann man z. B. mit Conjoint Measurement (siehe auch 4.4.2) aus spielerisch indirekt abgefragten Präferenzangaben über fiktive (künftige) Produkte von Zielkunden auf dahinter wirkende Wahrnehmungs, Einstellungs- und Motivstrukturen schließen, die das spätere Akzeptanzverhalten prägen.

Die Beispiele im vorangegangenen Abschnitt zeigen aber auch, dass für effektive strategische Marktforschung nicht nur ein Instrumentenkasten benötigt wird, sondern auch ein kritischer Blick für die eigentlichen, grundsätzlicheren Fragestellungen des zukunftsorientierten Marketing. Besonders nützlich ist es, mehr über die Beeinflussbarkeit der intervenierenden Faktoren durch Kommunikation zu erfahren. Im Kapitel 4.6 werden daher spezifische Merkmale, Bedürfnisse und Verhaltensweisen von Kundengruppen untersucht, was zu einer Lösung dieser Problematik beitragen soll.

Das Verhältnis zwischen der strategischen und der klassischen Marktforschung ist nicht substitutiv, sondern komplementär. Strategische Marktforschung prägt die operativ-taktischen Untersuchungen, insbesondere durch Abgrenzung des Untersuchungsfeldes und durch Hypothesengenierung. Strategische Marktforschung ist keineswegs gegen operative Marktforschung gerichtet, sondern sie fundiert und ergänzt sie.

Marktforschung kann dem Verlangen nach vernetzten Informationen für komplexe Entscheidungen durchaus gerecht werden. Aber sie steht diesbezüglich erst an der Schwelle von der Schrittmacher zur Schlüsseltechnologie (*Trommsdorff/Weber* 1994, S. 70). Dem Integrationspotenzial quantitativer und qualitativer Marktforschungsmethoden ist bisher wenig Aufmerksamkeit geschenkt worden. Integrierte strategische Marktforschung muss in der Praxis erst entwickelt und gelebt werden. Die Ansätze dafür liegen hier alle vor.

III. Strategieentwicklung für das Innovationsmarketing

Bis hierher haben wir Antriebskräfte für Innovationen verdeutlicht (1), Grundlagen über das Wesen des Innovationsmarketing vermittelt (2.1) und Informationsgrundlagen für das strategische Innovationsmarketing (2.2) aufgezeigt. Dabei haben wir die Stützung strategischer Entscheidungen durch drei Arten von Informationsgrundlagen des Innovationsmarketing fokussiert, nämlich durch theoretische Grundlagen (2.2.1), allgemeine Erfolgsfaktoren der Produktinnovation (2.2.2) und strategische Marktforschung (2.2.3).

Dieses Kapitel befasst sich mit wichtigen Entscheidungen einer Innovationsstrategie in Form eines Überblicks über die Strategiedimensionen des Innovationsmarketing und ihren wichtigsten Optionen. Es führt von den Basisstrategien mit der grundsätzlichen Innovationsentscheidung (3.1), der Geschäftsfeldpositionierung für das neue Produkt (3.2) und seiner Imagepositionierung und strategischen Kommunikationsplanung (3.3) zur Präzisierung der damit konturierten Strategie mit den Dimensionen Managementunterstützung und Ressourcenzuweisung (3.4), Kooperationsstrategien (3.5), Timingstrategien (3.6) und Patentstrategien (3.7). Die Dimensionen (3.1 bis 3.7) reflektieren den Theoriestand zur Produktinnovationsstrategie. Integriert mit den „Entscheidungsdimensionen einer Markteinführungsstrategie und ihrer strategischen Optionen" (siehe Abb. 3.1), die *Rüggeberg* (1997, S. 48 ff.) für Junge Technologieunternehmen aus der bisherigen Forschung destilliert hat, bilden diese Dimensionen den theoretischen Bezugsrahmen des Kapitels.

Alle diese Entscheidungsoptionen müssen, unabhängig von der Branche und der Art des Unternehmens, im Rahmen einer Produktinnovationsstrategie entschieden werden. Wir erörtern die Optionen in marketingpraktischer Reihenfolge, nämlich vom Grundsätzlichen zum Speziellen vorgehend und im grundsätzlichen Teil (3.2 und 3.3) getrennt nach der Innovations-Anbieter- bzw. Marketing-Absenderseite (3.2) und der Innovations-Zielkundenseite bzw. Marketing-Empfängerseite (3.3).

Mit der Imagepositionierung (innerhalb 3.3) betonen wir eine im Innovationsmanagement praktisch wie theoretisch höchst bedeutende, aber bisher vernachlässigte Dimension. Die Positionierung der Produktinnovation ist Teil des allerwichtigsten Produktinnovations-Erfolgsfaktors „Strategischer Wettbewerbsvorteil" bzw. „Competitive Innovation Advantage" (CIA), also der vom Zielkunden wahrgenommene Leistungsvorteil gegenüber alten bzw. konkurrierenden Lösungen. Viele unserer Beispiele, z. B. die mangelnde Akzeptanz der BASF Kunststoffblattfeder zeigen: Innovationen scheitern oft „aus psychologischen Gründen", aber die bisherige betriebswirtschaftliche Innovationstheorie vernachlässigt gerade diese Gründe pauschal, als quasi systemfremden, weil „irrationalen" Faktor. Wir messen den verhaltensorientierten Innovations-Erfolgsfaktoren hohe Bedeutung bei und behandeln sie entsprechend. Die Verhaltensabhängigkeit des Innovationserfolgs gilt nicht nur für die Positionierung und die darauf aufbauende strategische Kommunikation, sondern auch für die strategische Umsetzung einer Produktinnovation in den Dimensionen Ressourcenzuweisung und Managementunterstützung (3.4), Kooperation (3.5) und Timing (3.6).

Entscheidungsdimension	Entscheidungsoption					
Geschäftsfelddimension						
Immaterialitätsgrad des Leistungsangebots	gering bis ausschließlich immateriell					
Innovationsgrad des Leistungsangebots	geringfügig bis sehr hoch					
Markterfassung	Gesamtmarktbearbeitung (keine Marktsegmentierung)	Gesamtmarktbearbeitung aller Einzelsegmente (Segmentierung des Gesamtmarktes)	Bearbeitung eines Teilmarktes mit mehreren Segmenten	Bearbeitung eines Teilmarktes bestehend aus einem Segment		
Marktareal	National				Übernational	
	lokal	regional	überregional	national (Herkunftsland)	international (direkter vs. indirekter Export)	multinational / Weltmarkt
Wettbewerbsstrategie						
Kooperationsentscheidung	mit Kooperation					ohne Kooperation
Aufgabenbereich	F&E	Beschaffung	Produktion	Absatz	sonstige Funktionen	
Richtung	horizontal	vertikal	multilateral	diagonal		
Bindungsart	nicht vertraglich	vertraglich ohne Kapitalbeteiligung z.B. Lizenzvereinbarung oder Nutzung des Vertriebsnetzes		vertraglich mit Kapitalbeteiligung, z.B. Joint Venture oder Venture Nurturing		
Dauer	befristet			unbefristet		
Strategie	Präferenzstrategie				Preis-Mengen-Strategie	
Wettbewerbsvorteil	Technologie des Produktkerns	produktbegleitende Dienstleistung	Leistungserstellungsbesonderheit innerhalb der Wertkette (z.B. Zuverlässigkeit, Schnelligkeit)	Kompetenzposition des Anbieterunternehmens (zuerst mangels Bekanntheit eingeschränkt)	Preis	
Markteintritt als	Pionier / früher Folger	Später Folger				
Markteintrittsphase	Entstehungsphase	Wachstumsphase	Reifephase	Degenerationsphase		

Quelle: *Rüggeberg* 1997, S. 65

Abb. 3.1: Entscheidungsdimensionen einer Markteinführungsstrategie und ihrer strategischen Optionen

Diese Dimensionen sind ohne verhaltenstheoretische Basis nicht zu verstehen, weil die entsprechenden Entscheidungen erst über die Wahrnehmung durch Zielkunden, Wettbewerber und Partner auf das tatsächliche Marktgeschehen wirken. Selbstverständlich wird diese Verhaltensorientierung auch ständig als Teil des theoretischen Bezugsrahmens benötigt, wenn es im Hauptkapitel „Strategische Marktforschung für Produktinnovationen" (4.) darum geht, das (künftige) Verhalten der Innovations-Zielkunden als Entscheidungsgrundlage zu erfassen.

3.1 Grundsätzliche Innovationsentscheidungen

3.1.1 Was bedeutet „Innovationsbedarf"?

Innovationsbedarf besteht, wenn das vorhandene Leistungsprogramm mittel- und langfristig nicht ausreicht, um die Unternehmensziele zu erreichen und die Wettbewerbsvorteile zu erhalten. Die Produktinnovation soll dazu beitragen, dass Chancen und Stärken des Unternehmens genutzt und Risiken und Schwächen vermieden bzw. abgebaut werden. Aufgabe der Strategischen Situationsanalyse ist es, den Innovationsbedarf grundsätzlich zu erkennen und ihn in seiner Stoßrichtung, d. h. nach bestimmten grundsätzlichen Merkmalen zu qualifizieren. Innovationsbedarf ist eine im Verlauf des Innovationsprozesses dynamische Größe: Im nächsten Jahr kann der Bedarf trotz eines professionellen Innovationsmarketing heute ganz anders aussehen. Daher muss laufend, besonders aber während des gesamten Innovationsprozesses, also mit zunehmender Konkretisierung der Produktinnovation, immer wieder das Weitermachen (Go?) in Frage gestellt (No?) werden (Go/No-Entscheidung), zumal der Kostenverlauf (wie schon dargestellt) während des Prozesses in der Regel progressiv ist und die Verzögerung einer fälligen No-Entscheidung – vermeidbar – steigende Leerkosten verursacht. *Huxold* (1990) und *Köhler* (1988) haben aus empirischen Analysen ein Indikatorensystem entwickelt mit dem der Innovationsbedarf nach allen wesentlichen Merkmalen ermittelt werden kann (siehe Abb. 3.2). Wir legen es den folgenden Abschnitten zugrunde.

Begriffliche Merkmalsdimension					
	Umfeld	**Technologie**	**Unternehmen**	**Kunden und Handel**	**Konkurrenz und Branche**
Signale	• Gesetzgeberische Eingriffe • Ökologische Schäden	• Substitutionstechnologien • Neue Schlüsseltechnologien	• Produktprogramm • Knappheit interner Ressourcen • Entwicklung des Betriebsergebnisses	• Sinkende Akzeptanz im Handel • Steigende Preiselastizität	• Sinkende Eintrittsbarrieren • Zunehmende Marktsättigung
Indikatoren	• Produktverbotsdebatten • Meinungsumfragen	• Publikationen • Patentanmeldungen • Innerbetriebliche Entwicklungen	• Anteil alter Produkte (>5 Jahre) im Sortiment • Innovationsrate	• Distributionsquote • Kundenzufriedenheit	• Wettbewerberaktivitäten • Marktanteil

Quelle: eigene Darstellung in Anlehnung an *Huxold* 1990 und *Köhler* 1993

Abb. 3.2: Indikatorensystem zur Innovationsbedarfs-Erkennung

3.1.2 Wie stellt man Innovationsbedarf fest?

There are three company categories:
- those who make things happen
- those who watch things happen
- those who wonder things happen

Wenn man zu den eigentlichen Markt*akteuren* („those who make things happen")
gehören möchte, dann fasst man eine Produktinnovation schon dann ins Auge, wenn
noch gar keine offensichtlichen oder gar drängenden Signale des Innovationsbedarfs
zu bemerken sind (*Lehmann* 1994, S. 12 ff., *Köhler et al.* 1988). Nach *Ansoff* (1976, S. 113)
kündigen sich die meisten künftigen Entwicklungen in Form von „schwachen Signalen" an. Das sind struktur- und aussageschwache, nicht eindeutige und wenig präzise Informationen über einen bevorstehenden oder beginnenden Wandel (*Herzhoff*
1991, S. 66 f.). Schwache Signale ermöglichen keine fundierte Beurteilung der Art,
Stärke, Auswirkung oder gar konkreten Reaktionsmöglichkeiten auf die durch sie
angezeigten Chancen oder Bedrohungen, sie vermitteln lediglich ein „Gefühl" für
eine bevorstehende Entwicklung (*Eschenbach/Kunesch* 1993, S. 30). Schwache Signale
können daher als erste Anregungsinformationen für Innovationen verstanden werden (*Lehmann* 1994, S. 12).

Im Zeitverlauf konkretisieren sich manche schwache Signale und werden dann zu
starken Signalen (*Eschenbach/Kunesch* 1993, S. 30). Je früher jedoch Signale des Wandels als Innovationsbedarfsanzeichen erkannt werden, desto größer ist der verbleibende Aktionsspielraum (siehe Abb. 3.3). Wenn der Wandel bereits deutlich erkennbar ist und offensichtlich etwas passieren sollte, liegt bereits eine Innovationskrise

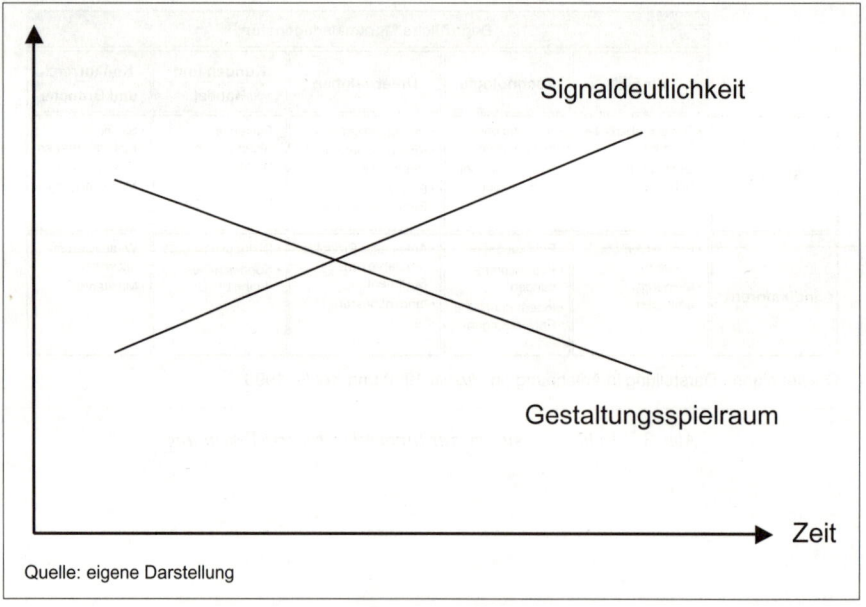

Abb. 3.3: Zeitachsendiagramm: Signaldeutlichkeit und Gestaltungsspielraum

vor, auf die man nur noch, entsprechend mühsam, *reagieren* kann. Man befindet sich dann bereits in dem Bereich „watching things happen" bis hin zu „wondering things happen" mit entsprechend eingeschränkten (Re-)aktionsmöglichkeiten. **Der Einsatz geeigneter Frühwarn- und -erkennungssysteme (siehe auch 4.1.1) hilft, die strategische „Zeitfalle"** (zunehmende Signaldeutlichkeit bei abnehmendem Gestaltungsspielraum) **zu minimieren** (*Schlegelmilch* 1999, S. 67).

Zwischen frühzeitigem Erkennen des Innovationsbedarfs aus schwachen Signalen mit aktiver Initiierung der Innovation und spätem Reagieren auf eine bereits manifeste Innovationskrise besteht ein grundsätzlicher Unterschied. Er kann beschrieben werden, indem das Verhalten innovativer Unternehmen mit dem Verhalten reaktiver Unternehmen verglichen wird (siehe Abb. 3.4).

Innovatives Unternehmen	Reaktives Unternehmen
Aktive Haltung: act before fact	Passive Haltung: act after fact
Zukunftsorientierte Früherkennungsmarktforschung, Analyse schwacher Signale	Marktforschung aus Vergangenheitsdaten (Rückspiegel-Marktforschung)
Innovationsmanagement	Krisenmanagement

Quelle: eigene Darstellung

Abb. 3.4: Innovatives versus reaktives Unternehmen

Das Aufgreifen eines Innovationsbedarfs hängt eng zusammen mit der unternehmerischen Chance (entrepreneurial opportunity). Nach einer Typologisierung von *Sarasvathy et al.* (2001, S. 8 f.) gibt es drei Arten unternehmerischer Chancen: 1) Feststellung (opportunity recognition), 2) Entdeckung (opportunity discovery) und 3) Schaffung (opportunity creation). 1) Chancen-Feststellung bedeutet, dass sowohl ein Bedarf im Markt ersichtlich ist als auch ein Innovationsangebot vorliegt, also die Innovation nur implementiert werden muss. 2) Bei der Chancen-Entdeckung existiert zunächst nur eine der beiden Seiten, das heißt entweder ein Marktbedarf (Market-Pull) oder ein Innovationsangebot (Technology-Push). Hier gilt es also, die noch nicht existierende Seite zu „entdecken". 3) Wenn weder ein Bedarf noch ein Innovationsangebot ersichtlich ist, dann muss beides erst erschaffen werden (Chancen-Schöpfung).

Ein Innovationsbedarf (bei zur Zielerreichung mittel- bis langfristig nicht ausreichendem Leistungsprogramm) wird im Falle seiner Wahrnehmung je nach Situation in einen der drei Typen münden. Ist die Innovation schon in der Pipeline und ist der Marktbedarf klar, so können bei vergleichsweise geringerem Informationsaufwand Innovationskonsequenzen gemäß (1) gezogen werden. Im Fall der Endeckung (2) und besonders der Schöpfung (3) einer Chance besteht viel größerer Informationsbedarf.

„For a man with a hammer, all the problems seem nails" (Kenichi Ohmae). Im Unternehmenskontext kann man den Hammer mit Informationen gleichsetzen. Ein Unternehmen kann nur die Probleme/Bedürfnisse (nails) adressieren, die ihm bekannt sind, das heißt über die Informationen vorliegen (*Lemos/Porto* 1998, S. 330). Um langfristig als innovatives (nicht nur reaktives) Unternehmen im Markt agieren zu können, bedarf es kontinuierlicher Informationen über die strategische Situation des Unternehmens. Die Innovationsbedarfsbestimmung setzt daher kontinuierliches zukunftsorientiertes Analysieren der strategischen Situation voraus.

Das muss nicht unbedingt in Form großer Zukunftsanalyseprojekte geschehen, z. B. Szenarioanalysen (siehe auch 4.1.1) oder durch eine spezielle Abteilung mit dieser Aufgabe (*Geschka/Eggert-Kipfstuhl* 1994, S. 125). Unternehmerisch-innovativ motivierte Manager (Entrepreneure, Intrapreneure) tun das selbstverständlich, auch ohne offiziellen Auftrag. Das ist aber ein seltener personeller Glücksfall. Im Normalfall muss laufende Innovationsmarktforschung den Prozess begleiten/steuern/regeln. Ausgesuchte Mitarbeiter können das in Querfunktions-Organisationseinheiten wie temporären Innovationsteams neben ihren Hauptaufgaben mit übernehmen.

Der Innovationsbedarf kann von sehr unterschiedlichen, untereinander in Wechselbeziehung stehenden, Faktoren ausgelöst werden. Wegen der Komplexität des Gesamtsystems ist es sinnvoll, diese grob in relativ homogene und nicht so komplexe Felder zu gliedern. Erfahrungsgemäß sind das die Ursachenfelder

- Technologie,
- Konkurrenz,
- eigenes Unternehmen,
- Kunden und Handel,
- sonstiges Umfeld.

Die folgenden Abschnitte gehen auf alle diese Felder einzeln ein, obwohl Innovationsbedarf letztlich nur integriert, im Zusammenwirken aller Felder, richtig erkannt werden kann. Fazit: Innovationsbedarf ist ein komplexes Konstrukt. Aufgabe der Innovationsbedarfsanalyse ist es, relevante Signale in diesen Feldern zu beobachten, ihre Auswirkungen auf das Geschäft zu beurteilen und daraus ggf. Innovationskonsequenzen abzuleiten.

3.1.2.1 Umfeldinduzierter Innovationsbedarf

Geänderte Umfeldbedingungen fließen in alle weiteren behandelten Innovationsmotoren ein (Unternehmen, Wettbewerb, Kunden und Handel). Ein besonders innovationsrelevanter Teil der Umfeldbedingungen sind die Technologien. Ihnen ist der nächste Abschnitt gewidmet. So ist an dieser Stelle nur sehr allgemein auf geänderte Umfeldbedingungen einzugehen.

Änderungen der politisch-rechtlichen oder natürlich-ökologischen Rahmenbedingungen sind oft Anlässe einer Neuproduktplanung. Gesetzliche Emissionsrestriktionen veranlassen z. B. emissionsmindernde Verbesserungsinnovationen oder Suche nach Substitutionstechnologien. So hat z. B. das Kreislaufwirtschaftsgesetz von 1996 die Entwicklung von Grauwasserrecycling-Anlagen vorangetrieben.

Folgende Informationsbereiche seien exemplarisch genannt (*Lehmann* 1994, S. 15, *Köhler et al.* 1988, S. 102):

- nationales und (zunehmend wichtiger) internationales Patentwesen,
- Produkt- und Verfahrensgenehmigungen verschiedener Nationen,

- Umwelt- und steuerrechtliche Bestimmungen,
- staatliche Förderprogramme,
- sonstige rechtliche und wirtschaftliche Bedingungen (z. B. Produkthaftung, Wettbewerbsrecht, EU-Recht, Forschungspolitik) sowie
- Nutzungsmöglichkeiten oder -restriktionen natürlicher Ressourcen

3.1.2.2 Technologie-induzierter Innovationsbedarf

Im Jahre 1902 lief das siebenmastige Segelschiff „Thomas W. Lawson" vom Stapel. Das neu konstruierte überlange und übertakelte Schiff war die Antwort der damals noch weltweit führenden englischen Segelschiffindustrie auf die aufkommende Konkurrenz durch die Dampfschifffahrt, die größere Frachtkapazitäten und höhere Geschwindigkeiten zuließ als die Segelschifftechnik. Die Maximalgeschwindigkeit eines Segelschiffs ist der Wurzel aus seiner Wasserlänge proportional. Also baute man längere Schiffe mit höherer Geschwindigkeit und zugleich höherer Frachtkapazität – allerdings auch mit schlechteren Segeleigenschaften: Die Thomas W. Lawson sank im Jahre 1906 bei Starkwind im Ärmelkanal, symbolisch für den Untergang der Frachtsegelschifffahrt. Eine Technologie, die man immer noch weiter zu optimieren versucht hatte, war durch eine neue Technologie abgelöst worden (*Drucker* 1985, S. 56). Der Fall ist ein praktisches Beispiel für die schmerzhafte Ablösung einer bewährten, nicht mehr wesentlich verbesserbaren Technologie durch eine neue Technologie, wie es das S-Kurven-Modell von *Foster* (1982) beschreibt, siehe auch in 4.1.2.4.

Technologie-induzierter Innovationsbedarf (Technolgy-Push) äußert sich in sinkenden Innovations-Grenzerträgen: Der Zuwachs an Leistungsfähigkeit der Technologie durch zusätzliche F&E-Investitionen wird immer geringer. Dabei nimmt die Wettbewerbsfähigkeit der Technologie gegenüber Substituionstechnologien ab. In einer solchen Situation ist es meistens falsch, die alte Technologie (Basistechnologie) weiter zu optimieren statt sich kraftvoll der neuen Technologie (Schrittmacher- und Schlüsseltechnologie) zuzuwenden. Das Innovationsbudget ist dann in die neue Technologie zu investieren statt in die alte (3.4 Ressourcenzuweisung).

Eine technologie-induzierte Innovationsentscheidung erfordert jedenfalls sorgfältige Technologieanalysen, insbesondere:
1. die Identifikation der Produkt- bzw. problemlösungs-relevanten Technologien und deren Entwicklungsstand: veraltet, Basis-, Schlüssel-, Schrittmachertechnologie,
2. die Bewertung dieser Technologien (heute und in Zukunft) nach Kriterien wie Leistung aus Zielkundensicht und entsprechende Attraktivität, Entwicklungs- und Einsatz-Kosten sowie nach technischen, wirtschaftlichen und Umfeld-Risiken,
3. die differenzierte kritisch-vergleichende Bewertung der eigenen Technologieposition.

Zu 1. *Identifikation relevanter Technologien*: Relevant sind zunächst jedenfalls solche Technologien, die in eigenen Geschäftsfeldern und beim Wettbewerb eingesetzt werden. Strategisch besonders interessanter Innovationsbedarf besteht aber auf Gebieten, die vielleicht erst in Zukunft für gegenwärtige und künftige Geschäftsfelder eingesetzt werden können bzw. die der Wettbewerb vermutlich künftig einzusetzen erwägt.

Für bestehende Geschäftsfelder müssen substitutive und komplementäre Beziehungen unter Technologien berücksichtigt werden. So können Produkte durch Innovationen, die mit einer leistungsfähigeren Technologie realisiert sind, verdrängt werden. Andere Innovationen mögen sich erst durchsetzen, wenn sich unterstützende Technologien weiterentwickelt haben (*Lange* 1994, S. 31 ff.). Zur Feststellung von Innovationsbedarf in neuen Geschäftsfeldern sind Entwicklungen attraktiver Schrittmacher- und Schlüsseltechnologien und deren potenzieller Anwendungsbereiche bedeutend. Hier sind die Wechselwirkungen der Technologieanalyse mit den anderen Feldern des Analysesystems offensichtlich.

Bei der Analyse neuer Technologieentwicklungen entsteht differenzierter Informationsbedarf zu aktuellen und künftigen Forschungsaktivitäten der unternehmensexternen Grundlagenforschung und der angewandten Forschung. Die Verschmelzung von Technologien (signalisiert durch Fachliteratur), zunehmender Innovationsdruck (signalisiert durch F&E-Aufwendungen und Patentaktivitäten), sowie Ähnlichkeiten zwischen Zielgruppen und Anwendungsgebieten des Unternehmens und dessen potenziellen Konkurrenten (signalisiert durch Informationen aus dem Markt), geben Aufschluss über Substitutionstendenzen. Zu beobachten sind also (potenzielle) Wettbewerber in verwandten, teilweise auch in fremden Branchen und deren F&E-Projekte, Kooperations-, Lizenz- und Patentaktivitäten und Markteintrittsbemühungen.

Hersteller von System- und Netzwerkprodukten (z. B. Unterhaltungselektronik- und Telekommunikationssysteme) müssen kommende Technologie-Standards und Normen frühzeitig erkennen und nach Möglichkeit günstig beeinflussen (*Afuah* 1998, S. 341 ff., *Utterback* 1994, S. 23 ff., siehe auch 3.5). Investitionsgüterhersteller können aus technologischen Entwicklungen bei Zulieferern, Herstellern von Komplementärprodukten sowie eigenen und fremden Kunden zum Teil sehr konkrete Innovationsimpulse ableiten (*Backhaus* 2003, S. 725 f., *Köhler et al.* 1988, S. 68).

Zur Abschätzung des Zeitpunkts für den Übergang von der bestehenden auf eine neue Technologie müssen Potenziale der bestehenden Technologien mit der Substitutionsgefahr und mit Kannibalisierungseffekten (*Lomax et al.* 1997, S. 27 ff.) durch Folgetechnologien verglichen werden (*Voit* 2000, S. 36). Diesen Vergleich hat z. B. das Haus Siemens falsch beurteilt, als sie die Patente der in Deutschland erfundenen Faxtechnologie an Japan verkauft haben. Sie hatten die Kannibalisierungsgefahr der Telex-Technologie, in der Siemens weltweit führend war, größer eingeschätzt als die echte enorme Marktausweitung durch die Faxtechnologie. Doch eben diese eroberte von Japan aus die Welt.

Zu 2. *Bewertung dieser Technologien:* Nach der Identifikation relevanter Technologien ist deren Attraktivität für den Technologieverwender, also den potenziellen Innovator, einzuschätzen. Aus seiner Sicht ist diejenige Technologie am attraktivsten, die langfristig am ertragreichsten erscheint. Er hat also eine Kosten-Nutzen-Analyse für den Einsatz jeder in Frage kommenden Technologie durchzuführen und dabei besonders auf die mit dieser Technologie erzielbare langfristige Wettbewerbsposition zu achten (*Zehnder* 1997, S. 52).

Eine allgemein sehr attraktive Technologie kann für den einzelnen Innovator unattraktiv sein, wenn er damit rechnen muss, dass sich auch seine Wettbewerber schnell dieser neuen Technologie bemächtigen und damit den erhofften eigenen technologischen Wettbewerbsvorteil zunichte machen. Andererseits kann die schnelle Ausbreitung einer allgemein attraktiven Technologie auch den Status eines Standards erhalten, ohne den niemand im Wettbewerb mithalten kann. Es reicht also nicht aus, die allgemeine Technologieattraktivität einzuschätzen, wie sie nach *Peiffer* (1992, S. 217) über die folgenden Kriterien zu ermitteln ist:

- Ausbreitungspotenzial, insbesondere Substitutioneignung für verwandte Technologien,
- Innovationspotenziale, also erwartete Erschließung von Anwendungsmärkten und
- Technikfolgen, insbesondere gesellschaftliche Umsetzungs- und Akzeptanzbarrieren.

Diese Einschätzungen müssen vielmehr aus der Sicht des Innovators wettbewerbsstrategisch individuell bewertet werden. Dazu ist vor allem die Einschätzung von Bedeutung, ob und wie lange der Technologieeinsatz einen Wettbewerbsvorteil bieten wird (Schlüsseltechnologie) bzw. ob und wann sie zum Standard einer Basistechnologie degenerieren wird.

Der Informationsbedarf zur Bestimmung der Attraktivität kann über mehrere Technologiebereiche gestreut sein, deren Abgrenzung zudem verschwimmt, weil Technologien zusammenwachsen und sich ausdifferenzieren können. So zeigt z. B. das Zusammenwachsen von Optik und Mikroelektronik zur Informations- und Kommunikationstechnologie enorme positive Wechselwirkungen, die bei isolierter Bewertung dieser Technologien zu fatalen Fehlschlüssen geführt hätte. Intelligente Analysen der Technologieattraktivität haben somit als Grundlage der Entscheidung unter Technologiealternativen hohen Stellenwert (siehe dazu in 4.1.2.4).

Zu *3. Bewertung der eigenen Technologiepositon*: Die unternehmenseigene Ressourcenstärke (Marktstellung, Finanzstärke und Know-how-Stärke, technologische Synergieeffekte) muss im Vergleich zur Konkurrenz eingeschätzt werden. Der Abstand zwischen der eigenen technologischen Position und der zur Position des Wettbewerbs gibt Auskunft darüber, ob durch die Produktinnovation Wettbewerbsvorteile ausgebaut respektive Wettbewerbsnachteile abgebaut werden können (*Brockhoff* 1999, S. 224 f.; *Köhler et al.* 1988, S. 72). Auch diese Bewertung ist komplex und unsicher, nicht nur weil die Technologieposition des Wettbewerbs schwer zu erfassen ist, sondern auch weil jede Technologieposition von Veränderungen im technologischen Umfeld sowie von eigenen und konkurrierenden Wettbewerbsstrategien abhängt. Auf die Methoden zur Technologiebewertung ist im Kapitel 4 noch genau einzugehen.

3.1.2.3 Unternehmensinduzierter Innovationsbedarf

Unternehmensinterne Innovationsimpulse lassen sich nicht nur aus der eigenen Technologieposition ableiten, sondern vor allem aus dem Produktportfolio sowie aus Veränderungen der Ressourcensituation.

Der Informationsbedarf über das Produktprogramm gilt der Frage, ob das gegenwärtige Sortiment die Erreichbarkeit der Unternehmensziele und -strategien erlaubt. Fits und Misfits zwischen dem Produktprogramm und den strategischen Zielen signalisieren Innovationsbedarf (*Köhler et al.* 1988, S. 76 f.). So spielen Produktinnovationen bei qualitätsorientierten Differenzierungsstrategien eine entscheidende Rolle (*Deschamps et al.* 1996, S. 53 ff., *Huxold* 1990, S. 147).

Hier braucht man Informationen über den Grad der Erfüllung der Kosten-, Qualitäts-, Absatz- und Marktanteilsziele. So können Umsatzeinbußen von Sortimentsbestandteilen bei einzelnen Zielgruppen akuten Innovationsbedarf anzeigen. Weitere wichtige Signale sind qualitative Produktschwächen und die Lebensaltersstruktur des Produktprogramms. Darüber hinaus sind im Hinblick auf potenzielle Produktinnovationen aktuelle und mögliche neue Technologie-, Produkt- und Markt-Synergien zu beachten.

Eine simple Methode zur Analyse der Programmstruktur ist die Portfolioanalyse. Akuter Innovationsbedarf ist bereits ersichtlich, wenn im BCG-Portfolio viele „poor dogs" und genügend „cash cows", aber kaum „question marks" enthalten sind. Differenziertere und auf Innovationsanalysen spezialisierte Formen der Portfolioanalyse werden in 3.4.1.3 dargestellt.

Veränderungen der Ressourcensituation können Innovationsentscheidungen nahelegen. So kann eine Verknappung bzw. nachhaltige Preissteigerung der Vorprodukte Innovationsimpuls sein, wie z. B. die historische Entwicklung des Synthesekautschuks zeigt (*Brockhoff* 1995, S. 125 ff., auch 2.1.1 Technologie und Technik). So ist auch der Einstieg großer Computerhersteller in die eigene Chip-Entwicklung mit zu erklären.

3.1.2.4 *Kunden- und handelsinduzierter Innovationsbedarf*

Innovationsbedarf, der von der Zielkunden- oder Handelsseite ausgelöst wird, entspricht dem Idealfall der Market-Pull-Innovation, der mit einem relativ geringen Flop-Risiko verbunden ist. Grundsätzlich lässt sich dieser Innovationsbedarf ableiten aus Differenzen zwischen der (aktuellen bzw. künftigen) Problem- und Bedürfnisstruktur und dem bestehenden Angebot (*Geschka/Eggert-Kipfstuhl* 1994, S. 116, *Huxold* 1990, S. 115). Das Problem besteht jedoch darin, sich abzeichnende Angebotslücken zu erkennen, denn sie werden selten konkret und noch seltener aktiv artikuliert. Auf spezielle Methoden zur Identifikation neuer Zielkundenwünsche geht Kapitel 4 ein (4.1.2.3).

Späte Signale einer solchen Differenz sind branchenweite Umsatzrückgänge, Marktsättigungstendenzen und strukturelle Veränderungen der Nachfrage. Ein Rückgang des Marktwachstums kann nicht nur Anzeichen für Marktsättigungstendenzen sein, sondern auch für den Rückgang des betreffenden Problemdrucks. So haben in manchen umwelttechnischen Märkten erledigte Auflagen und wegfallende Anreize zu umweltschonender Produktion Nachfragesättigung ausgelöst. Ein Beispiel ist unser Fall MIPAS (siehe 2.2.3.2), wo eine unerwartet ausbleibende Verschärfung der Luftreinhaltungsauflagen für Notstromaggregate ein großes Innovationsprojekt obsolet machte.

Frühe Signale sind sich abzeichnende Einstellung- und Wertewandel-„Trends", z. B. die ökologische Welle der 80er Jahre, aus sich abzeichnenden neuen Umfeldbedingungen, z. B. durch neue Kommunikations- und Informationstechniken wie das Internet oder durch einen Politikwechsel wie in Deutschland im Wahljahr 1998. Zur Einschätzung von Trends kommt eine Fülle an Informationen in Betracht, z. B. das

Mode- und Freizeitverhalten jugendlicher Gruppen, Aussagen von Meinungsführern und Journalisten, herausragende Filme, neue Medikamente wie in den 60er Jahren die Anti-Baby-Pille und Ende der 90er Viagra, Katastrophen wie Tschernobyl, Skandale usw.

In Industriegütermärkten bilden aufkommende Engpassprobleme der Firmenkunden ein sehr wichtiges Beobachtungsfeld, z. B. hohe Lohn- und Lohnnebenkosten, die Rationalisierungsinvestitionen erzwingen und damit Innovationsbedarf signalisieren. Die Beobachtung und Analyse der Produktionsprozesse bei Schlüsselkunden liefert nützliche Hinweise. Auch indizieren Kundenanregungen und Beschwerden nicht bediente Bedürfnisse.

In Konsumgütermärkten bietet die Analyse der Produkt- und Firmenimages (4.4.2) besondere Möglichkeiten zur Erkennung latenter Nachfrage. So bedeutet eine große Real-Ideal-Distanz der Produktpositionen im Imageraum unbesetzte Nischen und Differenzierungspotenziale. Daher ist regelmäßiges Imagemonitoring eine wichtige kundenorientierte Informationsquelle zum Innovationsbedarf. Neben graduellen Verschiebungen von Real- und Idealimages ist besondere Aufmerksamkeit dem Aufkommen oder Verschwinden von Produktbeurteilungsdimensionen zu widmen. So ist im PKW-Markt in den 80er und 90er Jahren neben klassische Imagedimensionen wie Sportlichkeit und Wirtschaftlichkeit die Dimension Umweltverträglichkeit getreten, während die Dimension Sicherheit zum Hygienefaktor degenerierte, auf dem sich Automarken heute kaum mehr differenzieren können.

In mehrstufigen Märkten kommt dem Handel als besonders einflussreicher Kundengruppe besondere Innovationssignal-Aufmerksamkeit zu. Der Handel spielt vielfach die Rolle des Innovationsagenten, denn er kann durch seine Endkundennähe Schwachstellen im Produktangebot und latente Bedürfnisse aufspüren (*Barth et al.* 2002, S. 11), er entscheidet als „gatekeeper" über das Schicksal neuer Produkte (*Franke* 1998, S. 273) und verursacht hohe Kosten (Eintrittsgelder, Listungsgebühren). Informationen über Verhalten und Einstellungen des Handels sind bei der Identifikation des Innovationsbedarfs für handelsdistribuierte Konsumgüter sehr wichtig. Besonders wichtig sind Informationen zum Image des Herstellers beim Handel, da das Herstellerimage einen großen Einfluss auf den Markterfolg handelsdistribuierter Innovationen hat (*Franke* 1998, S. 262 ff.). Der Hersteller kann zudem auf geänderte Marketingstrategien des Handels mit Angebotsinnovationen reagieren. So hatte die Einführung der Selbstbedienung im Handel große Auswirkungen auf die Produkt- und Verpackungsgestaltung. Bei Spezialisierungstendenzen oder Sortimentsvertiefungen des Handels kann der Hersteller durch Differenzierung des Produktprogramms eine bessere Abstimmung mit dem Handelssortiment erzielen.

3.1.2.5 Konkurrenz- und brancheninduzierter Innovationsbedarf

Selbstverständlich beeinflussen die Struktur und die Intensität des Wettbewerbs sowie das mehr oder weniger aggressive Verhalten des Wettbewerbs- den Innovationsdruck. Der entsprechende Informationsbedarf orientiert sich an folgenden Leitfragen:
- Welche aktuellen und zukünftigen Konkurrenten sind relevant?
- Wie sind deren Potenziale und künftiges Verhalten einzuschätzen?

Bei der Identifikation relevanter Konkurrenten sind neben offen auftretenden Wettbewerbern auch die potenziellen einzubeziehen, d. h. Firmen, die noch nicht auf dem Markt sind oder sich noch nicht in konkurrierenden Geschäftsfeldern betätigen, aber Potenziale und eine Strategie dazu haben (*Lange* 1994, S. 32 ff.). Eine oft unterschätzte Gefahr geht von branchenfremden Unternehmen aus, die durch ihr technologisches Know-how aus anderen Produktbereichen mit diesem Wettbewerbsvorteil in den Markt eintreten, den das innovierende Unternehmen mit dieser Technologie anzielt.

Branchenneulinge können den Wettbewerb entscheidend beeinflussen: Da sie die Spielregeln der Branche wenig interessieren, muss mit ihrem unkonventionellen Verhalten gerechnet werden. Zum Beispiel musste ein innovativer Hersteller von Grauwasser-Recyclinganlangen durch eine Studie der „Innovationswerkstatt" der TU Berlin feststellen, dass durch seinen Markteintritt ein bisher unbekannter Wettbewerb unter Kleinkläranlagenherstellern entstand. Für diese Branchenneulinge war die Marktattraktivität hoch und der Markteintritt ohne Barrieren möglich. Kleine, bisher kaum beachtete Firmen als kommende Wettbewerber zu identifizieren, ist eine besondere Herausforderung an die Innovationsmarktforschung.

Am Wettbewerberverhalten muss besonders interessieren, an welchen Innovationen gearbeitet wird. Entsprechende Substitutionsgefahren müssen eingeschätzt werden. Sich wandelnde Eintrittsbarrieren und Gewinnpotenziale (*Geschka/Eggert-Kipfstuhl* 1994, S. 121; *Köhler et al.* 1988, S. 31) sind dafür besonders wichtige Frühwarnindikatoren. In Netzgütermärkten, z. B. Telekommunikation, Medien oder E-commerce, spielen Bemühungen um die Schaffung und Beeinflussung von Normen und Standards eine entscheidende Rolle. Auch diese Aktivitäten gehören also zu den Aufgaben der wettbewerbsorientierten Innovationsmarktforschung.

3.1.3 Zusammenfassung

Die Ja/Nein-Entscheidung zur Initiierung und anschließend laufende Go/No-Entscheidungen zur Weiterführung eines Innovationsvorhabens sind von großer strategischer Bedeutung, denn sowohl die Wahrnehmung bzw. das Verpassen von Chancen als auch die Inkaufnahme oder die Vermeidung von Risiken hängt davon ab.

In diesem Abschnitt haben wir „Innovationsbedarf" definiert und die wichtigsten Anlassarten und Indikatoren für Innovationsbedarf systematisiert. Diese können im konkreten Einzelfall jedoch lediglich als Checkpunkte verwendet werden. Eine grundsätzliche Entscheidung über die Aufnahme oder Weiterführung eines Innovationsprojekts bedarf einer gründlichen Bewertung der strategischen Situation anhand der genannten Kriterien.

Abschließend stellen wir die Grundstruktur des Informationsbedarfs zur Beurteilung des unternehmerischen Innovationsbedarfes im Überblick folgendermaßen zusammen.

Eine solche Informationsbedarfscheckliste kann nicht erschöpfend sein, nur anregend, um keine wichtigen Informationen zu übersehen. Die konkreten Bedarfsausprägungen hängen von den situativen Bedingungen ab.

Bereiche	Einflussgrößen und Informationsbedarf
Allgemeines Umfeld	• politische, rechtliche, ökonomische und soziale Rahmenbedingungen • natürliche Umfeldveränderungen
Technologisches Umfeld	• Technologieentwicklungen und deren Potenziale • Unternehmensinterne Technologiepotenziale
Unternehmensinterna	• Zielerreichungsgrad des aktuellen Produktprogramms • Materielle und immaterielle Potenziale
Kundenbedürfnisse	• aktuelle, latente und künftige unbefriedigte Bedürfnisse der Kundensegmente • Veränderungen der Bedürfnisstruktur
Handelskundenverhalten	• Sortimente • Veränderungen der Absatzpolitik
Konkurrenzverhalten	• Verhalten der aktuellen und potenziellen Konkurrenz • Technologie-, Innovations- und Marketingpotenziale

Quelle: eigene Darstellung

Abb. 3.5: Grundstruktur des Informationsbedarfs
zur Beurteilung des Innovationsbedarfs

3.2 Geschäftsfeldpositionierung

Umpositionierung von Mannesmann:
vom Stahl zur Telekommunikation

1890 gründeten Reinhard und Max Mannesmann die „Deutsch-Österreichische Mannesmannröhren-Werke Aktiengesellschaft". Technologische Grundlage war ein patentiertes Walzverfahren zur Herstellung nahtloser Stahlrohre. In der Folge entwickelten sie das Pilgerschritt-Walzverfahren. Die Verbindung aus beiden Verfahren wird bis heute als Mannesmann-Verfahren bezeichnet und ist weltweit bekannt. Bereits seit der Gründung ist das Unternehmen international ausgerichtet. Die Röhrenwerke in Europa und später auch in Südamerika beliefern fast die ganze Welt mit hochwertigen Stahlrohren, besonders für Wasserversorgungsleitungen, Pipelines, darunter auch die erste Öldruckleitung im Kaukasus.

Anfang des 20. Jahrhundert begann das Unternehmen, vertikal zu diversifizieren. Da die Produktion hochwertiger Rohre stark von den Zulieferern abhängig ist, betrieb Mannesmann den Aufbau einer eigenen Vormaterialbasis. Dazu wurden bis in die 30er Jahre ein Gussstahlwerk und Blechwalzwerke, Kohlezechen, Erzgruben und Kalksteinbrüche akquiriert. Schließlich wurde der Betrieb in einem eigenen Hüttenwerk aufgenommen. All dies war „Rückwärtsintegration". Man diversifizierte durch Akquisitionen aber auch „vorwärts" – so in die Rohrweiterverarbeitung und den Maschinenbau. Parallel dazu wurde eine eigene weltumspannende Absatzorganisation aufgebaut. Die vertikale Diversifikation machte Mannesmann zu einem für die Ruhrwirtschaft typischen, vertikal gegliederten Montankonzern.

Um 1970 herum gab der Konzern den Steinkohlebergbau an die Ruhrkohle AG und die Walzstahlherstellung und Blechverarbeitung an die Thyssen AG ab. Im Gegenzug erhielt er von Thyssen die Rohrfertigung und -verlegung. Im Verlauf der nächsten Jahre erwarb Mannesmann weitere Maschinen- und Anlagenbauer und diversifizierte systematisch weiter. 100 Jahre nach Gründung umfasste die Mannesmann AG die Geschäftsbereiche Maschinen- und Anlagenbau, Antriebs- und Steuerungstechnik, Elektrotechnik und Elektronik, Fahrzeugtechnik und den nach wie vor erfolgreichen Geschäftsbereich Stahlrohr.

Der Erwerb der Lizenz zum Aufbau und Betrieb des ersten privaten Mobilfunk- netzes D2 in Deutschland 1990 war Höhepunkt der Diversifizierung. Dieser Schritt war nicht vertikal, aber auch nicht horizontal (auf gleicher Stufe der Wert- schöpfung), sondern „lateral" – losgelöst von der herkömmlichen Mannesmann- Wertschöpfung. Damit wurde ein neues Geschäftsfeld „Telekommunikation" eröffnet, eine hochgradige, ja revolutionäre Innovation. In kurzer Zeit wurde Mannesmann aufgrund seiner Pionierstellung zum Mobilfunk-Marktführer. Bald entstanden Kooperationen mit Anbietern in Italien und Frankreich; weitere Mobilfunk-Unternehmen in Italien, Österreich und Großbritannien wurden auf- gekauft. Mannesmann baute damit seine Position als führender europäischer privater Telekommunikationsdienstleister konsequent aus. 1999 beschloss der Mannesmann-Aufsichtsrat, die Telekommunikationssparte von den anderen Geschäftsbereichen abzutrennen und jene Traditionsgeschäfte in die Mannes- mann Atecs AG auszugliedern. Die Konzentration im Mobilfunkmarkt führte kurz darauf dazu, dass die auf den Mobilfunk „reduzierte" hoch attraktive Man- nesmann AG spektakulär von der britischen Vodafone Group aufgekauft wurde.

Quelle: Mannesmann Archiv 2005

Die Geschäftsfelddefinition eines neuen Produktes hängt zunächst einmal von sei- ner Neuartigkeit im Vergleich zu anderen Geschäftsfeldern und Produkten ab. Der Innovationsgrad (siehe 2.1.2.6) bestimmt das Chancen-Risiken-Verhältnis und daher den gesamten Innovationsmarketingprozess. Zur Geschäftsfeldpositionierung einer Produktinnovation muss also Klarheit über ihren Innovationsgrad und entspre- chenden Konsequenzen für das Innovationsmarketing bestehen. Darauf gehen wir in 3.2.1 ein.

Das neue Produkt ist Kern eines neuen strategischen Geschäftsfeldes oder Bestand- teil eines vorhandenen Geschäftsfeldes, das sich allerdings unter dem Einfluss der Innovation verändern mag. In jedem Fall gehört die künftige Position des betreffen- den Geschäftsfeldes zu den, alles Weitere beeinflussenden und daher frühzeitig ge- nau zu analysierenden und zu entscheidenden strategischen Sachverhalten des In- novationsmarketing. Wir behandeln das unter 3.2.2 in drei separaten, aber eng miteinander verbundenen Abschnitten.

Aus der Sicht des Marketing gilt: *Das Subjektive* (die Zielkundensicht) *ist das einzig Objektive* (die Realität des Zielkundenverhaltens). Jede Neuprodukt-Positionierung muss daher eigentlich „vor allem" in dieser Kategorie geplant werden, nämlich die künftige Wahrnehmung und Imageposition des neuen Produkts. Mit der Produkt-positionierung als einem für das Innovationsmarketing herausragend bedeutsamen Problem befassen sich ausführlich 3.3.1 und 4.4.2.

3.2.1 Geschäftsfeldpositionierung und Innovationsgrad

Alles Neue ist interessant wegen seiner Chancen und gefährlich wegen seiner Risiken. Chancen und Risiken der Produktinnovation hängen davon ab, wie neu diese für das Unternehmen und den Markt ist.

3.2.1.1 Chancen – der Competitive Innovation Advantage (CIA)

Die Produktinnovations-Erfolgsfaktorenforschung (siehe 2.2.2) hat übereinstimmend als wichtigsten Erfolgsfaktor den *Competitive Innovation Advantage* (CIA) ausgemacht. In manchen Studien erklärt der CIA 80 % der Varianz von Erfolg und Misserfolg neuer Produkte. Innovationen mit einem CIA sind erfolgreicher als Imitationen bzw. marginale Innovationen, weil CIA-Innovationen vergleichsweise vorteilhaft sind, relativ viel Nutzen stiften und gegenüber Wettbewerbsangeboten als überlegen angesehen werden (siehe auch 2.2.2.3).

Niederquerschnittsreifen HS 45

In einem Pressebericht wurde der Vorteil eines neuen LKW-Reifens von Continental namens HS 45 damit erklärt, dass nunmehr keine Windschutzscheiben mehr durch solche Steine zu Bruch gehen, die aus LKW-Reifen herausgeschleudert wurden. Das spielt für Entscheider beim LKW-Reifenkauf natürlich keine Rolle, begründet also keinen CIA. Tatsächlich ist aber die Lebensdauer von LKW-Reifen von Steinen abhängig, die von der Fahrbahn aufgenommen wurden. Dafür hat die Continental AG 1994 den Niederquerschnittsreifen HS 45 entwickelt. Er verfügt über eine besondere Form (Steinfangverhinderungsrippe) durch eine Folge aufgeschnittener Tetraeder. Durch den asymmetrischen Flankenwinkel der Nut wird die Steinaufnahme erschwert. Dennoch aufgenommene Steine werden durch die Bewegungen der Nut-Elemente und den offenen Flankenwinkel unmittelbar nach Verlassen der Bodenaufstandsfläche wieder abgewiesen. Dadurch können Profilschäden und Gürtelverletzungen vermieden werden, was zu höherer Karkassehaltbarkeit führt. Herkömmliche Reifen sammelten in einem Versuch bei der Durchfahrt durch ein Kieselbett 220 Steinchen auf, beim HS 45 setzten sich nur 15 Steinchen fest. Fanden sich nach Verlassen des Kieselbetts bei einem herkömmlichen Reifen nach drei Kilometern noch 45 Steinchen im Reifen, so war der HS 45 bereits nach 600 m frei von Steinchen. Diese Technologie wurde weiterentwickelt, so dass Continental den Nachfolger des HS 45, HSR1, bei der Internationalen Automobilausstellung 2002 der Öffentlichkeit vorstellen konnte.

Quellen: o. V. 1994, Gespräch vom 8. 10. 02 mit *Fr. Irmgard Matzke*, Produktmanagement Continental

---

Das voran gegangene Beispiel zeigt, dass ein Produktvorteil erst dann zum CIA wird, wenn er so klar kommuniziert wird, dass die Zielkunden ihn auch wahrnehmen. So hat der HS 45 auf den ersten Blick keinen CIA, weil die Zielkunden keinen direkten Nutzen darin sehen, dass Fahrzeuge mit diesem Reifen keine Steinschlagschäden bei den hinter ihnen fahrenden Fahrzeugen verursachen. Erst durch Nachfragen beim Hersteller wurde der eigentliche Produktvorteil für eine Kernzielgruppe (Fuhrpark-betreiber) klar: Höhere Lebensdauer durch geringeren Abrieb bei Reifen, die keine Fremdkörper im Profil tragen. Man kann davon ausgehen, dass diese Botschaft zwar in der Presseinformation vernachlässigt wurde, nicht aber im Business-to-Business-Marketing (B2B-Markting) bzw. im Vertrieb, denn der HS 45 wurde ein erfolgreiches Neuprodukt.

3.2.1.2 Risiken – das Fehlerpotenzial des Neuen

Neben dem Chancenpotenzial des CIA birgt das neue Produkt für das Unternehmen auch *Risiken*. Sie hängen entscheidend vom unternehmens-subjektiven (!) Neuartig-keitsgrad ab. Innovationen sind dann besonders riskant, wenn in mehrfacher Hin-sicht ein hoher Neuartigkeitsgrad zu bewältigen ist, wie es bei hochgradigen bzw. radikalen Innovationen der Fall ist (neues Produkt *und* neuer Markt).

Cooper (1993, S. 296 f.) geht der Frage nach, ob sich eine Diversifikation in unbekannte Gebiete („unfamiliar Markets") empfiehlt, bei denen man sich nicht auf Markt- und Techniksynergien stützen kann, oder ob die Innovation „close to home", also nahe an den vorhandenen technologischen und marktlichen Potenzialen, erfolgen soll. Seine Analysen ergeben die höchsten Erfolgsraten für eine „balanced strategy", die sich primär an einem schon bekannten Markt orientiert, der stark wächst, aber nicht zu stark umworben ist, und bei der das Produkt selbst technologisch neu und aus Kundensicht hochwertig ist, so dass es hochpreisig positioniert werden kann.

Diese von *Cooper* favorisierte „balanced strategy", Adoption einer neuen Technolo-gie zur besseren Lösung bestehender Probleme bei bekannten Kunden, ist *eine* Stra-tegie mit begrenztem Risiko. Eine andere risikobegrenzende Strategie strebt für die bestehende Kundschaft an, ein neu entdecktes Kundenproblem mit bewährten Tech-nologien zu lösen, z. B. indem man der Bequemlichkeit der Kunden durch ein full-service-Systemangebot entgegenkommt. Weitere risikobegrenzende Innovations-strategien mögen mit vorhan denen Technologien und Problemlösungen in neue Kundengruppen vorstoßen. Eine solche Strategie der „Marktentwicklung" (*Ansoff* 1966, S. 13 ff.) wird allerdings meist von der Normstrategie „Produktentwicklung" abgegrenzt und damit von der Produktinnovation. Es gibt aber keinen Grund, sol-che „Marktinnovationen" (*Johne* 1999, S. 6 ff.) aus dem Produktinnovationsmarketing auszuschließen.

3.2.1.3 Der Chancen-Risiken-Zielkonflikt

Mit dem Innovationsgrad wird zugleich der Chancenfaktor „CIA" und der Risiko-faktor „Fehlerpotenzial" festgelegt und damit das Erfolgspotenzial der Produktin-novation. Zwischen den positiven und den negativen Aspekten der Neuartigkeit besteht ein Zielkonflikt. Er ist nur eine Variante des klassischen Zielkonflikts zwi-schen Chancen und Risiken wie z. B. analog bei unsicheren Finanzanlagen mit hohen Zinsen.

Im Innovationsmarketing ist für die Bewältigung dieses Zielkonflikts entscheidend, inwieweit an bestehendem Know-how angeknüpft werden kann, insbesondere, inwieweit man das Chancen-Risiken-Verhältnis durch einen hohen Grad an Synergienutzung verbessern kann. So ist es eher vertretbar, in riskantes technologisches Neuland vorzustoßen, wenn man den betreffenden Markt sehr gut kennt, und so ist Technologieführerschaft eine große Hilfe, wenn ein ganz neuer Markt betreten werden soll.

Diese Zusammenhänge zwischen Markt und Technologie sollen im Folgenden genauer betrachtet werden, indem die innovative Geschäftsfeldpositionierung nach Kundengruppen-, nach funktionalen und nach technologischen Gesichtspunkten getrennt untersucht wird.

3.2.2 Geschäftsfeld-Positionierungsdimensionen

Solarenergie

Solarzellen wandeln Licht durch den Photoeffekt direkt in Elektrizität um. Es gibt verschiedene Arten von Solarzellen. Sie unterscheiden sich *technologisch* in den verwendeten Materialien und den Herstellungsverfahren sowie im Wirkungsgrad. Der Wirkungsgrad einer Solarzelle ist der Anteil des eintreffenden Lichtes, der in nutzbaren Strom umgewandelt wird. Sein Rekord lag 2002 mit einer großflächigen multikristallinen Solarzelle bei 17,5 %. Kleinere Module mit kostspieligen Materialien und Herstellungsverfahren haben auch schon höhere Wirkungsgrade aufgewiesen.

Funktionen: Bei Sonnenstrahlung wird Energie in Akkumulatoren gesammelt und bei Bedarf abgegeben. Nachdem die deutsche Industrie bis Mitte der neunziger Jahre die Solarzellenfertigung wegen mangelnder Wirtschaftlichkeit zunächst fast ganz eingestellt hatte, gab es in den späten 90er Jahren ein Comeback, denn Solarkollektoren haben oder versprechen vielfältige, bereits jetzt oder doch bald auch wirtschaftliche, funktionale Einsatzbereiche, z. B. Energieversorgung von Telefonzellen, Parkautomaten und Beleuchtungsanlagen in Gärten, auf Parkplätzen usw. Das ist umweltschonend und ersetzt die aufwändige Installation von Stromanschlüssen an abgelegenen Standorten. In Marokko werden bereits Dörfer mit Solarenergie versorgt. Wenn der Wirkungsgrad weiter steigt, können auch Fahrzeuge wirtschaftlich mit Solarstrom betrieben werden, so gibt es bereits funktionierende Prototypen.

Aufgrund der vielfältigen Anwendungsmöglichkeiten sind auch die *Kundengruppen* entsprechend vielfältig. Im privaten Wohnungsbau setzen sich Solarzellen allmählich zur Warmwasserbereitung und zur Hausstromgewinnung durch. Auch für Gewerbe und Landwirtschaft sind Solaranlagen zur teilweisen Deckung des Stromverbrauchs geeignet. Die öffentliche Hand unterstützt den Einbau von Solartechnik im privaten Wohnungsbau mit Förderprogrammen und ist selber Abnehmer von Solaranlagen.

Quellen: o. V. 2002 a, Nagel 1999, Boeckh 1998, Wetzel 1997

Das Fallbeispiel macht deutlich, wie mögliche Geschäftsfelder im Bereich Solarzellen nach ihren wesentlichen strategischen Merkmalen zu beschreiben sind. Die Abgrenzung des Geschäftsfeldes bzw. der Geschäftsfelder eines Unternehmens legt den strategischen Handlungsspielraum fest und damit auch den Spielraum für die Einführung neuer Produkte. Positionierung kommt vor Gestaltung! Erst auf der Grundlage einer strategisch geplanten Position des neuen Produktes als Bestandteil eines Geschäftsfeldes oder als Kern eines neuen Geschäftsfeldes kann sinnvoll alles Weitere geplant werden, einschließlich der Suche nach Produkt- bzw. Marktideen und der Ideenselektion.

Zur grundsätzlichen Geschäftsfeldpositionierung der Produktinnovation fragt *Cooper* (1993, S. 304 f.) treffend „What is the new product arena?" Diese Frage meint, dass Neuprodukte nicht isoliert geplant und positioniert werden sollen, sondern dass der Zusammenhang zum bestehenden System der Geschäftsfelder beachtet werden muss. Dabei können auch ganze Produktgruppen und völlig neue Geschäftsfelder positioniert werden. Ohne klare Zugehörigkeit zu einem strategisch definierten Geschäftsfeld tragen Produktinnovationen ein hohes Risiko, denn es ist dann nicht klar, von welchen Kernkompetenzen und Synergien sie profitieren können und welche Risiken auf neuem Terrain kritisch sind.

Cooper und Kleinschmidt (1987 a, S. 171) kommen in ihrer Produktinnovations-Erfolgsfaktorenforschung (PIEFF) zu dem Ergebnis, dass drei Faktoren den Erfolg einer Produktinnovation maßgeblich bestimmen:
1. Product Uniqueness and Superiority: Gemeint ist nichts anderes als der „CIA", eine Funktion des neuen Produkts, die aus Zielkundensicht einen Nutzenvorteil ausmacht und vom Wettbewerb nicht leicht eingeholt werden kann.
2. Market Knowledge and Marketing Proficiency: Besonders die Vertrautheit mit einer Kundengruppe begründet die Marktkenntnis.
3. Technological and Production Synergy and Proficiency: Technologische Kompetenz des Unternehmens ist die Hauptquelle dieses Erfolgsfaktors.

Diese Faktoren hängen augenfällig eng zusammen mit drei Dimensionen, die *Abell* (1980, S. 17) zur Geschäftsfeldabgrenzung benutzt:
1. Funktionen: Kundenprobleme/Produktleistungen, die man mehr oder weniger gut lösen/erfüllen kann,
2. Kundengruppen: Marktsegmente, die man mehr oder weniger gut kennt,
3. Technologien: Fähigkeiten („skills"), über die man mehr oder weniger leicht verfügt.

Also beziehen sich die Kernkompetenzen/Synergien und Neuland-Risiken hauptsächlich auf die drei Dimensionen der Geschäftsfeldplanung von *Abell*. Jede Produktinnovation sollte als künftiges Geschäftsfeld so positioniert werden, dass die Summe ihrer Chancen und Risiken akzeptabel ist (*Meffert* 2000, S. 242). Dazu sollten genau diese drei Dimensionen bzw. Erfolgsfaktoren verwendet werden (*Cooper* 2002, S. 419, *Huxold* 1990, S. 201 f.). Auf die einzelnen Dimensionen und die ihnen immanenten Chancen und Risiken gehen wir in den folgenden drei Abschnitten näher ein.

3.2.2.1 Kundengruppen

Iridium

Der Netzbetrieb für das Satellitentelefonnetz „Iridium" wurde 1998 von der Iridium LLC, Washington (D. C.) aufgenommen. Zu den Investoren zählten unter anderem die Motorola Inc. und die Veba AG. Dieses Telefonnetz war vor allem für solche Benutzer gedacht, die sich überwiegend in Gegenden aufhalten, in denen der erdgebundene GSM-Funk nicht flächendeckend aufgebaut ist (Gebiete mit wenigen Bewohnern) oder nicht aufgebaut werden kann (z. B. Meer). Zu diesem Zweck wurden 66 geostationäre Satelliten in die Erdumlaufbahn gebracht. Das System sah vor, dass sich die Geräte bei vorhandenem GSM-Netz bei diesem anmelden und sonst die Satelliten in Anspruch nehmen sollten. Bis zum Jahr 2000 konnten jedoch nur 55.000 Kunden geworben werden, zumal die Endgeräte rund 6.000 DM kosteten und die Gebühren rund 14 DM pro Minute betrugen. Im gleichen Jahr wurde der Betrieb eingestellt. Wegen der zunächst erfolglosen Suche nach einem neuen Investor sollten die Satelliten zum kontrollierten Absturz in die Atmosphäre und damit zum Verglühen gebracht werden. Im Dezember 2000 wurde jedoch die Iridium LLC von der Iridium Satellite LLC mit privaten Mitteln aufgekauft und wird als neues Unternehmen weitergeführt. Nunmehr waren die Kosten zur Neuanschaffung der Endgeräte um ein Drittel und die Gebühren zur Nutzung um fast 90 % gesunken. Satellitentelefone verwendeten nun nur noch die Satelliten zur Telefonie. Damit war dieses Mobilfunknetz für einen größeren Anwenderkreis interessant geworden.

Quellen: Winter 2002, Schenk 2002, Gutowski/Hohensee 1998

Magnum

Die Langnese-Iglo GmbH in Hamburg, eine Unilever-Tochter, ist Marktführer bei Eiskrem mit einem Marktanteil in Deutschland von 40 %, deutlich vor Schöller, der mit den Marken Schöller und Mövenpick 30 % erreicht. Mitte der achtziger Jahre stellte man bei Langnese fest, dass die meisten Kunden, insbesondere Impulskäufer, die in Freizeiteinrichtungen kaufen, kaum älter als 14 Jahre waren. Es gab noch eine kleine Kundengruppe im Alter von 25–30 Jahren, aber die 15 bis 25-Jährigen und die über 30-Jährigen gehörten kaum zu den Eiskäufern. Eine Marktnische „Eis für Erwachsene" war entdeckt. Eine weitere Lücke wurde im Eisabsatz außerhalb der warmen Jahreszeit entdeckt. Das neue Produkt sollte hochwertig und emotional positioniert sein und nach Qualität, Größe und Form der neuen Zielgruppe entsprechen, ein Eis aus besten Zutaten mit echter Vanille und belgischer Schokolade, mit konstanter „Kremigkeit" in ansprechender Form und Farbe. Für die Herstellung des „Magnum" musste Langnese einen neuen Prozess entwickeln, der sicherstellte, dass der Schokoladenbezug auch nach den diversen Transport- und Verladevorgängen nicht unansehnlich würde. Nach zwei Jahren Entwicklungszeit wurde Magnum 1989 eingeführt. Durch umfangreiche Kommunikationsmaßnahmen und hohen Werbedruck konnte die Marke Magnum in kurzer Zeit etabliert werden. Nach wenigen Jahren war Magnum als globale Marke in 34 Ländern durchgesetzt. Um die Konkurrenz durch innovative Markenpflege auf Abstand zu halten, wurden nach und nach weitere Geschmacksrichtungen eingeführt. Durch die Distribution im Lebensmitteleinzelhandel, auch in Mehrfachpackungen, wurde das Geschäft von der Jahreszeit fast unabhängig, unterstützt durch einen späteren Logowechsel – von der sommerlichen Markise zum stilisierten Herz, das auch die gefühlsbetont soziale bis erotische Positionierung von Magnum ausdrückt.

Quelle: Osel 1994

Innovationsmarketing muss kundenorientiert sein, im Grenzfall vollkommen individualisiert, im Normalfall jedenfalls präzise segmentiert, heutzutage nur im Ausnahmefall ausgerichtet auf einen hinsichtlich des Produktnutzens homogenen Massenmarkt (*Meffert* 2000, S. 239). Ausgangspunkt von Innovations-Marktsegmentierungsentscheidungen ist daher meist die Annahme, dass sich Kundengruppen des Gesamtmarktes für eine Produktinnovation bezüglich ihrer Bedürfnisse und der Leistungspotenziale des neuen Produkts unterscheiden. Durch Segmentierung können vernachlässigte Teilmärkte identifiziert, spezifische Kundenbedürfnisse exakt bedient und dadurch Wettbewerbsvorteile aufgebaut werden. Eindrucksvolle Belege dafür liefern *Simons* (1996) „Hidden Champions". Hidden Champions sind wenig bekannte Unternehmen, die im Weltmarkt eine führende Marktposition haben (z. B. Brita: 85 % Weltmarktanteil bei Wasserfiltern, Wirtgen: 70 % Weltmarktanteil bei Straßenfräsen oder die Tetra-Werke: 60 % Weltmarktanteil bei Zierfischfutter). Simon kommt auf Basis einer Befragung von ca. 600 Unternehmen zu dem Ergebnis, dass sich diese Firmen besonders durch eine starke Führung (zeigt sich z. B. durch ambitionierte Ziele), innere Kompetenzen (z. B. Vertrauen auf eigene Stärken, Innovation und motivierte Mitarbeiter) und äußere Stärken (z. B. Marktfokus, Kundennähe und klare Wettbewerbsvorteile) auszeichnen. Auch kleinere und kaum bekannte Unternehmen, die allein nicht zu gesamtmarktumfassenden Innovationen fähig sind, können durch intelligente Segmentierung Innovationschancen wahrnehmen.

Unter *Marktsegmentierung* wird einerseits die Analyse der (potenziellen) Marktsegmente verstanden, andererseits die strategische Entscheidung für das segmentspezifische Marketing. Die *Segmentierungsanalyse* (siehe 4.4.1) liefert die Markterfassung und, mittels bestimmter Segmentierungskriterien, die Aufteilung des relativ heterogenen Marktes in mehrere relativ homogene Teilmärkte. Im Ergebnis sollen potenziell zu bedienende Marktsegmente definiert und beschrieben sein. Im Rahmen der *Segmentierungsstrategie* für die Produktinnovation soll der Marketing-Mix optimal auf die zu bearbeitenden Segmente ausgerichtet werden.

Die häufigsten Segmentierungen in der Praxis sind jene in Groß- und Kleinkunden, in Privat- und Firmenkunden sowie nach Branchen. Auch die Marktbearbeitung nach Ländern oder Regionen ist Segmentierung, und zwar nach geografischer Lage (lokal, regional national, multinational, global). Hinter vordergründigen Kriterien wie Größe, Branche oder Lage stehen Merkmale, die das unterschiedliche Verhalten der Segmentangehörigen ursächlich erklären, z. B. problemspezifische Motive, kulturelle Verhaltensmuster, klimatische oder politische Bedingungen. Vordergründige Segmentierungen sind leicht durchführbar, aber wenig am differenzierten Kundenverhalten und damit an den Möglichkeiten eines gezielten Marketings orientiert. Sie schöpfen die möglichen Vorteile einer verhaltensorientierten Segmentierung nicht aus. Die Ausrichtung des Innovationsmarketing auf spezielle bzw. zusätzliche Kundenbedürfnisse eröffnet dagegen auch bei intensivem Wettbewerb neue Marktchancen.

Die Marktsegmentierung für eine Produktinnovation sollte im Laufe des Innovationsprozesses hinsichtlich möglicher Veränderungen der Rahmenbedingungen flexibel bleiben. Besonders müssen mutierende Bedürfnisstrukturen in den Märkten und Makrosegmenten erfasst werden. *Kliche* (1991, S. 117 ff.) schlägt dazu ein zweistufiges Vorgehen vor (vgl. auch 4.4.1):

1. In den frühen Phasen des Innovationsprozesses ist eine vorläufige Segmentierung vorzunehmen, die auf marketingstrategischen und organisationalen Kriterien beruht und die Innovation strategisch grob fokussiert. Dabei soll nicht vom fertig konkretisierten Neuprodukt ausgegangen werden, sondern von einer noch auszuformenden Konzeption. So kann man sich während des Innovationsprozesses auftretenden Veränderungen in den Segmenten und am entstehenden Produkt noch anpassen.
2. Sodann werden, orientiert am erwartbaren Kundenverhalten, die Zielkunden genauer definiert, abgrenzbare Segmente identifiziert, Zielsegmente auswählt (totale oder partielle Marktbearbeitung) und das Marketing-Mix segmentspezifisch ausrichtet.

3.2.2.2 Funktionen

Seit Mitte der neunziger Jahre betrieb die Deutsche Telekom AG Pilotprojekte für „Interaktive Videodienste". Damit wurden in Deutschland erstmals individuelle Beiträge mit Bewegtbildern über die Telefonleitung gesandt. Die Teilnehmer können unter den Angeboten „Video on demand" (Spielfilme auf Abruf), „Information on demand" (Informationen auf Abruf) sowie – in Kooperation mit dem Versandhaus Quelle – „Homeshopping" (Einkauf am Bildschirm) auswählen. Durch breitbandige Übertragungstechnik kann zugleich telefoniert werden. Eine Ausweitung der Funktionen, z. B. zur Videoübertragung von Privat zu Privat sei denkbar. 2005 sind auf der Basis von DSL und UMTS erstmalig diverse Telekommunikations-Netzbetreiber und Dienstleister sowie Contentprovider in den Markt eingetreten.

Innovationen erfüllen bestimmte Funktionen für die Kunden. Diese Funktionen können unterteilt werden in die Art der Funktionserfüllung (technologische Funktion) und in den vom Kunden wahrgenommenen Produktnutzen, wobei der Unterschied nicht immer eindeutig feststellbar ist (*Abell* 1980, S. 170 f.). Am Beispiel der interaktiven Videodienste wird deutlich, dass Produktinnovationen aus einem System aus neuen und bereits vorhandenen Funktionen bestehen können, die in ihrem Zusammenspiel neuen Kundennutzen stiften. Das bessere Nutzenpotenzial der neuen Lösung ist maßgeblich für den Erfolg der Innovation. Einen wichtigen Beitrag zum Nutzenpotenzial leistet hier die Komplementarität der Innovation mit vorhandenen Einrichtungen (Telefonanschluss, Fernseher). Ferner zeigt das Beispiel, dass eine neue Funktion, hier das Homeshopping, neue Kundengruppen ansprechen (y-Achse des Abell-Schemas) und neue (technologische) Fähigkeiten/Technologien (x-Achse) erfordern kann. Verallgemeinernd kann man sagen, dass eine funktionale Innovation (neu auf der z-Achse) durchaus Wechselwirkungen mit anderen Dimensionen der

Geschäftsfeldposition haben kann. So lässt sich die Entscheidung über die Funktion nicht isoliert treffen.

Da die Entscheidung über Funktionen interdependent ist mit derjenigen über Segmente und Technologien, setzt sie Entscheidungen darüber voraus, ob damit

- bestehenden Kundengruppen mehr Nutzen verschafft werden soll (new uses),
- neue Kundengruppen erschlossen werden sollen (new users) oder
- eigene oder fremde Kundengruppen zur Substitution bewegt werden sollen.

Neue Funktionen für bestehende Kundengruppen können die Antwort auf veränderte Bedürfnisse (Market-Pull) oder Veränderungen bestehender Kundengruppen sein. Darüber hinaus können neue Funktionen auch neue Teilmärkte eröffnen. Ein Beispiel: Xerox verdrängte 3M vom Kopiermarkt, indem die Kopierer nicht verkauft, sondern zu erträglichen Raten vermietet wurden. Durch diese Lösung wurde der Kopiermarkt zum Leasing- und Servicegeschäft. Einige Jahre später trat Canon erfolgreich in den Markt ein, indem kostengünstigere, einfach zu bedienende und wartungsfreundliche Geräte angeboten wurden. Damit sprach Canon nicht mehr technisch geschultes Personal in Druckereien o. ä. an, sondern gewann als Zielgruppe Mitarbeiter jeder Art. Die sukzessive Verdrängung etablierter Wettbewerbsprodukte kann erreicht werden, indem fremde Kunden zur Substitution bestehender Lösungen durch die Innovation bewegt werden. Dabei sind die Transaktionskosten, die Kunden durch den Produktwechsel entstehen, in die Bewertung des Kundennutzens einzubeziehen. Die Substitutionsgefahr kann sich aber auch gegen bestehende Lösungen des eigenen Produktprogramms richten. Die potenziellen Kannibalisierungseffekte (*Lomax et al.* 1997, S. 27 ff.) sind daher mit dem unternehmerischen Nutzen der Innovation abzugleichen.

Die Definition des Geschäftsfeldes als Handlungsspielraum ist auch ein Problem der *funktionale Breite* der Marktbearbeitung. Zum Beispiel kann ein Transportunternehmen den breiten Gesamtmarkt „Transport" bearbeiten, um Gegenstände, Personen und immaterielle Güter wie Informationen zu bewegen, oder es kann eine schmale funktionale Nische innerhalb dieses Marktes bearbeiten, etwa Autos vermieten oder Kunstobjekte transportieren.

Eine Analyse der potenziellen Verwendungszwecke zur Funktionspositionierung verfolgt das Ziel, Problemlösungsbedürfnisse der Kundengruppen (Market-Pull) und Problemlösungspotenziale einer Technologie (Technology-Push) zu erkennen und diese nach unternehmensinternen und -externen Faktoren zu bewerten. Entscheidungsrelevant für die Wahl der mit der Innovation zu erfüllenden Funktion sind sowohl kundengruppenbedingte als auch technologiebedingte Faktoren.

Kundengruppenbedingte Faktoren

Im Mittelpunkt der Überlegung steht das zu lösende Kundenproblem. Eine Software, die die Funktion „Komprimieren von Bilddaten" erfüllt, kann für eine Zielgruppe das Problem „Einsparung von Speicherplatz" lösen, wie es etwa für große Bilddatenarchive der Fall ist. Für andere Zielmärkte, z. B. im Bereich der Übertragung von Bewegtbildern, ist hingegen das Problem „Verkürzung der Übertragungszeiten" entscheidend. Der Verwendungszweck einer Innovation ist also nicht immer eindeutig, da subjektiv. Die Suche nach neuen Funktionen knüpft also am besten an der Suche nach noch nicht befriedigten Bedürfnissen an. Die Innovationsmarktforschung richtet sich auf die Erfassung dieser Bedürfnisse, insbesondere auf latent vorhandene, das heißt dem Kunden (noch) nicht bewusste und schwer artikulierbare Bedürfnisse sowie auf erst zukünftig entstehende Bedürfnisse (siehe auch 4.1.2.3.2). Potenzielle Funktionen sind nach Zahl und Größe der Kundensegmente zu bewerten, die mit der Problemlösung erreicht werden und der Kaufwahrscheinlichkeit für jede der in Frage kommenden Gruppen – Kriterien, die zugleich die Auswahl der Kundensegmente unterstützen. Die Kaufwahrscheinlichkeit ist unter anderem abhängig von Anwendungssynergien mit anderen Lösungen. Entscheidender Maßstab für die Funktionsbewertung aus Kundensicht ist als übergeordneter Faktor der CIA (siehe 2.2.2.3).

Technologiebedingte Faktoren

Diese Faktoren zur Funktionspositionierung betreffen interne Synergien, die technische Realisierbarkeit und die technische Überlegenheit der Lösung gegenüber vorhandenen bzw. konkurrierenden Lösungen. *Synergien* entstehen durch eine bestmögliche Nutzung der Technologiepotenziale im Unternehmen und durch die Ausweitung und Verstärkung der Kompetenzen auf diesen Gebieten. „Innovation-Technology-Fit" ist in diesem Sinne das Ausmaß, in dem das neue Produkt mit vorhandenen technologischen Möglichkeiten und Ressourcen des Unternehmens entwickelt werden kann (*Atuahene-Gima* 1996, S. 94). Besonders die technische Kompatibilität von Lösungen des Funktionssystems trägt einen hohen Anteil an erzielbaren Synergieeffekten. Die *technische Realisierbarkeit* der angestrebten Lösung betrifft neben der grundsätzlichen Lösbarkeit Fragen des zeitlichen und kostenmäßigen Aufwandes. Entscheidend für den Markterfolg einer Innovation ist es, dass die *technische Überlegenheit* gegenüber Wettbewerbsprodukten aus Kundensicht relevant ist, mit den Kundenbedürfnissen konform ist. Eine Gefahr besteht in technisch overengineerten Lösungen („elektronischen Mausefallen" siehe 2.2.2.4), bei denen das Verhältnis zwischen Technologie und Kundennutzen nicht stimmt. Aus marktorientierter Sicht sollte Technologie immer nur Mittel zum Zweck (d. h. zum Kundennutzen) sein, nicht Zweck an sich.

3.2.2.3 Technologien

Bei der *Auswahl der Technologie*, mit der die angestrebte Innovation realisiert werden soll, besteht einerseits die Option, eine Basis-, Schrittmacher- oder Schlüsseltechnologie einzusetzen (vgl. 2.1.1), andererseits ist zu entscheiden, ob auf eine aus Unternehmenssicht vorhandene oder neue Technologie zurückgegriffen werden soll. In der Regel verfügt ein technologieorientiertes Unternehmen über historisch gewachsene Technologien, so dass es – im Sinne einer Technology-Push-Vorgehensweise – geneigt sein wird, dort seine Innovationen anzusiedeln. Doch gerade technologische Leistungssprünge und Querverbindungen zwischen Technologien erfordern auch die Betrachtung alternativer Technologien. Die Implementierung einer neuen Technologie ist eine Grundsatzentscheidung mit besonderen Auswirkungen. Einerseits entsteht durch Umstrukturierung der F&E und Aufbau technologischer Kompetenzen hoher Investitionsbedarf, andererseits erfordert die Technologieentwicklung zeitlichen Vorlauf vor der Anwendungsinnovation.

Beeinflusst wird die Implementierungsentscheidung durch Technologie-, Wettbewerbs- und Unternehmensfaktoren sowie durch kundenbedarfsbezogene Faktoren. Im Folgenden werden diese Faktoren genauer beschrieben.

Technologie-, Wettbewerbs- und Unternehmensfaktoren

Ziel sollte es sein, Technologien zu fördern, deren Leistungspotenziale alternativen Technologien für bestehende Anwendungen überlegen sind. Bei ausgereizten Basistechnologien ist das wettbewerbsrelevante Differenzierungspotenzial vergleichsweise gering, so dass die Nutzensteigerung über den Zeitablauf durch zusätzliche Investitionen abnimmt. Ist ein Übergang von einer alten zu einer leistungsfähigeren Substitutionstechnologie absehbar, so ist eine aktive Umstellung auf die Nachfolgetechnologie mittels Umleitung der Ressourcen ratsam (siehe 3.4). Es können aber auch bestehende Technologien mit hohem Reifegrad und geringerem Weiterentwicklungspotenzial sinnvoll für neue Produkte eingesetzt werden, wenn das technologische Leistungspotenzial der Produkte zwar erreicht ist, sie sich aber gleichzeitig in einer Wachstumsphase am Markt befinden (*Lehmann* 1994, S. 21). Ein maßgeblicher Parameter zur Bewertung und Auswahl der Technologiealternativen ist das Innovationspotenzial, das durch die Indikatoren Differenzierungs-, Problemlösungs-, Implementierungs- und Diffusionspotenzial operationalisiert werden kann (*Michel* 1987, S. 160; zur Erläuterung der Indikatoren siehe 3.4.1).

Zur Evaluierung von Technologien aus Unternehmenssicht tragen Kosten-, Ressourcen- und Synergiefaktoren bei, die *Abell* (1980, S. 113) „company skills" und „resource requirements" nennt. Indikatoren wie Ressourcenrelevanz, relative Technologieposition, relatives F&E-Potenzial und Innovationsaufwand (*Peiffer* 1992, S. 207 f.) können zur Messung der unternehmensbezogenen Faktoren herangezogen werden (zur Erläuterung dieser Indikatoren siehe 3.4.1.3).

Kundenbedarfsbezogene Faktoren

Die Wahl einer neuen Technologie muss schließlich mit dem Nutzen aus Sicht der Kunden abgeglichen werden. Die Frage ist, inwieweit die Kunden technologische Neuerungen akzeptieren, ob sie den höheren Nutzen im Vergleich zu einer alternativen Technologie erkennen und durch ihre Kaufbereitschaft honorieren.

Am Beispiel einer Kaufentscheidung auf dem Audio-Markt können technologiebedingte Widerstände verdeutlicht werden: Als der erste tragbare Mini-Disc-Player 1991 von Sony auf dem Markt eingeführt wurde, stellte dieser außer der Verkleinerung keinen wesentlichen technologischen Durchbruch im Vergleich zur CD dar. So wurde diese Technologie von vielen potenziellen Nutzern übersprungen. Die einen in der Erwartung einer neuen und leistungsfähigeren Folgetechnologie, die anderen in Erwartung eines starken Preisverfalls der CD. 1995 zahlte sich diese Entscheidung mit der Einführung des ersten tragbaren MP3-Players aus, der sich heute sowohl gegenüber dem portablen CD-, als auch dem MiniDisc-Player weitgehend durchgesetzt hat. Widerstände können auch aus mangelnder Kompatibilität resultieren. Hier haben Standards einen zentralen Stellenwert.

Adoptionswiderstände bei neuen Technologien ergeben sich aus hohem wahrgenommenen Kaufrisiko seitens potenzieller Kunden. Das empfundene Risiko wird durch die erwarteten negativen Kauffolgen, etwa unzureichende Leistungsfähigkeit, mangelnde Integrationsfähigkeit oder geringe Bedienerakzeptanz und durch die empfundene Eintrittswahrscheinlichkeit der negativen Kauffolgen bestimmt. Daraus ergeben sich Risikoreduktionsstrategien der Konsumenten, die sich z. B. in der Verschiebung des Kaufzeitpunktes („Leapfrogging", siehe auch 4.6) bzw. in der Ablehnung des Kaufes äußern können. Aufgabe des Innovationsmarketing ist es, das wahrgenommene Risiko potenzieller Kunden zu antizipieren, in die Wahl der Kundengruppen und Technologien einzubeziehen und ggf. beim Markteintritt abzubauen.

3.3 Imagepositionierung und Kommunikationsplanung

Kommunikation ist das Herz des Innovationsmarketing, nach den Ergebnissen der Erfolgsfaktorenforschung wahrscheinlich der wichtigste Faktor. Zum Innovationserfolg kommt es auf die Akzeptanz bei den Zielkunden an, die vor allem vom professionellen Einsatz des Kommunikationsinstrumentariums abhängt, nach außen in den Markt wie auch nach innen zu den Mitarbeitern. Im Folgenden wird zunächst die Positionierungsstrategie (3.3.1) und darauf aufbauend der strategische Kommunikationsplan (3.3.2) behandelt.

3.3.1 Positionierungsstrategie

> **AEG Hausgeräte**
>
> Der Wert der Marke AEG Hausgeräte stieg von 1 DM (1982 Konkurssituation, Angebot eines Managment-Buy-out zu diesem symbolischen Preis) bis 1997 (Verkauf an Elektrolux) auf fast 1 Mrd. DM. AEG-Hausgeräte sind umweltfreundlich positioniert: Seit Überwindung der Konkurssituation des Konzerns per Übernahme durch die damalige Daimler-Benz AG wurde die Marke AEG Hausgeräte über das Thema Umweltschutz so positioniert, dass sie in wenigen Jahren von einem hinteren Platz auf die Nr. 2 in diesem gesättigten und technisch ausgereizten Markt aufstieg. Anfangs stellte der damalige Konzernchef Heinz Dürr noch fest: „Unsere AEG-Ingenieure entwickeln tolle Produkte, aber sie können sie dem Kunden nicht nahe bringen. Wir sind ‚product driven' und nicht ‚market driven'" (*Sebastian/Simon* 1989, S. 89). Unter Führung seines damaligen Werbeberaters und späteren Vorstandsvorsitzenden der AEG Hausgeräte AG, Carlhanns Damm, ist es gelungen, die Waschmaschinen, Spülmaschinen u. a. („weiße Ware") in den Köpfen der Zielkunden nicht nur als qualitativ hochwertig, sondern besonders als umweltschonend (auch in der Herstellung) zu positionieren. Damm wurde wegen seiner vorbildlichen ökologischen Produkt- und Kommunikationspolitik zum Ökomanager des Jahres 1993 gekürt. Grundlage einer ökologischen Positionierung sind technische Innovationen, hier zur Reduzierung des Wasser-, Energie- und Reinigungsmittelverbrauch. Die alleinstellende Neupositionierung gelang der AEG auf dieser technischen Grundlage über eine konsequente, emotional-bildhafte und (besonders mit der Person des Umweltaktivisten Damm) glaubwürdige *Imagekampagne*.
>
> Quellen: *Herzog* 1995 und eigene Top-Management-Gespräche

Von der Geschäftsfeldpositionierung, wie sie im vorangegangenen 3.2 erörtert wurde, ist die *Positionierung im Sinne von Imagegestaltung* zu unterscheiden. Die betriebswirtschaftlich-technische Lehrbuchliteratur vermittelt tendenziell den Eindruck, es gehe bei der Produktgestaltung und Produktqualität nur um Entscheidungen über physisch-objektive Eigenschaften; Produktpolitik wird gemeinsam mit der Preis- und Distributionspolitik als ein eher objektivistisches Instrument gesehen, weniger als Instrument der psychischen Gestaltung durch Kommunikation. Das bleibt in solchen Büchern dem Kapitel Werbung überlassen. Niemand bestreitet, dass subjektiv wahrgenommene Produkteigenschaften das Verhalten des Marktes bestimmen, und so den Erfolg. Es wird aber darüber hinweggegangen, dass subjektive Wahrnehmungen nicht objektiven Eigenschaften entsprechen müssen, weder nach Zahl und Gewicht noch nach der Art. So hat bspw. ein Pelikan M 800 Füllfederhalter objektiv betrachtet einen höheren Qualitätsstandard als ein Montblanc Füller – subjektiv wahrgenommen wird das jedoch umgekehrt (*Esch/Andresen* 1996, S. 95).

Der *heute geltende Imagebegriff* wurde von dem Ökonomen *Boulding* (1958) geprägt. Er gab der neuen verhaltenswissenschaftlichen Orientierung der (zumindest bis dahin dominant formalwissenschaftlichen, menschliches Verhalten vernachlässigenden) ökonomischen Theorie ein anschauliches Etikett: Primär bestimmen nicht die Fakten, sondern subjektive Vorstellungen von den Fakten das Kaufverhalten (Image-Orientierung statt Fakten-Orientierung). Verstanden wird unter einem *Image* eine mehrdimensionale und ganzheitliche Grundlage der Einstellung einer Zielgruppe zu einem Objekt (Produkt, Firma, Person usw.). Es besteht aus mehr oder weniger wertenden Eindrücken von einem Produkt/einer Marke, die zu einem ganzheitlichen „Bild" verbunden sind. Imageeigenschaften sind somit subjektiv, durchaus nicht voll bewusst, aber teilweise bewusst zu machen, nicht nur sprachlich kodiert, sondern auch bildhaft, episodisch, metaphorisch. Images sind nicht nur kognitiv, sondern auch emotional, erlebnisbezogen, wertend. Sie haben Einfluss auf die Einstellung und damit auf Präferenzen und das Kaufverhalten (*Trommsdorff* 2004 a, S. 168).

Ein Image existiert nur in der Vorstellung der Zielpersonen. Daher kann es nicht exakt ausgestaltet (wie eine Maschine konstruiert) werden, sondern nur Ist-analysiert, Soll-geplant und allenfalls tendenziell hergestellt bzw. korrigiert werden. *Produktpositionierung* ist Analyse und tendenzielle Gestaltung eines so verstandenen Images. Der Begriff hat also zwei aufeinander aufbauende Bedeutungen:

1. *Positionierung als Abbildung eines Marktes:* Ein analytisches Verfahren, durch das die präferenz- bzw. kaufrelevanten subjektiv wahrgenommenen Eigenschaften konkurrierender Marken im Marktsystem abgebildet werden. Die Vorstellung, auf der fast alle Positionierungsanalysemodelle beruhen, ist ein mehrdimensionaler Eigenschaftsraum, in dem die Marken graphisch verortet werden können (siehe 4.4.2).

2. *Positionierung als Imagegestaltung:* Strategien und Maßnahmen des Produktmanagements zur gezielten Gestaltung/Veränderung dieses Systems. Für die Entscheidung und Umsetzung einer Positionierungsstrategie kommt es darauf an, die angestrebte (Soll-)Position festzulegen und sie durch Qualitäts- und Kommunikationsmaßnahmen gezielt zu beeinflussen.

Die strategische Positionierungsentscheidung hat im Innovationsmarketing höchsten Stellenwert, bei einer Erstpositionierung höher als bei einer Umpositionierung.

Erstpositionierung ist die erstmalige Lokalisierung eines neuen Produkts auf erfolgs-relevanten Eigenschaftsdimensionen. Hier steht die Soll-Positionierung im Sinne von Imagegestaltung im Vordergrund, denn die Ist-Position einer Innovation kann erst erfasst werden, wenn sie im Markt etabliert ist. Analysiert werden sollten aber die Positionen von Substitutions- bzw. Wettbewerbsprodukten sowie ggf. Idealvor-stellungen von Eigenschaften seitens potenzieller Kunden. Die Erstpositionierung setzt eine Projektion des neuen Produkts in seinen künftigen Markt voraus.

Die *Umpositionierung* einer bereits bestehenden Produktposition (inklusive „Re-launch", faktisch einem Neustart) wird insbesondere zur Vergrößerung des eigenen Marktpotenzials oder zur Differenzierung der Marke von Wettbewerbern eingesetzt. Die bestehende Position kann durch innovative Veränderungen am Produkt und/oder der Kommunikation verschoben werden. Ein Beispiel für eine auf Kom-munikation beruhende gelungene Umpositionierung ist „4711 Echt Kölnisch Was-ser": Schon Richard Wagner war ein treuer Verwender von Kölnisch Wasser. „Ich rechne für den Monat etwa ein Liter" (*Hars* 2002, S. 130). Kölnisch Wasser wird seit ca. 200 Jahren mit geheimer Rezeptur zuerst als Heilwasser, dann als Duftwasser an-geboten. Die Marke wurde spät, aber dann erfolgreich vom „Duft für ältere Damen und Herren" zur „Frische, die belebt" gewandelt. Den Slogans „Das Wunderwasser von Köln" (1928), „Köln und 4711 weltberühmt" (1953), „Die Frische, die belebt" (1991), sowie seitdem „Einzigartig erfrischend" und ab 2005 „Natürlich frisch" steht nach wie vor die typische Flasche mit dem blau-goldenen Etikett zur Seite. Nach An-gaben des Unternehmens liegt der „Wachmacher" inzwischen wieder voll im Trend.

Im Rahmen der Positionierung einer Produktneuheit gilt es zu entscheiden, ob eine neue Marke und damit eine neue Positionierung kreiert werden oder ob das Image einer bereits bestehenden Marke auf die Innovation übertragen werden soll. Neue Marken zu kreieren und aufzubauen, ist in hart umkämpften Massenmärkten schwierig und teuer. Nach *Sattler* (1997, S. 88) betragen die marketingbezogenen Pro-dukteinführungskosten einer Neumarkenstrategie bei kurzlebigen Konsumgütern ca. das Doppelte der Kosten eines Markentransfers. Eine neue Marke zu etablieren kostet in der Regel zweistellige Euro-Millionen. Daher werden insbesondere bei kurzlebigen Konsumgütern ca. 90% der Neuprodukte über eine Markentransfer-strategie eingeführt (*Sattler* 2003, S. 3 f.).

Durch *Positionstransfer* (*Trommsdorff* 2004 a, S. 176 ff.) kann ein schon aufgebautes Markenkapital einer bestehenden Marke genutzt werden. Durch Neueinführungen unter einer Dachmarke (*Andresen/Nickel* 2001) werden nicht nur Bekanntheit und Image der Dachmarke auf das neue Produkt übertragen, sondern so kann auch die Originalmarke veränderten Kundenbedürfnissen angepasst und zeitgemäß gehalten werden. Einer Dachmarkenstrategie folgen z. B. fast alle „Light"-Flanker (Flanker sind Produkte, die bei gemeinsamem Produktnutzen ein neues Marktsegment be-dienen). „Erweiterung um Light-Produkte" heißt, dass das Produkt kalorien- oder alkoholreduziert ist, ohne dass der Konsument auf das Geschmackserlebnis der ein-geführten Marke verzichten muss.

Unter einer Dachmarke können auch innovative Produkte eingeführt werden, die das angestammte Marktsegment bedienen („Line-Extender"). So wurde Milka von Suchard ursprünglich als 100g-Vollmilchschokolade konzipiert. Die Marke hat sich über Line-Extender (300 g Tafel) und Geschmackvarianten (Vollmilch-Nuss) bis hin zu Flanker-Produkten (Milka Lila-Pause, Milka-Tender, Milka-Herzen, Milka M-Joy und Milka Nuss-Nougat Creme und Milka Mousse au Chocolat) zu einer erfolgreichen Dachmarke entwickelt (*Müller* 1994, S. 142 ff.).

In der Praxis besteht ein Zusammenhang zwischen dem Innovationsgrad und der Häufigkeit von Markentransfers. Während bei Produktdifferenzierungen und inkrementalen Innovationen oft ein etablierter Markenname und die damit verbundene Imagepositionierung übertragen wird, werden bei radikalen Innovationen in der Regel Neumarkenstrategien eingesetzt (*Andresen/Nickel* 2001, S. 650), denn der wahrgenommene Neuigkeitsgrad könnte durch das Image der etablierten Marke eingeschränkt werden (*Sattler* 2001, S. 369). Ferner wurde gezeigt, dass der „Fit" (Ähnlichkeit zwischen Muttermarke und Transferprodukt) ein sehr wichtiger Markentransfer-Erfolgsfaktor ist (*Sattler et al.* 2002, S. 25). Natürlich ist dieser Effekt bei *radikalen* Innovationen gering.

Grundsätzliche *strategische Alternativen* der Neu- oder Repositionierung einer Marke liefern die beiden Hauptziele der Imagepositionierung (siehe auch Abb. 3.6): (1) möglichst nahe in das Zentrum der Idealvorstellungen der Kunden bzw. eines starken Marktsegments (Marktpotenzialziel), (2) möglichst weit weg von den Positionen der Wettbewerber (Differenzierungsziel). Das Differenzierungsziel kann (2 a) im Rahmen des vorliegenden Imageraumes verfolgt werden, indem man die Marke auf einer oder mehreren wettbewerbsbedeutsamen Dimensionen „wegpositioniert". Man kann aber (2 b) die Marke auch auf einer ganz anderen Dimension profilieren und sich damit aus dem Imageraum „herauspositionieren".

In diesem Zusammenhang ist eine ausgeweitete imagestrategische Stoßrichtung (3) zu erwähnen: Umpositionierung nicht der (realen) Marke, sondern den (idealen) Vorstellungen der Konsumenten. Darauf wird hier aus zwei Gründen nicht eingegangen. Erstens kommt der Aufwand einer solchen Veränderung der Wertvorstellungen im Innovationsmanagement selten in Frage, zweitens hat sich dieses ausgeweitete Verständnis von Positionierung in der Praxis nicht durchgesetzt.

Marktpotenzialziele (1) und Differenzierungsziele (2) stehen im Konflikt, wenn auch Wettbewerber Marktpotenzialziele verfolgen und deshalb eine Positionierung nahe den Idealvorstellungen verfolgen, die zugleich eine Positionierung bei den Wettbewerbern wäre (*Carpenter/Nakamoto* 1989, S. 285 ff. und 1994, S. 570). Der Zielkonflikt kann auf höherer Ebene durch Marktanteilsmaximierung gelöst werden, wenn die Wirkungsbeziehungen von Distanzen zwischen einer potenziellen Position und den Wettbewerberpositionen einerseits sowie den idealen Konsumentenpositionen andererseits quantifiziert werden können. Man kann dann die Position mit dem größtmöglichen Marktanteil durch mathematische Optimierung herausfinden. Wenn man außerdem Preise und Kosten für potenzielle Positionen ins Kalkül einbezieht, kann auch die gewinnmaximale Position geplant werden (*Albers* 1989, *Horsky/Nelson* 1992). Schließlich kann ein Imagepositions-Optimierungsmodell unter Einbeziehung möglicher Wettbewerberaktionen und -reaktionen dynamisch gestaltet werden (*Hauser/Shugan* 1983, *Horsky/Nelson* 1992, *Marks/Albers* 2001).

Die vom Zielkunden wahrgenommene Produktqualität ist ein entscheidender Erfolgsfaktor, gerade bei neuen Produkten (*Kessler/Chakrabarti* 1998, S. 302). Nicht die

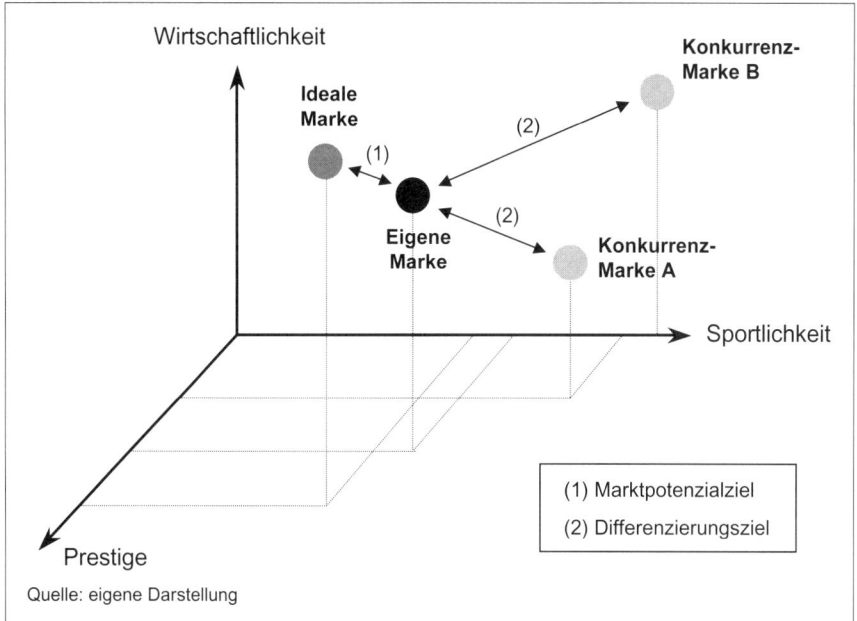

Abb. 3.6: Fiktive dreidimensionale Positionierung

technisch gemessene objektive Qualität, sondern der Qualitätseindruck, den die Zielkunden haben, erklärt Erfolg und Misserfolg im Markt. Um die Position der Marke aktiv zu beeinflussen, kann man qualitätsorientiert-physisch und/oder kommunikationsorientiert-psychisch vorgehen: Entweder werden die hinter den Imagedimensionen stehenden Eigenschaften (siehe Abb. 3.6) der Marke aktiv gestaltet/geändert (physische Produktdifferenzierung, diese Strategie setzt jedoch voraus, dass die Konsumenten die physische Produktvariation auch wahrnehmen) oder es können über das kommunikative Marketinginstrumentarium Eindrücke ohne objektive Produktvariation/-innovation beeinflusst bzw. verändert werden (psychische Produktdifferenzierung).

Natürlich ist eine Kombinationsstrategie aus physischer und psychischer Produktdifferenzierung denkbar und sinnvoll. Der frühere Vorstandsvorsitzende der AEG-Hausgeräte AG, Carlhanns Damm, bringt das folgendermaßen zum Ausdruck: „Ich habe immer vertreten, dass Marketing & Vertrieb die Nummer eins für alles ist. Heute sage ich, dass – zumindest für die nächsten zehn Jahre – die Innovationen den ersten Platz einnehmen müssen und Marketing den zweiten. Wir müssen alles Geld, das wir, speziell in Deutschland, zur Verfügung haben, in unvergleichbare Produkte stecken und nicht mehr gleiche Produkte unterschiedlich definieren wollen, die nichts Unterschiedliches, Unterscheidbares mehr zu bieten haben" (*o. V.* 1998 a, S. 11).

Jedoch führt die zunehmende technische Produkthomogenisierung durch Ausschöpfung aller Qualitätsverbesserungsmöglichkeiten auf vielen Märkten dazu, dass die relative Bedeutung der psychischen Produktdifferenzierung wächst (*Trommsdorff* 2004 a, S. 175). Ein Beispiel dafür ist die Entwicklung der Marke „Intel inside": Bis Anfang der 90er Jahre beherrschte Intel den Markt für Prozessoren, die ganz nach

Technikmanier als „386" und „486" bezeichnet wurden. Intel bekam schließlich mit den Unternehmen Advances Micro Devices (AMD) und Cyrix zwei neue Konkurrenten, die mit so genannten „Clones" (Prozessor-Imitate, zum Original kompatibel und preiswerter) am profitablen Prozessorgeschäft teilhaben wollten. Die Bedingungen für die Konkurrenten waren günstig. Der Käufer interessierte sich nicht für den Hersteller des Prozessors in seinem PC. Der Preis des Prozessors bzw. des PCs spielte die wichtigste Rolle bei der Kaufentscheidung. Intel suchte nach Wegen, um den Käufer von der Leistungsfähigkeit und Qualität der Prozessoren zu überzeugen und sich so von den Clones-Herstellern abzugrenzen. Marketingziel von Intel war es, einen Nachfragesog durch die PC-Käufer zu initiieren, der die PC-Hersteller zum Einsatz von Intel-Prozessoren bewegen sollte. Damit konzentrierten sich die Marketingbemühungen nicht wie früher allein auf die PC-Hersteller, sondern richteten sich auch auf die PC-Käufer als indirekte Kunden, die von nun an den „Computer inside" als kaufentscheidenden Faktor, und Intel-Prozessoren als „essential ingredient" und damit als Marke wahrnehmen sollten (zum Ingredient Branding siehe *Simon/Sebastian* 1995, S. 42 ff.). Intel ist damit vom substituierbaren Techniker zum mächtigen Markenartikel geworden. Mit dieser emotionalen Positionierung und Marketinginnovation gelang es in sechs Jahren, den Marktanteil trotz zunehmender Konkurrenz um 16 % zu steigern und zum Schrittmacher der Computerindustrie zu werden (*Schmäh/Erdmeier* 1997, S. 122 ff.). So liegt der Marktanteil Intels noch heute (2005) bei über 80 % aller PC-System (x86)-basierenden Desktop-, Mobile- und Server-Prozessoren (*Chou/Shen* 2005).

Auch das Erkennen von (Mode-)Trends kann der Ausgangspunkt für eine sozioemotionale Positionierung in einem bisher relativ technisch ausgerichteten Markt sein: Der Amerikaner Tom Kartsotis bietet seit 1986 Uhren unter dem Markennamen Fossil an. Er erkannte unausgeschöpfte Potenziale auf dem Markt für modische und häufig wechselnde Uhren, die mehr Accessoire als Zeitmesser sind. Ursprünglich bediente diesen Markt nur der Konzern des Schweizers Hayeck (SMH) mit der Marke Swatch. Den bald einsetzenden Wettbewerb haben neben Swatch nur Guess und Fossil überlebt. Fossil kopierte nicht die Swatch-Idee, sondern besetzte den 50er-Jahre Retro-Look. Die Uhren haben ein besonderes Design und eine für modische Uhren ungewöhnlich hohe Qualität und Anmutung. Die Marke war von Beginn an in den USA erfolgreich und 1993 begann das Unternehmen erfolgreich (über Gründung einer Tochterfirma) mit der Erschließung zunächst des deutschen und dann des gesamten europäischen Marktes. Seit 1992 bietet Fossil mit derselben Positionierung Kleinlederwaren, seit 1995 auch Sonnenbrillen an (*Hessler* 1998, S. 46 ff.). Seit 1997 werden unter der Marke Lizenzen für Uhren, und Schmuck vergeben, zu denen bspw. Armani, DKNY, Diesel oder auch Burberry gehören. 2001 wurde in den USA die erste Bekleidungskollektion vermarktet. Nach eigenen Angaben konnte Fossil seine Umsatzzahlen weltweit seit 1998 (305 US $) bis 2004 (960 US $) verdreifachen. In den USA sind sie im Bereich Uhren seit 2001, im Bereich Leder seit 2003 Marktführer.

Folgendes lässt sich festhalten: zu den verhaltenswissenschaftlich geleiteten Aufgaben des Innovationsmarketing gehört es, die Beziehungen zwischen objektiven Differenzierungsmerkmalen und subjektiven Images aufzudecken und daraus Wettbewerbsvorteile zu generieren. Wie aber kann eine Positionierung konkret gestaltet werden? *Kotler* (2000, S. 47 f.) unterscheidet folgende Positionierungsoptionen: Über besondere Eigenschaften (z. B. „das kleinste Auto im Markt"), über eine bestimmte Anwendung („der beste Jogging-Sportschuh"), für bestimmte Anwender („Mac – der beste Computer für Grafiker"), über Wettbewerber („Burger King – weil besser als McDonalds"), über die Produktkategorie („Tempo heißt Taschentuch"), über Qualität/Preis („Chanel No. 5 als herausragendes Qualitäts-Parfum") und nicht zuletzt durch das aus Marketing-Sicht zu empfehlende Angebot eines konkreten Kundennutzens (Volvo bietet „größte Sicherheit", Mercedes „größtes Prestige" und BMW „beste (Fahr-)Leistung").

Wichtig ist: Die Perspektive der Neuproduktpositionierung ist kundenbezogen, nicht technikbezogen. Kunden kaufen keine objektiven Eigenschaften und Funktionen, sondern subjektiv wahrgenommene Produktnutzenbeiträge. Der Kunde kauft ein neues Produkt, wenn ihm das Merkmalsbündel einen positiven Nettonutzen verspricht und es ihm gegenüber subjektiv relevant erscheinenden (im Consideration Set enthaltenen – siehe 4.4.2) Konkurrenzprodukten überlegen erscheint. Um dieses Ziel zu erreichen, müssen physische Eigenschaften in kommunizierte Imagemerkmale so übersetzt werden, dass möglichst viele Zielkunden diese Marke unter den konkurrierenden Marken bevorzugen.

Bei den aus Kundensicht relevanten Dimensionen handelt es sich in der Regel um nur wenige Merkmale, z. B. die Handlichkeit, das Prestige und die Alltagstauglichkeit einer Mobilfunktelefonmarke (siehe exemplarisch Abb. 3.7). Das sind keinesfalls alle technisch qualitätsbestimmenden Merkmale wie Leistungs-, Sicherheits- oder Lebensdauerwerte. Ebenso ist eine konkrete Ausprägung des neuen Produkts auf einer solchen Dimension nicht ein physikalischer Messwert, sondern eine pauschale und relativ grobe Vorstellungsgröße, z. B. in der Schulnote „gut" für die Handlichkeit oder in der Art einer Rangziffer „das handlichste Handy auf dem Markt". Natür-

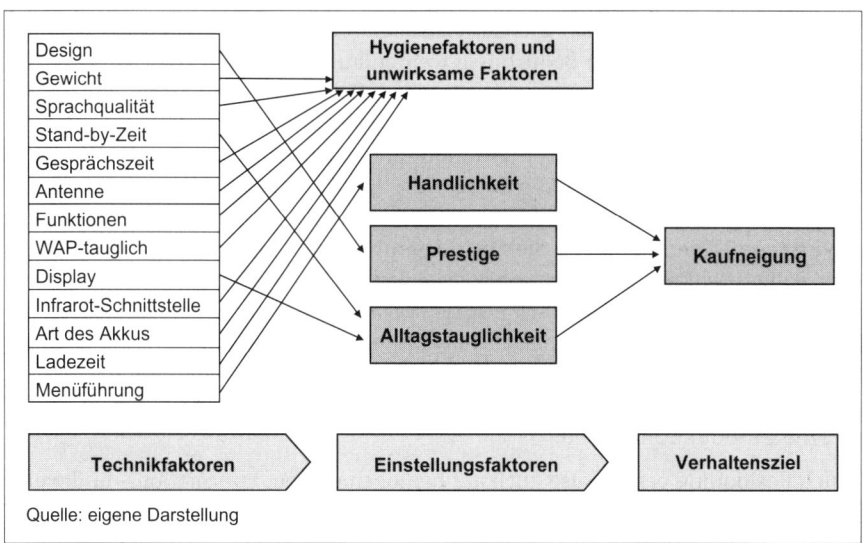

Abb. 3.7: Übersetzung von Technik in Kaufverhalten – Beispiel: Mobiltelefon

lich werden die subjektiven Vorstellungen von den objektiven Merkmalen und Ausprägungen einer Innovation beeinflusst. Vorraussetzung ist aber, dass das Innovationsmarketing sie überzeugend kommuniziert.

Differenzierung (Nummer 2 in Abb. 3.6) auf neuen, noch atypischen Eigenschaften, also außerhalb des bisherigen Wahrnehmungsraumes liegt nahe, wenn die Position der „besten" Marke schon besetzt oder hart umkämpft ist und eine Profilierung mit etablierten Eigenschaften nicht zu einer Erfolgspositionierung führen würde. Die Alternative heißt nach *Ries und Trout* „Positioning" – Positionierung auf einer andersartigen, alleinstellenden Dimension außerhalb des herkömmlichen Imageraumes. Positioning bedeutet, die Marke mit einem einzigartigen Eindruck unverwechselbar zu machen. Dazu muss als CIA-Voraussetzung eine einfach zu verstehende neue Aussage über die Marke gefunden und stark penetriert werden.

Positioning-Strategien (*Ries/Trout* 1993) haben vier Merkmale:
1. USP (Unique Selling Position, Competitive Innovation Advantage),
2. KISS (Keep it Simple and Stupid oder Keep it Short and Simple),
3. FIRST (als erster am Markt, siehe auch 3.6) und
4. VOICE (mit großer „Lautstärke")

Prominentes Beispiel für eine erfolgreiche Positioning-Strategie war das „Überraschungsei" von Ferrero. Mit dem Spielzeug-gefüllten Schokoladenei – ursprünglich ein Osterei – gelang Ferrero der Durchbruch durch die Umpositionierung zum Ganzjahres-Überraschungsei. Durch die, alleinstellende Überraschungs-, Spiel und Sammler-Komponente konnte sich Ferrero vom Wettbewerb differenzieren. Außerdem wurde aufgrund der limitierten Zahl jeder Spielzeug-Füllung ein neues Kundensegment gewonnen – die (z. T. professionellen) Sammler von Überraschungseifiguren.

Innovatives Positioning versucht, eine für die Kaufentscheidung wichtige, dem Kunden aber (noch) nicht als relevant geläufige Eigenschaftsdimension in einzigartiger Weise zu besetzen, um einen CIA zu realisieren. Positioning kann entweder „Outside-In" vorgehen: Latente Bedürfnisse werden auf der Basis geeigneter Marktforschungsmethoden identifiziert und besetzt – oder „Inside-Out": Eine innovative Dimension wird auf der Basis vorhandener Unternehmenskompetenzen (z. B. technologischen Fähigkeiten) kreiert und dann potenziellen Zielkunden als Bedürfnis nahe gebracht (*Tomczak/Roosdorp* 1996, S. 29, *Haedrich/Tomczak* 1996, S. 143 ff.). Im engen Zusammenhang damit steht auch die Frage der zeitlichen Abfolge einer Neuproduktpositionierung: Sollte die Positionierung einem neu entwickelten Produkt oder sollte das Produkt einer vorab festgelegten Positionierung folgen? Was ist Henne und was ist Ei? Nach *Esch und Levermann* (1995, S. 9 f.) bietet sich auf gesättigten Märkten letzteres Vorgehen an. Hier orientiert sich die technische Forschungs- und Entwicklungstätigkeit an Positionierungseigenschaften, die durch das Marketing („outside-in" – bzw. „Market-Pull") vorgegeben werden, und generiert darauf geeignete Produktfunktionen.

Durch Positioning besteht also auch auf homogenisierten, informations- und werblich überfluteten und gesättigten Märkten noch eine Chance zur innovativen Profilierung. Damit sind aber auch die meisten Positionierungsmodelle nicht mehr zu gebrauchen, weil sie die Profilierung von Marken auf ihren *eigenen, nicht gemeinsamen*

Dimensionen ausschließen. Eine Alternative für diesen Fall bietet die später dargestellte Wettbewerbs-Image-Struktur-Analyse WISA (*Trommsdorff* 2002, S. 359 ff.; *Trommsdorff/Paulssen* 2005; siehe auch 4.4.2). Eng mit der Produktpositionierung verwandt ist die Marktsegmentierung. Sie bedeutet Einteilung der Zielkunden in Gruppen, die in sich homogen und untereinander heterogen sind (siehe auch 3.2.2.1). Segmentieren kann man nicht nur nach soziodemographischen Eigenschaften der Zielkunden und nach ihren Besitz- und Verhaltensmerkmalen, sondern – für das aktive Marketing besonders interessant – auch nach Imagemerkmalen, insbesondere nach den Idealvorstellungen der Zielkunden im Hinblick auf ein bestimmtes Produkt.

Während die Positionierung die Marke als Unternehmensobjekt im Auge hat, geht es bei der Segmentierung um den Kunden. Die Ausführungen zu Marktpotenzial- und Differenzierungsstrategien haben den Zusammenhang schon angesprochen: Segmentierungsüberlegungen müssen einerseits einer Positionierung vorausgehen, denn vielleicht haben unterschiedliche Segmente verschiedene Real- und Idealimages. Marktsegmentierung kann aber auch Folge einer Produktpositionierung sein, z. B. wenn sich herausstellt, dass eine einheitliche Positionierung für den Gesamtmarkt ökonomisch unhaltbar oder psychologisch nicht durchsetzbar ist. In der Praxis der Produktpositionierung kommen Segmentierungsüberlegungen als von vornherein segmentspezifische Analyse oder als Darstellung segmentspezifischer Idealpositionen im Positionierungsmodell vor. Segmentierung kann der Positionierung vorgehen (segmentspezifische Positionierung) oder nachfolgen (Marktsegmentierung nach Image-Idealpunkten).

Positionierungsstrategien sind grundsätzliche, mittel- bis langfristig erfolgsentscheidende und komplexe Entscheidungen der gezielten Beeinflussung (einschließlich Schaffung, Übertragung und Verstärkung) einer Produktposition durch Kommunikations-, Qualitäts- und Angebotsmaßnahmen. Folgende potenzielle, in der Praxis

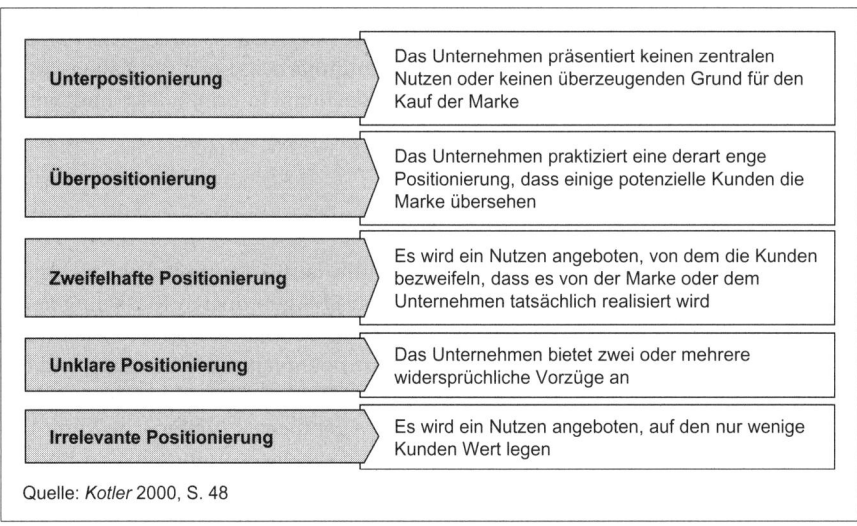

Unterpositionierung	Das Unternehmen präsentiert keinen zentralen Nutzen oder keinen überzeugenden Grund für den Kauf der Marke
Überpositionierung	Das Unternehmen praktiziert eine derart enge Positionierung, dass einige potenzielle Kunden die Marke übersehen
Zweifelhafte Positionierung	Es wird ein Nutzen angeboten, von dem die Kunden bezweifeln, dass es von der Marke oder dem Unternehmen tatsächlich realisiert wird
Unklare Positionierung	Das Unternehmen bietet zwei oder mehrere widersprüchliche Vorzüge an
Irrelevante Positionierung	Es wird ein Nutzen angeboten, auf den nur wenige Kunden Wert legen

Quelle: *Kotler* 2000, S. 48

Abb. 3.8: Potenzielle Positionierungsfehler

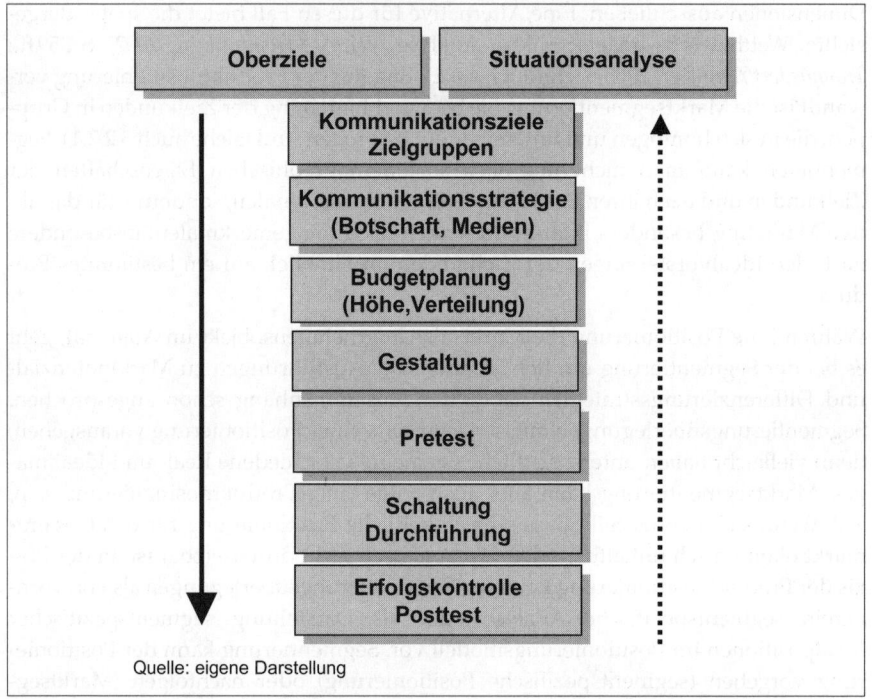

Abb. 3.9: Phasen der Kommunikationsplanung (Kommunikationscontrolling)

relativ häufig vorkommende Positionierungsfehler (siehe Abb. 3.8, vgl. auch *Kotler* 2000, S. 48) gilt es zu vermeiden:

Darüber hinaus ist Imagewahrnehmung durch (potenzielle) Kunden *dynamisch*. Gefahr besteht in unzureichender Kontrolle der Wirkung von Positionierungsmaßnahmen, und der Veränderungseffekte im Zeitablauf (*Esch/Levermann* 1995, S. 14). Die Positionierungsentscheidung und -kontrolle kontinuierlich durch (verhaltens-)wissenschaftliche Analysen und Modelle zu fundieren, lohnt. Informationsgrundlage ist die Positionierungsanalyse, wie in 4.4.2 behandelt.

3.3.2 Strategischer Kommunikationsplan

Der Planungsprozess der Kommunikationspolitik läuft idealtypisch in mehreren Phasen ab, siehe Abbildung 3.9. Ausgehend von übergeordneten Marketingzielen und von der Situationsanalyse (siehe auch 4.1.1) werden zunächst die Kommunikationsziele festgelegt. Dazu gehört auch die Zielgruppenplanung: Festlegung und Beschreibung der relevanten Zielgruppen (siehe auch 4.4.1). Die anschließende Entwicklung der Kommunikationsstrategie ist der eigentliche schöpferische Kern. Die Umsetzung der Strategie kostet Geld, also muss jetzt das Kommunikationsbudget festgelegt werden, und es ist auf die verschiedenen Kommunikationsinstrumente zu verteilen. Anschließend werden die konkreten Kommunikationsmaßnahmen gestaltet, auf ihre potenzielle Wirkung getestet (Pretest) und, ggf. daraufhin modifiziert, durchgeführt. Die abschließende Kommunikationserfolgskontrolle (Posttest) ist der Vergleich des Erreichten mit dem Angezielten. Sie gibt Feedback zu den Kommunikationszielen usw., die entsprechend den gemachten Erfahrungen eventuell zu modifizieren sind.

Dieses idealtypische Phasenschema ist theoretisch perfekt, es kann und muss in der Praxis nicht immer exakt eingehalten werden. Manche Unternehmen entwickeln ihr eigenes Phasenschema. Das nachstehende Beispiel von IBM zeigt, dass dabei auch ganz konkrete Maßnahmen im Rahmen der Neuprodukteinführung im Vordergrund stehen können:

IBM

In Folge seiner veränderten Kundenstruktur und wegen abnehmender Kundenloyalität beschloss IBM Ende der 1980er Jahre, ein neues Modell zur Kundenansprache zu verwenden. Das „hybrid go-to-market model" bestand im Kern aus sieben Stufen der Markteinführung. In Stufe 1 wurde gemeinsam mit Distributoren die Kommunikationsstrategie erarbeitet. Dabei wurden auch die Vertriebskonditionen ausgehandelt und ein Trainingsplan für die Verkäufer entwickelt. In Stufe 2 wurden Mailings an die Kunden verschickt und persönliche Telefonate geführt. In den Stufen 3 und 4 wurden Kunden besucht, Kaufverträge verhandelt und abgeschlossen und die Produktion den Bestellungen entsprechend koordiniert. In Stufe 5 wurden die Systeme (Hard- und Software) geliefert, installiert und getestet. In Stufe 6 wurden die fertigen Systeme beim Kunden implementiert und der entsprechende Service erbracht. In der letzten Stufe 7 wurden die Kunden nachbetreut, auch um neue Bedürfnisse zu ermitteln, deren Zufriedenheit erfragt und ggf. Korrekturen vorgenommen.

Quelle: Gandolfo/Padelletti 1999

Kommunikation ist nicht nur erfolgskritisch für die Neuprodukteinführung, Innovationskommunikation ist auch ein wesentlicher Teil der allgemeinen Kommunikationspolitik. Wir verzichten aber auf die Darstellung allgemeiner Aspekte der Kommunikationspolitik und fokussieren Besonderheiten der Kommunikation von Innovationen. Dabei ist die zunehmende Bedeutung emotionaler Kommunikation zu betonen, die eine Schlüsselrolle zur Akzeptanzschaffung spielt. Außerdem gehen wir auf die Besonderheit „Vorankündigung" ein, weil sie eine interessante Möglichkeit der Vorbereitung und frühzeitigen Auslösung von Kaufentscheidungsprozessen bietet. Nach einer kurzen Einleitung werden beide Aspekte am Beispiel der Einführungskommunikation der Mercedes-Benz A-Klasse behandelt.

Verhaltenssteuerung durch Kommunikation funktioniert in vielen Märkten fast nur noch über Gefühle statt Argumente, über Bilder statt Texte, über Erlebnisse statt Funktionen. Besonders in gesättigten Märkten mit hohem Qualitätsstandard und homogener technischer Produktqualität, wo es nur noch wenige objektive Innovationsmerkmale gibt, können sich Innovationen oft nur noch mit emotional positiven Eigenschaften durchsetzen.

Bei abnehmender Informationsneigung der Konsumenten steigt die Schwierigkeit, den Innovationsnutzen plausibel zu machen. Zugleich steigt der Anteil der immateriellen Nutzenstifter am Produkt, darunter besonders die Informationsfeatures. Materielle Eigenschaften des Autos wie Materialqualität und Energieverbrauch treten als Erfolgsfaktoren zurück hinter Gefühlen wie Bequemlichkeit, Prestige und Sicherheit. Diese Eigenschaften können kaum anders vermittelt werden als durch emotionale und bildliche Kommunikation. Diese ist besonders aufwändig und umso sorgfältiger zu planen und zu kontrollieren. Ein Beispiel findet sich bei der Einführung der neuen 7er Reihe von BMW:

BMW

Die Zielgruppe der neuen BMW 7er-Reihe – Männer mit Spitzenpositionen – ist berufsbedingt schwer zu erreichen und zu begeistern. So war ein innovatives Konzept zu entwickeln, um die Zielgruppe zu interessieren/anzusprechen. BMW entwickelte ein 4-Stufen-Konzept. In der *ersten* Stufe wurde ein hochwertiges 3D-Mailing an die Privatadressen potenzieller Interessenten versandt. Darin befand sich ein Tuch, das zu sechs angekündigten BMW-Events getragen werden konnte. Es wurde eingeladen, sich mehr Informationen zukommen zu lassen. In der *zweiten* Stufe wurde ein „Event-Buch" versandt, das vordergründig ausführliche Informationen zu den Events enthielt, jedoch vorrangig die Markenphilosophie von BMW transportierte. In der *dritten* Stufe fanden die Events statt. Für die Hin- und Rückfahrt zu bzw. von den Events wurde den Teilnehmern ein BMW der 7er-Reihe zur Verfügung gestellt. Das primäre Ziel der Events war also eine ausgiebige Probefahrt. In der *vierten* Stufe wurde ein Reminder mit Hinweis auf einen BMW-Vertreter in der Nähe versandt. Ein Erfolgsbeleg: fast 70 % derjenigen, welche die 2. Stufe (Anforderung Event-Buch) durchlaufen hatten, nahmen auch an einem der Events teil.

Quelle: o. V. 1997b

Informationen zu produzieren ist unbegrenzt möglich, die Fähigkeit sie aufzunehmen, ist eng begrenzt. Beim Informieren müssen wir „kundenorientiert" vorgehen, denn die zu Informierenden sind gewissermaßen Kunden, weil sie die angebotene Kommunikation annehmen oder ablehnen können. Wir müssen Ihnen entgegenkommen, es ihnen leicht machen, z. B. eher persönlich als durch Medien und vor allem eher durch Bilder als durch Texte: Ein Bild sagt mehr als tausend Worte. Es macht dem Kommunikator aber mehr Mühe, Abbildungen zu erzeugen als Texte. Für Bilder verschiebt sich der Kommunikationsaufwand vom Kommunikanten auf den Kommunikator. Werbung hat diesen Wandel weitgehend vollzogen, von aufdringlicher und umständlicher Textkommunikation zu unterhaltsamer und erlebnisorientierter, auf den Punkt gebrachter, Bildkommunikation. Diese kann durchaus zugleich hochgradig erlebnisorientiert sein, wie das nachstehende Beispiel „Event-Park" zeigt.

Event-Park

Event-Parks bieten für die Kommunikation von Marken und (neuen) Produkten gute Möglichkeiten. Nutzer und Kunden werden durch die spaßorientierte Ausrichtung solcher Veranstaltungen angezogen und erhalten „nebenbei" Informationen zu Produkten und ein Erleben der Markenwelt. Ein solches Konzept setzte Mercedes-Benz (Schweiz) zur Kommunikation der neuen Lastwagen-Reihe Actros ein. In einer als Themenpark gestalteten Technikausstellung wurden die Exponate vorgeführt. Wichtige Entwicklungsteile wie Fahrerhaus, Kältecontainer, Fahrgestell und Bremsen konnten eingehend untersucht werden. Entwicklungsingenieure erklärten Einzelheiten. Das authentische Erleben stand im Vordergrund, so war der Kältecontainer, in dem Filme über die Kälteerprobung gezeigt wurden, tatsächlich gekühlt. Auch olfaktorische Reize wurden angesprochen, durch das Beladen von kleinen Containern mit Orangen, Lavendel etc. Das Event wurde von Aktivitäten aus der Trucker-Szene wie Bullriding, dem Angebot von Spareribs in einem Bierzelt und entsprechender Musik begleitet.

Eine andere Art Event-Park sind „Brand-Parks". Im Unterschied zu Freizeitparks wie Disneyworld werden sie vom Markenunternehmen zur Kommunikation der Positionierung eingerichtet und betrieben. Das erste Beispiel war Legoland in Dänemark, weitere Parks wie der Opel-Park bei Frankfurt und die Autostadt in Wolfsburg folgten.

Quellen: o. V. 1998 b, o. V. 1997a

Kommunikation von Innovationen sieht sich besonderen Herausforderungen gegenüber. Kundenorientierte Kommunikation orientiert sich an den Informationsbedürfnissen der Kunden. Der individuelle Übernahmeprozess einer Innovation (siehe auch 4.6) vollzieht sich in Phasen. *Rogers* (2003, S. 20 f.) geht bspw. von folgenden fünf Phasen aus:

1. Kenntnisnahme (knowledge): Man nimmt die Innovation in Form von ersten Eigenschaftseindrücken wahr,
2. Meinungsbildung (persuasion): Man entwickelt eine Einstellung zur Innovation,
3. Entscheidung (decision): Man unternimmt gezielt Aktivitäten (z. B. Informationssuche) zur Entscheidungsfindung für bzw. gegen die Innovation,
4. Implementierung (implementation): Man nutzt die Innovation erstmalig,
5. Bewährung (confirmation): Man sucht nach bestätigenden Informationen, um seine Entscheidung nachträglich zu rechtfertigen.

Produkteigenschaften wie die relative Vorteilhaftigkeit, die Kompatibilität, Komplexität, Teilbarkeit und Wahrnehmbarkeit einer Innovation (*Rogers* 2003, S. 221 ff., siehe auch 4.6) sind wichtige Einflussfaktoren der Adoptionsprozesse potenzieller Kunden. Die Kommunikation dieser Eigenschaften, insbesondere des relativen Vorteils bzw. des CIAs der Innovation (siehe 2.2.2.3) hat großen Einfluss.

Jede Adoptionsphase stellt spezifische Anforderungen an den Kommunikator. Der Beginn eines Adoptionsprozesses (Phase 1 – Kenntnisnahme) setzt die Wahrnehmung des neuen Produktes voraus. So gilt es hier, die Aufmerksamkeit der Zielkunden auf die Innovation zu lenken, eventuell auch schon bevor sie auf dem Markt ist (Vorankündigung). Dann (Phase 2 – Meinungsbildung) kann die Bildung einer positiven Einstellung unterstützt werden, besonders auch durch emotionale Kommunikationsinhalte. Anschließend (Phase 3 – Entscheidung) bedarf es spezifischer Informationen zur Entscheidungsfindung. Auch auf die Phasen 4 (Implementierung) und 5 (Bewährung) kann der Kommunikator gezielt Einfluss nehmen, indem er Informationen zur Implementierung und Überwindung von Anfangsproblemen anbietet sowie zum Abbau von Dissonanz – einem negativen Gefühl, das sich nach einer wichtigen und schwierigen Entscheidung oft einstellt.

Eine *Vorankündigung*, also die Verbreitung von Produktinformationen vor der physischen Einführung der Innovation im Markt (*Preukschat* 1993, S. 11), beeinflusst den Beginn der Adoptionsprozesse von Zielkunden. Wissen über die Innovation und damit die Anregung individueller Adoptionsprozesse soll möglichst frühzeitig vermittelt werden, um das time-lag zwischen Information und Kauf zu verkürzen, so dass der Diffusionsprozess früher beginnt. Neben unternehmensgesteuerten Instrumenten wie Außendienstkontakte, Direkt- und Media-Werbung, können die Informationen durch mediengesteuerte Instrumente (Product Publicity) bzw. durch Mischformen (z. B. Messen und Symposien) im Markt verbreitet werden (*Möhrle* 1995, S. 67 ff.).

Eine wichtige innovationstaktische Entscheidung ist das Timing der Vorankündigung. Die Dauer von Adoptionsprozessen hängt davon ab, wann welche Adoptorpersönlichkeiten ansprechen. Die „Innovatoren" (Erst-Übernehmer der Innovation) in einer Population haben aufgrund hoher Risikobereitschaft einen kürzeren Innovations-Entscheidungsprozess als später ansprechende Adoptorengruppen, so die „frühe Mehrheit" oder die „späte Mehrheit" (*Rogers* 2003, S. 211 f.).

Der Adoptionszeitraum und damit das Timing einer Vorankündigung ist von verschiedenen Faktoren abhängig, darunter auch von produktspezifischen Faktoren (u. a. *Lilly/Walters* 1997, S. 14, *Kohli* 1999, S. 47). So dauert der durchschnittliche Kaufentscheidungsprozess eines deutschen Autokäufers gemäß Marktforschung von Mercedes-Benz 18 Monate. Die von Springer & Jacoby konzipierte Vorankündigungskampagne der A-Klasse, die „*Long Lead Campaign*", die wir hier als Fallbeispiel vorstellen, wurde exakt auf diese Zeitspanne zugeschnitten: Sie begann im Mai 1996, 18 Monate vor der geplanten Markteinführung, November 1997 (*Boltz* 1999, S. 53).

Ziele einer Vorankündigungstaktik sind diffusionsbeschleunigende und -vertiefende Wirkungen (u. a. *Montaguti et al.* 2002, *Lilly/Walters* 1997, *Preukschat* 1993). Die *Diffusionsbeschleunigung* führt zu einer vorgezogenen Realisation von Umsätzen, was in schnelllebigen Branchen aufgrund der kurzen Zeitspanne zur Amortisation getätigter Entwicklungsinvestitionen (Zeitfalle, siehe auch 3.6) von entscheidender Bedeutung sein kann. Unter einer *Diffusionsvertiefung* versteht man die Gewinnung zusätzlicher Adoptoren, die ohne Vorankündigung keine Adoption vorgenommen hätten (*Preukschat* 1993, S. 48 ff.). Dazu gehören Personen, die durch die Vorankündigung vom Kauf eines Wettbewerberproduktes absehen und den Kauf zugunsten des angekündigten Produktes aufschieben (Leapfrogger, siehe auch 4.6). Voraussetzung dafür ist jedoch, dass die Zielkunden die Produktvorankündigung als glaubwürdig wahrnehmen (zum Einfluss von Signalen wie Patentinformationen auf die Glaubwürdigkeit siehe *Ernst/Schnoor* 2000, zum Einfluss von Gestaltungsmerkmalen siehe *Sattler/Schirm* 1999).

Neben der Diffusionsbeschleunigung und -vertiefung kann die Vorankündigungstaktik zu Imagesteigerungen und positiven Ausstrahlungseffekten auf den Absatz anderer Produkte des Unternehmens eingesetzt werden. So kann die erstmalige Vorankündigung eines innovativen Produktes das Pionier-Image unterstützen. Durch eine frühzeitige Interaktion mit potenziellen Kunden kann die Vorankündigung auch zur Marktforschung genutzt werden (*Preukschat* 1993, S. 48 ff.). Voraussetzung ist, dass man Zielkunden zur Rückmeldung motiviert – ein wesentlicher Bestandteil der Ankündigungsstrategie der A-Klasse.

Vorankündigungen bergen jedoch nicht nur Chancen, sondern auch Risiken. Dazu gehören Kannibalisierungseffekte eigener Produkte (siehe auch 3.4), ungewollte Reaktionen von Wettbewerbern wie Imitationsbemühungen und Imageverluste wegen Auslieferungsschwierigkeiten und Nichteinhaltung von Versprechungen (u. a. *Eliashberg/Robertson* 1988, S. 288 f.; *Preukschat* 1993, S. 94 ff.; *Wu et al.* 2004). Die Nichteinhaltung einer vorangekündigten Markteinführung, (Schein-Vorankündigung, englisch: vaporware), wird gelegentlich auch bewusst vollzogen, um Wettbewerber von der Entwicklung ähnlicher Produkte abzuhalten, so geschehen auf manchen Softwaremärkten (*Bayus et al.* 2001, S. 11).

Das folgende Fallbeispiel der Markteinführung der Mercedes-Benz A-Klasse hat *Herr Ekkehard Musold* (2003) im Rahmen seiner Diplomarbeit erhoben. Es zeigt einen außergewöhnlichen Kommunikationsprozess. Die Vorankündigung zeichnet sich durch besonders innovatives Vorgehen aus. So wurden die phasenspezifischen Informationsbedürfnisse im Kaufentscheidungsprozess potenzieller Kunden in vier Vorankündigungsphasen gezielt angesprochen. Nicht nur Informationen, vor allem auch bildbasierte Emotionen prägten die ca. 200 Mio. DM teure Kampagne. Bis zur Markteinführung gelang es Mercedes-Benz, 400.000 Interessenten zu erfassen und ca. 100 Autos vorab zu verkaufen. Damit war die Mercedes-Benz A-Klasse am Ende der Vorankündigung bereits bis Mitte 1998 ausverkauft (*dpa* 15. 10. 1997). Nach Einschätzung der Fachmedien waren die Imagewirkungen für die Marke Mercedes-Benz höher als in vielen Konzern-Imagekampagnen (*Töpfer* 1999, S. 117).

Ein Ereignis am 21. 10. 1997 in Schweden hatte jedoch einen starken Einfluss auf die folgende Marktkommunikation: Drei Tage vor der geplanten Markteinführung kippte ein A-Klasse-Auto bei einem Fahrtest in Schweden um. Die auf den „Elchtest" folgenden Ereignisse stellten die Kommunikation von Mercedes-Benz vor besondere Herausforderungen. Aufgrund einer sehr professionellen Kommunikation, sowohl während der Vorankündigung als auch bis auf Ausnahmen im Anschluss an den Elchtest, ging Mercedes gestärkt aus der Krise hervor. Der Versuch, ein Premium-Fahrzeug mit einem sehr guten Image und einem hohem Preisniveau in der Kompaktklasse zu etablieren, war alles in allem sehr erfolgreich.

Vorankündigung und Krisenkommunikation am Beispiel der A-Klasse

Mit der A-Klasse stieg Mercedes-Benz in ein bislang nicht bearbeitetes Marktsegment ein. Bis dahin hatte es kaum jemand ernsthaft in Betracht gezogen oder überhaupt für möglich gehalten, dass Mercedes in der Kompaktklasse aktiv werden könnte.

Die Gründe für Mercedes-Benz, einen Kleinwagen zu auf den Markt bringen, lagen vor allem in einem Wandel des Kundenverhaltens. Autos mussten Anfang der 90er Jahre den Anforderungen des wachsenden Verkehrs in den Ballungsräumen gerecht werden und zunehmend ökologischen Gesichtspunkten entsprechen. Darüber hinaus zeigten Marktforschungsergebnisse, dass sich selbst bei Kunden hochpreisiger Fahrzeuge ein Trend zu „anspruchsvoller Bescheidenheit" entwickelte (mehr sein als scheinen).

Ein Problem für Mercedes-Benz bestand im Risiko eines Imageverlusts beim Eintritt in das große kleine Marktsegment. Um den Imageverlust abzuwehren, sollte der Kleinwagen jedenfalls die Grundwerte von Mercedes-Benz zeigen (Sicherheit, Solidität, Lebensdauer, Fahrkomfort). Daraus wurden folgende Anforderungen an die A-Klasse abgeleitet: Passive Sicherheit wie bei den größeren Modellen dieser Marke, ungewöhnliches Raumangebot trotz äußerer Abmessungen von Kleinwagen. Eingelöst wurden diese Ziele durch das Sandwich-Prinzip, das bereits bei Nutzfahrzeugen praktiziert wurde. Hierbei schiebt sich der Motor und das Getriebe bei einem Frontalcrash nicht in den Fahrgastraum, sondern gleitet unter den Fahrzeugboden. Durch Platzierung des Motors und einen doppelten Boden konnten Komponenten so eingebaut werden, dass mehr Platz für den Innenraum blieb. Neben weiteren konstruktiven Maßnahmen zur Verbesserung der Sicherheit sollte die Mercedes-Benz A-Klasse Airbags für Fahrer und Beifahrer, Gurtstraffer mit Gurtkraftbegrenzer und Seitenaufprallpolster serienmäßig erhalten.

Die Vision A 93

Auf der 55. Internationalen Automobilausstellung (IAA) 1993 in Frankfurt stellte Mercedes-Benz seine *Vision A 93* vor. Dieser visionäre Fahrzeugentwurf war der Start einer umfassenden „Produktklinik", eine in der Autoindustrie verbreitete Form der Neuproduktmarktforschung im Frühstadium. Zielkunden gaben ihre Meinungen und Einstellungen zu dem Konzept preis, auf deren Basis dann die zukünftige Mercedes-Benz A-Klasse weiterentwickelt wurde. So ergab sich etwa, dass die A-Klasse im Vergleich zum ersten Entwurf rund 20 cm länger wurde. In den Mittelpunkt der Anforderungen rückten neben Sicherheit nun auch niedriger Kraftstoffverbrauch und geringe Emission.

Da der ursprünglich angegebene Produktionsbeginn 1996 noch auf der 55. IAA auf 1997 korrigiert wurde, entwickelten sich Zweifel, ob Daimler-Benz den Bau der A-Klasse ernsthaft vorhabe. Es entstand der Verdacht einer Öko-Hinhaltetaktik: Man würde mit der Industrie-üblichen Vorstellung von Studien nur dem allgemeinen Ökotrend folgen. Ein wichtiges Ziel der ersten Kommunikation war deshalb, glaubhaft zu machen, dass Mercedes-Benz wirklich einen Kleinwagen anbieten würde. Die damit entstandene öffentliche Diskussion über den Produktionsstandort der A-Klasse trug zur Glaubwürdigkeit des Vorhabens bei.

Die eigentliche Vorankündigungskampagne, die *Long Lead Campaign*, begann im Mai 1996. Hauptziele waren das gegenseitige Kennenlernen von Mercedes-Benz und seiner neuen Zielgruppe sowie die frühe Auslösung von Kaufentscheidungsprozessen. Damit die Spannung über einen so langen Zeitraum aufrechterhalten werden konnte, wurden die Informationen über das neue Auto sukzessive herausgegeben. Werbedruck und Werbepausen wechselten ab.

Bis zum Beginn der Vorankündigung hatte Mercedes praktisch keine Erfahrung mit der neuen Zielgruppe. Eine Strategie war es daher, möglichst breit zu kommunizieren, um dann zu untersuchen, welche Zielgruppen auf die Kommunikationsbotschaften wie reagieren. Dennoch gab es Gruppen, die als mögliche

Käufer der A-Klasse in Betracht gezogen wurden, insbesondere junge Familien, Dinks (Double income, no kids), Singles und ältere Menschen. Damit ergab sich die Herausforderung, vor allem bei Konsumenten unter 40 Jahren die „Mercedes-Schwellenangst" zu nehmen.

Die *Long Lead Campaign* hatte vier Phasen: *Big Bang, New Perspectives, New Choices* und *New Experiences*. In jeder Phase wurden spezifische Ziele verfolgt, mit Augenmerk darauf, den Spannungsbogen bis zur Markteinführung aufrechtzuerhalten.

Big Bang

Die erste Phase erstreckte sich von Mai bis November 1996. Mit diesem Start der Vorankündigungskampagne wurde die *Vision A 93* aufgenommen. Wie der Name schon sagte, wurde mit der Vision A 93 nur eine Vision vorgestellt. Mit dem *Big Bang* sollte nun mitgeteilt werden, dass die A-Klasse wirklich gebaut und bald verfügbar sein würde. Werbemittel waren TV-Spots, doppelseitige Anzeigen in Tageszeitungen und Zeitschriften, Plakatwände und das Internet. Anzeigen, die eine Art Röntgenbild der A-Klasse darstellten, sollten auf die „inneren Werte" des neuen Autos aufmerksam machen, ohne zu viel vom Design zu verraten. Die emotionale Komponente dieser Phase bestand in einer Verknüpfung der Anfänge des Automobilbaus mit der Gegenwart: „Die Geschichte des Automobils begann mit einem kleinen Auto von Mercedes-Benz…"- „… und jetzt wird sie fortgesetzt".

Alle Werbemaßnahmen waren dialogorientiert. Durch eine Telefonnummer und eine Internet-Adresse wurde der direkte Kontakt zu den Zielkunden gesucht. Über die Hotline, das Internet oder bei den Vertragshändlern konnten sich Interessenten darüber hinaus in das „Forum für die neue A-Klasse" einschreiben. Mitglieder dieses „Clubs" erhielten regelmäßig Neuigkeiten über die A-Klasse. Unterstützt wurde der Dialog mit einer Fragebogen-Kampagne zu Marktforschungszwecken. Zielkunden hatten auch die Möglichkeit, Einfluss auf das Innenraum-Design der Mercedes-Benz A-Klasse zu nehmen.

New Perspectives

In dieser Phase von Juli 1996 bis Mai 1997 ging es darum, den Zielkunden zu erklären, was die A-Klasse zur „Zukunft des Automobiles" machte. Es wurden zunehmend Details zur Sicherheits- und Fahrzeugtechnik und zum Innenraumkonzept bekannt gegeben. Daimler-Benz zeigte der Öffentlichkeit erstmals auf dem Genfer Automobilsalon im März 1997 die serienreife A-Klasse. Außerdem wurde bekannt gegeben, dass ab Mai 1997 Bestellungen entgegengenommen werden würden. Im April 1997 präsentierte man die A-Klasse erstmals in Deutschland auf der Messe „Automobil International" in Leipzig.

Dialogorientierung stand auch in der *New Perspectives*-Phase im Vordergrund – auf allen Anzeigen war stets eine gut sichtbare Telefonnummer zu sehen. Ende Februar 1997 hatte Mercedes-Benz ca. 250 Adressen von Zielkunden gesammelt, zwei Monate später 350.000.

Die emotionale Komponente dieser Phase bestand in der Botschaft, dass Mercedes-Benz schon immer eine Vorreiter-Rolle hatte und seiner Zeit stets einen

Schritt voraus war. Es wurde versucht, das fortschrittliche innovative Image der A-Klasse „rückwärts" (von der Markentochter zur Markenmutter) auf Mercedes-Benz zu übertragen. Neben den Werten Sicherheit, Solidität, Lebensdauer und Fahrkomfort sollten Eigenschaften wie Innovativität, Fortschrittlichkeit und Modernität mit der Marke Mercedes-Benz in Verbindung gebracht werden. Außerdem wurde versucht, der A-Klasse eine neue Identität zu geben. Anstelle der klassischen Identität von Mercedes-Benz, die eine Art „was bin ich?" repräsentierte, sollte nun das „wer bin ich?" im Vordergrund stehen. Nicht mehr der Status, sondern eine Lebenseinstellung sollte mit der Mercedes-Benz A-Klasse in Verbindung gebracht werden.

Ein weiterer Schwerpunkt dieser zweiten Phase „New Perspectives" war das Eventmarketing. Durch Auftritte in Fußballstadien, in Parkhäusern, bei IKEA und Mövenpick wurden gezielt Männer, Frauen und junge Familien angesprochen. Auch hier bestand das Bestreben darin, neue Wege in der Zielgruppenansprache zu gehen und ein modernes, innovatives und kreatives Image zu vermitteln.

New Choices

Mit der dritten, der *New Choices*-Phase begann eine der ungewöhnlichsten Marketingmaßnahmen der *Long Lead Campaign*. Von Mai bis Oktober 1997 präsentierte Mercedes-Benz die A-Klasse im Rahmen der *A-Motion Tour*. Der Name ist an „emotion" angelehnt und assoziiert den Zweck der durch 14 deutsche und fünf europäische Städte gehenden Tournee: das Wecken von Gefühlen, Stimmungen und Emotionen in Verbindung mit der A-Klasse in Verbindung mit der Marke Mercedes-Benz.

Im Mittelpunkt stand ein 18 Meter großer transparenter Kubus, der als Bühne, Präsentations- und Ausstellungsraum diente. Unter einem Zeltdach wurde die Mercedes-Benz A-Klasse zur Schau gestellt, es fanden Workshops statt, Kinder konnten Holzmodelle des Autos bemalen, Künstler traten auf, und es wurden Informationen zur A-Klasse bereitgestellt. Wieder war der Dialog mit den Zielkunden ein wichtiger Aspekt. Alles zielte auf ein starkes Erlebnis, auf Sinne und auf Emotionen ab. Mercedes-Benz und speziell die A-Klasse sollten mit Innovativität, Fortschritt, Kreativität, Dynamik, Modernität, Offenheit und Engagement in Verbindung gebracht werden. Fast zeitgleich mit dem Beginn der A-Motion Tour konnte das Auto bestellt werden. Knapp zwei Monate später lagen 30.000 feste Bestellungen vor. Damit war die Produktion für 1997 ausverkauft.

New Experiences

Noch parallel zur *New Choices*-Phase startete im September 1997 die vierte Phase: *New Experiences*, Höhepunkt der 18-monatigen „Long Lead Campaign". Standen in den drei vorhergehenden Phasen emotionale und kognitive Aspekte der Mercedes-Benz A-Klasse im Mittelpunkt, so konzentrierte sich dieser letzte Abschnitt auf die emotionale Einführung des Autos. Die Mercedes-Benz A-Klasse sollte einen gemeinsamen langfristigen Gedanken assoziieren: „Wir glauben an die nächste Generation". Die Kunden sollten sich nicht nur für dieses Auto begeistern, weil es ein Mercedes war, sondern weil sich mit ihm ein gemeinschaftlicher Gedanke verband, der sie zu Mitgliedern einer Community machte. Dieser neue in die Zukunft gerichtete Gedanke, sollte außerdem auf die ganze Marke Mercedes-Benz wirken und ihr ein modernisiertes Image, einen neuen Flair verleihen. Unterstützt wurde die Kampagne durch emotionale TV-Spots, Anzeigen in Zeitschriften und Tageszeitungen sowie durch Plakate.

Die Vorankündigung der Mercedes-Benz A-Klasse begann mit der Vorstellung der Vision A 93 auf der IAA 1993 und endete mit der Markteinführung am 18. 10. 1997. Alle Phasen der Vorankündigung enthielten – in unterschiedlicher Gewichtung – kognitive und emotionale Komponenten. Der Dialog mit Zielkunden war ein maßgeblicher Teil der Kommunikationsstrategie. Neu für Mercedes-Benz war eine durchgehend humorvolle Struktur der werblichen Maßnahmen. Im Vordergrund stand das Aufrechterhalten des Spannungsbogens: Ziel war, immer interessant zu bleiben und die Spannung aufrechtzuhalten. André Kemper, damals bei Springer & Jacoby für die Kampagne verantwortlich, nannte das eine Striptease-Strategie: eine Hülle nach der anderen fallen lassen, nie zu viel verraten und immer sexy bleiben.

Nachteile oder Gefahren, die sich aus einer Vorankündigung ergeben können, waren zunächst relativ unbedeutend. Es wurde zwar intern mit einer Kannibalisierungsquote von 25 % gerechnet, aber der Abstand zur nächstgrößeren Mercedes-Benz C-Klasse war groß genug, um die Familienkannibalisierung in Grenzen zu halten. Der Gefahr der Verwässerung des Neuigkeitseffektes durch eine zu lange Ankündigungsdauer wurde mit der sukzessiven Informationsverbreitung entgegengewirkt. Das Prinzip der *Long Lead Campaign* bestand darin, ein ungewöhnliches und innovatives Auto durch eine ungewöhnliche und innovative Kampagne anzukündigen. Der Dialog-Charakter der Vorankündigung erwies sich als sehr erfolgreich, gemessen an der hohen Zahl registrierter Interessenten. Das so erst mögliche Direktmarketing trug maßgeblich zu einer hohen Anzahl an Vorab-Bestellungen bei.

Der Elchtest als Beginn einer Krise

Drei Tage nach der lange angekündigten Markteinführung, kippte am 21. 10. 1997 ein Auto der A-Klasse bei einer Testfahrt in Schweden um. Bei diesem als „Elchtest" bekannt gewordenen Fahrtest wird das schnelle Ausweichen eines unerwartet auftauchenden Hindernisses simuliert. In Schweden wird dieser Test mit jedem PKW durchgeführt.

Innerhalb einer Woche reisten Experten von Daimler Benz nach Stockholm und wiederholten den Elchtest. Dabei konnten keine Probleme festgestellt werden. Ursache für den Unfall, so die Experten, könnte ein zu geringer Reifendruck gewesen sein. Außerdem könnten Fahrfehler beim Elchtest nicht ausgeschlossen werden. Fahrexperten bestätigten, dass jedes Auto umgekippt werden kann, wenn man es darauf anlegt. Dennoch war die Diskussion höchst brisant, denn es ging um ein Kernelement im Image der Marke Daimler-Benz: Sicherheit.

Jürgen Hubbert, Daimler-Benz-Sicherheitsexperte und Vorstandsmitglied, räumte bei der ersten Pressekonferenz ein, die A-Klasse habe beim Elchtest Schwächen, sei aber in realen Fahrsituationen absolut sicher. Der Elchtest sei nicht realistisch, da bei Gefahrensituationen Autofahrer üblicherweise bremsen und nicht, wie bei diesem Test, ungebremst um das Hindernis fahren. Trotzdem würde der Elchtest in das Mercedes-Benz-Testprogramm aufgenommen. Ferner kündigte Hubbert den serienmäßigen Einbau des Elektronischen Stabilisierungsprogramms ESP sowie anderer Reifen ab Februar 1998 an.

Kurz danach musste Daimler-Benz zugeben, dass der Unfall bei Extremsituationen kein Einzelfall war. Ob die neuen Reifen und das serienmäßige ESP ausreichen würden, um Imageschäden zu vermeiden, wurde fraglich. Einschneidende Veränderungen am Fahrwerk oder an der Konstruktion hielt Daimler-Benz bis dahin nicht für notwendig. Viele Fachjournalisten hielten die Nachbesserungen für unzureichend. Am 7. 11. 1997 wurde die Mercedes-Benz A-Klasse zur Chefsache erklärt. Der Daimler-Benz Vorstandsvorsitzende Jürgen Schrempp trat bis dahin noch nicht in Erscheinung, war jedoch in alle Aktivitäten einbezogen.

Die A-Klasse bestand einen Tag später einen vom ADAC durchgeführten Elchtest mit den neuen Reifen. Die Zahl der Stornierungen hielt sich mit 1000 Stück in Grenzen. Durch die Menge an Neubestellungen wurde dieser Verlust wieder ausgeglichen. Es zeigten sich erste Werbeeffekte des serienmäßigen ESP. Kurz darauf erhielt die Mercedes-Benz A-Klasse den „Großen Österreichischen Automobilpreis 1997". Grund für diese Auszeichung waren die Crashsicherheit und die zahlreichen Innovationen.

Aufgrund der Diskussionen um die Sicherheit und den daraus folgenden öffentlichen Druck wurde die Auslieferung der A-Klasse am 12. 11. 1997 dennoch gestoppt. Gleichzeitig startete eine Anzeigenkampagne mit einer Stellungnahme zum Auslieferungsstop und zum Thema Sicherheit u. a. mit der Aussage: „Wir wollen die Diskussion um die Sicherheit der A-Klasse beenden. Endgültig." Unter Werbefachleuten wurde diese Anzeige wegen ihrer autoritären und überheblichen Botschaft kritisiert. Neben dieser Kampagne informierte Mercedes-Benz seine Kunden auch direkt in Form von Informationsbriefen. Daimler-Benz entwickelte eine neue Fahrwerksabstimmung für die A-Klasse. Das ESP-System wäre nun nicht mehr notwendig. Laut Mercedes-Benz reiche es aber nicht, nur das Niveau der anderen zu haben. Mit dem serienmäßigen Einbau des ESP wurden neue Maßstäbe für die aktive Sicherheit gesetzt.

Trotz des Auslieferstopps bekam die Mercedes-Benz A-Klasse den prestigeträchtigen Preis der Bild am Sonntag, „Das Goldene Lenkrad", verliehen. Die Jury führte einen Elchtest mit einer Mercedes-Benz A-Klasse mit neuer Fahrwerksabstimmung und ESP erfolgreich durch und befand die A-Klasse als würdigen Preisträger. Mercedes-Benz kommunizierte in einer Anzeige: „Der Weg zum Goldenen Lenkrad war für die A-Klasse kein Zuckerschlecken" – in Anspielung auf den Elchtest visualisiert durch eine Schlangenlinie. Anfang Dezember 1997 bestand die A-Klasse einen vom TÜV durchgeführten Fahrtest.

Anschließend testeten fünf Fachjournalisten, darunter auch Robert Collin, der die Elchtest-Krise auslöst hatte, und Niki Lauda, die A-Klasse in Spanien. Bestandteil war auch der Elchtest. Collin bestätigte, dass ihn die Mercedes-Benz A-Klasse gut bestanden hatte. Der Unterschied im Fahrverhalten sei gegenüber der früheren Version deutlich spürbar.

In 180 Tageszeitungen wurde auf ganzseitigen Anzeigen das Bestehen des Elchtests bekannt gegeben. Weiterhin wiesen die Anzeigen darauf hin, dass am gleichen Abend eine Aufzeichnung der Testfahrt mit 72 Stundenkilometern (statt der geforderten 60 km/h) vom 9. 12. 1997 von verschiedenen Fernsehsendern ausgestrahlt werden würde. Damit sollte die Öffentlichkeit von der Sicherheit der Mercedes-Benz A-Klasse überzeugt und gleichzeitig auf die zweite Markteinführung im Februar vorbereitet werden. Bis zu diesem Zeitpunkt gab es ungefähr 4.000 Stornierungen. Die Anzahl an Bestellungen lag immer noch bei ca. 100.

Die erneute Auslieferung der Mercedes-Benz A-Klasse an die Händler begann planmäßig Anfang Februar 1998. Rund 1200 Journalisten folgten der Einladung von Daimler-Benz und testeten die neue modifizierte Mercedes-Benz A-Klasse. Die Urteile fielen überwiegend sehr positiv aus. Andere Hersteller mussten nun nachziehen. Bis zu diesem Zeitpunkt gab es weiterhin nur 4000 Stornierungen, dafür aber 24.000 Neu-Bestellungen, so dass die Gesamtzahl an Bestellungen auf 120.000 Stück stieg.

Die ersten Kunden bekamen die neue Mercedes-Benz A-Klasse am 26. 2. 1998 ausgeliefert. Begleitet wurde der Start der Auslieferungen mit Anzeigen, die Boris Becker zitierten: „Ich habe aus meinen Rückschlägen oft mehr gelernt als aus meinen Erfolgen" – „Stark ist, wer keine Fehler macht. Stärker, wer aus seinen Fehlern lernt". Dieser emotionale Werbeauftritt sollte das Image, die Reputation und das Vertrauen in den Sympathieträger Boris Becker auf die Mercedes-Benz A-Klasse übertragen. Boris Becker wirkte zu diesem Zeitpunkt besonders im Umgang mit Fehlern sehr glaubhaft, da er die Öffentlichkeit sowohl an seinen Triumphen, als auch an seinen Niederlagen teilhaben lies.

Von Seiten der Belegschaft, den Betriebsräten und Vertrauensleuten des Werkes Rastatt wurde unter der Regie der IG Metall ebenfalls eine Anzeige geschaltet. Es ging vor allem darum zu zeigen, dass mit der Mercedes-Benz A-Klasse Arbeitsplätze gesichert werden und die Kunden zur Sicherung dieser Arbeitsplätze beitragen. Die emotionale Ansprache wurde durch die Auflistung der Namen der Mitarbeiter des Werkes Rastatt unterstützt, die bei einem Scheitern der Mercedes-Benz A-Klasse ihren Arbeitsplatz verlieren würden.

Welcher Zusammenhang aber bestand zwischen der Vorankündigung und der durch den Elchtest ausgelösten Krise? Das vergleichsweise große öffentliche Interesse an der Krise wurde durch den Erfolg der Vorankündigungstaktik verstärkt: Laut einer Forsa-Umfrage kannten mit Abschluss der *A-Motion* Tour 86 % der Deutschen die Mercedes-Benz A-Klasse. Problematisch war, dass ein wesentlicher Eckpfeiler der Vorankündigungskommunikation, die überlegene Sicherheit der A-Klasse, durch den Elchtest in Frage gestellt wurde. Daneben hatte auch Schadensfreude über das Auftreten eines technischen Problems bei einem der besten Autohersteller der Welt einen Einfluss auf den Verlauf der Krise. Zugleich wurde aber die Reputation und das Image der Marke Mercedes-Benz mit der Vorankündigung der A-Klasse ausgebaut. Von diesem Goodwill-Guthaben konnte während der Krise gezehrt werden.

Insgesamt war die Krisenkommunikation im Anschluss an den Elchtest am 21. 10. 1997 bis zur Neu-Auslieferung der A-Klasse an erste Kunden am 26. 2. 1998 sehr erfolgreich. Entscheidend war neben einer schnellen, offenen und emotionalen Kommunikation die Einhaltung von Zusagen wie neuer Auslieferungstermine. Gute Zusammenarbeit mit internen und externen Kommunikationsexperten ließ das Unternehmen gestärkt aus der Krise gehen. Außer Umsatzzahlen der A-Klasse zeigen das positive Imageentwicklungen der Marke Mercedes-Benz.

Quellen: Interview mit Herrn *André Kemper* von *Springer & Jacoby*, Hamburg 2003; *Boltz* 1999; *Fischer* 1993; *Kunz* 1993; *Töpfer* 1999; *Töpfer* 2003; *Zetsche/Bloechl* 1995

3.4 Managementunterstützung und Ressourcenzuweisung

„The aspect of innovation that frightens most CEOs is that it is almost always inseparable form risk. Although many pay lip service to the power of innovation, most corporations today are averse to the type of aggressive investment it demands. Instead, they dabble in innovation. They talk about it as the lifeblood of the company and throw occasional resources and R&D dollars into new product development." (*Kuczmarski* 1996, S. 7)

3.4.1 Erkenntnisse aus der Forschung

3.4.1.1 Managementzuwendung und Promotorenmodell

Innovationsprojekte brauchen Ressourcen. Der Erfolgsfaktorenforschung zufolge sind die adäquate *Ausstattung mit finanziellen Ressourcen* und die immaterielle *Unterstützung durch die Unternehmensleitung* (top management support) bzw. durch die obere Führungsebene (senior management support) wichtige Erfolgsfaktoren von Innovationsprojekten (siehe u.a. die Metaanalysen von *Melheritz* 1999, S. 153 ff., *Henard/Szymanski* 2001, S. 368 und *Ernst* 2001, S. 53 ff.). Unter top management support eines Projektes verstehen *Cooper und Kleinschmidt* (1987 a, S. 177), die Führung und das mit dem Projekt verbundene Commitment und Involvement der Unternehmensleitung. Sie sind abzulesen an der Promotorenstruktur für die Projekte, der Bereitschaft zur Kannibalisierung von Vorgängerprodukten, kontinuierlicher Projektkontrolle zur Verhinderung von „escalating commitment" und am Umgang mit „U-Boot-Projekten" – alles Aspekte, die wir gleich erörtern. Anschließend wird die Portfoliomethode als eine sinnvolle Diskursbasis für die Ressourcenzuweisung vorgestellt.

Der Erfolg von Innovationsprojekten steht und fällt mit dem persönlichen Einsatz beteiligter Menschen. Besondere Rollen, die Personen im Innovationsprozess einnehmen, werden in der Literatur differenziert: initiator, product champion, gatekeeper oder auch Co-Worker und innovation champions usw. – einen Überblick gibt *Hauschildt* (2004, S. 196 ff.; ergänzend *Jenssen/Jørgensen* 2004). Ihnen gemein ist die Eigenschaft, dass sie durch ihr Verhalten Innovationen im Unternehmen verantreiben oder sogar initiieren. So zeigte eine Studie, dass eine wahrgenommene Herausforderung im Job, eine gewisse Autonomie sowie auch strategische Aufmerksamkeit und Kontakte zu Externen ihr innovatives Verhalten positiv beeinflussten (*De Jong/ Kemp* 2003).

Als erster entwickelte *Witte* (1973) ein „*Promotorenmodell*", das den Innovationserfolgseinfluss von Personen mit bestimmten Rollen erklärt, die das Projekt vorantreiben (*Hauschildt* 1999 a, S. 171). Nach dem Promotorenmodell hemmen menschliche Willens- und Fähigkeitsbarrieren den Innovationsprozess. Promotoren helfen, diese Barrieren zu überwinden, indem sie den Prozess aktiv und intensiv fördern (*Witte* 1973, S. 14 ff.).

Das Promotorenmodell konnte vielfach empirisch bestätigt werden (einen komprimierten Überblick empirischer Befunde gibt *Hauschildt* 2004, S. 205 ff.) und ist später weiterentwickelt worden (zum Entwicklungsverlauf siehe *Hauschildt* 1999 a). Aufgrund des Umfanges und der Komplexität dieser Forschungsrichtung wird hier nur ein kurzer Überblick über die Charakteristika der Promotoren gegeben (*Witte* 1973, S. 14 ff., *Hauschildt/Chakrabarti* 1988, S. 378 ff., *Hauschildt* 2004, S. 212 f., *Gemünden/Walter* 1998, S. 120 ff., darüber hinaus wird auf das umfangreiche Buch „Promotoren" von *Hauschildt/Gemünden* 1998 verwiesen):

- Der *Fachpromotor* fördert den Innovationsprozess durch sein *spezifisches Fachwissen* indem er Alternativen generiert, fachliche Probleme löst und pädagogisch als Experte fungiert (Überwindung von Fähigkeitsbarrieren).
- Der *Machtpromotor* fördert den Innovationsprozess durch *hierarchisches Potenzial* indem er über Finanz- und Humanressourcen entscheidet und seine Macht gezielt zur Förderung des Projektes einsetzt (Überwindung von Willensbarrieren).
- Das Zweiergespann aus Fach- und Machtpromotor wurde durch die Entdeckung eines dritten Promotorentyps erweitert: Der *Prozesspromotor* fördert den Innovationsprozess durch seine *Organisationskenntnisse* und sein Kommunikationspotenzial indem er die benötigten Personen zusammenbringt (Überwindung von Strukturbarrieren) und die Informationsbeziehungen koordiniert.

Die folgende Abbildung 3.10 zeigt exemplarisch eine mögliche Promotoren-Triade in einem Innovationsprojekt (zum Zusammenhang zwischen Promotorenmodell und Projektmanagementmodell siehe *Hauschildt* 1998, S. 175 ff.).

Im Zuge zunehmender Kooperationen mit externen Partnern (siehe auch 3.5) gewinnt eine neue Rolle im Innovationsprozess an Bedeutung; der *Beziehungspromotor* (*Gemünden/Walter* 1995 b, 1996) fördert den Innovationsprozess durch sein persönliches Netzwerk externer Schlüsselpersonen indem er Personen aus Institutionen, insbesondere kooperierenden Unternehmen, zusammenbringt und entsprechende Interaktionsprozesse steuert. Im Gegensatz zum Prozesspromotor agiert der Beziehungspromotor über die Grenzen des Unternehmens hinaus (Überwindung von inter-organisationalen Barrieren).

Das Zusammenspiel der Promotoren bestimmt den Erfolg der Arbeitsteilung. Dabei spielt das koordinierte Management von *Opposition* eine wichtige Rolle (*Hauschildt* 2004, S. 163 ff.; zum Wechselspiel von Opponenten und Promotoren siehe S. 211 ff.). Es kommt u. a. darauf an, konstruktive Opposition (ausgerichtet auf eine Verbesserung der Innovation) aktiv aufzuspüren und einzubinden und destruktive Opposition an ihrer Entfaltung und Ausbreitung zu hindern (*Hauschildt* 1999 b, S. 14 f.).

Die Unterstützung des Projektes durch gehobene Führungspersonen bzw. die Unternehmensleitung und der Einfluss von Promotoren haben sich auch bei radikalen Innovationsprojekten als wichtige Erfolgsfaktoren herausgestellt (u. a. *McDer-*

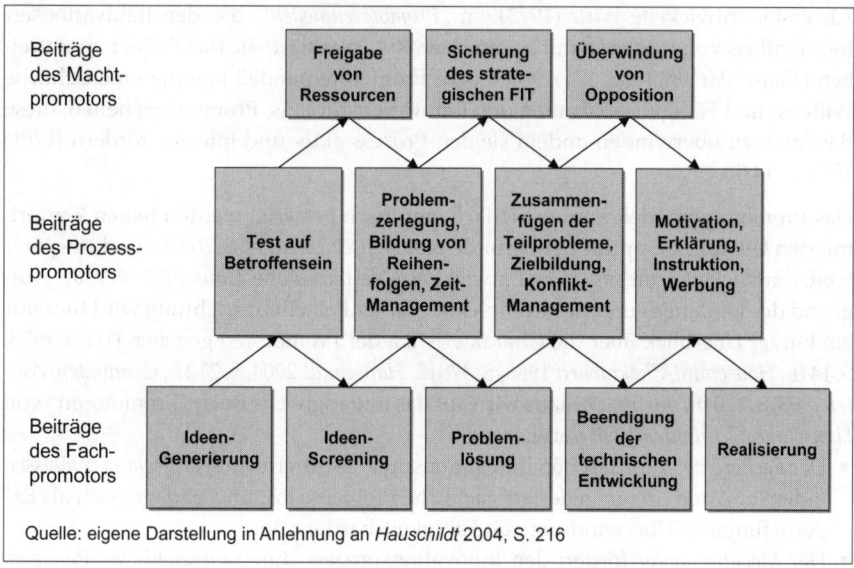

Quelle: eigene Darstellung in Anlehnung an *Hauschildt* 2004, S. 216

Abb. 3.10: Phasenverknüpfung im Innovationsprozess

mott/O'Connor 2002, S. 432, *Samli/Weber* 2000, S. 45, *Leifer* 1997, S. 135). Bei radikalen Innovationen spielt darüber hinaus die Bereitschaft der Unternehmensleitung zur Kannibalisierung (*willingness to cannibalize*) eine wichtige Rolle:

> „Willingness to cannibalize refers to the extent to which a firm is prepared to re-duce the actual or potential value of its investments. It is an attitudinal trait of the key decision makers of the firm and resides in the culture, or shared values and beliefs, of the firm." (*Chandy/Tellis* 1998, S. 475)

Die empirischen Ergebnisse von *Chandy und Tellis* (1998, S. 481 f.) zeigen, dass sich eine hohe Bereitschaft zur Kannibalisierung positiv auf die Wahrscheinlichkeit einer erfolgreichen Markteinführung radikaler Innovationen auswirkt. Die Kannibalisie-rung vorhandener Produkte durch Neueinführungen sollte bei radikalen Innovatio-nen also nicht, wie üblich, als ein negativer, möglichst zu vermeidender Effekt be-trachtet werden. Die Autoren kommen zu dem Schluss, dass die Bereitschaft zur Kannibalisierung ein besserer Indikator für Erfolg bei radikalen Innovationen ist als die dafür oft genannte Unternehmensgröße.

3.4.1.2 Rechtzeitiger Projektabbruch

Top-Management-Unterstützung kann sich auch negativ auswirken: Im Verlauf von Innovationsprojekten kommt es oftmals zu *„escalation commitments"* bzw. des „too-much-invested-to-quit-syndrome". Darunter versteht man die rigide Weiterverfol-gung von Innovationsprojekten, obwohl vieles auf einen Innovationsmisserfolg hin-deutet. Es wird dann oft von der optimalen Entscheidung eines Projektabbruches abgewichen, weil scheinbar ökonomische Gründe dagegen sprechen (z. B. „versun-kende Kosten" – die irrationale Beachtung von nicht mehr für die Projektweiter-führung relevanten Kosten, die längst ausgegeben und nicht wieder zu gewinnen sind), aber auch nicht-ökonomische Gründe, z. B. emotionales Involvement, „Herzblut", das Menschen mit dem Projekt verbinden (*Schmidt/Calantone* 1998, S. 114).

Boulding et al. (1997, S. 171 ff.) schließen aus einem Experiment mit über 200 gehobenen Führungskräften, dass escalation commitment ein nicht zu unterschätzendes Problem in Innovationsprojekten darstellt. Führungskräfte neigen dazu, ihre in der Vergangenheit getroffenen Go-Entscheidungen bei darauf folgenden Go/No-Entscheidungen zu rechtfertigen, indem sie positive Informationen selektiv beachten und negative Informationen positiv uminterpretieren. Diese Kettenreaktion basiert u. a. auf der Überschreitung einer kritischen Investitionssumme, die weitere Investitionen ursächlich auslöst (*Eichhorn* 1996, S. 99 ff. mit psychologischen Erklärungen und Beispielen aus der Praxis). Nach *Schmidt und Calantone* (1998, S. 119) erhöht sich die Wahrscheinlichkeit des escalating commitment mit steigendem Innovationsgrad.

Zur Bekämpfung des escalation commitment eignen sich neben dem sequentiellen Einsatz verschiedener Projektleiter (mit den damit verbundenen erhöhten Transaktionskosten bzw. dem Verlust von Know-how) vor allem Abbruchregeln (stopping rules), die durch die Entscheidungsträger selbst entwickelt werden und zu deren Einhaltung sie sich vorab verpflichten (*Boulding et al.* 1997, S. 174). *Bonner et al.* (2002, S. 241) kommen dem Ergebnis, dass eine frühe und interaktive Einbindung der Projektmitglieder in Entscheidungen zur kontinuierlichen Projektkontrolle und -evaluation einen positiven Einfluss auf den Projekterfolg hat. Kontinuierliche Projektkontrolle und -evaluation anhand vorab festgelegter Entscheidungskriterien (einen Überblick zu bewährten Kriterien geben *Hart et al.* 2003, S. 27 ff.) und eine damit verbundene kontinuierliche Go/No-Entscheidung (siehe auch Abb. 3.11) ist zur Verhinderung eines escalating commitment wichtig, denn:

> „Just as a good houseguest knows when it's time to say good-bye, effective managers must recognize when it's time to terminate a new product development (NPD) project." (*Schmidt/Calantone* 1998, S. 111)

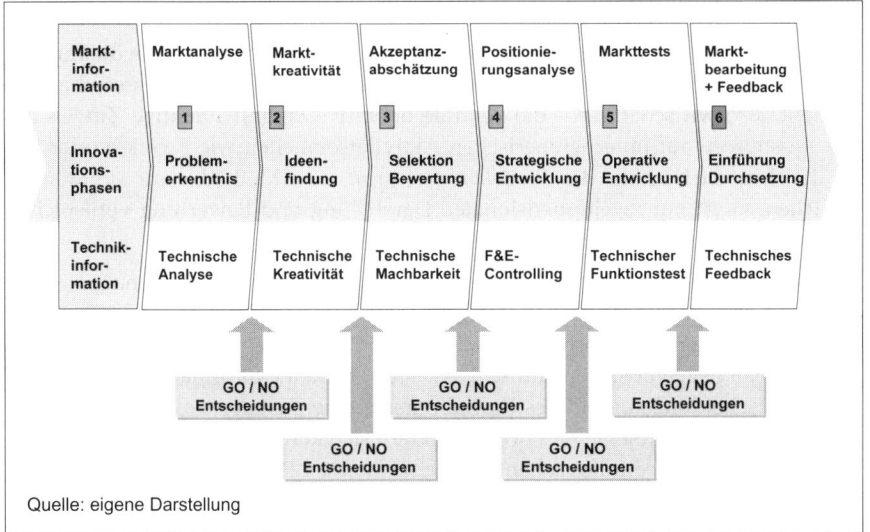

Quelle: eigene Darstellung

Abb. 3.11: Innovationscontrolling – Ständig Entscheidungen über das Weiterführen des Projektes

Ein offizieller Projektabbruch kann aber auch zu einem „U-Boot" bzw. „bootlegging-Projekt" führen. Der Begriff bootlegging kommt aus der Zeit der Prohibition und bezieht sich auf ein vor Obrigkeiten verheimlichtes Mitführen von Flachmännern in Stiefelschäften (*Quadbeck-Seeger* 1998, S. 51). Darunter versteht man Projekte, die außerhalb der formalen Struktur ohne Autorisierung bzw. auch gegen den ausdrücklichen Willen der Unternehmensleitung durchgeführt werden (*Pearson* 1997, S. 192). Dieses „Handeln im Schatten der Hierarchie" basiert auf der Risikobereitschaft und hohem emtionalen Commitment einzelner Mitarbeiter, die auf diese Weise Widerstände gegen die Innovation durch die „Macht des Faktischen" umgehen (*Quadbeck-Seeger* 1998, S. 52).

U-Boote haben Vor- und Nachteile: Einerseits gibt es erfolgreiche Beispiele (so war nach *Brockhoff* 1999, S. 407 die Entwicklung der einäugigen Spiegelreflexkamera bei Rollei – nach offiziellem Projektabbruch wegen technischer Probleme – ein letztlich erfolgreiches U-Boot), andererseits werden Humanressourcen entgegen betriebswirtschaftlicher Rationalität durch escalating commitment abgezweigt. Intensive formale und informale Kommunikation und das Prinzip eines Managements-by-walking-around helfen, erfolgsversprechende U-Boot-Projekte zu erkennen und zu legalisieren und weniger erfolgsversprechende Projekte zu beenden (*Pearson* 1997, S. 199).

3.4.1.3 Ressourcenzuweisung mit Hilfe von Innovationsportfolios

Ressourcenzuweisung ist eine zentrale Aufgabe des Top-Managements bzw. des Machtpromotors. Innovationsprojekte unterliegen einem Investitionskalkül: Input ist das Projektbudget, Output künftige Erträge. Der Anteil der Re-Investition von Erträgen in neue Innovationsprojekte beeinflusst direkt das künftige Ertragswachstum (*Patterson* 1998, S. 392). An Ressourcenausstattung ist neben dem F&E-Budget vor allem das Marketingbudget für Marktforschung und Markteinführung erfolgsrelevant (*Ernst* 2001, S. 53).

Die zentrale *strategische* Frage des Innovationsmanagement ist, wie man die Innovationsprojektressourcen *effektiv*, also zielführend einsetzen kann (im Unterschied zu effizient, also wirtschaftlich – die zentrale operative Frage)? Effektive Zuweisung von Ressourcen auf unternehmerischen Aktivitätseinheiten wie Projekte oder Geschäftsfelder ist Kernziel des *Portfoliomanagement*, eine Methodik zur simultanen, einfachen, meist nur zweidimensionalen Darstellung und Bewertung von solchen Einheiten, auf die wir gleich näher eingehen.

Vier Charakteristika von Innovationsprojekten machen das Portfoliomanagement zu einer großen Herausforderung (*Cooper et al.* 2001 a, S. 3):
- Portfoliomanagement beschäftigt sich mit *künftigen* Ereignissen und Chancen: Im besten Fall liegen unsichere, im schlechtesten Fall keine Informationen vor.
- Das Entscheidungsumfeld des Portfoliomanagement ist *dynamisch*: Die Chancen und Risiken der Projekte im Portfolio ändern sich kontinuierlich.
- Die Projekte im Portfolio stehen in *unterschiedlichen* Phasen: Trotz unterschiedlichen Informationsstandes konkurrieren die Projekte um die gleichen Ressourcen.
- Die zu verteilenden Ressourcen sind *begrenzt*: Die Entscheidung ein Projekt zu fördern heißt, anderen Projekten Ressourcen zu nehmen bzw. nicht zu geben.

Entscheidungen der Projektbudgetierung können u. a. aufgrund dieser vier Charakteristika von Innovationsprojekten nicht auf der Basis simpler Modelle der Investitionsrechnung getroffen werden (zu den diesbezüglichen Schwächen einfacher Kalküle wie der Kapitalwertmethode siehe u. a. *Bosworth/Jobome* 1999, S. 476 ff., *Cooper et al.* 2001 b, S. 5 ff.). Hohe technische und marktbezogene Unsicherheit führt dazu, dass Kosten und Umsätze nur vage geschätzt werden können. Darüber hinaus lässt sich der Wert eines Innovationsprojektes nicht nur mit dem zu erwartenden direkten Erfolg, sondern auch mit Optionen (z. B. Reaktionsfähigkeit auf Konkurrenzprodukte) ausdrücken, die bei Projektbewertungen berücksichtigt werden sollten (*Boutellier/ Völker* 1997, S. 70, zum Optionsansatz für Kapitalinvestitionen siehe auch 4.3). Das Entscheidungsproblem der Ressourcenzuweisung ist daher nicht über einen einfachen Algorithmus lösbar, sondern verlangt intensiven Diskurs der Entscheidungs- und Wissensträger. Einfache zusammenfassende Darstellungen wie Portfolios und Scorings unterstützen diesen Diskurs.

Die Portfoliomethode ist in der strategischen Unternehmensplanung zu Hause. Ursprünglich aus dem Finanzbereich stammend (Anlageportfolios), wurde sie in den 70er Jahren gemäß Erkenntnissen des Produktlebenszyklus, der Erfahrungskurve und später der PIMS-Forschung von der Boston Consulting Group in die strategische Unternehmensplanung transferiert. In einem Portfolio werden komplexe Zusammenhänge auf zwei Dimensionen reduziert und in einer Matrix visualisiert.

Untersuchungseinheiten können Strategische Geschäftseinheiten, Produkte, Projekte oder Technologien sein. Über die interne Dimension werden relative Stärken und Schwächen bewertet. Über die externe Dimension werden der Markt und das Umfeld für die Einheit bewertet. Dominant für die Identifikation des Innovationsbedarfs und für die Strategieentwicklung für innovative Produkte (Ressourcenzuweisung) sind Markt-, Technologie- und Innovationsportfolios, die nachstehend vorgestellt werden.

Marktportfolios fokussieren die Abbildung von Marktbedingungen. Prominente Beispiele sind das Marktanteils-Marktwachstums-Portfolio (Vier-Felder-Matrix) von der Boston Consulting Group (BCG) und das Marktattraktivitäts-Wettbewerbsvorteils-Portfolio von McKinsey (für einen Überblick zu Marktportfolios siehe *Schlegelmilch* 1999, S. 179 ff.). Während das BCG nur zwei leicht messbare Kennzahlen enthält, werden die Dimensionen des McKinsey-Portfolios gemäß der realen Komplexität durch eine hierarchisches Indikatorensystem beschrieben (siehe dazu 4.1.1). Dabei gehen Kriterien ein, die im Rahmen von Innovationsentscheidungen wichtig sind. So ist z. B. die Marktqualität (als ein Faktor der Marktattraktivität) u. a. abhängig vom technologischem Niveau und dem Innovationspotenzial im Markt. In die Ermittlung der Wettbewerbsvorteile geht z. B. das relative F&E-Potenzial des Unternehmens ein. Das interne Innovationspotenzial und die -kontinuität sollten dabei ebenso beachtet werden wie z. B. das Innovationsklima oder der Stand der Grundlagenforschung.

Die Darstellung der zu beurteilenden Einheiten in einem Ist-Marktportfolio ist der maximal komprimierte Abschluss einer Strategischen Situationsanalyse (vgl. 4.1.1). Es kann überprüft werden, inwiefern die identifizierte Ist-Position mit einer anzustrebenden Soll-Position übereinstimmt. Daraus ablesbare *Normstrategien* sind Leitlinien zur Entwicklung spezifischer Strategien und Maßnahmen.

Lücken im Marktportfolio bei den im Lebenszyklus jungen Einheiten zu erkennen ist für das Innovationsmarketing wichtig. Diese Lücken können durch Innovationsvorhaben oder über den Erwerb von Lizenzen bzw. ganzer Einheiten geschlossen werden. Das Marktportfolio zeigt Schwachstellen, lässt aber die Ursachen nicht erkennen. Es kann Hinweise geben, dass neue Erfolgspotenziale erschlossen werden müssen (z. B. macht eine durchgängig schlechte Beurteilung innovationsbezogener Kriterien einen dringenden Innovationsbedarf deutlich), hilft aber nicht bei der Suche nach neuen Erfolgspotenzialen.

In Anlehnung an die Idee des Marktportfolios sind seit Anfang der 80er Jahre verschiedene *Technologieportfolio-Ansätze* entwickelt worden (*Specht et al.* 2002, S. 95 ff., einen Überblick gibt *Schlegelmilch* 1999, S. 246 ff.). Untersuchungsgegenstand sind Produkt- und Prozesstechnologien, die sich meist aus verschiedenen Einzeltechnologien zusammensetzen. Während sich Marktportfolios auf den Marktzyklus von Produkten beschränken, gehen in Technologieportfolios auch Informationen ein, die den Entstehungszyklus und den vorgelagerten Beobachtungszyklus einer Technologie betreffen. Ein Beispiel ist das Technologieattraktivitäts-Ressourcenstärken-Portfolio von *Pfeiffer et al.* (1987, S. 79 ff.), das neben der Beurteilung der technologischen Position auch den technischen Wandel früh sichtbar macht (*Schlegelmilch* 1999, S. 249). Technologieattraktivität (externe Dimension) und Ressourcenstärke (interne Dimension) werden analog zum McKinsey-Marktportfolio über Indikatoren operationalisiert (zu solchen Indikatoren siehe 4.1.2.4).

Technologie-Portfolios geben erste Hinweise über strategisch sinnvolle, zukünftige F&E-Aktivitäten, jedoch weniger in Hinblick auf den Bedarf als auf die Stoßrichtung der F&E-Aktivitäten. Technologiestrategien dürfen nicht unabhängig von der Geschäftsfeldplanung beurteilt werden, da Technologien letztendlich in Produkte münden. Technologien sind also nicht losgelöst von Marktentwicklungen sinnvoll bewertbar. Analog lassen sich Geschäftsfeldentwicklungen nicht sinnvoll ohne technologische Gesichtspunkte abschätzen.

Dem Gedanken der Integration von Technologie- und Marktsicht entspricht das *Innovationsfeldportfolio* (auch Darmstädter Portfolio-Ansatz genannt, vgl. *Specht et al.* 2002, S. 98 ff., zu weiteren Innovationsfeldportfolio-Ansätzen siehe auch *Schlegelmilch* 1999, S. 331 ff.). In diesem Portfolio werden Innovationsfelder (abgegrenzt nach *Abell* 1980: Kundengruppen, Funktionen und Technologien) hinsichtlich ihrer Attraktivität (Innovationsfeldattraktivität) und ihrer Stärke gegenüber Wettbewerbern (relative Innovationsfeldstärke) positioniert. Ziel ist eine innovationsstrategische Technologiebewertung, indem Potenziale von Technologien integriert mit marktstrategischen Potenzialen erfasst und bewertet werden (zu den Indikatoren des Innovationsfeldportfolios siehe auch 4.1.2.4).

In der Literatur und in der Praxis existieren verschiedenste Portfoliomethoden. An dieser Stelle wurden wichtige klassische Varianten vorgestellt. *Cooper* und seine Kollegen (2001 b) beschäftigen sich mit dem Einsatz spezifischer Portfolioansätze in der Praxis, die auf den klassischen Ansätzen aufbauen. Fokus sind Innovationsprojekte, die analysiert, bewertet und in einer Portfolio-Matrix positioniert werden.

Die Ansätze verfolgen vier strategische Ziele (*Cooper et al.* 2001 a, S. 2):

- *Maximierung des Gesamtwertes* des Portfolios bei gegebenen Ressourcen: Dazu werden Investitionsrechenmodelle, Methoden der Risiko- und Wahrscheinlichkeitsrechnung sowie die Nutzwertanalyse angewendet.
- *Balance* des Portfolios: Alle Projekte werden im Portfolio visualisiert, um einen ausgeglichenen Projekt-Mix zu identifizieren. Wichtiges Kriterium ist die Ausgewogenheit des Risiko-Ertragsverhältnisses.
- Unternehmensstrategie-*Kompatibilität*: Zur strategischen Ausrichtung des Portfolios an der Strategie stehen bottom-up und top-down Methoden zur Verfügung.
- *Optimale Anzahl* an Projekten: Mit Optimierungsmodellen werden Kapazitätsanalysen und Ablaufsimulationen durchgeführt, um Ressourcenengpässe zu erkennen und eine Überbelastung zu verhindern.

Ein in den USA weitverbreitetes Portfolio ist das *Risk-Reward Bubble Diagram*, das die Wahrscheinlichkeit des Projekterfolgs (z. B. technischer, kommerzieller bzw. Gesamterfolg) den finanziellen Chancen des Projektes (z. B. Marktwert oder qualitativer bzw. quantitativer probability-adjusted Net Present Value) gegenüberstellt. Weitere in der Praxis verwendete Dimensionen sind u. a. technische Machbarkeit / Marktattraktivität bzw. strategischer / finanzieller Fit. Dynamische Portfolios können zeitliche Veränderungen abbilden. So können durch Zukunftssimulationen Engpässe von spezifischen Ressourcen vorhergesagt und durch Anpassung der Projekte vermieden werden. Auch können Timing-Strategien für die Markteinführung, die Verfügbarkeit von Technologien oder die Konzentration bestimmter Ressourcen bei der Planung mit dynamischen Portfolios berücksichtigt werden (*Cooper et al.* 2001 b, S. 7 ff.).

Aufgabe innovierender Unternehmen ist es, für sie sinnvolle, spezifische Portfolio-Ansätze zu identifizieren bzw. selber zu entwickeln und miteinander zu kombinieren. Standardansätze werden den spezifischen Anforderungen der Ressourcenzuweisung im Unternehmen in der Regel nur selten gerecht. Die folgende Fallstudie „Intercontinental AG" zeigt die sinnvolle Anwendung unternehmensspezifischer Portfolioansätze anhand eines konkreten Beispiels.

Portfolioanalysen führen unmittelbar nur zu Normstrategien. Spezifische Umwelt- oder Unternehmenssituationen (z. B. Erhalt imagebildender Produkte) können es jedoch nötig machen, differenzierter oder sogar ganz anders zu handeln. Portfoliobasierte Normstrategien dürfen also nicht als feststehende Handlungsanweisungen verstanden werden. Für die Ressourcenzuweisung sind die Ergebnisse durch weitere investitionsrelevante Gesichtspunkte zu ergänzen (*Diller* 2001, S. 1655).

Eingeschränkte Ressourcenverfügbarkeit ist ein universelles Problem, mit dem das Innovationsmarketing leben muss. Die Kluft zwischen benötigten und vorhandenen Ressourcen führt zu negativen Konsequenzen, von der Überschreitung geplanter Entwicklungsdauern bis zu Innovations-Flops (*Cooper/Edgett* 2003, S. 1). Das Problem zu vieler Projekte in Verbindung mit zu wenig Ressourcen wird durch eine *Ressourcen-Kapazitätsanalyse* offenkundig, die den Ressourcenbedarf in Abgrenzung zur Ressourcenverfügbarkeit pro Innovationsprojekt quantifiziert (siehe *Cooper et al.* 2001 a, S. 20 ff., *Cooper* 1999, S. 131). Ergebnis ist oft die Erkenntnis, dass sich zu viele Projekte in der Pipeline befinden. In Zeiten des Ressourcenmangels muss effektives Portfoliomanagement die Ressourcen auf weniger, aber die richtigen Projekte fokussieren:

„Our Experience suggests that in the typical portfolio, roughly half of the projects should be cut. Regardless of the percentage, however, management must learn to drown some puppies." (*Cooper/Edgett* 2003, S. 13)

3.4.2 Fallstudie Ressoucenzuweisung

Intercontinental AG

Die Intercontinental AG besteht aus fünf Unternehmensbereichen von denen hier nur der Unternehmensbereich der „Nahrungsmitteladditive" betrachtet wird. Der F&E-Aufwand variiert in den Unternehmensbereichen von 1 % bis 9 % vom Umsatz. Dazu kommt das Budget der zentralen F&E von ca. 30 Mio. €. Das Unternehmen gibt insgesamt rund 150 Mio. € für F&E aus, fast 2/3 des Gesamt-Deckungsbeitrags.

Kundendienst spielt bei der Intercontinental AG eine wichtige Rolle. Die Kunden erwarten, dass Mitarbeiter aus dem Unternehmen mit Mitarbeitern der Kunden in F&E eng zusammenarbeiten, und zwar in ihren Laboratorien ebenso wie in den eigenen, um immer wieder neue Produktformulierungen zu ermöglichen. Der Kundendienst ist somit Bestandteil von F&E. Von den rund 15 Mio. € F&E-Aufwand des hier betrachteten Unternehmensbereiches werden 6 Mio. € für Kundendienst ausgegeben. Obwohl Kundendienst weder Forschung noch im eigentlichen Sinne Entwicklung ist, war er aus Steuergründen in das F&E-Budget integriert.

Der neue Vorstand hat es sich zum Ziel gesetzt, die derzeitigen F&E-Aufwendungen einer sorgfältigen Prüfung zu unterziehen und den Projekten neue Budgets zu verordnen. Die derzeitigen F&E-Aufwendungen sollten nach vorliegenden Plänen in den nächsten Jahren um 4 bis 5 % pro Jahr wachsen. Dieser Aufwand stellt einen beträchtlichen Teil des Cashflow des Unternehmens. In zwei Unternehmensbereichen würden die geplanten F&E-Aufwendungen sogar dazu führen, dass diese Bereiche rote Zahlen schreiben.

Nachdem der Vorstand der Intercontinental AG (VV) ausführlich vom Vorstand Technik (VT) über die verschiedenen Unternehmensbereiche informiert wurde, geht es nunmehr darum, die F&E-Strategien für die einzelnen Unternehmensbereiche abzuleiten, die bestehenden F&E-Pläne darauf zu prüfen, wie gut sie sich in Übereinstimmung mit den Plänen und Strategien der Unternehmensbereiche insgesamt befinden und schließlich zu bestimmen, welcher Mitteleinsatz für die F&E der Unternehmensbereiche angemessen ist.

Um das gesamte Budget optimal aufzuteilen, werden für diese Prüfungen verschiedene Portfolio-Analysen angewandt. Der Unternehmensbereich der Nahrungsmitteladditive beinhaltet fünf unterschiedliche Produktkategorien: Vanillin und Zitronensäure, Extrakte, Geschmacksstoffe, Sweetane und Enzyme sowie Kakaobutter. Abbildung 3.12 zeigt ein Technologieportfolio mit den Dimensionen „Bekanntheit der Technologie" und „Bekanntheit der Märkte".

Die Methodik der Technologieanalyse wird zunächst exemplarisch auf die Strategiefindung für Vanillin und Zitronensäure angewendet. Die wettbewerbskri-

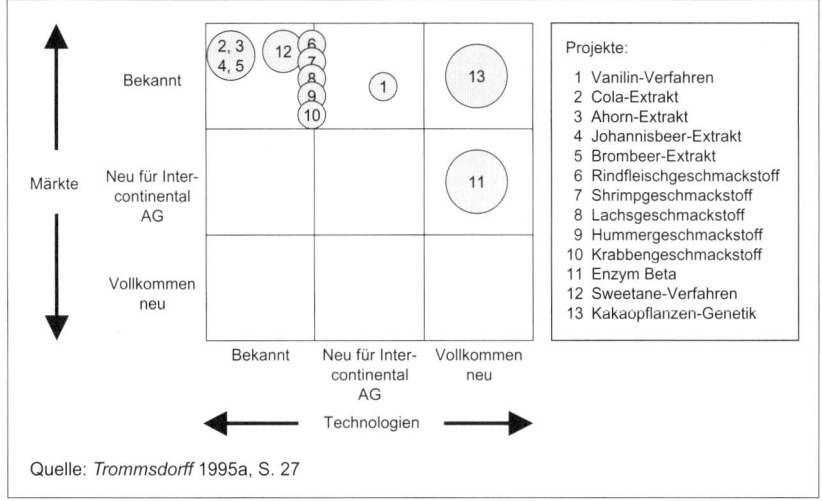

Quelle: *Trommsdorff* 1995a, S. 27

Abb. 3.12: Von den Teams vorgeschlagene Lösung – F & E-Projekte
nach Bekanntheit der Märkte und Technologien

tischen Erfolgsfaktoren im Vanillin- und Zitronensäuregeschäft sind der Preis und der Kundendienst. Die Entwicklungsanstrengungen zielen darauf ab, die Herstellkosten von Vanillin um einige Millionen Euro pro Jahr zu senken. Damit können die Ertragskraft des Geschäfts und die Flexibilität im Preiswettbewerb erhöht werden. Es scheint also eine gute Verbindung zwischen den strategischen Anforderungen des Geschäfts und den F&E-Aktivitäten zu bestehen.

Bei Extrakten sieht der VV die Gefahr, dass das Geschäftsfeld auf der Basis einer ausgereizten und von vielen Wettbewerbern beherrschten Technologie bald in einen reinen Preiswettbewerb geraten könnte. Die Entwicklung neuer einzigartiger Geschmacksrichtungen erweist sich als der richtige Weg aus dieser Problematik. Trotzdem beunruhigen die Wettbewerbsintensität bei den Cola-Extrakten, die Ungewissheit über Marktpotenziale bei den Ahorn- und Johannisbeerextrakten und die Konkurrenzaktivitäten bei der Brombeergeschmacksrichtung.

Als nächstes werden die Geschmacksstoffe untersucht. Die Geschäftsziele, die F&E-Ziele und das derzeitige F&E-Programm stehen miteinander in Übereinstimmung. Dieses Programm hat den Charakter inkrementaler F&E. Zwar zeichnet sich das Unternehmen durch überlegenen technischen Kundendienst und durch eine einzigartige Sensorik aus, aber diese Fähigkeit ist eher als Basistechnologie einzustufen, die für das Geschäft zwar nötig, aber für eine dauerhafte Wettbewerbsdifferenzierung unzureichend sind. Einem zielbewussten Wettbewerber könnte es innerhalb kurzer Zeit gelingen, dieselben Fähigkeiten zu entwickeln und durch Verdrängungswettbewerb der Intercontinental AG das Leben schwer zu machen. Das Mindeste wäre Preisverfall. Da der Bruttoertrag nur 20 % vom Umsatz beträgt, würde Preiswettbewerb schnell dazu führen, dass das Geschäft unattraktiv oder sogar ein Verlustgeschäft würde. Die Produkte im zweiten Teilbereich dieser Produktgruppe, Butter- und Käsegeschmacksstoffe,

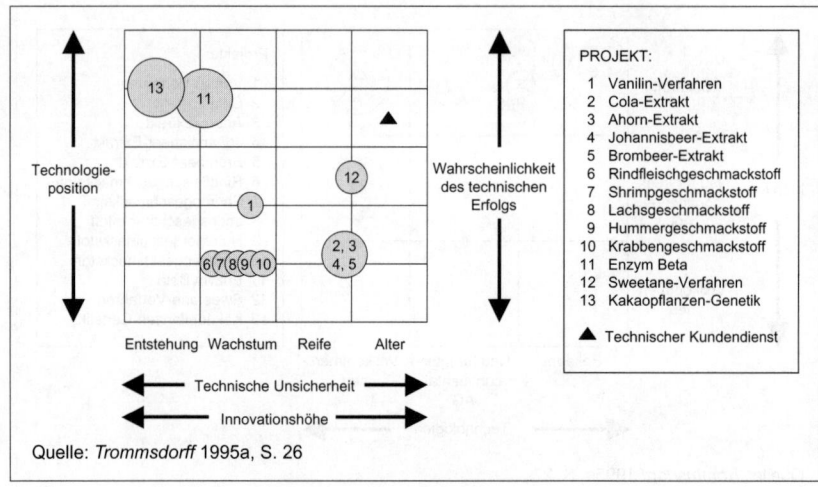

Entstehung Wachstum   Reife   Alter

Quelle: *Trommsdorff* 1995a, S. 26

Abb. 3.13: Von den Teams vorgeschlagene Lösung – Das F & E-Portfolio
nach Technologieposition und Investitionshöhe

sind noch durch Patente geschützt, und die Kunden setzen sie für ihre eigenen Spitzenprodukte ein, so dass der Preis keine entscheidende Rolle spielt.

Das gesamte F&E-Programm in dieser Produktkategorie wird nun hinsichtlich der verwendeten Technologie untersucht. Es ergibt sich das Bild entsprechend Abbildung 3.13. Anschließend werden alle Produkte und der Kundendienst in einem F&E-Portfolio dargestellt.

Projektgruppen	Vorgesehene Marktstrategie	Vorgesehene F&E-Strategie
1) Vanillin	• Kostenführerschaft wahren • Marktanteil steigern	• Kostensenkung des Herstellverfahrens
2) Extrakte	• Expansion: Erweiterung des bestehenden Sortiments	• Entwicklung neuer Produkte auf organoleptischer Stärke
3) Geschmacksstoffe	• Positionsbehauptung bei Butter- und Käsezusatzstoffen • Neuproduktentwicklung	• Wahrung der Technologieführerschaft • F&E-Stärken nutzen
4) Sweetane Enzyme	• Intensivierung des Marketing • Einführung kalorienfreier Fettsubstitute	• Entwicklung einer neuen Produktgeneration • Beschleunigung der Entwicklung von Enzym Beta
5) Neue Vorhaben	• Diversifikation in Produkte mit hohem Kunden-Nutzwert	• Grundlagenforschung bei Kakaopflanzengenetik und organischen Salzsubstituten
Alle Geschäftsbereiche	• Wahrung / Ausbau technischer Kundendienstleistungen	• Technische Kompetenzstärkung des Kundendienstes

Quelle: *Trommsdorff* 1995a, S. 25

Abb. 3.14: Vorgeschlagene Geschäftsfeldstrategien

Nach Sichtung aller zur Verfügung stehenden Informationen werden schließlich durch den VV gemeinsam mit dem VT und Mitarbeitern aus den einzelnen Bereichen Geschäftsfeldstrategien abgeleitet.

Auf der Grundlage der zuvor angestellten Überlegungen machen sich der VV und der VT an die Planungen für das weitere Vorgehen. Dabei werden Entscheidungen über die Budgethöhen, die Priorisierung der Projekte sowie die strategischen Stoßrichtungen getroffen. Eine einfache prozentmäßige Deckungsbeitragsrechnung kann allerdings nicht angewandt werden: Der VT legte dar, wie unterschiedlich die Produkte Gewinn erwirtschafteten. So kann Vanillin, mit einem Bruttoertrag von nur 16 %, absolut mehr Geld einbringen als die Käsezusatzstoffe, die eine doppelt so hohe Bruttoertragsrate erwirtschaften. Der Versuch, zusätzlich die Kapitalrendite zu beachten, brachte noch unübersichtlichere Ergebnisse.

Es müssen also viele Faktoren berücksichtigt werden, um zu entscheiden, welchen Projekten welche Budgets zugewiesen werden sollen. Die Budgethöhe hat schließlich auch Einfluss auf die voraussichtliche Projektlaufzeit. Folgende Faktoren werden also als Entscheidungsgrundlage in diesem speziellen Fall herangezogen:
• Technologieposition
• Technische Unsicherheit
• Märkte
• Innovationshöhe
• Wahrscheinlichkeit des technischen Erfolgs
• Ertragspotenzial
• Derzeitiges Projektbudget
• Voraussichtliche Projektlaufzeit
• Patente

Aus diesen Faktoren werden vier Maße gebildet, die in einem Scoring-Modell Aufschluss über die Förderwürdigkeit und, verbunden mit einem Wert zum Schadenspotenzial, einen Chancen-Risiken-Nettowert bilden. Die vier Maß lauten: Unternehmens-Fit, Innovationshöhe, Dauerhaftigkeit des Vorsprungs und Ertragspotenzial. In Verbindung mit den Geschäftsfeldstrategien ergeben sich die in den Abbildungen 3.15 und 3.16 dargestellten neuen Portfolios.

Schließlich können – wie in Abbildung 3.17 dargestellt – für alle Projekte neue Projektbudgets festgelegt werden.

Dieses Beispiel zeigt auch, welche Rolle das Involvement des Top-Managements bei strategischen Entscheidungen spielt. Der neue Vorstand der Intercontinental AG hatte es sich zum Ziel gesetzt, das Unternehmen auf veränderte Marktbedingung einzustellen. Dafür war es allerdings notwendig, umfassend über das gesamte Unternehmen und alle seine Projekte informiert zu sein. F&E wurde vom Vorstand bisher nur als Kostenposition wie etwa die Ertragssteuer behandelt. In den meisten Besprechungen mit der Führungsmannschaft der Unternehmensbereiche waren die F&E-Leiter gar nicht anwesend. Wenn über F&E gesprochen wurde, dann in einer Weise, die dem VT nicht verständlich war. Es wurde zwar die Aussage gemacht, dass F&E für den künftigen Geschäftserfolg

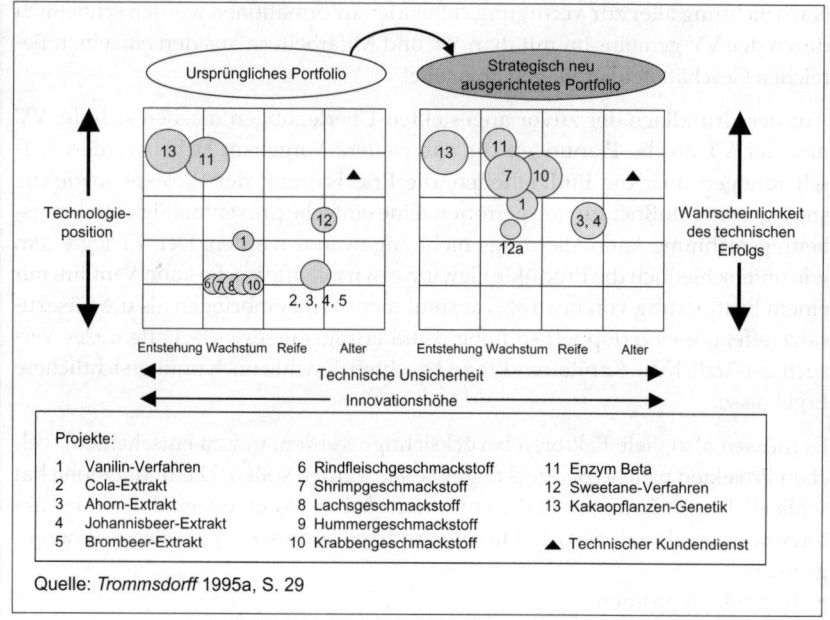

Abb. 3.15: Stärkung der Technologieposition

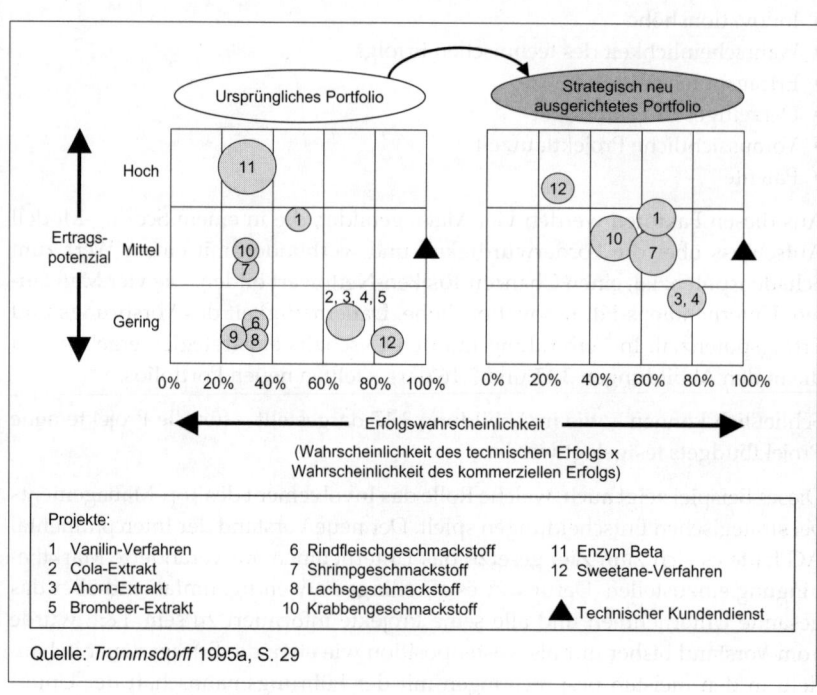

Abb. 3.16: Ertragspotenzial und Erfolgswahrscheinlichkeit

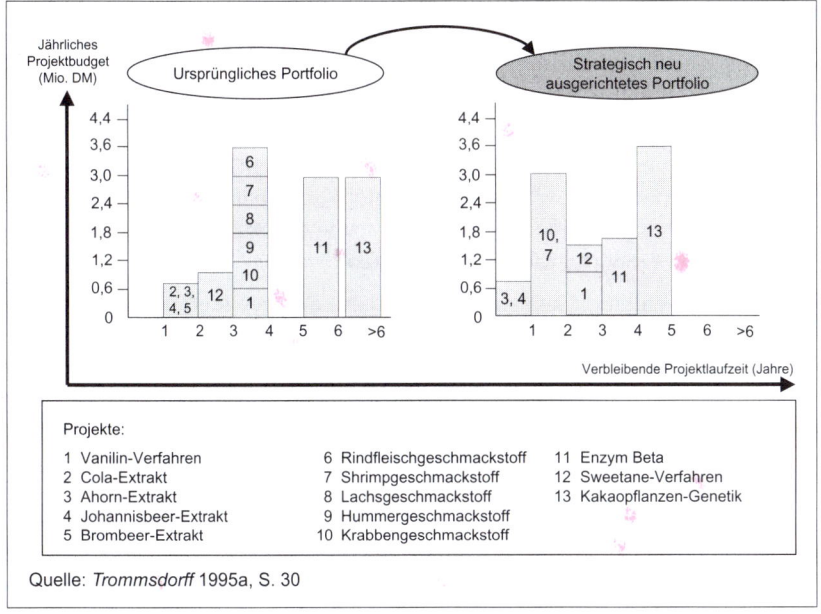

Abb. 3.17: Kürzere Projektdurchlaufzeiten

kritisch sei, es wurde aber nicht erklärt, wie. Der VT forderte nun also ein, dass sich der VV auch diesem Bereich ausführlicher widmet. Dies war schwierig, denn der VV gestand ein, von F&E in diesem Unternehmen bisher nur so viel zu verstehen, dass sie teuer sei.

Quelle: Trommsdorff 1995a, S. 13–32

3.5 Kooperationsstrategien

Sharan F&E-Kooperationen

1993 gründeten Ford UK und Volkswagen Deutschland eine Strategische Allianz in Form eines 50:50-Joint Venture zur innovativen Entwicklung und Produktion eines Großraum-PKW mit bis zu sieben Plätzen, der durch Aus- oder Umbau der Sitze zum Transporter verwandelt werden kann. Produziert wurde im gemeinsam gebauten Werk in Portugal. Um die eigenen Dachmarken nicht zu verwässern, wurde das baugleiche Fahrzeug unter verschiedenen Marken angeboten, bei Volkswagen als VW Sharan und Seat Alhambra und bei Ford als Galaxy. Entsprechend den unterschiedlichen Unternehmens-Markenpositionen wurden die drei Marken zu deutlich unterschiedlichen Preisniveaus vertrieben (höchstes Niveau: Sharan). Die Kooperation war erfolgreich, bis Ford sie 1999 verließ und seinen Anteil an Volkswagen veräußerte.

Quellen: Brankamp/Tobias 2002, Kinsella 1998

„Kooperation" bedeutet ursprünglich „Zusammenarbeit" bzw. „gemeinschaftliche Erfüllung von Aufgaben". Aus betriebswirtschaftlicher Sicht kann Kooperation definiert werden als „eine freiwillige, oft vertraglich geregelte Zusammenarbeit rechtlich und z. T. wirtschaftlich selbständiger Unternehmen zum Zwecke der Verbesserung ihrer Leistungsfähigkeit" (*Nieschlag et al.* 2002, S. 261, siehe auch *Olesch* 1995, S. 1273) definiert werden. Wesentliche Merkmale sind: rechtliche Selbständigkeit der beteiligten Unternehmen, explizite Kooperationsvereinbarung, koordiniertes Verhalten zur Erreichung der angestrebten Ziele sowie ein im Vergleich zum individuellen Vorgehen verbesserter Zielerreichungsgrad (*Nieschlag et al.* 2002, S. 262).

Kooperationen werden oft aus strategischen Gründen gebildet. In diesem Zusammenhang werden auch die Begriffe *Strategische Allianz* bzw. im Falle von multilateralen Kooperationen *Strategisches Netzwerk* verwendet (zu Netzwerkkooperationen siehe *Ritter/Gemünden* 2003, *Gemünden/Ritter* 2001, *Beck* 1998 und *Reiß* 1998). Strategische Allianzen und Netzwerke werden mit dem Ziel eingegangen, strategische Wettbewerbsvorteile durch die Vereinigung individueller Stärken zu erzielen oder zu erhalten (*Picot et al.* 1996, S. 281). Wesentliches Merkmal ist die Selbständigkeit der Kooperationspartner, die ihre Autonomie nur innerhalb der kooperierenden Geschäftsfelder aufgeben, indem sie Aktivitäten abstimmen oder zusammenlegen. In anderen Geschäftsfeldern konkurrieren sie durchaus miteinander. Allen Vereinbarungen gemeinsam sind ihr strategischer Bezug und eine inhaltliche und zeitliche Begrenzung der Zusammenarbeit (*Michel* 1994, S. 21).

Von dem übergeordneten Ziel der Verbesserung der Wettbewerbsfähigkeit eines Unternehmens lassen sich verschiedene allgemeine Unterziele einer Kooperationsstrategie ableiten. Den Zielen stehen aber auch Gefahren gegenüber, wie in der folgenden Abbildung 3.18 zusammengefasst.

Aus Sicht des Innovationsmarketing stellt sich dem innovierenden Unternehmen die Frage, ob es die Produktentwicklung allein, durch Akquisition oder mit Hilfe von Kooperationen durchführen soll. Der Alleingang ist zeit- und ressourcenintensiv und gerade für kleine und mittlere Unternehmen oft nicht realisierbar. Akquisitionen sparen zwar Zeit, sind aber teuer und bergen Risiken bei der Integration der beteiligten Unternehmenskulturen. Kooperationen können Zeitvorteile bringen, Kostennachteile einer Akquisition vermeiden und Innovationshemmnisse der Partner teilweise beseitigen (*Michel* 1994, S. 22, *Sánchez/Pérez* 2003). Wegen zunehmenden Zeitwettbewerbs (vgl. 3.6), steigender Entwicklungs- und Vermarktungskosten und komplexer werdender Produkte verfolgen innovierende Unternehmen zunehmend Kooperationsstrategien (*Meffert* 2000, S. 388).

Entlang der Phasen im Innovationsprozess variieren die Aufgaben von Kooperationsbeziehungen: z. B. Marktforschung, Technologiestudien, technische Entwicklung, Erprobung, Marktvorbereitung und -erschließung. Je nach Aufgabe sind unterschiedliche Bereiche involviert, z. B. Marketing, Beschaffung bzw. F&E, wobei Letztere dominieren (*Pleschak/Sabisch* 1996, S. 288, zu F&E-Kooperationen u. a. *Gemünden/Ritter* 1999 b, *Specht et al.* 2002, S. 385 ff.).

Nach der grundsätzlichen Kooperationsentscheidung muss festgelegt werden, mit wem zu kooperieren ist. Wichtige potenzielle Kooperationspartner sind die Marktpartner, also Zielkunden, Konkurrenten, Lieferanten und Diffusionsagenten. Zur

Mögliche Ziele	**Mögliche Gefahren**
• Realisierung von Qualitäts-, Kosten- und Zeitvorteilen • Verbesserter Zugang zu neuen Märkten • Errichtung von Markteintrittsbarrieren • Erweiterung des Leistungsangebotes bzw. Schließung von Lücken im Produktprogramm • Synergieffekte (Größenvorteile, Mehrproduktvorteile) • Ressourcensicherung (z.B. Know-how, Kapital) • Risikoreduzierung und Verringerung des Ressourceneinsatzes • Reduzierung des eigenen Wettbewerbsdrucks und Erhöhung des Wettbewerbsdrucks auf Dritte • Verwertungsmöglichkeiten von Neben- oder Zufallsergebnissen der Kooperation • Produktivitätssteigerung durch Einsatz spezifischen Human- und Sachkapitals • Durchsetzung von Industriestandards • ...	• Entstehung von Abhängigkeiten zwischen den Kooperationspartnern • Flexibilitätseinbußen • Geheimhaltungsprobleme • Hohe Transaktions-, Koordinations- und Kontrollkosten • Unkontrollierter Know-how-Abfluss • Gefahr der Hemmung von Eigeninitiativen und -entwicklungen • Verzicht auf bzw. Verlust von Informations- und Know-how-Vorsprüngen • Schwierige ex ante Bestimmung von Input- und Output • Schwierigkeiten bei der Auf- und Zuteilung von Beiträgen und Ergebnissen • Spannungen bzw. Konflikte zwischen den Beteiligten • Strategische Inflexibilität • Nicht realisierbare Synergien • Imageverlust • ...

Quellen: eigene Dartsellung in Anlehnung an *Royer* 2000, S. 18; *Homburg / Krohmer* 2003, S. 428; *Nieschlag et al.* 2002, S. 262 ff.; *Pleschak* 2001, S. 61 f.; *Rotering* 1990, S. 85

Abb. 3.18: Ziele und Gefahren von Kooperationsstrategien

Entscheidung für einen Kooperationspartner wird viel Information benötigt: Die Kernkompetenzen, Potenziale und Kapazitäten des eigenen Unternehmens sowie möglicher Kooperationspartner müssen bekannt sein. Darüber hinaus sind Umfeldinformationen wie Gesetze, Normen und Auflagen, Informationen aus dem Wettbewerbs- und Kartellrecht und eventuell bestehende Schutzrechte wie Patente und Lizenzen, zu berücksichtigen.

Nach der langfristigen Vorbereitung der Kooperation durch Informationssuche und -auswertung ist die Kooperation zu planen (siehe Abb. 3.19). Dazu gehört u. a. die Auswahl der Kooperations*form*. So unterscheidet man im F&E-Bereich (abhängig von der Intensität und Verbindlichkeit der Kooperation) Erfahrungsaustausch und Ergebnisaustausch, koordinierte Einzel-F&E mit Ergebnisaustausch, Zusammenarbeit von F&E-Abteilungen und F&E-Gemeinschaftsunternehmen (Joint Venture) (*Pleschak/Sabisch* 1996, S. 289 f., zur Auswahl der Kooperationsform siehe u. a. *Chiesa et al.* 2000, S. 1017 ff.).

Die Untersuchung von Innovationskooperationen ist zu einem Schwerpunkt der Innovationsforschung geworden, besonders empirische Untersuchungen von Kooperationenserfolgsfaktoren. *Gemünden* (2001, S. 153) kommt auf der Basis einer umfangreichen Analyse der Arbeiten des Kieler Graduiertenkollegs „Betriebswirtschaftslehre für Technologie und Innovation", die sich u. a. mit „Innovation durch

Quelle: *Pleschak/Sabisch* 1996, S. 292

Abb. 3.19: Stufen des Kooperationsprozesses

Kooperation" beschäftigen, zu folgendem Schluss: „Kooperationen mit Marktpartnern sind dann erfolgreich, wenn diese technologische Kompetenz, Marktmacht und gute bisherige Geschäftsbeziehungen einbringen und wenn sich das Prozessmanagement durch gemeinsame Ziele, gute Kommunikation, abgestimmte Planung und Kontrolle sowie Vertrauen auszeichnet" (eine Übersicht zu entsprechenden Studien geben *Gemünden* 2001, S. 117 ff. und *Royer* 2000, S. 23). *Sivadas und Dwyer* (2000, S. 40) kommen zu einem ähnlichen Ergebnis, indem sie maßgeblichen Einfluss der „kooperativen Kompetenz" (cooperative competency, eine Kombination aus Vertrauen, Kommunikation und Koordination) auf den Neuprodukterfolg nachweisen.

Nach Stellung der Kooperationspartner im Marktprozess sind horizontale Kooperationen zwischen Unternehmen auf derselben Wertschöpfungsstufe zu unterscheiden von vertikalen Kooperationen zwischen vor- und nachgelagerten Marktpartnern. Daneben gibt es auch „laterale" (diagonale) Kooperationen, bei denen die beteiligten Einheiten nicht im leistungswirtschaftlichen Zusammenhang stehen bzw. in unterschiedlichen Branchen agieren (*Nieschlag et al.* 2002, S. 265, *Homburg/Krohmer* 2003, S. 429).

Abbildung 3.20 fasst genannte und darüber hinaus gehende Gestaltungsparameter einer Kooperationsstrategie zusammen. Zunächst erörtern wir die in der Praxis gängigsten horizontalen und vertikalen Kooperationsformen.

3.5.1 Horizontale Kooperationen

Ein aktuelles Beispiel für eine horizontale Kooperation ist die gemeinsame HybridKooperation von General Motors, DaimlerChrysler und BMW, wobei noch weitere Mitglieder im Gespräch sind. Diese entwickeln seit August 2005 gemeinsam an

Merkmale	Ausprägung				
Umfang	bilateral		geschlossener Verbund		offener Verbund
Ausdehnung	lokal	regional		national	international
Bereich	Marketing	F & E	Beschaffung	Produktion	Vertrieb	Dienstleistung
Richtung	horizontal		vertikal mit Kunde	vertikal mit Zulieferer	lateral / diagonal
Verbindlichkeit	Absprache		Vertrag	Kapitalbeteiligung	Gemeinschafts-unternehmen
Zeitdauer	projektgebunden		bedarfsgebunden		ständig
Ressourcen-einsatz	Information / Wissen		materielle Ressourcen	personelle Ressourcen	finanzielle Ressourcen
Kooperations-treiber	Kompetenz-lücke	Kostendruck		Markt-chancen	Markt-anteile	Gesetze / Vorschriften

Quelle: eigene Darstellung

Abb. 3.20: Kooperationsformen lassen sich sehr differenziert beschreiben

einem so genannten „Two Mode"-Hybridauto, das einen Verbrennungsmotor mit zwei Elektromotoren kombiniert. Im Stadtverkehr soll der Wagen mit den Elektromotoren, mit dem Verbrennungsmotor oder mit beiden Antrieben gleichzeitig fahren können. Mit diesem Konzept sollen Leistung, Kraftstoffverbrauch, Emissionswerte und Reichweite herkömmlicher Hybridfahrzeuge verbessert werden. Während die Basis des Hybridantriebs jeweils identisch ist, wollen die drei Autohersteller das Antriebssystem individuell ihren markenspezifischen Anforderungen anpassen, ebenso wie die Systemarchitektur modular ausgelegt werden soll (*Spiegel Online* 2005).

Horizontale Kooperationen bestehen zwischen Unternehmen der gleichen Wirtschaftsstufe einer Branche. Die Kooperationspartner sind also (potenzielle) Konkurrenten. Auch Konsortien, Kartelle und Wirtschaftsverbände werden als Formen horizontaler Zusammenarbeit gezählt (*Nieschlag et al.* 2002, S. 265). Ziele einer Kooperation mit Wettbewerbern sind häufig Kosten-, Zeit- und Know-how-Vorteile: Horizontale Kooperationen erlauben zum Teil erst die Realisation von Innovationsvorhaben, die ein Unternehmen aufgrund mangelnder finanzieller, personeller, informationeller oder kapazitärer Ressourcen alleine nicht bewältigen könnte (*Pleschak/Sabisch* 1996, S. 289).

Ein weiteres Ziel horizontaler Kooperationen ist häufig die gemeinsame Etablierung eines Produktstandards bzw. eines dominanten Designs (die Begriffe können gleich gesetzt werden, siehe dazu *Afuah* 1998, S. 342; *Chiesa/Toletti* 2003). Das Konzept des dominanten Designs wurde von Utterback entwickelt und wird definiert als: „A dominant design in a product class is, by definition, the one that wins the allegiance of the marketplace, the one that competitors and innovators must adhere to if they hope to command significant market following" (*Utterback* 1994, S. 24). Erfolgreich etablierte Produktstandards sind oft Ergebnisse horizontaler Kooperationen (*Afuah* 1998, S. 345), wie z. B. im Fall des CD-Standards, der gemeinsam von Sony und Phillips eingeführt und lizenziert wurde (*Shapiro* 2001, S. 82).

In den 80er Jahren untersuchen *Hamel, Doz und Prahalad* (1989, S. 133 ff.) als eine der ersten kooperative Beziehungen zwischen Wettbewerbern in den USA, Europa und Japan. Ein zentrales Ergebnis ist, dass Unternehmen unterschiedlich stark von Kooperationen mit ihren Wettbewerbern profitieren. Maßgeblichen Einfluss auf den Kooperationsnutzen hat die konsequente Verfolgung der folgenden vier Prinzipien (*Hamel et al.* 1989, S. 134):

1. „Collaboration is competition in a different form": Erfolgreiche Unternehmen sind sich der Rivalitätsbeziehung zu ihren Wettbewerbern nach wie vor bewusst und gehen ihre Allianzen mit klaren strategischen Zielen ein.
2. „Harmony is not the most important measure of success": Vorübergehende Konflikte sind Ausdruck einer allen Beteiligten nutzenden Kooperation. Nur wenige Allianzen sind durchgängig durch eine Win-Win-Situation geprägt.
3. „Cooperation has limits. Companies must defend against competitive compromise": Erfolgreiche Unternehmen informieren ihre Mitarbeiter kontinuierlich über Bestandteile und Grenzen des Informationsaustausches mit ihren Kooperationspartnern und kontrollieren den Informationsfluss.
4. „Learning from partners is paramount": Erfolgreiche Unternehmen interpretieren Allianzen als Lernmöglichkeiten und versuchen so viel Informationen wie möglich zu sammeln und intern zu diffundieren.

Während die westlichen Unternehmen Allianzen vor allem aus Kostengesichtspunkten eingehen, steht bei den japanischen Unternehmen das Lernen von ihren Wettbewerbern im Vordergrund. Zwei japanische Manager formulieren ihre Strategie folgendermaßen: „When it is necessary to collaborate, I go to my employees and say, ‚This is bad, I wish we had these skills ourselves. Collaboration is second best. But I will feel worse if after four years we do not know how to do what our partner knows how to do.' We must digest their skills." bzw. „Our Western partners approach us with the attitude of teachers (...). We are quite happy with this, because we have the attitude of students" (*Hamel et al.* 1989, S. 134, 138).

Im Laufe der letzten Jahre wird im Kontext horizontaler Kooperation vermehrt der Begriff *Co-opetition* verwendet (u. a. *Brandenburger/Nalebuff* 1998, S. 179, *Dowling et al.* 1998, S. 165, *Tiessen/Linton* 2000, S. 203, *Bengtsson/Kock* 2000, S. 412; z. T. wird auch der unschönere deutsche Begriff Koopkurrenz verwendet u. a. bei *Reiß* 1998, S. 218). Unter Co-opetition versteht man eine dyadische und paradoxe Beziehung zwischen Unternehmen, bei der sowohl kooperative, als auch konkurrierende Elemente und Verhaltensweisen sichtbar werden (*Bengtsson/Kock* 2000, S. 412 ff.).

Ein Beispiel ist das U. S.-amerikanische Forschungskonsortium SEMATECH, das aus miteinander konkurrierenden Halbleiterherstellern gegründet wurde, um durch Bündelung ihrer Ressourcen gemeinsam gegen die Konkurrenz aus Japan vorzugehen. Auch Siemens und Bosch produzieren im Rahmen eines Joint Ventures gemeinsam Haushaltsgeräte, konkurrieren aber z. B. im Bereich der Autoelektronik (*Dowling et al.* 1998, S. 167).

Brandenburger und Nalebuff (1998, S. 176 ff.) beschäftigen sich mit dem Phänomen Co-opetition aus einer spieltheoretischen Perspektive: Geschäftätigkeiten werden als Spiele mit Spielern, Mehrwerten, Regeln, Rahmen und Taktiken verstanden. Erfolgreiche Geschäfsstrategen schätzen nach Erkenntnissen der Autoren die Beteiligten und Elemente des Spiels ein und verändern das Spiel aktiv. Co-opetition bedeutet in diesem Zusammenhang, dass sowohl konkurrierende, als auch kooperative Wege zur Beeinflussung des Spieles verfolgt werden. Das heißt, dass sowohl Win-Lose-Strategien (Strategien, bei denen der Gewinn des einen den Verlust des anderen darstellt), als auch Win-Win-Strategien (Strategien, die auf einen Gewinn aller Beteiligten abzielen) eingesetzt werden. Voraussetzung dafür ist, dass Geschäfsstrategen das Spiel nicht egozentrisch, d. h. nur aus der eigenen Position heraus, sondern allozentristisch aus der Perspektive aller Beteiligten heraus betrachten.

Charakteristika co-opetiver Beziehungen werden in einer explorativen Studie von *Bengtsson und Kock* (2000, S. 411 ff.) untersucht. Abhängig vom Kooperationsgrad unterscheiden sie kooperationsdominierte, konkurrenzdominierte und ausgeglichene co-opetitive Beziehungen (*Bengtsson/Kock* 2000, S. 416). *Bengtsson und Kock* (2000, S. 424) kommen u. a. zu dem Ergebnis, dass kooperative und konkurrierende Aktivitäten sich vor allem hinsichtlich ihrer Nähe zum Kunden unterscheiden: Co-opetitive Unternehmen konkurrieren tendenziell eher bei Aktivitäten, die sich durch eine starke Nähe zum Kunden auszeichnen, wohingegen sie bei vergleichsweise kundenfernen Aktivitäten eher kooperieren. Das heißt, dass bspw. die Markteinführung einer Innovation aufgrund der starken Kundennähe tendenziell durch konkurrierendes Verhalten geprägt sein kann, auch wenn die vorangegangene Forschung und Entwicklung kooperativ gemeinsam durchgeführt wurde.

Royer (2000) entwickelt ein theoretisch abgeleitetes Modell zur Untersuchung von Erfolgsfaktoren horizontaler Kooperationsbeziehungen. Basierend auf einer Analyse von 12 Fallstudien aus der Automobilindustrie gelingt es der Autorin, ihr Modell empirisch zu stützen (*Royer* 2000, S. 245). Danach ist eine Kooperation zwischen Wettbewerbern um so eher erfolgreich, wenn die Mehrzahl der in Abbildung 3.21 dargestellten Bedingungen erfüllt sind. Das heißt, dass die Chancen auf eine erfolgreiche Zusammenarbeit um so mehr steigen, je mehr Bedingungen erfüllt sind, jedoch nicht alle Bedingungen notgedrungen erfüllt sein müssen, um erfolgreich zu sein (*Royer* 2000, S. 236):

Eine spezielle Form der horizontalen Kooperation zwischen Wettbewerbern im Innovationsmarketing ist die „Bündelung" von innovativen Produkten (Commodity Bundling). Hintergrund dieses Vorgehens ist der Gedanke, Produkte, deren Nutzung sich gegenseitig bedingt (Netzeffektgüter), gemeinsam anzubieten und dadurch eine höhere Marktattraktivität zu erzielen. Diese ergibt sich einerseits durch Kostensenkungspotenziale, andererseits durch die Abstimmung der Produkte aufeinander und auf die Zielkundenbedürfnisse (*Belzer* 1993, S. 55).

Ein Beispiel für erfolgreiches Commodity Bundling im Innovationsmarketing liefert die Kooperation der Firmen HP und SAP. Sie haben sich auf ihre Kernkompetenzen konzentriert und betreiben seit 1990 ein Competence Center in Walldorf, in dem gemeinsame Kunden problemlösungsorientiert angesprochen werden. Das Competence Center ist mit HP- und SAP-Mitarbeitern besetzt, die sich mit der Entwicklung untereinander und auf Zielkundenbedürfnisse abgestimmter Dienstleistungen und

Erfolgsrelevante Bedingungen	Erfüllt wenn ...
Symbiosebedingung	...die Kooperationspartner in starker gegenseitiger Abhängigkeit stehen
Symmetriebedingung	...Erträge bzw. Kosten der Kooperation, Anteile an der Kooperation und Entscheidungsrechte der Kooperationspartner relativ gleich verteilt sind
Homologiebedingung	...die beteiligten Unternehmen sich strukturell relativ ähnlich sind, d.h. ein rel. hoher strategischer, kultureller, zeitlicher, ressourcenorientierter, marktlicher und organisationaler Fit vorliegt
Entropiebedingung	...die Kommunikation zwischen den Unternehmen sich auf relativ viele Bereiche und Kanäle verteilt, auf relativ vielen Ebenen stattfindet, formell und informell ist und gemeinsame und kompatible Informationssysteme nutzt
Institutionalisierungsbedingung	... die Kooperation z.B. durch die Gründung eines Gemeinschaftsunternehmen, gemeinsame Gebäude für Verwaltung und Produktion, gemeinsame Produktionsanlagen sowie durch gemeinsame Planungs-, Belohnungs- oder Anreizsysteme institutionalisiert ist

Quelle: *Royer* 2000, S. 260 f.

Abb. 3.21: Erfolgsbedingungen kooperativer Wettbewerbsbeziehungen nach Royer

Produkte beschäftigen. In den Bereichen Marketing und Kommunikation werden zu diesem Zweck gemeinsame SAP-HP-Partnerveranstaltungen durchgeführt und Stand-Layouts für Messen und Ausstellungen erstellt. Darüber hinaus werden hier die Installationsberichte gesammelt und ausgewertet und zwischen HP und SAP ausgetauscht. Technische Informationen und periodische Rundschreiben werden für HP verbreitet bzw. herausgegeben. Außerdem werden gemeinsame Sales Tools (Guides und Broschüren) entworfen. Der Sales Support hält Vorträge über SAP-Produkte und Anwendungspräsentationen und informiert sowohl über Konfigurationsleitfäden als auch Installationsrichtlinien. Besonderer Wert wird auf die technische Kundenberatung gelegt (*Popall* 1995, S. 66 f.).

3.5.2 Vertikale Kooperationen

BEISPIEL 3M

In den 1990er Jahren entwickelte 3M den „Scotchgard Faserschutz". Damit veredelte Bekleidung ist vor den meisten Verschmutzungen und Flecken sicher und lässt sich leichter reinigen, Flüssigkeiten perlen an der Oberfläche ab. Um die Innovation bei Textilwebereien, Bekleidungskonfektionären, im Einzelhandel und bei Konsumenten möglichst attraktiv zu gestalten, entwickelte 3M ein innovatives komplexes Garantiekonzept: Ein Konfektionär, der seine Stoffe bei lizenzierten Textilwebereien kauft, erhält eine Ein-Jahres-Garantie auf die Aussage

„dauerhafter Schutz". Diese Garantie kann er über den Handel an den Endver-braucher weitergeben. Sie umfasst jede Reinigung und Neu-Imprägnierung, wenn in der Frist die Schutzwirkung bei normaler Tragenutzung nicht befrie-digend ist.

3M musste zur Verwirklichung des Garantiekonzepts Partner aller Wertschöp-fungs- und Distributionsstufen überzeugen und gewinnen: Auf der Produkti-onsebene sollten Textilwebereien und Gerbereien Lizenzen für Scotchgard Fa-serschutz erwerben. Konfektionäre waren dafür zu gewinnen, Vorprodukte lizenzierter Lieferanten zu verarbeiten. Der Handel war zu überzeugen und zu schulen, auch um das Beschwerdemanagement teilweise übernehmen zu kön-nen. Im After-Sales-Service erfordert das Garantiekonzept eine Zusammenarbeit mit Textilreinigungen. Um sich selbst verstärkende (Imitations-)Barrieren ge-genüber außen stehenden Wettbewerbern zu erzielen, sollten vor allem markt-führende Partner vernetzt werden. Sie konnten auch mit dem strategischen Vorteil gewonnen werden, dass das Konzept jeden Partner bei seiner Wettbe-werbsdifferenzierung unterstützt. Insgesamt verhalf das System der technologi-schen Innovation am Markt zum Durchbruch.

Quelle: Bibl/Swoboda 2000

Aus der Sicht des innovierenden Unternehmens kommt im Innovationsmarketing eine vertikale Kooperation mit Zielkunden, Lieferanten, Diffusionsagenten und For-schungspartnern in Frage. In den letzten Jahren sind z. B. viele vertikale Kooperatio-nen zwischen kleinen forschenden Biotechnologiefirmen und großen marktstarken Pharmazeutikaherstellern entstanden. Ein typisches Muster ist, dass das Pharmaun-ternehmen ein vom Markt her interessantes Krankheitsbild als „Target" vorgibt und dann das Biotechunternehmen mit Hilfe gentechnischer Anlagen große Mengen von Molekülen „screent" bis eins davon genau zum Target passt, wie ein Schlüssel in ein Schlüsselloch.

Kooperation mit Zielkunden

Die Rolle der Kunden im Geschäftsleben hat sich im Laufe der Zeit von einer ten-denziell passiven Käuferrolle zu einer aktiven Mitschöpferrolle verändert (siehe Abb. 3.22 *Prahalad/Ramaswamy* 2000, S. 66). Kunden sind zu einer neuen Quelle von Kompetenz geworden, die es zu nutzen gilt. Mit Bezug auf den zunehmenden Zeit-wettbewerb formulieren *Prahalad und Ramaswamy* (2000, S. 75) es folgendermaßen: „Letztlich kommt es nicht nur darauf an, ‚schneller zu laufen', sondern auch ‚schnel-ler und cleverer zu denken'. Daher müssen Manager lernen, Kompetenzen in einem erweiterten Netz zu nutzen, zu dem auch die der Kunden gehören."

Proaktive Nutzung von Kompetenzen der Kunden, z. B. durch die Ermittlung ihrer Bedürfnisse, ist ein Merkmal kundenorientierter Innovationsprozesse (*Lüthje* 2000, S. 6 f.). Kundenorientierung ist ein kritischer Erfolgsfaktor sowohl hinsichtlich des Unternehmenserfolges (u. a. *Utzig* 1997), als auch hinsichtlich des Neuprodukterfol-ges (u. a. *Kahn* 2001, zu spezifischen Erkenntnissen aus der Erfolgsfaktorenforschung siehe auch 2.2.2.2). Trotzdem ist mangelnde Kundenorientierung nach wie vor ein häufiges Phänomen im Innovationsprozess (*Jenner* 2000, S. 132, siehe auch 2.2.2.4).

	Kunden als passiv eingestellte Abnehmer			Kunden als aktive Gestalter
	Überzeugen von vorab definierten Käufergruppen	Eingehen auf einzelne Kunden	Lebenslange Bindungen zu einzelnen Kunden	Kunden als Mitschöpfer von Wert
Zeitrahmen	70er und frühe 80er Jahre	Späte 80er und frühe 90er Jahre	90er Jahre	ab 2000
Art der Geschäfts- beziehung	Der Kunde wird als passiver Käufer betrachtet, in der vorab bestimmten Rolle eines Verbrauchers			Kunden sind Mitwirkende, Mitentwickler und Mitbewerber
Einstellung des Management zum Kunden	Kunde gilt als Statistische Durchschnitts- größe; Käufer- gruppen werden im Voraus bestimmt.	Kunde stellt bei Geschäftsvorgängen eine individuelle statistische Größe dar.	Kunde wird als Individuum wahr- genommen; Vertrauen & engere Beziehungen werden gepflegt.	Kunde wird nicht nur als Individuum, sondern auch als Teil eines sich neu entwickelnden Gefüges gesehen.
Interaktion des Unternehmens mit Kunden	Herkömmliche Marktforschung und Kundenbefragung. Produkte werden ohne großes Kunden- Feedback kreiert	Wechsel vom reinen Verkauf zur Unterstützung der Kunden z.B. durch Kundendienst	Sorge um Kunden auf Basis von Beobachtung des Nutzerverhaltens/ Suche nach Problem- lösungen	Kunden sind Mit- enwickler, Gemein- same Ausformungen von Erwartungen und Schaffung von Marktakzeptanz
Kommunikation	Ein-Weg Kommunikation	Zwei-Weg Kommunikation	Zwei-Weg Kommuni- kation & enger Umgang	Aktiver Dialog

Quelle: eigene Darstellung in Anlehnung an *Prahalad/Ramaswamy* 2000, S. 66

Abb. 3.22: Wandlung der Rolle des Kunden

Die Überwindung des Engpassfaktors Kundenorientierung bedeutet Informationsbedarf. Kooperation mit Zielkunden soll Informationen generieren und Marktunsicherheiten reduzieren. Durch die Einbindung von Kunden in den Innovationsprozess kann der Engpassfaktor Kundenorientierung überwunden werden (*Ernst* 2001,
S. 174 f.). Neben der Reduktion von Unsicherheiten werden in der Literatur weitere
Ziele vertikaler Kooperationen mit Zielkunden genannt, denen aber auch Gefahren
gegenüberstehen (siehe Abb. 3.23).

Kooperationen mit Kunden fokussieren auf unterschiedliche Aufgabenstellungen im
Innovationsprozess (*Jenner* 2000, S. 134 f.). Dazu gehört die Generierung von Innovationsideen und Anregungen in der Entwicklungsphase (siehe u. a. *Herstatt* 1991,
Karle-Komes 1997, *Gruner/Homburg* 1997), die Prüfung der Akzeptanz z. B. durch Erprobung (siehe u. a. *Kottkamp* 1998) und die Unterstützung bei der Markteinführung
z. B. durch Referenzen (zu Studien über phasenspezifischen Rolle des Kunden siehe
Kirchmann 1998, S. 302 f. und 1994, S. 83 ff.).

Brockhoff (1998, S. 8 ff.) unterscheidet fünf Formen des Kundenbeitrages im Innovationsprozess nach Rollen der Kunden:

1. Kunden als *Nachfrager, die Bedürfnisse erkennen lassen* indem sie z. B. durch ihre Teilnahme an Marktforschungsstudien (indirekt) Ideen für neue Produkte liefern
2. Kunden als *aktive Mitgestalter im Produktentwicklungsprozesses*, die z. B. Ideen geben, anregen, gestalten und sogar selbst Probleme lösen
3. Kunden als *Innovatoren*, deren bereits fertige bzw. quasi-fertige Problemlösung
   entwickelt und vermarktet wird („Lead User", vgl. *von Hippel* 1986)

Vorteile/Ziele u.a	Nachteile/Gefahren u.a
Unsicherheitsaspekt • Detaillierte Einblicke in den Anwendermarkt • Gewinnung komplementärer Ressourcen • Synergieeffekte • Reduzierung von Überperfektionierung • Reduktion des Risikos einer mangelhaften Berücksichtigung der Kundenbedürfnisse	• Kunden orientieren sich an vorhandenen Problemlösungen und beurteilen unbekannte Eigenschaften ggf. entsprechend kritisch • Kunden haben z.T. Schwierigkeiten bei der Artikulation ihrer (unbewussten) Bedürfnissen • Abhängigkeit von den Zielkunden • Rechtliche Probleme bzgl. des Eigentums an generierten Lösungen • Abfluss wettbewerbsrelevanter Informationen
Absatzaspekt • Gewinnung neuer Marktpotenziale über Referenzkunden • Informationen über (potentielle) Konkurrenten • Verstärkung der Partner- / Kundenbindung • Beschleunigung der Diffusion	
Ressourcenaspekt • Zeitersparnisse • Kostenreduzierung	

Quelle: eigene Darstellung in Anlehnung an *Belzer* 1993, S. 73f., *Kirchmann* 1996, S. 77; *Christensen/Bower* 1996, S. 198

Abb. 3.23: Vorteile und Nachteile der Kooperation mit Zielkunden

4. Kunden als *Quellen von Anwendungswissen*, das z. B. durch realitätsnahe Ersterprobungen generiert wird, bzw. durch Kunden, die bei der Markteinführung Referenzkunden sind
5. Kunden als *Helfer bei der Überwindung innerbetrieblicher Innovationswiderstände* beim Hersteller indem sie z. B. als Erstinteressenten / Erstkäufer Unsicherheiten reduzieren.

Eine besondere Rolle bei der Kooperation mit Zielkunden spielen die *Lead User* (*von Hippel* 1986). Sie unterscheiden sich durch zwei spezifische Merkmale von anderen Kunden: „Lead user face needs that will be general in a marketplace – but face them months or years before the bulk of that marketplace encounters them, *and* Lead users are positioned to benefit significantly by obtaining a solution to those needs" (*von Hippel* 1986, S. 795). Lead User sind also besonders fortschrittliche Kunden, die von der Lösung eines bestimmten, zukunftsrelevanten Kundenproblems in besonderem Maße profitieren. Sie unterscheiden sich von durchschnittlichen Kunden zum einen durch ihre Fähigkeit zur Frühwahrnehmung der Bedürfnisse der Märkte von morgen und zum anderen durch ihr hohes Interesse an einer Problemlösung und der damit verbundenen hohen Motivation zur Kooperation (*Herstatt et al.* 2002, S. 61). Studien weisen auf hohe Erfolgswirksamkeit des Einsatzes von Lead Usern im Innovationsprozess hin (u. a. *Herstatt/von Hippel* 1992, *Lilien et al.* 2001, *Gruner/Homburg* 1999, *Gruner* 1997). Wegen der Bedeutung dieses Ansatzes auch für die Innovationsmarktforschung werden wir später auf den Einsatz von Lead Usern zurückkommen (insb. 4.1.2.3, Kundenanalyse). Dass jedoch auch Innovationsideen normaler Verwender unter bestimmten Bedingungen denen fortgeschrittener Nutzer oder gar denen professioneller Produktentwickler überlegen sein können, zeigte eine Untersuchung von *Kristensson, Gustafsson und Archer* (2004). So waren ihre Ideen für Innovationen im Mobilfunkbereich häufig origineller und wertvoller für das Unternehmen als die der augenscheinlich kompetenteren Personen. Diese waren offenbar durch ihr ausgeprägtes Expertenwissen und auch die Kenntnis betriebsinterner Restriktionen weniger divergent in ihrem Denken und dadurch auch weniger originell.

Ist schon das Ausfüllen eines standardisierten Fragebogens durch Kunden eine Form der Kooperation? Allgemein: Von welchem Grad der Zusammenarbeit zwischen Hersteller und Kunde sollte von einer Innovations-Kooperation gesprochen werden? *Strumann* (1997, S.41) macht darauf aufmerksam, dass die Abgrenzung zwischen Marktforschungsaktivitäten und vertikalen Kooperationen problematisch ist. Seiner Meinung nach ist *quantitative* Markforschung aufgrund ihres einseitigen Informationstransfers noch keine Kooperation. *Qualitative* Marktforschung setzt dagegen einen individuellen Interaktionsprozess mit den Kunden voraus und soll daher auch als eine Form der Kooperation gezählt werden.

Die Einbindung von Kunden in den Innovationsprozess wird in der empirischen Innovationsforschung als positiver Erfolgsfaktor eingestuft. *Gruner* (1997, S.207) bestätigt die Basishypothese: Intensive Kundeneinbindung beeinflusst den Innovationserfolg positiv. *Kirchmann* (1994, S.6f.) kommt auf Basis eines Vergleiches von 18 empirischen Studien über die Erfolgswirkung einer Zusammenarbeit mit Anwendern zu folgendem Fazit:

- Involvierung von Anwendern führt zu erfolgreicheren Innovationsprojekten.
- Zwischen Häufigkeit des Kontaktes mit Anwendern und Innovationserfolg besteht ein positiver Zusammenhang.
- Kundeneinbindung sollte von einem möglichst frühzeitigen Zeitpunkt an erfolgen.

Der Erfolg der Einbindung von Kunden in den Innovationsprozess hängt jedoch von weiteren Faktoren ab (*Brockhoff* 1998, S.11). Einige ausgewählte empirische Befunde aus der Literatur im Überblick:

1. Charakteristika der Kunden
   Gruner (1997, S.205) kommt auf Basis einer Untersuchung von 310 deutschen Maschinenbauunternehmen zum Ergebnis, dass die finanzielle Attraktivität des Kunden, seine Lead User-Eigenschaft und die Enge der Geschäftbeziehung gut zwischen erfolgreichen und nicht erfolgreichen Innovationsprojekten trennt. „Innovationserfolg" wurde hier operationalisiert über die Güte des Innovationsprozesses, die Qualität des Neuproduktes, die Betriebskostengünstigkeit des Neuproduktes und den wirtschaftlichen Innovationserfolg (*Gruner* 1997, S.161 ff.).

2. Phasenspezifische Intensität der Einbindung:
   Vom Anwender gewonnene Informationen sind für den Innovator besonders in den ersten Phasen (Problemerkennung und Ideengenerierung) sehr bedeutsam. In den darauf folgenden Phasen wird solcher Information eine etwas geringere, ungefähr gleich bleibende Bedeutung beigemessen. Für besonders relevant gehal-

tene Information beeinflusst den Innovationserfolg besonders (*Kirchmann* 1994, S. 208 ff.).

Erfolgreiche Innovationsprojekte zeichnen sich dadurch aus, dass in sehr frühen (Ideenfindung und Konzepterstellung) und sehr späten Phasen (Prototypbewertung und Markteinführung) Kunden intensiv einbezogen werden (*Gruner* 1997, S. 203). „Intensität" wurde gemessen über die Häufigkeit der Kontakte, die Dauer der Zusammenarbeit, die Zahl der Kooperationspartner und eine Einbindung über das in der Marktforschung übliche Maß hinaus (*Gruner* 1997, S. 73).

Darüber hinaus beeinflusst die *Art der Zusammenarbeit und des Informationstransfers* die Erfolgswirkung der Kundeneinbindung (u. a. *Kirchmann* 1994, *Gemünden* 1980, 1981). Analog zu Kommunikationsproblemen zwischen eigenen Abteilungen gibt es auch im zwischenbetrieblichen Informationsaustausch Schnittstellenkonflikte. Im Interesse eines erfolgreichen Innovationsprozesses sind zwischen Anbieter und Nachfrager Strukturen zu etablieren, die einen effizienten Informationsprozess ermöglichen. Promotoren (*Witte* 1973, vgl. 3.4) helfen, menschliche Willens- und Fähigkeitsbarrieren im Innovationsprozess zu überwinden, eben auch *zwischen* Organisationen. Durch den Einsatz von Promotoren können zwischenbetriebliche Schnittstellenkonflikte gemindert werden.

Gemünden (1980, 1981) untersucht die Effizienzwirkung von Promotoren bei Innovationsvorhaben zwischen Partnerfirmen (interorganisationale Vorhaben). Er zeigt, dass ein Promotoren*gespann* (aus Macht- und Fachpromotoren) zu einem intensiveren Problemlösungsprozess und zu einem für beide Kooperationspartner besonders effizienten Ergebnis führt. Die Rolle von Promotoren in interorganisationalen Innovationsvorhaben ist noch weitergehend untersucht worden. *Kirchmann* (1994, S. 237) zeigt, dass der Informationsprozess zwischen Hersteller und Anwender besonders erfolgreich unterstützt wird durch ein Dreigespann: *Macht-, Fach-* und *Prozesspromotor*, jemand, der den Prozess aktiv vorantreibt. Der *Beziehungspromotor* (*Gemünden/Walter* 1995 a) fördert den Innovationsprozess durch sein persönliches Netzwerk zu externen Schlüsselpersonen. Zur empirischen Bestätigung des Promotorenmodells im Überblick siehe *Hauschildt* (2004, S. 205 ff.).

Sowohl technologie- als auch marktorientierte Bereiche sind schon bei nur *intra*organisationalen Projekten beteiligt, wobei der Qualität der Informationsbeziehung entscheidende Erfolgsbedeutung zukommt. Das gilt umso mehr bei *inter*organisationalen Vorhaben. *Kirchmann* (1994) untersucht die Involvierung technologie- und marktorientierter Bereiche bei Innovationskooperationen zwischen Herstellern und Anwendern. Grundsätzlich sind zwei Typen von interorganisationalen Informationsbeziehungen zu unterscheiden (*Kirchmann* 1994, S. 37 ff., vgl. auch folgende Abbildung):

- Zwischen Bereichen mit gleichartigen Aufgaben, so zwischen Marketingabteilungen der beteiligten Unternehmen, mit den Vorteilen einer gemeinsamen Fachsprache, gegenseitiger Empathie und mehr sowie intensiverem Informationstransfer.
- Zwischen auf Anbieter- und Nachfragerseite unterschiedlichen Bereichen, z. B. Marketing im Unternehmen A und F&E im Unternehmen B, mit Chancen der Synergienutzung, konstruktiver Konfliktpotenziale und gegenseitigen Lernprozessen.

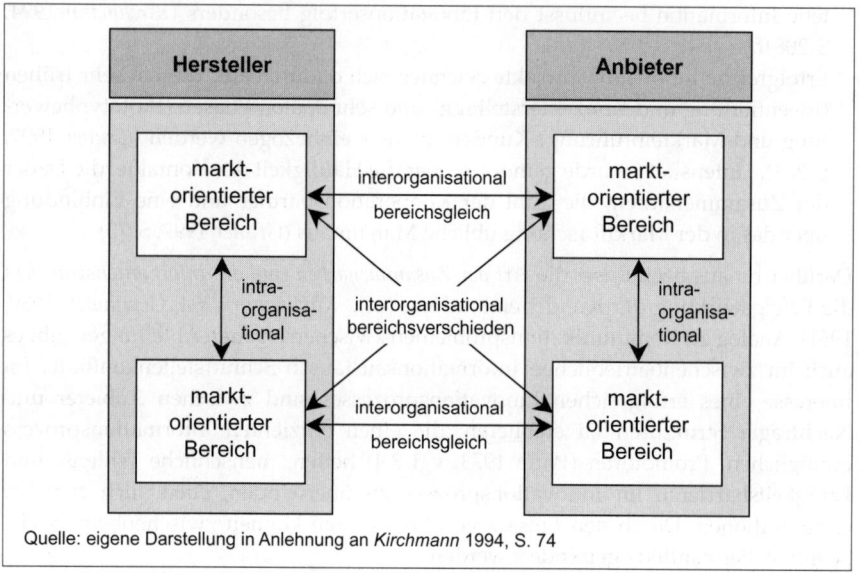

Quelle: eigene Darstellung in Anlehnung an *Kirchmann* 1994, S. 74

Abb. 3.24: Typologie der Informationsbeziehungen

Kirchmanns (1994, S. 306) Studie von 133 Anbieter-/Nachfrager-Kooperationen im Maschinenbau zeigt, dass die Gestaltung des Informationstransfers zwischen Hersteller und Anwender Effektivität und Effizienz des Innovationsprozesses beeinflusst. Unter den „Beziehungstypen" trägt der Informationstransfer des „Anwendungstyps" am stärksten zum Innovationserfolg bei. Dieser Typ bewirkt den Informationstransfer hauptsächlich a) über die (bereichsübereinstimmenden) technologischen Bereiche und b) über die Beziehung vom technologieorientierten Bereich des Anwenders zum marktorientierten Bereich des Herstellers (*Kirchmann* 1994, S. 200).

Jacob (2003) konzeptionalisiert und validiert „*Kundenintegrations-Kompetenz*" (KK). Das Konstrukt beschreibt die Fähigkeit eines Anbieters zur Integration von Kunden in den Leistungserstellungsprozess. KK basiert auf drei Teilkompetenzen: 1. der Fähigkeit zur Gestaltung der Kombination interner und externer Faktoren, 2. der Kommunikation zur Beschaffung einzelkundenbezogener Kundeninformationen und 3. der Steuerung des Kundenintegrationsprozesses. Die Teilkompetenzen basieren auf organisationalen Ressourcen, Qualifikationen und Erfahrungen (*Jacob* 2003, S. 87 f.). Die KK-Skala ist reliabel und valide. Der Einfluss auf den Markterfolg ist deutlich: 26 % des Markterfolges lassen sich auf KK zurückführen (*Jacob* 2003, S. 92 f.).

Die meisten Forschungsergebnisse empfehlen Kunden in den Innovationsprozess einzubeziehen. Man muss aber differenzieren: Kunden sind auch bei fehlgeschlagenen Entwicklungen involviert (*von Hippel* 1980, S. 56). *Bstieler und Kleinschmidt* (1992) untersuchen 57 Innovationsprojekte und kommen zum Ergebnis, dass Projekte mit Kundenintegration nicht *grundsätzlich* besser laufen als Projekte ohne Kundenkooperationen (ebenda S. 139). *Veryzer Jr.* (1998, S. 318) zeigt an Fallstudien, dass erfolgreiche radikale Innovationsprojekte weniger „customer-driven", mehr „technology-driven" sind. *Brockhoff* (1998, S. 16) weist ferner darauf hin, dass sich „empirische Untersuchungen und Fallstudien, aus denen die Empfehlungen resultieren, bis auf wenige Ausnahmen (*Gruner/Homburg* 1997) nur auf erfolgreiche Produktentwicklungen konzentrieren" sowie auf weitere Fehlerquellen, deren Berücksichtigung zu einer differenzierteren Beurteilung der Kundenintegration führt.

Kooperation mit Lieferanten

Lieferanten werden im Innovationsprozess nicht nur benötigt, um die für das neue Produkt notwendigen Komponenten und Technologien zu beschaffen, sie können auch im Zuge vertikaler Kooperationsbeziehungen Innovationen initiieren, substantiieren und realisieren (*Hauschildt* 2004, S. 242 f.). Leistungsstufen, die im Unternehmen nacheinander lückenlos durchlaufen werden, sind „vertikal integriert". So können auch dem Prozess im Unternehmen vor- und nachgelagerte Wertschöpfungsstufen vertikal integriert werden. Entsprechende so genannte Make-or-Buy-Entscheidungen determinieren den Grad der vertikalen Integration und umgekehrt den Umfang vertikaler Kooperationen. Im Innovationsprozess beziehen sich Make-or-Buy-Entscheidungen auf die Entwicklung von Produktkomponenten: Make-Entscheidungen führen zu unternehmensinternen Entwicklungen, während bei Buy-Entscheidungen Entwicklungsaufträge an Lieferanten vergeben werden. Buy-Entscheidungen, die über Standardteile hinausgehen, führen zu vertikalen Kooperationsbeziehungen mit Lieferanten (*Pfaffmann* 2001, S. 7 f.). *Picot und Franck* (1993, S. 181) geben einen Überblick zu Studien über die Effekte vertikaler Integration.

Die Beziehungen eines innovierenden Herstellers zu seinen innovations-kooperativen Lieferanten zeichnen sich durch folgende Besonderheiten aus:
* Trennung zwischen Kaufentscheid und Erfolgsbestimmung. Den Kaufentscheid fällt das innovierende Unternehmen, welches das gelieferte Produkt weiterverwendet, die Erfolgsbestimmung nimmt letztlich der Zielkunde am fertigen Endprodukt vor.
* Lieferanten liefern Teile und Komponenten, die für sich allein am Markt nicht absetzbar wären. Sie werden vom Hersteller eingebaut oder zum Produkt zusammengefügt.
* Bezüglich ihrer Nachfrage nach Teilen und Komponenten hängen die Lieferanten von der Nachfrage nach den Produkten ab, die ihr Kunde auf dem Markt bringt. Im Idealfall gelingt es den Lieferanten, über einen Nachfragesog der Endkunden (Demand-pull) indirekt ihre Komponenten abzusetzen (*Belzer* 1993, S. 62). So betreibt Intel mit dem Slogan „Intel Inside" seit vielen Jahren erfolgreiches „Ingredient-Marketing" (*Schmäh/Erdmeier* 1997, S. 122 ff.).

Viele Unternehmen konzentrieren sich auf ihre Kernkompetenzen, indem sie bei Make-or-Buy-Entscheidungen ihre Fertigungstiefe verringern: Auch innovative Hersteller können aufgrund der dynamischen Weiterentwicklungen bei Teilen und Komponenten und bei zeitlichen und finanziellen Ressourcenbeschränkungen nicht alle für ihre Produktinnovationen relevanten Technologiefelder beherrschen (*Picot/Franck* 1993, S. 181). Folglich gliedern sie Wertschöpfungsstufen aus und etablieren enge Beziehungen zu ihren Lieferanten. Das verändert die Produktionsstrukturen und die Innovationstätigkeit in der gesamten Wertkette (*Bidault et al.* 1998, S. 719).

So ergeben sich veränderte Anforderungen an innovations-kooperative Lieferanten: Mit reduzierter Fertigungstiefe muss die F&E-Tiefe reduziert werden, und so müssen sie zunehmend (mit)entwickeln. Die vermehrte Nachfrage nach kompletten Systemen erfordert Produkt-Know-how sowie Endkunden-Problemlösungs- und Systemkompetenz seitens der Lieferanten. Durch Koordination der Wertketten wird die Erhaltung der Wettbewerbsfähigkeit zur gemeinsamen Aufgabe von Hersteller und Lieferanten (*Belzer* 1993, S. 65 f.). Enge Kommunikationsbeziehungen sowie Informations- und Kommunikationstechnik sind die Basis. Der Auswahl passender Lieferanten kommt daher steigende Bedeutung zu. Neben Preisen, Liefertreue und Qualität wird sie zunehmend von Innovations- und Systemfähigkeit der Lieferanten bestimmt.

Jedoch hat sich die Innovationsforschung bisher nur intensiv mit der Integration von Kunden in den Entwicklungsprozess beschäftigt. Die Einbindung von Lieferanten wurde seltener untersucht, obwohl die bisher verfügbaren Studien einen positiven Einfluss auf den Erfolg des Innovationsprozesses vermuten lassen (*Petersen et al.* 2003). *Strumann* (1997, S. 51 f.) vermutet als Ursache die Heterogenität der Lieferantenarten und -beziehungen. Er verweist auf die Potenziale vertikaler Kooperationen mit Lieferanten, kommt aber über Fallstudien in der Kunststoffindustrie zu dem Ergebnis, dass die phasenspezifische Einbindung von Lieferanten in den Innovationsprozesses stark von situativen Einflussfaktoren abhängt und daher keine kontextunabhängigen Empfehlungen erlaubt (*Strumann* 1997, S. 195 f.).

Eine Ausnahme von diesem Forschungsdefizit zeigt die Automobilindustrie, in der Lieferantenbeziehungen eine besonders wichtige Rolle spielen (*Strumann* 1997, S. 51). Ausgangspunkt einer Reihe von Studien (einen Überblick gibt *Pfaffmann* 2001, S. 9 ff.) waren Leistungsdifferenzen zwischen asiatischen und westlichen Automobilherstellern Ende der achtziger Jahre (*Bidault et al.* 1998, S. 719 ff.): Asiaten konnten im Vergleich zu ihren westlichen Konkurrenten kürzere Entwicklungszeiten, geringere F&E-Ausgaben und bessere Produktqualitäten vorweisen. Das so genannte *Early Supplier Involvement* (ESI) stellte sich als Hauptursache heraus. Die Japaner entwickelten ihre Produkte parallel (simultaneous engineering, siehe auch 3.6) und integrierten daher ihre Zulieferer früher und intensiver in den Produktentwicklungsprozess.

Im Laufe der Zeit wurde ESI (wie auch das ebenfalls aus Japan stammende Quality Function Deployment, siehe auch 4.5.2) erfolgreich von westlichen Unternehmen übernommen. Nach *Bidault et al.* (1998, S. 730) beschränkt sich ESI mittlerweile nicht mehr auf die Automobilindustrie, das Prinzip der intensiveren und früheren Lieferanteneinbindung greift u. a. auch in der Elektroindustrie.

In der Automobilindustrie konnten zur Einbindung von Lieferanten in den Entwicklungsprozess folgende Erfolgsfaktoren identifiziert werden (*von Corswant/ Tunälv* 2002, S. 254): 1) Technologische Kompetenz, 2) Kooperation des Lieferanten mit anderen Unternehmen, 3) Offenheit und Übereinstimmung von Erwartungen (siehe auch *Schrader/Göpfert* 1998, S. 191 ff.), 4) Timing der Lieferanteneinbindung, 5) langfristige Lieferanteneinbindungsstrategie, 6) enge Beziehung des Entwicklungsteams zum Produktionsbereich des Lieferanten, 7) Projektmanagement, 8) proaktive Rolle des Lieferanten (z. B. eigene Generierung von Lösungen), 9) koordinierende Rolle des Herstellers.

Probleme können sich ergeben, wenn ein Lieferant eine Monopolstellung einnimmt. Aufgrund der Spezifität der eingesetzten Produktionsfaktoren und erschwerter Verhandlungen wegen fehlender Marktpreisvergleiche steigt die Abhängigkeit. Unsicherheit und Leistungsspezifität bergen zusätzliche Probleme bei der Vertragsgestaltung und erzeugen hohe Koordinationskosten. Ein weiterer Unsicherheitsfaktor ist die Entwicklung der Nachfrage. Geht sie zurück, so könnten Lieferanten versuchen, ihre Preise zu erhöhen. Das innovierende Unternehmen ist gezwungen, den Lieferanten von der Übernahme innovativer Investitionen zu überzeugen und sich mit diesem abzustimmen. Oftmals verfügt der Lieferant über einen Informations- bzw. Know-how-Vorsprung, der vom innovierenden Unternehmen genutzt werden kann (*Baur* 1991, S. 85 ff). Deshalb ist ein langfristiges kooperatives Vorgehen im Sinne einer engen Vertrauensbindung notwendig. Dazu sind ähnliche Unternehmenskulturen, Normen und Werte hilfreich. Verhandlungen bei Konflikten anstatt die Durchsetzung von Marktmacht, ein offenes Informationsnetz, räumliche Nähe und persönliche Kontakte können Schwierigkeiten überwinden.

Kooperation mit Diffusionsagenten

Als Diffusionsagenten werden indirekte Marktpartner innovierender Unternehmen, wie z. B. Technologievermittler, Ingenieurbüros, Unternehmensberater, Gutachter, wissenschaftliche Institutionen, Behörden, Kammern und Verbände bezeichnet. Sie haben im Innovationsprozess eine Schnittstellenfunktion. Ihre Leistungen für das Unternehmen reichen von der Beratung über die Lizenzvermittlung bis zur Lieferung fertiger Anlagen. Ziel der Integration von Diffusionsagenten in den Innovationsprozess ist die Nutzung ihres Wissens über die für die Produktinnovation relevante Umwelt: Technologie, Märkte Diffusionsvorgang, ökonomische, ökologische und technologische Vorbehalte. Sie können eingesetzt werden, um bei der Durchsetzung und Vermarktung Innovationswiderstände beim Kunden abzubauen. Darüber hinaus können sie dem innovierenden Unternehmen Informationen über potenzielle Nutzer liefern (*Hauschildt* 2004, S. 243, zur Rolle von Diffusionsagenten im Adoptionsprozess auch 4.6 Markteinführung).

3.6 Timingentscheidungen

„Every morning in Africa a gazelle wakes up. It knows that it must run faster than the fastest lion, or it will be killed. And every morning in Africa, a lion wakes up. It knows that it must run faster than the slowest gazelle, or it will starve death. It doesn't matter, whether you are a gazelle or a lion: When the sun comes up you'd better be running." (*Backhaus* 2003, S. 14)

„Nicht die Großen fressen die Kleinen, sondern die Schnellen die Langsamen" – diese Bill Gates zugeschriebene Aussage kennzeichnet und motiviert populistisch die steigende Innovationsgeschwindigkeit: Innovationen werden in immer kürzer werdenden Zeitabständen auf dem Markt eingeführt. Dieses Phänomen der so genannten Innovationsspirale (*Trinkfass* 1997) basiert auf verschiedenen Faktoren. Ein wesentlicher Faktor ist das allgemein bekannte Phänomen zunehmend gesättigter, stagnierender und schrumpfender Märkte. Die damit verbundene erhöhte Wettbe-

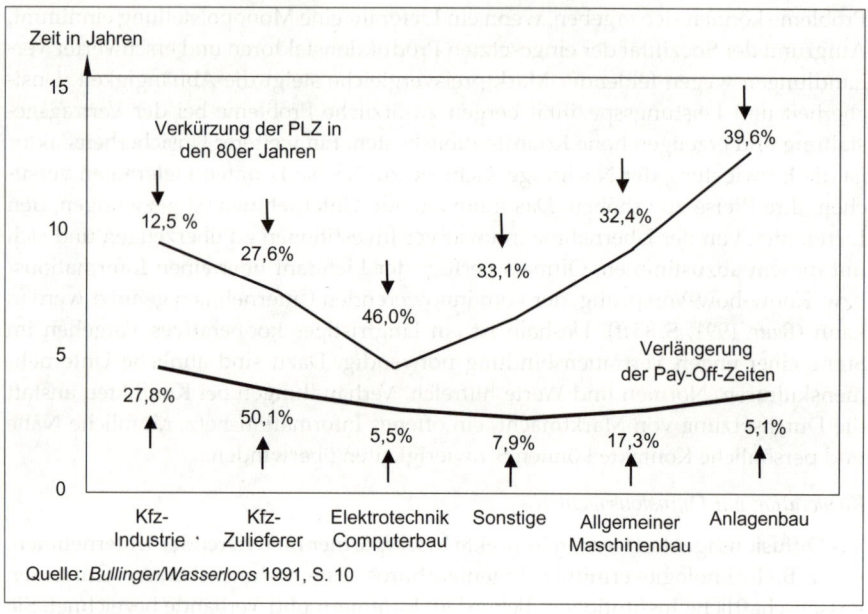

Abb. 3.25: Produktlebenszyklus und Pay-Off – Entwicklung in verschiedenen Branchen

werbsintensität führt zur Verkürzung der Lebenszyklen vieler Produkte (*Specht et al.* 2002, S. 3 f.; *Töpfer* 1995, S. 68).

In den 80er Jahren haben sich die Produktlebenszyklen in fast allen Branchen erheblich verkürzt. Gleichzeitig sind die Entwicklungskosten gestiegen, besonders für technische Produkte (*Backhaus* 2003, S. 20 ff.). Steigende Entwicklungskosten führen zu verlängerten Break-Even bzw. Pay-Off-Zeiten (siehe Abb. 3.25). Unternehmen befinden sich also in einem Dilemma: Aufgrund der erhöhten Entwicklungskosten bei gleichzeitig kürzer werdenden Lebenszyklen steht dem Bedarf verlängerter Pay-Off-Zeiten faktisch immer weniger Zeit zur Amortisation der Entwicklungsinvestitionen gegenüber. Darin besteht die „Zeitfalle" des Innovations-Timing: Die Verweildauer im Markt reicht oft kaum noch aus, um die Entwicklungsinvestitionen zu amortisieren (*Diller* 2001, S. 1932; *Backhaus* 2003, S. 265).

Parallel zur Verkürzung von Produktlebenszyklen ist von steigender Diffusionsgeschwindigkeit die Rede, vom erhöhten Tempo der Ausbreitung einer Innovation im Markt. Im Gegensatz zum Produktlebenszyklus, der Erst- *und* Wiederkäufer betrachtet, berücksichtigt die Diffusionskurvesionskurve nur die Zahl erstmaliger Übernehmer einer Innovation (Adoptoren – siehe auch 4.6). Zunehmende Diffusionsgeschwindigkeit wird zwar oft behauptet, aber es gibt unterschiedliche Befunde. So kommt u. a. *Bayus* (1992, S. 223) zum Ergebnis, dass sich die Diffusionsgeschwindigkeit langlebiger Konsumgüter in den USA kaum verändert habe. Eine neuere Studie zeigt dagegen, dass sich die Diffusionsgeschwindigkeiten (hier: elektronischer Konsumgüter) zwischen 1946 und 1980 in den USA verdoppelt haben: Während die Diffusionsdauer 1946 im Durchschnitt 14 Jahre betrug, brauchten Innovationen 1980 zur Erreichung der Sättigungsgrenze an Übernehmern durchschnittlich nur noch sieben Jahre. Das entspricht einer Durchschnittsbeschleunigung von 2 % pro Jahr (*van den Bulte* 2000, S. 366).

Schnellere Diffusion ist für den Innovator eigentlich günstig, weil der steilere Anstieg der Produktlebenszykluskurve ihr später schnelleres Abfallen teilweise kompensiert. Insgesamt bleibt jedoch durchschnittlich weniger Zeit, in welcher das neue Produkt Umsatz und Ertrag bringt, also die hineingesteckten Investitionen wieder herausholen kann. Dieser Gesamteffekt wird als *verkürzte Pay-Off-Dauer* bezeichnet.

Wenn nicht nur die Zeit zum Geldverdienen kürzer wird, sondern auch noch die für eine Innovation notwendige Investitionssumme steigt, befinden sich die Unternehmen in einer Schere aus Zeitdruck und Kostendruck. Man ist versucht, dieser Schere durch kürzere Entwicklungszeiten zu begegnen, um somit früher in den Markt zu kommen und wieder mehr Zeit zum Geldverdienen zu haben. Allerdings ist schnelleres Entwickeln kaum ohne zusätzliche Kosten zu haben. Kostenneutrale Beschleunigungen sind möglich durch Parallelisierung von früher sukzessiv aneinander gereihten Entwicklungsschritten (simultaneous engineering) und einige andere Prozesssteuerungsmaßnahmen. Diese sind aber oft schon ausgeschöpft, so dass eine weitere Beschleunigung nur noch durch mehr Personal und durch Automatisierungs-Investitionen erkauft werden kann, also durch noch höhere Entwicklungskosten.

Entwicklungs- und Vermarktungsverzögerungen können nicht nur dazu führen, dass sich die Innovationskosten nicht mehr amortisieren, sie verschlechtern auch die Marktchancen, denn schneller tritt nun Wettbewerb ein, dem relativ mehr Innovationszeit zur Verfügung stand, und die Preise sinken früher, gemessen am eigenen Markteintrittszeitpunkt. Am Beispiel der Preisentwicklung bei Speicherbausteinen wird der massive Preisverfall von Informations- und Kommunikationstechnologien nach ihrer Markteinführung deutlich (siehe auch Abb. 3.26)

Die „Zeitfalle" und der Einfluss des Faktors Zeit im Wettbewerb wird durch folgenden empirischen Befund verdeutlicht (siehe auch Abb. 3.27): Nach einer Studie von *Arthur D. Little* (1988a, S. 76) führte bei einer Marktphase von fünf Jahren eine Verzögerung des Markteintritts um sechs Monate zu einer Ertragseinbuße von ca. 30 %. Eine Erhöhung der Ausgaben für F&E um 50 % zur Innovationsbeschleunigung führte dagegen zu einer Ertragseinbuße von nur ca. 5 %. Die Studie ist ein Beleg dafür, dass der Zeitpunkt des Markteintritts von größerer Bedeutung sein kann als die F&E-Kosten (*Schmelzer/Buttermilch* 1988, S. 46 f.).

Zusammenfassend: In Folge der genannten Entwicklungen hat der Wettbewerbsparameter Zeit an Bedeutung zugenommen. So wird auch von economies of speed und von time-based competition gesprochen (*Trinkfass* 1997, S. 3, *Simon* 1989 S. 72, für einen umfangreichen Literaturüberblick zur time-based competition: *Trinkfass* 1997, S. 6 ff.). Um Vorteile im (Zeit-)Wettbewerb erzielen zu können, spielt neben der Dauer des Innovationsprozesses (time-to-market bzw. cycle time) sowohl der Zeitpunkt des Beginns des Innovationsprozesses als auch der Zeitpunkt des Markteintrittes eine wesentliche Rolle. Zeitorientierte Strategien und Maßnahmen können sowohl auf die Dauer einzelner Aktivitäten im Innovationsprozess, als auch auf den Anfangs- bzw. den Endzeitpunkt des Innovationsprozesses ausgerichtet sein, was in der folgenden Abbildung 3.28 verdeutlicht wird.

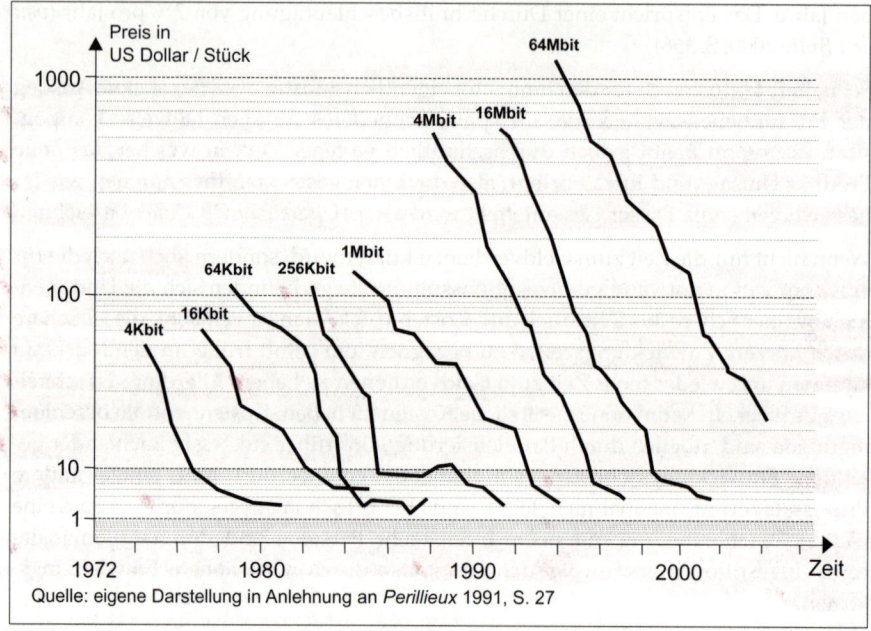

Quelle: eigene Darstellung in Anlehnung an *Perillieux* 1991, S. 27

Abb. 3.26: Markteintrittszeitpunkt und Produktpreis

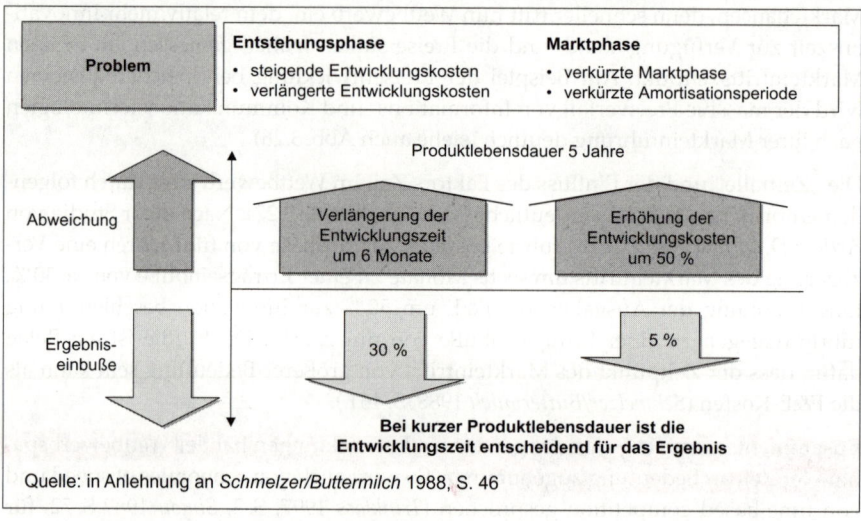

Quelle: in Anlehnung an *Schmelzer/Buttermilch* 1988, S. 46

Abb. 3.27: Zeitfalle im PLZ – Trade-off zwischen Entwicklungszeit und Entwicklungskosten

Zur *Timingstrategie* gehört neben dem richtigen Zeitpunkt Markteintritts auch der
richtige Startzeitpunkt eines Innovationsprojekts. Sowohl zu Beginn des Innovationsprozesses als auch zum Markteintritt kann man Pionier oder Folger sein. Der
Produktentwicklungspionier initiiert als erster einen Innovationsprozess für ein neues
Produkt. Alle darauf folgenden Unternehmen mit entsprechenden Innovationsvorhaben sind *Produktentwicklungsfolger (-follower)*. Entsprechend ist der erste, der in den

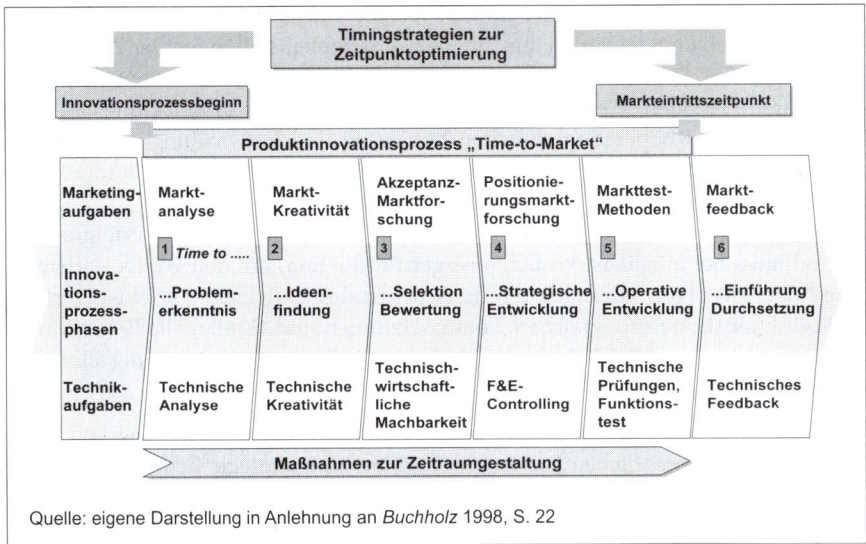

Quelle: eigene Darstellung in Anlehnung an *Buchholz* 1998, S. 22

Abb. 3.28: Innovationsprozessbeginn, Time-to-Market und Markteintrittszeitpunkt

Markt eintritt;, *Markteintrittspionier*, die folgenden Unternehmen sind *Markteintritts-folger* (*Buchholz* 1998, S. 21 ff.). In der Literatur wird selten nach Produktentwick-lungs- und Markteintrittstiming unterschieden. Viele Autoren (u. a. *Lieberman/Mont-gomery* 1998, *Robinson* 1988, *Ansoff/Stewart* 1967) gehen implizit davon aus, dass der Markteintrittspionier, auch Produktentwicklungspionier ist. Oft überholt jedoch der Markteintrittspionier den Produktentwicklungspionier aufgrund seiner kürzeren Markteintrittsphase (time-to-market) oder der Produktentwicklungspionier ent-scheidet sich, vielleicht den Rahmenbedingungen im Markt entsprechend, bewusst gegen einen sofortigen Markteintritt.

Im Gegensatz zum Produktentwicklungstiming finden sich für das Markteintrittsti-ming in der Literatur viele empirische Ansätze (Überblicke geben *Rettie et al.* 2002, S. 898 f., *Trinkfass* 1997, S. 14 ff, *Wolfrum* 1991, S. 225 ff.). Einer der ersten Ansätze zur Beschreibung von strategischen Markteintrittsoptionen stammt von *Ansoff und Ste-wart* (1967, S. 71 ff.). Sie identifizieren empirisch vier Strategietypen:

1. First-to-Market: Kennzeichnend für diesen Strategietyp sind 1) hohe Forschungs-intensität, 2) hohe F&E-Investitionsrate, 3) geringer Abstand zum Stand der Tech-nik, 4) intensive interfunktionale Kooperation und 5) hohe technologische Kom-petenz. Das hohe Risiko der F&E-Tätigkeit und der Markteinführung der Innovation wird durch die temporäre Monopolstellung und durch selbst initiierte Industriestandards kompensiert.

2. Follow-the-Leader: Im Vordergrund dieser Strategie steht die anwendungsbezogene Weiterentwicklung bereits erfolgreich am Markt eingeführter Produkte. Aus Fehlern des Pionierunternehmens soll gelernt werden, um das unternehmerische Risiko der Produktentwicklung und Vermarktung zu senken. Die Strategie ist geprägt durch 1) Dominanz der Entwicklung gegenüber der Forschung, 2) relativ niedrige F&E-Kosten, 3) größeren Abstand vom Stand der Technik sowie 4) enge Zusammenarbeit zwischen Forschung und Entwicklung, Produktion und Marketing geprägt.

3. **Application Engineering:** Hier dominieren die Kundenbedürfnisse. Technologische Entwicklungen werden nur für spezielle Problemstellungen der Zielkunden durchgeführt. Der Schwerpunkt liegt auf technisch und wirtschaftlich gut kalkulierbaren Projekten. Wesentliche Merkmale sind 1) starke Entwicklungsorientierung, 2) enge Kooperation zwischen Marketing und Entwicklung zur Entwicklung anforderungsgerechter Produkte und 3) den Kundenanforderungen entsprechender Abstand zum Stand der Technik.

4. **Me-too:** Diese Nachahmerstrategie baut auf Imitation von markterfolgreichen Produkten bei möglichst kostengünstiger Produktion, um den Wettbewerbsvorteil über den Preis zu realisieren. Entscheidendes Entwicklungsziel ist, geringe Produktionskosten zu erreichen. Voraussetzungen sind 1) rationelle Produktionsprozesse, 2) geringe F&E-Aufwendungen und 3) konsequente Nutzung aller Kostensenkungspotenziale.

Ansoff und Stewart (1967) haben so erstmals Intensität und Ausrichtung von F&E-Tätigkeiten als wesentlichen Parameter der Marketingstrategie herausgestellt. Die Typologie ist aber auch kritisiert worden, u. a. wegen ihrer unscharfen Abgrenzung zwischen Markteintrittstimingstrategie und den klassischen Wettbewerbsstrategien nach Porter: So hat die Me-too-Alternative Merkmale der Kostenführerschaftsstrategie, während First-to-Market und Follow-the-Leader Merkmale einer Differenzierungsstrategie zeigen. Application Engineering hingegen kann mit der Konzentrationsstrategie gleichgesetzt werden (*Perillieux* 1987a, S. 143). Auch wird bei Application Engineering und Me-too nicht klar nach dem Markteintrittszeitpunkt unterschieden (*Backhaus* 2003, S. 267).

Eine Einteilung, die eine klare Unterscheidung hinsichtlich der zeitlichen Reihenfolge des Markteintritts zulässt und die in der Literatur weit verbreitet ist (siehe u. a. *Schnaars* 1986, *Remmerbach* 1989, *Murthi et al.* 1996, *Robinson/Min* 2002) lautet:

1. Pionier (first-to-market)
2. Früher Folger (early follower) und
3. Später Folger (late-to-market)

Der Pionier tritt als erster in den Markt ein, er eröffnet den Produktlebenszyklus. Frühe Folger treten kurze Zeit später ein (Einführungs- bzw. frühe Wachstumsphase), späte Folger noch später (späte Wachstums- bzw. frühe Reifephase) (vgl. Abb. 3.29). Kriterium zur Abgrenzung des frühen vom späten Folger ist die Etablierung eines Standards im Markt (*Backhaus* 2003, S. 268; *Buchholz* 1998, S. 27).

Vorteil der Pionierstrategie ist seine temporäre Quasimonopolstellung im Markt. In dieser Zeit hat der Pionier die Möglichkeit, Markteintrittsbarrieren (*Bain* 1956) aufzubauen, in Form von vertraglichen, technischen und psychologischen *Bindungen* zu Zielkunden und Lieferanten. Auch kann der Pionier seinen preispolitischen Spielraum nutzen. Er kann am längsten im Markt bleiben, ihm steht also eine längere Zeitspanne zur Amortisation seiner Forschungs- und Entwicklungsinvestitionen zur Verfügung.

Den Pionierchancen stehen Pionierrisiken gegenüber. Außer den Investitionen für F&E und Markterschließung hat der Pionier gegenüber den Folgern Informationsdefizite über künftige Markt- und Technologieentwicklungen. Technologiesprünge könnten den Pionier verdrängen. Wenn er ein unausgereiftes Produkt ein-

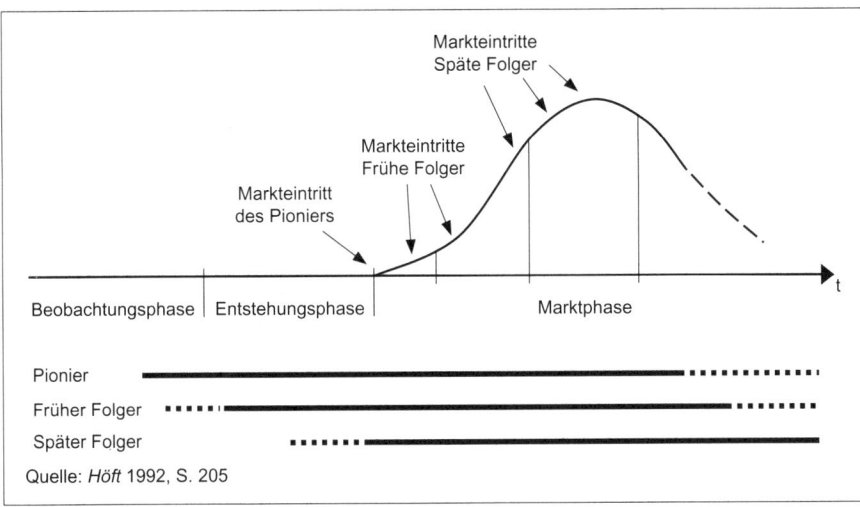

Abb. 3.29: *Eintrittszeitpunkte im Produktlebenszyklus*

führt, kommt es zum Imageverlust (u. a. *Vidal* 1995, S. 45 ff., *Kerin et al.* 1992, S. 34 ff., *Lieberman/Montgomery* 1988, S. 41 ff.).

Apple Newton

1992 stellt Apple erstmals einen Personal Digital Assistant (PDA) namens Newton vor, obwohl noch kein funktionsfähiger Prototyp existierte. Es war handtellergroß und sollte auch drahtlos Faxe und Daten übertragen können. Auch nach der Markteinführung konnte das Produkt nicht alle Funktionen realisieren: Die Handschrifterkennung funktionierte nicht gut, die Übertragung von Faxen gar nicht. Dennoch lief der Verkauf anfangs gut, aber die ersten Kunden waren enttäuscht. Auch ein Relaunch 1994 konnte die Erwartungen nicht erfüllen. Der Einführungspreis von 699 US $ galt als überteuert, und die Kommunikation war fehlerhaft. Der Misserfolg ließ Apple das Produkt bald vom Markt nehmen. Laut Apple-Konkurrent Bill Gates hatte der Flop des Newton die Produktkategorie *psychologisch* um Jahre verzögert.

Quelle: *Rosen et al.* 1998

Die Risiken des einen sind oft die Chancen des anderen: Frühe Folger können aus den Erfahrungen des Pioniers lernen. Dieses Lernpotenzial ist ein zentraler Vorteil der beiden Folgerpositionen. Folger können auf Basis eines höheren Informationstandes Markt- und Technologieentwicklungen besser abschätzen und, darauf aufbauend, mit einem modifizierten Produkt den Kundennutzen besser erfüllen. Je früher ein Folger in den Markt eintritt, desto stärker verfügt er auch über abgeschwächte Pioniervorteile wie z. B. eine verhältnismäßig lange Verweildauer im Markt und der damit verbundenen geringeren Gefahr der Zeitfalle. Der späte Folger hingegen sieht sich der größten Gefahr der Zeitfalle gegenüber gestellt. Im Gegenzug verfügt er über den besten Informationsstand. Er kann an den Markterschließungsinvestitionen seiner Vorgänger partizipieren und damit mit geringeren Kosten gezielt an den Schwachstellen der Wettbewerber angreifen (u. a. *Schewe* 1994, S. 1000 f.; *Golder/Tellis* 1993, S. 161 ff.; *Kerin et al.* 1992, S. 47; *Lieberman/Montgomery* 1988, S. 41 ff.).

Sony Betamax

Der Videomarkt wurde 1971 eröffnet, doch das heute durchgesetzte Standardformat VHS wurde erst 1976 von JVC herausgebracht. Seine Vorgänger waren *InstaVideo* von Ampex, ein Flop direkt nach Markteinführung, und zwei wenig erfolgreiche Formate von Sony: *U-matic* konnte den Privatmarkt nicht gewinnen, denn das Gerät war teuer, schwer und unförmig, fand aber Einzug in den Bildungs- und Schulungsbereich. *BetaMax*, das technisch (vor DVD) allen Konkurrenzsystemen überlegen war, konnte sich nicht als Standard durchsetzen. Es hatte zwar weniger Aufnahmekapazität als VHS (eine Stunde gegenüber anfangs zwei bei VHS), war aber in Ton und Bild überlegen. Der Medienkonzern RCA war zur Vermarktung seiner Videoinhalte auf der Suche nach einem Videorekorder-Kooperationspartner. RCA fand durch Marktforschung heraus, dass den Zielkunden die Länge der Aufnahme wichtiger sei als die Qualität. Daher bevorzugte man VHS.

Auf solche Marktforschung hatte Sony verzichtet. Sony ging dann eine Kooperation mit Paramount ein, einem anderen Medienkonzern: Paramount Home Video bot Kassetten zu 85 US $ an, was allenfalls für technisch anspruchsvolle Wohlhabende akzeptabel war. Später wurde der Preis auf 30 US $ gesenkt, dem damaligen Preis von bespielten VHS-Kassetten. Aber das damals entscheidende Kaufargument „Abspieldauer" wollte Sony nicht zu Lasten der Qualität optimieren. So konnte BetaMax bald nicht mehr gegen das schnell diffundierende VHS konkurrieren, denn Videosysteme sind „Netzeffektgüter": Der Käufernutzen hängt hier nicht nur (oder sogar kaum noch) von der relativen Produktqualität ab, sondern (auch) davon, wie schnell das System im Markt diffundiert. Von der Verbreitung des technischen Systems hängen das Contentangebot ab (bespielte Cassetten), die Infrastruktur (Service und Videoverleih) und die Kosten (Preissenkung durch Massenproduktion).

Quelle: Rosen et al. 1998

Abbildung 3.30 fasst die Chancen und Risiken der drei Timingstrategien zusammen. Die Vor- und Nachteile der Strategieoptionen sind aber „statistischer Querschnitt". In der jeweiligen Situation kann die Strategiebeurteilung ganz anders ausfallen. Das Unternehmen muss immer situativ seine Chancen aktiv nutzen und die Risiken aktiv vermeiden (*Carpenter/Nakamoto* 1994, S. 571, *Lieberman/Montgomery* 1998, S. 1113). In der Praxis finden sich viele Beispiele für erfolgreiche Pioniere und für erfolgreiche Folger. Abbildung 3.31 fasst Beispiele aus unterschiedlichen Branchen zusammen.

Pioniere werden oft als erfolgreicher eingestuft als Folger. So zeigt eine internationale Studie, dass aus Sicht der befragten Top-Manager in neun untersuchten Ländern sowohl in Industrie- als auch in Dienstleistungsbranchen ein Pionier im Vergleich zu später in den Markt eintretenden Unternehmen mit einem höheren Marktanteil bzw.

	Pionier	Früher Folger	Später Folger
Konkurrenzsituation im Markt	+	+	-
Imagevorteile	+	+/-	-
Preispolitischer Spielraum	+	+/-	-
Verweildauer im Markt (Zeitfalle)	+	+/-	-
Kostenvorteil durch Erfahrungskurve	+	+/-	-
Aktive Etablierung eines Standards	+	+/-	-
Aufbau von Markteintrittsbarrieren	+	+/-	-
Imageverlust durch unausgereifte Produkte	-	+/-	+
F&E-Zeitaufwand / Kosten	-	+/-	+
Markterschließungskosten	-	+/-	+
Information über Markt- und Technologieentwicklung	-	+/-	+
Überzeugungsaufwand beim Kunden	-	+/-	+

+ = Chance; +/- = Chance/Risiko; - = Risiko

Quelle: eigene Darstellung in Anlehnung an *Voigt* 1998; *Brockhoff et al.* 1988; *Buchholz* 1998

Abb. 3.30: Pionier, Früher und Später Folger: Chancen & Risiken

einer höherer Profitabilität assoziiert wird. Manager aus der Industrie schätzen sowohl Pioniervorteile, als auch Pioniernachteile höher ein als Manager aus Dienstleistungsbranchen (*Song et al.* 1999, S. 829). Man muss auch bedenken, dass immer nur einer Pionier sein kann, aber viele können Folger sein. Deren Gesamterfolg steht letztlich auch dem Pioniererfolg gegenüber. Oft hat das einzelne Unternehmen eigentlich keine Entscheidungsfreiheit zwischen der Pionier- und der Folgerrolle – schon weil die Unternehmensleitlinien entscheiden, in denen normaler Weise etwas Verbindliches über Innovation, Forschung und Entwicklung steht.

In der wissenschaftlichen Literatur ist der Zusammenhang zwischen Timingstrategien und Erfolg umfangreich und kontrovers diskutiert worden (für einen Überblick siehe u. a. *Rettie et al.* 2002, S. 898 f., *Clement et al.* 1998, S. 219 ff., *Trinkfass* 1997, S. 14 ff.). Viele empirische Studien auf der Basis von PIMS-Daten (Profit Impact of Market Strategies) zeigen, dass Pioniere im Durchschnitt erfolgreicher sind als späte Folger (u. a. *Murthi et al.* 1996, *Manu/Sriram* 1996, *Kerin et al.* 1992, *Robinson* 1988, *Robinson/Fornell* 1985). *Robinson und Fornell* (1985, S. 312 ff.) finden z. B., dass Pioniere in Konsumgütermärkten aufgrund von höheren Produktqualitäten und breiteren Produktlinien viel höhere Marktanteile realisieren können als späte Folger. Der Zusammenhang zwischen Markteintrittstiming und Marktanteil ist dabei fast so stark wie der klassische PIMS-Zusammenhang von Marktanteil und Return on Investment (ROI). *Manu und Sriram* (1996, S. 87 f.) zeigen, dass Pioniere sowohl hinsichtlich des Markterfolges, als auch hinsichtlich des finanziellen Erfolges späten Folgern überlegen sind. Neben einer erneuten Feststellung des Pioniervorteils heben *Murthi et al.* (1996, S. 333 f.) die Bedeutung von Marketingkompetenzen für den Marktanteil hervor, was nach ihren Ergebnissen aber die positive Beziehung zwischen einem frühzeitigen

Erfolgreiche Führer			
Produkt	**Führer**	**Folger z.B.**	**Kommentar**
Dynamische Speicherchips (DRAMS)	IBM, Toshiba, NTT	Siemens	Siemens kommt erst nach Einsetzen des Preisverfalls auf den Markt
Rekombiniertes Humaninsulin	Genentech, Eli Lilly	Hoechst	Aufnahmebereiter Markt; aber schleppendes Genehmigungsverfahren zur Errichtung der Hoechst-Produktionsanlage in der Bundesrepublik
Personal Computer	Apple (1977)	IBM (1981)	Folger IBM und Führer Apple am Markt erfolgreich
Erfolgreiche Folger			
Produkt	**Führer**	**Folger z.B.**	**Kommentar**
Videorecorder	Philips (erster Videorecorder 1972)	JVC	JVC setzt VHS-System als Industriestandard durch; Philips hatte mit Grundig 1979 beim zweiten Anlauf (Video 2000) keine Chance
32 Bit Mikroprozessor	Motorolla, National Semiconductors	Intel	Intel 80386 mit Wettbewerbsvorteilen
Hochleistungslaser	Spectra Physics, Coherent	Heraeus	Folgererfolg durch Schaffen eines Massenmarktes über Produktweiterentwicklung, verbunden mit drastischer Preisreduktion für Anwender

Quelle: eigene Darstellung in Anlehnung an *Perillieux* 1991, S. 29

Abb. 3.31: Beispiel erfolgreicher Führer- und Folgerstrategien

Markteintritt und dem Marktanteil kaum moderiert. *Golder und Tellis* (1993, S. 160) kommen durch einen Vergleich PIMS-basierter Studien zum Ergebnis, dass der durchschnittliche Marktanteil der PIMS-Pioniere ca. 29 % beträgt. Darüber hinaus sind 70 % der Marktführer im PIMS-Sample Pioniere und fast 50 % aller Pioniere Marktführer (*Buzzell/Gale* 1987).

Bezüglich des Zusammenhangs zwischen Markteintrittstiming und der Überlebensrate von Unternehmen stellen *Robinson und Min* (2002, S. 125) ebenfalls einen Pioniervorteil fest. In ihrer Industriegüter-Stichprobe (167 Pioniere und 267 frühe Folger) haben Pioniere im Vergleich zu frühen Folgern signifikant höhere mittel- und langfristige (5 und 10 Jahre) Überlebensraten. Die Überlebenszeiten der Pioniere sind umso höher, je länger sie eine temporäre Monopolstellung vor dem Markteintritt früher Folger genießen konnten. *Srinivasan et al.* (2004) untersuchten den Einfluss von Netzeffekten eines Produktes (zu Netzeffektgütern siehe auch in 2.1.1) auf die Pionier-Überlebensdauer. Entgegen der allgemeinen Annahme, dass Netzeffekte diese verlängern, zeigte die Untersuchung von 45 Pionieren, dass das Gegenteil der Fall ist. So wurden die Überlebensdauern der Pioniere durch Netzeffekte der Produkte sogar noch verkürzt.

So nehmen Konsumenten besonders bei Innovationen mit *hohen* Netzeffekten eine „Wait-and-See"-Haltung ein. Da der Nutzen eines Netzeffektgutes jedoch nicht absolut beim Nutzer entsteht, sondern von der Zahl der Nutzer abhängt, kann es so nur schwerlich zu der notwendigen Diffusion kommen, bzw. der kritische Schwellenwert in der Anwenderzahl erreicht werden (*Srinivasan et al.* 2004).

Zur Begründung des Pioniervorteils werden in der Literatur anbieter-, und zielkundenbasierte Faktoren herangezogen (u. a. *Robinson/Fornell* 1985, S. 305, *Golder/Tellis* 1993, S. 159 f.). Ökonomische Faktoren dienen primär der anbieterseitigen Erklärung des Pioniervorteils: u. a. Erfahrungskurvenpotenziale, Economies of Scale, verbesserter Zugang zu knappen Ressourcen (u. a. *Lieberman/Montgomery* 1988, *Vidal* 1996, *Kerin et al.* 1992). Diese Erfolgsfaktoren basieren hauptsächlich auf dem Konzept der Markteintrittsbarrieren (*Bain* 1956). Aus Zielkundenperspektive dominieren in der Literatur schema- bzw. lerntheoretische Erklärungsansätze (u. a. *Carpenter/Nakamoto* 1989, *Kardes/Kalyanaram* 1992).

Carpenter und Nakamoto (1988, 1989, 1994) erklären den Pioniervorteil schematheoretisch. Basisaussage der Schematheorie ist, dass man seine Umwelt in Wissens-Organisationseinheiten kategorisiert, um die Umfeldkomplexität verarbeiten zu können (*Wessels* 1994, S. 247, *Ballstaedt et al.* 1981, S. 17). Demnach kategorisieren Zielkunden auch Produkte und Marken schematisch. (*Carpenter/Nakamoto* 1988, S. 276). Gemäß des Prototypenansatzes (*Rosch et al.* 1976) übernehmen dabei bestimmte Produkte eine Prototypenfunktion. Diese Prototypen sind für die Kategorie repräsentativ und bestimmen die Erwartungshaltung gegenüber neuen Produkten.

Neu auf dem Markt eingeführte Produkte werden durch Vergleich mit Prototypen verschiedener Kategorien bestmöglich eingeordnet. Für sehr innovative Pionierprodukte existieren im frühen Marktstadium in der Regel noch keine Kategorien. Durch erste Erfahrungen, die ein Kunde mit einem neuen Pionierprodukt macht, kann eine neue Kategorie entstehen. Aufgrund seiner temporären Monopolstellung kann sich das Pionierprodukt dabei zum Prototypen der Kategorie entwickeln. Folglich bilden sich am Pionierprodukt angelehnte Idealvorstellungen und Präferenzen. Später eintretende Wettbewerber werden mit dem Prototypen verglichen und aufgrund von Abweichungen als weniger ideal eingestuft. So erklärt die Schematheorie den Pioniervorteil. *Carpenter und Nakamoto* (1989, S. 294) weisen diesen Effekt experimentell nach.

Jedoch geben sie ebenso zu Bedenken, dass Pioniere nicht automatisch zum Prototypen einer Kategorie werden, sondern nur auf der Basis der erfolgreichen Umsetzung einer entsprechenden Marketingstrategie (*Carpenter/Nakamoto* 1994, S. 571). *Shankar et al.* (1998, S. 66) zeigen empirisch, dass innovative späte Folger durch einen Neu-Start der Lernprozesse der Zielkunden durchaus die Chance haben, deren Präferenzstrukturen günstig zu verändern. Nur verfügen Pioniere dazu über bessere Vorbedingungen: Je früher die Innovation eingeführt wird, desto weniger Wissen besteht und desto leichter lassen sich Kundenpräferenzen durch Marketingaktivitäten prägen.

Kardes und Kalyanaram (1992) untersuchen kundenbasierte Ursachen des Pioniervorteils *lerntheoretisch*. Sie finden u. a., dass bei der experimentellen Präsentation von Informationen Zielkunden mehr über Pioniermarken als über Folgermarken lernen. Sie führen das darauf zurück, dass Zielkunden aufgrund der Neuartigkeit der Eigenschaften dem Pionierprodukt mehr Aufmerksamkeit widmen als dem Folgerprodukt. Folglich bildet sich auch eine positivere und stabilere Einstellung zum Pionierprodukt (*Kardes/Kalyanaram* 1992, S. 351). Diesen Befund unterstützt eine Studie von *Alpert und Kamins* (1995, S. 42), die auf Basis einer Konsumentenbefragung zum Ergebnis kommt, dass Pioniermarken hinsichtlich Wahrnehmung, Einstellung und Kaufintention besser abschneiden als Folgermarken. In einer darauf aufbauenden Studie können *Rettie et al.* (2002, S. 908) die Ergebnisse bestätigen und stellen zusätzlich eine vergleichsweise höhere Wiedererkennungsquote bei Pioniermarken fest.

Insgesamt weisen die Studien zum Pioniervorteil erhebliche Schwankungen nach Richtung, Ausmaß und Signifikanz auf (*Szymanski et al.* 1995, S. 17, *Lambkin* 1992, S. 12). *Szymanski et al.* (1995, S. 23) kommen auf der Basis einer Metaanalyse von 16 Studien zum Pioniervorteil zu dem Ergebnis, dass im Durchschnitt ein signifikant positiver Einfluss der Pionierstrategie auf den Marktanteil besteht. Die Höhe des Pioniervorteils hängt jedoch von mehreren Faktoren ab, insbesondere von der Modellspezifikation (bessere Schätzungen bei Einbeziehung der Produktlinienbreite und der Marketingbudgets), von der Untersuchungseinheit (Strategische Geschäfteinheiten versus Marken) und von der Operationalisierung der Timing-Variablen (tatsächlicher Markteintrittzeitpunkt versus Pionier / Nicht-Pionier).

Die empirischen Ergebnisse zum Pioniervorteil, von denen viele auf PIMS-Daten basieren, sind auch kritisiert worden, hauptsächlich in vier Punkten:

1. Zur Operationalisierung des Erfolgmaßes: *Clement et al.* (1998, S. 217) meinen, dass der Marktanteil als Erfolgsmaß für Pionierhypothesen nicht ausreicht.

2. Zur Positivselektion der Untersuchungseinheiten in der PIMS-Datenbank. Hinsichtlich der Grundgesamtheit aller im Markt eingeführten Innovationen ist PIMS nicht repräsentativ. Auswertbar sind fast nur „überlebende", noch am Markt befindliche Unternehmen und Geschäftseinheiten. Dadurch sind Misserfolge stark unterrepräsentiert (u. a. *Robinson/Fornell* 1985, S. 309).

3. Zur Messung der Innovatorenrolle: Die beteiligten Firmen haben selbst eingestuft, ob sie Pionier, früher Folger oder später Folger seien (*Buzzell/Gale* 1987, S. 260). *Golder und Tellis* (1993, S. 158) vermuten dadurch verzerrte Ergebnisse zugunsten des Pioniervorteils, da eigentlich frühe Folger sich als Pionier verstanden haben könnten, weil der eigentliche Pionier längst gescheitert war. Dass sich 52 % der beteiligten Unternehmen als Pionier einstuften, zum Teil auch mehrere Unternehmen in der gleichen Produktkategorie (*Lieberman/Montgomery* 1988), unterstützt diese Kritik.

4. Zur Messung des Pionierstatus: PIMS definiert Pioniere als „one of the pioneers in first developing such products and services" (*Buzzell/Gale* 1987, S. 260). Neben der nicht eindeutigen Bezeichnung „one of the pioneers" zielt die Definition nicht auf den eigentlichen Markteintritt, sondern auf den Beginn des Produktentwicklungsprozesses, also auf den Produktentwicklungspionier (*Buchholz* 1998, S. 22 f.) ab. *Golder und Tellis* (1993, S. 159) schlussfolgern, dass die PIMS-basierten Studien

letztlich keinen Pioniervorteil nachweisen, nur den Vorteil eines frühen Markteintrittes.

Golder und Tellis (*1993*, S. 159 ff.) messen daraufhin den Erfolgseinfluss von Timingstrategien durch eine historische Analyse von 50 Produktkategorien. Durch zusätzliche Einbeziehung nicht-überlebender Unternehmen kommen sie auf eine Pionier-Floprate von 47 % und einen durchschnittlichen Pionier-Marktanteil von 10 %. Bei (als irreführender kritisierter) Betrachtung nur der *überlebenden* Pioniere ergibt sich ein durchschnittlicher Marktanteil von 19 %. Neben der Relativierung des Pionier-Vorteils sensibilisieren die Ergebnisse für kontinuierliches Innovieren. Fortlaufende Innovationen geben Folgern die Chance, den Pionier zur überholen, und sie können Pioniere gegen neu eintretende Wettbewerber schützen (*Golder/Tellis* 1993, S. 168 f.).

Amazon

Amazon war 1995 das erste Unternehmen, das Bücher über Internet verkaufte. Wettbewerbsvorteil was das Pionierimage. Der erste Konkurrent, Barnes and Nobles, folgte 20 Monate später. Diese Zeit hatte Amazon genutzt, um einen starken Markennamen aufzubauen und laufend Innovationen zu lancieren. Im Internethandel haben technische Wettbewerbsvorteile oft keinen Bestand, weil sie von Wettbewerbern schnell eingeholt werden können. Also müssen andere, nicht-technische, Vorteile aufgebaut werden. Um ständig als Pionier zu gelten und diesem Image langfristig gerecht zu werden, konzentrierte sich Amazon auf drei Faktoren: Schnelligkeit, kontinuierliche Innovation und Patentierung. Diese Strategie hatte Erfolg. Amazon ist noch heute (2005) mit geschätzten 55 % Marktanteil Marktführer auf dem Online-Buchmarkt.

Quelle: Mellahi/Johnson 2000, faz.net 2005

In der Literatur lassen sich vereinzelt weitere Befunde finden, die den Pioniervorteil in Frage stellen. *Lilien und Yoon* (1990, S0.568 ff.) ermitteln unter 112 neuen Produkten in französischen Business-to-Business Märkten einen *Nachteil* von Pionierprodukten gemessen an ihrer Entwicklung in der Produktgruppe und im Vergleich zu frühen Folgern. Die Ergebnisse von *Fershtman et al.* (1990, S. 900 ff.) postulieren, dass das Markteintrittstiming *keine* Auswirkungen auf den langfristigen Marktanteil hat.

Olleros (1986, S. 5 ff.) untersucht den so genannten *Pioneer Burnout* bei radikalen technologischen Innovationen. Er kommt analog zu der Vermutung von *Golder und Tellis* (1993, siehe oben) zu dem Ergebnis, dass relativ viele „wahre" Pioniere früh scheitern und dann schnell in Vergessenheit geraten. Die vorangegangene Abbildung 3.32 zeigt eine Auswahl vergessener Pioniere in hoch-technologischen, neuen Märkten.

Ein wichtiges Phänomen bei radikalen Innovationen ist der „Small-Firm-Shakeout": Bei der Entwicklung einer ganz neuen Industrie können kleine Firmen langfristig selten überleben – oder sie werden von den Großen übernommen. Mit zunehmender Industriereife bei verschärftem Wettbewerb und erhöhter Preissensibilität nimmt die Kapitalintensität zu. Wer eine Mindestgröße nicht erreicht hat, kann nicht mithalten und wird verdrängt (*Olleros* 1986, S. 8).

Olleros (1986, S. 10 ff.) führt den Pioniernachteil bei radikalen technologischen Innovationen neben dem beschriebenen „Small-Firm-Shakeout" auf weitere Faktoren

Pionier	Neue Technologie	Jahr
Robert W. Thompsen	Luftdruckreifen	1845
Thomas Saint, Walter Hunt, u.a.	Sägemaschine	1790–1851
The Stanley Brothers, Colonel Pope, u.a.	Automobil	1897–1905
Henry Mill, Xavier Projean, u.a.	Schreibmaschine	1714–1878
Valdemar Poulsen	Magnetbandgerät	1899
Alexander Parkes und Daniel Spill	Kunststoff	1866–1869
John Baird und Francis Jenkins	Fernseher	1924
Juan de la Cierva	Helikopter	1930
Frank Whittle	Düsentriebwerk	1930
Transitron, Philco und Germanium Products	Transistor	1952–1955
Biologicals	DNS-Synthesemaschine	1981

Quelle: *Olleros* 1986, S. 8

Abb. 3.32: Nicht erfolgreiche Pioniere von radikalen neuen Technologien

zurück: 1) Externe Pioniereffekte sowie sehr hohe Markt- und Technologieunsicherheiten. 2) Folger können teilweise an den Pionierinvestitionen (Technologie-Entwicklung und Marktaufbau) kostenlos partizipieren, was zu externen Pioniereffekten bzw. zu „Free-Rider Effekten" führt (siehe auch *Lieberman/Montgomery* 1988, S. 3). Pioniere radikaler Innovationen sind den Markt- und Technologierisiken besonders ausgesetzt, etwa bei einem Technologiesprung, was die Wahrscheinlichkeit eines „Burnout" erheblich erhöht.

Der Pioniervorteil ist kein Automatismus. Er hängt von vielen Bedingungen ab, von denen erst einige bekannt sind. Jedenfalls festzuhalten sind folgende Befunde:
- Ein Großteil der, meist PIMS-basierten, Studien weist einen Pioniervorteil empirisch nach (siehe u. a. die Metaanalysen *Clement et al.* 1998, S. 218, *Szymanski et al.* 1995, S. 23)
- Diese Befunde der PIMS-Forschung sind jedoch teilweise auf methodische Artefakte zurückzuführen (*Golder/Tellis* 1993, S. 158 f., *Clement et al.* 1998, S. 215 ff., *Lambkin* 1992, S. 9 f.)
- Zum Teil bestehen erhebliche Schwankungen hinsichtlich Ausmaß und statistischer Signifikanz der Ergebnisse (*Szymanski et al.* 1995, S. 17, *Lambkin* 1992, S. 12)
- Die Ergebnisse variieren zwischen Produktkategorien und geographischen Märkten (*Schoenecker/Cooper* 1998, S. 1138, *Lieberman/Montgomery* 1998, S. 1121)
- Der Einfluss des Markteintrittstiming auf den Erfolg ist in der Regel lediglich kleiner oder gleich dem Einfluss anderer Variablen (z. B. Marketing-Mix) in den untersuchten Modellen (*Clement et al.* 1998, S. 218, *Lieberman/Montgomery* 1998, S. 1121)

- Einen „automatischen" Pionier- oder Folgervorteil gibt es nicht: Sowohl Pionier- als auch Folgervorteile müssen strategisch gesetzt, genutzt und umgesetzt werden (u. a. *Carpenter/Nakamoto* 1994, S. 571, *Lieberman/Montgomery* 1998, S. 1113, *Clement et al.* 1998, S. 222, *Vidal* 1995, S. 54, *Kerin et al.* 1992, S. 48)

Eine Pionierstrategie kann nur situations- und unternehmensunabhängig empfohlen werden (*Kerin et al.* 1992, S. 48). Aus markt- und ressourcenbasierter Perspektive kommt es dagegen ganz auf folgende Frage an (u. a. *Lieberman/Montgomery* 1998, S. 1112, *Clement et al.* 1998, S. 213): Unter welchen externen Rahmenbedingungen und bei welchen internen Ausgangsvorrausetzungen hinsichtlich Ressourcen und Kompetenzen empfiehlt sich welche Timingstrategie? Externe Rahmenbedingungen sind u. a. Marktkonzentration, Marktwachstum, Marktpotenzial, Markteintrittsbarrieren und Wettbewerbsintensität. Die internen Voraussetzungen konzentrieren sich auf Finanz- und Sachressourcen sowie Kompetenzen und Fähigkeiten (u. a. *Green et al.* 1995, S. 3 ff.).

Robinson et al. (1992, S. 609 ff.) untersuchen ressourcenbasierte Unterschiede von Unternehmen, die zu verschiedenen Zeitpunkten in den Markt eintraten. In ihrer Stichprobe von 171 Firmen hat der Pionier signifikant niedrigere Kompetenzen im Bereich Marketing als der Folger. Entgegen der Erwartung ließen sich aber keine Unterschiede zwischen Pionieren und Folgern an F&E-Kompetenzen und Gesamtqualität der Ressourcen feststellen. Nach *Schoenecker und Cooper* (1998, S. 1137 f.) hingegen haben technologische Kompetenzen und die Unternehmensgröße positiven Einfluss auf die Frühzeitigkeit des Markteintrittes.

Was aber macht Pioniere bzw. Folger erfolgreich? *Lambkin* (1992) beschäftigt sich mit den Unterschieden zwischen sehr erfolgreichen und weniger erfolgreichen Pionieren. Die Autorin kommt zum Ergebnis, dass besonders erfolgreiche Pioniere stärker in Produktlinien, Produktions- und Distributionskapazitäten sowie Werbung und Kommunikation investieren. Darüber hinaus zeichnen sie sich durch höhere Produktqualität und bessere Serviceleistungen aus (analog *Szymanski et al.* 1995, S. 29). Hinsichtlich der externen Marktcharakteristika folgert Lambkin (1992, S. 12 ff.), dass erfolgreiche Pioniere in der Regel in Märkten mit vergleichsweise hoher Marktkonzentration, starken Marktwachstum (siehe auch *Szymanski et al.* 1995, S. 29) und wenig Wettbewerbern operieren.

Schewe (1994, 1992) untersucht Erfolgsfaktoren von imitierenden Folgern, den „Imitatoren". Imitationen sind dann erfolgreich, wenn sie sich durch einen hohen Grad der Nachahmung, (Imitationsgrad), auszeichnen und gleichzeitig Folgerbarrieren gegenüber weiteren Imitatoren aufgebaut haben *Schewe* (1994, S. 1017). Hinsichtlich der Imitationspotenziale hat das „Aufklärungspotenzial" (systematische Suche nach erfolgsversprechenden Innovationen durch Wettbewerber-, Patent- und Bedarfanalysen), den stärksten Einfluss auf den Imitationserfolg. Darüber hinaus hat das Marketingpotenzial (u. a. Marktkenntnis, hoher Marktanteil in angrenzenden Märkten, Marketingaktivitäten) hohen Stellenwert. Zwischen dem Technologiepotenzial und dem Imitationserfolg vermutet der Autor eine U-förmige Beziehung: Das Technologiepotenzial hat nur bis zu einem bestimmten Punkt einen positiven Einfluss. Hohes Technologiepotenzial birgt die Gefahr, dass statt einer Imitation eine Verbesserungsinnovation entwickelt wird, was den Imitationserfolg negativ beeinflusst (*Schewe* 1994, S. 1012 ff.).

Folger können jedoch Pioniere innovativ überrunden. Grundsätzlich können späte Folger versuchen, den Pionier zu bekämpfen, indem sie eine Marktnische besetzen und/oder die Preisführerschaft anstreben und/oder mit massiven Marketinginvestitionen in den Markt eintreten (*Shankar et al.* 1998, S. 66). Anhand von 13 Innovationen in zwei pharmazeutischen Produktkategorien zeigen diese Autoren, dass manche späte Folger auch eine andere Strategie verfolgen: Innovative späte Folger können die Marktführerschaft übernehmen, wenn es ihnen gelingt, neue Lernprozesse beim Zielkunden auslösen. Zu einem ähnlichen Ergebnis kommen *Carpenter und Nakamoto* (1989, S. 294), indem sie feststellen, dass sich späte Folger genügend vom Prototypen der Kategorie, dem Pionier, differenzieren sollten, um am Markt erfolgreich zu sein. Der Differenzierungsgrad hat danach einen positiven Einfluss auf den Markterfolg später Folger. Der Pionier hingegen kann durch eine möglichst breite Produktdifferenzierung den Markteintritt und -erfolg von Folgern erschweren (*Clement et al.* 1998, S. 222).

Buchholz (1998, S. 31 ff.) unterscheidet, abhängig vom Beginn der Produktentwicklung und des Zeitpunktes des Markteintrittes, kombinierte Timingstrategien, die aus Abbildung 3.33 ersichtlich werden. Der „Innovationsleader" nimmt bei Produktentwicklungsbeginn und Markteintritt die Pionierposition ein. Überholstrategien haben eine Folger-Position zu Beginn des Innovationsprozesses und eine Pionierposition zu Beginn des Marktzyklus. Es gelingt, den Pionier zu überholen. Der Verpasser/Beobachter hingegen verliert seinen zeitlichen Vorsprung im Verlauf des Innovationsprozesses. Das muss jedoch nicht negativ sein, es kann auch bei hohen Marktunsicherheiten eine bewusste Strategieoption sein. *Buchholz* (1998, S. 36) kommt zu dem Ergebnis, dass für die Folgerstrategie die Strategievarianten „Früher Verbesserer" und „Risiko-Minimierer" am erfolgsversprechendsten sind. Der Frühe Verbesserer tritt nach dem Pionier so früh wie möglich mit einem modifizierten, verbesserten Produkt in den Markt. Der Risiko-Minimierer tritt als später Folger in den Markt ein und konzentriert sich auf Kostenführerschaft und aggressive Preispolitik.

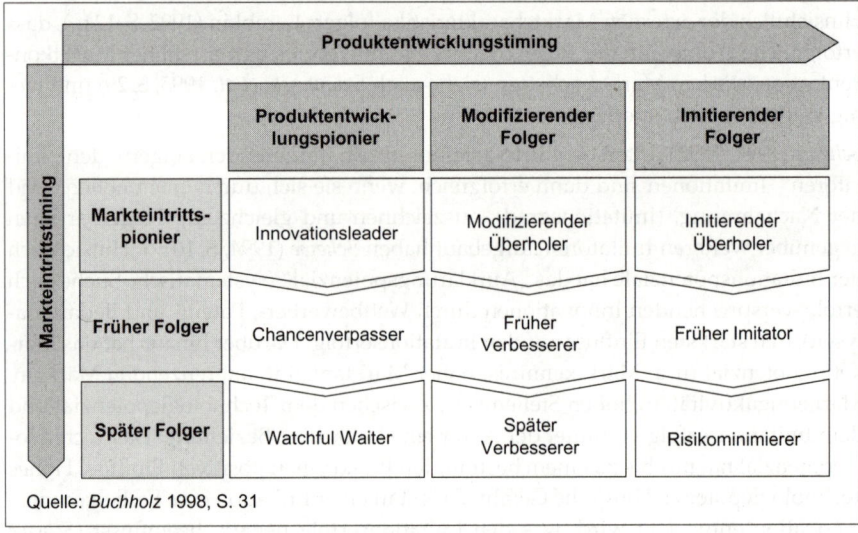

Quelle: *Buchholz* 1998, S. 31

Abb. 3.33: Kombinierte Timingstrategien

Abell (1978, S. 21) bezeichnet den kurzen Zeitraum zwischen „zu früh" und „zu spät",
in dem die Marktanforderungen den Kompetenzen des Unternehmens gerade entsprechen, als „Strategisches Fenster". Es öffnet sich nur für einen begrenzten Zeitraum. Die Dynamik der Märkte bedingt, dass Unternehmenskompetenzen, die heute
den Anforderungen des Marktes entsprechen, morgen irrelevant sein können. Das
Erkennen des Strategischen Fensters und des entsprechenden Markteintrittzeit-
punktes ist für den Innovationserfolg wesentlich. Um den richtigen Eintrittszeitpunkt zu finden, sind Kundennähe und Konkurrenzbeobachtung wichtig. Beides erhöht die Wahrscheinlichkeit, Veränderungen auf der Marktseite rechtzeitig zu
erfassen (u. a. *Simon* 1989, S. 89).

UMTS

Im August 2000 wurden zum Gesamtpreis von über 50 Mrd. € zwölf UMTS-Li-
zenzen an sechs Bewerber-Konsortien versteigert. Diese hohen Investitionen
werden noch vergrößert durch den Aufbau der Netze und der anzubietenden
Dienste und Anwendergeräte. Prognosen zufolge können diese Investitionen
erst nach ca. 15 Jahren amortisiert werden. Vier Jahre nach der Versteigerung
war unklar, ob hinreichende Endkundenbedürfnisse nach breitbandigen Übertragungen für viele Daten und weitere Funktionen bestehen würden. Die vorhandenen Netze wurden technisch erweitert, so dass einige der angestrebten
Funktionen schon ohne UMTS möglich waren: Multimedia-Messages, Internet-
applikationen mit höheren Übertragungsraten etc. Insofern waren Timingstrategien für die Lizenzinhaber entscheidend: Wann sollte mit UMTS-Diensten gestartet werden und welches sollten die ersten Dienste sein? Früher Eintritt mit
einem Dienst bedeutet entweder besonders hohe Investitionen, damit alles sofort funktioniert, oder mäßige Investitionen mit der Einschränkung zunächst
nur weniger Funktionsangebote. Dies könnte Folger befähigen, Bedürfnisse besser erfüllen zu können und den Pionieren Marktanteile abzunehmen.

Quellen: Brönner et al. 2001, teltarif.de 2002

Der „Right Timer" wählt entsprechend herrschender Rahmenbedingungen und verfügbarer Ressourcen den bestmöglichen Zeitpunkt des Markteintrittes. Vorrauset-
zungen für den Right Timer sind früher Start des Innovationsprozesses und kurze
Entwicklungsdauer (*Buchholz* 1998, S. 37).

Kurze Entwicklungsdauer führt zur kurzen Amortisationsdauer. Dabei kommt es
nach Ergebnissen von *Ali et al.* (1995, S. 66) nicht zu Einbußen bezüglich der Produktqualität, jedoch weisen schnell entwickelte Produkte eine geringere technische
Komplexität und Innovativität auf. *Kessler und Bierly* (2002, S. 7 ff.) können sogar
einen positiven Zusammenhang zwischen der Geschwindigkeit des Innovationsprozesses und der Produktqualität sowie dem Projekterfolg empirisch feststellen, jedoch nur im Kontext begrenzter interner und externer Unsicherheiten. Die Befunde
von *Ittner und Larcker* (1997, S. 21) weisen darauf hin, dass der Einsatz von cross-funk-
tionalen Teams und fortgeschrittener Entwicklungstools (z. B. QFD, siehe auch 4.5.2)
den Erfolgseinfluss einer schnellen Produktentwicklung positiv verstärken.

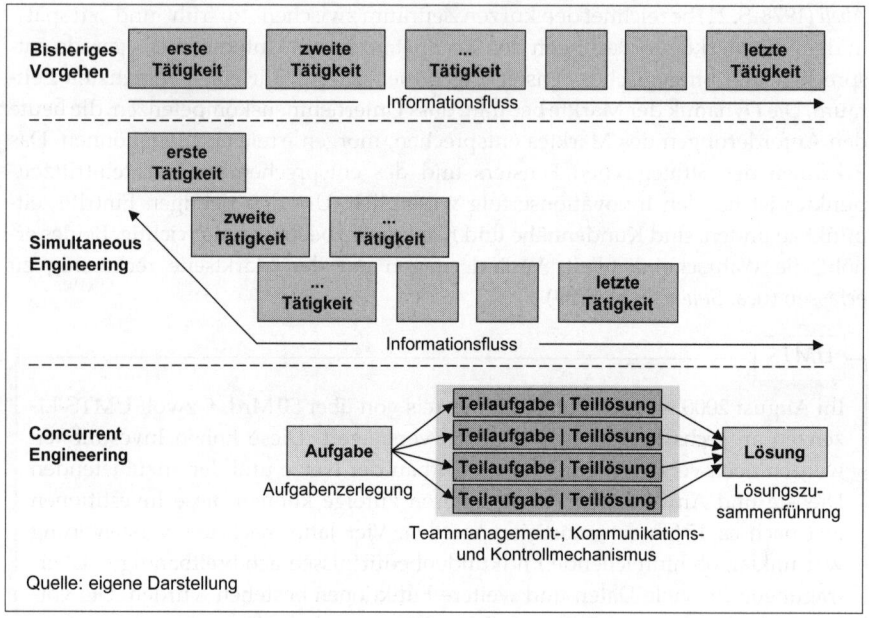

Abb. 3.34: Abkürzung der Entwicklungszeiten durch Simultaneous und Concurrent Engineering

Die Entwicklungsdauer ist abhängig von unterschiedlichen Faktoren (einen Literaturüberblick gibt *Trinkfass* 1997, S. 10 ff.). Sie kann durch Einsatz bestimmter Instrumente reduziert werden. „Simultaneous Engineering" bzw. „Concurrent Engineering" strebt dazu maximale Parallelisierung von Entwicklungsphasen und -aktivitäten an. An Stelle des sequentiellen Vorgehens tritt überlappendes Vorgehen, was durch die Abbildung 3.34 verdeutlicht wird (siehe im Detail u. a. *Kessler/Chakrabarti* 1999, S. 281 ff., *Corsten* 1998, S. 125 ff.).

Cooper (1994a, S. 62, *Cooper/Kleinschmidt* 1994) unterscheidet Zeit-Effizienz (wie schnell wird das Produkt entwickelt und eingeführt?) und Einhaltung vorgegebener Zeitpläne. Auf Basis seiner Erfolgsfaktorenforschung postuliert er sechs Einflussgrößen einer Entwicklungszeitreduktion. Wie aus der Abbildung 3.35 ersichtlich wird, hat der Einsatz klar geführter cross-funktionaler Teams den größten Einfluss sowohl auf die Zeit-Effizienz als auch auf die Einhaltung der Zeitpläne (siehe auch *Vandenbosch/Clift* 2002, S. 571, *Griffin* 1997, S. 32 f.). Zweitstärkster Einflussfaktor ist der Fokus auf Zielkunden durch Marktorientierung (siehe auch *Sherman et al.* 2000, S. 261 und *Calantone et al.* 2003, S. 99).

Im Gegensatz zur Reduktion der Entwicklungszeiten stehen die Auswirkungen der Innovationsspirale (*Trinkfass* 1997) auf die Zielkunden, die in immer kürzeren Zeitabständen mit verbesserten bzw. variierten Produkten konfrontiert werden. Die Unfähigkeit, jemals auf dem „neusten Stand der Technik" zu sein, kann zu Frustrationen beim Zielkunden führen (vgl. *Trinkfass* 1997, S. 70 ff). Je nach gewählter Strategie des Unternehmens muss der Kunde auch mit Qualitätseinbußen rechnen. Beispielsweise ist die erste Version einer Software am Markt oft fehlerhaft, so dass erste Käufer „Testanwender" sind. Ständig schneller werdende Innovationsprozesse können

Einfluss auf die Zeit-Effizienz	Einflussfaktoren (geordnet nach Stärke des Einflusses)	Einfluss auf die Einhaltung von Zeitvorgaben
Starker Einfluss (0,316)	Cross-funktionales Team: gesamtverantwortlich, hoher Arbeitseinsatz, klare Zielvorgaben, klare Führungsrolle, Top-Management-Unterstützung	Sehr starker Einfluss (0,527)
Starker Einfluss (0,308)	Starke Markt- und Kundenorientierung, Qualität der Ausführung von Marketingmaßnahmen	Sehr starker Einfluss (0,411)
Mittelstarker Einfluss (0,226)	Vorbereitung der Entwicklungsaktivitäten: Screening, Marktstudien, technische Machbarkeit und Marktkonzept	Sehr starker Einfluss (0,478)
Mittelstarker Einfluss (0,226)	Qualität der technische Aktivitäten: Machbarkeitsstudie, Entwicklung, Labortests, Produktionstests, Anlauf der Serienproduktion	Starker Einfluss (0,331)
Kein Einfluss	Produktdefinition: klar definierte Marktziele, Produktkonzept, Produktpositionierung und damit verbundene Maßnahmen vor Entwicklungsbeginn	Mittelstarker Einfluss (0,277)
Schwacher Einfluss (0,172)	Produktüberlegenheit: einzigartiges, überlegenes Produkt, hohe Qualität, gutes Preis-Leistungs-Verhältnis, offensichtliche Vorteile	Kein Einfluss

Quelle: eigene Darstellung in Anlehnung an *Cooper* 1994a, S. 75

Abb. 3.35: Einflussfaktoren einer Reduktion der Entwicklungszeit

bei Zielkunden zur Informationsüberflutung bezüglich neuer Produkte führen. Analog dem „Information Overload" (Informationsüberflutung), wird schon von „Innovation Overload" gesprochen. Gemeint ist die aus der immer schneller werdenden Innovationsspirale resultierende Unfähigkeit der Zielkunden zur Entscheidungsfindung (u. a. *Herbig/Kramer* 1994, S. 46). Das damit korrespondierende Verhalten des „Leapfrogging" (Aufschieben der Kaufentscheidung durch Überspringen einer Technologiegeneration) wird in 4.6 genauer beschrieben.

Netzcomputer

Gerade in großen Unternehmen bedeuten Computeranschaffungen hohe Investitionen in Technik, Aufbau, Service und Wartung. Abhilfe schaffen können Netzcomputer. Diese Systeme bestehen aus einem Server und daran angebundene, abgespeckte Terminals. Sie bestehen nur aus einem buchgroßen Kasten mit integriertem Chip und Kartenlesegerät. Die komplette Rechnerleistung – Ausführung von Programmen, Speicherung von Daten – übernimmt der Server. Nur das Ergebnis ist auf dem Bildschirm des Terminals zu sehen. Sun Microsystems erwartete hierfür hohen Absatz, da Wartungen und aufwändige Softwareinstallationen und -aktualisierungen durch die Installation dieser so genannten Thin Clients nicht mehr nötig sind. Ähnliche Netzcomputer-Architekturen wurden bereits Jahre zuvor eingeführt, doch damals standen starke Nutzerbedenken entgegen: Totalausfälle und damit Schwierigkeiten beim täglichen Arbeiten wurden befürchtet. Das Timing war damals psychologisch zu früh.

Um diesen Bedenken entgegen zu treten, bietet Sun Microsystems einen umfangreichen Beratungs- und Kundenservice sowie an die individuellen Bedürfnisse angepasste Lösungen an. So werden bspw. so genannte Backup-Server installiert, die im Falle eines Totalausfalls den Dienst übernehmen und zudem laufend Kopien der Arbeitsvorgänge erstellen. Nach eigenen Aussagen konnten so die eigenen Erwartungen weitgehend erfüllt werden, so dass Sun Microsystems heute als erfolgreicher Anbieter von Netzcomputern agiert.

Quelle: Gutowski 1999; Interview mit *Harald Gessner*, PR-Manager bei *Sun Microsystems*, Kirchheim-Heimstetten am 13.12.2005

Aus Unternehmensperspektive ist, ausgehend von bereits effizienten Entwicklungsprozessen eine weitere Verkürzung der Entwicklungsdauer nur mit erhöhten Entwicklungskosten, den „Beschleunigungskosten", möglich (siehe u.a. die Ergebnisse von *Voigt* 1998, S. 476, zu alternativen Möglichkeiten der Kostenreduktion im Entwicklungsprozess siehe *Kessler* 2000, S. 59 ff.). *Crawford* (1992, S. 190) nennt als Beispiel für verborgenen Kosten beschleunigter Entwicklungsprozesse unter anderem auch „Gresham's law's law": zu schnell entwickelte, inkrementale Innovationen verdrängen eigentlich profitable, hochgradige Innovationen aus dem Markt.

Geschwindigkeit garantiert nicht Erfolg. *Cooper und Kleinschmidt* (1995, S. 449 f.) treffen dazu auch die empirische Unterscheidung zwischen dem erfolgreichen „Fast Hit" und dem nicht erfolgreichen „Fast Dog": Unternehmen, die sich vor allem nach Einsatz cross-funktionaler Teams, nach Qualität der Innovationsaktivitäten und nach klarer Produktdefinition unterscheiden. Die Väter der Erfolgsfaktorenforschung (siehe auch 2.2.2) kommen zu folgendem Fazit:

„(...) Note that 84 % of profitability was explained by factors other than timeliness (...) Cutting the wrong corners and doing projects in a rushed, hurried way will actually reduce project timeliness, not save time! Moreover some of the same action also cut the success rate of projects: the overriding goal is a steady stream of successful and profitable new products, not a stable full of fast failures and on-time products with marginal profits!" (*Cooper/Kleinschmidt* 1994, S. 395 f.)

Zusammenfassend: Der Forschungsbedarf zum Markteintrittstiming ist nicht ausgeschöpft (u.a. *Lieberman/Montgomery* 1998, S. 1122, *Clement et al.* 1998, S. 223). Fest steht aber schon, dass Strategieempfehlungen nicht unabhängig von internen und externen Rahmenbedingungen gegeben werden können. Entscheidend ist der Fit zwischen den Charakteristika des Marktes und den internen Unternehmensressourcen (*Clement et al.* 1998, S. 214, *Szymanski et al.* 1995, S. 30). Die Opportunitätskosten der Zeit sind für das Innovationsmarketing ein sehr wichtiger Faktor, dem besonders aufgrund der Gefahr der Zeitfalle ein erheblicher Einfluss auf den Innovationserfolg zukommt. Final gilt angesichts verfrühter Produkteinführungen in unreife Märkte und verspäteter Einführungen mit geringfügigen Verbesserungen:

„Beware of bringing ‚too much, too early' or ‚too little, too late'" (*Ali* 2000, S. 161)

3.7 Patentstrategien

Polaroid Corporation

Ein prominentes Beispiel für eine langfristig erfolgreiche Patentstrategie zeigt die Auseinandersetzung zwischen der Polaroid Corporation und Eastman Kodak. Polaroid hatte im schnell wachsenden Markt für Sofortbild-Filme und -kameras ca. 20 grundlegende Patente angemeldet. Kodak hatte unter Missachtung von Polaroid-Patenten eigene Sofortbildfilme und -kameras auf den Markt gebracht. Aufgrund einer Klage durch Polaroid kam es 1985 zu einem bis 1991 während Rechtsstreit zwischen den beiden Unternehmen. Das US-Bundesberufungsgericht für Patentsachen (CAFC) erkannte schließlich wichtige Patente von Polaroid an und bestätigte die Verurteilung. Kodak musste ca. 900 Mio. US $ Schadensersatz zahlen, alle einschlägigen Kameras vom Markt nehmen, was (ohne entgangene Gewinne) weitere ca. 500 Mio. US $ kostete, eine Produktionsanlage im Wert von 1,5 Mrd. US $ schließen und die Prozesskosten von ca. 100 Mio. US $ zahlen.

Quelle: Rivette/Kline 2000

Unternehmerische Technologiepolitik soll technologische Wettbewerbsvorteile aufbauen und sichern, unter anderem durch Patentpolitik. Das Patent ist das wichtigste gewerbliche Schutzrecht für Innovationen (im Überblick siehe *Specht et al.* 2002, S. 239 ff.). Für ein Patent ist eine Anmeldungsschrift beim Patentamt einzureichen. Dem schließt sich ein formaler Patenterteilungsprozesses an. Einen Überblick dazu geben *Harhoff uind Reitzig* (2001, S. 509 ff.).

Die *Entwicklung der Patentanmeldungen* beim deutschen und europäischen Patentamt (siehe Abb. 3.36) lässt in den 90er Jahren eine kontinuierliche Steigerung erkennen. Bei hochtechnologischen Erfindungen haben die Europäer jedoch Rückstände gegenüber japanischen und amerikanischen Patentanmeldern. Zwischen Europa, USA und Japan, die zusammen insgesamt 85 % der weltweiten Nachfrage nach Patentschutz ausmachen, lassen sich darüber hinaus auch strategische Unterschiede bei der Patentpolitik feststellen. Während die Japaner und Amerikaner sehr aktiv eine wirtschaftliche Nutzung von Patenten verfolgen, wird in Europa das Patent vorrangig als ein Rechtstitel betrachtet, dessen strategischer wirtschaftlicher Einsatz erst allmählich zum Tragen kommt (*Schatz* 1998, S. 179 ff.).

Patente gelten gemäß § 1 PatG (Patentgesetz) für Erfindungen, die neu sind, auf einer erfinderischen Tätigkeit beruhen und gewerblich anwendbar sind. 1) „Neuheit" verlangt, dass die Erfindung nicht zum Stand der Technik gehört, also zu den Kenntnissen, die der Öffentlichkeit bislang zugänglich sind. 2) „Erfinderische Tätigkeit" zeigt sich durch eine gewisse Distanz zum bisherigen Stand der Technik. Darüber hinaus muss 3) das Produkt der Erfindung gewerblich genutzt werden können. Wegen der Komplexität (einschließlich Dynamik) technologischer Entwicklungen und Märkte ist die präzise Einstufung dieser drei „materiellen Schutzvoraussetzungen" in der Regel nur durch Spezialisten auf dem Gebiet des Patentrechtes möglich (*Specht et al.* 2002, S. 242 f.).

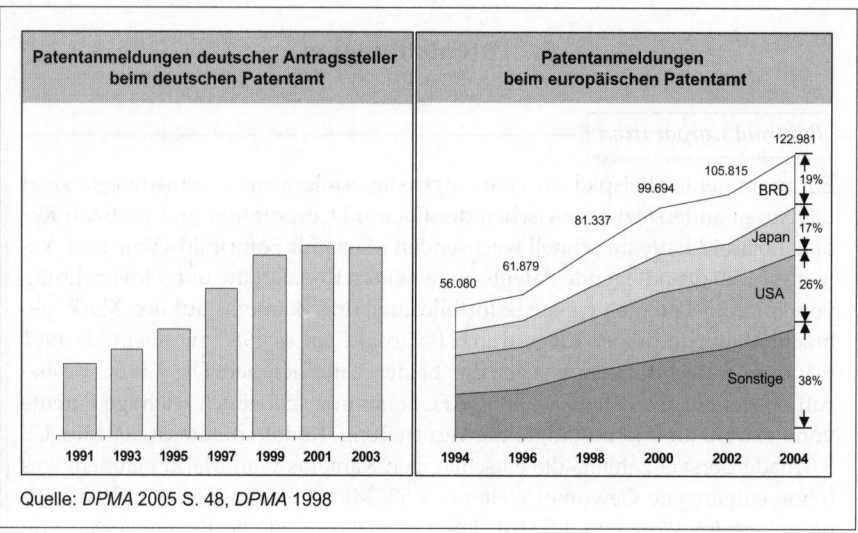

Quelle: *DPMA* 2005 S. 48, *DPMA* 1998

Abb. 3.36: Patentanmeldungen beim deutschen und europäischen Patentamt

Nicht alle im Rahmen der Forschung und Entwicklung entstandenen Erfindungen sind also patentierfähig. Umgekehrt werden auch nicht alle patentfähigen Erfindungen beim Patentamt angemeldet. Darüber hinaus wird von den patentierten Erfindungen (Inventionen) wiederum nur ein relativer kleiner Anteil als Innovationen am Markt eingeführt (*Ernst* 1999b, S. 1148 f.). Abbildung 3.37 verdeutlicht diesen Zusammenhang.

Mit der Erteilung eines Patents kann der Inhaber ein rechtlich geschütztes, zeitlich begrenztes Monopol zur wirtschaftlichen Nutzung der Erfindung erlangen. Das Patent wirkt gegenüber Konkurrenten als Markteintrittsbarriere, denn der Innovator kann damit eigentlich Imitatoren vom Markteintritt fernhalten. *Schewe* (1993, S. 355) kommt jedoch auf der Basis einer empirischen Untersuchung von 88 Innovationsprojekten zu dem Ergebnis, dass bei deren Mehrzahl (58 %) trotz Patentanmeldung der Markteintritt eines Imitators nicht verhindert werden konnte. Er führt das darauf zurück, dass durch die im Patenterteilungsverfahren nötige Offenlegung technologischen Wissens Informationen bekannt werden, die den Markteintritt von Imitatoren unter Patentumgehung erst ermöglichen (siehe zu dieser Problematik auch *Harhoff/Reitzig* 2001, S. 510 f.).

Die durch die Patentierung erzwungene Offenlegung von Wissen unterstützt den technischen Fortschritt einer Volkswirtschaft. In der spieltheoretischen Erörterung von Patenten ist hierzu der Begriff „Patentrennen" geläufig: Basis ist die Hoffnung patentierender Unternehmen auf eine temporäre Monopolstellung. Treten im Entwicklungsverlauf Konkurrenten auf, so kommt es zu einem Entwicklungswettlauf (Patentrennen). Dabei geht es um „alles oder nichts": Der Gewinner, das innovierende Unternehmen, dem ein Patent erteilt wird, erhält „alles" (den Monopolgewinn), der Verlierer nichts. Darin besteht der Anreiz, höhere Investitionen in technologischen Fortschritt zu tätigen als für den Entwicklungserfolg eigentlich nötig wäre. Bei der Erteilung des Patentes erfolgt jedoch eine Offenbarung des technischen

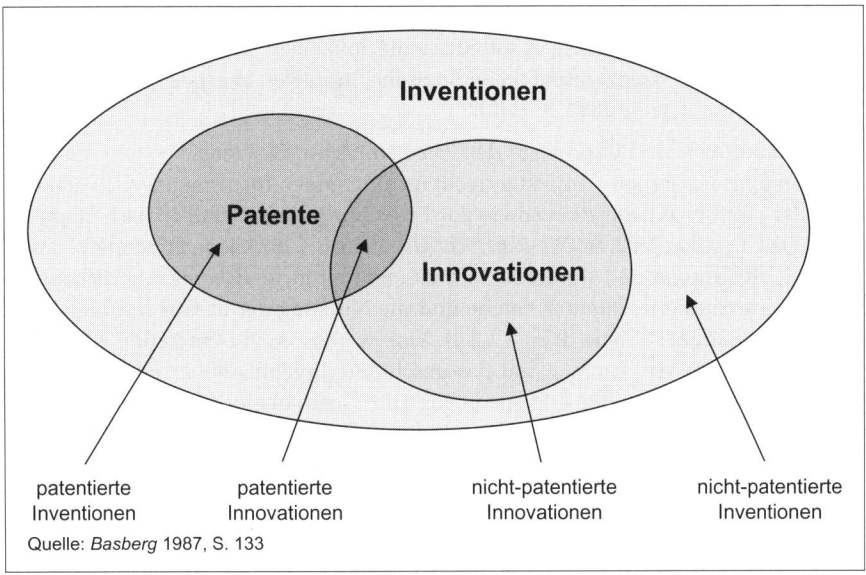

Abb. 3.37: Zusammenhang zwischen Patenten, Inventionen und Innovationen

Prinzips. Damit wird ein Teil des Wissens des patentierenden Unternehmens zum öffentlichen Gut. Konkurrenten können den Wissensvorsprung nunmehr leichter aufholen. Es folgen Patentrennen um Folgeinnovationen, die volkswirtschaftlich eine Steigerung des technischen Fortschrittes ermöglichen (u. a. *Lim* 1998, S. 163, *Reinganum* 1981, S. 37).

Die *rechtlichen Wirkungen von Patenten* sind im Patentgesetz geregelt. Der Inhaber eines Patentes hat einen Unterlassungsanspruch gegen die unbefugte Benutzung seiner Erfindung sowie bei einer Patentverletzung Anspruch auf Schadenersatz. Schutzrechte gelten nur in den Ländern, in denen sie angemeldet wurden (Territorialitätsprinzip). Bei der Anmeldung von Auslandsschutzrechten werden multinationale Schutzrechtanmeldungen vereinfacht – durch Vereinbarungen wie das europäische Patentübereinkommen und das Übereinkommen über die internationale Zusammenarbeit auf dem Gebiet des Patentwesens (PCT) (*Schatz* 1998, S. 186).

Aus den rechtlichen Wirkungen von Patenten ergeben sich wirtschaftliche Wirkungen, die als *Patentfunktionen* beschrieben werden. Man unterscheidet neben der primären Funktion, dem alleinigen Nutzungsrecht an der technischen Erfindung (Ausschließlichkeitsrecht), folgende sekundäre Patentfunktionen: Angriff, Absicherung, Motivierung, Reputation, Finanzierung und Information. Die *Angriffsfunktion* schließt konkurrierende Unternehmen aus und expandiert den eigenen Marktanteil. Die *Absicherungsfunktion* sichert die Erfindung vor Nachahmung und damit die (angestrebte) Marktposition. Patente können auch zur *Motivation* kreativer Mitarbeiter eingesetzt werden. Imageeffekte, insbesondere bei Zielkunden, Geschäftspartnern und Geldgebern gewähren eine *Reputationsfunktion*. Der Handel mit der Befugnis zur Nutzung des eigenen Patentes durch Dritte (Lizenzhandel), gewährt dem Lizenzgeber zusätzliche *finanzielle Einnahmen*. Durch die geforderte Offenlegung der Patentschriften erfüllen Patente schließlich eine *Informationsfunktion*. So können z. B. Doppelentwicklungen vermieden, Konfliktpatente lokalisiert sowie Umgehungsmöglichkeiten, Markttendenzen und technologische Strategien analysiert werden (*Rahn* 1996, S. 8 ff., u. a. *Bulling* 2002, S. 33 ff.).

Diese Funktionen sind Grundlage der *Patentstrategien*. Darunter versteht man den gezielten Einsatz der aus dem Patentrecht resultierenden Instrumente zur Verbesserung der Wettbewerbsposition sowie zur Erreichung absatz- und wirtschaftspolitischer Ziele (*Bulling* 2002, S. 37, *Ahlert/Schröder* 1996, S. 136 f.). Jede Strategie verlangt Planung, Realisation und Kontrolle. Voraussetzung für die *Planung einer Patentstrategie* ist eine fundierte Patentrecherche und die Nutzung der daraus resultierenden Patentinformationen (siehe dazu 4.1.2.4). Eine weitere Analysemethode ist die Patentportfolio-Analyse. Patente sind das geschützte Ergebnis hoher F&E-Investitionen. Patentportfolios sollten folglich analog zum Geschäftsportfolio als Aktivposten systematisch geplant und optimiert werden, um den Patent-Gesamtbestand des Unternehmens zu überblicken und daraus patentstrategische Prioritäten abzuleiten (*Hasler/Hess* 1996, S. 169).

Die Idee des Patentportfolios wurde von *Brockhoff* (1992) entwickelt. Darauf aufbauend sind weitere Ansätze entstanden (einen Überblick zu verschiedenen Patent-Portfolio-Ansätze gibt *Ernst* 1998, S. 279 ff.). Portfolio-Methoden legen allerdings stets nur grobe Normstrategien nahe. Ergebnisse der Patent-Portfolioanalyse können Basis einer Strategiediskussion sein, sie beinhalten jedoch keine direkt umsetzbaren, detaillierten Strategievorschläge (*Faix* 2001, S. 155, für eine Anwendungsfallstudie der Patent-Portfolioanalyse im Bereich der chemischen Industrie siehe *Ernst* 1999 a, S. 107 ff.).

Exemplarisch wird hier die Patent-Portfolio-Analyse nach *Faix* (1998, 2001) vorgestellt. Dabei werden Patente über die Bewertung von Patentattraktivität und -stärke im Portfolio positioniert. Die *Attraktivität eines Patents* für ein Unternehmen bezieht sich sowohl auf die Attraktivität der Erfindung als auch auf die des Ausschließlichkeitsrechtes an sich, also der Rechtsposition des Patents. Die Attraktivität der Invention ergibt sich aus ihrer technischen Bedeutung (gemessen mit Indikatoren wie z. B. Ausmaß von F&E-Aufwand und Häufigkeit erhaltener Zitate) und ihrer ökonomischen Bedeutung (z. B. Gegenwartswert möglicher Erträge, Anzahl an Auslandsanmeldungen). Die Attraktivität des Ausschließlichkeitsrechtes an sich wird gemessen an der Fähigkeit des Patents zur Sicherung oder Steigerung der Erlöse einer Innovation und die strategische Rolle des Patents (etwa zur Verhinderung eines technologischen Vorstoßes eines Wettbewerbers) (*Faix* 2001, S. 145 ff.).

Die zweite Dimension des Patentportfolios, die *Patentstärke*, ergibt sich aus der Stärke des Patents in rechtlicher Hinsicht und aus der Stärke des Patentinhabers. In rechtlicher Hinsicht bestimmen der Status des Patents im Patenterteilungsverfahren (z. B. Anmeldung, offengelegte Anmeldung, erteiltes Patent) und die Qualität der Ansprüche in Abhängigkeit vom relevanten Patentrecht die Stärke des Patents. Die Stärke des Patentinhabers ergibt sich aus seinen Ressourcen (finanzielle Mittel, Qualität/Quantität der Patentabteilung usw.) und Sicherungsmaßnahmen (z. B. Sperrpatent, siehe weiter unten) (*Faix* 2001, S. 149 ff.).

Durch die Ist- und Soll-Positionierung der Patente in der Portfolio-Matrix lassen sich neben grundsätzlichen Entscheidungen über die Anmeldung, den Fortbestand und die Elimination von Patenten auch Entscheidungen zum patentstrategischen Verhalten des Unternehmens ableiten. Bei Patenten, die sowohl nach Attraktivität, als auch nach Stärke niedrig eingestuft werden, liegt eine langfristige Elimination oder der Verkauf nahe, was Einnahmen bringt (*Hasler/Hess* 1996, S. 169). Hier sollten auch möglichst wenige Ressourcen zur Abwehr von Angriffen Dritter eingesetzt werden. Umgekehrt kann aus einer Position mit hoher Patentattraktivität und -stärke aufgrund der guten Ausgangslage bei einem Angriff des Patents durch Dritte mit einer konfrontativen Strategie (siehe weiter unten) reagiert werden (*Faix* 2001, S. 153 ff.).

Über solche Normstrategien hinaus werden in der Literatur vier grundlegende patentstrategische Stoßrichtungen unterschieden: Prävention, Defensive, Offensive und Lizenzvergabe (u. a. *Ahlert/Schröder* 1996, S. 137, *Bulling* 2002, S. 38 f.). Die *präventive Patentstrategie* hat zum Ziel die Sicherung des künftigen Markterfolges durch die Vermeidung rechtlicher und wirtschaftlicher Störungen. Mit einer präventiven Strategie verbundene Aufgaben sind u. a. (*Ahlert/Schröder* 1996, S. 138):

- Prüfung und Überwachung der relevanten Schutzrechtslage für Produktstrategien,
- Festlegung der zu schützenden Leistungen (zur Schätzung des Erwartungsnutzens aus der Patentierung siehe *Harhoff/Reitzig* 2001, S. 509 ff.),
- Prüfung und Sicherung der geforderten Schutzvoraussetzungen,
- Bestimmung des optimalen Anmeldezeitpunktes sowie der räumlichen Erstreckung,
- Ermittlung von Umgehungsmöglichkeiten für zu schützende Leistungen,
- Anmeldung und Überwachung der Schutzrechte.

Für die Umsetzung der präventiven Strategie bestehen verschiedene Alternativen. In einer einfachen Variante werden Patente vom Unternehmen angemeldet, um eine unmittelbar am Absatzmarkt verwertbare Erfindung vor Imitationen rechtlich zu schützen. In erweiterter Form, der *Sperrpatentstrategie*, werden Patente gezielt in den Produktions- und Absatzmärkten der Wettbewerber angemeldet, auch wenn dort keine konkrete Absatztätigkeit seitens des patentierenden Unternehmens geplant ist. Ziel ist hier vornehmlich die Sicherung bzw. der Ausbau der Marktmacht (*Hermans* 1991, S. 86).

Darüber hinaus versucht man durch präventive Maßnahmen die Umgehung eigener Patente durch die Konkurrenz zu verhindern. Durch die *Patentnetzstrategie* wird mit einer Vielzahl von Anmeldungen ein engmaschiges Patentnetz im relevanten technischen Gebiet gespannt. So sollen zukünftige Anwendungsgebiete abgedeckt und die eigenen Erfindungen gegen Umgehungspatente durch die Konkurrenz geschützt werden. Der Umfang des Patentnetzes kann durch den Kauf relevanter Patente von Dritten vergrößert werden (*Knight* 2001, S. 45, *Rahn* 1996, S. 9 f.). Durch die *Täuschungsstrategie* werden Erfindungen in verschiedenen Entwicklungsrichtungen geschützt, um den angestrebten Entwicklungsweg zu verschleiern (*Hermans* 1991, S. 87).

Monsanto

Der US-amerikanische Biotechnik-Konzern Monsanto ist auf die gentechnische Optimierung von Nutzpflanzen spezialisiert. Ziel ist der Aufbau einer weltweit führenden Marktposition bei der Erzeugung und Vermarktung gentechnisch veränderter Pflanzen. Die Patentpolitik ist wesentlicher Strategiebestandteil. Von über 1500 Anmeldungen beim europäischen Patentamt bei Gentechnik und Pflanzenzüchtung entfallen im Jahr 2000 knapp 8 % auf Monsanto. Neben Patenten auf Gene aus Viren, Bakterien und Pflanzen, die sich zur Pflanzenzüchtung eignen (z. B. Gene, die Giftstoffe gegen Insekten bilden), stehen Verfahren zur genetischen Veränderung von Pflanzen (z. B. die Infektion von Pflanzen durch Bakterien und eine damit verbundene Übertragung von Genen) im Vordergrund der Patentbemühungen von Monsanto. In der Vergangenheit wurden darüber hinaus marktführende Pflanzenzuchtfirmen akquiriert, mit denen sich Monsanto Patente für Gene und den Zugriff auf Gendatenbanken sicherte. Unter anderem wurde die Firma Agracetus gekauft, weil ein Einspruch von Monsanto gegen ein wichtiges Patent der Firma nicht erfolgreich war. Über die Patentierung einzelner Gene hinaus wurden die Patentansprüche möglichst weit gefasst. Dadurch beansprucht Monsanto neben den Genen selbst auch die Rechte auf Pflanzen, Saaten, Ernten und Produkte, die durch neue Gene bestimmte Eigenschaften entwickeln. Durch die Patentierung von Inhaltsstoffen schützt sich Monsanto auch vor konventionell züchtenden Konkurrenten. Dabei werden z. B. Ansprüche auf Samen von Pflanzen erhoben, die einen bestimmten Prozentsatz eines bestimmten Öls aufweisen, unabhängig davon, ob das konventionell oder gentechnisch erreicht wurde. Die massive Patentpolitik von Monsanto ist wegen wahrgenommener Bedrohung von Landwirten und Verbrauchern insbesondere von Greenpeace stark kritisiert worden.

Quellen: Leonard 2000

Auslöser *defensiver Strategien* sind häufig Angriffe auf eigene bestehende oder entstehende Schutzrechte durch Dritte. Die Angriffe können sowohl rechtlich in Form von Einsprüchen gegen Patente bzw. Patent-Nichtigkeitsklagen, als auch informell erfolgen. Im Rahmen einer reaktiven Defensivstrategie können auch Konfliktlösungsprozesse ablaufen (*Ahlert/Schröder* 1996, S. 141 f.). Mögliche Angriffsbegründungen sind mangelnde Schutzfähigkeit der Erfindung, ein älteres Schutzrecht, unzulässige Erweiterung der Anmeldung oder ihres Schutzbereiches bzw. unzureichende Offenbarung. Eine Defensivstrategie soll die Schutzrechtlage prüfen, Abwehrchancen eruieren und entsprechende Maßnahmen planen (*Dematteis* 1999, S. 161).

Zur Reaktion auf Angriffe Dritter gibt es ebenfalls unterschiedliche Optionen. Die Rücknahme der Patentanmeldung bzw. der Verzicht auf Elemente oder auf das bestehende Patent im Ganzen entspricht der *Anpassungsstrategie*. Eventuell ist es anschließend möglich, das Patent durch Anmeldung anderer Lösungen mit dem gleichen Erfindungsgedanken zu umgehen (*Glazier* 1997, S. 31 ff.). Im Gegensatz dazu wird der Konflikt bei der *Konfrontationsstrategie* rechtlich ausgetragen. Wenn stattdessen dem angreifenden Dritten eine Lizenz gegeben oder ein kostenloses Mitbenutzungsrecht eingeräumt wird, ist das eine *Kooperationsstrategie*.

Die Wahl der Strategie hängt vor allem von der Höhe der rechtlichen und wirtschaftlichen Risiken ab, also von Bedeutung und Durchsetzbarkeit des Patentes. So empfiehlt sich tendenziell die Anpassungsstrategie, wenn die Verteidigung zu aufwändig oder zu riskant ist bzw. keine kooperative Lösung möglich ist. Die Kooperationsstrategie kommt in Frage, wenn beide Parteien an einer kooperativen Lösung interessiert sind und z. B. die Vernichtung des Schutzrechtes gegenüber anderen Unternehmen vermieden werden soll. Die Konfrontationsstrategie kann sinnvoll sein, wenn das betroffene Patent von existenzieller Wichtigkeit ist und die Chancen der Verteidigung hoch sind. Darüber hinaus kann auch die Einleitung von Offensivmaßnahmen (siehe folgender Absatz) als Reaktion auf einen Angriff in Betracht kommen (*Harhoff/Reitzig* 2001, S. 513 f.; *Ahlert/Schröder* 1996, S. 142 ff.).

Offensive Strategien umfassen alle eigenen Angriffe auf patentrechtlich angreifbares Verhalten Dritter. Dazu gehören neben dem Vorgehen gegen Verletzungen eigener Schutzrechte durch Unterlassungs- und Schadensersatzklagen auch Angriffe gegen bestehende oder entstehende fremde Schutzrechte. Patentverletzungstatbestände sind im Patentgesetz geregelt. Grundsätzlich kommen neben der Einleitung eines patentrechtlichen Verfahrens auch informelle Konfliktlösungsstrategien in Betracht (zunächst durch Hinweis auf den möglichen Verletzungstatbestand). Die Wahl des Vorgehens verlangt sorgfältige Abwägung von Effizienz- und Risikoüberlegungen (*Ahlert/Schröder* 1996, S. 144 ff.).

Eine Schutzrechtverletzung durch Dritte kann für das betroffene Unternehmen auch taktische Vorteile haben. Z. B. kann es für ein junges Unternehmen durchaus ratsam sein, eine offensive Maßnahme aufzuschieben, da das patentverletzende Unternehmen zum Aufbau des Marktes beitragen kann. Darüber hinaus können eventuell später Lizenzeinnahmen realisiert bzw. strategische Partnerschaften begründet werden (*Dematteis* 1999, S. 158 ff.).

Neben rechtlichen Optionen des Einspruches und der (riskanten und kostenintensiven) Nichtigkeitsklage können zum Angriff auf störende Patente Dritter noch andere Wege eingeschlagen werden. Neben Kauf oder Bekämpfung des betreffenden Unternehmens (siehe folgendes Beispiel) gibt es auch subtilere Formen des Angriffs. Im Rahmen einer *„Ummauerungsstrategie"* versucht man, eine Serie von kleinen Verbesserungsinnovationen, die für die Vermarktung des Basispatentes des Wettbewerbers wichtig sind, patentieren zu lassen. Bei einer *„Verfolgungsstrategie"* forciert man die Weiterentwicklung der Basistechnologie in eine Richtung, die später für die Vermarktung wichtig sein könnte. Durch Ummauerung und Verfolgung werden *Kreuzlizenzierungen* im Sinne eines gegenseitigen Lizenzaustausches angestrebt, die dem Unternehmen nachträglich Zugang zur Basistechnologie ermöglichen (*Glazier* 1997, S. 31 ff., *Hermans* 1991, S. 87). Kreuzlizenzierungen werden in der Automobilindustrie intensiv eingesetzt. Durch kooperative Vereinbarungen werden früh Standards gesetzt und die Diffusion von Innovationen im Markt wird beschleunigt (*Hufker/Alpert* 1994, S. 49). Eine weitere offensive Alternative ist das Abwerben von Schlüsselerfindern, was die künftige technologische Leistungsfähigkeit eines Konkurrenten nachhaltig behindern kann (*Ernst et al.* 1999, S. 93 ff.).

Rambus

Der Hauptteil der Einnahmen der US-Entwicklerfirma Rambus basiert auf vielen Halbleiter-Patenten, die das Unternehmen an Hersteller von Speicherchips und Chipsätzen lizenziert. Viele Hersteller zahlten über Jahre. Im Jahr 2000 kam es jedoch zu einer Auseinandersetzung durch patentrechtliche Klagen und Gegenklagen zwischen Rambus und den Unternehmen Infineon, Hyundai, Micron und Samsung – ein regelrechter Patentkrieg. Während Samsung Ende 2000 nachgab und Lizenzgebühren für die Patente von Rambus zahlte, führten die anderen Hersteller den Kampf unvermindert fort. Rambus geriet wirtschaftlich unter Druck, da sich die immensen Kosten des Rechtsstreits im Frühjahr 2001 bereits auf über 40 % der Gesamtausgaben beliefen. Rambus unterlag 2001 patentrechtlich zunächst gegen Infineon. Weitere Prozesse gegen Micron und Hyundai wurden vertagt, um die Entwicklung der gerichtlichen Auseinandersetzungen mit Infineon abzuwarten. Nach einem langen Weg durch die Instanzen konnte Rambus im Herbst 2003 einen Erfolg gegen Infineon erzielen: Der US Supreme Court lehnte eine Anhörung zu einer Berufungsklage von Infineon ab. Bei der Berufung ging es den Infineon-Anwälten (außer um Formfehler) um die Anwendbarkeit der Patente auf die strittigen Produkte. Für Rambus erhöhten sich nun die Chancen. Ein wichtiges Verfahren wurde vor einem Bezirksgericht in Virginia weiter verhandelt. Der Ausgang des Patentkrieges war lange Zeit offen: Verlöre Rambus, so könnten Schlüsselpatente aberkannt werden, womit die rechtliche Grundlage für Gebühren auf SDRAM und DDR-SDRAM fehlen würde. Gewönne Rambus, so könnten massive Nachzahlungen für Speicherchip-Hersteller entstehen.

Nach nunmehr fünf Jahren wurden die Rechtsstreitigkeiten per Lizenzvereinbarung beigelegt. Von November 2005 bis zum Jahr 2007 wird Infineon alle drei Monate 5,85 Mio. US $ Lizenzegbühren an Rambus zahlen. Damit sichert sich Infineon den Status eines „most-favored customers" bei Rambus, der die weltweite Nutzung aller Rambus Technologien und Patente einschließt, während Rambus im Gegenzug eine unbefristete Lizenz der Speicherschnittstellen-Patente von Infineon erhält. Mit diesem Abkommen wollen die beiden Unternehmen ihre laufenden Rechtsstreitigkeiten so schnell wir möglich beilegen und alle bestehenden Rechtsansprüche fallen lassen.

Das Fallbeispiel zeigt, mit welcher Härte patentrechtlich gekämpft wird und was für die beteiligten Untenehmen auf dem Spiel stehen kann.

Quellen: Ernst 2005, Heise Newsticker 2001 b, Heise Newsticker 2001 a, Heise Newsticker 2003

Bei der *Lizenzstrategie* werden für patentierte Erfindungen Nutzungsbefugnisse an Dritte vergeben. Die Lizenzierung kann unterschiedlichen Zielsetzungen folgen (*Miele* 2000, S. 46, *Ahlert/Schröder* 1996, S. 146):

- Überwindung eigener Kapazitätsengpässe für Produktion und Vermarktung
- Überwindung von Handelsbarrieren zu ausländischen Märkten
- Erwirtschaftung zusätzlicher Erlöse aus unternehmensfremden Tätigkeitsfeldern
- Erhöhung der Durchsetzungskraft der Innovation am Markt (z. B. durch lizenzbasierte Etablierung eines Standards)

- Defensive Abwehr eines Patentangriffes
- Zugang zu fremden Patenten durch eine Lizenzaustausch (Kreuzlizenzierung)

Im Rahmen einer Lizenzstrategie fallen *lizenztaktische Entscheidungen* an, besonders die Auswahl der Lizenznehmer und die Gestaltung des Lizenzvertrages. Ausreichende Finanzmittel, Kompetenz zur Vermarktung der Erfindung und nicht zuletzt Vertrauen sind wichtige Kriterien zur Auswahl von Lizenznehmern. Bei der Gestaltung des Lizenzvertrages kommt es schon sehr auf den Lizenzgegenstand an, also die Definition der übertragenen Rechte. Weitere sind Entscheidungsparameter des Lizenzvertrages sind räumliche, zeitliche und sachliche Beschränkungen der Nutzungs- und Verwendungsarten sowie Entgelthöhe und -konditionen. Der Marktwert einer Lizenz ergibt sich aus den strategischen Vorteilen für den Lizenznehmer, dem Vorhandensein von technologischen Substituten und dem zu erwartenden Markterfolg, der sich durch die Lizenz realisieren lässt (*Miele* 2000, S. 45 f., *Dematteis* 1999, S. 251 f., *Ahlert/Schröder* 1996, S. 149 f.).

IBM

IBM ist mustergültig dafür, wie man durch die Lizenzierungsstrategie viel Geld verdienen kann. IBM begann 1990 aktiv Schutzrechte durch Lizenzierungen zu vermarkten. Die Lizenzeinnahmen stiegen von 30 Mio. US $ im Jahr 1990 innerhalb von zehn Jahren auf fast eine Milliarde US $ an. Da diesen Einnahmen kaum Kosten gegenüberstehen, handelt es sich größtenteils um Gewinn. IBM müsste seinen Jahresumsatz um rund 20 Mrd. US $ (oder 25 %) steigern, um einen vergleichbaren Nettoerlös zu erzielen. Der US-Chemiekonzern Dow Chemical verfolgt eine ähnliche Strategie. 1993 etablierte Dow seine „Intellectual Asset Management Division". Hier wurde der Patentbestand portfolioanalytisch optimiert und eine dezidierte Lizenzierungsstrategie entwickelt. Dow Chemical verfünffachte von 1994 bis 2000 seine Lizenzeinnahmen von ca. 25 Mio. US $ auf 125 Mio. US $.

Quellen: Rivette/Kline 2000, *Hasler/Hess* 1996

Welchen Einfluss haben *Patentanmeldungen* auf den Erfolg eines Unternehmens? Diese Frage untersucht *Ernst* (1999 b, S. 1146 ff.) mittels kritischer Analyse vorliegender empirischer Studien (zusammenfassend S. 1150 f.). Durch eine Panelstudie in der Werkzeugmaschinenindustrie kommt er zum Ergebnis, dass Patentanmeldungen mit einer Zeitverzögerung von zwei bis drei Jahren positiven Einfluss auf den nachfolgenden Umsatz haben. Wird das Patent nicht nur national, sondern auch im Ausland angemeldet, so kommt es zu noch stärkeren Umsatzzuwächsen (ebenda, S. 1162 f.). *Fleischer* (1998, S. 15) findet dem entsprechend (ebenfalls für die Werkzeugmaschinenindustrie) einen positiven Einfluss des Patentierverhaltens auf den Marktwert der Unternehmen.

Sattler et al. (2002) untersucht die Effektivität verschiedener Mechanismen zum *Schutz des komparativen Wettbewerbvorteils* neuer Produkte (unser CIA). Er findet auf Basis einer großzahligen empirischen Untersuchung, dass langjährige Mitarbeiterbeziehungen, Zeitführerschaft, Komplexität des Designs und Geheimhaltung den CIA effektiver schützen als Patentierungen. Allerdings ist für etwa 20 % der Befragten die Patentierung doch der effektivste Mechanismus zum Schutz des CIA. Aber nur scheinbar, denn hinter diesem Befragungsbefund wird eine verzerrende Antworttendenz vermutet (over-reporting bias): Nach hohen Patentierungsinvestitionen überschätzen die befragten Manager den Patentierungsschutz. Insgesamt scheinen Patente den CIA weniger effektiv schützen als andere Maßnahmen.

Patente können nach alledem eine temporäre Monopolstellung im Markt ermöglichen und dadurch hohe F&E-Investitionen abzusichern helfen. Diese Chance hat jedoch ihren Preis. Zum einen sind Patenterteilungsverfahren kostspielig und teilweise sehr langwierig. Darüber hinaus birgt die geforderte Offenlegung des technischen Prinzips die Gefahr eines Wissensabflusses an die Konkurrenz. Dem halten aber *Hasler und Hess* (1996, S. 169) entgegen, dass in sehr dynamischen Innovationsmärkten das neue Wissen dann oft schon wieder veraltet ist. Die Bedeutung der Geschwindigkeit (time-to-market, siehe 3.6) konkurriert also mit der Bedeutung von Patenten zum Schutz des CIA.

Unzweifelhaft ist die strategische Bedeutung von Patenten: Der reine Besitz von Patentrechten ist für den Schutz der Wettbewerbsvorteile noch nicht hinreichend, vielmehr muss eine fundierte und intelligente Patentstrategie erarbeitet werden. Hier können Europäer von Amerikanern und Japanern lernen (*Schatz* 1998, S. 184 f.), was auch durch das folgende Zitat von *Shimura* (zitiert nach *Rahn* 1996, S. 12) zum Ausdruck kommt:

„Das Fundament der japanischen Wirtschaft ist die High-Tech-Industrie, und diese ist von ‚geistigem Eigentum' abhängig. Wenn Japan weiterhin beabsichtigt, ein High-Tech-Industriestaat zu bleiben, ist es für seine Zukunft außerordentlich wichtig, im ‚Krieg um das geistige Eigentum' zu siegen, ihn aber zumindest nicht zu verlieren."

IV. Strategische Marktforschung für Produktinnovationen

Innovationsmarktforschung ist einerseits geprägt durch solide Analysen für strategische und operative Entscheidungen auf der Basis von repräsentativen oder fokussierten, quantitativen oder qualitativen, entdeckenden oder prüfenden Untersuchungsdesigns. Die Fragen an die Marktforschung sind meist recht einfach: Wie groß ist der Markt, die Wiederholkaufrate, der Bekanntheitsgrad? Zu welchem Preis soll das neue Produkt eingeführt werden? Soll die Differenzierung gegenüber dem Wettbewerb durch das Merkmal Sicherheit oder das Merkmal Wirtschaftlichkeit verbessert werden?

Innovationsmarktforschung ist andererseits mit großen Unsicherheiten verbunden, denn was neu ist, ist tendenziell unbekannt, und was unbekannt ist, kann man eigentlich nur raten. Aus einer naiven Methodengläubigkeit einerseits und aus den – so besehen verständlichen – vielen Fehleinschätzungen andererseits sind zwei polarisierte Meinungssyndrome zur Innovationsmarktforschung entstanden:

1. *Naive Meinung*: Man kann eigentlich alles messen, z. B. kann man die Akzeptanz einer Innovation messen, indem man Zielkunden nach einer Produktbeschreibung fragt: „Würden Sie ein solches Produkt kaufen?". Gegen eine derart naive Auffassung von Innovations-Akzeptanzforschung sprechen mindestens drei schwerwiegende Einwände bzw. Erfahrungen:

   (1) Die Bedürfnislage der Zielkunden kann noch unterentwickelt sein (wie kann man sich Internet per Handy wünschen, wenn man sowieso nur am Wochenende mal „ins Netz geht"?).

   (2) Die längerfristig veränderten Rahmenbedingungen für die Nutzung des Produkts können „unvorstellbar" sein (wie konnte um die Jahrhundertwende die Sättigungsprognose für Autos höher als einige Tausend sein, wo man zum Autofahren fast ein Ingenieurstudium brauchte?).

   (3) Die Antworten entspringen Wunschträumen (wer hätte nicht gern ein System, mit dem man alles erfahren kann, was man wissen möchte? So kamen die völlig überhöhten Nutzerprognosen für den Vorläufer des Internet in Deutschland, „Bildschirmtext Btx", Anfang der 80er Jahre zustande).

2. *Resignative Meinung*: Innovation ist eine durch Marktforschung nicht unterstützbare Managementsache „aus dem Bauch". Es ist besser, gar keine Marktforschung zu betreiben, denn sie trägt nur dazu bei, gute Ideen „abzuschießen".

Diese Meinung ist ebenfalls gefährlich. Zwar lassen sich viele Beispiele dafür finden, dass die Innovationsmarktforschung das Potenzial einer Innovation entweder nicht oder viel zu hoch eingeschätzt hat. Aber es ist unlogisch, daraus den Schluss zu ziehen: „Marktforschung kostet nur Geld und liefert nur Fehleinschätzungen", denn die Auflistung von Fehlern (falsche No-Entscheidungen und falsche Go-Entscheidungen) müsste einer Auflistung von richtigen Entscheidungen gegenübergestellt werden (richtige No-Entscheidungen und richtige Go-Entscheidungen). Kommuniziert werden aber selten die positiven „Selbstverständlichkeiten", meist nur die negativen Überraschungen. Über das Ziel solch grundsätzlicher Entscheidungen hinaus kann Marktforschung Gestaltungshinweise im Anschluss an eine positive Grundsatzentscheidung liefern (go but…) oder Änderungsvorschläge zur „Rettung" eines negativ beurteilten Projekts (go if…).

Marktforschung für Produktinnovationen sollte also weder naiv noch resignativ sein. Aber sie braucht ein hohes Maß an Intelligenz, im Sinne einer anspruchsvollen Unterstützung des CIA (der doppelte Sinn dieser Abkürzung macht Sinn). Marktforschung kann sich daher nicht allein auf standardisierte Anwendungen des klassischen Methodenarsenals verlassen, wie es in Lehrbüchern der Marktforschung dargestellt wird. Dazu ist der zu erforschende Markt für ein neues Produkt meist noch zu diffus, besteht vielleicht noch gar nicht. Je nach Innovationsgrad (siehe auch 2.1.2.6) kann er manchmal nur in Analogie zu bestehenden Märkten für Produkte angenommen werden, die in ähnlichen Zielgruppen ähnliches leisten wie das neue Produkt.

Wechselwirkungen, Rückwirkungen, Fernwirkungen, Nebenwirkungen von Preisen, Marktanteilen, Technologiefolgen, Kommunikation, Qualitätsvorstellungen und Images, Wettbewerberreaktionen, Akzeptanz beim Handel und bei Verbraucherverbänden usw. müssen von der Innovationsmarktforschung mit bedacht und möglichst gut abgeschätzt werden. Die Stützung einer strategisch innovativen Entscheidung mit Akzeptanzschätzung bei den Kunden und die Abschätzung ökonomischer, ökologischer, sozialer, technologischer Neben- und Fernwirkungen wird der herkömmlichen Standard-Marktforschung zu Recht nicht zugetraut.

Dabei kann Marktforschung eigentlich mehr als Marktanteile messen, Imagedaten in Positionierungsbilder verwandeln, Käuferreaktionen testen und Wettbewerber beschreiben. Sie kann durchaus komplexe strategische Marketingentscheidungen im Umfeld von Wettbewerb, Marktsegmenten und Umwelt unterstützen. Sie kann helfen, die solch komplexen Entscheidungen anhaftende „Logik des Misslingens" (*Dörner* 2003) durch vernetztes Vorausdenken, einer neuen Art von Innovationsmarktforschung, zu durchbrechen.

Zwar lassen sich viele Instrumente der Marktforschung (quantitative Fragen, Einstellungsskalen, normierte Auswertungsverfahren usw.) nur beschränkt auf das Problem übertragen, die Marktchancen für eine Produktinnovation zu klären, aber wir verfügen durchaus auch über „intelligente" Marktforschungsmethoden. Damit können selbst bei solchen Produktinnovationen, für die Vorstellungsvermögen und Involvement der Zielkunden nicht ausreichen, gute Informationen über Zielkundenprobleme, positionierbare Merkmale, Preisbereitschaft usw. gewonnen werden.

Diese Methoden gehören teilweise zu den qualitativen Explorationsverfahren, die aus der Erhebungsmethodik der Psychologie abgeleitet sind (z. B. Gruppendiskussion, siehe 4.1.2.3), zum Teil aber auch zu den Multivariatenanalyse verfahren. So kann man z. B. mit Conjointanalysen (siehe 4.5.2) aus indirekt abgefragten Präferenzangaben von Zielkunden auf dahinterstehende Wahrnehmungs-, Einstellungs- und Motivstrukturen schließen. Die Bedarfsanalyse mit Hilfe von visionären Kunden (Lead User, siehe 4.1.2.3.2) und die aktive Einbeziehung von Kunden in die Produktentwicklung (kundeninteraktive Entwicklung, siehe 4.5.2) ermöglichen es, Akzeptanz lange vor dem Markteintritt zu ermitteln.

Wir verfügen über informationstechnisch gestützte und mathematisch-statistisch wie auch sozialpsychologisch begründete Instrumente wie Früherkennungssysteme („Scouting"), Szenarioanalysen, Kreativitätstechniken, multimediale Testverfahren, Sensitivitätsmodelle und Testmärkte. Entscheidungen z. B. über eine erfolgsträchtige Imagepositionierung des neuen Produkts im Wettbewerb oder über die notwendigen Investitionen in Kommunikation, um das Produkt bekannt zu machen und genügend Akzeptanz zu erzeugen, können auch durch „weiche Verfahren", aber angemessen komplexe Denkprozesse unterstützt und verbessert werden.

Die folgende Darstellung strategischer Marktforschung für Produktinnovationen orientiert sich an unserem Pfadmodell des Innovationsprozesses (siehe 2.1.2.8). Die im Verlauf des Kapitels vorgestellten Tools zeigt Abbildung 4.1 im Überblick.

Innova-tions-phasen	**4.1** **Problem-erkenntnis**	**4.2** **Ideen-findung**	**4.3** **Selektion** **Bewertung**	**4.4** **Strategische** **Entwicklung**	**4.5** **Operative** **Entwicklung**	**4.6** **Einführung** **Durchsetzung**
Vorgestellte Tools	• Strategische Situations-Analyse • Szenario-/Delphi-Analyse • Sekundär-/Inhaltsanalyse • Gruppen-diskussion • Empathisches Design • Lead User Methode • Patentanalyse	• Brainstorming & Brainwriting • Morphologi-scher Kasten	• Nutzwert-analyse • Multimediale Verfahren (Information Acceleration)	• WISA • Multivariaten-analyse	• Conjoint Measurement • Quality Function Deployment • Target Costing • Car Clinic	• GfK-BehaviorScan • Testmarkt-simulator TeSi

Quelle: eigene Darstellung

Abb. 4.1: Strategische Marktforschung entlang des Innovationsprozesses

4.1 Problemerkenntnis/Innovationsimpuls

Innovationen verlangen Problemerkenntnis – einen Innovationsimpuls. Dabei ist es zunächst unerheblich, ob der Impuls aus dem Markt kommt (Market-Pull-Innovation) oder aus einer neuen technologischen Entwicklung heraus (siehe auch 2.1.2.4). Jedenfalls benötigt Problemerkenntnis Informationen, die über die Gegenwart hinausgehen – Zukunftsinformationen über Potenziale des Unternehmens, veränderte Märkte, Kunden, Wettbewerber, Umfelder und technologische Entwicklungen.

Frühe Phasen im Innovationsprozess bedingen besonders unscharfe und komplexe Informationen. Die Zeit zwischen dem ersten Innovationsimpuls und der auf einer Innovationsbewertung aufbauenden Entscheidung zur Produktentwicklung wird auch als „fuzzy front end" bezeichnet (*Reid/de Brentani* 2004; *Kim/Wilemon* 2002; *Zhang/Doll* 2001), womit diese noch sehr diffuse Situation treffend benannt ist.

Studien weisen darauf hin, dass das Management dieser einerseits durch hohe Unsicherheiten geprägten Phase andererseits besonders starken Einfluss auf den Innovationserfolg hat (u. a. *Khuruna/Rosenthal* 1998, S. 73). Die Unsicherheiten früher Phasen erfordern mehr als quantitative Standardmarktforschung. Diese Entscheidungshilfen müssen viele vernetzte Faktoren und deren komplexe Auswirkungen einbeziehen. Entscheidungen über komplexe Wirkungen erfordern vernetzte Informationsgrundlagen.

Im Folgenden werden zwei „weiche" Methoden der Problemerkenntnis vorgestellt, die derart vernetzte Informationsgrundlagen zu beschaffen helfen. Die „Strategische Situationsanalyse" ermöglicht eine detaillierte und zugleich ganzheitliche Analyse der derzeitigen und absehbar zukünftigen Situation der Untersuchungseinheit, hier des Innovationsvorhabens. Zukunftsanalytische Methoden wie die Szenariotechnik und die Delphianalyse befassen sich mit der ferneren Zukunft, je nach Branche in wenigen Jahren bis etlichen Jahrzehnten. Im folgenden Abschnitt 4.1.1 werden die Strategische Situationsanalyse und die Zukunftsanalyse im Überblick dargestellt. 4.1.2 befasst sich detaillierter mit Teilbereichen der Problemerkenntniskenntnis: Potenzialanalyse (4.1.2.1), Wettbewerbs- und Branchenanalyse (4.1.2.2), Kundenanalyse (4.1.2.3) und Umfeld-/Technologieanalyse (4.1.2.4).

4.1.1 Strategische Situationsanalyse und Zukunftsanalyse

Die Komplexität innovationsträchtiger Märkte führt dazu, dass sich Entwicklungsläufe abrupt ändern können. In der Regel ist die Vorhersagbarkeit von Veränderungen schwieriger und die Frequenz solcher Veränderungen größer geworden. Außerdem hat in vielen Branchen die benötigte Reaktionszeit zugenommen. Daher brauchen Unternehmen heute nicht etwa weniger, sondern sogar mehr Zeit, um Veränderungen wahrzunehmen und darauf zu reagieren. Das entspricht einer sich zunehmend öffnenden Schere von früherem Informationsbedarf und späteren Reaktionsmöglichkeiten. Daher ist Voraussicht im Sinne von Früherkennung für Innovatoren extrem wichtig geworden, obwohl (bzw. gerade weil) Langfristprognosen komplexer Systeme eigentlich unmöglich sind (siehe auch 2.2.3.1).

Gezielte Suche nach Strukturbrüchen ist ein wichtiger Aspekt der Informationsgewinnung. Früherkennungerkennung soll aber nicht nur vor herannahenden Krisen warnen und diese abwehren helfen, sie hat darüber hinaus auch die Aufdeckung und aktive Nutzung künftiger Chancen zum Ziel. Das Management kann mit ihr früher und sicherer strategische Entscheidungen treffen, um die eigene Zukunft aktiv zu gestalten, anstatt nur zu reagieren.

Raffée und Wiedmann (1988, S. 2 ff.) zeigen die zeitliche Entwicklungslinie der strategischen Früherkennung auf:

1. Ziel der Frühwarnsysteme ist der permanente Vergleich von Planwerten und hochgerechneten bzw. voraussichtlichen Werten. Diese Management-Informationssysteme genannten Kontrollinstrumente versetzen den Nutzer jedoch nicht in die Lage, geeignete Gegenmaßnahmen zur Abwehr oder Minderung von signalisierten Gefährdungen ergreifen zu können.

2. In der zweiten Entwicklungsstufe der Früherkennung wird aktiv nach latenten Chancen gesucht. Die Ausweitung des Aufgabenfeldes der Früherkennung zeigt

sich darüber hinaus in Form der explizit berücksichtigten Interpretation der registrierten Herausforderungen. Der Schwerpunkt verlagert sich von einem operativen Kontrollinstrument zum strategischen System im Sinne eines Diagnose- und Prognoseinstrumentes.

3. In der dritten Entwicklungsstufe findet der Aspekt der Initiierung von Strategien stärkere Beachtung. Beim Auftreten erster schwacher Signale (weak signals, *Ansoff* 1976) sollen strategische Antwortalternativen gegeben werden. Die Früherkennung wird in diesem Zusammenhang weniger als Problem geeigneter Methoden, eher als Problem der Sensibilisierung des Managements gegenüber schwachen Signalen interpretiert. Die strategisch ausgerichtete Früherkennung wandelt sich zu einem managementorientierten Informationssystem, bei dem zur Durchsetzung gewonnener Handlungsempfehlungen Kommunikations-, Dokumentations-, Anreiz- und Sanktionssystemen besondere Bedeutung zukommt.

Ziel der strategischen Früherkennung ist die möglichst frühzeitige Erfassung von Risiken und Chancen im relevanten Umfeld: Je eher Veränderungen erkannt werden, desto größer ist der Handlungsspielraum für Unternehmensentscheidungen. Wichtig ist es, erste Signale früher zu erkennen als es Wettbewerber tun, um den Informationsvorsprung nutzen zu können, etwa als Produktentwicklungspionier. Durch stetige Beobachtung (Monitoring) der Märkte und des Umfeldes können Veränderungen der Nachfragestruktur (neue Marktsegmente bzw. Kundenbedürfnisse), und technologische Diskontinuitäten früh erkannt werden.

Früherkennungssysteme lassen sich hinsichtlich ihres Beobachtungsspektrums unterscheiden, von ungerichteter „360-Grad Radar-"Beobachtung bis zu fokussierter Betrachtung bestimmter Felder bzw. Themen. In der Praxis wird zwischen ungerichtetem bzw. schwach gerichtetem Suchen (Scanning, vgl. *Aguilar* 1967) und gezielter Verfolgung strategisch relevanter Informationen unterschieden (Monitoring). Während man sich beim Scanning auf die Suche nach neuen Phänomenen begibt, bezieht sich das Monitoring primär auf ein Beobachten bekannter Gebiete. Untersuchungsfelder des Monitoring sind die beim Scanning ermittelten schwachen Signale, aber auch spezifische, im strategischen Unternehmenskontext als relevant erachtete Problemstellungen (u. a. *Fink et al.* 2000 a, S. 56 ff.; *Susen* 1995, S. 112; *Müller-Stewens* 1988, S. 26).

Nach der Datenstruktur lassen sich quantitative und qualitative Ansätze der Früherkennung unterscheiden. Quantitative Verfahren übertragen Gesetzmäßigkeiten des bisherigen Datenverlaufs in die Zukunft (*Weßner* 1988, S. 226). Der Fokus liegt hier in der objektiv-quantitativen Analyse und Extrapolation von Datenverläufen. Daraus resultiert aber auch die Hauptschwäche quantitativer Verfahren, die zwangsweise Beschränkung auf quantifizierbare Faktoren bzw. Gesetzmäßigkeiten. Die Zielgrößen der quantitativen Verfahren werden anhand von Kausalketten auf bekannte quantifizierbare Indikatoren zurückgeführt, die als zeitunabhängig bedeutsam angenommen werden. Ein weiteres Problem quantitativer Verfahren ist deren oft ungenügende Diagnose bisheriger Veränderungen. Extremwerte werden in der Regel auf singuläre Faktoren zurückgeführt und beseitigt, ohne eine inhaltliche Ursachenanalyse vorzuschalten (*Brockhoff* 1977, S. 95). Quantitative Systeme dienen daher eher der operativen Früherkennung und beziehen sich auf kurzfristige Steuerungsinstrumente des Unternehmens wie sie das interne Rechnungswesen bereithält.

Die Stärke qualitativer Verfahren der Früherkennung besteht in der Akzeptanz weicher und subjektiver Einschätzungen. Qualitative Verfahren berücksichtigen und verarbeiten auch Indikatoren, die zum Zeitpunkt der Untersuchung noch keinen direkt quantifizierbaren Einfluss auf das Untersuchungsobjekt haben. Dadurch können Trendbrüche/Diskontinuitäten berücksichtigt werden. Unterschiedliche Vorgehensweisen zu Erfassung subjektiven Wissens werden im Folgenden näher beschrieben, insbesondere die Strukturierungsmethodik der Strategischen Situationsanalyse und die Abbildung subjektiven Wissens via Delphi- bzw. Szenarioanalyse.

Je umfassender das Informationssystem ist, desto größer ist die Chance, latente Gefahren und Chancen frühzeitig zu erkennen, aber umso komplexer ist die Datenlage und umso anspruchsvoller ist das Analysesystem. Der Fokus der Früherkennung richtet sich daher nach den jeweils spezifischen internen und externen Rahmenbedingungen. Wohl wissend, dass eine totale Früherkennung nicht möglich ist, sollte der Anspruch einer umfangreichen Früherkennung nicht verworfen werden.

Strategische Situationsanalyse

Die Strategische Situationsanalyse soll durch Strukturierung und Verdichtung von Daten die Komplexität strategischer Innovationsentscheidungen beherrschbarer machen. Mit Bezug auf die englischen Bezeichnungen wird meist von der „SWOT-Analyse" gesprochen (Strengths, Weaknesses, Opportunities und Threats, also Stärken, Schwächen, Chancen und Risiken, wobei die Chancen und Risiken oft nach der „PEST-Analyse „weitergehend strukturiert werden (PEST = Political, Economic, Social, Technological opportunities and threats; *Grant* 2002).

Im Innovationsmarketing macht die Strategische Situationsanalyse für drei Zwecke Sinn:

- Aus gesamtunternehmerischer Perspektive kann das Ergebnis einer Situationsanalyse auf einen zunächst unspezifischen Innovationsbedarf hinweisen, der sich zum Beispiel aus einer im Vergleich zur Konkurrenz veralteten Programmstruktur ergibt.

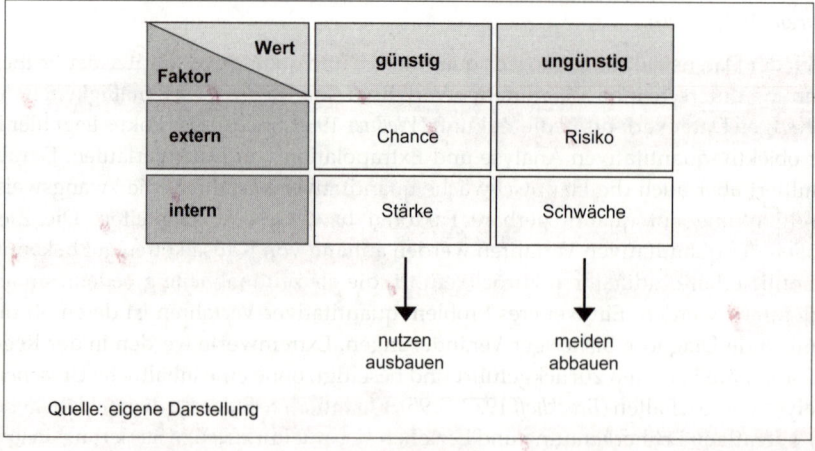

Quelle: eigene Darstellung

Abb. 4.2: Strategische Situation

- Eine Strategische Situationsanalyse kann Ausgangspunkt einer spezifischen Market-Pull-Innovation sein. In diesem Fall weisen die Ergebnisse vielleicht auf ein unerfülltes Kundenbedürfnis hin, das den Innovationsimpuls auslöst.
- Darüber hinaus kann eine Strategische Situationsanalyse auch zu einer marktbezogenen Überprüfung bereits vorhandener Innovationsideen verwendet werden. Ziel ist dann die Identifikation erfolgsversprechender Anwendungsmöglichkeiten einer Technology-Push-Innovation.

Ausgangspunkt der Strategischen Situationsanalyse ist die so genannte strategische Situation. Es werden externe und interne Faktoren sowie günstige und ungünstige Konstellationen unterschieden, was in Abbildung 4.2 verdeutlicht wird. Übergeordnetes Ziel der Strategischen Situationsanalyse ist es, Chancen und Stärken zu nutzen und auszubauen und Risiken und Schwächen zu meiden bzw. abzubauen.

Die Komplexität der Situation wird mit Methoden wie der SWOT durch systematische Kategorisierung und Konzentration auf die relevanten Informationen reduziert und fokussiert. Zunächst muss die Untersuchungseinheit abgegrenzt werden. Eine Strategische Situationsanalyse wird je nach Bedeutung des Untersuchungsgegenstandes und damit auch nach Größe des Unternehmens für ein einzelnes Innovationsvorhaben, für eine Strategische Geschäftseinheit (SGE) oder für das ganze Unternehmen durchgeführt. Im nächsten Schritt werden die Dimensionen (beschreibende Konstrukte, z. B. technologische Stärke) und deren Operationalisierungen (Indikatoren, z. B. Zahl der erworbenen Patente) festgelegt. Die Dimensionen variieren mit der Branche und der Fragestellung. Dann werden die Indikatoren erhoben und die Ergebnisse bewertet, meist als Ratings (Punktwertskalen). Die Messergebnisse je Dimension werden untereinander gewichtet, um unterschiedliche Einflussstärken auf ein übergeordnetes Kriterium zu berücksichtigen, z. B. Marktattraktivität oder Wettbewerbsstärke. Schließlich werden die Ergebnisse visualisiert, z. B. noch recht differenziert in Form von Stärken-Schwächen-und Chancen-Risiken-Profilen oder stärker verdichtet in einem „Portfolio", d. h. einer grafischen Positionierung mehrerer zu vergleichender Untersuchungsgegenstände (z. B. Projekte) auf zwei Achsen, von denen die eine alle externen, d. h. vom Unternehmen nicht zu beeinflussenden Dimensionen, die andere alle internen, vom Unternehmen beeinflussbaren Dimensionen repräsentiert. Die folgende Abbildung 4.3 fasst den groben Ablauf einer Strategischen Situationsanalyse zusammen.

Die Strategische Situationsanalyse ermöglicht eine integrierte Betrachtung interner und externer Rahmenbedingungen. Die interne Stärken-Schwächen-Analyse stellt die Ergebnisse der Potenzial- und der Wettbewerbsanalyse gegenüber (siehe Abb. 4.4). Die Potenzialanalyse untersucht die Ressourcen und Fähigkeitspotenziale der Untersuchungseinheit (SGE bzw. Unternehmen) nach deren Verfügbarkeit für die betreffende strategische Entscheidung (hier die Investitionsentscheidung für oder gegen ein Innovationsvorhaben). Zu den dafür zu beachtenden Ressourcen gehören gesamtunternehmerische wie finanzielle, sachliche und personelle sowie produktspezifische Ressourcen wie Qualität, Preiserzielbarkeit, Design und Image (mehr zur Potenzialanalyse siehe 4.1.2.1).

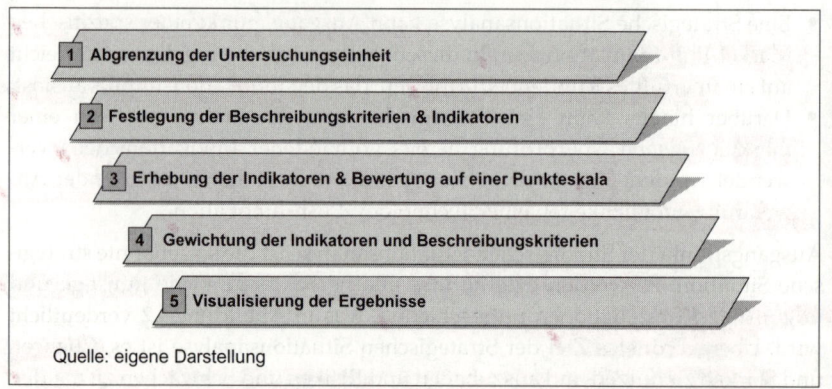

Abb. 4.3: Ablauf der Strategischen Situationsanalyse

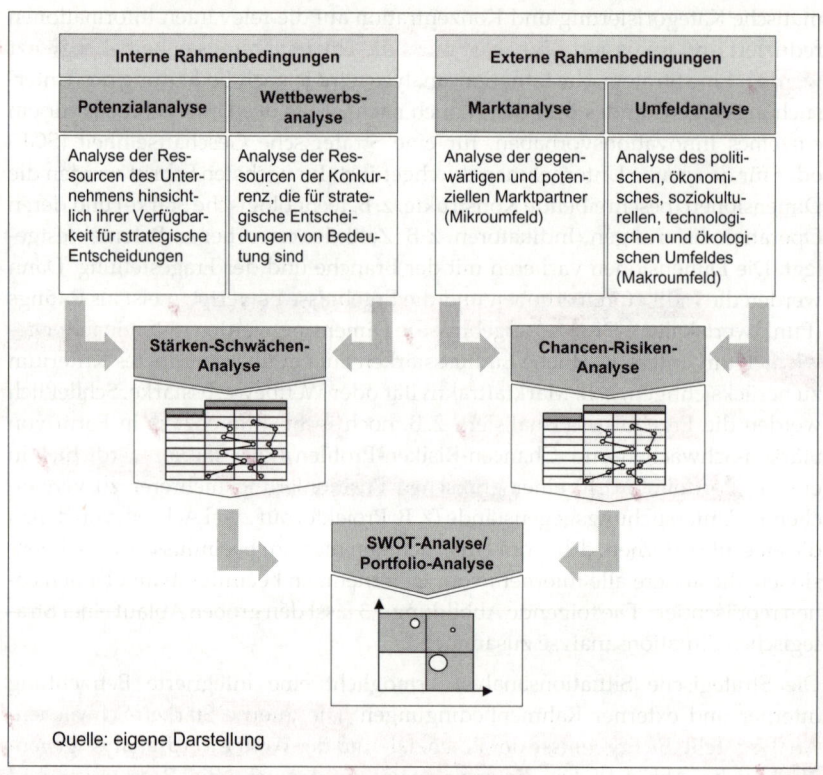

Abb. 4.4: Aufbau der Strategischen Situationsanalyse

Die spezifischen Stärken und Schwächen der Untersuchungseinheit (hier: des Innovationsvorhabens) werden dann mit den Ergebnissen der Wettbewerbsanalyse zusammengeführt. Voraussetzung ist die präzise Identifikation aktueller und besonders noch latenter, potenzieller Wettbewerber. Die Wettbewerbsanalyse soll vergleichbare Daten über die Ressourcen der wichtigsten Konkurrenten erheben, was je nach Informationsverfügbarkeit schwierig sein kann (mehr dazu siehe 4.1.2.2). Ergebnis der Stärken-Schwächen-Analyse sind identifizierte spezifische konkurrenzrelative Wettbewerbsvorteile.

Die *Chancen-Risiken-Analyse* (siehe Abb. 4.4) eruiert unternehmensexterne Einflüsse von Markt und Umfeld. Die *Marktanalyse* untersucht systematisch die Mikroumwelt, die durch gegenwärtige und potenzielle Marktpartner geprägt ist. Neben Lieferanten und Absatzmittlern stehen vor allem die Zielkunden im Vordergrund dieses Analyseschrittes (ausführlich siehe 4.1.2.3). Die *Umfeldanalyse* untersucht die Makroumwelt der Untersuchungseinheit, Chancen und Risiken im politischen, ökonomisch-ökologischen, sozio-demografischen und technologischen Umfeld, englisch abgekürzt PEST (detailliert siehe 4.1.2.4). Aufgrund dynamischer Markt- und Umfeldentwicklungen soll die Chancen-Risiken-Analyse strategische Diskontinuitätennuität (*Ansoff* 1981) möglichst früh entdecken. Diese schwer vorhersehbaren Umfeldereignisse können Chancen oder Risiken sein. Neben der Antizipation steht ein aktives Chancen- und Risiken-Management im Vordergrund (*Meffert* 2000, S. 65).

Ergebnis der SWOT-Analyse ist eine Zusammenfassung der strategischen Situation der Untersuchungseinheit als Basis für eine strategische Entscheidung wie die Investition in ein neues Produkt. Die Verknüpfung externer Chancen und Risiken mit internen Stärken und Schwächen ermöglicht eine integrierte Betrachtung. So ergibt die SWOT-Analyse „Normstrategien „nach dem groben Muster „Stärken ausbauen/Schwächen abbauen" und „Chancen nutzen/Risiken meiden". So können die Ergebnisse Entscheidungen nahe legen, in denen spezifische Kompetenzen des Unternehmens genau den Anforderungen des Marktes entsprechen. Umgekehrt kann ein Ergebnis sein, dass bestimmte Chancen nicht ausgeschöpft werden sollten, weil ihnen zu große Risiken gegenüberstehen bzw. die Chancen in einem ungünstigen Verhältnis zu den Unternehmensressourcen stehen.

Als stärkste Verdichtung einer SWOT-Analyse können ihre Ergebnisse in eine Portfolio-Analyse einfließen. Ursprünglich stammt der Portfoliogedanke aus dem Finanzbereich, wo es stets darauf ankommt, Investitionsobjekte nach mehreren nicht miteinander verschmelzbaren Kriterien zu beurteilen, etwa nach Rendite und Risiko. Dieser Gedanke lässt sich auf alle betrieblichen Investitionsobjekte übertragen, auch auf die Strategischen Geschäftsfelder (SGF) eines Unternehmens oder auf seine Innovationsprojekte.

Auf Ergebnissen der PIMS-Studien und der Erfahrungskurve basierend wurde die Portfoliomethode von Unternehmensberatungen Anfang der 80er Jahre in der Praxis etabliert. Im Portfolio werden komplexe Zusammenhänge von Markt und Unternehmen auf zwei Dimensionen reduziert und in einer Matrix visualisiert. Die im Rahmen einer Strategischen Situationsanalyse identifizierten Stärken und Schwächen stellen die Informationsbasis für die interne Dimension dar (z. B. relativer Wettbewerbsvorteil), die Chancen und Risiken die Basis für die externe Dimension (z. B. Marktattraktivität).

Von der Position im Ist-Portfolio abhängige Normstrategienstrategien geben Hilfestellung bei der spezifischen Strategieentwicklung zur Sicherung des langfristigen Unternehmenserfolges. Das Ist-Portfolio kann bei unausgewogener Struktur darauf aufmerksam machen, dass neue Erfolgspotenziale erschlossen werden müssen. Lücken im Portfolio zu erkennen, ist im Rahmen des Innovationsmarketing wichtig, wenn sie auch nicht zwingend durch Innovationen, sondern auch durch andere Investitionen, z. B. über Lizenzerwerb oder Akquisitionen geschlossen werden können.

Insgesamt soll die Strategische Situationsanalyse das Entscheidungsfeld der strategischen Planung eingrenzen und die Komplexität strategischer Entscheidungen verringern. Sie ermöglicht eine strukturierte, verdichtete und integrierte Betrachtung interner und externer Rahmendaten. Man sollte sich allerdings davor hüten, zu sehr auf bereits vorhandene interne Stärken zu setzen. Gerade im Kontext des Innovationsmarketing ist es wichtig, explizit den Aufbau neuer Stärken zur gezielten Ausschöpfung zukünftiger Markt- und Umfeldbedingungen zu berücksichtigen. Nötig ist dazu die Integration zukunftsgerichteter Informationen bzw. von Analysen wie zum Beispiel der Delphi- bzw. Szenarioanalyse (*Becker* 2001, S. 104; *Li et al.* 2002, S. 273 ff.).

Die folgende Fallstudie CyberConsult GmbH zeigt exemplarisch, dass der eigentlich einfache Gedanke einer SWOT-Analyse als Basis für eine Strategieableitung nur umgesetzt werden kann, wenn die Komplexität der Situation präzise und kompetent bewältigt wird. Jeder Fall ist ein Unikat, immer müssen die Kriterien und Gewichte individuell und situationsspezifisch bestimmt werden. Außerdem zeigt die Fallstudie, dass die notwendige Informationsgewinnung keineswegs trivial, manchmal sogar unmöglich ist, so dass auch subjektive, ja gefühlsmäßige Einschätzungen notwendig sind. Das bedeutet kein Manko der Methode, sondern verlangt ein Bekenntnis zur unternehmerischen Denkweise, die an strategische Entscheidungen nicht puristisch herangeht, sondern Informationen verwertet, auch wenn sie grob und unsicher sind: „It is better to be roughly right than exactly wrong" (*Albert Einstein* zugeschrieben).

Smart Profiler

Die im Juli 1997 gegründete CyberConsult Beratungsgesellschaft für Neue Medien mbH ist in 3 Geschäftsfeldern des Online-Business aktiv: 1) Beratung bei der Konzeption innovativer Anwendungen Neuer Medien, 2) Software-Entwicklung und 3) Betrieb von Online-Systemen. Schwerpunkt der Neuproduktentwicklung ist das System *Smart Profiler* – Automatic Dialogues Online, das den Kern dieser Fallstudie ausmacht.

Smart Profiler ist ein Softwareprodukt, mit dessen Hilfe die Anbieter von Waren und Dienstleistungen in die Lage versetzt werden, spezielle Kundenprofile durch den Kontakt zum Kunden via Internet zu erstellen. Die Dialog-Engine Smart Profiler ist eine Technik, mit deren Hilfe neue oder bestehende Web-Sites um eine Dialogfunktion erweitert werden können. Die Dialogführung wird dabei durch eine intelligente lernfähige Software automatisiert, die in Bezug auf die Anwendungsdomäne kundenadaptiv reagiert. Um dies zu erreichen, wird zur Steuerung der Dialogkommunikation ein statistisches Verfahren verwendet. Als

Ergebnis des Dialoges erstellt das System ein digitales Abbild der Präferenzstruktur des Dialogpartners (Kundenprofil). Durch die Speicherung dieser Informationen werden wissensintensive Funktionen wie Marktforschung, Produktkonfiguration, One-to-One-Marketing und automatisierte Beratung unterstützt.

Die vorliegende Fallstudie basiert auf Ergebnissen eines Projektes innerhalb der „Innovationswerkstatt" der Technischen Universität Berlin, das im Sommer 1999 am Marketinglehrstuhl durchgeführt wurde, sowie auf internen Informationen der CyberConsult GmbH. Im Rahmen des Projektes wurde eine Strategische Situationsanalyse durchgeführt und daraus Strategieoptionen abgeleitet.

Ziel der Konkurrenzanalyse ist die Identifizierung der potenziellen Hauptkonkurrenten der CyberConsult und ihres Produktes Smart Profiler. Auf der Basis einer Literatur- und Internetrecherche sowie explorativer Experteninterviews werden Wettbewerber in drei Segmente klassifiziert und darauf aufbauend die Hauptkonkurrenten identifiziert:

1. Das erste Segment enthält Anbieter von Softwareprodukten, die spezifische Kundenprofile erstellen, ohne mit dem Anwender in direkten Dialog zu treten.
2. Firmen im zweiten Segment bieten Dialogsysteme an, die speziell zur Kommunikation und Beratung über das Internet konzipiert werden.
3. Das dritte Segment enthält Unternehmensberatungen und größere Softwareunternehmen. Sie versuchen ebenfalls, sich auf dem wachsenden Markt der Online-Dialogsysteme zu positionieren, wobei sie in der Regel nicht selber Produkte entwickeln, sondern mit kleineren und größeren Anbietern entsprechender Systeme kooperieren.

In der Potenzialanalyse werden die Ressourcen von CyberConsult und die Eigenschaften des Smart Profiler untersucht. Bei der Ermittlung der Stärken und Schwächen werden das Firmenpotenzial und das Potenzial des Softwareproduktes separat bewertet. Beide Potenziale gehen zu gleichen Anteilen in die Endbewertung ein. In der folgenden Abbildung 4.5 sind die firmenbasierten Kriterien, Unterkriterien und Indikatoren exemplarisch dargestellt. Das Kriterium Marketingpotenzial wird mit 30 % am höchsten bewertet, weil die Fähigkeit, hohen Kundennutzen zu vermitteln und sich damit von den Mitbewerbern abzusetzen, in dem betrachteten Markt als besonders relevant eingestuft wird. Die Kriterien F&E-Potenzial und Finanzpotenzial werden beide gleich mit 25 % bewertet, da beide Kriterien Aussagen über das Potenzial des Unternehmens machen, mit neuen Produkten und Techniken zu konkurrieren. Das Arbeitskraft- bzw. Servicepotenzial geht jeweils nur mit 10 % in die Gesamtbewertung ein. Teilweise wurde mangels operationalisierter Messgrößen subjektiv bewertet – unter Einbeziehung vorliegenden Datenmaterials und von Expertenmeinungen.

Nach Gewichtung der Kriterien und Indikatoren und nach Bewertung durch das Projektteam wurden im Rahmen der *Stärken-Schwächen-Analyse* CyberConsult und sein *Smart Profiler* mit Vergleichbarem der Hauptkonkurrenten verglichen. Die Stärken und Schwächen wurden dabei nicht nur für den Zeitpunkt der Untersuchung ermittelt, sondern es wurde auch versucht, ihre künftigen Entwicklungen zu prognostizieren. Dieser Vergleich wurde in Form eines Stärken-/Schwächenprofils visualisiert.

Kriterien (Gewichtung)	Unterkriterien	Indikatoren
Marketingpotenzial (30%)	Marketingkonzepte	• Bewertung von Kommunikationsmaßnahmen wie z.B. Werbung in Fachzeitschriften, Messe-/Kongressauftritte
	Referenzgüte	• Bekanntheitsgrad des Unternehmens • Anzahl und Bekanntheitsgrad der wichtigsten Kunden • Anzahl und Reputation von Kooperationspartnern
F&E-Potenzial (25%)	Erfahrungen mit der Entwicklung produktspezifischer Systeme	• Anzahl geplanter/durchgeführter Entwicklungsprojekte • Zahl relevanter Kooperationspartner
	Qualifikation der Mitarbeiter	• Aufgewendetes Budget für Fort- und Weiterbildungsmaßnahmen pro Mitarbeiter
	Technische Ausrüstung der F&E-Mitarbeiter	• Ausstattung der Arbeitsplätze
	Entwicklungspotenzial in anderen Bereichen	• Anzahl der Produkte • Anzahl der allgemein erfolgreich abgeschlossenen Projekte
Finanzpotenzial (25%)	Allgemeines Finanzpotenzial	• Gesamtumsatz des Unternehmens • Budget für Forschung & Entwicklung
	Finanzbeschaffungspotenzial	• Status des Unternehmens und seiner Gesellschafterstruktur • Rechtsform des Unternehmens
Arbeitskraftpotenzial (10%)	Arbeitskräftepotenzial in der F&E	• Anzahl Mitarbeiter F&E gesamt • Anzahl Mitarbeiter produktspezifisch
	Arbeitskräftepotenzial im Marketing	• Anzahl Mitarbeiter Marketing gesamt • Anzahl Mitarbeiter Marketing produktspezifisch
Servicepotenzial (10%)	Kundenunterstützung	• Angebotene Serviceleistungen des Unternehmens • Angebotene Serviceleistungen durch Kooperationspartner

Quelle: eigene Darstellung

Abb. 4.5: Firmenbasierte Kriterien, Unterkriterien und Indikatoren der Stärken-Schwächen-Analyse am Beispiel der CyberConsult GmbH

In der Stärken-/Schwächenanalyse wurde bei den Anwendungsmöglichkeiten festgestellt, dass sich bereits Konkurrenten mit vergleichbaren Systemen auf dem Markt etabliert haben. Die Erstellung von Kundenprofilen stand zwar bei den untersuchten Konkurrenten nicht im Vordergrund ihres Angebots, jedoch gehörten E-Commerce-Lösungen zur Produktpalette und trugen entscheidend zur Etablierung einer Internetlösung bei. Der Wettbewerbsvorteil von Cyber-Consult bestand in der Entwicklung eines hochwertigen und qualitativ wertvollen Beratungsmoduls. Hier haben die Konkurrenten nur wenige leistungsfähige Systeme zu bieten. Auf eine detaillierte Darstellung der Stärken-Schwächen-Analyse muss hier selbstverständlich verzichtet werden.

Im Vorfeld der *Kundenanalyse* wurden die Ziele der Befragung bestimmt. Die Identifikation von Absatzmärkten und der dort vorhandenen Einsatzpotenziale für das System *Smart Profiler* standen im Vordergrund. Folgendes sollte ermittelt werden:

- Bedarf an der Einführung des SMART PROFILER
- Eignung des SMART PROFILER zur Kundenbindung (Kunden der Kunden)
- Bereitschaft, bereits vorhandene Systeme durch den SMART PROFILER zu ergänzen bzw. zu ersetzen

Ausgehend von den Ergebnissen eines Brainstorming wurden Marktsegmente identifiziert, die hinreichend Erkenntnisgewinn für die CyberConsult GmbH versprachen. Nach Bewertung des Nutzenpotenzials bezüglich der Zielkunden-merkmale

- Komplexität der Produkte und Dienstleistungen,
- Branchengröße,
- Kaufhäufigkeit,
- Internetaffinität von deren Kunden,
- Bereitschaft von deren Kunden, persönliche Daten anzugeben und
- Cross-Selling-Potenzial des Unternehmens

konnte unser Innovationsmarktforschungs-Projekt auf die Reise- und die Buch- und Tonträgerbranche fokussiert werden. Zielgemäß wurden hierzu Themen-komplexe ermittelt, um daraus eine Fragebogenstruktur und konkrete Fragen zu formulieren.

Es wurde eine Quotastichprobe ermittelt. Zur Durchführung der Interviews wurden ca. 1600 Adressen von großen und mittelständischen Unternehmen re-cherchiert. Insgesamt konnten aus diesem Pool 162 Interviews durchgeführt werden. Die Daten wurden mit dem Statistikprogramm SPSS ausgewertet.

Die Ergebnisse der Kundenanalyse zeigten gute bis sehr gute Wachstumschan-cen. Besonders nützlich an einem Internet-Dialog-System fanden die Befragten:

- Erweiterung der Vertriebskanäle,
- Kostenersparnispotenziale,
- Verbesserung der Datenbasis und
- Kundenbindung.

70 % der befragten Unternehmen in der Bücherbranche und 91 % in der Reise-branche meinten, dass ihr Vertriebssystem durch den Smart Profiler sinnvoll er-gänzt würde. In den meisten Fällen war die Internetpräsenz der Unternehmen mit einer E-Commerce-Lösung ausgestattet. Daraus wurde abgeleitet, dass der Smart Profiler ohne ein E-Commerce-Modul oder ohne mögliche Anbindung an bereits bestehende Systeme nicht am Markt bestehen könne.

Aufgabe der Umfeldanalyse war es, die Rahmenbedingungen zu untersuchen, unter denen sich das Produkt am Markt behaupten müsse. Bei der Analyse des Umfeldes einer Software für die bidirektionale Kommunikation via Internet sind vorwiegend ökonomische, politisch-rechtliche und technische Aspekte zu berücksichtigen. Standardmäßig in Umfeldanalysen eruierte ökologische Fakto-ren konnten vernachlässigt werden.

Bei der Betrachtung des ökonomischen Umfeldes stand die aktuelle und die prognostizierte Entwicklung des Internet und speziell des E-Commerce im Mittelpunkt. Die Differenzierung nach Benutzergruppen und deren Strukturen und Verhaltensgewohnheiten gab Aufschluss über die Gesamtheit der potenziellen Teilnehmer am elektronischen Handel. Hier war eine Unterscheidung in Business-to-Business (B2B)- und Business-to-Consumer (B2C)-Branchen sinnvoll, da deren Marktwachstumsprognosen sehr unterschiedlich waren. Die Umfeldanalyse zeigte, dass sich die B2B-Wachstumschancen als gut bis sehr gut erwiesen.

Die Ergebnisse der Umfeldanalyse gingen zusammen mit den Ergebnissen der Kundenanalyse in die Chancen-Risiken-Analyse ein und dienten der Einschätzung der Marktattraktivität. Zur Beurteilung der Marktattraktivität (Chancen und Risiken) für CyberConsult und den Smart Profiler wurde in quantitative und qualitative Marktfaktoren differenziert. Beide wurden gleich gewichtet. Die Kriterien wurden dann (analog zur Stärken-Schwächen-Analyse) durch Indikatoren beschrieben, gewichtet und bewertet, siehe Abbildung 4.6. Die Gewichtungen wurden ermittelt durch die Ergebnisse der explorativen Untersuchungen, der Kunden- und Umfeldanalyse und der subjektiven Einschätzungen der Projektmitglieder. Aus den gewichteten Bewertungen ergab sich die relative Marktattraktivität für Reise-, Bücher- und Tonträgermärkte in Deutschland. Diese Bewertungen müssen selbstverständlich verschwiegen werden.

Ausgehend von der beschriebenen Marktsituation wurde eine Strategieempfehlung für die Einführung des Smart Profiler entwickelt. Die Marktanalysen hat-

Qualitativ/Quantitativ	Kriterien (Gewichtung)	Indikatoren (Gewichtung)
Quantitative Kriterien	Marktwachstum (30%)	• Wachstumsraten der jeweiligen Branchen (100%)
	Marktgröße (20%)	• Anzahl potenzieller Abnehmer von Dialogsystemen (50%) • Umsätze der jeweiligen Branchen (50%)
Qualitative Kriterien	Marktqualität (25%)	• Vorhandene Substitute (30%) • Qualitätsbedürfnis der Endkunden an das System (insb. Nutzerfreundlichkeit) (30%) • Marktstruktur (25%) • Investitionsbereitschaft der Kunden (15%)
	Umfeldsituation (15%)	• Politisches Umfeld / gesetzliche Regelungen (50%) • Datenschutz (35%) • Alter der Zielgruppen / Internetaffinität (15%)
	Markteintrittsbarrieren (10%)	• Wettbewerbsintensität im Markt der Dialogsysteme (80%) • Statische Markteintrittsbarrieren z.B. Urheberrecht (20%)

Quelle: eigene Darstellung

Abb. 4.6: Kriterien und Indikatoren der Chancen-Risiken-
Analyse am Beispiel der CyberConsult GmbH

ten ergeben, dass es notwendig sei, zusätzlich zu den bestehenden Produkteigenschaften des Smart Profiler ein E-Commerce-Modul anzubieten oder ihn in
ein bestehendes E-Commerce-System zu integrieren. Dabei schienen drei verschiedene Wege möglich:

1. *Selbständige E-Commerce-Modulentwicklung* durch CyberConsult. Dagegen
   sprach, dass das Unternehmen seinen wertvollen Zeitvorteil gegenüber den
   Konkurrenten verlieren könnte. In der Konkurrenzanalyse wurde deutlich,
   dass mehrere potenzielle Konkurrenten an vergleichbaren Problemlösungen
   arbeiten. Daher wurde nicht empfohlen, den Weg der Eigenentwicklung einer
   E-Commerce-Lösung zu beschreiten.

2. *Zukauf eines bestehenden E-Commerce-Systems.* Dabei waren vor allem Kompa-
   tibilitätsprobleme und die Schnittstellenproblematik mögliche (Miss-)Er-
   folgsfaktoren. Potenzielle Partner für die Fremdvergabe verfügen zum Teil
   bereits über E-Commerce-Lösungen. Die Bereitschaft von Unternehmen das
   bestehende System, das vielleicht erst vor Kurzem aufwändig beschafft und
   implementiert wurde, durch eine neue Komplettlösung zu ersetzen, wurde
   aber als gering eingeschätzt. Auch sah man das Problem, dass unterschiedliche E-Commerce-Systeme meist in unterschiedlicher Art auf Datenbanken
   zugreifen. Daher wäre die Problematik des Auslesens der alten Daten ein weiterer Hinderungsgrund für ein neues Komplettsystem. Daher wurde empfohlen, auch den Weg der Fremdvergabe der Entwicklung eines E-Commerce-Systems nicht zu beschreiten.

3. *Anbindung an bereits implementierte Systeme.* Hierzu müsste das Beratungsmo-
   dul neben der bereits auf Servern installierten Software betreibbar sein. Die
   Datenbanken des Systems müssten dem *Smart Profiler* zur Verfügung stehen.
   Der Betrieb der Systeme nebeneinander erschien technisch realisierbar. Die
   Möglichkeit des Auslesens der Datenbanken zur Erstellung eines für die Im-
   plementierung des *Smart Profiler* notwendigen Default-Zustandes wurde als
   gegeben angenommen. Die Anbindung an bestehende Systeme durch eine
   Entwicklungs- und Vertriebskooperation mit einem Hersteller, der bereits ein
   E-Commerce-System am Markt etabliert hat, wurde aufgrund sämtlicher
   Argumente als empfehlenswerte Lösung gewählt. Vorteile einer solchen
   Kooperation bestünden in Synergieeffekten durch die Zusammenführung
   beider Produkte. Es würde ein Produkt entstehen, das sowohl eine funktio-
   nierende E-Commerce-Lösung als auch ein qualitativ hochwertiges Bera-
   tungsmodul enthält. Durch gemeinsame Vermarktung ließen sich kurzfristig
   Kostenvorteile nutzen.

Quelle: Trommsdorff/Gärtner 2001

Die Strategische Situationsanalyse betrachtet hauptsächlich die derzeitige und absehbar künftige Situation des Unternehmens/der SGE/des Innovationsprojekts. Innovationsmarketing braucht aber auch Informationen über die fernere Zukunft.
Diese sind Gegenstand der Zukunftsanalyse.

„Die Zukunft hat viele Namen. Für die Schwachen ist sie das Unerreichbare, für
die Furchtsamen das Unbekannte. Für die Tapferen ist sie die Chance" (zitiert nach
Müller-Merbach 2000, S. 257).

Dieses dem französischen Schriftsteller *Victor Hugo* (1802–1855) zugeschriebene Zitat verweist auf das Ziel der Zukunftsanalyse: Erkennen und Nutzen von Chancen. Welche mittel- bis langfristigen Chancen haben bspw. E-Living Systeme? E-Living Systeme sind intelligente Wohnkonzepte, die z. B. eine computergestützte Steuerung von Haushaltsgeräten via Internet und Handy ermöglichen. Die Markterwartungen von Entwicklern und Anbietern von E-Living Haussystemen waren um die letzte Jahrhundertwende groß.

1997 stellte Neurotec den Prototyp des „denkenden" Kühlschrankes vor, der Rezepte kennt und weiß, ob die vorhandenen Lebensmittel noch ausreichen. Seit 1998 bietet Siemens einen Kochherd an, den man von unterwegs aus kontrollieren und steuern kann. Nur die Zielkunden sind sehr zurückhaltend, denn der Nutzen der Systeme wird nicht so recht wahrgenommen und es herrscht eine hohe Unsicherheit über mögliche Anwendungsprobleme (*o. V.* 2002b, S. 25; *Wöbken-Ekert* 2000, S. 45).

Heißt das, Innovationen im Bereich E-Living haben mittel- bis langfristig geringe Absatzchancen? Wie werden sich unsere Lebensumstände mittel- und langfristig ändern? Wird Mobilität unsere Konsumgewohnheiten verändern? Wie werden sich E-Living-Technologien weiter entwickeln? Werden die heutigen Anwendungsprobleme gelöst werden?

Innovationsmarketing braucht Informationen über die Zukunft. Mechanische und kausale Innovationsmarketing-Prognosen können sich nicht auf Vergangenheitsdaten stützen, auch kaum auf ein Theoriefundament. Viele Flops und Probleme bei der Einführung neuer Produkte lassen sich darauf zurückführen, dass Tendenzen der Vergangenheit (z. B. der Trend zu immer komfortableren, leistungsstärkeren PKWs) nicht unbedingt in die Zukunft extrapoliert werden dürfen.

Sinnvoller ist es, Bandbreiten und alternative Entwicklungen zu berücksichtigen. Qualitative Zukunftsanalysen wie die Delphi- und die Szenario-Methode ermöglichen einen Blick in mögliche Zukünfte. Sie berücksichtigen das fundamentale Problem, dass unvorhersagbare Strukturbrüche und Diskontinuitäten (*Ansoff* 1981) in unserer dynamischen Umwelt keine Prognosen im eigentlichen Sinn zulassen. Nach herkömmlicher Auffassung dürfte daher auch keine strategische Planung möglich sein. Mit dieser frustrierenden Aussicht sollte man sich aber nicht zufrieden geben.

Zukunftsanalytische Methoden (*Minx* 1996, siehe auch 4.1.1) widersprechen naiven Vorstellungen, dass man komplexe dynamische Systeme wie Märkte, Moden oder Technologien langfristig quantitativ vorhersagen könne, wie das manche so genannte Trendforscher glauben machen wollen. Natürlich ist es anregend, gesellschaftliche Zukunftsentwicklungen populärwissenschaftlich-journalistisch aufgearbeitet, von Trendforscher-Persönlichkeiten wie Faith Popcorn, John Naisbitt, Gerd Gerken oder Mathias Horx zu vernehmen. Deren Methoden entziehen sich allerdings aus kommerziellen Wettbewerbsgründen der Nachvollziehbarkeit. Wissenschaftlich fundierte Zukunftsanalyse arbeitet dagegen mit zwei grundsätzlich anderen Prinzipien:

- Kein Anspruch auf mittel- bis langfristige quantitative Prognose des Systems in seinen Details wie Marktanteilen, Preisen etc. („exactly wrong"), sondern nur auf grobe und große, wahrscheinlich wettbewerbsentscheidende Tendenzen („roughly right").

• Anspruch auf vollkommen nachvollziehbare, wissenschaftlich anerkannte Methoden

In den nächsten beiden Tool-Kästen werden die Delphi- und die Szenarioanalyse als etablierte Methoden der Zukunftsforschung vorgestellt.

Delphi Methode

Die Delphi-Methode wurde in den 50er Jahren von Mitarbeitern der RAND-Corporation entwickelt und 1963 der Öffentlichkeit vorgestellt (*Geschka* 1978, S. 27). Der Begriff stammt aus der Antike: Das Orakel von Delphi war die wichtigste Kultstätte der alten Griechen. Die Priesterin Pythia saß auf einem Dreifuß über einer Gase ausströmenden Erdspalte und beantwortete Fragen von Ratsuchenden zur Zukunft. Ihre Antworten wurden von einer Priesterschaft in Form von mehrdeutigen Versen verkündet und ermutigt verließen die Ratsuchenden Delphi und blickten hoffnungsvoll in die Zukunft (*Quadbeck-Seeger* 1998, S. 59; *Müller* 1997, S. 28).

Die Delphi-Methode ist eine mehrstufige Expertenbefragung, die nach zwei bis vier Befragungs- und Rückmeldungs-Runden ein meist einvernehmlich-stabiles Ergebnis liefert. Der Methode liegen drei wesentliche Annahmen zugrunde (*Müller* 1997, S. 29; *Wechsler* 1978, S. 596; eigene Darstellung):

1. Mehrere Auskunftspersonen erzeugen nach dem Prinzip des Fehlerausgleiches relativ stabile Schätzwerte.
2. Expertengruppen kommen bei komplexen Problemen zu besseren Ergebnissen als andere Strukturen von Auskunftgebern.
3. Feedback unter divergierenden Experteneinschätzungen führt zu Lernprozessen unter den Experten, und diese führen wahrscheinlich zu konvergierenden Ergebnissen.

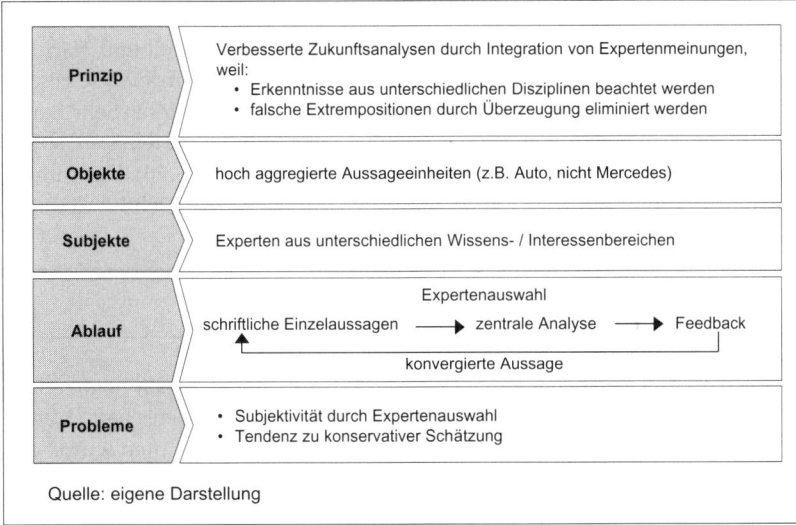

Quelle: eigene Darstellung

Abb. 4.7: Die Delphi-Methode ist eine mehrstufige, schriftliche Befragung von Experten verschiedener Fachrichtungen

Zunächst werden voneinander unabhängige Einzelbefragungen von Experten aus möglichst unterschiedlichen Wissens- und Interessensbereichen durchgeführt, die im Zusammenhang mit dem Zukunftsanalyseproblem stehen. Die Experten bleiben untereinander anonym, um frei, von dominanten Gruppenmitgliedern unbeeinflusst, antworten zu können (*Müller* 1997, S. 28). Die Experten werden gebeten, Trends im Umfeld der Problemstellung zu benennen. In einer zweiten Befragungsrunde werden ihnen die Ergebnisse der ersten Runde mitgeteilt. Aufbauend auf einer statistischen Auswertung der Ergebnisse der zweiten Runde werden die Experten um eine Neueinschätzung der Realisierungszeiten gebeten. Dabei sollen auch Zeitpunkte der Realisierung der angesagten Ereignisse geschätzt werden. Diejenigen Experten, deren Ansichten weit von der Durchschnittsmeinung abweichen, werden um eine Begründung ihrer Meinung gebeten. Je nach Stabilität der Ergebnisse wird dieser Schritt in einer weiteren Runde wiederholt (*Geschka* 1978, S. 28 f.).

Im Verlauf mehrerer Befragungsrunden soll aufgrund des sukzessiven Informationszugangs und erneuter Auseinandersetzung mit der Problemstellung ein Lernprozess stattfinden, der zur Elimination falscher Extrempositionen führt. Durch die Ergebnisrückkopplung kommt es zur Konvergenz, am Ende zu qualitativ hochwertigen und gut begründeten Schätzwerten über die Zukunft (*Geschka* 1978, S. 34).

Weitere Vorteile der Delphi-Methode sind ihre Unabhängigkeit von Zeit und Ort der Erhebungen und dass sich die Experten gemäß der Befragungsform in verständlichen und knappen Formulierungen artikulieren müssen. Das Internet ermöglicht virtuelle Delphi-Foren, wie sie mittlerweile vielfach eingesetzt werden, frühzeitig etwa von der HypoVereinsbank zum Thema „Nachhaltige Ökonomie im Zeitalter der Globalisierung" (*Wedel/Cottmann* 2003, S. 26 ff.).

Probleme der Delphi-Methode bestehen im Risiko des Ausscheidens von Experten, dem Zeitaufwand und der nicht ganz abzustreitenden Tendenz zu konservativen Schätzungen. Die Subjektivität der Methode ist Vorteil und Nachteil zugleich. Auf der einen Seite ermöglicht sie die weiche Zukunftsanalyse besonders komplexer und unscharfer Problemstellungen. Auf der anderen Seite hängt die Güte der Ergebnisse maßgeblich von den beteiligten Experten ab. Die Expertenauswahl ist daher extrem erfolgskritisch (*Geschka* 1978, S. 36). Die vorhergehende Abbildung 4.7 fasst die wesentlichen Aussagen zur Delphi-Methode zusammen.

Szenarioanalyse

Der aus dem Lateinischen stammende Begriff Szenario hat seinen heute allgemein verständlichen Bedeutungsursprung in der Theaterwissenschaft (*Meyer-Schönherr* 1992, S. 14 f.). In die Wirtschafts- und Sozialwissenschaften wurde der Begriff in den 50er Jahren vom Zukunftsforscher Herman Kahn eingeführt, ausgehend von einem Auftrag zur militärstrategischen Planung der USA (*Gausemeier et al.* 1996, S. 91; *Götze* 1991, S. 355). Daraus wurden qualitative und quantitative Szenario-Ausrichtungen entwickelt. Der qualitative Beitrag „The Year

2000" (*Kahn/Wiener* 1967) gilt als erstes wirtschaftswissenschaftliches Szenario (*Kaluza/Ostendorf* 1995, S. 4). Zur quantitativen Ausrichtung zählt die welt-berühmte Studie des Club of Rome „Die Grenzen des Wachstum" (*Meadows/ Meadows* 1972). Parallel entstand in Frankreich eine Szenario-Methodik „Pro-spective Analysis", die primär in der Regionalplanung angewandt wurde (*Godet* 2000). Zur Entwicklung und Verbreitung der Szenariotechnik in Europa hat we-sentlich die Royal Dutch/Shell-Gruppe beigetragen. Sie setzt die Szenariotech-nik besonders zum Umgang mit Ölkrisen ein (*Gausemeier et al.* 1997, S. 92).

Szenarien sind systematische, nachvollziehbare, aus der gegenwärtigen Situa-tion entwickelte, mögliche Zukunftsbilder. In der Praxis unterscheidet man Un-ternehmens-, Geschäfts- bzw. Produktszenarien, Marktszenarien, Branchen-oder Wettbewerbszenarien und globale Szenarien, die die Branchengrenzen des Unternehmens weit überschreiten z. B. Szenarien für bestimmte Regionen/Län-der (*Fink et al.* 2000 a, S. 46).

Die Szenarioanalyse (in Deutschland besonders *von Reibnitz* 1991, *Gausemeier et al.* 1996, *Geschka/Hammer* 1999) erhebt nicht den Anspruch, die Zukunft vorher-zusagen. Sie erzeugt stattdessen alternative Zukunftsbilder, die den Rahmen einer unsicheren Zukunft ersichtlich machen. Die komplexen Entscheidungs-problemen innewohnenden Unsicherheiten werden hier systematisch offen ge-legt und strukturiert. Dateninput ist hauptsächlich qualitatives, subjektives Wissen. Das Denken in vernetzten Abhängigkeitsstrukturen wird methodisch gefördert, so dass Entscheider auf unterschiedliche Entwicklungen der Zukunft relativ flexibel reagieren können.

Die szenariobasierte Zukunftsanalyse sollte keinesfalls mit dem Prognosebegriff verwechselt werden. Zu einem Überblick über gängige quantitative Prognose-verfahren siehe u. a. *Stier* 2002, S. 5 ff.; *Schnaars* 1990, S. 156). Die Szenarioanalyse versucht dagegen, denkbare Zukunftssituationen und die Wege dahin möglichst detailliert zu beschreiben. Alternative Entwicklungsverläufe werden unter Be-achtung der für das Unternehmen relevanten Umfeldfaktoren unter Berück-sichtigung von Vernetzungen zwischen den Faktoren dargestellt (*Brauers/Weber* 1986, S. 631). Der Zeithorizont variiert industriespezifisch zwischen fünf Jahren und einigen Jahrzehnten, wobei 5-Jahres Prognosen überwiegen, entsprechend der üblichen Zeitspanne des Ressourcen-Commitments (*Schnaars* 1990, S. 157). *Fink* (2000 b, S. 46) fordert, dass bei strategischen Entscheidungen der Zeithori-zont nur in Ausnahmefällen unter 10 Jahren gewählt werden sollte.

Szenarien erfassen eine Bandbreite sehr unterschiedlicher Entwicklungen. Wir wollen das an der Metapher eines Trichters verdeutlichen (Abb. 4.8). Das Durch-spielen alternativer Entwicklungsrichtungen ermöglicht es, weiche Prognosen im Sinne eines Sich-darauf-Einstellens für die fernere Zukunft anzustellen.

Bei der Szenariotechnik werden (je nach Autor oder Institut) verschiedene Pro-zessphasen durchlaufen (siehe *Schnaars* 1990, S. 159 ff., *Götze* 1993, S. 79 ff.; *Geschka/Hammer* 1999, S. 519 ff.). In den Phasen der morphologischen Analysein-nerhalb der Szenarioanalyse kommen qualitative Methoden zum Einsatz (u. a. Kreativitätstechniken, siehe z. B. *Godet* 2000, S. 14 f.), aber auch quantitative Methoden (u. a. Cross-Impact-Analyse, siehe weiter unten). Da der Input einer

Szenarioanalyse primär aus qualitativen Informationen besteht, ist ihr viel Subjektivität immanent. Um die generierten Szenarien annehmbarer zu machen, sollten Beteiligte aus unterschiedlichen (interdisziplinären) Funktionen und möglichst auch wirkliche Entscheidungsträger in den Erstellungsprozess integriert werden. Oft ist es sinnvoll, Externe wie Lieferanten, Kunden, bei umfeldkritischen Themen auch kritische gesellschaftliche Gruppen einzubeziehen (*Fink et al.* 2000 b, S. 39).

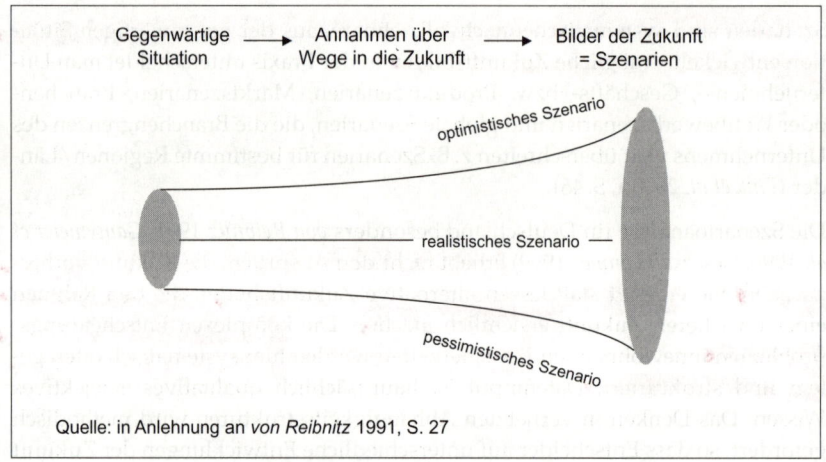

Abb. 4.8: Prinzip der Szenarioanalyse

Hier wird exemplarisch ein 8-stufiger Szenario-Ansatz im Überblick vorgestellt, der auf Forschungsergebnissen des Battelle-Institutes in Deutschland basiert und methodisch als sehr reif gilt (u. a. *Geschka/Geschka* 1992, S. 319 ff., *von Reibnitz* 1991, S. 30 ff., siehe auch Abbildung 4.9).

Phase 1: Hier erfolgt eine möglichst exakte *Definition und Strukturierung des Untersuchungsfeldes*. Dabei ist es sinnvoll, dass das Untersuchungsfeld von Experten aus verschiedenen Blickwinkeln diskutiert wird. Ziel ist es, ein gemeinsames

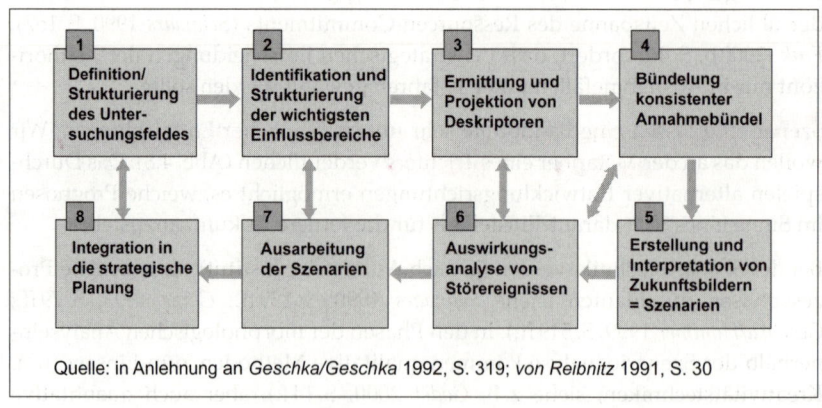

Abb. 4.9: Szenariotechnik in acht Schritten

Problemverständnis zu erzielen, Ordnung in die Zusammenhänge zu bringen und eine konsensfähige Terminologie für die Aufgabenstellung zu finden.

Phase 2: Hier werden die wichtigsten *Einflussbereiche des Untersuchungsfeldes* identifiziert und strukturiert. Externe Einflussfaktoren auf das Untersuchungsfeld können bspw. über Expertengespräche und/oder Kreativitätstechniken ermittelt werden (zu einer Bewertung verschiedener Verfahren zur Ermittlung von Einflussfaktoren siehe *Gausemeier et al.* 1996, S. 185).

Phase 3: Hier werden für die Einflussbereiche so genannte *Deskriptoren* (Schlüssel- bzw. Kenngrößen/Indikatoren) ermittelt und projiziert. Ausgehend vom Ist-Zustand dieser Deskriptoren wird deren Ausprägung schrittweise bis zum Szenario-Endzeitpunkt antizipiert. Diese Projektionen basieren i. d. R. auf Expertenwissen und werden für „unkritische Deskriptoren" vorgenommen, für die sich klare Entwicklungen abzeichnen. Für die verbleibenden kritischen Deskriptoren werden alternative Annahmen formuliert, da sie unterschiedliche Entwicklungsverläufe zulassen.

Phase 4: Ziel ist hier die *Bildung von Annahmebündeln*, die in sich konsistent, d. h. stimmig sind. Denn: Nicht alle Ausprägungen der kritischen Deskriptoren sind miteinander verträglich. Die Erstellung konsistenter Annahmebündel kann ganzheitlich intuitiv oder rechnergestützt auf der Basis einer Konsistenzmatrix bzw. durch eine so genannte Cross-Impact-Analyse erfolgen, für die spezielle Softwareprogramme verfügbar sind und die im Folgenden exemplarisch kurz vorgestellt wird.

- Die *Cross-Impact-Analyse* ermöglicht es, explizit Interdependenzen zwischen zukünftigen Ereignissen zu untersuchen, damit die Bildung konsistenter und plausibler Bündel alternativer Deskriptorausprägungen erfolgen kann. Induziert wurde die Methode in den sechziger Jahren durch Erfahrungen, die mit der Delphi-Methode gemacht wurden. Es wurde festgestellt, dass die von Experten generierten Eintrittswahrscheinlichkeiten zukünftiger Ereignisse oft isoliert von ihren vernetzten Abhängigkeitsstrukturen betrachtet wurden (*Götze* 1993, S. 163).

- Die Cross-Impact-Analyse erfasst die Richtung und Stärke von Zusammenhängen sowie die so genannte Diffusionszeit, die Zeitspanne zwischen dem wahrscheinlichen Auftreten eines Ereignisses und dem Wirksamwerden des von ihm ausgehenden Einflusses auf andere Ereignisse (*Jeong/Kim* 1997, S. 203 f.). Inputinformationen einer Cross-Impact-Analyse sind Deskriptoren und deren mögliche Ausprägungen, Wahrscheinlichkeiten für deren Eintreten sowie Schätzungen über die Interdependenzen zwischen diesen Ereignissen, die so genannte Cross-Impacts (*Gierl* 2000 b, S. 62). Durch Kombination dieser Informationen kann eine Vielzahl in sich konsistenter Zukunftsschätzungen inkl. Eintrittswahrscheinlichkeiten abgeleitet werden. Die quantitativen Ergebnisse einer Cross-Impact-Analyse müssen dabei aber immer unter dem Blickwinkel ihrer qualitativen Inputinformationen interpretiert werden (*Schnaars* 1990, S. 162 f.; *Brauers/Weber* 1986, S. 636).

Phase 5: Die generierten Annahmenbündel dienen zusammen mit den für die unkritischen Deskriptoren erstellten Projektionen in der fünften Phase als Basis für die *Erstellung und Interpretation von Zukunftsbildern/Szenarien*. Deren Entwicklung kann durch sukzessiven Aufbau so genannter Prä-Szenarien erfolgen, z. B. in Sprüngen von fünf Jahren. So wird sicher gestellt, dass die in der Vorperiode vollzogenen Entwicklungen im jeweils neuen Szenario berücksichtigt werden. Damit entsteht ein von der Gegenwart bis in das Zieljahr vernetzter Entwicklungsablauf.

Schnaars (1990, S. 157 f.) empfiehlt die Bildung von drei Szenarien: Zwei tendieren seiner Erfahrung nach zu einer Polarisierung im Sinne von „gut versus schlecht". Mehr als drei Szenarien werden unübersichtlich und schwerer zu managen. Die ausgewählten Szenarien werden gern als Zukunftswelten formuliert: Die unterschiedlichen Szenarien werden anhand ihrer Ausprägungen verbal ausführlich im Sinne einer Geschichte bildhaft beschrieben. Dabei werden Handlungen und Begebenheiten mit glaubwürdigem Bezug zum Untersuchungsfeld erfunden und integriert (*Gierl* 2000 b, S. 79 f., zu einem Beispiel siehe S. 80 f.).

Phase 6: Hier werden *Störereignisse* (wild cards) bedacht. Das sind unvermutet plötzlich auftretende Ereignisse, die kaum vorhersehbar sind und eine Entwicklung entweder positiv oder negativ in eine neue Richtung lenken. Zur Ermittlung möglicher Störereignisse werden Kreativitätstechniken angewandt. Sie werden dabei nach Wirkungsintensität und Eintrittswahrscheinlichkeit gewichtet. So ist festzustellen, wie sensitiv die Szenarien auf Störereignisse reagieren würden.

Phase 7: Hier werden die Szenarien weiter ausgearbeitet und die *Konsequenzen für das Untersuchungsfeld* abgeleitet.

Phase 8: Hier werden die *gewonnenen Erkenntnisse integriert* – über Zukunftsbilder in die strategische Planung des Unternehmens.

Bei *streng fokussierter Planung* (zum Teil auch Initiativ-Planung genannt, siehe u. a. *Gausemeier et al.* 1997, S. 14) basiert die Strategie auf lediglich einem Szenario, wobei dieses in der Regel entweder das wahrscheinlichste bzw. das Szenario mit den größten Gefahren respektive größten Chancen darstellt. *Robuste Planung* baut hingegen auf mehreren Szenarien auf. Abhängig von der Unternehmensstrategie konzentriert sich die Strategie z. B. auf Minimierung von Risiken, Maximierung von Chancen oder Maximierung der Flexibilität. In diesem Zusammenhang werden auch Eventualstrategien im Sinne der Frage „Was sollen wir tun, wenn ein bestimmtes Szenario wahr wird?" entwickelt (*Fink et al.* 2000 b, S. 40 ff.). Abbildung 4.10 zeigt exemplarisch eine szenariobasierte robuste Planung eines mittelständischen Herstellers von industriellen Halbzeugen.

Entscheidungsunterstützung im Rahmen der strategischen Planung bieten an eine Szenarioanalyse sich anschließende simulations-basierte *Sensitivitätsanalysen* (*Fink et al.* 2000 a, S. 49). Der Nutzen der Simulation, z. B. in dem von Vester (1993) entwickelten Computermodell – dem so genannten Sensitivitätsmodell, besteht für die Innovationsmarktforschung darin, dass Entscheider sofort die Konsequenzen von Maßnahmen sehen können. Geeignete Steuerungshebel im System können simulativ erprobt werden, so dass unterschiedliche, auf das gleiche Ziel gerichtete Maßnahmen und Strategien im Sinne einer What-If-Analyse vergleichbar werden. Nach simulierten Alternativen kann man sich für die am besten geeignete entscheiden. Das Fehlentscheidungsrisiko wird minimiert.

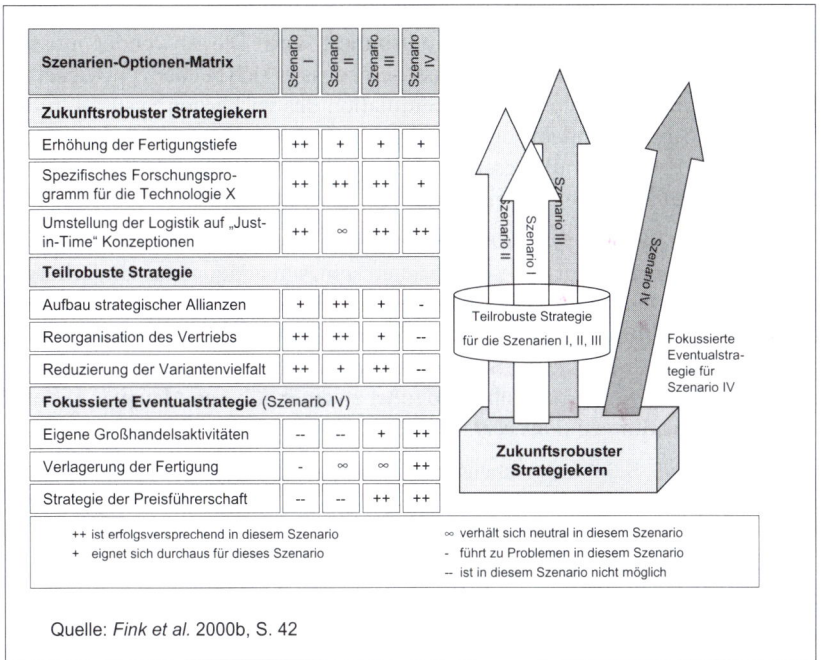

Abb. 4.10: Beispiel einer szenariogestützen Strategiefindung

Die Simulation soll nicht als Prognoseinstrument verstanden werden, sondern als Methode zur Erklärung des Systemverhaltens, das die Sensitivität bzw. Robustheit des Systems gegenüber Eingriffen verdeutlicht. So kann der Entscheider im Zeitraffer sehen, welche direkten Folgen, Fern- und Nebenwirkungen zu erwarten sind. Nichtlinearitäten, Rückkopplungen, Grenzwerte oder zeitliche Verzögerungen im System können in das Kalkül einbezogen werden.

Zur Durchführung einer Sensitivitätsanalyse ist es zunächst notwendig, ein Entscheidungsmodell und die für die Sensitivitätsanalyse relevanten Daten, Bezugszeiträume und funktionalen Abhängigkeiten z.B. auf der Basis einer Szenarioanalyse zu generieren (*Vester* 1993, S. 11 ff.). Unter der Annahme theoretisch begründbarer oder zumindest partiell empirisch ermittelbarer Zusammenhänge und Parameter sowie der Ausgangswerte der exogenen Variablen eines Modells kann das Verhalten der endogenen Variablen unter Anwendung des System-Dynamics-Ansatzes (*Forrester* 1961; *Forrester* 1971) ermittelt werden.

Bei Problemen des strategischen Innovationsmarketing fließen viel Erfahrungswissen und qualitative Informationen in die Modellbildung ein. Für den Fall, dass sich sowohl das Modell als auch die Variablen in einem Simulationssystem einer exakten Quantifizierung entziehen, stellt die *semi-quantitative Sensitivitätsanalyse*, als Variante der klassischen Sensitivitätsanalyse, die probatere Methodik dar. Es handelt sich dabei um eine dynamische, diskrete, deterministische Simulation. Hierbei wird der Anspruch einer exakten Quantifizierung aller Variablen eines Systemmodells aufgegeben und qualitative Zusammenhänge werden in Form von Tabellenfunktionen berücksichtigt (*Weber* 1996, S. 109 ff.).

Der Nutzen einer Simulation besteht darin, dass der Entscheider sofort mit den Konsequenzen seiner Maßnahmen konfrontiert wird. Die Anwender müssen sich dabei jedoch immer dessen bewusst sein, dass es sich bei dem entwickelten Modell nur um eine unvollständige Simulation des wirklichen Systems in der Realweltumgebung handeln kann. Sensitivitätsanalysen führen nicht notwendigerweise zur besten Handlungsstrategie, jedoch kann mit ihrer Hilfe das Spektrum möglicher Strategien auf ein handhabbares Maß reduziert werden.

Zusammenfassend: Die Szenarioanalyse öffnet die Augen für die Chancen und die Gefahren der Zukunft und schafft Spielraum, um adäquat auf Unvorhergesehenes einzugehen. Neben der Orientierungs-, Entscheidungs- und Kommunikationsfunktion (Informationen über zukünftige Entwicklungen lassen sich so gut kommunizieren) erfüllt die Szenarioanalyse auch eine Umsetzungsfunktion, denn betroffene Gruppen einzubinden führt zu einer höheren Akzeptanz strategischer Entscheidungen (*Fink et al.* 1998, S. 35 f.).

Schoemaker (1995, S. 38) unterscheidet im Bezug auf die Zukunft drei Arten von Wissen:

1. Things we know we know
2. Things we know we don't know
3. Things we don't know we don't know

Insbesondere die dritte Art des Wissens bzw. genauer gesagt des Nicht-Wissens führt zu kognitiven Fehlleistungen wie selektive Wahrnehmung, Über- und Unterschätzungen sowie falsche Prognosen auf der Basis selbstverständlicher Annahmen. Die Szenarioanalyse greift an den Wissensarten 2 und 3 an, indem sie die kollektive Ignoranz durch einen weichen Blick in die Zukunft schmälert.

Unternehmen 2015

Im Projekt „Unternehmen 2015" sollte der Forschungsbereich Technik und Gesellschaft der DaimlerChrysler AG Einblicke in die Wirtschaftswelt der Zukunft bekommen. Innerhalb von zwei Jahren erarbeitete ein Team aus Informatikern, Physikern, Psychologen und Sozialwissenschaftlern drei Szenarien als konsistente und wahrscheinliche Gesamttrends. Der Leiter der Daimler-Forschungsgruppe Gesellschaft und Technik, *Prof. Dr. Eckard Minx* (1996, S. 51), spricht vom Zukunftslabor, im dem die Szenarien „das Bühnenbild darstellen, vor deren Hintergrund die Akteure das Stück ‚Zukunft' inszenieren".

Im ersten Schritt der Szenarioanalyse des Projektes „Unternehmen 2015" wurden 22 Faktoren gesammelt, welche die künftige Entwicklung von Unternehmen und ihren Mitarbeitern beeinflussen – jeweils mit einer wahrscheinlichen Entwicklungsrichtung. Dazu kamen 59 Deskriptoren mit mehreren denkbaren Entwicklungsrichtungen. Die 81 Faktoren betrafen wirtschaftliche, gesellschaftliche, politisch-rechtliche sowie ökologische und technologische Felder. Neben selbstverständlichen Faktoren wie Bruttosozialprodukt, Arbeitslosenquote oder Energieverbrauch wurden auch Faktoren berücksichtigt, denen auf den ersten Blick nur wenig Bedeutung zukommt, wie Religiosität oder Stellenwert von Kindern in der Gesellschaft.

In einem weiteren Schritt wurden die 81 Faktoren in eine Matrix überführt, um zu ermitteln, wie sich die Änderung je eines Faktors über die Zeit auf die anderen 80 Faktoren ausübt. Diese Cross-Impact-Analyse zeigte, welche Faktoren sehr sensibel auf Veränderungen anderer Faktoren reagieren und welche innerhalb des Systems kaum beeinflusst werden. Bereits dieser Schritt brachte interessante Erkenntnisse, z. B. dass neben dem verfügbaren Jahreseinkommen die Religiosität ein starker Treiber der wirtschaftlichen Entwicklung ist. Insgesamt ist das Ergebnis des aufwändigen Prozesses eine Vielzahl einzelner Zukunftstrends. Mehrere solcher Einzeltrends konnten zu Trendgruppen zusammengefasst werden. Die von diesen zusammengefassten Entwicklungen beschriebenen Änderungen der Unternehmensumwelt konnten insgesamt zu drei in sich konsistenten Bildern möglicher Zukünfte integriert werden, die dann zu umfassend beschriebenen Szenarien ausgearbeitet wurden.

Ergebnisse waren für die Unternehmensführung zukunftsweisende Aussagen zur Rationalisierung strategischer Debatten, z. B. dass es nicht nur auf technologische Entwicklungen ankommt, sondern auf diverse namhafte psychologische, soziale und kulturelle Tendenzen. So wurde eine Basis geschaffen, um hoch komplexe strategische Detailfragen dennoch systematisch und nachvollziehbar zu erörtern, z. B.: „Wie muss die Personalpolitik für die nächsten zehn Jahre aussehen?"

Quellen: o. V. 2002 d; *Minx* 1996; persönliche Kontakte des Autors zum Forschungsbereich Technik und Gesellschaft der Daimler-Chysler AG.

Sagen zukunftsanalytische Methoden die Zukunft präzise voraus? Nein. Aber sie bewirken einen Gedankenaustausch, eine intensive Auseinandersetzung mit der Zukunft und letztlich die Option einer aktiven Beeinflussung der Zukunft. All das ermöglicht eine Problemerkenntnis – einen Innovationsimpuls. Der langjährige Vorstandsvorsitzende von BASF, *Quadbeck-Seeger* (1998, S. 60 f.), formuliert es folgendermaßen:

„Es bleibt das Bewusstsein wach, dass wir die Zukunft nicht einfach auf uns zukommen lassen dürfen. Hier wird ein Paradoxon sichtbar. Wir können gar nicht umhin, die Zukunft zu beeinflussen. Wenn wir nämlich nichts tun, beeinflussen wir die Zukunft durch eben dieses Nichtstun. Die Folge ist dann, dass wir eine Zukunft haben werden, die wir unter Umständen gar nicht wollen."

4.1.2 Analyse nach Teilbereichen

Im Folgenden werden die vier Teilbereiche der Problemerkenntnis entlang des SWOT-Strukturierungsansatzes der Strategischen Situationsanalyse detailliert behandelt. Zu jedem Bereich werden typische Methoden der strategischen Marktforschung vorgestellt, die besonders zu den betreffenden Informationsbedürfnissen der SWOT-Teile passen. Aufbauend auf der Potenzialanalyse (4.1.2.1) wird speziell zur Wettbewerbs- und Branchenanalyse (4.1.2.2) die Sekundär- bzw. Inhaltsanalyse vorgestellt. Die Kundenanalyse braucht für Innovationen besonders qualitative Methoden wie die Fokusgruppe/Gruppendiskussion. Daher behandeln wir sie in 4.1.2.3.

Die Patentanalyse ist ein wesentliches Tool der Technologieanalyse, die wiederum als Teil der Umfeldanalyse in der Strategischen Situationsanalyse verankert ist.

4.1.2.1 Potenzialanalyse

Potenzialbereiche	
F & E	• Intensität und Wirksamkeit der F&E-Aktivitäten • Know-how • Kooperations- und Kommunikationsmöglichkeiten • Patente, Gebrauchsmuster und Geschmacksmusterrechte • Anzahl, Qualifikation, Motivation und Kreativität der Forscher, Konstrukteure oder Designer
Produkt	• Produktzwecke zur Lösung von Kundenproblemen • Produktqualität • Akquisitorische Wirkung des Produktprogramms • Altersaufbau der Produkte • Produktgestaltung
Produktion	• Anlagenstruktur • Fertigungstechnische Ausstattung • Grad der Automatisierung • Elastizität der Produktionsanlagen • Qualität der Fertigungsplanung und -steuerung • Zahl, Qualifikation, Motivation und Kosten der Arbeitskräfte
Absatz	• Werbungskonzeption • Kundendienst • Firmen- und Programmimage • Angebotspräsenz • Zahl und Art der Distributionsorgane • Marktposition / Bekanntheitsgrad der Angebote
Personal / Management	• Organisationsstruktur • Altersstruktur der Belegschaft • Ausbildungsstand und vorhandene Fähigkeiten • Motivation und Betriebsklima
Finanzen	• Eigenkapitalausstattung • Finanzieller Überschuss • Möglichkeiten der Beteiligungsfinanzierung • Möglichkeiten der Fremdfinanzierung • Liquidität

Quelle: in Anlehnung an *Koppelmann* 2001, S. 281; *Kreikebaum* 1997, S. 43

Abb. 4.11: Mögliche gesamtunternehmerische Kriterien der Potenzialanalyse

Die Potenzialanalyse (teilweise auch Ressourcenanalyse genannt) ist Teil der Strategischen Situationsanalyse. Ihre Ergebnisse gehen mit analoger Bewertung der wichtigsten Wettbewerber hinsichtlich derselben Kriterien (siehe folgend in 4.1.2.2) in die Stärken-Schwächen-Analyse ein. Ziel der Potenzialanalyse ist es, die Ressourcen eines Unternehmens oder eines Innovationsvorhabens im Hinblick auf ihre Verfügbarkeit für die betreffenden (Innovations-)Entscheidungen zu bewerten.

Die Potenzialanalyse soll den internen strategischen Handlungsraum abbilden, indem Möglichkeiten des Neuaufbaus oder der Weiterentwicklung strategischer Geschäftsfelder durch systematische Nutzung der analysierten Potenziale untersucht werden (u. a. *Benkenstein* 2002, S. 37; *Meffert* 2000, S. 66 f.).

Man unterscheidet in der Innovationsmarktforschung die gesamtunternehmerische und die produkt(innovations)spezifische Potenzialanalyse. Auf Unternehmensebene wird meist funktional gegliedert und operationalisiert (siehe exemplarisch Abb. 4.11), Innovationspotenzial-Kriterien auf Produktebene betreffen Produkteigenschaften wie Preis, Design, Produktimage und Funktionsumfang. In Abhängigkeit von ihrer Bedeutung für das Potenzial werden die Kriterien bzw. Indikatoren meist gewichtet. Die Auswahl konkreter Kriterien, Indikatoren und Gewichtungen ist branchen- und produktspezifisch und hängt natürlich ab von den spezifischen Untersuchungszielen.

Das in Abbildung 4.12 exemplarisch dargestellte Kriteriensystem einer Potenzialanalyse wurde im Auftrag eines innovativen Softwareunternehmens im Rahmen der Innovationswerkstatt (Projekt-Lehrveranstaltung des Marketinglehrstuhls der TU Berlin für Studenten aller Fachrichtungen) entwickelt und in Innovationsstrategie-

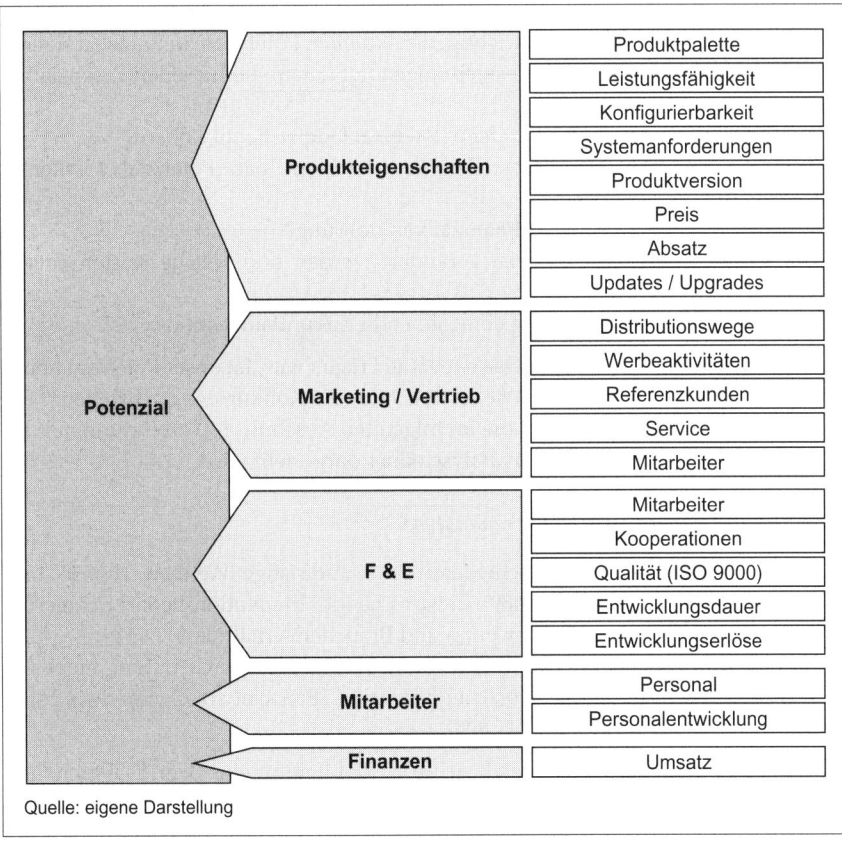

Abb. 4.12: Kriterien der Potenzialanalyse für ein innovatives Softwareunternehmen

Empfehlungen umgesetzt. Um das Potenzial des Unternehmens zu bestimmen, wurden Potenziale bezüglich Produkteigenschaften, Marketing und Vertrieb, Forschung und Entwicklung (F&E), Finanzen und Mitarbeitern untersucht.

Die fallspezifisch entwickelten Kriterien und Indikatoren wurden gewichtet. Das Kriterium „F&E" hat für technologiegetriebene Unternehmen hohe Bedeutung, da es widerspiegelt, wie gut man auf Kundenwünsche und zukünftige Marktanforderungen reagieren kann. Z. B. wurde der F&E-Indikator „Kooperationen" deshalb relativ hoch gewichtet, weil bestehende und/oder geplante F&E-Kooperationen Wissens- und Technologietransfer ermöglichen. Entwicklungsressourcen können so effektiver genutzt werden, was für innovative Branchen besonders relevant ist. Ebenfalls hoch gewichtet wurde der F&E-Indikator „Entwicklungsanstöße". Dieser Indikator durchbricht die funktionale Kriteriengliederung der Potenzialanalyse, indem die interfunktionale Kommunikation der F&E-Abteilung beachtet wird. Eine interfunktionale Kommunikationskultur ist ein wesentlicher Erfolgsfaktor für neue Entwicklungsanstöße z. B. aus der Marketing- und Vertriebsabteilung.

Kritisch ist bei der Potenzialanalyse die Konzentration auf das Derzeitige. Darüber hinaus sind ja besonders künftige Potenziale wichtig für Innovationen. Im Sinne der Zukunftsorientierung ist es trotz hoher Unsicherheiten durch dynamische Markt- und Technologieentwicklungen wichtig, die aktuellen Potenziale in Frage zu stellen. *Koppelmann* (2001, S. 280) stellt deshalb folgende Fragen, die für jeden Potenzialbereich geprüft werden sollten:

• Besteht die Absicht, das vorhandene Potenzial langfristig zu sichern?
• Welche Leer- bzw. Schwachstellen kennzeichnen das Potenzial („Potenziallücke")?
• Besteht die Möglichkeit einer Potenzialveränderung?
• Wie schnell kann das Potenzial verändert werden und welche Kosten entstehen?
• Stellt die Potenzialerweiterung eine lohnende Zukunftsinvestition dar?

Für die Stärken-Schwächen-Analyse relevante Fragen wie „Ist unser Potenzial höher als das der Konkurrenz?" und „Wie schnell kann die Konkurrenz nachziehen?" bedürfen der Wettbewerbsanalyse, die im folgenden Abschnitt in Verbindung mit der etwas weiter gesteckten Branchenanalyse näher dargestellt wird.

4.1.2.2 Wettbewerbs- und Branchenanalyse

Letztlich innovationserfolgsentscheidend sind langfristige Wettbewerbsvor- und nachteile (*Wolfrum/Riedl* 2000, S. 689). Entsprechender Innovationsbedarf richtet sich auf aktuelle und künftige Wettbewerbs- und Branchenverhältnisse. Die große praktische Bedeutung der Wettbewerbsanalyse geht u. a. aus der Gründung eines Berufsverbandes der Wettbewerbsforscher hervor (SCIP: Society of Competitive Intelligence Professionals; *Diller* 2001, S. 808).

Zunächst ist wegen der vielfältigen Begriffe in der Literatur eine Begriffsabgrenzung sinnvoll. Wettbewerbsanalyse umfasst „(...) jede zielorientierte und systematische Erhebung, Sammlung, Aufbereitung, Bewertung und Interpretation interner und externer Daten über die derzeitige und künftige Wettbewerbssituation des Unternehmens sowie die wettbewerbsbeeinflussenden Faktoren zum Zwecke der Entscheidungsunterstützung im Marketing und in der Unternehmensführung" (*Görgen* 1995, S. 2717 f.).

Der Begriff „Konkurrentenanalyse" ist etwas enger gefasst: „Sie beschränkt sich auf die Untersuchung bestimmter anderer Anbieter im Vergleich zur eigenen Unternehmung, während die weiter gefasste Wettbewerbsanalyse den gesamten Bedingungsrahmen für konkurrenzwirtschaftliche Vorgänge einschließt" (*Köhler* 1998, S. 26). Die Branchenanalyse, die sich mit den die Wettbewerbssituation determinierenden Faktoren auf den Wettbewerbs-, Absatz- und Beschaffungsmärkten beschäftigt (*Susen* 1995, S. 96), ergänzt also die Wettbewerbsanalyse.

Für die Strategische Innovationsmarktforschung kann es sowohl auf die Potenziale und das Verhalten einzelner Wettbewerber ankommen, als auch auf die Potenziale und das Verhalten der gesamten eigenen Branche. Deshalb verzichten wir im Folgenden auf die subtile Trennung zwischen den genannten Begriffen und empfehlen beim Design einer entsprechenden SWOT-Analyse, sowohl auf die Potenziale und das Verhalten einzelner (potenzieller) Wettbewerber zu achten als auch auf die Potenziale und das Verhalten der „Ebene darüber", also „der" Wettbewerber bzw. der relevanten Branche(n).

Der aus dem Amerikanischen stammende Begriff Competitive Intelligence bzw. Competitor Intelligence ist umfassender angelegt als der SWOT-Begriff, indem verstärkt das Management von Informationen z. B. hinsichtlich der informationstechnischen (*Köhler* 1998, S. 27) bzw. organisatorischen Gestaltung in den Vordergrund gestellt wird: „Competitive Intelligence bezeichnet den analytischen Prozess, bruchstückhafte Informationen in anwendbares Wissen zu transformieren. Dazu beschäftigen Unternehmen Spezialisten, die Daten über bestimmte Sektoren des Unternehmensumfeldes systematisch sammeln, aufbereiten, analysieren und an die Entscheidungsträger berichten. Das produzierte Wissen („Intelligence") hilft dem Management, strategisch wichtige Entscheidungen zu treffen." (*Pfaff/Altensen* 2003, S. 58).

Zu folgenden innovationsstrategischen Aspekten leistet die Wettbewerbs- und Branchenanalyse Beiträge:

- Identifikation des Innovationsbedarfs zur Aufrechterhaltung und zum Ausbau der Wettbewerbsposition bzw. zum Ausgleich relevanter Wettbewerbsnachteile: Besonders zukünftige Wettbewerbsaktivitäten induzieren Innovationsbedarf. Diesbezüglich legt die Wettbewerbs- und Branchenanalyse Markteintritts- und Substitutionsgefahren durch branchenfremde Anbieter ebenso offen, wie künftige technologische Entwicklungen und Innovationsaktivitäten von Wettbewerbern. So deuten hohe Wachstumsraten und Gewinnpotenziale einer Branche in Verbindung mit Technologiepotenzialen und Innovations- und Patentaktivitäten branchenfremder Unternehmen auf die Gefahr von neuen Markteintritten hin. Die Wettbewerbs- und Branchenanalyse kann auch zur systematischen Suche nach nicht befriedigten Bedürfnissen herangezogen werden. So werden neue Bedürfnisse oft durch Veränderungen der Wettbewerbs- und Branchenstruktur induziert.
- Bewertung von Produktideen und strategischer Neuprodukt-Positionierungsoptionen: Wettbewerbsbezogene Indikatoren zur Bewertung der objektiven Position im SGE-Raum (*Abell* 1980, siehe 3.2) reichen nicht aus, um die künftige Position des neuen Produkts zu bewerten. Es kommt vielmehr auf den subjektiv wahrge-

nommenen relevanten Produktvorteil an, den wir hier immer als CIA bezeichnen. Er muss aus Sicht der Zielkunden relativ zur Konkurrenzlösung bestimmt werden. Die spätere Position des Neuprodukts in den Köpfen der Zielkunden (Imageposition) soll sich von den Wettbewerbsprodukten klar abheben. Also müssen auch die Imagepositionen der relevanten Konkurrenz erhoben werden (siehe 3.3.1 und 4.4.2).

- Unterstützung eventueller Kooperationsentscheidungen: Zum Ausgleich von Wettbewerbsdefiziten kann man kooperieren – mit Partnern aus der Branche, manchmal sogar mit Wettbewerbern. Die Wettbewerbsanalyse hilft, geeignete Kooperationspartner zu finden (siehe 3.5), damit unterstützt sie auch die Technologiestrategie und die Timingentscheidung (siehe 3.6).
- Abschätzung der Innovationswirkung auf die Wettbewerbs- und Branchenverhältnisse: Innovationen verändern bestehende Strukturen. Die gewandelten Strukturen müssen mit bewertet werden. Daraus kann sich wiederum neuer Innovationsbedarf ableiten.

Die Wettbewerbsanalyse umfasst mehrere Arbeitsschritte:

1. Im ersten Schritt der Marktabgrenzung ist die Frage zu beantworten, welche Produkte bzw. Unternehmen überhaupt miteinander konkurrieren.
2. Wenn der relevante Markt abgegrenzt ist, müssen der konkrete Informationsbedarf bestimmt und geeignete Informationsquellen gesucht werden.
3. Sodann werden die Daten analysiert, interpretiert und aufbereitet.

Diese Arbeitsschritte der Wettbewerbsanalyse (*Wolfrum* 1994a, S.138) werden jetzt näher betrachtet:

4.1.2.2.1 Marktabgrenzung

In der Praxis wird oft davon ausgegangen, die relevanten Wettbewerber seien hinlänglich bekannt (*Köhler* 1998, S.29). Gerade innovationsträchtige Märkte zeichnen sich jedoch durch hohe Dynamik der Wettbewerbsverhältnisse aus. Die Bestimmung der Wettbewerber ist damit keineswegs trivial und bedarf mindestens genauer Recherchen, z. B. durch Befragen der Vertriebsmitarbeiter. Dabei sind aktuelle und zu erwartende Veränderungen in der Branche genau zu beachten.

Tendenziell valider sind (Ziel-)Kundenbefragungen, denn letztlich entscheidend ist, was die Zielkunden als Alternative zum künftigen Innovationsprodukt subjektiv wahrnehmen. „Das einzig Objektive ist das Subjektive": Objektive Wettbewerber sind nur diejenigen, die von Zielkunden als solche angesehen werden.

Im Fokus der Innovationsmarktforschung stehen künftige Entwicklungen und Trends. Bei der Marktabgrenzung kommen also solche Konkurrenzprodukte in Betracht, die künftig mit dem eigenen (geplanten) Produkt konkurrieren könnten. Gefährlich sind potenzielle Konkurrenten, die Markeintrittsbarrieren leicht überspringen können. Besonders in Frage kommen Anbieter nutzungsverwandter (komplementärer oder substitutiver) Produkte, und Anbieter, die schon über die neue Technologie verfügen. Potenzielle Konkurrenten können damit auch Lieferanten oder Kunden sein, die durch Vorwärts- oder Rückwärtsintegration zu Konkurrenten werden (*Römer* 1988, S. 490). Veränderungen der Wettbewerbsverhältnisse entstehen alternativ durch

Strategiedimension	Kriterium/Indikator
Scope Commitments	
Reichweite der Marktsegmente 1. Breite des Sortiments	1. (Umsätze in den 3 stärksten Kategorien) / (Gesamtumsatz im Inland)
2. Commitment im nicht-stationären Bereich	2. Anteil der Drug-Store Verkäufe am Gesamtumsatz
Produktarten 3. Commitment im Markt für rezeptpflichtige Arzneimittel	3. Anteil am Gesamtumsatz im Inland
Commitment im Markt für Generika 4. Markengenerika 5. Massenwarengenerika 6. Generika für den Pflegebedarf	4. Anteil am Gesamtumsatz im Inland 5. Anteil am Gesamtumsatz im Inland 6. Anteil am Gesamtumsatz im Inland
Geographische Reichweite 7. Räumliche Reichweite	7. Umsatzanteil im Ausland
Resource Commitments	
Commitment für Forschung und Entwicklung 8. Ausgaben für F&E 9. Wert der F&E-Aktivitäten	8. (Aufwand für F&E) / (Umsatz weltweit) 9. (Kumulierte Anzahl der Neumedikament- anmeldungen (NDA)) / (Kumulierte Anzahl der Medikamente im Feldtest (IND))
10. F&E-Orientierung	10. (Kumulierte Anzahl der bewilligten Anträge (NCE)) / (Kumulierte Anzahl der Neumedikamentanmeldungen (NDA))
Commitment zum Marketing 11. Produktstrategie	11. (Kumulierte Anzahl der eingeführten bewilligten Medikamente (NCE)) / (Kumulierte Anzahl aller Produkteinführungen)
Werbestrategie 12. Werbung für Mediziner 13. Werbung für Patienten 14. Distributionsstrategie	12. (Ausgaben für Fachwerbung) / (Gesamtumsatz) 13. (Werbeausgaben im Inland) / (Umsatz im Inland) 14. Anteil der Direktlieferungen an Krankenhäuser und Drugstores am Gesamtumsatz im Inland
Größe 15. Umfang des Arzneimittelgeschäftes	15. (Gesamtumsatz im Inland)
Quelle: eigene Darstellung in Anlehnung an *Cool/Schendel* 1987, S. 1110	

Abb. 4.13: Kriterien und Indikatoren zur Beschreibung der Strategie
US-amerikanischer Unternehmen der Pharmazeutischen Industrie

1. Markteintritt neuer Konkurrenten,
2. Einsatz neuer Technologien und Innovationen der (aktuellen) Konkurrenz bzw.
3. durch Kombination von 1. und 2.

Alle drei sind bei der Auswahl zu analysierender Wettbewerber zu beachten. Zur Identifikation relevanter Wettbewerber sollte man also sowohl anbieterbezogen als auch nachfragerbezogen vorgehen (*Brezski* 1993, S. 36 ff.).

Anbieterbezogen helfen das Konzept „Strategische Gruppen" (*Porter* 1999, S. 183 ff.) und das Marktstrukturierungsschema nach *Abell* (1980). Nachfragerbezogen ist die

Consideration Set-Analyse der Königsweg, indem (potenzielle) Kunden nach ihren subjektiv wahrgenommenen Alternativen befragt werden: Wettbewerber ist (nur), wer im Kopf der Zielkunden als Alternative verankert ist.

Exemplarisch werden die Ansätze im Folgenden vorgestellt. Dabei wenden wir uns zunächst der anbieterbezogenen Analyse zu und werden anschließend auf die nachfragerbezogene Marktabgrenzung eingehen (einen ausführlich diskutierten Überblick der Ansätze zur Konkurrenzidentifikation gibt *Brezski* 1993, S. 31 ff.).

In Strategische Gruppen werden Unternehmen bzw. Geschäftsfelder mit denselben oder ähnlichen Strategien und Ressourcen (ähnlichen „core competences") zusammengefasst (*Diller* 2001, S. 1621). So könnte eine Branche eine einzige strategische Gruppe darstellen, wenn alle Unternehmen im Wesentlichen die gleiche Strategie verfolgten (*Porter* 1999, S. 184). Der Wettbewerb zwischen Unternehmen einer Gruppe (Intragruppenwettbewerb) ist stärker ausgeprägt als jener zwischen Gruppen (Intergruppenwettbewerb), weil die strategischen Wettbewerbsparameter durch die Mitglieder einer strategischen Gruppe ähnlich und damit austauschbarer gestaltet werden (*Homburg* 1992, S. 86). Relevante Wettbewerber sind demnach Unternehmen, die sich in der gleichen strategischen Gruppe befinden wie das eigene Unternehmen (*Brezski* 1993, S. 41).

Um Strategische Gruppen zu identifizieren, kann man die Clusteranalyse einsetzen (siehe 4.4.2), und zwar nach wettbewerbsrelevanten Kriterien wie Grad der vertikalen Integration, Breite der Produktpalette, Umfang der F&E-Aktivitäten, geographi-

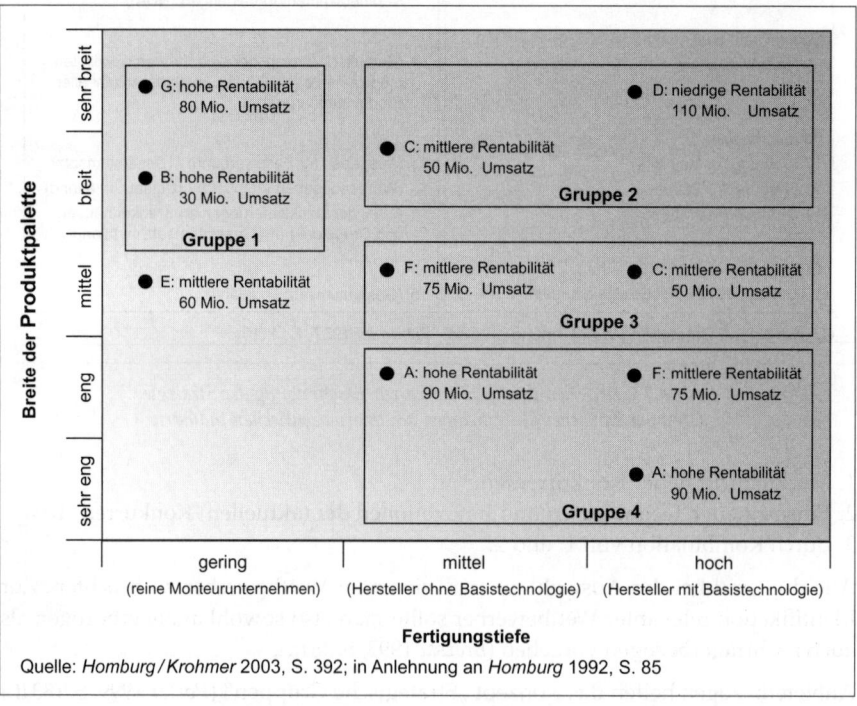

Quelle: *Homburg/Krohmer* 2003, S. 392; in Anlehnung an *Homburg* 1992, S. 85

Abb. 4.14: Strategische Gruppenstruktur von zehn Maschinenbauunternehmen nach Homburg

sche Auswahl bedienter Märkte, Kostenstruktur usw. Es gibt aber keinen allgemein gültigen Kriterienkatalog, denn die Relevanz der Kriterien variiert – besonders über die Branchen hinweg (*Homburg/Sütterlin* 1992, S. 637 ff.). Ein exemplarisches Kriteriensystem zur Identifikation Strategischer Gruppen in der US-amerikanischen Pharmaindustrie liefern *Cool und Schendel* (1987, S. 1110). Die nachstehende Abbildung fasst die dort verwendeten Kriterien und Indikatoren zusammen. Einen Literaturüberblick zur empirischen Erforschung Strategischer Gruppen geben *Homburg und Sütterlin* (1992; S. 641 ff.).

Homburg (1992, S. 83 ff.) veranschaulicht die Analyse Strategischer Gruppen an einem Beispiel aus dem Maschinenbau. Strategische Gruppen wurden hier nach Breite der Produktpalette und nach Wertschöpfungstiefe gebildet. Es zeigten sich vier Gruppen, siehe Abbildung 4.14, einer Art „Strategischen Karte". Der wirtschaftliche Erfolg der Gruppen geht über unseren Zweck der Identifizierung innovationsrelevanter Wettbewerber hinaus, interessierte jedoch die Urheber des Konzepts „Strategische Gruppen" am stärksten. Hier waren am profitabelsten die Unternehmen der Gruppen 1 und 4, am wenigsten erfolgreich die der Gruppe 2.

Das Konzept der Strategischen Gruppen ist wegen seiner methodischen Komplexität für die Praxis der Identifikation relevanter Wettbewerber nur bedingt geeignet. Kritisch ist auch, dass Unternehmen aus anderen Strategischen Gruppen durchaus auch Wettbewerber sein oder werden können (*Brezski* 1993, S. 31 ff.; *Albach* 1992, S. 667).

Das *Abell-Schema* ermöglicht eine qualitative anbieterbezogene Marktabgrenzung (*Brezski* 1993, S. 36 ff.). Folgende Fragen sind hier zur Identifikation der Konkurrenz heranzuziehen (*Köhler* 1998, S. 30 f., siehe auch 3.2):

- Welche anderen Unternehmen sprechen für das eigene Unternehmen relevante Kundengruppen an? (Dimension 1: Kundengruppen)
- Werden dabei ähnliche Funktionen / Problemlösungen für die Kunden angeboten? (Dimension 2: Funktionen)
- Welche Technologien werden zur Problemlösung eingesetzt? (Dimension 3: Technologien)

Meist überlässt man die qualitativen Antworten auf diese Fragen Experten. Zur Beurteilung der Technologiedimension können darüber hinaus Patentanalysen (siehe 4.1.2.4) angewendet werden (*Köhler* 1998, S. 31). Insgesamt wird hier immer angenommen: Je ähnlicher ein anderes Unternehmen/Geschäftsfeld nach Käufergruppe, Technologie und Produktfunktion ist, desto stärker ist das Konkurrenzverhältnis (*Lange* 1994, S. 33). Das muss man aber etwas differenzierter sehen:

Erstens: Wenn man dabei nur von der eigenen technischen Lösung ausgeht und Wettbewerber nur danach identifiziert, ob sie die gleiche Lösung haben, dann beachtet man nur einen Teil der Konkurrenz und erhält tendenziell eine zu enge Marktabgrenzung. Man sollte also auch von alternativen technischen Lösungen ausgehend nach Wettbewerbern suchen.

Zweitens: Der Identifikation relevanter Wettbewerber sollte unbedingt auch der Gedanke der Substituierbarkeit zugrunde liegen, aber damit gehen wir fast schon von der Anbietersicht auf die Nachfragersicht über, denn tatsächliches Substituieren hängt nur indirekt von objektiv ähnlichen Produkteigenschaften ab, direkt von den Wahrnehmungen der Zielkunden.

Grauwasseranlagen

Grauwasseranlagen können leicht verschmutztes Abwasser (Grauwasser) aufbereiten, um so Kosten für Frisch- und Abwasser im Haushalt zu sparen. Ähnliche, substitutive Lösungen bieten Regenwasseranlagen und wassersparende Armaturen, denn sie erfüllen das gleiche Kundenproblem – Einsparung von Frisch- und Abwasser im Haushalt. Die Anbieter von Kläranlagen, Regenwasseranlagen und wassersparender Armaturen sind also Konkurrenten (bezogen auf die SGE-Abgrenzungsdimension „Produktfunktion"), denn sie können Grauwasseranlagen substituieren. Somit bestimmt nicht nur die Technologie den Wettbewerb, sondern mehr noch das zu lösende Kundenproblem. Man spricht daher auch von Problemlösungskonkurrenten.

Quelle: Koppelmann 2001, S. 226

Die Frage nach der funktionalen Austauschbarkeit sollte sich auch auf die eigene Produktpalette richten. Konkurrierende Beziehungen innerhalb des eigenen Produktprogramms (Kannibalisierungseffekte, siehe 3.4) sind wichtige Bewertungsmaßstäbe bei der Ideenselektion (siehe 4.3).

Überträgt man den Gedanken der funktionalen Austauschbarkeit auf den Automobilmarkt, so gehen nicht nur die rivalisierenden PKW-Hersteller, sondern jegliche Form von Transportmitteln in die Analyse ein, vom Flugzeug über die Bahn bis zum Fahrrad. Das Beispiel verdeutlicht, dass die Innovationsmarkforschung bei konkreten Fragen nicht alle Konkurrenten gleichermaßen einbeziehen sollte, denn es wären viele technisch irrelevante Alternativen dabei, und auch unter den technisch relevanten Alternativen sind nicht alle subjektiv relevant: In Deutschland stehen z. B. den potenziellen Automobilkäufern rund 50 Automobilmarken (ohne Modell-Submarken und Exoten) zur Auswahl. Berücksichtigt werden bei der Kaufentscheidung aber nur durchschnittlich 2–5 Marken, die sich im „Consideration Set" befinden, der Menge an Alternativen, die der Konsument subjektiv vor-ausgewählt hat. Das führt uns zum nächsten Teil dieses Abschnitts, der nachfragerbezogenen Marktabgrenzung.

Der Marktabgrenzung auf Basis von Consideration Sets liegt die Annahme zugrunde, dass, bezogen auf individuelle Zielkunden, nur diejenigen Anbieter wirklich konkurrieren, die sich in deren Consideration Set befinden. Fasst man Zielkunden mit gleichen Consideration Sets zusammen, ermittelt man wahrhaftige Konkurrenzstrukturen (*Brezski* 1993, S. 53 f.; zum Vorgehen der Consideration Set-Analyse siehe 4.4.1).

Zukunftsorientierung der Innovationsmarktforschung verlangt nicht nur die Identifikation der gegenwärtigen Wettbewerber, sondern auch potenzieller Wettbewerber, die künftig an Bedeutung gewinnen können. Das Abell-Schema lässt sich auch zur Identifikation potenzieller Wettbewerber anwenden (*Diller* 2001, S. 806; *Köhler* 1998, S. 31). So kann der Frage nachgegangen werden, inwieweit eine bestimmte Produktfunktion auch durch alternative/neue Technologien erfüllt werden könnte. Anschließend können Unternehmen identifiziert werden, die diese Technologien schon verwenden bzw. wegen ihrer Ressourcen und Potenziale in Zukunft verwenden könnten (*Brezski* 1993, S. 62).

Eine Möglichkeit der Identifikation und Auseinandersetzung mit zukünftigen, potenziellen Wettbewerbern, die auf dem Abell-Schema aufbaut, ist die „Invented Competitor Analysis" (Analyse erfundener Wettbewerber) (*Fahey* 2002, S. 5 ff.). Ein „erfundener" Wettbewerber ist ein Rivale, den es noch nicht gibt, der aber in Zukunft auftauchen könnte. *Fahey* (2002, S. 7) empfiehlt als Ausgangspunkt der Erfindung neuer Wettbewerber eine möglichst kreative Auseinandersetzung mit potenziellen neuen Lösungen von Kundenbedürfnissen, neuen Technologien und Funktionen, also letztlich den Abell-Dimensionen. Daran anknüpfend sollen folgende Fragen behandelt werden (*Fahey* 2002, S. 7):

- Welche Bedingungen könnten bewirken, dass der erfundene Wettbewerber real wird?
- Was könnte die strategische Ausrichtung des Wettbewerbers sein?
- Welche Umsetzung der Strategie wäre denkbar?
- Warum könnte der erfundene Wettbewerber erfolgreich bzw. nicht erfolgreich sein?
- Welche strategischen Implikationen folgen daraus für das eigene Unternehmen?

Letztlich handelt es sich hier um eine Kreativitätstechnik, die eine innovative Auseinandersetzung mit zukünftigen Marktentwicklungen ermöglicht und damit wettbewerbsstrategischen Erkenntnisgewinn.

Bisher gibt es keine Methode zur objektiven, exakten Bestimmung der relevanten Wettbewerber. *Brezski* (1993, S. 64 ff.) schlägt daher eine zweistufige Vorgehensweise vor, die sowohl die unternehmensbezogene als auch, darauf aufbauend, die nachfragerbezogene Perspektive einnimmt. Dann werden aktuelle und potenzielle Konkurrenten anhand des Abell-Schemas bestimmt. Falls die Marktkenntnis zur hinreichend exakten Bestimmung der relevanten Wettbewerber nicht ausreicht (was aber in Konsumgütermärkten meist der Fall ist), können die somit vorläufig identifizierten Wettbewerber anschließend als „Ankerpunkte" in einer Kundenbefragung (Consideration Set-Analyse) überprüft und ergänzt werden.

Der Umfang der Marktabgrenzung im Rahmen der Wettbewerbsanalyse muss jetzt noch nach Kosten und Nutzen untersucht werden. Nicht alle aktuellen und potenziellen Konkurrenten können gleichermaßen intensiv untersucht werden. Oft werden in der Praxis nur die 2–3 größten Wettbewerber genau analysiert. Kritisch ist dabei u. a., dass gerade kleine Unternehmen wegen ihrer Wachstumsdynamik schnell an Bedeutung gewinnen können und bei der Wettbewerbsanalyse nicht vernachlässigt werden sollten. Daher sind neben dem Marktanteil unbedingt auch qualitative Faktoren (z. B. Wachstums- oder Innovationsdynamik) zu berücksichtigen, um Top-Wettbewerber nun noch detaillierter zu untersuchen (*Wolfrum* 1994 a, S. 140; *Römer* 1988, S. 489).

4.1.2.2.2 Informationsbeschaffung

Je nach Frage sind also Prioritäten zu setzen, nach denen sich die Intensität der Analyse richtet. Alle anderen, nicht direkt erforschten konkurrenzspezifischen Tatbestände sind zumindest in Form von kontinuierlichen Beobachtungen im Sinne des Scanning/Monitoring zu berücksichtigen (siehe auch 4.1.1).

Folgende Informationsbereiche sind für die Wettbewerbsanalyse besonders relevant, wobei der konkrete Informationsbedarf variiert – z. B. nach Branche, nach Situation des Unternehmens und spezifischen Zielen der Wettbewerbsanalyse (*Brezski* 1993, S. 70 ff.):

1. *Konkurrenz-„Demographie"* der Wettbewerber, z. B. zu Mitarbeiterzahl, Finanzstärke und Umsatzwachstum, um deren künftige Strategien einschätzen zu können.
2. *Verhaltensabsichten der Konkurrenz*: Dazu gehören u. a.:

- *Annahmen des Wettbewerbers* über sich selbst und über den Markt, die sich z. B. aus Organisationsstruktur, Führungsstil und realisiertem Marketing-Mix ableiten lassen.
- *Aktuelle und zukünftige Ziele* der Konkurrenten, soweit ableitbar.
- *Aktuelle und zukünftige Strategien* der Konkurrenz, besonders Forschungsstrategien und Produkt-/Markt-/Technologiestrategien. Dazu gehören auch Kooperationsbestrebungen für mögliche Innovations- und F&E-Vorhaben sowie Vertriebsstrategien.
- *Aktions- und Reaktionsmuster*, die etwas über Marktverhalten und Strategien aussagen, sowie über Reaktionen auf eigene Strategien, z. B. auf eigene Innovationen.

1. *Fähigkeiten der Konkurrenten*: Besonders sollten Fähigkeiten zum Wachstum beachtet werden, zur schnellen Reaktion, zur Anpassungsfähigkeit und zum Durchhaltevermögen. Untersuchungsbereiche sind hiezu auch die Finanz-, Produktions-, F&E- und Marketingpotenziale (zu exemplarischen Indikatoren siehe 4.1.2.1)

Um das *künftige Aktions- und Reaktionsverhalten* der Konkurrenz abzuschätzen, sind die Marktaktivitäten der Wettbewerber nach drei Dimensionen zu untersuchen:

1. Intensität, d. h. quantitatives und qualitatives Niveau der Aktivitäten,
2. Richtung, die angibt, durch welche Ereignisse der Instrumenteneinsatz beeinflusst wird, z. B. durch sinkende Nachfrage,
3. Beschreibung deren Marketingaktivitäten nach Zeitpunkt, Dauer und Frequenz.

Darüber hinaus gelten das Investitionsverhalten und die Besetzung von Führungspositionen als wichtige Indikatoren des zukünftigen Verhaltens der Konkurrenz (*Brezski* 1993, S. 79 f.).

Die *Methoden der Wettbewerbsanalyse* sind vielfältig. Die folgende Abbildung 4.15 gibt einen Überblick. Befragungsmethoden werden bei der Wettbewerbsanalyse zwar

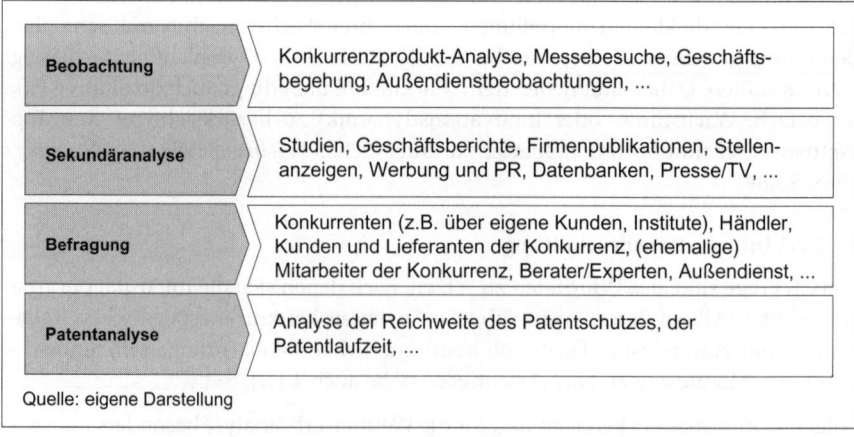

Quelle: eigene Darstellung

Abb. 4.15: Methoden der Wettbewerbsanalyse

auch eingesetzt, aber Beobachtungen und Sekundäranalysen stehen hier im Vordergrund. Bei technologischen Wettbewerbsanalysen (*Lange* 1994) stechen Patentanalysen hervor (siehe 4.1.2.4).

Mit *Befragungen* kann man bei der Konkurrenzforschung relativ wenig anfangen, weil es meist um vertrauliche („wettbewerbssensible") Sachverhalte geht. Es dominieren qualitative Analysen, bspw. der Öffentlichkeitsarbeit der Wettbewerber, von Interviews mit Branchenexperten bzw. Händlern oder Lieferanten der Konkurrenz (*Wolfrum/Riedl* 2000, S. 705). Ein Grund ist die verständlicherweise mangelnde Kooperationsbereitschaft der Konkurrenten, was ihre direkte Befragung in der Regel ausschließt (*Brezski* 1993, S. 113).

Quantitative Analysemethoden bieten sich aber zur Befragung von Konsumenten an, indem deren Reaktionen auf konkurrierende Angebote erfasst werden. So untersucht die *Wettbewerbs-Image-Struktur-Analyse* (siehe 4.4.2) auf Basis einer Konsumentenbefragung den Einfluss von Images der eigenen Marke und der Konkurrenzmarken auf den Marktanteil.

Ein Führungskonzept, das auch bei Wettbewerbsanalysen angewendet wird, ist das *Benchmarking*. Neben Kennziffern, besonders Erfolgsindikatoren, werden Strategien, Produkte und Prozesse von Unternehmen systematisch verglichen. Ziel ist es, von den jeweils Besten zu lernen (*Best Practices*). Als Vergleichsunternehmen kommen auch, aber nicht nur, Wettbewerber in Frage. Daher kann das Benchmarking auch als Teil der Wettbewerbsanalyse angesehen werden. Allerdings erlauben Benchmarks aus anderen Branchen einen „Blick über den Tellerrand" und ermöglichen innovative Orientierungen (*Wolfrum/Riedl* 2000, S. 706).

Ein Benchmarking-Projekt durchläuft fünf Phasen. Kern der (1) Initiierungsphase ist die Akquisition eines oder mehrerer geeigneter Benchmarking-Partner. Nach der (2) Erhebung der Daten und Fakten bei den beteiligten Unternehmen erfolgt die (3) Identifizierung und (4) Analyse von Unterschieden und deren Gründen. In der (5) Implementierungsphase werden aus den identifizierten Best Practices Verbesserungsmaßnahmen entschieden, umgesetzt und kontrolliert (*Benkenstein* 2002, S. 41 f.).

Ein großer Vorzug des Benchmarking ist die ganzheitliche Herangehensweise: Nicht nur Qualitäts- und Kostenvor- und nachteile können untersucht werden, sondern alle Prozesse und Potenziale, die Wettbewerbsvorteile ausmachen oder entstehen lassen. Es entsteht eine breite, branchenübergreifende und zukunftsorientierte Sicht, die auch für das Innovationsmarketing nützlich ist (*Benkenstein* 2002, S. 42; *Wolfrum* 1994 a, S. 147).

Die Methoden der Wettbewerbsanalyse in der Praxis reichen in die noch legale, aber ethisch problematische Grauzone bis hinein in die Illegalität. *Stippel* (2002, S. 16 ff.) beschreibt unter dem Titel „Konkurrenzabwehr im globalen Wettbewerb" derart unschöne Praktiken. Procter & Gamble heuerte z. B. Spione an, die im Abfall von Unilever fündig wurden. Oracle hatte einen Hausmeister von Microsoft bestochen, um Prozess-Beweismaterial aus dem Abfall zu liefern. Kraft Foods musste kurz nach der Markteinführung seiner Tiefkühl-Pizza „DiGiorno" die Einführung der ganz ähnlichen Tiefkühl-Pizza „Freschetta" von Schwan's feststellen. Ein ehemaliger A. C. Nielsen-Mitarbeiter, zuständig für die Marktforschung von Kraft, war von Schwan's abgeworben worden (*Stippel* 2002, S. 16).

Neben diesen Praktiken der „Waste Archaeology" und Bestechung von Schlüssel-personen ist Vortäuschen von Kundeninteresse eine übliche und oft erfolgreiche Methode der Informationsbeschaffungtionsbeschaffung. Auch als Headhunter, Venture-Capital-Geber oder Bewerber erschleichen sich Verbindungspersonen Ver-trauen und können so an interne Daten kommen. „Drop-by Spys" sind eingeschleu-ste, verkleidete Techniker, Handwerker und Reinigungstrupps. Der Intelligence-Ex-perte John Nolan macht auch auf eine umgekehrte Täuschung aufmerksam: Niemand hindert einen, ein falsches Dokument zu präparieren und an strategisch in-teressanten Stellen liegen zu lassen – wer es nimmt, ist selber schuld (*Stippel* 2002, S. 18 ff.).

4.1.2.2.3 Datenauswertung und -analyse

Zurück zur legalen Wettbewerbsanalyse und nunmehr zur vergleichenden Auswer-tung der vom Wettbewerb gewonnenen Informationen: Die folgende Abbildung 4.16 zeigt exemplarisch ein Stärken-Schwächen-Profil, das auf gesamtunternehmerischen Kriterien basiert und einen Vergleich des eigenen Unternehmen mit zwei Wettbe-werbern visualisiert. Natürlich sind auch produkt(innovations)spezifische Stärken-Schwächen-Profile sinnvoll. Jedenfalls ist wieder zu beachten, dass die Kriterien von Untersuchung zu Untersuchung variieren, da sie hochgradig branchen- und the-menspezifisch sind (*Nieschlag et al.* 2002, S. 107).

Eine als Profil visualisierte verdichtete Stärken-Schwächen-Analyse ist eine komple-xitätsreduzierte, angemessen objektivierte Basis zur Diskussion von Innovations-strategien im Wettbewerb. Diese Informationsdarstellung ist aber stark vereinfacht. So können zwar Unterschiede zwischen einzelnen innovationsstrategisch konkur-rierenden Unternehmen dargestellt werden, nicht aber die ganze Komplexität und

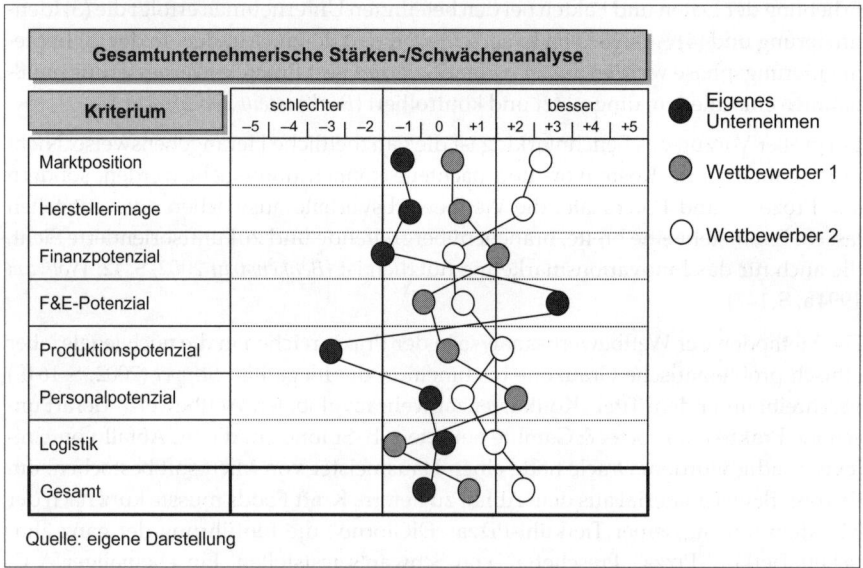

Abb. 4.16: Gesamtunternehmerische Stärken-/Schwächenprofile vergleichen die eigene Unternehmenssituation mit jener wichtiger Wettbewerber

Dynamik von Innovations-Wettbewerbsstrukturen. Daher sollten weitere Quellen und umfassendere Analysen herangezogen werden, wie sie eine gute Branchenanalyse liefert (*Homburg* 1992, S. 86).

Die *Branchenanalyse* untersucht das wirtschaftliche Umfeld auf den Wettbewerbs-, Absatz- und Beschaffungsmärkten (*Susen* 1995, S. 96). Sie ist damit eine Schnittstelle zwischen der Wettbewerbs- und der Umfeldanalyse. Die Strategie soll ja so ausgerichtet werden, dass nachhaltige Wettbewerbsvorteile entstehen, besonders durch Produktinnovationen. Entsprechende Chancen und Risiken sollen möglichst früh erkannt werden. Dementsprechend befasst sich die Branchenanalyse mit allen Faktoren, die die Wettbewerbssituation beeinflussen. Erkannt werden müssen aktuelle und künftige Chancen und Risiken der wirtschaftlichen und technologischen Rahmenbedingungen, der wettbewerbsbestimmenden Kräfte und des Wettbewerbs selbst.

Zur Strukturierung der Branchenanalyse hat *Porter* (1999, S. 31 ff.) einen entscheidenden Beitrag geleistet. Seine „Branchenstrukturanalyse" untersucht folgende fünf, den Wettbewerb bestimmende Kräfte (Porters „five forces"), die sich aus Porters empirischen Untersuchungen heraus kristallisiert haben:

1. Bedrohung durch neue Anbieter,
2. Verhandlungsstärke der Abnehmer (qua Verhandlungsmacht und Preisempfindlichkeit),
3. Verhandlungsstärke der Lieferanten,
4. Gefahr durch Substitutionsprodukte und
5. Grad der Rivalität zwischen existierenden Wettbewerbern.

Abbildung 4.17 fasst Indikatoren zur Messung der fünf Elemente der Branchenstruktur zusammen.

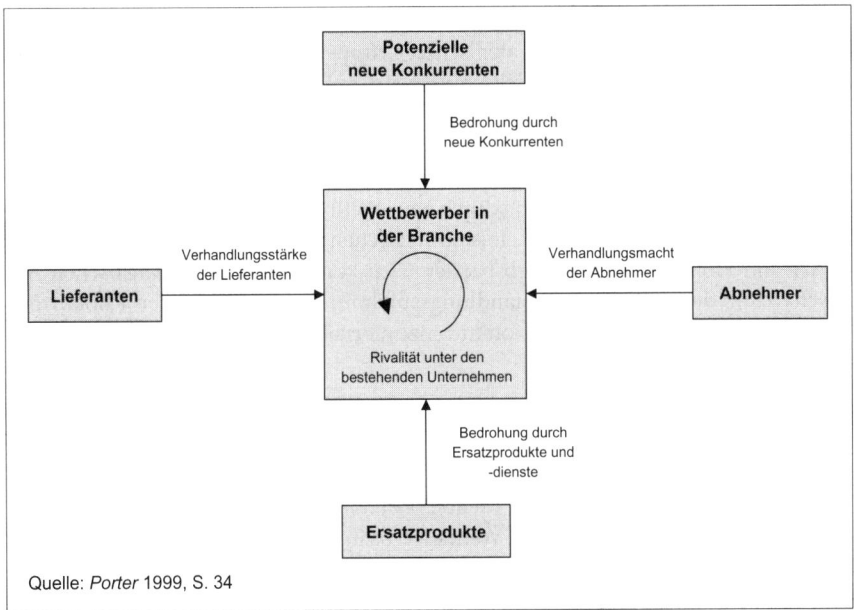

Quelle: *Porter* 1999, S. 34

Abb. 4.17: Elemente der Branchenstruktur nach Porter

Die Branchenstrukturanalyse ermöglicht Einschätzungen des Gewinnpotenzials und der künftigen Entwicklung von Branchen und begründet strategische Überlegungen z. B. zur langfristigen Sicherung und zum Ausbau der eigenen Position in der Branche bzw. zum Markteintritt in neue Branchen.

Porter (1999, S. 131 ff.) erweiterte die Branchenstrukturanalyse durch das oben schon unter Wettbewerbsanalyse vorgestellte Konzept der Strategischen Gruppen. Die Analyse Strategischer Gruppen unterstützt bei der Neuproduktplanung besonders Entscheidungen zur Marktwahl und Marktbearbeitung.

Eine Marktwahlentscheidung bestimmt die Zugehörigkeit eines neuen Produktes zu einer strategischen Gruppe. Seine (potenzielle) Rentabilität wird gemessen anhand folgender Dimensionen: allgemeine Branchenstruktur, Position des Unternehmens innerhalb seiner strategischen Gruppe und Stellung seiner strategischen Gruppe gegenüber den fünf Strukturkräften nach Porter (*Diller* 2001, S. 191). Marktbearbeitungsentscheidungen können unterstützt werden, indem die Analyse der betreffenden strategischen Gruppe erste Hinweise zur Differenzierung gegenüber dem Wettbewerb liefert (*Haedrich/Jenner* 1995, S. 29 ff.).

Wenngleich das Konzept der Strategischen Gruppen – wie oben schon gesagt – zur genauen Identifikation der relevanten Wettbewerber nur bedingt geeignet ist (*Brezski* 1993, S. 31 ff.), so kann doch der Erkenntnisgewinn einer Strategischen Gruppenanalyse insgesamt sehr hoch sein (*Homburg* 1992, S. 86 ff.):

- Nachhaltige Profitabilitätsunterschiede innerhalb der Branche können erklärt werden, was die wettbewerbsorientierte (Innovations-)Strategiebewertung unterstützt.
- Durch die Unterscheidung von Intra- und Intergruppenwettbewerb wird die Struktur des Wettbewerbsumfeldes transparent. Der Intragruppenwettbewerb ist dabei in der Regel durch andere Faktoren geprägt als der Intergruppenwettbewerb (*Homburg/Krohmer* 2003, S. 392).
- Unternehmen der gleichen strategischen Gruppe reagieren ähnlich auf Veränderungen des Umfeldes, was Rückschlüsse auf das zukünftige Verhalten einzelner Wettbewerber ermöglicht.
- Durch Analyse der gruppenbildenden Wettbewerbsfaktoren lassen sich Mobilitätsbarrieren ermitteln, also Kosten und Risiken des Gruppenwechsels. Anhand dieser Indikatoren kann die Bedrohung durch neue Wettbewerber nach ihrer Art und Auswirkung auf die Unternehmen einer strategischen Gruppe abgeschätzt werden.
- Art und Höhe der Wettbewerbsbarrieren zu kennen, hilft zur realistischen Abschätzung des strategischen Handlungsspielraums der potenziellen Konkurrenz und der Bestrebungen eines Konkurrenzunternehmens, die Gruppenzugehörigkeit zu wechseln.

Insgesamt ist festzuhalten: Wettbewerbs- und Branchenanalysen sind komplex. Der Zugang zu den Daten und Fakten ist oft stark eingeschränkt. Die Wettbewerbs- und Branchenanalyse erfordert analog zur Technologieanalyse (siehe 4.1.2.4) neben betriebswirtschaftlichem Know-how oft auch ein hohes Maß an technologischem Wissen. In der Regel sollte dazu das Wettbewerbsanalyse-Projektteam interdisziplinär zusammengesetzt sein.

Im folgenden Toolkasten wird die Methodik der Sekundäranalyse vorgestellt und darunter speziell die Inhaltsanalyse. Diese Methodik wird bei Wettbewerbs- und

Branchenanalysen wegen der eingeschränkten Möglichkeit von Primärerhebungen oft eingesetzt (*Wolfrum/Riedl* 2000, S. 705). Dann zeigt das Beispiel der Firma Automatisierungstechnik Niemeier GmbH, wie eine unzureichende Wettbewerberanalyse zu massiven Problemen bei der Markteinführung führen kann.

Sekundäranalyse

Bei den Erhebungsformen der Marktforschung wird zwischen Primär- und Sekundäranalysen unterschieden. Während im Rahmen der Primäranalyse gezielt neue Informationen zur Beantwortung einer spezifischen Frage generiert werden, beschäftigt sich die Sekundäranalyse mit der Sammlung, Aufbereitung, Analyse und Interpretation schon vorhandener, mehr oder minder verdichteter Informationen (u. a. *Hammann/Erichson* 2000, S. 77, *Berekoven et al.* 2004, S. 42).

Folgende Arten von Sekundärinformationen sind zu unterscheiden (*Rogge* 1995, S. 2276):

- Erstinformationen als Basis weitergehender (Primär-)Untersuchungen
- Ersatzinformationen anstelle von Primärinformationen
- Zusatzinformationen zur Ergänzung schon generierter Informationen
- Kontrollinformationen zur Absicherung schon vorhandener Daten

Sekundärforschung nutzt Informationen, die im Unternehmen vorhanden sind (unternehmensinterne Quellen) oder außerhalb vorliegen (unternehmensexterne Quellen) (*Hammann/Erichson* 2000, S. 77). Exemplarisch sind oft verwendete externe und interne Quellen in Abbildung 4.18 zusammengefasst. Die konkrete Wahl geeigneter Sekundärquellen ist natürlich branchen- und problemspezifisch.

Die *Fachabteilungen im eigenen Unternehmen* verfügen oft über wertvolle Informationen. So ist der Vertrieb ein „Gatekeeper"für Kunden- und Wettbewerberinformationen. Diverse Betriebsstatistiken enthalten wichtige Informationen für die Innovationsmarktforschung. Um solche Daten zur Sekundäranalyse verwenden zu können, sollten entsprechende Datenbanken aufgebaut und gepflegt werden (*Berekoven et al.* 2004, S. 43).

Wesentliche externe Informationen sind *amtliche Statistiken*, wie sie von den Statistischen Ämtern veröffentlicht werden (einen Überblick geben *Nieschlag et al.* 2002, S. 388 f.). Vorteil amtlicher Daten ist, dass sie meist über einen längeren Zeitraum mit derselben Methodik erhoben werden, was die Daten zeitvergleichbar macht. Allerdings werden neue Entwicklungen tendenziell konservativ aufgenommen und verzögert eingearbeitet.

Fachzeitschriften und branchenspezifische Newsdienste, so genannte Branchendienste, sind wichtige Kommunikationsmedien und geben einen guten Überblick über Marktteilnehmer und technologische Trends. So genannte Markt-Stories („market stories") enthalten publizierten Dialog zwischen Akteuren im Markt (Anbieter, Kunden, Händler, Analysten, Journalisten). Das sind Geschichten über Technologien, Produkte, Anwendungsoptionen und -grenzen sowie Marktentwicklungen, die in Fachzeitschriften, Zeitungen und Magazinen publiziert werden (*Theoharakis/Wong* 2002, S. 401).

Externe Quellen	Interne Quellen
• Amtliche Statistik (z.B. Statistische Bundes-, Landes- und Gemeindeämter, Ministerien und sonstige staatl. Institutionen)	• Intranet/Wissensdatenbanken
	• Rechnungswesen (z.B. Daten der Kostenrechnung)
• Branchendienste	• Allgemeine Betriebsstatistiken (z.B. Umsatz-, Kunden- oder Vertriebs- statistiken)
• Fachliteratur, -zeitschriften und Tagespresse (u.a. Markt-Stories)	
• Externe Datenbanken (online und offline)	• Frühere Primär-Erhebungen
• Forschungsinstitute (z.B. Markt- und Meinungsforschungsinstitute)	• Außendienstinformationen
	• Kundendatei (z.B. Kundendienstberichte, Kundenanfragen und -beschwerden)
• Wirtschaftswissenschaftliche Institute (z.B. deutsches Institut für Wirtschaftsforschung)	
	• Betriebliches Vorschlagswesen
• Messen und Ausstellungen	• F&E-Ergebnisse
• Verbände (z.B. Wirtschaftsverbände)	• ...
• Firmenspezifische Publikationen (z.B. Geschäftsberichte, Firmenzeitschriften)	
• Suchhilfen im Internet (z.B. Suchmaschinen)	

Quelle: eigene Darstellung in Anlehnung u. a. an *Nieschlag et al.* 2002, S. 388, *Brezski* 1993, S. 85 ff.

Abb. 4.18: Unternehmensexterne und -interne Quellen der Sekundäranalyse

Markt-Stories können wertvolle qualitative Hinweise zum Lebenszyklus einer Technologie geben. *Theoharakis und Wong* (2002, S. 408) zeigen anhand einer Fall-studienanalyse, dass der Fokus von Markt-Stories abhängig vom Stand des Technologie-Lebenszyklus variiert. Zu Beginn eines Technologie-Lebenszyklus stehen tendenziell zunächst technologische Aspekte im Vordergrund, z. B. Tech-nologieeigenschaften. Im Verlauf der Wachstums- und Reifephase der Techno-logie kommen mehr produktfokussierte Stories, z. B. über die Verfügbarkeit von Produkten, und Referenzgeschichten zur Produktübernahme. Der Zyklus endet mit Stories über den Wechsel von Kunden zu substituierenden Technologien. Markt-Stories auszuwerten (z. B. mittels Inhaltsanalyse, siehe folgender Tool-kasten), ermöglicht es, die Markt- und Technologieentwicklung konsequent zu verfolgen.

Messen und Ausstellungen sind für die Innovationsmarktforschung besonders in-teressant, da dort regelmäßig alle im Markt aktiven Teilnehmer versammelt sind. Diese örtlich und zeitlich lange vorher festgelegten Veranstaltungen bieten In-formationen über Wettbewerber, neue Technologien, Marktstrukturänderungen, veränderte Kundenbedürfnisse und Stimmungen des Umfeldes.

Zur Beobachtung des Wettbewerbs sind von der Konkurrenz publizierte Infor-mationen wie Geschäftsberichte, Firmenbroschüren und technische Dokumen-tationen von Bedeutung. In so genannten *Whitepapers* schildern Unternehmen aus Technologiebranchen ihre Sicht technologischer Trends. Dabei ist jedoch auch die Echtheit und Glaubwürdigkeit der Informationen zu hinterfragen, denn Informationen vom Wettbewerb selbst können interessengefärbt bzw. ab-sichtlich irreführend bis unwahr sein (*Wolfrum* 1994 a, S. 145).

Hauptsächlich *Markt- und Meinungsforschungsinstitute*, aber auch Unternehmensberatungen und Investmentbanken erstellen marktspezifische Analysen (Marktstudien). Oft sind das Auftragsarbeiten für Kunden, es gibt aber auch viele offen publizierte oder verteilte Studien, die Institute zur Imageförderung und Kundenakquise einsetzen, oft auch kostenlos für die Öffentlichkeit z. B. über das Internet.

Da der Informationsbedarf – nicht zuletzt wegen internationaler Verflechtungen – sukzessive zunimmt, wird *externen Datenbanken* zunehmende Bedeutung beigemessen. Über sie bekommt man quantitative und qualitative Informationen über gesamtwirtschaftliche und internationale Entwicklungen, Branchen, Marktlagen, Produkte und Lieferanten, sozio-demographische Gegebenheiten, Media-Analysen, Ausschreibungen etc. (u. a. *Nieschlag et al.* 2002, S. 387; *Berekoven et al.* 2004, S. 43, S. 45 f.). Besonders über Online-Datenbanken können so Informationen innerhalb kürzester Zeit beschafft und verwendet werden.

Gerade bei komplexen Problemen zieht man erst einmal das Informationspotenzial von Sekundäranalysen heran, weil sie schnell und kostengünstig verfügbar sind, den Analyse- und Interpretationszeitraum nachfolgender Primärerhebungen reduzieren und deren Informationsbedarf vorstrukturieren. Oft sind Sekundärinformationen sowieso die einzige Möglichkeit zur Informationsbeschaffung.

Der Aussagefähigkeit sekundäranalytischer Verfahren sind Grenzen gesetzt. Besonders mangelnde Aktualität, Genauigkeit, Detailliertheit und Vergleichbarkeit der Informationen können stören, denn die Daten sind ja einmal zu anderen Zwecken entstanden als sie das analysierende Unternehmen verfolgt. Ferner bestehen je nach Herkunft der Daten auch Sicherheitsrisiken, z. B. bezüglich der Aussagengültigkeit, da die Erhebungsmethodik oft gar nicht oder nicht detailliert dokumentiert wird (*Berekoven et al.* 2004, S. 48). Kennt man den ursprünglichen Erhebungszweck, deren Methodik und Primärquellen, so relativieren sich diese Warnungen (*Rogge* 1995, S. 2281).

Neben der Wettbewerbsanalyse liefern Sekundäranalysen wertvolle Informationen auch für die strategische Umfeldanalyse (4.1.2.4) sowie für Scanning und Monitoring (siehe 4.1.1) (*Umminger* 1990, S. 43). Die Bedeutung der Sekundäranalyse ist besonders groß für die strategische Innovationsmarktforschung mit ihrem komplexen und neuartigen Informationsbedarf.

Inhaltsanalyse

Um gute Informationen über die Wettbewerbs- und die Branchensituation zu gewinnen und Innovationsimpulse zu erhalten, muss das Unternehmen u. a. qualitative in Text gefasste Daten (*Bos/Tarnai* 1989, S. 1) analysieren und interpretieren. Dazu dient die Inhaltsanalyse (Content Analysis , *Holsti* 1968; *Holsti* 1969; Aussagenanalyse (*Weymann* 1973)).

Entstanden in der empirischen Sozialforschung (vgl. *Lisch/Kriz* 1978) sollen aus Texten Konstrukte erschlossen werden, die nicht direkt erfassbar sind. Die Texte können schriftlich vorliegen (hier z. B. Geschäftsberichte der Wettbewerber, Branchenberichte etc.) oder gesprochen und aufgezeichnet sein, z. B. bei Gesprächen mit Experten oder Kunden, besonders bei Gruppendiskussionen (siehe 4.1.2.3).

Folgendes Schema strukturiert das inhaltsanalytische Vorgehen (vgl. *Wersig* 1968, S. 27 ff.; *Bos/Tarnai* 1989, S. 7 ff.):

1. Formulierung der Aufgabe

Zunächst ist die Aufgabe abzugrenzen. Nur wenn klar formuliert ist, worüber die Inhaltsanalyse Aufschluss erbringen soll, können prüfbare Hypothesen aufgestellt werden. Oft sind mehrere Fragen aus demselben Material zu beantworten, z. B. nach technologischen Entwicklungen in der Branche, nach der Position eines Konkurrenten im Wettbewerb und nach den vom Wettbewerb eingesetzten Technologien. Dann muss man sequentiell vorgehen, über mehrere Durchläufe des Schemas. Vom ersten Schritt der präzisen Formulierung der Aufgabe hängt die Aussagekraft der gesamten Untersuchung ab.

2. Operationalisierung

In diesem Schritt sind zunächst die relevanten Konstrukte bzw. Hypothesen zu bestimmen. Im Mittelpunkt steht dann der methodisch wichtigste Teil der Inhaltsanalyse, die Entwicklung eines Kategoriensystems, nach dem das Textmaterial kodiert werden soll. Kategorien sind operationalisierte Konstrukte in Form von Variablen (Indikatoren, deren Ausprägungen im Text dann zu bestimmen sind). Der Sinn der Kategorienbildung besteht im Wesentlichen in der Informationsreduktion, indem die Fülle von Textinformationen auf die für die Frage relevanten Informationen reduziert wird (*Lisch/Kriz* 1978, S. 69). Ihre Verwendung in der Analyse wird bestätigt bzw. modifiziert, indem das Material ein erstes Mal gesichtet wird. Die Analyse konkreter Textstellen, so genannter Ankerbeispiele, erleichtert es, weitere Textstellen in das Kategorienschema einzuordnen (*Mayring* 1985, S. 198 f.). Die Kategorien sind so festzulegen, dass sie eindeutig sind, d. h. sich nur auf jeweils genau eine Bedeutungsdimension beziehen, und dass sie einander ausschließen, d. h. ein Merkmal jeweils nur einer Kategorie zugeordnet werden kann.

3. Vorbereitung der Datenerhebung

Um die eigentliche Datenerhebung vorzubereiten, werden die methodischen Einheiten festgelegt. Ob Rubriken, einzelne Beiträge, Absätze oder Sätze als Analyseeinheit verwendet werden, ist abhängig von der Aufgabe. Wörter als kleinste inhaltsanalytische Einheit sind bei Wettbewerbs- und Branchenanalysen meist weniger geeignet, eher sind es Sätze.

4. Datenerhebung

Da Unzulänglichkeiten nicht auszuschließen sind, wird vor der eigentlichen Datenerhebung ein Pretest durchgeführt. Offenbart der Pretest keine Probleme, kann mit der Datenerhebung begonnen werden. Die wichtigsten Auswertungsschritte sind (genauer z. B. bei *Herrmann* 1998, S. 382 ff.):

- Frequenzanalyse: Die Häufigkeit der vorher als Kategorien bestimmten Textelemente, also Ausprägungen der Kategorien, wird ausgezählt.

- Valenzanalyse : Einordnung der interessierenden inhaltsanalytischen Einheiten in einfache Kategorienpaare (Pro-Contra, Plus-Minus).
- Kontingenzanalyse: Untersuchung, wie oft ein sprachliches Element in Verbindung mit anderen erscheint.

Diesen Formen der *quantitativen Inhaltsanalyse* liegen statistische Verfahren zugrunde. Sie können teilweise computergestützt durchgeführt werden. Hauptsache ist jedoch die qualitative Auswertung des Materials (siehe u. a. *Herrmann* 1998, S. 384 f.). Sie ist sensibler für die Besonderheiten des zu untersuchenden Textes (Singularität), stellt auf den spezifischen Kontext von Textbestandteilen ab, sucht nach verborgenen Sinnstrukturen (*Latenz*), und erkennt an, dass auch Einzelfälle ihre Bedeutung haben können.

5. Hypothesenprüfung und Interpretation

Nachdem die Daten ausgewertet und auf die vorher formulierten Hypothesen bezogen worden sind, ist festzustellen, in wie weit sie die Hypothesen stützen. Darüber hinaus ist das Ergebnis der inhaltsanalytisch aufbereiteten Daten zu interpretieren, und seine Bedeutung zur Beantwortung der Ausgangsfrage ist darzustellen.

Die Inhaltsanalyse ist damit eine verhältnismäßig aufwändige, jedoch weitgehend programmierbare und sehr gründliche Methode der Auswertung von Sekundärinformationen zur Innovationsmarktforschung.

ATN Niemeier

Bei der Fertigung von Elektronik-Hardware werden die meisten Lötstellen in hochautomatisierten Fertigungslinien mit Reflowöfen hergestellt. Es gibt aber auch einige Lötstellen, die einzeln gelötet werden müssen, da die Komponenten bei der Hitzeeinwirkung sonst beschädigt würden. Solche Lötstellen werden überwiegend manuell gelötet. Diese in der Serienfertigung recht monotone Tätigkeit ist sehr fehleranfällig.

Daher hat die Firma Automatisierungstechnik Niemeier GmbH (ATN) zur Abhilfe ein Verfahren entwickelt, mit dem Metalle berührungslos und automatisierbar über gebündeltes Halogenlicht weich gelötet werden können.

ATN stieß bei der Vermarktung des Verfahrens zunächst auf das Hindernis, dass die potenziellen Kunden mit ihren manuellen Lötkolbenlösungen zufrieden waren und nicht über Alternativen zu diesem teuren Verfahren nachgedacht hatten. Eine Befragung erwies, dass ATN-Zielkunden an entsprechenden Informationen interessiert waren und dass sich einige Referenzkunden auf einen Testbetrieb des ATN-Verfahrens einließen.

Das von ATN entwickelte Verfahren konnte sich trotzdem nicht im ersten Anlauf durchsetzen, weil Wettbewerber mit einem Laserverfahren anstelle des Halogenverfahrens eine anscheinend leistungsfähigere Technologie hatten. Dieser Laser lässt sich auf einen kleineren Punkt fokussieren und höhere Leistungsdichten erzielen. Eine genauere Recherche hingegen ergab, dass diese für den

Laser positiven Merkmale in der Regel nicht benötigt werden. Die beim Einzel-
punktlöten zu lötenden Lötstellen sind meist größer als 1mm, darüber hinaus
sind Leistungen von 20W ausreichend. Hingegen sind die Eigenschaften des von
ATN entwickelten Systems wie schonende Erwärmung, gleichzeitiges Löten von
mehreren Lötstellen und deutliche Kosteneinsparung gegenüber Laserlöten
deutlich zu erkennen. Darüber hinaus ist der sicherheitstechnische Aufwand
beim Einsatz von Halogenlicht deutlich geringer.

Der Grund für die anfängliche Ablehnung des Lichtlötens ist darin zu suchen,
dass ATN ein junges Unternehmen war, welches eine neue unbekannte Technologie anbot. Deshalb waren die wichtigsten Schritte bei der Überwindung dieses
Hindernisses die Gewinnung von Referenzkunden und ein professionelles Auftreten des gesamten Unternehmens (angefangen von der Kundenakquise über
die Außendarstellung bis hin zum fertigen Produkt). Nur so konnte das Vertrauen von potenziellen Kunden dahingehend gewonnen werden, dass ATN die
neue Technologie sicher beherrscht.

Sehr hilfreich war die frühzeitige Entscheidung von ATN, auch die konkurrierenden Lötverfahren wie Induktions- oder Laserlöten mit anzubieten. Dadurch
wurden Glaubwürdigkeit und technologische Kompetenz von ATN deutlich
ausgebaut. Seit der Aufnahme des Laserlötens in das ATN-Produktportfolio
wurden deutlich mehr Lichtlötanlagen verkauft. Inzwischen sind über 200
Lichtlöt-Systeme europaweit im Einsatz. Eine solche Verbreitung kann keiner
der Laserhersteller vorweisen.

Inzwischen beschäftigt ATN 17 Mitarbeiter und ist einer der führenden Anbieter
für Roboterlöten in Deutschland. Mit einer Reihe von Vertriebs- und Service-
Partnern werden die Aktivitäten nun auf Europa ausgeweitet. 2005 konnten bereits 25% der Anlagen im Ausland realisiert werden. Neben dem Lichtlöten
kommen inzwischen auch andere Verfahren zum Einsatz. Für sehr massive Lötstellen wird das Induktionslöten, für kleinste Lötstellen das Laserlöten eingesetzt. Inzwischen werden ca. 50% der Applikationen mit Licht und 50% mit anderen Verfahren realisiert.

Quelle: Projekt Innovationswerkstatt und Interview mit *Jörg Niemeier* im Januar 2006.

4.1.2.3 Kundenanalyse

Die Erfolgsfaktorenforschung hat immer wieder gezeigt: Der relative Produktvorteil
aus Sicht des Kunden, der CIA, ist *der* Erfolgsfaktor von Produktinnovationen (siehe
2.2.2.3). Der CIA stellt den Kunden in den Mittelpunkt. Die Kundenanalyse ist hat
daher im Innovationsmarketing extrem wichtig. Daher soll sie als Kern der Marktanalyse im Rahmen der Strategischen Situationsanalyse vertieft werden.

Zur Kundenanalyse werden systematisch Informationen über Kunden und Marktsegmente gesammelt, geordnet, verdichtet und ausgewertet (*Plinke* 1995, Sp. 1329).
Am Anfang des Innovationsprozesses, bei der Problemerkenntnis, ist es am wichtigsten, Kundenbedürfnisse zu erkennen. *Kleinschmidt et al.* (1996, S. 109) erläutern
das unter *Innovationsbedarfserfassung* als „systematische, zielgerichtete Suche nach
Informationen über Probleme, Bedürfnisse, Mangelempfinden, Wünsche und Präfe-

renzen der Kunden sowie deren Aufbereitung und Bewertung für Zwecke der Findung neuer Produkte oder Produktweiterentwicklungen."

„Listening to the Voice of the Market" (*Johne* 1994) ist zentrale Aufgabe des Innovationsmarketing. Unerfüllte Kundenbedürfnisse sollen möglichst frühzeitig identifiziert werden. Solche Informationen können sowohl als Ausgangspunkt von Market-Pull-Innovationen dienen als auch um Anwendungsoptionen für Technology-Push-Innovationen zu finden (zu dieser Unterscheidung siehe 2.1.2.4). *Kleinschmidt et al.* (1996, S. 109 f.) unterscheiden hierbei Anregungs- von Absicherungsinformationen: Anregungsinformationen weisen auf ein unerfülltes Kundenbedürfnis hin, Absicherungsinformationen zeigen, ob erste Innovationsideen-/-konzepte bedarfsgerecht sind und auf Nachfrage treffen.

Der Einfluss von Kundeninformationen (bzw. Kundeneinbindung) auf den Innovationserfolg ist für die frühen Phasen des Innovationsprozesses besonders gut belegt (*Kirchmann* 1998, S. 305; *Gruner/Homburg* 2000, S. 10; *Gruner* 1997, S. 207; *Strumann* 1997, S. 195). Wenn Kundenanforderungen an das neue Produkt nicht erhoben werden, wäre es fast Zufall, wenn das Produkt schließlich doch den Kundenerwartungen gerecht würde (*Kleinaltenkamp/Plötner* 1994, S. 135).

In der Praxis werden Kunden jedoch nicht immer rechtzeitig in den Innovationsprozess integriert. *Gruner* (1997, S. 177) zeigt, dass im deutschen Maschinenbau Kunden kaum vor der Prototypenerstellung oder Markteinführung in die Innovation eingebunden werden (n = 310 Innovationsprojekte). In der Outdoor-Konsumgüterbranche findet Lüthje (2000, S. 114; n = 44) aber, dass die Hälfte der Befragten bei der Ideengenerierung mit Kunden zusammenarbeitet, um deren Bedürfnisse zu ermitteln.

> **Begriffsklärung: Bedürfnis – Bedarf – Nachfrage – Nutzen**
>
> Aber was ist überhaupt ein Kundenbedürfnis? In der ökonomischen Theorie wird unter Bedürfnis ein Gefühl des Mangels verstanden, das mit dem Bestreben verbunden ist, diesen Mangel zu beseitigen (*Sandig* 1974, S. 313; siehe ausführlich: *Laß* 2002, S. 237 ff.). Bedürfnisse werden durch Mangelbeseitigung befriedigt. Es sind zwar handlungswirksame Antriebskräfte, die aber noch nicht auf etwas konkretes „Befriedigendes" gerichtet sind. Darüber hinaus ist Bedarf ein auf ein Produkt konkretisiertes Bedürfnis, verbunden mit dem Willen, dieses zur Beseitigung des Mangels zu erwerben (*Balderjahn* 1995, Sp. 180). Bedarf setzt also ein Bedürfnis voraus und das Erkennen eines geeigneten (bedürfnisbefriedigenden) Produkts. Erst die konkrete Disposition zur Beschaffung des Produkts führt dazu, dass aus dem Bedarf eine marktwirksame Nachfrage entsteht. Sie wird im Kaufakt manifestiert und kann anschließend ihren Nutzen entfalten. Der Nutzen eines Produktes ist damit der Grad der mit seiner Verwendung verbundenen Bedürfnisbefriedigung (*Nieschlag et al.* 2002, S. 639).

Johne (1994, S. 57) unterscheidet zwischen aktivem und passivem „Listening to the Voice of the Market". Passives Zuhören reagiert auf Marktstimuli, z. B. auf Kunden, die ein Bedürfnis an das Unternehmen herantragen. Aktives Zuhören sucht proaktiv Informationen über unerfüllte Kundenbedürfnisse. Nach *Johne* genügt passives

Zuhören nicht, um einen strategischen Wettbewerbsvorteil aufzubauen. Aktives Zuhören erlaubt es dagegen, relativ zum Wettbewerb frühzeitig ein unerfülltes Kundenbedürfnis zu entdecken und damit den CIA zu realisieren. *Prahalad und Ramaswamy* (2000, S. 67) gehen noch einen Schritt weiter: Sie sprechen nicht von aktivem Zuhören, sondern vom aktiven Dialog: Informationsaustausch als Gespräch unter Gleichen statt reiner Erhebung von Kundeninformationen.

Abhängig von Bewusstheit und Zukunftsorientierung werden verschiedene Arten unerfüllter Kundenbedürfnisse unterschieden (*Kleinschmidt et al.* 1996, S. 111; *Geschka/Eggert-Kipfstuhl* 1994, S. 117):

- *Aktuelle Kundenbedürfnisse* sind heute existent und den Kunden bewusst.
- *Latente Kundenbedürfnisse* existieren schon, aber noch nicht bewusst.
- *Zukünftige Kundenbedürfnisse* existieren noch nicht, werden aber wahrscheinlich in Zukunft auftreten (dann wieder latent oder aktuell).

Von diesen Eigenschaften der Kundenbedürfnisse hängt ab, wie sie erhoben werden können. Konventionelle Marktforschungsmethoden wie das direkte Befragen können sinnvoll nur zur Erhebung aktueller Bedürfnisse eingesetzt werden, denn sie setzen Bewusstheit voraus. Um einen komplexen Bedarf zu erfassen, sollten solche Interviews persönlich („face-to-face") bzw. als Gruppendiskussion (siehe nachfolgender Toolkasten) erfolgen (*Kleinschmidt et al.* 1996, S. 135). Diese werden im Verlauf des folgenden Abschnitts erläutert. Latente und zukünftige Bedürfnisse können mit klassischer Marktforschung kaum exploriert werden. Dazu gibt es neue Marktforschungsmethoden wie Empathisches Design und Lead User Ansatz, die in 4.1.2.3.2 detailliert vorgestellt werden.

4.1.2.3.1 Aktuelle Kundenbedürfnisse

Für aktuelle Bedürfnisse können sowohl interne als auch externe Quellen verwendet werden. Viele Kundeninformationen gelangen ständig „von allein" ins Unternehmen: Anfragen, Beschwerden, Reklamationen, Vorschläge usw. Professionelles Beschwerdemanagement kann zur Früherkennung von Marktchancen dienen (vgl. *Stauss* 1995, S. 226 ff.). So sollen z. B. bei Procter & Gamble über eine gebührenfreie telefonische (Beschwerde-)Hotline jährlich 1,2 Mio. Anregungen für Innovationen eingehen. Die erste Innovationsprozessphase „Problemerkenntnis/Innovations impuls" kann also schon viel an unerfüllten Kundenbedürfnissen offenbaren, wenn derartige Quellen nur systematisch erfasst und ausgewertet werden (*Kleinschmidt et al.* 1996, S. 119 f.).

Wichtige interne Quellen sind darüber hinaus Mitarbeiter, die direkten Kundenkontakt haben. Außendienstmitarbeiter verbringen viel Zeit mit Kunden. Sie erfahren informell viel über deren Erfahrungen mit vorhandenen Produkten, über ihre Probleme und Wünsche. Dieses Wissen der Außendienstmitarbeiter ist aber oft nur implizit: Es ist ihnen selbst nur mehr oder weniger bewusst. Daher müssen diese Informationen aktiv abgerufen werden, z. B. durch regelmäßige Außendienstbefragungen, Vertriebstagungen und -workshops.

Das alles ist aber leichter gesagt als getan. Effektives „Listening to the customer" (*Poolton/Ismail* 2000) setzt viel Einfühlungsvermögen („Emotionale Intelligenz") und befragungstechnisches Know-how voraus. Das gehört nicht automatisch zu den Kernkompetenzen von Außendienstmitarbeitern und verlangt (kosten)intensive

Schulungen. Unerfüllte Kundenbedürfnisse zu erkennen, wird auch kaum in Vergütungs- und Anreizsystemen der Außendienstmitarbeiter berücksichtigt, und die Reporting- bzw. Feedback-Systeme sind darauf selten ausgerichtet. So gehen wertvolle Informationen über unerfüllte Kundenbedürfnisse verloren (*Gordon et al.* 1997, S. 35 f.).

Das Ohr am Markt zu haben, sollte jedoch nicht nur den *Außendienstmitarbeitern* vorbehalten sein. *McQuarrie* (1993, S. 35 ff.) befasst sich mit Kundenbesuchen als Marktforschungstool in B2B-Märkten. Kritisch bei der Kundenbesuchsplanung ist die Festlegung von Informationszielen. Ein abgeleiteter Diskussionsleitfaden (exemplarisch Abb. 4.19) ermöglicht es, gezielt definierte Informationsbereiche anzusprechen und dabei Prioritäten zu setzen. *McQuarrie* meint, das Sample sollte mindestens zehn Kundenbesuche umfassen. Kriterium für die Auswahl dieser Kunden sollte z. B. nicht die Güte der bestehenden Beziehungen sein, sondern auch die spezielle Eignung der Kunden für die betreffenden Informationsziele.

Ein weiterer Ansatz der Kundenanalyse für das Innovationsmarketing ist die *Zufriedenheitsforschung*. Kundenzufriedenheit ist seit Jahrzehnten ein Fokus der Marketingforschung. Als theoretische Grundlage besonders anerkannt und praktisch ent-

---

I. Einleitung

1. Orientierungsfragen: Ursachen der Kundenanfrage, Art und Umfang der bestehenden Ausrüstung
2. Allgemeine Geschäftsbelange: Gründe, die zur Auswahl der vorhandenen Ausrüstung geführt haben, aktuelle Veränderungen in der Branche, usw.

II. Wahrnehmung der gegenwärtigen Produkte

1. Probleme beim Kauf, Gebrauch und Support der bestehenden Lösungen
2. Einschränkungen und Nachteile der bestehenden Lösungen

III. Gewünschte Produktverbesserungen

1. Untersuchung bedeutender Faktoren und zu Grunde liegender Bedürfnisse
2. Spezifische Beispiele für die gewünschten Funktionalität
3. Untersuchung der relativen Bedeutung der einzelnen Anforderungen; Abgleich mit grundsätzlichen Produktanforderungen

IV. Produktunterstützung

1. Untersuchung der funktionalen Produktumgebung: Support, Training, Dokumentation, Bestellung und Auslieferung

V. Gewünschte Produktverbesserungen

1. Zusammenfassung und gegebenenfalls Ergänzungen zu den behandelten Aspekten
2. Ergänzungen / eigene Aspekte des Kunden

Quelle: eigene Darstellung in Anlehnung an *McQuarrie* 1993, S. 73

Abb. 4.19: Exemplarischer Diskussionsleitfaden für Kundenbesuche

sprechend verbreitet ist das „Confirmation/Disconfirmation-Paradigm". Danach ist der Grad von Kundenzufriedenheit das Ergebnis eines Vergleichs zwischen den (vorher) gehegten Erwartungen des Kunden an die Leistung und seinen (hinterher) wahrgenommenen Leistungen. Aus der Bestätigung bzw. Nicht-Bestätigung der Erwartungen resultiert eine Reaktion, die Zufriedenheit bzw. Unzufriedenheit (*Homburg/Stock* 2003, S. 20 ff.).

Die Messung der Kundenzufriedenheit mit am Markt vorhandenen Produkten kann neue, verbesserte Problemlösungen anregen. Die folgende Abbildung 4.20 zeigt gängige Ansätze zur Messung der Kundenzufriedenheit.

Ansätze zur Erfassung von Kundenzufriedenheit			
Objektive Verfahren	Subjektive Verfahren		
	Merkmalsgestützte Verfahren		**Ereignisorientierte Verfahren**
	Implizite Methoden	**Explizite Methoden**	
• Umsatz • Marktanteil • Wechselrate • Wiederkaufrate	• Analyse der Beschwerden • Ermittlung der Leistungsmängel • Befragung von Verkäufern und Absatzmittlern	• Messung des Erfüllungsgrades von Erwartungen • Messung der Globalzufriedenheit • Messung der Dimensionen von Zufriedenheit mit Multiattributivmodellen	• Methode der kritischen Ereignisse

Quelle: *Herrmann* 1998, S. 284; *Andreasen* 1982, S. 183 ff.

Abb. 4.20: Ansätze zur Messung der Kundenzufriedenheit

Objektive Zufriedenheitsmaße stützen sich auf beobachtbare Größen wie Umsatz, Marktanteil und Wiederkaufrate. Diese fassen viele Einflüsse zusammen, nicht nur den der Zufriedenheit. Wegen dieses grundsätzlichen Gültigkeitsmangels der objektiven Verfahren wird Zufriedenheit meist subjektiv erfasst. Man unterscheidet merkmalsgestützte und ereignisorientierte Verfahren. Ereignisorientierte Verfahren messen Zufriedenheit anhand konkreter positiver oder negativer Erlebnisse. Dagegen erheben merkmalsgestützte Verfahren relevante Produkt-, Service- und Interaktionsmerkmale aus Kundensicht. Implizite Methoden schließen von Indikatoren wie Beschwerden auf Zufriedenheit, explizite Methoden erfassen Zufriedenheit direkt bei den Kunden über Skalen (*Herrmann* 1998, S. 283 ff.; siehe u. a. auch *Beutin* 2001, S. 115 ff.; *Bruhn* 2000, S. 127 ff.; *Stauss* 1999, S. 12 ff.).

Ein Modell der Kundenzufriedenheit, das sich zur Ermittlung von aktuellen Kundenbedürfnissen gut einsetzen lässt, ist das merkmalsorientierte Kano-Modell. Es differenziert u. a. zwischen folgenden Arten von Kundenanforderungen (*Kano et al.* 1984, S. 5 f.; *Bailom et al.* 1996, S. 118 ff.; siehe auch Abb. 4.21):

• *Basisanforderungen*: So genannte Muss-Attribute, die der Kunde nicht explizit verlangt, die aber bei Nichterfüllung unzufrieden machen. Ihre Erfüllung wird als selbstverständlich angesehen, führt nicht zu höherer Zufriedenheit.

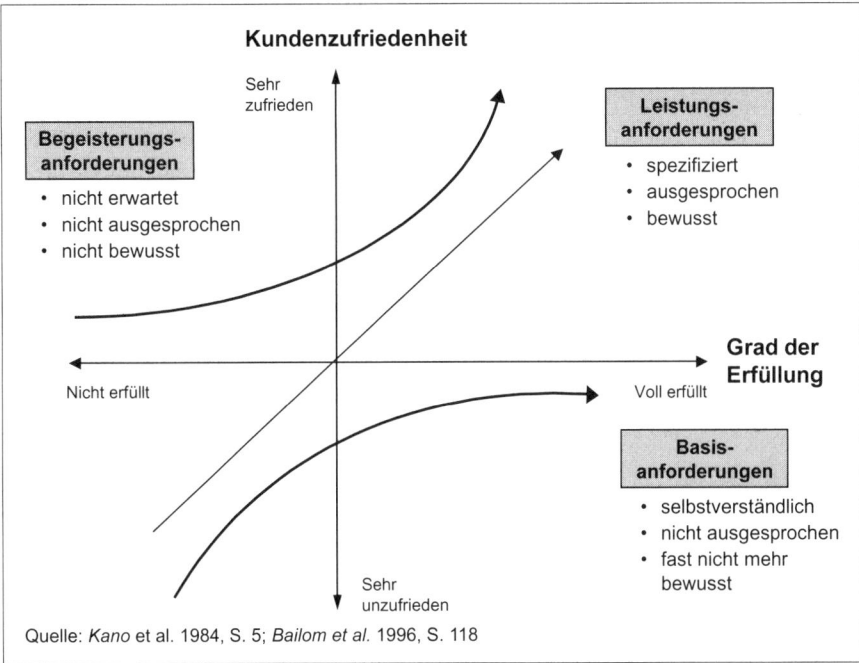

Abb. 4.21: Das Kano-Modell der Kundenzufriedenheit

- *Leistungsanforderungen*: Anforderungen, die Kunden bei einer Kaufentscheidung wichtig sind und die umso mehr Zufriedenheit auslösen, je besser sie erfüllt sind. Nichterfüllung führt entsprechend zu Unzufriedenheit.
- *Begeisterungsanforderungen*: Nützliche Eigenschaften, die Kunden positiv überraschen, da sie nicht erwartet werden. Wenn sie dennoch vorhanden sind, begeistern sie, wenn nicht: kein Problem, keine Unzufriedenheit.

Kunden zufrieden zu stellen, bedeutet nach dem Kano-Modell zu antizipieren, was sich Kunden von Produkten wünschen, aber (noch) nicht erwarten. Der Kano-Fragebogen ermöglicht es, Basis-, Leistungs-, und Begeisterungsmerkmale zu unterscheiden. Produkteigenschaften werden vorgegeben. Die Befragten beantworten Ratingskalen wie z. B. von *Bailom et al.* (1996, S. 120 f.):

„Wenn Ihnen Ihr Ski das Tiefschneefahren entscheidend erleichtert, wie denken Sie darüber?"
- das würde mich sehr freuen
- das setze ich voraus
- das ist mir egal
- das könnte ich eventuell in Kauf nehmen
- das würde mich sehr stören.

Um solche Skalen entwickeln zu können, muss man schon viel über Kundenanforderungen wissen. Die große Herausforderung ist es, versteckte Probleme und Bedürfnisse zu entdecken, insbesondere für das eigentliche Innovationspotenzial im Markt, nämlich neue Begeisterungsanforderunganforderungen. Dazu muss man potenzielle, möglichst neuartige, Kundenprobleme sensibel eruieren (innovative customer insights entdecken) und dafür die Anwendungsbedingungen und das Produktumfeld genau verstehen. Folgende Fragen können für eine solche qualitative Vorstudie hilfreich sein (*Bailom et al.* 1996, S. 119):

- Was assoziiert der Kunde mit der Verwendung des Produktes? (Informationen über das Anwendungsumfeld und den Verwendungszweck, Ansatzpunkte für innovative Produktideen).
- Welche Probleme/Ärgernisse/Beschwerden verbindet der Kunde mit der Verwendung des Produktes? (Identifikation von unerfüllten Kundenbedürfnissen).
- Welche Kriterien berücksichtigt der Kunde beim Kauf des Produktes? (Hinweise auf Leistungsanforderungen).
- Welche neuen Eigenschaften oder Serviceleistungen könnten die Erwartungen des Kunden besser erfüllen? Was würde der Kunde an dem Produkt ändern? (Hinweise auf aktuelle Kundenbedürfnisse, die durch das Produkt nicht erfüllt werden).

Diese Fragen können z. B. im Rahmen einer Gruppendiskussion mit Kunden fokussiert werden. Die Methode „Gruppendiskussion" soll daher hier als Tool vorgestellt werden. Sie eignet sich nicht nur als Vorstudie einer Kano-Zufriedenheitsanalyse, sondern kann generell gut zur Generierung von Informationen über aktuelle Kundenbedürfnisse eingesetzt werden.

Gruppendiskussion

Die Gruppendiskussion (synonym: Fokusgruppe/Focus Group Interview) gilt als die am weitesten verbreitete qualitative Marktforschungsmethode. Zu einem Überblick zur qualitativen Marktforschung siehe *Zanger und Sistenich* (1996, S. 351 ff.). Die Gruppendiskussion ist aus der psychologischen Gruppentherapie heraus entstanden und wird seit den 50er Jahren zunehmend in der Marktforschung eingesetzt (*Kepper* 2000, S. 172). Im Gegensatz zu Einzel- oder Gruppeninterviews, wo Befragte einzeln oder als Gruppe versammelt einen Fragebogen ausfüllen, ist es bei der Gruppendiskussion erwünscht, dass Informationen, Einstellungen, Meinungen und Ideen mehrerer Personen zu dem Thema ausgetauscht werden. Ziel ist also nicht die Erfassung individueller Daten. Die Gesprächspartner sollen vielmehr bei Argumentation, Reflektion und Diskussion Bezug aufeinander nehmen.

Folgende Schritte gehören zur Methode der Gruppendiskussion (vgl. u. a. *Kepper* 1996, *Kepper* 2000, S. 172 ff.; *Berekoven et al.* 2004, S. 96 f., S. 358 ff.):

1. Zusammenstellen der Gruppe(n)

Gruppengröße, Zusammensetzung und Diskussionsablauf steuern die Ergebnisse. Sechs bis zehn Personen sind optimal. Dann steht keine Einzelperson im Mittelpunkt und die Gruppe ist noch überschaubar. Um sicherzustellen, dass die Kommunikation reibungslos erfolgt und die Mitglieder offenen Kontakt entwickeln können, sollte die Gruppen homogen sein, z. B. nach soziodemographischen Merkmalen (Alter, Bildung, Einkommen usw.), aber auch nach psychographischen Merkmalen wie Lifestyle, Motivation und Wissensstand.

Heterogene Gruppen entwickeln Kommunikationsbarrieren und schweifen gern vom Thema ab. Homogene Gruppen produzieren dagegen oft einseitige Sichtweisen und kommen vorschnell zum „Konsens".

2. Durchführung der Gruppendiskussion

Um die Aufgaben- und Zielbezogenheit der Diskussion sicherzustellen, muss sie ein Moderator betreuen. Er sorgt für eine sinnvolle Sitzordnung, führt in das Thema ein, gibt den Gesprächsablauf vor und koordiniert den Gesprächsablauf. Bei Innovationsprojekten sollten auf jeden Fall Teammitglieder aus Marketing und F&E dabei sein (*Jenner* 2000, S. 138).

Folgende Spezialfälle von Gruppendiskussionen kommen in Frage (*Kepper* 2000, S. 175 ff.):

- *Kumulative Gruppendiskussionen*: Hier bauen mehrere Gesprächsrunden aufeinander auf. Die Erkenntnisse vorhergehender Gruppen gehen in die darauf folgenden Gruppen ein, werden aufgegriffen und fortgeführt.
- *Rolling-Groups*: Aufeinander aufbauende Gruppendiskussionen, die sich durch eine festgelegte Anzahl von „alten" Teilnehmern aus vorherigen Runden und neuen Teilnehmern auszeichnen. *White und O'Doherty* (1996, S. 233 ff.) schildern exemplarisch den Einsatz dieser Variante.
- *Mini-Groups*: Kleine Gruppen mit ca. vier bis sechs Teilnehmern für besonders sensible Themen bzw. Expertendiskussionen.

Online-Fokusgruppen: Das Internet ermöglicht diverse neue Kommunikationsverfahren des „e-research". Manche laufen ähnlich ab und leisten Vergleichbares wie die klassische Gruppendiskussion. (Zu Online-Gruppendiskussion siehe *Montoya-Weiss et al.* [1998, S. 713 ff.], *Welker et al.* 2005, *Kamenz* 2002)

Die Diskussion durchläuft verschiedene gruppendynamische Phasen:

1. Forming: die Gruppe kommt erstmalig zusammen und lernt sich kennen,

2. Storming: (Gruppen-)Rollen, Themen und Regeln werden geklärt.

3. Norming: gemeinsame Werte werden entwickelt und festgelegt.

4. Performing: Höhepunkt der Produktivität der Gruppe.

Die Phasen Storming, Norming und Performing können immer wieder neu durchlaufen werden (*Gordon/Langmaid* 1988, S. 41).

Von Beginn an muss der Moderator das Gespräch lenken und eingreifen, wenn sich bestimmte kontraproduktive Rollenverteilungen ergeben, z. B. wenn einzelne Redner zu dominierenden Meinungsführern werden. Er muss regelnd eingreifen, wenn die Diskussion stockt oder zu einseitig verläuft. Es kann sinnvoll sein, dass er gelegentlich Diskussionsergebnisse prägnant und neutral zusammenfasst. Der Moderator kann Zitate, Produktkonzepte, Filme, Produktmodelle/ Prototypen sowie Kreativitätstechniken einsetzen. In der Diskussion vernachlässigte Themenkomplexe oder Gruppenkonsens sollte er aber nicht erzwingen. Insgesamt muss er flexibel auf ungeplante Diskussionsverläufe reagieren.

3. Auswertung der Diskussion

Gruppendiskussionen werden möglichst auditiv oder audiovisuell aufgezeichnet. Der Moderator macht sich zusätzlich Notizen. Anhand eines Auswertungsschemas (Liste aller Fragen und Themenbereiche) werden die Aussagen strukturiert und dokumentiert und Mehrfachnennungen vermerkt. Anschließend können die Aussagen nach Ihrer Bedeutung gewichtet werden, mehr dazu siehe *Schmidt* (2001, S. 100 ff.). Bei mehreren Diskussionsrunden müssen diese natürlich auch übergreifend analysiert werden.

Die Gruppendiskussion hat generische Vorteile durch die zwanglos-offen-interaktive und dennoch zielorientiert strukturierte Dynamik der Kommunikation unter gleichermaßen konstruktiv motivierten, aber unterschiedlich vorgeprägten Personen. Gelegentlich auftretende Probleme haften nicht grundsätzlich der Methode an und können durch gute Vorbereitung und Steuerung vermieden, zumindest gemildert werden (vgl. z. B. *Dreher/Dreher* 1994, S. 141 ff.; *Berekoven et al.* 2004, S. 99; *Kepper* 2000, S. 172 ff.; *Seymour* 1987, S. 51 ff.; *McQuarrie/McIntyre* 1987, S. 56 ff.):

Vorteile der Gruppendiskussion:

- Im Vergleich zu einer entsprechenden Anzahl von Einzelinterviews sind Gruppendiskussionen bei größerer Informationsausbeute weniger kostenintensiv.
- Sie geben einen Überblick über die Breite und Struktur von Meinungen und Einstellungen. Auf verborgene Kaufmotive und Einstellungen kann geschlossen werden.
- Die Befragten regen sich gegenseitig zur Meinungsäußerung an. Die Gesprächssituation motiviert Befragte eher als im Einzelinterview zu persönlichen Aussagen und provoziert – durchaus gewünschte – spontane, unkontrollierte Reaktionen.
- Das Thema bzw. die Frage kann unspezifischer gestellt sein als bei Interviews und schriftlichen Befragungen, weil explorative Auswertungsmöglichkeiten zur Verfügung stehen.
- Gruppendiskussionen sind während der explorativen Phase einer Untersuchung besonders produktiv. Sie sind kein Ersatz, sondern Vorbereitung für quantitative Erhebungen.

Nachteile der Gruppendiskussion:

- Die Methode erfordert einen gut geschulten Moderator, der seine eigene Meinung nicht kommuniziert, den Diskussionsverlauf aber in die, dem Untersuchungsziel entsprechende, Richtung lenken kann.
- Die Methode ist mit hohem organisatorischen Aufwand verbunden, schon um die Teilnehmer auszuwählen und terminlich zu koordinieren.
- Es liegt im Ermessen des Einzelnen, ob und wann er sich zur gerade diskutierten Thematik äußert. Dadurch besteht die Gefahr, dass einige Teilnehmer die Diskussion dominieren und andere sich deshalb kaum äußern.
- Die Auswertung der Gruppendiskussion ist aufwändig und erfordert eine intensive Auseinandersetzung der Auswertenden mit den Gesprächsprotokollen. Tendenziell besteht wegen der Fülle an Informationen die Gefahr einer selektiven Wahrnehmung. Dazu ist umfangreiche Dokumentation erforderlich.
- Die Ergebnisse der Gruppendiskussion sind wegen der kleinen Fallzahl nicht repräsentativ (zu einem Überblick zur Validität und Reliabilität qualitativer Methoden siehe *Healy/Perry* 2000, S. 118 ff., *Sykes* 1990, S. 289 ff.) Bei der Gruppenzusammensetzung sind die Ansprüche an Homogenität für positive Gruppendynamik und zugleich an Heterogenität für „Flächendeckung" der vertretenen Meinungen prinzipiell konfliktär.

Zusammenfassend: Die Gruppendiskussion ist eine in der Methodenliteratur vernachlässigte, aber in der Praxis immer mehr eingesetzte Methode zur Gewinnung qualitativer, weicher Informationen im Innovationsprozess. Sie lässt sich günstig und einfach durchzuführen und kann in allen Phasen des Innovationsprozesses zu wertvollen Erkenntnissen führen. Besonders Kundenanalyse-Gruppendiskussionen erfassen aktuelle Kundenbedürfnisse effizient. Darüber hinaus eignet sich die Gruppendiskussion besonders zum Test neuer Produktkonzepte (Konzepttest, siehe auch 4.3), auch weil die hierbei praktizierte persönliche Kommunikation („Mund-zu-Mund Propaganda") bei realen Adoptionsprozessen sehr wichtig ist (*McQuarrie/McIntyre* 1986, S. 42).

Im Folgenden wird die Methode der Gruppendiskussion an einem Beispielsfall verdeutlicht.

Gruppendiskussion – DeTeMedien, Weiße Seiten

Ziel einer Projektveranstaltung der TU Berlin für die Firma DeTeMedien war die Steigerung der Attraktivität des Werbeträgers „Weiße Seiten" (Telefonbuch). Im ersten Teil sollten die Anforderungen an die „Weißen Seiten" aus Verwender- und Inserentensicht, Kritikpunkte und Verbesserungsmöglichkeiten sowie Nutzungs- und Ablehnungsgründe untersucht werden. Daraus war im zweiten Teil eine Telefonbefragung von 500 Unternehmen abzuleiten, nämlich zur Identifikation von Zielsegmenten unter den Anzeigenkunden der „Weißen Seiten" und zur Untersuchung von Image und Anforderungsprofilen an diesen Werbeträger.

Nach einer Literaturrecherche für die (in solchen Fällen fast immer zunächst notwendige) Sekundärdatenanalyse war eine Gruppendiskussion für den ersten Teil der Studie angemessen. Zu ihrer Vorbereitung wurden Mitarbeiter der DeTeMedien-Annoncenakquisition und der Kundenbetreuung interviewt. Daraus wurde ein Untersuchungsplan mit vier Gruppendiskussionen entwickelt, je zwei mit Verwendern (Personen mit Informationsbedürfnissen) und Inserenten (Personen oder Organisationen mit Werbebedarf). Den Sitzungen wurde ein Leitfaden zugrunde gelegt, der die Dramaturgie steuern und gewährleisten sollte, so dass alle relevanten Aspekte erörtert würden. Die Gruppendiskussionen wurden professionell moderiert, protokolliert, mit Video aufgezeichnet und dann ausgewertet.

In jeder Gruppe gab es Diskussionen um Fragen wie „Wo haben Sie das letzte Mal nach einer Telefonnummer gesucht?", „Wann haben Sie dieses Medium das letzte Mal benutzt?" und „Was bietet dieses Medium, aber nicht ein anderes?". Die Äußerungen dazu erlaubten Aussagen über direkte Wettbewerber und Anforderungen an ein Nachschlagewerk sowie, daraus abgeleitet, Vor- und Nachteile der „Weißen Seiten". Aus der Ergebnisanalyse konnten Verbesserungsvorschläge aus Inserenten- und Verwendersicht abgeleitet werden. So sollten u. a. die „Weißen Seiten" wahlweise als CD-ROM mit Zusatzfunktionen (wie Stadtplan und Notizbuchfunktion) angeboten werden, was auch umgesetzt wurde.

Quelle: eigene Informationen

Zurück zur Ermittlung aktueller Kundenbedürfnisse mittels des Kano-Modells: Der Kano-Fragebogen basiert ja auf Kundenanforderungen, die im Vorfeld qualitativ z. B. mittels einer Gruppendiskussion erhoben werden müssen. Ein standardisiertes Auswertungsprozedere der quantitativen Erhebung ermöglicht es dann, die Produkteigenschaften als Basis-, Leistungs- und Begeisterungsanforderungen einzustufen. Dadurch kann herausgefunden werden, welchen Einfluss die Produktattribute auf die Kundenzufriedenheit haben, so dass man für die Ideenentwicklung, -selektion und Produktentwicklung Prioritäten setzen kann. Außerdem können unerfüllte Kundenbedürfnisse identifiziert werden.

Der Kano-Fragebogen knüpft an vorhandene Problemlösungen an. Also stützt er sich letztlich nur auf Kundenanforderungen von heute. Die Ergebnisse können die Entwicklung von neuen Lösungen für bekannte Probleme (aktuelle Kundenbedürfnisse) unterstützen. Unbekannte Probleme und damit die Kundenbedürfnisse von morgen (latente und zukünftige Bedürfnisse), lassen sich damit schwerlich identifizieren.

Das Kano-Modell wird vornehmlich in Business-to-Consumer-Märkten verwendet. Dagegen hilft die Wertschöpfungsprozessanalyse dabei, aktuelle Kundenbedürfnisse in B2B-Märkten zu artikulieren (*Plinke* 1995, S. 1336). Hier werden systematisch alle strategisch relevanten Tätigkeiten (so genannte Wertaktivitäten, von der Forschung bis hin zur Verwendung beim Endabnehmer, siehe Abb. 4.22) eines Unternehmens bezüglich ihres Einflusses auf den Wettbewerbsvorteil (CIA) untersucht. Konzeptionelle Grundlage ist der Wertkettenansatz von *Porter* (2000, S. 184 ff.). *Porter* (2000, S. 70 ff.) unterscheidet primäre und sekundäre Wertaktivitäten. Primäre Aktivitäten beschäftigen sich mit der physischen Herstellung des Produktes, dessen Verkauf und Vertrieb sowie dem Kundendienst. Unterstützende (sekundäre) Aktivitäten beschaffen die Inputs wie z. B. Personal und Technologien und koordinieren das Zusammenspiel der primären Aktivitäten.

Nach dem Wertkettenansatz basieren Wettbewerbsvorteile auf den Wertaktivitäten, die im Zusammenhang mit der Erstellung und Vermarktung des Endproduktes an-

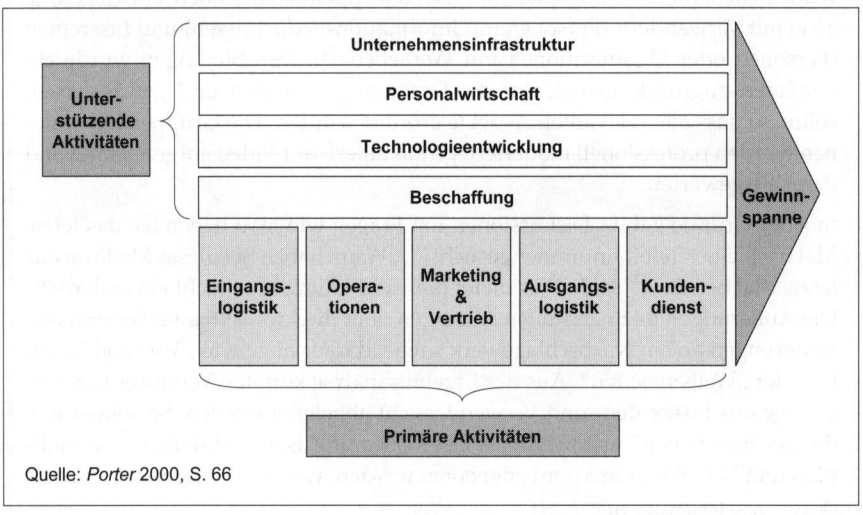

Abb. 4.22: Das Wertkettenmodell nach Porter

fallen. Die Umsetzung einzelner Wertaktivitäten bestimmt, ob ein Unternehmen im Vergleich zu seinen Wettbewerbern in der Lage ist, kostengünstiger zu arbeiten bzw. Abnehmerbedürfnisse signifikant besser zu befriedigen (*Altobelli* 1995, Sp. 2709). Eine überlegene Kostenposition kann z. B. aus überlegenen Fertigungsprozessen oder einem kostengünstigen Distributionskanal resultieren. Ein überlegenes Design oder der Zugang zu hochwertigen Rohstoffen kann hingegen zu Differenzierungsvorteilen führen (*Porter* 2000, S. 246 f.).

Wettbewerbsvorteile entstehen in B2B-Märkten aus dem Zusammenspiel zwischen den Wertketten der wertschöpfenden Unternehmen (Kunden) und ihrer Zulieferer: Die Wertketten der Zulieferer schaffen die Inputs für die Wertketten ihrer Kunden. Quelle der Wettbewerbsvorteile eines Zulieferers ist also der Nutzen (Art und Umfang der Verbesserung), den die betreffende Innovation für die Wertkette seiner Kunden darstellt. Ziel des Zulieferers muss es also sein, durch seinen Einfluss auf die Wertketten der Kunden für diese einen möglichst hohen Wert zu schaffen. Dabei ist nicht der reale Wert entscheidend, sondern der Wert, der vom Kunden wahrgenommen wird. Also können nicht nur objektive Produktmerkmale Kundenwert haben, sondern auch immaterielle Produkteigenschaften, z. B. die Marke (*Altobelli* 1995, Sp. 2715). Eine erweiterte Visualisierung des CIA im Strategischen Dreieck mag das illustrieren, siehe folgende Abbildung 4.23.

Ausgangspunkt der Wertschöpfungsprozessanalyse ist die *Definition der Wertkette*. Die in der vorangegangenen Abbildung 4.22 dargestellte allgemeine Wertkette ist nur ein grobes Raster. Jede Kategorie lässt sich weiter in konkrete Wertaktivitäten unterteilen. Dabei sollten vor allem die wettbewerbsrelevanten Aktivitäten feiner untergliedert werden. Anschließend ist für die einzelnen Wertaktivitäten zu untersuchen, inwieweit und in welchem Ausmaß sie Wettbewerbsvorteile begründen (*Altobelli* 1995, Sp. 2709 ff.).

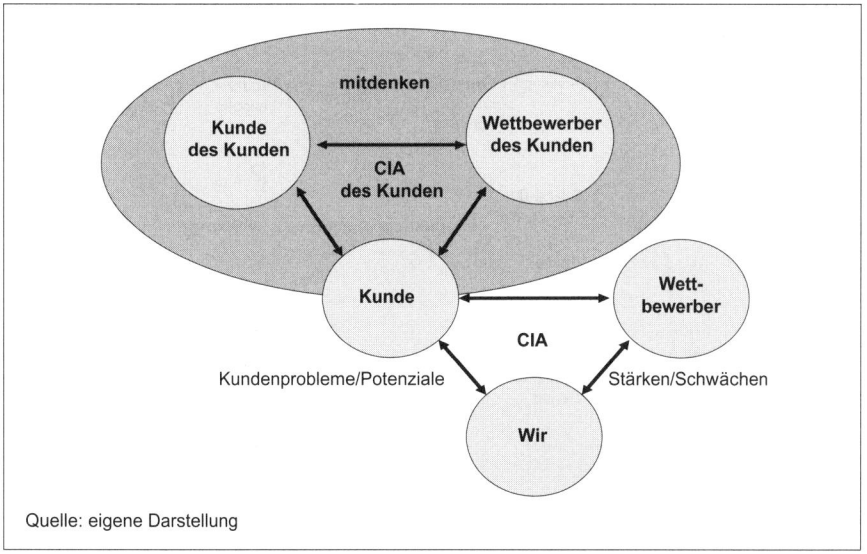

Abb. 4.23: Kundenanalyse kann auch bedeuten: Analyse der Kunden der Kunden

Um Kundenbedürfnisse zu entdecken, ist anhand der Ist-Wertkette des Kunden zu prüfen, inwieweit seine Leistung durch entsprechende Prozessinnovationen gesteigert werden kann (*Plinke* 1995, Sp. 1337). Diese Prozessinnovationen sind der Ansatz für Produktinnovationen, die dem Kunden dafür angeboten werden könnten. Neben Kostensenkung der Wertschöpfung des Kunden kann man hierfür auch gezielt nach Differenzierungspotenzialen suchen, die dem CIA des Kunden zugute kommen könnten. Dazu werden Kaufkriterien der Endabnehmer Wertaktivitäten des Kunden zugeordnet. So sieht man, welche Wertaktivitäten kaufentscheidungsrelevant sind und damit Differenzierungspotenziale gegenüber dem Wettbewerb bergen. Dazu muss man allerdings eigentlich auch die Wertketten der wichtigsten Wettbewerber analysieren, was Informationsbeschaffungsprobleme mit sich bringen kann (*Altobelli* 1995, Sp. 2712 f.; *Benkenstein* 2002, S. 105).

Auf Basis der auf diese Weise identifizierten wertkettenbasierten Kundenbedürfnisse können gezielt Innovationen zur Ausschöpfung von Kostensenkungs- bzw. Differenzierungspotenziale entwickelt und dem Kunden angeboten werden. Eine Kundenanalyse in B2B-Märkten sollte also auch eine *Analyse der (End-)Kunden der Kunden* beinhalten (*Homburg/Krohmer* 2003, S. 387). Dieser Zusammenhang wird durch die vorangegangene Abbildung 4.23 verdeutlicht.

Ein Beispiel für ein Unternehmen, das durch eine weitgehende Neugestaltung branchenüblicher Wertschöpfungsketten sehr erfolgreich geworden ist, ist IKEA. Abbildung 4.24 vergleicht die Wertschöpfungskette von IKEA mit der eines traditionellen Möbelhauses. Der Hauptunterschied ist, dass das Unternehmen alle Wertschöpfungsstufen in der Hand behält und durch die Verlagerung der Wertaktivität „Service" auf die Kunden große Kostenvorteile realisieren kann. Das IKEA-Wert-

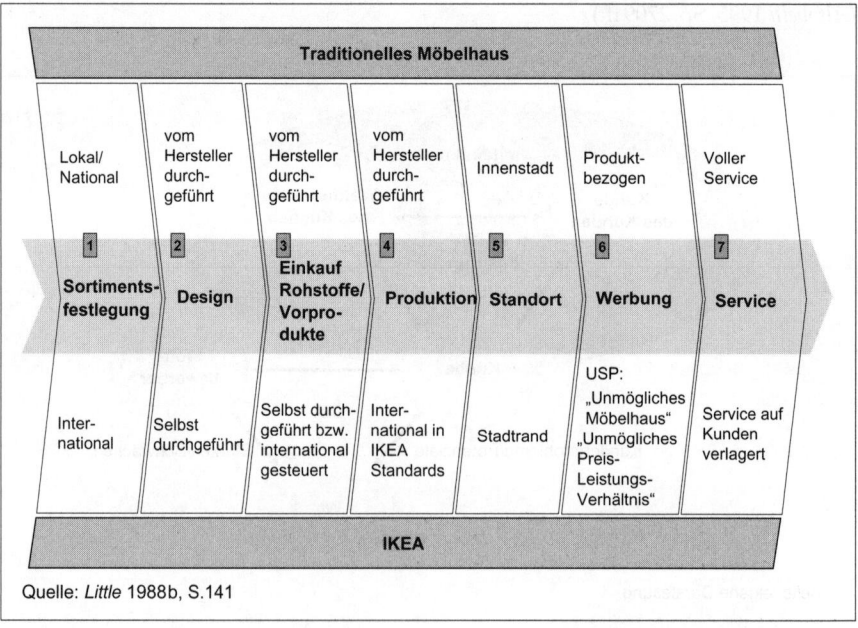

Abb. 4.24: Vergleich der Wertschöpfungskette von Ikea mit traditionellen Möbelhäusern

schöpfungssystem ist ausgerichtet auf einen größtmöglichen Differenzierungsvorteil (*Little* 1988 b, S. 140).

Wertschöpfungsketten bestimmen also Wettbewerbsvorteile. Diese sind in B2B-Märkten Kern der Kundenbedürfnisse. Die Wertschöpfungsprozessanalyse ist also geeignet, um Kundenbedürfnisse zu analysieren (*Becker* 2001, S. 850; *Benkenstein* 2002, S. 98), nämlich ohne diese Kunden – naiv und direkt – nach ihren Bedürfnissen zu fragen. Sie braucht aber umfangreiche Informationen (*Benkenstein* 2002, S. 106), die mitunter schwer zu beschaffen sind. Informationsbeschränkungen begrenzen die detaillierte Abbildung der Kunden-Wertketten. Auch deshalb sollten innovierende Unternehmen mit dem Kunden eng zusammenarbeiten, nicht zuletzt, um dessen Wertschöpfungskette zu erkennen.

Zusammenfassend: Aktuelle, unerfüllte Kundenbedürfnisse zu identifizieren, kann schon durch vorhandene interne Informationen (z. B. Know-how des Außendienstes, Beschwerden, Anfragen etc.) und ein kontinuierliches „Ohr am Markt" unterstützt werden, z. B. durch regelmäßige Kundenbesuche. Darüber hinaus können unerfüllte Bedürfnisse erkannt werden, wenn die Kundenzufriedenheit mit vorhandenen Problemlösungen regelmäßig gemessen wird. Die Komplexität der nötigen Informationen verlangt zunächst qualitative Marktforschung, z. B. mittels Gruppendiskussionen. In B2B-Märkten kann man aktuelle Kundenbedürfnisse entlang deren Wertschöpfungskette aufspüren.

4.1.2.3.2 Latente und zukünftige Kundenbedürfnisse

Informationen über aktuelle Kundenbedürfnisse reichen aber für das Innovationsmarketing nicht aus. Innovationen von heute sind Produkte von morgen. Das verlangt Informationen auch über Kundenbedürfnisse von morgen. Wie aber erkennt man diese Bedürfnisse und welche Faktoren beeinflussen sie? Ein wichtiger Ansatzpunkt ist das Wahrnehmen von „Trends", d. h. im Frühstadium erkennbare gesellschaftliche, ökonomische und technologische Trends, insbesondere Veränderungen der Werte und Lebensstile, die das Zielkundenverhalten fundamental prägen. Um wissenschaftlich seriös und praxistauglich mit solchen Trends arbeiten zu können statt den Trend-Gurus mit ihren flotten Begriffskreationen aufzusitzen, sollte man besonders die Begriffe Trend, Werte und Lebensstile präzise verstehen. Wie das folgende Beispiel zeigt, ist Trendforschung eine Gratwanderung nahe am Abgrund der Spekulation.

„Fahren Sie womöglich auch ein silbernes Auto? Dann sind Sie nicht allein, sondern befinden sich in guter Gesellschaft mit dem Hausmeister, dem Universitätsprofessor und dem Fitnesstrainer. 2001 waren 37 % der neu zugelassenen Fahrzeuge in Deutschland silbern. Von einer Zielgruppe lässt sich hier nicht mehr sprechen, sondern vielmehr von einer Stilgruppe. Die ästhetische Präferenz drückt eine Werthaltung aus. Denn Silber ist nicht nur eine Farbe, Silber ist ein Statement. In seiner Metallanmutung verweist Silber auf Technik und Wissenschaft. Die breite Zustimmung auf diese Farbe deutet auf Fortschrittsoptimismus hin. Doch sehen wir genau hin: Anders als in den 80ern, wo glänzendes Chrom Kälte und Aggressivität ausstrahlte, sind die Silbertöne heute mattiert. Es ist der sanfte, versöhnliche Fortschritt, der heute propagiert wird, einer, der mit der Ökobewegung Frieden geschlossen hat. Einer der besagt: Natur lässt sich besser machen." (*Wippermann* 2003, S. 23)

Ein Trend ist eine Entwicklung z. B. eine Veränderung gesellschaftlicher Wertvorstellungen (siehe ausführlich 4.1.2.4). Ein Wert ist ein konsistentes System von Einstellungen (eine „Über-Einstellung") mit normativer Verbindlichkeit. Ein Wert ist die stabile und grundsätzliche Bereitschaft, sich Einstellungsobjekten gegenüber konstant positiv oder negativ zu verhalten (*Trommsdorff* 2004a, S. 189f.). Solche Werte, die als äußere, vom sozialen Umfeld ausgehende, Richtlinien wirken, werden als gesellschaftliche Werte bezeichnet. Sie bilden den allgemein akzeptierten Orientierungsrahmen, und der ist historisch gewachsen und sozial kontrolliert (*Raffée/Wiedmann* 1986, S. 13f.).

Werte beeinflussen das Konsumentenverhalten. Zum Beispiel beeinflusst der Wert „sportlich leben" u. a. die Kleidung, die Ernährung, die Wahl des Autos und die Art der Urlaubsreise. Werte sind damit „Breitband-Vorhersager" für zukünftiges Kundenverhalten. Sie ermöglichen Aussagen relativ großer Reichweite, z. B. zur Erklärung von Einrichtungsstilen oder Medienrezeptionsgewohnheiten, nicht aber die Wahl eines bestimmten Einrichtungsgegenstandes oder einer bevorzugten TV-Serie. Aussagen über Werte sind Makroaussagen, nämlich über aggregierte soziale Einheiten wie Kulturen oder Gruppen – aus der Marketingperspektive natürlich über Zielgruppen.

Für das Innovationsmarketing besonders wichtig ist der *Wertewandel*. Da das Kaufverhalten grundsätzlich geprägt wird durch Werte und da Werte innerhalb sozialer Einheiten wie Zielgruppen recht homogen sind, haben Werteänderungen hohes Wirkungspotenzial auf die Akzeptanz von Produktinnovationen. Mehr oder weniger wissenschaftlich anspruchsvolle und unterschiedlich differenzierte Aussagen zum Wertewandel liefert die kommerzielle Forschung durch verschiedene Institute bzw. Firmen. Dazu gehören die Publikationen des BAT Freizeitinstitutes, die Shell-Jugendstudien, die Jugendstudien der Werbeagentur *McCann-Erickson* und Auftragsforschung für Zeitschriftenverlage, z. B. DIALOGE (*Gruner & Jahr*) sowie Eigenpublikationen von Marktforschungsinstituten und Beratungsunternehmen. Von einer theoretisch fundierten Wertewandelsvorhersage kann jedoch oft nicht die Rede sein.

Auf der Basis der kulturellen und gesellschaftlichen Entwicklung entstehen Werte und Normen in einer Gesellschaft. Gesellschaftliche Werte und Normen beeinflussen Werthaltungen und den *Lebensstil* von Individuen (*Lazer* 1964, S. 130ff.). Der Begriff Lebensstil (Life Style) wurde nicht aus der Theorie, sondern aus der Marktforschungspraxis heraus entwickelt (siehe im Überblick *Lingenfelder* 1995, Sp. 1377ff.). Eine gängige Definition des Begriffes stammt von *Wind und Green* (1974, S. 106):

> „Life style refers to the overall manner in which people live and spend time and money. They are a function of consumers' motivation and prior learning, social class, demographics and other variables. Life style is also a summary construct reflecting consumers' values."

Lebensstile schlagen sich im Kaufverhalten nieder (*Lingenfelder* 1995, Sp. 1389) und die Entwicklung von Lebensstilen hat daher Relevanz für das Innovationsmarketing. Standard-Lebensstilstudien beschreiben Lebensstile nach Größe und Besonderheiten sowie nach Marketingmerkmalen wie Konsum, Besitz, Kaufkraft und Erreichbarkeit durch Kommunikationsmedien. Populäre Studien sind beispielsweise „Life Style Research" von Conrad & Burnett, „VALS (Values and Lifestyles)" vom Stanford

Research Institute und das Sinus-Milieumodell vom SINUS – Institut Heidelberg. Trotz der strategischen Bedeutung des Konstruktes Lebensstil basieren die meisten Studien jedoch nur auf Querschnittsbetrachtungen: Eine große Menge an Daten wird gesammelt und meist zu (Status-quo-)Typologien verdichtet.

Strategische Marktforschung erfordert aber eine vernetzte, ganzheitliche Untersuchung komplexer Systeme. Dies wird durch herkömmliche Lebensstilstudien und Trendforschungsansätze nicht erreicht. Um diese Mängel zu berücksichtigen hat *Reeb* (1998) mit Hilfe des Sensitivitätsmodells von *Vester* (1993) ein Lebensstil-Konzept entwickelt, das Vernetzungen berücksichtigt. Es wird ermöglicht, die Auswirkungen zukünftiger Entwicklungen, gesellschaftlichen Wandels und Trends auf Lebensstile zu erfassen und mittels Simulationen zu überprüfen. Für die strategische Markt- und Umfeldforschung liefert der Ansatz wichtige Hinweise über die Entwicklung zukünftiger Lebensstile, die wiederum Kundenbedürfnisse bestimmen. Der Ansatz ist nicht für Prognosen geeignet, aber zur Plausibilitätsprüfung bereits abgeleiteter Trends, Optionen und Szenarien.

Trend-, Wertewandel- und Lebensstilanalysen liefern Informationen, die sowohl im Rahmen des strategischen, als auch des operativen Innovationsmarketing Relevanz haben (siehe im Überblick *Lingenfelder* 1995, S. 1387 ff.). Im Rahmen der Kundenanalyse unterstützen sie die Früherkennung des zukünftigen Kundenverhaltens. Die Ergebnisse sind jedoch größerer Reichweite, in der Regel nicht spezifisch. Die Umsetzung des wesentlichen Erfolgsfaktors für Innovationen, des CIAs, verlangt jedoch mehr: Neben allgemeinen, gesellschaftlichen Entwicklungen auch Informationen über konkrete, markt- bzw. produktspezifische latente und zukünftige Bedürfnisse.

Konventionelle Marktforschungsmethoden stoßen bei der Erfassung von latenten und zukünftigen Bedürfnissen jedoch an ihre Grenzen (u. a. *Veryzer Jr.* 1998, S. 318; *Lynn et al.* 1996 b, S. 82; *Trott* 2001, S. 119 ff.; *Ulwick* 2002, S. 92; *Bower/Christensen* 1998, S. 135). Das liegt besonders daran, dass latente und zukünftige Bedürfnisse (die Grenze ist fließend) unausgesprochen und unbewusst sind (*Laß* 2002, S. 682). Das heißt, Informationen über diese Art von Bedürfnissen können nicht standardisiert (z. B. durch einen Fragebogen) erhoben werden, weil sie für die Kunden nicht abrufbar sind. Das psychologische Phänomen der so genannte *Functional Fixedness* bedeutet in diesem Zusammenhang, dass die Vorstellung der Kunden vom Bedarf und Nutzen neuer Produktfunktionen durch ihren individuell vorhandenen Erfahrungsschatz limitiert wird: Ihre Vorstellungskraft zur Antizipation neuer Bedürfnisse und Funktionen ist begrenzt (*Leonard* 2002, S. 93, *Herstatt et al.* 2002, S. 61).

Als Konsequenz der begrenzten Einsatzmöglichkeit konventioneller Methoden sind in der Vergangenheit *innovative Marktforschungsmethoden* zur Erforschung latenter und zukünftiger Kundenbedürfnisse entwickelt worden. Dazu gehören u. a. das Empathische Design (*Leonard/Rayport* 1997), die Zaltman Metaphor Elicitation Technique (*Zaltman* 1997) und der Lead User Ansatz (*von Hippel* 1988, siehe zu einem Überblick innovativer Marktforschung zur Erfassung latenter Bedürfnisse *Day* 2002, S. 243 ff. und *Aiken* 1999, S0.3 ff.).

Die *Zaltman Metaphor Elicitation Technique* (ZMET) basiert auf der Elizitation nonverbaler Kommunikation. Ziel ist es, aus einem tiefen Verständnis der Denkweisen und Meinungen der Kunden heraus, ihre latenten Bedürfnisse zu erkennen (*Zaltman/*

Coulter 1995, S. 35). Die ZMET nutzt dazu visuelle Metaphern: Die Probanden werden gebeten, zu einem best. Thema (z. B. zu einem Produkt/Kundenproblem) Fotografien zu machen und themenbezogene Bilder z. B. aus Zeitschriften zu suchen. In einem anschließenden Tiefeninterview werden die Probanden gebeten, im Sinne eines „ladderings" Verbindungen zwischen den Bildern herzustellen und zu einer Geschichte zusammenzufügen. Analog zur Means-End-Analyse (vgl. zum Einsatz der Means-End-Analyse im Rahmen der Neuproduktentwicklung *Braunstein et al.* 2000) entstehen graphische Landkarten der Gefühls- und Gedankenwelten der Kunden. Diese dienen als Ausgangspunkt für die Gestaltung von Neuprodukten (*Huber/Coulter* 2000, S. 115). Die ZMET befindet sich noch in einem frühen Methodenstadium, wurde aber schon mehrfach erfolgreich in der Praxis eingesetzt (*Laß* 2002, S. 1466).

Im Folgenden wird eine weitere innovative Methode zur Erfassung latenter Bedürfnisse genauer vorgestellt, das so genannte Empathische Design. Analog zur ZMET basiert die Methode auf der Erfassung non-verbaler Kommunikation. Anschließend wird der Lead User Ansatz als geeignete Methode zur Ermittlung zukünftiger Kundenbedürfnisse aufgezeigt.

Empathisches Design

Empathisches Design kombiniert das implizite Wissen der Kunden über ihre latenten Bedürfnisse mit dem Wissen von F&E-Mitarbeitern über potenzielle technische Problemlösungen. Zentrale Methodik ist die Beobachtung bestehender und/oder potenzieller Kunden in ihrer natürlichen Umgebung. Deshalb heißt das bei Hewlett-Packard auch „Day-in-the-Life-Visits" (*Mrazek et al.* 1995). Beobachtung ist die Erfassung sinnlich wahrnehmbarer Sachverhalte, Verhaltensweisen und Eigenschaften von Personen (*Kepper* 2000, S. 192). Beobachtungsfokus ist hier, in welcher Art und Weise Kunden bestehende Produkte nutzen und welche Probleme dabei entstehen. Durch die anschließende Problemanalyse kann man zu latenten Bedürfnissen vordringen, die den Problemen zugrunde liegen (*Leonard/Rayport* 1997, S. 105).

Das Verfahren kann Aufschluss über folgende Informationsbereiche geben (*Leonard/Rayport* 1997, S. 105 ff.):

- *Einblicke in das Umfeld des Kunden*: Wie passt das Produkt in das Umfeld des Kunden
- *Nutzungsimpuls und Produktanwendung*: In welchen Situationen benutzen Kunden das Produkt? Wie wird das Produkt angewendet bzw. verwendet? Zum Beispiel können Unternehmen durch Beobachtung von Kunden bei der Produktanwendung viel über (Mängel der) Benutzerfreundlichkeit erfahren. Ist das Produkt ergonomisch gestaltet? Wird die Bedienungsanleitung oft benutzt? Entspricht das notwendige Handling den Verhaltensgewohnheiten?
- *Produktanpassungen*: Verändern die Kunden das Produkt? Kombinieren sie es mit anderen Produkten? Derartige Beobachtungen können Neuentwicklungen inspirieren. So unterhalten fast alle japanischen Autohersteller Designstudios in Kalifornien, weil dort besonders viele Autofans und Tuningfreaks leben. Beobachtungen der Designer auf der Straße geben Impulse für neue Modelle.

- *Informationen über die Wirkung rational schwer fassbarer Produkteigenschaften*: Welchen Einfluss haben nicht manifeste Attribute wie Düfte, Klänge und Haptik, z. B. auf Gefühle, Zufriedenheit, Kundenbindung?
- *Unausgesprochene Kundenbedürfnisse*: Welche Probleme ereignen sich bei der Verwendung? Werden diese überhaupt als Problem erkannt? Beispiel: Ein Produktentwickler von Hewlett-Packard beobachtete einen Chirurgen bei der Operation. Dieser verfolgte und kontrollierte seine Schnitte auf einem Bildschirm im Operationssaal, wurde dabei aber oft durch ins Bild tretende Krankenschwestern gestört und in seiner Arbeit unterbrochen. Er hatte sich jedoch so daran gewöhnt, dass er das Problem selbst nicht erkannte. Das brachte Hewlett-Packard auf die Idee, einen Helm mit integriertem Bildschirm zu entwickeln, der die Operationsschritte unmittelbar vor die Augen des Chirurgen projiziert (*Leonard-Barton* 1995, S. 200 f.).
- *Zweckentfremdung*: Benutzen die Kunden das Produkt wie vorgesehen oder verwenden sie es zu anderen Zwecken? Zum Beispiel beobachtete ein Produktmanager einer Speiseölmarke, die in Sprühflaschen verkauft wurde, seinen Nachbarn im Garten, wie er die Unterseite seines Rasenmähers mit Speiseöl einsprühte. Auf Fragen nach dieser alternativen Produktnutzung lernte der Manager: Speiseöl verhindert, dass Gras am Rasenmäher festklebt, ohne den Rasen zu schädigen. Daraus wurde ein neues Nischen-Geschäftsfeld für Sprüh-Speiseöl.

Die Methode „Empathisches Design" geht folgende Schritte (*Leonard/Rayport* 1997, S. 108 ff.):

1. Beobachtungsplanung

Zunächst ist festzulegen, wer zu beobachten ist. Das können sein: bestehende oder potenzielle Kunden, Kunden von Kunden bzw. eine Gruppe von Personen, die bei der Produktnutzung unterschiedliche Rollen einnehmen. Verhalten sich die Beobachteten sehr heterogen, ist das neue Produkt vielleicht für kein Segment optimal und müsste differenziert werden.

Sodann ist festzulegen, wer beobachten soll. Menschen können während der Beobachtung ein und derselben Situation ganz unterschiedliche Aspekte wahrnehmen. Beeinflusst wird die Wahrnehmung durch Erziehung, Bildung, Sozialisation und allgemein durch Persönlichkeitseigenschaften. Anthropologen achten eher auf Körperhaltungen, Ingenieure auf technische Details und Designer mehr auf Formen. Zur optimalen Nutzung individueller Wahrnehmungsfähigkeiten sollte für empathische Kundenbeobachtung ein kleines, möglichst heterogenes Beobachtungsteam zusammengestellt werden. Zudem sollte ein im Beobachten menschlichen Verhaltens geschulter Sozialwissenschaftler dabei sein.

Schließlich ist festzulegen, welche Situation beobachtet werden soll. Zum Beispiel: Soll das Kundenverhalten beim Arbeiten oder in der Freizeit, während der Information oder bei der Entscheidung oder bei der Benutzung beobachtet werden? Jedenfalls sollte die Beobachtungssituation ein Verhalten betreffen, das dem Produkt gewidmet ist.

2. Beobachtung und Datenerfassung

Die Beobachtung kann offen oder verdeckt erfolgen. Offene Beobachtung hat den Nachteil, dass das Verhalten eventuell verfälscht wird (Beobachtungseffekt). Verdeckte Beobachtung ist aber oft nicht möglich, da Unternehmen selten Zugang zum natürlichen Umfeld ihrer Kunden haben (*Kepper* 2000, S. 199).

Beobachtung findet möglichst in der natürlichen Umgebung der Kunden statt. Die Beobachter sollen in die natürliche Lebenswelt der Kunden eintauchen, sich in sie hinein versetzen und empathisch mitfühlen. Möglichst werden die Fakten audiovisuell festgehalten, da bei nur persönlicher Erfassung Details übersehen werden können, die sich später als wichtig erweisen.

3. Reflexion und Analyse

Im Anschluss an die Beobachtung müssen die Informationen analysiert werden. Das erfolgt meist in Diskussionen mit anderen Mitarbeitern, die nicht zum Beobachtungsteam gehörten. Diese Mitarbeiter sind frei von störenden Einflüssen, die möglicherweise auf die Beobachter eingewirkt haben. So können weitere, bis dahin nicht beachtete Informationen deutlich werden. Durch die Diskussion und durch Fragen an die Beobachter wird versucht, alle denkbaren Probleme und Bedürfnisse der Kunden aufzudecken.

4. Brainstorming zur Lösungsentwicklung

Ein weiterer wichtiger Schritt innerhalb des Empathischen Design ist die Überführung des generierten Wissens in konkrete Ideen und potenzielle Lösungen. Meist geschieht das im Rahmen eines Brainstorming (siehe 4.2).

5. Entwurf von Prototypen

Gerade bei der Entwicklung hochgradiger Innovationen können Prototypen sehr hilfreich sein. Radikale Neuerungen sind schwer vorstellbar und können deshalb schlecht bewertet werden, solange sie visuell nicht erfassbar sind. Prototypen verdeutlichen dem Entwicklungsteam das Konzept der Innovation und ermöglichen eine Präsentation z. B. vor Entscheidungsträgern und Kunden. Prototypen sollen die Kunden zu Reaktionen stimulieren, die auf die zukünftige Marktakzeptanz schließen lassen. Das kann auch durch Computersimulation unterstützt werden (siehe auch 4.3).

Leonard und Rayport (1997, S. 113) fassen einen wesentlichen Vorteil des Empathischen Designs folgendermaßen zusammen:

„A common criticism of the kinds of innovative ideas arising through empathic design is, ‚but users haven't asked for that.' Precisely. By the time they do, your competitors will have the same new-product ideas you have – and you will be in the ‚me-too' game of copying and improving their ideas."

Eine besondere Form des empathischen Designs ist das *Ride Along*, bei dem der Marktforscher den Kunden durch seinen Alltag begleitet und beim Produktgebrauch beobachtet. Ride Alongs werden in der Marketingpraxis unter anderem in Scouting-Projekten angewendet, wie das folgende Beispiel verdeutlicht.

Einsatz qualitativer Scouting-Methoden zur Identifikation kundennutzensteigender Produkteigenschaften

Bei der Konzeption und Entwicklung eines Neuwagens sollten die Bedürfnisse und Vorstellungen von Kunden aus dem Zielgruppensegment sowie derzeit bestehende Probleme mit aktuellen Fahrzeugmodellen mit einbezogen bzw. berücksichtigt werden. Im Auftrag eines Automobilkonzerns führte die Unternehmensberatung *trommsdorff + drüner, innovation + marketing consultants GmbH* ein qualitativ ausgerichtetes Scoutingprojekt in Indien durch, wobei der Fokus auf *Ethnographic Ride Alongs* und *Home Interviews* lag. Projektziel war die Identifikation konkreter Produkteigenschaften, die den Kundennutzen vergrößern und daher in der weiteren Fahrzeugentwicklung zu berücksichtigen sind.

„Ethnographic Ride Alongs" werden mit der Zielsetzung durchgeführt, empathisches Verständnis für den täglichen Autogebrauch aus unterschiedlicher Kundensicht zu erhalten. In diesem Projekt fanden ca. 30 Ride alongs mit Autobesitzern aus ausgewählten Zielsegmenten statt. Außerdem wurden wiederum ca. 30 Personen in „Home Interviews" durchgeführt. Ziel bei dieser Art von Interviews ist es, die Menschen in ihrer individuellen Lebensumgebung mit all ihren Problemen kennen zu lernen, um zukünftige Produkte besser an bestehende Anforderungen anzupassen.

Auf Basis der durchgeführten Home Interviews und auf Grundlage der Beobachtungen in den Ethnographic Ride Alongs wurden neue Ideen generiert, die sich überwiegend auf die Funktionalität des Rücksitzes bzw. den hinteren Bereich im Auto (Fond) bezogen: Die Scouting-Teilnehmer haben durch das aktive Erleben des Zielgruppenalltags im pulsierenden Verkehr in indischen Hauptstädten erkannt, dass im Gegensatz zu anderen Ländern vor allem Autobesitzer des Kleinwagensegments verstärkt Fahrerdienste nutzen. Für diese Personen, die Chauffeurleistungen in Anspruch nehmen, ist das Arbeiten mit dem Laptop oder mit Akten auf dem Rücksitz von zunehmender Bedeutung.

- Einzelne Erkenntnisse bestanden aus der Marktforschung schon zu Beginn des Scouting-Projektes in Indien:
- Die Mehrheit der Autos ist dem Kleinwagensegment zugeordnet.
- Eine bedeutende Nummer von Autobesitzern des definierten Zielkundensegments nutzt die Dienste eines persönlichen Fahrers.
- Eine große Anzahl der potentiellen Kunden arbeitet in den Bereichen professioneller Beratung oder/und Management.
- Die Intensität des Verkehrs in den untersuchten Regionen ist zu bestimmten Zeiten so hoch, dass der Hin- und Rückweg zum Arbeitsplatz einige Stunden dauern kann.

Diese Fakten und die daraus resultierenden Bedürfnisse bestimmter Zielgruppen wurden in der Vergangenheit jedoch nur unzureichend in Produktfeatures überführt. Das durchgeführte Scouting-Projekt im indischen Kleinwagensegment sensibilisierte die Entwickler für diese Marktnischen und unterstützte die Entwicklung von Ideen und Vorschlägen, diese Chancen aufzugreifen und in der Fahrzeugentwicklung zu berücksichtigen.

Quelle: eigene Informationen

Die Methodik des *empathischen Designs* eignet sich besonders zur Erfassung latenter Kundenbedürfnisse. Diese sind den Kunden zwar noch nicht bewusst, existieren und wirken jedoch schon. Künftige Kundenbedürfnisse existieren dagegen noch nicht, werden aber wohl künftig das Verhalten bestimmen (*Kleinschmidt et al.* 1996, S. 111; *Geschka/Eggert-Kipfstuhl* 1994, S. 117).

Wie aber lassen sich nicht existente, zukünftige Kundenbedürfnisse erfassen? Die Dynamik und Vielfalt komplexer Systeme (Märkte) erschwert die Prognose zukünftiger Entwicklungen. Mechanische Prognosen versagen, theoriefundiert-kausale Prognosen sind mangels entsprechend bewährter Langfristaussagen unmöglich. Einen Blick in die Zukunft ermöglichen nur qualitative Zukunftsanalysen. „Weiche", d. h. relativ unpräzise, nur tentative, Annahmen über künftige Kundenbedürfnisse können durch *Szenario- bzw. Delphianalysen* generiert werden (siehe dazu 4.1.1).

Im Vorfeld der Frage, wie Kundenbedürfnisse von morgen erhoben werden sollen, muss gesagt werden, um welche Kunden es denn gehen soll. Starke Orientierung an derzeitigen Kunden ist besonders bei hochgradigen Innovationen problematisch, weil diese auch die Struktur der Märkte verändern. *Bower und Christensen* (1998, S0.123 ff.; *Christensen* 2003, S. 117 ff.) machen auf folgendes Phänomen in der Praxis aufmerksam: Mächtige erfolgreiche Unternehmen orientieren sich zu stark an derzeitigen Kunden. So überließ es beispielsweise Xerox, Canon den Markt für Kleinkopierer zu schaffen; IBM verpasste lange den Markt für Kleinrechner. Nach Ansicht der Autoren liegt das u. a. daran, dass bei radikalen Innovationen die derzeitigen Kunden oft nicht die Kunden von morgen sind. So hatten die Stammkunden von Xerox, also große Photokopierzentren, keinen Bedarf für kleinere Kopiergeräte. Gängige Methoden zur Unterstützung von Investitionsentscheidungen sind auf aktuelle Kunden und Märkte fokussiert. Also haben radikale Ideen, die sich an neue Märkte richten, bei knappen Investitionsressourcen zu geringe Chancen, den Selektionsprozess zu überstehen.

Was aber heißt das für die Kundenanalyse? Gerade im Falle hochgradiger Innovationen muss der anfängliche Markt genau lokalisiert werden: Wer werden die Kunden sein? Welche Produkteigenschaften werden ihnen am wichtigsten sein? Eine Möglichkeit ist in diesem Zusammenhang die „Lead User-Methode" (u. a. *von Hippel* 1986; *Herstatt et al.* 2002; *Lettl* 2004). Während konventionelle Marktforschungsmethoden versuchen, ein möglichst repräsentatives Abbild der Grundgesamtheit zu generieren, zielt dieser Ansatz bewusst darauf ab, nur ganz bestimmte Kunden einzubinden (*Laß* 2002, S. 1473).

Lead User sind besonders innovative Kunden. Sie haben Bedürfnisse, die mit vorhandenen Produkten nicht oder nur bedingt zu befriedigen sind und die typische Nutzer erst in Zukunft wahrnehmen werden. Zusätzlich sind sie hoch motiviert/ involviert: Sie suchen besonders intensiv nach Problemlösungen die ihnen viel Nutzen versprechen. Besonders sind sie bereit, große Anstrengungen zu unternehmen, um ein neuartiges Produkt zu verstehen bzw. eigenständig Lösungsansätze zu entwickeln. Lead User haben extremes Problemverständnis (*von Hippel* 1986, S. 796).

Um zu zeigen, dass Lead User existieren und sich von durchschnittlichen Nutzern unterscheiden, stützt sich *von Hippel* (1986) auf die Diffusionsforschung. Die Dif-

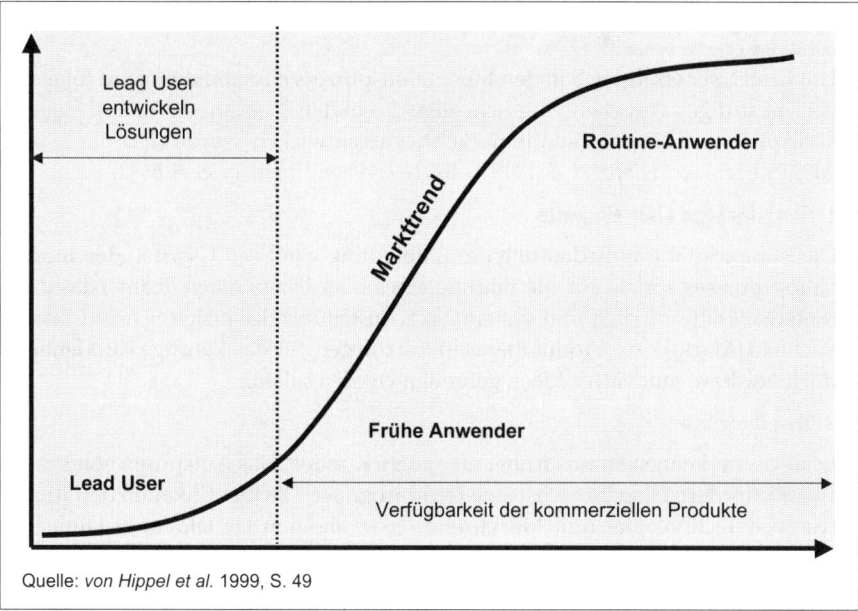

Quelle: *von Hippel et al.* 1999, S. 49

Abb. 4.25: Die Lead User-Kurve

fusionstheorie zeigt, dass neuartige Technologien in der Regel nicht simultan von allen Marktteilnehmern aufgegriffen werden, sondern dass oft Monate und Jahre vergehen, bevor eine neue überlegene Technologie den Markt durchdrungen hat (vgl. hierzu *Rogers/Shoemaker* 1971, *Rogers* 2003, sowie 4.6). Die Abbildung 4.25 illustriert den Kurvenverlauf eines Markttrends: Lead User realisieren Bedürfnisse viel früher als andere. Danach folgen immer mehr Kunden dem Trend. Lead User zur Früherkennung künftiger Kundenbedürfnisse einzusetzen, ist daher vielversprechend.

Die Integration von Lead Usern im Innovationsprozess hat sich als sehr erfolgreich erwiesen (*Urban/von Hippel* 1988, S. 580; *Herstatt/von Hippel* 1992, S. 219). Viele von Lead Usern getriebene Innovationen sind als solche erkannt: Tipp-Ex, Gatorade, viele Trendsportprodukte wie Skateboarding, Surfen und Snowboarding, aber auch bei vielen B2B-Innovationen wie Halbleiter-, Medizintechnik- und Bautechnik-Produkten waren und sind Lead User führend (*Herstatt et al.* 2002, S. 61).

Ein Kennzeichen der gleich näher vorgestellten Lead User-Methode ist, dass sie Informationen über künftige Kundenbedürfnisse exploriert. Darüber hinaus erzeugt sie sogar konkrete Lösungsvorschläge. Da aber Ausgangspunkt der Innovationsidee das Kundenbedürfnis sein soll, ordnen wir die Lead User-Methode nicht erst unter den Entwicklungsmethoden ein, sondern schon hier, wo wir Kundenanalysen als Input für den Innovationsimpuls, die Problemerkenntnis behandeln.

Lead User-Methode

Um Lead User erfolgreich in den Innovationsprozess einzubinden, wird folgendes vierstufiges Vorgehen vorgeschlagen, das in den 80er Jahren von *von Hippel* konzipiert und seitdem kontinuierlich weiterentwickelt wurde (*Herstatt et al.* 2002, S. 62 ff.; *von Hippel et al.* 1999, S. 52; *Urban/von Hippel* 1988, S. 569 ff.):

1. *Start des Lead User-Projektes*

Die Komplexität und Bedeutung der Einbindung von Lead Usern in den Innovationsprozess spricht für die Bildung eines interdisziplinären Teams, das die Methode kontinuierlich und systematisch durchführt. Im ersten Schritt ist das Suchfeld (Markt- bzw. Produktbereich) festzulegen, für das künftige Kundenbedürfnisse bzw. innovative Ideen gefunden werden sollen.

2. *Trendprognose*

Lead User erkennen Trends früher als andere Kunden. Das Aufspüren von Lead Usern erfordert daher zunächst eine Trendprognose: Die Identifikation und Analyse von Technologie- und Markttrends bzw. anderen Umfeldentwicklungen (z. B. in den Bereichen Wirtschaft, Recht und Gesellschaft). Besonders eignen sich dazu Gespräche mit Experten aus unterschiedlichen Disziplinen, um möglichst alle entscheidenden Entwicklungen zu beachten.

3. *Identifikation der Lead User*

Das Team legt auf der Basis der Trendprognose Indikatoren fest, welche die Identifikation der Kunden erlauben, die als Lead User einzustufen sind. Das zweite Definitionskriterium eines Lead User ist der erwartete (hohe) Nutzen, den er sich vom Einsatz der neuen Technologie/des neuen Produktes verspricht. Um den Nutzen bewerten zu können, ist auch hierfür ein geeignetes Maß festzulegen. Hinweise können z. B. eigene Forschungs- oder Entwicklungstätigkeiten in dem betrachteten Bereich, der Grad der Unzufriedenheit mit existierenden Produkten oder die Geschwindigkeit, mit der auf neue Technologien umgestiegen wird, sein. Zwei grundsätzliche Vorgehensweisen zur Lead User-Identifikation sind zu unterscheiden.

1. Der *Screening-Ansatz* versucht, die Lead User mittels einer Art „Rasterfahndung" (z. B. durch eine großzahlige Befragung des potenziellen Marktes) zu identifizieren, d. h. die Personen ausfindig zu machen, welche typische, aus der Forschung bekannte, Eigenschaftskombinationen von Lead Usern aufweisen.
2. Beim *Networking-Ansatz* stützt man sich auf persönliche Netzwerke von Lead Usern. Das heißt, man versucht, erste Lead User z. B. über Experten auszumachen und nutzt deren Wissen, um weitere Lead User zu finden. Ein Vorteil des Networking-Ansatzes ist, dass so auch analoge Märkte identifiziert werden können, die aufschlussreiche branchenfremde Einblicke in das Problem erlauben.

4. *Lead User Workshop: Entwicklung von Produktkonzepten nach einer Problem- und Anforderungsanalyse*

Hier sollen produktbezogene Informationen von Lead Usern generiert werden, meist in einem mehrtägigen Workshop. Hier werden mittels Diskussion der Pro-

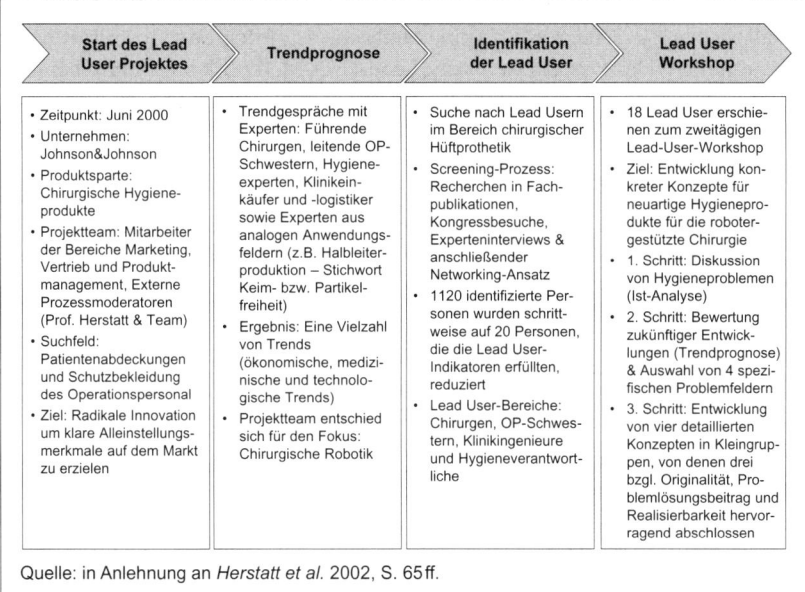

Start des Lead User Projektes	Trendprognose	Identifikation der Lead User	Lead User Workshop
• Zeitpunkt: Juni 2000 • Unternehmen: Johnson&Johnson • Produktsparte: Chirurgische Hygiene-produkte • Projektteam: Mitarbeiter der Bereiche Marketing, Vertrieb und Produkt-management, Externe Prozessmoderatoren (Prof. Herstatt & Team) • Suchfeld: Patientenabdeckungen und Schutzbekleidung des Operationspersonal • Ziel: Radikale Innovation um klare Alleinstellungs-merkmale auf dem Markt zu erzielen	• Trendgespräche mit Experten: Führende Chirurgen, leitende OP-Schwestern, Hygiene-experten, Klinikein-käufer und -logistiker sowie Experten aus analogen Anwendungs-feldern (z.B. Halbleiter-produktion – Stichwort Keim- bzw. Partikel-freiheit) • Ergebnis: Eine Vielzahl von Trends (ökonomische, medizi-nische und technolo-gische Trends) • Projektteam entschied sich für den Fokus: Chirurgische Robotik	• Suche nach Lead Usern im Bereich chirurgischer Hüftprothetik • Screening-Prozess: Recherchen in Fach-publikationen, Kongressbesuche, Experteninterviews & anschließender Networking-Ansatz • 1120 identifizierte Per-sonen wurden schritt-weise auf 20 Personen, die die Lead User-Indikatoren erfüllten, reduziert • Lead User-Bereiche: Chirurgen, OP-Schwes-tern, Klinikingenieure und Hygieneverantwort-liche	• 18 Lead User erschie-nen zum zweitägigen Lead-User-Workshop • Ziel: Entwicklung kon-kreter Konzepte für neuartige Hygienepro-dukte für die roboter-gestütze Chirurgie • 1. Schritt: Diskussion von Hygieneproblemen (Ist-Analyse) • 2. Schritt: Bewertung zukünftiger Entwick-lungen (Trendprognose) & Auswahl von 4 spezi-fischen Problemfeldern • 3. Schritt: Entwicklung von vier detaillierten Konzepten in Kleingrup-pen, von denen drei bzgl. Originalität, Pro-blemlösungsbeitrag und Realisierbarkeit hervor-ragend abschlossen

Quelle: in Anlehnung an *Herstatt et al.* 2002, S. 65 ff.

Abb. 4.26: Praktischer Einsatz der Lead User-Methode bei Johnson & Johnson

bleme mit existierenden Marktangeboten und Anforderungen an neue Pro-blemlösungen konkrete Innovationsideen entwickelt. In Kleingruppen werden spezifische Teilprobleme erarbeitet. Wegen des hohen Interesses der Lead User an einer Problemlösung sind sie erfahrungsgemäß bereit, auf eigene Nutzungs-rechte zu Gunsten des innovierenden Unternehmens zu verzichten.

5. *Bewertung der Ergebnisse und Transfer auf die Bedürfnisse des Gesamtmarktes:*

Im Anschluss an den Lead User-Workshop werden die generierten Ideen intern bewertet und dann Entscheidungsträgern präsentiert. Zur Entscheidung für die Entwicklung einer Idee zum Innovationsprodukt muss das Konzept auf den an-visierten Gesamtmarkt projiziert werden. Die Bedürfnisse der Lead User sind nicht deckungsgleich mit den künftigen Bedürfnissen des Massenmarktes. Da-her müssen die gewonnenen Erkenntnisse im Hinblick auf den künftigen Mas-senmarkt überprüft und ggf. angepasst werden.

Abbildung 4.26 fasst den praktischen Einsatz der Lead User-Methode exempla-risch am Beispiel der Firma Johnson & Johnson Deutschland zusammen (*Herstatt et al.* 2002, S. 65 ff.):

Lüthje (2000) beschäftigt sich mit der Einbindnug fortschrittlicher Kunden spe-ziell in Konsumgütermärken. Über eine Erhebung in der Outdoorbranche (Her-steller von Produkten z. B. zum Bergsteigen, Klettern, Mountainbiking, n = 153) identifiziert *Lüthje* (2000, S. 61 ff.) folgende Merkmale besonders fortschrittlicher Kunden (eigene Innovationstätigkeiten): Sie haben neue, bisher unerfüllte Be-dürfnisse, sind unzufrieden mit existierenden Angeboten und haben ein hohes Objekt- und Verwendungswissen. Diese Erkenntnisse unterstützen die Identifikation von Lead Usern in Konsumgütermärkten. Darüber hinaus konzeptionalisiert *Lüthje* (2000, S. 130 ff.) eine Methodik zur Integration fortschrittlicher Konsumenten. Der Prozess ist an der Lead User-Methodik angelehnt, beinhaltet jedoch einige Modifikationen und Weiterentwicklungen (*Lüthje* 2000, S. 202 f.):

- Die Trendprognose ist umfangreicher und umfasst auch gesellschaftliche Entwicklungen.
- Die Kundenauswahl erfolgt über einen mehrstufigen Filterungsprozess.
- Der Workshop enthält mehrere Phasen, in denen Konsumenten bei der Präzisierung ihrer Bedürfnisse unterstützt werden.

Es gelingt *Lüthje* (2000, S. 162 ff.) die Praktikabilität der Methode für innovative Konsumgüter durch zwei Fallstudien-Anwendungen (Spiele und öffentlicher Personennahverkehr) unter Beweis zu stellen.

Die Erfolgswirksamkeit der Lead User-Methode wurde mehrfach belegt. Folgende Vorteile konnten empirisch festgestellt werden:

- Die Einbindung von Lead Usern hat positiven Einfluss auf den Innovationserfolg (*Gruner* 1997, S. 206; *Gruner/Homburg* 1999, S. 134). Innovationserfolg wurde hier gemessen an folgenden Kriterien: Qualität des Neuproduktes, wirtschaftlicher Innovationserfolg, Güte des Innovationsprozesses und Kosten des Neuproduktes.
- Lead User-basierte Innovationen werden im Markt überdurchschnittlich stark akzeptiert (*Urban/von Hippel* 1988, S. 80; *Herstatt/von Hippel* 1992, S. 219). *Lilien et al.* (2001, S. 15 f.) zeigen durch einen Vergleich Lead User-basierter und Nicht-Lead User-basierter Innovationsprojekte bei 3M, dass der Einsatz von Lead Usern durchschnittlich achtfachen Umsatz erbringt (146 Mio. US $ prognostizierter Umsatz fünf Jahre nach Markteinführung im Vergleich zu 18 Mio. US $).
- Ideengenerierungen mit Lead Usern führten bei 3M verglichen mit Nicht-Lead User-basierten Ideengenerierungen zu hochgradigeren Innovationen (*Lilien et al.* 2001, S. 16 f.).
- Der Einsatz von Lead Usern ist mit einer schnelleren und kostengünstigeren Innovationsentwicklung verbunden (*Herstatt/von Hippel* 1992, S. 220).
- Die Lead User-Methode hat positiven Einfluss auf die Zusammenarbeit von Marketing und F&E (*Herstatt/von Hippel* 1992, S. 221).

Allerdings kann die Identifikation von Lead Usern mit einem hohen Aufwand verbunden sein, denn es handelt sich um eine kleine Minderheit. Auch repräsentieren Lead User-Bedürfnisse kaum 1:1 die künftigen Bedürfnisse des Massenmarktes. Daher führt das Vorgehen leicht zu Nischenpositionen (*Jenner* 2000, S. 137; *Brockhoff* 1998, S. 21). *Ulwick* (2002, S. 93 f.) macht dazu auf eine schlechte Erfahrung von U. S. Surgical aufmerksam. In Zusammenarbeit mit Lead Usern (hier: führenden Chirurgen) wurden Operationsinstrumente entwickelt, die sich in viele Richtungen bewegen und rotieren ließen. Die Markteinführung war enttäuschend: Dann stellte sich heraus, dass normale Chirurgen nicht fähig waren, mit diesen Instrumenten zu operieren. Man hatte den Bedürfnissen überdurchschnittlich versierter Chirurgen vertraut, eine zu kleine Nische. Unerlässlich ist daher Schritt fünf der Lead User-Methode: Der Transfer festgestellter Lead User-Bedürfnisse auf die Bedürfnisse des Gesamtmarktes und damit verbundene Anpassungen der Produktkonzepte.

Zusammenfassend: Der von Kunden wahrgenommene relative Produktvorteil, der CIA, ist der dominierende Erfolgsfaktor von Produktinnovationen. Listening to the Voice of the Market (*Johne* 1994) ist die zentrale Aufgabe des Innovationsmarketing. Methoden zur Erfassung von Kundenbedürfnissen gibt es viele. Nicht alle Methoden eignen sich jedoch für die Erfassung aller Arten von Kundenbedürfnissen. Aktuelle Kundenbedürfnisse können ermittelt werden, nämlich durch das Ohr am Markt, Messung der Kundenzufriedenheit mit dem Vorhandenen, in B2B-Märkten auch durch Wertschöpfungsprozessanalyse. Latente und künftige Kundenbedürfnisse sind schwieriger zu erfassen: Sie verlangen innovative Marktforschungsmethoden wie z. B. das Empathische Design oder den Lead User-Ansatz.

Neben Potenzialen, Wettbewerbern und Kunden ist eine Komponente der Strategischen Situationsanalyse bis jetzt offen geblieben: Das Umfeld. Der folgende Abschnitt widmet sich der Umfeldanalyse und dabei, dem Innovationsthema entsprechend, speziell der Technologieanalyse.

4.1.2.4 Umfeld-/Technologieanalyse

Unternehmen agieren und innovieren im mittlerweile weltweiten (globalen) Umfeld. Einflüsse von außen, aus diesem Umfeld, so genannte Umfeldfaktoren, beeinflussen stark das Innovationsgeschehen, als Chancen und als Risiken. Die Herausforderung besteht darin, die Chancen zu nutzen und die Risiken zu meiden. Voraussetzung ist die frühzeitige Identifikation und das Management umfeldbezogener Entwicklungen. So zeigte sich, dass die Unternehmen, die besonders im Bereich der Technologieanalyse intensiv ihr Umfeld scannten, auch die besseren Innovatoren waren (*Frishammar/Hörte* 2005). Man unterscheidet im deutschen Sprachraum meist fünf Gruppen von Umfeldfaktoren: politisch-rechtliche, ökonomische, ökologische, sozio-kulturelle und technologische. In englischer Terminologie ist daraus die Vier-Gruppen-Analysemethode PEST geworden: Political, Economic, Social, Technological (*Grant* 2002). Die folgende Abbildung 4.27 fasst Umfeldfaktoren in fünf Bereichen zusammen (*Nieschlag et al.* 2002, S. 98 ff.).

Es handelt sich um potenziell relevante Schlüsselgrößen, die jeweils problemspezifisch angepasst werden müssen. Ein Umfeldfaktor kann K. o.-Kriterium der Innovation sein. *Cooper* (2000, S. 4 ff.) verdeutlicht das am Flop-Beispiel der Einführung des Videorecordersystems BetaMax von Sony. *Akio Morita*, Gründer von Sony Corporation, fällte seine strategischen Entscheidungen weniger nach Marktforschung als nach Intuition. Er fand, Konsumenten vom Zwang der Einhaltung der TV-Programmzeiten zu befreien, sei der Kernnutzen des Videorecorders. Die Preisbereitschaft hielt er für einen weiteren Schlüsselfaktor. Thematisch hielt er historische Ereignisse und selbst aufgenommene kurze Videosequenzen für besonders wichtig. Folgende Abbildung zeigt die tatsächlichen Umfeldfaktor-Einflüsse für dieses Beispiel, auf eine eigene Weise klassifiziert nach ihrem Wirkungsfeld. Nur die fettgedruckten Faktoren wurden von Sony im Rahmen strategischer Markteinführungs-Entscheidungen von BetaMax berücksichtigt. Andere Faktoren wie das aus verändertem Freizeitverhalten resultierende Kundenbedürfnis, Spielfilme in voller Länge aufzunehmen sowie Videokassetten auszuleihen, wurden nicht berücksichtigt. Mit der Entscheidung, die Aufnahmedauer auf 60 Minuten zu begrenzen und die Technologie inkompatibel zu anderen Systemen zu gestalten, wurden wichtige

Ökonomische Komponente	Entwicklung des Bruttosozialprodukts, Investitionsentwicklung, Entwicklung des öffentlichen Sektors, Einkommensentwicklung und -verwendung, Lebenshaltungskosten, Kaufkraft, ...
Sozio-kulturelle Komponente	Strukturmerkmale der Bevölkerung (z.B. Alter, Einkommen, Bildungsstand), Gesellschaftliche Normen und Wertvorstellungen, Einstellungen und Verhaltensweisen (z.B. Freizeitverhalten, Umweltbewusstsein), ...
Technologische Komponente	Technologieentwicklung, Technologischer Fortschritt, Substitutionstechnologien, ...
Ökologische Komponente	Rohstoff- und Energieentwicklung, Grad der Umweltverschmutzung, Geographische und klimatische Bedingungen, Infrastrukturmerkmale, ...
Politischrechtliche Komponente	Gesetzliche Vorschriften und Verordnungen, Parteipolitische Entwicklungen, Bürokratie, Gewerkschaften, ...

Quelle: in Anlehnung an *Nieschlag et al.* 2002, S. 98 ff. und S. 112

Abb. 4.27: Einflussfaktoren des globalen Umfeldes

Umfeldfaktoren außer Acht gelassen, was letztendlich zum Flop des BetaMax-Systems zugunsten des VHS-Standards führte. Darüber hinaus wurden z. B. Copyright-Probleme mit Unternehmen wie Universal und Disney nicht antizipiert, was erhebliche Gerichtskosten für Sony Corporation nach sich zog.

Nicht beachtete Umfeldfaktoren können also zu K. o.-Kriterien für den Erfolg einer Innovation werden. Wie aber werden Entwicklungen und Trends im Umfeld identifiziert? Seit Ende der achtziger Jahre ist die so genannte Trendforschung sehr populär geworden. „Trend" wird in der Literatur uneinheitlich und zugleich extensiv und plakativ verwendet (*Otto* 1993, S. 37). Vereinfacht gesagt sind Trends (gesellschaftliche) Entwicklungstendenzen. *Trendforschung* versucht diese Tendenzen möglichst frühzeitig zu identifizieren. Geschädigt wird dieses an sich wissenschaftlich seriöse Gebiet durch einige Trend-Gurus, „deren größtes Kapital … ihr Kommunikationstalent ist" (*Minx* 2000, S. 155).

Bekannte Trendgurus, die regelmäßig neue Umfeldtrends benennen, ausrufen und geschickt vermarkten sind u. a. Gerd Gerken (Institut für Trendforschung in Worpswede), Mathias Horx (Trendbüro in Hamburg), John Naisbitt (Megatrends Ltd. in Silver Spring/Maryland) und Faith Popcorn (Brain Reserve in New York). Brain Reserve identifiziert Trends durch Inhaltsanalysen von Zeitungen und Zeitschriften, Beobachtung von Fernsehshows und Filmpremieren, aus schriftlichen und mündlichen Interviews mit Verbrauchern und Expertengesprächen (*Rust* 1995, S. 51). Ergebnis ist jeweils der Popcorn-Report, der die aktuellen Trends wie das „Cocooning" (totaler Rückzug ins Private), oder das „Anchoring" (Suche nach Halt und Sinn) kommunikativ geschickt in Szene setzt.

Kritiker der populären Trendforschung (z. B. *Minx* 2000, S. 155 ff.; *Hamm* 2003, S. 18 ff.; *Rust* 1998, S. 28 ff.; *Opaschowski* 2002, S. 31 ff.; *Liebl* 2003, S. 5 ff.) fokussieren meist methodische Mängel (z. B. *Rust* 1998, S. 29, 2003, S. 26 f.):

		Fokus		
		Unternehmen	**Markt**	**Umfeld**
Umfeldfaktoren	**Politik**	Urheberrechtsverletzungen	Klagen von Universal, Disney und anderen	Neue Gesetzesinitiativen auf dem Gebiet des Urheberrechts
	Verhaltensgewohnheiten	**Videos können zeitversetzt angeschaut werden**	Können Kunden Kassetten von anderen Unternehmen kaufen?	Müssen die Sender etwas verändern, um Aufnahmen zu ermöglichen?
	Wirtschaft	**Kann das Produkt zu einem hinreichend niedrigen Preis angeboten werden?**	**OEM und Lizenzvereinbarungen**	**Produktionskapazitäten**
	Soziales	Werden Kunden Filme zu Hause sehen oder in Kinos?	Können Kunden Filme ausleihen?	Sind die Betrachtungen robust gegenüber demographischen Veränderungen?
	Technologie	**Bildqualität und Aufzeichnungsgeschwindigkeit**	**Kompatibilität mit anderen Herstellen**	Schnittstellenkompatibilität mit dem Fernseher

Quelle: in Anlehnung an *Cooper* 2000, S. 5

Abb. 4.28: Wesentliche Umfeldfaktoren für Videorecorder-Systeme

- Die vorgegebene hohe Anzahl von analysierten Zeitschriften (im Fall von Faith Popcorn ca. 200 Zeitungen und Zeitschriften, bei Matthias Horx ca. 170) lässt vermuten, dass es schon aus Kapazitätsgründen keine wissenschaftlich orientierte Inhaltsanalyse sein kann.
- Da weder Methoden noch Statistiken publiziert werden, ist nicht nachvollziehbar, inwieweit diese Trendforschung methodischen und wissenschaftlichen Ansprüchen genügt.
- Die unspezifische Auswahl der Methoden und ausgewerteten Medien erlaubt keine präzisen Auswertungen für konkrete Fragen. Spezielle Anliegen einzelner Unternehmen und konkrete Signale können nicht berücksichtigt werden. Das Ergebnis ist Oberflächigkeit – „Das ist das Erfolgsmodell ‚Megatrends' – Jahrtausend der Frauen, Cocooning, Smart Capitalism, um nur einige Begriffe zu erwähnen, die nichts anderes beinhalten als ‚Commonsense'." (*Rust* 2003, S. 27)

Vage und mehrdeutige Formulierungen führen dazu, dass unter den Trends eine Vielzahl möglicher zukünftiger Entwicklungen subsumiert werden können. *Hamm* (2003, S. 18) zieht eine Parallele zum Orakel von Delphi, das Zukunftsvorhersagen in mysteriöse, noch zu interpretierende Deutungen verpackte. Das Nichteintreten einer Prophezeiung konnte auf diese Weise gut auf den mangelhaft interpretierenden Ratsuchenden geschoben werden – und das ist auch ein „Vorteil" der Trendforschung. *Minx* (2000, S. 155), Leiter des Forschungsbereichs Gesellschaft und Technik, DaimlerChrysler Berlin/Palo Alto, äußert seine Kritik an der Trendforschung in Abgrenzung zur Zukunftsforschung folgendermaßen: „Die seriöse Zukunftsforschung hat eine Grundmaxime: Die Zukunft ist nicht vorhersagbar."

Ergebnisse der Trendforschung bergen dennoch Informationsgehalt für das Innovationsmarketing, wenn sie als anregende, erste Informationsgrundlage verstanden werden, als Impuls für weitere Informationsgenerierung, nicht als präzise Wahrheit. Zukunftsforschung bedeutet Einsatz wissenschaftlich solider Methoden wie der Szenario- bzw. Delphianalyse (siehe 4.1.1). Mit diesen Methoden können qualitative Daten über die Entwicklung von Umfeldfaktoren relativ verlässlich generiert werden. Das folgende Beispiel zeigt eine Integration aus Trend- und Zukunftsforschung aus der Praxis.

Integrierte Umfeldbeobachtung des Konzerns Deutsche Post World Net

Die Deutsche Post World Net hat eine Trend- und Zukunftsforschung etabliert, deren Aufgabe es ist, „das Management durch eine systematische Bereitstellung von Vorauswissen über mögliche Zukünfte zu unterstützen" (*Sibum* 2003, S. 30). Der Plural des Wortes Zukunft steht für das in der Szenarioanalyse basierte Bewusstsein, dass verschiedene Zukunftsentwicklungen denkbar sind, dass „die eine Zukunft" nicht zu bestimmen ist. Das Trend- und Zukunftsforschungsinstrumentarium der Deutsche Post World Net basiert auf drei Säulen: Ein mathematisches Prognosemodell stellt quantitative Absatz- und Umsatzprognosen für kurzfristige Planungsprozesse bereit. Eine Trenddatenbank leistet die Umfeldbeobachtung und beschäftigt sich mit mittelfristigen (bis 5 Jahre) Entwicklungen des Umfeldes, z. B. mit Fragen wie:

- Wie und wodurch verändern sich die Zielgruppen der Deutsche Post World Net?
- Welche technischen Innovationen könnten dem Brief Konkurrenz machen?
- Wie entwickelt sich die Bedeutung des Datenschutzes?
- Welche Rolle spielt die Kommunikation zukünftig in unserer Gesellschaft?

Mitarbeiter der Trendforschung recherchieren und analysieren dazu systematisch relevante Dokumente (Studien, Zeitschriften und Experteninterviews) und bewerten die Informationen hinsichtlich ihrer Wirkung auf Produkte und Märkte des Konzerns. Die Informationen werden zum einen in der Trenddatenbank allen Mitarbeitern zugänglich gemacht und zum anderen für Trendberichte/spezifische Fragen ausgewertet. Dabei werden nicht nur Trends erfasst, sondern auch deren Ursachen und Triebkräfte. Langfristige Entwicklungen (bis 10 Jahre) werden durch die Erstellung von Umfeldszenarien berücksichtigt. Die Schlüsselfaktoren der Szenarien (Deskriptoren) werden systematisch mit Hilfe der Trenddatenbank beobachtet: Informationen über Schlüsselfaktoren werden gezielt gesammelt, verdichtet und die Eintrittswahrscheinlichkeiten von Projektionen geschätzt. Dabei beschränkt man sich nicht auf zwei oder drei Szenarien, sondern betrachtet möglichst die gesamte Palette der Zukunft. An den Ergebnissen werden bestehende Strategien gespiegelt und neue Strategieoptionen entwickelt.

Die folgende Abbildung 4.29 fasst das integrierte Frühmeldesystem des Konzerns Deutsche Post World Net zusammen:

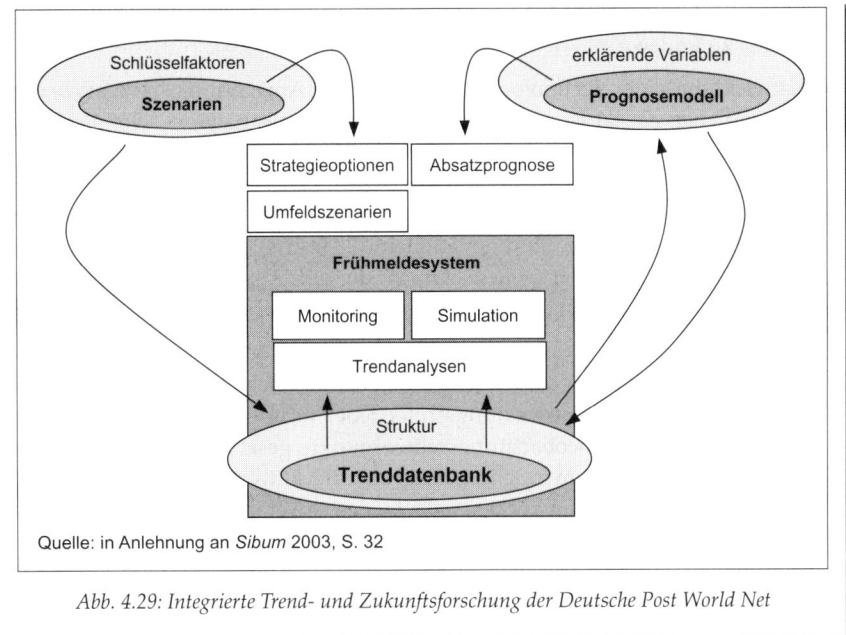

Abb. 4.29: Integrierte Trend- und Zukunftsforschung der Deutsche Post World Net

Neben einer möglichst umfassenden Identifikation und Projektion relevanter Umfeldfaktoren ist eine integrierte Betrachtung externer und interner Faktoren wichtig. Die *Chancen-Risiken-Analyse* führt die Ergebnisse der Markt- und Umfeldanalyse mit den Ergebnissen der *Stärken-Schwächen-Analyse* zusammen (siehe 4.1.1). Möglichst sollen Chancen im Umfeld fokussiert werden, die auf Stärken des Unternehmens treffen. Das erhöht beim Innovationsmarketing die Chancen des CIA – der langfristigen Überlegenheit gegenüber dem Wettbewerb. Umgekehrt sollen Risiken, die auf Schwächen des Unternehmens treffen, frühzeitig erkannt werden, um Gegenmaßnahmen treffen zu können.

Die *Technologieanalyse* hat einen besonderen Stellenwert (siehe dazu auch *Gerpott* 2005, S. 101 ff). Technologiegetriebene Branchen wie Maschinenbau, Automobilbau und Elektrotechnik sind besonders angewiesen auf fundierte Technologiefrüherkennung und -bewertung. Technologische Aspekte haben sowohl zu viel als auch zu wenig Einfluss auf das Innovationsmarketing: Einerseits dominieren in technologiegetriebenen Branchen Ingenieure und Naturwissenschaftler das Innovationsgeschehen. Darunter kann der Erfolgsfaktor „Zielkundenorientierung" leiden. Andererseits ist seit den 80er Jahren viel für die Integration technologischer Gesichtspunkte getan worden. Viel beachtete methodische Ansätze sind das S-Kurven-Konzept (*Foster* 1986) und das Technologie- bzw. Innovationsfeldportfolio (u. a. *Pfeiffer* 1985, *Michel* 1990).

Wegen ihrer Bedeutung für das Innovationsmanagement fokussieren wir im Folgenden die technologische Komponente der Umfeldfaktoren: Technologieanalyse. Wir befassen uns unter „Innovationsmarketing" ja hauptsächlich mit marketingstrategischen Aspekten. Der folgende Abschnitt soll und kann daher nur einen Überblick zur Technologieanalyse geben. Mehr dazu ist z. B. bei *Brockhoff* (1999) und bei *Specht et al.* (2002) zu finden.

Die Entwicklung einer Technologie bedarf vor der Anwendungsinnovation eines großen zeitlichen Vorlaufs. Daher müssen Technologieanalysen sehr strategisch angelegt sein. *Strategische Marktforschung* soll die technologischen Potenziale (besonders die langfristigen Kosten- und Ertragseffekte) systematisch identifizieren und mit Technologiealternativen vergleichen (*Pfeiffer/Weiß* 1995, S. 664 f.). So muss Technologieanalyse für Produktinnovationen die Technologie- und die Marktseite integriert betrachten. Daher gehen wir in diesem Abschnitt ein auf Impulse technologischer Entwicklungen und auf Wechselwirkungen dieser Impulse mit dem Markt.

Eine perfekte Untersuchung des gesamten wissenschaftlich-technischen und marktlichen Umfeldes auf allen Entwicklungsstufen jeder Technologie ist unmöglich. Deshalb müssen Such- und Beobachtungsschwerpunkte gesetzt werden. Gleichzeitig sollte der Beobachtungsraum möglichst breit abgesteckt werden, denn gerade Neuerungen in fremden Bereichen können entscheidende Veränderungen nach sich ziehen. Es muss also Offenheit gegenüber nicht ausdrücklich thematisierten Technologiebereichen erhalten bleiben (*Pfeiffer* 1992, S. 112).

Wolfrum (1994 b, S. 45 ff.; analog *Reger* 2001, S. 80) schlägt eine problemgebundene Inside-Out-Überwachung und eine problemungebundene Outside-In-Überwachung zur Erkennung schwacher, technologischer Signale vor: Während die *problemgebundene Überwachung* die systematische Analyse derjenigen Technologien betrifft, die in eigenen Geschäftsfeldern und denen der direkten Konkurrenz eingesetzt werden, versucht *problemungebundene Überwachung*, Trends und schwache Signale des gesamten Umfeldes zu erfassen, also auch in den im Unternehmen bislang nicht bearbeiteten Technologiebereichen. Das entspricht der Technologiefrüherkennung. Falls identifizierte Signale für das Unternehmen bedeutsam erscheinen, ist anschließend eine systematische problemgebundene Analyse vorzunehmen.

Neben der Eingrenzung des Analyseraumes ist die inhaltliche Strukturierung des Betrachtungsfeldes für die Erfassung technologischer Wechselwirkungen maßgeblich. Zur Komplexitätsreduktion können Technologiecluster nach dem Kriterium der gemeinsamen Funktionsorientierung gebildet werden (*Lange* 1994, S. 59 f.). Zur Identifikation relevanter Technologien im Bereich Waschmaschinen listet man beispielsweise zunächst die einer Waschmaschine zugrunde liegenden Teilfunktionen auf (Antrieb, Steuerung, Pumpmechanismus, Heizvorgang etc.). Anschließend ordnet man den Teilfunktionen relevante Technologien sowie potenzielle Alternativtechnologien zu. Im Mittelpunkt steht die Hauptfunktion als Schnittstelle zwischen technischen Problemlösungen und Bedarf (hier Trennen von Schmutz und Wäsche), denn alternative Lösungen können sich nachhaltig auf die genannten Teilfunktionen einer Waschmaschine auswirken. Die Hauptfunktion wird im Folgenden weiter aufgespalten z. B. in Trennung fester, flüssiger und gasförmiger Stoffe und den dahinter stehenden physikalischen und chemischen Verfahren. So gelangt man auch zu Alternativtechnologien, etwa Schmutztrennung durch Ultraschall.

Die Technologieanalyse versucht als Grundlage für strategische Technologieentscheidungen u. a. folgende Fragen zu beantworten:

- Welche technologischen Entwicklungen zeichnen sich ab?
- Welche Bedarfspotenziale stehen den Technologieentwicklungen gegenüber?
- Wie ist der Akzeptanz- und Diffusionsverlauf der Technologie einzuschätzen?
- Sind negative Technologiefolgen im Sinne von Akzeptanzbarrieren zu erwarten?
- Welche Bedeutung haben die identifizierten Entwicklungen für das Unternehmen?
- Ist daraus ein Innovationsbedarf abzuleiten?
- Wie gut ist die Technologieposition im Kontext der Umfeldentwicklungen?
- Welche Technologie besitzt das beste Potenzial aus Sicht des Unternehmens?

Der Technologieanalyse stehen abhängig von ihrem inhaltlichen Schwerpunkt verschiedene Methoden zur Verfügung. Im Folgenden werden Technologielebenszyklen (u. a. die technologische „S-Kurve") als Analysen auf Basis gesetzesartiger Aussagen vorgestellt, darauf aufbauend die Technologiefrühaufklärung und die technologische Zukunftsanalyse und wiederum darauf aufbauend die Technologiebewertung in ihren Grundzügen.

Das von *Foster* (1986, S. 103 ff.) entwickelte Modell der technologischen S-Kurve basiert auf der Beobachtung, dass die Leistungsfähigkeit einer Technologie über den kumulierten Forschungs- und Entwicklungsaufwand oft einen S-förmigen Verlauf annimmt. Diesem Modell liegt die Annahme zugrunde, dass jede Technologie eine absolute Leistungsgrenze besitzt und im Zeitverlauf durch neue Technologien abgelöst werden kann. Diese Grundannahme der S-Kurve wird durch das folgende Beispiel der Grenzen der Pumpe-Düse-Technik von Volkswagen verdeutlicht.

Pumpe-Düse-Technik versus Common-Rail-Diesel

Jahrelang hat Volkswagen die von ihnen exklusiv angebotene Pumpe-Düse-Technik als die bessere Dieseleinspritzung verteidigt und sich damit an die Spitze der Dieselanbieter gesetzt. Doch in Zukunft wird sich der Konzern den übrigen Wettbewerbern anschließen und ab 2007 nur noch Common-Rail-Diesel bauen.

Die Entscheidung des Volkswagen Konzerns, von ihrem bisherigen technologischen Sonderweg abzulassen, hat sowohl technische, finanzielle, wie auch politische Gründe. Entscheidend ist in diesem Zusammenhang, dass die Pumpe-Düse-Technik hinsichtlich der geplanten Euro-5-Norm und damit einhergehenden weiteren Auflagen zur Schadstoffabsenkung an ihre Grenzen stößt. So würde die Pumpe-Düse-Technik mittlerweile so aufwändige Druckspeicher benötigen, dass der Preis übermäßig in die Höhe schnellen würde.

Dabei hatte es 1999 noch den Anschein, dass sich die Pumpe-Düse Technik als die stärkere Technologie durchsetzen würde. Sie war zum einen leistungsfähiger und zum anderen durch den geringen Verbrauch und weniger Emissionen die umweltfreundlichere Technik. So schaffte der erste VW-Motor mit der Pumpe-Düse Technik bereits 2050 Bar, während das nun siegreiche Common-Rail System gerade Einspritzdrücke von 1350 Bar aufbauen konnte. Da jeder Zylinder eine eigene Pumpe hatte, die den Kraftstoff effektiv verteilte und sauber verbrannte, entsprach der (inzwischen eingestellte) Lupo TDI 3 L mit der Pumpe-Düse Technik als einer der ersten Dieselmotoren schon 1999 der Abgasnorm EU-4, die erst heute (2005) verbindlich ist. Damals hatte die Common-Rail Fraktion noch chancenlos vor der Schadstoffhürde gestanden. Das gilt jetzt nicht mehr.

Bei Common-Rail-Systemen werden alle Zylinder durch eine einzige Pumpe plus gemeinsamer Leitung mit Kraftstoff versorgt. Das ermöglicht in einem einzigen Arbeitsakt derzeit fünf und künftig bis zu neun Teileinspritzungen, wodurch sich der Verbrennungsverlauf sehr genau definieren lässt. Auch werden ab 2007 2000-Bar-Systeme mit Common-Rail-Technik zum Einsatz kommen. Selbst ein Vierzylindersystem (im Vergleich zu Sechs- und Achtzylindersystemen) mit Pump-Düse-Technik wäre bei einem Vergleich in der nächsten Generation ins Hintertreffen geraten. Hans Jürgen Berner vom Forschungsinstitut für Fahrzeugmotoren an der Universität Stuttgart sagte dazu in einem Interview mit der FAZ über die Pumpe-Düse-Technik: „Damit waren unsere Motorenentwickler mit ihrem Latein am Ende.".

Quellen: o. V. 2005, Spiegel Online

Nach dem Modell der S-Kurve gilt: Je mehr sich eine Technologie ihren Grenzen nähert, umso größer wird der F&E-Aufwand im Verhältnis zur Leistungsniveausteigerung. Der Sprung von einer alten zu einer neuen Technologie-Leistungskurve erfolgt, wenn das Leistungspotenzial der neuen Technologie das der Vorgängertechnologie zu übersteigen verspricht. Dieser nicht-stetige Übergang wird als technologische Diskontinuität bezeichnet (*Foster* 1986, S. 110; *Lehmann* 1994, S. 19 ff.). Den idealtypischen S-Kurven-Verlauf und einen diskontinuierlichen Technologiesprung illustriert folgendes Modell (siehe Abbildung 4.30).

Reale technologische S-Kurven weichen mehr oder weniger stark vom idealtypischen Verlauf ab. Ein Beispiel: Reyon war der erste Kunstfaser-Reifenkord, der die

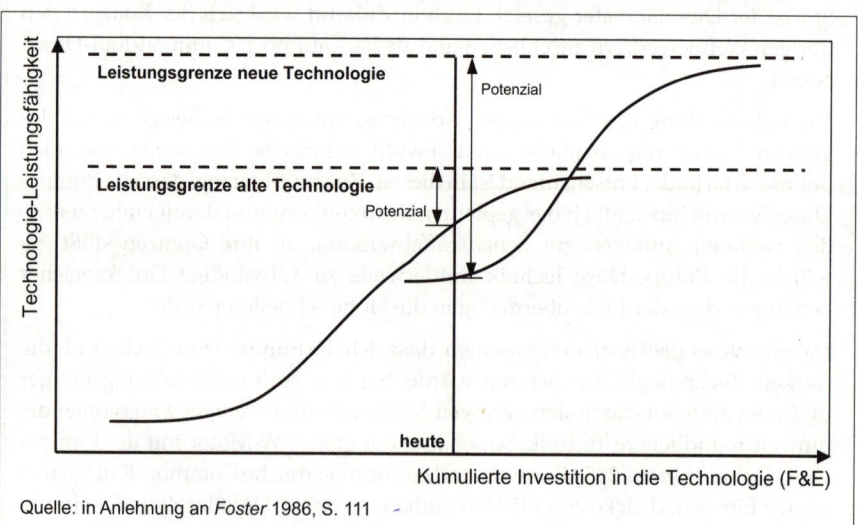

Abb. 4.30: Idealtypischer Verlauf einer S-Kurve

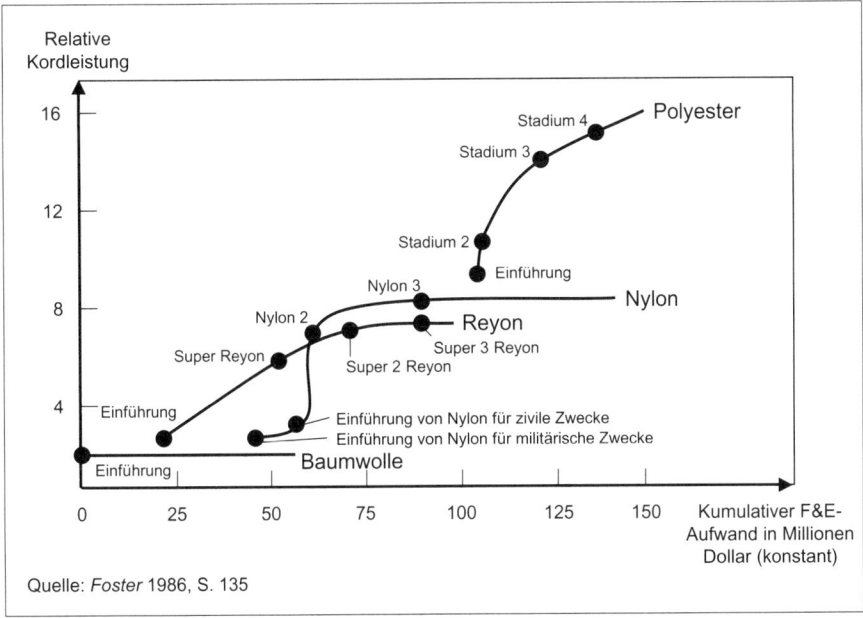

Abb. 4.31: Von Baumwolle zu Reyon zu Nylon zu Polyester –
S-Kurven verschiedener Material-Technologien

ursprüngliche Material-Technologie für Autoreifen (Baumwolle) auf der Basis einer höheren Haltbarkeit ablöste. Im Zeitablauf investierte Du Pont mehr als 100 Mio. US $ u. a. in die Verbesserung von Reyon. Während die ersten 60 Mio. US $ eine Verbesserung der relativen Kordleistung um 800 % und die darauf folgenden 15 Mio. US $ eine Steigerung um 25 % ermöglichten, ergaben in den frühen sechziger Jahren die letzten 25 Mio. US $ nur noch eine Verbesserung von ca. 5 %: Reyon hatte als Reifenkord-Technologie seine Grenze erreicht. Abgelöst wurde Reyon durch Nylon. Aufgrund von Sicherheitsmängeln wurde jedoch bald nach einer Alternative gesucht. Diese wurde in Polyester gefunden (*Foster* 1986, S. 132 ff.).

Die obenstehende Abbildung 4.31 beinhaltet die realen S-Kurven von Reifenkord.

So wurde im Jahr 2005 die technologische Evolution von vierzehn Technologien auf vier verschiedenen Märkten untersucht. Darin zeigte sich ein eher stufenartiger Verlauf mit teilweise sehr steilen Leistungssprüngen und anschließend langen Zeiträumen ohne jegliche Verbesserungen (*Sood/Tellis* 2005).

Zur Darstellung einer realen S-Kurve sind die Werte beider Achsen, das Leistungsniveau und der kumulierte F&E-Aufwand, zu messen und zu prognostizieren. Zur Messung des *Leistungsniveaus* als abhängige Variable der S-Kurve müssen zunächst Leistungskriterien definiert werden. Dazu ist festzulegen, auf welche Produkte und Produkteigenschaften sich „Leistung" beziehen soll. Am Beispiel der S-Kurven für Reifenkord-Materialien kann sich das Leistungsniveau etwa auf die eingesetzten Materialien (Rayon oder Baumwolle) oder auf den Reifen selbst beziehen. Wenn eine Technologie nicht durch ein einziges (oder zumindest ein dominierendes) Leistungsmaß beschrieben werden kann, sollten mehrere Merkmale zusammengefasst werden, was jedoch die Problematik einer angemessenen Aggregation mit sich bringt (*Brockhoff* 1993, S. 334; *Perillieux* 1987 a, S. 37 f.).

Der Gegenstand der Leistungsmessung kann sich im Zeitablauf ändern, etwa wenn eine Leistungssteigerung von Autoreifen durch veränderte Konstruktion erfolgt (z. B. durch Variation des Verhältnisses von Höhe zur Breite) und die Leistung nicht mehr allein auf die eingesetzten Stoffe zurückzuführen ist (*Brockhoff* 1993, S. 338). Um verschiedene Technologien vergleichen zu können, sollten Leistungskriterien möglichst nicht technologie-, sondern problemorientiert festgelegt werden (*Brockhoff* 1993, S. 334). Problemorientierte Leistungskriterien am Beispiel von Autoreifen wären u. a. die Laufleistung und das Verhalten bei bestimmten Straßenverhältnissen wie z. B. Nässe sowie veränderten Temperaturbedingungen.

Zur Abschätzung des künftigen Leistungsniveaus müssen die für Veränderungen ursächlichen Faktoren erkannt und operationalisiert werden. Technologische Leistungsgrenzen können durch absolute natürliche Begrenzungen gegeben sein, wie die Lichtgeschwindigkeit oder der absolute Temperaturnullpunkt, oder durch nur zeitweise gültige Grenzen, wie z. B. Höchstgeschwindigkeiten von Motoren (*Brockhoff* 1993, S. 339). *Lehmann* (1994, S. 41) weist darauf hin, dass technologische Sprünge auch durch *Prozessinnovationen* realisiert werden können. Geeignete Indikatoren sind z. B. Umwelt- und Sicherheitsbestimmungen oder Ressourcen- und Kostenrestriktionen, also Faktoren, die ein Unternehmen zu Prozessveränderungen zwingen. Auch Marktfaktoren können den Übergang zu einer neuen Technologie verursachen. Entsprechende Indikatoren für solche Technologiesprünge können etwa wachsende Unzufriedenheit der Kunden mit bestehenden Produkten, latent wachsende Nachfrage der Produktalternativen oder bevorstehende Produktregulierungen sein (*Utterback/Kim* 1985, S. 121).

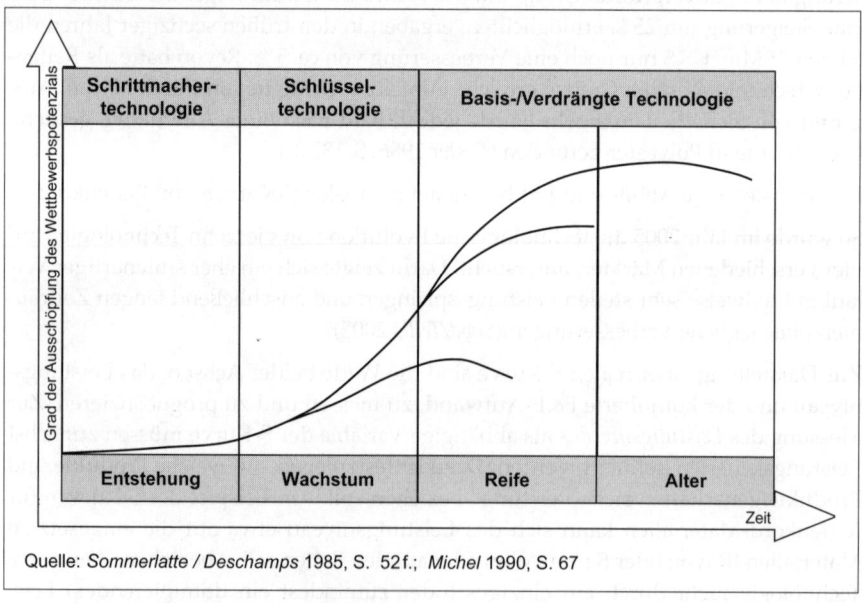

Quelle: *Sommerlatte / Deschamps* 1985, S. 52 f.; *Michel* 1990, S. 67

Abb. 4.32: Das Technologielebenszykluskonzept von Arthur D. Little

Die Messung der *kumulierten F&E–Aufwendungen* als unabhängige Variable der S-Kurve ist insofern problematisch, als dass der F&E-Einsatz in der Regel aus den verschiedensten Quellen (Unternehmen, Wettbewerber, Institute) stammt. Die tatsächlich erbrachten Aufwendungen aller an der technologischen Entwicklung direkt oder indirekt Beteiligten kann kaum vollständig erfasst, sondern nur geschätzt werden. Eine grobe Schätzung kann auf Basis der Umsätze erfolgen: Man multipliziert den geschätzten Umsatz aus einer Technologie mit dem branchenüblichen Anteil von F&E am Umsatz und hat damit einen groben Indikator für die betreffenden F&E-Aufwendungen (*Brockhoff* 1993, S. 336).

Zur Technologieanalyse auf der Basis gesetzesartiger Aussagen können neben der S-Kurve auch andere Technologielebenszyklusmodelle herangezogen werden (einen Modellüberblick geben *Specht et al.* 2002, S. 64 ff.). So erklärt das *Technologie-Lebenszyklus-Modell* (TLZ) der Unternehmensberatung *Arthur D. Little* (ADL) (*Sommerlatte/Deschamps* 1985, S. 9 ff.) den Zusammenhang zwischen dem Ausschöpfungsgrad von Wettbewerbspotenzialen einer Technologie und dem Zeitablauf (siehe Abb. 4.32). Unterschieden werden die Phasen Entstehung, Wachstum, Reife und Alter (zur wettbewerbsstrategischen Bedeutung von Schrittmacher-, Schlüssel, Basis- und veralteten Technologien siehe 2.1.1).

Die Phasenabgrenzung hängt von den zugrunde liegenden modellspezifischen Kriterien ab. Die folgende Abbildung 4.33 fasst Indikatoren zur Bestimmung des Wettbewerbspotenzial-Ausschöpfungsgrades als abhängige Variable im ADL-

Lebenszyklus-phase Indikator	Entstehung	Wachstum	Reife	Alter
Unsicherheit über technische Leistungsfähigkeit	hoch	mittel	niedrig	sehr niedrig
Investition in Technologieentwicklung	niedrig	maximal	niedrig	vernachlässigbar
Breite der potenziellen Einsatzgebiete	unbekannt	groß	etabliert	abnehmend
Typ der Entwicklungsanforderungen	wissenschaftlich	anwendungsorientiert	anwendungsorientiert	kostenorientiert
Auswirkungen auf Kosten-/Leistungsverhältnis der Produkte	sekundär	maximal	marginal	marginal
Zahl der Patentanmeldungen / Typ der Patente	zunehmend / Konzeptpatent	hoch / produktbezogen	abnehmend / verfahrensbezogen	–
Zugangsbarrieren	unbekannt	Personal	Lizenzen	–
Verfügbarkeit	sehr beschränkt	Restrukturierung	marktorientiert	hoch

Quelle: *Sommerlatte / Deschamps* 1985, S. 52 f.; *Michel* 1990, S. 67

Abb. 4.33: Indikatoren für die Lebenszyklusphase einer Technologie

Modell zusammen. Die Indikatoren sind nicht trennscharf, sie liefern nur tendenzielle Aussagen über den Entwicklungsstand der Technologie. Als schwierig erweist sich dabei, dass Technologien oft in unterschiedlichen Branchen Eingang in Produkte und Verfahren finden, was eine interindustrielle Bestimmung der Lebenszyklusposition erfordert (*Wolfrum* 1994b, S. 231 f.).

Technologielebenszykluskonzepte bilden allgemeine Zusammenhänge und Entwicklungsverläufe von Technologien ab. Sie unterstützen die Technologiebewertung und technologische Zukunftsanalyse, damit die Beurteilung der Technologiepotenziale, mit ihren Hinweisen auf Wettbewerbspotenziale auch das strategische Technologiemanagement (*Voit* 2000, S. 35 f.). Die S-Kurve sensibilisiert für Substitutionsgefahren, da sie mindestens dazu anregt, Technologie-Leistungsgrenzen einzuschätzen und eine Investitionsentscheidung (weiterhin in die eingeführte oder in eine neue Technologie) auf die Agenda zu setzen. Abnehmende Weiterentwicklungspotenziale und sinkende F&E-Produktivität können z. B. als Hinweise auf eine zu erwartende Diskontinuität interpretiert werden (*Lehmann* 1994, S. 21).

Lebenszyklusbasierte Aussagen unterstützen damit die Informationsgewinnung innerhalb der Technologieanalyse besonders im Hinblick auf:

- *Innovationsbedarf*, der sich aus sich abzeichnenden Diskontinuitäten, dem Aufkommen neuer Technologien in die Reifephase und/oder dem Wachstum alternativer Technologien ableiten lässt;
- *Attraktivität einer Technologie*, die u. a. von der Stellung im TLZ und von der Verbreitung in der Branche abhängt;
- *Technische Weiterentwicklungspotenziale*, die sich aus der Distanz zwischen dem aktuellen Leitungsniveau und der absoluten Leistungsgrenze ergeben;
- *Wettbewerbsrelevanz einer Technologie*, abhängig davon, ob sie als Basis-, Schlüssel- oder Schrittmachertechnologie zu charakterisieren ist.

Allerdings: Diese Modelle treffen nur Aussagen über einen idealtypischen Verlauf, von dem jedoch die realen Entwicklungsverläufen mehr oder weniger abweichen. Die Dauer der Phasen variiert, einzelne Phasen können übersprungen und der Lebenszyklus kann vorzeitig beendet sein, etwa durch mangelnde Wettbewerbsfähigkeit oder Verdrängung durch leistungsfähigere Technologien (*Lehmann* 1994, S. 36). Ferner verlaufen die Entwicklungen einzelner Technologien unterschiedlich und sind schwer vergleichbar. Die Gültigkeit der Modelle ist durch Operationalisierungsmängel und die komplexe Realität vereinfachende Annahmen begrenzt. Schließlich werden die technologische Leistungsfähigkeit und das Wettbewerbspotenzial so fokussiert, dass wichtige andere Einflüsse vernachlässigt werden, besonders die Entwicklungen bei den Zielkunden. Lebenszyklus-Modelle bilden nur einen Ausschnitt technologischer Entwicklungen ab, können nicht als präzise Gesetzmäßigkeiten akzeptiert werden, jedoch als Mittel zur Sensibilisierung des Managements (*Specht et al.* 2002, S. 73; *Brockhoff* 2001, S. 35, *Lehmann* 1994, S. 36 f.).

Um Chancen und Risiken frühzeitig abschätzen zu können, müssen relevante Technologien, Technologietrends und sich abzeichnende Diskontinuitäten möglichst schon bei oder vor ihrer Entstehung erkannt werden (*Zahn/Braun* 1992, S. 8). Die Methoden der Frühaufklärung und Zukunftsanalyse sind also für die Technologieanalyse sehr wichtig. Beide Ansätze sind aber nur Spezialfälle allgemeiner Früherkennung und Prognose.

Technologiefrühaufklärung muss die Grenzen alter und die Potenziale neuer Technologien aus schwachen Signalen zu erkennen versuchen. Technologische Zukunftsanalyse soll diese Informationen zuverlässig auf den künftigen Verlauf projizieren und langfristige Entwicklungslinien aufzeigen. Die in der Frühaufklärung beobachteten kritischen Ereignisse sind Ausgangsbasis für die technologische Zukunftsanalyse (*Geschka* 1995, S. 628 f., *Wolfrum* 1994 b, S. 134 ff.). Die Analysen durchlaufen folgende Phasen (nach *Specht et al.* 2002, S. 85):

- *Signalexploration*: Wahrnehmung schwacher Signale für technologische Veränderungen und systematische Unterstützung der Signalbeobachtung. An Verfahren der Informationsgewinnung kommen insbesondere die Szenariotechnik, Expertengespräche und Patentanalysen in Betracht (*Zahn/Braun* 1992, S. 10 f.)
- *Signaldiagnose*: Prüfung der Signalrelevanz, Ermittlung der Ereignisursachen durch Tiefenanalysen und theoretische Annahmen;
- *Prognose von Ereignisauswirkungen*: Abschätzung der Ereignisauswirkung auf Umfeldfaktoren und der Interdependenzen zwischen diesen Entwicklungen, Analyse der Bedeutung der Ereignisentwicklungen für das Unternehmen.

„Technologie" ist ein nicht direkt erfassbares theoretisches Konstrukt. Indirekte Beobachtungen müssen herhalten, um die Technologie durch beobachtbare Größen (Indikatoren) zu operationalisieren, d. h. beschreibbar zu machen. Im ersten Schritt müssen die Indikatoren und ihre Verknüpfungen festgelegt werden. Da Innovationen meist aus einem Wechselspiel von Market-Pull und Technology-Push entstehen (vgl. 2.1.2.4), müssen bei Analysen technologischer Entwicklungen die technologischen zusammen mit marktlichen Indikatoren betrachtet werden.

Die Übersicht 4.34 auf der folgenden Seite zeigt eine Auswahl technologie- und bedarfsseitiger Informationsbereiche, Indikatoren und Methoden. Zur Diskussion der Methoden siehe *Geschka* (1995, S. 628 ff.) und *Grupp* (1999, S. 149 ff.).

Die Fülle der Indikatoren spiegelt die Multidisziplinarität der Technologieanalyse wider. Es fließen Daten aus der Konkurrenzanalyse (technologische Aktivitäten der Wettbewerber) und der Branchenanalyse (technologische Verflechtungen) ein (4.1.2.2). Die Kundenanalyse liefert Hinweise auf den künftigen Bedarf an technologischen Problemlösungen und den erwarteten Diffusionsverlauf der Technologie (4.1.2.3).

Die Analyse wird noch komplexer, wenn bestehende zu neuen Technologien verschmelzen, so dass ursprünglich getrennt verlaufende Entwicklungen gemeinsam eine neue Qualität bilden. So basiert z. B. die Lasertechnik auf herkömmlicher Bearbeitungstechnik und herkömmlicher Telekommunikationstechnik.

Zukünftige Verschmelzungen sind besonders schwierig vorherzusagen. Die *Szenarioanalyse* gilt für die Prognose von Technologieentwicklungen als vergleichsweise gut geeignet (*Geschka* 1995, S. 640, zum Ablauf einer Szenarioanalyse siehe 4.1.1). Eine *technologische Szenarioanalyse* ermöglicht es beispielsweise, Verschmelzungen zu antizipieren, indem sie aktuelle und künftige Kundenbedürfnisse Kombinationsmöglichkeiten bestehender und weiterentwickelter Technologien gegenüberstellt (*Kornwachs* 1995, S. 237).

Technologie- und Technikentwicklung	Informationsbereiche	Indikatoren / Näherungsinformationen	Methoden / Tools der Informationsgewinnung
	Grundlagenforschung	Entwicklung von Technologieparks, Fachveröffentlichungen	Patentanalyse, Inhaltsanalyse
Entwicklung neuer Schrittmacher-Technologien	Aktivitäten der Wettbewerber, Hersteller komplementärer Produkte, Zulieferer, etc.	Patentaktivitäten, Veränderung der F&E-Aufwendungen, technologische Kooperationen, Kooperationen mit Hochschulen, Lizenznahmen, Akquisitionen	Patentanalyse, Wettbewerbsanalyse
	Technisches Einsatzpotenzial	Potenzielle Verwendungsformen und -intensitäten in Komponenten und Systemtechniken, Verbesserungsgrad technischer Leistungsmerkmale	Expertengespräche, Patentanalysen, S-Kurven-Analyse
Entwicklung vorhandener Schlüsseltechnologien	Weiterentwicklungspotenzial	Technikimmanente und natürliche Leistungsgrenzen, Lebenszyklusposition, Entwicklung komplementärer Technologien, Umsatzentwicklung der Wettbewerber, F&E-Aufwendungen	Lebenszyklusanalyse, S-Kurvenanalyse, Expertengespräche
	Anwendungsarten	Veränderung der Anwendungsstruktur durch veränderte Angebotsstruktur (z.B. Komponenten, Standards), mögliche Verwendungsarten und Problemlösungsmöglichkeiten, Produktvorteile gegenüber herkömmlichen Lösungen	Patentanalysen, Expertengespräche, Delphi-Analyse
Bedarfsentwicklung	Latenter/ zukünftiger Bedarf an technologieinduzierten Problemlösungen	Bisher nicht oder nur unzureichend gelöste, potenzielle Problemlösungen, Standardisierungstendenzen	Marktanalyse, Wettbewerbs- und Patentanalyse
	Diffusion einer neuen Technologie	Akzeptanz technologischer Folgen, Intensität des Bedarfs, Nachfrageinduzierte Diskontinuitäten, Verbesserungsgrad der Marktleistungsmerkmale durch Technologiemerkmale	Kundenanalyse, Trendanalyse, Szenarioanalyse

Quelle: eigene Darstellung in Anlehnung an *Servatius / Pfeiffer* 1992, S. 83; *Köhler* 1998, S. 26ff.; *Kornwachs* 1995, S. 224

Abb. 4.34: Informationen zur Technologieanalyse und deren Gewinnung

Das *Technology-Roadmapping* analysiert, prognostiziert und visualisiert zukünftige Technologienentwicklungen (*Möhrle/Isenmann* 2002). Im Prozess der Roadmap-Generierung wird Expertenwissen systematisch aufgegriffen, abweichende Meinungen werden auf der Basis kreativer Gruppensitzungen und -diskussionen konvergiert (*Eversheim et al.* 2003, S. 222 f.). Das Ergebnis, die Technologie-Roadmap, ist eine zweidimensionale grafische Darstellung. Die Entwicklung der Bezugsobjekte (z. B. mehrere Technologien als Ordinate) wird im Zeitablauf (Abszisse) visualisiert. Technologien werden nach Eintrittszeitpunkt positioniert; Beziehungen untereinander (z. B. mit Vorgänger- und Folgeobjekten) werden grafisch kenntlich gemacht.

Technologie-Roadmaps sind also grafisch gestützte Abbildungen von Zusammenhängen unter Technologien und ihren zeitlichen Entwicklungen, die ihre (künftige) Leistung und Verbreitung beschreiben. Roadmaps sollen darstellen, wie Technologien strategisch in Produkte und Märkte umgesetzt werden und wie die technologischen Entwicklungen weiter verlaufen werden. Sie beruhen wiederum auf zukunftsanalytischen Methoden wie die Szenario- und Delphianalyse (*Specht et al.* 2002, S. 78 ff., ausführlich *Möhrle/Isenmann* 2002 und zu einer explorativen Studie zum Einsatz des Roadmapping in der Praxis: *Kappel* 2001).

Aussagekraft und Grenzen der Früherkennung und Zukunftsanalyse wurden schon diskutiert (vgl. Abschnitt 4.1.1). Entwicklungen in Folge technologischen Fortschritts sind so komplex, dass quantitativ-kausale Modelle kaum bestehen können. Entsprechend hoch ist die Unsicherheitskomponente. Besonders in den Anfangsphasen der Technologieentstehung können auch Experten kaum verlässliche Schätzungen liefern. Umso wichtiger ist der kombinierte Einsatz unterschiedlicher Methoden der Früherkennung.

Technologiebewertung baut auf Ergebnissen der Technologiefrühaufklärung und -zukunftsanalyse auf, indem sie möglichst frühzeitig versucht, Ansätze zukünftiger Technologien einer Art Vorbewertung zu unterziehen (*Servatius/Pfeiffer* 1992, S. 79). Technologiebewertungsmethoden zielen auf die Diagnose der zukünftigen wettbewerbsstrategischen Bedeutung einer Technologie ab und auf die technologische Situation des Unternehmens im Vergleich zum Wettbewerb. In die Bewertung gehen sowohl externe, unternehmensunabhängige Faktoren ein (Potenziale bzw. Attraktivität der Technologie im Vergleich zu Alternativen) als auch interne, unternehmensabhängige Faktoren, (unternehmerische Technologiepotenziale und -positionen) (*Servatius/Pfeiffer* 1992, S. 82 f.).

Technologiebewertung BMW AG

Das Team Getriebe-Vorentwicklung der BMW AG hatte die Aufgabe, Getriebe zu jener technischen Reife zu bringen, mit der sie in die Entwicklung von Fahrzeugen integriert werden können. Das Vorentwicklungsteam stand vor dem Problem, unter zehn ganz neuen Techniken und 70 verbesserten herkömmlichen Lösungen zu wählen, um den 2000er Antriebsstrang zu entwickeln. Es fehlten aber etablierte Prozesse und Methoden zur Bewertung der technischen Alternativen. Entscheidungen wurden bis dahin eher von der Persönlichkeit einzelner Entscheider beeinflusst.

Zunächst wurde eine Technologie-Anforderungsliste hinsichtlich Dynamik, Komfort, Sicherheit, Kosten, Gewicht, etc. erarbeitet. Für die ordinale Bewertung (Ratingskala ++/+/o/−/−−) der Lösungen wurden lediglich die als potenziell überhaupt einsetzbar identifizierten Techniken ausgewählt. Die so entstandene Matrix reichte den Managern jedoch nicht, um eine konkrete Entscheidung zu fällen. Man konnte zwar dominante Lösungen auf einzelnen Kriterien identifizieren, aber Projekte mit verschiedenen Stärken und Schwächen auf verschiedenen Kriterien konnten nicht miteinander verglichen werden.

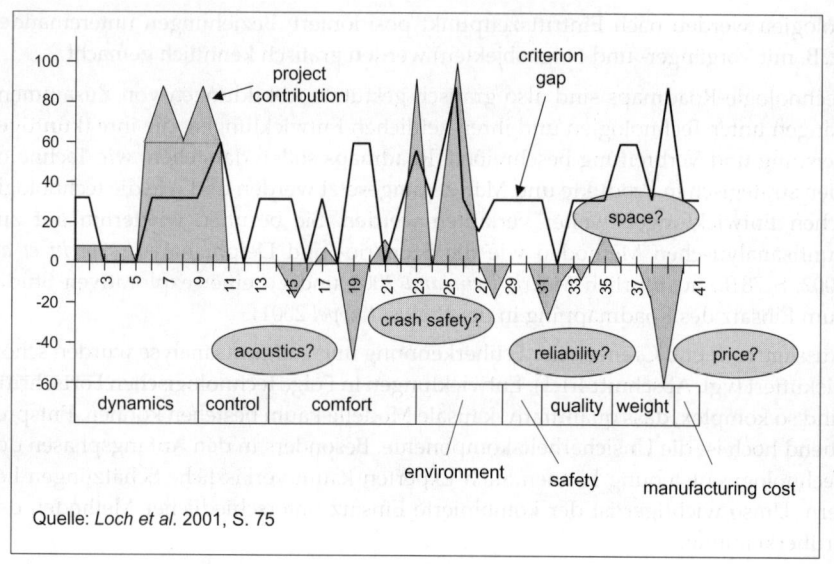

Quelle: *Loch et al.* 2001, S. 75

Abb. 4.35: Modell der BMW-Antriebsentwicklung

Um die Alternativen besser vergleichbar zu machen und Entscheidungen zu ermöglichen, mussten die Bewertungen quantifiziert werden. Dazu war eine Operationalisierung der acht Hauptkriterien nötig (z. B. „Fahrdynamik" operationalisiert durch: Beschleunigungsdauer von 0 auf 100 km/h, Beschleunigungsweg
der ersten 4 s unter realistischen Bedingungen, Beschleunigungsdauer von 80
auf 120 km/h, jeweils bei Kaltstart und Warmstart etc.). Die Ergebnisse wurden
auf einen Index um 100 umgerechnet. Mit einem mathematischen Modell
wurden die Abhängigkeiten der Bewertungskriterien berücksichtigt. Anhand
von Diagrammen wurden dann die Antriebslösungen identifiziert, welche die
geringsten Defizite hinsichtlich der Leistungsvorgaben aufwiesen (siehe
Abb. 4.35). Das Modell wurde zum Standard der BMW-Antriebsvorentwicklung
und es wurde von anderen F&E-Abteilungen des Hauses übernommen.

Quelle: Loch et al. 2001

Eine bekannte Methode zur Technologiebewertung ist das *Technologieportfolio* (zu
Technologiebewertungs-Methoden im Überblick siehe *Pfeiffer/Weiß* 1995, S0.668 f.;
Zehnder 1997, S. 53 ff.; *Gerpott* 2005, S. 154 ff.). Das Konzept „Technologieportfolio" ist
aus dem klassischen Marktportfolio abgeleitet. Während sich das Marktportfolio auf
den Marktzyklus eines Produktes beschränkt, gehen in das Technologieportfolio
auch Informationen ein, die den Entstehungszyklus sowie den noch vorgelagerten
Beobachtungszyklus einer Technologie betreffen.

Der *Portfolioansatz* von *Pfeiffer et al.* (1987) legt als unternehmensexterne Bewertungsdimension *Technologieattraktivität* und als interne Dimension *Ressourcenstärke*
zugrunde. Die Technologieattraktivität wird bestimmt durch wirtschaftliche und
technische Vorteile, die bei Realisierung der strategischen Weiterentwicklungspotenziale der jeweiligen Technologie zu erwarten sind. Die technische und wirt-

schaftliche Beherrschung der Technologie (besonders im Vergleich zum stärksten Konkurrenzunternehmen) wird durch die Ressourcenstärke beschrieben (*Pfeiffer/Weiß* 1995, S. 673). Zu einem bewertenden Überblick über Technologieportfoliokonzepte einschließlich diesem siehe *Schlegelmilch* (1999, S. 246 ff).

Abbildung 4.36 enthält einen Überblick über Indikatoren, welche die Dimensionen des Technologie-Portfolios weiter operationalisieren. In Produkt- oder Prozesstechnologien sollte danach investiert werden, wenn sie in Feldern mittlerer bis hoher Technologieattraktivität und Ressourcenstärke liegen. Die Ressourcenstärke sollte gehalten bzw. besser noch ausgebaut werden, um die sich aus der attraktiven Technologie bietenden Chancen nutzen zu können. Für Technologien, die nur geringe bis mittlere Technologieattraktivität und mittlere bis geringe Ressourcenstärke aufweisen, empfiehlt sich eine Desinvestitionsstrategie. Die dazwischen liegenden Bereiche erfordern eine selektive Strategie (*Pfeiffer/Weiß* 1995, S. 676).

Jolly (2003, S. 385 ff.) identifiziert 36 Kriterien, die zur Operationalisierung der internen und externen Dimensionen von Technologieportfolios in der Literatur verwendet werden. Die Abbildung 4.37 auf der folgenden Seite fasst die Operationalisierungskriterien zusammen. Die interne Dimension bezeichnet er zusammenfassend als „Technologische Wettbewerbsfähigkeit" und die externe Dimension als „Technologieattraktivität". Auf Basis eines Workshops mit 20 Experten aus der Wirtschaft bestimmt er die wichtigsten Kriterien aus Praxissicht (siehe Fettdruck in Abb. 4.37). *Jolly* (2003, S. 390) schränkt aber ein, dass die beteiligten Experten überwiegend aus der Halbleiter- und I&K-Technik kamen. Allgemein empfiehlt er, zur Auswahl der Kriterien einen branchenspezifischen Schwerpunkt zu setzen.

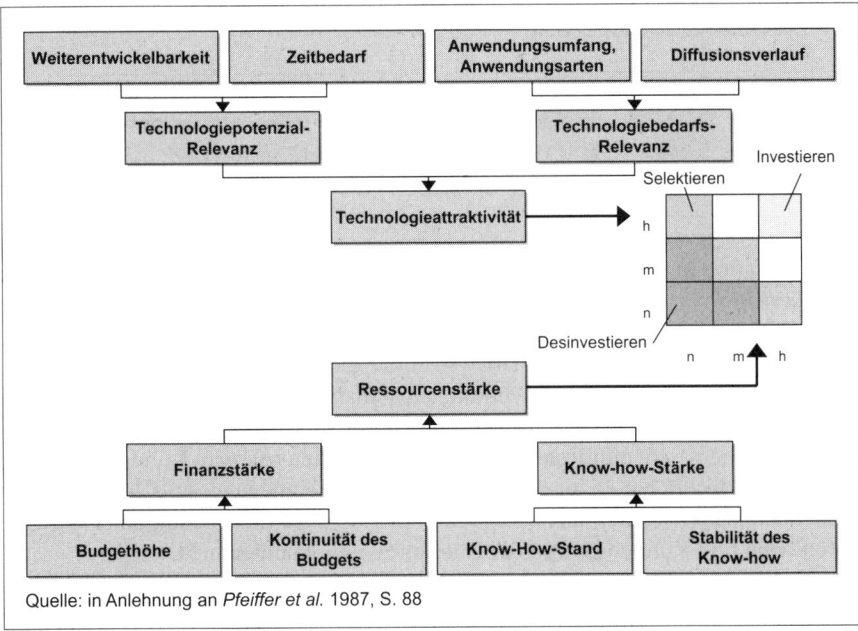

Quelle: in Anlehnung an *Pfeiffer et al.* 1987, S. 88

Abb. 4.36: Technologieportfolio nach Pfeiffer

Technologische Attraktivität	Technologische Wettbewerbsfähigkeit
Marktfaktoren	**Technologische Ressourcen**
• **Potenzielles Marktvolumen** • **Spannweite der Anwendungs- möglichkeiten** • Marktreaktion auf neue Technologien	• Herkunft der Anlagen • **Verbundenheit mit dem Kerngeschäft** • Erfahrung auf dem Gebiet • Angemeldete Patente • Wert der technischen Ausrüstung • Kompetenzschwerpunkte der Forschungsabteilung
Wettbewerbsfaktoren	• **Anwendungsbezug der Forschungsabteilung**
• Anzahl der Stake-Holder • Betroffenheit der Wettbewerber • **Wettbewerbsintensität** • **Einfluss der Technologie auf den Wettbewerb** • **Schutz vor Imitation** • Überlegenheit des Produktdesigns	• **Kompetenz der Entwicklungsabteilung** • Diffusion innerhalb des Unternehmens
Technische Faktoren	**Sonstige Ressourcen**
• Position der Technologie im Lebenszyklus-Modell • Weiterentwicklungspotenzial • **Leistungsvorsprung gegenüber anderen Technologien** • Gefahr durch substitutive Technologien • Möglichkeit des Technologietransfers	• Fähigkeit mit neuesten wissenschaftlich- technischen Erkenntnissen Schritt halten zu können • **Finanzierungsfähigkeit** • Güte der Beziehung zwischen F&E und Produktion • Güte der Beziehung zwischen F&E und Marketing
Technische Faktoren	• Schutzmöglichkeiten vor Imitatoren • Marktreaktion auf das neue Produkt
• Soziale Einflüsse • Öffentliche Haltung gegenüber der Entwicklung	• **Zeitvorsprung gegenüber den Wettbewerbern**

Quelle: in Anlehnung an *Jolly* 2003, S. 386 und 390

Abb. 4.37: Kriterien zur Operationalisierung der Dimensionen
von Technologieportfolios aus der Literatur

Zur Integration markt- und technologiebezogener Analysen wurde der *Darmstädter Portfolioansatz* von *Schlegelmilch et al.* entwickelt (zu einem Überblick über weitere Ansätze der Analyse strategischer Innovationsfelder: *Schlegelmilch* 1999, S. 328 ff.). Die so genannte Innovationsfeldanalyse führt die marktbezogene Geschäftsfeld- und die technologiebezogene Technologiefeldanalyse zusammen. Ausgangspunkt ist die Bestimmung relevanter strategischer Innovationsfelder, die in Anlehnung an das *Abell*-Schema in mindestens einer der drei Dimensionen Kundengruppen/ Funktionen/Technologien für das betrachtete Unternehmen neu sind. Innerhalb der Innovationsfelder werden technologische Entwicklungen mit Bezug auf die durch Funktionen und Kundengruppen definierten Segmente untersucht.

Die Innovationsfelder werden in das so genannte *Innovationsfeldportfolio* positioniert. Die externe Dimension Innovationsfeldattraktivität lässt sich aus dem Problemlösungs- und Diffusionspotenzial der Technologien des Innovationsfeldes ableiten.

Die interne Dimension „relative Innovationsstärke" basiert auf dem Differenzierungspotenzial (gegenüber Wettbewerbern im Innovationsfeld) und dem Implementierungspotenzial (nach wettbewerbs- und umfeldstrategischen Fits) der strategischen Innovationseinheiten des Unternehmens (*Gerpott* 2005, S. 156 f.).

Abbildung 4.38 fasst die Indikatoren des Portfolios zusammen. Ergebnis ist ein Innovationsfeldportfolio, in dem die für ein Geschäftsfeld relevanten Technologien positioniert sind. Eine gesamtunternehmerische Analyse wird durch integrierte Betrachtung aller relevanten Innovationsfeldportfolios ermöglicht (*Specht et al.* 2002, S. 98 ff.).

Die Technologiebewertung muss möglichst ganzheitlich erfolgen, das heißt einschließlich der unternehmerischen Grundsatzstrategien, der technologischen und marktlichen Faktoren sowie der Erlöse (Produkt) und der Kosten (Produktion). Ausgangspunkt der Technologiebewertung ist die Ist-Situationsbeschreibung, die um die Einschätzung der Zukunftssituation dynamisiert werden muss. So sind der strategische Handlungsbedarf zu bestimmen und besonders die F&E-Aktivitäten zu lenken. Portfolioansätze führen aber nur zu groben Normstrategien. Je langfristiger der Zeithorizont der Analyse ist, desto stärker ist dabei die subjektive und unsichere Komponente der Bewertung ausgeprägt. Zu einer kritischen Würdigung der Portfolioansätze siehe *Specht et al.* 2002, S. 102 ff.

Die *Technologiefolgenabschätzung* ist wegen der gestiegenen gesellschaftlichen Sensibilisierung wesentlicher Bestandteil der Technologiebewertung (*Servatius/Pfeiffer* 1992, S. 81). Die Technologiefolgenabschätzung ist ein Zukunftsanalyse- und Früherkennungsinstrument, das die Konsequenzen von Technologien für Gesellschaft und Umwelt abzuschätzen versucht. Sie ist multidisziplinär ausgerichtet und analysiert

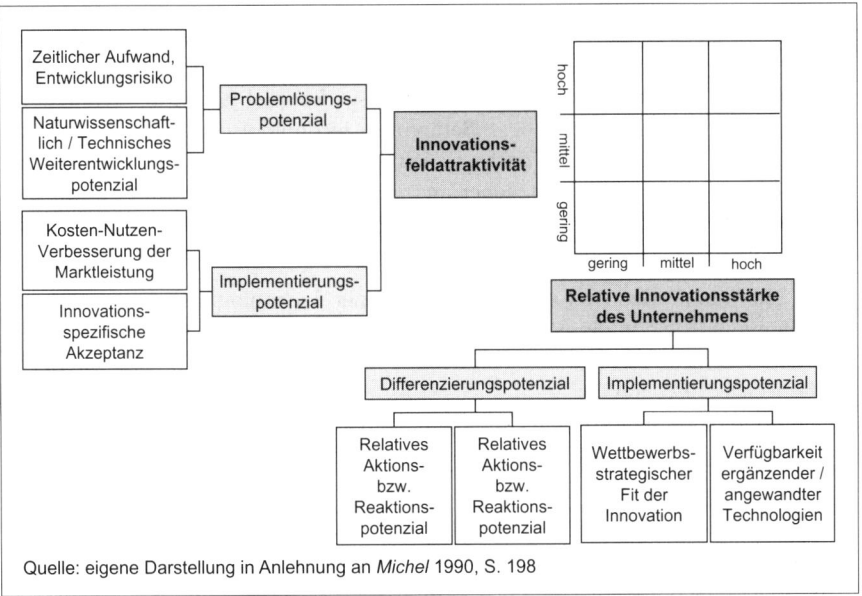

Abb. 4.38 Innovationsfeldportfolio nach Specht/Michel

unterschiedliche ökonomische, ökologische, kulturelle, soziale, gesellschaftliche und technischen Auswirkungen einer Technologie im Vergleich zu Alternativtechnologien (*Dierkes/Mützel* 1995, S. 650; *Maurer/Sacher* 1993, S. 172 f.).

Höhere Reichweiten, Intensitäten und kürzere Reaktionszeiten der technologischen Folgen resultieren aus den zunehmenden Internationalisierungstendenzen technologischer Entwicklungen, dem zunehmenden Querschnittscharakter von Technologien und dem höheren Tempo der Entwicklungen. Das bedingt nicht nur höhere Chancen, sondern auch höhere Risiken. Die gesellschaftliche Sensibilisierung für potenziell negative Auswirkungen steigt.

Grunwald (2002, S. 31 f.) unterscheidet folgende Arten von Technologiefolgen:
- *Folgen für die Umwelt*: Beeinflussung von Ökosystemen z. B. durch Rohstoffabbau, Emissionen und Energieverbrauch.
- *Folgen für die Wirtschaft*: Technische Innovationen haben zum einen Einfluss auf den Wohlstand einer Volkswirtschaft. Zum anderen wächst das Investitionsrisiko u. a. wegen des globalen Wettbewerbs.
- *Soziale Folgen*: Techniken beeinflussen die Arbeits- und Lebenswelten der Menschen mit entsprechenden Folgen für die psychische und physische Gesundheit.
- *Politische Folgen*: Globale Umweltprobleme und u. a. neue Informations- und Kommunikationstechnologien beeinflussen das politische Handeln.
- *Kulturelle Folgen*: Technologische Entwicklungen beeinflussen kulturelle Aspekte einer Gesellschaft. Besonders starke Beispiele sind das Fernsehen und das Internet.
- *Abhängigkeit von der Technik*: Moderne Gesellschaften sind wegen ihrer Technikabhängigkeit anfällig gegenüber technischem Versagen, man denke nur an Stromausfälle oder Computervirusattacken.

Die Technologiefolgenabschätzung ist für das Unternehmen nicht nur aus ethischen Gründen bedeutend, sie hilft auch, politische und gesellschaftliche Innovationsrestriktionen im Vorfeld zu vermeiden. Ein krasses Beispiel ist die jahrzehntelange Diskussion um die Gentechnologie. Befürchtete technologische Folgen bilden Akzeptanzbarrieren vieler, auch nachweislich harmloser, Gentechnik-Innovationen und üben Druck auf die Gesetzgeber aus. Sie schmälern das Anwendungs- und Innovationspotenzial, was wiederum die Diffusion und das Marktpotenzial der Technologie mindert (*Pfeiffer* 1992, S. 79 f.; *Servatius* 1992, S. 29 f.).

In der Literatur finden sich Ablaufschemata einer Technologiefolgenabschätzung. Ein Schema wurde von der MITRE-Corporation, Washington D. C., entwickelt und umfasst sieben iterativ zu durchlaufende Schritte (*Maurer/Sacher* 1993, S. 173; *Dierkes/Mützel* 1995, S. 652):
- Definition der Aufgabe der Technologiefolgenabschätzung

nach Inhalt, Reichweite, Untersuchungstiefe, Art der Einflüsse und verfügbaren Ressourcen;
- Beschreibung des zu beurteilenden Technologiekomplexes;
- Charakterisierung der gesellschaftlichen Situation und entsprechender Entwicklungstendenzen, Exploration der Faktoren, die zur Beurteilung des Technologiekomplexes von Bedeutung sind;

- Identifikation der gesellschaftlichen Bereiche, in denen Auswirkungen der Technologie zu erwarten sind;
- Analyse und erste (vorläufige) Abschätzungen dieser Auswirkungen;
- Identifikation möglicher Handlungsoptionen und alternativer Maßnahmen für einzelne Technologien zur Vermeidung negativer Auswirkungen und Unterstützung positiver Konsequenzen;
- Endgültige Bewertung der Technologie unter Berücksichtigung der Handlungsoptionen und der durch sie zu erwarteten Veränderungen.

Die interdisziplinären Identifikations-, Prognose- und Bewertungsaufgaben der Technologiefolgenabschätzungfolgenabschätzung erfordern eine umfassende Datengewinnung und -analyse. Qualitative Methoden (z. B. Gruppendiskussion, Expertenbefragungen, Delphi- und Szenarioanalysen) sind dabei besonders wichtig. Zu einem ausführlichen methodischen Überblick zur Technologiefolgenabschätzungfolgenabschätzung siehe *Grunwald* 2002, S. 205 ff.). Aus der großen inhaltlichen Bandbreite, der schlechten Quantifizierbarkeit und der Langfristigkeit der Technologiefolgenabschätzung ergeben sich die bei Zukunftsanalysen üblichen methodischen und konzeptionellen Probleme (*Dierkes/Mützel* 1995, S. 651 f.).

Zusammenfassend: Technologieanalysen sind hoch komplex. Man braucht interdisziplinäre Expertenteams, langen Atem und (gerade im Bereich der Technologiefrüherkennung) die Akzeptanz auch weicher Daten, was bei doch sehr quantitativ geschulten Technologen meist nicht leicht durchzusetzen ist. Unterstützt wird die Technologieanalyse durch diverse allgemeine Erhebungs- und Analysetools, die hier schon vorgestellt wurden. Zusätzlich ist an dieser Stelle die Patentanalyse als „Technologieanalyse par excellence" hervorzuheben.

Patentanalyse

Wegen der langen Zeitspanne zwischen einer Patentanmeldung und der Markteinführung patentbasierter Produkte können Patente als schwache Signale interpretiert werden. Patente dienen nicht nur der rechtlichen Eigentumssicherung einer Erfindung (siehe 3.7), sie gehören auch zu den umfangreichsten und aktuellsten Quellen technischen und ökonomischen Wissens, besonders für die strategische Früherkennung.

Patentanalysen können Informationen zu u. a. folgenden Fragen bereitstellen (u. a. *Mogee* 1991, S. 44 f.; *Geschka* 1995, S. 634 f.; *Brockhoff* 2001, S. 36 f.):
- *Technologieentwicklungen*: z. B. zum Stand der Technik, zum Reifegrad von Technologien (S-Kurven- und Technologielebenszyklusposition) sowie über mögliche technologische Entwicklungen, neue Lösungsansätze bzw. rückläufige Tendenzen. Aktuelle Patentierungswellen induzieren kommende Technologiesprünge. Wenn solche Patente zu mehreren Sachgebieten gehören, weist das auf Verflechtungen und wechselseitige Abhängigkeiten von Technologien hin.
- *Wettbewerbs- und Branchenentwicklungen*: Informationen über Forschungsaktivitäten und zur Innovationskraft der (internationalen) Konkurrenz, über künftige Konkurrenzverhältnisse, über Technologieführer (Firmen, deren Patent-

aktivitäten nach Aktualität und Umfang dominieren), Markteintrittsabsichten der Konkurrenz, und über die eigenen Stärken und Schwächen in Basis-, Schlüssel- und Schrittmachertechnologien im Vergleich zum Wettbewerb.

- *Entwicklungen der Absatz- und Beschaffungsmärkte*: Unter anderem kann die Gefahr des Eintritts von Kunden oder Lieferanten in eigene Tätigkeitsfelder durch Analysen ihrer Patente erkannt werden.
- *Umfeldentwicklungen*: z. B. Lokalisierung der F&E-Schwerpunkte im Ländervergleich unter Berücksichtigung staatlicher Restriktionen.
- *Potenzielle neue Geschäftsfelder und Produktideen*: Jüngste Patentanmeldungen geben Aufschluss über attraktive Geschäftsbereiche und aktuelle Verschiebungen der Kundenbedürfnisse. Fremderfindungen können auch eigene Produktideen auslösen.
- *Potenzielle Kooperationspartner*: Oft können Erfinder ihre Erfindungen nicht zur Marktreife bringen. Technologisch relevante Erfinder zu identifizieren, kann interessante Kooperationen auslösen.

Patentinformationen bieten eine sehr umfangreiche und detaillierte Dokumentation des Standes der Technik und sind darüber hinaus einfach und standardisiert zu beziehen (*Mogee* 1991, S. 43; *Fendt* 1992, S. 1). Patente werden recht einheitlich einem oder mehreren relevanten Sachgebieten zugeordnet: Ca. 60 Gliederungspunkte der Internationalen Patentklassifikation (IPC) unterteilen sie in verschiedene Sektionen, Klassen, Unterklassen, Gruppen und Untergruppen. Neben dem wöchentlich erscheinenden Patentblatt der Patentämter sind Informationen über Patentinformationseinrichtungen, Datenbanken und über Veröffentlichungen der Patentämter auf CD-ROM und im Internet zugänglich. Die wichtigsten deutschsprachigen Patentdatenbanken sind PATDPA (Deutsches Patentamt), PATOS (Bertelsmann Informationsservice) und INPADOC (Internationales Patentdokumentationszentrum Wien) (*Specht et al.* 2002, S. 257; *Becker* 1993, S. 184).

Je nach Frage können verschiedene *Recherchearten* genutzt werden.
- Eine *Sachgebietsrecherche* gibt Überblick zum Stand der Technik, Informationen über Lösungsansätze für technische Probleme, Erkenntnisse zu Ansprüchen für geplante Patentanmeldungen sowie zur Einleitung von Einspruchs- und Nichtigkeitsverfahren gegen gegnerische Patente.
- Über eine *Namensrecherche* werden spezifische Anmelder oder Erfinder beobachtet, um sich über die Wettbewerbsaktivitäten zu informieren. Mögliche Fragen sind z. B. ob und wie genau ein Wettbewerber eine Erfindung schützt, welche Patente ein Unternehmen insgesamt hält, ob sich ein Konkurrent in neuen technologischen Feldern betätigt oder sich aus einem bestimmten Feld zurück zieht.
- *Patentfamilienrecherchen* betrachten länderübergreifend alle Patentanmeldungen einer Art
- Die *permanente Patentüberwachung* beobachtet kontinuierlich die technische Entwicklung eines Marktes und/oder Patentaktivitäten der Wettbewerber.
- *Patentstatistische Analysen* werten Patentmengen nach spezifischen Kriterien aus, z. B. bilden sie Statistiken, auch Zeitreihen, über Erfinder, Firmen, Länder, Patentfamilien, Publikations- oder Zitierhäufigkeiten.

Gegenstand	Kenngröße	Indikatorbereich
Unternehmen	Gesamtzahl der Patentanmeldungen pro Zeitraum	Allgemeine Intensität der Erfindungstätigkeit des Unternehmens
	Anzahl der Patentanmeldungen in spezifischen Technologiefeldern	Interessenschwerpunkte des Unternehmens
Technologiefeld	Anzahl der Patente im Technologiefeld	Attraktivität des Technologiefeldes
	Anzahl der Patentanmelder	Höhe des Interesses von Unternehmen an dem spezifischen Technologiefeld
Technologiefeld	Erfolgte Patenterteilung	Technologische Qualität der Erfindung
	Patentlaufzeit	Ökonomische Qualität der Erfindung
	Anzahl der Auslandsanmeldungen	Ökonomische Qualität der Erfindung
	Anzahl der Patentzitate und Verwendungen im Rahmen von Entgegenverhandlungen	Technologische und ökonomische Qualität der Erfindung

Quelle: *Specht et al.* 2002, S. 258

Abb. 4.39: Beispiele für patentbezogene Kenngrößen

Durch Verknüpfung dieser Statistiken können Indikatoren auf nationaler, regionaler oder betrieblicher Ebene bzw. für Branchen und Technologiefelder gebildet werden. Die teilweise große und heterogene Informationsmenge wird durch Such- und Verknüpfungsmöglichkeiten selektiert und durch Häufigkeitsauszählungen, Cluster- und Inhaltsanalysen gruppiert und interpretiert (u. a. *Faix* 2001, S. 517 ff.; *Rebel* 1997, S. 12 ff.).

Folgende Auswahl patentbezogener Kenngrößen geben *Specht et al.* (2002, S. 258):

Eine Möglichkeit weiterführender Patentauswertungen entwickelt *Fendt* (1983, S. 40 f.). Er schlägt vor, Patentdaten durch Zusammenfassung der Informationen über zehn Indikatoren darzustellen: Aktualität, Aktivität, Dominanz, Reichweite, Konzentration, Komplexität, Verflechtung, Universalität, Differenzierung und Wachstum. Das sei hier exemplarisch an zwei Indikatoren erläutert:

- *Aktualität* misst den zeitlichen Abstand zwischen den durch Querverweise verbundenen Patentschriften und drückt damit die innovative Kraft aktueller Forschung aus. Viele Verweise auf junge Patentschriften indizieren eine sich rasch entwickelnde Technologie.
- *Aktivität* untersucht die Anzahl der innerhalb eines Technologiefeldes aktiven Unternehmen bzw. Erfindungen. Die Aktivität spiegelt die ökonomische Bedeutung eines Feldes wider. Bei wachsender Aktivität sind hohe Chancen und finanzielle Potenziale zu vermuten.

Aktualität und Aktivität lassen auch die Technologie-Lebenszyklus-Position abschätzen.

Ein Vorteil der Patentanalyse liegt in der leichten Erreichbarkeit und Auswertbarkeit der Informationen. Gefahren der Patentrecherchen bestehen in der Tendenz, quantitativen Daten zu viel Gewicht zu geben, denn nicht alle Patentanmeldungen sind gleich bedeutsam. Eine einzige Patentanmeldung kann ganze Industriezweige beeinflussen, viele Erfindungen kommen nie zur Anwendung (*Mogee/Kolar* 1994, S. 486; *Becker* 1988, S. 20). Darüber hinaus können Patentanalysen täuschen durch (u. a. *Schlegelmilch* 1999, S. 230):

- Bewusste Nicht-Anmeldungen patentierfähiger Erfindungen zur Vermeidung von Umgehungsanmeldungen;
- Anmeldungen unter fremdem Namen bzw. Verwendung verschiedener Namen durch Zusammenschlüsse, Umfirmierungen, Tochtergesellschaften oder Partnerschaften;
- Sperrpatente, die gar nicht selbst genutzt werden, sondern den Wettbewerb aus dem Feld heraushalten sollen;
- Erfindungsaktivitäten zur Rettung verdrängter Technologien.

Patente sind als Bindeglied zwischen Technologie und Markt leicht handhabbare und wertvolle Informationsquellen. Die Patentanalyse wird besonders wertvoll, wenn Experteneinschätzungen in der Entstehungsphase der Technologie bestätigt bzw. validiert werden können (*Mogee/Kolar* 1994, S. 501; *Pfeiffer* 1992, S. 161). Trotz ihres hohen Informationsgehalts werden Patentanalysen in der Praxis nicht adäquat eingesetzt (*Brockhoff* 2001, S. 37).

Abschnitt 4.1 befasste sich mit strategischer Marktforschung während der ersten Phase des Innovationsprozesses: Problemerkenntnis und Innovationsimpuls. Nach einem Überblick zur Strategischen Situationsanalyse und Zukunftsanalyse (4.1.1) wurden die Teile (1) Potenzial-, (2) Wettbewerbs- und Branchen-, (3) Kunden- und (4) Umfeld-, besonders Technologieanalyse detailliert vorgestellt. Thematisiert wurden der inhaltliche Fokus der Analysen sowie der Einsatz entsprechender Marktforschungstools.

Im folgenden Abschnitt wenden wir uns der zweiten Phase des Innovationsprozesses zu, der Ideenfindung und Kreativität.

4.2 Ideenfindung/Kreativität

„Kreativität ist nicht einfach der Versuch, etwas besser zu machen. Ohne die Fähigkeit, produktiv und originell zu denken, sind wir nicht imstande, bereits gespeicherte Informationen und Erfahrungen, die sich in der Falle alter Muster, alter Konzepte und Wahrnehmungen befinden, optimal zu verarbeiten." (*de Bono* 1996, S. 16)

Ziel der Innovationsphase „Ideenfindung/Kreativität" ist die Entwicklung von Produktideen. Sie sollten aus dem Zusammenspiel von (technischen) Möglichkeiten und Marktbedürfnissen entstehen. Die amerikanische Literatur spricht hier von „opportunity recognition" (u. a. *O'Connor/Rice* 2001, S. 96), also dem Erkennen neuer Chancen. Neue Lösungen (Mittel bzw. technische Realisierungen) zu finden für gegebene Zwecke (Funktionen bzw. Kundenprobleme) ist Kernleistung des Innovators. Innovationen können aber auch dadurch entstehen, dass Zwecke neu bestimmt werden (oder dass beides erneuert wird, die Lösungen und die Zwecke). Was eine Innovationsidee ist, sollte also nicht zu eng gesehen werden. Jedenfalls ist es eine neuartige Zweck-Mittel-Verknüpfung (*Hauschildt* 2004, S. 400 ff.) und damit Ergebnis von Kreativität, die mehr oder weniger stark aus der Technik oder aus dem Markt kommen kann (siehe auch 2.1.2.3).

Probleme, die kreative Lösungen erfordern, haben eins gemeinsam: Es sind mehr oder weniger komplexe, nicht standardisiert lösbare („schlecht strukturierte") Probleme. Sie unterscheiden sich von „gut strukturierten" Problemen, indem es keine analytische, eindeutig als „richtig" identifizierbare, Lösung gibt. Welche und wie viele mögliche Lösungen es gibt, steht bei Beginn der Suche noch nicht fest. Es gibt keine Problemlösungs-Routineverfahren, nur wirklich neue, kreative Wege (*Schlicksupp* 1999, S. 31; *Ulrich* 1975, S. 21 ff.).

Das lateinische Wort Creare bedeutet erschaffen. Die geisteswissenschaftlichen Wurzeln des Themas sind in diversen Ansätzen der klassischen Philosophie zu finden. *Guilford* (1950) hat den modernen Begriff Kreativität geprägt. Systematisch befassen sich die Sozialwissenschaften etwa seit dieser Zeit mit Kreativität: Kreative Persönlichkeit, kreativer Prozess, kreativitätsfördernde Rahmenbedingungen, Förderung kreativer Fähigkeiten und Ergebnis kreativen Schaffens (*Diller* 2001, S. 838). *Guilford* selbst wollte primär untersuchen, was den kreativen Menschen auszeichnet:

> „Im engeren Sinne bezieht sich Kreativität auf die Fähigkeiten (abilities), die für schöpferische Menschen am meisten charakteristisch sind. Kreative Fähigkeiten bestimmen, ob das Individuum schöpferisches Verhalten in einem bemerkenswerten Grade zu entfalten vermag." (*Guilford* 1971, S. 13)

Was sind denn *kreative Fähigkeiten*? In der Literatur finden sich verschiedene Ansätze. *Ulrich* (1975, S. 29) versteht darunter „die Fähigkeit eines Menschen, vorhandene Bilder und Assoziationen zu neuartigen Mustern (Ideen) zusammenzufügen". *Johansson* (1978, S. 11) geht weiter und definiert Kreativität als „Fähigkeit von Individuen und Gruppen, durch phantasievolles, assoziatives und gestaltendes Denken und Handeln bewusst oder unbewusst etwas Neues hervorzubringen". *De Bono* (1996, S. 50 ff.) betrachtet das *laterale Denken* als wesentlichen Teil der Kreativität. Laterales Denken will eingefahrenen Denkschienen entkommen, indem bekannte Konzepte und menschliche Wahrnehmungen gezielt verändert werden. Ein wichtiger Aspekt ist dabei *divergentes Denken*, die Betrachtung und Durchleuchtung verschiedenster Möglichkeiten zur Lösung eines Problems:

> „Am einfachsten lässt sich laterales Denken mit dem Satz beschreiben: ‚Solange man ein bestehendes Loch tiefer gräbt, kann man kein zweites Loch an einer anderen Stelle graben.' Hier wird die Suche nach unterschiedlichen Lösungsansätzen und Perspektiven auf den Punkt gebracht. Beim ‚vertikalen Denken' nimmt man eine bestimmte Position ein und versucht dann auf dieser Grundlage aufzubauen. Der nächste Schritt hängt vom jeweiligen Standort ab: Er muss an diesen Punkt anknüpfen und sich logisch daraus ableiten lassen. Das bedeutet, dass man das vorhandene Gerüst schrittweise weiterentwickelt oder dasselbe Loch tiefer bohrt. Beim lateralen Denken bewegen wir uns ‚seitwärts', um die unterschiedlichsten Wahrnehmungen, Konzepte und Startpositionen auszuloten." (*de Bono* 1996, S. 51 f.; zu Methoden des lateralen Denkens siehe S. 73 ff.)

Kreativität wird besonders Künstlern zugeschrieben – Malern, Komponisten, Drehbuchautoren, Schriftstellern, Musikern, den „Kreativen" in der Werbung, überhaupt den Nicht-Angepassten, den Querdenkern. Kreativität beschränkt sich aber nicht auf Kunst und Non-Konformismus (*de Bono* 1996, S. 30 ff.). Sie ist eine Fähigkeit, die jeder erlernen kann. Schritte zur Steigerung der persönlichen Kreativität sind neben dem Verständnis des Prozesses kreativen Denkens, der Identifikation persönlicher Hemmnisse, der Entwicklung einer kreativen Vision so genannte *Kreativitätstechniken* (*Mauzy* 1998, S. 20 f.).

Bis Ende der 60er Jahre spielten Kreativitätstechniken in Deutschland kaum eine Rolle, man kannte sie einfach nicht. Erst ab Mitte der 70er Jahre entwickelte sich das wissenschaftliche Thema Kreativität rasant, obwohl viele der in dieser Zeit entwickelten Methoden in der Praxis kaum angewendet wurden. Als erstes griffen die Konsumgüterindustrie und Werbeagenturen diese Techniken auf, denn sie haben traditionell hohen Ideenbedarf und entsprechende Innovationsraten. Seit Anfang der 90er Jahre ist der Stellenwert der Kreativität wieder gesunken. *Schlicksupp* (1999, S. 5 f.; 1995, Sp. 1290 f.) vermutet u. a. eine Entwertung des Begriffes Kreativität, die starke Orientierung der Wirtschaft an Kostensenkungspotenzialen und naiven Umgang mit Kreativitätstechniken, der hier und da zu emotionaler Ablehnung oder gar Resignation geführt hat.

Der „Darmstädter Kreis – Initiative für Kreativität e. V.", ein Zusammenschluss renommierter Kreativitätstrainer, Unternehmer und Hochschullehrer, will den Stellenwert der Kreativität in der Gesellschaft wieder erhöhen. Basierend auf Erfahrungen der Mitglieder und auf Theorie sind folgende zwölf Thesen zur Kreativität entstanden (*Mehlhorn* 1998, S. 41):

1. Jeder Mensch hat kreative Fähigkeiten; sie sind in Art und Ausmaß unterschiedlich.
2. In der Kindheit ist die kreative Begabung zumeist am größten, später wird sie zunehmend verdrängt.
3. Kreativität baut auf Wissen, Erfahrung und Verständnis – sei der Zugang bewusst oder unbewusst.
4. Angst und fehlende Freiräume können die Kreativität stark hemmen. Sie entfaltet sich vielmehr bei geistiger Offenheit und Mut zu Veränderungen.
5. Kreativität ist entwicklungsfähig und kann durch Einsicht, Erleben und Üben wie jede andere Fähigkeit gefördert werden.
6. Aus der Auseinandersetzung mit anderen Wissens- und Erfahrungsfeldern entstehen meist originellere und weiterführende Ansätze als durch weitere fachliche Vertiefung im engen Problemfeld.
7. Die kreativen Fähigkeiten werden in einer konstruktiven Gruppe angeregt und verstärkt.
8. Durch Kreativitätstechniken lassen sich Anzahl, Originalität und Qualität der Ideen erhöhen.
9. Kreatives Denken und Handeln motiviert und führt zu Erfolgserlebnissen. Der schöpferische Mensch findet Sinn und Erfüllung in seinem Leben.
10. Kreativität hilft uns in allen Bereichen: Im Beruf, im künstlerischen Bereich und im Privatleben.
11. Kreativität ist die Quelle aller Innovationen; sie trägt im Wesentlichen zu Wohlstand und Lebensqualität bei.

12. Kreativität ist eine unerschöpfliche Ressource – eine Energiequelle, die nie versiegt.

Kreativität ist der Ursprung aller Innovationen (elfte These). Was aber sind die konkreten *Quellen von Innovationsideen*? Analog zur Sekundäranalyse (Erhebung bereits vorhandener Informationen, vgl. Toolkasten in 4.1.2.2) unterscheidet man interne und externe Ideenquellen. Eine wichtige *interne Quelle* sind die Mitarbeiter des Unternehmens. Auf jeden Fall befasst sich die F&E-Abteilung mit der Entwicklung neuer Produkte. Aber auch andere Mitarbeiter sollten in den Ideenfindungsprozess integriert werden, z. B. über das innerbetriebliche Vorschlagwesen. Viele Anregungen „stecken in den Köpfen der Mitarbeiter", lassen sich anregen und abfragen. Obwohl die Kosten dafür wesentlich geringer sind als z. B. der Erwerb einer Lizenz, nutzten viele Unternehmen dieses Potenzial bisher kaum (*Schaude et al.* 1990, S. 105 f.).

Mittlerweile zeigen sich jedoch Tendenzen, die eine Erkenntnis seitens der Unternehmen bezüglich dieser ungenutzten Möglichkeiten vermuten lassen. So hat bspw. Google, Inc., Entwickler der erfolgreichen Internet-Suchmaschine mit selbigem Namen, ein System entwickelt, um gezielt Mitarbeiter in den Ideengenerierungsprozess mit ein zu beziehen.

So erstellt das Management von Google eine Top-100-Liste von Innovationsprojekten. Jeder der mittlerweile 1000 Mitarbeiter kann seine Ideen für neue Produkte oder Services an eine Mailingliste schicken, aus der unter anderem der Google-Newsservice entstanden ist. Durch den schnellen Produktzyklus sei es möglich, viele Ideen auszutesten. Zudem dürfen und sollen die hoch qualifizierten Programmierer bei Google 20 % ihrer Arbeitszeit für neue, eigene Ideen verwenden (*Henzinger* 2003).

Externe Quellen sind solche, die nicht nur dem betreffenden Unternehmen zur Verfügung stehen, sondern auch anderen. Dazu gehören u. a. Veröffentlichungen in Fachzeitschriften, Online- und Offline-Datenbanken, Veröffentlichungen von Patentämtern und Forschungsinstituten, Technologie- und Erfindermessen. Auch Lizenzen, Akquisitionen von Unternehmen, Kooperationen, Anregungen von Beratern oder neue Gesetze und Vorschriften, Aktivitäten der Konkurrenz (vgl. auch 4.1.2.2) oder sich ändernde gesellschaftliche Werte können Grundlage einer Idee für eine neues Produkt sein (*Alam* 2003, S. 301 ff.; *Schaude et al.* 1990, S. 27 f.).

Eine herausragende externe Ideenquelle sind *Kunden* (u. a. *Coates et al.* 1997, *Karle-Komes* 1997, *Herstatt* 1991). Kundenbasierte Anregungen können bspw. über den Außendienst, das Beschwerdemanagement, die Marktforschung (siehe 4.1.2.3) oder auch eine direkte Einbindung von Kunden (z. B. Lead Usern) in Ideengenerierungsprozesse gewonnen werden. *Karle-Komes* (1997, S. 347 ff.) kommt auf der Basis einer Befragung von 315 Industrieunternehmen (Maschinenbau und elektrotechnische Industrie) zur Anwenderintegration in die Produktentwicklung u. a. zu folgenden Kernergebnissen:

- Die befragten Unternehmen konzentrieren sich in der Phase der Ideengenerierung auf interne Ideenquellen bzw. reagieren auf Kundenanregungen und -beschwerden.
- Nur etwa ein Drittel der befragten Unternehmen bezieht tatsächliche oder potenzielle Anwender aktiv in die Gewinnung von Innovationsideen ein.

- Anwendereinbindung führt häufiger zu Produktverbesserungen/-modifikationen als zu Neuproduktentwicklungen.
- Die Integration von Anwendern in die Ideengenerierung stellt einen wesentlichen (in der Praxis noch zu wenig genutzten) Innovationserfolgsfaktor dar.

Quellen für Innovationsideen können auch vorhandene Problemlösungen sein. *Alex* Osborne (1953; amerikanischer Werbeberater, der auch das Brainstorming entwickelt hat, siehe Toolkasten weiter unten) hat eine verbale Checkliste (sog. Osborne-Checkliste) entwickelt, die eine marktorientierte Auseinandersetzung mit einer vorhandenen Problemlösung (Produkt/Dienstleistung) provoziert. Im Folgenden sind die Fragenkomplexe aufgelistet und die Anwendung wird exemplarisch am Produkt „Sportschuhe" verdeutlicht (*Gustafsson/Huber* 2000, S.188 f.; *Higgins/Wiese* 1996, 119 f.):

- *Könnte das Produkt einen neuen Nutzen stiften?* (Andere Gebrauchsmöglichkeiten? Neue Nutzungsmöglichkeiten mittels Modifikation? etc.) – Gestaltung eines Sportschuhs ausschließlich für den Hallenbedarf?
- *Könnte das Produkt dem potenziellen Gebrauch angepasst werden?* (Gibt es bereits ein ähnliches Produkt? Welche Idee könnte übernommen werden? etc.) – Verwendung eines Sportschuhs als Hausschuh?
- *Kann das Produkt modifiziert werden?* (Neue Richtung? Könnte die Farbe, die Gestalt, die Form, das Geräusch, der Geruch etc. verändert werden? Was könnte noch modifiziert werden? etc.) – Sportschuh mit Absätzen?
- *Könnte die Ausstattung des Produktes erweitert werden?* (Was kann hinzugefügt werden? Neues Merkmal? Mehr Zeit? Härter? Höher? Länger? Dicker etc.? Neue Materialien? etc.) – Integration eines Innenschuhs zur Verbesserung der Passform?
- *Könnte die Ausstattung verringert werden?* (Was könnte man abziehen? Reduktion eines Merkmals? Minimieren? Kürzer? Leichter? Weglassen? Einfachere Gestaltung? etc.) – Reduktion des Oberstoffes des Sportschuhs um die Hälfte?
- *Könnte die Ausstattung ausgetauscht (substituiert) werden?* (Was kann man austauschen? Andere Materialien? Andere mechanische Elemente? Andere Verarbeitung? Andere Orte? Andere Stimmungen? etc.) – Sportschuh, der sich beim Einstieg weitet und beim Tragen der Fußform anpasst?
- *Könnten die Produktmerkmale neu angeordnet werden?* (Anderes Aussehen? Austausch der Komponenten? Veränderung von Ursache und Wirkung? Tempo verändern? etc.) – Konzeption des Sportschuhs als Heckeinsteiger?
- *Könnten die Produktmerkmale gegenteilig gestaltet werden?* (Tausch von „positiv" und „negativ"? Von Ober- und Unterteil? Gegensätzliche Verwendung des Produktes? etc.) – Aufhebung des Unterschiedes zwischen rechtem und linkem Schuh?
- *Kann das Produkt bzw. können die Produktmerkmale kombiniert werden?* (Kombination von Objekten? Einheiten? Zwecken? Vorzügen? Ideen?) – Anpassung der Farbgestaltung des Sportschuhs zur Kleidung?

Eine spezielle Form der Ideenanregung durch vorhandene Lösungen ist das „Reverse Engineering", wobei ein vorhandenes Produkt, durchaus auch ein besonders erfolgreiches Wettbewerberprodukt, genau analysiert und auf Verbesserungsmöglichkeiten hin untersucht wird.

Dazu ist es notwendig, seinen Aufbau zu kennen und in seiner Komplexität nachzubilden. So werden im Rahmen des Reverse Engineering die einzelnen Bauteile bzw. das vollständige physische Produkt häufig digital erfasst und auch so bearbeitet. Häufig werden dazu Konkurrenzprodukte angeschafft und hinsichtlich ihrer Abmessungen, Bauelemente, Materialien, Funktionsweisen, Ergonomie und Qualität analysiert, verglichen und verbessert (so wird Reverse Engineering auch häufig im Rahmen der Wettbewerbs- und Branchenanalyse, Abs. 4.1.2.2, eingesetzt). Die gewonnenen Daten können auch als Grundlage genutzt werden, ein vollkommen neues Produkt zu initiieren. Werden diese Daten dokumentiert und archiviert, können sie für spätere Weiterentwicklungen einzelner Details oder des kompletten Werkstückes genutzt werden, was die Modernisierung und Wartung eines bestehenden Systems erheblich erleichtert (*Rao* 1996, S. 563; *Ingle* 1994, S. 10 ff.).

Die so genannte *Regelbrecher-Disruption* geht einen Schritt weiter: Sie orientiert sich an vorhandenen Problemlösungen, versucht jedoch bewusst, Regeln zu brechen: Einfälle könnten ja genau dort liegen, wo niemand sucht. In einem ersten Schritt sucht man bewusst nach Konventionen: Welche geschriebenen und ungeschriebenen Regeln gibt es im Markt? Anschließend antizipiert man, was wäre, wenn man diese Regeln aufheben würde? So besagte ein ungeschriebene Regel: Eis läuft nur im Sommer. Der Regelbruch hat funktioniert: Das Mövenpick „Eis des Winters" wird jetzt seit vielen Jahren erfolgreich vermarktet (*Gillies* 2003, S. 106).

Ein wichtiger Ansatzpunkt der Ideenfindung für Innovationen ist außer Orientierung an vorhandenen Problemlösungen die *Auseinandersetzung mit anderen Wissens- und Erfahrungsfeldern* (vgl. These 6. des Darmstädter Kreises – oben) – der berühmte Blick über den Tellerrand einer Branche. So profitieren von den Produkten aus der Raumfahrt nicht nur die Hersteller von Flugzeugen, Computern und Satelliten. Auch fremde Branchen bedienen sich der Forschungsergebnisse. Der Anstoß für eine Prozessinnovation der Kosmetikindustrie kommt aus der Raumfahrt. Sie verwendet bildverarbeitende Verfahren aus der Planetenerkundung, die Krater, Gräben und Furchen auf Fotos vom Mond per Computer verstärken. Heute benutzt die Firma Estée Lauder dieselbe Software, um die Wirkung ihrer Cremes auf Fältchen in der menschlichen Haut zu testen. Prothesen werden in den USA nicht mehr in Formen aus Gips, sondern in Formen aus jenem Schaum gegossen, der den Tank des Space Shuttles isoliert. Das Material ist billiger als der herkömmliche Gips, einfacher zu verarbeiten und leichter. Ein neues Design für Golfbälle basiert auf Erkenntnissen, welche die NASA-Ingenieure beim Flugverhalten des externen Tanks des Space Shuttles gewonnen haben. Beide, Golfball und Tank, enthalten in ihrem Inneren Flüssigkeiten, die unkontrolliert hin- und herschwappen und dadurch die Flugeigenschaften verändern können.

Eine Wissenschaftsdisziplin, die systematisch „über den Tellerrand" schaut, ist die Bionik. Sie befasst sich systematisch mit Prinzipien, welche die biologische Evolution hervorgebracht hat und die Potenziale zur Anwendung in der Technik besitzen. Der folgende Beispielkasten verdeutlicht das Prinzip anhand verschiedener Beispiele aus der Praxis.

Bionik – Ideen aus der Natur

Viele Innovationen wurden der Natur schon „abgeguckt". So ist der Klett-verschluss eine Anregung von der Klette. Hier sind drei Beispiele für Produktin-novationen an Schiffen, angeregt durch die Beobachtung von Fischen: 1) Der kugelförmige Unterwasserbug großer Schiffe, der dem Bug von Walen nach-empfunden wurde; 2) eine gallertartige Schiffsrumpf-Oberfläche hat wie „glibberige" Fische weniger Reibungsverlust beim Gleiten durch Wasser; 3) einer schnellen Hai-Art wurde die feingerippten Schuppenoberfläche abgeschaut, mit der etwa zehn Prozent Strömungswiderstand eingespart werden können.

Eine spektakuläre Entdeckung dieser Disziplin ist der „Lotus-Effekt": Um Gebäudefassaden, Verglasungen, Kunststoff- und Lackoberflächen mit der Fähigkeit der Selbstreinigung zu versehen, hat Prof. Barthlott Effekte der Natur beobachtet. Im Fokus stand der Selbstreinigungsmechanismus spezifischer Pflanzen und Tiere. So haftet Schmutz an den Blättern der Kapuzinerkresse und der Indischen Lotusblume so gut wie nicht an. Der so entdeckte Lotus-Effekt be-zeichnet die Fähigkeit der Pflanzen, ihre Mikrorauhigkeit so zu gestalten, dass Schmutzpartikel äußerst geringen Kontakt mit der Pflanze haben, so dass Was-ser abweisende verschmutzende Substanzen von Wassertropfen abgewaschen werden können. Auf rauen, unbenetzbaren Oberflächen mit einer hydrophoben (Wasser abstoßenden) Beschichtung ist nicht nur die Adhäsion von Wasser an die Oberfläche viel geringer, sondern auch die von Schmutz. Rollt ein Tropfen über die nur lose aufliegenden Schmutzpartikel hinweg, dann werden sie benetzt und haften an der Tropfenoberfläche. So werden sowohl hydrophile (Wasser liebende) als auch hydrophobe Partikel mitgerissen und vom Blatt ent-fernt.

Trotz dieser spektakulären Beobachtung, die einen sehr hohen Nutzen versprach („Autos blieben dann auch im Regen trocken, im Winter wären sie nie vereist. Würden die Fahrzeuge doch einmal schmutzig, reichten zur Reinigung leichte Regengüsse oder Rasensprenger. Auch Graffiti verlören ihren Schrecken, da sie sich mit dem Gartenschlauch von Hauswänden abwaschen ließen", *Janositz* 1999, S. 15) musste zunächst Akzeptanz für den Lotus-Effekt geschaffen werden. Die Anerkennung kam erst, als Barthlott an Prototypen nachweisen konnten, dass von mikrostrukturierten Oberflächen auch starker Schmutz, sogar Öl und Klebstoff, abperlt wie Wasser von einer heißen Herdplatte. Die für den Effekt verantwortlichen, sich selbst organisierenden regelmäßigen Mikrostrukturen werden mittlerweile industriell hergestellt (z. B. von Villeroy & Boch).

Proponenten der Bionik, wie *Ingo Rechenberg*, TU Berlin, beobachten und über-tragen nicht nur aus der Evolution entwickelte biologische Prinzipien, sie simu-lieren auch Optimierungsabläufe nach den Prinzipien der Evolutionstheorie, um „best practices", für welche die Evolution Jahrtausende oder Jahrmillionen braucht, gerafft im Computer zu entwickeln, etwa für reibungsminimale Rohr-krümmer oder für Kabelnetzwerke mit minimalem Material- und Verlegungs-aufwand.

Quellen: Janke 2002, o. V. 1998 c, o. V. 1999, Janositz 1999, o. V. 2002c

Die Bionik basiert auf dem heuristischen Prinzip der Analogiebildung, der Suche nach ähnlich strukturierten Problemen und deren Lösung in anderen Erfahrungsbereichen. Heuristiken sind Suchregeln, die sinnvoll und erfolgversprechend erscheinen, jedoch keine optimale Lösung garantieren (*Diller* 2001, S. 838; *Schlicksupp* 1999, S. 58). Kreativitätstechniken sind methodische Vorgehensregeln zur Lösungsfindung in schlecht strukturierten Problemsituationen, die auf Heuristiken aufbauen. Die folgende Abbildung 4.40 fasst wesentliche Heuristiken zur Ideengenerierung zusammen.

Es gibt eine Vielzahl unterschiedlicher Methoden und Techniken zur Steigerung der Kreativität (vgl. im Überblick *Higgins/Wiese* 1996, S. 45 ff.; *Schlicksupp* 1999, S. 63 ff.). Viele Techniken eignen sich besonders zum Einsatz in Gruppen. *Schlicksupp* (1999, S. 164) plädiert für eine sozial homogene (hierarchiegleiche, von persönlichen Spannungen und Konflikten freie), aber fachlich heterogene Zusammensetzung der Gruppe. Ein Mitglied der Gruppe oder ein externer Berater sollte die Rolle eines *Moderators* übernehmen. Derjenige sollte über das erforderliche Grundlagenwissen verfügen und Erfahrungen in der Anwendung der Methode haben. Sonst besteht die Gefahr, dass die bei jeder Form der Gruppenarbeit mehr oder weniger stark auftretenden Konflikte und Kommunikationsprobleme nicht bewältigt werden und die Ideenfindung verhindert wird (*Knieß* 1995, S. 48).

Kreativitätstechniken werden nach ihrer charakteristischen Vorgehensweise in *intuitiv-kreative* und *systematisch-analytische* Methoden unterschieden (*Schlicksupp* 1999, S. 58 f.). Während intuitiv-kreative Methoden spontane Ideen aus dem Unterbewusstsein stimulieren, fördern systematisch-analytische Methoden logische Denkprozesse und versuchen konsequent, alle denkbaren Lösungsansätze herauszuarbeiten. Mit dieser Unterscheidung gehen unterschiedliche heuristische Prinzipien einher: Während intuitive Methoden auf Assoziationen, Analogien und Abstraktionen basieren (und damit das „laterale Denken" fördern), bedienen sich systematisch-analytische Methoden eher den Prinzipien Zerlegung, Kombination und Variation und unterliegen damit eher dem „vertikalen Denken" (*Hauschildt* 2004, S. 391 f.).

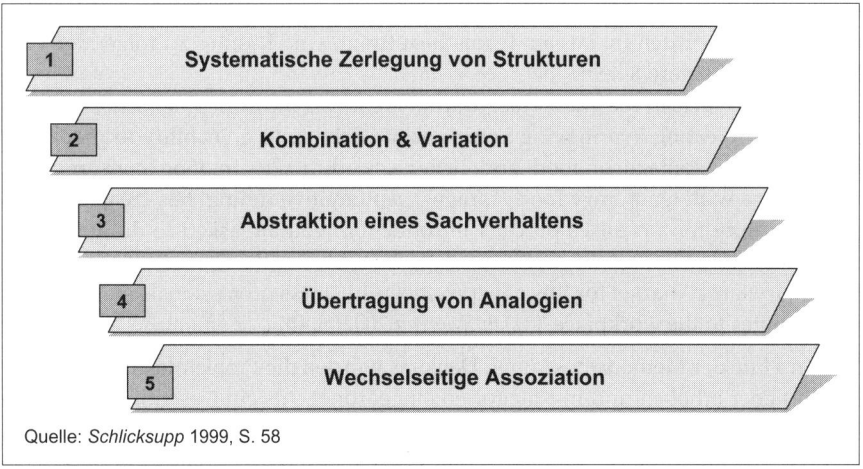

Quelle: *Schlicksupp* 1999, S. 58

Abb. 4.40: Kreativitätstechniken unterliegen heuristischen Prinzipien

Die Intuition anregende Methoden	Systematisch-analytische Methoden
• Klassisches Brainstorming	• Morphologischer Kasten
• Diverse Varianten des Brainstorming	• Morphologische Matrix
• Brainwriting	• Attribute Listing
• Reizwort-Analyse	• Funktionsanalyse
• TILMG-Methode	• Problemlösungsbaum
• Synektik	• ...
• Semantische Intuition	
• ...	

Quelle: *Schlicksupp* 1999, S. 59

Abb. 4.41: Intuitive und systematisch-analytische Methoden der Ideengenerierung

Schlicksupp (1999, S. 63) meint, dass hunderte Methoden existieren, wobei viele davon keine große Relevanz für die Praxis haben. In Abbildung 4.41 werden die wichtigsten Techniken aufgezählt.

Besonders häufig angewandte intuitiv-kreative Methoden sind das Brainstorming und Brainwriting in diversen Varianten sowie die Synektik. Synektische Methoden (u. a. *Gordon* 1961) versuchen, durch eine systematische Verfremdung des eigentlichen Problems neue Problemlösungen zu finden. Analogien zu anderen Sachverhalten (z. B. biologischen oder technischen Systemen, persönlichen Erleben der Teilnehmer) ermöglichen eine neue Sichtweise auf das Problem und die Übertragung dort angewandter Lösungsprinzipien. Resultierende Lösungen sind oft hochgradig innovativ.

Dahl und Moreau (2002) untersuchen experimentell den Einfluss analogiebasierter Denkprozesse auf die Originalität von Produktentwicklungen. Professionelle Produktdesigner wurden in Zweier-Teams beauftragt, eine Lösung zu folgender Problemstellung zu entwickeln:

„A recent article in the Wall Street Journal identified the difficulties and problems inherent in eating in a moving vehicle while driving (e. g. inability in preparing food items, spillage of food and beverages, difficulty in food consumption, problems with temporary food storage). ‚Automotive dining' has created a new opportunity for a creative product introduction. You are asked to design a new product that will meet the needs / solve the problems of the commuting diner. The primary target market for this new product is business professionals making long commutes to the workplace." (*Dahl/Moreau* 2002, S. 48)

Mit der Hilfe der Methode des lauten Denkens wurden die Problemlösungsprozesse der Designer erhoben und in Kategorien eingeordnet. Als ein wesentliches Prinzip der Problemlösung stellte sich die Bildung von Analogien heraus: „What if it's kind of just a restaurant roll-out bib that you put here that rolls down into your lap?"; „It could be like an airplane oxygen mask" etc. (*Dahl/Moreau* 2002, S. 49). Die Autoren weisen experimentell nach, dass die Anzahl herangezogener Analogien im Rahmen des Produktentwicklungsprozesses die Originalität der entwickelten Ideen positiv beeinflusst (*Dahl/Moreau* 2002, S. 58). Die Bildung von Analogien fördert also besonders originelle, neuartige Problemlösungen.

Während synektische Methoden im Schwerpunkt auf Analogien basieren, bedienen sich Brainstorming und Brainwriting vor allem dem heuristischen Prinzip wechselseitiger Assoziationen. Im Folgenden werden die Grundzüge der Methoden exemplarisch für intuitive Kreativitätsmethoden detaillierter vorgestellt (zur Synektik im Detail siehe *Schlicksupp* 1999, S. 130 ff.; *Johansson* 1978, S. 132 ff.).

Brainstorming & Brainwriting

Das klassische Brainstorming, entwickelt von dem amerikanischen Werbeberater *Osborne* (1953), ist die bekannteste Kreativitätstechnik. Kennzeichnend ist eine ungehemmte Diskussion in Form eines „Gedankensturms". Ziel ist es, möglichst viele Einfälle und Assoziationen zu dem klar definierten Problem hervorzubringen, ohne dass dabei schon die technische oder wirtschaftliche Machbarkeit in Frage gestellt wird. Um das zu erreichen, müssen Brainstormingsitzungen nach vier wesentlichen Grundregeln ablaufen (*Higgins/Wiese* 1996, S. 126 f.):

1. *Kritik ist verboten*: Vorzeitige Kritik und Auswahl von Gedanken und Vorschlägen ist nicht erlaubt. Auch Anmerkungen wie „ist zu teuer" oder „geht nicht" müssen unterbleiben.
2. *Der Phantasie sind keine Grenzen gesetzt*: Jeder Teilnehmer muss Gedanken ungehemmt entwickeln und aussprechen dürfen.
3. *Quantität geht vor Qualität*: Es sollen möglichst viele Ideen entwickelt werden. Jede neue Idee sollte zunächst nur in ihren Grundgedanken angedeutet und nicht zu ausschweifend beschrieben werden, um den Ideenfluss in der Gruppe nicht zu behindern.
4. *Kombinationen und Verfeinerungen sind gesucht*: Die Vorschläge der anderen Gruppenmitglieder sollen von den Teilnehmern als Anregungen aufgenommen werden, neue Gedanken zu entwickeln. Auch zunächst unrealistische Ideen können andere anregen, realisierbare Vorschläge zu machen. Voraussetzung ist, dass sich die Teilnehmer gegenseitig aufmerksam zuhören.

Die Einführung, Gesprächssteuerung und besonders die Sicherung der vier Grundregeln verlangt einen *Moderator*. Seine Aufgabe ist es, allen Teilnehmern (i. d. R. 6 bis 12 Personen, *Schlicksupp* 1999, S. 105 empfiehlt im Idealfall 5 bis 7) zunächst das Problem verständlich zu machen und die Spielregeln zu erklären. Er soll für eine angenehme Atmosphäre sorgen und Spannungen ausgleichen. Sollte die Diskussion stocken, kann sie vom Moderator wieder in Gang gebracht werden, zum Beispiel durch Hinweise auf noch nicht behandelte Themenbereiche oder Anregung von kurzen Bedenkzeiten zur Suche weiterer Ideen (*Higgins/Wiese* 1996, S. 128).

Die Ideensammlung kann auf Zuruf bzw. durch individuelles (u. U. auch anonymes) Beschriften von „Metaplankarten" erfolgen. Die Metaplan-Technik (vgl. u. a. *Derschka/Gottschall* 1984) ist eine schriftlich gestützte Gruppenkommunikationsmethode, die sich vielfach in Gremien und Teams bewährt hat. Durch die verwendeten Arbeitsmittel (Karten, Pinnwände, Stifte Klebepunkte etc.) können die Zwischenergebnisse schnell visualisiert werden. Jederzeit können sie durch Umhängen an Pinnwänden („Metaplantafeln") umstrukturiert und ergänzt werden, eigentlich auch bewertet und priorisiert, aber nicht in der Ideengenerierungsphase des Brainstorming. Erst nach dem eigentlichen Brainstorming sollten die gesammelten Ideen nach Themenbereichen geordnet und auf ihre Verwendbarkeit geprüft werden.

Der Moderator soll in dieser Bewertungsphase darauf achten, dass auf den ersten Blick realitätsferne Ideen nicht voreilig verworfen werden, sondern möglichst konstruktiv integriert werden (*Higgins/Wiese* 1996, S. 128). Eine Schokoladenfabrik, die für die Pralinenherstellung ganze Nüsse benötigt, suchte nach einer Methode zur Gewinnung möglichst unversehrter Kerne. In einem Brainstorming kam der zunächst absurd klingende Vorschlag, einen Zwerg in die Nuss zu schicken, der die Schale von innen sprengen soll. Die scheinbar verrückte Idee wurde jedoch nicht verworfen, sondern weiter entwickelt. So entstand eine neue Fertigungsmethode, bei der die Nüsse angebohrt werden, Gas eingeleitet und entzündet wird, so dass die Schalen tatsächlich von innen aufgesprengt werden statt mit herkömmlichem Knacken die Nuss zu verletzen (*DGfB – Deutsche Gesellschaft für Betriebswirtschaft* 1979).

Das klassische Brainstorming und verschiedene Varianten sind die in der Praxis mit Abstand am häufigsten eingesetzten Kreativitätstechniken (*Zhuang et al.* 1999, S. 63; *Coates et al.* 1997, S. 111). Der Begriff wird jedoch häufig inflationär verwendet, so werden normale Meetings oder gar individuelles Nachdenken werden irrig als „Brainstorming" gelabelt („lassen Sie uns mal kurz brainstormen"). Gut moderiert, kann ein echtes Brainstorming sehr effektiv und effizient Ideen hervorbringen. Abbildung 4.42 fasst in der Literatur genannte Vor- und Nachteile des Brainstormings zusammen.

Vorteile	Nachteile
• Große Ideenmenge • Schnell und kostengünstig • Geringer Schwierigkeitsgrad • Bei regelmäßiger Anwendung wird die Fähigkeit, kreativ zu denken, allgemein verbessert • Positiver Einfluss auf das Arbeitsklima und die Mitarbeitermotivation • In einer Vielzahl von Variationen einsetzbar	• Nur für einfache, übersichtlich strukturierte Probleme geeignet • Erfolgreicher Einsatz der Methode verlangt einen guten Moderator • Vermutung, dass die wenigen Regeln dazu verleiten, vom Problem abzuschweifen • Methode gibt keine Mechanismen vor, die die Hervorbringung von Ideen direkt fördert, sondern nur Kommunikationsregeln • Konditionierte Verhaltensweisen (z.B. Leistungs- und Konkurrenzdenken) können häufig nicht vollständig abgelegt werden

Quellen: *Johansson* 1978, S. 104 ff.

Abb. 4.42: Vor- und Nachteile des Brainstormings

Eine Methode, die auf dem Grundgedanken des Brainstormings aufbaut, ist das Brainwriting. Die Methode basiert auf der Erkenntnis, dass Brainstorming-Sitzungen dann besonders erfolgreich sind, wenn zum Ausgleich unterschiedlicher mündlicher Ausdrucksfähigkeiten und -hemmungen schriftlich kommuniziert und wenn die Ideen von anderen Mitgliedern der Gruppe intensiv aufgegriffen und weiterentwickelt werden. Die verbreiteste Brainwriting-Technik ist die Methode 635 (*Rohrbach* 1969, S. 73 ff.). Der Name leitet sich aus ihrer Idee ab: Sechs Gruppenmitglieder produzieren zunächst drei Lösungsansätze zu einem vorab definierten Problem. Diese Lösungsansätze werden in ein vorbereitetes Formular eingetragen und nach ca. fünf Minuten an den Nachbarn zur Rechten weitergegeben. Dieser nimmt alle bislang aufgeschriebenen Ansätze zur Kenntnis und schreibt möglichst drei neue Lösungsvorschläge dazu. Diese können Weiterentwicklungen bereits notierter Ideen sein oder ganz neue Ideen. Wiederum wird das Formular nach fünf Minuten nach rechts weitergegeben. Das Verfahren ist nach fünfmal Weitergeben beendet, nämlich wenn jeder Teilnehmer das Formular jedes anderen Teilnehmers einmal vorliegen hatte. Nach der Ideengenerierung kann das Verfahren auch zur Ideenbewertung eingesetzt werden, indem die Ausgangsideen jetzt von allen anderen Gruppenmitgliedern bewertet werden.

Die folgende Abbildung fasst Vorzüge und Probleme des Brainwritings im Vergleich zum klassischen Brainstorming zusammen.

Vorteile	Nachteile
• Problematik der Gruppenleitung entfällt, da der Ablauf der Sitzung durch die Methode selbst gesteuert wird	• Niederschreiben schaltet den hemmenden Intellekt stärker ein
• Wird von Praktikern als seriöser empfunden	• Intuitive Anregung und anregende Atmosphäre der Diskussion gehen verloren
• Analog zum Brainstorming einfach zu lernen und kurzfristig und kostengünstig anzuwenden	• Rückfragen zwischen den Teilnehmern sind nur beschränkt möglich

Quelle: *Johansson* 1978, S. 122

Abb. 4.43: Vor- und Nachteile des Brainwritings

Außer den intuitiv-kreativen Techniken gibt es viele systematisch-analytische Kreativitätstechniken, die durch stärker gelenktes Vorgehen gekennzeichnet sind (siehe im Überblick Abb. 4.41). Die in der Marketing-Praxis am häufigsten angewandten systematisch-analytischen Methoden bauen auf den Prinzipien der Morphologie auf. Exemplarisch stellen wir deshalb den „Morphologischen Kasten" vor (zu weiteren systematisch-analytischen Techniken siehe *Schlicksupp* 1999, S. 77 ff.; *Johansson* 1978, S. 187 ff.).

┌─ **Morphologischer Kasten** ─────────────────────────────────────

Der Begriff der „Morphologie" stammt aus dem Griechischen und bedeutet Gestalt-, Struktur- und Formenlehre. Übertragen auf die Lösung komplexer Probleme kann unter einer morphologischen Analyse die Lehre des strukturierten, geordneten Vorgehens verstanden werden (*Schlicksupp* 1995, Sp. 1300, *Knieß* 1995, S. 105). Die Morphologische Analyse geht auf den Astrophysiker *Fritz Zwicky* (1969) zurück. Er wollte alle denkbaren Lösungsmöglichkeiten zu einem Problem in geordneter Form als „Totallösungssystem" darstellen. Wesentliche Merkmale der morphologischen Arbeitsweise sind die (1) vorurteilslose Herleitung aller Lösungen eines definierten Problems, (2) methodisch gestützte Produktion von Ideen und (3) Anregung der Intuition, ohne sich auf den Zufall zu verlassen (*Johansson* 1978, S. 180).

Die folgende Abbildung zeigt einen morphologischen Kasten für das Problem „Zeitanzeige" (Uhr).

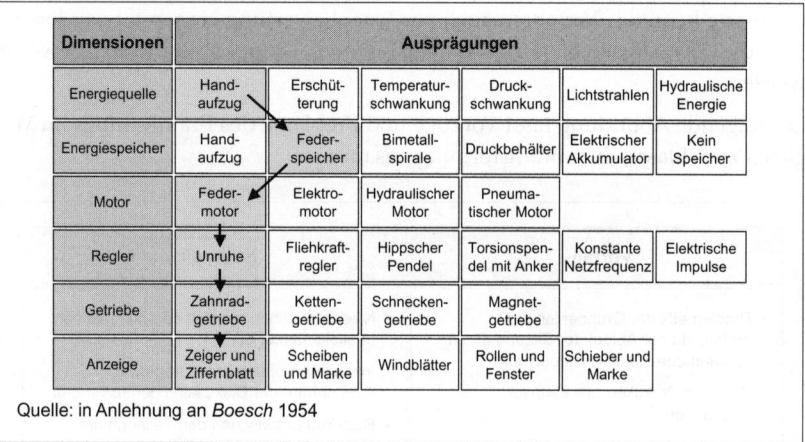

Quelle: in Anlehnung an *Boesch* 1954

Abb. 4.44: Beispiel: Morphologische Systematik einer Uhr

Die Methode umfasst folgende vier Schritte (vgl. *Schlicksupp* 1999, S. 80 ff., *Knieß* 1995, S. 105 ff.):

1. *Definition und Analyse des Problems:* Notwendig ist eine genaue Umschreibung, Definition und Analyse des Problems, im Beispiel „Anzeige der Zeit". Falls erforderlich, kann auch eine Verallgemeinerung des Problems helfen, um das Spektrum möglicher Lösungsideen nicht zu stark einzugrenzen.

2. *Bestimmung der Parameter und ihrer Ausprägungen:* Parameter (Oberbegriffe) sind die Merkmale, die bei allen Problemlösungen wiederholt auftreten und Gültigkeit haben, im Beispiel die Energiezufuhr, der Taktgeber usw. Zu „Parametern" führen Fragen wie: Worin können sich denkbare Lösungen unterscheiden (Eigenschaften, Komponenten, Merkmale)? Welche Komponenten erlauben überhaupt unterschiedliche Gestaltungen? Parameter müssen voneinander logisch unabhängig sein und auf alle denkbaren Lösungen zutreffen. Eine Lösung, bei der einer der Parameter fehlt, darf es nicht geben. Para-

meter müssen essenziell für das Problem sein, keine unwichtigen Details. Am besten sucht man, vielleicht mit der Metaplantechnik, zunächst nach allen relevanten Parametern. Dann gruppiert, systematisiert und reduziert man sie auf die wichtigsten. Es empfiehlt sich, für die weitere Vorgehensweise nicht mehr als sieben Parameter zu verwenden. Ebenso sind alle relevanten Ausprägungen der Parameter zu bestimmen, in unserem Beispiel etwa für den Parameter Energiezufuhr das Stromnetz, das Sonnenlicht usw., für den Taktgeber die Unruh, die Schwingungen des Quarz usw.. Bei der Bestimmung der Ausprägungen ist darauf zu achten, dass es echte Alternativen sind: sie müssen sich gegenseitig ausschließen.

3. *Aufstellen des Morphologischen Kastens:* Die Parameter werden in die erste Spalte einer Matrix geschrieben. Alle Ausprägungen der Parameter werden in die Zellen rechts daneben geschrieben. In der praktischen Durchführung empfiehlt es sich, die Parameter und Ausprägungen auf Metaplankarten zu visualisieren und diese an einer Tafel/Pinnwand zu einem Morphologischen Kasten zu arrangieren. Auf diese Weise kann der Kasten iterativ entwickelt werden, ohne dass die Dokumentation jedes Mal überarbeitet werden muss.

4. *Lösungsalternativen aufzeigen und Alternativenauswahl:* Je nach Variation der Ausprägungen der Parameter lassen sich neue Problemlösungen ableiten (visualisiert durch Verbindung der Ausprägungen mit Linien, siehe Abb. 4.44). Zunächst sollten technisch und/oder wirtschaftlich keinesfalls realisierbare Lösungsvorschläge gestrichen werden, z.B. eine Pendeluhr (Taktgeber das Pendel) mit Energiezufuhr durch die Handbewegungen des Nutzers. Aber Achtung, dieser Schritt kann leicht zum „Kreativitätskiller" werden! Überhaupt ist die Alternativenauswahl ein schwieriger Prozess. Er darf auch nicht sofort dann abgebrochen werden, wenn die erste neue und machbare Lösung gefunden wurde.

Abbildung 4.45 fasst Vor- und Nachteile der Methode zusammen.

Vorteile	Nachteile
• Sehr systematischer Problemlösungsprozess	• Hohe Anforderungen an den Moderator und die Teilnehmer
• Durch beliebige Variationen entstehen zahlreiche neue potenzielle Lösungswege	• Strukturierte Vorgehensweise hemmt ggf. die Intuition
• Übersichtliche Darstellung vieler Informationen in verdichteter Form	• Bei komplexen Problemen besteht die Gefahr der Unübersichtlichkeit (Möglichkeit: Aggregierte Kästen und Lösung von Teilproblemen)
• Ausprägungen, die für sich genommen keine optimalen Lösungen darstellen, können durch Kombination mit anderen Ausprägungen zu sehr guten Gesamtlösungen führen	• Häufig werden keine gesamtheitliche Neulösungen gefunden, sondern nur neuartige Kombinationen bekannter Parameter
• Die Methode kann sowohl individuell, als auch in der Gruppe eingesetzt werden	• Methode erfordert einen relativ hohen Zeitaufwand

Quelle: *Schlicksupp* 1999, S. 82f.; *Johansson* 1978, S. 187

Abb. 4.45: Vor- und Nachteile der Morphologie

Intuitiv-kreative und systematisch-analytische Kreativitätstechniken basieren auf unterschiedlichen Denkprinzipien. Divergentes Denken verlangt, dass auch fremdartige Lösungsmöglichkeiten in Erwägung gezogen werden. Warum nicht „das eine tun und das andere nicht lassen"? Die Kombination aus lateralem und vertikalem Denken erscheint besonders erfolgsversprechend. Je nach Problemstellung und nach Phase des Innovationsmarketing haben laterales und vertikales Denken aber unterschiedlichen Stellenwert: Die Problemerkenntnis profitiert von beiden Denkprozessen gleichermaßen. Die Ideenfindung sollte verstärkt auf lateralen Denkprinzipien basieren, wohingegen die Ideenselektion (Bewertungsphase) wiederum stärker vertikal ausgerichtet sein sollte. Die strategische Umsetzung braucht Analyse und unternehmerische Intuition gleichermaßen, die operative Umsetzung verlangt für das konsequente Verfolgen des eingeschlagenen Weges hauptsächlich vertikales Denken, idealer Weise aber auch laterale Denkprozesse z. B. um gefundene Wege auch wieder in Frage zu stellen (*Zahn/Greschner* 1995, S. 603).

Kreativität und Erfindung ist nicht ganz dasselbe. Der Unterschied wird deutlich am Beispiel einer Theorie des Erfindens, die auf technischen Prinzipien basiert und die systematisch zum effektiven Finden neuer technischer Problemlösungen eingesetzt werden kann: TRIZ.

TRIZ – *eine sehr differenzierte, theoriebasierte Erfindungsmethodik*

TRIZ ist die Abkürzung für russisch „Theorie erfinderischen Problemlösens" (Englisch: *theory of inventive problem solving*). TRIZ ist ein komplexes System unterschiedlicher Methoden, die darauf abzielen, systematisch Lösungen für technische Probleme zu finden. Es handelt sich nicht eigentlich um eine Kreativitätsmethode, vielmehr um eine umfassende Theorie des Erfindens, aus der methodische Hinweise für effektives finden von Problemlösungen abzuleiten sind. Der Erforscher dieser Theorie, *Genrich Altschuller* (1984), analysierte als Patentassessor bei der russischen Marine hunderttausende Patente und fand, dass die meisten Erfindungen auf wenigen Lösungsprinzipien basieren. Die Evolution technischer Systeme folge bestimmten Mustern, insbesondere mache erst das Überwinden von Widersprüchen innovative Entwicklungen möglich.

Die Zahl der Anwender von TRIZ-basierten Techniken ist in den neunziger Jahren stark gestiegen. Amerikanische Unternehmen (z. B. 3M, IBM und die NASA) arbeiten damit schon seit Ende der 80er Jahre. Inzwischen setzen auch deutsche Unternehmen TRIZ erfolgreich ein (*Gimpel et al.* 2000, S. 3 ff.). Wie erreicht man zum Beispiel das Ziel, Pizza in einer preisgünstigen Verpackung zu transportieren und sie dabei heiß und knusprig zu halten? Der Widerspruch: Ein offener Karton hält die Pizza knusprig, jedoch verliert sie an Wärme. Ein geschlossener Karton hält die Pizza warm, aber nicht knusprig. Eine traditionelle Lösung („trade-off") ist eine Pizza-Box mit Löchern, die beide Kriterien im Blick hat, aber nicht optimal erfüllt. Eine Analyse des Ist-Zustandes des Erfindungsproblems ergibt, dass der Pappkarton Wärme speichert und es dadurch zur Bildung von Wasserdampf kommt. Unter der Verwendung des TRIZ-Prinzips Nr. 40 (Nutzung von Verbundmaterialien) kommt man zu folgender Problemlösung: Um den Wasserdampf zu binden, bedarf es einer besonderen Materie zwischen Pizza und Karton. Dieses Lösungsprinzip ist mit Wellpappe und Löschpapier von Pizza Hut patentiert worden und beschert Pizza Hut-Kunden warme und knusprige Pizzen (*VDI* 1998, S. 140; *Gimpel et al.* 2000, S. 5 f.).

Die TRIZ-Methodik des Erfindens basiert auf drei Säulen (*Möhrle/Pannenbäcker* 1996, S. 114 ff.), gestützt durch Kommunikationstechniken zur Vorstellungskraft-Steigerung und Denkblockaden-Überwindung:

1. Zunächst wird der Ist-Zustand der Erfindungsaufgabe definiert und analy-siert. Dazu bedarf es der Identifikation des relevanten technisch-physikali-schen Widerspruchs. Das ist die Eigenschaft von Systemen, dass bei Verbes-serung eines Parameters ein anderer sich verschlechtert. So muss man etwa bei Reduktion des Gewichtes eines Automobil-Rahmens bei gleichem Mate-rial auf etwas Stabilität verzichten.

2. Durch Überwindung technisch-physikalischer Widersprüche (nach *Altschul-ler* das Hauptmerkmal von Erfindungen) nähert sich der Erfinder im zweiten Schritt einem Sollzustand, dem „idealen System". Das ist etwas, was es eigentlich nicht gibt und dessen Funktion trotzdem zur Verfügung steht.

3. Die Transformation vom Ist-Zustand zum Ideal-Zustand wird unterstützt durch eine Zusammenstellung von über 40 Verfahren zur Überwindung von Widersprüchen (Innovative Grundprinzipien – IGP), z. B. Funktionsumkehr, Kopplung, Wärmeausdehnung etc., Verfahren, die *Altschuller* mit seiner gi-gantischen Patentanalyse empirisch identifiziert hat, und einer morphologi-schen Matrix, die ausgehend von Systemparametern der Erfindungsaufgabe die Anwendung bestimmter Verfahren empfiehlt, siehe Abb. 4.46). Weiter-

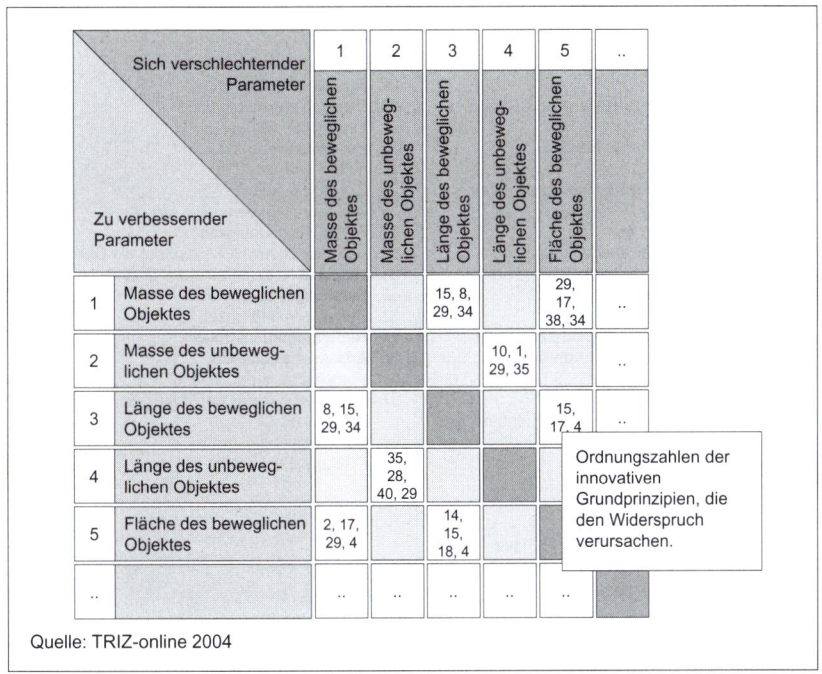

Quelle: TRIZ-online 2004

Abb. 4.46: TRIZ Widerspruchsmatrix

führende aktuelle Literatur zu TRIZ findet sich bei z. B. bei *Zobel* 2006 und *Livotov/Petrov* 2002.

Abbildung 4.46 zeigt einen Ausschnitt aus einer TRIZ Widerspruchsmatrix abgebildet, mit deren Hilfe sich Zielkonflikte wie in dem obigen Beispiel beschrieben auflösen lassen.

Schließlich zeigt die Abbildung 4.47 noch die 40 innovativen Grundprinzipien sowie die 39 technischen Parameter.

Innovative Grundprinzipien	Technische Parameter
1. Veränderung des Aggregatszustands eines Objekts	1. Gewicht eines bewegten Objekts
2. Vorherige Wirkung	2. Gewicht eines stationären Objekts
3. Zerteilen	3. Länge eines bewegten Objekts
4. Ersatz der mechanischen Materie	4. Länge eines stationären Objekts
5. Ausgliedern	5. Fläche eines bewegten Objekts
6. Nutzung mechanischer Schwingungen	6. Fläche eines stationären Objets
7. Dynamisierung	7. Volumen eines bewegten Objekts
8. Periodische Funktion	8. Volumen eines stationären Objekts
9. Veränderung der Färbung	9. Geschwindigkeit
10. Kopieren	10. Kraft
11. Entgegengesetzt	11. Druck oder Spannung
12. Lokale Eigenschaften	12. Form
13. Billigere Nichtlanglebigkeit statt teuerer Langlebigkeit	13. Stabilität eines Objekts
14. Verwendung von hydraulischen oder pneumatischen Konstruktionen	14. Festigkeit
15. Verwerfen und Regeneration von Teilen	15. Haltbarkeit eines bewegten Objekts
16. Partielle oder überschüssige Wirkung	16. Haltbarkeit eines stationären Objekts
17. Verwendung von Verbundstoffen	17. Temperatur
18. Vermittler	18. Helligkeit
19. Übergang in eine andere Dimension	19. Energieverbrauch eines bewegten Objekts
20. Universalität	20. Energieverbrauch eines stationären Objekts
21. Schädliches in Nützliches umwandeln	21. Leistung
22. Sphäroidalität	22. Energieverschwendung
23. Verwendung inerter Medien	23. Materialverschwendung
24. Asymmetrie	24. Informationsverlust
25. Verwendung flexibler Hüllen und dünner Schichten	25. Zeitverschwendung
26. Phasenübergänge	26. Materialmenge
27. Ausnutzung der Ausdehnung bei der Erwärmung	27. Zuverlässigkeit
28. Vorher untergelegtes Kissen	28. Messgenauigkeit
29. Selbstbedienung	29. Fertigungsgenauigkeit
30. Verwendung starker Oxidationsmittel	30. Äußere negative Einflüsse auf ein Objekt
31. Verwendung poröser Materialien	31. Negative Nebeneffekte des Objekts
32. Gegengewicht	32. Fertigungsfreundlichkeit
33. Schneller Sprung	33. Benutzerfreundlichkeit
34. Prinzip der Verschachtelung (Matrjoschka)	34. Reperaturfreundlichkeit
35. Verbinden	35. Anpassungsfähigkeit
36. Rückkopplung	36. Komplexität in der Struktur
37. Äquivalentes Potenzial	37. Komplexität in der Kontrolle oder Steuerung
38. Gleichartigkeit	38. Automatisierungsgrad
39. Vorherige Gegenwirkung	39. Produktivität
40. Ununterbrochen nützliche Funktion	

Quelle: TRIZ-online 2004

Abb. 4.47: Die 40 innovativen Grundprinzipien und
39 technischen Parameter der TRIZ Methode

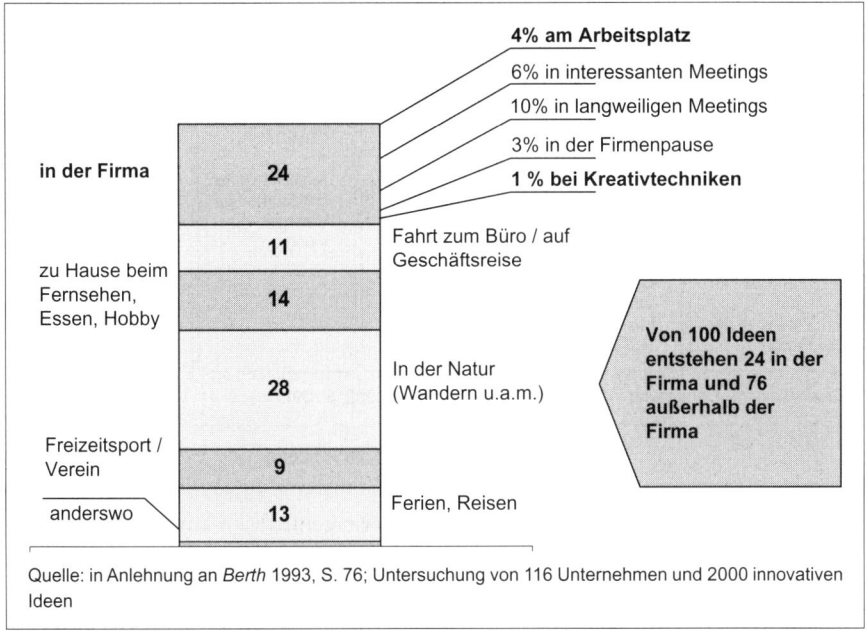

Abb. 4.48: Ursprung kreativer Ideen

Kreativität kann also durch Kreativitäts- bzw. Erfindungstechniken gefördert werden. Ein empirischer Befund beschränkt aber die damit verbundenen Hoffnungen: Bei 116 Unternehmen und 2000 innovativen Ideen waren weniger als 1% der Ideen über Kreativitätstechniken entstanden (*Berth* 1992, S. 74, vgl. Abb. 4.48). Ideen entstehen vor allem außerhalb des Büros: Beim Fernsehen, beim Essen, in der Badewanne und vor allem in der Natur, beim Wandern und beim Sport. Betrachtet man geringfügige Verbesserungen und fundamentale Durchbruchsideen, so fällt das Verhältnis bezüglich radikaler Ideen noch ungünstiger für das Büro aus.

Kreativitätstechniken gehören aber keineswegs zu den nutzlosen Managementmoden! Der Idealprozess der Ideenfindung (vgl. Abb. 4.49 auf der folgenden Seite) bietet eine Erklärung für den Eindruck, Kreativitätstechniken seien nicht effektiv. Diesem Idealprozess zu Folge fördern – im Anschluss an die Phase des Problembewusstseins und der Problembearbeitung – entspannende Aktivitäten und problemfremde Eindrücke den „Geistesblitz", die plötzliche, intuitive Idee. Es kann also sein, dass im Anschluss an die Phasen Problembewusstsein und Problembearbeitung einer Kreativsitzung der als „Idee" bewusst wahrgenommene Geistesblitz erst später „einschlägt" – nach einer Phase der Entspannung und Entfremdung, z. B. zu Hause in der Badewanne. In einer entsprechenden Befragung würde der Manager dann verneinen, dass die Idee aus einer Kreativitätssitzung stamme. Kreativitätstechniken fördern darüber hinaus auch langfristig die Fähigkeit zum kreativen Denken (*Coates et al.* 1997, S. 117). Selbst wenn für die aktuelle Problemstellung keine brauchbare Idee aus einer Kreativsitzung hervorgehet, so steigert sie doch die Wahrscheinlichkeit späterer kreativer Lösungen. Wann und wo Geistesblitze einschlagen, ist nebensächlich – Hauptsache sie schlagen ein.

Problem-bewusstsein	Problem-bearbeitung	Entspannung & Verfremdung	Geistesblitz	Verfolgung der Idee
• Erkennen des Problems • Identifikation mit dem Problem • Analyse des Problems • Verstehen des Problems	• Aufarbeitung des Wissens-standes • Entwicklung von Teillösungen • Lösungsfort-schritt stagniert, Frustration und Problemdruck	• Entspannte Aktivitäten • Problemfremde Eindrücke • Unbewusstes Weiterarbeiten am Problem	• Plötzliche Idee, Intuition • Ausgelöst durch problemfremde Wahrneh-mungen	• Idee durch-denken, prüfen • Idee präzisieren, dokumentieren, kommunizieren

Quelle: eigene Darstellung in Anlehnung an *Schlicksupp* 1999, S. 39f.

Abb. 4.49: Phasen des kreativen Prozesses

Kreativität kann gefördert werden, aber in einer eigentlich kreativ-feindlichen Unternehmenskultur nicht durch sporadischen Einsatz von Kreativitätstechniken „erzwungen" werden (*Cook* 1998, S. 184). Organisationelle Rahmenbedingungen müssen individuelle Kreativität unterstützen. Dazu gehören relativ viel Freiheit in der individuellen Arbeits- und Prozessgestaltung, herausfordernde Aufgaben, ausreichende Ressourcen, ermutigende Führungspersonen, angemessene Arbeitsbelastung und Teamarbeit, also insgesamt eine Unternehmenskultur, die kreatives Arbeiten fördert. Entsprechende Kulturmerkmale sind Risikobereitschaft und Fehlertoleranz, konstruktive Ideenbewertung, ein Innovations-Anreiz- und Belohnungssystem und eine gemeinsame Vision (*Amabile/Gryskiewicz* 1989, S. 231 ff.).

Eine Schlüsselgröße ist der Problem- bzw. Zeitdruck, dem ein zu lösendes Problem unterliegt. Entgegen der Wahrnehmung vieler Menschen führt massiver Zeitdruck zwar dazu, dass man mehr arbeitet, die kreative Leistungsfähigkeit nimmt jedoch ab. Umgekehrt kann ein zu geringer Zeitdruck dazu führen, dass Mitarbeiter symbolisch gesprochen ihren „Autopiloten" einschalten, was ebenso mit niedriger Kreativität einhergeht (*Amabile et al.* 2002, S. 52). Nach einer empirischen Studie (*Amabile et al.* 2002, S. 56) kann Kreativität auch bei zu geringem und bei zu hohem Zeitdruck gesteigert werden. Unter geringem Zeitdruck empfiehlt es sich, Mitarbeiter zu ermutigen, selbstbestimmt im Sinne einer Art Expedition nach neuen Problemlösungen zu suchen. So gestattet das Unternehmen 3M beispielsweise seinen F&E-Mitarbeitern, 15 % ihrer Arbeitszeit für individuelle Forschungen zu verwenden. Unter hohem Zeitdruck lässt sich die kreative Leistung steigern, wenn sich Mitarbeiter auf die Bewältigung einer Aufgabenstellung fokussieren können. So gelang es der NASA 1970 während der dreizehnten Apollo-Mondexpedition ein fast aussichtslos erscheinendes technisches Problem unter massiven Zeitdruck zu lösen (und damit drei Menschenleben zu retten), indem das gesamte NASA-Team ausschließlich an dem technischen Problem arbeiten musste (*Amabile et al.* 2002, S. 52).

Zusammenfassend: Das Management muss der Kreativitätsförderung mehr als nur eine Alibifunktion widmen (*Nütten* 1992, S. 15). Ein erfolgreiches Beispiel bot Glaxo Wellcome Inc.

4.3 Ideenbewertung/Selektion

Ideenproduktion ist wichtig und, wie der vorangegangene Abschnitt gezeigt hat, methodisch gut zu unterstützen. Noch wichtiger, unbedingt erfolgskritisch und schwieriger zu unterstützen, ist die Ideenselektion. Ein besonders häufiger Innovationsfehler ist eine falsche Auswahl der umzusetzenden Idee. Das hat wegen der Folgekosten und Opportunitätskosten (das sind entgangene Gewinne durch sinnvolleren Einsatz der in die Innovation fließenden Mittel) drastischere betriebswirtschaftliche Konsequenzen als eine suboptimale Ideenproduktion.

Bewertung der Transrapidstrecke München Flughafen

Nach dem Stopp der Planung der Transrapidstrecke Berlin – Hamburg wurde neben anderen Alternativverbindungen auch die Strecke zwischen München Innenstadt und dem Flughafen München diskutiert. Um frühzeitig zu klären, ob die Strecke verkehrsplanerisch zweckmäßig, technisch realisierbar und wirtschaftlich darstellbar ist, wurde eine Machbarkeitsstudie (feasibility study) durchgeführt. Darin sollte interdisziplinär allen verkehrlichen, raumbedeutsamen, technologischen, umweltrelevanten und wirtschaftlichen Aspekten nachgegangen werden.

Zunächst wurden verkehrstechnische Aspekte untersucht. Im Mittelpunkt standen die Fahrzeitgewinne. Im Vergleich zu einer Express-S-Bahn sind die Fahrzeiten beim Transrapid wesentlich geringer. Berücksichtigt man aber die kürzeren Wegzeiten von den bestehenden S-Bahnhöfen im Flughafen und im Hauptbahnhof, so kommen beide Alternativen auf fast gleiche Reisezeiten. Für die Transrapidstrecke wurden 1,6 Mrd. € veranschlagt. Mit dieser Summe könnte die Express-S-Bahn gebaut und das S-Bahn–Netz modernisiert werden, das täglich von 720.000 Fahrgästen genutzt wird, während nur 17.000 Fahrgäste eine Flughafenverbindung benötigen.

Unter „Auswirkungen für den Schienenverkehr" wurden die Arbeitsplatzeinbußen beim Schienenverkehr den zu schaffenden Arbeitsplätzen des Transrapid gegenübergestellt. „Technische Unzulänglichkeiten" stellten Praxistauglichkeit, Energieverbrauch und Lärm zur Diskussion und kamen zu dem Schluss, dass sich der Transrapid eher für lange Strecken eignet. Die Finanzierung wurde kritisch bewertet, da Mehrkosten und Verzinsung des privaten Investitionsanteils nicht in die Investitionsrechnung einbezogen waren. Die vorgesehene Finanzierung durch private Investoren und den Bund war nach Einschätzung der Studie unsicher. Volkswirtschaftlich betrachtet konnten keine Vorteile dargestellt werden. In der Studie wurden die Zeitpläne als unrealistisch eingeschätzt. Insgesamt kommt die Studie zum Ergebnis, dass das Projekt verkehrspolitisch überflüssig ist.

Dass es über diese Aspekte hinaus industriepolitisch sinnvoll sein könnte, das Projekt dennoch zu realisieren, wurde in dem Gutachten nicht näher erörtert. Schließlich bestand zu diesem Zeitpunkt die bislang einzige kommerzielle Realisierung des Transrapid in Shanghai Pudong, die allerdings verkehrspolitisch und betriebswirtschaftlich ebenfalls negativ zu bewerten ist, aus chinesischer Sicht im Sinne von Technologietransfer jedoch positiv. Es könnte sich für Deutschland als Exporteur von High-Tech Produkten und die Transrapid-Konsortialfirmen Siemens und Thyssen-Krupp eventuell sehr vorteilhaft gestalten, nach dem Scheitern der anderen einmal erwogenen Transrapid-Vorhaben in Deutschland wenigstens das München-Projekt zu realisieren.

Quellen: Lauterbach 2001, eigene Informationen

Die Entwicklung einer Idee bis zum marktfähigen Produkt ist mit erheblichen *Kosten- und Personalbelastungen* verbunden. Deswegen ist es erstrebenswert, Ideen mit geringer Erfolgswahrscheinlichkeit so früh wie möglich zu eliminieren und nur die aussichtsreichen Ideen weiter zu verfolgen. Verstärkend kommt hinzu, dass Unternehmen in der Regel über mehr Projektideen verfügen als sie mit ihren Kapazitäten umsetzen können (*Cooper* 1981). Erfolglose Projekte verursachen neben ihren direkten Ausgaben Opportunitätskosten, indem sie Ressourcen binden, die sonst potenziell erfolgreichen Ideen zur Verfügung stünden (*Specht et al.* 2002, S. 215; *Calantone et al.* 1999, S. 67).

Wenn man Ideen mit geringer Erfolgswahrscheinlichkeit frühzeitig ausschließt, können Ressourcen besser zugeteilt werden. Nicht zu unterschätzen ist eine psychologische Komponente: In der Praxis lässt sich vielfach beobachten, dass einmal begonnene Projekte auch bei unzureichender Folgebewertung nur selten gestoppt werden (*Calantone et al.* 1999, S. 67, vgl. zum „escalating commitment" auch 3.4). Ein effektives Instrument zur Entscheidungsunterstützung muss demnach „Go/No"-Empfehlungen für Projektideen geben und verschiedene Entscheidungsalternativen nach ihren Erfolgsaussichten priorisieren (*Specht et al.* 2002, S. 215; *Brockhoff* 1999, S. 356).

Gegenstand der Ideenbewertung ist nicht ein konkretes Produkt, sondern ein mehr oder minder noch *rudimentärer Entwicklungsansatz* (*Nieschlag et al.* 2002, S. 701). Zum Zeitpunkt der ersten Entscheidung über die Weiterverfolgung einer Idee existiert oft weder ein physikalisches Modell des endgültigen Produktes noch klare Konturen des zukünftigen Marktes. Was Bewertungs- und Auswahlverfahren für Innovationsideen an Daten nötig ist, muss überwiegend aus Prognosen und noch „weicheren" Zukunftsanalysen gewonnen werden. Die daraus resultierende Unsicherheit ist charakteristisch für die Bewertung von Innovationsideen (*Hart et al.* 2003, S. 28).

Unsicherheiten ergeben sich auch aus der hohen *Komplexität* von Innovationsprojekten und ihren Auswirkungen. Einige der im Folgenden vorgestellten Verfahren wie die Nutzwertanalyse setzen an dieser Problematik an und zerlegen das Entscheidungsproblem in Teilbereiche, wodurch die Komplexität systematisch reduziert wird. So können auch Schwachstellen, die nur in Teilbereichen einer Innovationsidee bestehen, aufgedeckt, vermindert bzw. behoben werden (*Pleschak/Sabisch* 1996, S. 171 ff.).

Im Zeitverlauf nimmt die Qualität der zu Beginn noch mit großen Unsicherheiten behafteten Informationen stetig zu (*Hart et al.* 2003, S. 28 f.). Es ist also sinnvoll, die Ideen- und Projektbewertung als iterativen Prozess zu verstehen, der parallel zur eigentlichen Entwicklung stattfindet. Dabei kann die Bewertung entweder in festen zeitlichen Abständen (review dominated) oder an bestimmten Entwicklungspunkten (etwa dem Abschluss einer Phase im Innovationsprozessmodell: gates dominated) ansetzen (*Cooper et al.* 2001 a, S. 25 ff.).

Jedenfalls wandelt sich der Untersuchungsfokus mit dem Entwicklungsfortschritt: Stehen anfangs allgemeine Kriterien wie technische Machbarkeit, Marktpotenzial oder Einzigartigkeit im Vordergrund (vgl. auch folgender Beispielkasten), überwiegen kurz vor der Markteinführung die Leistungsfähigkeit des Produktes sowie Qualitäts- und Controllingziele (*Hart et al.* 2003, S. 34 f.).

Die folgende Darstellung basiert auf zwei Säulen: Zum einen wird ein Überblick zu Verfahren der Ideenbewertung und -selektion gegeben. Neben der Checkliste als Verfahren zur Vorauswahl werden auch Methoden vorgestellt, die eine detaillierte Bewertung der Entscheidungsalternativen ermöglichen. Dazu gehören die Verfahren der Investitionsrechnung und ganzheitliche Vergleiche und die Nutzwertanalyse. Letztere wird aufgrund ihrer hohen Bedeutung für die Ideenbewertung in einem Toolkasten ausführlich vorgestellt.

Die anschließend behandelte, zweite thematische Säule dieses Abschnitts betrifft ein wesentliches inhaltliches Kriterium der Ideenbewertung: Die (potenzielle) Akzeptanz einer Innovationsidee am Markt. Die *Wertschöpfungsprozessanalyse* ermöglicht eine Abschätzung der Akzeptanz von Innovationen in Business-to-Business Märkten. Der Konzepttest erfasst direkt Zielkundenreaktionen auf Innovationsideen vor der Tätigung hoher Entwicklungsinvestitionen. Immer größere Bedeutung nehmen hier multimediale Methoden ein. So basiert das Information Acceleration auf multimedialer Simulation des künftigen Produktes und künftiger Markt- und Rahmenbedingungen.

Doch wenden wir uns zunächst ausgewählten Bewertungsmethoden zu, die eine systematische Auswahl von Innovationsideen unterstützen. Eine rein objektive Bewertung von Projektvorschlägen ist wegen der Zukunftsunsicherheiten selbstverständlich nicht möglich. Praktikable Verfahren begnügen sich mit einem möglichst transparenten, widerspruchsfreien und intersubjektiv nachvollziehbaren Auswahlprozess (*Specht et al.* 2002, S. 215). Darüber hinaus können die aus den Bewertungs-

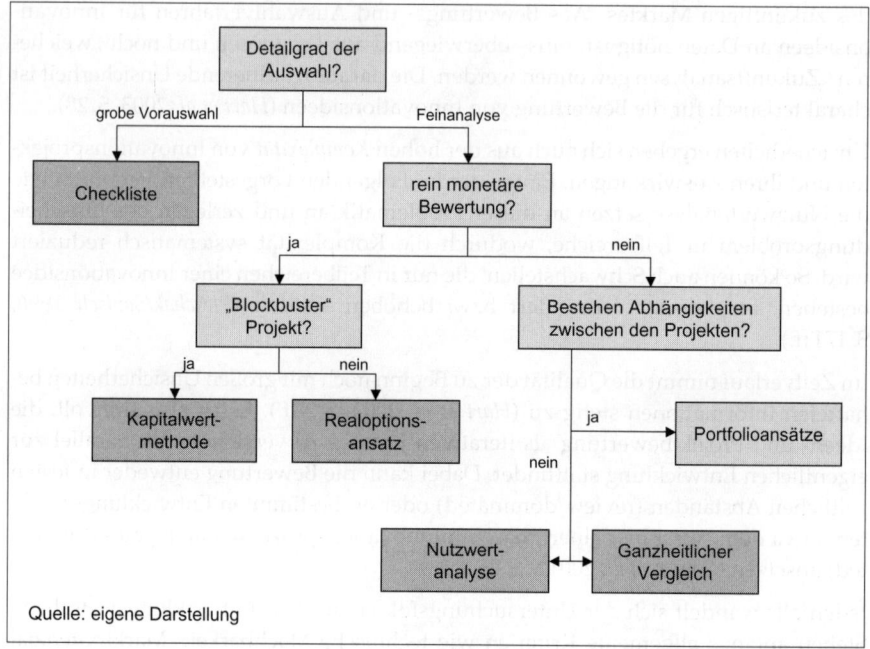

Abb. 4.50: Verfahren zur Bewertung von Innovationsideen

verfahren gewonnen Daten die Grundlage für ein operatives Projekt-Controlling bilden (*Pleschak/Sabisch* 1996, S. 171); zur Ergebnisrechnung von Innovationsprojekten siehe (*Hauschildt* 1994, S. 1017 ff.).

Der Bewertungsprozess von Innovationsideen läuft normalerweise zweistufig ab (*Nieschlag et al.* 2002, S. 304). In einer Vorauswahl werden zunächst solche Alternativen aussortiert, die nur sehr geringe Erfolgswahrscheinlichkeit haben. Hierfür eignen sich Checklisten, auf die im folgenden Absatz eingegangen wird. Dann werden die verbleibenden Ideen detailliert bewertet am besten nach monetären, möglichst quantitativen, aber hilfsweise (und überwiegend) auch qualitativen und nur subjektiv abschätzbaren Kriterien (auch Feinauswahl genannt). Die Systematik der vorgestellten Bewertungsverfahren zeigt Abbildung 4.50.

Checklisten enumerieren alle für den Bewertungsprozess relevanten Merkmale (*Freiling* 2003, S. 235). Die Bewertung kann binär, etwa mit 0/1-Ausschlusskriterien erfolgen oder ähnlich Schulnoten auf einer mehrstufigen Skala. Checklisten werden von Expertengruppen erstellt und dienen dem Entscheider als Gedächtnisstütze für wichtige Kriterien (*Nieschlag et al.* 2002, S. 307; *Brauchlin/Heene* 1995, S. 136). Sie werden zumeist als Filter eingesetzt, um aussichtslose Alternativen schon vor einer genaueren und kostenintensiveren Analyse zu erkennen und auszusortieren. Beispiele für die in der Praxis bewährte Checklisten finden sich bei *Hörschgen* (1993, S. 202) oder *Day* (1986, S0.60 ff.) Problematisch an Checklisten ist die in der Praxis oft beobachtete unreflektierte, mechanistische Anwendung (*Freiling* 2003, S. 236). Auch ist die Formulierung einer von den Verwenderpersonen unabhängig anwendbaren Checkliste schwierig (*Specht et al.* 2002, S. 220).

Nach der Vorauswahl müssen die verbleibenden Projektvorschläge eingehend analysiert werden. Dies sollte wiederum möglichst letztlich mit monetären Kriterien erfolgen. Hilfsweise und im Vorfeld der ökonomischen Quantifizierung sind dafür den ökonomischen Erfolg kausal verantwortliche Kriterien qualitativ und wiederum oft nur subjektiv abzuschätzen.

Für die ökonomische Quantifizierung helfen Verfahren der *Investitionsrechnung*. Innovationsprojekte sind mit ihren Ausgaben für Entwicklung und Vorbereitung zur Markteinführung sowie mit Rückflüssen aus Gewinnen späterer Produkte als klassische Investitionsentscheidung mit Kosten und Einnahmen anzusehen. Somit spielt die Investitionsrechnung auch bei der Bewertung von Innovationsideen eine wichtige Rolle (*Nieschlag et al.* 2002, S. 314 f.; *Pleschak/Sabisch* 1996, S. 199 ff.). Dabei sind die zukünftigen Kosten, Umsätze und Gewinne abzuschätzen, was jedoch aufgrund der komplexen und ungewissen Natur von Innovationsprojekten schwierig ist (*Cooper et al.* 2001 a, S. 6; *Nieschlag et al.* 2002, S. 315). Nachfolgend werden die Kapitalwertmethode und der Realoptionsansatz für Investitionsrechenverfahrenverfahren exemplarisch im Überblick vorgestellt. Methoden der statischen Investitionsrechnung (wie die Kosten- oder Gewinnvergleichsrechnung) werden wegen ihrer geringen Bedeutung für die Ideenbewertung nicht erörtert. Zu einer ganzheitlichen Übersicht über die verschiedenen Investitionsrechenverfahren siehe z. B. *Perridon/Steiner* 2002 oder *Hirth* 2005.

Die *Kapitalwertmethode* vergleicht eine Realinvestition mit einer imaginären Anlage am Kapitalmarkt und berücksichtigt so die Opportunitätskosten der Investitionsausgaben. Der Kapitalwert ist der Barwert des durch die Investitionsentscheidung zu erwarteten Vermögenszuwachses. Dieser wird ermittelt, indem sämtliche Ein- und Auszahlungen in Folge der Investitionsentscheidung mit einem Kalkulationszinssatz abdiskontiert und aufsummiert werden. Ist der Kapitalwert größer als null, gilt die Investition als absolut vorteilhaft. In diesem Fall ist die Durchführung der Realinvestition günstiger als die Anlage des Geldes am Kapitalmarkt. Liegen mehrere Investitionsalternativen mit positivem Kapitalwert vor, ist die Alternative mit dem höchsten Kapitalwert gegenüber den anderen relativ vorteilhaft. Auf diese Weise lassen sich Innovationsprojekte anhand der Höhe ihrer Kapitalwerte priorisieren. Entsprechend dieser Reihung werden Innovationsprojekte so lange freigegeben, bis die Ressourcen erschöpft sind oder das folgende Projekt einen negativen Kapitalwert aufweist (*Pleschak/Sabisch* 1996, S. 208 f.).

Risiken und Unsicherheiten lassen sich durch einen pauschalen Zinsaufschlag (*Hahn* 1996, S. 304 f.), durch die Rechnung mit Wahrscheinlichkeitsverteilungen oder Transformation der Zahlungen mit einer risikoaversen Nutzenfunktion berücksichtigen (*Brockhoff* 1999, S. 351 f.). Auch Kapazitätsengpässe lassen sich mit Hilfe der Kapitalwertrate berücksichtigen, sofern nur eine einzige kritische Ressource existiert und diese bereits bei der Bewertung bekannt ist. In diesem Fall beschreibt der Quotient aus Kapitalwert und der durch die Menge der von der Alternative in Anspruch genommenen Ressource die Kapitalwertrate (*Brockhoff* 1999, S. 349 f.; *Cooper et al.* 2001 a, S. 7).

Eine Schwäche der Kapitalwertmethode ist, dass sie nur eine einzige Entscheidung zu Beginn der Investitionsentscheidung berücksichtigt, was auch als „Alles oder Nichts"-Mentalität beschrieben wird (*Faulkner* 1996). Innovationsprojekte können jedoch zu einem beliebigen späteren Zeitpunkt erneut evaluiert und gegebenenfalls gestoppt werden, falls neue Daten den Erfolg fraglich erscheinen lassen. Nachfolgende Kosten (beispielsweise für die Vorbereitung der Markteinführung) und Rückflüsse würden in diesem Fall nicht mehr wirksam, was im Modell des Kapitalwertes nicht berücksichtigt werden kann.

Innovationsprojekte können also als mehrstufige Entscheidungsprozesse aufgefasst werden, bei denen auf jeder Stufe erneut über Weiterführung oder Abbruch entschieden werden kann. Der von *Black und Scholes* (1973) entwickelte *Realoptionsansatz* ermittelt einen kapitalmarktorientierten Preis für Entwicklungsprojekte, der diese Mehrstufigkeit berücksichtigt (*Brockhoff* 1999, S. 355). Dabei spiegelt die ermittelte monetäre Kennzahl für die jeweilige Alternative den strategischen Wert der Weiterentwicklung (bzw. in der Schlussphase der Vermarktung) der Idee bis zur nächsten Entscheidung über die Fortführung der Entwicklung wider (*Lint et al.* 1999, S. 991). Dadurch beschränkt sich das Investitionsrisiko auf die Anfangsinvestition, denn nachfolgende Investitionen fallen erst nach der nächsten Entscheidungsstufe an. Somit ist der Optionswert allgemein höher als der vergleichbare Kapitalwert und steigt mit zunehmender Volatilität (zeitlicher Veränderlichkeit) zukünftiger Rückflüsse (*Brockhoff* 1999, S. 354 ff.; *Lint et al.* 1999, S. 997). Die Ergebnisse des Realoptionsansatzes haben sich in der Praxis als realitätsnäher erwiesen als die Ergebnisse des Kapitalwertansatzes. In einer empirischen Untersuchung von *Fischer* (2003, S. 11) war der Kapitalwertansatz nur für „Blockbuster"-Projekte überlegen, also für Projekte, für deren Endprodukt ein großer, sicherer und profitabler Markt existiert. Hier ist nämlich der Kapitalwert sehr groß gegenüber dem Mehrwert der Option; der Aufwand, diesen Mehrwert zusätzlich zu ermitteln, ist größer als der Genauigkeitsgewinn durch den theoretisch überlegenen Optionsansatz (*Fischer* 2003, S. 11).

Moderne Ansätze zur Ermittlung des Realoptionswertes basieren, anders als das Modell von *Black und Scholes* (1973), nicht mehr auf unrealistischen Prämissen des Kapitalmarktes und können – bedingt – sogar Interdependenzen zwischen verschiedenen Innovationsprojekten bewerten (*Lint/Pennings* 1999). Aber auch für diesen Ansatz bleibt die Schätzung der Marktdaten kritisch.

Kritische Würdigung der Investitionsrechenverfahren: Lassen sich zukünftige Kosten, Umsätze und Gewinne für alle Entscheidungsalternativen in ausreichender Qualität schätzen, so liefern Investitionsrechenverfahren eindeutige Kennzahlen. Diese indizieren die zu erwartende Auswirkung der Entscheidung auf das zukünftige Geschäftsergebnis (*Martin* 1992, S. 402). Investitionsrechenverfahren regen darüber hinaus an, dass der Entscheider sich mit dem angestrebten Markt auseinandersetzt, so dass nicht so leicht am Markt vorbei entwickelt wird. Nachteilig ist bei allen Verfahren, dass sie ausschließlich quantitativ-monetäre Kriterien zur Entscheidungsfindung berücksichtigen. Gerade qualitative Kriterien wie „Fit zum herkömmlichen Leistungsspektrum" oder „Unterstützung der Technologieführerschaft" können aber bei der Bewertung einer Innovationsidee entscheidend sein (*Hoffmeister* 2000, S. 276). Darüber hinaus können Wechselwirkungen zwischen verschiedenen Projekten nur schwer abgebildet werden (*Specht et al.* 2002, S. 216). Die Verfahren führen außerdem wegen ihres einfachen und gut interpretierbaren Ergebnisses zu Scheingenauigkeit, die der Qualität der Eingangsdaten nicht entspricht. Zur Überprüfung der Stabilität der Ergebnisse empfehlen sich zumindest Sensitivitätsanalysen mit variierenden Inputdaten (*Benkenstein* 2002, S. 194 f.).

Projektvorschläge stoßen in der Praxis häufig auf Widerstand, wenn sich keine direkten Auswirkungen auf das Betriebsergebnis nachweisen lassen. *Qualitative Bewertungsverfahren* können einen Rechtfertigungsgrund schaffen, wenn eine monetäre Bewertung aufgrund der Art oder des geringen Fortschritts der Idee nicht möglich ist (*Vandermerwe* 1987, S. 259). Verfahren wie die Methoden des ganzheitlichen Vergleiches, die Nutzwertmethode und Analytical Hirarchy Process (AHP) berücksichtigen auch qualitative Kriterien bei der Ideenbewertung.

Die *Methoden des ganzheitlichen Vergleichs* bewerten Innovationsideen, ohne sie in Teilaspekte zu zerlegen. Es wird zwischen intuitiver und dialektischer Bewertung unterschieden. Im Rahmen der intuitiven Komplexbewertung werden die Ideen als Ganzes betrachtet und entweder unmittelbar auf einer Punkteskala oder mittelbar gegen andere Ideen beurteilt (*Brockhoff* 1999, S. 339). Auch iteratives Einstufen in Klassen bis zu einer eindeutigen Präferenzordnung oder einfaches Rangordnen wird angewendet (*Specht et al.* 2002, S. 217). Bei der dialektischen Bewertung versucht man, eine Rangfolge mit Hilfe von Argumenten für oder gegen die Weiterverfolgung einer Idee zu erreichen. Bei der Pro-/Contra-Methode werden diese Argumente gesammelt und in einer Bilanz gegenübergestellt. Letztlich werden darauf folgend nicht die Ideen selbst, sondern die Bilanzen der Ideen ganzheitlich gerankt (*Specht et al.* 2002, S. 218).

Vorteile der ganzheitlichen Vergleiche sind ihre relativ einfache Anwendbarkeit und (sofern die Bewertung in Gruppen vorgenommen wird) die intersubjektive Akzeptanz der Ergebnisse. Dagegen sind die Verfahren ungeeignet, wenn eine größere Anzahl von Ideen bewertet werden soll, denn die Anzahl der Paarvergleiche steigt exponentiell mit der Zahl der Ideen und damit schnell auf unzumutbare Größen. Bei einfachen Ratings nimmt die Trennschärfe der Bewertung ab, weil zunehmend Ideen gleich Punktzahlen bekommen. Insgesamt ist die Qualität der Ergebnisse stark abhängig von den Fähigkeiten des Anwenders (*Brockhoff* 1999, S. 339 f.; *Specht et al.* 2002, S. 217).

Die *Nutzwertanalyse* reduziert die Komplexität der Beurteilung, indem Probleme in Teilprobleme zerlegt werden. Die Methode eignet sich damit sowohl zur fortschrittsbezogen (gates-dominated) Beurteilung einzelner Ideen, als auch zur Bewertung vieler Ideen. Wegen der Fähigkeit, sowohl qualitative wie auch quantitative Merkmale abbilden zu können, hat sich die Nutzwertanalyse in der Praxis außerordentlich bewährt (*Nieschlag et al.* 2002, S. 701 f.). Im folgenden Toolkasten wird die Methode genauer vorgestellt. Originalliteratur zur Nutzwertanalyse hat *Zangemeister* 1976 publiziert.

Nutzwertanalyse

Die Nutzwertanalyse (synonym: Punktbewertungsverfahren und Scoring-Modell) bewertet strategische Alternativen (z. B. Innovationsideen) anhand eines jeweils spezifisch dafür entwickelten Kataloges von Entscheidungskriterien. Diese umfassen alle für die Auswahl relevanten Aspekte und fließen je nach ihrer Bedeutung gewichtet in die Bewertung ein. Der typische Ablauf verläuft in fünf Teilschritten (vgl. *Nieschlag et al.* 2002, S. 307 f.; *Hoffmeister* 2000, S. 279 ff.):

1. *Aufstellen der Beurteilungskriterien*

   Zu Beginn der Nutzwertanalyse werden alle für die Bewertung der Alternativen bedeutenden Kriterien in einem Katalog zusammengestellt. Jedes Kriterium muss folgenden Anforderungen genügen, die sich aus der nutzentheoretischen Grundlage und der Logik des mathematischen Modells ergeben:

   - *Relevanz:* Die Kriterien müssen für die Auswahl der Alternativen bedeutsam sein.
   - *Vollständigkeit:* Es müssen alle relevanten Kriterien berücksichtigt werden.
   - *Unabhängigkeit:* Die Kriterien dürfen sich in ihren Ausprägungen nicht gegenseitig beeinflussen (nicht interagieren). Korrelierte Merkmale sind zu übergeordneten Merkmalen zusammenzufassen.
   - *Diskriminanz:* Die Ausprägungen der Kriterien müssen Unterschiede bei verschiedenen Alternativen aufweisen.
   - *Kompensatorik:* Die Kriterien müssen kompensatorisch miteinander verbunden sein, d. h. ein „besser" bei einem Kriterium muss ein „schlechter" bei einem anderen Kriterium kompensieren können. Ein zulässiger Grenzfall sind Ausschlusskriterien (K. o.-Merkmale), deren Nichterfüllung zur totalen Abwertung führt, also nicht durch andere Merkmale kompensiert werden kann

   Auswahlkriterien lassen sich nicht allgemeingültig festlegten, nur problemspezifisch. Sie sind aus den jeweils übergeordneten (strategischen) Zielen herzuleiten (*Geiger* 1996, S. 333). Dabei müssen sie soweit herunter gebrochen werden, dass sie eindeutig bestimmbar sind (*Specht et al.* 2002, S. 220).

2. *Gewichtung der Zielkriterien*

   Sind die Bewertungsmerkmale gefunden und nach den genannten Anforderungen zusammengestellt, müssen sie entsprechend ihrer Bedeutung für die Entscheidung gewichtet werden. Liegen für eine direkte Zuteilung der Gewichte zu viele Kriterien vor, können sie in einer Zielhierarchie geordnet und gruppiert gewichtet werden. Die Summe der Faktoren ist für jede Gruppe auf eins zu normieren. Das absolute Gewicht eines Merkmals (absoluter Teilnutzen) ergibt sich aus dem Produkt des spezifischen Gewichtes dieser Stufe (relativer Teilnutzen) mit allen übergeordneten spezifischen Gewichten. Abbildung 4.51 zeigt einen exemplarischen Zielbaum mit Gewichtung.

3. *Bewertung der Alternativen*

   Im dritten Schritt werden die einzelnen Alternativen (hier: Innovationsideen) hinsichtlich ihrer Ausprägungen der entscheidungsrelevanten Merkmale bewertet. Dabei sind quantitative und qualitative Größen in einen Zahlenwert zu transformieren, der für alle Kriterien dieselbe bewertende Dimension hat, z. B. die Dimension „Umsatzbedeutung". Das Ergebnis dieses Vorgangs kann als Nutzwert interpretiert werden.

   Die prognostizierten Kosten einer Alternative können direkt als Bewertungskriterium eingehen und somit entsprechend ihrer Höhe als Nutzwert in das Ergebnis einfließen, wenn die finale Bewertungsdimension der Gewinn ist. Eine andere Möglichkeit ist es, den Gesamtwert einer Alternative durch die Kosten zu teilen und den relativen Gesamtwert für die Bildung der Rangordnung zu verwenden (*Brockhoff* 1999, S. 345).

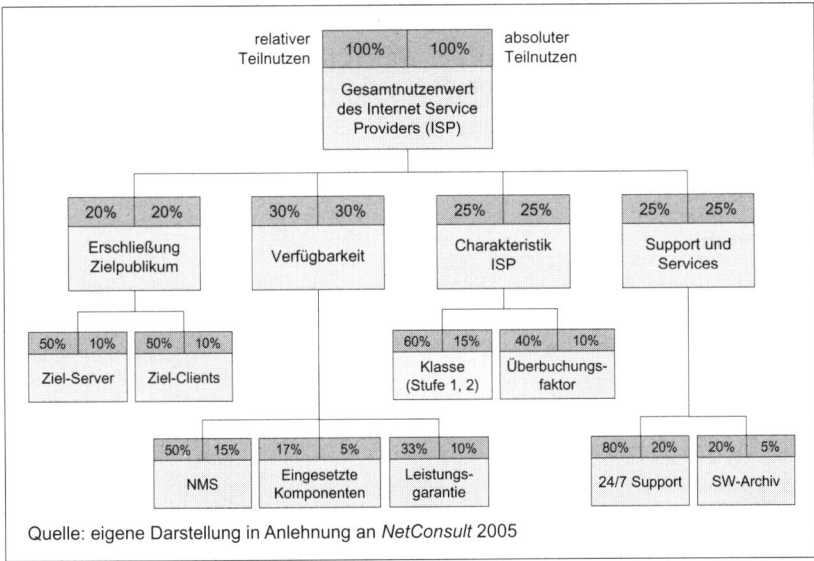

Abb. 4.51: Gewichteter Zielbaum der Nutzwertanalyse

In dem von *Saaty* (1980) entwickelten Analytical Hirarchy Process (AHP) wird das Entscheidungsproblem ebenfalls anhand einer Merkmalshierarchie in Einzelteile zerlegt, die getrennt voneinander bewertet werden. Zur Bewertung der Alternativen wird der Grad der Zielerreichung jedoch nicht auf einer absolute Skala gerankt, sondern die Ideen werden im Paarvergleich auf einer neunstufigen Skala gegeneinander beurteilt (zum Vorgehen im Detail vgl. *Nieschlag et al.* 2002, S. 310 f.; *Johnson* 1980). Das Verfahren ist umstritten, weil das Ausscheiden einer unbedeutenden Alternative die Ergebnisreihenfolge der verbleibenden Ideen verändern kann. Trotzdem findet AHP u. a. wegen vorhandenen Softwaresystemen wie Expert Choice in der Praxis breite Anwendung (*Brockhoff* 1999, S. 339 ff.; *Calantone et al.* 2003, S. 74 f.).

4. *Aggregation der Teilnutzenwerte*

Der Gesamtnutzen jeder Alternative lässt sich aus gewichteten Teilnutzen ermitteln. Dazu werden die Zahlenwerte (Scores) der Kriterien mit dem jeweiligen Gewicht multipliziert und die Resultate additiv miteinander verknüpft. Manchmal verknüpft man lieber multiplikativ statt additiv, weil dann Alternativen mit kleinen Scores bei einigen Merkmalen geringer bewertet werden, während die kleinen Scores bei additiver Verknüpfung durch große Ausprägungen stärker kompensiert werden (*Specht et al.* 2002, S. 220 f). Das additive Aggregationsverfahren neigt dazu, extrem herausragende und somit hervorragend positionierungsfähige Innovationseigenschaften durch die Kompensation im Gesamtergebnis „untergehen" zu lassen. K. o.-Kriterien werden berücksichtigt, indem sie das Gesamtergebnis auf null herabsetzen. Die Abbildung 4.52 auf der folgenden Seite zeigt die Bewertung zweier Alternativen nach der Nutzwertanalyse aus dem zuvor eingeführten Beispiel.

Kriterium	Gewicht (G)	Provider A		Provider B	
		Erfüllung (E)	Nutzwert (G*E)	Erfüllung (E)	Nutzwert (G*E)
Erschließung Ziel-publikum					
Ziel-Server	10	4	40	3	30
Ziel-Clients	10	5	50	4	40
Verfügbarkeit					
NMS	15	5	75	1	15
Eingesetzte Komponenten	5	4	20	4	20
Leistungsgarantie	10	1	10	1	10
Charakteristik ISP					
Klasse (Stufe 1, 2)	15	5	75	1	15
Überbuchungsfaktor	10	3	30	3	30
Services und Support					
24/7 Support	20	3	60	3	60
SW-Archiv	5	2	10	2	10
Summe (Rang)	100		370 (1.)		230 (2.)

Quelle: *NetConsult* 2005

Abb. 4.52: Ergebnistabelle einer Nutzwertanalyse

5. Auswahl der besten Alternative

Aus den Gesamtnutzenwerten kann man die Rangordnung der Alternativen ableiten. Wegen der teilweise subjektiven Bemessung und Gewichtung der Kriterien und wegen der nicht immer theoretisch begründeten Transformation der Ausprägungen in numerische Größen sollten die Ergebnisse der Nutzwertanalyse auf Plausibilität kontrolliert werden. Die Methode „Äquivalenzprüfung" vergleicht verschiedene Kriterien, die identische Ergebnisbeiträge liefern und übersetzt so die abstrakten, gewichteten Nutzwerte zurück in konkrete Merkmalsausprägungen (*Hoffmeister* 2000, S. 306).

Kritische Würdigung: Die Nutzwertanalyse zählt zu den bedeutendsten Verfahren für die Bewertung von Innovationsideen, besonders weil sie quantitative, sogar monetäre Bewertung hervorbringen kann, aber qualitative Kriterien nicht ausschließt. Weitere Vorzüge sind ihre vergleichsweise einfache Anwendbarkeit und ihre hohe Transparenz. Der Anwender sollte aber bedenken, dass alle entscheidenden Schritte mehr oder weniger subjektiv beeinflusst sind: Kriterienauswahl, Schätzung ihrer Ausprägungen, Gewichtung und Aggregation zur Bewertung der Alternativen. Um den subjektiven Charakter der Nutzwertanalyse abzumildern, ist die Bewertung in Arbeitsgruppen hilfreich, besonders mittels Metaplantechniker. Die hohen Anforderungen an die Kriterien werden in der Praxis oft nur unvollständig erfüllt (*Hoffmeister* 2000, S. 307). Die Methode ist insgesamt so gut, wie umsichtig und sorgfältig sie angewendet wird. Letztlich hat sich die Nutzwertanalyse trotz allem wegen ihrer Stärken in der Praxis sehr bewährt (*Nieschlag et al.* 2002, S. 701 f.).

Alle bisher betrachteten Methoden zur Selektion von Innovationsideen bewerten die Alternativen isoliert, berücksichtigen keine Abhängigkeiten zwischen Projektinhalten. Innovationsideen/-projekte hängen aber oft wechselseitig voneinander ab, etwa wenn zwei Technologien komplementär oder substitutiv zueinander dastehen (*Dickinson et al.* 2001, S. 518). Mit Portfolioansätzen lassen sich solche Interdependenzen abbilden und bei der Auswahlentscheidung unter Projekten berücksichtigen (zu den Portfoliomethoden siehe 3.4).

Zwischenfazit: Diverse Werkzeuge zur systematischen Bewertung von Innovationsideen und -projekten stehen zur Verfügung. Jedes Verfahren hat Stärken und Schwächen, so dass kein Standard-Verfahren empfohlen werden kann, dessen Ergebnisse mechanistisch als Entscheidung über die Freigabe von Projektideen übernommen werden könnten. Aber die Methoden können die Entscheidungsfindung aus unterschiedlichen Perspektiven unterstützen und sind daher möglichst parallel anzuwenden. Dann kann die Qualität der Entscheidung substanziell verbessert werden.

Nachdem die wichtigsten Verfahren zur Bewertung von Innovationsideen vorgestellt wurden, wenden wir uns einem im Wettbewerb fast alles entscheidenden Kriterium der Ideenbewertung zu, der prospektiven Akzeptanz der Innovationsidee im Markt.

Zuverlässige Informationen über künftige Präferenzen potenzieller Kunden haben für den Erfolg von Innovationen eine herausragende Bedeutung. Typischerweise fallen bei Innovationsvorhaben zwei Zeitpunkte auseinander: 1. wenn die Produkteigenschaften des neuen Produktes festgelegt werden (müssen), 2. wenn die Präferenzen im Markt als Kaufentscheidungen wirken. Daher müssen künftige Marktpräferenzen antizipiert werden, um die Akzeptanz von Innovationsideen abschätzen zu können.

Bei Innovationen für wertschöpfende Zielkunden soll abgeschätzt werden, ob das neue Produkt aus Sicht der Zielkunden wirklich Nutzen bringt. Hier (im Business-to-Business-Geschäft, B2B) sind das vornehmlich technisch-wirtschaftliche Verbesserungen des Wertschöpfungsprozesses beim Zielkunden. Daher muss die Innovationsmarktforschung den wirtschaftlichen Wert der Innovation abschätzen. Diesen Wert liefert aus Zielkundensicht eine Prozessinnovation mit möglichen Kosten- oder Qualitätsvorteilen, welche die eigenen Kunden in Form von höheren Preisen oder mehr Absatz honorieren würden.

Auch bei solchen Innovationen geht es um die Go/No-Entscheidung für oder gegen das Vorhaben oder um die Optimierung der betreffenden Entwicklung. Dafür muss man die Wertkette der B2B-Zielkunden möglichst genau verstehen (zur *Wertschöpfungsprozessanalyse* siehe auch 4.1.2.3). Dann kann der herkömmliche Wertschöpfungsprozess der Zielkunden mit dem neuen Prozess (Einsatz des innovativen Produktes/der Innovationsidee) verglichen werden. Wenn dabei herauskommt, dass das neue Produkt die Wertschöpfung der Zielkunden entscheidend verbessert oder verbilligt, kann von der in solchen Märkten wichtigsten CIA-Voraussetzung für Akzeptanz der Innovation ausgegangen werden, nämlich den Bedingungen 1 und 2 des CIA: „objektive Überlegenheit" und „wichtiges Zielkundennutzenmerkmal".

Für die Bewertung von Innovationsideen mit Hilfe der Wertschöpfungsprozessanalyse ist folgendes wichtig: Der von der Innovation ausgehende Wertschöpfungsnutzen für Zielkunden muss mindestens so hoch sein wie die Kosten, die ihnen bei Übernahme der Innovation entstehen. Ziel ist die Optimierung des „Wertschöpfungsnutzens" beim Zielkunden. Der Vergleich des jeweiligen Wertschöpfungsnutzens verschiedener Problemlösungen beim Zielkunden ist die stringenteste Art der Ideenselektion, nämlich konsequent aus Zielkundensicht.

Brauchwasserrecyclinganlagen

Brauchwasser ist leicht verschmutztes Abwasser aus Dusche, Badewanne oder Waschmaschine. Es kann dezentral in jedem Haushalt aufbereitet werden, um es z. B. zur WC-Spülung oder zum Blumengießen wieder zu verwenden. Brauchwasser kann gefiltert, biologisch gereinigt und mit ultraviolettem Licht desinfiziert werden. Das biologische Reinigungsprinzip beruht auf Bakterien, die Waschmittelrückstände, Fette u. a. m. für ihren Stoffwechsel in Biomasse umsetzen. Das aufbereitete Wasser ist dann hygienisch unbedenklich. Die Recyclinganlage wird im Keller des Wohngebäudes untergebracht. Zusätzlich muss ein zweites Rohrleitungssystem installiert werden. Kernzielgruppe für solche Anlagen sind Hotels und Wohnungsbaugesellschaften.

Die Akzeptanz solcher Anlagen ist neben dem Umweltbewusstsein der Zielkunden (hier im B2B-Geschäft etwa Eigentümer, Manager, Interessengruppen) maßgeblich von der Amortisationszeit der Anlage abhängig. Durch Befragung potenzieller Kunden wurde eine erwünschte Amortisationszeit von maximal 10 Jahren festgestellt. Zugleich wurde klar, dass der Umweltnutzen nicht in höhere Preisbereitschaft der Zielkunden mündet. Damit ist die Wirtschaftlichkeit der Anlage für den Käufer einzige Voraussetzung für Akzeptanz im Markt. Die Innovationsmarktforschung muss und kann sich also auf die Analyse der Prozesse bei Hotels und Wohnungsbaugesellschaften konzentrieren.

Die Auszahlungsvariablen sind:

- Anschaffungskosten (Investitionssumme, die sich ggf. mit einer öffentlichen Förderung verringert, zuzüglich Kosten für ein zweites Rohrleitungssystem)
- Betriebskosten (Laufende Wartungs- und Reparaturosten, Strompreis/Liter)
- Zinsaufwendungen

Die Einzahlungsvariablen, in diesem Falle das Frisch- und Abwassereinsparpotenzial, sind:

- Wasserpreis (ergibt sich aus Frisch- und Abwasserpreis, ist regional variabel und unterliegt einem zeitlichen Trend)
- Durchschnittlicher jährlicher Wasserverbrauch (Wiederverwendungsmenge pro Wohnungseinheit bzw. pro Nutzer, die gleichzeitig von Faktoren wie wassersparende Sanitärtechnik abhängt)

Berechnet wurde die Amortisationsdauer bei variabeln Wasserpreisen und einem durchschnittlichen Verbrauch von 45 Litern pro Tag und Nutzer. Bei einem Wasserpreis von 4 € pro Kubikmeter ergibt sich eine Amortisationsdauer von 37 Jahren, bei einer 20-prozentigen Förderung verringert sich die Amortisationszeit auf 20 Jahre. Die Lebensdauer der Anlage wurde auf 15 Jahre geschätzt. Unter Annahme eines gleich bleibenden Wasserverbrauchs von 45 Litern pro

Einheit amortisiert sich die Anlage erst bei einem Wasserpreis von ca. 5,50 € pro Kubikmeter.

Aufgrund der Lebensdauer von 15 Jahren, der akzeptierten Amortisationsdauer von 10 Jahren und der fehlenden Zahlungsbereitschaft für den Umweltnutzen ergeben sich folgende Konsequenzen für das Innovationsmarketing:

- Hauptzielgruppen müssen Gebäudeeinheiten mit sehr hohem Wasseraufkommen sein (z. B. große Hotelbetriebe, Wohnkomplexe mit mindestens 40 Wohneinheiten, Waschsalons, etc.).
- Die Anlage lässt sich nur in Regionen absetzen, in denen der Wasserpreis mindestens 5,50 € beträgt bzw. in naher Zukunft betragen wird.
- Die Anlage lässt sich besser in Regionen absetzen, in denen eine Investitionsförderung für derartige umweltschützende Investitionen gewährt wird.
- Die Anlage ist technisch weiterzuentwickeln und in Großserie aufzulegen, so dass ein geringerer Anschaffungspreis realisiert werden kann.

Quelle: eigene Informationen

Nicht nur in B2B-Märkten, sondern immer kann und sollte möglichst die Akzeptanz von Innovationsideen auch durch direkte Einbeziehung potenzieller Kunden untersucht werden. Konzepttests schätzen frühzeitig Zielkundenreaktionen auf Innovationen ab, nämlich bevor die Entwicklungsinvestitionen angefallen sind (*Moore* 1988, S. 367). Innovationsideen müssen dazu in eine für Testpersonen beurteilbare (verbale, visuelle bzw. multimediale) Form gebracht werden, das „Konzept". Das Stadium des Konzeptes variiert von einfachen verbalen Beschreibungen der Innovationsidee über umfassende Konzepte einschließlich Marketingumgebung (besonders Werbebotschaften und multimediale Produktdemonstration) bis zu ersten Prototypen (*Loosschilder/Schoormans* 1995, S. 118).

Moore (1988, S. 368 ff.) unterscheidet auf der Basis einer empirischen Studie zur Anwendung von Konzepttests in der Praxis drei grundsätzliche Typen, die in der Regel aufeinander aufbauen:

- Konzept-Screening (Concept Screening Test)
- Konzept-Generierung (Concept Generation Test)
- Konzept-Evaluation (Concept Evaluation Test)

In der Phase des *Konzept-Screening* versucht man, aus einer größeren Menge an Innovationsideen die aus Zielkundensicht erfolgversprechendsten Ideen herauszufiltern. Als Konzepte werden oft 10 bis 50 einfache Aussagen zur Kernidee der Innovation formuliert (z. B. „Self-washing car: Car contains reservoirs of fluid (similar to new shower cleaners) and rinse water which can be sprayed through nozzles to wash the car sparkling clean in 2 minutes", *Durgee* 2001, S. 224). Die Aussagen werden von ausgewählten Zielkunden nach Interesse, Gefallen und Kaufintention bewertet (*Moore* 1988, S. 368 f.). *Durgee et al.* (1998, S. 525) verwenden bei ihrer Konzepttestmethode bis zu 300 „Mini-Konzepte", die lediglich aus Verb-Objekt-Kombinationen bestehen (z. B. „Desodorieren eines Teppichs" als neue Funktion für einen Staubsauger), um aus einer Vielzahl von Ideen die aus Zielkundensicht interessantesten zu selektieren.

Die Ideen, die den Selektionsprozess eines Konzept-Screenings überstehen, werden anschließend im Rahmen der *Konzept-Generierung* konkreter ausgearbeitet. Mit Hilfe qualitativer Marktforschung (z. B. Fokusgruppen) versucht man Antworten auf Fragen zu finden wie: Ist das Konzept klar und prägnant? Glaubhaft und einzigartig? Was sind Vor- und Nachteile des Konzeptes? Ziel ist, das Konzept sukzessive auszuarbeiten und noch attraktiver zu machen. Die anschließende Phase der *Konzept-Evaluation* misst die Akzeptanz verschiedener Konzepte quantitativ durch großzahlig-repräsentative Zielkundenbefragung nach Präferenzen, Konzeptverständnis, Produkteigenschaftswichtigkeiten, Kaufinteressen, Verbesserungsmöglichkeiten und demografischen sowie psychografischen Segmentierungsmerkmalen (*Duke* 1994, S. 49 f.; *Moore* 1988, S. 369).

Als Untersuchungsdesigns eines Konzepttests kommen neben persönlichen Interviews und Gruppendiskussionen (vgl. 4.1.2.3) also auch quantitative Befragungen in Betracht. *Homburg und Werner* (1997, S. 7 ff.) schlagen mit ihrer Methode Fast Concept Development (FCG) ein zweistufiges Vorgehen vor: In einer qualitativen Phase (Fokusgruppen bzw. Tiefeninterviews) geht es zunächst um eine grundsätzliche Konzeptbeurteilung und die Identifikation wichtiger Produkteigenschaften. Anschließend werden die Konzeptbestandteile, die Bedeutung einzelner Produkteigenschaften, Akzeptanzbarrieren und Hinweise auf das Marktpotenzial quantitativ erhoben. Die Autoren schlagen dazu eine standardisierte telefonische Befragung vor, da im Gegensatz zur schriftlichen Befragung so mehr Hintergrundinformationen zum Konzept gegeben bzw. Rückfragen beantwortet werden können (und großzahlige persönliche Interviews zu teuer sind).

Ein umfassender Konzepttest ist einen iterativer Prozess mit den wiederkehrenden Komponenten Test, Selektion und Konkretisierung. Die zu beurteilenden Konzepte sind zunächst verhältnismäßig grob und werden im Verlauf des Innovationsprozesses detaillierter. *Duke* (1994, S. 56) spricht deshalb von „staged testing". In späteren Phasen empfiehlt es sich auch, zielgruppen- und positionierungsspezifische Konzepttests durchzuführen. Das heißt, auf der Basis einer (zumindest vorläufigen) Marktsegmentierungs- und Positionierungsentscheidung (siehe 4.4) werden für diese Strategie spezifische Konzepte getestet (*Wind* 1973, S. 3).

Wie gut aber können Konzepttests den Markterfolg einer Innovation antizipieren? Es kommt vor allem darauf an, wie realistisch das Konzept in Bezug auf die später eingeführte Innovation ist: Ein zielgruppenspezifischer Konzepttest einschließlich Simulation von Kommunikationsinhalten, insbesondere Werbebotschaften führt zu valideren Marktprognosen, als ein rudimentärer Konzepttest in der Screening-Phase (*Looschilder/Schoormans* 1995, S. 118; *Duke* 1994, S. 49 f.). Fehlprognosen ergeben sich vor allem dann, wenn fertig entwickelte Produkte das Versprechen des ursprünglichen Konzeptes nicht ganz erfüllen können, wenn Konzepte zwischen dem Konzepttest und der Markteinführung wesentlich verändert werden oder wenn soziale oder politische Umfeldveränderungen eintreten (*Duke* 1994, S. 50, *Moore* 1988, S. 371). Das Kriterium „Probierkauf" (trial) lässt sich besser vorhersagen als das darüber hinausgehende Kaufverhalten, bei Artikeln des täglichen Bedarfs (FMCG – fast moving consumer goods) die Markentreue oder der auf die Innovation entfallende Konsumanteil. Insgesamt kommt *Moore* (1988, S. 372) zum Urteil über den Nutzen von Konzepttests: „(...) the evidence to date indicates that properly executed concept tests can do a good job of predicting trial for concepts that are not radically different from products on the market."

Das gilt alles für Innovationen von geringer bis maximal mittlerer Neuartigkeit (*inkrementale Innovationen*), für deren Beschaffenheit eine verbale Konzeptbeschreibung ausreicht. Die klassischen Prognosemethoden (auf Basis von Management- und Expertenurteilen, Analogien zu vergleichbaren Produkten und traditionelle Konzepttests, *Mahajan/Wind* 1988, S. 341 f.) eignen sich nur für inkrementale Innovationen (z. B. Variationen bestehender Produkte) und auch dort nur für relativ kurzfristige Aussagen über die Marktentwicklung. Sie liefern umso unzuverlässigere Aussagen, je neuartiger die Innovation ist und je weiter die Ergebnisse in die Zukunft projiziert werden müssen (*Ozer* 1999, S. 83 ff.).

Bei *hochgradigen Innovationen* (vgl. 2.1.2.6) ist die Beschaffung von einigermaßen verlässlichen Informationen zur Akzeptanz von Innovationsideen methodisch wesentlich schwieriger (*Duke* 1994, S. 50; *Veryzer Jr.* 1998, S. 304 f.; *Ozer* 1999, S. 84) und insgesamt problematisch. Das hat folgende Gründe: Die tatsächliche Kaufentscheidung findet wegen des längeren Entwicklungsprozesses bei hochgradigen Innovationen erst relativ spät nach der Erhebung statt. So können sich Präferenzen inzwischen durchaus ändern oder sich überhaupt erst entwickeln mögen. Außerdem kennen Zielkunden das Produkt bzw. den Produktnutzen nicht oder haben Fehlvorstellungen. Vor der Befragung müsste daher viel erklärt bzw. durch Ausprobieren erfahren werden, um valide Aussagen über die Akzeptanz generieren zu können, aber das Produkt steht noch nicht zu Test- und Demonstrationszwecken zur Verfügung. Schon *Tauber* (1974, S. 24 ff.) vermutet, dass sich Zielkunden bei der schlicht verbalen Präsentation einer radikalen Idee mangels Produktwissens nicht in die Verwendungssituation hinein versetzen können und daher dazu neigen, die radikale Innovation abzulehnen.

Trotzdem sollte bei radikalen Innovationen keinesfalls auf Konzepttests verzichtet werden. Eine Möglichkeit besteht darin, ausgewählte Zielkunden mit viel Produktwissen (Experten in dieser Produktkategorie) in den Konzepttest zu integrieren. *Schoormans et al.* (1995, S. 160) können experimentell nachweisen, dass der Einsatz von Experten insbesondere bei radikalen Innovationen einen positiven Einfluss auf die Validität von Konzepttests hat.

Eine weitere Möglichkeit besteht darin, normale Zielkunden „zu Experten zu machen". Man vermittelt ihnen vor der Erfassung der Akzeptanz möglichst umfassende und realitätsnahe Informationen über die Innovationsidee und ermöglicht ihnen wenigstens virtuelle Erfahrungen mit dem Produkt (*Moore* 1988, S. 375). Dabei helfen multimediale Konzepttests: Durch computergestützten, integrierten Einsatz dynamischer (Video- und Audiosequenzen) und statischer (Bild, Text und Grafik) Medien lassen sich bedingt realitätsnahe Eindrücke von dem neuen Produkt vermitteln, ohne dass das Produkt in der Testsituation schon physisch präsent sein muss (*Dahan/Hauser* 2002, S. 335). Konzepttests können somit auch bei relativ hochgradigen Innovationen in dieser frühen Phase des Innovationsprozesses durchgeführt werden, was wegen der bei hochgradigen Innovationen besonders aufwändigen Entwicklung betriebswirtschaftlich besonders sinnvoll ist. Man kann das beschriebene Vorgehen auch als „vorgezogenen Markttest" verstehen, denn einen Markttest kann man eigentlich erst durchführen, wenn das Produkt fertig entwickelt ist.

Der Einsatz multimedialer Verfahren zu Innovations-Marktforschungszwecken hat darüber hinaus folgende Vorteile (siehe u. a. *Dahan/Hauser* 2002, S. 333 f.):

- Zeitliche und räumliche Barrieren, die die Testsituation behindern, können überwunden werden, da Multimedia-Anwendungen über Informationsnetze jederzeit und überall verfügbar zu machen sind. Dadurch ist sehr schnelles Testen möglich.
- Die Effizienz der Informationsvermittlung kann gesteigert werden, denn der Empfänger bestimmt selbst Art und Menge der abgefragten Informationen sowie den Zeitpunkt der Abfrage.
- Aus dem direkten Dialog mit dem Nutzer können unmittelbar Informationen für den Innovationsprozess gewonnen werden, z. B. indem der Nutzer explizite Angaben zur Wertschätzung einzelner Produktattribute macht.
- Über die Auswertung der automatisch protokollierten Nutzung der Informationsangebote können indirekt wertvolle Informationen gewonnen werden.
- Via Multimedia lassen sich bestimmte Inhalte (z. B. „Raumgefühl" oder „Fahrdynamik" bei Anwendungen im Automobilbereich) überzeugender kommunizieren als dies mit herkömmlichen Medien möglich ist.

Diesen Vorteile stehen natürlich auch Nachteile gegenüber: Teilweise technische Herausforderungen erst noch zu lösen, die Testkosten sind verhältnismäßig hoch und Multimedia-Anwendungen in der Marktforschung werden noch nicht durchgehend akzeptiert. Dennoch lassen die skizzierten Möglichkeiten zur Marktforschung ein großes Potenzial für die Verbesserung von Produktinnovationsprozessen erkennen (*Dahan/Hauser* 2002, S. 349).

Eine Anwendung von Multimedia-Techniken zu Marktforschungszwecken, die das Potenzial interaktiver elektronischer Medien gut beleuchtet, wird seit Anfang der 90er Jahre von *Urban, Weinberg und Hauser* (1996) am MIT entwickelt. Das von den Autoren als Information Acceleration bezeichnete Verfahren ist seitdem u. a. für Untersuchungen im Automobilbereich mehrfach getestet worden. Es wird im folgenden Toolkasten näher vorgestellt.

Information Acceleration – General Motors

1990 stand General Motors Inc. (GM) vor der Entscheidung, bestehende Pläne für ein Elektrofahrzeug in konkrete Entwicklungen umzusetzen. Elektrofahrzeuge waren damals in den USA radikale Innovationen: Sie basierten auf neuen Technologien (z. B. neue Materialien, Reifen und Batterien), neuen Produkteigenschaften (z. B. Batterieladezeiten, Geräuscharmut), brachten eine Veränderung des Konsumentenverhaltens mit sich (z. B. verändertes Fahrverhalten) und die Akzeptanz war stark abhängig von Umfeldfaktoren (z. B. Umweltbewusstsein der Gesellschaft, Steuergesetzen und dem Aufbau neuer Infrastrukturen). Nach Ansicht des GM-Managements konnte weder von bestehenden, vergleichbaren Marktsituationen auf ein Potenzial geschlossen werden, noch konnten Zielkunden valide befragt werden. Da zum Zeitpunkt der Ideenbewertung eine tatsächliche Entscheidung zum Kauf eines Elektrofahrzeuges weit in der Zukunft stattfinden würde, würden sich ändernde bzw. erst entwickelnde Präferenzen den Wert der Befragungsergebnisse in Frage stellen. Vor allem existierte das Produkt zum Zeitpunkt der Befragung noch gar nicht, wodurch Tests und Demonstrationen nicht in Frage gekommen wären.

Da das Elektrofahrzeug aufgrund hoher Entwicklungskosten und langer Entwicklungszeiten ein hohes Risiko darstellte, wollte GM auf Informationen über Marktchancen auch in dieser sehr frühen Entwicklungsphase nicht verzichten. GM entschied sich für den Einsatz der Information Acceleration Methode in Form eines experimentellen Designs. Dabei wurde nicht nur das Auto selbst simuliert, sondern auch das entscheidungsrelevante Umfeld der Testpersonen zum Zeitpunkt der Markteinführung: Das Elektroauto wurde als interaktive Multimedia-Anwendung in Verbindung mit einem simulierten Umweltszenario (ca. 5 Jahre in die Zukunft gerichtet) präsentiert.

Die Testpersonen konnten individuell folgende Informationen abrufen:

- In einem virtuellen Verkaufsraum konnte das Auto aus allen Blickwinkeln betrachtet werden. Es bestand die Möglichkeit, Motorhaube und Türen zu öffnen und somit einen Blick in das Innere des Fahrzeugs zu werfen.
- Es konnten ausgewählte Fragen an einen virtuellen Verkäufer gestellt werden.
- Verschiedene fingierte Anzeigen, TV-Spots, Artikel aus imaginären Fachzeitschriften und Fachberichte/Produkttests konnten abgerufen werden.
- Videos mit Stellungnahmen verschiedener Verbrauchertypen konnten zu Fragen zum Produkt herangezogen werden (Simulation einer Mund-zu-Mund Propaganda).

Der integrative Einsatz verschiedener Medien ließ komplexe produktbezogene Zusammenhänge verständlich werden und unterstützte so den Lernprozess. Zielkunden entwickelten Produktpräferenzen im Kontext der ihnen zur Verfügung stehenden Informationen. Mit Information Acceleration konnten bedeutende Aussagen im Hinblick auf das erzielbare Marktpotenzial des Elektroautos und bezüglich notwendiger Produktverbesserungen generiert werden. Konkret erwies sich das Potenzial zu dem damaligen Zeitpunkt als zu gering, so dass das Entwicklungsprojekt in einer frühen Phase bei noch überschaubaren „sunk costs" (bereits getätigte, nicht mehr entscheidungsrelevante Investitionen) zurückgestellt wurde. Ziel dieser Entscheidung war es, technologische Weiterentwicklungen einiger Automobilkomponenten (insbesondere der einzusetzenden Batterie) abzuwarten, um so die Kosten des Elektroautos erheblich zu reduzieren.

Quellen: Urban et al. 1996, Chicos/Almquist 1996

Information Acceleration

Mit „Information Acceleration" sollen Vorhersagen über das Marktpotenzial von hochgradigen Innovationen ermöglicht werden. Das noch nicht real vorhandene Produkt wird durch animierte Computersimulationen optisch möglichst realistisch dargestellt. In Kombination mit anderen Medien, insbesondere Audioquellen, kann so bereits zu einem frühen Zeitpunkt ein realitätsnaher Eindruck vom künftigen Produkt vermittelt werden, ohne dass ein Prototyp physisch existiert (*Urban et al.* 1996, S. 48). Die Methode kann also bereits in der Phase der Ideenbewertung und -selektion sinnvoll eingesetzt werden.

Die interaktive Multimedia-Anwendung *Information Accelerator* ermöglicht Testpersonen, das virtuelle Produkt am Monitor auf individuelle Weise (den persönlichen Informationsbedürfnissen entsprechend) zu erkunden. Er stellt den Testpersonen in Form von Hypertexten Informationsquellen und -medien über das Produkt zur Verfügung, aus denen frei gewählt werden kann. Dadurch soll eine realitätsnähere und effizientere Informationsaufnahme erreicht werden als bei fest programmiertem Informationsfluss. Der integrative Einsatz verschiedener Medien eröffnet die Chance, auch komplexe produktbezogene Zusammenhänge auf subjektiv angenehme Weise verständlich zu machen. Optionen zur simulierten Produktanwendung unterstützen den Lernprozess. Gleichzeitig können reale Phänomene wie Informationsüberlastung (Information Overload) durch Zeitdruck simuliert werden (*Urban et al.* 1996, S. 52 ff.).

Das virtuelle Informationssuch- und Nutzungsverhalten der Testpersonen wird aufgezeichnet und ausgewertet. Über Mikrofon können Kommentare der Testpersonen während der Produktpräsentation mitgeschnitten werden, was Hinweise für die Gestaltung der Innovationskommunikation erbringen kann. Nach entscheidenden abgerufenen Informationseinheiten werden am Bildschirm jeweils Wahrnehmungen, Präferenzen und individuelle Kaufwahrscheinlichkeiten abgefragt. Das ermöglicht Vorhersagen über das Marktpotenzial in Abhängigkeit vom Informationsstand. Unter bestimmten Modellannahmen (Umfeldveränderungen, Marketingstrategien und Wettbewerbssituationen) wird die Umsatzentwicklung der Innovation modelltheoretisch geschätzt (*Urban et al.* 1996, S. 52).

Der Information Accelerator basiert auf der Überlegung, dass Zielkunden Produktpräferenzen im Kontext der ihnen zur Verfügung stehenden Informationen entwickeln. Künftige Produkte sollen von Testpersonen also nicht anhand ihrer heutigen Präferenzen beurteilt werden, sondern im prospektiven Umfeld zum Zeitpunkt der tatsächlichen Marktverfügbarkeit. Information Acceleration simuliert daher nicht nur das Produktkonzept selbst, sondern darüber hinaus das entscheidungsrelevante Umfeld der Testperson zum Zeitpunkt der späteren realen Bewertung. Die Simulation soll es ermöglichen, „die Zukunft in die Gegenwart zu holen" und damit die Testpersonen auf die Zukunft hin zu „konditionieren" („future conditioning", *Urban et al.* 1996, S. 49). Die Bewertung des Produkts im frühzeitigen Test erfolgt somit aus dem zukunftsrealistischen simulierten Entscheidungsumfeld heraus.

Urban et al. (1996) setzten ihre Methode erstmalig erfolgreich ein in Zusammenarbeit mit General Motors zur Marktpotenzialabschätzung eines in der Ideenbewertungsphase befindlichen Elektroautos (vgl. Beispielkasten). Weitere Experimente dienten der Validierung der mit Information Acceleration erzielbaren Ergebnisse. Ein Vergleich des Informationssuchverhaltens von Konsumenten erbrachte bei Nutzung eines realen und eines am Computer simulierten Show-Rooms für ein existierendes Auto keine signifikant unterschiedlichen Ergebnisse (*Urban et al.* 1997, S. 145). Da die Simulation preiswerter, schneller realisierbar und auch für noch nicht existierende Produkte durchführbar ist, spricht dieses Ergebnis empirisch und theoretisch für die Methode.

Das Verfahren wurde erfolgreich mit anderen Produktgruppen getestet (u. a. Produkte aus dem Bereich Telekommunikation und Medizintechnik, *Urban et al.* 1996, S. 75; siehe zur Validierung der Methode ausführlich *Urban et al.* 1997). *Backhaus und Stadie* (1998, S. 183) kritisieren jedoch, dass zur Validierung der Methode vornehmlich weniger hochgradige Innovationen eingesetzt wurden und stellen so die an sich überzeugenden Ergebnisse hinsichtlich radikaler Innovationen in Frage. Darüber hinaus kritisieren sie das Messmodell: Zumindest kurzfristig erzeugen hochgradige Innovationen eine Monopolstellung im Markt. Daraus ergeben sich nur die Entscheidungsoptionen „Kauf oder Nicht-Kauf", die Abfrage von Kaufwahrscheinlichkeiten entspricht dann nicht der realen Kaufsituation bei radikalen Innovationen.

Für die Ergebnisqualität entscheidend ist die Modellierung der in die Anwendung von Information Acceleration integrierten Zukunftsszenarien, mit denen die Testpersonen in die Zukunft hinein konditioniert werden. Bei der Darstellung der Methodik gehen die Autoren nicht darauf ein, woher die Entwickler der Szenarien ihre Vorstellung über die „wahrscheinliche" Zukunft nehmen sollen (*Urban et al.* 1996, S. 50). Diesem Einwand wird man durch sorgfältige Anwendung zukunftsanalytischer Verfahren (siehe 4.1.1) begegnen können. Die große verbleibende Unsicherheit über das tatsächliche Eintreffen eines Szenarios beeinträchtigt allerdings fraglos die Güte der mit Information Acceleration zu gewinnenden Informationen.

Darüber hinaus bilden Szenarien immer nur ein relativ allgemeines zukünftiges Umfeld ab, u. a. in gesellschaftlichen, politischen und wirtschaftlichen Ausprägungen. Die Simulation des Umfeldes ist bei Information Acceleration für alle Testpersonen gleich. Inwieweit die Präferenzen des Einzelnen durch seine persönliche spezifische Situation innerhalb des allgemeinen Umfelds beeinflusst werden, bleibt dahingestellt: Welche Rolle spielt seine zukünftige Situation am Arbeitsplatz, seine Gesundheit und sein persönliches Umfeld (Freunde, Familie) für die Entscheidung für oder gegen die Innovation? Das spezifische persönliche Umfeld kann Information Acceleration nicht abbilden.

Schließlich ist die Methode im Vergleich zur traditionellen Marktforschung wesentlich aufwändiger. Die Kosten lagen für damals veröffentlichte Studien zwischen 250.000 und 750.000 USD (*Chicos/Almquist* 1996, S. 337). Bei General Motors mussten für bewegte Bildsequenzen Filmaufnahmen mit einem Prototypen des Elektroautos und Schauspielern gedreht werden. Durch synthetische Erzeugung der Bildsequenzen mittels heutiger und zukünftiger Möglichkeiten der Computergrafik lassen sich die Kosten jedoch erheblich reduzieren (*Urban et al.* 1996, S. 59). Darüber hinaus ist die Verlagerung der offline-Anwendung zu einer online in Netzwerken angebotenen Anwendung denkbar und kostengünstiger (*Urban et al.* 1997, S. 152).

Zusammenfassend: Information Acceleration ist ein viel versprechender Ansatz zur Gewinnung von Informationen über Marktpotenziale zukünftiger Produkte, der aber beträchtliche Unsicherheiten bei der längerfristigen Akzeptanzprognose höhergradiger Innovationen nicht beseitigen kann. *Urban et al.* (1997, S. 151) kommen zu folgendem Ergebnis:

„We believe that the IA methodology (multimedia stimuli, test versus control measures, and probability flow models) has sufficient external validity for many of the managerial decisions that are based on early premarket forecasts. However, multimedia stimuli, and their use in IA, are not a panacea. Clear challenges remain, and managers still must use forecasts intelligently and with caution."

Erhöht wird die Validität der Methode durch kombinierten Einsatz mit anderen strategischen Marktforschungsmethoden, z. B. der Conjointanalyse (siehe 4.5.2 und *Urban et al.* 1997, S. 152).

Neben einer frühzeitigen Prognose der Akzeptanz hochgradiger Innovationen hat Information Acceleration auch einen positiven Einfluss auf das Innovationsteam: Die Entwicklung realistischer Stimuli zwingt das Team, sich gemeinsam mit unterschiedlichen funktionalen Themenbereichen (z. B. Technologie, Marketing etc.) „crossfunktional" auseinanderzusetzen und sich frühzeitig an Zukunftsentwicklungen zu orientieren. Darüber hinaus vereinfachen die Ergebnisse die Kommunikation mit dem Topmanagement und damit die interne Durchsetzbarkeit von Projektzielen (*Urban et al.* 1997, S. 151 f.).

Zusammenfassend: Die Ideenselektion ist aufgrund ihrer betriebswirtschaftlichen Konsequenzen (Folge- und Opportunitätskosten) ein sehr kritischer Schritt im Innovationsprozess. Im diesem Abschnitt wurden verschiedene Bewertungsmethoden zur Ideenselektion vorgestellt. Fokussiert wurde aufgrund der Möglichkeit der Integration qualitativer Kriterien und ihrer Relevanz in der Praxis die Nutzwertanalyse. Darüber hinaus wurde ein besonders erfolgkritischer Schwerpunkt der Ideenselektion vertieft: Die Prognose der Akzeptanz der Innovationsidee am Markt. Eine frühzeitige Akzeptanzabschätzung ermöglichen bei inkrementalen Innovationen Konzepttests. Im Verlauf des Innovationsprozesses können Reaktionen potenzieller Kunden immer differenzierter und valider gemessen werden. Methodisch gut durchgeführte Tests ermöglichen erste, wenn auch zunächst grobe Prognosen des Markterfolges und sollten daher unbedingt als wichtiges Hilfsmittel der Ideenselektion verstanden werden. Insbesondere bei radikalen Innovationen ist es wichtig, den Probanden zunächst genügend Informationen über die Innovationsidee zur Verfügung zu stellen. Je realistischer die Innovationsidee präsentiert werden kann, umso besser. Dazu eignet sich die Methode Information Acceleration: Außer einer multimedialen Präsentation des Innovationskonzeptes werden die Probanden mittels Umfeldszenarien in die Zukunft konditioniert und erst dann befragt.

Nach erfolgreicher Ideenselektion beginnt die Phase der Strategischen Entwicklung, die im folgenden Abschnitt behandelt wird.

4.4 Strategische Entwicklung

Nach der Ideenselektion folgt die Strategische Entwicklung der Innovation. Während auf der technischen Seite die physische Entwicklung und Umsetzung der Innovation fokussiert wird (Konstruktion, Programmierung, Synthese etc.), muss das Marketing in dieser Phase das Geschäftsfeld auf den drei Dimensionen: Funktionen, Kundengruppen und Technologien grundsätzlich und langfristig festlegen und präzisieren (*Abell* 1980, siehe 3.2.2). Aus Sicht des Marketing ist das Subjektive (die Zielkundensicht) das einzig Objektive. Das bedeutet, die Festlegung der Zielkunden (Marktsegmentierung) und die Imagegestaltung (Positionierung) sind wesentliche Komponenten der marketingstrategischen Entwicklung einer Innovation.

Der *STP-Ansatz* von *Kotler* (2005) (Segmentation, Targeting und Positioning) ist dreistufig: Zunächst wird der potenzielle Markt mit Hilfe von Segmentierungskriterien in homogene Teilmärkte unterteilt (Segmentation). Darauf aufbauend wird strategisch entschieden, wie viele und welche Segmente angesprochen werden sollen (Targeting, bzw. Segmentierungsstrategie). Die Positionierung (Positioning) der Innovation auf strategisch gezielten Imagemerkmalen erfolgt im dritten Schritt, gegebenenfalls natürlich zielgruppenspezifisch.

Diese Dreiteilung ist logisch nicht stringent, denn eigentlich besteht diese Phase, abgesehen von der Technologiedimension im *Abell*-Schema, die im Innovationsmarketing nur eine Nebenrolle spielt, aus zwei großen strategischen Entscheidungen, die Segmentierungsstrategie (Fokussierung bestimmter Zielkundengruppen) und die Positionierungsstrategie (Bestimmung der von Zielkunden wahrzunehmenden Funktionen, also Produkteigenschaften). Beide Entscheidungen müssen durch entsprechende strategische Analysen vorbereitet werden.

Dieses Methodenkapitel fokussiert diese beiden marketingstrategischen Analysen. 4.4.1 verdeutlicht Prinzip und Vorgehen der Segmentierungsanalyse, 4.4.2 behandelt die Positionierungsanalyse. Die Ableitung der strategischen Entscheidungen aus diesen Analysen ist Sache der Praxis und kann wegen der situativ jeweils hohen Komplexität der Rahmenbedingungen nicht systematisch in einem Lehrbuch vermittelt werden. Wir begnügen uns, integriert in die Analyseabschnitte, mit Hinweisen auf Normstrategien, also normalerweise, im Allgemeinen, aber im Einzelfall nicht zwingend, aus typischen Ergebniskonstellation zu folgernden strategischen Stoßrichtungen. Ansonsten liefern die Fallbeispiele in diesem Buch viele kasuistische Erkenntnisse über mögliche, erfolgreiche und fehlerhafte strategische Segmentierungs- und Positionierungsentscheidungen.

4.4.1 Segmentierungsanalyse

Entwicklung der Zielgruppen des Smart

Der Kleinwagen aus dem Hause DaimlerChrysler Smart wurde geplant, um spezielle Bedürfnisse einer wachsenden Klientel in städtischen Ballungsgebieten zu erfüllen. Kernzielgruppe waren zur Markteinführung kaufkräftige 18 bis 39-jährige Singles und „Dinks" (Double income no kids) – finanzstarke Zielgruppen ohne Platzbedarf für Kinderwagen & Co. Bereits vor der Markteinführung gab es kritische Stimmen: Ob wirklich so viele Singles und Dinks einen smart kaufen würden, wie die Marktstudien vermuteten? Eignen sich für typische Freizeitaktivitäten der Dinks (mit Surfboards, Golfbags, Fallschirmfliegerausrüstungen etc.) nicht eher Vans oder Geländewagen? Würden die finanzstarken Dinks nicht eher auf der teuren Roadster-Welle surfen? Wenn es schon ein Zweitauto sein muss: Eignet sich für denselben Preis nicht besser ein kleiner Viersitzer?

Die Einführungskampagne des smart drückte das Lebensgefühl der anvisierten Zielgruppe aus: Sie war trendy, bunt, jugendlich und stand für Freiheit, Offenheit und Flexibilität. Kurz nach der Markteinführung zeigte sich: Die ersten Käufer waren gar nicht besonders die jungen Trendsetter mit Lifestyle-Ambitionen. Sie waren eher bodenständig, vorwiegend männlich und mittleren Alters – „young at heart" – wie sie mittlerweile unternehmensintern genannt werden. Menschen, die sich jung fühlen und in ihrem Alltag und ihrer Umwelt flexibel sein wollen. Das Basismodell smart & pure wurde besser angenommen als die teurere Sport-Variante smart & pulse. Eingesetzt wurde das Auto vor allem als Erstwagen und nicht wie geplant als Zweitwagen. In Befragungen geäußerte Kaufgründe waren nicht wie erwartet die fortschrittliche Technologie und ungewöhnliche Design, sondern die für einen neuen Erstwagen subjektiv als günstig wahrgenommenen Kosten (Preis und Benzinverbrauch – beides objektiv durchaus nicht im Wettbewerb herausragend) sowie die Praktikabilität und Wendigkeit (Parkwunder) des Autos.

Hatte man sich bei der Zielgruppendefinition denn vollständig getäuscht? Nein – etwa ein halbes Jahr nach der Markteinführung und sehr intensiv ab der Einführung des smart-Cabriolet im Jahr 2000 begann auch die Kernzielgruppe der Dinks den smart zu kaufen. Auch der Einsatz des smart als Zweitwagen nahm erheblich zu. Mittlerweile hat der smart ein breites Publikum gefunden. Die Kunden kommen aus allen Altersklassen, vielen Einkommens- und Gesellschaftsschichten: Vom Professor über den erfolgreichen jungen Firmengründer bis hin zum Studenten. Käufer sind Männer wie Frauen und Firmen, die den smart als Erst-, Zweit- oder Drittfahrzeug nutzen. Einsatzort ist die Stadt, weitere Strecken pflegt der smart-Kunde per Bahn oder Flugzeug zu überwinden. Ein innovatives Konzept hat auf Umwegen seine ursprünglichen Zielgruppen gefunden und noch viel mehr erreicht.

Quelle: eigene Informationen

Ausgangspunkt einer Produktinnovations-Marktsegmentierungsentscheidung ist die Annahme, dass sich Zielkundengruppen nach Bedürfnissen und Anforderungen an die Innovation unterscheiden und dass es sich lohnt, auf diese Unterschiede im Innovationsmarketing spezifisch einzugehen. Aufgabe der Marktsegmentierung im Innovationsmarketing ist die Abgrenzung potenzieller Zielkunden nach Gleichartigkeit/Verschiedenheit ihrer Bedürfnisse in homogene Kundengruppen (Segmentierungsanalyse) und die gezielte Bearbeitung eines oder mehrere Segmente basierend auf segmentspezifischen Marketing-Programmen (Segmentierungsstrategie) (ähnlich vgl. *Freter* 1995, Sp. 1803; *Bauer* 1989, S. 249). Die folgende Abbildung visualisiert Marktsegmente schematisch anhand eines fiktiven Beispiels.

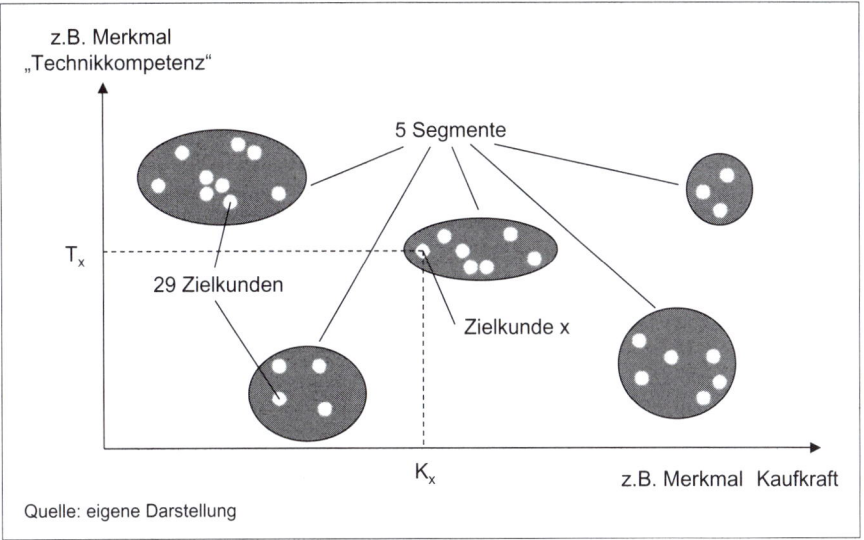

Abb. 4.53: Marktsegmentierung

Marktsegmentierung ist eine komplexe und folgenreiche Angelegenheit, die daher am besten verschiedene Ebenen der Unternehmenshierarchie involviert. Das Grundmuster hat die Unternehmensleitung gemeinsam mit den Führungskräften schon im Rahmen der Unternehmensleitlinien entschieden. Eine spezifischere und nach relevanten Kriterien „intelligente" Segmentierung passiert im Rahmen der strategischen Unternehmensplanung, hier insbesondere bei der Festlegung der Innovationsstrategie. Dazu sollte die strategische Marktforschung qualitative und quantitative, aktuelle und zukunftsorientierte, Informationen liefern. Für die Optimierung segmentspezifischer Strategien ist das Produktmanagement und die laufende Marktforschungschung zuständig.

Marktsegmentierung ist also einerseits Analyse mit dafür spezifischen Methoden der Marktforschung, andererseits ist Marktsegmentierung Strategie. Die *Segmentierungsstrategie* richtet die Instrumente des Marketing-Mix zur Einführung und Vermarktung der Produktinnovation optimal auf die zu bearbeitenden Segmente aus. Im Unterschied zum undifferenzierten Marketing (Ansprache des Gesamtmarktes mit einem einheitlichen Marketing-Mix) konzentriert sich eine Segmentierungsstrategie entweder auf ein Marktsegment (konzentrierte Segmentierung) oder auf eine Auswahl aus den definierten Marktsegmenten, eventuell auch auf alle Segmente (beides ist differenzierte Segmentierung) (siehe Abb. 4.54 auf der folgenden Seite). Dahinter stehen zwei unterschiedliche strategische Vorteilsvorstellungen: Während beim konzentrierten Marketing nur dasjenige Marktsegment bearbeitet wird, das den höchsten Zielerreichungsbeitrag erwarten lässt (Konzentrationsvorteil), spricht man durch differenziertes Marketing alle oder die ausgewählten Marktsegmente mit dem Ziel an, ein strategisch günstiges Portfolio an Marketinginvestitionen zu realisieren (Streuungsvorteil).

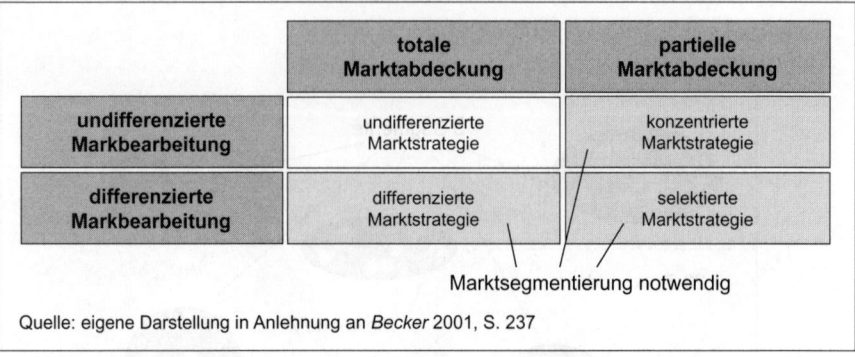

Abb. 4.54: Die Segmentierungsstrategie

Die Entscheidung für ein bestimmtes oder mehrere bestimmte Segmente erfordert jedenfalls segmentspezifische Abschätzungen und Vergleiche der Entwicklung unter Berücksichtigung des (zu erwartenden) strategischen Verhaltens der Wettbewerber (*Bauer* 1989, Sp. 1810 f.).

Informationsgrundlage für die Segmentierungsstrategie liefert die Segmentierungsanalyse. Hier erfolgt eine Markterfassung und -aufteilung in intern homogene und extern heterogene Teilmärkte mittels geeigneter Segmentierungskriterien. Im Ergebnis sollen mit dem neuen Produkt potenziell zu bedienende Marktsegmente ersichtlich sein. Die Segmentierungsanalyse hat dabei vor allem folgende Fragen zu beantworten:

- Wie ist der relevante Gesamtmarkt definiert?
- Wie groß ist das Marktpotenzial im Gesamtmarkt?
- Welche Segmente lassen sich nach welchen Kriterien abgrenzen? (Kernfrage)
- Wie groß (Absatz, Umsatz) und wie attraktiv (Deckungsbeiträge, Wachstum, Dauerhaftigkeit) sind diese Segmente?

Segmentierungsanalysen basieren auf einer Vielzahl von Informationen, die komplex vernetzt und wegen ihres vorausschauenden Charakters unsicher sind und oft nur qualitativ sein können. Es gibt keine erschöpfende Liste „Informationsbedarf für die Segmentierungsanalyse", denn vieles ist vom Einzelfall abhängig, und generell wird eher eine umfassende „Marketing Intelligence" benötigt. Folgende Informationen werden allerdings regelmäßig gebraucht: Marktpotenziale, Marktvolumen und Marktwachstum, eigene und Wettbewerber-Marktanteile, Kundenbindung, Preisentwicklung, Preisschwellen innerhalb der Segmente, Images und Wettbewerberstrategien, ferner entsprechende Bestimmungsgründe, insbesondere des Konsumentenverhaltens, z. B. Lifestyle-Entwicklungen und Wertewandel sowie neu auftretende Kundenbedürfnisse (siehe auch 4.1.2.3).

Für die gezielte Marktbearbeitung muss der Markt nach operationalen Kriterien aufgeteilt werden. *Segmentierungskriterien* dienen der Identifikation und Beschreibung von Marktsegmenten und müssen Kaufverhaltensunterschiede zwischen Zielkunden erklären können. Folgende Anforderungen sind an Segmentierungskriterien bzw. an die daraus zu bestimmenden Segmente zu stellen (*Freter* 1983, S. 43 f. und *Freter* 1995, Sp. 1807 f.):

- *Kaufverhaltensrelevanz*: Die resultierenden Segmente müssen bezüglich ihres Kaufverhaltens intern homogen, extern heterogen sein. Sie müssen Beziehungen zu den Faktoren aufweisen, die das Käuferverhalten bestimmen. Das ermöglicht gezielte Kommunikation und Verhaltensprognosen der Segmente.
- *Handlungsfähigkeit*: Die Segmente müssen die segmentspezifische Ausrichtung des Marketing-Mix gestatten. Erlauben die Kriterien einen gezielten Einsatz der Marketinginstrumente, so ist die Verbindung zwischen Markterfassung und Marktbearbeitung geschaffen.
- *Erreichbarkeit*: Es müssen solche Segmente identifiziert werden, die mit dem Marketing-Mix zu erreichen sind, das heißt, die eine gezielte und direkte Ansprache der Kunden gewährleisten. Daher bedarf es einer präzisen Kommunikations- und Distributionspolitik.
- *Messbarkeit*: Die Ausprägungen der Segmentierungsmerkmale müssen mit gängigen Methoden der Marktforschung valide messbar sein.
- *Wirtschaftlichkeit*: Der Nutzen der Marktsegmentierung muss die Kosten (Informationskosten und Kosten der differenzierten Marktbearbeitung) übersteigen.
- *Zeitliche Stabilität*: Die Segmentierung ist ein Teil der Strategie, sollte also für lange Zeit gültig sein.

In der Literatur finden sich verschiedene Systematisierungen von Segmentierungskriterien, die wir hier zusammenfassen und für das Innovationsmarketing aufbereiten und kommentieren wollen. Dazu ist Folgendes zum Verständnis wichtig: Marktsegmentierungskriterien dienen insbesondere in Konsumgüterbranchen der Einteilung von Massenmärkten in homogene Teilmärkte. Die dazu eingesetzten Segmentierungskriterien werden z. T. auch im Industriegüter- und Dienstleistungssektor eingesetzt. Dort werden im Rahmen der Kundensegmentierung darüber hinaus Kunden nach ihrer Wertigkeit über Kriterien wie Lieferantentreue, Anwenderstatus, Kundendeckungsbeitrag etc. beurteilt (*Krafft/Albers* 2000, S. 516). Die folgenden Ausführungen beschränken sich auf Kriterien der Marktsegmentierung, da für eine Innovation der (potenzielle) Kundenwert i. d. R. zum Zeitpunkt der strategischen Entwicklung noch nicht bestimmt werden kann (zu einer kritischen Diskussion bestehender Ansätze der Kundensegmentierung siehe *Krafft/Albers* 2000).

Marktsegmentierungskriterien sollten nach inhaltlichen und methodischen Gesichtspunkten in folgende vier Kategorien eingeteilt werden: Demografie, Sozioökonomie, Psychologie und offenes Verhalten. Die Gegenüberstellung von B2C und B2B zeigt, dass es keine grundsätzlichen Unterschiede zwischen Segmentierungen im Konsumgütermarketing und im Industriegütermarketing gibt.

Die Segmentierung nach *demografischen Merkmalen* ist klassisch und besonders einfach durchzuführen, weil die Kriterien meistens nicht eigens gemessen werden müssen, sondern bekannt sind. Ihr Nachteil ist die meist nicht vertretbare Kausallogik, denn das Kaufverhalten hängt von theoretischen Konstrukten ab, die nur mehr oder weniger mit demografischen Kriterien korreliert sind. Die Segmente, die mit ihrer Hilfe gebildet werden, sind relativ gut erreichbar, weil auch die Affinität der Zielkunden zu den relevanten Medien mit demografischen Merkmalen ausgewiesen wird und daher die Selektion der effizientesten Medienkombination für die Marktkommunikation (Mediaplanung) ebenfalls einfach durchzuführen ist. Demografische Merkmale können also Zielgruppen oberflächlich beschreiben, erfassen jedoch nicht die Komplexität ihrer Verhaltensdeterminanten.

Kombinationen demografischer Kriterien können dagegen theoretisch fundiert sein, wenn die Kriterien zusammengenommen Indikatoren für bewährte theoretische Konstrukte sind. So indizieren die Kriterien Einkommen, Berufsstand und formale Bildung das Konstrukt „Soziale Schicht" und die Kriterien Einkommenshöhe, Familiengröße und Alter das Konstrukt „Stellung im Familienlebenzyklus" (vgl. Abb. 4.55). Entsprechende Segmentierungen haben einen auch wissenschaftlich nachvollziehbaren Aussagewert.

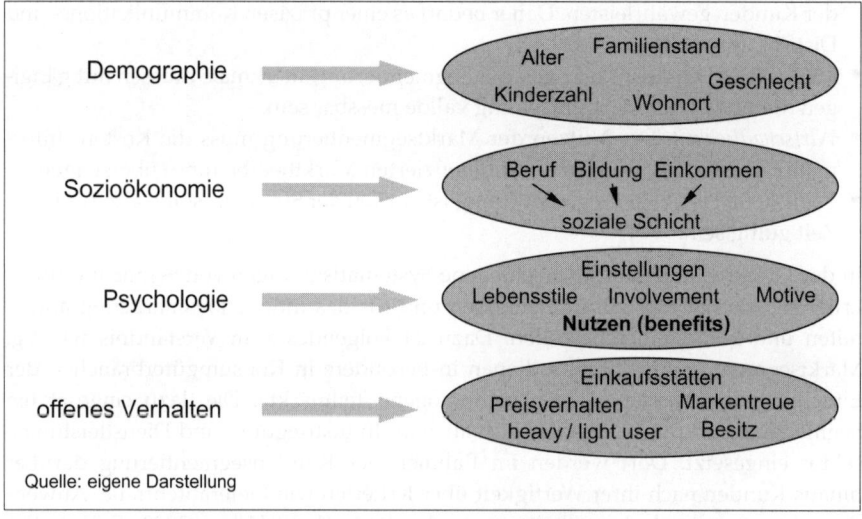

Abb. 4.55: B2C-Märkte lassen sich nach vier Merkmalsarten segmentieren

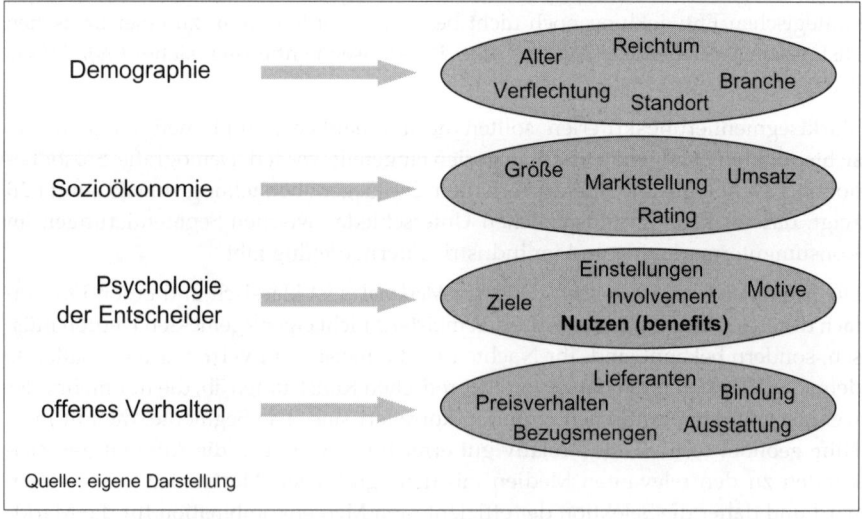

Abb. 4.56: B2B-Märkte lassen sich nach vier Merkmalsarten segmentieren

Die Marktsegmentierung anhand *psychologischer Kriterien* basiert auf nicht direkt beobachtbaren Konstrukten des Konsumentenverhaltens, die das Kaufverhalten determinieren. (*Becker* 2001, S. 255 f.). *Freter* (1995, S. 1807 f., darauf aufbauend u. a. *Meffert* 2000, S. 188) unterscheidet allgemeine Persönlichkeitsmerkmale (Lebensstile und Persönlichkeitsinventare wie soziale Orientierung und Wagnisfreudigkeit) von produktspezifischen Kriterien wie subjektive Wahrnehmungen, Motive, Einstellungen, Präferenzen, Kaufabsichten und Nutzenvorstellungen (Benefits).

Eine herausragende Sonderrolle unter den psychologischen Kriterien kommt den Nutzen bzw. Bedürfnisse erfassenden Kriterien aus dem Bereich der theoretischen Konstrukte „Motive, Einstellungen, Werte" zu (*benefit segmentation*), weil das Innovationsmarketing unmittelbar an diese Verhaltensdeterminanten anknüpft. Dasselbe spricht für die Segmentierung nach Kognitionen wie wahrgenommene Kaufalternativen bzw. Substitutionsprodukte bei der Kaufentscheidung (*consideration set segmentation*). Auf beide für das Innovationsmarketing besonders bedeutende Kriteriengruppen gehen wir am Ende dieses Abschnitts über Segmentierungskriterien deshalb noch einmal genauer ein.

Das im Konsumgütermarketing bekannteste psychologische Segmentierungskonzept allgemeiner Persönlichkeitsmerkmale, die *Lifestyle-Segmentierung* (vgl. *Reeb* 1998), geht auf *Lazer* (1964) zurück. Es geht davon aus, dass Konsumenten nach bestimmten Einstellungs- und Verhaltensmustern leben, die bezüglich ihrer Auswirkungen auf produkt- und markenspezifisches Kaufverhalten gemessen werden können (*Böhler* 1977, S. 111). Die Lifestyle-Segmentierung bildet Zielkundengruppen anhand der Art und Weise, wie Menschen leben, ihre Zeit verbringen und ihr Einkommen verwenden (*Wind/Green* 1974, S. 106; siehe auch 4.1.2.3). Zur Operationalisierung des Lebensstils dient u. a. der so genannte *AIO-Approach* (*Wells/Tigert* 1971, S. 27 ff.). Er differenziert Lebensstile über Aktivitäten (Activities: Gestaltung von Arbeit und Freizeit), Interessen (Interests: Worauf Menschen in ihrer unmittelbaren Umgebung Wert legen) und Meinungen (Opinions: Standpunkte bezüglich bestimmter Themen, der Gesellschaft und der eigenen Person; einen Überblick zur Anwendung von AIO in empirischen Studien geben *González/Bello* 2002, S. 58 f.).

Esprit

Die Segmentierung nach Lebensstilen eignet sich gut zur Ermittlung länderübergreifender Zielgruppen. So spricht ESPRIT international die jugendliche, lebensbejahende Generation an. Die Zielgruppe beschreibt Doug Topkins – Mitbegründer der Modefirma ESPRIT – Mitte der 80er Jahre folgendermaßen: „Unsere Absicht ist es, eine jugendliche Frau darzustellen, die fitnessorientiert ist, sportlich, unternehmungslustig und zufrieden. Eine Frau, die ein natürliches Verhältnis zu sich selbst und zu ihrer Sexualität hat und die die Beziehung zwischen Mann und Frau genießt. Sie ist aufgeschlossen, niemals ein Sex-Objekt, und Jugendlichkeit ist für sie eine Lebenseinstellung – keine Altersfrage. Die Konsequenz einer derartigen Strategie: Teenager in Los Angeles, Toronto und Hongkong greifen ebenso begierig zu wie Mädchen in Düsseldorf, Melbourne, Santiago, Tokio."

Quelle: o. V. 1985

Die Verhaltensrelevanz von Lifestyle-Segmentierungen ist vergleichsweise hoch, wobei die Höhe des Einflusses auf das Kaufverhalten von der Produktart und vom Involvement abhängt (*Homburg/Krohmer* 2003, S. 316). Ein Vorteil der Lifestyle-Segmentierung liegt in der Kombination psychologischer, verhaltensorientierter und demografischer Segmentierungskriterien, was eine umfassende und plastische Beschreibung von Segmenten ermöglicht (*Meffert* 2000, S. 199; *Böhler* 1977, S. 111 ff.). Die vergleichsweise hohen Kosten der Entwicklung produktspezifischer Lifestyle-Konzepte (aufwändige Operationalisierung und Messung) lassen ihren Einsatz für Unternehmen jedoch oft unwirtschaftlich erscheinen. Vielmehr wird aus diesem Grunde auf die weniger aussagefähigen, generellen und daher kostengünstigeren Lifestyle-Konzepte von Verlagen und Marktforschungsinstituten zurückgegriffen (*Becker* 2001, S. 260; z. B. *Euro-Socio-Styles* der GfK AG und *SINUS-Milieus* der Sinus Sociovision; eine kritische Diskussion verschiedener Typologien führen *Bauer et al.* 2003).

Psychografische Kriterien werden nicht nur in Konsumgütermärkten, sondern auch in Investitionsgütermärkten eingesetzt, z. B. zur Differenzierung von Entscheidertypen im Buying Center (*Becker* 2001, S. 281).

Kriterien des beobachtbaren Verhaltens (Kauf-, Informations- oder Kommunikationsverhalten sowie Besitz bestimmter Güter, die künftiges Verhalten mitbestimmen) basieren auf der Annahme, dass Kaufverhaltensweisen von Individuen letztlich auf Auslöser zurückzuführen sind (*Böhler* 1977, S. 54 ff.) und auf der bewährten Vermutung, das früheres Verhalten durch Lernen und Habitualisierung auch das künftige Verhalten wesentlich mit bestimmt. Diese Kriterien kommen ohne schwer messbare theoretische Konstrukte aus, sind also dem klassischen Behaviorismus verhaftet, und dennoch sind sie in bestimmten Marktsituationen pragmatisch gut bewährt.

Die Teilnahme an interpersonellen Kommunikationsprozessen kann ebenfalls als ein Kriterium des beobachtbaren Verhaltens interpretiert werden. Das führt zu der Unterscheidung von Segmenten der *Meinungsführer- und Meinungsfolgerschaft* (*Meffert* 2000, S. 208). Meinungsführer werden definiert als Personen, die im Kommunikationsprozess den Transfer zwischen dem Kommunikator und den Zielpersonen der Kommunikation leisten, d. h. insbesondere die Massenkommunikation in persönliche Kommunikation übersetzen. *Chaney* (2001, S. 307) zeigt, dass sich Meinungsführer darüber hinaus über ein besonders intensives, produktspezifisches Informationssuchverhalten identifizieren lassen. Meinungsführer, die zugleich erste Adoptoren von Produktinnovationen („Innovatoren") sind, werden seit *Eckhoff* (2001) als Innovationsführer bezeichnet. Sie sind Schlüsselpersonen im Innovationsmarketing, um einem neuen Produkt schnell zum Durchbruch zu verhelfen (Näheres dazu siehe 4.6).

Mund-zu-Mund-Werbung durch Meinungsführer entsteht nicht von selbst (*Dye* 2001, S. 11). *Meinungsführerorientierte Segmentierung* ermöglicht deren spezifische Ansprache. Gelingt es, Meinungsführer von der Innovation zu überzeugen, so können weniger aktive Kunden über persönliche Kommunikation gewonnen werden, und es entstehen Multiplikatoreffekte. *Gawronski und Erb* (2001, S. 205) zeigen, dass Meinungsführer anders angesprochen werden sollten, als Meinungsfolger. Da Meinungsführer grundsätzlich mehr Aufwand in die Verarbeitung persuasiver Informationen investieren, sollte sich die Kommunikation auf inhaltliche Argumente stützen, die einer besonders kritischen Überprüfung standhalten.

Die Kaufverhaltensrelevanz der Kriterien des offen beobachtbaren Kaufverhaltens liegt in der Möglichkeit des Rückschlusses von vergangenem auf zukünftiges Verhalten. Die Kriterien des beobachtbaren Kaufverhaltens sind gut messbar. Problematisch ist aber, dass sie nicht das Kaufverhalten determinieren, sondern sein Ergebnis sind (*Freter* 1983, S. 87). *Homburg und Krohmer* (2003, S. 316) sprechen in diesem Zusammenhang von „symptomorientierter (in Abgrenzung von ursachenorientierter) Form der Marktsegmentierung".

In den vorangegangenen Absätzen wurden verschiedene Segmentierungsansätze vorgestellt. Welche Ansätze eignen sich besonders für das Innovationsmarketing? Im Innovationsmarketing ist das Schlüsselkonstrukt der überlegene Kundennutzen einer Innovation im Vergleich zum Wettbewerb, der CIA (siehe auch 2.2.2.3). Die Umsetzung eines CIA verlangt definitionsgemäß die Orientierung der Innovation am Kunden und am Wettbewerb. Dieses klassische Prinzip der Marktorientierung sollte sich in der Segmentierung des Marktes analog widerspiegeln. Besonders geeignete Segmentierungsansätze sind in diesem Zusammenhang die Benefit- und die Consideration Set-Segmentierung.

Die *Benefit-Segmentierung* basiert auf den Nutzenerwartungen der Zielkunden, was für eine hohe Kundenorientierung des Ansatzes spricht. Die *Consideration Set-Segmentierung* (vgl. *Paulssen* 2000) ermöglicht eine wettbewerbsrelevante Segmentierung, indem sie Zielkunden mit vergleichbaren Sets an in Frage kommenden Alternativmarken/-produkten in Segmente zusammen fasst. Beide Formen der Segmentierung haben im Innovationsmarketing besonders hohen Stellenwert und sollen daher im Folgenden vertieft werden.

Künftiges Kauf- und Konsumverhalten wird von Nutzenerwartungen der Zielkunden determiniert:

> „Den kleinen Hunger in einer Pause am Arbeitsplatz stillen, raue und sensible Hände pflegen, ein kleines Mitbringsel auswählen, eine bedürfnisgerechte Unfallversicherung bestimmen, eine Estrichdecke zwischen den Sparren isolieren sind einige solche Problemsituationen, in denen der Abnehmer ganz spezifische Produkt-, Know-how- und psychologische Nutzen erwartet" (*Bächtold* 1995, S. 27).

Ziel der *Benefit-Segmentierung* (vgl. *Haley* 1968; *Perrey* 1998) ist es, potenzielle Kunden mit vergleichbaren Nutzenvorstellungen bzw. Bedürfnisprofilen zu bestimmen und in homogene Segmente zusammenzufassen. Die Benefit-Segmentierung ist eine Variante der produktspezifischen Einstellungsmessung, die mit den Nutzenvorstellungen eine motivationale/affektive Komponente der Einstellung zugrunde legt (*Meffert* 2000, S. 204). Begründer der Benefit-Segmentierung ist *Yankelovich* (1964), der erstmalig Unterschiede in Kaufverhalten, Motivationsstruktur, Verwendungszwecken u. Ä. zur Segmentierung herangezogen hat.

Im Rahmen der Benefit-Segmentierung werden unterschiedliche Bedürfnisse und Anforderungen potenzieller Kunden an eine Produktinnovation erhoben und auf der Basis der Ergebnisse homogene Teilsegmente gebildet. Methodisch eignet sich besonders eine conjointbasierte Erfassung individueller Nutzenvorstellungen (*Homburg/Krohmer* 2003, S. 317; zur Conjointanalyse im Detail siehe 4.5.2). Abnehmer mit ähnlichen Nutzenerwartungen werden mittels einer Clusteranalyse zu Gruppen zusammengefasst: Sie lassen homogenes Kauf- und Verwendungsverhalten erwarten

	„Reisezeit- minimierer"	„Preis- sensible"	„Komfort- orientierte"	
Wichtigkeiten (in %)				**Gesamt**
Service	2,93	5,03	45,05	10,11
Ausstattung	4,64	8,64	25,04	9,74
Preis	23,64	60,64	4,82	41,20
Zeitaufwand	64,17	17,10	9,49	30,59
Sozialer Nutzen	4,62	8,59	15,60	8,36
	30,39%	**51,30%**	**18,31%**	

Quelle: *Meffert* 2000, S. 207

Abb. 4.57: Nutzenbasierte Zielgruppen im Verkehrsdienstleistungsbereich

und erlauben daher Aussagen für den Marketing-Mix (für die Darstellung der Benefit-Segmentierung auf der Basis der Means-End-Analyse siehe *Botschen et al.* 1999).

Abbildung 4.57 zeigt exemplarisch nutzenbasierte Segmente im Markt für schienenbezogene Fernverkehrsreisen (vgl. *Perrey* 1998). Die mit Hilfe der Conjointanalyse identifizierten Zielgruppen unterscheiden sich hinsichtlich ihrer Nutzenvorstellungen hinsichtlich der folgenden fünf Merkmale: Service, Ausstattung, Preis, Zeitaufwand und sozialer Nutzen. Während im Cluster „Reisezeitminimierer" (Segmentgröße ca. 30%) der Zeitaufwand der Reise mit einer Wichtigkeit von ca. 65% dominiert, steht z. B. bei den „Komfortorientierten" der Service im Vordergrund. Das größte Segment, die Preissensiblen, stufen den Preis mit ca. 61% als wichtigstes Merkmal ein. In Verbindung mit einer Zielgruppenbeschreibung nach demografischen Merkmalen können die benefit-segmentierten Zielgruppen fundiert und spezifisch bearbeitet werden (*Meffert* 2000, S. 206 f.).

Benefits eignen sich sowohl für die Segmentierung auf Konsumgütermärkten als auch Investitionsgütermärkten. Im Business-to-Business-Marketing werden Entscheidungen über den Kauf einer Innovation meist im Buying Center getroffen. Es besteht aus mehreren zeitweise informell zusammengesetzten Personen, die unterschiedliche Rollen einnehmen (Entscheider, Nutzer, Gatekeeper, Controller etc.). So lassen sich je nach Zusammensetzung, Kaufsituation, Aufgaben, Hierarchie und beeinflussenden Personen unterschiedliche Benefit-Segmente bilden (*Frank et al.* 1972, S. 99).

Der größte Vorteil der Benefit-Segmentierung ist die hohe Kaufverhaltensrelevanz, denn Nutzenerwartungen bestimmen Kaufentscheidungen. Kritisch ist oft die Identifizierung und Erreichbarkeit der Segmente. Meist müssen sie zusätzlich durch demografische Variablen beschrieben werden, was nicht immer trennscharf gelingt. Benefit-Segmentierungen sind auch sehr produktspezifisch und lassen sich kaum auf andere Produktkategorien übertragen. Datenerhebung und -auswertung sind komplex, die Erhebungskosten hoch (*Meffert* 2000, S. 207; *Homburg/Krohmer* 2003, S. 31).

Marktsegmentierung auf der Basis von *Consideration Sets* (vgl. *Paulssen* 2000) orientiert sich am Wettbewerb aus Kundensicht. Kunden berücksichtigen bei Kaufentscheidungen nicht alle am Markt verfügbaren Produkte als Alternativen. Normalerweise wird nur eine kleine Teilmenge der Alternativen in Betracht gezogen. Manche

Angebote, besonders Innovationen, sind dem Konsumenten gar nicht bekannt, andere werden klar abgelehnt. Die in Betracht bezogene Vorauswahl bezeichnet man als Consideration Set (andere Bezeichnungen für dasselbe: Evoked Set, Relevant Set). Durch Kategorisierung wird das Entscheidungsfeld auf eine Vorauswahl eingeschränkt und die Kaufentscheidung vereinfacht (*Narayana/Markin* 1975, S. 1).

Der „Markt" jedes Zielkunden ist also durch das Consideration Set subjektiv eingegrenzt. Dadurch bestehen zwischen Produkten nur dann Wettbewerbsbeziehungen, wenn sie gleichzeitig im Consideration Set hinreichend vieler Kunden vertreten sind. Die Consideration Set-Analyse untersucht die Zusammensetzung der Consideration Sets von Zielkunden. Durch Aussagen über die Wettbewerbsintensität zwischen subjektiv relevanten Produkten ermöglicht die Consideration Set-Analyse eine wettbewerbsrelevante Segmentierung. Kundengruppen mit homogenen Consideration Sets werden zu Segmenten zusammengefasst (exemplarisch für den Biermarkt siehe den Beispielkasten „Erkenntnisnutzen von WISA gegenüber traditionellen Ansätzen am Praxisbeispiel Beck's" bei 4.4.2)

Als praktikables Vorgehen der Consideration Set-Analyse empfiehlt sich die Gruppierung der objektiv vorliegenden Produkte (Available Set) in zunehmend relevante Arten von Sets (siehe Abb. 4.58).

Die erste Selektionsstufe ist die Abgrenzung der subjektiv bewussten Alternativen (Awareness Set). Als Teil des Awareness Set ist das Set zu identifizieren, über das der Kunde Wissen gebildet hat (Processed Set, der Rest ist „foggy"). Nur ein Teil dessen – neben einer abgelehnten Alternativenmenge (Reject Set) und einer indifferenten (Hold Set) – stellt die positiv bewertete, die akzeptierte Menge dar. Dieses Consideration Set umfasst alle Alternativen (Produkte), die für einen Kauf in Frage kommen, weil man zu ihnen positive Einstellungen hat und eigentlich nichts dagegen spricht, eine von ihnen zu wählen.

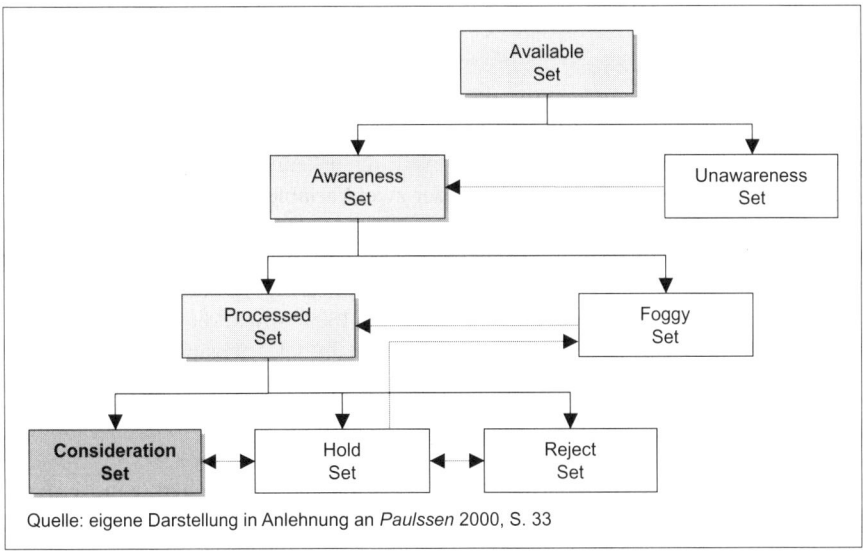

Quelle: eigene Darstellung in Anlehnung an *Paulssen* 2000, S. 33

Abb. 4.58: Begriffssystem der Produktkategorisierung

Wettbewerbsintensität spiegelt sich im Umfang des Consideration Set wider. Der Umfang hängt u. a. von der Produktart, insbesondere vom Involvement ab. Aus drei USA-Studien hat *Schobert* (1979, S. 58) die Umfänge von individuellen Consideration Sets nach Produktgruppen zusammengestellt. Typische Mittelwerte der Produktanzahl im Set von Befragten waren 1 (Mundwasser), 2 (Zahnpasta, Deodorant), 3 (frei verkäufliche Arzneimittel), 4 (Shampoo, Bier) und 5 (Hautcreme). Mehr Erfahrung/Vertrautheit in einer Produktklasse bedeutet prägnantere Sets. Je weniger Produktmerkmale zu beachten sind (Komplexität, Homogenität), je vielseitiger ein Produkt eingesetzt werden kann (Problemlösungspotenzial) und je reifer das Produkt ist (Lebenszyklusphase), desto kleiner ist das Consideration Set (*Schobert* 1979, S. 51).

Die Bildung eines Consideration Set setzt ein Mindestmaß an Produkterfahrung voraus. Zielkunden in neuartigen Entscheidungssituationen sind mit dem Produkt noch wenig vertraut und haben noch kein Consideration Set bilden können. Für das Innovationsmarketing ist es also entscheidend, mit dem neuen Produkt ins Consideration Set einer hinreichend großen Zahl von Zielgruppenmitgliedern zu gelangen. Das Konstrukt Consideration Set erklärt damit den Zusammenhang zwischen den Marketingzielen, dem Bekanntheitsgrad und der Akzeptanz.

Benefit- und Consideration Set-Segmentierung: Während Benefit-Segmentierung voll auf den Kundennutzen abzielt, also besonders kundenorientiert vorgeht, ist Consideration Set-Segmentierungrung stärker wettbewerbsorientiert ausgerichtet. Beides braucht das Innovationsmarketing. In der strategischen Entwicklung sollten also am besten beide Verfahren angewendet werden, um die Innovation möglichst umfassend marktorientiert zu gestalten.

Segmentierungsanalysen können in der Regel nicht nur auf Sekundärdaten beruhen, sondern setzen meist Primärerhebungen von Marktdaten voraus (empirischer Ansatz der Marktsegmentierung, in Abgrenzung zum konzeptionellen Ansatz, der sich lediglich auf Plausibilitätsüberlegungen des Managements stützt, *Homburg/Krohmer* 2003, S. 319).

Anspruchsvolle Segmentierungen sind so komplex, dass dazu *multivariate Datenanalysemethoden* eingesetzt werden müssen. Diese Methoden lassen in Datensätzen mit mehr als zwei Variablen komplexe Strukturen erkennen, verstehen und prüfen, die von einfachen Statistiken aus einer oder zwei Variablen (Häufigkeiten, Kreuztabellen, Korrelationen, Mittelwerten usw.) nicht gültig erfasst werden können, weil diese Statistiken von Wechselwirkungen mit Drittvariablen absehen. An multivariaten Segmentierungsanalyseverfahren kommen Regressions-, Faktoren-, Cluster- und Diskriminanzanalysen in Frage (*Freter* 1995, Sp. 1809) sowie die Conjointanalyse. Einzelne multivariate Analysemethoden werden in 4.4.2 (Positionierungsanalyse und WISA) näher vorgestellt, die Conjointanalyse ausführlich in 4.5.2 (Methoden zur Erfassung des Kundennutzens). An dieser Stelle genügt es zu sagen, welche Aufgaben die Verfahren bei Segmentierungsanalysen lösen können:

Mit Hilfe der *Regressionsanalyse* kann der Zusammenhang zwischen dem Kaufverhalten und relevanten Bestimmungsfaktoren bestimmt werden. Die *Faktorenanalyse* erlaubt die Reduktion einer Vielfalt von Käufermerkmalen auf wenige relevante Dimensionen. Die befragten Zielkunden werden im weiteren Verlauf anhand ihrer

Werte auf den wenigen resultierenden Faktoren statt auf den ursprünglich vielen Variablen untersucht. Mit Hilfe der *Clusteranalyse* werden Segmentierungsobjekte anhand von Ähnlichkeitsmerkmalen derart zusammengefasst, dass intern homogene und extern heterogene Cluster (Marktsegmente) entstehen. Die *Multiple Diskriminanzanalyse* untersucht, welche Variablen (Diskriminatoren) die Cluster deutlich trennen und so die Segmente am besten beschreiben. Eine auf diesen Variabeln basierende Prognose der Gruppenzugehörigkeit hilft, bisher nicht erfasste Zielkunden in bereits ermittelte Segmente einzugruppieren. Die *Conjointanalyse* misst Nutzenerwartungen potenzieller Kunden und dient damit der Benefit-Segmentierung.

Zusammenfassend: Märkte werden segmentiert, um spezifische Kundenbedürfnisse homogener Segmente effizient befriedigen zu können. Man unterscheidet demografische, sozioökonomische, psychologische und verhaltensorientierte Segmentierungskriterien. Ein Zielkonflikt besteht zwischen den Kriterien Kaufverhaltensrelevanz und Erreichbarkeit der Zielgruppen: Während demografische Kriterien tendenziell zu guter Erreichbarkeit der Zielgruppen bei geringer Kaufverhaltensrelevanz führen, ist es bei den psychologischen und verhaltensorientierten Segmentierungskriterien tendenziell umgekehrt: Hohe Kaufverhaltensrelevanz zum Preis schwierigerer Erreichbarkeit (so das „Dilemma der Marktsegmentierung", *Perrey* 1998). Die Lösung liegt wieder in der Verwendung unterschiedlicher Kriterien. Auch eine mehrstufige Vorgehensweise ist sinnvoll. Nach der Identifikation der Segmente (möglichst sowohl benefit-, als auch Consideration Set-basiert) werden die Segmente noch demografisch beschrieben, um sie (am besten über Mediaanalysen) auch gut medial erreichen zu können (*Homburg/Krohmer* 2003, S. 319).

4.4.2 Positionierungsanalyse und Wettbewerbs-Image-Struktur-Analyse (WISA)

Umpositionierung – Smart

Im MCC Pressebericht zur IAA September 1997 hieß es, dass erstmals in der Geschichte des Automobils ein Hersteller von Anfang an nicht nur ein Fahrzeug anbiete, sondern ein Gesamtkonzept zur individuellen Fortbewegung. Man stütze sich auf zwei tragende Säulen: das einzigartige innovative Automobil Smart und ein umfassendes Dienstleistungsangebot, das Smart-Fahrern/innen in urbanen Ballungszentren auf den Leib geschneidert sei. Durch *smartmove & more* sollten die Besitzer eines Smart zu günstigeren Konditionen ein zusätzliches Fahrzeug mieten können (z. B. für den Umzug einen Kleintransporter). *Smartmove Assistance* sollte die Mobilität nach einer Panne oder einem Unfall sichern. *Smartmove Parking* sollte vornehmlich verbilligte Parkplätze an bestimmten Standorten bieten. *Smartmove Reisen* und *Smartmove City* sollten die Nutzung des Smart mit anderen Verkehrsträgern verknüpfen (verbilligte Nutzung von Bahn, Autofähren, Accor Hotels, ÖPNV und Carsharing). Mit *Smartmove Wash* sollten die Smart-Fahrer verbilligt die Waschstraßen der JET-Kette nutzen können. Dieses Dienstleistungspaket sollte durch *Smartmove Webmove* mit einem mobilen Internetdienst verbunden werden, der über das Handy und per Organizer funktioniert.

Aufgrund von Qualitäts- und Fahrwerksproblemen kam der Zweisitzer Smart erst ein halbes Jahr später als geplant (Oktober 1998) auf den Markt. Bei der Kommunikation vor der Markteinführung hatte MCC nicht das Auto, sondern das neue Mobilitätskonzept mit der umfangreichen Dienstleistungskomponente in den Vordergrund gestellt. Selbst zur Markteinführung konzentrierte sich MCC in der Informationsverbreitung noch auf das Angebot der Mobilitäts-dienstleistungen, anstatt das Auto näher vorzustellen. Ziel war es, den Smart aus dem großen und hart umkämpften Markt der Autoindustrie herauszuheben.

Die Positionierungsstrategie war nicht erfolgreich. Kaum jemand interessierte sich für die angepriesenen Dienstleistungen. Lediglich die günstigen Versiche-rungsangebote fanden Interessenten. Die Kunden honorierten den visionären Gedanken eines ganzheitlichen Mobilitätsdienstes nicht. Aufgrund der geringen Absatzzahlen wurde das Konzept geändert und nunmehr das Auto selbst ver-marktet. Wenige Monate danach hatte der Smart eine breite Kundschaft gefun-den. Die wesentlichen Kaufgründe der Smart-Kunden waren der hohe Wieder-verkaufswert (wegen der Zugehörigkeit zur DaimlerChrysler AG), der anscheinend geringe Verbrauch (vor allem bei den zwei Diesel-Modellen), das auffällige Design und seine Maße (er ist 2,5 m kurz).

Quellen: Brändle 1997, von Schwanenflug 1998, Resche 1997, Brunner 1996, persönliche Interviews mit Smart-Managern 2002

Das Eingangsbeispiel zeigt: Die „richtige" (kundenorientierte) Positionierung im Markt ist ein wesentlicher Innovations-Erfolgsfaktor. Märkte sind gesättigt, Pro-dukte werden austauschbar, neue Wettbewerber drängen auf den Markt. Im Fokus des Wettbewerbes steht daher die Differenzierung. Der von Zielkunden wahrge-nommene Nutzen, die subjektive Produktqualität und das Image sind primäre Er-folgsfaktoren des strategischen Produktmanagement geworden. Das einzig Objek-tive ist das Subjektive!

Produktpositionierung ist neben Segmentierung daher das Wichtigste an der stra-tegischen Entwicklung der Innovation. Der vorliegende Abschnitt befasst sich methodisch mit der analytischen Seite der Produktpositionierung, der *Posi-tionierungsanalyse*. Dagegen ist eine *Positionierungsstrategie* die Menge komplexer Entscheidungen über grundsätzliche und langfristig wirkende Kommunikations-, Qualitäts- und Angebotsmaßnahmen zur Gestaltung der von Zielkunden subjektiv wahrgenommenen Produktposition. Zur Neuproduktpositionierung muss festgelegt werden, welche Position die Innovation auf relevanten Eigenschaftsdimensionen ein-nehmen soll (ausführlich siehe 3.3.1).

Informationsgrundlage für Positionierungsstrategien sind Positionierungsanalysen. Sie liefern Informationen über (aktuell oder künftig) im Wettbewerb stehende Pro-dukte in Form von einstellungsrelevanten subjektiven Merkmalen. Miteinander im Wettbewerb stehende Produkte sind zu identifizieren, ihre Ausprägungen auf mög-lichst wenigen – aber auf allen wettbewerbsrelevanten – Imagedimensionen sind zu messen (siehe schematische Darstellung in Abb. 4.59).

Seit Jahrzehnten verfügt die Marketingforschung über Methoden, mit denen die sub-jektiv von Zielkunden empfundenen Wettbewerbsverhältnisse unter Produkten an-

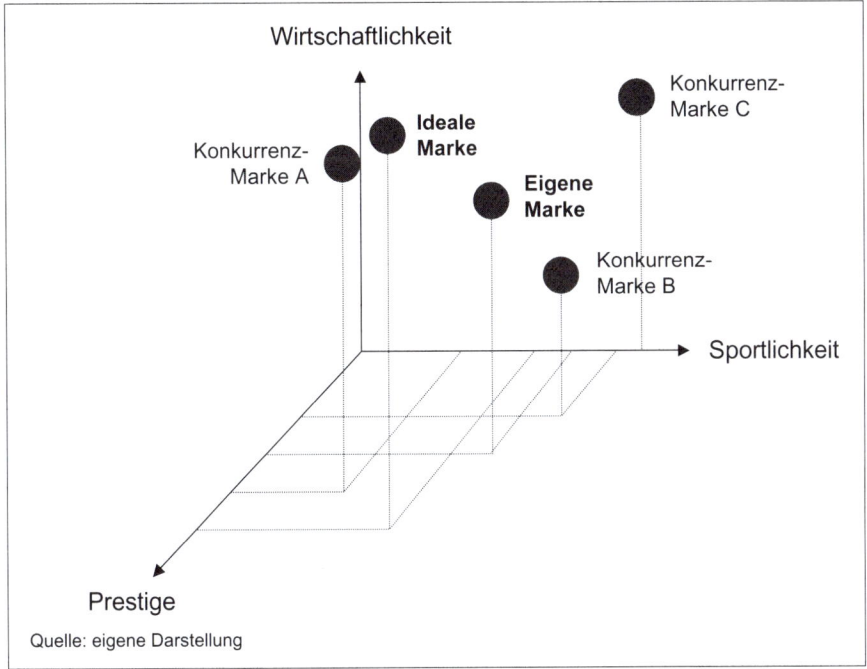

Abb. 4.59: Fiktive dreidimensionale Positionierung im Automobilbereich

schaulich abgebildet werden. Mittels standardisierter Befragungstechniken und multivariater Datenanalysen konnten die in den Köpfen latent existierenden Marktstrukturen modelliert und grafisch abgebildet werden. Solche „Positionierungsmodelle" wurden als zwei- oder mehrdimensionale orthogonale Koordinatensysteme gebildet, in denen die im Wettbewerb stehenden Produkte entsprechend ihrer wahrgenommenen Ausprägungen auf den Dimensionen räumlich angeordnet wurden, interpretierbar als Produktpositionen in einem allen Produkten gemeinsamen Wahrnehmungsraum der Zielkunden.

Diese in vielen Varianten verbreitete Analyse- und Darstellungsmethodik macht, wie jedes Modell, gewisse vereinfachende Annahmen über die Realität. Das ist nicht schlimm, wenn aus solchen Vereinfachungen keine groben Irrtümer erwachsen. Kritisch an den klassischen Positionierungsmodellen ist jedoch die implizite Annahme eines in den Köpfen der Zielkunden für alle relevanten Produktalternativen gemeinsamen Marktraumes: Gesättigte Märkte verlangen Differenzierung. Wettbewerb findet daher oft gerade nicht auf gemeinsamen, sondern auf möglichst „alleinstellenden" Dimensionen der Produktwahrnehmung statt. Das gilt ganz besonders für zu positionierende Produktinnovationen. Unsere „Wettbewerbs-Image-Struktur-Analyse" (WISA-Modell) löst dieses Problem unter anderem, indem es die Annahme aufgibt, die Produkte seien in einem gemeinsamen Marktraum positioniert; Positionierungen auf unterschiedlichen Dimensionen sind bei WISA zugelassen. Eine Innovation kann so mit ganz anderen Merkmalen positioniert sein als seine herkömmlichen Alternativen.

Im Folgenden werden traditionelle Ansätze der Positionierungsanalyse vorgestellt, konstruktiv kritisiert und zum WISA-Modell weiterentwickelt. Der Erkenntnisnutzen von WISA wird an einem Beispiel aus dem Biermarkt verdeutlicht. Zunächst werden jedoch die Erhebungs- und Auswertungsmethoden vorgestellt, die bei Positionierungsstudien anfallen. Wesentliche Schritte sind die Bestimmung des relevanten Marktes, die Bestimmung der Dimensionen des Positionierungsmodells, die Messung der Imageausprägungen und die Ableitung des Positionierungsmodells.

1. Bestimmung des relevanten Marktes

Im ersten Schritt einer Positionierungsanalyse müssen die tatsächlich konkurrierenden, also auch zu positionierenden, Produkte ermittelt werden. Diese Aufgabe ist identisch mit der Feststellung des „relevanten Marktes", in dem Produkte miteinander konkurrieren, weil sie in der Vorstellung der Kunden Alternativen darstellen und weil sie auf Grund der Vorstellung der Wettbewerber konkurrierende Strategien repräsentieren.

Zur Ermittlung des relevanten Marktes kommen prinzipiell zwei Ansätze in Frage, der wettbewerbsorientierte und der kundenorientierte. Beim wettbewerbsorientierten Ansatz sind Marktexperten zu befragen, beim kundenorientierten Ansatz werden die von (potenziellen) Kunden wahrgenommenen Produktalternativen erhoben. Das ist zwar aufwändiger, aber theoretisch fundierter, denn der faktische Wettbewerb wird in den Köpfen der Zielkunden festgelegt (*Shocker/Srinivasan* 1979, S. 164 ff.).

Anerkannt und verbreitet sind Operationalisierungen des „Consideration Set" (*Paulssen* 2000, S. 4 f.; siehe auch 4.4.1). Es umfasst alle Produkte, die vom Kunden als Alternativen in Betracht gezogen werden. Man kann z. B. ein Produkt nennen und den Befragten bitten, ähnliche bzw. Ersatz-Produkte aufzuzählen (*Herrmann* 1992, S. 41). Verzerrungen dadurch, dass Befragte dabei vielleicht nur an eine bestimmte, nicht typische Verwendungssituation denken, meidet der „product by uses"-Ansatz. Hier listen die Befragten zunächst alle Verwendungszwecke auf, um dann für jeden Verwendungszweck die in Frage kommenden Produkte zu nennen.

2. Bestimmung der Dimensionen des Positionierungsmodells

Um die zur Positionierung relevanten Dimensionen zu bestimmen, kann ebenfalls wettbewerbsorientiert oder kundenorientiert vorgegangen werden. Entsprechend können Experten oder Zielkunden befragt werden. Imagedimensionen können durch qualitative Verfahren wie Gruppendiskussionen oder Tiefeninterviews exploriert werden. Außerdem können vorliegende Fakten wie Werbeaussagen von Wettbewerbern ausgewertet werden. Direktes Abfragen der relevanten Imagemerkmale empfiehlt sich weniger bei Kunden, eher bei Experten, denn die Merkmale können unbewusst oder schlecht verbalisiert sein, und es kommt zu verzerrten Antworten. Indirektes Abfragen der relevanten Imagedimensionen über Eindrücke wie Ähnlichkeiten, Präferenzen oder Substitutionsmöglichkeiten überwindet manche dieser Schwierigkeiten. Meistens muss man unter den explorierten Imagedimensionen noch selektieren, weil nicht alle verhaltens- oder marketingrelevant sind. Dazu dienen folgende Kriterien:

- *Verhaltensrelevanz*: Die Merkmale müssen für Einstellungen, Präferenzen, Kaufintentionen und Kaufverhalten bedeutsam sein.
- *Instrumentalbezug*: Die Merkmale müssen strategisch relevant sein, d. h. durch Marketinginstrumente beeinflussbar sein.

- *Diskriminanzfähigkeit*: Die Merkmale müssen zwischen unterschiedlich positionierten Produkten differenzieren können; Imagedimensionen, auf denen alle Wettbewerber gleich aussehen, sind daher unerheblich.

3. Messung der Imagedimensionen

Die klassische Methode der Messung von Images ist das Ratingskalen-Verfahren (Imageprofil, Imagedifferenzial). Je Imagedimension werden mehrere Aussagen (Items) formuliert und als Ratings zur Beurteilung der Produkte (sowie gegebenenfalls der Idealvorstellungen) formuliert. Wie die Bestimmung der Dimensionen durch direktes Abfragen hat auch die direkte Messung der Imageausprägungen Gültigkeitsprobleme zur Folge. Daher sind wiederum indirekte Erhebungsformen angemessener, z. B. Globalurteile über Ähnlichkeiten, Präferenzen oder Substitutionen. Dazu werden keine Eigenschaften vorgegeben, sondern Vergleiche zwischen zwei oder mehr Produkten verlangt. Die indirekte Abfrage entspricht der ganzheitlichen Wahrnehmung besser und vermeidet Rationalisierungen, ist aber erhebungstechnisch aufwändiger, schwieriger auszuwerten und zu interpretieren. Methodischen Varianten, verhaltenstheoretische Modelle und Messprobleme erörtert *Trommsdorff* (1995 b).

4. Ableitung des Positionierungsmodells

Die wahrgenommenen Ausprägungen der relevanten Merkmale können – über alle Befragten oder eine Teil-Zielgruppe aggregiert – als Durchschnittsprofil (Imagedifferential) abgebildet werden. Ein übersichtlicheres weil redundanzarmes Bild ergibt sich nach Komprimierung der Items auf wenige Dimensionen, so dass eine räumliche Abbildung der Positionen im Positionierungsmodell möglich wird. Positionierungsmodelle sind vereinfachte Abbilder des im Wettbewerb verbundenen Produktsystems. Unterschiedliche Modelle spiegeln unterschiedliche Annahmen über das Zustandekommen, die Struktur und die Wirkung von Imagedaten wider. Die Modellarchitektur lässt sich grob danach unterscheiden, ob Distanzen, Präferenzen oder Wahlentscheidungen abgebildet werden (genauer siehe *Trommsdorff et al.* 2004).

Produkte werden als Ausprägungen (Positionen) im System der Imagedimensionen abgebildet, bei nur zwei (drei) Dimensionen als Punkte in einer flächigen (räumlichen) Graphik. Die Struktur der Positionen zeigt strategisch relevante Eigenschaften des Wettbewerbs unter den Produkten an. So werden ihre Interdistanzen als Wettbewerbsintensitäten interpretiert: Je näher Produkte beieinander sind, desto ähnlicher sind ihre Images, desto wahrscheinlicher werden die Produkte als austauschbar wahrgenommen.

Basierend auf unterschiedlichen Multivariantenanalyseverfahren (der Toolkasten am Ende dieses Abschnittes skizziert die wichtigsten Multivariantenanalyseverfahren im Überblick) sind im Laufe der Zeit viele Varianten von Positionierungsmodellen entwickelt worden Nach einer Welle von faktorenanalytischen Modellen kamen in den 70er und 80er Jahren diskriminanzanalytische Modelle sowie viele Modelle basierend auf der Mehrdimensionalen Skalierung (MDS) hinzu. Es folgten Modelle mit Conjoint Measurement (CM) und solche, die auf Strukturgleichungsmodellen (SGM) basieren, wie auch die Wettbewerbs-Image-Struktur-Analyse (WISA).

Zur ersten für das Marketing ausgereiften Modellgeneration von Positionierungsmodellen gehört PERCEPTOR (*Urban* 1975). Es unterstützt vor allem die Bewertung und Verfeinerung von Neuprodukten des täglichen Bedarfs. Die Annahmen bei der Berechnung von Kaufwahrscheinlichkeiten und die Unterstellung des Ziels „Gewinnmaximierung" bei der Suche nach der optimalen Produktposition standen im Mittelpunkt der Diskussionen über dieses Modell. Das führte zu neuen Modellen wie PROPOSAS (*Albers* 1989), *Horsky und Nelson* (1992), TRINODAL (*Keon* 1983) und DEFENDER (*Hauser/Shugan* 1983). Eine ausführliche Darstellung geben *Trommsdorff et al.* 2004).

Positionierungsmodelle, die sich auf klassische Annahmen stützen, haben, gemessen am Wissen über Konsumentenverhalten grundsätzliche Schwächen. Die Vorstellung, dass alle Wettbewerbsprodukte nach denselben Kriterien beurteilt werden, entspricht nicht der Praxis des Marketing. Tatsächlich profilieren sich Wettbewerber oft auf ganz unterschiedlichen Dimensionen. Der eine versucht eine technische Innovation, der andere konditioniert seine Marke mit erotischen Emotionen, der dritte stellt den Preis heraus usw. Von einem gemeinsamen Imageraum im Wettbewerb kann in einem solchen Markt nicht die Rede sein. Herkömmliche Positionierungsmodelle können diese Competitive Innovation Advantages (siehe 2.2.2.3) nicht abbilden, weil die betreffende Imagedimension für kein anderes oder nur für einige wenige andere Produkte relevant ist. Die Wettbewerbsbeziehungen lassen sich hier nicht mehr durch einfache Distanzen im euklidischen Raum veranschaulichen.

Der Wettbewerbs-Image-Struktur-Analyse (WISA) liegt ein realitätsnäheres und strategierelevanteres Konzept zur Analyse komplex vernetzter Wettbewerbsverhältnisse zugrunde (*Trommsdorff* 2000, S. 347 f.; *Trommsdorff/Paulssen* 2005, S. 1372). Im Gegensatz zu den traditionellen Positionierungsmodellen erfüllt WISA die folgenden für eine praxistaugliche Positionierungsanalyse wichtigen Anforderungen:

* *Positioning*: Image-Wettbewerbspotenziale werden nicht auf allen Imagedimensionen zugleich aufgebaut, sondern auf einer oder auf wenigen Dimensionen, die strategisch dazu bestimmt wurden. Im Extremfall muss das Modell die eindimensionale Profilierung auf einer eigenen, einzigartigen Dimension abbilden können. Das ist besonders wichtig bei Produktinnovationen, denn gerade hier kommt zu den im Markt vorhandenen Imagedimensionen oft eine neue, in der Positionierung als alleinstellender Wettbewerbsvorteil (CIA) herausragende Dimension hinzu.
* *Wettbewerbsorientierung*: Scheinbar beziehen auch traditionelle Positionierungsstudien den Wettbewerb mit ein, denn es werden ja auch Wettbewerberprodukte im gemeinsamen Raum mitpositioniert. Entscheidend ist aber, dass dort nicht abgebildet wird, wie sich Wettbewerb zwischen einzelnen Anbietern auf den einzelnen Dimensionen abspielt. Für die strategische Planung muss über globale Wettbewerbsrelationen hinaus im Einzelnen bekannt sein, welche Beziehungen zwischen bestimmten Wettbewerber-Imageausprägungen bestehen und wie sie zum Aufbau bzw. zur Stärkung der eigenen Wettbewerbsposition verändert werden können.
* *Differenzierung*: Klassische Positionierungsmodelle unterstellen, dass eine Imagedimension bei allen Produkten gleichermaßen relevant ist. Statt dieser offenbar unrealistischen Annahme werden bei WISA alle relevanten Wettbewerbseffekte einzeln analysiert und somit in ihrer wechselseitig differenzierten Bedeutung erfasst.

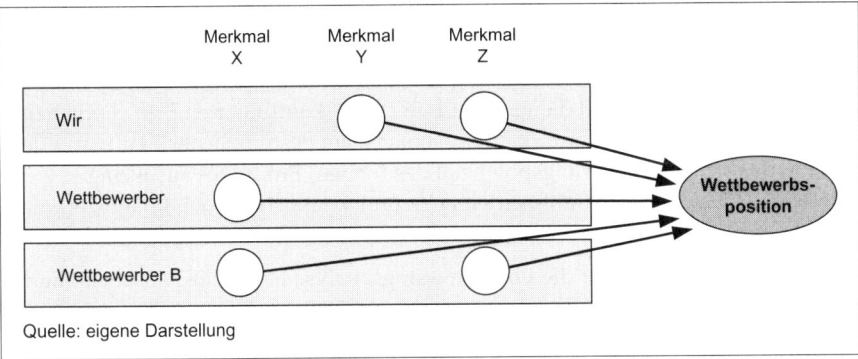

Quelle: eigene Darstellung

Abb. 4.60: WISA-Modellstruktur

- *Querwirkungen*: Bei klassischen Positionierungsanalysen beeinflussen Eigenschaften eines Produktes nur die eigene Position, aber nicht unmittelbar Erfolg oder
Misserfolg von Wettbewerberprodukten. WISA bildet auch die praktisch wichtigen Wettbewerbswirkungen von Imagedimensionen eines Produktes auf Einstellungen, Kaufabsichten und Marktanteile anderer Produkte ab (schematisch siehe
in Abb. 4.60).
- *Zukunftsorientierung*: Strategische (langfristige) Prognosen komplexer Systeme
wie Marktstrukturen sind unmöglich. Interessant sind aber realistisch gestützte
Zukunftsanalysen für strukturierte und nachvollziehbare Strategiediskussionen,
insbesondere What-if-Analysen für Strategiediskussionen. Zwar stammen die
Daten einer Positionierungsanalyse aus Gegenwart und Vergangenheit, aber sie
können auch als Entscheidungshilfen für Positionierungsstrategien dienen. Ein
Positionierungsmodell sollte letztendlich Auswirkungen erwogener strategischer
Positionierungseingriffe ermöglichen, nämlich als What-if-Analysen. Diese sollten auf der Grundlage quantitativer WISA-Strukturen wenigstens numerisch geschätzt werden können.

Diese komplexen Anforderungen können mit WISA erfüllt werden. Sie orientiert sich
an den Realitäten des Käuferverhaltens, indem sie den Imagewettbewerb in den
Köpfen der Zielkunden abbildet. Daher werden zur WISA (wie auch schon bei einigen der oben beschriebenen Modelle) zunächst die Consideration Sets der Zielgruppen erhoben.

Final abhängige Variablen einer WISA sind am besten individuelle Kaufanteile für
jedes im Consideration Set befindliche Produkt. Unabhängige Variablen sind Beur-
teilungen der imagerelevanten Eigenschaften aller Wettbewerbsprodukte in Form
von Ratingskalen (Items). Die Einzelitems werden mittels Faktorenanalyse zu übergeordneten Imagedimensionen zusammengefasst. Die CIAs einzelner Produkte können dabei von denjenigen Dimensionen unterschieden werden, die von mehreren
oder allen Wettbewerbern beansprucht werden.

Die weitere Auswertung erfolgt durch Kovarianz-Strukturanalysen (LISREL, AMOS
o. Ä., vgl. *Backhaus et al.* 2003, S. 334 ff.; *Hildebrandt/Homburg* 1998). Dabei werden
simultan die angenommene Kausalstruktur, der Einfluss eigener und fremder
Imagedimensionen auf den Marktanteil und die Operationalisierungsgüte der

Imagedimensionen (die Items) geschätzt. Die Pfade eines WISA-Strukturmodells können als Effektstärken interpretiert werden: Wie stark wirken bedeutsame eigene und fremde Wettbewerbspositionen auf den Marktanteil jedes Produktes? Das Modell erklärt die eigenen und die von Wettbewerbern kontrollierten Erfolgspotenzial-Faktoren und deren Einflussstärken. Ergebnis ist ein bestmögliches Einflussmodell, welches das strategische Erfolgspotenzial des (neuen) Produktes aus wenigen wettbewerbsentscheidenden Einflüssen eigener und konkurrierender Imagemerkmale erklärt.

Grundsätzlich ist WISA für die Positionierungsanalyse bereits im Markt etablierter Produkte konzipiert. Man kann damit aber auch für Produktinnovationen aussagekräftige Informationen erhalten: Durch die Analyse bereits auf dem Markt befindlicher Konkurrenzprodukte können vernetzte Wettbewerbsverhältnisse aufgedeckt und als Anregung für die Positionierung des Neuproduktes aufgegriffen werden. Auch kann die Wirkung einer bereits entschiedenen Soll-Neuproduktposition (oder auch über What-If-Fragen erwogene potenzielle Positionen) getestet werden, nämlich im Hinblick auf Veränderungen der bestehenden Marktverhältnisse. Grundlage dazu ist ein WISA-Modell, das empirisch zunächst noch ohne das neue Produkt geschätzt wurde. Getestet wird, wie sich die Parameter dieses Modells verändern, wenn das neue Produkt mit bestimmten Positionierungen in den so beschriebenen Markt eingeführt wird.

Die Ergebnisse der WISA sind als Abbild der gegenwärtigen Marktsituation also Grundlage für die (Image-)Einführung von Innovationen. Die Analyseergebnisse können darüber hinaus zur Strategieableitung als Input für *What-if-Untersuchungen* (WISA-WI) verwendet werden. Durch Simulation von Positionierungsstrategien werden die voraussichtlichen Konsequenzen von erwogenen Positionierungskonzepten aufgezeigt. Die Image-Wettbewerbs-Simulation ersetzt nicht die Strategiediskussion, aber unterstützt und versachlicht sie. Eigene potenzielle Positionierungsstrategien und mutmaßliche Wettbewerberstrategien und -reaktionen können in ihren künftigen Auswirkungen abgeschätzt werden. Erfahrungen und Erwartungen des Produktmanagements über zukünftige Wettbewerbsentwicklungen sollten als Input für die Simulation ebenso verarbeitet werden wie die WISA-Ergebnisse (*Trommsdorff* 2004 b, *Harms* 1997).

Der Erkenntnisnutzen von WISA gegenüber traditionellen Ansätzen am Praxisbeispiel Beck's

Der deutsche Biermarkt befindet sich – abgesehen vom kurzen Nachfrageschub durch die Wiedervereinigung – seit Ende der 70er Jahre in der Sättigungsphase. Eine mengenmäßige Ausdehnung des Absatzes erscheint kaum mehr möglich. Wettbewerb spielt sich bei hoher Intensität als „Nullsummenspiel" ab. Qualitätsunterschiede zwischen den Produkten sind gering. Da der Preis im Premium-Pilsmarkt keine bedeutende Rolle spielt, kann Markenprofilierung und Produktinnovation fast nur durch Imagepolitik erfolgen.

Bisher wurden für quantitative Positionierungsstudien im Premium-Pilsmarkt nur klassische Imagedifferentiale und räumliche Positionierungsmodelle verwendet. Beim Imagedifferential werden die wahrgenommenen Ausprägungen

der Pilsmarken auf gemeinsamen Merkmalen (Items) als Profile dargestellt. Pro-
filvergleiche informieren über die merkmalsspezifischen Positionsunterschiede
zwischen Wettbewerbern. Positionierungsmodelle verdichten die von Befragten
bewerteten Merkmale auf zentrale Imagedimensionen. Dabei zeigt sich, dass
sich das Imagedifferential von Beck's auf dem Item „international bedeutend"
von seinen Wettbewerbern abhebt. Das reflektiert die werbliche Positionierung
von Beck's, die das „Spitzenpilsener von Welt" durch das um die Welt fahrende
Segelschiff mit seinen flaschengrünen Segeln inszeniert. Bei räumlichen Positionierungsmodellen können Imagedimensionen diskriminanzanalytisch ermittelt
werden, nämlich so, dass die Befragten die Produkte bzw. Wettbewerber mit bestimmten Items bestmöglich voneinander unterscheiden. Eine so zustande ge-
kommene Positionierung der betrachteten sieben Biermarken auf drei besonders
diskriminierenden Imagedimensionen zeigt Abbildung 4.61.

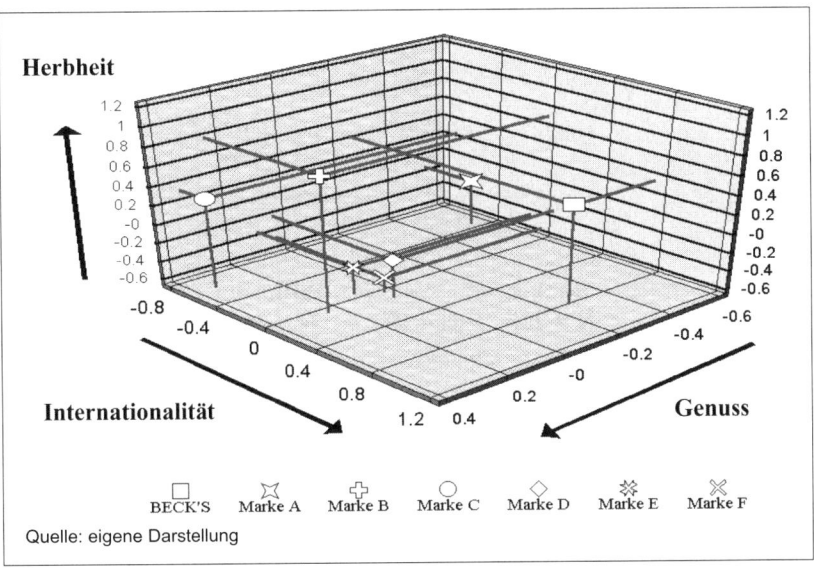

Abb. 4.61: Diskriminanzanalytisches Positionierungsmodell
im Premium-Pilsmarkt zu Beck's und Wettbewerbern

Die Darstellung verdeutlicht, dass Beck's auf der Imagedimension „Internationalität" deutlich stärker positioniert ist als seine Wettbewerber. Diese Positionierung sagt jedoch nichts darüber aus, ob und in welchem Ausmaß „Internationalität" Beck's einen Wettbewerbsvorteil verschafft. Die klassischen
Verfahren der Positionierungsanalyse sagen ja wenig über strategische Wettbewerbsvorteile aus, beruhen sie doch auf Annahmen, die im realen Imagewettbewerb teilweise nicht gelten. Strategische Imageempfehlungen ermöglichen sie
nur beschränkt.

Anhand einer WISA-Studie soll gezeigt werden, welche Imagedimensionen
tatsächlich für Beck's wettbewerbsrelevant sind und Einfluss auf den Marken-
erfolg von Beck's nehmen. Als Erfolgsgröße ziehen wir die Kaufintention der befragten Zielgruppe heran.

Als erster WISA-Schritt sind die für Beck's relevanten Wettbewerber im Premium-Pilsmarkt zu bestimmen. Die Consideration Set-Analyse ermöglicht eine wettbewerbsrelevante Segmentierung, indem jene Konsumenten zu Segmenten zusammengefasst werden, die dieselben Konkurrenzmarken „im Kopf haben". Der zwischen diesen Marken durch Positionierung auszutragende Imagewettbewerb kann somit segmentspezifisch geplant werden (simultane Segmentierung und Positionierung). So erhält man präzise Ergebnisse für die Strategieableitung. Die Datenerhebung ist dabei kostengünstiger als herkömmliche Imagebefragungen, denn es werden nur subjektiv relevante Images abgefragt.

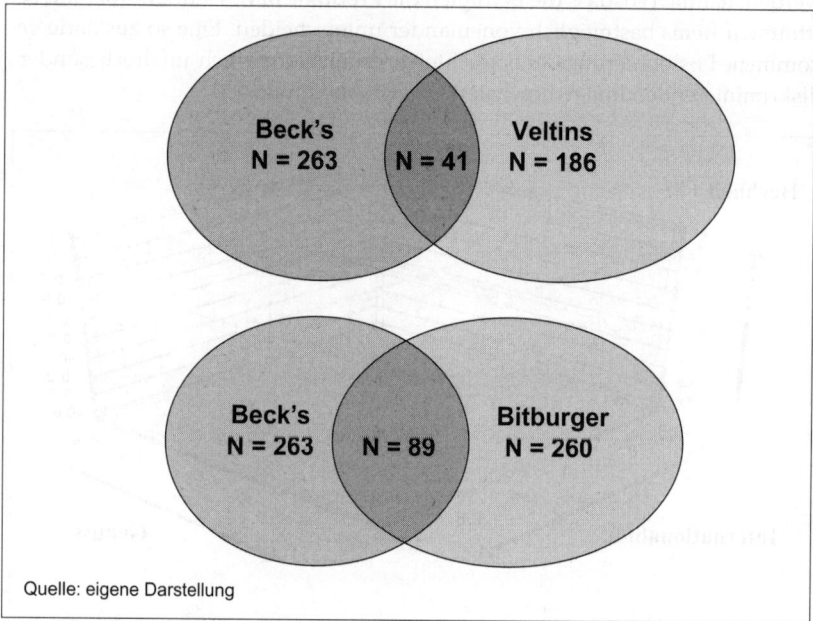

Quelle: eigene Darstellung

Abb. 4.62: Consideration Sets von Befragten als Schnittmengen
zwischen Beck's, Veltins und Bitburger

Die Untersuchung der Consideration Sets lieferte für Beck's folgendes Ergebnis: Von 1018 Befragten gehörte Beck's bei 263 Befragten zum Consideration Set. 89 dieser Befragten hatten auch Bitburger im Consideration Set. Für jeden dritten potenziellen Beck's-Kunden kommt also auch Bitburger in Frage. Dagegen ist Veltins ein weniger relevanter Wettbewerber für Beck's, denn nur für jeden sechsten potenziellen Beck's-Kunden ist auch Veltins akzeptabel. Die Abbildung 4.62 zeigt (bilateral vereinfacht) die gefundenen Consideration Set-Verhältnisse jeweils zu Beck's und Veltins sowie Beck's und Bitburger. Eine ausführlichere Darstellung der Ergebnisse geben *Paulssen* (1994) und *Weber* (1996).

Nachdem die Consideration Set-Analyse die Wettbewerbsbeziehungen unter den Marken geklärt hat, analysiert WISA den komplexen Imagewettbewerb innerhalb jeder Teilstichprobe bzw. jedes Segments mit identischen Consideration Sets. Dabei wird gemessen, welche Imagefaktoren der relevanten Produkte welchen Einfluss auf die Wettbewerbsposition ausüben, also auf Kriterien wie Marktanteil, Kaufwahrscheinlichkeit, Präferenz oder Kaufanteil.

Jede kausale Analyse beschränkt sich also auf die wenigen „echten" (kundenindividuell relevanten) Wettbewerber je Consideration Set-Segment. Im Verlauf der weiteren Consideration Set-Analyse wurde beispielsweise Jever als relevanter Wettbewerber von Beck's identifiziert, denn für jeden vierten Beck's-Zielkunden ist Jever eine relevante Alternative. WISA untersucht nun in einem Teilmodell den Imagewettbewerb zwischen Jever und Beck's. Das Ergebnis zeigt folgende Abbildung (vgl. *Paulssen* 1994 und *Weber* 1996).

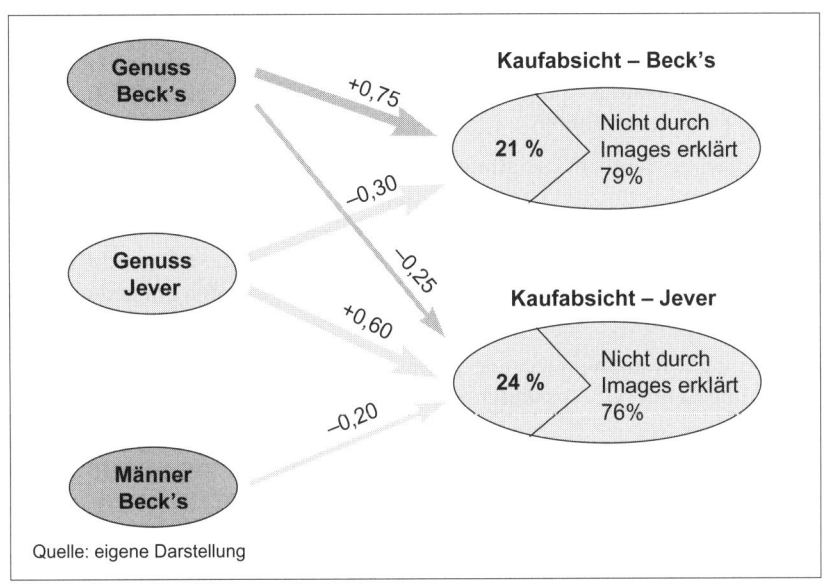

Abb. 4.63: WISA-Teilmodell: zwei Imagedimensionen, Kaufabsicht zu Beck's und Jever

Zusammenfassend zeigt das WISA-Teilmodell, dass für Beck's „Genuss" und „Männlichkeit" (indirekt) von Bedeutung sind, während Jever über die Imagedimension „Genuss" Einfluss auf die Kaufbereitschaft nimmt: Diese Imagedimensionen erklären dabei zu 21 % die Kaufabsicht von Beck's und von Jever zu 24 %.

Auch zeigt sich, dass Beck's mit seiner Imagedimension „Genuss" die eigene Kaufabsicht mäßig stark positiv (+0,75) beeinflusst und die von Jever schwach negativ (–0,25). Ähnlich gilt für Jever, dass die Imagedimension „Genuss" erheblichen positiven Einfluss (+0,60) auf den eigenen Erfolg erzielt und mittleren negativen Einfluss (–0,30) auf die Kaufintention von Beck's. Ferner kann Beck's zusätzlich auf „Männlichkeit" punkten und die Kaufabsicht von Jever etwas negativ beeinflussen (–0,20).

Beck's könnte durch dieses WISA-Ergebnis nun angeregt werden, seine Imagestrategie zu verbessern, indem die Wahrnehmung der Marke auf der Dimension „Männlichkeit" bei der relevanten Zielgruppe verstärkt und ausgebaut wird, so dass die Kaufabsicht zu Jever noch stärker negativ beeinflusst wird. Ein solches Vorgehen von Beck's hätte voraussichtlich zur Folge, dass sich mehr Personen für Beck's und damit gegen Jever entscheiden würden. Mehr als Anregungen zu Strategieüberlegungen dieser Art kann die WISA allein noch nicht liefern, dazu braucht man zusätzlich What-if-Analysen (WISA-WI).

Die klassischen Methoden der Imagedifferential- und räumlichen Positionierungsdarstellung betonen für Beck's deutliche Wettbewerbsvorteile auf „Internationalität". Ein nahe liegender Fehlschluss wäre, dies als erfolgreiche Positionierung von Beck's zu interpretieren. Die WISA im Premium-Pilsmarkt hat dagegen gezeigt, dass „Internationalität" im Wettbewerb mit Jever (wie übrigens auch mit allen anderen Marken) keine Wettbewerbsrelevanz besitzt. Beck's wird zwar als das internationalste Bier wahrgenommen, aber nicht deshalb gekauft. Mehr Kommunikation von „Internationalität" würde zu keiner Positionsverbesserung von Beck's führen.

Das Beispiel verdeutlicht das strategische Fehlerrisiko konventioneller Verfahren. Die WISA identifiziert dagegen die zentralen Erfolgsfaktoren der Marke:

• die strategische Bedeutung des Imagewettbewerbs für die Produkte
• die strategisch relevanten Imagedimensionen der Wettbewerbsprodukte
• die Einflussstärke und -richtung der wettbewerbsrelevanten Imagedimensionen

WISA ermöglicht so eine besser angeleitete Strategiediskussion. Strategische Markenführung ist mit WISA praktisch relevant und wissenschaftlich begründet.

Quelle: Trommsdorff 2004b

Das Beispiel zeigt: Die WISA ist den klassischen Positionierungs-Ansätzen überlegen. Dennoch ist eine Weiterentwicklung – wie bei jeder „lebenden" (wissenschaftlich anerkannten und praktisch relevanten) Methode unverzichtbar. Ein vielversprechender Ansatz zur Erweiterung der WISA ist die integrierte Positionierung von Markenprodukten durch die Verknüpfung von konkreten Produkteigenschaften mit subjektiv wahrgenommenen Imagedimensionen (*Bichler* 2006). Hier werden die Beiträge der Markenimagedimensionen und Eigenschaftsbeurteilungen zum vom Kunden erwarteten Nutzen analysiert. Das wird konsistentere Produktpositionierungen erlauben, die strukturierte Diskussion im Schnittstellenbereich von F&E und Marketing unterstützen und Hinweise zur Ressourcenverteilung zwischen Kommunikations- und Entwicklungsaufwendungen geben.

Viele Unternehmen setzen WISA bereits erfolgreich ein. Die GfK-Marktforschung bietet mit *Target Positioning* ein mit Zustimmung des Erfinders aus der WISA abgeleitetes Verfahren als Standardinstrument an.

Methodische Innovationen wie die WISA diffundieren aber generell in der Marketing-Praxis langsam. Es gibt ein Beharrungsvermögen bei der Benutzung einmal verstandener und lieb gewordener Methoden und Modelle, die methodisch kaum noch in Frage gestellt werden. Noch hat WISA die systematisch fehlerbehafteten klassischen Positionierungsmodelle daher nicht ersetzt. In einer so pragmatischen Wissenschaft wie dem Marketing gibt es für eine Methode, ein Modell oder eine Strategie neben den wissenschaftlichen Bewährungsstandards das finale Kriterium der „Akzeptanzvalidität", wonach letztlich das gültig ist, was die Praxis akzeptiert. Nach diesem Kriterium, das leider auch die Diffusion von Innovationen hemmt (siehe auch 4.6), ist WISA zwar bereits bewährt, hat aber das beharrende Akzeptieren klassischer Positionierungsmodelle noch nicht verdrängt. Wenn es stimmt, dass Marktforschungs-Methodeninnovationen eine Generation zur Diffusion brauchen, so müssen für den völligen Durchbruch von WISA noch einige Jahre vergehen, denn die erste Publikation war „erst" 1985.

Es folgt ein Überblick über maßgebliche Multivariatenanalysemethoden, die bei Positionierungsanalysen Anwendung finden. Das komplexe strategische Einflussgrößen-Beziehungsgeflecht muss zum Verständnis für das Management vereinfacht und auf das Wesentliche reduziert werden. Mit Hilfe von multivariaten Analyseverfahren können komplexe Zusammenhänge zwischen vielen Variablen modelliert (d. h. auf das Wesentliche reduziert) und anschaulich abgebildet werden. Erhobene Daten werden dazu auf überschaubare und informative Strukturen reduziert. Besonders deutlich wird das bei der Faktorenanalyse, welche eine Datenmatrix (mit vielen Fällen als Zeilen und vielen Variablen als Spalten) spaltenseitig von vielen Variablen auf wenige Faktoren reduziert, sowie bei der Clusteranalyse, welche die Datenmatrix zeilenseitig von vielen Fällen auf wenige Cluster reduziert.

Am besten unterteilt man die multivariaten Methoden zunächst einmal danach, ob sie Zusammenhänge beschreiben/Strukturen entdecken (so genannte Interdependenzanalysen wie die Cluster-, Faktoranalysen oder die Mehrdimensionale Skalierung) oder ob sie Zusammenhänge erklären/Strukturen prüfen (so genannte Dependenzanalysen wie Regressions-, Diskriminanz- oder Kovarianzstrukturanalyse wie zum Beispiel „LISREL").

Zur Produktpositionierung sind viele Multivariatenanalyseverfahren nützlich: Mit der Clusteranalyse können Zielkunden oder Produkte zusammengefasst werden, mit der Faktorenanalyse können Imageitems zu Dimensionen verdichtet werden, mit der Mehrdimensionalen Skalierung können tabellierte Ähnlichkeits- oder Präferenzdaten in Dimensionswerte überführt werden, mit der Regressionsanalyse können multivariate Beziehungen zwischen Image- und Einstellungs- oder Verhaltenswerten quantifiziert werden, dasselbe gilt im Falle nichtmetrisch skalierter abhängiger Variablen für die Diskriminanzanalyse, Conjoint Measurement kann zur experimentellen Untersuchung der Beziehung zwischen kategorialen Imageausprägungen und Einstellungs- oder Präferenzwerten genutzt werden usw.

Es folgt eine kurze Darstellung der genannten Verfahren (vgl. *Herrmann/Homburg* 2000; *Backhaus et al.* 2003; *Berekoven et al.* 2004):

Clusteranalyse

Die Clusteranalyse gruppiert/klassifiziert Objekte, indem sie feststellt, welche Objekte ähnliche Merkmalsausprägungen aufweisen. Die Objekte werden danach so zu Gruppen (Clustern) zusammengefasst, dass diese in sich möglichst ähnlich sind (intern homogen), untereinander möglichst unähnlich (extern heterogen). Im Marketing werden Clusteranalysen primär für Marktsegmentierungen und Typologiestudien angewendet. So würde etwa eine typische Aufgabe einer Clusteranalyse darin bestehen, verschiedene Käufertypen für PKW-Marken zu bilden, die sich in ihren Konsumgewohnheiten je Typ sehr ähnlich sind und zwischen den Typen stark voneinander unterscheiden.

Eine Clusteranalyse besteht aus vier grundlegenden Schritten: (1) Zunächst muss entschieden werden, welche Variablen für die zu beurteilende Ähnlichkeit der Objekte relevant sein sollen und wie „Ähnlichkeit" als Index gemessen werden soll („Proximitätsmaß"). (2) Danach kann die Rohdatenmatrix in eine Distanz- oder Ähnlichkeitsmatrix transformiert werden, deren Zellen mit diesem Index ausdrücken, wie eng jedes Objektpaar zueinander gehört. (3) Diese Matrix ist Ausgangspunkt für eine Fusionierung, d. h. Zusammenfassung der Objekte zu Clustern. (4) Die Clusterlösung wird nach statistischen Gütekriterien und nach Plausibilität, inhaltlicher Interpretierbarkeit und pragmatischer Verwendbarkeit beurteilt und eventuell durch eine modifizierte Analyse ersetzt.

Die Clusteranalyse bietet ein breites Spektrum an methodischen Alternativen (Proximitätsmaße, Distanzdefinitionen, Optimierungsalgorithmen und Darstellungsmethoden). Entsprechend groß ist der mögliche Lösungsraum und die Verantwortung des Analytikers für die zu kommunizierende Lösung.

Faktorenanalyse

Grundannahme der Faktorenanalyse ist, dass die Komplexität der Beziehungen vieler Variablen untereinander auf das Wirken von hinter den Variablen stehenden Faktoren zurückgeführt werden kann, so dass viele Variablen eigentlich auf wenige Faktoren reduziert werden können. Die Faktorenanalyse soll also die Variablen erklärenden, voneinander unabhängigen Hintergrundfaktoren dieser Variablen „extrahieren", um die in den Variablen enthaltenen Überschneidungen (Redundanzen) zu eliminieren und die Datenmenge somit spaltenweise reduzieren, ohne dabei allzu viel Information zu verlieren.

Ausgangspunkt ist eine Matrix der Korrelationskoeffizienten zwischen allen Variablen. Die Zusammenfassung von Variablen zu Faktoren liegt nahe und erfolgt, wenn sie empirisch hoch korreliert sind. Das meist angewandte Faktorextraktionsverfahren ist die Hauptkomponentenmethode. Hier wird jeder einzelne Faktor so extrahiert, dass die von ihm erklärte Varianz der einfließenden Variablen maximal ist. Nach der Extraktion wird die Matrix der „Faktorladungen" (Einflussstärken der Faktoren auf die Variablen) so rotiert, dass möglichst viele sehr hohe und sehr kleine Ladungen enthalten sind, so dass die Bedeutung der Faktoren einfach zu interpretieren ist. Schließlich werden über eine interne Regressionsanalyse für jeden einzelnen Fall (Befragten, Zielkunden) statt seiner Variablenwerte Faktorenwerte berechnet, die den Fall bestmöglich und „sparsam" charakterisieren.

Zur Produktpositionierung werden viele potenziell imagerelevante Eigenschaften auf wenige Imagedimensionen verdichtet, die den Marktraum „aufspannen". Im Idealfall können die Faktoren als voneinander unabhängig angenommen werden, was den Algorithmus und die Darstellung vereinfacht. Bei der

Erhebung werden Produkte anhand von Imageratings (Items) beurteilt (Dateninput). Final werden die Produkte entsprechend ihrer durchschnittlichen Faktorwerte im Marktraum positioniert (Output). Selbstverständlich sind diese Analyseschritte bei segmentierten Märkten für einzelne Cluster getrennt durchzuführen (segmentspezifische Positionierungsanalyse).

Mehrdimensionale Skalierung (MDS)

Die MDS generiert aus Ähnlichkeits-, Präferenz- oder Substitutionsbeziehungen (erhobene Inputdaten) zwischen Objekten (Produkten) einen geringdimensionalen Positionierungsraum. Seine Dimensionen werden aus den Inputdaten so bestimmt, dass die damit abgebildeten Interrelationen unter den Objekten weitestgehend identisch sind mit ihren an den Inputdaten gemessenen Interrelationen. Die Produkte sollen also im Merkmalsraum so positioniert sein, dass die erhobenen Ähnlichkeiten den Interdistanzen im Modell möglichst gut entsprechen. Optimierungskriterium der MDS ist die Minimierung eines Maßes für die durchschnittliche Abweichung der empirischen Daten von den modellanalytisch rekonstruierten Daten aus der geschätzten MDS-Konfiguration (Stressmaß).

Nach der Bestimmung des Positionierungsraumes folgt die Interpretation der ermittelten Dimensionen. Sie kann entweder auf Basis von Vorwissen und Expertenurteilen erfolgen oder durch weitere Fragen an die Probanden, nun direkt zu den Ausprägungen bestimmter Produkteigenschaften. Mittels eines als „Property Fitting" (PROFIT) bezeichneten optimierenden Verfahrens wird die durch die MDS ermittelte Lösungskonfiguration mit den Ergebnissen der direkten Abfrage überprüft (*Schobert* 1979, S. 187). Ein anderes Verfahren zur Interpretation der räumlichen Darstellung ist LINMAP (Linear programming techniques for Multidimensional Analysis of Preferences) (*Srinivasan/Shocker* 1973, zu einem Vergleich verschiedener MDS Methoden siehe *Bijmolt/Wedel* 1999).

Multiple Regressionsanalyse

Dieses klassische linearstatistische Verfahren wird zur Schätzung der Richtung und Stärke des Zusammenhanges zwischen mehreren metrischen unabhängigen Variablen und einer metrischen abhängigen Variablen angewandt. Ziel ist es, Regressionskoeffizienten für die unabhängigen Variablen so zu bestimmen, dass die errechneten Werte der abhängigen Variable den tatsächlich beobachteten Werten möglichst nahe kommen.

Da sich die Regressionskoeffizienten häufig auf verschiedene Maßeinheiten der betrachteten Variablen beziehen (z. B. Umsatz in EU, Anzahl Wettbewerber etc.), sind sie direkt nicht miteinander vergleichbar. Die relative Bedeutung der unabhängigen Variablen zur Erklärung der abhängigen Variablen erhält man, indem man die Regressionskoeffizienten durch eine Standardisierung in so genannte Beta-Koeffizienten transformiert.

Das „Bestimmtheitsmaß" bringt zum Ausdruck, wie gut die abhängige Variable durch die unabhängigen Variablen vorhergesagt werden kann bzw. welcher Anteil der Gesamtvarianz der abhängigen Variablen durch die in die Regressionsfunktion einbezogenen unabhängigen Variablen erklärt wird.

Kovarianzstrukturanalyse

Dieses Verfahren modelliert komplexe Wirkungsbeziehungen. Die Analytik kann viele Einflussfaktoren und Ergebnisvariablen sowie deren komplexes Beziehungsgeflecht simultan überprüfen. Datengrundlage ist die Kovarianz, ein Maß für die Abhängigkeit zwischen je zwei Variablen, weshalb die eigentliche Bezeichnung der Methode Kovarianzstrukturanalyse lautet. Gelegentlich wird der Begriff Kausalanalyse in der Literatur syonym verwendet, was aber einerseits andere Schätzverfahren wie den Partial Least Squares (PLS) Ansatz diskriminiert und andererseits irreführend ist, weil die Kovarianzstrukturanalyse weder die Wirkungsrichtung einer Kausalbeziehung bestimmen noch Scheinkorrelationen ausschließen kann. Somit prüft sie keineswegs auf Kausalstrukturen sondern lediglich auf Kovarianzen.

Das von *Jöreskog* (1982) entwickelte Programm wird regelmäßig aktualisiert als Versionen von LISREL (Linear Structural Relations Modeling). Vorliegende Windows-Applikationen sind mit grafischer Bedienungsoberfläche besonders nutzerfreundliche Ausprägungen eines Algorithmus zur Schätzung der Parameter eines Systems vernetzter linearer Einflussgleichungen und Maße zur Güteprüfung geschätzter Strukturgleichungsmodelle. Grundlage der Güteprüfung ist die Frage, wie weit die angenommenen Kausalbeziehungen mit dem empirischen Datensatz kompatibel sind. Die Kausalstruktur selbst wird vorab – entsprechend theoretischer Hypothesen – formuliert. Daher wird der Ansatz „konfirmatorisch" genannt.

LISREL minimiert die Differenz aus der empirischen und der modelltheoretischen Varianz-Kovarianzmatrix. Stimmen die angenommenen Beziehungen mit den Daten gut überein, so wird das aufgestellte Modell akzeptiert. Durch Kombination aus faktoranalytischen und regressionsalytischen Komponenten kann das mehr oder weniger komplexe Geflecht von theoretisch hergeleiteten Kausalbeziehungen zwischen relevanten Größen analysiert werden. Der Methodik sind vielerlei Grenzen gesetzt, besonders durch die Qualität der Inputdaten, die Komplexität des Hypothesensystems und die Erfüllung der formalen Voraussetzungen wie Skalenniveau der Daten und Linearität der Variablenbeziehungen.

Multiple Diskriminanzanalyse

Zur Analyse gerichteter Abhängigkeiten einer Gruppenzugehörigkeit von einem Set unabhängiger Variablen eignet sich die Diskriminanzanalyse. Im Unterschied zur Regressionsanalyse funktioniert sie schon bei nominalem Skalenniveau der abhängigen Variablen. Ähnlich der Clusteranalyse gehören die Fälle zu Gruppen. Ähnlich der Regressionsanalyse soll eine abhängige Variable, hier die Gruppenzugehörigkeit, aus einem Set von unabhängigen Variablen linear erklärt werden. Die unabhängigen Variablen müssen metrisches Skalenniveaus haben. Die multiple Diskriminanzanalyse trennt Gruppen oder Cluster von Objekten durch Linearkombination mehrerer unabhängiger Variablen. So kann ermittelt werden, welche diskriminatorische Kraft die Variablen hinsichtlich der Gruppenzugehörigkeit der Objekte besitzen.

Eine oder mehrere Diskriminanzfunktionen sollen als Linearkombination der verfügbaren Variablen so bestimmt werden, dass die Trennung zwischen den Gruppen maximal wird. Im zweidimensionalen Raum kann man sich eine Diskriminanzfunktion als Achse vorstellen, die solange rotiert wird, bis die Verteilungen der unabhängigen Variablen (als Projektionen ihrer Gruppenmittelwerte auf die Diskriminanzgerade) in sich jeweils verdichtet und voneinander möglichst weit entfernt sind. Als Maß für die relative Wichtigkeit einer Diskriminanzfunktion besagt der Eigenwertanteil, wie viel Prozent der Streuung zwischen den Gruppen erklärt wird. So kann z. B. untersucht werden, ob a priori definierte Gruppen (z. B. Verwender/Nichtverwender) Unterschiede hinsichtlich einzelner Merkmale wie Alter oder Einkommen aufweisen bzw. wie sich diese Gruppen anhand der Merkmalsausprägungen der unabhängigen Variablen trennen lassen. Neben der Analyse von Gruppenunterschieden können Objekte mit unbekannter Gruppenzugehörigkeit anhand ihrer Merkmalsausprägungen einer Gruppe zugeordnet werden.

Conjointanalyse

Mit der Conjointanalyse kann man Beiträge einzelner Produkteigenschaften zum subjektiven Gesamtwert (Nutzen, Einstellung, Zahlungsbereitschaft) des Produktes quantitativ abschätzen. Im Rahmen der Positionierungsanalyse werden die Teilnutzenwerte zu Wichtigkeitsindices der Positionierungsmerkmale aggregiert. Das ist eine für abzuleitende produktpolitische Maßnahmen wichtige Zusatzinformation, die über die Aussage klassischer Positionierungsmodelle hinausgeht. Anhand der Teilnutzenwerte lassen sich fiktive oder reale Produkte in einem Positionierungsraum abbilden. Die Conjointanalyse wird in der Praxis vornehmlich für die Bestimmung optimaler Produkteigenschaften im Rahmen der Neuproduktplanung eingesetzt (siehe dazu ausführlich 4.5.2).

4.5 Operative Entwicklung

4.5.1 Ausrichtung der operativen Entwicklung am CIA

Der CIA – Competitive Innovation Advantage – ist der dominierende Erfolgsfaktor einer Innovation. Er ist eigentlich ein Meta-Erfolgsfaktor: Nicht Ursache, sondern Ergebnis von professionellem Innovationsmarketing. Wenn man alle prozessualen und situativen Produktinnovations-Erfolgsfaktoren beachtet, dann ergibt sich ein CIA, der in hohem Maße den Innovationserfolg erklärt (siehe 2.2.2.3).

Zur Wiederholung: Der CIA hat folgende fünf Bedingungen:
1. Eine im Wettbewerb überlegene Leistung,
2. die ein für Kunden wichtiges Nutzenmerkmal betrifft,
3. das vom Kunden auch so wahrgenommen wird,
4. von der Konkurrenz nicht leicht eingeholt werden kann
5. und im Umfeld wohl kaum außer Kraft gesetzt wird.

Eine wesentliche Aufgabe des Innovationsmarketing ist es, die operative Entwicklung der Innovation am CIA auszurichten. Das heißt, zunächst einmal gilt es, „eine im Wettbewerb überlegene Leistung" zu erreichen. Die technische Entwicklung und Umsetzung einer Innovation ist produkt- und branchenspezifisch und sollte nicht im Fokus eines branchenübergreifenden Innovationsmarketing-Lehrbuchs stehen. Wichtig ist es aber, das Zusammenwirken von Technik und Marketing zu fördern: Der Erfolg einer Innovation wird maßgeblich sowohl von der technischen Entwicklung und Qualität des Produktes bestimmt als auch vom Grad der Orientierung an den Markbedürfnissen. So entschärfen bspw. crossfunktionale Teams Schnittstellenkonflikte und fördern interdisziplinäre, innovative Problemlösungsansätze (vgl. 3.4).

Ganz entscheidend ist die zweite Bedingung des CIA, der Kundennutzen-Vorteil. Die perfekteste technische Lösung ist nichts wert, wenn sie nicht ein aktuelles, zumindest aber latentes oder künftiges Bedürfnis besser befriedigt als andere dem Zielkunden bekannte Lösungen (siehe 4.1.2.3). Wie schon öfter betont, ist die Ausrichtung der Innovation am Kundennutzen der Flaschenhals des CIA (siehe 2.2.2.4). Was bisher aber noch nicht thematisiert wurde, ist der Weg dorthin: Wie schafft man eine Innovation, deren im Wettbewerb überlegene Leistung „ein für Kunden wichtiges Nutzenmerkmal betrifft"?

Die strategische Innovationsmarktforschung stellt hierfür verschiedene Methoden zur Verfügung: *Conjoint Measurement* und *Target Costing* als Informationslieferanten für die Implementierungsmethodik sowie auch *Quality Function Deployment* (QFD) sind prominente Methoden, die auf die Erfassung und Erfüllung des Kundenutzens ausgerichtet sind. Sie werden ausführlich im folgenden Abschnitt behandelt.

Das dritte Kriterium des CIA verlangt, dass die im Wettbewerb an Nutzenstiftung überlegene Leistung vom Kunden „auch so wahrgenommen wird". Wenn sie nicht oder schlecht kommuniziert wird und beim Kunden nicht richtig ankommt, führt sie nicht zum CIA. Kommunikation trifft immer auf vorhandenes Wissen, „kognitive Schemata", also Wissensmuster, die das Wahrnehmen, Bewerten und Entscheiden organisieren. Informationen sind mehr oder weniger diskrepant zu bereits gespeicherten Schemata potenzieller Kunden. *Binsack* (2003, S. 73) unterscheidet drei Innovationstypen nach ihrem Grad der Kongruenz (Deckungsgleichheit) zu vorhandenem Wissen:

- Innovationen mit geringfügigem Innovationsgrad (*kontinuierliche Innovationen*) sind leicht inkongruent zu bestehenden Produktschemata.
- Innovationen mit mittlerem Innovationsgrad (*dynamisch kontinuierliche Innovationen*, definiert als neue Lösungen für bekannte Funktionen) sind spürbar diskrepant zu bestehenden Schemata.
- Innovationen mit hohem Innovationsgrad (*diskontinuierliche, „radikale" Innovationen*) lassen sich nicht adäquat in bestehende Kategorien einordnen. Sie sind inkongruent zur kognitiven Gesamtstruktur potenzieller Kunden.

Der Innovationsgrad, gemessen als Grad der Schemainkongruenz beeinflusst die Art der Informationsverarbeitung, das Ergebnis des Wissenstransfers und die Urteilsbildung.

Binsack (2003, S. 242) bekräftigt empirisch die entsprechende Basishypothese: Der Einfluss kognitiver Schemata ist bei Innovationen mit geringfügigem Innovationsgrad weitaus größer als bei Innovationen größerer Neuartigkeit. Die Möglichkeit, sich bei der Kommunikation der nützlichen Überlegenheit der Innovation auf vorhandene Schemata zu stützen, nimmt also mit zunehmendem Innovationsgrad ab.

Die Bewertung inkrementaler Innovationen hängt stark von den Inhalten und Urteilen vorhandener Produktschemata ab. Innovationen mit mittlerem Innovationsgrad werden anhand bestehender funktionaler Schemata (z. B. Zielvorstellungen, Verwendungssituationen, Gewohnheiten) bewertet, jedoch aufgrund ihrer „untypischen Art" (Atypizität) oft in die dem angesprochenen Schema entgegengesetzte Richtung. Bei radikalen Innovationen findet der Zielkunde keine passenden Schemata. Dadurch ist die Urteilsbildung hier durch vage, sehr allgemeine Zielvorstellungen geprägt, z. B. durch allgemeine Technikpräferenz). Zielkunden fällt es daher in der Kommunikationssituation über radikale Innovationen schwer, das Nutzenpotenzial zu erkennen (*Binsack* 2003, S. 271 ff.).

Das Innovationsmarketing hat sich diesen Erkenntnissen anzupassen. Zum einen sollte die Kategorisierung der Innovation in die gewünschte (adoptionsförderliche) Richtung unterstützt werden, und zwar über gezielte kommunikative Positionierung der Innovation. Dazu müssen die kognitiven Strukturen der Zielkunden erhoben und analysiert werden. Hochgradige Innovationen können nicht einfach an gefundene Schemata anknüpfen, sondern verlangen Kommunikation zum Aufbau passender kognitiver Strukturen im Vorfeld: Zunächst müssen passende Schemata vermittelt werden, etwa zum Erlernen neuer Funktionen oder über Analogien (*Binsack* 2003, S. 277 ff., zu innovationstypischen Vermarktungsimplikationen S. 279 ff.).

Zwischenfazit: Innovationsmarketing muss die schemainduzierte Urteilsbildung antizipieren und aktiv steuern. Es genügt für die CIA-Bedingung „Kommunikation" (3) nicht, die (1) objektive Überlegenheit und (2) deren subjektive Nützlichkeit hervorzuheben: Der CIA „... muss vielmehr im richtigen kognitiven Kontext verankert werden" *Binsack* (2003, S. 279).

> **Guten Appetit – Esst Insekten –**
> **Millionen Menschen können nicht irren**
>
> „Kulinarische Abenteurer berichten, Grillen hätten sie im Geschmack an Kopfsalat erinnert. Wespenlarven schmeckten dagegen nach Mandeln, Maden nach Tortencreme, Riesenwasserwanzen nach Gorgonzola und Ameisen nach Zitronen und Nüssen, oder, wenn in rohem Zustand genossen, nach Gänseleberpastete. Dennoch erregt allein die Vorstellung, Insekten zu verspeisen, bei den meisten Menschen hierzulande Ekel. Dabei wäre eine solche Ernährung nicht nur sehr gesund, sie könnte auch die Umwelt entlasten und den Hunger auf unserem Planeten lindern.
>
> In anderen Gegenden der Welt stehen Kerbtiere seit eh und je auf der Speisekarte. Mexikanischer Kaviar etwa besteht aus Eiern von Wasserflöhen. In Thailand servieren die edelsten Restaurants Grashüpfer als Vorspeise. Seidenraupenmotten sind in Südafrika als Leckerbissen bekannt. Und in Kolumbien knabbern die Zuschauer im Kino statt Popkorn geröstete Ameisen. Auch in hiesigen Breiten waren Insekten früher fester Bestandteil des Speiseplans. Die alten Griechen und Römer schätzten diese Kost durchaus. Aristoteles schrieb beispielsweise, Zikaden mundeten am besten im Nymphenstadium vor der letzten Häutung. Und Plinius schwärmte von köstlichen Gerichten aus Holzwürmern.
>
> Nicht nur ein paar Insekten im Essen in Kauf zu nehmen, sondern sie als Nahrungsquelle anzuerkennen wäre freilich noch sinnvoller. Denn sie sind äußerst nahrhaft. 100 Gramm afrikanische Termiten enthalten 610 Kalorien und 38 Gramm Eiweiß, 100 Gramm Frikadelle dagegen nur 245 Kalorien und 21 Gramm Eiweiß. Die Heuschrecken, die schon Johannes den Täufer in der Wüste vor dem Hungertod retteten, bestehen sogar zu 65 Prozent aus Eiweiß. Insekten sind meist auch reich an Eisen, Zink und Vitaminen. Das Gesamtgewicht aller Insekten übersteigt das allen tierischen Lebens an Land.
>
> Bleibt eigentlich nur eins zu klären: Könnte es der Werbung gelingen, den Ekel gegenüber den kleinen Tierchen zu überwinden? Ginge es rein nach der Vernunft, dann dürfte niemand solchen Delikatessen wie Fliegen-Frikassee, Termiten-Torte, gegrillten Grillen, eingelegten Motten, gebackenen Schmetterlingen und Mehlwürmern in Aspik widerstehen."
>
> *Quelle: Blum 1992*

Dass der CIA „im richtigen kognitiven Kontext verankert" werden muss, gilt offenbar auch für ein westliches „Insektenspeise-Innovationsmarketing". Diese Innovation ist nach der Definition von *Binsack* (2003) hochgradig, denn Wespenlarven, Maden und Riesenwasserwanzen passen nicht in unsere Lebensmittel-Schemata. Den unbestreitbar objektiven Vorteil des Verspeisens von Larven & Co. als Zielkundennutzen kommunikativ an bestehende Gewohnheiten und Wissensstrukturen anzuknüpfen, dürfte eine schwierige, aber nicht aussichtslose Herausforderung sein.

Der CIA verlangt über die bisher dargestellten drei Bedingungen hinaus, (4) dass die Innovation „von der Konkurrenz nicht leicht eingeholt werden kann". Das erfordert den Aufbau von Wettbewerbsbarrieren. Eine Möglichkeit bietet der Schutz technologischen Know-hows über Patente. Sie können eine temporäre Monopolstellung im Markt unterstützen und dadurch F&E-Investitionen motivieren und abzusichern helfen. Diese Art von Wettbewerbsbarriere hat jedoch ihren Preis: Patenterteilungsverfahren sind nicht nur kostspielig und langwierig, die damit verbundene Offenlegung des technischen Prinzips birgt auch die Gefahr des Wissensabflusses und damit von modifizierten Imitationen an die Konkurrenz. Patentstrategien (siehe 3.7) sind wichtig, aber nicht das einzige Mittel, oft auch nicht das beste.

Weitere Optionen des Aufbaus von Wettbewerbsbarrieren wie z. B. ein intensives Beziehungs- und Markenmanagement dürfen nicht vernachlässigt werden (zum Einfluss der Markenpolitik bei Innovationen auf den Innovationserfolg siehe *Sattler* 1998, S. 314 ff.). Beides, Beziehungs- und Markenmanagement, zielt auf „Barrieren in den Köpfen" der für die Innovation gewonnenen Kunden ab. Oft sind solche psychischen Barrieren gegen potenzielle Wettbewerber eher machbar und/oder wirkungsvoller als Barrieren des gewerblichen Rechtschutzes.

Die Bedingung (5) des CIA betrifft das Umfeld: Eine im Wettbewerb überlegene Leistung, die höchstwahrscheinlich nicht von irgendwelchen Umfeldfaktoren außer Kraft gesetzt wird. Umfeldfaktoren können für die Innovation sowohl Chancen darstellen als auch Risiken. Hier geht es speziell darum, die Risiken zu meiden. Neben einem kontinuierlichen Scanning und Monitoring von Umfeldentwicklungen (siehe 4.1.2.4) sollten relevante Umfeldgruppen (z. B. Interessensgruppen, Vereinigungen) möglichst frühzeitig in den Innovationsprozess integriert werden. Darüber hinaus darf die Wirkung eines professionellen Lobbyismus nicht unterschätzt werden. „Innovationskiller" aus dem Umfeld abzuwenden, ist in gesellschaftlich, ökologisch, gesundheitlich sensiblen Branchen manchmal geradezu durchschlagend erfolgsentscheidend (z. B. Pharma, siehe das Beispiel Mifegyne, 2.2.2.3).

4.5.2 Methoden zur Erfassung des Kundennutzens

Die zweite Bedingung des CIA („ein für Kunden wichtiges Nutzenmerkmal") ist von so herausragender Bedeutung, dass wir uns ihr mit einem eigenen Abschnitt widmen, der eine grundlegende Voraussetzung für diese Bedingung behandelt, die *Kundenorientierung* im Innovationsprozess: Inwieweit gelingt es dem Innovator, dass das Ergebnis des Innovationsprozesses (die Innovation als im Wettbewerb überlegene Leistung) dem Kunden einen optimalen Nutzen stiftet? In der Praxis ist Kundenorientierung als bedeutender Erfolgsfaktor längst erkannt (siehe 2.2.2.4). Das Problem ist nicht mehr mangelndes Bewusstsein, sondern die konkrete Umsetzung, das Praktizieren von Kundenorientierung.

Der Innovationsprozess ist wesentlich ein *Informationsprozess* (Informationsgewinnung, -verarbeitung und -transfer) (vgl. *Hauschildt* 2004, S. 338). So sind Informationen über Kundenbedürfnisse und damit über den künftigen Markt zugleich knappe Ressource und kritischer Erfolgsfaktor im Innovationsprozess.

Eine wichtige Möglichkeit der Informationsgenerierung besteht in der *Einbindung von Zielkunden* in den Innovationsprozess. Das kann unterschiedlich gestaltet werden, vom Einsatz intelligenter Marktforschungsmethoden bis zur gemeinsamen, kundeninteraktiven Entwicklung (siehe auch 3.5.2). Hier gehen Marktforschung und

Kundenintegration ineinander über. So ist der Lead User Ansatz (*von Hippel* 1986, siehe 4.1.2.3) der Marktforschung und auch der Kundenintegration zuzurechnen. *Jenner* (2000, S. 134) sieht das zentrale Charakteristikum der Kundenintegration im Vergleich zur Marktforschung in der Interaktion zwischen F&E-Mitarbeitern und potenziellen Kunden. So ist es gerade bei hochgradigen Innovationen wichtig, dass F&E-Mitarbeiter nicht nur die „Stimme des Kunden" durch Dritte (Marktforscher) erfahren, sondern auch durch unmittelbaren Kontakt zum Kunden eine Verbindung zwischen Kundenbedürfnissen und technologischem Know-How schaffen können (*Jenner* 2000, S. 142). Empirische Ergebnisse von *Souder et al.* (1998, S. 528) zeigen, dass bei hoher marktlicher und/oder technischer Unsicherheit die direkte Interaktion zwischen F&E und Kunden die Effektivität und die Effizienz des Innovationsprozesses positiv beeinflusst (technische und kommerzielle Effektivität, Entwicklungszeit) hat.

„mi adidas" – Kundeninteraktive Entwicklung bei adidas

Als erste Marke der Sportartikelindustrie präsentiert Adidas mit „mi adidas" (Sonderanfertigung von Sportschuhen) ein wegweisendes Projekt zur Endkundenintegration. Kunden können ihre eigenen, einzigartigen Schuhe kreieren. Zunächst werden die Füße statisch und dynamisch vermessen. Die dynamische Fußvermessung stellt Druckverteilung und daraus abgeleitet Fußfehlstellungen dar. Die Daten werden um Informationen über Körpergewicht, bevorzugte Laufflächen, Häufigkeit und Länge der Läufe sowie das vom Kunden gewählte Design ergänzt. Das so entstandene Kundenprofil wird direkt zur Adidas AG übertragen, wo danach der Schuh gefertigt wird. Kunden haben Vorteile bezüglich Funktionalität, Passform und Aussehen gegenüber Fertigschuhen aus der Massenproduktion. Die Kundenzufriedenheit ist sehr positiv.

Quellen: Adidas 2006, Interview mit Jürgen Hintermeister, Büli Sport AG vom 25.3. 2002

User Toolkits for Innovation (*von Hippel* 2001, *Thomke/von Hippel* 2002) gehen einen Schritt weiter: Sie ermöglichen Kunden, nicht nur maßgeschneiderte Produkte selber zu entwickeln, sondern das Ergebnis auch zu testen – im Sinne eines Trial + Error-Lernprozesses. Ein einfaches Beispiel: Auf der Basis eines softwarebasierten Interface zwischen Computer und Telefon kann ein Kunde sein eigenes Anrufbeantworter-System entwickeln, z. B. alle Anrufe aus München an einen Kollegen weiterleiten. Sollte sich herausstellen, dass diese Nummer von weitergeleiteten Anrufen überflutet wird, so kann das System durch den Kunden entsprechend geändert werden. Ein anderes Beispiel: Haarstyling-Innovationen können von Kunden selbst entwickelt werden, indem sie vor einem Monitor ihr Haar mit virtuellen Instrumenten (Schere und Farben) nach Belieben schneiden, färben und in Form bringen. Entscheidend ist das Ausprobieren: Nicht als „User Toolkit" bezeichnet wird die Möglichkeit, eine Pizza individuell zu belegen oder online die Komponenten eines Computer zusammenzustellen, denn hier geht es nicht um das iteratives Testen von Varianten mit entsprechenden Anpassungen (*von Hippel* 2001, S. 251 f.).

Das Prinzip ist in der Praxis bewährt. So entwickelte Nestlé ein Toolkit, mit dem Kunden eigene Geschmacksrichtungen entwickeln können, GE bietet ein webbasiertes

Tool zum maßgeschneiderten Design von Plastikprodukten (z. B. zur Handypro-
duktion) an (*Thomke/von Hippel* 2002, S. 74; zum „webbasierten User Design" siehe
auch *Dahan/Hauser* 2002, S. 341 ff.). User Toolkits eignen sich natürlich nicht für alle
Innovationen. Besonders eignet sich das Verfahren für Produkte und Dienstleistungen, die durch sehr heterogene Kundenbedürfnisse gekennzeichnet sind, so dass
kundenspezifische Anpassung hohen individuellen Nutzen stiftet (*von Hippel* 2001,
S. 254).

Die Literatur empfiehlt, empirisch gut begründet (siehe dazu 3.5), man solle Zielkunden der Innovation in den Entwicklungsprozess einbeziehen anstatt sich allein
auf die Ergebnisse von Marktforschungsstudien zu verlassen. Dabei kommen
Aspekte der Innovationsmarktforschungmarktforschung und des Innovationsmarketing zusammen, denn außer der Marktforschungsfunktion wird dadurch bei den
einbezogenen Kunden auch Akzeptanz (commitment) generiert: Die Integration von
Zielkunden dient marktforscherisch der Informationsgewinnung über die Chancen
des neuen Produkts und erzeugt zugleich Schlüsselkunden-Committment. Innovationsmarktforschung durch Zielkundenintegration hat somit eine – wissenschaftstheoretisch problematische, weniger praktisch problematische – Tendenz zur Kon-
fundierung von Messung und Beeinflussung: Man misst Akzeptanz, indem man
Akzeptanz erzeugt.

Auf separate Innovationsmarktforschung neben der Kundenintegration sollte daher
nicht verzichtet werden. Wichtig ist jedoch, dass es sich um *intelligente Marktforschung* handelt: Marktforschung, die sich nicht auf (naiv-)quantitative Akzeptanz-
analysen im Sinne von „Würden Sie kaufen, wenn"-Fragen verlässt. Intelligente
Marktforschung bedeutet in der Phase der operativen Entwicklung die Ermittlung
von Anforderungen der Zielkunden an die Innovation im Wettbewerb der Problemlösungen und die Messung ihrer subjektiven Bewertung (Nutzen und Präferenz). Zu
untersuchen ist, ob die Zielkunden das neue Produkt als Alternative akzeptieren
werden und welche Kombinationen an Produkteigenschaften den größten Markterfolg versprechen.

Ein wichtiges Verfahren in der Konkretisierungsphase ist die Conjointanalyse, ein
multivariates Verfahren zur Quantifizierung von Nutzenstrukturen von Zielkunden.
Für die technische Umsetzung einer Innovation ist die Integration von Marktforschung, Qualitätssicherung und Konstruktion entscheidend so etwa durch den Einsatz von *Quality Function Deployment* (QFD). Darüber hinaus sollte in der Konkretisierungsphase durch *Target Costing* die frühzeitige Synchronisierung von
Marktorientierung und Kosteneffizienz nicht vernachlässigt werden. *Produkttests*
messen die Akzeptanz von relativ weit fortgeschrittenen Prototypen/Produkten
kurz vor der Markteinführung.

Die angesprochenen Methoden werden im weiteren Verlauf dieses Abschnitts ausführlich in Toolkästen dargestellt. Allen Methoden gemeinsam ist das Ziel einer erfolgreichen Umsetzung des Engpassfaktors des CIA: (2) Einer im Wettbewerb überlegenen Leistung, die „ein für Kunden wichtiges Nutzenmerkmal betrifft".

Nicht die technische Optimierung, sondern die konsequente Ausrichtung des Leis-
tungsangebots an den Kundenbedürfnissen ist eine Grundvoraussetzung für den
Markterfolg einer Innovation (siehe 2.2.2.3). Innovationen bestehen aus einem Bün-

del von Merkmalen, die den Gesamtnutzen des Produktes für den Zielkunden bestimmen. Für den Anbieter einer Innovation stellt sich die Frage, welche Produkteigenschaften den Gesamtnutzen bzw. die Präferenz wie beeinflussen und welche Merkmalskombination aus Sicht der Zielkunden optimal ist.

Wie lassen sich diese Informationen erheben? Denkbar wäre die Abfrage von Wichtigkeiten relevanter Produkteigenschaften bei potenziellen Kunden mittels einer quantitativen Befragung (z. B. „Wie wichtig sind Ihnen die folgenden Produkteigenschaften eines Autos auf einer Skala von 1 (sehr unwichtig) – 7 (sehr wichtig)?"). Problematisch ist, dass die befragten Personen in diesem Fall keine Kompromisse wie in der realen Kaufsituation machen („Trade-off"-Entscheidungen treffen) müssen. „Trade-off" bedeutet, dass die Ausprägung eines bestimmtem Produktmerkmals gegen die Ausprägung eines anderen Merkmals abgewägt werden muss, z. B. „ein schnelles Auto ist mir viel wert, dafür darf der Benzinverbrauch ruhig etwas höher sein". Solange man bei der Angabe von Wichtigkeiten keinen „Preis zahlen muss" kommt es tendenziell zu einer Anspruchsinflation: Alle Produkteigenschaften werden als sehr wichtig bezeichnet. Einen messtechnischen Ausweg aus diesem Dilemma bietet die *Conjointanalyse*, die im folgenden Toolkasten skizziert wird.

Conjointanalyse

Mit der Conjointanalyse kann man die additiven Beiträge einzelner Produkteigenschaften zum subjektiven Gesamtwert (Nutzen, Einstellung, Zahlungsbereitschaft) von Produkten abschätzen. Dazu werden Befragten im quasi experimentellen Untersuchungsdesign hypothetisch durch nur ihre wesentlichen Merkmalsausprägungen beschriebene Produkte vorgegeben. Die Befragten müssen (in der Grundversion der Conjointanalyse) lediglich ordinale Präferenzurteile unter Paaren oder Triaden der vorgelegten Produktbeschreibungen bilden. Das Verfahren behandelt diese ordinalen Präferenzangaben als abhängige Variable eines Experiments, während die Merkmalsausprägungen (Produkteigenschaften) als unabhängige Variable aufgefasst werden, von denen also die Präferenzwerte abhängen. Diese ordinalen Präferenzurteile werden als Inputdaten mit einer Art nichtmetrischer Varianzanalyse danach untersucht, welche Nutzenbeiträge der Merkmalsausprägungen (und damit welche Merkmalswichtigkeiten) zu diesen Urteilen geführt haben müssen. Weil eine befragte Person viele solche Präferenzangaben über immer anders kombinierte fiktive Produkte abgibt und daher die Inputdaten entsprechend redundant sind, können aus den ordinalen Inputdaten metrische Nutzenwerte der Produktkonzepte geschätzt werden und dazu führende metrische additive Teilnutzenwerte für die einzelnen Merkmalsausprägungen. Optimierungskriterium für die Schätzung der hinter den empirischen Rangordnungen stehenden Nutzenwerte ist die Übereinstimmung der generierten Gesamtnutzen-Ränge mit den empirischen Input-Rangwerten (vgl. *Teichert* 2000, S. 471 f.; *Backhaus et al.* 2003, S. 543 ff.).

Die Conjointanalyse arbeitet „dekomponierend": Aus Gesamturteilen wird auf dahinter stehende Teilnutzenwerte geschlossen – im Gegensatz zu „komponierenden" Methoden der Nutzen- bzw. Einstellungsmessung, wo Befragte einzelne Produkt-Merkmalsausprägungen bewerten, die dann zu Gesamtwerten

Anwendungsfelder der Conjointanalyse	Fragestellung
Produktpolitik (Neuproduktplanung)	z.B. Welche Produkteigenschaften beeinflussen wie stark das Präferenzverhalten?
Marktsegmentierung	z.B. Welche nutzenbasierte Marktsegmente lassen sich identifizieren?
Entwicklung eines Kommunikationskonzeptes	Was sind kaufrelevante Eigenschaften, die in der Kommunikation herausgestellt werden sollten?
Bestimmung der Preis-Absatz-Funktion	Wie viel darf ein neues Produkt kosten?
Marktanteilssimulation (Analyse von Marktreaktionen)	Wie entscheiden sich Zielkunden in verschiedenen Angebotssituationen und was für einen Einfluss hat das auf den Marktanteil?
Schulung (Zusammenarbeit von F&E und Vertrieb)	Was ist den potenziellen Kunden wirklich wichtig?
Markenwertmessung	Welchen Wert hat eine Marke und was sind potenzielle Kunden bereit dafür zu zahlen?

Quelle: in Anlehnung an *Teichert* 2000; *Wittink et al.* 1994

Abb. 4.64: Anwendungsfelder der Conjointanalyse

aggregiert werden. Im dekompositionellen Conjoint-Ansatz geben die Befragten Präferenzurteile über ganzheitliche Produktkonzepte (Stimuli) ab. Auf Basis der Gesamturteile über die Stimuli schätzt ein Conjoint-Algorithmus die Beiträge der einzelnen Merkmalsausprägungen zum Gesamtnutzen. Dabei wird unterstellt, dass sich der Gesamtnutzen additiv aus den einzelnen Teilnutzenwerten (Nutzenwert pro Merkmalsausprägung) zusammensetzt (*Backhaus et al.* 2003, S. 544). Dieses Vorgehen entspricht der Realität des Marktgeschehens: Zielkunden nehmen Produkte als Ganzes wahr und beurteilen sie ganzheitlich. Man wägt verschiedene Produkte ab und entscheidet sich für die Alternative mit dem höchsten Gesamtnutzen (*Stadler* 1993, S. 32).

Entwickelt wurde die Conjointanalyse Anfang der 60er Jahren als Verfahren der mathematischen Psychologie. Auf Marketingfragestellungen wurde das Verfahren etwa zehn Jahre später erstmalig von *Green und Rao* (1971) übertragen. Ende der 80er Jahre hat das Verfahren den Durchbruch in der deutschsprachigen Marktforschungspraxis erfahren. Mittlerweile gehört die Conjointanalyse zu den am häufigsten eingesetzten Marktforschungsmethoden in der Praxis (*Voeth* 1999, S. 155 ff.). Meistens wird die Conjointanalyse für die Bestimmung optimaler Produkteigenschaften im Rahmen der Neuproduktplanung und/oder zur Preisfestlegung eingesetzt (*Hartmann/Sattler* 2002, S. 4). Abbildung 4.64 fasst exemplarische Anwendungsgebiete und Fragestellungen im Überblick zusammen.

Nachfolgend werden Ablauf und Methodik der klassischen Conjointanalyse in ihren Grundzügen dargestellt (vgl. im folgenden *Backhaus et al.* 2003, S. 548 ff.):

1. Festlegung der Merkmale und Merkmalsausprägungen

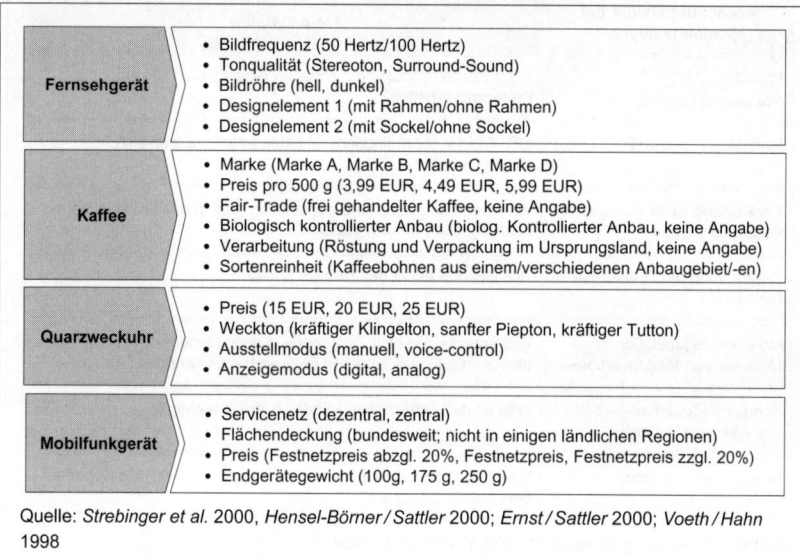

Fernsehgerät	• Bildfrequenz (50 Hertz/100 Hertz) • Tonqualität (Stereoton, Surround-Sound) • Bildröhre (hell, dunkel) • Designelement 1 (mit Rahmen/ohne Rahmen) • Designelement 2 (mit Sockel/ohne Sockel)
Kaffee	• Marke (Marke A, Marke B, Marke C, Marke D) • Preis pro 500 g (3,99 EUR, 4,49 EUR, 5,99 EUR) • Fair-Trade (frei gehandelter Kaffee, keine Angabe) • Biologisch kontrollierter Anbau (biolog. Kontrollierter Anbau, keine Angabe) • Verarbeitung (Röstung und Verpackung im Ursprungsland, keine Angabe) • Sortenreinheit (Kaffeebohnen aus einem/verschiedenen Anbaugebiet/-en)
Quarzweckuhr	• Preis (15 EUR, 20 EUR, 25 EUR) • Weckton (kräftiger Klingelton, sanfter Piepton, kräftiger Tutton) • Ausstellmodus (manuell, voice-control) • Anzeigemodus (digital, analog)
Mobilfunkgerät	• Servicenetz (dezentral, zentral) • Flächendeckung (bundesweit; nicht in einigen ländlichen Regionen) • Preis (Festnetzpreis abzgl. 20%, Festnetzpreis, Festnetzpreis zzgl. 20%) • Endgerätegewicht (100g, 175 g, 250 g)

Quelle: *Strebinger et al.* 2000, *Hensel-Börner / Sattler* 2000; *Ernst / Sattler* 2000; *Voeth / Hahn* 1998

Abb. 4.65: Exemplarische Merkmale und Ausprägungen

Zu Beginn einer Conjointanalyse müssen die Merkmale und deren Ausprägungen zur Beschreibung unterschiedlicher Produktkonzepte festgelegt werden. Ein Vorteil der Conjointanalyse ist, dass die Merkmale minimalen Skalierungsanforderungen genügen müssen, Nominalskalenniveau ist ausreichend. Abbildung 4.65 zeigt exemplarisch Merkmale und Ausprägungen unterschiedlicher Produktkategorien.

Die Festlegung der Merkmale und Ausprägungen ist der alles Weitere entscheidende Schritt einer Conjointanalyse. Als Informationsquellen eignen sich Brainstormings, Expertengespräche, Literaturanalysen und qualitative Kundeninterviews (*Büschken* 1994, S. 75). Dafür sind Markt- und Methodenkenntnisse notwendig, intensive Zusammenarbeit zwischen Marktforscher und Innovations- bzw. Produktmanager ist wichtig (*Auty* 1995, S. 197 f.).

Folgende Kriterien sollten bei der Auswahl der ins Design zu integrierenden Merkmale und Ausprägungen erfüllt sein:

- *Relevanz der Merkmale*: Es sollten nur Merkmale berücksichtigt werden, die mutmaßlich einen hohen Einfluss auf die Kaufentscheidung haben.
- *Beeinflussbarkeit der Merkmale durch den Hersteller*: Die Merkmale müssen im Rahmen der Produktgestaltung variiert werden können und technisch realisierbar sein.
- *Unabhängigkeit der Merkmale*: Der Nutzen einer Merkmalsausprägung sollte nicht von anderen Merkmalen abhängen (keine Merkmalsinteraktion).
- *Kompensatorische Beziehung der Merkmale*: Das Modell der Conjointanalyse unterstellt, dass weniger günstige Ausprägungen eines Merkmals durch günstige Ausprägungen eines anderen kompensiert werden können.

- *Keine Verwendung von Ausschlusskriterien*: Merkmalsausprägungen dürfen keine K. o.-Kriterien in dem Sinne darstellen, dass sie subjektiv unbedingt gegeben sein müssen.
- *Begrenzte Anzahl von Merkmalen und Ausprägungen*: Je nach Variante der Conjointanalyse gibt es unterschiedliche Machbarkeitsgrenzen, besonders bezüglich der Zumutbarkeit bei der Befragung.

Der letzte Punkt ist zu vertiefen: Da die Erhebung für eine Conjointanalyse eigentlich die Form eines Experimentes hat, sind kritische Grenzen für Befragungen und Schätzungen zu beachten. Je höher die Zahl der Merkmale, desto mehr Stimuli müssen von den Befragten bewertet werden. Bei einer zu hohen Stimulizahl könnten die Belastbarkeitsgrenzen der Probanden überschritten werden, die Konsistenz der Daten verschlechtert und damit auch die Gültigkeit der Ergebnisse. Diese Grenzen hängen von Dispositionen der Befragten ab. Während *Tscheulin und Blaimont* (1993, S. 845) empirisch einen signifikanten Einfluss von Bildungsniveau und beruflicher Orientierung feststellen können, bestätigt sich dieser generelle Effekt bei einem Experiment von *Sattler et al.* (2001, S. 784 f.) nicht.

Unabhängig davon sollte die Grenze bei der klassischen Conjointanalyse jedoch i. d. R. bei weniger als 7 Merkmalen mit durchschnittlich weniger als drei Ausprägungen liegen (*Teichert* 2000, S. 503). Diese Empfehlung wird in der Praxis jedoch nicht immer adäquat umgesetzt; oft werden sogar weit mehr als zehn Merkmale in das Design integriert (*Hartmann/Sattler* 2002, S. 7). Die Variante der Adaptiven Conjointanalyse, bei der die Datenanalyse simultan mit der computergestützten Erhebung erfolgt und mit jedem einzelnen Antwortinput des Befragten fortschreitet, erhöht die Obergrenze an Merkmalen und Ausprägungen, weil hier nicht sämtliche vorsehbaren Stimuli beurteilt werden müssen, sondern nur so viele, bis die laufende Analyse stabile Ergebnisse zeigt.

2. Erhebungsdesign

Für das Erhebungsdesign müssen die Stimuli (zu bewertende Kombinationen von Merkmalsausprägungen) definiert werden. Die wichtigsten Formen der Datenerhebung stellen die Voll-Profil- und die Trade-Off-Methode dar. Bei der *Voll-Profil-Methode* bestehen die Stimuli aus den Kombinationen jeweils der Ausprägung eines Merkmals mit allen Ausprägungen aller anderen zu untersuchenden Merkmale. Bei nur drei Merkmalen mit jeweils drei möglichen Ausprägungen ergibt das $3^3 = 27$ unterschiedliche Stimuli. Diese Zahl steigt exponenziell mit der Zahl der Merkmale und der Ausprägungen je Merkmal. Bei der *Trade-Off-Methode* werden zur Bildung eines Stimuli die Ausprägungen von jeweils nur zwei Merkmalen miteinander kombiniert, während die anderen Merkmale bei der fiktiven Produktbeschreibung nicht in Erscheinung treten. Das ergibt bei höheren Merkmalszahlen drastische Reduzierungen des Erhebungsdesigns, aber zu Lasten der Realitätsnähe ganzheitlicher Produktbeurteilungen. In der praktischen Anwendung hat sich die Voll-Profil-Methode aufgrund ihres höheren Realitätsbezuges gegenüber der Trade-Off-Methode durchgesetzt. In der Regel wird aus forschungsökonomischen Gründen aus der Menge theoretisch möglicher Stimuli (vollständiges Design) jedoch eine Teilmenge (reduziertes Design) ausgewählt (vgl. dazu *Backhaus et al.* 2003, S. 552 ff.).

3. Bewertung der Stimuli

Die generierten Stimuli können den Befragten als verbale Beschreibung (gesprochen, gedruckt oder am Bildschirm dargestellt), als visuelle bzw. multimediale Darstellung oder als physisches Produkt (Prototyp) zur Bewertung vorgelegt werden. Grundsätzlich sollte der Realitätsbezug der Darstellung möglichst hoch sein. Der Forschungsstand zur Wirkung verschiedener Präsentationsmodi auf die Prognosevalidität der Conjointanalyse ist noch etwas kontrovers (siehe im Überblick *Strebinger et al.* 2000, S. 56 f.; *Ernst/Sattler* 2000, S. 162 ff.). *Ernst und Sattler* (2000, S. 170) können bei einem empirischen Test keine nennenswerten Unterschiede nach der Verwendung multimedialer (Text, Bilder und Töne) und rein textbasierter Stimuli feststellen. Bei bestimmten Produktgruppen (z. B. designorientierten oder sehr erklärungsbedürftigen Produkten) empfehlen sie multimediale Stimuli. *Dahan und Srinivasan* (2000, S. 106 f.) berichten auf der Basis eines Experiments mit Fahrradpumpen, dass sich die Ergebnisse von virtuellen versus realen Prototypen kaum unterscheiden, was für die schnellere und kostengünstigere Alternative virtueller Prototypen spricht.

Bei klassischen Conjointanalysen sind ordinale Stimulusbewertungen der Dateninput. Die Befragten rangordnen die Stimuli nach empfundenem Nutzen, sei es über Paarvergleiche, Triadenvergleiche oder Ratingskalen. Eine jüngere Variante der Conjointanalyse erhebt statt Präferenzen fiktive Kaufentscheidungen, wobei die Befragten bei jedem Vergleich von Stimuli auch angeben können, keines der Produkte kaufen zu wollen. Diese *Choice Based Conjointanalyse* (CBC) führt im Allgemeinen zu gültigeren, das tatsächliche Verhalten besser prognostizierenden, Ergebnissen.

4. Schätzung der Nutzenwerte

Aus den erhobenen Rangdaten werden die Teilnutzenwerte der einzelnen Merkmalsausprägungen empirisch geschätzt. Die folgende Funktion repräsentiert das additive Modell der Conjointanalyse (vgl. *Backhaus et al.* 2003, S. 571):

$$y_k = \sum_{j=1}^{J} \sum_{m=1}^{M_j} \beta_{jm} \cdot x_{jm}$$

wobei:

y_k : geschätzter Gesamtnutzenwert für Stimulus k

β_{jm} : Teilnutzenwert für Ausprägung m von Eigenschaft j

x_{jm} : 1 falls bei Stimulus k die Eigenschaft j in Ausprägung m vorliegt, 0 sonst

Als Rechenverfahren kommen metrische (z. B. ANOVA, OLS) bzw. nicht-metrische (z. B. LINMAP, MONANOVA) Schätzverfahren zum Einsatz (siehe im Detail *Backhaus et al.* 2003, S. 558 ff.). Als Ergebnis erhält man die Teilnutzenwerte für jeden Befragten und jede Merkmalsausprägung. Diese Teilnutzenwerte drücken Beiträge zum Gesamtnutzen aus, die der Befragte bei seinen Trade-Offs den Merkmalsausprägungen unbewusst, jedenfalls unausgesprochen, zugeordnet hat. Ein Vorteil ist, dass auch für nicht erhobene Ausprägungen Nutzenwerte interpoliert werden können (*Teichert* 2000, S. 507).

5. Aggregation der Nutzenwerte

Ziel der Ergebnisaggregation ist die Verdichtung individueller Schätzergebnisse zu einem allgemein gültigen Ergebnis oder zu wenigen, aussagefähigen Mustern. Aggregieren kann man die individuellen Angaben vor einer gemeinsamen Conjointanalyse (Aggregation der Rohdaten, bei ordinalen Messwerten durch Medianwerte) oder nach jeder individuell durchgeführten Analyse (Aggregation der metrischen Nutzenwerte durch arithmetische Mittel). Die Aggregation nach individuellen Analysen hat den Vorteil einer gut interpretierbaren nutzenbasierten Marktsegmentierung („benefit segmentation" *Green/Krieger* 1991, S. 20 f.; siehe auch 4.4.1).

Voraussetzung für jede Aggregation ist eine jeweils relativ homogene Datenbasis. Ist sie nicht gegeben, so verbietet sich die Aggregation der Rohdaten und empfiehlt sich eine vorhergehende Clusteranalyse der Rohdaten mit dem Ergebnis mehrerer relativ homogener Befragtensegmente, für die getrennte Conjointanalysen zu rechnen sind. Man unterscheidet in diesem Zusammenhang A-priori- und A-posteriori-Segmentierungen. Bei *A-priori-Segmentierung* werden die Befragten vorab anhand von Variablen, die mutmaßlich Einfluss auf die Präferenzstrukturen haben (z. B. Alter, Geschlecht) klassifiziert. Bei der *A-posteriori-Segmentierung* werden Individuen mit ähnlicher Präferenzfunktion (Teilnutzenwerten) geclustert. Anschließend lassen sich zielgruppenspezifische aggregierte Gesamtnutzenwerte für alle Stimuli und relative Wichtigkeiten für alle Merkmale ermitteln (*Schubert* 1995, Sp. 384 f.).

Neben der Segmentierung werden die Teilnutzenwerte zur Simulation von Marktreaktionen (*Marktsimulationen*) verwendet. Das Entscheidungsverhalten der Befragten zwischen verschiedenen (anhand der in der Conjointanalyse verwendeten Merkmalsausprägungen beschriebenen) Produkten wird simuliert. Man unterstellt dabei, dass der Befragte rational entscheidet und die Alternative mit dem für ihn höchsten Gesamtnutzen auswählt (firstchoice-rule). Aggregiert man die Ergebnisse über alle Befragten, so erhält man geschätzte Marktanteile für unterschiedliche Produktkonzepte. Das ermöglicht die Bestimmung von Preis-Absatz-Funktionen und eine marktpotenzialbasierte Optimierung von Neuprodukten. Die zusätzliche Berücksichtigung von Kosten für Merkmalsausprägungen erlaubt die Identifikation gewinnoptimaler Produktkonzepte („Conjoint+Cost-Ansatz", vgl. *Bauer et al.* 1994, S. 82 ff.). Die Simulationsergebnisse unterliegen jedoch Annahmen und besitzen nur Gültigkeit bezüglich der jeweils erhobenen Angebotsstruktur, die das Konkurrenzumfeld darstellt (*Büschken* 1994, S. 81 f.).

Hildebrandt (1994, S. 25 f.) macht jedoch darauf aufmerksam, dass bei hochgradigen Innovationen mit Hilfe der traditionellen Conjointanalyse zwar Erkenntnisse zur Produktgestaltung ableitbar sind, Marktpotenzialabschätzungen aufgrund der fehlenden Produkterfahrung der Befragten jedoch sehr unsicher sind. *Büschken* (1994, S. 85) geht sogar davon aus, dass bei hochgradigen Innovationen mangels stabiler Präferenzen der Conjointanalyse eine wesentliche Grundlage entzogen ist. *Backhaus und Stadie* (1998, S. 184) verweisen zur Akzeptanzabschätzung bei hochgradigen Innovationen auf die Methode „Information Acceleration" (siehe 4.3) und auf die Limit-Conjointanalyse, eine der nachstehend beschriebenen Varianten der Conjointanalyse.

6. Varianten der klassischen Conjointanalyse

Neben dem bisher dargestellten traditionellen Verfahren der Conjointanalyse sind moderne Verfahren entwickelt worden. Die wichtigsten sind die Choice-based-Conjointanalyse (manchmal auch noch Discrete-Choice-Analyse genannt), die Hybrid-Conjointanalyse und die Adaptive-Conjointanalyse (zu einem umfassenden Überblick alternativer Untersuchungsansätze siehe *Backhaus et al.* 2003, S. 595 ff.).

Wesensmerkmal der *Choice Based Conjointanalyse* (CBC) ist, dass Präferenzen als realitätsnähere Auswahlentscheidungen erhoben werden („Welches der beschriebenen Produktkonzepte würden Sie auswählen? Konzept 1, Konzept 2, Keines der beiden"). Dabei ist es also auch möglich, keinen der Stimuli zu akzeptieren – ein wesentlicher Realitätsvorteil gegenüber klassischen Verfahren. Die CBC eignet sich besonders gut für die Simulation von Marktreaktionen (*Backhaus et al.* 2003, S. 597 f.; *Weiber/Rosendahl* 1997, S. 114). Allerdings müssen CBC-Daten vor der Conjointanalyse über die Befragten aggregiert werden, während klassisch gewonnene auch auf der Ebene jedes einzelnen Befragten analysiert werden können.

Hybridmodelle (u. a. auch die *Adaptive-Conjointanalyse* ACA) kombinieren den dekompositionellen Ansatz der klassischen Conjointanalyse mit einem kompositionellen Ansatz. Dabei werden im kompositionellen Teil direkte Bewertungen der Wichtigkeit einzelner Produkteigenschaften sowie der Präferenz für die Ausprägungen der Merkmale erfragt. Im dekompositionellen Teil bewerten die Befragten Produktprofile. Die im ersten Schritt ermittelten Teilnutzenwerte der Merkmalsausprägungen werden den im dekompositionellen Teil den erhobenen kompositionellen Daten angepasst (*Green/Srinivasan* 1990, S. 11; *Teichert* 2000, S. 501).

Exemplarisch fasst nebenstehende Abbildung 4.66 die Ablaufschritte der ACA zusammen. Adaptiv bedeutet in diesem Zusammenhang, dass die individuellen Antworten des Probanden bei den nachfolgenden Fragen berücksichtigt werden, wodurch für jeden Befragten ein individuelles Erhebungsdesign erstellt wird. Vorteile der ACA sind die computergestützte oder sogar Online-Erhebung (vgl. *Dahan/Hauser* 2002, S. 336 ff.; *Dahan/Srinivasan* 2000, S. 99 ff.), die Verfügbarkeit entsprechender Software (Sawtooth), und besonders, dass ACA im Vergleich zur klassischen Conjointanalyse eine höheren Anzahl von Merkmalen (max. 30) und Merkmalsausprägungen (max. 9) ermöglicht (*Hartmann/Sattler* 2002, S. 7; *Schubert* 1995, Sp. 380). Dennoch gilt: Je höher die Anzahl an Merkmalen und Ausprägungen, desto stärker ist die Gefahr von Ermüdungseffekten seitens der Befragten (*Teichert* 2000, S. 502).

In der Praxis haben sich die modernen Varianten wie CBC und ACA besonders durchgesetzt (*Hartmann/Sattler* 2002, S. 4; *Wittink et al.* 1994, S. 51 f.; siehe *Backhaus et al.* 2003, S. 600; für eine vergleichende Bewertung unterschiedlicher Ansätze). Die nebenstehende Abbildung 4.67 zeigt die Ergebnisse einer Befragung von Marktforschungsinstituten in Deutschland, Österreich und der Schweiz (n = 224) hinsichtlich ihres Einsatzes der verschiedenen Verfahren (einen tabellarischen Überblick zur Conjointanalyse in wissenschaftlichen Beiträgen gibt *Voeth* 1999, S. 165 ff.). Insgesamt setzen $^2/_3$ der befragten Institute Conjointanalysen ein.

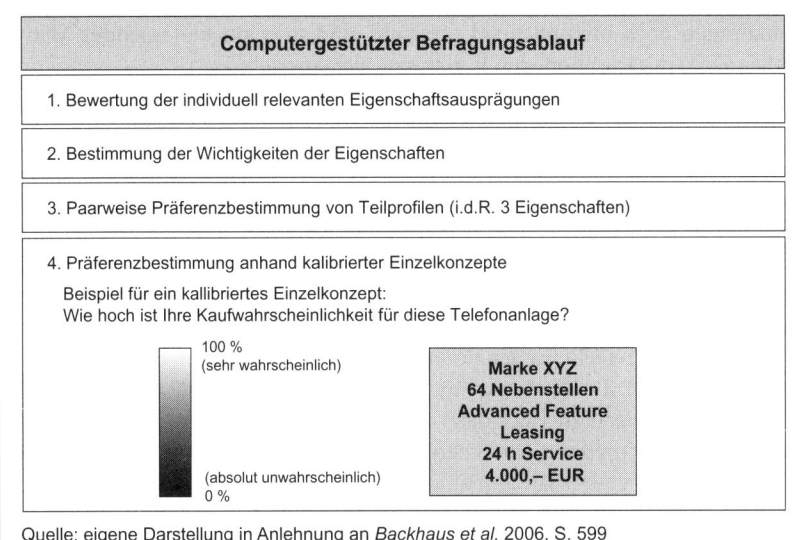

Quelle: eigene Darstellung in Anlehnung an *Backhaus et al.* 2006, S. 599

Abb. 4.66: Ablauf der Adaptiven-Conjointanalyse

	Traditionelle Conjointanalyse (n=24)	Choiced Based Conjointanalyse (n=56)	Adaptive Conjointanalyse (n=41)	Gesamt (n=121)
Produktentwicklung	61%	26%	61%	46%
Pricing / Preisfestigung	36%	75%	28%	48%
Segmentierung	41%	11%	22%	21%
Markenwahrnehmung	17%	10%	20%	16%

Quelle: *Hartmann / Sattler* 2002, S. 4

Abb. 4.67: Themenspezifischer Einsatz von Verfahren der Conjointanalyse

Am häufigsten wurde CBC angewendet (47 %), dann ACA (43 %), seltener die traditionelle Conjointanalyse (20 %). 75 % der CBC-Anwendungen wurden zum Pricing eingesetzt, nur 11 % zur Segmentierung, obwohl CBC dafür besonders gut geeignet ist. Anwendungsschwerpunkt traditioneller Conjointanalysen und von ACA ist die Produktentwicklung (*Hartmann/Sattler* 2002, S. 3 f.).

Neben den angesprochenen modernen Verfahren sind weitere Verfahrensinnovationen bzw. Conjointmodifikationen entwickelt worden (u. a. Customized Computerized Conjointanalyse (*Hensel-Börner/Sattler* 2000), Limit Conjointanalyse (*Voeth/Hahn* 1998), MaiK-Conjointanalyse (*Köcher* 1997). Eine auf multimedialen Stimuli basierende Limit Conjointanalyse empfehlen *Backhaus und Stadie* (1998, S. 186) bspw. zur Akzeptanzabschätzung bei hochgradigen Innovationen. Vergleiche zwischen diversen Varianten kommen nicht zu eindeutigen Ergebnissen (*Weiber/Rosendahl* 1997, S. 111). *Teichert* (2000, S. 502) bemerkt, dass kombinierte (dekompositionell-kompositionelle) Verfahren bezüglich der Güte ihrer Schätzungen noch unzureichend erforscht sind und ein umfassender Methodenvergleich mit traditionellen Verfahren noch aussteht.

Zusammenfassend: Die Conjointanalyse ist eine für das Innovationsmarketing höchst wertvolle und praktisch anerkannte Methodik. Die Kosten für Softwareprodukte und Personalschulungen bzw. die Beauftragung eines externen Marktforschungsinstitutes werden schnell aufgewogen von den damit begrenzbaren Risiken einer Innovation. Genaue Kenntnis der Leistungsfähigkeit und der Grenzen des Verfahrens sind aber Voraussetzung. Es bedarf auch eines gewissen Involvement der Befragten, sonst entsteht leicht ein „Schlampigkeitseffekt": Wenn das Involvement gering ist, dann leidet die Vorhersagevalidität der Conjointanalyse, u. a. weil sich die Befragten dann weniger mit den Stimuli beschäftigen, als mit Möglichkeiten, die Erhebung möglichst effizient zu absolvieren (*Strebinger et al.* 2000, S. 67). Daher eignet sich das Verfahren besonders für Produkte, die einem dem Ablauf der Erhebung ähnlichen Kaufentscheidungsprozess (intensive Bewertung relevanter Alternativen) unterliegen. Das gilt besonders für komplexere Produkte, weniger für Produkte, die durch habitualisiertes bzw. impulsives Kaufverhalten geprägt sind (*Büschken* 1994, S. 88; *Teichert* 2000, S. 507). Auf die Einschränkungen bei hochgradigen Innovationen wurde bereits hingewiesen.

Conjointbasierte Strategieentwicklung eines Herstellers von Motorsegelfliegern

Um die Marktpotenziale für eine angestrebte Produktausweitung zu erkunden und potenzielle Zielsegmente hinsichtlich ihrer unterschiedlichen Konsumentenanforderungen zu beschreiben, führte ein deutscher Hersteller von Motor-

		Ausprägung				
		1	2	3	4	5
Ausprägung	Crashsicherheit	10%	20%	30%	40%	50%
	Gleitzahl	41	42	43	44	45
	Preis	55.000 €	60.000 €	65.000 €	70.000 €	75.000 €
	Flügelkon-struktion	2-teilig (18m) IMG	3-teilig (18m) IMG			
	Design	Design A	Design B			
	Marke	Glaser Dirks	Schleicher	Schempp-Hirth	Stemme	

Quelle: *trommsdorff + drüner* 2006

Abb. 4.68: Eigenschaften und Ausprägungen des Conjoint-Designs

getriebenen Segelflugzeugen eine Primäranalyse durch. Hierbei wurde sie von der *TU Berlin* und der Unternehmensberatung *trommsdorff + drüner, innovation + marketing consultants GmbH* unterstützt. Im Rahmen der Untersuchung wurden die drei interessierenden Zielgruppen der Motorsegelflieger, der Segelflieger und der Motorflieger online-basiert mittels eines ACA-Ansatzes zu ihren Präferenzen befragt.

Auf Grundlage einer sekundäranalytischen Recherche, Gesprächen mit firmeninternen und -externen Fachleuten sowie Anwendern wurden die 15 konstituierenden Merkmale von Motor- und Motorsegelfliegern und die sechs definierenden Merkmale von Segelfliegern bestimmt und deren jeweilige Ausprägungen festgelegt.

Bei Segelfliegern waren dies folgende produktbeschreibende Eigenschaften und Ausprägungen, deren Attraktivität im Subsegment der Segelflieger mittels einer Adaptiven Conjointanalyse evaluiert wurde:

Ein Ergebnis der Conjoint-Analyse ist die Bestimmung der relativen Wichtigkeiten der untersuchten Produkteigenschaften, aus denen sich Entwicklungsschwerpunkte ableiten lassen. Für das Beispiel der Zielgruppe „Segelflieger" sind diese in Abbildung 4.69 dargestellt.

Des Weiteren resultieren aus der Conjointanalyse Nutzenpunkte für die untersuchten Produkteigenschaften. Nutzenpunkte sind eine Rechengröße, die einen Vergleich der Ausprägungen über verschiedene Eigenschaften hinweg ermöglicht. Beispielhaft seien die Nutzenpunkte der Preisausprägungen in Abbildung 4.70 auf der folgenden Seite gezeigt.

Auf Grundlage der Ergebnisse aus der Primäranalyse konnten Idealkonzepte für die drei untersuchten Zielgruppen abgeleitet, mit den zielgruppenstrategischen Überlegungen harmonisiert und als Entwicklungsempfehlungen formuliert

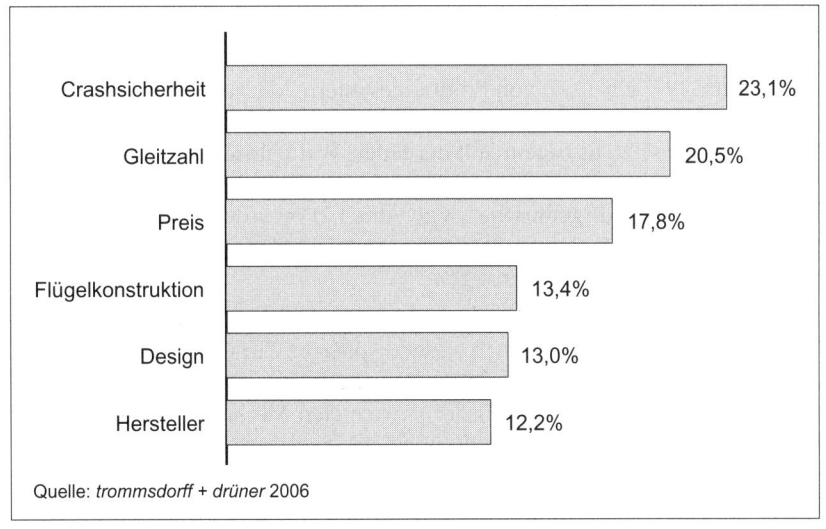

Abb. 4.69: Relative Wichtigkeiten der Eigenschaften

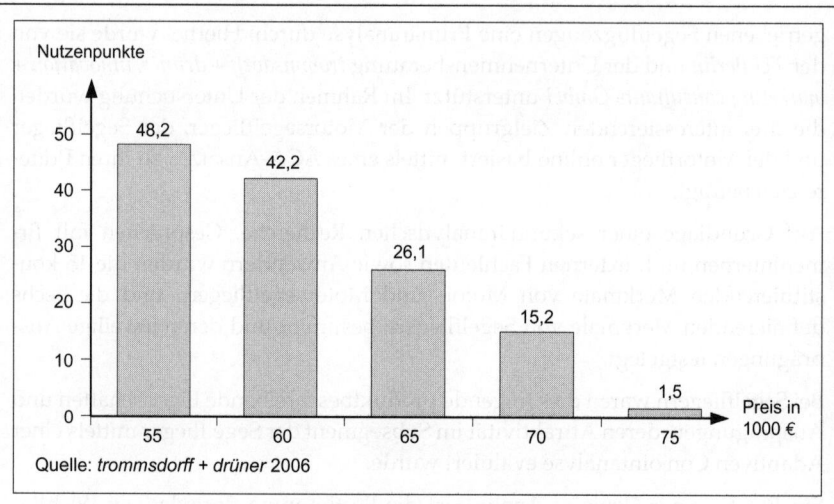

Abb. 4.70: Nutzenpunkte der Preisausprägungen

werden. Durch die Berücksichtigung der Preiskomponente im Rahmen der Analyse können alle Eigenschaftsausprägungen mit Preisbereitschaften hinterlegt werden: Beispielsweise beträgt die Zahlungsbereitschaft für die Erhöhung der Gleitzahl auf 45 in der Zielgruppe der Segelflieger 19.400 €. Eine Entscheidung, ob bestimmte Maßnahmen zu realisieren sind, kann so conjoint-analytisch unterstützt werden. Vereinfacht gefragt: Sind die aus einer Modifikation entstehenden Kosten größer oder kleiner als die Preisbereitschaft in den Zielgruppen?

Quelle:trommsdorff + drüner 2006

Quality Function Deployment (QFD)

Toyota hatte 1977 ein Team von Produktgestaltern, Marketingleuten und Fertigungsmitarbeitern zur Entwicklung einer innovativen PKW-Tür mit der QFD-Methodik eingesetzt. Es begann mit der Frage: Was wünschen die Kunden? Die Kundenanforderungen (u. a. „von außen leicht zu schließen", „kein Zuschlagen am Berg", „keine Fahrgeräusche", vgl. Abb. 4.71) wurden gebündelt und zu übergreifenden Kundeninteressen zusammengefasst (wie „Leichtes Öffnen und Schließen der Tür" und „Isolierung").

Die wörtlichen Aussagen der Kunden wurden beibehalten, um die tatsächlichen Meinungen möglichst realitätsnah widerzuspiegeln. Zur Gewichtung der Kundenanforderungen wurde die relative Bedeutung jedes Merkmales gemessen. Die „Aufstellung" (Deployment) der gewichteten Merkmale wurde um eine Liste vergleichender Kundenurteile über die ursprüngliche Toyota-Wagentür und die Türen anderer Autohersteller ergänzt.

Zur technischen Entwicklung sollten die Kundenanforderungen (die Westseite des Hauses zeigt die Eingänge in die Stockwerke = Zeilen einer Matrix) in tech-

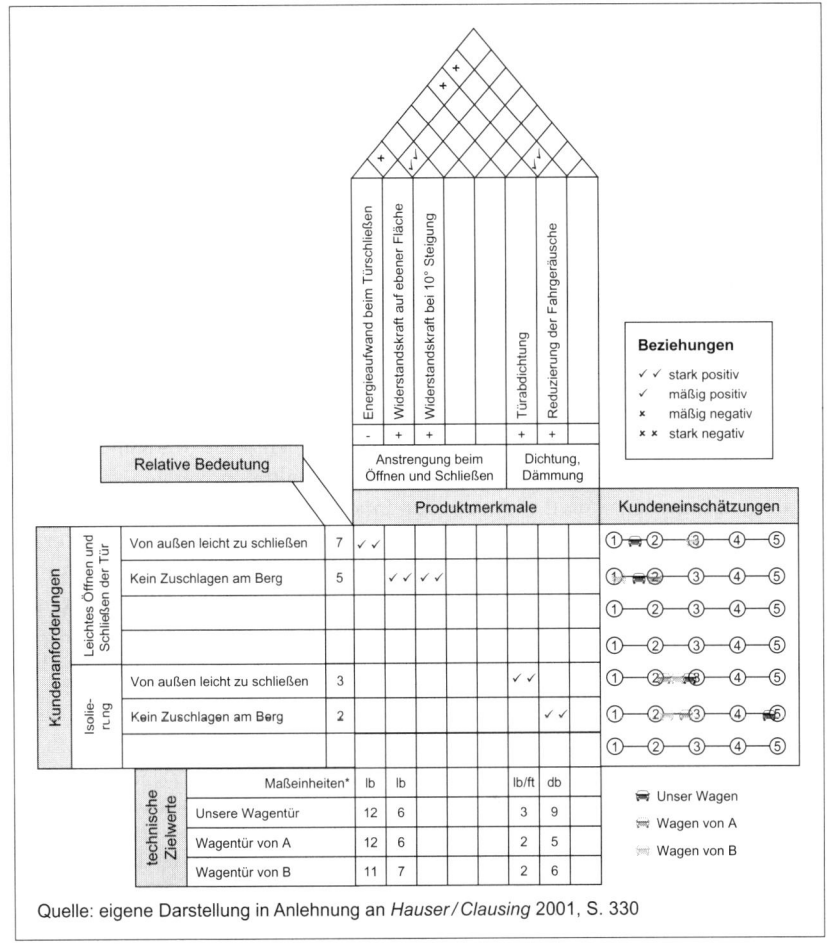

Quelle: eigene Darstellung in Anlehnung an *Hauser/Clausing* 2001, S. 330

Abb. 4.71: House of Quality für eine PKW-Tür

nische Produktmerkmale übersetzt werden (Spalten dieser Matrix), deren gegenseitige Einflüsse sollten geklärt und diese dokumentiert werden. Die Türdichtung in diesem Beispiel beeinflusste mehrere Kundenanforderungen („von außen leicht zu schließen", „dicht bei Regen", „keine Fahrgeräusche").

Diese Einflüsse fügte das interfunktionale QFD-Team in die Markt-Technik Beziehungsmatrix ein, Kernpunkt der Methodik und zentraler Baukörper des Hauses. Diese Matrix gab Aufschluss darüber, wie stark jedes Konstruktionsmerkmal der PKW-Tür jede Kundenanforderung beeinflusst. Die gegenseitigen Abhängigkeiten der technischen Produktmerkmale mussten natürlich auch beachtet werden und wurden in einer weiteren Matrix dokumentiert („Merkmale*Merkmale", hier Spalten*Spalten – darstellbar als Dach des Hauses). So machte eine veränderte Übersetzung des Fensterhebers zwar einen kleineren Motor und damit eine leichtere Tür möglich, jedoch wurde die Fensteröffnung/

-schließung dadurch langsamer. In vielen Fällen lieferte diese Matrix den Ingenieuren entscheidende Informationen, da sie nun die Vor- und Nachteile einer technischen Lösung gegeneinander abwägen konnten, ohne den Kundennutzen aus den Augen zu verlieren. Daraus konnte das Team Zielwerte festlegen. Dabei wurden Merkmale von Konkurrenzprodukten und Produktvorgängern einbezogen.

Quellen: Hauser/Clausing 2001

Entscheidenden Einfluss auf den Kundenutzen hat die wahrgenommene Qualität einer Innovation. Strenge Kontrollen können die Qualität technisch überprüfen, jedoch nicht die subjektive Qualitätswahrnehmung gewährleisten. Ein aus Japan stammender Ansatz will Qualität von vornherein, bereits bei der Planung der Innovation konsequent kundenorientiert berücksichtigen. Zwar kann Qualität objektiv gemessen werden, letztlich ist aber die Qualitätswahrnehmung des Kunden für den Markterfolg einer Innovation entscheidend. So ist Qualität zu verstehen als subjektiv wahrgenommene relative Eignung der Innovation für die Kundenproblemlösung. Im Zentrum steht die von Zielkunden wahrgenommene Eignung und erst sekundär, auf dem Weg dahin, die technische Perfektion bei deren Realisierung (angelehnt an *Dichtl* 1991, S.149). Die im Folgenden dargestellte Methode Quality Function Deployment QFD fokussiert beides, indem sie Kundenanforderungen in technische Produktmerkmale übersetzt und daraus Teile-, Prozess- und Produktionsanforderungen ableitet (*Hauser/Clausing* 2001, S.317).

Quality Function Deployment

Eine Methode zur konsequent kundenorientierten Umsetzung des Innovationsprozesses ist Quality Function Deployment für Produktverbesserungen und Neuproduktentwicklungen. QFD erzielt, dass die „Stimme des Kunden" (*Griffin/Hauser* 1993) in „die Sprache der Ingenieure" übersetzt wird, von der Konzeptentwicklung bis zur Fertigung (*Kamiske et al.* 1994, S.182f.). Über eine hierarchisch vom ganzen Produkt über seine Komponentensysteme und Teile bis in die feinste Fertigungsstufe reichende Kette von Matrizen („Houses") werden die eingangs aufgenommenen Kundenanforderungen immer weiter heruntergebrochen (in technische Vorgaben übersetzt) – von den gewünschten Produkteigenschaften bis hinunter zu entsprechenden Anforderungen an die Produktion. Dieses Ziel wird durch drei parallele Ansätze verfolgt (*Saatweber* 1997, S.14):

1. Begeisterung von Kunden durch absolut kundenorientierte Produktentwicklung.
2. Intensive interfunktionale Zusammenarbeit (insbesondere zwischen Marketing und F&E) durch offene Kommunikation und Information sowie durch klar abgestimmte und messbare Ziele.
3. Optimierung der Prozesskette und Verkürzung der Entwicklungszeiten (time to market) durch Ausschöpfung von Expertenwissen und durchgängiges Qualitätsmanagement.

品質	机能	展開
Hin Shitsu	Ki No	Ten Kai
Quality	**Function**	**Deployment**
Qualität Merkmale Attribute Gütekennung	Funktion Mechanisierung Tätigkeit	Verteilung Diffusion Entwicklung Evolution

Quelle: *Saatweber* 1997, S. 8

Abb. 4.72: Japanischer Begriffsursprung von QFD

Entwickelt wurde QFD in Japan und dort 1972 erstmals im großen Stil von Mitsubishi beim Bau von Kriegsschiffen angewandt. Mitte der 80er Jahre wurde QFD in den USA eingeführt und Ende der 80er Jahre auch in Deutschland (z. B. bei Agfa, Bosch, Ford, Siemens und Volkswagen). Der ursprünglich militärische Begriff „Deployment" (Aufstellen der Truppen) steht für das Zusammenführen aller am Innovationsprozess beteiligten Disziplinen, „Quality" und „Function" stehen für die konsequente Qualitätsorientierung aller Funktionen (*Saatweber* 1998, S. 1; vgl. auch Abb. 4.72).

QFD besteht normalerweise aus vier Phasen (*Saatweber* 1998, S. 9 ff.; *Raghavan/ Chuan* 2004; vgl. auch Abb. 4.73), die jeweils auf der Priorisierung einzelner technischer Produktmerkmale basieren:

1. Konzept-/Qualitätsentwicklung: Umsetzung der Kundenanforderungen in technische Merkmale des Endprodukts, also Verknüpfung der Kundenanforderungen mit technischen Lösungen.
2. Teile-/Konstruktionsplanung: Kritische Produktmerkmale bedürfen vertiefter Untersuchungen nach Bauteilen und Baugruppen. Für die Teile- und Konstruktionsplanung werden kritische Teile mit ihren Parametern bestimmt und optimale Entwicklungskonzepte ausgewählt.
3. Prozessplanung: Kritische Teilemerkmale gehen in die Prozessplanung ein. In dieser Phase werden Prozesscharakteristika und Prozesszielwerte entwickelt und festgelegt.
4. Verfahrensplanung: Für kritische Prozessmerkmale erfolgt eine detaillierte Verfahrensplanung. Hier werden Produktionsverfahren im Detail beschrieben und Produkt- und Prozessparameter, in Arbeits- und Prüfplänen festgelegt.

Wie aus Abbildung 4.73 auf der folgendenden Seite zu ersehen, werden alle vier Teilphasen von QFD durch phasenspezifische „Häuser" begleitet. Diese kon-

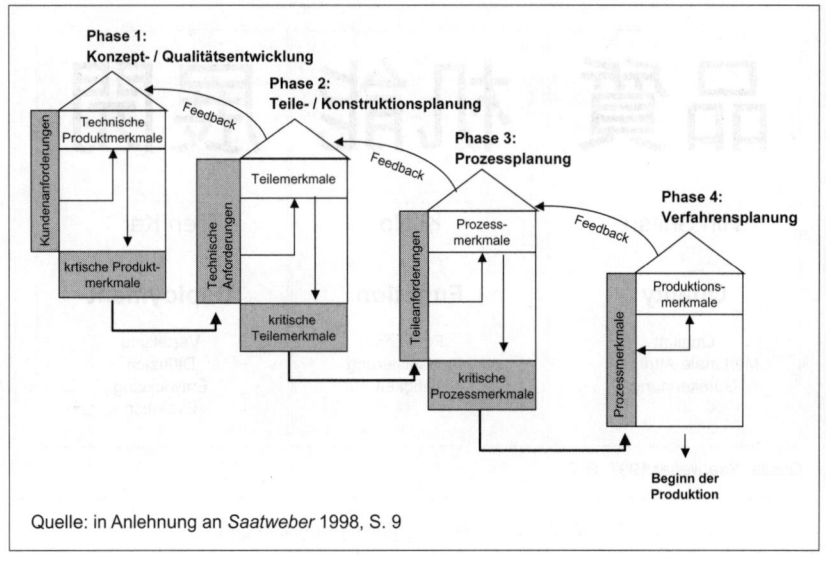

Quelle: in Anlehnung an *Saatweber* 1998, S. 9

Abb. 4.73: Vier Phasen der QFD-Methode

zeptionellen Übersichtsmatrizen zeigen funktionsübergreifende Planungs- und Informationsaustauschprozesse und dienen deren Steuerung. Aus Innovations-marketing-Sicht steht im Zentrum von QFD die Integration von Kundenbedürf-nissen in den Planungsprozess. Deshalb erläutern wir die erste Phase genauer, die Konzept-/Qualitätsentwicklung mittels des House of Quality (vgl. Abb. 4.74; *Saatweber* 1998, S. 13 ff., *Kamiske et al.* 1994, S. 184 ff.).

Zunächst muss die „Stimme der Kunden" durch geeignete Marktforschungs-methoden eruiert werden („WAS-Forderungen": Was fordern die Kunden?).

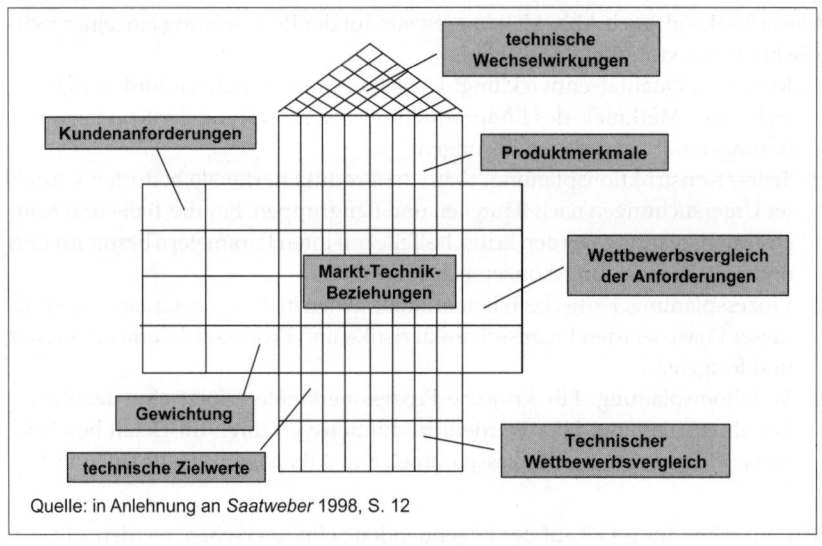

Quelle: in Anlehnung an *Saatweber* 1998, S. 12

Abb. 4.74: Das House of Quality im QFD

Der Erhebung und Analyse der Kundenanforderungen sind die nachstehenden Abschnitte gewidmet. QFD unterscheidet zwischen Kundenanforderungen und (technischen) Produkteigenschaften. Kundenanforderungen stellen im Gegensatz zu Produkteigenschaften noch keine spezifische Lösung dar (z. B. ein bestimmter TFT-Bildschirm), sondern beschreiben das Kundenproblem bzw. das Kundenbedürfnis (z. B. wie ein Bild auf dem Bildschirm dargestellt sein soll). Dadurch wird die Produktentwicklung nicht vorschnell auf eine vermeintlich optimale Lösung beschränkt, vielmehr wird Spielraum für kreative, kundenorientierte Lösungen bewahrt (*Griffin/Hauser* 1993, S. 4). So beruhte etwa die Entwicklung des Airbag auf der Kundenanforderung „Schutz vor Verletzungen bei Verkehrsunfällen", zu deren Erfüllung Techniker die Produkteigenschaft „in das Armaturenbrett integrierter Sack" entwickelten (*Fillip* 1997, S. 264).

Kundenanforderungen können auf unterschiedliche Weise erhoben werden. Weit verbreitet sind qualitative Methoden wie Tiefeninterviews und Fokusgruppen (*Griffin/Hauser* 1993, S. 6). Der Ansatz „Voice of the Customer" (*Gustafsson/Huber* 2000, S. 188 f.; aufbauend auf *Konno* 1994 und *Ono* 1994) stellt besonders auf die Verwendungssituation des Produktes ab. Ausgewählte Zielkunden werden in ihre Kauf- und Konsumwelten versetzt und über Tiefeninterviews gefragt: „Wer verwendet was (welches Produkt), wo, weshalb und wie?". Als Ergebnis erhält man die „Voice of the Customer"-Tabelle. Sie enthält die der Means-End-Theorie (vgl. *Trommsdorff* 2004 a, S. 94 f.) entsprechenden Nutzenaussagen (siehe folgende Abb. 4.75 exemplarisch für Sportschuhe). Die über ver-

Kundeneigenschaften		Männlich, 25 Jahre
Verwendung	wer	Student
	was	Jogging
	wann	2 Stunden pro Woche, 2- bis 3-mal täglich
	wo	im Wald, in der Stadt
	warum	gut für meine Knie, andere Schuhe nicht verschmutzen
	wie	zum täglichen Gebrauch
„Voice of the Customer"	Aussagen	„Ich verwende meine Schuhe zum Jogging und zum Laufen mit dem Hund im Wald." „Meine Schuhe sollten bequem zu tragen und von geringem Gewicht sein."
	Unformulierte Aussagen	• Schuhe, die vor Verletzungen schützen. • Ich ziehe meine Schuhe bei jedem Wetter an. • Ich möchte Schuhe, die bequem zu tragen sind. • Ich verwende die Schuhe für unterschiedliche Anlässe.
Relevante Kundenanforderungen		• gutes Absorbieren von Erschütterungen • für alle klimatischen Gegebenheiten geeignet • Schuhe, die bequem sind • gute Jogging-Schuhe • gute Wanderschuhe

Quelle: eigene Darstellung in Anlehnung an *Gustaffson/Huber* 2000, S. 189

Abb. 4.75: Voice of the Customer – Beispieltabelle für Sportschuhe

schiedene Interviews generierten Kundenanforderungen sind Ausgangspunkt der weiteren Prozessschritte der QFD-Methode.

Griffin und Hauser (1993, S. 7) machen auf die Kosten solcher Kundenanforderungs-Erhebungen aufmerksam. 30 Interviews führen zu direkten Kosten von 10.000 bis 20.000 US $, aber die professionelle Durchführung und Auswertung erfordert zusätzlich ca. 250 Personenstunden. Damit ergeben sich bei angenommen 100 US $ pro Personenstunde insgesamt Kosten von 30.000 bis 60.000 US $ für dreißig ausgewertete Interviews als QFD-Marktforschungsinput.

Neben qualitativen Befragungen scheinen Conjointanalysen zur Erhebung der Kundenanforderungen prädestiniert zu sein, zumal dabei realitätsnahe Trade-Off-Entscheidungen verlangt werden (siehe Toolkasten oben in diesem Kapitel). Ein Problem bei der conjointanalytischen Erhebung ist die Vorgabe von Produkteigenschaften, da so die Unterscheidung von Kundenanforderungen (QFD-Input) und Produkteigenschaften (QFD-Output) aufgegeben wird und da auch tendenziell zu wenig Eigenschaften berücksichtigt werden. Dadurch kann die technische Kreativität für neue Problemlösungen unerwünscht eingeschränkt werden. Auch können aus Kundensicht relevante Anforderungen übersehen werden. *Pullman et al.* (2002, S. 363) empfehlen deshalb Kombinationen von Conjointanalysen und qualitativen Interviews.

Die ermittelten relevanten Kundenanforderungen finden Eingang in die eigentliche Matrix über den „Westflügel" des House of Quality, der die Zeilen der Matrix als Vorspalte definiert, gewichtet nach Relevanz für die Kunden. Die Gewichtungen liefern Rating-Skalen oder die Conjointanalyse, aufgeführt in einer zweiten „westlichen" Vorspalte. Die Spalten des zentralen Teils des Hauses, der eigentlichen Matrix, beinhalten die Umsetzungen der Kundenanforderungen in technische Produktmerkmale („WIE-Merkmale": Wie sollen die Kundenwünsche erfüllt werden?), also Übersetzungen der Kundenanforderungen in die Sprache des Ingenieurs. Das „Dach des Hauses" verknüpft diese Produktmerkmale untereinander, um die technischen Wechselwirkungen abzubilden, also um positive und negative Zusammenhänge, Synergien und Unverträglichkeiten zu artikulieren, die bei der Produktentwicklung zu beachten sind. Negative technische Wechselwirkungen zu studieren, stimuliert Kreativität für technologische Innovationen, auch für radikale Innovationen: Nach TRIZ-Befunden gehen viele technologische Durchbruchsentwicklungen auf aufgehobene technische Widersprüche zurück (*Shen et al.* 2000, S. 97; zu TRIZ vgl. 4.2).

Kern des House of Quality ist die (eigentliche) Matrix der Markt-Technik-Beziehungen. Sie beschreibt die Übersetzungen von Kundenanforderungen in technische Produktmerkmale. Der Unterstützungsgrad der WAS durch die WIEs wird in den Zellen der Matrix ausgedrückt, z. B. wie stark wird die Kundenanforderung 1 durch das Produktmerkmal 4 unterstützt. Im „Ostflügel" werden etablierte Produkte hinsichtlich ihrer Ausprägungen der Kundenanforderungen als Stärken-Schwächen-Profil dargestellt (Wettbewerbsvergleich der Anforderungen). Damit sollen Positionierungslücken auf Anforderungsmerkmalen erkannt und Vergleiche bestehender Angebote zum neuen Produkt ermöglicht werden. Im „Keller" des Hauses wird die Umsetzung der Markt-Technik-Beziehungen in technische Zielwerte abgebildet sowie ein technischer Wettbewerbs-vergleich. Diese Daten zeigen technische Kapazitäten und Lösungswege der Wettbewerber auf.

Die Arbeitsschritte, die zur Erstellung des House of Quality nötig sind, werden in interfunktionalen Teams durchgeführt. Danach selektiert das QFD-Team kritische Produktmerkmale, die in Phase 2 (Teile-/Konstruktionsplanung) weiter analysiert und geplant werden. Selektiert wird nach den Kriterien (1) Korrelation zu den wichtigsten Kundenanforderungen, (2) Chancen im Wettbewerbs-vergleich, (3) Korrelation mit anderen technischen Kriterien (Dach des Hauses) (4) technischer und (5) finanzieller Realisierbarkeit (*Saatweber* 1998, S. 15 f.).

Die vier vertikal miteinander verbundenen QFD-Häuser sorgen für Kundenori-entierung über alle Abschnitte der Innovationsentwicklung und -fertigung hin-weg (*Hauser/Clausing* 2001, S. 335). Das Dokumentationsmaterial für die Häuser erleichtert die interfunktionale Kommunikation und Konsensbildung (siehe Abb. 4.76). Voraussetzung zur erfolgreichen Umsetzung von QFD sind die fach-kompetente, sozialkompetente und crossfunktionale Zusammensetzung des Teams, professionelle Schulungen, nachhaltige Unterstützung durch das Mana-gement und Beseitigung interner Barrieren zwischen Entwicklung, Marketing und Fertigung (*Saatweber* 1997, S. 205; *Vonderembse/Raghunathan* 1997, S. 269 f.).

QFD kann (außer mit der Conjointanalyse) auch mit weiteren Methoden kom-biniert eingesetzt werden. *Total Quality Deployment*(*Orlowski/ Radtke* 1996, S. 1288 ff.) erweitert die Methode zur Verbesserung bestehender Produkte durch Integration von Kundenzufriedenheitsdaten (siehe auch *Adiano/Roth* 1994, S. 25 ff. zum *dynamischen QFD* entlang des Lebenszyklus einer Produktes). Auf Basis des *Kano-Modells* können die Kundenanforderungen und deren Gewich-tungen nach Basis-, Leistungs- und Begeisterungsanforderung en systematisiert werden (*Shen et al.* 2000, S. 95; *Matzler/Hinterhuber* 1998, S. 26 ff.; zum Kano-Modell vgl. 4.1.2.3.1). Darüber hinaus können quantitative Methoden wie *Fuzzy*

Vorteile	Nachteile
• Verbesserte interfunktionale Kommunikation	• Zeit- und Kostenaufwand
• Organisationale Lernprozesse	• Erheblicher Schulungs- und Trainings-aufwand für das QFD-Team
• Reduzierung der Produktentwicklungs-kosten	• Erhöhter Kommunikationsaufwand zwischen den Abteilungen bzw. im crossfunktionalen Team
• Reduzierung der Dauer des Innovationsprozesses (time to market)	• Der Einsatz von QFD beschränkt sich in der Praxis häufig auf das erste Haus (House of Quality)
• Verbesserte Produktqualität	
• Erhöhte Kundenzufriedenheit durch systematische Kundenorientierung	• Das House of Quality kann sehr umfangreich und komplex werden

Quellen: *Boucherau/Rowlands* 2000 S. 12; *Griffin/Hauser* 1993 S. 6; *Vonderembs/Raghuna-than* 1997 S. 261 ff.

Abb. 4.76: Vor- und Nachteile von Quality Function Deployment

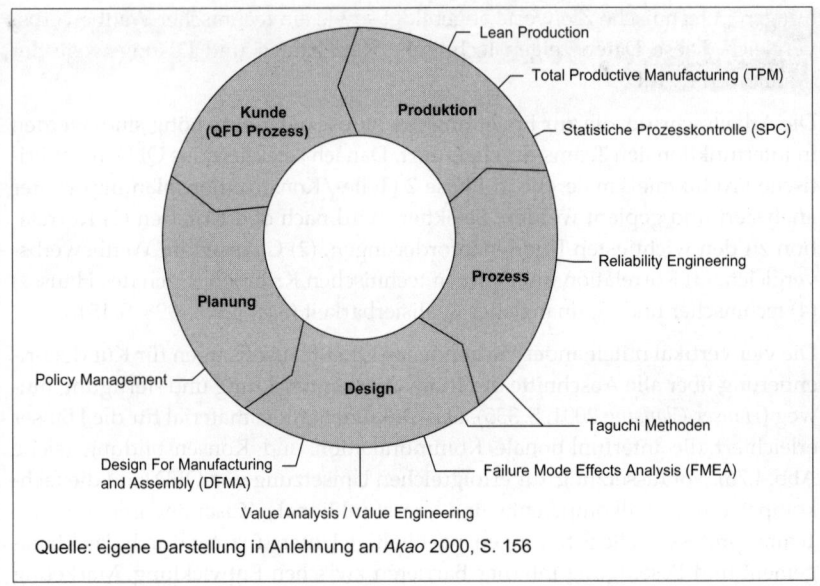

Quelle: eigene Darstellung in Anlehnung an *Akao* 2000, S. 156

Abb. 4.77: Integrierter Methodeneinsatz im Innovationsprozess von Chrysler

Logic und *Artificial Neural Networks* (ANN), verschiedene Qualitätsmanagementmethoden wie *Taguchi-Methoden* und *FMEA* (Failure Mode and Effect Analysis) sowie *entscheidungstheoretische Modelle* unterstützend bzw. kombiniert mit QFD eingesetzt werden (*Bouchereau/Rowlands* 2000, S. 12 ff.; *Delano et al.* 2000, S. 606 ff.). Abbildung 4.77 zeigt exemplarisch den *Concurrent Engineering* Entwicklungsprozess von Chrysler, der auf dem integrierten Einsatz von QFD mit Methoden des Prozess- und Qualitätsmanagements basiert (*Akao* 2000, S. 156; zum Concurrent Engineering siehe 3.6).

Die Chancen von QFD fasst Frau *Saatweber* (1997, S. VIII) im Vorwort von „Kundenorientierung durch Quality Function Deployment" treffend zusammen: „Nutzen Sie liebe Leserin, lieber Leser, die Chancen, die Ihnen QFD bietet und widerlegen Sie die japanische Prognose, die lautet: ‚Im nächsten Jahrhundert werden die Amerikaner den Weizen, die Europäer die Antiquitäten und die Asiaten High-Tech verkaufen.'"

Neben der Erfüllung von Kundenanforderungen bzw. der Produktqualität ist für die Kaufentscheidung der Preis mehr oder weniger entscheidend. Gestiegenes Preisbewusstsein in vielen Märkten bewirkt, dass bei der Produktentwicklung die Frage: „Was wird das Produkt kosten?", also eine an der Objektivität von Technik und Wirtschaft orientierte Frage, durch die Frage ersetzt wird: „Was darf das Produkt kosten?", eine an der Subjektivität der Zielkundenvorstellungen orientierte Frage.

Diese Frage muss jedenfalls früh gestellt werden: Ein Großteil der Produktkosten (manche Schätzungen behaupten 70–80 %) werden in frühen Phasen der Wertschöp-

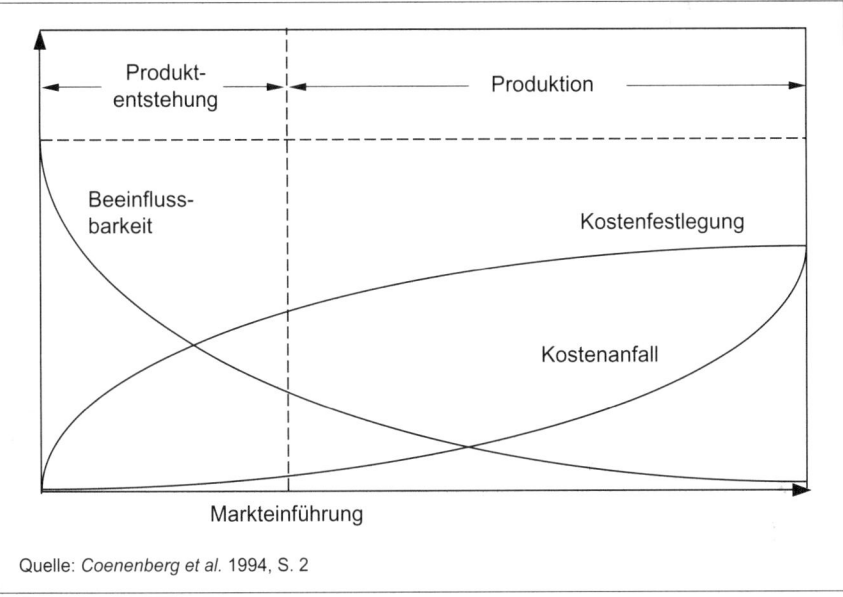

Abb. 4.78: Festlegung, Entstehung und Beeinflussbarkeit der Kosten im Produktlebenszyklus

fungskette (F&E und Konstruktion, also in den Kernphasen des Innovationsprozesses) festgelegt, so dass zur Kostensenkung in der Produktionsphase nur wenig Spielraum verbleibt (*Serfling/Schultze* 1996, S. 29; vgl. Abb. 4.78).

Um als Unternehmen wettbewerbsfähig zu bleiben, muss schon in ganz frühen Phasen des Innovationsprozesses die Kostensteuerung eingreifen, damit man den Zielkunden ein anforderungsgerechtes Produkt zu einem akzeptablen Preis anbieten kann. *Target Costing*, ein systematisches, auf Preisakzeptanz gerichtetes, strategisches Kostenmanagementprinzip, wird im folgenden Toolkasten vorgestellt.

Target Costing bei Audi

1989 war Audi einer der ersten deutschen Anwender von Target Costing im Innovationsprozess. Anlass für die Einführung war die Verschärfung des Wettbewerbs in der Branche in den 80er Jahren und damit der Zwang, Dauer und Kosten der Entwicklungsprozesse zu verkürzen. Zunächst wurden die zu erreichenden Zielsegmente und darauf aufbauend der am Markt erzielbare Preis festgelegt – aus Marktinformationen und Vergleichswerten aus der Vergangenheit (Vorgängermodelle). Die Aufspaltung der Gesamtkostenvorgabe erfolgte stufenweise, wobei die Aufteilung zunächst auf die einzelnen Hauptbaugruppen (Fahrwerk, Motor/Getriebe, Karosserie) und anschließend auf die verbleibenden Produktebenen heruntergebrochen wurde. Bis zum Serieneinsatz wurden diese Targets durch kontinuierliche Verbesserungen umgesetzt.

Quelle: Heßen/Wesseler 1994, S. 150 f.

Target Costing

Target Costing wurde (wie auch QFD, siehe Toolkasten oben) in Japan entwickelt und wird dort seit den 70er Jahren erfolgreich eingesetzt. Toyota nahm auch hier eine Führungsrolle ein, indem 1965 das später als Target Costing bekannt gewordene Konzept „genka kikaku" entwickelt wurde (*Horváth et al.* 1993, S. 3). Man bediente sich allerdings altbekannter Prinzipien. So hatte Volkswagen schon in den dreißiger Jahren bei der Entwicklung des Käfers den Verkaufspreis von Anfang an kundenorientiert auf maximal 990 Reichsmark festgelegt (*Bullinger et al.* 1997, S. 1). Neu bei Target Costing war die systematische und ganzheitliche Herangehensweise.

Target Costing verbindet die konsequente Ausrichtung der Gestaltung von Produktfunktionen an den Bedürfnissen des Marktes mit der Notwendigkeit der Senkung der Produktkosten in den frühen Phasen der Wertekette, also den Innovationsphasen. Ziele des Target Costing sind (1) strategisch marktorientierte F&E, (2) dynamisches Kostenmanagement von Beginn des Innovationsprozesses an und (3) Motivation zum Total Quality Management durch Orientierung an Marktbedürfnissen anstelle abstrakter Zielvorgaben.

Wichtigstes Charakteristikum des Target Costing ist die *Kundenorientierung als Ausgangspunkt der Preisfindung*. Nicht die technologischen Möglichkeiten, sondern der maximal von den Zielkunden in Abhängigkeit von bestimmten Produktfunktionen akzeptierte Preis soll die Produktentwicklung steuern. Dabei soll von kostenwirksamen Technologie- und Verfahrensstandards des innovierenden Unternehmens zunächst abgesehen werden, um Freiheitsgrade der Kostensteuerung zu gewinnen. Ressourcen sollen nur gemäß den Kundenanforderungen eingesetzt, Kosten nur dort verursacht werden, wo ihr Einsatz Kundennutzen bringt (*Seidenschwarz* 1993, S. 80 f.).

Target Costing verbindet die technische Seite der Produktentwicklung mit der betriebswirtschaftlich-quantitativen Seite der Kennziffernsteuerung. Target Costing dokumentiert während des Entwicklungsprozesses die Konsequenzen der Umsetzung technischer Produktanforderungen auf Absatz- und Kostenziele. Da die Produktenwicklung an den Kundenanforderungen ausgerichtet ist, wird eine vom Markt nicht gewünschte, zu starke Technologieorientierung („overengineering") vermieden (*Horváth et al.* 1993, S. 7, vgl. auch 2.2.2.4).

Das Prinzip des Target Costing kann entlang der Prozessschritte verdeutlicht werden (vgl. u. a. *Horváth et al.* 1993, S. 11 ff., *Listl* 1998, S. 101 ff.):

1. *Festlegung der Gesamtzielkosten (Target Costs)*
   Target Costing beginnt mit der Beschaffung von Marktdaten: Informationen über die Preisbereitschaft und die Anforderungen der Zielkunden an die Innovation („market into company"-Ansatz; zu Methoden der Zielkostenbestimmung siehe *Seidenschwarz* 1993, S. 199). Zur Erhebung dieser Daten eignet sich wiederum besonders die *Conjointanalyse*. Die Preisbereitschaft wird hier ermittelt, indem präferierte Preisstrukturen von Zielkunden in Abhängigkeit von Ausprägungen relevanter Produkteigenschaften erhoben werden (siehe Toolkasten Conjointanalyse).

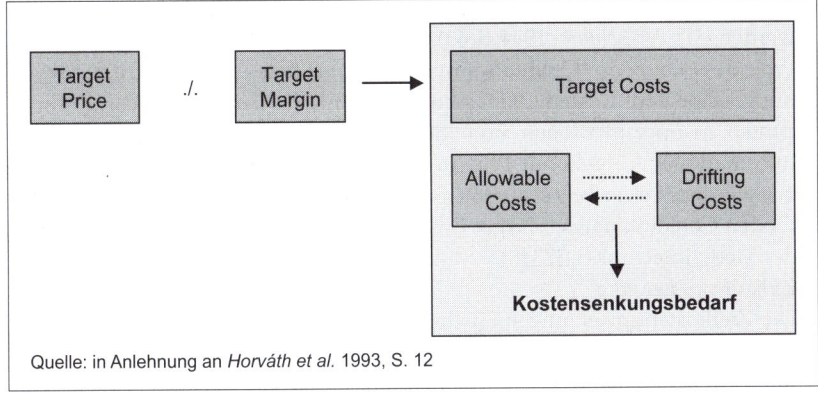

Quelle: in Anlehnung an *Horváth et al.* 1993, S. 12

Abb. 4.79: Das Grundprinzip der Zielkostenfestlegung

Die Preisbereitschaft der Kunden für ein Produktkonzept bildet den *Target Price* und setzt sich aus der *Target Margin* (gewünschter Gewinn) und den *Target Costs* zusammen (vgl. Abb. 4.79). Die Target Costs sind die Gesamtzielkosten der Innovation, in der Regel ein Kompromiss zwischen den aufgrund von Kundenanforderungen und Wettbewerbsbedingungen höchstens zulässigen Kosten (*Allowable Costs*) und den bei Aufrechterhaltung der gegenwärtigen Technologie- und Verfahrensstandards erreichbaren Plankosten (*Drifting Costs*). Das sind zum jeweiligen Zeitpunkt gerade realisierbare, in der Regel zu hohe, Herstellkosten. Sie dienen der Ermittlung des Kostensenkungsbedarfs. Die Festlegung der Target Costs ist in der Regel ein iterativer Prozess des „Kostenknetens" (*Serfling/Schultze* 1996, S. 30; *Seidenschwarz* 1993, S. 116 ff.).

2. *Aufspaltung der Gesamtzielkosten auf Produktkomponenten und -teile* (Zielkostenspaltung)

Wenn realisierbare Target Costs festgelegt sind, werden die Zielkosten der Produktkomponenten und -teile bestimmt. Grundsätzlich werden dabei zwei Methoden unterschieden, die Komponenten- und die Funktionsmethode. Die *Komponentenmethode* verteilt die Zielkosten unter Bezugnahme auf Referenzprodukte direkt auf die Komponenten und Teile des neuen Produkts. Sie ist wegen der nötigen Referenzmaßstäbe nur für Produktmodifikationen geeignet (*Horváth et al.* 1993, S. 13).

Bei der *Funktionsmethode* bilden die Nutzenbeiträge der Produktfunktionen aus Sicht der Kunden (ermittelt mit Conjointanalysen) den Ausgangspunkt der Zielkostenspaltung. Die Zielkosten des Gesamtprodukts werden zuerst auf die kundenrelevanten Produktfunktionen gemäß deren Nutzenwerte aufgespalten. In den Folgeschritten werden die Zielkosten auf die zur Erfüllung der Produktfunktionen notwendigen Produktkomponenten und -teile heruntergebrochen. Die Zielkosten einer Komponente werden also anhand des Beitrags festgelegt, den diese zur Erfüllung der vom Kunden gewünschten Funktionen leistet. Insgesamt soll somit die Ausrichtung an den Kundenbedürfnissen auf allen Produktebenen sichergestellt werden.

Methodische Grundlage ist eine Komponenten/Funktionenmatrix, in der alle Produktkomponenten/-teile den Kundenanforderungen gegenübergestellt werden. Die Systematik der Zielkostenspaltung kann durch QFD verbessert werden (*Fischer/Schmitz* 1994, S. 63). Ergebnisse der Phase 1 und 2 eines QFD-Projektes (Konzept-/Qualitätsentwicklung und Teile- und Konstruktionsplanung, siehe Tool-Kasten QFD) sind die technische Umsetzung von Komponenten in Spezifikationen und ihre Gewichtung aus Kundensicht. Diese Informationen können zur Präzisierung der Zielkostenspaltung herangezogen werden (*Coenenberg et al.* 1997, S. 385 f.; zum kombinierten Einsatz der Methoden Conjointanalyse, Target Costing und QFD siehe sein Fallbeispiel aus der Medizintechnik S. 373 ff.).

3. Zielkostenumsetzung

Die Zielkostenumsetzung folgt dem Ziel einer konsequenten Ausrichtung der Produktkonzeption und -entwicklung an den Target Costs. Unter anderem durch *Kostenforechecking* können, basierend auf der aktuellen Ist-Planung, die zu erwartenden Herstell- und Lebenszykluskosten des Produktes bzw. der Produktkomponenten geschätzt werden. Anschließend werden die Zielkosten den aktuellen (geschätzten) Kosten gegenübergestellt (*Serfling/Schultze* 1996, S. 37, *Listl* 1998, S. 103).

Ein *Zielkostenkontrolldiagramm* stellt die Kosten- und Nutzenbeiträge einzelner Produktkomponenten gegenüber (vgl. Abb. 4.80). Die Kostenbeiträge entsprechen den Anteilen der Komponenten an den zum jeweiligen Zeitpunkt (geschätzten) realisierbaren Kosten. Die Winkelhalbierende entspricht der idealen Zielkostenspaltung, da hier die Nutzenanteile exakt den Kostenanteilen der Komponenten entsprechen.

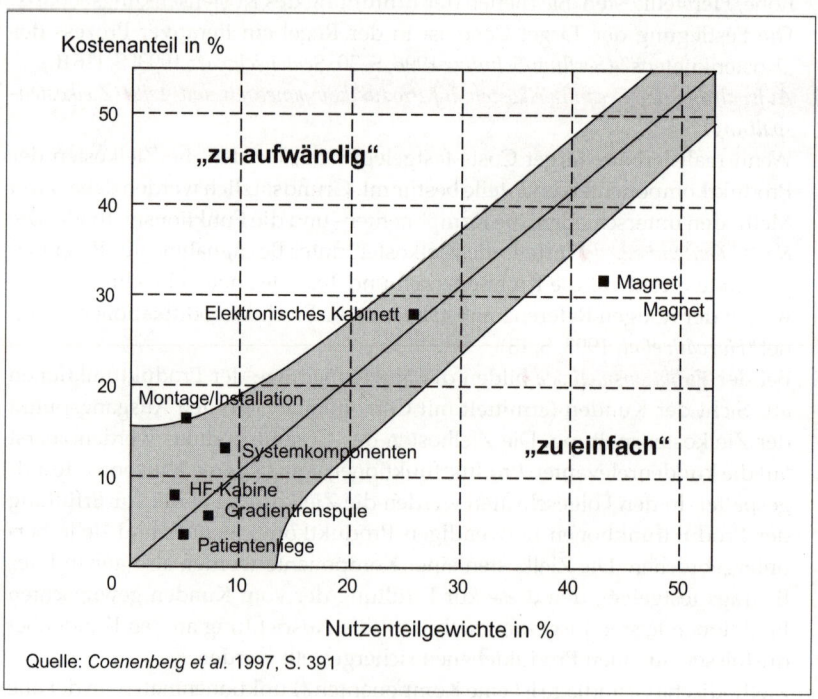

Quelle: *Coenenberg et al.* 1997, S. 391

Abb. 4.80: Exemplarisches Zielkostenkontrolldiagramm

Befinden sich die Punkte außerhalb eines Toleranzbereiches, so sind je nach Abweichungsrichtung Kostenreduktionen oder die Verwirklichung eventuell noch nicht berücksichtigter Zielkundenwünsche zur Wertsteigerung des Produkts notwendig. So ist bspw. die „Montage/Installation" eines medizintechnischen Diagnosegerätes (vgl. Abb. 4.80) zu aufwändig gestaltet, was aufgrund des Toleranzbereiches jedoch noch als vertretbar angesehen werden kann. Die Komponente „Magnet" hat hingegen einen größeren Nutzen- als Kostenanteil, so dass sie bezüglich ihrer kundengerechten Ausführung überprüft werden sollte (*Coenenberg et al.* 1997, S. 390 f.).

Eine iterative Überprüfung und Anpassung des Zielkostenkontrolldiagramms unterstützt die kundenorientierte Suche und Nutzung von Kostensenkungspotenzialen. Das heißt, mit jeder Maßnahme wird proaktiv versucht, die Weichen möglichst frühzeitig auf Zielkostenerreichung zu stellen (Listl 1998, S. 103 f.). Flankierende Ansätze zur durchgängigen Kostenreduktion sind z. B. Kaizen Costing (Kostensenkung durch kontinuierliche Verbesserung), frühzeitige Integration von Zulieferern und systematisches Zeitmanagement (*Stops* 1996, S. 627 f., siehe auch 3.6).

Kritische Würdigung: Target Costing ist ein wertvoller Ansatz für marktorientiertes Kostenmanagement in der Produktentwicklung (*Specht et al.* 2002, S. 179). Die Chancen von Target Costing liegen in höherer Marktakzeptanz der Innovation durch konsequente Orientierung der Kosten bzw. Preisgestaltung an den Kundenbedürfnissen. Die F&E-Kosten werden durch Ausschöpfung von Kostensenkungspotenzialen reduziert. Die resultierende Kooperation der Abteilungen Marketing, F&E und Produktion führt zur verbesserten Innovationskultur. Risiken können aus der Gefahr der Ermittlung nicht valider Target-Preise und einem nicht ausreichend strategisch evaluierten, zunehmenden Outsourcing von Teilleistungen entstehen, nur weil sie so billiger zu haben sind. Darüber hinaus erfordert der Einsatz des Target Costing ein hohes Maß an Koordination aller an der Produktentwicklung beteiligten Bereiche und somit neben effizientem Schnittstellenmanagement auch konsequentes Marketing nach Innen, um eventuell auftretenden Akzeptanzwiderständen zu begegnen (*Laker* 1993, S. 63 f.; *Serfling/Schultze* 1996, S. 31 f.).

Rasieren im Gillette-Labor

In den Labors der Gillette Company rasieren sich jeden Morgen 200 Männer mit Rasierern der Zukunft. Die Probanden bewerten die Schärfe der Klingen, die Sanftheit des Gleitens und die Handhabung verschiedener Rasierer. Nach dem Rasieren geben sie ihre Urteile über die Prototypen direkt in einen Computer. In Duschräumen untersuchen Frauen Rasierer für die Beine, Achseln und die „Bikini Zone". Gillette ist Nassrasierer-Marktführer in Europa, Nordamerika und Südamerika. Der Erfolgsrasierer Gillette SensorExcel wurde mittels solchermaßen täglich gewonnener Informationen über Kundenbedürfnisse entwickelt. 29 Patente und 275 Millionen US $ für Design und Entwicklung halfen, Imitationen des Wettbewerbs zu verhindern.

Quelle: Grant 1996

Man kann Prototypen oder real existierende Produkte, die kurz vor der Markteinführung stehen, mit Produkttests auf Akzeptanz prüfen und diagnostizieren. Der Produkttest ist eine experimentelle Untersuchung, bei der ausgewählte Testpersonen (i. d. R. aus der Zielgruppe) Varianten des neuen Produkts erproben und beurteilen. Wahrgenommene Verwendungs-, Anmutungs- und Imageeigenschaften geben Hinweise auf die Akzeptanz der Innovation bei Zielkunden und lassen eventuelle Akzeptanzprobleme ursächlich erkennen. Ein Produkttest kann in zahlreichen Varianten durchgeführt werden (*Bauer* 1995, Sp. 2153 ff.; *Berekoven et al.* 2004, S. 162 ff.):

1. wird unterschieden, ob einzelne Produkteigenschaften (Partialtest) oder das gesamte Produktkonzept (Volltest) zu untersuchen sind. Beim Partialtest werden nur ausgewählte Aspekte wie Qualität, Preis, Geschmack, Handhabung, Markenname, Produktsubstanz oder Verpackung untersucht. Beim Volltest geht es um die ganzheitliche Akzeptanz des Produktes;
2. wird nach Sichtbarkeit der Marketingkomponenten des Produkts unterschieden. Beim Blindtest soll sich die Beurteilung lediglich auf spezielle Aspekte (z. B. Geschmack) konzentrieren, indem alle die Marke identifizierenden Eindrücke ausgeschaltet sind. Identifizierte Tests (mit Marke, Verpackung usw.) berücksichtigen, dass in vielen Märkten eher die Marke als objektive Kriterien die Akzeptanz beeinflusst;
3. wird nach der Testsituation unterschieden, je nachdem, ob das Testprodukt einfacher zu verstehen und zu nutzen ist oder ob es komplexer ist uns seine Beurteilung mehr realistische Erfahrung erfordert (siehe auch den Toolkasten „Testmarktsimulator TeSi" in 4.6). Ein Home-Use-Test hat den Vorteil, dass das Testprodukt über längere Zeit in der gewohnten Umgebung verwendet werden kann, wogegen der Studiotest ausgefeiltere Testtechniken zulässt (z. B. Schnellgreifbühne: Vorrichtung zur kurzzeitigen Darbietung der Testprodukte für die Abschätzung spontaner Eindrücke und des impulsiven Verhaltens);
4. wird nach der Vergleichsbasis aus Sicht des Probanden unterschieden: Verschiedene Produkte sind im *nichtmonadischen Test* zu vergleichen, während im monadischen (Einzel-) Test nur das eigentliche Testprodukt beurteilt wird;
5. wird nach dem *Informationsbedarf* unterschieden:
   • Diskriminationstest: Wie werden Unterschiede von Testprodukten wahrgenommen?
   • Präferenztest: Welche Präferenz bekommt das Testprodukt gegenüber Vergleichsprodukten?
   • Deskriptionstest: Wie werden Produktmerkmale nach Ausprägungen wahrgenommen?
   • Evaluationstest: Wie werden einzelne Merkmale einschließlich Preise bewertet?
   • Akzeptanztest: Wird der Kauf, die Nutzung, die Weiterempfehlung beabsichtigt?

Vorteile von Produkttests liegen in ihrer Flexibilität, der Geheimhaltung vor der Konkurrenz und der schnellen Verfügbarkeit der Ergebnisse bei relativ niedrigen Kosten. Produkttest-Panels wie sie von manchen großen Marktforschungsinstituten angeboten werden, ermöglichen es, Testpersonen nach Zielgruppenkriterien auszuwählen (z. B. nach Konsumgewohnheiten wie „Nassrasierer" oder nach psychologischen Kriterien wie „aufgeschlossen für Neues").

Nachteilig an Produkttests ist ihre begrenzte Kaufentscheidungs-Realitätsnähe: Positive Anmutungs- und Verwendungsbefunde zum Testprodukt sind für die Akzeptanz der Innovation im Markt noch keine hinreichende Bedingung. So bleiben Marketingwirkungen jenseits der Produktpolitik (Preis, Kommunikation, Distribution) weitgehend unbeachtet. Verzerrt können die Befunde auch sein, weil Produkttests kaum soziale Einflüsse berücksichtigen, die High-Involvement-Kaufentscheidungen begleiten. Produkttests liefern auch keine quantitativen Marktprognosen, jedoch dafür diagnostische Erkenntnisse, welche Voraussetzungen für einen Markterfolg vielleicht verletzt sind.

Zur Abdeckung der genannten Defizite von Produkttests sind reguläre Markttests angezeigt, die wegen der Testsituation im realen Marktfeld mehr externe Validität aufweisen, allerdings zu Lasten der internen Validität, wie sie bei streng kontrollierten Produkttests gegeben ist (siehe dazu in 4.5).

Welchen Erfolgseinfluss hat die Anwendung von Produkttests? *Gruner* (1997, S. 203) zeigt empirisch, dass die Intensität der Kundeneinbindung bei der Prototypenbewertung und -auswahl den (verglichen mit anderen Innovationsphasen) stärksten positiven Einfluss auf den Innovationserfolg ausübt. *Kottkamp* (1998) untersucht die Ersterprobung (erstmalige Anwendung) innovativer Investitionsgüter bei Erstkunden. Sie kommt zu folgenden Kernergebnissen: Die Ersterprobung ist sowohl für den Hersteller als auch für den Kunden ein wichtiges Instrument zur Prüfung der Funktionstauglichkeit einer Innovation. Die gewonnenen Informationen waren in fast allen untersuchten Erprobungen noch förderlich für die marktreife Fertigentwicklung der Innovation. Diese Ausprägung von Kundennähe hat einen positiven Einfluss auf den Gesamterfolg der Erprobung, die Erfüllung technischer und wirtschaftlicher Erwartungen und den Aufbau von Vertrauen des Kunden in den Anbieter (*Kottkamp* 1998, S. 152 und S. 220 f.). Intensive Produkt- und Prototypentests sind also wichtige Erfolgsfaktoren von Innovationen.

Der günstigste Zeitpunkt der Durchführung von Produkt- bzw. Prototypentests hängt vom Innovationsgrad ab: *Veryzer Jr.* (1998) analysiert fallstudienbasiert den Innovationsprozess radikaler Innovationen und kommt zum Ergebnis, dass in erfolgreichen radikalen Innovationsprojekten schon sehr früh Prototypen entwickelt werden, allerdings dann eher explorative Prototypen: „Prototypes are undertaken when, as one manager put it, ‚you really don't know what the product is going to be'" (*Veryzer Jr.* 1998, S. 316). Die Technologie wird auf der Basis erster Prototypen sukzessive weiter entwickelt. Prototypentests mit Kunden (z. B. Lead Usern) werden bereits vorgenommen, sobald der Prototyp einen relativ stabilen Punkt erreicht hat. Vor diesem Zeitpunkt sind radikale Innovationen vergleichsweise weniger marktgetrieben, eher technologiegetrieben (*Veryzer Jr.* 1998, S. 318).

Bestimmte Produkttestmethoden sind branchentypisch, so die Car Clinic der Automobilindustrie (siehe den nachfolgenden Toolkasten) sowie die Alpha-, Beta- und Gammatests in der Softwareindustrie: Viele Hersteller von Software stellen ausgewählten Nutzern erste Versionen eines neuen Programms zu Testzwecken zur Verfügung. Während bei einem Alpha-Test die Version beim Hersteller getestet wird, nutzen bei einem Beta-Test Kunden das Programm probeweise in ihrer natürlichen Umgebung (zum Design von Beta-Test siehe *Dolan/Matthews* 1993). Die Test-Nutzer sollen das Programm auf Fehler, Inkonsistenzen und Handhabbarkeit prüfen. Um eine hohe Beteiligung zu gewährleisten, wird incentiviert, z. B. durch die kostenlose Überlassung der Endversion. Bei Gamma-Tests verwenden Kunden das bereits im Markt befindliche Produkt auf unbestimmte Zeit und berichten über Probleme, die bei der Produktverwendung auftreten. Alle diese ursprünglich aus der Softwareindustrie stammenden Typen von Prototypentests wurden inzwischen von weiteren Branchen adaptiert (*Ozer* 1999, S. 86).

Car Clinic

Der Name der ursprünglich in den USA entwickelten Car Clinic leitet sich daraus ab, dass im Gegensatz zu herkömmlichen, schriftlichen Befragungen die Probanden an einen speziellen Ort (z. B. eine Werkshalle oder ein Labor in der Entwicklungsabteilung) eingeladen werden und in Analogie zu einem Klinikaufenthalt „stationär behandelt" werden. Eigentlich ist die Car Clinic „nichts weiter als der Produkttest der Automobilindustrie" (*Finsel/Bach* 1993, S. 54). Untersuchungsziele sind Entscheidungshilfen für alternative (Design-) Konzepte, Verständnis von Kundenpräferenzen für Detaillösungen, Prüfung von Positionierungs- und Markteinführungsstrategien und Erkennen von Stärken und Schwächen der Innovation gegenüber anderen (Vorgänger-)Modellen und Konkurrenz-Fahrzeugen (*Burmann* 1994, S. 175).

Die Ergebnisse einer Car Clinic hängen in hohem Maße von dem Personenkreis ab, der Auskunft über die vielfältigen Nutzenaspekte des Produktes geben soll. Neben potenziellen Käufern, die der Marke grundsätzlich positiv gegenüber stehen, kommen auch diejenigen in Frage, welche die Marke dezidiert ablehnen (Reject-set, siehe 4.4.1). Es ist darauf zu achten, dass die Stichprobe (je nach Zielsetzung 300 bis 500 Personen, *Erdmann* 1996, S. 46) möglichst keine Personen enthält, die dem Wettbewerb Einblick in den Stand des Entwicklungsprojektes geben kann (*Finsel/Bach* 1993, S. 55 f.). Dem Erfordernis der internationalen Vermarktung neuer Modelle werden „Fly-in-Clinics" gerecht: Potenzielle Kunden aus dem Ausland werden zur Car Clinic in das inländische Herstellerunternehmen eingeflogen (*Erdmann* 1996, S. 47).

In Abhängigkeit von der Fertigungsreife können verschiedene Präsentationskonzepte unterschieden werden. Für den Fall, dass bereits Prototypen entwickelt wurden, können *statische Car Clinicen* (sog. Hallenclinicen) durchgeführt werden. Dabei werden Prototypen (Detailmodelle, Holzmodelle „MockUps", Stylingmodelle aus Kunststoff bis hin zu weit fortgeschrittenen Prototypen), oft auch relevante Wettbewerbsfahrzeuge, meist in einer Werkshalle präsentiert und von den Befragten beurteilt. Mercedes-Benz ließ sogar mitten in Paris ein großes Zelt aufstellen, wo die A-Klasse unter Ausschluss der Öffentlichkeit von Personen der anvisierten Zielgruppe bewertet wurde.

Eine *dynamische Car Clinic* („Fahr-Clinic") bietet sich an, wenn fahrfertige Prototypen zur Verfügung stehen. Hier können spezifische Aspekte wie die Motorleistung oder das Fahrwerk unter weitgehend realen Bedingungen beurteilt werden. Oft kombiniert man statische und dynamische Car Clinicen, wobei neben standardisierten Befragungen vor allem Tiefeninterviews oder Gruppendiskussionen eingesetzt werden, um emotionale Werte, Motive und Hintergründe zu ermitteln (*Newton/Iddiols* 1993, S. 152 f.; *Burmann* 1994, S. 176).

Eine spezielle Methode, die im Rahmen einer Car Clinic angewendet werden kann, ist die „Kansei-Analyse": Hier werden vor allem die sinnlichen Wahrnehmungen potenzieller Kunden getestet, um den Prototyp zu optimieren. So werden während der Betrachtung des Prototypen Bewegungen der Gesichtsmuskulatur mittels Sensoren gemessen. Das in der japanischen Automobilindustrie entwickelte Verfahren verwendet z. B. Mazda, um schwer artikulierbare bis unbewusste Bedienungsbarrieren von Gangschaltungen, emotionale Reaktionen auf Formen, Farben und Geräusche etc. zu identifizieren (*Laß* 2002, S. 1469 f.).

Der Zeitpunkt der Durchführung einer Car Clinic ist ein Dilemma, das man nur zu optimieren versuchen kann: Mit zunehmender Nähe zur Markteinführung nimmt der Spielraum der Produktgestaltung ab, während die prognostische Valenz der Car Clinic zunimmt (vgl. Abb. 4.81). Eine Standardregel für den idealen Durchführungszeitpunkt kann es wegen der zahlreichen situativen Bedingungen nicht geben. Jedoch werden Car Clinicen in der Praxis etwa zwei bis drei Jahre vor der Markteinführung durchgeführt. Dann ist die Entwicklung schon relativ fortgeschritten und genügend produktionstechnische Freiheitsgrade ermöglichen noch neue Impulse (*Finsel/Bach* 1993, S. 56). Unterscheiden muss man jedoch zwischen der eher produktorientierten Clinic, die ca. vier bis fünf Jahre vor der Einführung angesetzt wird, und der marketingorientierten Clinic, die erst ca. ein bis zwei Jahre vor der Markteinführung üblich ist (*Burmann* 1994, S. 176).

Auf *Virtual-Reality* basierende Car Clinicen versuchen, das zeitliche Dilemma zu minimieren. Ziel ist eine möglichst frühzeitige, aber dennoch realitätsnahe

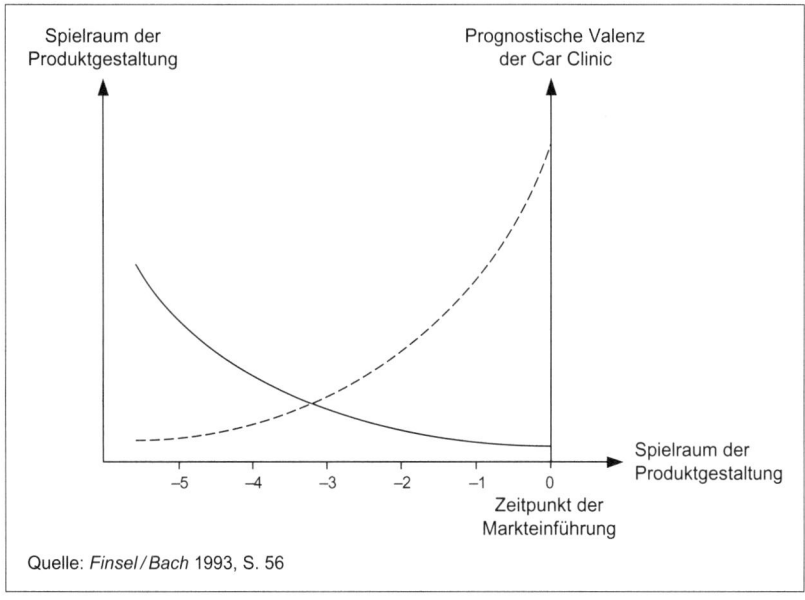

Quelle: *Finsel / Bach* 1993, S. 56

Abb. 4.81: Zeitliches Optimierungsproblem der Car Clinic

Präsentation von Automobil-Stimuli. Über Projektionswände und Datenhelme werden dreidimensionale Ausstellungshallen simuliert, in denen sich die Probanden virtuell frei bewegen und Prototypen ausgiebig testen können. Die Ergebnisse eines experimentellen Designs der Volkswagen AG in Zusammenarbeit mit Infratest zeigen, dass die Resultate einer virtuellen Car Clinic (Experimentgruppe) fast vollständig mit denen einer herkömmlichen Car Clinic (Kontrollgruppe) übereinstimmen (*Erdmann* 1996, S. 47).

Neben dem Vorteil der Frühzeitigkeit ihres Einsatzes, verbunden mit hoher Prognosevalidität, bieten Virtual-Reality-unterstützte Car Clinicen erhebliche Kostensenkungspotenziale: Die Herstellung eines physischen Prototypen wird obsolet, es lassen sich ohne großen zusätzlichen Aufwand gleich mehrere (Styling-) Modelle (auch international) präsentieren und der organisatorische Aufwand ist erheblich geringer (z. B. keine Anmietung geeigneter Hallen nötig). Zunehmend werden virtuelle Produkttests auch web-basiert durchgeführt. Einem Überblick geben *Dahen und Hauser* (2002, S. 336 ff.). Kritisch bleibt, dass bestimmte Eindrücke wie Klang, Geruch und Tastempfinden zum heutigen Stand der Technik kaum virtuell transportiert werden können und dass Wettbewerbsfahrzeuge mangels zugänglicher CAD-Daten kaum hinreichend in das virtuelle Design integriert werden können. Die rasante Entwicklung der Simulationstechnik lässt da aber noch erhebliche Fortschritte erwarten (*Dahan/Hauser* 2002, S. 351; *Erdmann* 1996, S. 50 f.).

Zusammenfassend: Die Car Clinic liefert in der Automobilentwicklung wichtige Informationen. Dem stehen vergleichsweise hohe organisatorische Anforderungen und Kosten gegenüber (Marktforschungsinstitute stellen für klassische Clinicen bis zu 500.000 EUR in Rechnung; *Erdmann* 1996, S. 47). Da aber bei professioneller Durchführung ein sich abzeichnender, desaströser Flop frühzeitig vermieden und erfolgversprechende Produktideen entsprechend forciert werden können, ist das Kosten-Nutzen-Verhältnis der Car Clinic insgesamt positiv zu bewerten. Virtual-Reality minimiert das zeitliche Optimierungsproblem und senkt darüber hinaus die Kosten.

In diesem Abschnitt wurden Verfahren vorgestellt, die darauf zielen, den Kundennutzen der Innovation zu maximieren. Hierzu sollten unbedingt mehrere sich ergänzende Methoden eingesetzt werden. Nur so können die Stärken der Verfahren kumuliert und ihre Schwächen gemindert werden. Besonders bei komplexeren Produkten und größeren Innovationsgraden sollten unbedingt auch qualitative Methoden angewandt werden. Tiefgehende Interviews und Gruppendiskussionen (siehe. 4.1.2.3) ermöglichen es, subjektiv irrelevante oder versteckt relevante Produkteigenschaften zu identifizieren und unterbewusste oder sozial-normativ unerwünschte bzw. „irrationale", nur psychologisch erklärbare Akzeptanzbarrieren sichtbar zu machen.

Die Innovationsmarktforschung stößt jedoch auch auf Grenzen. Die wohl wichtigste Grenze ist die ihrer eigenen Akzeptanz bei den Innovationsentscheidern: Gerade die etwas weicheren, innovativeren Methoden widersprechen gewissermaßen der Mentalität von Technikern und Investoren. Eine stärkere Verbreitung dieser Methoden setzt Lernprozesse und innovatorische, auf die Subjektivität menschlichen Verhaltens eingestellte Führungskräfte voraus. Die Verbreitung von IuK-gestützten Entwicklungen (Multimedia, Simulation, virtuelle Realität usw.) wird den Prozess der Methoden-Durchsetzung beschleunigen.

Nicht zu vernachlässigen sind jedoch auch das Gefühl und die Visionen von fähigen Managern bezogen auf ihre Märkte und Kunden. Intuitive, visionäre Entscheidungen sollten nicht zu Gunsten von Marktforschungsergebnissen „eingestellt werden". Sie sollten aber auch nicht nur gefühlsmäßig aus dem Bauch heraus erfolgen: Basis sollte ein umfassendes, tiefes Verständnis des Kunden, ihrer latenten und zukünftigen Bedürfnisse und weiterer Marktbedingungen sein (*Day* 1998, S. 5 f.). Intelligente Marktforschung hilft sukzessiv dieses Verständnis zu entwickeln.

Kommen wir zu nächsten Phase des Innovationsprozesses, der Einführung der (kundennutzen-optimierten) Innovation im Markt!

4.6 Markteinführung

Trotz zunehmender Kenntnisse über Erfolgsfaktoren und besserer Methoden zur Unterstützung des Innovationsmarketing ist es wohl wegen des zunehmenden Innovations-Konkurrenzdrucks, der Sättigungstendenzen in vielen Märkten und der sich überschlagenden Technologieentwicklungen noch schwieriger geworden, ein neues Produkt erfolgreich im Markt zu platzieren. Flopratenschätzungen variieren je nach Branche und Messmethode von 4 % bis über 90 % (vgl. eine empirische Übersicht bei *Kortmann* 1995, S. 3). Das bedeutet große Verluste und Imageeinbußen seitens der Innovatoren. Umso wichtiger ist es, auch kurz vor der – besonders teuren – Markteinführung den Erfolg der Innovation abzuschätzen, und nun nicht mehr nur qualitativ, sondern jetzt auch quantitativ (Marktanteile, Umsätze, Gewinne), und zwar sowohl kurzfristig als auch mittel- und langfristig.

Für die quantitative Seite dieser Aufgabe sind unterschiedliche Prognoseverfahren angezeigt. *Mahajan und Wind* (1988, S. 341 f.) unterscheiden abhängig von der Datenbasis:
- Prognosen auf der Basis subjektiver Management- und Experteneinschätzungen
- Prognosen basierend auf dem Verhalten bzw. den Absichten von (potenziellen) Kunden
- Prognosen auf der Basis von Analogien zu ähnlichen Produkten aus der Vergangenheit (z. B. Schätzungen mittels Diffusionsmodellen)

Im Verlauf des vorliegenden großen Methodenkapitels 4. wurden schon diverse Marktforschungsmethoden zur Akzeptanzschätzung einer Innovation vorgestellt: *Zukunftsanalytische Methoden* (Delphi- und Szenarioanalyse, siehe 4.1.1) ermöglichen erste qualitative, weiche Informationen auf der Basis von Experten- bzw. Managementeinschätzungen. Zielkunden können durch Konzept- und Produkttests direkt in eine Erfolgsabschätzung von Ideen/Innovationen einbezogen werden (vgl. 4.3 und 4.5.2). Die Vorhersagegenauigkeit von Konzept- bzw. Produkttests nimmt mit zunehmendem Reifegrad des Konzeptes bzw. der Innovation zwar zu, quantitative Umsatz- bzw. Marktanteilsprognosen lassen sich jedoch in der Regel dann noch nicht ableiten (*Erichson* 2000, S. 793, eine tendenzielle Ausnahme verspricht die Methode „Information Acceleration"; siehe auch 4.3).

Idealtypisch im Anschluss an die strategische und operative Entwicklung der Innovation, realistisch schon vorher, zumindest überlappend mit der operativen Entwicklung, beginnt die Phase der Markteinführung. Auch zu diesem späten Zeitpunkt ist die laufende Erfolgsabschätzung noch sinnvoll: Falls sich ein Flop abzeichnet, können erhebliche Markteinführungskosten gespart werden, und Anpassungen des Einführungsmarketing können aus solchen Abschätzungen angeregt werden, z. B. Verlagerungen von Einführungsmarketingbudgets von der Kommunikation zur Distribution oder eine weitergehende Preisdifferenzierung.

Bei häufig gekauften Konsumgütern (fast moving consumer goods FMCG) liefert Testmarktforschung erforderliche Informationen und leitet aus dem Verhalten bzw. geäußerten Absichten von Zielkunden Absatzprognosen ab. Eine Untersuchung von ca. 200 Markteinführungen in den USA zeigte, dass Testmarktforschung einen starken positiven Einfluss auf den Erfolg von Markteinführungen hat (*Di Benedetto* 1999, S. 538 f.). Solche grundsätzlichen Ergebnisse aus dem Konsumgütermarketing und entsprechende methodische Ansätze lassen sich an Marktbedingungen für langlebige Gebrauchsgüter und für Industriegüter anpassen, aber nicht unbesehen übertragen.

Unterschieden wird der (regionale bzw. lokale) reale Testmarkt von den Testmarktersatzverfahren. Zu den Ersatzverfahren zählen der (elektronische) Minitestmarkt und die Testmarktsimulation. Wir stellen die Verfahren, die in ungezählten Varianten praktiziert werden, in ihren Grundzügen vor. Anschließend werden wesentliche Erkenntnisse der Diffusions- und Adoptionsforschung dargestellt und deren Nutzen für das Innovationsmarketing verdeutlicht. Die Erkenntnisse der Diffusionsforschung ermöglichen – begrenzt – Prognosen durch Analogien zu ähnlichen Produkten. Erkenntnisse daraus liefern wesentliche Anknüpfungspunkte für die Entwicklung spezifischer Markteinführungsstrategien und -operationen im Sinne eines aktiven Diffusionsmanagement.

Testmarkt: Durch die Einführung einer Innovation auf einem regionalen oder lokalen Testmarkt können Unsicherheiten reduziert werden. Die Innovation wird vor der nationalen Einführung probeweise in einem begrenzten Absatzgebiet eingeführt. Das ermöglicht eine quantitative Erfolgsprognose, wenn die Struktur des Testmarkts repräsentativ ist für den Gesamtmarkt und wenn unter realen Marktbedingungen bei Einsatz des Marketing-Mix-Instrumentariums getestet wird.

Damit ein Testmarkt als Basis für eine zuverlässige Hochrechnung auf Gesamtmarktebene valide Informationen liefern kann, sollten folgende Anforderungen erfüllt sein (*Berekoven et al.* 2004, S. 170; *Erichson* 1995, Sp. 1830):
- Repräsentative Bevölkerungs-, Konkurrenz-, Handels- und Medienstruktur
- Räumliche Abgegrenztheit des Testgebietes hinsichtlich Distribution, Kommunikation und Kaufverhalten der Kunden (z. B. weitgehende Übereinstimmung des Testmarkt es mit dem Einzugsgebiet des Handels)
- Messbarkeit des Kaufverhaltens (z. B. mittels Verbraucher- oder Handelspanel)
- Ausreichende Testmarktdauer (je nach Produktkauffrequenz mindestens 10–16 Monate)

Nach der geografischen Begrenzung werden nationale, regionale und lokale Testmärkte unterschieden. Sie erstrecken sich über ein Land (z. B. Belgien), Bundesland

(z. B. Saarland), oder als „lokale" Testmärkte auf eine Stadt (z. B. Bremen). Speziell aus dem Grund der räumlichen Abgrenzbarkeit war vor der Wende Westberlin ein beliebter lokaler Testmarkt. Nach Art der Aussage (deskriptiv-projektiv oder explikativ-kausalanalytisch) unterscheidet die Praxis *projektive Testmärkte*, die eine Marketingkonzeption über das im Testmarkt erzielte Absatzvolumen bzw. den Marktanteil überprüfen, und *experimentelle Testmärkte* welche die Wirkungen alternativer Marketingkonzeptionen, z. B. unterschiedlicher Positionierungen, gegenüberstellen.

Die klassische FMCG-Testmarktforschung ist in ihrer allgemeinen Anwendbarkeit auf das Innovationsmarketing begrenzt und schwindend: Der wegen seiner scheinbar nicht zu schlagenden Realitätsnähe anfangs mit Begeisterung in der Markenpraxis aufgenommene klassische Testmarkt hat heute erheblich an Bedeutung verloren. Die Gründe dafür sind vielfältig (vgl. *Erichson* 1998, S. 121 ff.): Die Kosten eines regionalen Testmarktes können in den Millionen €-Bereich gehen. Überregionalität und Konzentration des Handels und der Medien erschweren bzw. verhindern zunehmend die regionale Listung der neuen Produkte und die notwendige Einführungswerbung. Verkürzte Produktlebenszyklen verlangen schnelle Testergebnisse und Geheimhaltung. Störmaßnahmen und Imitationen der Konkurrenz sind ein Validitäts- und Sicherheitsrisiko. So hat Procter&Gamble vor der Einführung der flüssigen Waschmittel auf den deutschen Markt Vizir ausgiebig in Berlin getestet. Henkel hat die Testmarktergebnisse mit seinem Panelinstrumentarium analysiert und seine Konkurrenzmarke Liz drei Tage vor Vizir national eingeführt. Ähnlich ging es Beiersdorf: Vital „für die reife Haut" erwies sich im Testmarkt als Renner, jedoch kam innerhalb kürzester Zeit ein Me-too Produkt mit einer kopierten Werbestrategie auf den Markt (*Möntmann* 2003, S. 30).

Die genannten Problembereiche führten zur Entwicklung von Testmarkt-Ersatzverfahren. Der *Mini-Testmarkt* ist eine Kombination von Storetest und Haushaltspanel. *Store-Tests* sind probeweise Verkäufe der Produktinnovation in ausgewählten Testgeschäften. In der Regel ist der Test experimentell konzipiert, so dass der Einfluss ausgewählter Marketing-Mix-Instrumente auf den Abverkauf untersucht werden kann. Die GfK entwickelte z. B. das „GfK-ERIM-Panel", bestehend aus vier Verbrauchermärkten (in Berlin, Hamburg, Nürnberg und Waiblingen) mit jeweils 600 Panelhaushalten aus der Stammkundschaft. Eine Weiterentwicklung des Mini-Testmarktes ist der elektronische Mini-Testmarkt, ein lokaler Testmarkt kombiniert mit einem Haushaltspanel und einem Handelspanel (*Erichson* 1995, Sp. 1832 f.). Im folgenden Toolkasten wird exemplarisch der hoch entwickelte und besonders erfolgreiche experimentelle elektronische Mini-Testmarkt der GfK, „BehaviorScan" genauer vorgestellt (vgl. im Folgenden *Erichson* 1995, Sp. 1833 ff., *Berekoven et al.* 2004, S. 172 ff.).

GfK BEHAVIORSCAN

GfK BEHAVIORSCAN® ist ein elektronischer Mini-Testmarkt , der die Vorteile der Scanner-, Kabelfernseh- und Mikrocomputer-Technologie in ein soziodemographisch repräsentatives Verbraucherpanel und ein lokales Einzelhandelspanel integriert hat.

Die GfK misst durch haushaltsidentifiziertes Scanning das reale Kaufverhalten als Erfolgskriterium (abhängige Variable) und lässt Einflüsse von Produktpolitik,

Werbung (Print und TV), Direktmarkting-Aktivitäten, Couponing sowie Distribution als unabhängige Variable zu.

Standort ist Haßloch am Rande des Ballungsgebietes Mannheim/Ludwigshafen. Alle für Markenartikler relevanten Lebensmittel-Einzelhandelsgeschäfte inklusive Drogeriemarkt sind über die Scannerkassen im Handelspanel integriert. GfK-Mitarbeiter besorgen die Testrealisation und -kontrolle, u. a. die gewünschte Platzierung der Testprodukte in den Testgeschäften.

Auf Konsumentenseite unterhält die GfK ein Panel von 3000 Haushalten, deren Struktur soziodemographisch repräsentativ ist für die Haushaltsstruktur der Bundesrepublik Deutschland gesamt. Die Einkäufe der Haushalte werden mit der sog. GfK-Identifikationskarte durch Scannerkassen registriert und ausgewertet. Durch Zusammenführen der Daten aller Testgeschäfte können fast alle Lebensmitteleinkäufe der Haushalte über die Zeit analysiert werden. Somit können Daten auf der Verbraucherebene ermittelt werden, wie z. B. Käuferreichweite (Produktattraktivität), Wiederkaufsrate (Produktakzeptanz), Einkaufsintensitäten (heavy oder light buyer), Käuferstruktur (Zielgruppe) und Marktanteile (wert-/mengenmäßg). Zur werblichen Unterstützung eines Testproduktes kann neben Handelswerbung auf die Wochenzeitung HÖR ZU, Tageszeitungen (z. B. Die Rheinpfalz), Supplements, Anzeigenblätter und Plakatwände zurückgegriffen werden.

Eine einmalige Besonderheit von GfK BEHAVIORSCAN® ist die Targetable TV-Technology: 2000 Testhaushalte (Testgruppe versus Kontrollgruppe der übrigen 1000 Haushalte) sind, mit einer GfK-Box ausgestattet, die den Empfang spezieller Testwerbung auf allen relevanten TV-Kanälen ermöglicht. Die GfK-Boxen können zur Überblendung regulär ausgestrahlter Werbespots durch Testspots gleicher Länge angewählt werden. Der Vergleich des Einkaufsverhaltens von Test- und Kontrollgruppe erlaubt so die Analyse der Werbewirkung von Fernsehspots auf das reale Kaufverhalten sowie die ökonomische Quantifizierung.

Besonders innovativ ist die individuelle Ansteuerung der GfK-Boxen: Bei auf die jeweilige Warengruppe bezogene Strukturgleichheit von Test- und Kontrollgruppen können Inhalt, Platzierung und/oder Einschaltfrequenzen von Werbespots variiert werden, was eine einzigartige Möglichkeit des Werbepretests darstellt. Die Abbildung auf der folgenden Seite fasst die Konzeption von GfK-BehaviorScan zusammen.

Ein großer Vorteil des Testsystems GfK BEHAVIORSCAN® ist die Möglichkeit der zielgruppenspezifischen Quantifizierung der Akzeptanz einer Innovation unter realen, aber dennoch kontrollierten Marktbedingungen. Dabei können außer der Distribution alle Marketing-Mix-Instrumente nach Belieben systematisch variiert und getestet werden. Das Verfahren hat jedoch auch Nachteile:

- GfK BehaviorScan eignet sich nicht für alle Produktarten: Ideal eignet es sich nur für primär von der haushaltsführenden Person eingekaufte, über den Lebensmitteleinzelhandel vertriebene FMCG.
- Damit sich die Testmaßnahmen gegenseitig nicht stören, kann meist nur ein Markenartikler je Warengruppe bedient werden.

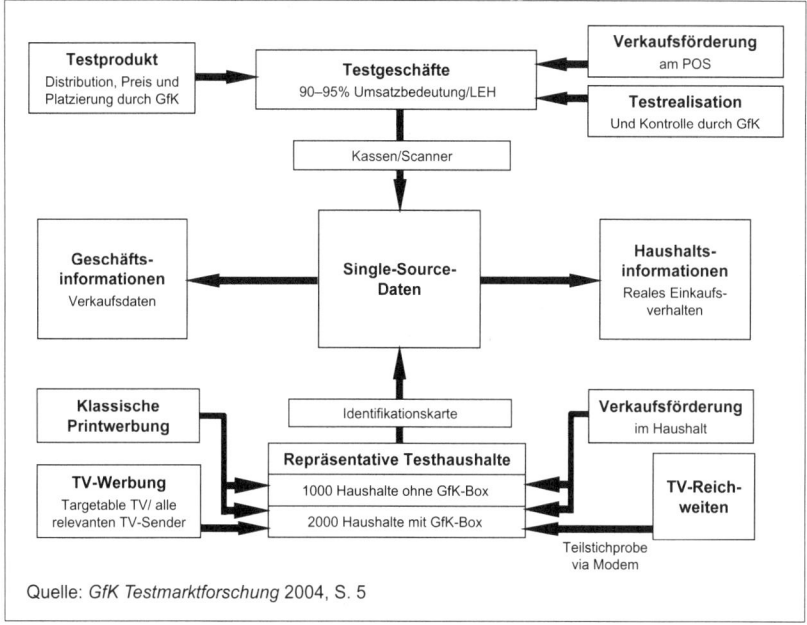

Abb. 4.82: Konzeption von GfK-BehaviorScan®

- Das lokale Testgebiet lässt (bei allem Respekt vor statistischen Belegen des Anbieters) eingeschränkte Repräsentativität vermuten, zusätzlich eine Tendenz zur „Übertestung".
- Störaktionen sind im Vergleich zum regionalen Testmarkt besser kontrollierbar, jedoch kann zumindest ein Informationssuchverhalten der Konkurrenz nicht verhindert werden.
- Die weiter zunehmende Handelsmacht und enormen Marktanteile der Discounter wird im System nur teilweise abgebildet (so ist der Branchenriese Aldi nicht integriert).
- Die Kosten sind zwar geringer als bei regionalen Testmärkten, aber absolut doch sehr hoch.

Verkürzte Produktlebenszyklen in Verbindung mit zunehmenden Marketing-Reaktionsgeschwindigkeiten führen dazu, dass der Vorsprung des Erstanbieters je nach Produktkategorie stark verkürzt wird, teilweise auf wenige Wochen. Dieser Vorsprung wird durch Testmärkte, die von der Konkurrenz einsehbar sind, gefährdet. Das Interesse der Markenartikler gilt daher zunehmend der Simulation von Testmärkten. So wurde ein dem BehaviorScan ähnliches System namens Telerim (angeboten von A. C. Nielsen mit den Testorten Bad Kreuznach und Buxtehude) bereits Anfang 2002 wieder abgeschaltet (*Möntmann* 2003, S. 30 ff.).

Testmarktsimulationen (pretest markets) schätzen den zu erwartenden Absatz bzw. Marktanteil eines neuen Produktes durch die Erhebung von Kaufabsichten bzw. von simuliertem Kaufverhalten von Zielkunden in einem Teststudio. Im Prinzip handelt es sich um einen durch eine Kaufsimulation erweiterten Produkttest (*Berekoven et al.*

2004, S. 175 f.). In den USA werden bereits seit den 70er Jahren Verfahren der Testmarktsimulation eingesetzt (z. B. ASSESSOR von *Silk/Urban* 1978). Aktuell werden in Deutschland von unterschiedlichen Marktforschungsinstituten entsprechende Verfahren angeboten, z. B. QUARTZ (Nielsen), BASES (Burke International), DESIGNOR (Novaction); einen Überblick und eine vergleichende Analyse geben *Gaul et al.* 1996, S. 203 ff..

Als erstes und bewährtestes deutsches Testmarktsimulationsverfahren gehört TeSi (*Erichson* 1981) seit 1980 zur Produktpalette der GfK Testmarktforschung. Das liegt vor allem daran, dass die Güte des zugrunde liegenden Schätzmodells sich seit Dekaden in einer Vielzahl akademischer und praktischer Anwendungen erwiesen hat (*Gaul et al.* 1996, S. 215). Es handelt sich um einen komparativen Ansatz, der im Gegensatz zu den monadischen Ansätzen (z. B. BASES) die Testprodukte im Umfeld von Konkurrenzprodukten präsentiert. Im folgenden Toolkasten wird TeSi exemplarisch für Testmarktsimulationen genauer vorgestellt.

┌─ Testmarktsimulator TeSi

Ziel des Testmarktsimulators TeSi ist die Prognose des Marktanteils kurzlebiger Verbrauchsgüter (Neueinführung, Line-Extension oder Relaunch) innerhalb eines definierten Marktes. Dafür wird für jede Testperson der Adoptionsprozess des neuen Produktes simuliert. Das bereits mehr als 600 Mal für Neuprodukttests im In- und Ausland eingesetzte Verfahren (GfK Testmarktforschung TeSi 2004, S. 2) basiert auf folgenden vier Prozessschritten (vgl. *Erichson* 2000, S. 795 ff.):

1. *Interview und Simulation im ersten Studio-Test*

   In der Vorphase werden etwa 300–400 Personen repräsentativ aus der Zielgruppe des Testproduktes angeworben und einzeln in ein temporäres Teststudio (z. B. Hotel/Restaurant) eingeladen. Zunächst erfolgt ein Vorinterview, bei dem neben soziodemographischen Fragen die Markenbekanntheit/-verwendung, das Kaufverhalten sowie Präferenz- und Einstellungsdaten für relevante Marken der Produktklasse erhoben werden. Dabei wird auch das individuelle Consideration Set (alle Marken die grundsätzlich für die Testperson bei einem Kauf in der Produktkategorie in Frage kommen, siehe auch 4.4.1) ermittelt.

   Danach wird die Testperson im Rahmen einer *Werbe*- und Kaufsimulation mit dem neuen Produkt erstmalig konfrontiert. Zunächst wird ein Werbeblock vorgeführt, in dem das Testprodukt und die wichtigsten Wettbewerbermarken präsentiert werden. In einem nachgebildeten Verkaufsraum kann die Testperson anschließend mit einem vorab ausgehändigten Geldbetrag innerhalb der betreffenden Produktkategorie einkaufen. Jede Testperson hat so viele wiederholte Wahlmöglichkeiten wie sie Produkte in ihrem Consideration Set hat. Ziel der Kaufsimulation ist die Schätzung der Erstkaufrate des neuen Produktes.

2. *Verwendungserfahrung im Home-Use-Test*

   Der Home-Use-Test gibt der Testperson die Gelegenheit, das Testprodukt in ihrer natürlichen Umgebung über einen Zeitraum von einer bis mehreren Wochen zu testen. Zusätzlich wird das individuell relevanteste Konkurrenzprodukt getestet: Wenn die Testperson innerhalb der Kaufsimulationsimulation das Testprodukt ausgewählt hat, so bekommt sie zusätzlich die von ihr an zweiter Stelle präferierte Marke geschenkt. Hat sie das Testprodukt nicht ausgewählt, so erhält sie hingegen dieses zusätzlich als Geschenk. Entscheidend ist, dass die Testperson nicht weiß, dass es sich um ein Testprodukt handelt. Ziel des Home-Use-Tests ist die realitätsnahe Entwicklung einer Einstellung der Testperson zum Produkt.

3. *Zweiter Studio-Test*

   Bei einem Nachinterview werden neben der Präferenz- und Einstellungsmessung analog zum ersten Studio-Test (unter Einschluss des Testproduktes) Verwendungserfahrungen und wahrgenommene Vor- und Nachteile des Testproduktes erhoben. Die Wiederholung der Kaufsimulation gibt den Testpersonen die Möglichkeit zum Wiederkauf des Testproduktes. Neben der Ermittlung der Wiederkaufwahrscheinlichkeit in Abhängigkeit bestimmter Präferenz- und Einstellungsdaten können so Käuferwanderungen sichtbar gemacht werden.

4. *Ermittlung von Marktanteilsprognosen für das Testprodukt*

   Die gewonnenen Daten werden nach einem wissenschaftlich fundierten Modell analysiert. Der Schätzung des Marktanteils liegt das Erstkauf-Wiederkauf-Prognosemodell von *Parfitt und Collins* (1968) zugrunde. Hiernach lässt sich der erwartete Marktanteil aus der multiplikativen Verknüpfung aus der Erstkäuferrate (Penetration), der Wiederkaufrate (Bedarfdeckungsrate) und der relativen Kaufintensität des neuen Produktes abschätzen. Ein Vergleich des durchschnittlichen Kaufvolumens der Testkäufer der Innovation mit dem durchschnittlichen Kaufvolumen der Produktkategorie im Markt ergibt die relative Kaufintensität. Da in der Testsituation 100 %ige Reichweite der Werbung und Distribution aller Marken besteht, müssen Annahmen zum erreichbaren Bekanntheits- und Distributionsgrad getroffen werden (*Berekoven et al.* 2004, S. 176). Abbildung 4.83 gibt die Komponenten und wichtige Einflussfaktoren des Marktanteils wieder (zur mathematischen Grundlage der Testmarktsimulation vgl. *Erichson* 2000, S. 798 ff.):

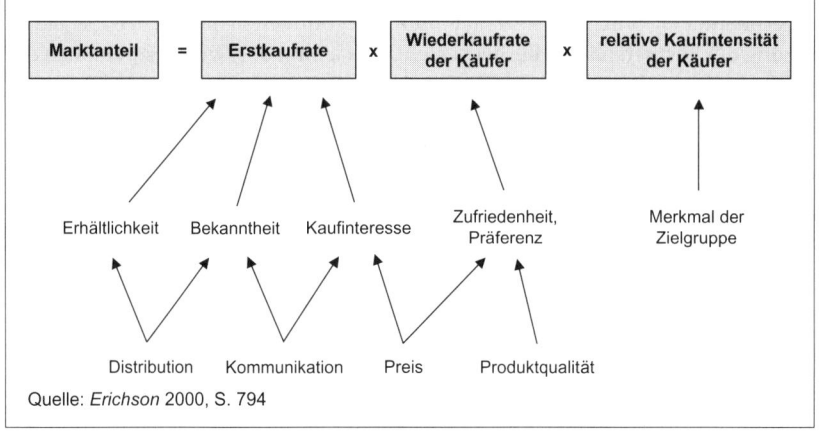

Quelle: *Erichson* 2000, S. 794

Abb. 4.83: Einflussfaktoren und Komponenten des Marktanteils

Während das Erstkäuferverhalten primär von der Distribution, der Art und Intensität der (Einführungs-)Werbung und von äußeren Merkmalen wie Verpackung, Produktgestaltung und -präsentation abhängt, kommt es für das Wiederkaufverhalten auf das ganze permanente Marketing-Mix an, insbesondere die Produktqualität bzw. das Preis-Leistungsverhältnis und auf den CIA (siehe 2.2.2.3). Während das Erstkaufverhalten also hauptsächlich auf kommunikative Elemente des Marketing-Mix zurückzuführen ist, schlägt beim Wiederkaufverhalten (zusätzlich, mehr oder weniger stark) die Produkterfahrung durch: Werbung induziert Erstkäufe, Leistung Wiederkäufe (vgl. *Trommsdorff* 2004 a, S. 328 f.).

Kritische Würdigung (vgl. *Berekoven et al.* 2004, S. 177 f.; Erichson 2000, S. 805 f.): TeSi ermöglicht neben treffsicheren Neuprodukt-Absatzprognosen auch die Erklärung des Marktanteils aus seinen beiden ursächlichen Komponenten: Wer kauft/kauft nicht das neue Produkt und warum? Neben einer statischen Prognose kann durch eine Dynamisierung des Modells (*Erichson* 1998, S. 133 ff.) auch der Zeitpfad der Marktanteilsentwicklung prognostiziert werden. Durch die Einbeziehung des Wettbewerbsumfeldes können Verlustraten bereits etablierter Produkte dargestellt werden. Letzteres ist insbesondere dann wichtig, wenn der Hersteller des neuen Produktes die Kannibalisierung der eigenen im Markt befindlichen Produkte befürchten muss.

Testmarktsimulationen besitzen im Vergleich zu allen übrigen Testmarktverfahren erhebliche Vorteile hinsichtlich Kosten (ca. 50–60 000 € für TeSi) und Schnelligkeit (ca. 10–12 Wochen). Zudem ist es auch wohl das einzige Testmarktverfahren, das Geheimhaltung des Testproduktes vor der Konkurrenz und damit den entscheidenden Innovationsvorsprung erlaubt. Parallel können alternative Produkte getestet werden, darunter auch Konkurrenzprodukte zur Entwicklung von Wettbewerbsstrategien. Durch Standardisierung des Verfahrens können internationale Studien miteinander verglichen werden. Da für die Ermittlung des Marktanteils eines Neuproduktes alle Ablaufschritte nachvollzogen werden können, ist TeSi ein transparentes Testmarktsimulationsmodell.

Das Hauptproblem des simulierten Testmarktes ergibt sich aus der (künstlichen) experimentellen Situation und der damit verbundenen möglichen Sensibilisierung der Testpersonen. Hierbei besteht die Gefahr, dass den Testpersonen die Sonderstellung des neuen Produktes bewusst wird. Durch die gegenüber klassischen Markttests eingeschränkte externe Validität sind Probleme der Übertragung in die reale Welt nicht auszuschließen. Die primäre Anwendung von TeSi konzentriert sich auf FMCG und niedrige bis mittlere Innovationsgrade, die inklusive Verpackung und Werbemittel sowie definiertem Wettbewerbsumfeld einführungsreif sind (Varianten von TeSi sind jedoch wohl auch bei substanziellen Innovationen ohne plausibles Referenzumfeld bzw. bei langlebigen Gebrauchsgütern einsetzbar; *Erichson* 1995, Sp. 1837 f.).

Wie bereits in vielen anderen Marktforschungsbereichen, halten Multimedia- und Virtual-Reality-Technologien zunehmend Einzug in die Testmarktsimulation. SERVASSOR (*Rosenberger/de Chernatony* 1996, S. 345 ff.) ist z. B. eine Testmarktsimulation für Dienstleistungsinnovationen, die sowohl Virtual Reality als auch reale Heimtests einsetzt und auf dem ASSESSOR-Verfahren aufbaut (*Silk/Urban* 1978). Die an der Harvard-Universität entwickelte Einkaufssimulation *Visionary Shopper* (*Burke* 1996, S. 107 ff.) basiert auf einer virtuellen Verkaufsumgebung, die Testpersonen mit Hilfe eines Trackballs durchlaufen und dabei Produkte u. a. aus den Verkaufsregalen nehmen, drehen, vergrößern, einkaufen oder zurückstellen können. In der Regel werden drei Produktkategorien dargestellt, wobei nur eine zu Testzwecken genutzt wird. Das Verfahren eignet sich zur Ableitung von Marketing-Mix-Entscheidungen (z. B. Platzierung, Verkaufsförderungsmaßnahmen und Verpackung) u. a. auf der Basis der Analyse von Bewegungs- und Wahrnehmungsverläufen.

Multimedia- und Virtual-Reality Technologien ermöglichen zu besonders frühen Zeitpunkten im Innovationsprozess quantitative Erfolgsprognosen (vgl. Toolkasten Information Acceleration in 4.3). Die Tendenz geht hin zu simulierten *Testmärkten im Internet*, die bei Erfüllung der technischen Standards der Übertragungstechnik das Teststudio zunehmend ersetzen (zu webbasierten Marktforschungsmethoden vgl. *Erichson* 2000, S: 807; *Möntmann* 2003, S. 34; auch *Dahan/Hauser* 2002, S. 336 ff.).

Ein Thema, das im weiteren Sinne auch zur Testmarktforschung gezählt werden kann, ist *Probe&Learn*. *Lynn* (1993) analysierte fallstudienbasiert den Entwicklungsprozess von vier erfolgreichen radikalen Innovationen: Glasfaserkabel (Corning), Computertomographen (General Electrics), Mobiltelefone (Motorola) und Nutra Sweet (Searle, inzwischen Monsanto). Der Autor fand heraus, dass alle vier Unternehmen implizit eine spezielle Methodik der Unsicherheitsreduktion anwandten: Sie entwickelten ihr Produkt nicht bis zur technischen Perfektion, sondern führten Probeversionen frühzeitig in potenzielle Testmärkte ein. Im Vordergrund stand die experimentelle (versus analytische) Generierung von Verbesserungs- und Weiterentwicklungsideen, also Ausprobieren (Probe) und Lernen (Learn) unter realen Marktbedingungen (*Lynn* 1993, S. 272 ff.).

Das empirisch somit identifizierte Verfahren *Probe&Learn* ist ein Prozess sukzessiver Annäherung an ein aus Sicht der Kunden optimales Produkt durch iterative Lernschleifen. So brachte Motorola sein erstes Mobilfunkgerät bereits zehn Jahre vor der offiziellen Zulassung im Jahr 1973 auf ausgewählten Märkten heraus: „The first unit weighed about two pounds, which was obviously too heavy. You could talk on the phone for a maximum of five minutes without your hand getting tired. We learned from people, such as congressman, who tested the unit, that the portables had to be smaller and lighter" (ein Produktchampion von Motorola, Marty Cooper, zit. nach *Lynn* 1993, S. 316). Es folgten Prototypengenerationen in den Jahren 1975, 1979 und 1981, die jeweils den Marktbedürfnissen entsprechend verbessert wurden, bis 1983 mit der fünften Generation die erste Lizenz für ein landesweites Mobiltelephon-System von der US-Fernmeldebehörde vergeben wurde. Probe & Learn reduzierte hohe Unsicherheiten einer radikalen Innovation und verhalf Motorola so zur Marktführerschaft (*Lynn et al.* 1996 b, S. 87 f.).

Zwischenfazit: Die Möglichkeiten der Testmarktforschung sind vielfältig. Das Interesse an den Verfahren hat sich über die Jahre verschoben: Vom regionalen Testmarkt über (elektronische) Minitestmärkte zur virtuellen Testmarktsimulation. Die Zukunft der online-basierten virtuellen Testmarktsimulation ist voll im Gange. Ein

(Testmarkt-)Verfahren zur Unsicherheitsreduktion bei hochgradigen Innovationen ist Probe&Learn: Kundenorientierte Weiterentwicklungen einer Innovation basieren auf iterativen Lernschleifen durch die frühzeitige und wiederholte Einführung von Prototypen in Nischenmärkten.

Neben subjektiven Management- und Experteneinschätzungen bzw. Testmarktforschung können Prognosen auch über Analogien zur *Diffusion* ähnlicher Produkte in der Vergangenheit abgeleitet werden. Grundlagen sind Diffusionsmodelle. Die Adoptions- und Diffusionsforschung entwickelt Gesetzmäßigkeiten der Verbreitung von Neuerungen (Ideen, Verfahren, Informationen Produkte), analysiert Ausbreitungsprozesse, erklärt deren Eigenschaften (Geschwindigkeit, Verlaufsform usw.) aus entsprechenden Determinanten und modelliert diese Erkenntnisse quantitativ, so dass auch gewisse prognostische Verwendungen der Diffusionsmodelle möglich sind. Zum näheren Verständnis von Diffusionsprognosen skizzieren wir dazu die wichtigsten Erkenntnisse der Adoptions- und Diffusionsforschung.

Unter *Adoption* wird die Übernahme/Annahme einer Innovation verstanden. Während die Adoptionsforschung individuelle Übernahmeentscheidungen untersucht, hat die Diffusionsforschung ein höher aggregiertes Untersuchungsobjekt, nämlich die Menge der individuellen Adoptionsprozesse innerhalb eines sozialen Systems im Zeitablauf (*Litfin* 2000, S. 21). Zielkunden einer Innovation sind in der Adoptions- und Diffusionsforschung Personen eines sozialen Systems, die untereinander Ähnlichkeiten z. B. soziodemographischer, verhaltensbezogener Art aufweisen bzw. für ein ähnlich gelagertes Problem nach einer Lösung suchen. Mitglieder des Systems können Personen, Gruppen (z. B. Haushalte) oder Organisationen (z. B. Unternehmen) sein (*Pechtl* 1991, S. 6).

Diese so ungewohnt und umständlich erscheinende Beschreibung der potenziellen Adoptoren einer Innovation entspricht genau dem Begriff der Zielgruppe bzw. des Marktsegments in der Marketingforschung. Das (Innovations-)Marketing überschneidet sich an dieser Stelle perfekt mit der (Diffusions-)Soziologie, deren Begriffswelt wir hier streckenweise übernehmen. Übrigens findet sich in der Literatur neben der Bezeichnung Adoptor (logisch aus Adoption gebildet) auch die anglizierte Bezeichnung Adopter, die wir nicht übernehmen.

Der Vater der Diffusionsforschung, *Rogers* (2003, S. 20 f., ursprünglich 1962), unterscheidet fünf Phasen des Adoptionsprozesses, die sich als Basis verschiedener Phasenkonzepte in der Literatur weitgehend durchgesetzt haben (*Pohl* 1996, S. 48; *Litfin* 2000, S. 23):

1. *Kenntnisnahme* (knowledge): Man nimmt die Innovation zum ersten Mal wahr und muss jetzt Interesse an der Innovation gewinnen, damit ein „Entscheidungsprozess" startet. Im Falle eines Desinteresses bricht der Adoptionsprozess ab.
2. *Meinungsbildung* (persuasion): Man entwickelt jetzt eine positive bzw. negative Einstellung gegenüber der Innovation, u. a. indem man aktiv nach weiteren Informationen sucht und diese verarbeitet. Hierzu werden vor allem wahrgenommene Innovationseigenschaften (relativer Vorteil, Komplexität, Erprobbarkeit usw., genauer siehe unten) herangezogen.
3. *Entscheidung* (decision): Man entscheidet sich jetzt für (adoption) oder gegen (rejection) die Übernahme der Innovation.

4. *Implementierung* (implementation): Man wendet ab jetzt die Innovation an. Business-to-Business-Innovationen werden nicht unbedingt sofort in allen Unternehmensbereichen eingesetzt, es gibt oft einen sekundären Diffusionsprozess im Unternehmen (intrafirm diffusion).

5. *Bewertung* (confirmation): Bei Zufriedenheit mit der Innovation kommt es zum Wiederholkauf bzw. zu einer umfassenderen Übernahme / Anwendung der Innovation. Bei Unzufriedenheit wird die Innovation wieder abgeschafft bzw. nicht noch einmal gekauft.

Eine Ablehnung der Innovation (Ergebnis der Phase 3 „Entscheidung") kann dauerhaft oder vorübergehend sein. Bei einer Verschiebung der Adoptionsentscheidung wird die Innovation entweder zu einem späteren Zeitpunkt doch noch adoptiert (vorläufige Zurückweisung) oder es kommt zum Überspringen dieser Innovationsgeneration, wie es bei IT-Generationen oft zu beobachten ist: Leapfrogging (Bockspringen) ist „das bewusste und freiwillige Überspringen des gegenwärtig am Markt verfügbaren neuesten Produktes und die Verschiebung der Kaufentscheidung auf eine in der Zukunft erwartete Produktgeneration dar, die in der subjektiven Wahrnehmung des Nachfragers durch eine verbesserte Leistungsfähigkeit gekennzeichnet ist" (*Weiber/Pohl* 1996, S. 1205). Der Adoptionsprozess wird bewusst abgebrochen, um auf die nächste Generation zu warten. Bei Verfügbarkeit der nächsten Produktgeneration wird diese allerdings nicht automatisch übernommen, nur wird zu diesem Zeitpunkt der Adoptionsprozess wieder aufgenommen.

Leapfrogging ist besonders bei technologischen Innovationen mit schnellen Generationsfolgen und im Markt damit verbundene Preiserosionen zu beobachten. Zentrale Leapfrogging-Determinanten sind neben der Marktsituation die Nachfragersituation und technologische Erwartungen bezüglich der Zukunftstechnologie (vgl. im Überblick Abb. 4.84 und ausführlich *Weiber/Pohl* 1996, S. 1211 ff.). Verhaltenswissenschaftlich betrachtet entspricht Leapfrogging einer Risikoreduktionsstrategie: Das wahrgenommene Kaufrisiko (Leistungs- und Kostenrisiko) liegt über dem individuellen Toleranzniveau eines Kunden, was zu dem Bedürfnis einer Risikoreduktion

Marktsituation	Erwartungen	Nachfragersituation
• Produktlebenszyklen • Innovationszyklen • Diffusionsgrad der Neutechnologie • Standardisierungsgrad • Wirksamkeit von Netzeffekten • Reifegrad der Neutechnologie	• Anbietersignale • Einführungszeitpunkt der Zukunftstechnologie • Leistungsvorsprung der Zukunftstechnologie • Adoptionskosten • Migrationsmöglichkeiten • Komplementäre Unterstützungsmöglichkeiten • Wechselkosten	• Dringlichkeit der Nachfrage • Technologisches Lag • Wechselkosten • Technologisches Know-how • Effekt der installierten Basis der Systemlandschaft

Quelle: Weiber / Pohl 1996, S. 1211

Abb. 4.84: Zentrale Leapfrogging-Determinanten im Überblick

führt. Die Verschiebung der Adoptionsentscheidung stellt neben verstärktem Informationssuchverhalten eine wichtige Risikoreduktionsstrategie von Zielkunden dar (*Pohl* 1996, S. 174 ff.).

Individuelle Adoptionsprozesse beginnen und enden zu unterschiedlichen Zeitpunkten, werden ggf. unterbrochen und nehmen eine unterschiedliche Zeitspanne in Anspruch. Unter der *Adoptionsrate* versteht man die relative Geschwindigkeit, mit der eine Innovation von den Mitgliedern eines sozialen Systems adoptiert wird (*Rogers* 2003, S. 221). Ein Schwerpunkt der Adoptionsforschung ist die Frage, durch welche Faktoren die Adoption bzw. Adoptionsrate einer Innovation maßgeblich beeinflusst wird bzw. durch entsprechende Marketingmaßnahmen beeinflusst werden kann. Vielfach wird zwischen produkt-, adoptor- und umweltspezifischen Einflussfaktoren unterschieden (*Litfin* 2000, S. 25; *Weiber/Pohl* 1996, S. 1210).

Produktbezogene Einflussfaktoren basieren primär auf der Innovation selbst, wobei die Adoption natürlich von der Wahrnehmung dieser Eigenschaften durch die Person abhängt. *Rogers* (2003, S. 221 f.) unterscheidet folgende fünf produktbezogenen Einflussfaktoren, die sich in der Literatur auch durchgesetzt haben (vgl. *Litfin* 2000, S. 26, zu weiteren Faktoren siehe *Pohl* 1996, S. 59 ff.):

1. *Relativer Vorteil:* Er folgt aus dem Grad der Überlegenheit der Innovation im Vergleich zu alternativen Lösungen im Hinblick auf die individuelle Bedürfnisbefriedigung. Neben den wahrgenommenen Eigenschaften und Funktionen beeinflussen ökonomische und soziale Aspekte (Preis-/Leistungsverhältnis, Rentabilität, soziale Anerkennung usw.) den relativen Vorteil. Was ihn konkret ausmacht, ist abhängig einerseits von der Innovation selbst (z. B. Produktkategorie), andererseits von den Bedürfnissen der Zielkunden. So ist bei Netzeffektgütern (z. B. Telefon, E-Mail) neben dem originären Produktnutzen, der sich aus der eigenen Produktverwendung ergibt, der derivative Nutzen in Form von Nutzungen anderer zu berücksichtigen (*Litfin* 2000, S. 28): So steigt z. B. der Nutzen eines Telefons erheblich mit der Anzahl von Telefonnutzern. Als kritische Masse wird in diesem Zusammenhang die minimale Zahl von Nutzern bezeichnet, die hinreichenden Nutzen für Adoptionen sichert (zu Spezifika der Diffusion von Netzeffektgütern siehe *Weiber* 1995; *Schoder* 1995).

2. *Kompatibilität:* Grade der Verträglichkeit der Innovation mit soziokulturellen Werten, Erfahrungen (z. B. mit bereits eingeführten Produkten) und Bedürfnissen potenzieller Adoptoren. Je kompatibler die Innovation ist, desto weniger Verhaltensänderungen verlangt sie, desto wahrscheinlicher wird sie adoptiert. Bei technischen Innovationen spielt die Passung zu bestehenden technischen Geräten und Systemen eine entscheidende Rolle.

3. *Komplexität:* Grad der Schwierigkeit, die Innovation zu verstehen und in Gebrauch zu nehmen, hochgradige Innovationen sind meist auch komplexer. Bei hoher Komplexität sind die Vorteile der Innovation schwieriger zu erkennen, und die Adoption ist mit erhöhtem Lernaufwand verbunden.

4. *Erprobbarkeit:* Grad der Möglichkeit, die Innovation „begrenzt" auszuprobieren. Durch das Testen der Innovation kann der Zielkunde die Innovation selbst bewerten, ohne sich auf andere verlassen zu müssen. Erprobbarkeit ist besonders für sehr frühe Adoptoren („Innovatoren", siehe weiter unten) wichtig, da sie noch nicht auf Erfahrungen anderer Adoptoren zurückgreifen können.

5. *Kommunizierbarkeit*: Grad der Leichtigkeit, mit der die Innovation bzw. Eigenschaften der Innovation potenziellen Adoptoren vermittelbar sind. Abhängig von der Produktkategorie sind Innovationen innerhalb einer Gesellschaft unterschiedlich stark sichtbar. So sind neue Automodelle öffentlich präsent und somit gut wahrnehmbar, während Software-Innovationen weniger sichtbar und daher schwieriger kommunizierbar sind. Kommunizierbarkeit senkt die Informationskosten für Zielkunden und erhöht die Adoptionswahrscheinlichkeit.

Neben diesen fünf „Rogers-Kriterien" wird das *wahrgenommene Risiko* (*Bauer* 1960) oft als sechste produktbezogene Adoptionsdeterminante angesehen (*Litfin* 2000, S. 34). Es geht um die subjektive Unsicherheit des Nicht-Erreichens der Kaufziele im Falle der Adoption. Man unterscheidet technische Risiken (z. B. Nichterfüllung der erwarteten technischen Leistung), soziale Risiken (z. B. Ablehnung der Innovation durch das persönliche Umfeld) und ökonomische Risiken (z. B. negative monetäre Konsequenzen) (*Schmalen/Pechtl* 1996, S. 820).

Produktbezogene Adoptionskriterien beeinflussen die Adoptionsrate. Daher können sie zur Erklärung und Prognose der Adoption dienen. Komplexität und wahrgenommenes Risiko haben negativen Einfluss auf die Adoption, alle anderen haben positiven Einfluss. Der wahrgenommene relative Vorteil gilt als herausragender positiver Einfluss (*Rogers* 2003, S. 229 f.), und das steht völlig im Einklang mit unserer CIA-Erkenntnis aus der Erfolgsfaktorenforschung (siehe 2.2.2.3).

Produktbezogene Kriterien sind jedoch immer auch im Zusammenhang mit den potenziellen Adoptoren zu sehen: So beeinflussen z. B. Lernbereitschaft, Know-how und Erfahrungsschatz einer Person die wahrgenommene Komplexität einer Innovation. Für die Erklärung und Prognose des Adoptionsverhalten einer spezifischen Innovation ist eine Orientierung an den Rogers Kriterien sinnvoll, jedoch sollte bei jeder praktischen Anwendung maßgeschneidert operationalisiert werden (*Litfin* 2000, S. 30 f., zu Operationalisierung und Validierung der Rogers-Kriterien für einen neuen Telekommunikationsdienst siehe exemplarisch *Krafft/Litfin* 2002, S. 68 ff.).

Neben produktspezifischen Einflussfaktoren haben auch Eigenschaften der Zielkunden Einfluss auf den Adoptionsprozess. Adoptoren der Innovation werden in der Adoptionstheorie anhand der Übernahmezeitpunkte (innovativeness) zu *Adoptorkategorien* zusammengefasst. *Rogers* (2003, S. 257 ff.) unterscheidet folgende Idealtypen von Übernehmern, die unterschiedlich schnell bei einer Innovation „zugreifen":

1. *Innovatoren* (innovators, die ersten 2,5 % aller Adoptoren einer Innovation)
2. *Frühe Adoptoren* (early Adoptors, 13,5 % aller Adoptoren einer Innovation)
3. *Frühe Mehrheit* (early majority, 34 % aller Adoptoren einer Innovation)
4. *Späte Mehrheit* (late majority, 34 % aller Adoptoren einer Innovation)
5. *Nachzügler* (laggards, 16 % aller Adoptoren einer Innovation)

Diese Werte wurden nicht empirisch-inhaltlich, sondern willkürlich-nominal aus der Normalverteilung abgeleitet, als idealisierte Adoptionskurve. Ihr Maximum trennt die frühe von der späten Mehrheit, ihre Wendepunkte ($+/-$ 1σ-Grenze) trennt die frühen Adoptoren und die Nachzügler von den beiden Mehrheiten, die Trennlinie zwischen den Innovatoren und den frühen Adoptoren liefert die $-$ 2σ-Grenze. Die Adoptionskurve gibt die Häufigkeitsverteilung individueller Übernahmeereignisse

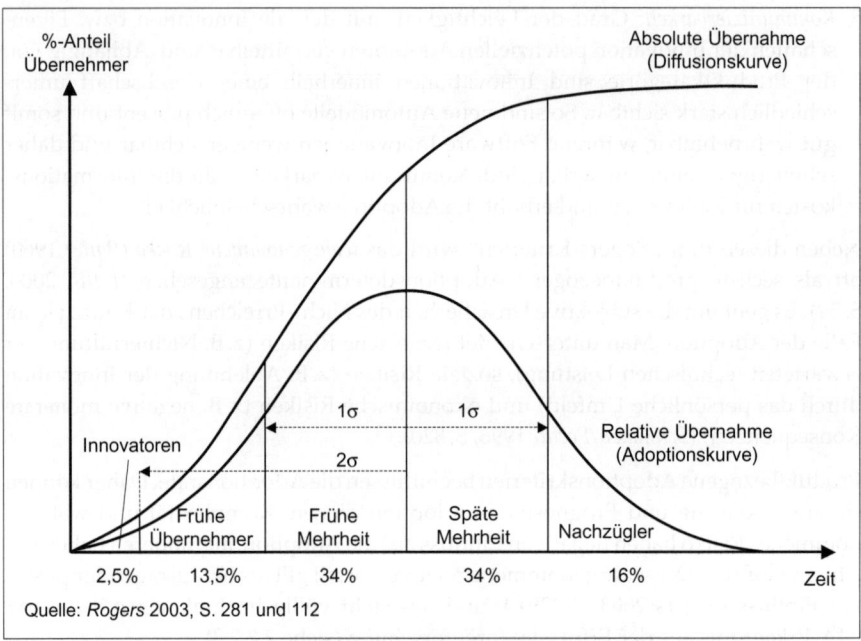

Abb. 4.85: Idealtypische Adoptions- und Diffusionskurve

über der Zeit wieder, die Diffusionskurve die zeitliche Entwicklung der Gesamtmenge an Adoptionen, also die kumulierte Adoptionskurve (vgl. Abb. 4.85).

Die Innovatoren initiieren den Diffusionsprozess. Unter insgesamt 1000 Adoptoren gelten nach dieser Typisierung die ersten 25 als Innovatoren. Nach herrschender Auffassung sind Kunden mit pionierhaftem Adoptionsverhalten jedoch erst dann wirklich Innovatoren, wenn sie grundsätzlich und autonom dem Neuen zugeneigt sind, also nicht aus anderen, externen Gründen zu den ersten Adoptoren gehören (z. B. weil sie dazu überredet wurden; vgl. *Trommsdorff/Eckhoff* 2002). Innovatoren sollten also nicht allein willkürlich formal als solche kategorisiert und im Innovationsmarketing als primäre Zielgruppe adressiert werden, sondern nach weiteren Charakteristika.

Welches aber sind diese Charakteristika? Die Suche nach *adoptorspezifischen Determinanten* führt zu einem Vergleich der Adoptorkategorien: Was unterscheidet Innovatoren von anderen Adoptortypen? Abbildung 4.86 fasst wesentliche Unterschiede früh Adoptierender im Vergleich zu spät Adoptierenden zusammen (*Rogers* 2003, S. 287 ff., zu einem tabellarischen Überblick entsprechender empirischer Studien vgl. *Martinez/Polo* 1996, S. 38 f.).

Eine relativ hohe Korrelation mit der Innovationsneigung zeigt bspw. die soziale Schicht. Der Zusammenhang lässt sich mindestens auf zwei theoretisch plausiblen Wegen erklären: einerseits mögen Innovatoren wegen ihrer höheren Bildung (ein konstituierendes Merkmal von Schicht) den Nutzen der Innovation eher und besser erkennen, andererseits aufgrund ihres höheren Einkommens (ein zweites konstituierendes Merkmal von Schicht) ein geringeres Kaufrisiko wahrnehmen. Ganz allge-

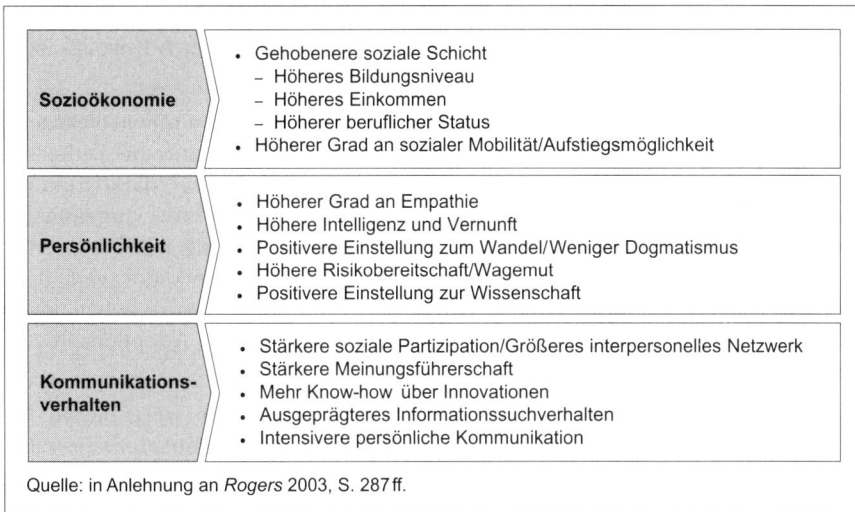

Sozioökonomie	• Gehobenere soziale Schicht – Höheres Bildungsniveau – Höheres Einkommen – Höherer beruflicher Status • Höherer Grad an sozialer Mobilität/Aufstiegsmöglichkeit
Persönlichkeit	• Höherer Grad an Empathie • Höhere Intelligenz und Vernunft • Positivere Einstellung zum Wandel/Weniger Dogmatismus • Höhere Risikobereitschaft/Wagemut • Positivere Einstellung zur Wissenschaft
Kommunikations-verhalten	• Stärkere soziale Partizipation/Größeres interpersonelles Netzwerk • Stärkere Meinungsführerschaft • Mehr Know-how über Innovationen • Ausgeprägteres Informationssuchverhalten • Intensivere persönliche Kommunikation

Quelle: in Anlehnung an *Rogers* 2003, S. 287 ff.

Abb. 4.86: *Eigenschaften von Konsumenten, die Innovationen früh adoptieren, im Vergleich zu späteren Adoptoren*

mein, nicht nur in der Diffusionsforschung, sind demografische Determinanten selten „wirklich kausale" Einflussfaktoren. Diese stehen jedoch oft hinter demografischen Indikatoren, und das mag empirisches Forschen nach Ursachen mit demografischen Merkmalen rechtfertigen. Tiefgründiger und wissenschaftstheoretisch haltbarer als demografische „Erklärungen" sind jedoch Erklärungen mit Hilfe theoretisch fundierter Konstrukte.

Ein Schlüsselkonstrukt der Adoptionsforschung ist *Meinungsführerschaft*. Interpersonelle Kommunikation ist eine der wichtigsten Informationsquellen für Zielkunden, wodurch Meinungsführer eine wesentliche Orientierung für die Kaufentscheidung anderer geben können. Meinungsführer (opinion leaders, *Lazarsfeld et al.* 1944) werden definiert als Personen, die im Kommunikationsprozess die Informationen vom Kommunikator filtern, übersetzen, bewerten und persönlich an Zielpersonen weitergeben (*Trommsdorff* 2004 a, S. 273 ff.). Dabei wird Meinungsführerschaft heute weniger als allgemeines Phänomen über alle Lebensbereiche hinweg verstanden, mehr spezifisch für bestimmte Interessen. *Produktspezifische Meinungsführung* zeichnet sich aus durch generelles Interesse am Produktbereich, Wissen über den Produktbereich und die Bereitschaft, darüber persönlich zu kommunizieren. Meinungsführer haben hohes persönliches Einflusspotenzial in ihren Bezugsgruppen (*Trommsdorff/Eckhoff* 2002).

Die Konstrukte Meinungsführerschaft und Innovationsneigung sind positiv korreliert bzw. die entsprechenden Personenkreise überschneiden sich, die Konstrukte bzw. Personen sind aber nicht identisch. Meinungsführer, die zugleich erste Adoptoren sind, so genannte *Innovationsführer*, konzeptualisiert und identifiziert *Eckhoff* (2001). Im Unterschied zum Innovator verfügt der Innovationsführer über ein höheres Einflusspotenzial in seiner Bezugsgruppe. Damit ist er eine ideale Schlüsselperson im Adoptionsprozess: der Innovation gegenüber aufgeschlossen, verfügt über kommunikative Fähigkeiten und Motive sowie über eine herausragende

Position in seiner sozialen Gruppe. Das Konzept hat sich sowohl theoretisch und messtheoretisch als auch praktisch bewährt (*Eckhoff* 2001, vgl. auch Beispielkasten weiter unten).

Neben produkt- und adoptorspezifischen Einflussfaktoren haben umweltbezogene Determinanten, speziell marktspezifische Faktoren, Einfluss auf die Diffusion. Darunter fallen makro-ökonomische (z. B. Konjunktursituation, Marktstruktur), technologische (z. B. Normen und Standards, technischer Entwicklungsstand), politisch/rechtliche (z. B. gesetzliche Marktzugangsbeschränkungen, Wettbewerbsrecht) und sozio-kulturelle (z. B. öffentliche Meinung, Kommunikationsverhalten) Einflussgrößen (siehe auch 4.1.2.4). Da diese Erklärungsgrößen nur zwischen unterschiedlichen Innovationen variieren, sind sie bei Vergleichen von Adoptionsprozessen nützlich (*Litfin* 2000, S. 44 f.).

Die folgende Abbildung 4.87 integriert die oben dargestellten wesentlichen Erkenntnisse zur Adoption einer Innovation entlang des Innovationsprozesses nach *Rogers* (2003).

Die formalwissenschaftlich-modellorientierte Diffusionsforschung basiert auf Erkenntnissen zur Adoption. Das bekannteste Diffusionsmodell ist das von *Bass* (1969, für eine umfassende Darstellung und kritische Würdigung siehe *Schmalen* 1989, S. 211 ff.). Das *Bass-Modell* erlaubt die Abschätzung der maximalen Marktpenetration und der Geschwindigkeit der Diffusion von langlebigen Gebrauchgütern auf der Basis von Zeitreihen. Das Modell wurde im Laufe der Jahre kontinuierlich weiterentwickelt. So konzentrierte sich die Diffusionsforschung in den späteren siebziger Jahren darauf, komplexere Modelle zu diskutieren und an realen Diffusionsverläufen zu spiegeln. Dabei wurden sukzessive auch diffusionsexogene Variablen (z. B. Marketing-Mix-Variablen) zur Erfolgsabschätzung von Marketing-Akti-

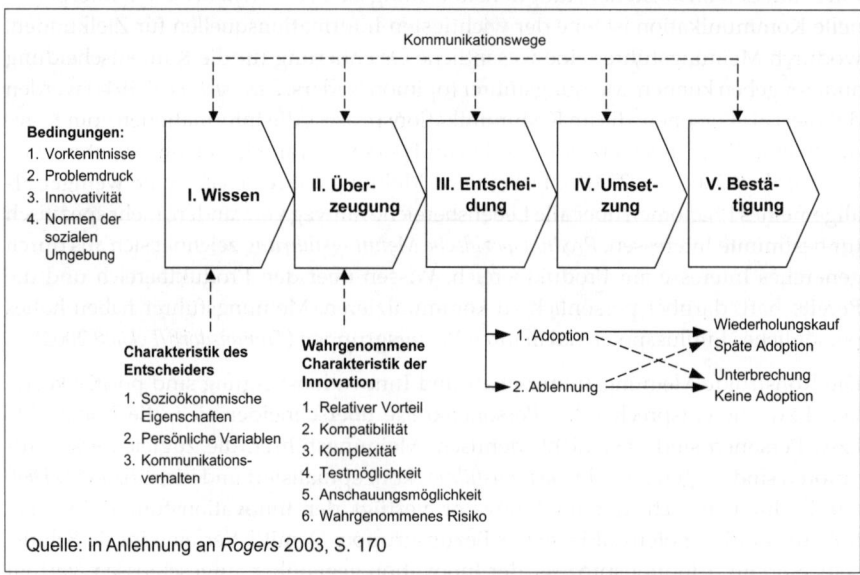

Abb. 4.87: Modell des Innovations-Entscheidungsprozesses nach Rogers

vitäten integriert (*Gierl* 1995, S. 474 ff; zur Entwicklung der modelltheoretischen Diffusionsforschung vgl. *Albers* 2001, S. 94 ff.; *Schmalen/Xander* 2002, S. 446 ff. *Mahajan et al.* 1990, S. 2 ff.).

Die Marketingforschung diskutiert Diffusionsmodelle kontrovers und erarbeitet immer wieder neue Vorschläge (*Gierl* 2000 a, S. 830, *Schmalen/Xander* 2002, S. 445). So kritisieren *Golder und Tellis* (1997, S. 257), dass klassische Diffusionsmodelle das „take-off-Phänomen" von Innovationen nicht berücksichtigen. Take-off ist Zeitpunkt des Marktdurchbruches, an dem der Absatz der Innovation exponentiell (Steigerungsraten z. T. über 400 %) zunimmt. Die Autoren kommen auf der Basis einer empirischen Studie zu dem Ergebnis, dass der Take-off-Zeitpunkt hochgradiger Gebrauchsgüter (z. B. Fernseher, CD-Player, Anrufbeantworter) variiert, der durchschnittliche Take-off-Zeitpunkt jedoch erst ca. sechs Jahre nach der Markteinführung stattfindet (*Golder/Tellis* 1997, S. 266).

Nach diesem Exkurs zur Adoptions- und Diffusionsforschung kommen wir zurück zum eigentlichen Thema: Können Diffusionsmodelle zur Erfolgsprognose von Produkten herangezogen werden? Ein Fallbeispiel zur Schätzung eines darauf gerichteten Diffusionsmodells liefert *Gierl* (2000 a, S. 820 ff). Das Dilemma bei noch nicht eingeführten Neuprodukten ist jedoch, das dann noch gar keine Zeitreihen für die Modellschätzung vorliegen.

Nur über Analogien zu ähnlichen Produkten und Situationen aus der Vergangenheit kann man vielleicht die Diffusionsgeschwindigkeit und Penetration der Innovation grob abschätzen. *Bähr-Seppelfricke* (1999) zeigt, dass man bei ähnlichen Produktcharakteristika (relativer Vorteil, Komplexität etc.) aus Panel-Daten der Diffusion von Referenzprodukten die Penetrationsmöglichkeiten eines neuen Produktes grob abschätzen kann. *Litfin* (2000) belegt mit der empirischen Anwendung des „Hazard-Modells" die Möglichkeit, auf individueller Ebene den Adoptionszeitpunkt einer Innovation in Abhängigkeit von Situationseinflüssen abzuschätzen (*Albers* 2001, S. 98 ff.). Insgesamt sind aber Analogien zur Markteinführung ähnlicher Produkte aus der Vergangenheit problematisch. Die größte Schwierigkeit besteht darin, geeignete Referenzprodukte zu finden, besonders bei höheren Innovationsgraden.

Ein weiteres Problem ist der „pro-innovation bias of diffusion research" (*Rogers* 2003, S. 106 f.): Prognosen auf Basis klassischer Diffusionsmodelle sind meist sehr zukunftsoptimistisch, da sich erfolgreiche Produkte als Analogien weit eher anbieten als Flops. Außerdem berücksichtigen die Modelle teilweise nicht, dass nicht alle Mitglieder eines sozialen Systems Zielgruppe für die betrachtete Innovation sind (vgl. *Pohl* 1996, S. 77 f.). Schließlich verlangt jede Veränderung des Diffusionsprozesses seit der Einführung des Referenzprodukts aufwändige Korrekturen der Modellparameter. Insgesamt werden Diffusionsmodelle auch wegen ihrer hohen Komplexität in der Praxis nur sehr selten zur Prognose angewendet (*Kahn* 2002, S. 134).

Das folgende Beispiel macht auf die Grenzen von Prognosen basierend auf Diffusionsmodellen am Beispiel von Teletex aufmerksam.

Diffusion von Teletex

Besonders auffällig weichen Prognose und tatsächliche Diffusion in der IT-Wirtschaft voneinander ab. In den 70er Jahren rechnete der in den USA führende Carrier AT&T damit, dass die Textkommunikation ein Teildienst des Videotelefons werden würde, dem man eine große Zukunft als Massenkommunikationsmedium voraussagte. In Westdeutschland dagegen sollte anscheinend dem „Bürofernschreiben" Teletex der größte Anteil der elektronischen Briefe zufallen. Teletex würde einen Großteil der Briefpost und des Fernschreibens (Telex) ersetzen. Das Fax wurde dagegen als Spezialmedium der Bildkommunikation angesehen. Doch es kam ganz anderes: Sowohl bei Teletex als auch bei Telefax kam es zum diametral abweichenden Verlauf von prognostizierter und tatsächlicher Diffusionskurve (vgl. folgende Abb. 4.88 und 4.89).

„Hinterher ist man klüger!?" Eigentlich erst, wenn man die Ursachen für solche Abweichungen kennt. Welche Ursachen bewirkten das vorzeitige Ende des Hoffnungsträgers Teletex? Während die Innovationen von Telegrafie, Telefon, drahtloser Telegrafie bzw. Telefonie und Telex sich jeweils in größeren zeitlichen Abständen ereigneten, brachte der durch die Mikroelektronik angestoßene Innovationsschub ab 1970 gleich mehre Innovationen der Bildkommunikation hervor: Electronic-Mail, Computer Conferencing, Videotext und Bildschirmtext, Telefax, vollelektronischer Fernschreiber und Teletex erschienen nahezu zeitgleich am Markt. Somit war die Markteintrittskonstellation für jeden einzelnen Dienst ungünstig. Ungleich verteilte Nutzenvorteile und -nachteile und funktionale Überschneidungen behinderten eine ausgewogene Arbeitsteilung zwischen den Techniken. Es entbrannte ein ruinöser Wettbewerb, bei dem Merkmale der jeweils anderen Dienste übernommen bzw. imitiert wurden. Die Kompatibilität der Systeme wurde nicht berücksichtigt. Es kam zum „Paradox der Telekom-

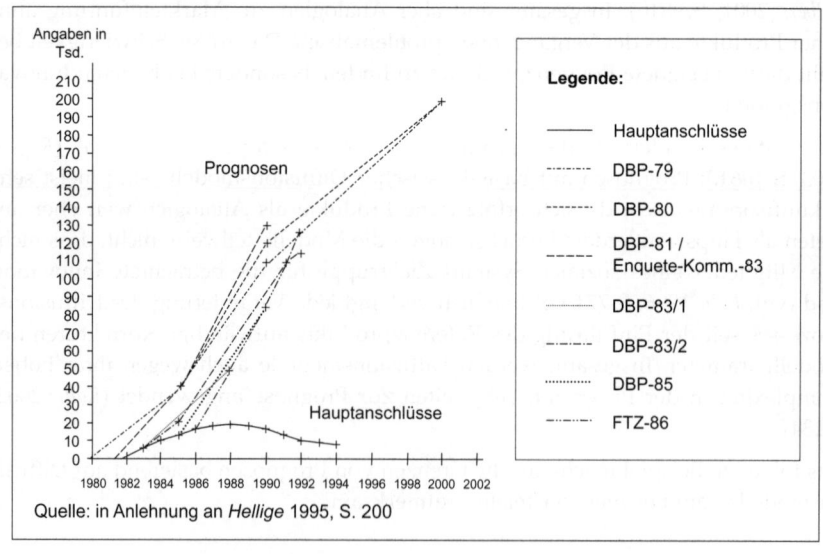

Quelle: in Anlehnung an *Hellige* 1995, S. 200

Abb. 4.88: Teletex-Prognose und Entwicklung in der BRD

munikation", indem die Konkurrenz der untereinander inkompatiblen Dienste zu erhöhten Kosten und zur schlechteren Entfaltung aller Dienste führte.

Teletex war im Spannungsfeld von Perfektion und Mängeln (übertragen werden konnten nur Buchstaben und Ziffern, nicht Bilder und Bildzeichen) besonders benachteiligt, obwohl der Netzübergang zu Telex jedem Teletex-Teilnehmer sofort national 100.000 Anschlüsse und weltweit über 1 Million erschloss. Das so scheinbar überwundene Problem von Netzeffektinnovationen verpuffte jedoch, da Siemens als Telex-Marktführer strategische Priorität auf die Vermarktung des vollelektronischen Fernschreibers legte, deshalb die Preise für die Teletex-Geräte nicht auf schnelle Diffusion hin niedrig kalkulierte und die Investitionskosten stark auf die Gerätepreise umlegte. Die Teletexgeräte blieben damit bis in die zweite Hälfte der 80er Jahre prohibitiv teuer.

Unzureichende Nutzungsvorteil-/Nachteil-Bilanzen gegenüber konkurrierenden Problemlösungen und verfehltes Innovationstiming bewirkten letztlich, dass die Vision einer kompatiblen und einfachen Textkommunikation von Schreibmaschine zu Schreibmaschine nicht realisiert wurde, obwohl von 1980 bis 1993 12 Mio. Schreibmaschinen und Textautomaten gekauft wurden. Der explodierende Fax-Umsatz seit Ende der 80er Jahre und die Zunahme der Telex-Hauptanschlüsse zwischen 1980 und 1987 zeigen, dass der Bedarf an einfacher Textkommunikation bei vergleichsweise traditionelleren Techniken geblieben war. Teletex hätte der einfachere und kompatiblere Kern der Textverarbeitung und Textkommunikation werden können. Dank PC und Internet kam schließlich sowieso alles ganz anders.

Unter dem Strich muss folgendes Fazit gezogen werden: Die Prognosen von Teletex, basierend auf klassischen Diffusionsmodellen ohne Berücksichtigung von Netzeffekten und entsprechenden Modellkomponenten, hatten versagt. Mit quantitativen Einflussgrößen ließ sich ein zentrales Problem von Adoptions- und Diffusionsprozessen nicht lösen: Die Bestimmung des insgesamt erreich-

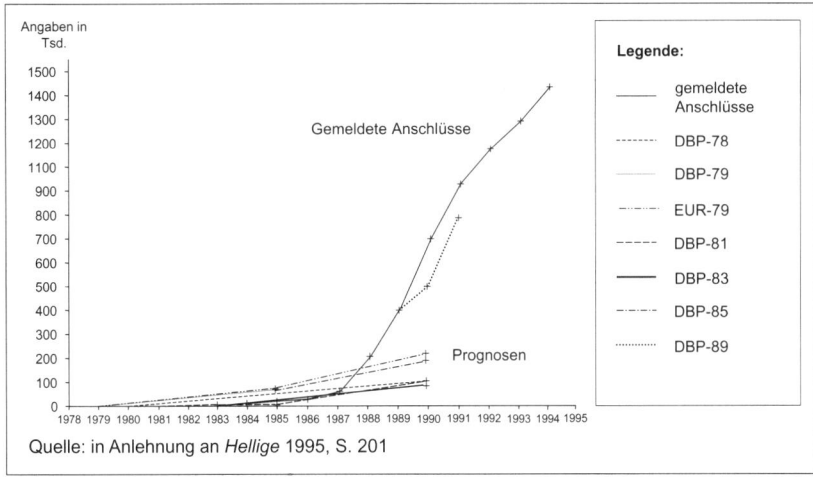

Abb. 4.89: Telefax-Prognose und Entwicklung in der BRD

baren Marktpotenzials einer neuen Technik. Nötig gewesen wäre die Abschätzung qualitativer Anwendungspotenziale und komparativer Nutzenvor- und -nachteile gegenüber konkurrierenden Angeboten. Ergänzt werden sollten quantitative Prognose immer durch subjektive Management-/und Experteneinschätzungen, denn:

„Es sei erneut erwähnt, dass Computersimulationen stets nur Denkhilfe, niemals jedoch Denkersatz darstellen" (*Schmalen/Xander* 2002, S. 462).

Quelle: Hellige 1995, Schmalen/Xander 2002

Klassische Diffusionsprognosen sind für substanzielle Innovationen offenbar nur bedingt tauglich. Die Bedingungen für ihre Gültigkeit erhöhen die Komplexität der Modelle und die Anforderungen an die Daten beträchtlich. Dennoch trägt die Adoptions- und Diffusionsforschung wesentlich zur Fundierung des Innovationsmarketing bei: Sie bietet Ansatzpunkte für die Entwicklung spezifischer Markteinführungsstrategien und -operationen im Sinne eines aktiven Diffusionsmanagement.

Wir verlassen daher an dieser Stelle das Thema „Erfolgsprognose von Innovationen" und fokussieren ausgewählte diffusionstheoretische Ansatzpunkte der Markteinführung. Für eine umfassende Darstellung der Markteinführung wird auf die Marketing-Standardliteratur verwiesen (*Homburg/Krohmer* 2003; *Nieschlag et al.* 2002; *Meffert* 2000) und auf die spezifische Erfolgsfaktorenforschung zur Markteinführung von Innovationen (u. a. *Di Benedetto* 1999, *Hultink et al.* 1999 für Konsumgüter; *Hultink et al.* 1997 für Industriegüter).

Kenntnisse zum Diffusionsverlauf einer Innovation unterstützen Entscheidungen, wann welche marketingstrategischen und -operativen Schwerpunkte zu setzen sind (vgl. *Kaas* 1973, S. 67 ff.). So wird Innovationen „auf den Markt zu bringen" spätestens dann notwendig, wenn mit dem alten Produkt alle Adoptoren erreicht worden sind und daher die Absatzzahlen zurückgehen. Darüber hinaus ist es für eine erfolgreiche Markteinführung einer Innovation notwendig, den produktspezifischen Adoptions- und Diffusionsprozess zu antizipieren.

Marketingmaßnahmen zielen darauf ab, aktiv auf den Beginn, die Dauer und das Ergebnis von Adoptionsprozessen potenzieller Kunden einzuwirken (*Gierl* 2000a, S. 815f.). Wir wollen in diesem Zusammenhang von Diffusionsmanagement sprechen, also der aktiven Beeinflussung der Verbreitung einer Innovation innerhalb eines sozialen Systems. Im Vorfeld der Markteinführung gilt es zunächst, die produktspezifischen Adoptionsfaktoren genau zu analysieren und ihre adoptionsförderliche Wirkung positiv zu beeinflussen.

An erster Stelle steht der relative Produktvorteil: In 4.5.1, Ausrichtung der operativen Entwicklung am CIA, wurde ausführlich auf diesen Erfolgsfaktor Nr. 1 und auf die häufigen Schwachstellen seiner Kommunikation eingegangen. Die (technische) Kompatibilität ist genau zu prüfen und ggf. anzupassen. Bei substanziellen, hochgradig komplexen Innovationen kann aktiver Wissenstransfer in den Markt die von Zielkunden wahrgenommene Komplexität mindern. Maßnahmen wie Produktdemonstrationen fördern die limitierte Erprobbarkeit der Innovation, und die Kommunizierbarkeit ihrer positiven Eigenschaften kann z. B. durch Zusammenarbeit mit Referenzkunden und starke Präsenz im Markt erhöht werden.

Wie dargestellt brauchen Adoptionsprozesse von der ersten Kenntnisnahme bis zur nachhaltigen Adoption Zeit. Besonders bei Produktkategorien mit langen Adoptionszeiträumen, z. B. wegen ihrer Komplexität, kann es sinnvoll sein, möglichst früh Adoptionsprozesse von Zielkunden anzustoßen. Unter dem Begriff Prämarketing (*Möhrle* 1995, S. 11) versteht man im zeitlichen Vorlauf einer Neuprodukteinführung stattfindende Marketingaktivitäten, die den Informationsfluss zur Innovation bedingen oder steuern. Ein wesentliches Instrument ist die Vorankündigung des neuen Produktes z. B. über Public Relations oder durch gezielte Werbung (siehe auch 3.3.2, zur Vorankündigung ausführlich u. a. *Preukschat* 1993).

Der Fokus der Marktkommunikation sollte sich an phasenspezifischen Informationsbedürfnissen der Zielkunden orientieren. Das betrifft die inhaltliche Ausrichtung der Kommunikation (vgl. auch 3.3.2) sowie die Kommunikationskanäle. *Rogers* (2003, S. 205 ff.) unterscheidet massenmediale (z. B. Radio, Fernsehen, Zeitschriften) von persönlichen Kommunikationskanälen, die durch eine Face-to-Face Kommunikation zwischen zwei oder mehr Personen geprägt sind. Während in der ersten Adoptionsphase (Kenntnisnahme) Massenmedien eine größere Rolle spielen, nehmen in der Phase der Meinungs- und Einstellungsbildung die persönlichen Kommunikationskanäle an Bedeutung zu. Persönliche Kommunikation ermöglicht Rückfragen bzw. das Einholen von Informationen, die für den potenziellen Adoptor zu einem bestimmten Zeitpunkt relevant sind. Darüber hinaus hat die persönliche Kommunikation einen höheren Einfluss auf die Einstellungsbildung bzw. -änderung (*Rogers* 2003, S. 205).

Ein weiteres Ziel des Diffusionsmanagement ist das Auslösen von persönlicher Kommunikation durch gezielte Ansprache von Meinungsführern, Innovationsführern und/oder Change Agents. Die Rolle von Meinungsführern wird insb. in Business-to-Business-Märkten häufig von Lead Usern (siehe auch 4.1.2.3) übernommen, die als Referenzkunden andere Zielkunden von der Innovation überzeugen (*Pohl* 1996, S. 262). Innovationsführer (gleichzeitig Meinungsführer und Innovator) stoßen den Diffusionsprozessonsprozess durch die eigene Adoption an und entwickeln multiplikative Wirkung durch ihre Stellung im sozialen System und durch ihr Kommunikationsverhalten.

Rogers (2003, S. 365 ff.) macht auf eine weitere Rolle der persönlichen Kommunikation im Adoptionsprozess aufmerksam: „Change Agents", professionelle Berater, Experten oder Verkäufer in spezialisierten (Technologie-)Bereichen, können auf die Adoption einwirken. Analog ist die Rolle von Kunden beauftragter „Surrogate Buyers" zu sehen, z. B. Ärzte, Innenarchitekten etc. (*Aggarwal/Cha* 1997 und *Aggarwal et al.* 1998). Change Agents sollten folgende sieben Schritte der Adoptionsunterstützung leisten (*Rogers* 2003, S. 369 f.):

1. Verdeutlichung eines Veränderungsbedarfes: Ein Change Agent macht initial den Kunden auf sein latentes Problem/Bedürfnis aufmerksam bzw. verdeutlicht den Problemdruck.
2. Gewinnung des Vertrauens potenzieller Kunden: Bevor die Innovation akzeptiert wird, muss der Change Agent selbst die Akzeptanz des Kunden gewinnen. Die Akzeptanz wird positiv beeinflusst durch einen vom Kunden wahrgenommenen hohen Grad an Glaubhaftigkeit, Kompetenz und Vertrauenswürdigkeit.
3. Analyse und Diagnose des Kundenbedürfnisses: Der Change Agent muss die Probleme und Bedürfnisse des Kunden genau analysieren. Ein hohes Maß an empa-

thischen Fähigkeiten hilft ihm, sich intensiv in die Situation des Kunden hinein-zuversetzen.

4. Auslösung von Veränderungsbereitschaft: Nachdem der Change Agent verschiedene Wege zur Problemlösung aufgezeigt hat, muss er das Interesse an der Innovation selbst generieren.

5. Umwandlung von Kaufabsicht in Kaufverhalten: Der Change Agent soll das Kaufverhalten durch persönliche Empfehlungen beeinflussen. Zur Unterstützung versucht er oft auch Meinungsführer im persönlichen Umfeld des Kunden zu überzeugen, damit diese wiederum den Kunden positiv beeinflussen.

6. Stabilisierung der Adoption: In der Phase der Implementierung und Bewertung versucht der Change Agent den Adoptionsprozess zu stabilisieren und ggf. eine Nachkauf-Dissonanz (schlechtes Gefühl nach erfolgter Entscheidung) des Kunden zu reduzieren.

7. Stärkung der Eigenverantwortung des Kunden: Zur Beendigung der Beziehung überträgt der Change Agent die weitere Verantwortung an den Kunden: Er macht ihn praktisch zu seinem eigenen Change Agent.

Zwischenfazit: Für das Innovationsmarketing sind Identifikation, gezielte Ansprache und Überzeugung von solchen Personen besonders erfolgversprechend, welche die Diffusion über persönliche Kommunikation fördern. Der folgende Beispielkasten verdeutlicht diesen Prozess exemplarisch am Beispiel des Innovationsführers.

Aktives Diffusionsmanagement durch eine gezielte Ansprache von Innovationsführern bei CP3

Die praktische Nützlichkeit des Innovationsführer-Konstrukts wurde von *Eckhoff* (2001) empirisch untersucht. Es wurde bei der Einführung eines telematikgestützten PKW-Mehrfachnutzungssystems der DaimlerChrysler AG am Potsdamer Platz in Berlin (Car Pool Potsdamer Platz, CP3) erfolgreich erprobt. Durch Befragung aller Personen des Unternehmens, für die CP3 konzipiert wurde, wurden die Innovationsführer für Mobilität und Mobilitätsdienste identifiziert. Darauf aufbauend wurde eine Werbekampagne zur Einführung des CP3 entwickelt, die primär auf die Innovationsführer abzielte. Die Botschaften wurden über Werbemittel und -träger hinweg auf die Bedürfnisse der Innovationsführer abgestimmt.

Darüber hinaus wurden zur Einführung des CP3 Marketingmaßnahmen entwickelt, die ausschließlich für Innovationsführer bestimmt waren. So wurden z. B. Informationsveranstaltungen für die Innovationsführer durchgeführt, eine zeitlich beschränkte kostenlose Nutzung des CP3 ausschließlich ihnen angeboten und ihnen persönlich gehaltene Briefe geschickt, die über die Vorteilhaftigkeit, die Funktionalität und die Nutzungskonditionen des Mobilitätsdienstes informierten.

Nicht zuletzt aufgrund dieser Marketingmaßnahmen konnte eine signifikante Akzeptanzsteigerung des Systems erzielt und eine stärkere Auslastung des Car-Pools realisiert werden. Sowohl die Anzahl der registrierten Personen als auch die Nutzungshäufigkeit des CarPools nahm nach der Durchführung der auf die

Innovationsführerabgestimmten Marketingmaßnahmen erheblich zu. So konnte bei den Nutzungen des CarPools eine Verzehnfachung erzielt werden. Durch die Innovationsführer-Kommunikation wurde ein bedeutender Beitrag zur Überwindung der kritischen Masse geleistet.

Quelle: Trommsdorff/Eckhoff 2002

Mahajan und Muller (1998, S. 488 ff.) befassen sich in ihrem Artikel: „When is it Worthwhile Targeting the Majority Instead of the Innovators in a New Product Launch?" mit der Frage, unter welchen Bedingungen bestimmte Adoptorkategorie(n) im Fokus der Marketing-Aktivitäten stehen sollten. Sie stellen fest, dass die verhältnismäßig kleine Gruppe der Innovatoren und frühen Adoptoren (idealtypisch zusammen 16 % aller Adoptoren) oft überproportional im Fokus der Marketingaktivitäten steht. Der Grund dafür liegt nahe: Die Unternehmen setzen auf die persönliche Mund-zu-Mund-Kommunikation früher Adoptoren der Innovation.

Die Frage ist, ob diese Strategie immer erfolgsversprechender ist, als verstärkt auf die frühe und späte Mehrheit (insgesamt idealtypisch 68 % aller Adoptoren) zu setzen. Modelltheoretisch kommen *Mahajan und Muller* (1998, S. 494) zu folgendem Ergebnis: In Konsumgütermärkten, die u. a. durch geringe Mund-zu-Mund Propaganda und durch langsame Akzeptanz neuer Produkte geprägt sind, sollten Unternehmen entgegen der üblichen Praxis tendenziell ihre Marketingaktivitäten überproportional auf die (frühe und späte) Mehrheit der Adoptoren fokussieren.

Die konkrete Ausrichtung des Diffusionsmanagements ist also hochgradig produktspezifisch. So erfordert z. B. auch ein Netzeffektgut (siehe zur Unterscheidung Netzeffektgüter i. e. S. und Systemgüter *Schoder* 1995, S. 19), das maßgeblich durch einen derivativen Produktnutzen geprägt ist, andere Strategien und Maßnahmen als ein Singulärgut. Der Derivativnutzen, der auf der Interaktion mit anderen Nachfragern basiert, verlangt eine Mindestzahl an Systemteilnehmern (z. B. Besitzern eines Telefons), genannt „kritische Masse". Ist diese erreicht, kann das System Nutzen zur Gewinnung weiterer Kunden aus sich heraus entwickeln, und es kommt zu einer stark ansteigenden Zahl von Adoptoren (*Weiber* 1995, S. 46).

Ein wesentliches Ziel des Diffusionsmanagements von Netzeffektgütern besteht daher in einem möglichst frühen Erreichen der kritischen Masse. Ein vielversprechender Ansatz dafür ist die Gewährung spezieller Anreize für frühe Adoptoren im Zeitraum vor dem Erreichen der kritischen Masse. Ein Erfolgsbeispiel ist Minitel in Frankreich: France Télécom stellte in den 1980er Jahren den Videotextservice unter enormen Kosten einer Vielzahl ihrer besten Kunden kostenlos zur Verfügung. Neun Jahre nach seiner Einführung erreichte Minitel mit sechs Millionen Nutzern die Gewinnschwelle und erzielte in der Folgezeit einen ROI von 8–12 % (*Rogers* 2003, S. 188).

Innovationen in technologischen Märkten, die sich rasch entwickeln und durch starke Preiserosionen geprägt sind, verlangen aktives Leapfrogging-Management. Dabei ist zu unterscheiden zwischen Alt-, Neu- und Zukunftstechnologie (*Gierl* 1997, S. 1074), hier ähnlich, aber fein zu unterscheiden von der oben verwendeten Kategorie Basis- Schlüssel- und Schrittmachertechnologie (siehe 2.1.1): Der Anbieter einer Neutechnologie möchte Leapfrogging seiner Zielkunden verhindern, da die Neutechnologie sonst (zumindest in Teilen) durch die Zukunftstechnologie substituiert wird und entsprechend Marktanteile verliert. Das Interesse ist besonders hoch, wenn die Zukunftstechnologie nicht von ihm, sondern nur von der Konkurrenz angeboten wird. Durch gezielte Kommunikation kann das Risikoreduktionsbedürfnis potenzieller Leapfrogger gestillt werden. Dabei kommt es entscheidend darauf an, das technologische Lag zwischen Alt- und Neutechnologie zu verdeutlichen. Negative Kauffolgen können z. B. durch Garantieleistungen oder Miet-/Leasingangebote gemildert werden (*Gierl et al.* 1999, S. 1197 ff.). Der Wechsel von der Neu- zu der Zukunftstechnologie kann durch Upgrademöglichkeiten erleichtert werden, was wiederum das Risiko des Leapfrogging der Neutechnologie senkt (*Weiber/Pohl* 1996, S. 1216).

Anders sieht die Situation beim Anbieter einer Zukunftstechnologie aus: Für ihn kann eine aktive Förderung des Leapfrogging-Behaviors nützlich sein, da durch ein großes Leapfroggersegment der Neu-Technologie die Diffusion „seiner" Zukunftstechnologie beschleunigt wird. Insbesondere die Reputation des Zukunftstechnologieanbieters bindet Nachfrager frühzeitig. Vorab-Kommunikation glaubwürdiger Informationen zum geplanten Markteinstieg und zu spezifischen Produkteigenschaften (z. B. technologische Leistung, Einführungspreis, Kompatibilität) fördert die Reputation. Durch Zusammenarbeit mit Lead Usern (*von Hippel* 1986) kann eine neutrale Informationsquelle durch Referenzkunden geschaffen werden. Diese Maßnahmen fördern die Wahrscheinlichkeit, dass Zielkunden die Neutechnologie leapfroggen und damit der Markt für die Zukunftstechnologie erweitert wird (*Pohl* 1996, S. 248 ff.). Das folgende Beispiel zeigt Leapfroggingmanagement am Beispiel von Microsoft.

Leapfrogging-Management bei Microsoft

Der Markt für Spielekonsolen ist geprägt durch vielfachen Markteintritt verschiedener Anbieter mit jeweils verbesserten Produktgenerationen. Den Anfang machte Atari, Nintendo übernahm mit einem 8-Bit-System die Marktführerschaft, Sega folgte 1988 mit einem 16-Bit-System. Nintendo antwortete mit einer Ankündigung einer eigenen 16-Bit Technologie, was einen Preisrutsch im Markt zur Folge hatte. Sony kam 1995 als neuer Markteinsteiger mit seiner 32-Bit-Generation auf den Markt. Relativ kurz nach der Einführung der Sony Playstation 2 kündigte Microsoft auf der Consumer Electronic Show am 6. Januar 2001 in Las Vegas den für Ende 2001/Anfang 2002 geplanten Markteinstieg mit der X-Box an. Die Vermutung liegt nahe, dass Microsoft durch die frühe Vorankündigung der X-Box ein Leapfrogging potenzieller Kunden von Sony erreichen wollte. Wichtig war die Verdeutlichung der Verbesserung der Zukunftstechnologie (X-Box) im Vergleich zur Neutechnologie (Playstation 2). Neben der Herausstellung der verbesserten technischen Leistungsfähigkeit (Bill Gates bei seiner Keynote-Ansprache: „drei mal mehr Grafikpower als jedes bislang erschienene Gerät") wurde die Innovation durch Design-Prototypen und die Präsentation grafischer Möglichkeiten durch Beta-Versionen für Interessierte konkret fassbar.

Quellen: Ries 1996

Zusammenfassend zu diesem letzten Innovationsphasen-spezifischen Abschnitt:

Hohe Flopraten neu eingeführter Produkte verlangen möglichst große Risikomini-mierung. Auch in der letzten Phase des Innovationsprozesses, der Markteinführung, sollten bestehende Unsicherheiten so gut es geht abgebaut werden, das gilt allgemein und auf B2C-Märkten um so mehr. Dazu sind unterschiedlichste, je nach genauer Problemstellung adäquate Methoden verfügbar: klassischer Testmarktmarkt, Test-marktersatzverfahren (elektronischer Mini-Testmarkt und Testmarktsimulationen), Probe & Learn bei hochgradigen Innovationen und Diffusionsprognosen auf Basis von Diffusionsmodellmodellen. Die besten Ergebnisse lassen sich durch mehrere parallel angewandte Methoden erzielen (Multi-Methoden-Ansatz): So sollten quan-titative Prognosen durch qualitative Daten (z. B. Expertenmeinungen) gestützt werden und umgekehrt. Die Markteinführung selbst sollte durch aktives Diffusi-onsmanagement geprägt sein. Adoptions- und diffusionstheoretische Erkenntnisse sollten daher bei der Entwicklung der Markteinführungsstrategie und der Ableitung des operativen Marketing-Mix beachtet werden.

„Nichts ist so praktisch, wie eine gute Theorie." (*Kurt Lewin* zugeschrieben)

Literaturverzeichnis

[1] *Abell, D. F.* (1978): Strategic Windows, in: Journal of Marketing, Vol. 42, No. 3, S. 21–26.

[2] *Abell, D. F.* (1980): Defining the Business. The Starting Point of Strategic Planning, New York.

[3] *Abernathy, W. J. und J. M. Utterback* (1975): A Dynamic Model of Process and Product Innovation, in: Omega – The International Journal of Management Science, Vol. 3, Issue 6, S. 639–656.

[4] *Adiano, C. und A. V. Roth* (1994): Beyond the House of Quality: Dynamic QFD, in: Benchmarking for Quality Management & Technology, Vol. 1, No. 1, S. 25–37.

[5] *Adidas* (2006): customized shoes for you, online im Internet: http://www.adidas.com//products/miadidas04/content/uk/container.asp, [Zugriff 24. 3. 2006].

[6] *Afuah, A.* (1998): Innovation Management. Strategies, Implementation, and Profits, New York.

[7] *Aggarwal, P. und T. Cha* (1997): Surrogate buyers and the new product adoption process: a conceptualization and managerial framework, in: Journal of Consumer Marketing, Vol. 14, No. 5, S. 391–400.

[8] *Aggarwal, P. / T. Cha und D. Wilemon* (1998): Barriers to the adoption of really-new products and the role of surrogate buyers, in: Journal of Consumer Marketing, Vol. 15, No. 4, S. 358–371.

[9] *Aguilar, F. J.* (1967): Scanning the Business Environment, London.

[10] *Ahlert, D. und H. Schröder* (1996): Rechtliche Grundlagen des Marketing, Stuttgart.

[11] *Aiken, K. D.* (1999): Innovative Market Research for Breakthrough Product Design, Conference Summary, Marketing Science Institute, Report No. 99–113,.

[12] *Akao, Y.* (2000): Quality Function Deployment in Japan and Overseas, in Herrmann, A. (Hrsg.): Kundenorientierte Produktgestaltung, München, S. 147–160.

[13] *Alam, I.* (2003): Commercial Innovations from Consulting Engineering Firms: An Empirical Exploration of a Novel Source of New Product Ideas, in: Journal of Product Innovation Management, Vol. 20, S. 300–313.

[14] *Albach, H.* (1992): Strategische Allianzen, Strategische Gruppen und Strategische Familien, in: Zeitschrift für Betriebswirtschaft, 62. Jahrgang, Heft 6, S. 663–670.

[15] *Albach, H.* (1993): Culture and Technical Innovation. A Cross-Country Analysis and Policy Recommendations, The Academy of Sciences and Technology in Berlin, Berlin/ New York.

[16] *Albers, S.* (1989): Gewinnorientierte Neuproduktpositionierung in einem Eigenschaftsraum, in: Zeitschrift für Betriebswirtschaft, 41. Jahrgang, Heft 3, S. 186–209.

[17] *Albers, S.* (2001): Marktdurchsetzung von Innovationen, in Albers, S. / K. Brockhoff und J. Hauschildt (Hrsg.): Technologie- und Innovationsmangement. Leistungsbilanz des Kieler Graduiertenkollegs, Wiesbaden, S. 79–116.

[18] *Albers, S. / K. Brockhoff und J. Hauschildt* (2001): Technologie- und Innovationsmanagement Leistungsbilanz des Kieler Graduiertenkollegs, Wiesbaden.

[19] *Albers, S. und K. Eggert* (1988): Kundennähe Strategie oder Schlagwort, in: Marketing – Zeitschrift für Forschung und Praxis (ZFP), Jahrgang 10, Heft 1, S. 5–16.

[20] *Ali, A.* (2000): The Impact of Innovativeness and Development Time on New Product Performance for Small Firms, in: Marketing Letters, Vol. 11, No. 2, S. 151–163.

[21] *Ali, A. / R. Krapfel Jr. und D. LaBahn* (1995): Product Innovativeness and Entry Strategy: Impact on Cycle Time and Break-even Time, in: The Journal of Product Innovation Management, Vol. 12, Issue 1, S. 54–69.

[22] *Alpert, F. H. und M. A. Kamins* (1995): An Empirical Investigation of Consumer Memory, Attitude, and Perceptions Toward Pioneer and Follower Brands, in: Journal of Marketing, Vol. 59, No. 4, S. 34–45.

[23] *Altobelli, C. F.* (1995): Wertkette, in Tietz, B. (Hrsg.): Handwörterbuch des Marketing, Stuttgart, S. 2710–2718.

[24] *Altschuller, G.* (1984): Erfinden, Berlin.

[25] *Amabile, T. M. und N. D. Gryskiewicz* (1989): The creative environment scales: work environment inventory, in: Creativity Research Journal, Vol. 2, S. 231–253.

[26] *Amabile, T. M. / C. N. Hadley und S. J. Kramer* (2002): Creativity – Under the gun, in: Harvard Business Review, Vol. 80, Issue 8, S. 52–61.

[27] *Andreasen, A. R.* (1982): Verbraucherzufriedenheit als ein Beurteilungsmaßstab für die unternehmerische Marktleistung, in Hansen, U. / B. Stauss und M. Riemer (Hrsg.): Marketing und Verbraucherpolitik, Stuttgart, S. 182–195.

[28] *Andresen, T. und O. Nickel* (2001): Führung von Dachmarken, in Esch, F. R. (Hrsg.): Moderne Markenführung. Grundlagen – Innovative Ansätze – Praktische Umsetzung, 3. Auflage, Wiesbaden, S. 640–668.

[29] *Ansoff, H. I.* (1966): Managementstrategie, München.

[30] *Ansoff, H. I.* (1976): Managing Surprise and Discontinuity – Strategic Response to Weak Signals, in: Zeitschrift für betriebswirtschaftliche Forschung, Vol. 28, S. 129–152.

[31] *Ansoff, H. I.* (1981): Die Bewältigung von Überraschungen und Diskontinuitäten durch die Unternehmensführung – Strategische Reaktionen auf schwache Signale, in Steinmann, H. (Hrsg.): Planung und Kontrolle, München, S. 233–264.

[32] *Ansoff, H. I. und J. M. Stewart* (1967): Strategies for a Technology-Based Business, in: Harvard Business Review, Vol. 45, No. 6, S. 71–83.

[33] *Arrow, K. J.* (1962): The economic implications of learning by doing, in: Review of Economic Studies, Vol. 29, Issue 3, S. 155–173.

[34] *Aschhoff, B. / T. Doherr / B. Ebersberger / B. Peters / C. Rammer und T. Schmidt* (2006): Innovationsverhalten der deutschen Wirtschaft – Indikatorenbericht zur Innovationserhebung 2005, Mannheim.

[35] *Atuahene-Gima, K.* (1996): Market Orientation and Innovation, in: Journal of Business Research, Vol. 35, Issue 2, S. 93–103.

[36] *Auty, S.* (1995): Using Conjointanalysis in industrial marketing – The role for judgement, in: Industrial Marketing Management, Vol. 24, No. 3, S. 191–206.

[37] *Büchtold, R.* (1995): Erfolgreiche Nutzenclaimkonzepte, in: Thexis, Heft 3, S. 27–29.

[38] *Backhaus, K.* (2003): Industriegütermarketing, 7. Auflage, München.

[39] *Backhaus, K. / B. Erichson / W. Plinke und R. Weiber* (2003): Multivariate Analysemethoden, 11. Auflage, Berlin / Heidelberg.

[40] *Backhaus, K. und E. Stadie* (1998): Akzeptanzforschung bei technologischen Basisinnovationen. Methodische Probleme und Lösungsansätze, in Erichson, B. und L. Hildebrandt (Hrsg.): Probleme und Trends in der Marketing-Forschung, Stuttgart, S. 170–191.

[41] *Bähr-Seppelfricke, U.* (1999): Diffusion neuer Produkte. Der Einfluss von Produkteigenschaften, Wiesbaden.

[42] *Bailom, F. / H. Hinterhuber / K. Matzler und E. Sauerwein* (1996): Das Kano-Modell der Kundenzufriedenheit, in: Marketing Zeitschrift für Forschung und Praxis, Heft 2, S. 117–126.

[43] *Bain, J. S.* (1956): Barriers to New Competition, Cambridge, MA, USA.

[44] *Balachandra, R. und J. H. Friar* (1997): Factors for Success in R&D Projects and New Product Innovation: A Contextual Framework, in: IEEE Transactions on Engineering Management, Vol. 44, Issue 3, S. 276–287.

[45] *Balderjahn, I.* (1995): Bedürfnis, Bedarf, Nutzen, in Tietz, B. / R. Köhler und J. Zentes (Hrsg.): Handwörterbuch des Marketing, 2. Auflage, Stuttgart, Sp. 179–190.

[46] *Balensiefen, J.* (2003): Siemens AG, online im Internet: http://www.computermuseum-muenchen.de/computer/siemens/index.html, [Zugriff 10. 4. 2006].

[47] *Ballstaedt, S. / H. Mandl / W. Schnotz und S. Tergan* (1981): Texte verstehen, Texte gestalten, München.

[48] *Barth, K. / M. Hartmann und H. Schröder* (2002): Betriebswirtschaftslehre des Handels, 5. Auflage, Wiesbaden.

[49] *Basberg, B.* (1987): Patents and Measurement of Technological Change: A Survey of the Literature, in: Research Policy, Vol. 16, S. 131–141.

[50] *Bass, F. M.* (1969): A new product growth model for consumer durables, in: Management Science, Vol. 15, Issue 5, S. 215–227.

[51] *Bauer, E.* (1995): Produkttests, in Tietz, B. (Hrsg.): Handwörterbuch des Marketing, Stuttgart, Sp. 2151–2159.

[52] *Bauer, H. H.* (1989): Marktabgrenzung: Konzeption und Problematik von Ansätzen und Methoden zur Abgrenzung und Strukturierung von Märkten unter besonderer Berücksichtigung von marketingtheoretischen Verfahren, Berlin.

[53] *Bauer, H. H. / A. Herrmann und A. Mengen* (1994): Eine Methode zur gewinnmaximalen Produktgestaltung auf der Basis des Conjoint Measurement, in: Zeitschrift für Betriebswirtschaft, 64. Jahrgang, Heft 1, S. 81–94.

[54] *Bauer, H. H. / N. E. Sauer und V. Müller* (2003): Lifestyle – Typologien auf dem Prüfstand, in: Absatzwirtschaft, Nr. 9, S. 36–39.

[55] *Bauer, R. A.* (1960): Consumer Behavior as Risk Taking, Proceeding of the 43th Conference of the American Marketing Association: Dynamic Marketing for a Changing World, Chicago.

[56] *Baur, C.* (1991): Vertikale Kooperation als Strategie innovativen Unternehmertums, in Laub, U. D. und D. Schneider (Hrsg.): Innovation und Unternehmertum, Wiesbaden, S. 79–109.

[57] *Bayus, B. L.* (1992): Have Diffusion Rates Been Accelerating Over Time?, in: Marketing Letters, Vol. 3, Issue 3, S. 215–226.

[58] *Bayus, B. L. / S. Jain und A. G. Rao* (2001): Truth or Consequences: An Analysis of Vaporware and New Product Announcements, in: Journal of Marketing Research, Vol. 38, Issue 1, S. 3–13.

[59] *Beck, T. C.* (1998): Kosteneffiziente Netzwerkkooperation, Wiesbaden.

[60] *Becker, J.* (2001): Marketing-Konzeption: Grundlagen des zielstrategischen und operativen Marketing-Managements, 7. Auflage, München.

[61] *Becker, T.* (1988): Das frühzeitige Erkennen von Technologietrends: Patentanalyse, Bibliometrie, Technometrie, in: Technologie & Management, Nr. 4, S. 20–26.

[62] *Becker, T.* (1993): Integriertes Technologie-Informationssystem, Wiesbaden.

[63] *Behrens, G. / R. Schneider und P. Weinberg* (1978): Messung der Qualität von Produkten – eine empirische Studie, in Topritzhofer, E. (Hrsg.): Marketing, Wiesbaden, S. 131–143.

[64] *Beise, M.* (2000): Lead Markets: Country-specific Success Factors of the Global Diffusion of Innovations. A Theoretical Model Exemplified by the Case of Cellular Mobile Telephony, Dissertation, Mannheim.

[65] *Belz, C.* (1998): 2005 pflegen Unternehmen selbstverständlich ein multiples Marketing, in: Thexis, 15. Jahrgang, Heft 2, S. 18–19.

[66] *Belzer, V.* (1993): Unternehmenskooperationen, München/Mering.

[67] *Bengtsson, M. und S. Kock* (2000): „Co-opetition" in Business Networks – to Cooperate and Compete Simultaneously, in: Industrial Marketing Management, Vol. 29, No. 5, S. 411–426.

[68] *Benkenstein, M.* (2002): Strategisches Marketing: Ein wettbewerbsorientierter Ansatz, 2. Auflage, Stuttgart.

[69] *Berekoven, L. / W. Eckert und P. Ellenrieder* (2004): Marktforschung, 10. überarbeitete Auflage, Wiesbaden.

[70] *Berger, R.* (1995): Verbraucher, Unternehmer und Innovation, in: Markenartikel, Heft 7, S. 314–318.

[71] *Berth, R.* (1992): Ideenmanagement, in: Gablers Magazin, 92. Jahrgang, Heft 6, S. 72–78.

[72] *Berth, R.* (1993): Der kleine Wurf, in: Manager Magazin, Jahrgang 23, Heft 4, S. 214–227.

[73] *Beutin, N.* (2001): Verfahren zur Messung der Kundenzufriedenheit im Überblick, in Homburg, C. (Hrsg.): Kundenzufriedenheit, Wiesbaden, S. 89–122.

[74] *Bibl, W. und B. Swoboda* (2000): Produktinnovation und Aufbau strategischer Netzwerke in der europäischen Bekleidungsindustrie: Das Beispiel 3M, in Zentes, J. und B. Swoboda (Hrsg.): Fallstudien zum Internationalen Management, Wiesbaden, S. 329–348.

[75] *Bichler, A.* (2006): Strategische Positionierung von Markenprodukten – Konzept einer Methodenintegration von WISA und Conjointanalyse, Dissertation i. V., TU Berlin, Berlin.

[76] *Bidault, F. / C. Despres und C. Butler* (1998): The drivers of cooperation between buyers and suppliers for product innovation, in: Research Policy, Vol. 26, Issue 7, S. 719–732.

[77] *Bijmolt, T. H. und M. Wedel* (1999): A Comparison of Multidimensional Scaling Methods for Perceptual Mapping, in: Journal of Marketing Research, Vol. 36, S. 277–285.

[78] *Binsack, M.* (2001): Neuproduktbeurteilung – Kognitive Schemata und ihre Wirkung auf die Akzeptanz, Dissertation, TU Berlin, Berlin.

[79] *Binsack, M.* (2003): Akzeptanz neuer Produkte, Wiesbaden.

[80] *Black, F. und M. Scholes* (1973): The pricing of options and corporate liabilities, in: Journal of Political Economy, Vol. 81, S. 637–659.

[81] *Bleicher, K.* (1992): Das Konzept integriertes Management, 2. Auflage, Frankfurt.

[82] *Blum, W.* (1992): Guten Appetit – Esst Insekten – Millionen Menschen können nicht irren, in: Die Zeit vom 18. 12. 1992.

[83] *Blum, W.* (2002): Strom aus der Schuhsohle, in: Die Zeit, Nr. 18/2002, S. 31.

[84] *Boeckh, M.* (1998): Schritte zu einer wirtschaftlicheren Produktion von Solarstrom, in: Handelsblatt vom 23.12.1998.

[85] *Boesch, W.* (1954): Die Organisation der industriellen Forschung, in: Industrielle Organisation, Bd. 10, S. 335–345.

[86] *Böhler, H.* (1977): Methoden und Modelle der Marktsegmentierung, Stuttgart.

[87] *Boltz, D.-M.* (1999): Marketing by Worldmaking, Frankfurt am Main.

[88] *Bonner, J. M. / R. W. Ruekert und O. C. Walker* (2002): Upper management control of new product development projects and projects performance, in: The Journal of Product Innovation Management, Vol. 19, Issue 3, S. 233–245.

[89] *Booz Allen Hamilton* (1991): Integriertes Technologie- und Innovationsmanagement, Berlin.

[90] *Bos, W. und C. Tarnai* (1989): Entwicklung und Verfahren der Inhaltsanalyse in der empirischen Sozialforschung, in Bos, W. und C. Tarnai (Hrsg.): Angewandte Inhaltsanalyse in Empirischer Pädagogik und Psychologie, Münster/New York, S. 1–13.

[91] *Bosworth, D. und G. Jobome* (1999): The measurement and management of risk in R&D and innovation, in: International Journal of Technology Management, Vol. 18, Nos. 5–8, S. 476–499.

[92] *Botschen, G. / E. M. Thelen und R. Pieters* (1999): Using means-end structures for benefit segmentation. An application to services, in: European Journal of Marketing, Vol. 33, No. 1/2, S. 38–58.

[93] *Bouchereau, V. und H. Rowlands* (2000): Methods and techniques to help QFD, in: Benchmarking: An International Journal, Vol. 7, No. 1, S. 8–19.

[94] *Boulding, K. E.* (1958): Die neuen Leitbilder, Düsseldorf.

[95] *Boulding, W. / R. Morgan und R. Staelin* (1997): Pulling the Plug to Stop the New Product Drain, in: Journal of Marketing Research, Vol. 34, Issue 1, S. 167–176.

[96] *Boutellier, R. und R. Völker* (1997): Erfolg durch innovative Produkte, München/Wien.

[97] *Bower, J. L. und C. M. Christensen* (1998): Technisch revolutionäre Produkte: Wenn die Stammkunden mauern, in Brown, J. S. und B. von Oettinger (Hrsg.): Ergebnis Innovation, München/Wien, S. 123–139.

[98] *Brandenburger, A. M. und B. J. Nalebuff* (1998): Mehr Geschäftserfolg – dank der Spieltheorie, in Brown, J. S. und B. von Oetinger (Hrsg.): Ergebnis Innovation, München/Wien,.

[99] *Brändle, S.* (1997): Großer Staatsakt für den kleinen Smart, in: vom 28.10.1997.

[100] *Brankamp, T. und M. Tobias* (2002): Car Wars, in: brandeins Wirtschaftsmagazin, Nr. 1,.

[101] *Brauchlin, E. und R. Heene* (1995): Problemlösungs- und Entscheidungsmethodik, 4. Auflage, Bern/Stuttgart/Wien.

[102] *Brauers, J. und M. Weber* (1986): Szenarioanalyse als Hilfsmittel der strategischen Planung: Methodenvergleich und Darstellung einer neuen Methode, in: Zeitschrift für Betriebswirtschaft (ZfB), 56. Jahrgang, Heft 7, S. 631–652.

[103] *Braunstein, C. / W. Hoyer und F. Huber* (2000): Der Means End-Ansatz, in Herrmann, A. / G. Hertel und W. Virt (Hrsg.): Kundenorientierte Produktgestaltung, München, S. 85–101.

[104] *Brezski, E.* (1993): Konkurrenzforschung im Marketing: Analyse und Prognose, Wiesbaden.

[105] *Brockhoff, K.* (1977): Prognoseverfahren für die Unternehmensplanung, Wiesbaden.

[106] *Brockhoff, K.* (1989): Schnittstellen-Management. Abstimmungsprobleme zwischen Marketing und Forschung und Entwicklung, Stuttgart.

[107] *Brockhoff, K.* (1992): Instruments for patent data analyses in business firms, in: Technovation, Vol. 12, Issue 1, S. 41–58.

[108] *Brockhoff, K.* (1993): Technologiemanagement – Das S-Kurven-Konzept, in Hauschild, J. und O. Grün (Hrsg.): Ergebnisse empirischer betriebswirtschaftlicher Forschung: Zur einer Realtheorie der Unternehmung, Stuttgart, S. 327–353.

[109] *Brockhoff, K.* (1995): Synthesekautschuk: Strategische Aspekte von Stop-and-Go-Entscheidungen in der Entwicklung, in Brockhoff, K. (Hrsg.): Management von Innovationen. Planung und Durchsetzung – Erfolge und Misserfolge. Fallstudien mit Lösungen, Wiesbaden, S. 125–137.

[110] *Brockhoff, K.* (1998): Der Kunde im Innovationsprozess, in: Berichte aus den Sitzungen der Joachim Jungius-Gesellschaft der Wissenschaften E. V., Hamburg, 16. Jahrgang, Heft 3,.

[111] *Brockhoff, K.* (1999): Forschung und Entwicklung, 5. Auflage, Oldenburg.

[112] *Brockhoff, K.* (2001): Innovationsmanagement als Technologiemanagement, in Albers, S. / K. Brockhoff und J. Hauschildt (Hrsg.): Technologie- und Innovationsmanagement – Leistungsbilanz des Kieler Graduiertenkollegs, Wiesbaden, S. 17–72.

[113] *Brockhoff, K. / A. Picot und C. Urban* (1988): Zeitmanagement in Forschung und Entwicklung, in: Zeitschrift für betriebswirtschaftliche Forschung (zfbf), Sonderheft 23,.

[114] *Brönner, T. / C. Graeve und B. Seidl* (2001): Innovationsdynamik in den Telekommunikationsindustrien am Beispiel M-Commerce, in Barske, H. / A. Gerybadze / L. Hünninghausen und T. Sommerlatte (Hrsg.): Das innovative Unternehmen, Düsseldorf,.

[115] *Bruhn, M.* (2000): Das Zufriedenheitskonzept, in Herrmann, A. (Hrsg.): Kundenorientierte Produktgestaltung, München S. 123–141.

[116] *Brunner, R.* (1996): Smarte Starthilfe, in: Cash vom 27. 9. 1996.

[117] *Bstieler, L. und E. J. Kleinschmidt* (1992): The Great Myth of Customer Partnerships in new Product Development, 3rd International Product Development Conference, Fointainebleau, France.

[118] *Buchholz, W.* (1998): Timingstrategien – Zeitoptimale Ausgestaltung von Produktentwicklungsbeginn und Markteintritt, in: Schmalenbachs Zeitschrift für betriebswirtschaftliche Forschung (zfbf), 50. Jahrgang, Heft 1, S. 21–40.

[119] *Bulling, A.* (2002): Patentausschlussrechte in der Werbung. Eine Untersuchung am Beispiel Deutschlands und der USA, Berlin.

[120] *Bullinger, H.-J. und G. Wasserloos* (1991): Der Wettbewerbsfaktor Zeit muss konsequent genutzt werden. Die Stellschrauben anziehen, in: Computerwoche, 12. 4. 1991, S. 10–11.

[121] *Bullinger, H. J. / J. Warschat und J. Frech* (1997): Kostenrechte Produktentwicklung durch Target Costing und Wertanalyse, online im Internet: http://www.rdm.iao.fhg.de/engineering/kpe/TCWA.html, [Zugriff 20. 10. 2002].

[122] *BUND Berlin* (2004): Brennstoffzelle – Energiequelle der Zukunft, online im Internet: http://www.zukunft-brennstoffzelle.de, [Zugriff 13. 11. 2004].

[123] *Bundesverband der Phonographischen Wirtschaft e. V.* (2005): Jahreswirtschaftsbericht 2004 des Bundesverband der Phonographischen Wirtschaft e. V., online im Internet: http://www.ifpi.de/, [Zugriff 20. 3. 2006].

[124] *Burke, R. R.* (1996): Der virtuelle Laden – Testmarkt der Zukunft, in: Harvard Business Manager, Nr. 4, S. 107–117.

[125] *Burmann, C.* (1995): Flächen und Personalintensität als Erfolgsfaktor im Einzelhandel, Wiesbaden.

[126] *Burmann, G.* (1994): Automobilmarktforschung – Faszination mit Fallgruben?, in Tomczak, T. (Hrsg.): Marktforschung, St. Gallen, S. 172–180.

[127] *Büschken, J.* (1994): Conjointanalyse, in Tomczak, T. (Hrsg.): Marktforschung, St. Gallen, S. 72–89.

[128] *Buzzell, R. D. und B. T. Gale* (1987): The PIMS Principles: Linking Strategy to Performance, New York.

[129] *Calantone, R. / R. Garcia und C. Dröge* (2003): The Effects of Environmental Turbulence on New Product Development Strategy Planning, in: The Journal of Product Innovation Management, Vol. 20, Issue 2, S. 90–103.

[130] *Calantone, R. J. / C. A. Di Benedetto und J. B. Schmidt* (1999): Using the Analytic Hierarchy Process in New Product Screening, in: The Journal of Product Innovation Management, Vol. 16, S. 65–76.

[131] *Carpenter, G. S. und K. Nakamoto* (1988): Market Pioneering, Learnig, and Preference, in: Advances in Consumer Research, Vol. 15, S. 275–279.

[132] *Carpenter, G. S. und K. Nakamoto* (1989): Consumer Preference Formation and Pioneering Advantage, in: Journal of Marketing Research, Vol. 26, Issue 3, S. 285–298.

[133] *Carpenter, G. S. und K. Nakamoto* (1994): Reflections on „Consumer Preference Formation and Pioneering Advantage", in: Journal of Marketing Research, Vol. 31, Issue 4, S. 570–573.

[134] *Chandy, R. K. und G. J. Tellis* (1998): Organizing for Radical Product Innovation: The Overlooked Role of Willingness to Cannibalize, in: Journal of Marketing Research, Vol. 35, Issue 4, S. 474–487.

[135] *Chaney, I. M.* (2001): Opinion leaders as a segment for marketing communications, in: Marketing Intelligence & Planning, Vol. 19, No. 5, S. 302–308.

[136] *Charnes, A. / W. W. Cooper / J. K. Devoe und D. B. Leaner* (1966): DEMON: Decision Mapping Via Optimum GO-NO Networks-A Model for Marketing New Products, in: Management Science, Vol. 12, Issue 11, S. 865–887.

[137] *Chicos, R. und E. Almquist* (1996): Information Acceleration; Where the Customer Meets the

Future Now, 49th ESOMAR Congress. Changing Business Dynamics. The Challenge to Marketing Research, Istanbul.

[138] *Chiesa, V. / R. Manazini und F. Tecilla* (2000): Selecting sourcing strategies for technological innovation: an empirical case study, in: International Journal of Operations & Production Management, Vol. 20, No. 9, S. 1017–1037.

[139] *Chiesa, V. und G. Toletti* (2003): Standard-Setting Strategies in the Multimedia Sector, in: International Journal of Innovation Management, Vol. 7, No. 3, S. 281–308.

[140] *Chou, C. und J. Shen* (2005): Mercury Research: AMD desktop PC-use CPU market share exceeds 20 % in 3Q, 25. 10. 2005, online im Internet: http://www.digitimes.com/news/a20051025PR210.html, [Zugriff 20. 12. 2005].

[141] *Christensen, C. M.* (2003): The Innovator's Dilemma, New York.

[142] *Christensen, C. M. und J. L. Bower* (1996): Customer Power, Strategic Investment, and the Failure of Leading Firms, in: Strategic Management Journal, Vol. 17, Issue 3, S. 197–218.

[143] *Cleemann, L. und S. Pfeiffer* (1992): Identifikation und Bewertung von Ansätzen zukünftiger Technologien. Ein integriertes Konzept zur systematischen Analyse, in (Hrsg.): Technologiefrühaufklärung, Stuttgart,.

[144] *Clement, M. / T. Litfin und S. Vanini* (1998): Ist die Pionierrolle ein Erfolgsfaktor, in: Zeitschrift für Betriebswirtschaft, 68. Jg., Heft 2, S. 205–226.

[145] *Coates, N. F. / I. Cook und H. Robinson* (1997): Idea generation techniques in an industrial market, in: Journal of Marketing Practice: Applied Marketing Science, Vol. 3, No. 2, S. 107–118.

[146] *Coenenberg, A. G. / T. M. Fischer und J. Schmitz* (1997): Marktorientiertes Kostenmanagement durch Target Costing und Product Life Cycle Costing, in Bruhn, M. und H. Steffenhagen (Hrsg.): Marktorientierte Unternehmensführung, Wiesbaden, S. 371–402.

[147] *ContextWorld.com* (2004): palmOne Takes a Beating in Q204 w European Handheld Market, online im Internet: http://www.contextworld.com/Default.aspx.LocID-0eynew016.RefLocID-0ey00y.htm, [Zugriff 10. 4. 2006].

[148] *Cook, P.* (1998): The creative advantage – is your organization the leader of the pack?, in: Industrial and Commercial Training, Vol. 30, No. 5, S. 179–184.

[149] *Cool, K. und D. Schendel* (1987): Strategic Group Formation and Performance: The Case of the U. S. Pharmaceutical industry, in: Management Science, Vol. 33, Heft 9, S. 1102–1124.

[150] *Cooper, R. G.* (1981): An empirically derived new product project selection model, in: IEEE Transactions on Engineering Management, Vol. 28, S. 54–61.

[151] *Cooper, R. G.* (1993): Winning at New Products. Accellerating the Processfrom idea to launch, 2nd Edition,.

[152] *Cooper, R. G.* (1994 a): New Products: The Factors that Drive Success, in: International Marketing Review, Vol. 11, Issue 1, S. 60–76.

[153] *Cooper, R. G.* (1994 b): Third-Generation New Product Processes, in: The Journal of Product Innovation Management, Vol. 11, Issue 1, S. 3–14.

[154] *Cooper, R. G.* (1995): Winning at New Products: Accelerating the Process from Idea to Launch, 5. Auflage,.

[155] *Cooper, R. G.* (1999): From Experience: The Invisible Success Factors in Product Innovation, in: Journal of Product Innovation Management, Vol. 16, Issue 2, S. 115–133.

[156] *Cooper, R. G.* (2000): Strategic Marketing Planning for Radically New Products, in: Journal of Marketing, Vol. 64, No. 1, S. 1–16.

[157] *Cooper, R. G.* (2002): Top oder Flop in der Produktentwicklung. Erfolgsstrategien: Von der Idee zum Launch, Weinheim.

[158] *Cooper, R. G. und R. J. Calantone* (1981): New Product Scenarios: Prospects for Success, in: Journal of Marketing, Vol. 45, No. 2, S. 48–60.

[159] *Cooper, R. G. und S. J. Edgett* (2003): Overcoming the Current Crunch in NPD Resources, Working Paper No. 17, Product Development Institute Inc., Ontario/Canada,.

[160] *Cooper, R. G. / S. J. Edgett und E. J. Kleinschmidt* (2001 a): Portfolio Management. Fundamental to New Product Success, Working Paper No. 12, Product Development Institute Inc, Ontario/Canada,.

[161] *Cooper, R. G. und E. J. Kleinschmidt* (1987 a): New Products: What Seperates Winners from Loosers?, in: Journal of Product Innovation Management, Vol. 4, Issue 3, S. 169–184.

[162] *Cooper, R. G. und E. J. Kleinschmidt* (1987 b): Success Factors in Product Innovation, in: Industrial Marketing Management, Vol. 16, S. 215–223.

[163] *Cooper, R. G. und E. J. Kleinschmidt* (1994): Determinants of Timeliness in Product Development, in: Journal of Product Innovation Management, Vol. 11, Issue 5, S. 381–396.

[164] *Cooper, R. G. und E. J. Kleinschmidt* (1995): Performance Typologies of New Product Projects, in: Industrial Marketing Management, Vol. 24, S. 439–456.

[165] *Cooper, R. G. / E. J. Kleinschmidt und S. J. Edgett* (2001b): Portfolio Management for new products, 2. Auflage, Cambrigde, MA.

[166] *Corsten, H.* (1998): Simultaneous Engineering als Managementkonzept für Produktentwicklungsprozesse, in Horvàth, P. und G. H. Fleig (Hrsg.): Innovationsmanagement für neue Produkte, Stuttgart, S. 125–159.

[167] *Crawford, M. C.* (1992): The Hidden Costs of Accelerated Product Development, in: Journal of Product Innovation Management, Vol. 9, Issue 3, S. 188–199.

[168] *Dahan, E. und J. R. Hauser* (2002): The Virtual Customer, in: The Journal of Product Innovation Management, Vol. 19, S. 332–353.

[169] *Dahan, E. und V. Srinivasan* (2000): The Predictive Power of Internet-Based Product Concept Testing Using Visual Depiction and Animation, in: Journal of Product Innovation Management, Vol. 17, S. 99–109.

[170] *Dahl, D. W. und P. Moreau* (2002): The Influence and Value of Analogical Thinking During New Product Ideation, in: Journal of Marketing Research, Vol. 39, No. 2, S. 47–60.

[171] *Dahlin, K. B. und D. M. Behrens* (2005): When is an invention really radical? Defining and measuring technological radicalness, in: Research Policy, Vol. 34, S. 717–737.

[172] *Danneels, E. und E. J. Kleinschmidt* (2001): Product innovativeness from the firm's perspective: Its dimensions and their relation with project selection and performance, in: Journal of Product Innovation Management, Vol. 18, Issue 6, S. 357–373.

[173] *Day, G. S.* (1986): Tough Questions for Developing Strategies, in: Journal of Business Research, Vol. 6, No. 3, S. 60–68.

[174] *Day, G. S.* (1998): What does it Mean to be Market-Driven, in: Business Strategy Review, Vol. 9, No. 1, S. 1–14.

[175] *Day, G. S.* (2002): Managing the market learning process, in: Journal of Business & Industrial Marketing, Vol. 17, No. 4, S. 240–252.

[176] *de Bono, E.* (1996): Serious Creativity, Stuttgart.

[177] *De Jong, J. P. J. und R. Kemp* (2003): Determinants of Co-Workers' Innovative Behaviour: an Investigation into Knowledge Intensive Services, in: International Journal of Innovation Management, Vol. 7, No. 2, S. 189–212.

[178] *de Pay, D.* (1995): Informationsmanagement von Innovationen, Wiesbaden.

[179] *Delano, G. / G. S. Parnell / C. Smith und M. Vance* (2000): Quality function deployment and decision analysis: A R&D case study, in: International Journal of Operations & Production Management, Vol. 20, No. 5, S. 591–609.

[180] *Dematteis, B.* (1999): From Patent to Profit: Secrets & Strategies for the Successful Inventor, 3. Auflage, New York.

[181] *Derschka, P. und D. Gottschall* (1984): Metaplan – Das Geheimnis der Wolke, in: Management Wissen, Nr. 12, S. 17–33.

[182] *Deschamps, J.-P. / P. R. Nayak und A. D. Little* (1996): Produktführerschaft – Wachstum und Gewinn durch offensive Produktstrategien, Frankfurt am Main / New York.

[183] *Deshpande, R. / J. U. Farley und F. E. Webster Jr.* (1993): Corporate Culture, Customer Orientation, and Innovativeness in Japanese Firms: A Quadrad Analysis, in: Journal of Marketing, Vol. 57, Issue 1, S. 23–27.

[184] *Deutsches Patent- und Markenamt (DPMA)* (1998): Jahresbericht 1997, Wolnzach.

[185] *Deutsches Patent- und Markenamt (DPMA)* (2005): Jahresbericht 2004, Wolnzach.

[186] *DGfB – Deutsche Gesellschaft für Betriebswirtschaft* (1979): Innovation und ihre Organisation in der mittelständischen Industrie – Ergebnisse einer empirischen Untersuchung, Berlin.

[187] *Di Benedetto, C. A.* (1999): Identifying the key success factors in new product launch, in: Journal of Product Innovation Management, Vol. 16, S. 530–544.

[188] *Dichtl, E.* (1991): Dimensionen der Produktqualität, in: Marketing – Zeitschrift für Forschung und Praxis (ZFP), Jahrgang 13, Heft 3, S. 149–155.

[189] *Dickinson, M. W. / A. C. Thornton und S. Graves* (2001): Technology Portfolio Management: Optimizing Interdependent Projects Over Multiple Time Periods, in: IEEE Transactions On Engineering Management, Vol. 48, No. 4, S. 518–527.

[190] *diebrennstoffzelle.de* (2004): Die Brennstoffzelle – ein wiederentdecktes Prinzip der Stromerzeugung, online im Internet: http://www.diebrennstoffzelle.de/, [Zugriff 13. 11. 2004].

[191] *Dierkes, M. und S. Mützel* (1995): Methoden der Technologiefolgen-Abschätzung, in Zahn, E. (Hrsg.): Handbuch Technologiemanagement, Stuttgart, S. 645–662.

[192] *Diller, H. H.* (2001): Vahlens Großes Marketinglexikon, München.

[193] *Dolan, R. J. und J. M. Matthews* (1993): Maximizing the Utility of Customer Product Testing: Beta Test Design and Management, in: Journal of Product Innovation Management, Nr. 10, S. 318–330.

[194] *Dörner, D.* (2003): Die Logik des Misslingens, Hamburg.

[195] *Dowling, M. / C. Lechner und F. Bau* (1998): Kooperative Wettbewerbsbeziehungen, in Franke, N. und C.-F. von Braun (Hrsg.): Innovationsforschung und Technologiemanagement, Berlin/Heidelberg.

[196] *dpa, D. P. A.* (15. 10. 1997): Mercedes-A-Klasse bis Mitte 1998 ausverkauft, Rastatt.

[197] *Dreher, M. und E. Dreher* (1994): Gruppendiskussion, in Huber, G. L. und H. Mandl (Hrsg.): Verbale Daten; Eine Einführung in die Grundlagen und Methoden der Erhebung und Auswertung, 2. bearbeitete Auflage, Weinheim, S. 141–165.

[198] *Drucker, P. F.* (1985): Innovation and Entrepreneurship, New York.

[199] *Duke, C. R.* (1994): Understanding Customer Abilities in Product Concept Tests, in: Journal of Product & Brand Management, Vol. 3, No. 1, S. 48–57.

[200] *Durgee, J. F.* (2001): Qualitative Methods for Identifying Latent Needs for New Consumer Technologies, Change Management and the New Industrial Revolution. 200. IEMC '01 Proceedings.

[201] *Durgee, J. F. / G. C. O'Connor und R. W. Veryzer Jr.* (1998): Using mini-concepts to identify opportunities for really new product functions, in: Journal of Consumer Marketing, Vol. 15, No. 6, S. 525–543.

[202] *Dye, R.* (2001): Mundpropaganda – ein starker Umsatzmotor, in: Harvard Business Manager, Heft 3, S. 9–17.

[203] *Eckhoff, A.* (2001): Einführung innovativer Systemgeschäfte – Eine empirische Untersuchung telematikunterstützter Mobilitätsdienste, Wiesbaden.

[204] *Eggert, U.* (1999): Präsentation zum BBE Trend- und Handels-Forum 1999, Köln.

[205] *Eichhorn, J.-P.* (1996): Chancen- und Risikomanagement im Innovationsprozess, Frankfurt.

[206] *elektroauto-tipp.de* (2004): Elektroautos, Batterien und Brennstoffzellen, online im Internet: http://www.elektroauto-tipp.de, [Zugriff 13. 11. 2004].

[207] *Eliashberg, J. und T. S. Robertson* (1988): New Product Preannouncing Behavior: A Market Signaling Study, in: Journal of Marketing Research, Vol. 25, Issue 3, S. 282–292.

[208] *Erdmann, A.* (1996): Neue Chancen durch Virtual Reality-unterstützte Car Clinics, in: Planung und Analyse, Heft 5, S. 46–51.

[209] *Erichson, B.* (1981): TESI: Ein Test- und Prognoseverfahren für neue Produkte, in: Marketing Zeitschrift für Forschung und Praxis, 3. Jahrgang, S. 201–208.

[210] *Erichson, B.* (1995): Markttests, in Tietz, B. (Hrsg.): Handwörterbuch des Marketing, Stuttgart, Sp. 1826–1841.

[211] *Erichson, B.* (1998): Dimensionen der Testmarktsimulation, in Erichson, B. und L. Hildebrandt (Hrsg.): Probleme und Trends in der Marketing-Forschung, Stuttgart, S. 115–149.

[212] *Erichson, B.* (2000): Testmarktsimulation, in Herrmann, A. und C. Homburg (Hrsg.): Marktforschung, 2. Auflage, Wiesbaden, S. 789–808.

[213] *Ernst, H.* (1998): Patent Portfolios for Strategic R&D Planning, in: Journal of Engineering and Technology Management, Vol. 15, Issue 4, S. 279–308.

[214] *Ernst, H.* (1999a): Evaluation of dynamic technological developments by means of patent data, in Brockhoff, K. / A. K. Chakrabarti und J. Hauschildt (Hrsg.): The Dynamics of Innovation: Strategic and Managerial Implications, Berlin u. a., S. 107–132.

[215] *Ernst, H.* (1999b): Führen Patentanmeldungen zu einem nachfolgenden Anstieg des Unternehmenserfolges? Eine Panelanalyse, in: Schmalenbachs Zeitschrift für betriebswirtschaftliche Forschung, 51. Jahrgang, Heft 12, S. 1146–1168.

[216] *Ernst, H.* (2001): Erfolgsfaktoren neuer Produkte. Grundlagen für eine valide empirische Forschung, Dissertation, Wiesbaden.

[217] *Ernst, H.* (2002): Success factors of new product development, in: International Journal of Market Research, Vol. 4, S. 1–40.

[218] *Ernst, H. / C. Leptien und J. Vitt* (1999): Schlüsselerfinder in F&E: Implikationen für das F&E-Personalmanagement, in: Zeitschrift für Betriebswirtschaft, Ergänzungsheft 1, S. 91–118.

[219] *Ernst, H. und A. Schnoor* (2000): Einflussfaktoren auf die Glaubwürdigkeit kundenorientierter Produkt-Vorankündigungen: Ein signaltheoretischer Ansatz, in: Zeitschrift für Betriebswirtschaft, 70. Jahrgang, Heft 12, S. 1331–1350.

[220] *Ernst, N.* (2005): Infineon zahlt Millionen an Rambus, 21. 3. 2005, online im Internet: www.golem.de/0503/37066.html, [Zugriff 14. 11. 2005].

[221] *Ernst, O. und H. Sattler* (2000): Multimedia versus traditionelle Conjointanalysen, in: Marketing Zeitschrift für Forschung und Praxis, Heft 2, S. 161–172.

[222] *Esch, F.-R. und T. Andresen* (1996): Barrieren behindern Markenbeziehungen, in: Absatzwirtschaft, Heft 10/1996, S. 94–100.

[223] *Esch, F.-R. und T. Levermann* (1995): Positionierung als Grundlage des strategischen Kundenmanagements, in: Thexis, Heft 3/1995, S. 8–15.

[224] *Esch, F. R.* (1999): Neukundengewinnung durch sozialtechnische Forschung und Entwicklung, in: Thexis, Jahrgang 16, Heft 2, S. 9–14.

[225] *Eschenbach, R. und H. Kunesch* (1993): Strategische Konzepte. Management-Ansätze von Ansoff bis Ulrich, Stuttgart.

[226] *Eversheim, W. / T. Breuer / M. Grawatsch / M. Hilgers / M. Knoche / C. Rosier / S. Schöning und D. E. Spielberg* (2003): Methodenbeschreibung, in Eversheim, W. (Hrsg.): Innovationsmanagement für technische Produkte, Berlin/Heidelberg/New York, S. 133–231.

[227] *Fahey, L.* (2002): Invented competitors: a new competitor analysis methodology, in: Strategy and Leadership, Vol. 30, No. 6, S. 5–12.

[228] *Faix, A.* (1998): Patente im strategischen Marketing. Sicherung der Wettbewerbsfähigkeit durch systematische Patentanalyse und Nutzung, Berlin.

[229] *Faix, A.* (2001): Die Patentportfolio-Analyse – Methodische Konzeption und Anwendung im Rahmen der strategischen Patentpolitik, in: Zeitschrift für Planung, 12. Jahrgang, Heft 2, S. 141–157.

[230] *Faulkner, T.* (1996): Applying options thinking to R&D valuation, in: Research-Technology Management, No. 3 (May-June), S. 50–57.

[231] *FAZ* (1998 a): Die Abkehr vom Verbrennungsmotor ist nicht mehr aufzuhalten. Radikales Umdenken bei den Autoherstellern in Detroit / Hybridantriebe soll es schon in wenigen Jahren geben, in: Frankfurter Allgemeine Zeitung vom 12. 1. 1998.

[232] *FAZ* (1998 b): Greenpeace: Verbraucher für einen „grünen Stromwechsel" gewinnen. Umweltorganisation setzt weiter auf gewaltfreie Aktionen / Gespräch mit dem neuen Chef Walter Homolka, in: Frankfurter Allgemeine Zeitung vom 18. 8. 1998.

[233] *FAZ* (2001): Die Brennstoffzelle für ein Einfamilienhaus wird billiger. Das schadstofffreie Heizen rückt näher / Automobilhersteller arbeiten an der Wasserstofftechnik, in: Frankfurter Allgemeine Zeitung vom 23. 4. 01.

[234] *FAZ* (2002): Nur mit der Kraft des Fortschritts hat die Zukunft eine Chance. Blick zurück und Schau voraus, in: Frankfurter Allgemeine Zeitung vom 31. 12. 2002.

[235] *FAZ* (2003): 6x6 mit Autofokus. Die Rolleiflex 6008AF ist wuchtig und teuer / Hochwertige Verarbeitung, in: Frankfurter Allgemeine Zeitung vom 23. 9. 2003.

[236] *faz.net* (2005): Online-Buchhandel legt 10 Prozent, 20. 10. 2005, online im Internet: http://www.faz.net/s/RubEC1ACFE1EE274C81BCD3621EF555C83C/Doc~E8FF1E78BD632 4BA5B880E269E3938874ÄTpl~Ecommon~Scontent.htmlmidt, [Zugriff 14. 11. 2005].

[237] *Fendt, H.* (1983): Strategische Patentanalyse – Blick in die Zukunft, in: Wirtschaftswoche vom 15. 7. 1983 (Nr. 29).

[238] *Fendt, H.* (1992): Strategische Patentanalyse am Beispiel technischer Spitzenleistungen ostdeutscher Betriebe und Erfinder, in: Zeitschrift für Planung, Nr. 3, S. 185–208.

[239] *Fillip, S.* (1997): Marktorientierte Konzeption der Produktqualität, Wiesbaden.

[240] *Fink, A. / O. Schlake und A. Siebe* (1998): Szenario-Management – Grundlage einer zukunftsorientierten Unternehmensgestaltung, in Gausemeier, J. / A. Fink und O. Schlake (Hrsg.): Grenzen überwinden – Zukünfte gestalten. 2. Paderborner Konferenz für Szenario-Management. HNI-Verlagsschriftenreihe Band 44, S. 31–81.

[241] *Fink, A. / O. Schlake und A. Siebe* (2000 a): Szenariogestützte Strategieentwicklung, in: Zeitschrift für Planung, S. 41–59.

[242] _Fink, A. / O. Schlake und A. Siebe_ (2000b): Wie Sie mit Szenarien die Zukunft vorausdenken. Was Szenarien für die Früherkennung leisten und wie sie konkrete Entscheidungen unterstützen, in: Harvard Business Manager, Heft 2, S. 34–47.

[243] _Finsel, E. und C. Bach_ (1993): Autoclinic: Entscheidungshilfe im Rahmen des Produktentwicklungsprozesses in der Automobilindustrie?, in: Planung und Analyse, Heft 4, S. 54–57.

[244] _Fischer, H.-G._ (1993): „Kein Imageproblem", in: Focus, Ausgabe 33, S. 81.

[245] _Fischer, J._ (2003): F&E-Informationssysteme: Hilfsmittel oder Treiber im Innovationsprozess?, Köln-Paderborn.

[246] _Fischer, T. M. und J. Schmitz_ (1994): Marktorientierte Kosten- und Qualitätsziele gleichzeitig erreichen, in: IO Management Zeitschrift, Nr. 10, S. 63–68.

[247] _Flavell, J. H. / P. T. Botkin / C. L. Fry / J. W. Wright und P. E. Jarvis_ (1975): Rollenübernahme und Kommunikation bei Kindern, Weinheim.

[248] _Fleischer, M._ (1998): Patenting and Industrial Performance: The Case of the Machine Tool Industry, Wissenschaftszentrum Berlin,.

[249] _Ford, D. und C. Ryan_ (1981): Taking technology to market, in: Harvard Business Review, Vol. 59, No. 2, S. 117–126.

[250] _Forrester, J. W._ (1961): Industrial Dynamics, Cambridge.

[251] _Forrester, J. W._ (1971): World Dynamics, Cambridge.

[252] _Forschungsgruppe Konsum und Verhalten_ (1994): Konsumentenforschung, München.

[253] _Foster, R. N._ (1982): Boosting the Payoff from R&D, in: Research Management, Vol. 25, Issue 1, S. 22–27.

[254] _Foster, R. N._ (1986): Innovation – Die technologische Offensive, Wiesbaden.

[255] _Frank, R. E. / W. F. Massy und Y. Wind_ (1972): Produkt Segmentation, Englewood Cliffs.

[256] _Franke, N._ (1998): Verhalten in innovativen Situationen. Eine Studie zum handelsbezogenen Innovationsmarketing, in Franke, N. und C.-F. von Braun (Hrsg.): Innovationsforschung und Technologiemanagement – Konzepte, Strategien, Fallbeispiele, Berlin, S. 262–274.

[257] _Fraunhofer Institut für Software- und Systemtechnik_ (2002): Infoblatt Smart-Wear, online im Internet: http://www.isst.fhg.de/german/veroeffentlichungen/pdf_dateien/produktblaetter/Produktblatt_Smart-Wear.pdf, [Zugriff 16. 11. 2004].

[258] _Freiling, C._ (2003): Checkliste, in Lück, W. (Hrsg.): Lexikon der Betriebswirtschaft, 6. Auflage, Landsberg a. L., S. 235.

[259] _Freshtman, C. / V. Mahajan und E. Muller_ (1990): Market Share Pioneering Advantage: A Theoretical Approach, in: Management Science, Vol. 36, Issue 8, S. 900–991.

[260] _Freter, H._ (1983): Marktsegmentierung, Stuttgart.

[261] _Freter, H._ (1995): Marktsegementierung, in Tietz, B. / R. Köhler und J. Zentes (Hrsg.): Handwörterbuch des Marketing, 2. Auflage, Stuttgart, Sp.1802–1814.

[262] _Frishammar, J. und S.Å. Hörte_ (2005): Managing External Information in Manufacturing Firms: The Impact on Innovation Performance, in: Journal of Product Innovation Management, Vol. 22, S. 251–266.

[263] _Fritz, W._ (1989): Marketing – ein Schlüsselfaktor des Unternehmenserfolges? Eine kritische Analyse vor dem Hintergrund der empirischen Erfolgsfaktorenforschung, Arbeitspapier Nr. 72, Mannheim.

[264] _Gälweiler, A._ (1980): Die Rolle des Marketing in der strategischen Unternehmensführung und -planung, in Meffert, H. (Hrsg.): Marketing im Wandel, Wiesbaden, S. 51–61.

[265] _Gandolfo, A. und F. Padelletti_ (1999): Form direct to hybrid marketing: a new IBM go-to-market model, in: European Journal of Innovation Management, No. 3, S. 109–115.

[266] _Garcia, R. und R. Calantone_ (2002): A critical look at the technological innovation typology andinnovativeness terminology: a literature reciew, in: Journal of Product Innovation Management, Vol. 19, Issue 2, S. 110–132.

[267] _Gaudeck, A._ (2002): Kommunikationspolitik im Innovationsmarketing am Beispiel der Markteinführung des Smart unter Berücksichtigung kognitiver Schemata und sozio-emotionaler Prozesse, Seminararbeit, TU Berlin, Berlin.

[268] _Gaul, W. / D. Baier und A. Apergis_ (1996): Verfahren der Testmarktsimulation in Deutschland: Eine vergleichende Analyse, in: Marketing Zeitschrift für Forschung und Praxis, Heft 3, S. 203–217.

[269] _Gausemeier, J. / A. Fink und O. Schlake_ (1996): Szenario-Management. Planen und Führen mit Szenarien, 2. Auflage, Wien.

[270] *Gausemeier, J. / A. Fink und O. Schlake* (1997): Szenario-Management: Ein Ansatz zur konsequenten Erschließung von Nutzenpotenzialen, in: Marktforschung & Management, 41. Jahrgang, Nr. 1, S. 9–14.

[271] *Gawronski, B. und H.-P. Erb* (2001): Meinungsführerschaft und Persuasion, in: Marketing Zeitschrift für Forschung und Praxis, Heft 3, S. 199–208.

[272] *Gebert, D.* (2002): Führung und Innovation, Stuttgart.

[273] *Gebert, D. und L. von Rosenstiel* (2002): Organisationspsychologie, 5. Auflage, Stuttgart.

[274] *Geiger, M.* (1996): Innovationsmanagement für Laserstrahltechnologien; Strategische Überlegungen und ausgewählte Technologiebeispiele, in Wildemann, H. (Hrsg.): Innovation und Kundennähe: Wachstumsstrategien im Wettbewerb, München, S. 323–340.

[275] *Gemünden, H. G.* (1980): Effiziente Interaktionsstrategien im Investitionsgütermarketing, in: Marketing – Zeitschrift für Forschung und Praxis, Heft 1, S. 21–23.

[276] *Gemünden, H. G.* (1981): Innovationsmarketing. Interaktionsbeziehungen zwischen Hersteller und Verwender innovativer Investitionsgüter, Tübingen.

[277] *Gemünden, H. G.* (2001): Innovationsmanagement als Kooperationsmanagement, in Albers, S. / K. Brockhoff und J. Hauschildt (Hrsg.): Technologie- und Innovationsmanagement. Leistungsbilanz des Kieler Graduiertenkollegs, Wiesbaden,.

[278] *Gemünden, H. G. und T. Ritter* (1999 a): Innovationserfolg durch technologieorientierte Geschäftsbeziehungen. Ein Vergleich zwischen Ost- und Westdeutschland, in Meißner, D. / C. Tintelnot und I. Steinmeier (Hrsg.): Innovationsmanagement. Festschrift für Helmut Sabisch, Heidelberg, S. 259–270.

[279] *Gemünden, H. G. und T. Ritter* (1999 b): Kooperation als Erfolgsfaktor für das Innovationsmanagement – Ein Vergleich zwischen Ost und West, in Tintelnot, C. / D. Meißner und I. Steinmeier (Hrsg.): Innovationsmanagement, Berlin/Heidelberg/New York, S. 259–270.

[280] *Gemünden, H. G. und T. Ritter* (2001): Unternehmensnetzwerke, in Bühner, R. (Hrsg.): Management-Lexikon, München, S. 809–812.

[281] *Gemünden, H. G. und V. Trommsdorff* (2001): InnovationsKompass: Radikale Innovationen erfolgreich managen. Handlungsempfehlungen auf Basis einer empirischen Untersuchung, VDI-Nachrichten, McKinsey & Company, TU Berlin und dem Verein Deutscher Ingenieure, Düsseldorf.

[282] *Gemünden, H. G. und A. Walter* (1995 a): Der Beziehungsmotor – Schlüsselperson für interorganisationale Innovationsprozesse, in: Zeitschrift für Betriebswirtschaft, Jahrgang 65, S. 971–986.

[283] *Gemünden, H. G. und A. Walter* (1995 b): Der Beziehungspromotor – Schlüsselperson für interorganisationale Innovationsprozesse, in: Zeitschrift für Betriebswirtschaft, 65. Jahrgang, Heft 9, S. 971–986.

[284] *Gemünden, H. G. und A. Walter* (1996): Förderung des Technologietransfers durch Beziehungspromotoren, in: Zeitschrift Führung und Organisation, 65. Jahrgang, Heft 4, S. 237–245.

[285] *Gemünden, H. G. und A. Walter* (1998): Beziehungspromotoren – Schlüsselpersonen für zwischenbetriebliche Innovationsprozesse, in Hauschildt, J. und H. G. Gemünden (Hrsg.): Promotoren, Wiesbaden,.

[286] *Gerpott, T. J.* (2005): Strategisches Technologie- und Innovationsmanagement, 2. Auflage, Stuttgart.

[287] *Geschka, H.* (1978): Delphi, in Bruckmann, G. (Hrsg.): Langfristige Prognosen – Möglichkeiten und Methoden der Langfristprognostik komplexer Systeme, 2. Auflage, Würzburg, S. 27–44.

[288] *Geschka, H.* (1995): Methoden der Technologiefrühaufklärung und der Technologievorhersage, in Zahn, E. (Hrsg.): Handbuch Technologiemanagement, Stuttgart, S. 623–644.

[289] *Geschka, H. und K. Eggert-Kipfstuhl* (1994): Innovationsbedarfserfassung, in Tomczak, T. und S. Reinecke (Hrsg.): Marktforschung, St. Gallen, S. 116–127.

[290] *Geschka, H. und R. Geschka* (1992): Kurzinformation zum Szenarioprogramm INKA (Integrierte Nutzeroberfläche zur Konsistenzmatrix-Analyse), Darmstadt.

[291] *Geschka, H. und R. Hammer* (1999): Die Szenario-Technik in der strategischen Unternehmensplanung, in Hahn, D. und B. Taylor (Hrsg.): Strategische Unternehmensplanung, 8. Auflage, Heidelberg, S. 518–545.

[292] *Geulen, D.* (1982): Perspektivenübernahme und soziales Handeln. Texte zur sozial-kognitiven Entwicklung, Frankfurt a. M.

[293] *Gierl, H.* (1995): Diffusion, in Tietz, B. / R. Köhler und J. Zentes (Hrsg.): Handwörterbuch des Marketing, 2. Auflage, Stuttgart, S. 470–478.

[294] *Gierl, H.* (1997): Neue Technologien und Leapfrogging der Nachfrager, in: Zeitschrift für Betriebswirtschaft, 67. Jahrgang, Heft 10, S. 1073–1091.

[295] *Gierl, H.* (2000 a): Diffusionsmodelle, in Herrmann, A. und C. Homburg (Hrsg.): Marktforschung, 2. Auflage, Wiesbaden, S. 809–831.

[296] *Gierl, H.* (2000 b): Eine neue Methode der Szenario-Analyse auf der Grundlage von Cross-Impact-Daten, in: Zeitschrift für Planung, Heft 11, S. 61–85.

[297] *Gierl, H. / R. Helm und M. Satzinger* (1999): Technologische Innovationen und asymmetrische Informationen, in: Zeitschrift für Betriebswirtschaft, 69. Jahrgang, S. 1181–1205.

[298] *Gillies, J.-M.* (2003): Kreativitätstechniken: Ideen unter Druck, in: Absatzwirtschaft, Heft 4,.

[299] *Gimpel, G. / R. Herb und T. Herb* (2000): Ideen finden, Produkte entwicklen mit TRIZ, München.

[300] *Glazier, S. C.* (1997): Patent Strategies for Business, Washington.

[301] *Godet, M.* (2000): The Art of Scenarios and Strategic Planning: Tools and Pitfalls, in: Technological Forecasting and Social Change, Vol. 65, S. 3–22.

[302] *Godfrey, S.* (1998): Are You Creative?, in: Journal of Knowledge Management, No. 1, S. 14.

[303] *Golder, P. N. und G. J. Tellis* (1993): Pioneer Advantage: Marketing Logic or Marketing Legend?, in: Journal of Marketing Research, Vol. 30, Issue 2, S. 158–170.

[304] *Golder, P. N. und G. J. Tellis* (1997): Will It Ever Fly? Modeling the Takeoff of Really New Consumer Durables, in: Marketing Science, Vol. 16, No. 3, S. 256–270.

[305] *Golem.de* (2004): Weltweiter PDA-Markt ging 2003 um 5 Prozent zurück, online im Internet: http://www.golem.de/0401/29536.html, [Zugriff 10. 4. 2006].

[306] *Gomez, P.* (1983): Frühwarnung in der Unternehmung, Bern.

[307] *González, A. M. und L. Bello* (2002): The construct „lifestyle" in market segmentation. The behaviour of tourist consumers, in: European Journal of Marketing, Vol. 36, No. 1/2, S. 51–85.

[308] *Gordon, G. L. / D. D. Schoenbachler / P. F. Kaminski und K. A. Brouchous* (1997): New Product development: using the salesforce to identify opportunities, in: Journal of Business&Industrial Marketing, Vol. 12, No. 1, S. 33–50.

[309] *Gordon, W. und R. Langmaid* (1988): Qualitative Market Research. A Practioner's and Buyers Guide, Aldershot.

[310] *Gordon, W. I. J.* (1961): Synectics: The Development of Creative Capacity, New York.

[311] *Görgen, W.* (1995): Wettbewerbsanalyse, in Tietz, B. (Hrsg.): Handwörterbuch des Marketing, Stuttgart, S. 2716–2730.

[312] *Götze, U.* (1991): Szenario-Technik, in: Zeitschrift für Planung, Nr. 4, S. 355–358.

[313] *Götze, U.* (1993): Szenario-Technik in der strategischen Unternehmensplanung, 2. Auflage, Wiesbaden.

[314] *Grant, L.* (1996): Gillette knows shaving – and how to turn out hot new products, in: Fortune vom 14. 10. 1996.

[315] *Grant, R. M.* (2002): Contemporary Strategy Analysis: Concepts, Techniques, Applications, Malden.

[316] *Green, D. H. / D. W. Barclay und A. B. Ryans* (1995): Entry Strategy and Long-Term Performance: Conceptualization and Empirical Examination, in: Journal of Marketing, Vol. 59, No. 4, S. 1–16.

[317] *Green, P. E. und A. M. Krieger* (1991): Segmenting Markets with Conjointanalysis, in: Journal of Marketing, Vol. 55, S. 20–23.

[318] *Green, P. E. und V. R. Rao* (1971): Conjoint Measurement for Quantifying Judgement Data, in: Journal of Marketing Research, Vol. 8, S. 355- 363.

[319] *Green, P. E. und R. Srinivasan* (1990): Conjointanalysis in Marketing: New Developments With Implications for Research and Practice, in: Journal of Marketing, Vol. 54, S. 3–19.

[320] *Griffin, A.* (1997): The Effect of Project and Process – Characteristics on Product Development Cycle Time, in: Journal of Marketing Research, Vol. 34, Issue 1, S. 24–35.

[321] *Griffin, A. und J. R. Hauser* (1993): The Voice of the Customer, in: Marketing Science, Vol. 12, No. 1, S. 1–27.

[322] *Griffin, A. und A. L. Page* (1996): PDMA Success Measurement Project: Recommended Measures for Product Development Success and Failure, in: Journal of Product Innovation Management, Vol. 13, Issue 6, S. 478–496.

[323] *Gruner, K. E.* (1997): Kundeneinbindung in den Produktinnovationsprozess, Dissertation, Wiesbaden.

[324] *Gruner, K., Garbe, B., Homburg, Ch.* (1997): Produkt- und Key-Account-Management als objektorientierte Formen der Marketingorganisation, DBW – Die Betriebswirtschaft, 57, 2, 234-251.

[325] *Gruner, K. E. und C. Homburg* (1999): Innovationserfolg durch Kundeneinbindung, in: Zeitschrift für Betriebswirtschaft – Ergänzungsheft, Heft 1/1999, S. 119–142.

[326] *Gruner, K. E. und C. Homburg* (2000): Does Customer Interaction Enhance New Product Success?, in: Journal of Business Research, Vol. 49, Issue 1, S. 1–14.

[327] *Grunwald, A.* (2002): Technologiefolgenabschätzung – Eine Einführung, Berlin.

[328] *Grupp, H.* (1999): Prospektive Technikbewertung als Managementinstrument für Innovationen, in Tintelnot, C. / D. Meißner und I. Steinmeier (Hrsg.): Innovationsmanagement, Berlin/Heidelberg, S. 149–159.

[329] *Guilford, J. P.* (1950): Creativity, in: American Psychologist, Vol. 5, S. 444–454.

[330] *Guilford, J. P.* (1971): Kreativität, in Mühle, G. und C. Schell (Hrsg.): Kreativität und Schule, 2. Auflage, München, S. 13–36.

[331] *Gustafsson, A. / A. Herrmann und F. Huber* (2000): Conjoint Measurement, Heidelberg.

[332] *Gustafsson, A. und F. Huber* (2000): Das Voice of the Customer – Konzept, in Herrmann, A./ G. Hertel und W. Virt (Hrsg.): Kundenorientierte Produktgestaltung, München, S. 181–193.

[333] *Gutowski, K.* (1999): Zu früh gefreut, in: Wirtschaftswoche vom Ausgabe 38.

[334] *Gutowski, K. und M. Hohensee* (1998): Peinliche Schlappe, in: Wirtschaftswoche vom Ausgabe 38.

[335] *Haedrich, G. und T. Jenner* (1995): Die Bedeutung strategischer Gruppen für die Marktwahl- und Marktbearbeitungsentscheidungen bei der Neuproduktplanung in Konsumgütermärkten, in: Marketing Zeitschrift für Forschung und Praxis, Heft 1, S. 29–36.

[336] *Haedrich, G. und T. Tomczak* (1996): Produktpolitik, Stuttgart.

[337] *Hahn, D.* (1990): Strategische Unternehmensführung – Grundkonzept, in Hahn, D. und B. Taylor (Hrsg.): Strategische Unternehmungsplanung – Strategische Unternehmungsführung, Heidelberg, S. 31–51.

[338] *Hahn, D.* (1996): PuK, Controllingkonzepte: Planung und Kontrolle, Planungs- und Kontrollsysteme, Planungs- und Kontrollrechnung, 5. Auflage, Wiesbaden.

[339] *Haley, R. I.* (1968): Benefit Segmentation. A decision-oriented research tool, in: Journal of Marketing, Vol. 32, No. 3, S. 30–35.

[340] *Hamel, G. / Y. L. Doz und C. K. Prahalad* (1989): Collaborate with Your Competitors – and Win, in: Havard Business Review, Vol. 67, Issue 1, S. 133- 139.

[341] *Hamm, I.* (2003): Die Zukunft der Trendforschung, in: Planung & Analyse, Nr. 1, S. 19–20.

[342] *Hammann, P.* (1975): Entscheidungsanalyse im Marketing, Berlin.

[343] *Hammann, P. und B. Erichson* (2000): Marktforschung, Stuttgart.

[344] *Hammer, M.* (1996): Beyond Reengineering: How the Process-Centered Organization Is Changing Our Work and Our Lives, New York.

[345] *Harhoff, D. und M. Reitzig* (2001): Strategien zur Gewinnmaximierung bei der Anmeldung von Patenten, in: Zeitschrift für Betriebswirtschaft, 71. Jahrgang, Heft 5, S. 509–529.

[346] *Harms, B.* (1997): Unterstützung strategischer Entscheidungen in der Imagepositionierung nit Hilfe simulationsgestützter What-If-Analysen, Dissertation, TU Berlin, Berlin.

[347] *Hars, W.* (2002): Nichts ist unmöglich! Lexikon der Werbesprüche, München.

[348] *Hart, S. / E. J. Hultink / N. Tzokas und H. R. Commandeur* (2003): Industrial Companies' Evaluation Criteria in New Product Development Gates, in: The Journal of Product Innovation Management, Vol. 20, Issue 1, S. 22–36.

[349] *Hartmann, A. und H. Sattler* (2002): Commercial Use of Conjointanalysis in Germany, Austria and Switzerland, Arbeitspapier No. 6, Universität Hamburg.

[350] *Hasler, R. und F. Hess* (1996): Management der intellektuellen Ressourcen zur Steigerung der Innovationsfähigkeit, in Gassmann, O. und M. von Zedtwitz (Hrsg.): Internationales Innovationsmanagement: Gestaltung von Innovationsprozessen im globalen Wettbewerb, München,.

[351] *Hass, R. G.* (1984): Perspective Taking and Self-Awareness: Drawing an E on Your Forehead, in: Journal of Personality and Social Psychology, Vol. 46, No. 4, S. 788–798.

[352] *Hauschildt, J.* (1991): Zur Messung des Innovationserfolgs, in: Zeitschrift für Betriebswirtschaft, 61. Jahrgang, Heft 4, S. 451–476.

[353] *Hauschildt, J.* (1994): Die Innovationsergebnisrechnung – Instrument des F&E-Controlling, in: Der Betriebsberater, S. 1017–1020.

[354] *Hauschildt, J.* (1998): Promotoren – Projektmanager der Innovation?, in Franke, N. und C.-F. von Braun (Hrsg.): Innovationsforschung und Technologiemanagement. Konzepte, Strategien, Fallbeispiele, Berlin/Heidelberg/New York, S. 175–189.

[355] *Hauschildt, J.* (1999 a): Promotors and champions in innovations – development of a research paradigm, in Brockhoff, K. / A. K. Chakrabarti und J. Hauschildt (Hrsg.): The Dynamics of Innovation, Berlin/Heidelberg/New York,.

[356] *Hauschildt, J.* (1999 b): Widerstand gegen Innovationen – destruktiv oder konstruktiv?, in: Zeitschrift für Betriebswirtschaft – Ergänzungsheft: Innovation und Absatz, Heft 2/1999, S. 1–21.

[357] *Hauschildt, J.* (2004): Innovationsmanagement, 3. völlig überarbeitete und erweiterte Auflage, München.

[358] *Hauschildt, J. und A. K. Chakrabarti* (1988): Arbeitsteilung im Innovationsmanagement – Forschungsergebnisse, Kriterien und Modelle, in: Zeitschrift Führung und Organisation, 57. Jahrgang, S. 378–388.

[359] *Hauschildt, J. und H. G. Gemünden* (1998): Promotoren, Wiesbaden.

[360] *Hauschildt, J. und O. Grün* (1993): Materialwirtschaft und Logistik, in Hauschildt, J. und O. Grün (Hrsg.): Ergebnisse empirischer betriebswirtschaftlicher Forschung – Zu einer Realtheorie der Unternehmung, Stuttgart, S. 379–422.

[361] *Hauser, J. R. und D. Clausing* (2001): Kundenorientierte Produktentwicklung als Schlüssel zur Kundenzufriedenheit: wenn die Stimme des Kunden in die Produktion vordringen soll, in Homburg, C. (Hrsg.): Kundenzufriedenheit, 4. Auflage, Wiesbaden, S. 315–335.

[362] *Hauser, J. R. und S. M. Shugan* (1983): Defensive Marketing Strategies, in: Marketing Science, Vol. 2, No. 4, S. 319–360.

[363] *Healy, M. und C. Perry* (2000): Comprehensive criteria to judge validity and reliability of qualitative research within the realism paradigm, in: Qualitative Market Research, Vol. 3, No. 3, S. 118–126.

[364] *Heise Newsticker* (2001 a): Der Rambus-Umsatz sinkt, 13. 7. 2001, online im Internet: www.heise.de/newsticker/data/ciw-13. 7. 01–000, [Zugriff 21. 3. 2006].

[365] *Heise Newsticker* (2001 b): Wieder Schlappe für Rambus, 27. 11. 2001, online im Internet: www.heise.de/newsticker/data/ciw-27. 11. 01–000/, [Zugriff 21. 3. 2006].

[366] *Heise Newsticker* (2003): Erfolg für Rambus im Streit mit Infineon, 7. 10. 2003, online im Internet: www.heise.de/newsticker/result.xhtml?url=/newsticker/data/boi-7. 10. 03–000, [Zugriff 21. 3. 2006].

[367] *Hellige, H. D.* (1995): Leitbilder, Strukturprobleme und Langzeitdynamik von Teletex. Die gescheiterte Diffusion eines Telematik-Dienstes aus der Sicht der historischen Technikgeneseforschung, in Stoetzer, M.-W. und A. Mahler (Hrsg.): Die Diffusion von Innovationen in der Telekommunikation, Berlin, S. 195–218.

[368] *Henard, D. H. und D. M. Szymanski* (2001): Why Some New Products Are More Successful Than Others, in: Journal of Marketing Research, Vol. 38, Issue 3, S. 362–375.

[369] *Hensel-Börner, S. und H. Sattler* (2000): Ein empirischer Validitätsvergleich zwischen der Customized Computerized Conjointanalysis (CCC), der Adaptive Conjointanalysis (ACA) und Self-Explicated-Verfahren, in: Zeitschrift für Betriebswirtschaft, 70. Jahrgang, Heft 6, S. 705–727.

[370] *Henzinger, M.* (2003): Innovationen – Die Rahmenbedingungen müssen stimmen (Zusammenfassung), online im Internet: http://www.bmbf.de/de/1427.php, [Zugriff 26. 1. 2004].

[371] *Herbig, P. A. und H. Kramer* (1994): The Effect of Information Overload on the Innovation Choice Process Innovation Overload, in: Journal of Consumer Marketing, Vol. 11, No. 2, S. 45–54.

[372] *Hermans, J.-P.* (1991): Patinnova '90 – Strategies for protection of innovations – the case of a research – intensive multinational corporation, in Täger, U. und A. von Witzleben (Hrsg.): Strategies for the Protection of Innovation, Brussels/Luxembourg,.

[373] *Herrmann, A.* (1992): Produktwahlverhalten, Stuttgart.

[374] *Herrmann, A.* (1998): Produktmanagement, München.

[375] *Herrmann, A. und C. Homburg* (2000): Marktforschung, 2. Auflage, Wiesbaden.

[376] *Herstatt, C.* (1991): Anwender als Quellen für die Produktinnovation, Dissertation, Zürich.

[377] *Herstatt, C. / C. Lüthje und C. Lettl* (2002): Wie fortschrittliche Kunden zu Innovationen stimulieren, in: Harvard Business Manager, Heft 1, S. 60–68.

[378] *Herstatt, C. und E. von Hippel* (1992): From experience: Developing New Product Concepts

via the Lead User Method: A Case Study in a „Low-Tech" Field, in: Journal of Product Innovation Management, Vol. 9, Issue 3, S. 213–221.

[379] *Herzhoff, S.* (1991): Innovations-Management: Gestaltung von Prozessen und Systemen zur Entwicklung und Verbesserung der Innovationsfähigkeit von Unternehmungen, Köln.

[380] *Herzog, A.* (1995): Innovative Produktentwicklung bei der AEG Hausgeräte AG. Einführung der Fuzzy Logic in den Waschautomaten, in: Zeitschrift für Betriebswirtschaft – Ergänzungsheft, Heft 1/1995, S. 133–144.

[381] *Heßen, H.-P. und S. Wesseler* (1994): Marktorientierte Zielkostensteuerung bei der Audi AG, in: Controlling, Heft 3, S. 148–156.

[382] *Hessler, A.* (1998): Junges Fossil, in: Absatzwirtschaft, 41. Jahrgang, Heft 4, S. 46–50.

[383] *Hicks, J. R.* (1950): A Contribution to the Theory of the Trade Cycle, Oxford.

[384] *Hicks, J. R.* (1985): Methods of Dynamic Economics, Oxford.

[385] *Higgins, J. M. und G. G. Wiese* (1996): Innovationsmanagement, Berlin/Heidelberg/New York.

[386] *Hildebrandt, L.* (1994): Präferenzanalysen für die Innovationsmarktforschung, in Verhalten, F. K. u. (Hrsg.): Konsumentenforschung, München, S. 13–28.

[387] *Hildebrandt, L. und C. Homburg* (1998): Die Kausalanalyse, Stuttgart.

[388] *Hirth, H.* (2005): Grundzüge der Finanzierung und Investition, München.

[389] *Hoffmann, S.* (1998): Pseudoinnovation. Der Konsument ist für die Hersteller oft nur eine Störgröße, in: Handelsblatt, Nr. 252 vom 30. 12. 98, S. 20.

[390] *Hoffmeister, W.* (2000): Investitionsrechnung und Nutzwertanalyse. Eine Entscheidungsorientierte Darstellung mit vielen Beispielen und Übungen, Stuttgart.

[391] *Höft, U.* (1992): Lebenszykluskonzepte: Grundlagen für das strategische Marketing- und Technologiemanagment, Berlin.

[392] *Holsti, O. R.* (1968): Content Analysis, in Lindzey, G. und E. Aronson (Hrsg.): The Handbook of Social Psychology, Vol. II, 2. Auflage, Austin, S. 596–692.

[393] *Holsti, O. R.* (1969): Content Analysis for the Social Sciences and Humanities, Austin.

[394] *Holt, K. / H. Geschka und G. Peterlongo* (1984): Need assessment: a key to user-oriented product innovation, Wiley.

[395] *Homburg, C.* (1992): Wettbewerbsanalyse mit dem Konzept der strategischen Gruppen, in: Marktforschung & Management, 36. Jahrgang, S. 83–87.

[396] *Homburg, C.* (1995): Kundennähe von Industriegüterunternehmen: Konzeption Erfolgsauswirkungen Determinaten, Wiesbaden.

[397] *Homburg, C. und H. Krohmer* (2003): Marketingmanagement. Strategie – Instrumente – Umsetzung – Unternehmensführung, Wiesbaden.

[398] *Homburg, C. und C. Pflesser* (2000): A Multiple-Layer Model of Market-Oriented Organizational Culture: Measurement Issues and Performance Outcomes, in: Journal of Marketing Research, Vol. 37, Issue 4, S. 449–462.

[399] *Homburg, C. und R. Stock* (2003): Theoretische Perspektiven zur Kundenzufriedenheit, in Homburg, C. (Hrsg.): Kundenzufriedenheit, 5. überarbeitete Auflage, Wiesbaden, S. 20–51.

[400] *Homburg, C. und S. Sütterlin* (1992): Strategische Gruppen: Ein Survey, in: Zeitschrift für Betriebswirtschaft, 62. Jahrgang, Heft 6, S. 635–662.

[401] *Homburg, C. und H. Werner* (1997): Schnelle und kundenorientierte Innovation: Die Methode FCD (Fast Concept Development), Koblenz.

[402] *Honomichl, J.* (1993): Wissen schafft Macht – Zur Zukunft der Marktforschung in Großunternehmen, in: Planung und Analyse, Heft 2, S. 38–43.

[403] *Hörschgen, H. / J. Kirsch und G. Käßer-Pawelka* (1993): Marketing-Strategien. Konzepte zur Strategiebildung im Marketing, 2. Auflage, Ludwigsburg/Berlin.

[404] *Horsky, D. und P. Nelson* (1992): New Brand Positioning and Pricing in an Oligopolistic Market, in: Marketing Science, Vol. 11, No. 2, S. 133–153.

[405] *Horvàth, P.* (2003): Controlling, 9. Auflage, München.

[406] *Horvàth, P. / S. Niemand und M. Wolbold* (1993): Target Costing – State of the Art, in Horváth, P. (Hrsg.): Target Costing, Stuttgart, S. 3–27.

[407] *Huber, F. und R. Coulter* (2000): Das Metaphor Elicitation-Konzept, in Herrmann, A. (Hrsg.): Kundenorientierte Produktgestaltung, München, S. 105–120.

[408] *Hufker, T. und F. Alpert* (1994): Patents: A Managerial Perspective, in: Journal of Product & Brand Management, Vol. 3, No. 4, S. 44–54.

[409] *Hultink, E. J. / A. Griffin / S. J. Hart und H. S. J. Robben* (1997): Industrial New Product Launch Strategies and Product Development Performance, in: Journal of Product Innovation Management, Vol. 14, S. 243–257.

[410] *Hultink, E. J. / S. J. Hart / H. S. J. Robben und A. J. Griffin* (1999): New consumer product launch: strategies and performance, in: Journal of Strategic Marketing, Vol. 7, S. 153–174.

[411] *Hultink, E. J. und H. S. J. Robben* (1995): Measuring New Product Success: The Difference that Time Perspective Makes, in: Journal of Product Innovation Management, Vol. 12, Issue 5, S. 392–405.

[412] *Hüttner, M. und T. Czenskowsky* (1986): Strategische Orientierung der Marktforschung und ihre Konsequenzen, in: Marktforschung, Heft 3, S. 74–78.

[413] *Huxold, S.* (1990): Marketingforschung und strategische Planung von Produktinnovationen. Ein Früherkennungsansatz, Berlin.

[414] *Ingle, K.* (1994): Reverse Engineering, New York.

[415] *Ittner, C. D. und D. F. Larcker* (1997): Product Development Cycle Time and Organizational Performance, in: Journal of Marketing Research, Vol. 34, Issue 1, S. 13–23.

[416] *Jacob, F.* (2003): Kundenintegrations-Kompetenz, in: Marketing – Zeitschrift für Forschung und Praxis, 25. Jahrgang, Heft 2, S. 83–98.

[417] *Jahnke, B. / N. Högsdal und T. Thomas* (2003): Fallstudie zum Smart – Auto wider Willen, online im Internet: http://www.smartmelodie.de/Presse/Smartwiderwillen/widerwillen0.htm, [Zugriff 13. 11. 2004].

[418] *Janke, N.* (2002): ohne Titel, in: Frankfurter Allgemeine Zeitung vom Ausgabe 54.

[419] *Janositz, P.* (1999): Der Klettverschluss war nur der Anfang, in: Tagesspiegel vom 14. 3. 1999.

[420] *Jaruzelski, B. / K. Dehoff und R. Bordia* (2005): The Booz Allen Hamilton Global Innovation 1000. Money Isn't Everything, in: strategy+business, Winter 2005, Issue 41.

[421] *Jenner, T.* (2000): Überlegungen zur Integration von Kunden in das Innovationsmanagement, in: GFK-Jahrbuch der Absatz- und Verbrauchsforschung, Heft 2, S. 130–147.

[422] *Jenssen, J. I. und G. Jørgensen* (2004): How Do Corporate Champions Promote Innovations?, in: International Journal of Innovation Management, Vol. 8, No. 1, S. 63–86.

[423] *Jeong, G. H. und S. H. Kim* (1997): A Qualitative Cross-Impact Approach to Find the Key Technology, in: Technological Forecasting and Social Change, Vol. 55, S. 203–214.

[424] *Johansson, B.* (1978): Kreativität und Marketing. Die Anwendung von Kreativitätstechniken im Marketingbereich, St. Gallen.

[425] *Johne, A.* (1994): Listening to the Voice of the Market, in: International Marketing Review, Vol. 11, No. 1, S. 47–59.

[426] *Johne, A.* (1999): Successful market innovation, in: European Journal of Innovation Management, Vol. 2, No. 1, S. 6–11.

[427] *Johne, A. und C. Storey* (1998): New services development: a review of literature and annotated bibliography, in: European Journal of Marketing, 32, S. 184–251.

[428] *Johnson, C. R.* (1980): Constructive critique of a hierarchical priorization scheme employing paired comparisons, Proceedings of the International Conference of Cybernetics and Society of the IEEE, Cambridge.

[429] *Jolly, D.* (2003): The issue of weightings in technology portfolio management, in: Technovation, Vol. 23, S. 383–391.

[430] *Jungmittag, A. / G. Reger und T. Reiss* (2000): Changing Innovation in the Pharmaceutical Industry. Globalization and New Ways of Drug Development, Berlin.

[431] *Kaas, K. P.* (1973): Diffusion und Marketing. Das Konsumentenverhalten bei der Einführung neuer Produkte, Stuttgart.

[432] *Kahn, H. und H. J. Wiener* (1967): The Year 2000. A Framework for Speculation on the next Thirty-Three Years, 4. Auflage, New York.

[433] *Kahn, K. B.* (2001): Market Orientation, Interdepartmental Integration, and Product Development Performance, in: Journal of Product Innovation Management, Vol. 18, Issue 5, S. 314–323.

[434] *Kahn, K. B.* (2002): An exploratory Investigation of new product forecasting practices, in: Journal of Product Innovation Management, Vol. 19, S. 133–143.

[435] *Kaluza, B. und R. Ostendorf* (1995): Szenario-Technik als Instrument der strategischen Unternehmensplanung – Theoretische Betrachtung und empirische Überprüfung in der Autoindustrie, Duisburg.

[436] *Kamenz, U.* (2002): Chancen und Grenzen der Internet-Marktforschung, in Manschwetus,

U. und A. Rumler (Hrsg.): Strategisches Internetmarketing – Entwicklungen in der Net-Economy, Wiesbaden, S. 162.

[437] *Kamiske, G. F. / T. G. C. Hummel / C. Malorny und M. Zoschke* (1994): Quality Function Deployment, in: Marketing Zeitschrift für Forschung und Praxis, Heft 3, S. 181–190.

[438] *Kano, N. / N. Seraku / F. Takahashi und S. Tsuji* (1984): Attractive Quality and Must-Be Quality, in: The Journal of the Japanese Society for Quality Control, Vol. 14, No. 2, S. 39–48.

[439] *Kappel, T. A.* (2001): Perspectives on roadmaps: how organizations talk about the future, in: The Journal of Product Innovation Management, Vol. 18, S. 39–50.

[440] *Kardes, F. R. und G. Kalyanaram* (1992): Order-of-Entry Effects on Consumer Memory and Judgment: An Information Integration Perspective, in: Journal of Marketing Research, Vol. 29, Issue 3, S. 343–357.

[441] *Karle-Komes, N.* (1997): Anwenderintegration in die Produktentwicklung, Dissertation, Frankfurt am Main.

[442] *Keon, J. W.* (1983): TRINODAL Mapping of Brand Images, Ad Images, and Consumer Preference, in: Journal of Marketing Research, Vol. 20, S. 380–392.

[443] *Kepper, G.* (1996): Qualitative Marktforschung. Methoden, Einsatzmöglichkeiten und Beurteilungskriterien, Wiesbaden.

[444] *Kepper, G.* (2000): Methoden der Qualitativen Marktforschung, in Herrmann, A. und C. Homburg (Hrsg.): Marktforschung, Wiesbaden, S. 161–202.

[445] *Kerin, R. A. / P. R. Varadarajan und R. A. Peterson* (1992): First-Mover Advantage: A Synthesis, Conceptual Framework, and Research Propositions, in: Journal of Marketing, Vol. 56, No. 4, S. 33–52.

[446] *Kessler, E. H.* (2000): Tightening the belt: methods for reducing development costs associated with new product innovation, in: Journal of Engineering and Technology Management, Vol. 17, Issue 1, S. 59–92.

[447] *Kessler, E. H. und P. E. Bierly* (2002): Is Faster Really Better? An Empirical Test of the Implications of Innovation Speed, in: IEEE-Transactions on Engineering Management, Vol. 49, Issue 1, S. 2–12.

[448] *Kessler, E. H. und A. K. Chakrabarti* (1998): An Empirical Investigation into Methods Affecting the Quality of New Product Innovations, in: International Journal of Quality Science, Vol. 3, Issue 4, S. 302–319.

[449] *Kessler, E. H. und A. K. Chakrabarti* (1999): Concurrent development and product innovations, in Brockhoff, K. / A. K. Chakrabarti und J. Hauschildt (Hrsg.): The Dynamics of Innovation, Berlin u. a., S. 281–299.

[450] *Khuruna, A. und S. R. Rosenthal* (1998): Towards holistic „front end" in new product development, in: Journal of Product Innovation Management, Vol. 15, S. 57–74.

[451] *Kieser, A.* (2002): Organisationstheorien, 5. Auflage, Stuttgart.

[452] *Kim, J. und D. Wilemon* (2002): Strategic issues in managing innovation's fuzzy front-end, in: European Journal of Innovation Management, Vol. 5, No. 1, S. 27–39.

[453] *Kinsella, S.* (1998): Ford of Europe Inc. and Volkswagen AG, in Kinsella, S. (Hrsg.): EU Technology Licensing, Bembridge, S. 212–214.

[454] *Kirchmann, E. M. W.* (1994): Innovationskooperation zwischen Herstellern und Anwendern, Wiesbaden.

[455] *Kirchmann, E. M. W.* (1996): Gründe und Effizienz der Involvierung des Anwenders in den Innovationsprozess, in: Journal für Betriebswirtschaft, Heft 2/96, S. 76–88.

[456] *Kirchmann, E. M. W.* (1998): Information im Innovationsmanagement, in: Zeitschrift Führung und Organisation, Heft 5/98, S. 300–307.

[457] *Kirsch, W.* (1978): Die Handhabung von Entscheidungsproblemen, München.

[458] *Klaus Steilmann Institut* (2004): KSI Homepage, online im Internet: http://www.klaus-steilmann-institut.de, [Zugriff 16. 11. 2004].

[459] *Kleinaltenkamp, M. und O. Plötner* (1994): Business-to-Business Kommunikation – die Sicht der Wissenschaft, in: Werbeforschung und Praxis, 39. Jahrgang, Heft 4, S. 130–137.

[460] *Kleinschmidt, E. J. / H. Geschka und R. G. Cooper* (1996): Erfolgsfaktor Markt, Heidelberg.

[461] *Kliche, M.* (1991): Industrielles Innovationsmarketing, Wiesbaden.

[462] *Knieß, M.* (1995): Kreatives Arbeiten – Methoden und Übungen zur Kreativitätssteigerung, München.

[463] *Knight, H. J.* (2001): Patent strategy for researchers and research managers, Chichester.

[464] *Köcher, W.* (1997): Die MaiK-Conjointanalyse, in: Marketing Zeitschrift für Forschung und Praxis, Heft 3, S. 141–152.

[465] *Köhler, R.* (1993): Beiträge zum Marketing-Management: Planung, Organisation, Controlling, 3. Auflage, Stuttgart.

[466] *Köhler, R.* (1998): Methoden und Marktforschungsdaten für die Konkurrentenanalyse, in Erichson, B. und L. Hildebrandt (Hrsg.): Probleme und Trends in der Marketing-Forschung, Stuttgart, S. 26–48.

[467] *Köhler, R. / B. Fronhoff und S. Huxold* (1988): Ansatzpunkte für ein Indikatorensystem zur strategischen Planung von Produktinnovationen. Arbeitspapier des Instituts für Markt- und Distributionsforschung der Universität zu Köln, Köln.

[468] *Kohli, C.* (1999): Signaling New Product Introductions: A Framework Explaining the Timing of Preannouncements, in: Journal of Business Research, Vol. 46, Issue 2, S. 45–56.

[469] *Konno, T.* (1994): The Concept Checklist and Table-Type Conceptualization Method, in: Hinshitsu Kanri, S. 147–156.

[470] *Konrad, L.* (1991): Strategische Früherkennung – Eine kritische Analyse des „weak signals"-Konzeptes, Dissertation, Bochum.

[471] *Koppelmann, U.* (2001): Produktmarketing. Entscheidungsgrundlagen für Produktmanager, 6. Auflage, Berlin/Heidelberg/New York.

[472] *Kornwachs, K.* (1995): Identifikation, Analyse und Bewertung technologischer Entwicklungen, in Zahn, E. (Hrsg.): Handbuch Technologiemanagement, Stuttgart, S. 219–241.

[473] *Kortmann, W.* (1995): Diffusion, Marktentwicklung und Wettbewerb. Eine Untersuchung über die Bestimmungsgründe zu Beginn des Ausbreitungsprozesses technologischer Produkte, Frankfurt am Main.

[474] *Kotler, P.* (2000): Über die Entwicklung von Wertangeboten zur Unique Selling Proposition, in: Absatzwirtschaft, Heft 3/2000, S. 46–49.

[475] *Kotler, P.* (2005): Marketing Management, 12th Edition, Englewood Cliffs.

[476] *Kottkamp, S.* (1998): Erprobung innovativer Investitionsgüter bei Erstkunden, Dissertation, Wiesbaden.

[477] *Kotzbauer, N.* (1992): Erfolgsfaktoren neuer Produkte, Frankfurt am Main/Bern.

[478] *Krafft, M. und S. Albers* (2000): Ansätze zur Segmentierung von Kunden – Wie geeignet sind herkömmliche Konzepte?, in: Zeitschrift für betriebswirtschaftliche Forschung, 52. Jahrgang, S. 515–536.

[479] *Krafft, M. und T. Litfin* (2002): Adoption innovativer Telekommunikationsdienste, in: Zeitschrift für betriebswirtschaftliche Forschung, Vol. 54, S. 64–83.

[480] *Kreft, V.* (2004): Die Geschichte des Brand, online im Internet: http://www.cargolifter.de/history.htm, [Zugriff 13. 11. 2004].

[481] *Kreikebaum, H.* (1997): Strategische Unternehmensplanung, 6. Auflage, Stuttgart.

[482] *Kristensson, P. / A. Gustafsson und T. Archer* (2004): Harnessing the Creative Potential among Users, in: Journal of Product Innovation Management, Vol. 21, No. 1, S. 4–14.

[483] *Kroeber-Riel, W. und P. Weinberg* (2003): Konsumentenverhalten, 8. Auflage, München.

[484] *Krubasik, E. G.* (1988): Customize your Product Development, in: Harvard Business Review, Vol. 66, No. 6, S. 4–8.

[485] *Krumhauer, P.* (1990): Die Pohlmann AG in der Technologielücke, in Trommsdorff, V. (Hrsg.): Innovationsmanagement in kleinen und mittleren Unternehmen: Grundzüge und Fälle – ein Arbeitsergebnis des Modellversuchs Innovationsmanagement, München,.

[486] *Kube, C.* (1990): Erfolgsfaktoren in filialisierten Vertriebssystemen und ihre Verwendung im strategischen Filialcontrolling, Diss., Berlin, Dissertation, Berlin.

[487] *Kuczmarski, T. D.* (1996): What is innovation? The art of welcoming risk, in: Journal of Consumer Marketing, Vol. 13, No. 5, S. 7–11.

[488] *Küffner, G.* (1987): Spitzentechnik in Deutschland. Von der Forschung zur Anwendung, Wiesbaden.

[489] *Kühn, R.* (1991): Methodische Überlegungen zum Umgang mit der Kundenorientierung im Marketing-Management, in: Marketing – Zeitschrift für Forschung und Praxis (ZFP), Jahrgang 13, Heft 2, S. 109–119.

[490] *Kunz, M.* (1993): IAA '93: Zwerge im Anmarsch, in: Focus, Ausgabe 33, S. 78–80.

[491] *Laker, M.* (1993): Target Costing nicht ohne Target Pricing: was darf ein Produkt kosten?, in: Gablers Magazin, S. 61–63.

[492] *Lambkin, M.* (1992): Pioneering new markets: A comparison of market share winners and losers, in: International Journal of Research in Marketing, Vol. 9, No. 1, S. 5–22.

[493] *Lange, V.* (1994): Technologische Konkurrenzanalyse: zur Früherkennung von Wettbewer-berinnovationen bei deutschen Großunternehmen, Wiesbaden.

[494] *Laß, D.* (2002): Kundenwünsche analysieren und verstehen, Berlin.

[495] *Lauterbach, E.* (2001): Transrapid für München?, online im Internet: http://transrapid. bahnaktuell.net/Transrapid%20uebersicht/TR-4_Quartal_2001/tr-4_q, [Zugriff 30. 10. 2002].

[496] *Lazarsfeld, P. F. / B. Berelson und H. Gaudet* (1944): The People'e Choice, New York.

[497] *Lazer, W.* (1964): Life Style Concepts and Marketing, in Greyser, S. A. (Hrsg.): Toward Scientific Marketing, Chicago, S. 130–139.

[498] *Lehmann, A.* (1994): Wissensbasierte Analyse technologischer Diskontinuitäten, Wiesba-den.

[499] *Leifer, R.* (1997): Organizational and Managerial Correlates of Radical Technological Inno-vation, in Kocaoglu, D. F. und T. R. Anderson (Hrsg.): Innovation In Technology Management, Portland,.

[500] *Leifer, R. / C. M. McDermott / G. C. O'Connor / L. S. Peters / M. Rice und R. W. Veryzer Jr.* (2000): Radical Innovation – How mature companies can outsmart upstarts, Boston.

[501] *Lemos, A. D. und A. C. Porto* (1998): Technological forecasting techniques and competitive intelligence: tools for improving the innovation process, in: Industrial Management & Data Sys-tems, Vol. 98, No. 7, S. 330–337.

[502] *Leonard-Barton, D.* (1995): Wellsprings of Knowledge, Boston.

[503] *Leonard, C.* (2000): Biotechnology Soybean-Seed Lawsuits Pit Farmers against Biotech-nology Companies, 5. 4. 2000, online im Internet: www.greenpeace.de/GP_DOK_3P/ HINTERGR/C05HI69.HTM, [Zugriff 30. 10. 2003].

[504] *Leonard, D.* (2002): The Limitations of Listening, in: Harvard Business Review, No. 1, S. 93.

[505] *Leonard, D. und J. F. Rayport* (1997): Spark Innovation Through Empathic Design, in: Har-vard Business Review, No. 6, S. 103–113.

[506] *Lettl, C.* (2004): Die Rolle von Anwendern bei hochgradigen Innovationen: Eine explora-tive Fallstudienanalyse in der Medizintechnik, Wiesbaden.

[507] *Li, S. / B. Davies / J. Edwards / R. Kinman und Y. Duan* (2002): Integrating group Delphi, fuz-zy logic and expert systems for marketing strategy development: the hybridisation and its ef-fectiveness, in: Marketing Intelligence & Planning, Vol. 20, No. 5, S. 273–284.

[508] *Lieberman, M. B. und D. B. Montgomery* (1988): First-Mover Advantages, in: Strategic Ma-nagement Journal, Vol. 9, Special Issue: Strategic Content Research, S. 41–58.

[509] *Lieberman, M. B. und D. B. Montgomery* (1998): First-Mover (dis)advantages: retrospective and link with the resource-based view, in: Strategic Management Journal, Vol. 19, Issue 12, S. 1111–1125.

[510] *Liebl, F.* (2003): Tendenz: Paradox – Über den Status quo im Trendmanagement, in: Thexis, Nr. 1, S. 2–9.

[511] *Lilien, G. L. / M. Sonnack und E. von Hippel* (2001): Performance Assessment of the Lead User Idea Generation Process for New Product Development, in: MIT Sloan School of Management Working Paper, Nr. 4151, S. 1–32.

[512] *Lilien, G. L. und E. Yoon* (1989): Determinants of New Industrial Product Performance: A Strategic Reexamination of the Empirical Literature, in: IEEE Transactions on Engineering Management, Vol. 36, Issue 1, S. 3–10.

[513] *Lilien, G. L. und E. Yoon* (1990): The Timing of Competitive Market Entry: An Exploratory study of New Industrial Products, in: Management Science, Vol. 36, Issue 5, S. 568–585.

[514] *Lilly, B. und R. Walters* (1997): Toward a Model of New Product Preannouncement Timing, in: Journal of Product Innovation Management, Vol. 14, Issue 1, S. 4–20.

[515] *Lim, W. S.* (1998): Multistage R&D Competition and Patent Policy, in: Journal of Econo-mics, Vol. 68, Issue 2, S. 153–173.

[516] *Lingenfelder, M.* (1995): Lebensstile, in Tietz, B. (Hrsg.): Handwörterbuch des Marketing, Stuttgart, S. 1377–1394.

[517] *Lint, O. und E. Pennings* (1999): The Option Value of Developing Two Product Standards Simultaneously when the Final Standard is Uncartain, in Trigeoris, L. (Hrsg.): Real Options and Applications, Oxford,.

[518] *Lint, O. / E. Pennings und M. Natter* (1999): Optionsmanagement in F&E: Eine Fallstudie, in: Zeitschrift für betriebswirtschaftliche Forschung, 51. Jahrgang, Nr. 10, S. 990–1006.

[519] *Lisch, R. und J. Kriz* (1978): Grundlagen und Modelle der Inhaltsanalyse, Reinbeck.

[520] *Listl, A.* (1998): Target Costing zur Ermittlung der Preisuntergrenze, Berlin.

[521] *Litfin, T.* (2000): Adoptionsfaktoren. Empirische Analyse am Beispiel eines innovativen Telekommunikationsdienstes, Wiesbaden.

[522] *Little, A. D.* (1988a): Innovation als Führungsaufgabe, Frankfurt, New York.

[523] *Little, A. D.* (1988b): Management des geordneten Wandels, Wiesbaden.

[524] *Livotov, P. und V. Petrov* (2002): TRIZ – Innovationstechnologie, Produktentwicklung und Problemlösung, online im Internet: http://www.triz-online.de/, [Zugriff 22. 3. 2006].

[525] *Loch, C. H. / M. T. Pich und C. Terwiesch* (2001): Selecting R&D Projects at BMW: A Case Study of Adopting Mathematical Programming Models, in: IEEE Transactions on Engineering Management, Vol. 48, No. 1, S. 70–80.

[526] *Lomax, W. / K. Hammond / R. East und M. Clemente* (1997): The measurement of cannibalization, in: Journal of Product and Brand Management, Vol. 6, No. 1, S. 27–39.

[527] *Loosschilder, G. H. und J. P. L. Schoormans* (1995): A Means-End Chain Approach to Concept Testing, in Bruce, M. und W. G. Biemans (Hrsg.): Product Development: Meeting the Challenge of the Design-Marketing Interface, West Sussex, S. 117–132.

[528] *Lüninghöner, K.-H.* (1985): „New York wird im Pferdemist ersticken." – Strategische Marktforschung auch in kleinen und mittleren Pharmaunternehmen, in: Pharma-Journal, Heft 3, S. 81–86.

[529] *Lüthje, C.* (2000): Kundenorientierung im Innovationsprozess. Eine Untersuchung der Kunden-Hersteller-Interaktion in Konsumgütermärkten, Wiesbaden.

[530] *Lutschewitz, H. und M. Kutschker* (1977): Die Diffusion von innovativen Investitionsgütern, Mannheim.

[531] *Lynn, G. S.* (1993): Understanding Products and Markets for Radical Innovations, Dissertation, New York.

[532] *Lynn, G. S. / J. G. Morone und A. S. Paulson* (1996a): Marketing and Discontinuous Innovation: The Probe and Learn Process, in: California Management Review, Vol. 38, Issue 3, S. 8–37.

[533] *Lynn, G. S. / J. G. Morone und A. S. Paulson* (1996b): Wie echte Produktinnovationen entstehen, in: Harvard Business Manager, Heft 4, S. 80–91.

[534] *Madakom* (2001): Innovationsreport 2001. Hits, Flops und Trends im deutschen Lebensmitteleinzelhandel, Neuwied.

[535] *Mager, H. J. und U. Sieberg* (1991): Erfolgsfaktor „Technologie-Innovation" bei der Entwicklung und Vermarktung medizintechnischer Großgeräte, in Töpfer, A. und T. Sommerlatte (Hrsg.): Technologie-Marketing. Die Integration von Technologie und Marketing als strategischer Erfolgsfaktor, Landsberg/Lech, S. 481–500.

[536] *Mahajan, V. und E. Muller* (1998): When is it worthwhile targeting the majority instead of the innovators in a new product launch, in: Journal of Marketing Research, Vol. 35, S. 488–495.

[537] *Mahajan, V. / E. Muller und F. M. Bass* (1990): New Product Diffusion Models in Marketing: A Review and Directions for Research, in: Journal of Marketing, Vol. 54, S. 1–26.

[538] *Mahajan, V. und Y. Wind* (1988): New Product Forecasting Models, in: International Journal of Forecasting, No. 4, S. 341–358.

[539] *manager-magazin.de* (2001): Aus dem Rahmen gefallen – Missmanagement bei Rollei, online im Internet: http://www.manager-magazin.de/unternehmen/missmanagement/0,2828,149038,00.html, [Zugriff 13. 11. 2004].

[540] *manager-magazin.de* (2005): RIM auf Erfolgskurs, 10. 5. 2005, online im Internet: www.manager-magazin.de/it/artikel/0,2828,355298,00.html, [Zugriff 3. 11. 2005].

[541] *Mannesmann Archiv* (2005): Überblick über die Mannesmann-Geschichte, online im Internet: http://www.mannesmann-archiv.de/deutsch/download/konzern.rtf, [Zugriff 20. 3. 2006].

[542] *Manu, F. A. und V. Sriram* (1996): Innovation, Marketing Strategy, Environment, and Performance, in: Journal of Business Research, Vol. 35, Issue 1, S. 79–91.

[543] *Marks, U. G. und S. Albers* (2001): Experiments in Competitive Product Positioning: Actual Behavior versus Nash Solutions, in: Schmalenbach Business Review, Vol. 53, July 2001, S. 150–174.

[544] *Marr, R.* (1973): Innovation und Kreativität – Planung und Gestaltung industrieller Forschung und Entwicklung, Wiesbaden.

[545] *Martin, T. A.* (1992): Operatives Forschungs- und Entwicklungscontrolling in Industriebetrieben: Eine betriebswirtschaftliche Untersuchung unter besonderer Berücksichtigung der Kosten- und Leistungsrechnung sowie anderer operativer Planungs- und Kontrollinstrumente, Mannheim.

[546] *Martinez, E. und Y. Polo* (1996): Adoptor categories in the acceptance process for consumer durables, in: Journal of Product & Brand Management, Vol. 5, No. 3, S. 34–47.

[547] *Matzler, K. und H. Hinterhuber* (1998): How to make product development projects more successful by integrating Kanos model of customer satisfaction into quality function deployment, in: Technovation, Vol. 18, No. 1, S. 25–38.

[548] *Maurer, H. und M. Sacher* (1993): Technologiefolgenabschätzung bei Innovationen – Auswirkungen auf das industrielle Marketing, in: Marktforschung & Management, 37. Jahrgang, Heft 4, S. 172–177.

[549] *Mauzy, J. H.* (1998): Managing Personal Creativity, in Franke, N. und C.-F. von Braun (Hrsg.): Innovationsforschung und Technologiemanagement, Berlin, S. 19–31.

[550] *Mayer, L. A. und V. Trommsdorff* (2006): Kundenmanagement in der Arzneimittelindustrie, in Busse, R. / C. Gericke und J. Schreyögg (Hrsg.): Management im Gesundheitswesen, Berlin,.

[551] *Mayring, P.* (1985): Qualitative Inhaltsanalyse, in Jüttemann, G. (Hrsg.): Qualitative Forschung in der Psychologie, Weinheim, S. 187–211.

[552] *McDermott, C. M. und G. C. O'Connor* (2002): Managing radical innovation: an overview of emergent strategy issues, in: The Journal of Product Innovation Management, Vol. 19, Issue 6, S. 424–438.

[553] *McQuarrie, E. F.* (1993): Customer Visits, London / New Delhi.

[554] *McQuarrie, E. F. und S. H. McIntyre* (1986): Focus Groups and the Development of New Products by Technologically Driven companies: Some Guidelines, in: Journal of Product Innovation Management, Vol. 3, No. 1, S. 40–47.

[555] *McQuarrie, E. F. und S. H. McIntyre* (1987): What Focus Groups Can and Cannot: A Reply to Seymour, in: Journal of Product Innovation Management, Vol. 4, No. 1, S. 55–60.

[556] *Meadows, D. H. und D. L. Meadows* (1972): Die Grenzen des Wachstums. Bericht des Club of Rome zur Lage der Menschheit, Stuttgart.

[557] *Meffert, H.* (2000): Marketing. Grundlagen marktorientierter Unternehmensführung. Konzepte – Instrumente – Praixsbeispiele, 9. Auflage, Wiesbaden.

[558] *Mehlhorn, J.* (1998): Zwölf Thesen wider das Schattendasein der Kreativität, in Renker, C. (Hrsg.): Produktive Kreativität und Innovation, Stuttgart, S. 40–51.

[559] *Melheritz, M.* (1999): Die Entstehung innovativer Systemgeschäfte. Interaktive Forschung am Beispiel der Verkehrstelematik, Dissertation, Wiesbaden.

[560] *Mellahi, K. und M. Johnson* (2000): Does it pay to be a first mover in e.commerce? The Case of Amazon.com, in: Management Decision, No. 7, S. 445–452.

[561] *Menrad, K. und K. Blind* (2004): The impact of regulation on the development of new products in the food industry, 8th ICABR International Conference on Agricultural Biotechnology: International Trade and Domestic Production, Ravello.

[562] *Meyer-Schönherr, M.* (1992): Szenario-Technik als Instrument der strategischen Planung, Ludwigsburg-Berlin.

[563] *Michaut, A. / J.-B. Steenkamp und H. van Trijp* (2001): What's new? A multi-dimensional approach to product newness, Competitive Paper, 4th Association for Consumer Research European Summer Conference,.

[564] *Michel, K.* (1987): Technologie im strategischen Management. Ein Portfolio-Ansatz zur integrierten Technologie- und Marktplanung, Berlin.

[565] *Michel, K.* (1990): Technologie im strategischen Management, 2. Auflage, Berlin.

[566] *Michel, U.* (1994): Kooperation mit Konzept, in: Controlling, Heft 1, S. 20–28.

[567] *Miele, A. L.* (2000): Patent strategy: the manager's guide to profiting from patent portfolios, New York.

[568] *Minx, E.* (1996): Zukunftsforschung im Unternehmen, in: Absatzwirtschaft, Nr. 10, S. 48–52.

[569] *Minx, E.* (2000): Daumen in den Wind, in: Der Spiegel, Ausgabe 14, S. 155–156.

[570] *MIR Communications* (2000): Rollei: Brunswick, Singapore and back again. The history, online im Internet: www.mir.com.my/rb/photography/companies/rollei, [Zugriff 13. 11. 2004].

[571] *Mogee, M. E.* (1991): Using Patent Data for Technology Analysis an Planning, in: Research Technology Management, Vol. 34, No. 4, S. 43–49.

[572] *Mogee, M. E. und R. G. Kolar* (1994): International Patent Analysis as a Tool for Corporate Technology Analysis and Planning, in: Technology Analysis & Strategic Management, Vol. 6, No. 4, S. 485–503.

[573] *Mohren, V.* (1993): Interatktion zwischen Marketing und Entwicklung als Neuprodukt-Erfolgsfaktor – Eine Fallstudienanalyse, Diplomarbeit, TU Berlin, Berlin.

[574] *Möhrle, M.* (1995): Prämarketing – Zur Markteinführung neuer Produkte, Dissertation, Mainz.

[575] *Möhrle, M. G. und R. Isenmann* (2002): Technologie Roadmapping – Zukunftsstrategien für Technologieunternehmen, Berlin/Heidelberg.

[576] *Möhrle, M. G. und T. Pannenbäcker* (1996): Erfinden per Methodik, in: Technologie & Management, 45. Jahrgang, Heft 3,.

[577] *Montaguti, E. / S. Kuester und T. S. Robertson* (2002): Entry strategy for radical product innovations: A conceptual model and propositional inventory, in: International Journal of Research in Marketing, Vol. 19, No. 1, S. 21–42.

[578] *Möntmann, H. G.* (2003): Stehen Ihre Entscheidungen auf sicherem Grund, in: Absatzwirtschaft, Heft 7, S. 30–35.

[579] *Montoya-Weiss, M. M. und R. Calantone* (1994): Determinants of New Product Performance: A Review and Meta-Analysis, in: Journal of Product Innovation Management, Vol. 11, Issue 5, S. 397–417.

[580] *Montoya-Weiss, M. M. / A. P. Massey und D. L. Clapper* (1998): On-line focus groups: conceptual issues and a research tool, in: European Journal of Marketing, Vol. 32, No. 7/8, S. 713–723.

[581] *Moore, W. L.* (1988): Concept Testing, in Tushman, M. L. und W. L. Moore (Hrsg.): Readings in the Management of Innovation, Cambridge, S. 367–378.

[582] *Mrazek, D. / S. Dray und N. Dyer* (1995): Day-In-The-Life-Visits, Making the decision: 48. ESOMAR Marketing Research Congress, The Hague.

[583] *Müller-Merbach, H.* (2000): Die Zukunft im Voraus erfahren, in Bruch, E. / J. Müller und C. D. Wielowski (Hrsg.): Innovationen. Bausteine des Erfolgs von morgen, Landsberg, S. 247–270.

[584] *Müller-Stewens, G.* (1988): Frühaufklärung mit PC-Unterstützung, in: Gablers Magazin, S. 25–30.

[585] *Müller-Stewens, G.* (1992): Strategieforschung, in Diller, H. (Hrsg.): Vahlens großes Marketinglexikon, München, S. 1106–1108.

[586] *Müller, G.-M.* (1994): Dachmarkenstrategie, in: Markenartikel, Heft 4/1994, S. 142–148.

[587] *Müller, G.* (1987): Strategische Suchfeldanalyse, Wiesbaden.

[588] *Müller, S.* (1997): Die Delphi-Befragung. Ein qualitatives Prognoseverfahren, in: Marktforschung und Management, 41. Jahrgang, Nr. 1, S. 26–32.

[589] *Murthi, B. P. S. / K. Srinivasan und G. Kalyanaram* (1996): Controlling for Observed and Unobserved Managerial Skills in Determining First-Mover Market Share Advantages, in: Journal of Marketing Research, Vol. 33, Issue 3, S. 329–336.

[590] *Musold, E.* (2003): Vorankündigung und Krisenkommunikation am Beispiel der A-Klasse, Diplomarbeit, TU Berlin, Berlin.

[591] *Nagel, S.* (1999): Billige Solartechnik soll aus Gelsenkirchen kommen, in: Handelsblatt vom 13. 1. 1999.

[592] *Narayana, C. L. und R. J. Markin* (1975): Consumer Behaviour and Product Performance: An Alternative Conceptualization, in: Journal of Marketing, Vol. 39, S. 1–6.

[593] *NetConsult* (2005): Nutzwertanalyse, online im Internet: http://www.netconsult.ch/it/publikationen/isp/isp_3.htm, [Zugriff 9. 4. 2006].

[594] *Newton, S. und D. Iddiols* (1993): From hearses to horses: Launching the Volvo 850, in: Journal of the Market Research Society, Vol. 35, No. 2, S. 145–159.

[595] *Nieschlag, R. / E. Dichtl und H. Hörschgen* (2002): Marketing, 19. Auflage, Berlin.

[596] *Nütten, I.* (1992): Kreativitätsförderung im Unternehmen, in: Technologie und Management, Heft 4, S. 12–15.

[597] *O'Connor, G. C. und M. P. Rice* (2001): Opportunity Recognition and Breakthrough Innovation in Large Established Firms, in: California Management Review, Vol. 43, No. 2, S. 95–116.

[598] *o. V.* (1985): Esprit De Corp. Mit Lebensstil zur Weltspitze, in: Absatzwirtschaft, Vol. 28, S. 32–39.

[599] *o. V.* (1990): Prozeßrechner steuert die Briefverteilanlagen im Postdienst, in: Computerwoche, Heft 42 vom 19. 10. 1990,.

[600] *o. V.* (1994): Lkw-Reifen / Kaum noch Steinschlag, in: Wirtschaftswoche, Nr. 35 vom 26. 8. 1994, S. 87.

[601] *o. V.* (1997 a): Erlebniswerte 30 000 Kunden, in Köhler, R. (Hrsg.): Jahrbuch Marketing-Kommunikation, St. Gallen, S. 104–125.

[602] *o. V.* (1997 b): Innovative Kundengewinnung in der Luxusklasse, in Köhler, R. (Hrsg.): Jahrbuch Marketingkommunikation 1997, St. Gallen, S. 128–129.

[603] *o. V.* (1998 a): „Entscheidend ist der Mensch" – Interview mit Carlhanns Damm über seine Erlebnisse, Erfahrungen, Eindrücke, Empfehlungen aus mehr als dreißig Jahren im Marken-Management, in: Markenartikel, Heft 1/1998, S. 10–13.

[604] *o. V.* (1998 b): In Deutschland sind 252 zusätzliche Freizeitparks in der Planung, in: Frankfurter Allgemeine Zeitung vom 15. 4. 1998.

[605] *o. V.* (1998 c): Vier Ideen wetteifern um den Deutschen Zukunftspreis. Zur Wahl: Selbstreinigende Oberflächen, Sandwich- und Fingertip-Sensoren, Bewegtbild-Übertragung, in: Frankfurter Allgemeine Zeitung vom 17. 11. 1998.

[606] *o. V.* (1999): Ergebnis besser als erwartet, in: Handelsblatt vom 18. 1. 1999.

[607] *o. V.* (2002 a): Alternative Energien, in: Der Tagesspiegel vom 12. 6. 2002.

[608] *o. V.* (2002 b): Dann klappt's auch mit dem Nachbarn – Die Kongressmesse e-home zeigt das intelligente Haus. Doch wie sehen die dazu passenden Geräte aus?, in: Tagesspiegel vom 28. 8. 2002, Nr. 17867.

[609] *o. V.* (2002 c): Funktionsprinzip Lotus-Blüten-Effekt, online im Internet: http://www.botanik.uni-bonn.de/biodiv/lotus/de/prinzip_html.html, [Zugriff 22. 3. 2006].

[610] *o. V.* (2002 d): Unternehmen Zukunft – Die Arbeitswelt im Jahr 2015. Drei Szenarios zeigen die Herausforderungen und die Chancen, in: Hightech Report, Nr. 1, S. 16–18.

[611] *o. V.* (2005): Weniger pumpen, aber dafür besser düsen, in: Frankfurter Allgemeine Zeitung vom 18. 12. 2005.

[612] *Olesch, G.* (1995): Kooperation, in Tietz, B. (Hrsg.): Handwörterbuch des Marketing, Stuttgart,.

[613] *Olleros, F.-J.* (1986): Emerging Industries and the Burnout of Pioneers, in: Journal of Product Innovation Management, Vol. 3, Issue 1, S. 5–18.

[614] *Ono, M.* (1994): Understanding Customer Requirements Through Scene Deployment, in: Hinshitsu, S. 20–34.

[615] *Opaschowski, H. W.* (2002): Wir werden es erleben, Darmstadt.

[616] *Orlowski, S. und P. Radtke* (1996): Total Quality Deployment: Ein einfaches und praxisnahes Verfahren zur Erhöhung der Kundenzufriedenheit, in: QZ – Zeitschrift für industrielle Qualitätssicherung, Vol. 41, No. 11, S. 1287–1291.

[617] *Osborne, A.* (1953): Applied Imagination: Principles and Procedures of Creative Problemsolving, New York.

[618] *Osel, W.* (1994): Fallbeispiel: Magnum: Wie Langnese einen Markenartikel plant, einführt und pflegt, in: Markenartikel, Nr. 12, S. 581–583.

[619] *Otto, R.* (1993): Industriedesign und qualitative Trendforschung, München.

[620] *Ozer, M.* (1999): A Survey of New Product Evaluation Models, in: The Journal of Product Innovation Management, Vol. 16, S. 77–94.

[621] *Palm Inc.* (2006): Historical Timeline, online im Internet: http://www.palm.com/us/company/corporate/timeline.html, [Zugriff 10. 4. 2006].

[622] *Parfitt, J. H. und B. J. Collins* (1968): Use of Consumer Panels for Brand Share Prediction, in: Journal of Marketing Research, Vol. 5, S. 131–145.

[623] *Patt, P.-J.* (1988): Strategische Erfolgsfaktoren im Einzelhandel: Eine empirische Analyse am Beispiel des Bekleidungsfachhandels, Frankfurt/Main.

[624] *Patterson, M. L.* (1998): From Experience: Linking Product Innovation to Business Growth, in: The Journal of Product Innovation Management, Vol. 15, Issue 5, S. 390–402.

[625] *Paulssen, M.* (1994): Kausalanalytische Wettbewerbsimagestrukturanalyse – Ein Vergleich mit konventionellen Analyseverfahren im Premiumpilsmarkt, Diplomarbeit, TU Berlin, Berlin.

[626] *Paulssen, M.* (2000): Individual Goal Hierarchies as Antecedents of Market Structures, Wiesbaden.

[627] *Pearson, A.* (1997): Innovation Management – Is There Still a Role for „Bootlegging"?, in: International Journal of Innovation Management, Vol. 1, No. 2, S. 191–200.

[628] *Pechtl, H.* (1991): Innovatoren und Imitatoren im Adoptionsprozess von technischen Neuerungen, Köln.

[629] *Peiffer, S.* (1992): Technologie-Frühaufklärung, Hamburg.

[630] *Perillieux, R.* (1987 a): Der Zeitfaktor im strategischen Technologiemanagement, Berlin.

[631] *Perillieux, R.* (1987 b): Die Effizienz technologieorientierter Wettbewerbsstrategien, Berlin.

[632] *Perillieux, R.* (1991): Strategisches Timing von F&E und Markteintritt bei innovativen Produkten, in Booz Allen & Hamilton (Hrsg.): Integriertes Technologie- und Innovationsmangement, Berlin,.

[633] *Perrey, J.* (1998): Nutzenorientierte Marktsegmentierung: Ein integrativer Ansatz zum Zielgruppenmarketing im Verkehrsdienstleistungsbereich, Wiesbaden.

[634] *Perridon, L. und M. Steiner* (2002): Finanzwirtschaft der Unternehmung, 13. Auflage, München.

[635] *Peters, T. J. und R. H. Waterman* (1984): In Search For Excellence: Lessons From America's Best Run Companies, New York.

[636] *Petersen, K. J. / R. B. Handfield und G. L. Ragatz* (2003): A Model of Supplier Integration into New Product Development, in: Journal of Product Innovation Management, Vol. 20, S. 284–299.

[637] *Pfaff, D. und A. Altensen* (2003): Competitive Intelligence – Nur eine Domäne der Amerikaner?, in: Absatzwirtschaft, Heft 10, S. 58–61.

[638] *Pfaffmann, E.* (2001): Kompetenzbasiertes Management in der Produktentwicklung, Wiesbaden.

[639] *Pfeiffer, P.* (2000): Sicherung von F&E-Kompetenz in multinationalen Pharmaunternehmen. Marktdruck und Technologiesprünge als Treiber neuer Organisationsformen, Diss. Universität St. Gallen,.

[640] *Pfeiffer, S.* (1992): Technologie-Frühaufklärung, Hamburg.

[641] *Pfeiffer, W.* (1985): Technologie-Portfolio zum Management strategischer Zukunftgeschäftsfelder, Göttingen.

[642] *Pfeiffer, W. / G. Metze / W. Schneider und R. Amler* (1987): Technologie-Portfolio zum Management strategischer Zukunftsgeschäfte, 5. Auflage, Göttingen.

[643] *Pfeiffer, W. und E. Weiß* (1995): Methoden zur Analyse und Bewertung technologischer Alternativen, in Zahn, E. (Hrsg.): Handbuch Technologiemanagement, Stuttgart, S. 663–679.

[644] *Pfeiffer, W. und E. Weiss* (1990): Technologie-Management, Göttingen.

[645] *Picot, A. und E. Franck* (1993): Vertikale Integration, in Hauschildt, J. und J. Grün (Hrsg.): Ergebnisse empirischer betriebswirtschaftlicher Forschung: Zu einer Realtheorie der Unternehmung. Festschrift für E. Witte, Stuttgart, S. 179–219.

[646] *Picot, A. / R. Reichwald und R. T. Wigand* (1996): Die grenzenlose Unternehmung, Wiesbaden.

[647] *Pinkwart, A.* (1992): Chaos und Unternehmenskrise, Wiesbaden.

[648] *Pleschak, F.* (2001): Management in Technologieunternehmen, Wiesbaden.

[649] *Pleschak, F. und H. Sabisch* (1996): Innovationsmanagement, Stuttgart.

[650] *Plinke, W.* (1995): Kundenanalyse, in Tietz, B. (Hrsg.): Handwörterbuch des Marketing, Stuttgart, S. 1328–1342.

[651] *Pohl, A.* (1996): Leapfrogging bei technologischen Innovationen. Ein Erklärungsansatz auf Basis der Theorie des wahrgenommenen Risikos, Wiesbaden.

[652] *Polster, R.* (1994): Absatzanalyse bei der Produktinnovation: Bedeutung, Erhebung und wissensbasierte Verarbeitung, Dissertation, Wiesbaden.

[653] *Poolton, J. und H. Ismail* (2000): New Developments in Innovation, in: Journal of Managerial Psychology, Vol. 15, No. 8, S. 795–802.

[654] *Popall, R.* (1995): Die neue Qualität strategischer Allianzen, in: Absatzwirtschaft, Heft 5/95, S. 66–67.

[655] *Porter, M. E.* (1999): Wettbewerbsstrategie. Methoden zur Analyse von Branchen und Konkurrenten, 10. Auflage, Frankfurt (Main).

[656] *Porter, M. E.* (2000): Wettbewerbsvorteile. Spitzenleistungen erreichen und behaupten, 6. Auflage, Frankfurt/Main, New York.

[657] *Prahalad, C. K. und V. Ramaswamy* (2000): Wenn Kundenkompetenz das Geschäftsmodell mitbestimmt, in: Harvard Business Manager, 22. Jahrgang, Heft 4, S. 64–75.

[658] *Preukschat, U. D.* (1993): Vorankündigung von Neuprodukten, Mainz.

[659] *Pullman, M. E. / W. L. Moore und D. G. Wardell* (2002): A comparison of quality function deployment and Conjointanalysis in new product design, in: Journal of Product Innovation Management, Vol. 19, S. 354–364.

[660] *Pümpin, C.* (1983): Management strategischer Erfolgspositionen: Das SEP-Konzept als Grundlage wirkungsvoller Unternehmensführung, 2. Auflage, Bern, Stuttgart.

[661] *Quadbeck-Seeger, H.-J.* (1998): Faszination Innovation – Wichtiges und Wissenswertes von A bis Z, Weinheim.

[662] *Raffée, H.* (1985): Grundfragen und Ansätze des strategischen Marketing, in Raffée, H. und K.-P. Wiedmann (Hrsg.): Strategisches Marketing, Stuttgart, S. 3–33.

[663] *Raffée, H. / W. Fritz und K.-P. Wiedmann* (1994): Marketing für öffentliche Betriebe, Stuttgart.

[664] *Raffée, H. und K.-P. Wiedmann* (1986): Gesellschaftsbezogenen Werte, persönliche Lebenswerte, lebens- und Konsumstile der Bundesbürger, Untersuchungsergebnisse der Studie Dialoge 2 und Skizze von Marketingkonsequenzen, Mannheim.

[665] *Raffée, H. und K.-P. Wiedmann* (1988): Grundstruktur marketingorientierter Frühaufklärungssysteme und Ansatzpunkte zur Entwicklung kontrollorientierter Frühaufklärungsprogramme, Arbeitspapier der Universität Mannheim Nr. 65, Mannheim.

[666] *Raghavan, V. und T. K. Chuan* (2004): Incorporating Concepts of Business Priority into Quality Function Deployment, in: International Journal of Innovation Management, Vol. 8, No. 1, S. 21–35.

[667] *Rahn, G.* (1996): Patentstrategien japanischer Unternehmen, in (Hrsg.): EPA Jahresbericht 1995, München, S. 8–12.

[668] *Rankers, R.* (2002): Die Compact Disc oder CD, online im Internet: http://www.tonaufzeichnung.de/, [Zugriff 16. 11. 2004].

[669] *Rao, A.* (1996): Total Quality Management: A Cross Functional Perspective, New York.

[670] *Rebel, D.* (1997): Gewerbliche Schutzrechte: Anmeldung – Strategie – Verwertung: Ein Praxisbuch, 2. Auflage, Köln.

[671] *Reeb, M.* (1998): Lebensstilanalysen in der strategischen Marktforschung, Wiesbaden.

[672] *Reger, G.* (2001): Gestaltung des Technologie-Früherkennungsprozesses in kleinen und mittleren Unternehmen, in Meyer, J.-A. (Hrsg.): Innovationsmanagement in kleinen und mittleren Unternehmen, München, S. 75–92.

[673] *Reichert, L.* (1994): Evolution und Innovation. Prolegomenon einer interdisziplinären Theorie betriebswirtschaftlicher Innovationen, Berlin.

[674] *Reid, S. E. und U. de Brentani* (2004): The Fuzzy Front End of New Product Development for Discontinuous Innovations: A Theoretical Model, in: Journal of Product Innovation Management, Vol. 21, S. 170–184.

[675] *Reinganum, J.* (1981): Dynamic Games of Innovation, in: Journal of Economic Theory, Vol. 25, 21–41.

[676] *Reiß, M.* (1998): Produktentstehung in Netzwerkumgebungen, in Horváth, P. und G. Fleig (Hrsg.): Integrationsmanagement, Stuttgart,.

[677] *Remmerbach, K.-U.* (1989): Integrierte Markteintrittsplanung, in: Marketing – Zeitschrift für Forschung und Praxis (ZFP), Jahrgang 11, Heft 3, S. 173–178.

[678] *Resche, M.* (1997): Das Smartmobil kommt – in einem Jahr, in: Tagesanzeiger vom 18. 4. 1997.

[679] *Rese, M. / T. Sommerlatte und A. Söllner* (1999): Herold AG: Technological Innovation and Customer Orientation, in Woodside, A. (Hrsg.): Advances in Business Marketing and Purchasing, Stamford,.

[680] *Rettie, R. / S. Hilliar und F. Alpert* (2002): Pioneer brand advantage with UK customers, in: European Journal of Marketing, Vol. 36, No. 7/8, S. 895–911.

[681] *Riedel, F.* (1996): Die Markenwertmessung als Grundlage strategischer Markenführung, Heidelberg.

[682] *Riedel, R. / S. Teweleit und D. Korb* (1999): Es begann mit der Compact-Disk (CD), online im Internet: http://osg.informatik.tu-chemnitz.de/EFI/abitur2001/projekte/cd-rom/pri15.htm, [Zugriff 16. 11. 2004].

[683] *Ries, A.* (1996): Strategiewandel: Zurück zum Fokus, in: Absatzwirtschaft, 39. Jahrgang, Heft 9, S. 58–63.

[684] *Ries, A. und J. Trout* (1993): Positioning, New York.

[685] *Ritter, T. und H. G. Gemünden* (2000): Technologie, Unternehmen, Netzwerk: Die Wirkung von Technologie- und Netzwerk-Kompetenz auf den Innovationserfolg von Unternehmen, in Hammann, P. und J. Freiling (Hrsg.): Die Ressourcen- und Kompetenzperspektive des strategischen Managements, Wiesbaden, S. 337–358.

[686] *Ritter, T. und H. G. Gemünden* (2003): Network competence: Its impact on innovation success and its antecedents, in: Journal of Business Research, Vol. 56, No. 9, S. 745–755.

[687] *Rivette, K. G. und D. Kline* (2000): Wie sich aus Patenten mehr herausholen lässt, in: Harvard Business Manager, Nr. 4, S. 28–40.

[688] *Roberts, E. B.* (1987): Introduction: Managing Technological Innovation – A Search for Generalizations, in Roberts, E. B. (Hrsg.): Generating Technological Innovation, New York/Oxford, S. 3–21.

[689] *Robinson, W. T.* (1988): Sources of Market Pioneer Advantages: The Case of Industrial Goods Industries, in: Journal of Marketing Research, Vol. 25, Issue 1, S. 87–94.

[690] *Robinson, W. T. und C. Fornell* (1985): Sources of Market Pioneer Advantages in Consumer Goods Industries, in: Journal of Marketing Research, Vol. 22, Issue 3, S. 305–317.

[691] *Robinson, W. T. / C. Fornell und M. Sullivan* (1992): Are market pioneers intrinsically stronger than later entrants?, in: Strategic Management Journal, Vol. 13, November, S. 609–624.

[692] *Robinson, W. T. und S. Min* (2002): Is the First to Market the First to Fail? Empirical Evidence for Industrial Goods Businesses, in: Journal of Marketing Research, Vol. 39, Issue 1, S. 120–128.

[693] *Rogers, E. M.* (1962): Diffusion of Innovations, New York.

[694] *Rogers, E. M.* (2003): Diffusion of Innovations, 5th Edition, New York.

[695] *Rogers, E. M. und F. F. Shoemaker* (1971): Communication of Innovations: A Cross-Cultural Approach, 2nd Edition, New York.

[696] *Rogge, H. J.* (1995): Sekundäranalysen, in Tietz, B. (Hrsg.): Handwörterbuch des Marketing, Stuttgart, S. 2276–2286.

[697] *Rohrbach, B.* (1969): Kreativ nach Regeln: Methode 6-3-5 – Eine Technik zum Lösen von Problemen, in: Absatzwirtschaft, Heft 10, S. 73–76.

[698] *Rollei Fototechnic GmbH* (2004).

[699] *Römer, E. M.* (1988): Konkurrenzforschung, in: Zeitschrift für Betriebswirtschaft, 58. Jahrgang, Heft 4, S. 481–501.

[700] *Rosch, E. / C. B. Mervis / W. D. Gray / D. M. Johnson und P. Boyes-Bream* (1976): Basis Objects in Natural Categories, in: Cognitive Psychology, Vol. 8, 382–439.

[701] *Rosen, D. E. / J. E. Schroeder und E. F. Purinton* (1998): Marketing High Tech Products: Lessons in Customer Focus from the Marketplace, in: Academy of Marketing Science Review, online im Internet: http://www.amsreview.org/amsrev/theory/rosen06–98.html, [Zugriff 29.8.2000].

[702] *Rosenberger, P. und L. de Chernatony* (1996): Virtual reality techniques in NPD research, in: Journal of the Marketing Research Society, S. 345–355.

[703] *Röß, D.* (1993): Forschungsstrategien. Ziele setzen – Entscheiden – Führen, Wiesbaden.

[704] *Rotering, C.* (1990): Forschungs- und Entwicklungskooperationen zwischen Unternehmen, Stuttgart.

[705] *Rothwell, R. / C. Freeman / A. Horsley / V. T. P. Jervis / A. B. Robertson und J. Townsend* (1974): SAPPHO Updated – Project SAPPHO Phase II, in: Research Policy, Vol. 3, Issue 3, S. 258–291.

[706] *Royer, S.* (2000): Strategische Erfolgsfaktoren horizontaler kooperativer Wettbewerbsbeziehungen, München/Mering.

[707] *Rüdiger, M.* (1997): Marketing-Erfolgsfaktoren bei Innovationen: eine kritische Analyse der Studien von Cooper und Kleinschmidt, Institute for Research in Innovation Management, Kiel.

[708] *Rüggeberg, H.* (1995): Erfolgsfaktoren von Markteinführungsstrategien für Produktinnovationen unter besonderer Berücksichtigung junger Technologieunternehmen, Dissertation, Berlin.

[709] *Rüggeberg, H.* (1997): Strategisches Markteintrittsverhalten junger Technologieunternehmen, Wiesbaden.

[710] *Rust, H.* (1995): Trends – Das Geschäft mit der Zukunft, Himberg bei Wien.

[711] *Rust, H.* (1998): Mit Systematik aus dem Trendgestrüpp, in: Absatzwirtschaft, Nr. 1, S. 28–31.

[712] *Rust, H.* (2003): Original und Nachempfindung, in: Thexis, Nr. 1, S. 25–28.

[713] *Saad, K. N. / P. A. Roussel und C. Tiby* (1991): Management der F&E-Strategie, Wiesbaden.

[714] *Saatweber, J.* (1997): Kundenorientierung durch Quality Function Deployment, München/Wien.

[715] *Saatweber, J.* (1998): Absolute Kundenorientierung durch Quality Function Deployment, in VDI-Gesellschaft (Hrsg.): QFD: Produkte und Dienstleistungen marktgerecht gestalten. VDI Bericht 1413, Düsseldorf, S. 1–20.

[716] *Saaty, T. L.* (1980): The Analytic Hierarchy Process, New York.

[717] *Salomo, S. und H. G. Gemünden* (2001): Measurement of innovativeness: concepts and empirical evidence, in (Hrsg.): Proceedings of the R&D Management Conference, Dublin,.

[718] *Salomo, S. / H. G. Gemünden und F. Billing* (2003a): Dynamisches Schnittstellenmanagement radikaler Innovationsvorhaben, in Herstatt, C. / C. Lüthje und B. Vervorn (Hrsg.): Management der frühen Innovationsphasen: Grundlagen – Methoden – Neue Ansätze, Wiesbaden, S. 161–194.

[719] *Salomo, S. / F. Steinhoff und V. Trommsdorff* (2003b): Customer Orientation in Innovation Projects and New Product Development Success – the Moderating Effect of Product Innovativeness, in: International Journal of Technology Management, Vol. 26, Nos. 5/6, S. 442–463.

[720] *Samli, A. C. und J. A. E. Weber* (2000): A theory of successful product breakthrough management: learning from success, in: Journal of Product & Brand Management, Vol. 9, Issue 1, S. 35–55.

[721] *Sánchez, A. M. und M. Pérez* (2003): Cooperation and the Ability to Minimize the Time and Cost of New Product Development within the Spanish Automotive Supplier Industry, in: Journal of Product Innovation Management, Vol. 20, S. 57–69.

[722] *Sandig, C.* (1974): Bedarf, Bedarfsforschung, in Tietz, B. (Hrsg.): Handwörterbuch der Absatzwirtschaft, Stuttgart, Sp. 313–326.

[723] *Sarasvathy, S. D., Dew, N., Ramakrishna, S. V., Venkatararman, S.* (2003): Three Views of Entrepreneurial Opportunity, in: Audretsch, D. B., Acs, Z. J.: Handbook of Entrepreneurship Research: An Interdisciplinary Survey and Introduction, 2003, S. 141–162.

[724] *Sattler, H.* (1997): Markenentwicklung, in: Absatzwirtschaft, Heft 12, S. 86–90.

[725] *Sattler, H.* (1998): Markenpolitik für Innovationen, in Franke, N. und C. F. von Braun (Hrsg.): Innovationsforschung und Technologiemanagement: Konzepte, Strategien, Fallbeispiele. Gedenkschrift für Stephan Schrader, S. 314–323.

[726] *Sattler, H.* (2001): Markenstrategien für neue Produkte, in Esch, F.-R. (Hrsg.): Moderne Markenführung. Grundlagen – Innovative Ansätze – Praktische Umsetzung, 3. Auflage, Wiesbaden, S. 337–356.

[727] *Sattler, H.* (2003): Markentransferstrategien, in: Research Papers on Marketing and Retailing, University of Hamburg, No. 012, S. 1–14.

[728] *Sattler, H. / S. Hensel-Börner und B. Krüger* (2001): Die Abhängigkeit der Validität von Conjoint-Studien von demographischen Probanden-Charakteristika: Neue empirische Befunde, in: Zeitschrift für Betriebswirtschaft, 71. Jahrgang, Heft 7, S. 771–787.

[729] *Sattler, H. und K. Schirm* (1999): Der Einfluss von Marken auf die Glaubwürdigkeit von Produkt-Vorankündigungen. Ein internationaler empirischer Vergleich, in: Zeitschrift für Betriebswirtschaft, 69. Jahrgang, Heft 2, S. 63–87.

[730] *Sattler, H. / F. Völckner und G. Zatloukal* (2002): Erfolgsfaktoren von Markentransfers, in: Research Papers on Marketing and Retailing, University of Hamburg, No. 02, S. 1–31.

[731] *Schatz, U.* (1998): Patentschutz als Rahmenbedingung für technische Innovation, in Renker, C. (Hrsg.): Produktive Kreativität und Innovation, Stuttgart, 178–190.

[732] *Schaude, G. R. / D. Schumacher und V. Pausewang* (1990): Quellen für neue Produkte: Nutzung von firmeninternen Potentialen, Lizenzbörsen, Datenbanken, Technologiemessen, Ehningen bei Böblingen.

[733] *Schenk, B.* (2002): Sensation: preiswertes Telefonieren und Internet auf hoher See, online im Internet: http://www.yacht.de/schenk/iridium, [Zugriff 15. 8. 2002].

[734] *Schewe, G.* (1992): Imitationsmanagement: Nachahmung als Option des Technologiemanagements, Stuttgart.

[735] *Schewe, G.* (1993): Kein Schutz vor Imitation – Eine empirische Untersuchung zum Para-

digma des Markteintrittsbarrieren-Konzeptes unter besonderer Beachtung des Patentschutzes, in: Schmalenbachs Zeitschrift für betriebswirtschaftliche Forschung, 45. Jahrgang, Heft 4, S. 344–360.

[736] *Schewe, G.* (1994): Erfolg im Technologiemanagement – Eine empirische Analyse der Imitationsstrategie, in: Zeitschrift für Betriebswirtschaft, 64. Jahrgang, Heft 8, S. 999–1026.

[737] *Schewe, G.* (1998): Strategie und Struktur – Eine Re-Analyse empirischer Befunde und Nicht-Befunde, Tübingen.

[738] *Schlaak, T. M.* (1999): Der Innovationsgrad als Schlüsselvariable. Perspektiven für das Management von Produktentwicklungen, Wiesbaden.

[739] *Schlegelmilch, G.* (1999): Management strategischer Innovationsfelder. Prozessbasierte Integration markt- und technologieorientierter Instrumente, Wiesbaden.

[740] *Schlicksupp, H.* (1995): Kreativitätstechniken, in Tietz, B. / R. Köhler und J. Zentes (Hrsg.): Handwörterbuch des Marketing, 2. Auflage, Stuttgart, Sp. 1289–1309.

[741] *Schlicksupp, H.* (1999): Ideenfindung, Würzburg.

[742] *Schmäh, M. und P. Erdmeier* (1997): Sechs Jahre „Intel inside", in: Absatzwirtschaft, Heft 11 / 1997, S. 122–129.

[743] *Schmalen, H.* (1989): Das Bass-Modell zur Diffusionsforschung. Darstellung, Kritik und Modifikation, in: Zeitschrift für betriebswirtschaftliche Forschung (zfbf), 41. Jahrgang, Heft 3, S. 210–226.

[744] *Schmalen, H. und H. Pechtl* (1996): Die Rolle der Innovationseigenschaften als Determinanten im Adoptionsverhalten, in: Zeitschrift für betriebswirtschaftliche Forschung, 48. Jahrgang, Heft 9, S. 816–835.

[745] *Schmalen, H. und H. Xander* (2002): Produkteinführung und Diffusion, in Albers, S. und A. Hermann (Hrsg.): Handbuch Produktmanagement, 2. Auflage, Wiesbaden, S. 439–470.

[746] *Schmelzer, H. J. und K.-H. Buttermilch* (1988): Reduzierung der Entwicklungszeiten in der Produktentwicklung als ganzheitliches Problem, in: Schmalenbachs Zeitschrift für betriebswirtschaftliche Forschung (zfbf), Sonderheft 23, S. 43–74.

[747] *Schmidt, J. B. und R. J. Calantone* (1998): Are Really New Product Development Projects Harder to Shut Down?, in: The Journal of Product Innovation Management, Vol. 15, Issue 2, S. 111–123.

[748] *Schmidt, M.* (2001): Using an ANN-approach for analysing focus groups, in: Qualitative Market Research, Vol. 4, No. 2, S. 100–111.

[749] *Schnaars, S. P.* (1986): When entering growth markets, are pioneers better than poachers?, in: Business Horizons, Vol. 29, Issue 2, S. 27–36.

[750] *Schnaars, S. P.* (1990): How to Develop and Use Scenarios, in: Long Range Planning, Vol. 26, No. 1, S. 105–114.

[751] *Schneider, D.* (1993): Betriebswirtschaftslehre, München.

[752] *Schobert, R.* (1979): Die Dynamisierung komplexer Marktmodelle mit Hilfe von Verfahren der Mehrdimensionalen Skalierung, Darmstadt.

[753] *Schoder, D.* (1995): Diffusion von Netzeffektgütern. Modellierung auf Basis der Mastergleichungsansatzes der Synergetik, in: Marketing – Zeitschrift für Forschung und Praxis (ZFP), Jahrgang 17, Heft 1, S. 18–28.

[754] *Schoemaker, P. J. H.* (1995): Scenario Planning: A Tool for Strategic Thinking, in: Sloan Management Review, Winter, S. 25–40.

[755] *Schoenecker, T. S. und A. C. Cooper* (1998): The Role Of Firm Resources And Organizational Attributes In Determining Entry Timing: A Cross-Industry Study, in: Strategic Management Journal, Vol. 19, Issue 12, S. 1127–1143.

[756] *Schoormans, J. P. L. / R. J. Ortt und C. J. P. M. de Bont* (1995): Enhancing Concept Test Validity by Using Expert Consumers, in: The Journal of Product Innovation Management, Vol. 12, S. 153–162.

[757] *Schrader, S. und J. Göpfert* (1998): Zielklarheit und Zieloffenheit. Eine empirische Analyse der Zusammenarbeit von Herstellern und Zulieferern in der Produktentwicklung, in Franke, N. und C.-F. von Braun (Hrsg.): Innovationsforschung und Technologiemanagement, Berlin, S. 190–204.

[758] *Schroiff, H. W.* (1994): Innovation, Qualität, Verantwortung, in: Planung und Analyse, Heft 5, S. 17–24.

[759] *Schubert, B.* (1995): Conjointanalyse, in Tietz, B. (Hrsg.): Handwörterbuch des Marketing, Stuttgart, Sp. 376–390.

[760] *Schumpeter, J.* (1928): Unternehmer, in Verlag, G. F. (Hrsg.): Handwörterbuch der Staatswissenschaften, 4. Auflage, Jena, S. 476–487.

[761] *Schumpeter, J. A.* (1939): Business Cycles – A Theoretical, Historical and Statistical Analysis of the Capitalist Process, New York/London.

[762] *Sebastian, K.-H. und H. Simon* (1989): Wie Unternehmen ihre Produkte genauer positionieren, in: Harvard Manager, Heft 1, S. 89–97.

[763] *Segal, L.* (1986): Das 18. Kamel oder die Welt als Erfindung, München.

[764] *Seidenschwarz, W.* (1993): Target Costing, München.

[765] *Serfling, K. und R. Schultze* (1996): Target Costing – Kundenorientierung in Kostenmanagement und Preiskalkulation, in: Kostenrechnungspraxis – Zeitschrift für Controlling, Sonderheft 1, S. 29–38.

[766] *Servatius, H.-G.* (1985): Methodik des stratgeischen Technologie-Managements, Berlin.

[767] *Servatius, H.-G.* (1992): Sicherung der technologischen Wettbewerbsfähigkeit Europas – Von der Technologiefrühaufklärung zur visionären Erschließung von Innovations-Potenzialen, in VDI-Technologiezentrum (Hrsg.): Technologiefrühaufklärung: Identifikation und Bewertung von Ansätzen zukünftiger Technologien, Stuttgart, S. 17–40.

[768] *Servatius, H.-G. und S. Pfeiffer* (1992): Ganzheitliche und evolutionäre Technologiebewertung, in Technologien, V.-T. P. (Hrsg.): Technologiefrühaufklärung- Identifikation und Bewertung von Ansätzen zukünftiger Technologien, Düsseldorf, S. 71–92.

[769] *Seymour, D. T.* (1987): Focus Groups and the Development of New Products by Technologically Driven companies: A Comment, in: Journal of Product Innovation Management, Vol. 4, No. 1, S. 50–54.

[770] *Shankar, V. / G. S. Carpenter und L. Krishnamurthi* (1998): Late Mover Advantage: How Innovative Late Entrants Outsell Pioneers, in: Journal of Marketing Research, Vol. 35, Issue 1, S. 54–70.

[771] *Shapiro, C.* (2001): Setting Compatibility Standards: Cooperation or Collusion?, in Dreyfuss, R. / D. Zimmermann und H. First (Hrsg.): Expanding the Boundaries of Intellectual Property, S. 81–103.

[772] *Shen, X. X. / K. C. Tan und M. Xie* (2000): An integrated approach to innovative product development using Kano's model and QFD, in: European Journal of Innovation Management, Vol. 3, No. 2, S. 91–99.

[773] *Shepherd, C. und P. K. Ahmed* (2000): From product innovation to solutions innovation: a new paradigm for competitive advantage, in: European Journal of Innovation Management, 3, S. 100–106.

[774] *Sherman, J. D. / W. E. Souder und S. A. Jenssen* (2000): Differential Effects of the Primary Forms of Cross Functional Integration on Product Development Cycle Time, in: Journal of Product Innovation Management, Vol. 17, Issue 4, S. 257–267.

[775] *Shibata, T.* (1993): Sony's Successful Strategy for Compact Discs, in: Long Range Planning, Vol. 26, No. 4, S. 16–21.

[776] *Shocker, A. D. und V. Srinivasan* (1979): Multiattribute Approaches for Product Concept Evaluation and Generation: A Critical Review, in: Journal of Marketing Research, Vol. 16, S. 159–180.

[777] *Sibum, D.* (2003): Mit Trendforschung alternative Zukünfte erschließen. Das Frühmeldesystem von Deutsche Post World Net, in: Planung & Analyse, Heft 1, S. 30–32.

[778] *Silk, A. J. und G. L. Urban* (1978): Pre-Test-Market Evaluation of New Packaged Goods: A Model and Measurement Methodology, in: Journal of Marketing Research, Vol. 15, S. 171–191.

[779] *Simon, H.* (1989): Die Zeit als strategischer Erfolgsfaktor, in: Zeitschrift für Betriebswirtschaft, 59. Jahrgang, Heft 1, S. 70–93.

[780] *Simon, H.* (1996): Hidden champions. Die heimlichen Gewinner: Die Erfolgstrategien unbekannter Weltmarktführer, 2. Auflage, Frankfurt am Main/New York.

[781] *Simon, H. und K.-H. Sebastian* (1995): Ingredient Branding. Reift ein junger Markentypus?, in: Absatzwirtschaft, Heft 6/1995, S. 42–48.

[782] *Sivadas, E. und F. R. Dwyer* (2000): An Examination of Organizational Factors Influencing New Product Success in Internal and Alliance-Based Processes, in: Journal of Marketing, Vol. 64, Issue 1, S. 31–49.

[783] *Sommerlatte, T. und J.-P. Deschamps* (1985): Der strategische Einsatz von Technologien – Konzepte und Methoden zur Einbeziehung von Technologien in die Strategieentwicklung des Unternehmens, in Little, A. D. (Hrsg.): Management im Zeitalter strategischer Führung, Wiesbaden, S. 9–78.

[784] *Sommerlatte, T. W. und I. S. Walsh* (1983): Das strategische Management von Technologie, in Töpfer, A. und H. Afheldt (Hrsg.): Praxis der strategischen Unternehmensplanung, Frankfurt, S. 322–348.

[785] *Song, X. M. / C. A. Di Benedetto und Y. L. Zhao* (1999): Pioneering Advantages in Manufacturing and Service Industries: Empirical Evidence From Nine Countries, in: Strategic Management Journal, Vol. 20, Issue 9, S. 811–836.

[786] *Song, X. M. und M. M. Montoya-Weiss* (1998): Critical Development Activities for Really New versus Incremental Products, in: Journal of Product Innovation Management, Vol. 15, Issue 2, S. 124–135.

[787] *Sood, A. und G. J. Tellis* (2005): Technological Evolution and Radical Innovation, in: Journal of Marketing, Vol. 69, S. 152–168.

[788] *Souder, W. E. / J. D. Sherman und R. Davies-Cooper* (1998): Environmental Uncertainty, Organizational Integration, and New Product Development Effectiveness: A Test of Contingency Theory, in: Journal of Product Innovation Management, Vol. 15, S. 520–533.

[789] *Specht, G. / C. Beckmann und J. Amelingmeyer* (2002): F&E-Management. Kompetenz im Innovationsmanagement, 2. Auflage, Stuttgart.

[790] *Spiegel Online* VW verabschiedet Pumpe-Düse-Technik, 11. 10. 2005, online im Internet: http://www.spiegel.de/auto/werkstatt/0,1518,379240,00.html, [Zugriff 21. 12. 2005].

[791] *Spiegel Online* (2005): Münchner steigen bei Hybrid-Kooperation ein, 7. 9. 2005, online im Internet: http://www.spiegel.de/auto/aktuell/o,01518,373598,oo.html, [Zugriff 8. 10. 2005].

[792] *Sprengel, F.* (1984): Informationsbedarf strategischer Entscheidungshilfen, Frankfurt/Main.

[793] *Srinivasan, R. / G. L. Lilien und A. Rangaswamy* (2004): First in, First out? The Effects of Network Externalities on Pioneer Survival, in: Journal of Marketing, Vol. 68, S. 41–58.

[794] *Srinivasan, R. und A. D. Shocker* (1973): Linear Programming Techniques for Multidimensional Analysis of Preference, in: Psychometrika, Vol. 38, S. 337–354.

[795] *Stadler, K.* (1993): Conjoint Measurement, in: Planung & Analyse, S. 32–38.

[796] *Stauss, B.* (1995): Beschwerdemanagement, in Tietz, B. (Hrsg.): Handwörterbuch des Marketing, Stuttgart, S. 226–238.

[797] *Stauss, B.* (1999): Kundenzufriedenheit, in: Marketing Zeitschrift für Forschung und Praxis, Heft 1, S. 5–24.

[798] *Stier, W.* (2002): Marktentwicklung durch Prognoseverfahren antizipieren – Managementunterstützung für Planung und Steuerung, in: Thexis, Nr. 2, S. 5–8.

[799] *Stippel, P.* (2002): Konkurrenzabwehr im Globalen Wettbewerb, in: Absatzwirtschaft, Heft 4, S. 14–20.

[800] *Stops, M.* (1996): Target Costing als Controlling-Instrument, in: Wirtschaftswissenschaftliches Studium, Nr. 7, S. 625–628.

[801] *Strebinger, A. / S. Hoffmann / G. Schweiger und T. Otter* (2000): Zur Realitätsnähe der Conjointanalyse, in: Marketing Zeitschrift für Forschung und Praxis, Heft 1, S. 55–74.

[802] *Strumann, A.* (1997): Vertikale Kooperationen bei Produktinnovationen im Investitionsgüterbereich, Lohmar/Köln.

[803] *Susen, S.* (1995): Innovationsmarketing: Marketing als Erfolgsfaktor im Innovationsmanagement technologieorientierter mittelständischer Unternehmen, Dissertation, Frankfurt am Main.

[804] *Sykes, W.* (1990): Validity and reliability in qualitative market research: a review of the literature, in: Journal of Market Research Society, Vol. 32, No. 3, S. 289–328.

[805] *Szymanski, D. M. / L. C. Troy und S. G. Bharadwaj* (1995): Order of Entry and Business Performance: An Empirical Synthesis and Reexamination, in: Journal of Marketing, Vol. 59, No. 4, S. 17–33.

[806] *Tauber, E. M.* (1974): How Marketing Research discourages Major Innovations, in: Business Horizons, S. 24–27.

[807] *Teichert, T.* (2000): Conjointanalyse, in Herrmann, A. und C. Homburg (Hrsg.): Marktforschung, 2. Auflage, Wiesbaden, S. 473–511.

[808] *teltarif.de* (2002): Hohe Übertragungsraten – jedoch nicht überall, online im Internet: http://www.teltarif.de/i/umts.html, [Zugriff 8. 11. 2002].

[809] *Theoharakis, V. und V. Wong* (2002): Marking high-technology market evolution through the foci of market stories: the case of local area networks, in: The Journal of Product Innovation Management, Vol. 19, S. 400–411.

[810] *Thomke, S. und E. von Hippel* (2002): Customers as Innovators, in: Harvard Business Review, S. 74–81.

[811] *Tiessen, J. H. und J. D. Linton* (2000): The JV Dilemma: Cooperating and Competing in Joint Ventures, in: Canadian Journal of Administrative Sciences, Vol. 17, Issue 3, S. 202–216.

[812] *TNS Emnid* (2001): Das deutsche Kundenbarometer, Bielefeld.

[813] *Tomczak, T. und A. Roosdorp* (1996): Positionierung. Neue Herausforderungen verlangen neue Ansätze, in Tomczak, T. / T. Rudolph und A. Roosdorp (Hrsg.): Positionierung. Kernentscheidung des Marketing, St. Gallen, S. 26–42.

[814] *Töpfer, A.* (1995): New Products – Cutting the Time to Market, in: Long Range Planning, Vol. 28, Issue 2, S. 61–78.

[815] *Töpfer, A.* (1999): Die A-Klasse: Elchtest, Krisenmanagement, Kommunikationsstrategie, Neuwied/Kriftel.

[816] *Töpfer, A.* (2003): Nicht bestandener „Elch-Test" der A-Klasse von Daimler-Benz im Herbst 1997, in: Krisennavigator, 6. Jahrgang, Ausgabe 1, S. 1–11.

[817] *Trinkfass, G.* (1997): The Innovation Spiral: launching new products in shorter time intervals, Wiesbaden.

[818] *TRIZ-online* (2004): TRIZ Tools, online im Internet: http://www.triz-online.de/triz_tools/default.htm, [Zugriff 9. 4. 2006].

[819] *trommsdorff + drüner* (2006): Conjointbasierte Strategieentwicklung eines Herstellers von Motorsegelfliegern, Praxisbeispiel zur Conjointanalyse, Berlin.

[820] *Trommsdorff, V.* (1982): Kausalmodelle: Gegen Irrtum in der Marktforschung, in: Marktforschung, Jahrgang 26, Heft 2, S. 111–116.

[821] *Trommsdorff, V.* (1990): Erfolgsfaktorenforschung, Produktinnovation und Schnittstelle Marketing – F&E, Diskussionspapier 143, Technische Universität, Wirtschaftswissenschaftliche Dokumentation, Berlin.

[822] *Trommsdorff, V.* (1991): Innovationsmarketing. Querfunktion der Unternehemensführung, in: Marketing – Zeitschrift für Forschung und Praxis (ZFP), Jahrgang 13, Heft 3, S. 178–185.

[823] *Trommsdorff, V.* (1995 a): Fallstudien zum Innovationsmarketing, München.

[824] *Trommsdorff, V.* (1995 b): Positionierung, in Tietz, B. (Hrsg.): Handwörterbuch des Marketing, Band 4, 2. Auflage, Stuttgart, Sp. 2055–2068.

[825] *Trommsdorff, V.* (1997): Kundenorientierung strategischer Geschäftseinheiten, in Bruhn, M. und H. Steffenhagen (Hrsg.): Marktorientierte Unternehmensführung, Wiesbaden,.

[826] *Trommsdorff, V.* (2000): Produktpositionierung, in Albers, S. und A. Herrmann (Hrsg.): Handbuch Produktmanagement, Wiesbaden, S. 333–354.

[827] *Trommsdorff, V.* (2002): Produktpositionierung, in Albers, S. und A. Hermann (Hrsg.): Handbuch Produktmanagement, 2. Auflage, Wiesbaden, S. 359–380.

[828] *Trommsdorff, V.* (2004 a): Konsumentenverhalten, Stuttgart.

[829] *Trommsdorff, V.* (2004 b): WISA – Ein kausalanalytisches Modell zur Erklärung und zum Controlling des Markenwertes, in Schimansky, A. (Hrsg.): Der Wert der Marke, München, S. 698–719.

[830] *Trommsdorff, V. / J. Becker und U. Asan* (2004): Marken- und Produktpositionierung, in Bruhn, M. (Hrsg.): Handbuch Markenführung, Bd. 1, 2. Auflage, Wiesbaden, S. 541–570.

[831] *Trommsdorff, V. und M. Binsack* (1997): Wie Marketing Innovationen durchsetzt, in: Absatzwirtschaft, Nr. 11, S. 60–65.

[832] *Trommsdorff, V. und A. Eckhoff* (2002): Der Innovationsführer – Konzeption und Operationalisierung eines neuen Schlüsselpersonentyps bei der Einführung neuer komplexer Systemgeschäfte, unveröffentlichte Kurzfassung der Dissertation, TU Berlin, Berlin.

[833] *Trommsdorff, V. und J. Gärtner* (2001): Innovationsmanagement bei der CyberConsult GmbH, in Meyer, J.-A. (Hrsg.): Innovationsmanagement in kleinen und mittleren Unternehmen, München, S. 285–304.

[834] *Trommsdorff, V. / U. Leicker und L. Hildebrandt* (1979): Nutzen und Einstellung: Studenten beurteilen Marktforschungsbücher, Diskussionspapier 50, Technische Universität, Berlin.

[835] *Trommsdorff, V. und M. Paulssen* (2005): Messung und Gestaltung der Markenpositionierung, in Esch, F.-R. (Hrsg.): Moderne Markenführung, 4. Auflage, Wiesbaden, S. 1363–1381.

[836] *Trommsdorff, V. und G. Weber* (1994): Innovation braucht Marktforschung – Marktforschung braucht Innovation, in Tomczak, T. und S. Reinecke (Hrsg.): Marktforschung, St. Gallen, S. 56–70.

[837] *Tropical Island Management GmbH* (2004): Tropical Islands Hompage, online im Internet: http://www.thetropical-islands.com, [Zugriff 13.11.2004].

[838] *Trott, P.* (2001): The role of market research in the development of discontinuous new products, in: European Journal of Innovation Management, Vol. 4, No. 3, S. 117–125.

[839] *Tscheulin, D. und C. Blaimont* (1993): Die Abhängigkeit der Prognosegüte von Conjoint-Studien von demographischen Probanden-Charakteristika, in: Zeitschrift für Betriebswirtschaft, 63. Jahrgang, S. 839–847.

[840] *Ulrich, H.* (1984): Management, Bern.

[841] *Ulrich, H. und G. J. B. Probst* (1995): Anleitung zum ganzheitlichen Denken und Handeln, 4. Auflage, Bern.

[842] *Ulrich, W.* (1975): Kreativitätsförderung in der Unternehmung. Ansatzpunkte eines Gesamtkonzepts, Bern/Stuttgart.

[843] *Ulwick, A. W.* (2002): Turn Customer Input into Innovation, in: Harvard Business Review, No. 1, S. 91–97.

[844] *Umminger, P.* (1990): Einsatzmöglichkeiten qualitativer Prognoseverfahren im Produktmarketing, Köln.

[845] *Urban, G. L.* (1975): PERCEPTOR: A Model for Product Positioning, in: Management Science, Vol. 21, S. 858–871.

[846] *Urban, G. L. und J. R. Hauser* (1993): Design and Marketing of New Products, New Jersey.

[847] *Urban, G. L. / J. R. Hauser / W. J. Qualls / B. D. Weinberg / J. D. Bohlmann und A. C. Roberta* (1997): Information Acceleration: Validation and Lessons From the Field, in: Journal of Marketing Research, S. 143–153.

[848] *Urban, G. L. und E. von Hippel* (1988): Lead User Analysis for the Development of new Industrial Products, in: Management Science, Vol. 34, No. 5, S. 569–582.

[849] *Urban, G. L. / B. D. Weinberg und J. R. Hauser* (1996): Premarket Forecasting of Really-New Products, in: Journal of Marketing, Vol. 60, S. 47–60.

[850] *Utsch, S.* (2003): Kaufmotive und Nutzungsverhalten bezogen auf „Overengineered Products" am Beispiel von Sonderausstattungen in der Automobilindustrie, Dissertation, Universität Leipzig,.

[851] *Utterback, J. M.* (1971): The Process of Innovation: A Study of the Origination and Development of Ideas for New Scientific Instruments, in: IEEE-Transactions on Engineering Management, Vol. 18, Issue 4, S. 124–131.

[852] *Utterback, J. M.* (1994): Mastering the dynamics of Innovation: How companies can seize opportunities in the face of technological change, Boston.

[853] *Utterback, J. M. und L. Kim* (1985): Invasion of a Stable Business by Radical Innovation, in Kleindorfer, P. R. (Hrsg.): The Management of Productivity and Technology in Manufacturing, New York/London, S. 113–151.

[854] *Utzig, B. P.* (1997): Kundenorientierung strategischer Geschäftseinheiten. Operationalisierung und Messung, Wiesbaden.

[855] *van den Bulte, C.* (2000): New Product Diffusion Acceleration: Measurement and Analysis, in: Marketing Science, Vol. 19, Issue 4, S. 366–380.

[856] *van der Panne, G. / C. van Beers und A. Kleinknecht* (2003): Success and Failure of Innovation: A Literature Review, in: International Journal of Innovation Management, Vol. 7, No. 3, S. 309–338.

[857] *Vandenbosch, M. und T. Clift* (2002): Dramatically reducing cycle times through flash development, in: Long Range Planning, Vol. 35, Issue 6, S. 567–589.

[858] *Vandermerwe, S.* (1987): Diffusing New Ideas In-House, in: Journal of Product Innovation Management, Vol. 4, S. 256–264.

[859] *VDI* (1998): VDI Bericht Nr. 1413, Düsseldorf.

[860] *Veryzer Jr., R. W.* (1998): Discontinuous Innovation and the New Product Development Process, in: Journal of Product Innovation Management, Vol. 15, Issue 4, S. 304–321.

[861] *Vester, F.* (1991): Neuland des Denkens, 7. Auflage, München.

[862] *Vester, F.* (1993): Methodenhandbuch zum Sensitivitätsmodell Prof. Vester – Computergestützte programmierte Unterweisung für autorisierte Anwender des SM-Beratungspakets, München.

[863] *Vidal, M.* (1995): Strategische Pioniervorteile, in: Zeitschrift für Betriebswirtschaft, Ergänzungsheft 1, S. 43–58.

[864] *Vidal, M.* (1996): Erfahrungskurve und Technologiediffusion, in: Wirtschaftswissenschaftliches Studium, 25. Jahrgang, Heft 1, S. 43–46.

[865] *Voeth, M.* (1999): 25 Jahre conjointanalytische Forschung in Deutschland, in: Zeitschrift für Betriebswirtschaft – Ergänzungsheft, Heft 2, S. 153–176.

[866] *Voeth, M. und C. Hahn* (1998): Limit Conjointanalyse, in: Marketing Zeitschrift für Forschung und Praxis, Heft 2, S. 119–132.

[867] *Voigt, K.-I.* (1998): Strategien im Zeitwettbewerb: Optionen für Technologiemanagement und Marketing, Wiesbaden.

[868] *Voit, E.* (2000): Management von Technologiezyklen, in: Thexis, Heft 2, S. 34–38.

[869] *von Corswant, F. und C. Tunälv* (2002): Coordinating customers and proactive suppliers: A Case study of supplier collaboration in product development, in: Journal of Engineering and Management, Vol. 19, S. 249–261.

[870] *von Grebmer zu Wolfsthurm, K. R.* (1972): Zum systemtheoretischen Ansatz einer Theorie des wachsenden Unternehmens. Mit einer Fallstudie aus der Photoindustrie, Freiburg.

[871] *von Hippel, E.* (1980): The User's Role in Industrial Innovation, in Dean, B. V. und J. D. Goldhar (Hrsg.): Management of Research and Innovation. TIMS Studies in the Management Sciences Vol. 15, Amsterdam, S. 53–65.

[872] *von Hippel, E.* (1986): Lead Users: A Source of Novel Product Concepts, in: Management Science, Vol. 32, Issue 7, S. 719–805.

[873] *von Hippel, E.* (1988): The Sources of Innovation, New York.

[874] *von Hippel, E.* (2001): PERSPECTIVE: User toolkits for innovation, in: Journal of Product Innovation Management, Vol. 18, S. 247–257.

[875] *von Hippel, E. / S. Thomke und M. Sonnack* (1999): Creating Breakthroughs at 3M, in: Harvard Business Review, No. 5, S. 47–56.

[876] *von Reibnitz, U.* (1991): Szenario-Technik. Instrumente für die unternehmerische und persönliche Erfolgsplanung, Wiesbaden.

[877] *von Reibnitz, U.* (1992): Szenario-Technik, Wiesbaden.

[878] *von Schwanenflug, C.* (1998): Wer smarts verkauft, muss sich auch beschimpfen lassen, in: Frankfurter Neue Presse vom 4. 11. 1998.

[879] *Vonderembse, M. A. und T. S. Raghunathan* (1997): Quality function deployment's impact on product development, in: International Journal of Quality Science, Vol. 2, No. 4, S. 253–271.

[880] *Wagner, J.* (1999): CD ROM & DVD, online im Internet: http://www.tu-chemnitz.de/informatik/HomePages/RA/news/stack/kompendium/vortraege_99/cd_dvd/#startop, [Zugriff 16. 11. 2004].

[881] *Weber, G.* (1996): Strategische Marktforschung, München/Wien.

[882] *Wechsler, W.* (1978): Zur Diskussion der relativen Prognosegenauigkeit der Delphi-Methode: Falsche Aussagen zum falschen Problem, in: Zeitschrift für Betriebswirtschaft (ZfB), 48. Jahrgang, S. 596–601.

[883] *Wedel, J. und T. Cottmann* (2003): Virtuelles Delphi-Forum beschleunigt Zukunftsforschung, in: Planung & Analyse, Nr. 1, S. 26–29.

[884] *Weiber, R.* (1995): Systemgüter und klassische Diffusionstheorie, in Stoetzer, M.-W. (Hrsg.): Die Diffusion von Innovationen in der Telekommunikation, Berlin, S. 39–70.

[885] *Weiber, R. und A. Pohl* (1995): Nachfragerverhalten bei technologischen Innovationen: Herausforderung für das Marketing-Management, in Zahn, E. (Hrsg.): Handbuch Technologiemanagement, Stuttgart, S. 409–435.

[886] *Weiber, R. und A. Pohl* (1996): Leapfrogging-Behavior – Ein adoptionstheoretischer Erklärungsansatz, in: Zeitschrift für Betriebswirtschaft, 66. Jahrgang, Heft 10, S. 1203–1222.

[887] *Weiber, R. und T. Rosendahl* (1997): Anwendungsprobleme der Conjoint-Analyse, in: Marketing Zeitschrift für Forschung und Praxis, Heft 2, S. 107–118.

[888] *Weinberg, P.* (1977): Die Produkttreue der Konsumenten, Wiesbaden.

[889] *Welker, M. / A. Werner und J. Scholz* (2005): Online-Research, Heidelberg.

[890] *Wells, W. und D. Tigert* (1971): Activities, Interests and Opinions, in: Journal of Advertising Research, Vol. 11, No. 8, S. 27–35.

[891] *Wersig, G.* (1968): Inhaltsanalyse, Einführung in ihre Systematik und Literatur, Schriftenreihe zur Publizistikwissenschaft 5, 3. unveränderte Auflage, Berlin.

[892] *Wessels, M. G.* (1994): Kognitive Psychologie, München u. a..

[893] *Weßner, K.* (1988): Prognoseverfahren als Instrumente zur Absicherung strategischer Mar-

ketingentscheidungen – Eignung traditioneller Verfahrenstypen und moderner kombinierter Methoden, in: Jahrbuch der Absatz- und Verbrauchsforschung, Nr. 3, S. 208–234.

[894] *Wetzel, D.* (1997): Deutsche Solarenergie im Schatten Japans, in: Der Tagesspiegel vom 9. 11. 1997.

[895] *Weymann, A.* (1973): Bedeutungsfeldanalyse. Versuch eines neuen Verfahrens der Inhaltsanalyse am Beispiel Didaktik und Erwachsenenbildung, in: Kölner Zeitschrift für Soziologie und Sozialpsychologie, 25. Jahrgang, S. 761–776.

[896] *White, T. und M. O'Doherty* (1996): Active Listening to consumers, in: 49th Esomar Congress: Changing Business Dynamics, S. 233–254.

[897] *Whiteley, R. C.* (1991): The Customer-Driven Company. Moving from Talking to Action, Reading (MA), USA.

[898] *Wildemann, H.* (1996): Innovation und Kundennähe: Wachstumsstrategien im Wettbewerb, München.

[899] *Wind, Y.* (1973): A New Procedure for Concept Evaluation, in: Journal of Marketing, Vol. 37, S. 2–11.

[900] *Wind, Y. und P. E. Green* (1974): Some Conceptual, Measurement and Analytical Problems in Life Style Research, in Wells, W. D. (Hrsg.): Life Style and Psychographics, Chicago, S. 97–126.

[901] *Winter, M.-A.* (2002): Mit dem Iridium-Handy von überall ins Internet, online im Internet: http://www.teltarif.de/arch/kw23/s5356.html, [Zugriff 15. 8. 2002].

[902] *Wippermann, P.* (2003): Von der Zielgruppe zur Stilgruppe oder warum wir alle silberne Autos fahren, in: Thexis, Nr. 1, S. 23–24.

[903] *Witte, E.* (1973): Organisation für Innovationsentscheidungen: Das Promotoren-Modell, Göttingen.

[904] *Witte, E.* (1998): Das Promotoren-Modell, in Hauschildt, J. und H. G. Gemünden (Hrsg.): Promotoren, Wiesbaden,.

[905] *Witte, E. / J. Hauschildt und O. Grün* (1988): Innovative Entscheidungsprozesse, Tübingen.

[906] *Wittink, D. R. / M. Vriens und W. Burhenne* (1994): Commercial use of Conjointanalysis in Europe: Results and critical reflections, in: International Journal of Research in Marketing, Vol. 11, S. 41–52.

[907] *Wöbken-Ekert, G.* (2000): ohne Titel, in: Berliner Zeitung vom Ausgabe 220.

[908] *Wolfrum, B.* (1991): Strategisches Technologiemanagement, Wiesbaden.

[909] *Wolfrum, B.* (1994a): Grundlagen der Konkurrenzforschung, in Tomczak, T. und S. Reinecke (Hrsg.): Marktforschung, St. Gallen,.

[910] *Wolfrum, B.* (1994b): Strategisches Technologiemanagement, Wiesbaden.

[911] *Wolfrum, B. und J. Riedl* (2000): Wettbewerbsanalyse, in Herrmann, A. und C. Homburg (Hrsg.): Marktforschung, Wiesbaden, S. 689–708.

[912] *Wu, Y. / S. Balasubramanian und V. Mahajan* (2004): When Is a Preannounced New Product Likely to Be Delayed?, in: Journal of Marketing, Vol. 68, April, S. 101–113.

[913] *Yankelovich, S.* (1964): New Criteria for Produkt Segmentation, in: Harvard Business Review, Vol. 3, No. 4, S. 83–90.

[914] *Zadeh, L. A.* (1965): Fuzzy Sets, in: Information and Control, Vol. 8, No. 3, S. 338–353.

[915] *Zahn, E.* (1994): Technologiemanagement und Technologien für das Management, Stuttgart.

[916] *Zahn, E. und F. Braun* (1992): Identifikation und Bewertung zukünftiger Technologietrends – Erkenntnisstant Erkenntnisstand im Rahmen der strategischen Unternehmensführung, in VDI-Technologiezentrum (Hrsg.): Technologiefrühaufklärung: Identifikation und Bewertung von Ansätzen zukünftiger Technologien, Stuttgart, S. 3–15.

[917] *Zahn, E. und J. Greschner* (1995): Grundlagen und Methoden zum Management von Kreativität und Wissen, in Zahn, E. (Hrsg.): Handbuch Technologiemanagement, Stuttgart,.

[918] *Zaltman, G.* (1997): Rethinking Market Research: Putting People Back In, in: Journal of Marketing Research, Vol. 34, November, S. 424–437.

[919] *Zaltman, G. und R. Coulter* (1995): Seeing the Voice of the Customer: Metaphor-Based Advertising Research, in: Journal of Advertising Research, Vol. 35, Issue 4, S. 35–51.

[920] *Zangemeister, C.* (1976): Nutzwertanalyse in der Systemtechnik – Eine Methodik zur multidimensionalen Bewertung und Auswahl von Projektalternativen, 4. Auflage.

[921] *Zanger, C. und F. Sistenich* (1996): Qualitative Marktforschung, in: Wirtschaftswissenschaftliches Studium, Heft 7, S. 351–354.

[922] *Zehnder, T.* (1997): Kompetenzbasierte Technologieplanung – Analyse und Bewertung technologischer Fähigkeiten im Unternehmen, Wiesbaden.

[923] *Zellerhoff, C.* (2000): Geschlechterbezogene Produktpositionierung, Dissertation, TU Berlin, Berlin.

[924] *Zetsche, D. und A. Bloechl* (1995): Vom Kleinwagen zum „Alltagsauto" der Zukunft: Das A-Klasse-Konzept von Mercedes-Benz, in: Neue Züricher Zeitung vom 9. 3. 1995.

[925] *Zhang, Q. und W. Doll* (2001): The fuzzy front end and success of new product development: a causal model, in: European Journal of Innovation Management, Vol. 4, No. 2, S. 95–112.

[926] *Zhuang, L. / D. Williamson und M. Carter* (1999): Innovate or liquidate – are all organizations convinced? A two-phased study into the innovation process, in: Management Decision, S. 57–71.

[927] *Ziesemer, B.* (1997): AUTOINDUSTRIE Schlange stehen – Indien gilt neben China als wichtigster Automarkt der Zukunft. Den Deutschen fällt der Start schwer, in: Wirtschaftswoche, Nr. 44 (23. 10. 1997), S. 86 f..

[928] *Zimmermann, H.-J.* (1993): Fuzzy Set Theory – and Its Applications, 2. Auflage, Boston.

[929] *Zobel, D.* (2006): TRIZ für alle – Der systematische Weg zur Problemlösung, Renningen-Malmsheim.

[930] *Zwicky, F.* (1969): Discovery, Invention, Research – Through the Morphological Approach, Toronto.

Stichwortverzeichnis